메가
프로젝트
매니지먼트

B E N T   F L Y V B J E R G

Megaproject Management

메가 프로젝트 매니지먼트

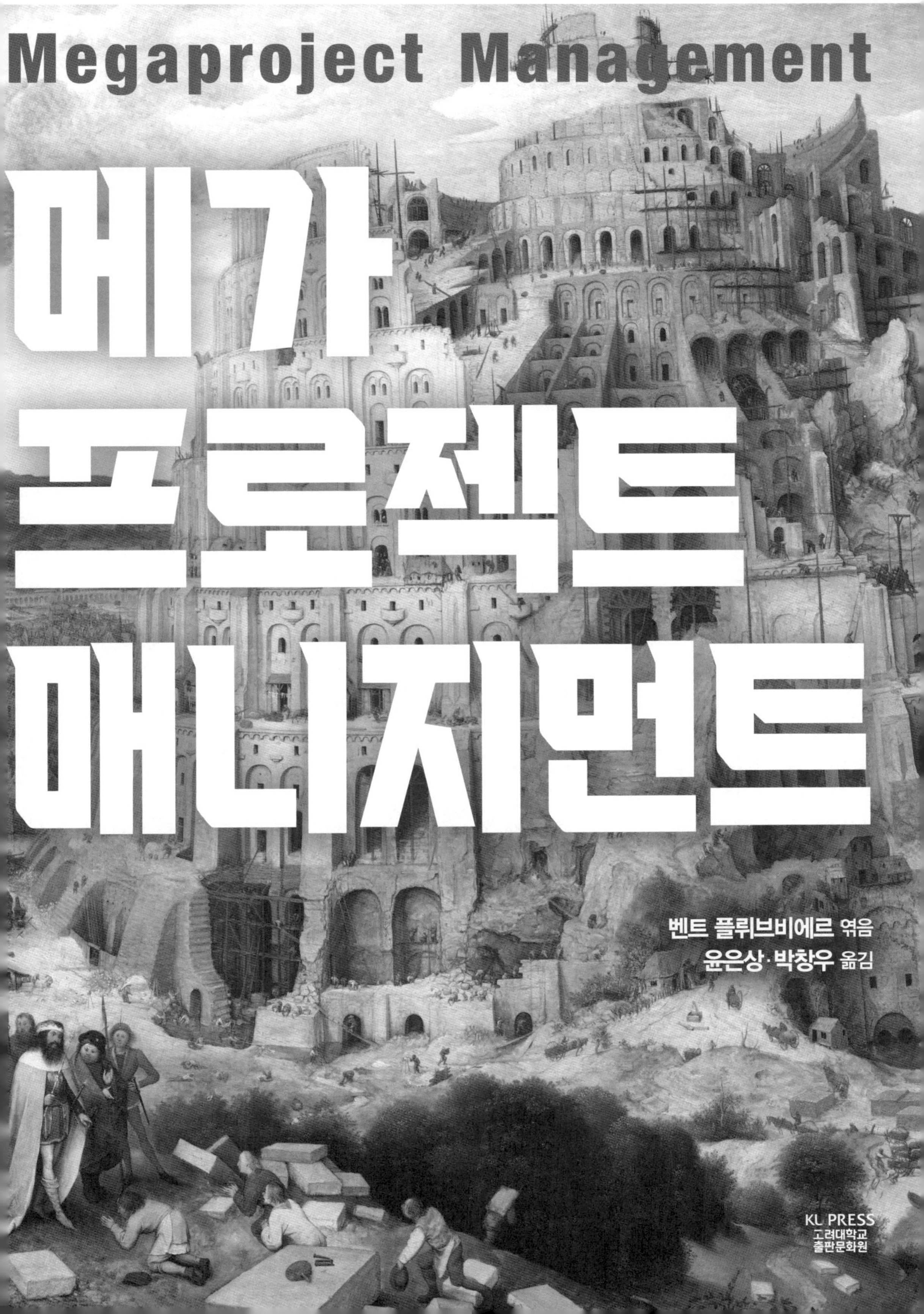

벤트 플뤼브비에르 엮음

윤은상·박창우 옮김

KU PRESS
고려대학교
출판문화원

The Oxford Handbook of Megaproject Management
edited by Bent Flyvbjerg

추천의 글

메가프로젝트는 제2차 세계대전 이후 미·소의 냉전체제하에서의 우주개발, 대륙간 탄도미사일, 원자력 잠수함 등 항공·국방산업 위주로 시작하여, 냉전체제 이후 최근에는 각국의 사회기반시설 구축 중심으로 전환되어 오고 있다. 메가프로젝트의 대표적인 예로는 영국과 프랑스를 연결하는 채널 터널, 영국 런던의 크로스레일, 영국과 프랑스의 콩코드 초음속 여객기, 호주의 시드니 오페라 하우스, 파나마의 파나마 운하, 미국의 보스턴 빅딕 터널과 덴버 국제공항, 방콕과 멕시코의 지하철 등 세계적으로 분포되어 있으며 그 종류는 다양하다. 그러나 이들의 공통적인 특징은 당초 사업 계획에 비해 사업비 초과와 일정 지연, 예정된 혜택의 부족이라 할 수 있다. 따라서 대규모의 사업비가 투자되고 사업기간이 길고, 그 결과가 공동체와 국가 경제에 크게 영향을 끼칠 수 있는 메가프로젝트의 효과적인 관리에 대한 연구 관심이 증가되고 있으며, 이의 일부 결과로 본 책인 옥스포드 메가프로젝트 관리 핸드북이 발행되었으며, 이는 시기적으로 또한 세계적으로 큰 의미가 있다고 할 수 있다.

'메가프로젝트'는 관련 연구자들이 일반 프로젝트와 구별하기 위한 목적으로 미화 10억 달러, 즉 한화 약 1.3조 원 규모 이상으로 정의하여 연구를 진행하고 있다. 메가프로젝트 관리에 대한 연구는 최근 유럽 위주의 선진국에서 공동 연구를 시작하였고 국제사업관리협회(IPMA: International Project Management Association)의 메가프로젝트 특별 그룹(SIG: Special Interest Group) 세미나(옮긴이 윤은상 박사와 박창우 교수 참가)와 국제 메가프로젝트 워크숍(International Megaproject Workshop, 본인 참가) 등이 개최되어 왔다. 또한 영국 옥스퍼드대학에서는 수십 년간의 세계적 메가프로젝트 관리에 초점을 맞추어 방대한 정보를 정리한 핸드북인 이 책을 출간하였다. 위의 두 세미나는 일반적으로 전문가와 관계자 위주로 정보가 공유되었으나, 이 책은 프로젝트/프로그램 관리와 메가프로젝트 관리 분야의 학계 및 연구계, 대학원 과정, 기업 및 공공기관 임원, 고위 공직자뿐만 아니라 메가프로젝트에 영향을 받거나 관심이 있는 일반 시민 또는 공동체에 유용한 식견을 제공할 수 있을 것이다. 또한 본 책의 한글 번역본은 메가프로젝트 관리의 세계적인 흐름을 국내에 소개하여 메가프로젝트를 다수 수행하고 있는 우리나라에서도 참고하여 유익한 정보로 활용할 수 있을 것이다.

19세기 도시개발 관련 메가프로젝트 시작은 전차부터 북미와 유럽의 도시 아름답게 꾸미기, 영국 식민지 개발, 공동주택, 고속도로, 경전철, 상징적 도시 박물관과 문화 주도의 도시 재생 그리고 고층 빌딩의 발전, 원자력발전소의 쇠퇴, 미국 메이저리그 야구장의 변화 등의 각 유형별 생성, 발전, 쇠퇴의 사이클을 가지고 있다 할 수 있다. 이 책은 고유한 사이클을 가지는 메가프로젝트 수행 시 예산초과, 일정 지연, 혜택 부족의 미흡한 메가프로젝트 성과가 지속된다는 '메가프로젝트의 철의 법칙'과 메가프로젝트의 규모가 갈수록 커지고 그 수가 증가하고 있으나 그 성과는 나아지지 않는다는 '메가프로젝트 역설'을 주장하고 있다. 또한 이에 대한 메가프로젝트 관리의 문제점과 그 근본 원인, 문제를 해결하기 위한 치료 방안들을 제시하며, 대부분의 메가프로젝트 관리 문제에 대해 깊게 연관된 심층적 조사와 함께 사례 연구를 설명한다. 그리고 각 장은 학문적으로 성숙되지 않은 메가프로젝트 관리에 관한 이론을 강화하고 고품질의 데이터를 제공하기 위하여 선정되었다.

이 책은 경제학과 경영학, 공학, 거버넌스, 환경, 공공정책 등의 분야 전문가들이 메가프로젝트 관리와 관련된 각 분야를 옥스퍼드의 벤트 플뤼브비에르 교수 주도로 6대륙 100여 개 이상 국가의 경험 자료를 기반하여 정리한 서적으로, 메가프로젝트 관리에 대한 학습, 연구, 실행을 시작 또는 진행 중이거나, 또한 메가프로젝트에 의해 영향을 받고 더 잘 이해하기를 원하는 사람들에게 필요한 지식이 포함되어 있다고 할 수 있다.

이 한국어판 《메가프로젝트 매니지먼트》는 현장을 경험하면서, 공기업과 대기업의 중간관리자를 대상으로 하는 서울대학교 공과대학 EPM(Engineering Project Management) 과정에서 메가프로젝트 관리를 강의해 오신 윤은상 박사와 박창우 교수가 국가의 효율적인 운영과 장기적 국가경쟁력 향상 차원에서, 이 책의 메시지를 우리나라 독자들에게 정확히 전달한다는 목적하에 한국어로 옮겨 쓴 것이어서 더욱 뜻이 있다고 할 수 있다. 이 책이 우리 모두 공동체의 일원인 정부와, 공공기관, 기업, 시민단체와 근로자, 소비자가 메가프로젝트의 발생과 수행, 종료의 효율적인 운영에 대한 유용한 안내자가 될 수 있기를 기대한다.

2023년 12월

곽영훈

미국 조지워싱턴대학 경영학부 교수

옮긴이의 말

메가프로젝트는 1940년대의 맨해튼 프로젝트로부터 시작하여 미·소의 우주개발, 항공산업, 국방 분야 등으로 발전하였으며 냉전 시대 이후에는 각국의 사회기반시설이 주로 대상이 되어 왔다. 냉전 시대에는 국가의 전체적인 자산 및 노력을 집중하는 다소 단순한 환경하에서 메가프로젝트가 성공적으로 수행되었다고 할 수 있으나, 냉전 시대 이후에는 다양한 이해관계자들이 참여하는 환경 변화로 메가프로젝트 수행에 많은 복잡성을 나타내고 있다.

메가프로젝트의 규모는 사회기반시설에만 적용할 경우 세계 총 GDP의 4% 정도이고, 메가프로젝트를 정유와 가스, 광업, 항공, 국방, ICT, 대형행사 등을 포함할 경우에는 그 규모가 연간 미화 6-9조 달러로 세계 총 GDP의 약 8%를 차지한다. 특히 메가프로젝트의 규모가 점점 커지고 빈도가 증가하고 있으나, 그 성과는 매우 미흡하여 사업비 초과, 일정 지연, 예정된 혜택부족이 발생하고 있으며, 또한 이 상황이 개선되지 않고 지속되고 있는 것이 특징이다. 따라서 메가프로젝트 관리에 대한 중요성이 최근 점차 강조되고 있는 상황이다.

올바른 방법으로 올바른 프로젝트를 구축하는 경우의 혜택은 매우 크나, 잘못된 프로젝트를 구축하거나 프로젝트를 잘못 수행할 경우 잠재적인 낭비가 발생할 수 있으며, 가장 적합한 프로젝트를 선정하고 재정적, 경제적, 사회적, 환경적 영향 등을 올바르게 얻는 것이 무엇보다 중요하다고 할 수 있다. 이 책《메가프로젝트 매니지먼트(The Oxford Handbook of Megaproject Management)》는 세계적으로 구축된 메가프로젝트의 특성과 관리 문제점, 원인, 해결방안, 사례분석 등의 방대한 자료를 정리하여 출판하였다. 이 책은 관심이 증가되고 있으나 아직 학문적으로 성숙하지 않은 메가프로젝트 관리 분야에서 양질의 데이터와 심도 있는 이론을 바탕으로 논리적인 연구 중심의 최신 학술 정보를 제공하여, 메가프로젝트 관리 분야의 전형(Classics)으로 발전하기 위한 목적으로 개발되었다.

이 책은 경제학과 경영학, 공학, 거버넌스, 환경, 공공정책 등의 분야 전문가들이 메가프로젝트 관리와 관련된 각 분야를 옥스퍼드의 벤트 플뤼브비에르 교수와 함께 세계 100여 개 이상 국가의 메가프로젝트 관리 경험 자료를 기반하였으며, 메가프로젝트 관리에 대한 학습, 연구, 실행을 시작 또는 진행 중이거나, 메가프로젝트에 의해 영향을 받고 더 잘 이해하기를 원하는 사람들에게 필요한 지식이 포함되어 있다고 할 수 있다.

이 책의 각 장들은 메가프로젝트 관리에 대한 많은 학문 분야의 취약한 이론을 강화하고 고품질의 데이터와 양질의 사례 연구를 제공하기 위하여 선정되었으며, 본 핸드북의 주요 대상은 경영, 전략, 계획, 메가프로젝트 관리와 프로젝트, 프로그램 관리 분야의 연구계 및 학계, 전문가, 석·박사과정, 공직자, 임원 교육 프로그램 등이며, 또한 메가프로젝트에 영향을 받고 관심을 가지는 시민 및 공동체는 본 책에서 유용한 식견을 찾을 수 있을 것이다.

민간·공공기업, 국가기관의 중간관리자를 대상으로 프로젝트 관리를 전문적으로 연구하는 서울대학교 공과대학 EPM(Engineering Project Management) 과정에서, 메가프로젝트 관리를 강의하면서 이 책을 교재의 일부로 사용하여 왔으며, 좀 더 상세한 정보를 제공하기 위하여 한글 번역본을 출간하게 되었다.

우리나라에서도 다수의 메가프로젝트가 수행되어 왔으나 메가프로젝트 관리에 대한 체계적인 학문적 연구는 충분치 않은 상황이라 할 수 있다. 책을 소개함으로써, 세계적으로 수행된 메가프로젝트의 특성과 관리 문제점, 원인, 해결방안과 사례분석 등을 통한 세계적인 경향 등을 파악하여, 우리나라의 메가프로젝트 추진과 메가프로젝트 관리의 학술적 발전에 참고가 될 수 있기를 기대한다.

2023년 12월

옮긴이 일동

차례

2부 원인CAUSES

3부 치유CURES

4부 사례CASES

그림 차례

표 차례

집필자 소개

로덴트 할러스Rhodante Ahlers I 독립 연구자
아티프 안사르Atif Ansar I 옥스퍼드 대학 블라바트닉(Blavatnik) 행정학부 조교수
로버트 A. 바드Robert A. Baade I 일리노이즈 레익 포레스트 대학의 경제/경영학과 교수
카렌 베이커Karen Bakker I 브리티시 컬럼비아 대학의 물 거버넌스 프로그램 이사이며 캐나다 연구 의장, 교수
크리스 비에센탈Chris Biesenthal I 시드니 기술 대학 환경학교 부교수
알렉산더 버드지어Alexander Budzier I 옥스퍼드 대학 새드 경영학교 사업개발 매니저
데미 청Demi Chung I 뉴사우스웨일즈 대학의 부교수 및 학부 책임자
스튜워트 R. 클렉Stewart R. Clegg I 시드니 기술 대학 교수이며 영국 뉴캐슬대학 경영대학의 전력연구 고문, 포루투칼 리스본 노바 대학 경영학교의 방문 교수
앤드루 데이비스Andrew Davies I 유니버스티 칼리지 런던 환경분야 사업관리 교수
제라도 델 세로 산타마리아Gerardo del Cerro Santamaría I 맨하튼 과학과 예술분야의 계획과 메가프로젝트 연구 교수
마크 도드슨Mark Dodgson I 퀸스랜드 경영대학 기술 및 관리 센터 이사
헬가 드럼몬드Helga Drummond I 리버풀 경영대학의 의사결정 과학분야 교수이며, 런던 그래스함 대학 방문교수
벤트 플뤼브비에르Bent Flyvbjerg I 옥스퍼드 대학 주요 프로그램 관리의 BT 교수이며 초대 의장
데이비드 M. 간David M. Gann I 런던 임페리얼 칼리지 부총장(개발 및 혁신 분야)
누노 길Nuno Gil I 맨체스터 경영대학 사회기반시설 개발 센터 이사
카스턴 그리브Carsten Greve I 코펜하겐 경영대학 공공관리 및 거버넌스 교수
그래미 호지Graeme Hodge I 모나시 대학 법률분야의 공공정책 교수
버리드 홀즈먼Vered Holzmann I 텔아비브 대학 경영 콜러 학교
실베인 렌플Sylvain Lenfle I 프랑스 에콜레 폴리테크닉 국가예술 보존과 연구센터 혁신경영 교수
도널드 레사드Donald Lessard I MIT 슬론 경영대학 신기원 재단 국제경영 명예교수
레이몬드 레빗Raymond E. Levitt I 스탠포드 대학 글로벌 프로젝트 센터 이사 및 토목/환경공학 교수
크리스토프 로흐Christoph Loch I 캠브리지 대학의 법률경영 대학 이사 및 교수
다니엘 룬Daniel Lunn 옥스퍼드 대학 통계학과 초빙교수
빅토 A. 메스슨Victor A. Matheson I 홀리크로스 대학 경제학과 교수
벤저민 멜라메드Benjamin Melamed I 루터스 경영대학 석좌교수
로저 밀러Roger Miller I 엑스-마리셀르 에콜레 EMD

줄리엔 폴락Julien Pollack | 기술대학 환경학교의 부교수

휴고 프리머스Hugo Priemus | 델프트 기술대학 혁신과 공간개발 시스템의 명예교수

후어웨이 렌Xuefei Ren | 미시간 주립대학 사회와 글로벌 도시연구 부교수

비벡 사크라니Vivek Sakhrani | CPCS 트랜스콤 소속, MIT 박사과정

너트 샘세트Knut Samset | 노르웨이 과학기술원 사업관리 교수

샨카 샨카란Shankar Sankaran | 시드니 기술대학 환경학교 조직적 사업관리 교수

W. 리처드 스콧W. Richard Scott | 스탠포드 사회학 명예교수

세이어 스쿠더Thayer Scudder | 캘리포니아 공과대학 인류학 명예교수

아론 센허Aaron Shenhar | SPL 그룹과 TLI CEO, 사업 및 기술관리 교수

메티 시미아티키Matti Siemiatycki | 토론토대학 지리 및 계획 부교수

야니스 반 데르 웨스트후이젠Janis van der Westhuizen | 스텔렌보슈대학 부교수

버트 반 위Bert van Wee | 텔프트대학 교통정책 교수

로저 빅커먼Roger Vickerman | 켄트대학 유럽 학장 및 유럽 경제학 교수

그로 호이스트 볼던Gro Holst Volden | 노르웨이 과학기술원 개념연구 프로그램 연구 이사

그레이엄 윈치Graham Winch | 맨체스터대학 맨체스터 경영학교 사업관리 교수

야오 차오Yao Zhao | 루터스대학 루터스경영학교 부학과장 및 교수

마그리트 즈와티빈Margreet Zwarteveen | UNESCO-IHE 물 거버넌스 교수

제1장

서론

메가프로젝트 관리의 철의 법칙

벤트 플뤼브비에르

1.1. 메가프로젝트 관리의 고전

《메가프로젝트 매니지먼트(The Oxford Handbook of Megaproject Management)》 초판의 출판 목적은 관심이 증가되는 메가프로젝트 관리 분야에서 최신 정보를 포함한 최고의 자료가 되고자 하는 데 있다. 이 책은 양질의 데이터와 심도 있는 이론을 바탕으로 논리적인 연구 중심의 최신 학술 견해를 제공한다. 최근까지, 이 새로운 분야의 문헌은 여러 출판물에 산재되어 역사, 주요 이슈, 핵심 사항 등을 수집하기가 용이하지 않았다. 《메가프로젝트 계획과 관리 — 필수 독서(Megaproject Planning and Management: Essential Readings)》(Flyvjerg 2014a)는 이 분야의 중요한 역사적 사항들을 포함하였으며, 《메가프로젝트 매니지먼트》는 현재 가장 중요한 사항들을 제공하도록 고안되었다. 위 두 책은 과거와 현재에 대해, 메가프로젝트 관리 문헌에서 가장 읽을 만한 가치 있는 것을 포함하고 있다.

최근 조사에서, 저자는 메가프로젝트 관리의 전형(Classics)을 식별하기 위하여 114명의 전문가들에게 문의하였고, 전통적인 관점에서 "전형"을 정의한다면 메가프로젝트 관리에서의 전형은 없는 것으로 나타났다. 특히, 전형으로 제시된 출판물 중 가장 많은 응답자는 단지 5명이었는데, 이는 일반적인 전형의 경우보다 몇 배나 적은 숫자이다. 79% 이상의 경우에서 전형으로 제시된 출판물은 단지 한 명의 응답자에 의해서인데, 이는 이 분야에서 전형이 무엇인지 알지 못한다는 견해가 널리 확산되어 있음을 보여 준다.

메가프로젝트 관리의 전형에 관한 몇몇 주장에 대한 합의가 부족하다. 이 분야는 학문분야로서 경험이 많지 않고 층이 두텁지 않아, 전형을 개발하고 공감하는 데 더 많은 시간이 필요하다. 더욱이 이 분야는 여러 분야에 걸쳐있어서 공통적인 합의가 용이하지 않다. 쿤(Kuhn 2012)과 일부 과학철학자들은 전형을 학문분야로 발전 및 강화시켜, 모범적이며 혁신적인 연구가 수행됨으로써 전형이 사례와 참고기준으로 제공될 필요가 있다고 주장한다. 또한 쿤 등은 메가프로젝트 관리가 실행에 대한 연구와 전문 학문분야로 발전하기 위해서는 전형이 매우 필요하다고 주장한다. 이전 서적들과 함께 《메가프로젝트 매니지먼트》는 전형으로 성장하기 위한 목적으로 개발되었으며, 본 서적에 수록된 하나 이상의 논문이 전형으로 발전되기를 희망한다.

《메가프로젝트 매니지먼트》의 인쇄본 외에도 전자책 버전이 가능한 널리 보급되고 새로운 연구 결과를 반영하도록 계획되어 있다.[1] 이 책의 주요 대상은 경영, 전략, 계획, 메가프로젝트 관리와 프로젝트, 프로그램 관리 분야의 연구계 및 학계, 전문가, 석·박사과정, 임원 교육 프로그램 등이다. 메가프로젝트 관리의 최첨단 서적을 제시함으로써 이 분야가 학문적 및 전문적으로 발전되기를 기대하며, 또한 메가프로젝트에 영향을 받고 관심을 가지는 시민 및 공동체는 이 책에서 유용한 식견을 찾을 수 있을 것이다.

1.2. 메가프로젝트란?

메가프로젝트는 일반적으로 미화 십억 달러 이상의 대규모이며 복잡한 프로젝트로, 장기간의 개발과 구축기간, 다수의 공공 및 민간 이해관계자가 참여하여, 많은 사람들에게 영향을 끼친다.[2] 허슈먼(Hirschman 1995: vii, xi)은 그런 사업을 "개발과정의 특권을 가진 요인"이라고 언급하고, 기존 구조를 따르고 수정을 시도하지 않는 작고 전통적인 사업인 "특성 취하기"에 반하여, 사회 구조를 의도적으로 변화시키도록 설계된 "특성 만들기"로 종종 지적하였다. 그러므로 메가프로젝트는 작은 프로젝트의 크기를 단지 확대한 버전이 아니다. 메가프로젝트는 목표, 이해관계자 참여, 소요기간, 복잡성과 영향의 수준 관점에서 완전히 다른 유형의 프로젝트이다. 결과적으로 메가프로젝트는 매우 다른 형태의 프로젝트이며, 전통적 프로젝트 관리자가 메가프로젝트를 주도해서는 안 된다. 메가프로젝트는 이 특정 분야에서 매우 심도 있는 경험을 갖춘 지도자로서 사려 깊은 실무자(Schön 1983)가 요구된다.

메가프로젝트는 사회기반시설, 물과 에너지, 정보관리, 플랜트, 광업, 공급망, 기업 시스템, 전략적 기업 주도 및 변화 프로그램, 기업 합병과 인수, 정부 행정체계, 금융, 국방, 지능, 항공과 우주개발, 거대과학, 도시재생과 대규모 행사 같은 산업전반에 걸쳐 있는 상품 및 서비스 제공모델로 사용이 증가되고 있다(2장, Lenfle과 Loch; 3장, Siemiatycki). 메가프로젝트의 예로는 고속철도, 공항, 항만, 자동차 도로, 질병 또는 빈곤 퇴치 프로그램, 병원, 국민 건강 또는 연금 ICT 시스템, 국경 통제, 국가 기간망, 올림픽, 대규모 특징적 건축물, 댐, 풍력시설, 대규모 서버, 해양 석유 및 가스추출, 알루미늄 제련소, 신규 항공기개발, 대형 컨테이너 및 크루즈 선박, 고에너지 입자가속기와 애플, 아마존, 머스크와 같은 대규모 공급망 운영을 위한 물류시스템 등을 들 수 있다.

메가프로젝트의 크기를 보면, 몇몇 대형 프로젝트들은 여러 국가의 GDP만큼 큰 규모임을 고려해야 한다. 또는 공공 경제관점에서 최대 금액은 중국에 빚진 미국 부채의 규모이다. 이 부채는 미화 1조 달러 이상으로 올바르게 관리되지 않으면 세계경제가 불안정 될 수 있는 큰 규모이다. 이 초대형 수치와 함께, 세계 최대 두 개 메가프로젝트—미국 조인트 공격 전투기 프로그램과 중국의 고속철도 프로젝트—는 중국에 대한 미국 부채의 절반 이상이다. 소수의 세계적 대규모 메가프로젝트 사업비는 거의 모든 다른 경제 지표와 투자 지표를 작게 보이게 한다. 마지막으로, 메가프로젝트 수행은 상대적으로 짧은 기간에 수십억 달러의 임시 조직을 구성, 운영, 해체하여야 한다. 메가프로젝트의 규모는 비교할 수 없을 정도로 대단히 크며, 강력하게 집중관리 한다는 관점을 가져야 성공적으로 수행할 수 있다.

메가프로젝트는 단지 크기가 큰 것만이 아니다. 그것들은 계속해서 규모가 커지고 있다. 뉴욕의 크라이슬러 빌딩은 1930년에 319미터로 세계에서 가장 높은 건물이었다. 이 기록은 그 후로 7번을 경신하였고, 1998년부터 신흥국가들에서 고층 건물들이 건축되는데, 두바이의 브루즈 칼리파가 828미터로 기록을 보유하고 있다. 이는 80년 동안 건물 높이가 160% 증가한 것이다. 유사하게, 가장 긴 교량의 길이는 같은 기간에 260%로 더 빠르게 증가하였다. 가치로 측정된 사회기반시설 프로젝트의 규모는 연간 평균 1.5-2.5%가 증가하였는데, 이는 세기당 2-3배 증가한 프로젝트에 비해 두 배에 해당하는 것이다(저자의 메가프로젝트 데이터베이스).

새로운 분야인 ICT 프로젝트는 더 빠르게 성장하였는데, 1993년부터 2009년까

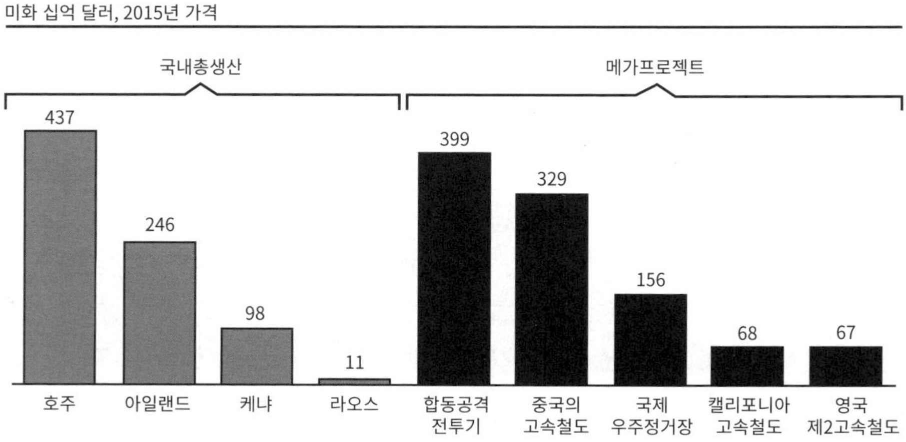

그림 1.1 일부 메가프로젝트의 크기, 선정 국가의 GDP와 비교

지 마이크로소프트 윈도우 코드 라인이 5백만에서 8천만으로 16배 증가하였다. 메가프로젝트의 다른 형태인 올림픽에서 산업시설까지 유사한 발전이 나타났는데, 규모 증가에 대한 대응은 안사르가 강조한 것(4장)과 같이 메가프로젝트 관리에서 지속적으로 긴급한 이슈들이다. 규모의 증가가 세계적으로 확대되며 제도적 이슈들이 이와 연관되어 있다(5장, Levvit and Scott).

"메가"는 그리스어 메가스에서 유래되었으며, 크고 높고 광대하고 강하고 중요한 등의 의미를 지닌다. 과학과 기술의 측정 단위로서 메가는 백만을 의미한다. 우리가 경제 용어로 이것을 사용한다면 메가프로젝트는 백만 달러 프로젝트이고, 백 년 이상의 기간 동안에 세계에서 가장 큰 프로젝트는 대부분 수백만 달러 이상이다. 이들은 제2차 세계대전과 우주 경쟁으로 인하여 변화되었다. 프로젝트 사업비는 첫 원자폭탄을 생산한 연구개발 사업인 맨해튼 프로젝트(1939-46)와 달에 인류가 첫 도착한 아폴로 프로그램(1961-72) 등에서 수십억 달러로 증가되었다(Morris 1994; Flyvbjerg 2014b). 메리엄 웹스터(Merriam-Webster)에 의하면, "메가프로젝트" 용어가 알려진 것은 1976년이고, 그 전에 1968년부터 "메가"는 "메가시티"에서 사용되었고, 그 후인 1982년부터 "매우 큰" 뜻으로 사용되었다.

따라서 기술적으로 가장 큰 프로젝트가 더 이상 메가프로젝트가 아닌 더 정확히 말하자면 십억을 의미하는 측정단위인 "기가"를 적용한 "기가프로젝트"인 것처럼 **메가프로젝트** 용어가 사용되기 시작했다. 그러나 **기가프로젝트** 용어는 유행되지 않았다. 구글 검색은 웹에서 **기가프로젝트**보다 **메가프로젝트**가 더 자주 사용된다고 나타난다.[3] 프로젝트의 크기에 대해서, 500-1,000억 달러는 캘리포니아와 영국의 고속철도에서와 같이 일반적이며, 국제 우주정거장과 조인트 공격 전투기와 같은 경우에 1,000억 달러 이상도 특이한 사항이 아니다. 그들이 국가일 경우 이 규모의 프로젝트는 세계 상위 100개국의 GDP로 측정될 수 있으며, 이는 케냐 또는 과테말라의 경제 규모보다 크다. 이 규모의 프로젝트가 잘못될 경우, 전체 기업과 국가 경제에 큰 영향을 끼친다.

"테라"가 다음 단계의 단위이며 1조를 나타낸다. 숫자가 어떻게 측정되는지를 설명하기 위하여 현재와 비교하면, 일백만년 전 초는 과거 12일 전이고 십억 초 전은 과거 32년 전이며, 일조 초 전은 과거 31,710년 전으로 빙하기와 같을 것이다. 초대형 프로젝트와 프로그램에서 최근의 발전은 우리가 현재 대규모 프로젝트 관리의 "테라 시대"로 진입하고 있음을 나타내고 있다고 할 수 있다. 대규모 사업비 초과로 인해 조인트 공격 전투기 프로그램은 생애주기 비용으로 측정되어, 인류 역사상 최초의 독보적인 "테라 프로젝트"가 될 것으로 보인다(미국회계감사원, United States Government Accountability Office 2012). 마찬가지로, 2008년 재정 및 경제 위기를 완화하기 위하여 추진된 미국, 유럽과 중국의 경기 부양책을 고려한다면, 이들도 또한 테라 프로젝트라 할 수 있다. 결론적으로 2013년 가치로 1.6조 달러인 미국 국방부의 주요 획득 프로그램 포트폴리오를 대규모 프로젝트로 간주한다면, 이 또한 테라 프로젝트이다(미국회계감사원, United States Government Accountability Office 2012). 세계 상위 20개국의 GDP와 비교하면 이 규모의 프로젝트들은 호주 또는 캐나다 경제 규모의 크기이다. 메가프로젝트 개발에서 규모를 감소시키는 징후는 없으며 정반대로, 규모가 가속화되고 있다. 메가프로젝트는 점점 더 커지고 있는 것이다.

1.3 글로벌 메가프로젝트 비즈니스는 얼마나 큰가?

메가프로젝트는 대규모이고 지속적으로 크기가 커지고 있으며, 또한 그들은 더 큰 가치를 지닌 더 큰 숫자가 되고 있다. 매킨지(McKinsey Global Institute 2013)는 글로벌 사회기반시설 지출이 2013-2030년 동안 연간 3.4조 달러 또는 주요 대규모 프로젝트 수행에 세계 총 GDP의 약 4%로 추정하였다. 《이코노미스트(The Economist(2008.7.6.: 80)》는 2009-2018년 기간 동안에 신흥국의 사회기반시설 지출이 연간 2.2조 달러로 추정된다고 발표하였다.

지출이 가속화되는 것을 설명하기 위해서, 중국에서는 2011-2013년 3년간 사용한 시멘트 양이 미국에서 20세기 전체 기간 동안 사용된 양보다 많다는 것을 고려하자. 유사하게, 최근 5년간 중국의 사회기반시설에 대한 소비가 지난 100년간 보다 많았다. 그것이 20가지 요인에서의 지출비율 증가이다. 마지막으로, 최근 4년간 중국에서 건설된 고속철도의 길이가 유럽의 최근 20년간의 길이와 같은데, 유럽에서는 이 기간에 예외적으로 많이 건설된 것이다. 《이코노미스트(The Economist)》의 "역사에서 가장 큰 투자 붐" 표현과 같이, 인류 역사상 사회기반시설 지출이 세계 GDP의 한 부분으로 측정된 적이 없다. 그리고 그것은 단지 사회기반시설만에 대해서이다.

메가프로젝트를 정유와 가스, 광업, 항공, 국방, ICT, 공급망, 대형행사 등의 다른 분야를 포함한다면, 세계 글로벌 메가프로젝트 시장은 보수적으로 추정하여도 연간 6-9조 달러 또는 세계 총 GDP의 약 8% 정도이다. 이는 매년 미국이 중국에 빚진 누적 부채의 5-8배 되는 숫자이다. 그것은 매우 큰 규모이며, 더욱이 메가프로젝트는 경기 침체에 영향을 받지 않는다고 증명되었다. 사실, 2008년부터의 경기침체는 교통 사회기반시설에서 ICT까지 경기 부양책을 추진하여 메가프로젝트 사업이 성장되는데 도움이 되었다. 부가적으로 부유한 선진국에 대해서지만, 메가프로젝트는 최근 세계적 수조 달러 사업으로 발전하여 우리의 전기요금부터 인터넷에서 일하는 것, 우리가 일하는 방법과 쇼핑, 출퇴근까지 우리 삶의 모든 부문에서 영향을 끼치고 있다.

많은 자원이 점점 더 커지고 더 많은 메가프로젝트가 생겨나서, 메가프로젝트 관리에 대해 지금보다 더 중요하게 강조된 적이 없다. 올바른 방법으로 올바른 프로젝트를 구축하는 경우의 잠재적인 혜택은 매우 크며, 잘못된 프로젝트를 구축하거나 프로젝트를 잘못 수행할 경우 잠재적인 낭비가 발생할 수 있다. 가장 적합한 프로젝트를 선정하고 재정적, 경제적, 사회적 및 환경적 영향을 올바르게 얻는 것이 무엇보다 중요하다. 메가프로젝트에 대한 체계적이고 타당한 지식은 정부와 사업 분야에서 정책, 실행, 공공적 논의를 알리기 위하여 중요하다. 《메가프로젝트 매니지먼트》는 지식들을 제공하기 위하여 전념하였다.

1.4 메가프로젝트에 대해 알아야 할 10가지 사항

메가프로젝트 붐을 일으키는 요인은 무엇인가? 의사결정자에게 메가프로젝트는 왜 매력적인가? 이 질문에 대답하기 위하여 메가프로젝트 관리의 네 가지 요인을 발견할 수 있다(표 1.1). 이들 중 첫 번째인 "기술적 요인"은 19세기와 20세기 초에 미국 문화에서 기술의 긍정적 수용을 묘사하기 위하여 밀러(Miller 1965)와 마르크스(Marx 1967)가 다양하게 사용한 용어이다.

프릭(Frick 2008)은 메가프로젝트의 연구에 대한 용어를 소개하였으며, 여기에서 가장 높은 건물, 가장 긴 교량, 가장 빠른 비행기, 가장 큰 풍력터빈 또는 수십억 달러의 뉴 샌프란시스코-오클랜드 만 교량 등과 같이 기술의 한계를 넓힐 수 있는 풍부한 기회와 함께 대규모이고 혁신적인 프로젝트를 기술자와 공학자들이 구축함으로써 얻을 수 있는 기술적 숭고함을 설명한다(10장, Miller et al.; 20장 Holzmann et al.). 프릭(Frick 2008)은 수십억 달러의 New-San Francisco-Oakland Bay Bridge의 사례 연구에서, 이 개념을 적용하여 "기술적 요인이 교량 설계, 프로젝트 결과물, 공공 논쟁과 과도한 사업비 초과의 책임 결여 등에 매우 크게 영향을 끼친다"는 결론을 도출하였다(239).

플뤼브비에르(Flyvbjerg 2012, 2014b)는 추가적으로 세 가지 요인을 제안하였는데, 정치가들이 기념물 구축으로부터 얻는 "정치적 요인"부터 시작한다(13장 Baade and Matheson; 24장 van der Westhuizen). 메가프로젝트는 대중의 관심을 끌고 그들의 기획자를 보호하는 분위기를 조성한다. 더욱이 그들은 미디어와 밀접한 관계를 가지며, 메가프로젝트를 시작하면서 얻게 되는 가시적인 것에는 관심이 없는 정치가들—왕족이나 대통령이 참석할 가능성이 있는 회사의 준공식에서 리본을 자르는 것 또는 독특한 기념비와 역사적인 수입품을 끌어들이는 것은 예외로—에게 호소한다. 이것은 정치인들의 재선을 도와주는 공개 노출 유형이므로 그들은 적극적으로 이것들을 활용한다.

표 1.1 메가프로젝트 개발을 이끄는 4가지 요인

요인 형태	특성
기술적	엔지니어와 기술자가 프로젝트 유형에서 무엇이 "가장 길고 가장 높고 가장 빠른"지 포착하려 노력한다.
정치적	정치인들은 그들 자신이 기념비적인 것을 구축하려하고 대중과 미디어에 노출되기를 원한다.
경제적	사업가와 노조, 계약자, 건설과 운송 근로자, 컨설턴트, 은행가, 투자자, 지주, 법률가, 개발자들이 메가프로젝트를 통하여 많은 자본과 일자리를 창출한다.
미적(Aesthetic)	양질의 디자인을 선호하는 사람들은 골든 게이트 브리지와 같은 상징적이고 아름다운 시설을 구축하고 사용하기를 원한다.

다음으로 "경제적 요인"이 있다. 이는 금융가, 사업가, 노조가 메가프로젝트에서 많은 자금과 일자리를 얻는다. 메가프로젝트에 대한 엄청난 예산이 주어지며, 충분한 자금이 엔지니어, 건축가, 컨설턴트, 건설 및 운송 노동자, 은행가, 투자자, 토지 소유자, 변호사 및 개발자들을 포함한 모두를 위하여 사용된다. 마지막으로, "미학적 요인"은 샌프란시스코의 금문교 또는 시드니의 오페라 하우스처럼 상징적으로 아름다운 큰 시설을 건설하고 사용하고 보는 즐거움이다.

위에 설명된 4가지 모든 요인은 메가프로젝트의 규모와 빈도에 관한 중요한 원동력이다. 메가프로젝트로부터 혜택을 받고 이런 프로젝트가 더 많이 발생하도록 하는 이해당사자들 간의 강력한 연대를 위의 네 요인은 강화시켜 준다.

정책 입안자들은 사회기반시설 메가프로젝트에 대한 투자를 매우 하고 싶어 하는 것처럼 보인다. 왜냐하면, 만일 그러한 투자가 성공한다면 (i) 일자리를 창출하고, (ii) 대량의 수입품목을 국산으로 대체하며, (iii) 낮은 생산 단가에 의한 생산성과 경쟁력이 향상되고, (iv) 고품질 서비스를 통해 고객에게 혜택을 제공하며, 마지막으로 (v) 친환경적인 사회기반시설이 그렇지 않은 사회기반시설을 대체함으로써 환경이 개선되기 때문이다(Helm 2008: 1; 11장, Clegg et al.).

그러나 "만일 제대로 수행된다면"이라고 이전에 표현되었는데, 여기에 "만일"이라는 큰 의미가 있다. 사회기반시설을 효과적으로 구성할 수 있는 메가프로젝트에 대해, 때때로 기획자와 의사결정자에 의해 만일이라는 사항이 무시되어 왔다. 사실, 기존의 메가프로젝트 수행—사회기반시설과 기타 분야—은 비용과 혜택 관점에서 성과를 무시하는 등 매우 문제가 많다고 할 수 있다. 앞의 네 요인이 작동하고 메가프로젝트가 대규모 투기적 사업 수행으로 구성될 경우 메가프로젝트의 다음 특징들이 간과될 수 있다.

1. 메가프로젝트는 근본적으로 장기간의 계획 기간과 복잡한 간섭사항으로 위험하다(Flyvbjerg 2006; 21장, Davies).
2. 때때로 경험이 많지 않은 기획자와 관리자에 의해 주도되며, 메가프로젝트의 생애주기 동안 계속 교체되어 리더십이 약화된다.
3. 의사 결정, 계획 및 관리는 상충되는 이해관계가 있는 다수의 이해관계자, 공공 및 민간이 연관된 다중 행위자 과정이다(6장 van Wee and Premus; 15장, Winch; Aaltonen and Kujala 2010).

4. 기술과 디자인은 종종 비표준적이라서, 프로젝트를 단수로 보는 경향이 있는 기획자와 관리자들 중에서 "독특한 편견"을 초래하여 다른 프로젝트로부터의 학습을 방해한다.[4]
5. 빈번하게 초기 단계에서 프로젝트 개념에 대해 과도한 의미를 부여하여, 결과적으로 빠져나올 수 없는 상황에 갇히게 되고 대안 분석이 충분치 못하거나 부재하여 나중에는 추가된 책임을 부담하여야 한다. "빠른 실패"가 아니라 "느린 실패"가 적용된다(9장, Drummond; Cantarelli et al. 2010; Ross and Staw 1993).
6. 대규모 자금이 연관되기 때문에 낙관주의적 편견과 같이 주요 대리인 문제와 임대를 추구하는 행위가 널리 퍼져 있다(Eisenhardt 1989; tiglitz 1989; Flyvbjerg et al. 2009).
7. 프로젝트 범위 또는 목표수준은 일반적으로 시간에 따라 크게 변경된다.
8. 수행은 검은 백조라 불리는 과다 노출되는 고 위험, 추계적 활동이다. 즉, 대단히 부정적 결과를 초래하는 극단적 사건이다. 관리자는 이것을 무시하는 경향이 있으며, 프로젝트가 원인, 효과, 통제의 확정적 뉴톤주의에서 대규모로 존재하는 것처럼 취급된다(Taleb 2010).
9. 통계적 증거에 따르면 이러한 복잡성과 계획되지 않은 사건은 때때로 설명되지 않고, 프로젝트 예산과 시간 여유가 부적절하게 된다.
10. 결과적으로 비용, 일정, 혜택과 위험에 대한 잘못된 정보가 프로젝트 개발 및 의사 결정 전반에 걸쳐 일반화되어 있다. 그 결과 프로젝트 수행 및 운영 동안에 프로젝트 실행가능성을 저해하는 비용초과, 공기지연 및 혜택부족이 발생한다.

섹션 1.5에서는 그러한 비용초과, 공기지연과 혜택부족이 얼마나 크고 빈번한지 알아볼 것이다.

1.5 메가프로젝트의 철의 법칙

메가프로젝트의 성과 자료는 그들 고유의 언어로 나타난다. 이러한 프로젝트 중 프로젝트 유형에 따라 70-90%의 비용초과가 발생한다. 올림픽과 같은 몇몇 프로젝트 100%는 비용이 초과된다. 실제적으로 최대 50%의 초과 지출은 일반적이며 50% 이상 초과도 드물지 않다. 런던의 주빌리 지하철 확장 공사의 비용초과는 실제적으로 80%였다. 덴버 국제공항의 경우 200%; 보스턴의 빅 딕(Big Dig) 220%; 캐나다 총기류 등록부 590%; 시드니 오페라 하우스 1,400%. 비용초과는 공공부문뿐 아니라 민간부문에서도 문제가 되며 개선되지는 않는다; 비교 가능한 데이터가 존재하는 90년 동안 비용초과는 높고 일정하게 유지되었다(8장 Flyvbjerg; 16장 Hodge and Greve; 23장 Chung). 지리적 사항 또한 중요하지 않으며, 데이터가 유용한 104개 국가와 6개 대륙 모두가 비용초과로 고통 받고 있다. 유사하게, 시간과 지리적 측면에서 개선의 여지가 없는 것과 같이, 대규모의 혜택부족도 일반적이다(Flyvbjerg et al. 2002, 2005).

사업 유형, 비용-혜택 분석, 사회 및 환경 영향 평가가 일반적으로 메가프로젝트의 계획 및 의사 결정의 핵심에 있다는 사실과 대규모 비용초과 및 혜택부족을 연계해보면, 그러한 분석들은 일반적으로 신뢰할 수 없다는 것을 우리는 알 수 있다. 예를 들어, 댐의 경우 평균 비용초과는 96%로 평균 수요부족률 11%와 연계되어 있고, 철도 프로젝트의 경우 평균 비용초과는 40%이고 평균 수요부족률 34%와 연계되어 있다. 비즈니스 유형, 비용-혜택 분석 및 사회/환경 영향 평가에 대해 기준을 설정하는 예측 값에서의 오류 및 편견으로 인하여, 그런 분석들은 매우 확실한 정도로 오해를 야기한다. "쓰레기가 들어가면, 쓰레기가 나온다"는 격언과 같다(Flyvbjerg 2009; 댐의 심층 연구에 대해 19장 Scudder 참조; 25장 Athlers et al.).

예를 들어 영국과 프랑스를 연결하는 유럽에서 가장 긴 수중 철도 터널을 고려해보자. 이 사업은 당초 경제적으로나 재무적으로 매우 유익한 것으로 홍보되었다. 초기 공모에서 터널의 개인 소유주인 유로터널은 10%가 "예상치 못한 상황이 발생할 경우 건설비용에 끼칠 수 있는 영향에 대한 적정한 허용치가 될 것"이라고 투자자를 유혹했다.[5] 실제로 자본비용은 예산보다 80% 초과되었고, 금융비용은 140%가 소요되었다. 수입은 형편없이 예상치의 약 10%에서 시작하여 결국 예측치의 절반으로만 증가했다. 결과적으로, 이 사업은 투자에 대한 내부수익률이 -14.5%로 재정적으로 생존할 수 없는 것으로 입증되었고, 영국에 미화로 총 178억 달러의 손실을 입혔다. 따라서 채널 터널은 영국 경제에 보탬이 되는 대신 영국 경제에 손해를 끼쳤다.

당신이 이 서비스를 이용할 때, 이것은 빠르고 편리하며, 여행의 대안들 보다 경제적이라, 위의 내용을 믿기가 어려울 수 있다. 그러나 사실 승객들은 다른 메가프로젝트 처럼 납세자에 의해서가 아닌 다른 유형의 보조금을 많이 받고 있지만, 유로터널이 파산하고 재정적으로 재구성되었을 때 수십억 달러를 잃은 많은 개인 투자자들에 의해 보조금이 지급된 것이다. 이것은 중요한 사항을 나타낸다. 메가프로젝트는 많은 경우에, 기술적으로 성공이지만 재무적으로 실패할 수 있다. 예측 비용과 혜택을 실제와 체계적으로 비교한 채널 터널에 대한 경제 및 재무 사후 평가는 "터널이 건설되지 않았다면 영국 경제가 개선되었을 것"이라고 결론지었다(Anguera 2006: 291). 재무적으로 생존 불가능한 메가프로젝트의 다른 예로는 시드니의 레인 코브 터널, 스톡홀름과 오슬로 공항을 연결하는 고속철도, 코펜하겐 지하철, 덴마크의 그레이트 벨트 터널(채널 터널 이후 유럽에서 두 번째로 긴 수중 철도 터널), 그리고 안사르 등(Ansar et al. 2016)이 언급한 중국 프로젝트들이다(표 2.1) (또한 17장 Vickerman 참조).

대규모 ICT 프로젝트는 더욱 위험하다. 이러한 프로젝트 여섯 개 중 하나는 비용초과의 관점에서 통계적으로 특징적이며, 실제 평균 초과비용은 200%이다. 이는 정상에 비해 2,000% 과다발생이며, 대규모 건설 프로젝트에 비해 200% 초과발생이고, 비용초과로 골치를 앓는다(Flyvbjerg and Budzier 2011) . 정부와 기업의 많이 변화하는 조직에서 대규모 ICT 프로젝트의 중심적 역할을 고려할 때, ICT 비용초과의 확산은 시한폭탄이 터지기만을 기다리며 시간을 재고 있는 것과 같다. 미국에 대한 ICT 프로젝트의 실패와 성과부족에 대한 낭비는 스탠디시 그룹(Standish Group 2009)에 의하면 매년 550억 달러로 추정된다.

메가프로젝트에 대해 공기지연은 별개의 문제이며, 공기지연으로 인해 비용초과 및 이익부족이 발생한다. 예를 들어, 옥스퍼드 대학에서 수행 한 연구 결과에 따르면, 댐에 대한 공기지연은 평균 45%이다(Ansar et al. 2014). 만일 댐이 10년의 기간이 소요될 계획이라면 건설 결정부터 댐이 가동되기까지 평균 14.5년이 걸린다. 플뤼브비에르 등(Flyvbjerg et al. 2004)은 주요 건설 프로젝트의 대규모 데이터를 기반으로 비용초과와 실행 단계 기간 간의 관계를 모델링했다. 그들은 평균적으로 1년 공기지연이 비용초과 4.64%와 상관관계가 있음을 발견했다. 예를 들어, 런던의 260억 달러 크로스레일 프로젝트의 경우, 1년 지연으로 인해 비용초과 12억 달러, 즉 하루에 330만 달러가 발생한다. 여기서 중요한 교훈은 비용을 낮추기 위해 수행기간을 짧게 하고 공기지연을 최소화해야 한다는 것이다. 이것은 패스트 트랙 프로젝트에 대한 구실로 보여줘서는 안 된다. 즉, 조기 건설 착수를 위한 의사결정을 통해 수행을 서둘러야 한다. 프론트-엔드 계획은 프로젝트를 진행할지 또는 중단할지를 결정하기 전에 완전하게 구성되어야 한다(Williams and Samset 2010). 나중(수행기간)에 빨리 가기 위하여 처음(프로젝트 준비기간)에 천천히 가야 한다. 그러나 때때로 상황이 정반대이다. 프론트 앤드 계획이 성급하고 결함이 있으면, 불량한 프로젝트가 중지되지 않고, 수행단계와 공기가 지연되고, 비용이 증가하고, 혜택과 수익이 현실적으로 줄어들고 미래에도 감소된다. 부채로 조달된 프로젝트의 경우 이것은 재정적 문제가 된다. 왜냐하면 프로젝트 부채가 증가하는 반면 서비스 이자를 지급할 수익이 없어 부채가 증가되기 때문이다. 결과적으로, 많은 프로젝트들이 건설비용 및 공기지연 증가와 지급이자의 증가로 인해 수익이 비용을 부담하지 못해 프로젝트가 생존하지 못하는 상황이 결합되어, 소위 부채 덫에 갇히게 된다. 이것은 많은 다른 프로젝트들 중에서도 채널 터널과 시드니의 레인 코브 터널에서 발생한 일이다.

이것은 예산 내 및 공기 내에 건설되고 계획된 혜택을 제공한 메가프로젝트가 존재하지 않는다고 이야기하는 것은 아니다(12장, Gil; 14장 Davies et al.). 빌바오 구겐하임 미술관이 포함된 빌바오 재개발 프로젝트는 매우 드문 프로젝트의 한 예이다(22장, del Cerro Santamaria). 유사하게, 마드리드의 최근 지하철 확장은 시간과 예산 내에 건설되었으며(Flyvbjerg 2005), 많은 수의 산업 메가프로젝트도 동일하다(Merrow 2011). 이러한 프로젝트를 연구하여 성공의 원인을 이해하고 성공이 다른 곳으로 복제 될 수 있는지 여부를 시험하는 것이 특히 중요하다. 그러나 성공한 프로젝트 목록을 만드는 것보다 비용초과 및 혜택부족이라는 관점에서 실패한 프로젝트의 긴 목록을 만드는 것이 훨씬 용이하다. 메가프로젝트 관리의 성공에 대한 지속적인 연구의 일환으로 현재의 저자와 그의 동료들은 통계적으로 유효한 답변을 얻을 수 있는 충분한 규모의 성공적인 프로젝트 샘플을 만들려고 노력하고 있다. 그러나 지금까지 그들은 실패했다. 왜냐하면? 현재까지 메가프로젝트 관리에서의 성공은 매우 드물었고, 성공은 작은 샘플만 연구할 수 있지만 실패는 사례가 많으며 신뢰할 만한 프로젝트 샘플이 있기 때문이다.

메가프로젝트 관리의 성공은 전형적으로 정해진 예산과 시간 내에서 약속된 혜택을 제공하는 프로젝트로 정의된다. 제시된 근거에 의하면, 10개의 메가프로젝트 중 약 1-2개가 예산 내이고, 10개 중 1-2개가 기간 내에, 10개 중 1-2개가 제시된 혜택을 제공한다면, 세 가지 목표를 모두 만족하는 프로젝트 수는 1,000개 중 약 1-8개가 된다. 그 숫자가 잘못되었다 해도 성공률은 형편없다. 이것은 "메

표 1.2 대규모 프로젝트의 사업비 초과에 관한 재앙적인 역사

프로젝트	사업비 초과(%)
수에즈 운하, 이집트	1,900
스코틀랜드 국회의사당, 스코틀랜드	1,600
시드니 오페라 하우스, 호주	1,400
콩코드 초음속 여객기, 영국, 프랑스	1,100
트로이 및 그린필드 철도, 미국	900
몬트리올 하계올림픽, 캐나다	720
엑스칼리바 스마트 프로젝트, 미국, 스웨덴	650
카나다 화기 등록소, 캐나다	590
노인 의료보험 처리 시스템, 미국	560
국가 보건서비스 IT 시스템, 영국	550
노르웨이 은행 본사, 노르웨이	440
레이크 플래시드 동계 올림픽, 미국	320
퍼카 기지 터널, 스위스	300
베라자노 협궤 교량, 미국	280
보스턴 대규모 동맥/터널 프로젝트, 미국	220
덴버 국제공항, 미국	200
파나마 운하, 파나마	200
미네아폴리스 히아와타 경전철, 미국	190
험버 교량, 영국	180
더블린 항구 터널, 아일랜드	160
몬트리올 지하철 라바 확장, 캐나다	160
코펜하겐 지하철, 덴마크	150
보스턴-뉴욕-워싱턴 철도, 미국	130
크레이트 밸트 철도 터널, 영국	120
런던 라임하우스 도로 터널, 영국	110
브룩클린 교량, 미국	100
신칸센 조슈 고속철도, 일본	100
채널 터널, 영국, 프랑스	80
칼스루헤-브레튼 경전철, 독일	80
런던 쥬빌리 라인 확장, 영국	80
방콕 지하철, 태국	70
멕시코 시티 지하철, 멕시코	60
고속철도 남부 라인, 네델란드	60
그레이트 밸트 동쪽 교량, 덴마크	50

가프로젝트의 철의 법칙", 예산초과, 기간지연, 혜택부족과 이러한 것의 지속적인 상황을 설명하기 위한 것이다(Flyvbjerg 2011). 흥미롭고 관리가 어려운 이 분야에서, 실행의 성공은 특이한 것이고 평균 실행은 재앙이다.

1.6 메가프로젝트의 역설

이 분석은 우리에게 제대로 된 역설—플뤼브비에르 등(Flyvbjerg et al. 2003: 1-10)이 처

음으로 밝힌 메가프로젝트 역설이라 불리는—을 남긴다. 역설의 한 측면에서 공공 및 민간의 모험적 사업에 대한 수행 모델로서 메가프로젝트는 현재보다 더 많은 수요가 없었으며, 메가프로젝트의 크기와 빈도도 더 크지 않았다. 다른 한 측면으로는 메가프로젝트 관리의 성과는 놀라울 정도로 부실하며, 비용초과, 공기지연, 혜택부족 관점에서는, 가용한 자료와 비교한 90년 동안에 전혀 개선되지 않았다.

오늘날, 메가프로젝트 기획자와 관리자는 메가프로젝트 관리를 위해 "고장-수리 모델(break-fix model)"이라고 불리는 수행 방법을 사용하기 때문에 이 역설에 갇혀 있다.[6] 일반적으로 메가프로젝트 관리자와 그들의 조직은 성공적인 메가프로젝트 수행 방법을 모르고 있거나 그렇게 할 동기부여를 가지고 있지 않다. 따라서 메가프로젝트는 착수 후 얼마 되지 않아, 예를 들면 현실이 낙관적이거나 일정, 비용, 혜택 추정치의 조정, 공기지연, 비용초과 등의 이유로 "고장"이 발생하는 경향이 있다. 문제를 개선하려고 당초 계획된 업무를 수정하기 위해, 프로젝트는 때때로 일시 중지되고 자금이 보충된다. 전형적으로 과다비용 발생과 확대는 프로젝트를 중단되지 못하도록 하는데, 이는 메가프로젝트가 왜 "베트남"이라 불리는지에 대한 이유라—"쉽게 시작하였는데 그만두기 어렵고 비용이 많이 든다"—할 수 있다(White 2012; also Cantarelli et al. 2010; Ross and Staw 1993; Drummond 1998). "수리"는 때때로 무슨 일이 일어날지 모르고 고장 전에 빠져나올 수 있는 예측을 못하거나 식견이 부족한 이해관계자들에게 매우 크고 예상치 못한 비용을 부담시킨다.[7]

고장-수리 모델은 낭비적이며 현실감 부족으로 야기된 잘못된 정보에 기반하여 착수 시기에 사업진행이 결정되는 단순한 이유로 조직과 사회 모두에서 비효율적 자원배분을 초래한다. 잘못된 정보의 정도는 플뤼브비에르 등(Flyvbjerg et al. 2002, 2005)이 문서화한 비용초과 및 혜택부족에 적용되는 큰 표준 편차에서 볼 수 있듯이 프로젝트마다 크게 상이하다. 따라서 우리는 평균적으로 모든 프로젝트가 대략 같은 정도로 잘못 된다고 가정하지 않고, 논문에 나타난 것처럼 좋지 않더라도 최상의 프로젝트를 아직 구축할 수 있다고 할 수 있다. 진실은 우리가 알지 못하고 때때로 프로젝트는 추진하는 정부 또는 기업에 이득이 아닌 순손실을 부담시키는 것으로 밝혀진다. 고장-수리 모델의 근본 치료법은 적절한 프론트 앤드관리를 통해 프로젝트가 중단되지 않도록 처음부터 제대로 시작하고 유능한 팀에게 현실적인 초기 관리를 수행하게 하는 것이다(18장 Volden and Samset; Williams ans Samset

2010). 그러나 메가프로젝트 관리자는 즉시 고장을 고치는 방법을 알아야 한다. 이 책은 두 가지 유형의 상황, 즉 (i) 처음부터 프로젝트를 제대로 시작하는 것과 (ii) 고장난 프로젝트를 수리하는 것 등을 다룬다.

1.7 문제점, 원인, 치료

이 장은 (i) 메가프로젝트 관리의 **문제**, (ii) 그 문제의 근본 **원인**, (iii) 문제를 해결하는 데 도움이 될 수 있는 **치료법**에 대한 철저한 연구 기반의 이해를 독자들에게 제공하기 위해 선정되었다. 이 책은 프로젝트 관리의 **대상**, **이유**, **방법** 등을 체계적으로 강조한다. 또한 일반적 사항을 예시하는 사례 연구도 포함한다.

첫째, 메가프로젝트 관리의 **문제**가 무엇인가에 대해—렌플과 로흐(Lenfle and Loch, 2장)와 시미아티키(Siemiatycki, 3장)는 역사적인 개요를 제시한다. 안사르 등(Ansar et al., 4장)은 척도의 근본적 어려움을 강조했고 취약성 관점에서 척도를 이론화하려고 시도했다. 레빗과 스콧(Levit and Scott, 5장)은 제도적 어려움, 특히 글로벌 메가프로젝트가 가지고 있는, 즉 메가프로젝트에 점점 더 공통적으로 증가하는 사항으로 다수 국가에서의 확장되는 활동 등을 다루었다. 반 위와 프리머스(van Wee and Primus, 6장)는 중요하지만 자주 간과되는 메가프로젝트 관리 측면, 즉 관련된 윤리적 및 정치적 문제와 그들은 메가프로젝트 윤리가 무엇인가를 질문한다. 마지막으로 렌(Ren, 7장)은 중국에서 현재 부채로 조달된 메가프로젝트 투자에 대해 진지하게 냉철한 질문을 던진다.—"이것은 인류 역사상 가장 큰 사회기반시설 거품인가?"

둘째, 메가프로젝트 관리의 **원인**에 대해, 행동경제학은 대규모 프로젝트에 대한 초기 연구에서 개발되었으며, 이 연구에서 메가프로젝트 기획자 및 관리자가 함께 행동한 것을 잘 설명한 하버드 교수 카스 선스테인(Cass Sunstein)이 최근에 주장한 사항을 플뤼브비에르(Flyvbjerg, 8장)는 탐구한다. 드럼몬드(Drummond, 9장)는 투입 확대와 과다비용 발생으로 돌파구를 찾지 못하는 상황에 대해 주요 이론을 검토하고 평가한다. 밀러 등(Miller et al., 10장)은 혁신 게임의 관점에서 메가프로젝트 관리를 언급하며, 게임을 어떻게 가장 잘 수행하는지를 설명한다. 클렉 등(Clegg et al., 11장)은 학자와 실무자가 메가프로젝트와 메가프로젝트 관리를 어떻게 이해하는지에 대한 개요와 권력이 어떻게 그런 이해와 연계되는지를 제시한다. 길(Gil, 12장)은 모든 메가프로젝트에서 중심관리 사항인 갈등 해결에 초점을 맞춘 메가프로젝트 계획에 대한 새로운 집단행동 관점을 소개한다. 바드와 매스선(Baade and Matheson,

13장)은 대형 행사 및 여러 유형의 메가프로젝트가 선진국에서 신흥 경제국가로 점차 이동함에 따라 중요성이 커지고 있는 이슈인 신흥 경제국가에서의 대형 행사 추진력을 설명한다.

셋째, 메가프로젝트 관리를 **치유**하는 **방법**에 대해, 데이비스 등(Davies et al., 14장)은 프로젝트의 혁신과 유연성 확보를 위하여 메가프로젝트의 새로운 수행 모델을 기술하고, 이 모델이 영국의 3대 메가프로젝트에 어떻게 적용되었는지를 설명한다. 윈치(Winch, 15장)는 전략적 관리 연구의 발전을 기반으로, 미래 세대와 자연환경에 대한 중요한 문제를 보다 잘 고려하기 위해 이해관계자 관리의 개념을 확장한다. 호즈와 그리브(Hodge and Greve, 16장)는 메가프로젝트 수행의 문제들을 치료하는 방법으로 성공적인 민영화 방법에 대해 질문하고 대답한다. 비커먼(Vickerman, 17장)은 메가프로젝트의 혜택이 크다는 사항과 심지어 직접적인 혜택이 없는 경우에도 프로젝트를 정당화할 것이라는 것에 대해 모호한 사항들을 명확히 한다. 볼든과 샘세트(Volden and Samset, 18장)는 노르웨이가 메가프로젝트에 대해 수행한 품질보증 프로그램 방법과, 이것이 어떻게 결과물을 향상시켰는지를 설명한다. 평생 연구를 기반으로 스커더(Scudder, 19장)는 궁극적으로 메가프로젝트인 대규모 댐에 대한 다음 물음에 대하여 종합적인 관점에서 질문하고 대답함으로써 본 책을 마무리한다—"좋은 대규모 댐이 존재하는가, 모든 것이 고려되었는가?"

넷째, 마지막으로 홀즈 만 등(Holzmann et al., 20장)은 보잉사의 787 팀이 메가프로젝트 수행의 혁신 코드를 어떻게 붕괴시켰는지에 대해 깊게 연관된 심층적 조사—유형에 관계없이 대부분의 메가프로젝트 문제에 대해—와 함께 **사례 연구**를 설명한다. 데이비스(Davies, 21장)는 대부분의 메가프로젝트에서 일반적인 관심사를 갖는 시스템 통합 측면에서 런던 2012년 올림픽 게임에서 배운 교훈을 설명한다. 델 체로 산타마리아(del Cerro Santamaria, 22장)는 과거 세대의 가장 상징적인 도시 메가프로젝트인 건축의 대부 필립 존슨이 "우리 세대의 가장 위대한 건물"이라 부른 프랭크 그레이의 구겐하임 박물관 빌바오가 미화 15억 달러 규모의 대도시 빌바오의 재생을 위한 전략적 계획에 대한 기록을 갱신하고 설정한다. 청(Chung, 23장)은 자동차도로 분야에서 공공-민간 파트너십과 연관된 다소 어려운 경험을 통한 미로로부터 나아가야할 길을 찾으며, 앞으로의 과제와 기회를 알아본다. 반 델 웨스추이젠(van del Westhuizen, 24장)은 아프리카에서 최초 월드컵 주최국으로 2010년 월드컵 입찰에 참여한 남아프리카공화국이 입찰 패키지로 구성한 아프리카 최초의 고속철도인 가우트레인을 강조하면서, 정치적 상징으로서 메가프로젝트의 이야기를 전한다. 마지막으로 에슬러 등(Athlers et al., 25장)은 나일강 아스완 하이댐과 메콩 강 남 투엔 2를 연구하여 댐 개발이 최근 얼마나 변화했는지, 정치권력이 어디서 더 확산되었는지, 어느 지역에서 기본적 투명성과 시민 권리를 확보하기 더 어려운지를 설명한다. 저자들은 이러한 문제를 해결하기 위한 원칙으로서 "댐 민주주의"를 제안한다.

결론적으로, 이 책의 각 장들은 메가프로젝트 관리에 대해 학문적으로 특징지어진 취약한 이론과 특이한 데이터에 대한 해독제로서, 이론을 강화하고 고품질의 데이터를 포함하기 위해 선정되었다(Flyvbjerg 2011). 강력한 이론은 메가프로젝트 관리의 현상에 대해 상세하게 밝히는 아이디어로 이해된다. 양질의 데이터는 프로젝트, 연구, 지역 및 시간에 걸쳐 중요한 변수를 체계적으로 비교할 수 있는 타당하고 신뢰할 만한 정보이거나, 또는 상세한 고품질의 사례연구를 가능하게 한다. 강력한 이론과 양질의 자료에 대한 강조는 학문적으로나 전문적으로 현장을 발전시키기 위한 것이다. 추가적으로, 현재 메가프로젝트에 대한 투자의 주요 부분이 선진국뿐만 아니라 신흥 경제국에서 발생하고 있기 때문에, 적절한 장들이 선정되었다. 마지막으로, 현장에 대한 역사적인 견해를 제공하는 장과 양질의 사례 연구가 포함되었다. 이 책은 메가프로젝트 관리에서 학습, 연구 또는 실행을 시작하거나, 메가프로젝트에 의해 영향을 받고, 더 잘 이해하기를 원하는 사람들이 꼭 읽어야 할 지식에 대한 폭넓은 서적을 만드는 것이 목적이다.

감사의 글

《메가프로젝트 매니지먼트(The Oxford Handbook of Megaproject Management)》에 기여한 사람들의 공헌도와 책 편집 중 변경 요청에 대한 인내심에 감사드린다. 옥스퍼드 대학 출판사의 전 비즈니스 및 경영 편집자인 데이비드 머슨(David Musson)에 특별한 감사를 드린다. 데이비드는 7년 전에 이 책을 쓰자고 제안하였다. 그 당시에는 메가프로젝트 관리 분야에서 이 책과 같이 공정하고 독자적으로 충분하며 양이 어느 정도 될 수 있는 학문적 품질 확보가 충분하지 않다고 생각해서 주저하였다. 오늘날 이 상황은 행복하게 변했다. 메가프로젝트 관리는 새로운 학문 분야로 빠르게 자리를 잡고 있다. 이 신진 학분 분야에 대한 식견을 가져, 세계 최초로 영구적 의장 설립과 첫 학위 프로그램을 선구적으로 개발하였으며, 프로그램의 첫 의장과 학문적 관리운영자의 영예를 저에게 준 옥스퍼드 대학과 세이드 비즈니스 스쿨에 감사드린다. 이들은 저에게 본 핸드북 작업을 위한 이상적인 조건을 제공했다. 끝으로, 제작 및 인쇄 과정을 거쳐 손에 들고 있거나 화면에서 볼 수 있는 멋있는 책이 되게 해주신 옥스퍼드대학 출판사의 비즈니스 및 경영 담당 부교수인 클레어 케네디에게도 감사드린다.

벤트 플뤼브비에르(Bent Flyvbjerg)
제리코(Jericho), 옥스퍼드(Oxford)
2016년 7월

주

1. 더 많은 정보는 〈http://www.oxfordhandbooks.com〉를 보시오.
2. "메가프로젝트"는 보통 수십억 달러로 측정되고, "주요 프로젝트"는 수억 달러로 측정되며, "프로젝트"는 수백만 또는 수천만 달러로 측정된다. 메가프로젝트는 때때로 "주요 프로그램"이라고도 불린다.
3. 구글 검색, 2017년 1월 17일.
4. 여기서 "고유성 편향"은 계획자와 관리자가 자신의 프로젝트를 단수적으로 보는 경향으로 정의된다. 이러한 특별한 편향은 새로운 프로젝트들이 종종 비표준적인 기술과 디자인을 사용한다는 사실에서 기인하며, 관리자들은 그들의 프로젝트가 실제보다 다른 프로젝트들과 더 다르다고 생각하게 된다. 고유성 편향은 관리자 자신의 프로젝트가 독특해 다른 프로젝트에서 배울 것이 없다고 생각하기 때문에 관리자의 학습을 방해한다. 이러한 학습 부족은 자신의 프로젝트를 독특한 것으로 보는 매니저들이 다른 매니저들보다 훨씬 더 나쁜 성과를 내는 이유를 설명할 수 있을 것이다(Budzier and Flyvbjerg 2013). 따라서 자신의 프로젝트가 독특하다고 생각하는 프로젝트 매니저들은 그들의 프로젝트와 조직에 대한 책임이 있다. 메가프로젝트에게 이것은 매우 큰 책임일 것이다.
5. "Under Water Over Budget," *The Economist*, 7 October 1989, 37–8에서 인용.
6. 저자는 옥스퍼드대학 사이드(Said) 경영대학원 BT 주요 프로그램 관리 센터의 전 실무 책임자 패트릭 오코넬(Patrick O'Connell) 박사에게 "break-fix model"이라는 용어를 도움받았다.

7. 고장 수리 프로젝트의 뒷면을 보기 위해, 어떻게 고장이 발생하고 수리가 시도되는지를 실시간으로 확인하기 위해, 2014년에 건설 중에 고장난 중국 본토로 가는 홍콩의 XRL 고속철도 노선에 대한 자세한 내용은 플뤼브비에르 등(Flyvbjerg et al. 2014)을 참조한다.

참고 문헌

Aaltonen, K. and Kujala, J. (2010). "A project lifecycle perspective on stakeholder influence strategies in global projects," *Scandinavian Journal of Management*, 26: 381–97.

Anguera, R. (2006). "The Channel Tunnel: An ex post economic evaluation," *Transportation Research Part A*, 40: 291–315.

Ansar, A., Flyvbjerg, B., Budzier, A., and Lunn, D. (2014). "Should we build more large dams? The actual costs of hydropower megaproject development," *Energy Policy*, March: 43–56.

Ansar, A., Flyvbjerg, B., Budzier, A., and Lunn, D. (2016). "Does infrastructure investment lead to economic growth or economic fragility? Evidence from China," *Oxford Review of Economic Policy*, 32(3): 360–90.

Budzier, A. and Flyvbjerg, B. (2013). "Making sense of the impact and importance of outliers in project management through the use of power laws," *Proceedings of IRNOP (International Research Network on Organizing by Projects)*, vol. 11 (June), pp. 1–28.

Cantarelli, C. C., Flyvbjerg, B., van Wee, B., and Molin, E. J. E. (2010). "Lock-in and its influence on the project performance of large-scale transportation infrastructure projects: Investigating the way in which lock-in can emerge and affect cost overruns," *Environment and Planning B: Planning and Design*, 37: 792–807.

Drummond, H. (1998). "Is escalation always irrational?" *Organization Studies*, 19(6): 911–29.

Economist, The. (2008). "Building BRICs of growth," 7 June: 80.

Eisenhardt, K. M. (1989). "Agency theory: An assessment and review," *Academy of Management Review*, 14(1): 57–74.

Flyvbjerg, B. (2005). "Design by deception: The politics of megaproject approval," *Harvard Design Magazine*, no. 22, Spring/Summer: 50–9.

Flyvbjerg, B. (2006). "From Nobel Prize to project management: Getting risks right," *Project Management Journal*, 37(3): 5–15.

Flyvbjerg, B. (2009). "Survival of the unfittest: Why the worst infrastructure gets built, and what we can do about it," *Oxford Review of Economic Policy*, 25(3): 344–67.

Flyvbjerg, B. (2011). "Over budget, over time, over and over again: Managing major projects," in P. W. G. Morris, J. K. Pinto, and J. Söderlund (eds.), *The Oxford Handbook of Project Management*. Oxford: Oxford University Press, pp. 321–44.

Flyvbjerg, B. (2012). "Why mass media matter, and how to work with them: Phronesis and megaprojects," in B. Flyvbjerg, T. Landman, and S. Schram (eds.), *Real Social Science: Applied Phronesis*. Cambridge: Cambridge University Press, pp. 95–121.

Flyvbjerg, B. (ed.) (2014a). *Megaproject Planning and Management: Essential Readings*, vols. 1–2. Cheltenham, UK, and Northampton, MA: Edward Elgar.

Flyvbjerg, B. (2014b). "Introduction," in B. Flyvbjerg (ed.), *Megaproject Planning and Management: Essential Readings*, vols. 1–2. Cheltenham, UK, and Northampton, MA: Edward Elgar, pp. xiii–xxxiv.

Flyvbjerg, B., Bruzelius, N., and Rothengatter, W. (2003). *Megaprojects and Risk: An Anatomy of Ambition*. Cambridge: Cambridge University Press.

Flyvbjerg, B. and Budzier, A. (2011). "Why your IT project might be riskier than you think," *Harvard Business Review*, 89(9): 24–7.

Flyvbjerg, B., Garbuio, B., and Lovallo, D. (2009). "Delusion and deception in large infrastructure projects: Two models for explaining and preventing executive disaster," *California Management Review*, 51(2): 170–93.

Flyvbjerg, B., Holm, M. K. S., and Buhl, S. L. (2002). "Underestimating costs in public eorks projects: Error or lie?" *Journal of the American Planning Association*, 68(3): 279–95.

Flyvbjerg, B., Holm, M. K. S., and Buhl, S. L. (2004). "What causes cost overrun in transport infrastructure projects?" *Transport Reviews*, 24(1): 3–18.

Flyvbjerg, B., Holm, M. K. S., and Buhl, S. L. (2005). "How (in)accurate are demand forecasts in public works projects? The case of transportation," *Journal of the American Planning Association*, 71(2): 131–46.

Flyvbjerg, B. Kao, T.-C., and Budzier, A. (2014). "Report to the Independent Board

Committee on the Express Rail Link Project," in *MTR Independent Board Committee: Second Report by the Independent Board Committee on the Express Rail Link Project*. Hong Kong: MTR, pp. A1-122.

Frick, K. T. (2008). "The cost of the technological sublime: Daring ingenuity and the new San Francisco-Oakland Bay Bridge," in H. Priemus, B. Flyvbjerg, B. van Wee (eds.), *Decision-Making on Mega-Projects: Cost–Benefit Analysis, Planning, and Innovation*. Cheltenham, UK, and Northampton, MA: Edward Elgar, pp. 239-62.

Helm, D. (2008). "Time to invest: Infrastructure, the credit crunch and the recession," *Monthly Commentary*, 18 December, <http://www.dieterhelm.co.uk>.

Hirschman, A. O. (1995). *Development Projects Observed*. Washington, DC: Brookings Institution. First published 1967.

Kuhn, T. S. (2012). *The Structure of Scientific Revolutions*, 4th edn. Chicago, IL: University of Chicago Press. First published in 1962.

Marx, L. (1967). *The Machine in the Garden: Technology and the Pastoral Ideal in America*. Oxford and New York: Oxford University Press.

McKinsey Global Institute. (2013). *Infrastructure Productivity: How to Save $1 Trillion a Year*. New York: McKinsey and Company.

Merrow, E. W. (2011). *Industrial Megaprojects: Concepts, Strategies, and Practices for Success* Hoboken, NJ: Wiley.

Miller, P. (1965). *The Life of the Mind in America: From the Revolution to the Civil War*. New York: Harvest Books.

Morris, P. W. G. (1994). "The 1960s: Apollo and the decade of management systems," in *The Management of Projects*. Reston, VA: American Society of Civil Engineers, pp. 38-88.

Ross, J. and Staw, B. M. (1993). "Organizational escalation and exit: Lessons from the Shoreham nuclear power plant," *The Academy of Management Journal*, 36(4): 701-32.

Schön, D. A. (1991). *The Reflective Practitioner: How Professionals Think in Actio*n. New York: Basic Books. First published 1983.

Standish Group. (2009). *CHAOS Report*. West Yarmouth, MA.

Stiglitz, J. (1989). "Principal and agent," in J. Eatwell, M. Milgate, and P. Newman (eds.),

The New Palgrave: Allocation, Information and Markets. New York: Norton, pp. 241–53.

Taleb, N. N. (2010). *The Black Swan: The Impact of the Highly Improbable*, 2nd edn. London and New York: Penguin.

United States Government Accountability Office (GAO). (2012). *Joint Strike Fighter: DOD Actions Needed to Further Enhance Restructuring and Address Affordability Risks*, Report GAO-12-437. Washington, DC: Government Accountability Office.

United States Government Accountability Office (GAO). (2013). *Defense Acquisitions: Assessments of Selected Weapon Programs*, Report GAO-13-294SP. Washington, DC: Government Accountability Office.

White, R. (2012). "A waste of money, for years to come," *The New York Times*, 27 January, http://www.nytimes.com/roomfordebate/2012/01/26/ does-california-need-high-speed-rail/high-speed-rail-is-a-waste-of-money-for-decades-to-come>.

Williams, T. and Samset, K. (2010). "Issues in front-end decision making on projects," *Project Management Journal*, 41(2): 38–49.

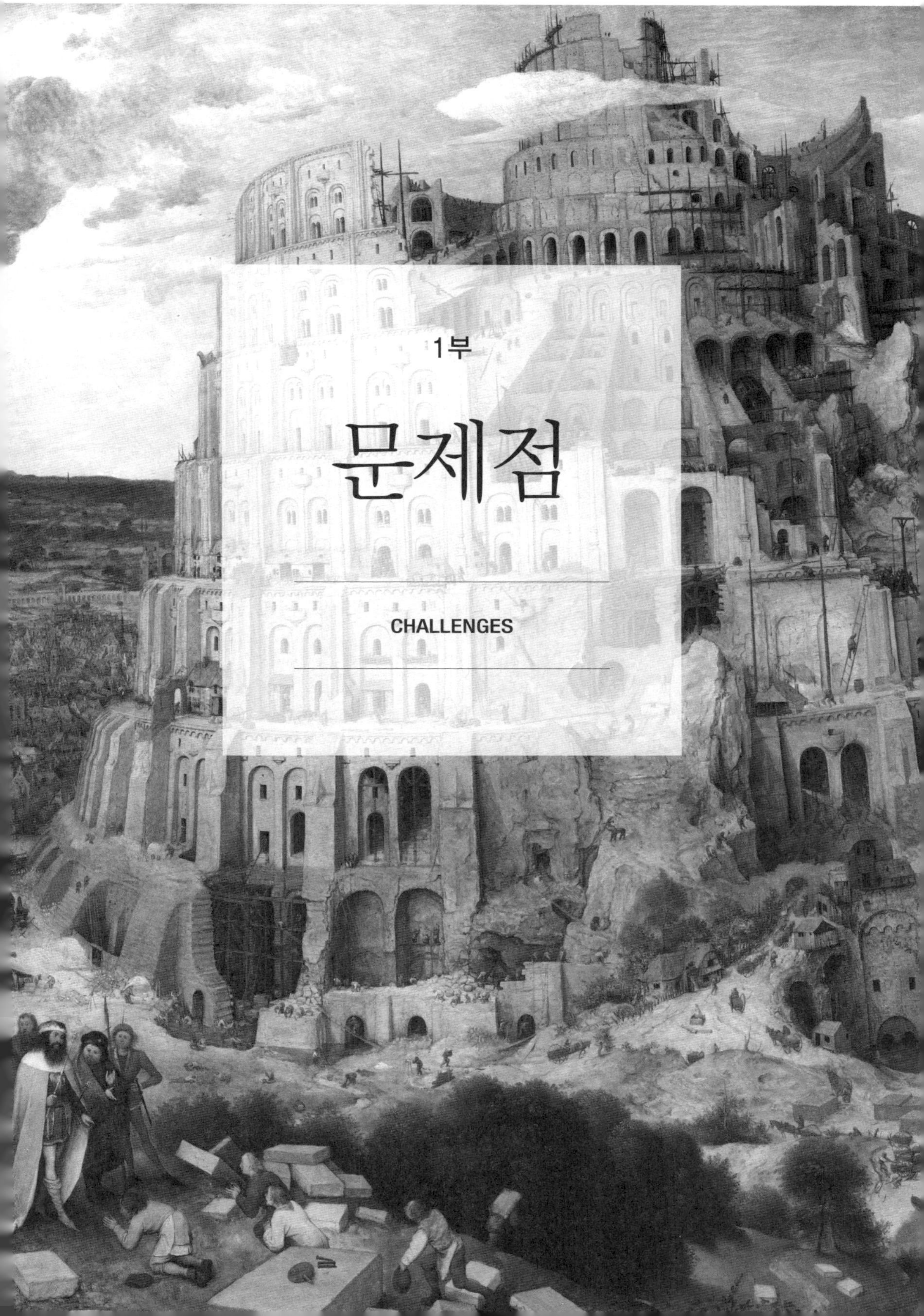

1부

문제점

CHALLENGES

제2장

메가프로젝트 관리는 길을 잃었나?

역사로부터의 교훈

실베인 렌플·크리스토프 로흐

성공적인 대형 프로젝트 관리의 기본 요소가 새로운 것은 아니지만, 메가프로젝트의 조사된 성과 기록은 형편없는 정도이다. 간단히 말해서, 혼란스러운 것은 오랜 시간 동안 비표준 기술의 어려움을 다루는 **불확실성**을 다수의 강력한 관심을 가진 집단의 참여를 통해 표현되는 **이해관계자**의 복잡성과 결합시키는 것이다(Flyvbjerg and Cowl 2004). 이러한 문제들은 1940년대 원자폭탄의 성공적인 개발에 정복되었으나, 70년이 지난 지금, 맨해튼 프로젝트의 교훈 중 일부는 중시되지 않고 있으며 현대 메가프로젝트는 그로 인해 더 열악해졌다.

공기지연과 예산초과의 전형적인 모델인 원자로 산업을 고려해 보자. 현재 2세대인 EPR 원자로는 2003년에 미래 계획으로 발표되었고, 2009년에 가동될 계획으로 2005년 핀란드에서 첫 번째 프로젝트가 시작되었다. 그러나 이 프로젝트는 (2015년 8월 현재) 2018년 이전에 운영을 시작하지 않을 것이며, 이미 33억 유로에서 85억 유로로 사업비가 증가했다(World Nuclear Association 2015). 프랑스 프라마빌에서 EPR 기술을 사용하는 또 다른 프로젝트는 현재 초기 사업기간보다 두 배 이상 소요할 것으로 예상되며, 사업비는 초기 추정치인 33억 유로보다 오히려 90억 유로가 소요될 것으로 예상되었다(Le Monde, 21, April 2015). 영국의 힝클리 포인트 씨 프로젝트는 공사 초기라 대규모 비용초과는 나타나지 않지만, 높은 위험을 반영하기 위해 건설 계약에 너무 많은 가격 보장이 포함되어 있다(Taylor 2016; 12장).

원자력발전 혼자만의 문제가 아니다. 연구에 따르면 주요 프로젝트의 90%가 예산초과 상태이며, 50% 이상 예산초과가 일반적인 사항이다(Flyvbjerg 2011). 독일에서의 한 국가별 조사에 따르면 170개 메가프로젝트 중 평균 예산초과는 73%였다(Kostka 2015). 한 연구에서는 대규모 비용초과를 "메가프로젝트의 철의 법칙"이라 부른다(Flyvbjerg 2014).

이 장에서는 전체적인 기능 부족에 상당히 영향을 끼치는 몇 가지 핵심적 관리 결함에 대해 식별이 가능하다는 것을 설명한다. 그런 다음 이러한 결함을 해결하는 방법에 대한 지식이 존재하고 제2차 세계대전 초기에 부분적으로 적용되었음을 보여 준다. 세 번째로, 오늘날 메가프로젝트 관리의 성과를 향상시키는 데 도움이 될 수 있는 관리 방법에 대한 몇 가지 권고안을 제시하기 위하여 과거 지식을 살펴볼 것이다.

2.1. 메가프로젝트 실패의 세 가지 공통 원인

지난 수십 년 동안 대규모 프로젝트의 많은 실패를 기술할 때, 세 가지 중요한 주제가 나타난다.

2.1.1 불확실성의 과소평가 또는 인정 거부

메가프로젝트는 계획수립이 충분하여, 설계 및 사업계획이 처음부터 견고하게 구성되었다는 가정하에 시작된다. 그러나 표준적이지 않은 기술과 여러 이해관계자가 참여하는 긴 기간 동안에 모든 것을 계획하는 것은 불가능하며, 여러 차례의 재설계와 추가 비용을 유발시키는 통제에 대한 이해관계자들 간의 손실 갈등이 발생한다.

트리니다드에서 수행된 순철탄을 생산하는 선진 철광석 환원 시설인 서코드 프로젝트가 그 예이다(Loch and Terwiesch 2002). 이 프로젝트는 루기 에이지가 작은 시제품에서 개발 및 시험한 신기술을 사용하였으며, 철광회사인 클리브랜드 클리프가 소유하고 운영하여 1999년 생산을 목표로 1995년에 착수하였다. 집중적인 위험분석은 모든 문제가 예상되고 관리될 수 있다고 제안되었지만, 많은 예기치 못한 문제가 규모 증대 시 발생하여 프로젝트가 2년 지연되었다. 프로젝트가 기술적으로는 성공하였지만, 공기지연으로 인해 2002년 상품 가격 붕괴에 취약해져 수익성이 하락하였다. 궁극적으로 클리브랜드 클리프는 설비를 단념하고 미탈에 상당히 금액을 할인하여 판매하였다.

실패의 주된 원인은 루기가 기술의 미성숙과 기술적 위험을 이해한 반면, 설비 소유주는 적절한 계획과 분석을 통해 위험이 방지될 수 있다는 이유로 긴 시험 단계를 거절했다는 것이다. 따라서 계속되는 문제는 적절하게 해결되기보다는 상대적으로 더 많은 시간과 비용이 추가되었다.

2.1.2 이해관계자 무시 또는 잘못된 처리

메가프로젝트는 직접적으로 참여하지 않는 외부 이해관계자들의 지지 또는 최소한의 수동적 포용과 더불어 적극적 파트너의 동맹을 필요로 한다. 이해관계자가 무시되거나 잘못된 협약의 책략을 쓰거나, 갈등이 악화되거나, 명확하지 않은 정치적 진술들이 뒤에 감추어질 때 위기는 필연적으로 발생한다.

1987년과 1994년 사이에 영국해협 하부에 50킬로미터 쌍둥이 터널을 굴착한 유로터널 프로젝트가 유명한 예인데(Bensen et al. 1989a and b), 이 터널을 통해 여객 및 화물 열차가 현재 칼레(Calais)와 도버(Dover) 사이를 통과한다. 초기 계획은 7년간의 기간과 1987년 예산 48억 파운드였는데, 기간이 29% 이상 지연되었고(1993년 6월의 최초 공개된 목표치 이후 화물 운행이 1994년 5월에 시작되었지만 완전한 운영은 1994년 12월까지 달성되지 못함), 총 예산은 80억 파운드로 예산의 65%를 초과하였다. 또한 당초 터널 운행속도 160km/h 목표와 비교하여 80km/h로 달리기 때문에 일부 초기 사양을 달성되지 못해 운행 시간이 초과되고 터널 용량이 감소되었다. 그러나 가장 중요한 것은 유로터널 사가 프로젝트를 포기하여 부채로 인해 수익을 낼 수 없었으며, 최종적으로 은행에서 2013년에 상당 부분의 부채를 탕감해 줄 때까지 주주는 투자의 두 배 정도 손해를 보았다(Garg et al. 2008).

새로운 터널 굴착 기계가 사용되었고 불확실성하에서 유로터널의 문제는 근절되지 **않았지**만, 관련 문제가 신속하게 처리되어 수익 및 영업 이익의 초기 계획에 상당히 근접한 것으로 판명되었다.

대신 유로터널의 근본 원인은 이해관계자들 사이의 우려스러운 관계인데, 건설 컨소시엄과 후의 유로터널 운영자의 갈등은 지속되었고 소송에 휘말리게 되었으며, 은행은 3개월간의 노동 중지와 부채 부담 증가에 따라 유로터널에 부담되는 인플레이션을 포함한 모든 위험을 이전할 수 있었다.

이해관계자 갈등은 프로젝트 문제의 주요 원인이며 본질적으로 영향력을 행사할 수 있는 많은 관계자가 참여하는 메가프로젝트에 특히 위험하다. 한 조직이 무시되거나 압력을 가하여 합의를 이끌어 내거나 또는 관점이나 관심의 차이를 표면적으로 숨길 경우, 이러한 합의는 변화가 균형을 깨뜨릴 때, 관계자들이 더 이상 협업을 하지 않고 서로 반대편에서 작업하는 시점에서 중단될 것이다(Loch et al. 2015).

2.1.3 유연하지 못한 계약관리(현저하게, 최저가 입찰 계약)

요구되는 적정 규모의 전문 기술 다양성에 따른 메가프로젝트를 수행하기 위해 많은 관계자들이 협업해야 한다. 잘 알려진 "낮은 가격으로 입찰하고 나중에 청구하는" 관행은 프로젝트 발주자가 최저가를 기준으로 계약을 체결하여 계약자가 공격적으로 입찰하도록 압력을 가해, 프로젝트 수행 중 변경 시마다 더 많은 보상을 요구하는 유연하지 못한 작업이 되게 한다.

이것은 이미 30년 전에 관찰되었고(McDonald and Evans 1998), 대규모 공공사업의 관행을 조사한 독일 정부위원회에 의해 비판받았는데 여전히 잘 지속되고 있다(Kammholz 2015). 전 세계적으로 볼 수 있는 구체적인 사례는 2009년 입찰을 초청하고 2014년에 개장할 예정인 파나마 운하 확장을 위한 52억 달러 규모의 메가프로젝트이다. 스페인 주도의 건설 회사 컨소시엄은 미국 주도의 경쟁 컨소시엄보다 10억 달러를 적게 쓰면서 50마일 수로의 수문을 32억 달러에 낙찰했다. 그러나 2014년에 이 컨소시엄은 "계약 위반"(예로 지질학적 조건에 대해 잘못 알려줬다고 주장하면서)을 이유로 프로젝트 발주자인 파나마운하 당국(PCA: Panama Canal Authority)에 16억 달러의 보상금을 요구하였으며, 분쟁으로 인해 이미 프로젝트가 2015년 중반으로 연기되었다. 그러나 입찰가가 너무 낮아 향후에 비용 증가가 필요할 것이라는 우려가 처음부터 제기되었다(Kriel and Dowsett 2014). 파나마운하 당국이 당초 입찰은 합리적인 것이라고 항변했지만, 전문가들은 공개적으로 공격적인 낮은 입찰전략 사용에 대해 언급하였다(The Economist 2014).

2.1.4 주제들 간의 상호 작용

위에서 언급된 문제의 세 가지 근본 원인은 강력하게 상호작용하기 때문에 해결하기가 훨씬 더 어렵다. 예를 들어 유로터널 프로젝트의 이해관계자들은 단기 관점의 건설사 대 장기 관점의 운영사로 관심이 서로 다르다. 상호 불신의 분위기에서는 중간 정도의 불확실성도 해결하기가 어렵고, 갈등(비용초과 같은)과 더 심한 불신으로 이어지며, 결과적으로 협업은 더 어려워진다.

그러나 이러한 문제를 해결하기에는 어렵지만 잊혀졌던 잠재적인 해결책이 있다. 관련된 지식은 70년 동안 이용 가능했지만 이러한 지식의 상당 부분은 프로젝트 커뮤니티에서 잊혀져 왔으며 다음에 설명하려는 것과 같이 효과적으로 사용되지 못했다.

2.2 1940년대에 프로젝트 관리가 이미 알고 있던 것

아이러니하게도 역사적으로 이 세 가지 문제가 극복된 프로젝트가 실제로 존재한다. 이것은 제2차 세계 대전 및 대규모 전쟁 후 미국의 국방 및 우주 프로젝트로, 흥미롭게도 현대 프로젝트 관리의 근원이다. 사실 맨해튼, 아틀라스, 폴라리스, 아폴로 프로젝트는 가장 유명한 프로젝트로 매우 성공적으로 기간 내에 관리되었다. 그러므로 이러한 사례로부터 교훈을 이끌어내는 것은 흥미로운 일이다. 개념적 차원에서 이 프로젝트들은 두 가지 중요한 일을 올바르게 수행되었다.

첫째, 조직 차원에서 그들은 주요 R&D 프로젝트들을 어렵게 하던 전통적 관료 싸움을 극복하기 위해 처음부터 전담조직을 만들었다. 미 공군과 미 해군의 대륙간 탄도 미사일(ICBM: Intercontinental Ballistic Missiles) 개발은 이 전략의 전형이다. 폴라리스 사례를 간단히 고려하자(Sapolsky 2003). 문제는 지정된 지사 또는 지국과 수십 개의 관련 기업을 기능적으로 조정하고 통합하는 것이었다. 더욱이 탄도 미사일은 신기술로서 기존 무기 획득 구조에 쉽게 맞지 않았는데, 이는 폭격기도 폭탄도 유도 미사일도 아니었다. 이 문제를 극복하기 위해 해군은 완전한 자치권과 폴라리스 프로젝트 관리의 권한을 가진 새로운 기관인 특별 프로젝트 사무소(SPO: Special Project Office)를 구성하였다. 훌륭하고 강력한 프로젝트 매니저인 윌리엄 라본(William F. Raborn) 제독이 감독하고 팀 전체에 헌신과 긴박감을 불어넣었다. 그는 "우리 종교는 폴라리스를 건설하는 것이다"(Spinardi 1994: 35)라고 말했다. 이 조직의 탄생은 폴라리스 프로젝트의 핵심 성공 요인의 하나를 의심할 여지없이 나타낸다(Sapolsky 1972). 그리고 앞서 언급한 모든 프로젝트(맨해튼 엔지니어 분야 및 엘 그로브스, 미공군의 서부개발부 및 비 슈라이버, 유인 우주 비행 및 에스 필립스 사무실)에서 유사한 논리인 훌륭한 프로젝트 매니저가 이끄는 헌신적인 조직을 발견할 수 있다. 그러므로 이러한 프로젝트의 성공은 거의 무한한 프로젝트 관리 권한으로 "무엇을 하였는지"에 달렸으며, 목표를 달성하기 위해 올바른 행동을 취할 수 있는 완전한 자치권이 뒷받침되었다.

둘째, 불확실성 관리와 관련하여 이러한 프로젝트 관리자는 훌륭한 통찰력을 개발하였다. 그들은 처음부터 알지 못하는 것을 모른다고 옳게 이해했다. 이것은 그로브스 장군이 원자폭탄 설계에 대한 거대한 예견할 수 없는 불확실성이 주어졌을 때 그들은 "어둠 속에서 진행되고 있다"(Groves 1962: 40), 그러므로 "모든 정상적인 질서와 절차를 버려야만 한다"(72)라고 가장 명확하게 언급하였다.

흥미로운 점은 핵심적 실험 활동의 일부로 정보를 수집하기 위해 실험(예: 조종사의 형태)과 대안의 병행 추적 및 전념(비용이 많이 드는) 작업을 결합한 적절한 관리 결론을 이끌어 냈다는 것이다. 맨해튼 프로젝트는 이러한 접근법의 관련성을 강력히 보여주는데, 초기에 원자폭탄의 올바른 설계를 정의하는 것은 불가능하다고 인정하면서, 그로브스와 운영위원회는 핵분열성 물질의 생산과 폭탄의 설계 둘 다에 대한 기술적 해결책을 동시에 탐구하기로 결정하였다. 이것은 왜 일본에 떨어지는 두 개의 폭탄이 완전히 다른 설계를 가지고 있었는지, 그리고 그들이 대단한 과학적 및 공학적 도전을 극복하기 위해 그 짧은 시간에 어떻게 성공했는지를 설명한다(Lenfle 2011). 이 전략은 그로브스와 오펜하이머 그리고 미공군의 서부지역 개발부 의장인 슈라이버 간의 토론을 통해 ICBM 아틀라스 프로젝트(및 기타)에 직접 전달되었다(Hughes 1998).

이러한 교훈이 규율의 제도화 과정에서 어떻게 사라졌는지를 프로젝트 관리 부서가 깨닫고 있다. 실제로, 불확실성 관리의 원칙은, 성공적인 실험 결과를 보장하기 위해, 실험과 조정의 필요성, 하위 프로젝트에 대한 여러 가지 병렬 시험을 시작하는 이점 등에 대해 1950년대에는 이론적으로 잘 정리되었다(Alchian and Kessel 1954; Arrow 1955; Klein and Meckling 1958). 그러나 이러한 원칙은 PM 교과서에서 완전히 사라졌으며 최근에야 재발견되었다(여러 분야에서 예로 Leonard-Barton 1995; Loch et al. 2006). 렌플과 로흐(Lenfle and Loch 2010)는 단계별/스테이지-게이트 논리를 통해 명확하게 정의된 목표를 달성하는 것과 같이, PM의 통제 지향적 선호에 따라 상대적으로 불확실성에 대한 유연한 접근이 어떻게 실행되지 않았는지 보여준다.

이 과정은 세 가지 관점으로 전개된다(Lenfle and Loch 2010).

1. 정치적 관점에서 탄도 미사일의 배치는 상황을 완전히 바꿔 놓았다. "미사일 격차"에 대한 공포가 사라지고 군이 주도하는 메가프로젝트에서 극도의

긴장감이 사라졌다. 이로 인해 〈1958년 국방개혁법(Defence Reorganization Act of 1958)〉의 형식으로 국방부 내에서 중요한 조직 재구성이 이루어졌으며, 이는 국방장관의 군대에 대한 권한을 크게 확대시켰다. 이는 서비스 기능을 "이전, 재할당, 폐지 또는 통합"하고 예산을 통제할 권한을 그에게 부여했다. 이것은 "맥나마라 혁명(McNamara revolution)"을 위한 길을 열었다. 포드 자동차 회사에서 나온 로버트 맥나마라(Robert McNamara)는 1961년 국방장관으로 임명되어 국방부 계획과정을 완전히 재구성하기 시작하였다. 그의 목표는 지금까지 두 개의 분리된 프로세스였던 계획과 예산을 통합하는 것이었다. 그는 유명한 프로그램 계획 및 예산 시스템(PPBS: Program Planning and Budegting System)의 구현으로 자신의 목표를 실현했다. 이 과정은 초기 미사일 프로젝트의 논리와 정반대였고 프로젝트 관리를 완전히 되돌릴 수 있었다. 이러한 방법은 불확실성을 제한하고 단계적 접근을 제도화하기 위해, 시스템 개발 전에 시스템의 완전한 정의를 강조하였다. 이로 인해 병렬시험과 동시성이 제거되었다. 그러므로 현재 스테이지-게이트(Stage-Gate)라 불리는 단계별 계획 접근은 국방부와 새로 형성된 NASA의 프로젝트 관리 모델이 되었다(Johnson 2000). 이것은 PERT(Program Evaluation and Review Technique)와 같은 관리 도구 보급에 의해 시행되었다. 특히, 《NASA/국방부 PERT/비용 지침서》는 1962년에 발행되어 행정부 입찰 프로세스의 일부가 되었으며, 이러한 도구를 프로젝트 관리 표준으로 변경시켰다. 이로 인해 향후 수십 년간 프로젝트 관리 범위가 정의되었다. 이제부터 국방부로 전략이 집중되고, 사업관리의 역할은 주어진 임무를 수행하는 것이었다.

2. 이 변화는 이론적으로 상대적인 것이다. 사실 맥나마라 혁명은 이론적으로 RAND 사고와 이성적인 의사결정에 대한 믿음에 기반을 두고 있다.[1] 이 견해는 맥나마라하에서 국방부의 검사관이 된 저명한 RAND 회원인 찰스 히치(Charles Hitch)에 의해 분명하게 표현되었다. 1960년에 그는 《원자력 시대의 국방 경제학(The Economics of Defense in the Nuclear Age)》을 발표했는데, 이것은 목표 달성을 위해 자원 배분의 경제적인 문제로 국방의 관점을 많은 독자에게 소개했다. 이러한 견해는 프로젝트 관리에 중대한 영향을 끼쳤는데, 초점은 초기 미사일 프로젝트의 "비용 성과" 관점에서 "비용/성능 비율의 최적화" 방향으로 점진적 변화를 하였다. 이러한 새로운 논리는 프로젝트 관리에 관한

초기 연구에서 분명히 볼 수 있다. 예를 들어 클리랜드와 킹(Cleland and King)의 《시스템 분석 및 프로젝트 관리(System Analysis and Project Management 1968)》는 고전이 되었다. 이 책은 단계적 논리의 전형이며, 두 가지 주요 프로젝트 단계에 해당하는 2개 부분으로 구성된다. 첫 번째는 복잡한 전략적 문제를 분석하고 프로젝트 임무를 정의하는 시스템 분석의 힘을 주장하였다. 두 번째는 프로젝트 실행을 다루고 공식적 기법을 사용하여 프로젝트 계획 수립 및 통제와 함께 이해관계자 기여를 통합하는 프로젝트 조직을 만들 필요성을 강조하였다. 이러한 모든 사건의 결과는 1970년대 초반에 와서는 단계적 접근이 "자연스러워졌다"는 것이었다.

3. 이 표준화 과정의 마지막 단계는 1969년에 전문조직인 미국 프로젝트관리협회(PMI: Project Management Institute)를 창설하는 것이었다. 실제로 폴라리스의 성공 이후 수 년 동안 수많은 컨설팅 회사에 의해 PERT/CPM(Critical Path Method) 방법의 과다한 출판 및 강력한 홍보가 이루어졌다(Vaszonyi 1970). 계획수립 방법은 대규모 프로젝트 관리의 성공과 동의어로 간주되었다. 전문가 협회의 아이디어는 PERT 및 CPM 사용자의 긴밀한 공동체 내에서 이러한 맥락으로 발생했다(R, Archibald, E. Benett, J. Snyder, N. Engman, J. Gordon Davis, and S. Gallagher). 창립자는 모두 프로젝트 관리 전문가였기 때문에 PMI가 PERT/CPM과 같은 관리 기법에 집중하는 것은 자연스러운 일이었다. 따라서 향후 20년 동안 "현대 프로젝트 관리"는 폴라리스와 맥나마라 혁명 이후 PERT/CPM과 동일시되었다(Snyder 1987).

독자가 알게 된 이러한 사실은 오늘날 프로젝트 관리의 지배적인 모델인 스테이지-게이트 프로세스의 기본 원칙을 제공한다. 문제는 프로젝트 관리에 대한 합리적인 관점에서 볼 때, 특히 혁신적인 프로젝트와 예측 불가능한(긴 시간과 이해 관계자의 복잡성으로 인해) 특성의 메가프로젝트에 대해 프로세스가 지나치게 단순화된다는 것이다. 더욱이 렌플과 로호가 주장한 것처럼, 이것은 이러한 프로젝트의 성공 요인에 대한 잘못된 해석으로 이어진다. 예를 들어, 아폴로는 단계적 접근방식으로 구성된 복잡한 프로젝트 관리 시스템이 설정된 것으로 프로젝트 문헌에 기록되어 있다(Seamans 2005; Johnson 2002). 이것이 1962-63년의 프로젝트 위기로부터 다시 정상화되는 데 기여한 것은 의심의 여지가 없지만, 이러한 좁은 관점의 견해는 상위 수준의 탐사와 단계적 접근이 프로젝트에서 너무 늦게 실행되었다는 사실을 무시했다. 그러나 사실, 프로젝트 관리에 대한 이러한 통제 지향적인 접근방식이 오늘날 여전히 지배적이다.

2.3 1950년대에 획기적인 프로젝트 관리 유형의 한계

이전 논의를 기반으로, 우리는 이슈가 "1940년대와 1950년대의 역량을 되찾는 것"인지 아닌지에 대해 질문할 수 있다. 그러나 이것은 생각하기에 너무 간단하다. 사실, 이 프로젝트들은 매우 특정한 맥락에서 전개되었으므로 오늘날의 메가프로젝트가 직면해 있는 모든 범위의 복잡성에 노출되지는 않았다. 이러한 모든 프로젝트들이 처한 상황은 제2차 세계대전(맨해튼) 또는 소련과의 냉전(아틀라스, 폴라리스, 아폴로)으로 인하여 최고의 국가 긴급 상황임을 기억해야 한다. 이것은 두 가지 중요한 결과를 낳았다.

첫째, 프로젝트 목표는 군사적 성격을 반영했으며, 의미상으로는(기술적으로는 인상적임에도 불구하고) 원자폭탄을 구축하고, 장거리에서 작은 목표물을 타격할 수 있는 미사일을 제작하고, 잠수함에서 미사일을 발사하거나 달에 가는 것은 간단했다.[2] 이것들은 오늘날 필연적으로 사회적 요인를 포함하는 프로젝트의 목표 복잡성을 반영하지 않는다.

둘째, 냉전 및 소비에트와의 경쟁은 프로젝트에 관련된 어떠한 논쟁도 억제되었다. 이것은 달 프로젝트를 공식적으로 발표한 존 F. 케네디의 의회 연설을 기억하면 쉽게 이해할 수 있다.

> 자유와 폭정 사이 전 세계적으로 벌어지는 싸움에서 승리하려면, 우리가 인간의 마음을 얻기 위한 전투에서 이기려면, 최근 몇 주간에 일어난 우주에서의 극적인 업적—스푸트니크(Sputnik)가 1957년에 한 것과 같은, 어느 길을 택해야 하는지 결정하려고 시도하는 이 모험이 모든 곳에서 사람들의 마음에 미치는 영향—을 우리 모두에게 명확히 해야 할 것입니다. (…) 인류가 수행해야 하는 것이 무엇이든, 자유인은 완전히 공유하여야 하기 때문에 우리는 우주에 갑니다. (…) 저는 이 국가가 향후 10년이 되기 전에 달에 사람을 착륙시키고 그들을 안전하게 지구로 돌아오게 하는 목표 달성에 전념해야 한다고 생각합니다. 이 기간 동안 인류에게 우주 장거리 탐사보다 더 인상적이

> 거나 더 중요한 프로젝트는 없을 것이며, 성취하기에 너무 어렵거나 너무 값비싼 목표가 되지는 않을 것입니다(긴급한 국가 요구에 관한 의회 특별 메시지, 1961/5/25).

실제로 그것이 "자유와 폭정 사이의 전쟁"이라면, 이 프로젝트에 관한 논쟁은 없을 것이다.[3] 다시 말해서, 우리가 최근의 생각에 근거한다면, 이해관계자 간 불일치는 없거나 적었다. 결과물 변경에 동의하거나 투명성과 책임감을 요구하는 외부 단체가 없었기 때문에 지지를 중단하는 단체나 일 추진을 방해하는 시위자들도 없었다.

이는 공급업체 관리에서도 마찬가지였다. 이러한 프로젝트팀은 공급업체에 대해 큰 영향을 가지고 있었는데, 다시 말해서 공급업체가 대금을 잘 지급받고, 주문대로 수행하는 것에 대해 의문을 갖지 않는 군사 프로젝트였다. 사실, 전체 조직은 정치를 피하기 위해 고안된 것이다. 아틀라스와 폴라리스에 대한 휴즈(Hughes 1998)와 사폴스키(Sapolsky 1972)에 의해 설명된 바와 같이, WDD와 SPO 창설의 주요 목적은 대규모 R&D 프로젝트가 통상적으로 시달리는 관료적인 싸움과 정치를 피하는 것이었다. 그들은 어떤 의미에서 폐쇄적인 프로젝트였다(Edwards 1996; Hughes 1998). 정치는 군대와 정부로 축소되었다. 논쟁이 있을 수 있지만, 프로젝트를 중단시킬 가능성이 있는 반대는 없다(Beard 1976). "해군의 나머지 부분을 우리가 지키기 위해 울타리를 쳐라"(Sapolsky 1972: 124)와 "간섭을 받지 않는 자원을 제공할 수 있도록 프로그램을 전략적으로 설계하라"가 라본 제독에게 가능했다(Spinardi 1994: 35-6). 따라서 이해관계자 관리의 문제는 범위에 포함되지 않았다.

이러한 매우 특정한 상황은 냉전의 종식과 서로 연결된 세계의 출현으로 사라졌다. 이제는 프로젝트를 울타리 뒤의 다른 세계에 두기를 희망하는 프로젝트팀은 존재하지 않는 "열린" 맥락에서 메가프로젝트를 관리해야 한다. 이러한 관점에서 휴즈(Hughes 1998)는 유명한 보스턴 중앙 동맥 터널과 같은 토목 메가프로젝트에 직면했을 때, 군 프로젝트를 위해 개발된 "시스템 엔지니어링" 방법은 실패했다는 것을 잘 설명한다. 여기서 해결하여야 할 사항은 서로 다른 목표와 제약을 가진 여러 이해관계자의 골치 아픈 복잡성을 처리하는 것이었다. 보스턴 중앙 동맥 터널 핵심 인물인 살브치(F. Salvucci)는 보스턴 지역의 미로를 관통하는 터널의 경로를 엔지니어, 지역사회 단체, 시정부, 매사추세츠주 등과 논의하면서 교량 설계 같은 기준 등에 대해 인내심을 갖고 협상하여야 했다. 그러므로, 룬딘 등(Lundin et al. 2015:

201-2)은 "프로젝트의 단일 집중적 교섭상대자는 '프로젝트 고객'이라는 전통적인 견해는 사라지고, 새로운 정교한 거버넌스와 정보교환 프로세스에서 관리되어야 하는 다양한 관계자를 위해 복잡한 퍼지시스템이 제공되어야 한다"고 주장하였다. 이 문제는 공공 및 민간 메가프로젝트의 책임에 대한 요구가 증가하고 있기 때문에 더욱 중요하다고 강조했다. 그로브스 장군은 이 상황을 다룰 필요가 없었다.

즉, 우리는 그때는 훌륭하게 수행되었지만 오늘날에는 충분하지 않은 1950년대 프로젝트 관리의 전성기로 돌아갈 수는 없다. 그러나 최근의 실패한 메가프로젝트 중 일부는 불확실성 관리에 대해 알려진 것을 위배했기 때문에, 1950년대의 불확실성 관리에 대한 교훈을 반복하는 것은 여전히 가치가 있다. 또한 메가프로젝트 실패의 세 가지 핵심 요인에 대한 지식은 불확실성 관리뿐만 아니라 이해관계자 및 계약자 관리에 대해서도 지난 50년 동안 점진적으로 축적되어 왔다. 이러한 지식의 핵심 교훈을 2절에서 검토할 것이다.

2.4 교훈과 추천 사항

2.4.1 불확실성 관리

앞서 설명한 1940년대의 업무를 바탕으로, 프로젝트 관리 이론은, 스테이지-게이트 프로세스가 지배적이었기 때문에, 많은 프로젝트가 변이로 특징지어지는(특정 활동에 대한 가능한 기간과 비용의 범위로 인한 많은 작은 영향들) 것과, 완충으로 인해 예측 가능한 불확실성이나 위험을 해결할 수(프로젝트 팀이 다른 결과가 발생할 수 있다고 확인할 수 없는 영향을 분명히 하고 이해하는) 있는 것, 위험 발생 행동을 유발시키는 위험관리의 계획 수립과 프로그램에 의해 해결 가능한 것을 분명히 표현할 수 있다(De Meyer et al. 2002). 그러나 메가프로젝트는 예측할 수 없는 불확실성으로 인해 어려움을 겪는데, 이는 프로젝트 계획수립 기간 동안에 확인될 수 없다. 팀은 사건의 가능성을 인식할 수 없거나 만일 사태 대책을 수립할 수도 없다. 예상치 못한 불확실성은 커다란 "상상도 할 수 없는" 사건 또는 복잡성을 통해 상호작용하는 많은 영향(이해관계자 행동이 포함되어)에 의해 야기될 수 있다. 예측할 수 없는 불확실성은 소규모의 작은 불확실성 수준보다 (그리고 스테이지-게이트 프로세스가 허용하는 것보다) 더 유연하고 "신중한" 접근방법을 필요로 한다.

아직, 예측할 수 없는 불확실성의 존재를 진단할 수 있다. 예를 들어, 발견 주도

계획(McGrath and MacMillan 1995, 2000)은 알려지지 않은 미지의 존재를 명시적으로 인정하고 가정 체크리스트와 같은 분석을 통해 이를 밝혀내는 것을 제안한다. 유사하게, 로흐 등(Loch et al. 2008)은 신생 모험적 프로젝트의 예를 통해, 미지의 사건들이 어느 분야에서 나타날지에 대한 직관을 구축하고 프로젝트에서의 지식 격차를 체계적으로 철저히 조사하여 미지의 영향을 분석하는 방법을 설명한다. 두 기본적인 접근방법이 예측할 수 없는 불확실성 수준에 대해 존재하는데, 시행착오 학습법과 선택론이다(Leonard-Barton 1995; Pich et al. 2002; Loch et al. 2006).

시행착오 학습법을 통해 팀은 하나의 결과(식별할 수 있는 최선)로 이동하기 시작하지만, 새로운 정보가 가용함으로써 결과와 행동과정을 반복적이고 근본적으로 변화할 준비를 한다. 반드시 "진전"에 기여하지 않고 정보 취득을 목적으로 한 탐색적 실험이 이 접근방법의 중요한 부분인데, 그러한 실험의 실패는 실수라기보다는 학습이 원인이다. 그러므로 단지 진전만을 목표로 추적하는 것보다 오히려 지식의 차이 감소와 학습을 추구하는 것이 중요하다. 잘 알려진 사례로 대규모 임상 실험에서 예기치 못한(긍정적인) 부작용을 통해 때때로 유망한 징후가 나타나는 제약 개발 프로젝트가 있다.

대안으로, 팀은 "대비"하고 **선택론**을 채택하거나 여러 가지 접근법을 병행으로 추구하고, 작동하는 것과 작동하지 않는 것을 관찰하며(이유를 완전히 설명하지 않고) 과거로 소급하여 접근 방식을 선택한다. 이러한 접근 방식의 예로는 1980년대 마이크로소프트사의 여러 운영 체제 추구(Beinhocker 1999) 또는 1990년대 초 일본 가전 회사의 "제품 대량 생산"(Stalk and Webber 1993) 등이 있다.

65개의 새로운 벤처 프로젝트에 대한 대규모 실증연구에서 소머 등(Sommer et al. 2009)은 프로젝트 성공에 끼치는 영향을 측정하면서, 학습과 선택론의 최상 조합은 프로젝트에서 예기치 못한 불확실성 수준과 프로젝트의 복잡성(그림 2.1)에 좌우됨을 나타내었다. 불확실성과 복잡성이 모두 낮으면 (왼쪽 하단 사분면) 계획 및 표준 위험관리가 가장 효율적이다. 예측할 수 없는 불확실성이 커지면 유연하게 시행착오법을 적용한다. 복잡성이 높으면 병렬시험을 사용하고 가능한 한 분야를 내려 좁힌다. 가장 어려운 상황은 메가프로젝트가 보통 존재하는 우측 상단 사분면인데, 예측할 수 없는 불확실성과 프로젝트 복잡성이 결합되는 곳이다. 불확실성이 모든 중요한 위험이 알려지는 지점까지 감소되면서 계속 유지될 수 있다면, 가장 큰 성공 수준은 병행실험과 연관이 있다는 것이라고 밝혀졌다. 그렇지 않으면 시

그림 2.1 시행착오법과 선택론을 채택하는 시기

예견 못한 불확실성 \ 복잡성	낮음	높음
높음	학습 비즈니스 계획과 벤처 모델을 근본적으로 재정의하는 유연성	선택론 최상의 시도 선택이 예측불허가 발생할 때까지 연기된다면 선택론이 가장 효과적이다.
낮음	계획 • 목표를 향한 계획 실행 • 리스크 식별과 리스크 관리 • 학습과 갱신	선택론 • 가능한 한 많은 계획 수립 • 가능한 한 몇몇 대안을 시도하고 최상을 선택

출처: 소머 등(2009)

행착오가 더 성과가 높다. 물론 대규모 프로젝트의 경우, 시행착오와 선택론을 결합하여 하위 프로젝트에 다르게 적용할 수 있다.

가장 큰 도전사항은 이전에 논의된 1960년대의 스테이지-게이트 프로세스 혁명에 의해 부분적으로 촉발된 대기업의 관리구조와 통제 사고방식에 있다. 대규모 조직의 관리자가 위험을 부담하는 것은 매우 어려운 일이다. 예를 들어, 대기업의 "획기적인 혁신"에 대한 연구는 대규모 혁신을 선택하고 실행하기 위해 스테이지-게이트와 유사한 접근 방식을 사용함으로써, 관리자가 보수적이 되고 위험한 프로젝트를 조기에 종료시키게 한다고 나타난다(He 2015). 유사하게, 세티와 이크발(Sehti and Iqbal 2008)은 스테이지-게이트 프로세스는 혁신적인 프로젝트에 대해 실패와 동의어인 비유연성으로 이어진다고 설명했다. 보다 더 근본적으로, 스테이지-게이트 과정은 엄격한 선행 계획과 통제를 통해 불확실성과 실험을 제거하는 "미적" 모형을 형성했다. 예를 들어 벤처 기업과 투자자 간의 관계에 대한 연구는 병행 시도와 시행착오 반복에 대해 투자자는 "처벌"(즉, 사업 재검토)이라고 반응함을 발견했다(Loch et al. 2011). 원칙적으로 R&D 관리 및 경험이 풍부한 프로젝트 관리 조직이 충분히 설명함으로써, 관리자는 예측 불가능한 불확실성에 대해 지적으로 대응할 수 있어야 한다. 그러나 많은(특히 공공) 조직, 투자자, 그리고 불확실성을 다루는데 특별히 유연성이 필요한 공공부문에서 관리를 갖추기 위해서는 많은 교육이 필요하다.

2.4.2 이해관계자 관리와 프로젝트 거버넌스

1950년대에 훌륭한 프로젝트가 성공적으로 수행되었음을 감안한다면, 메가프로젝트가 너무 많은 관심사 및 안건들과 연관되어 어느 중앙조직의 의지에 의해 추진될 수 없기 때문에, 보편적으로 합의된 "국가적 의제"는 더 이상 존재하지 않는다. 강력한 이해 당사자들의 자문과 참여가 필수가 되었다. 반면 정치적 타협은 의사결정을 위한 견실한 기반을 마련하지 못하고, 수시로 변하는 합의에 따른 혼돈된 목표와 일관성 없는 결정은 프로젝트를 손상시킨다. 이 두 가지 필수적인 것을 어떻게 조화시킬 수 있는가? 이것이 바로 프로젝트 거버넌스의 문제이다.

프로젝트 팀은 실제 업무를 수행하지만, 프로젝트의 업무범위와 전략은 일반적으로 "운영위원회" 수준인, 프로젝트 거버넌스 수준에서 설정된다. 로흐 등(Loch et al. 2015)은 17개의 복잡하고 불확실한 프로젝트(혁신과 조직 변화)에 대해 프로젝트 환경의 변화에 따른 갈등과 해법을 효과적으로 알아보기 위하여, 효과적 및 비효과적인 운영위원회 수행들을 조사해서, 관계자들의 대표(자문 포함)와 공유된 프로젝트 비전 생산과 이 비전이 운영 계획으로 전환되기 위해 결합되어지는 것이 필요한 곳에 운영위원회가 위치해 있다고 발견하였다.

몇몇 구체적인 원칙이 다음과 같이 연구로부터 도출되었다.

- 이해 관계자 대표: 운영위원회는 메가프로젝트에 관심이 있는 가장 중요하고 강력한 조직들(예: 정부, 공급 업체 또는 고객)을 대표할 필요가 있다. 동시에 대규모 그룹의 관리 및 유지가 너무 어려워 ("관심 있는 사람은 누구나 참여할 수 있다"가 허용되어) 운영위원회의 규모가 너무 크면 안 된다.
- 목표 합의: 운영위원회는 최소한 모든 관계자가 수용할 수 있는 프로젝트 비전의 명확한 설정과 그 이후 운영목표 및 핵심갈등이 노출되는 대상으로 그것을 전환하는 데 중요한 책임이 있다. "모성 및 사과 파이" 목표는 갈등이 필연적으로 발생하는 이후의 운영단계에서 정기적으로 폐기된다. 갈등이 초기단계에서 합의된 경우(공유된 프로젝트 비전을 유지하는 방식)에만 공유된 비전을 유지할 수 있는 협상방식에서 목표가 진화하고 변경될 수 있다.
- 위기 상황에서 정보를 얻고 재교섭 : 운영위원회는 프로젝트의 주요 쟁점(프로젝트의 전략적 위치를 유지하는데 필요한 전략적 정책이나 비즈니스 언어로 기술 언어 및 문제의 번

역을 주장하는)을 이해하기에 충분한 시간과 노력을 투자해야 한다. 또한 변화와 위기가 발생할 경우(메가프로젝트 기간에 불가피한) 프로젝트 변경은 관계자들이 합의/지원을 유지하는 방향으로 재협상될 수 있도록, 운영위원회는 정보를 유지하기 위한 시간과 노력을 투자해야 한다. 만일 당사자가 제외되었거나 이용되었다고 느낀다면 프로젝트는 실패하지만, 운영위원회가 함께 하나의 위기를 성공적으로 관리할 수 있다면 다음 위기를 관리하는 데 있어서는 더 강력해진다.

- 프로젝트 팀의 일관성 유지: 초기 프로젝트 계획을 유지하고 강화하기보다 핵심 문제를 이해하는 관점에서, 운영위원회는 통제적 입장을 유지해야 한다. 좋지 않은 소식과 변화는 합리적으로 처리되고, 해결책과 책임을 요구하지만, 희생양을 처벌하지 않겠다는 등의 신뢰가 프로젝트 팀에서 수립되어야 한다. 그렇지 않으면, 효과적으로, 프로젝트의 정확한 상황 정보는 제공되지 않을 것이다. 이것은 메가프로젝트에서 변경이 일어날 것이기 때문에 필요하며, 프로젝트 팀뿐만 아니라 운영위원회는 임무 수행방법이나 임무의 목표가 오랜 시간에 걸쳐 점점 변화되는 과정, 정치 상황으로 인한 지체된 임무 변화, 해결되지 않은 문제점의 누적 또는 중요한 이해관계자와의 불화 등과 같은 메가프로젝트 어려움을, 전형적이지 않은 방식으로 이러한 변화들을 해결할 수 있도록 자체 프로젝트를 설정해야 한다.

이러한 원칙을 달성하기 어렵게 만드는 몇 가지 중요한 문제가 있다. 이해관계자들 간의 이해갈등과 사고방식의 차이는 진정한 제휴에 이르는 데 시간이 오래 걸리게(긴 계획 시간을 유발하는) 만들고 프로젝트 수행 동안 상당한 관리적 노력을 소모하게 한다. 유혹은 충분히 노력하지 않게 하거나, 한쪽의 이익을 위하여 균형적이지 않은 권력을 정치적 상황에 이용하려고 항상 존재한다.

이것은 또한 "초기에 비용 부담을 낮추고 이해관계자들에게 기정사실을 제시하는"(Flyvbjerg 2007) 널리 알려진 유혹이기도 하다. 이것이 어떤 경우에 분명히 사실이지만, 불가피한 것은 아니다. 로흐 등(Loch et al. 2015)은 운영위원회가 이해관계자를 대변하고 대화를 추구한다면, 그리고 향후 일정과 진행상황을 추적할 수 있도록 프로젝트 팀과 충분히 연관되어 있다면 성공에 대한 과대평가를 피할 수 있다는 증거를 제시한다. 물론 이것은 회의적인 대중(또는 정치체제)이 현실적인 시나리오 하에서 프로젝트를 단순하게 수용하지 않는 상황을 배제해서, 프로젝트 승인을 얻는 유일한 방법은 그것에 대해 "거짓말"하는 것이다. 그러나 프로젝트가 비현실적인 초기 추정에 의해 미리 정해진 어려움을 나중에 겪고, 프로젝트 실행 능력에 대한 대중의 믿음이 훼손됨으로써, 프로젝트를 시작하기 위해 허위진술에 참여하는 사람(나중에 깨달아 마음을 바꿀 것임)은 자신의 경력에 심각한 위험을 초래한다. 그렇다. 예를 들어, 이전에는 상상도 할 수 없었던 방식으로 런던과 파리를 연결한 유로터널은 뒤늦게 상당한 거시 경제적 성공의 한 예라고 할 수 있다. 그러나 거기에서 많은 이해관계자들이 경제적 손실을 보았고 참여한 우수한 인력들의 경력이 손상됨으로써, 비록 그것이 장기적인 정당성을 구축할 수 있다고 하더라도 초기의 과다한 전망은 위험하고 바람직하지 않다.

2.4.3 계약관리

계약은 파트너 및 프로젝트의 수많은 하도급 업체를 관리하는 핵심 수단이며 메가프로젝트에서 복잡한 관계망을 형성한다. 그러나 계약은 제한된 복잡성만 처리할 수 있고(계약이 수천 페이지나 되므로 비효율적 임), 메가프로젝트에서 불가피한 변화를 처리하는데 융통성이 필요한 경우 이를 발휘되지 못한다.

> 계약은 위험한 도구이며 항상 공포와 경계로 접근해야 한다. (…) 이론적으로 서면 계약의 목적은 애매한 것을 피하여 각 당사자의 명확한 의무를 달성하기 위한 것으로, 궁극적으로 논란을 배제하여 이해를 분명히 하는 것이다. 실제로, 건설 계약은 일반적으로 의무를 명확하게 확정시키는 것이 아니라 의무를 피하기 위해 형성된다.(McDonald and Evans 1998: 1-2)

특히, 계약은 상대방이 얼마 되지 않아 방침을 바꾸거나 보복하는 방법을 찾기 때문에 악의적인 기대를 이용하려고 상대방과의 차이를 알아보려는 유혹을 야기 시킨다(von Brsnconi and Loch 2004). "낮은 가격에 입찰하고 나중에 청구하는" 잘 알려진 유혹은 이러한 맥락에서 비롯되지만, 종종 비즈니스와 법적인 투쟁이 장기화되어 프로젝트에 손해를 끼친다.

계약은 **유연성**을 고려하여 설계되어져야 한다는 많은 증거들이 있으며, 계약 **관계성**을 보완해야할 필요가 있다. 가장 좋은 예는 히드로 터미널 5 프로젝트인데,

이 프로젝트는(최저 입찰가가 아닌) 실적 기록에 의한 공급자 선택과 문제해결에 보상을 받는 유연한 계약이 포함된, 양호한 프로세스 관리 내에서 신중한 전략적 거버넌스(시스템 통합 달성)를 결합한 통합적 접근법을 적용하였다(Davies et al. 2009b). 프로젝트 소유자인 BAA는 고객이 위험을 부담하고 통합 프로젝트 팀에서 계약자와 협업하는 두 가지 기본 원칙에 근거한 새로운 유형의 계약을 생성함으로써 "게임 규칙을 변경하였다". BAA는 계약자가 해결책을 찾을 수 있는 환경을 조성하고, 위험과 불확실성에 대한 책임을 져야만 했다. 계약자는 "비용 공개"의 투명성에 대해 모든 비용을 상환 받고, 사전에 동의한 "목표 비용"과 완료날짜를 초과달성하는 것에 대해 성과를 개선하고 보너스로 혁신되도록 인센티브를 제공받는다. 프로젝트 성과가 목표 비용을 초과 달성하면 이익은 팀 구성원들 간에 공유된다. 이 계약 방식은 위험을 이전하고 회피하기보다는 노출시켜 관리하는 관례에 의해 지지되었고, 혁신 및 문제 해결에 대한 인센티브를 제공하였다(Davies et al. 2009a: 24-5).

히드로 터미널 5 프로젝트는 계약과 관련하여 근본적인 문제를 다루었다. 메가프로젝트의 복잡하고 불확실한 환경에서 사전에 원하는 모든 결과를 구체화할 수는 없으며, 결과물을 확정하는 것은 계약자가 수행할 수 없거나 예견 못한 방법으로 수행 시 인센티브 관련 갈등을 유발한다. "혁신 보너스"를 가진 실비정산 계약은 이러한 딜레마에서 벗어나는 탈출구를 제공했다. 확정된 결과물 설명에서 협업적 문제 해결의 수단으로 계약을 전환하는 것이 더 가능하다.

이에 대한 한 가지 예가 로밍을 관리하는 파트너인 오렌지(프랑스 통신의 이동 전화기 부문)와 지역 통신사업자가 다른 지역의 고객에게 서비스를 제공하고 고객과 계약한 통신 사업자에 의한 실비정산과 고객에 로밍 수수료를 청구하는 복잡한 계약인 OSA 연합이다(Van Der Heyden et al. 2006). 연합에서 파트너 운영자가 서명한 "계약"은 특정한 협업 절차나 결과물을 명시하지 않았지만, 그것은 문제가 발생했을 때 기술 체계, 고객 합의, 또는 수익 공유를 설정하는 의사결정을 그룹이 어떻게 해결할 것인지로, 단지 협력적인 문제 해결 절차의 설명서에 불과했다. 대규모의 운영자(매출 과반수) 또는 많은 소규모 운영자(대부분의 득표자)가 합의로 효력을 발휘할 수 없어, 안전장치인 투표로 의사결정이 이루어진다. 각각의 특정 합의(일반적으로 계약으로 간주되는 것)는 단순한 기술 설명으로 이루어졌다. 이러한 합의 구조는 변화하는 기술과 규제 체제의 환경에서 파트너가 유연하고 견고하게 협업할 수 있게 해준다. (규제 기관은 매우 유익하게 된 로밍에 대한 규칙을 강화했다.) 그러나 프로젝트 및 프로그램 관리자와 그러한 협업 작업 구조를 논의할 때, 그들은 대개 "통제력 상실"과 같은 느낌이 들기 때문에 매우 불편해한다. 이것은 지배적인 스테이지-게이트 과정이 프로젝트 관리에서 창안했던 통제 "미학"의 또 다른 예이다.

그러나 메가프로젝트를 어렵게 했던 체계적으로 문제를 해결할 수 있는 새로운 방법을 채택하는데 다시 큰 난제들이 있다. 한쪽 편만을 위한 불균형의 힘을 사용하여 계약자의 가격을 하락시키기 위해 "시장 세력"을 활용하려는 유혹은 항상 존재한다. 하나의 사례로서, 히드로 터미널 5 소유주인 BAA는 2006년에 인수되었으며 "(영국 건설업계의 많은 사람들이 놀랄 만한) 완전한 전략의 반전으로, '위험-이전 계약', 상세한 선행 사양 및 유연하지 못한 일상에 의존하는 프로젝트 매니저보다는 전통적인 발주자 역할인 구매자로 되돌아가기로 결정했다"(Davies et al. 2016).

유사하게, 저자들은 많은 기업의 관리자와 OSA의 "구조 계약" 접근방식에 대해 논의해 왔으며, 그러한 접근방식이 관리자를 얼마나 심각하게 위협—그것이 마치 그들의 운명을 통제할 수 있는 것처럼 느끼는—하고 있는지 목격했다. 그러나 메가프로젝트 관리에서 새로운 방법을 만드는 것을 매우 어렵게 하며 이전에 언급된 단기 유혹에 대한 "전문적 표준"의 구체적 정의를 추가하고 스테이지-게이트 프로세스와 연관된 또 다른 문화적 및 "미적" 영향은 주류에 진입한다.

2.5 결론

시스템 엔지니어링 및 기술적 복잡성은 잘 알려져 있지만, 불확실성과 이해관계자의 복잡성은 메가프로젝트에 있어 여전히 큰 도전 과제이다. 행동 변화가 필요한 이러한 과제를 해결하기 위한 방법이 제시되었다. 이들은 계약자들에게 자신의 이익을 강요하려는 유혹에 대한 저항, 예측 가능성과 통제력의 일부 상실의 인정, 메가프로젝트에서 항상 존재하는 다중 면에서 요구되는 인내, 그리고 갈등을 단순히 회피하기보다 진보 지향적 의사 결정을 가능하게 하는 공통된 방향을 유지하기 위한 규율을 포함한다. 이러한 기술의 대부분은 기업이 새롭고 잠재적으로 어려운 행동을 배워야 할 것이다. 그러나 사실 이러한 관리 메커니즘의 많은 부분이 몇 세대 전의 메가프로젝트에 대해 경이로울 정도로 작용한 진정한 기술이며 향후 대규모 프로젝트를 위한 더 밝은 미래를 제시하는 데 도움이 될 것이다.

주

1. 맥나마라의 생각이 근거가 되고, 사전에 최적의 해결책을 발견할 수 있다는 믿음인 "냉전 합리성"에 영향을 받았다. 여기서, 독자는 에릭슨 등(Erickson et al. 2013)을 참고할 수 있다.
2. 아폴로는 1963년 이후에 군에 의해 관리된 대규모 시민 프로젝트이기 때문에 모호한 사례이다.
3. 맨해튼 프로젝트에 대해, 그것은 완전히 비밀스런 프로젝트인 "어둠" 이었기 때문에 단순히 논쟁은 없었다. 루즈벨트의 부통령인 해리 트루먼조차도 1945년 4월 대통령이 될 때까지 그 프로젝트의 존재를 무시했다.

참고 문헌

Arrow, K. (1955). *Economic Aspects of Military Research and Development*. Rand Corporation Document D-3142.

Alchian, A. A. and Kessel, R. A. (1954). *A Proper Role of Systems Analysis*. Rand Corporation Document D-2057: 16.

Beard, E. (1976). *Developing the ICBM. A Study in Bureaucratic Politics*. New York: Columbia University Press.

Beinhocker, E. (1999). "Robust adaptive strategies," *Sloan Management Review*, 40(3): 95–106.

Bensen, D., Thomas, H., Smith, R. C., and Walter, I. (1989a). *Eurotunnel- Background*. INSEAD-New York Stern School of Business, Case Study 08/95-2492.

Bensen, D., Thomas, H., Smith, R. C., and Walter, I. (1989b). *Eurotunnel -Equity*. INSEAD-New York Stern School of Business, Case Study 07/ 95-4528.

Davies, A., Dodgson, M., and Gann, D. (2009a). "From iconic design to lost luggage: Innovation at Heathrow Terminal 5," paper presented at the DRUID Summer Conference 2009, Copenhagen Business School.

Davies, A., Gann, D., and Douglas, T. (2009b). "Innovation in megaprojects: Systems integration at London Heathrow Terminal 5," *California Management Review*, 51(2): 101–25.

Davies, A., Dodgson, M., and Gann, D. (2016). "Dynamic capabilities for a complex project: The case of London Heathrow Terminal 5," *Project Management Journal*, 47(2):

26–46.

De Meyer, A., Loch, C. H., and Pich, M. T. (2002). "Managing project uncertainty: From variation to chaos," *MIT Sloan Management Review*, Winter: 60–7.

Economist, The (2014). "Your money or your locks," 3 January 2014.

Edwards, P. (1996). *The Closed World: Computers and the Politics of Discourse in Cold War America*. Cambridge, MA: MIT Press.

Erickson, P., Klein, J., Daston, L., Lemov, R., Sturm, T., and Gordin, M. (2013). *How Reason Almost Lost its Mind. The Strange Career of Cold War Rationality*. Chicago: University of Chicago Press.

Flyvbjerg, Bent and Cowi. (2004). *Procedures for Dealing with Optimism Bias in Transport Planning: Guidance Document*. London: Department for Transport.

Flyvbjerg, B. (2007). "Policy and planning for large infrastructure projects: Problems, causes and cures," *Environment and Planning B: Planning and Design*, 34: 578–97.

Flyvbjerg, B. (2011). "Over budget, over time, over and over again: Managing major projects," in P. W. G. Morris, J. K. Pinto, and J. Söderlund, *The Oxford Handbook of Project Management*. Oxford: Oxford University Press, pp. 321–44.

Flyvbjerg, B. (2014). "What you should know about megaprojects and why: An overview," *Project Management Journal*, 45(2): 6–19.

Garg, S., Loch, C. H., and De Meyer, A. (2008). *Eurotunnel: Eyes Wide Shut*. INSEAD Case Study 04/2008-5288.

Groves, L. (1962). *Now It Can Be Told: The Story of the Manhattan Project*. New York: Da Capo Press.

He, X. (2016). *Breakthrough Innovation in Large Companies*. PhD dissertation, Cambridge University Department of Engineering.

Hughes, T. (1998). *Rescuing Prometheus*. New York: Vintage Books.

Johnson, S. (2000). "From concurrency to phased planning: An episode in the history of systems management," in A. Hughes and T. Hughes, *Systems, Experts and Computers: The Systems Approach to Management and Engineering, World War II and After*. Cambridge, MA: MIT Press, pp. 93–112.

Johnson, S. (2002). *The Secret of Apollo: Systems Management in American and European Space*

Programs. Baltimore, MD: John Hopkins University Press.

Kammholz, K. (2015). "Bericht rügt Deutschlands Vresagen als Bauherr," *Die Welt*, 29(6): Section *Politik*.

Klein, B. and Meckling, W. (1958). "Application of operations research to development decisions," *Operations Research*, 6(3): 352–63.

Kostka, G. (2015). *Grossprojekte in Deutschland-zwischen Ambition und Realität*. Study of the Hertie School of Governance.

Kriel, L. and Dowsett, S. (2014). "Insight: Lowball bid comes back to haunt Panama Canal expansion," *Reuters World*, 20 January.

Lenfle, S. (2011). "The strategy of parallel approaches in projects with unforeseeable uncertainty: The Manhattan case in retrospect," *International Journal of Project Management*, 29(4): 359–73.

Lenfle, S. and Loch, C. H. (2010). "Lost roots: How project management came to emphasize control over flexibility and novelty," *California Management Review*, 53(1): 32–55. Leonard-Barton, D. (1995). *Wellsprings of Knowledge*.Cambridge, MA: HBS Press.

Loch, C. H., Pich, M. T., and De Meyer, A. (2006). *Managing the Unknown: A New Approach to Managing Projects Under High Uncertainty*. Hoboken, NJ: Wiley.

Loch, C. H., Solt, M. E., and Bailey, E. (2008). "Diagnosing unforeseeable uncertainty in a new venture," *Journal of Product Innovation Management*, 25(1): 28–46.

Loch, C. H., Sommer, S. C., Dong, J., Jokela, P., and Pich, M. T. (2011). "Managing risk and responding to uncertainty: How entrepreneurs and VCs can improve their effectiveness; a comparison of three countries," INSEAD Working Paper.

Loch, C. H., Sommer, S., and Mähring, M. (2015). "What project steering committees actually do: A framework for effective project governance," Working Paper, Cambridge Judge Business School/HEC Paris/Stockholm School of Economics.

Loch, C. H. and Terwiesch, C. (2002). *The Circored Project A, B and C*. INSEAD Case Study.

Lundin, R., Arvidsson, N., Brady, T., Ekstedt, E., Midler, C., and Sydow, J. (2015). *Managing and Working in Project Society: Institutional Challenges of Temporary Organizations*. Cambridge: Cambridge University Press.

McGrath, R. C. and MacMillan, I. (2000). *The Entrepreneurial Mindset: Strategies for Continuously*

Creating Opportunity in the Age of Uncertainty. Cambridge, MA: Harvard Business Publishing.

McDonald, D. F. and Evans III, J. O. (1998). "Construction contracts: Shifting risk or generating a claim?" *AACE International Transactions*, LEG.01: 1–8.

McGrath, R. and McMillan, I. (1995). "Discovery-driven planning," *Harvard Business Review*, (July–August): 44–54.

Pich, M. T., Loch, C. H., and De Meyer, A. (2002). "On uncertainty, ambiguity and complexity in project management," *Management Science*, 48(8): 1008–23.

Sapolsky, H. (1972). *The Polaris System Development*. Cambridge, MA: Harvard University Press.

Sapolsky, H. (2003). "Inventing systems integration," in A. Prencipe, A. Davies, and M. Hobday, *The Business of Systems Integration*. Oxford: Oxford University Press, pp. 15–34.

Seamans, R. (2005). "Project Apollo: The tough decisions," *Monographs in Aerospace History Number 37*. Washington DC: NASA History Division.

Sehti, R. and Iqbal, Z. (2008). "Stage-gate controls, learning failure, and adverse effects on novel new products," *Journal of Marketing*, 72(1): 118–34.

Sommer, S. C., Loch, C. H., and Dong, J. (2009). "Managing complexity and unforeseeable uncertainty in startup companies: An empirical study," *Organization Science*, 20(1): 118–33.

Snyder, J. (1987). "Modern project management: How did we get there — Where do we go?" *Project Management Journal*, 18(1): 28–9.

Spinardi, G. (1994). *From Polaris to Trident: The Development of US Fleet Ballistic Missile Technology*. Cambridge: Cambridge University Press.

Stalk, G. and Webber, A. M. (1993). "Japan's dark side of time," *Harvard Business Review*, 71(4): 93–102.

Taylor, S. (2016). *The Fall and Rise of Nuclear Power in Britain*. Cambridge: UIT Cambridge. Van Der Heyden, L., Doz, Y., and Vankatraman, V. (2006). *Orange Group's Open Seamless Alliance (OSA)*. INSEAD Case Study.

Vazsonyi, A. (1970). "L'histoire de Grandeur et de la Décadence de la Methode PERT," *Management Science*, 16(8): B449–55. von Branconi, C. and Loch, C. H. (2004).

"Contracting for major projects: Eight business levers for top management," *International Journal of Project Management*, 22(2): 119–30.

World Nuclear Association. (2015). "Nuclear power in Finland: Country profiles," 13 August, <http://www.world-nuclear.org/info/Country-Pro files/Countries-A-F/Finland/>.

제3장

메가프로젝트 발전 주기

메티 시미아티키

3.1 개요

사회기반시설 메가프로젝트는 인간 문명의 지속적인 특징이다. 이집트 피라미드부터 로마 수로, 도로 및 콜로세움, 그리스 파르테논 신전에 이르기까지, 세계 곳곳에서 거대한 규모로 새로운 건설 계획을 수행하려는 역사적인 노력의 잔재가 나타난다. 대규모 공공사업이 역사적으로도 중요하지만, 생산 자본에 대한 전략적 투자와 이데올로기로서, 메가프로젝트는 산업화로 인해 주목받게 되었다(Lehrer and Laidley 2008: 788). 오늘날 메가프로젝트는 현대 사회의 기능을 지원하는 대규모 수송, 에너지, 의료, 사무실 단지, 법원, 전기통신, 정보 기술 사회기반시설 등을 포함한 많은 다양한 형태로 나타난다.

메가프로젝트는 개발되는 상황에 따라 비용 관점에서 미화 1억 달러에서 10억 달러 이상의 범위로 정의될 수 있다. 메가프로젝트는 공공부문뿐만 아니라 민간부문 기관들 또는 이 두 가지의 조합을 통해 자금을 조달하고 건설되며 운영된다. 메가프로젝트는 계획 및 엔지니어링의 복잡성, 공적 및 정치적으로 높은 관심에 대한 기준으로 정의될 수 있으며, 주변의 경제적 및 사회적 환경과 자연 환경에 대해 메가프로젝트의 영향이 커지고 있다. 실제로 메가프로젝트는 공공의 관심을 가장 크게 유도하고 주변 지역 사회에 상당히 큰 영향과 외부 효과를 끼치는 대규모 사회기반시설 및 개발 프로젝트이다.

메가프로젝트의 더 수수께끼 같은 측면 중 하나는 혁신의 독특한 주기 또는 파도를 따르는 경향이 있다는 것이다. 사회기반시설 메가프로젝트의 새로운 기술 또는 형식의 개발이 한 곳에서 촉발되어, 사회기반시설의 동일한 자산 등급 또는 다른 유형에서 신기술 개발의 후속 파도에 의해 침해당하기 전에, 다른 여러 지역으로 다양하게 발전되는 것이 공통적이다. 다르게 말하자면, 메가프로젝트의 새로운 기술이나 유형은 혁신적인 아이디어가 나타나는 곳에서부터 시작하여 여러 지역에서의 인기 급등을 거쳐, 프로젝트 유형이 기대대로 작동하지 않거나, 필요한 목표를 달성했거나, 또는 더 나은 혜택을 제공하는 새로운 기술로 대체되는 이유 등으로, 인기가 떨어지기 전에 다른 지역으로 확산되는 것처럼 보인다.

지금까지 이러한 형식은 특정 순간의 경제적 긴급사항이나 문화적 **시대정신**을 나타내는 일회성 유행으로 종종 확인되고 사라졌다. 예를 들어, "빌바오 효과"는 1990년대 후반 스페인 북부 도시에서 상징적인 건물 디자인을 갖춘 새로운 구겐하임 미술관의 개발이 전 세계 박물관 및 문화 기관 개발의 큰 물결을 촉발시킨 것을 설명하는 유명한 용어이다. 그리고 학자들은 1900년대 초반에 널리 확산되었지만 구식이고 비효율적이라는 이유로 대부분의 도시 거리에서 사라진 전차에 대해, 세계적으로 도시 트램 또는 전차 시스템의 개발에서 극적인 최근의 상승 추세를 확인했다. 그러나 광범위한 사회기반시설 자산 유형 및 기간에 대한 면밀한 조사는 비교적 짧은 기간 동안 특정 유형의 사회기반시설 발전에서 파도 형식에 일관성이 있다고 밝혀졌다. 새로운 사회기반시설 메가프로젝트 기술은 종종 이전 혁신의 잔재로 인해 생겨나고, 한 무리로 개발되고 나서 다음의 큰 항목으로 대체됨에 따라 인기가 감소된다.

메가프로젝트 개발에 이러한 주기나 파도가 얼마나 보급되어 있는가? 우리는 메가프로젝트 아이디어 전이와 여러 곳에서의 개발을 어떻게 설명하는가? 그리고 이 통찰력을 어떻게 사회기반시설 프로젝트 기획자, 정책 입안자 및 투자자의 결정에 알려줄 수 있을까? 이 질문들이 이 장의 강조 사항이다. 그러나 우선, 새로운 아이디어가 어디에서 왔는지, 시간이 지남에 어떻게 확산되는지 간단히 살펴볼 필요가 있다.

3.2 파도타기

혁신의 개발 및 확산의 주기적 특성은 학계, 정책 입안자, 비즈니스 리더 및 일반 대중에게 커다란 관심을 끄는 주제이다. 수년 동안 새로운 패션 스타일, 음악,

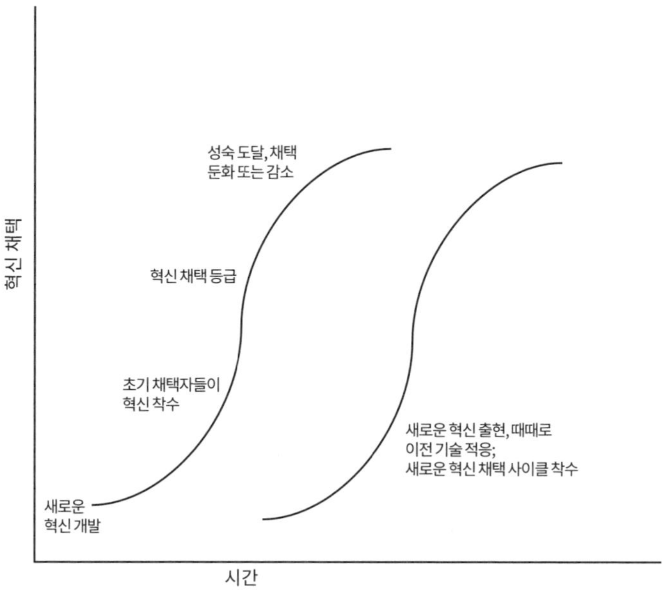

그림 3.1 혁신 채택의 S 커브

기술, 공공정책, 비즈니스 관리 전략 및 요인이 출현하고 확산되는 방식으로, 많은 관심이 주기를 문서화하는 데 기울여 왔다. 혁신적인 새로운 아이디어나 제품의 주기적 개발은 다양한 식별 가능한 단계를 통해 일관성 있는 "자연사(natural history)"를 따르는 경향이 있다고 베스트(Best 2006: 21)는 "출현, 급상승 및 소멸"로 간결하게 정의하였다. 이 자연사는 표준 "S" 혁신 곡선으로 특징지어지며, 이는 종종 이전 제품이나 아이디어가 개선되는 기반 위에 새로운 혁신이 전형적으로 구축되는 것을 나타내는 새로운 파도 형식을 표현했다(그림 3.1).

현재까지 혁신 확산주기가 메가프로젝트 개발 과정의 지속적인 부분이 될 수 있는지에 대한 제한적인 검토가 있었다. 그러나 메가프로젝트 개발의 형식을 전 세계적 규모로 살펴보고 시간에 따라 역사적으로 살펴볼 때, 그러한 역학 관계는 존재하지 않지만 어떤 프로젝트가 언제, 어디서, 어떻게 만들어지는지를 결정하는 원동력이 된다고 밝혀졌다. 표 3.1은 19세기에 거슬러 올라가 개발되고 널리 보급되며 이후에 적용이 감소되는 방식으로 출현-급상승-쇠퇴의 유사한 유형을 나타내는 7가지 유형의 각 메가프로젝트의 개요를 제공한다. 다음 섹션에서는 사회 기반시설 개발 주기의 역학관계를 보여 주는 다양한 유형의 메가프로젝트에 대한 예시를 제시한다.

표 3.1 도시 발전에서 혁신의 선택된 물결, 1890-2007

기간	설명	전례	유행의 선도자	급등	감소
1890-1920	전기 트램과 전차	마차 및 뉴욕과 뉴올리온스의 트램	1881년 베를린 전기 설명 트램	20세기로 접어들면서, 전기 트램은 6대륙 도시에서 도심 개발의 공통사항	버스와 자동차 기술 진보와도시 확장에 트램이 덜 효과적이라 1960년대까지 대부분의 도시에서 사라짐
1900-1910	미국 도시의 미화운동(도심의 재개발과 기념적 설계를 적용한 공원	파리의 바론 하우스만의 19C 재개발	시카고의 1893 “화이트 시티” 박람회 부지; 워싱턴 몰 재개발 계획	덴버, 뉴욕, 시애틀, 볼티모어, 하리스버그, 필라델피아와 시카고에서의 도시 미화 계획	도시 미화에 드는 많은 비용에 반대하여 투자의 기능성에 대한 강조 증가
1910-1935	도시 미화 기술을 사용한 영국 제국 자본의 건설	미국 도시 미화 운동	1912에 시작한 뉴델리의 에드윈 루티언즈와 허버트 베이커의 설계	루사카, 살리스버리(하라레), 나이로비와 캠팔라에서의 제국 자본 계획	영국 제국의 쇠퇴의 시작으로, 세계 제2차 대전에 따른 독립을 이끔
1935-1960	고층, 단독가구 사용의 공공 주택 메가프로젝트	가든 시티, 유럽 현대인 운동, 르 코버지어	첫 주택 뉴욕시; 가브리니 그린 시카고; 바운더리 부동산, 런던; 스톡홀롬 박람회	세인트 루이스, 시카고, 보스턴, 토론토, 버밍햄, 파리, 스톡홀롬, 뉴올리온스, 글래스고우,	건설 16년 후에 대규모 주택 프로젝트의 실패로 상징된 세인트루이스의 상을 받은 프루이트-아이고의 철거; 많은 도시에서 후속적인 철거
1955-1970	지역적 교통 계획과 도시 고속도로 건설	도시 미화 운동, 제2차 세계대전 이후의 교외화	1995년의 시카고 지역 교통 연구로 새로운 고속도로 개발을 강조하기 위하여 지역적 교통량과 경제적 모델 사용	워싱턴, 볼티모어, 피츠버그, 하트포드, 필라델피아, 샌프란시스코, 토론토와 밴쿠버	도시계획 전문가인 제인 제이콥스가 주도하는 무료 도로에 대한 명확한 반대가 토론토, 샌프란시스코, 밴쿠버와 같은 다른 도시들에 우사한 반대를 자극하다.
1980-현재	경전철(거리 위를 달리거나 전용차로가 있는 트램의 적응	19세기 트램; 교통 지향 발전을 강조한 새로운 도시화	1970년대 말 현대적 경전철과 같은 오래된 트램의 재브랜드화 및 재설계	1980-2000 사이 65 새 경전철 라인이 세계적으로 건설되었으며, 경전철 라인의 건설은 현재까지 계속 됨	n/a
1997-현재	상징적 박물관 및 문화적 도시 재생산	도시 미화 운동; 라이트의 1959년 뉴욕 구겐하임 박물관	프랭크 게리가 설계한 빌바오 구겐하임 박물관	뉴욕, 런던, 워싱턴, 베를린, 밀워키, 휴스턴, 세필드와 헐	n/a

출처: 시에미아티키(2013)

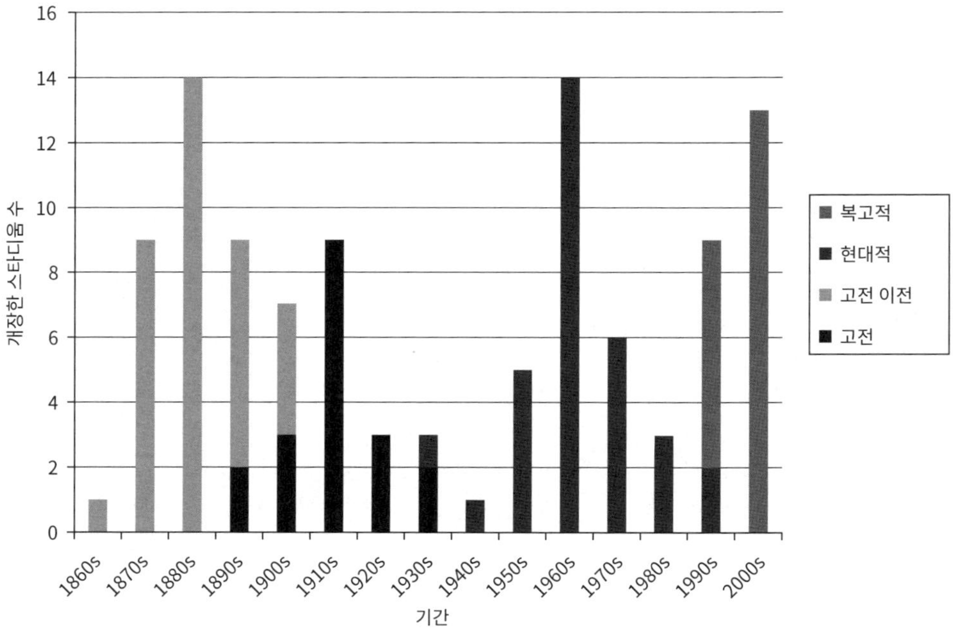

그림 3.2 1860-2010 사이의 건설된 메이저리그 야구 스타디움의 수와 형식

출처: http://www.ballparksofbaseball.com

3.2.1 파도타기, 지속적인

북아메리카에서 야구 경기장이 오랜 세기에 걸쳐 개발됨에 따라 메가프로젝트 혁신의 파도와 같은 형식이 강조되었다. 야구 경기장은 미국 경관의 지속적인 특징이었다. 그러나 경기장의 선호되던 디자인은 혁신자가 등장할 때 갑자기 바뀌었다. 그림 3.2에서 나타내는 것과 같이, 야구경기장 디자인은 천연 잔디밭이 있는 도심 내의 벽돌, 콘크리트 및 철골 경기장의 고전에서부터 다목적이고 인조 잔디 경기장을 갖춘 교외지역의 대형 현대적 건물로, 도심지에 위치하고 고전적인 경기장 디자인 미학을 갖춘 "복고풍" 구장의 최신 물결로 변형되었다.

1992년 볼티모어에 있는 복고풍 캠든 야드가 문을 열자 복고풍 야구 경기장을 건설하는 가장 최근의 변화가 일어났다. 그 이후로, 30개 팀 중 23개 팀이 복고풍 디자인 스타일을 사용하여 새로운 경기장을 건설하였다. 이는 현재의 혁신 물결이 거의 포화점에 도달했음을 의미한다. 복고풍 야구장 프로젝트의 많은 파도는 개폐식 지붕과 같이 점점 더 복잡한 기능을 통합하고 민주당과 공화당 정부의 승인을 받은 공공 보조금을 수령함에 따라 수억 달러 또는 심지어 10억 달러 이상이 지출되었다. 많은 사례에서 캠든 야드 경험을 모방하는 프로젝트는 많은 비용 초과가 있었고 경제 발전, 지역 도시 재생 또는 장기적으로 팬 입장 증가와 관련하여 예상 이익을 제공하지 못했다. 그럼에도 불구하고 그림 3.2는 역사적으로 획기적인 혁신의 힘을 보여준다. 새로운 야구장 설계 표준이 유행하게 되어, 이후 20년 동안 건설된 모든 단일 야구장이 그 스타일의 디자인을 따랐다.

흥미롭게도 21세기로 접어든 이 복고풍 야구장 디자인의 물결은 북미 야구장을 넘어서지 못했다. 북미의 복고풍 야구장에 대해 작업했던 동일한 세계적 건축 및 디자인 회사가 설계했음에도, 세계적인 현대 건축과 디자인은 이 시기에 건설된 새로운 경기장의 가장 일반적인 미학이었다. 이것은 복고풍 야구장 경향을 이끌어 낸 요인들의 합류가 북미(특히 미국의 야구)에 국한되고, 다른 곳이나 다른 스포츠로 이전될 수 없는 국가 경제 및 문화 조건에 기반을 두고 있음을 시사한다.

3.2.2 혁신주기는 정치 체계를 초월한다

도시 전차 또는 전차시스템의 경우는 전 세계적으로 상당히 다른 정치 시스템, 거버넌스 구조 및 도시 형태를 가진 지역으로 세계적인 기술 혁신이 확산되는 사례를 제공한다. 이것은 하나의 기술이 공통적인 전 지구적 난제, 이 경우 대중 도시 교통에 대한 요구를 해결하기 위해 어떻게 대처할 수 있는지를 보여준다. 또한 상징적 메시지의 중요성을 보여준다. 20세기 초의 20년 동안 도시 전차는 뉴욕과 시카고(강력한 시장, 연방주의적 민주주의), 토론토(약한 시장, 연방주의적 민주주의), 런던(단일 민주주의 도시정책에 대한 정부의 강한 참여와 함께), 부다페스트와 사라예보(오스트로-헝가리안 제국), 캘커타와 알렉산드리아(각각 인도와 이집트의 영국 통치), 리우데자네이루(브라질의 포르투갈 식민 지배)를 포함하여 5개 대륙의 도시들에서 건설되었다. 이 전차의 급속한 확산은 20세기 중반에 기술이 광범하게 포기되었다. 전차는 오래된 도시 질서의 일부로 보았을 때 점점 더 수익성이 떨어지고, 개인 자동차의 현대적 자유로운 흐름에 장애물이 되어 세계 거의 모든 도시의 거리에서 사라졌다. 미국에서는 전차의 감소가 도시 버스와의 경쟁으로 가속화되었는데, 이는 도시 대중교통 산업에서 버스 독점을 창출하려는 네이셔널 시티 라인즈 코포레이션과 그 후원자인 제너럴 모터스, 스탠다드 오일 및 화이어스톤 타이어의 음모에 의해 악화되었다(Mees 2010).

그러나 지난 반세기 동안 전차의 인기가 부활했다. 경전철로 명성을 얻은 전차 시스템에 전 세계적으로 수십 개 도시에서 수억 또는 수십억 달러의 금액이 투자되었다. 이러한 전차 시스템은 일반적으로 개인 자동차에 지속 가능한 도시 이동성 대안을 제공하고 도시 재생 및 스마트 성장을 촉진하며 독창적인 산업 및 근로자를 유인하는 전략으로 홍보된다. 이런 새로운 전차 시스템 중 상당수는 비용초과, 공기지연, 낮은 승객 수, 실제로 개발 및 환경 혜택을 제공하는지 여부에 대한 혼재된 증거로 인해 심각한 도전에 직면해 왔다(Pickrell 1992; Flyvbjerg 2007). 그러나 개발의 물결은 활기를 잃게 하는 비판에도 불구하고 계속되었다. 경전철 노선은 지속 가능한 발전, 선지적인 지도력, 자부심을 암시하는 메시지인 가시적인 혜택을 초월하는 강력한 상징적인 의미를 지니고 있다. 이러한 상징적인 메시지의 성공적인 전달은 경전철 기술의 대중성을 높이고 투자 물결의 기간을 지속되게 했다.

3.2.3 새로운 기술이 새로운 시장을 만나다

초고층 건물은 기술이 진화하면서 인기가 급증한 메가프로젝트의 한 예를 제공하고 이를 열망하는 전 세계적인 시장으로 옮겨갔다. 세계에서 가장 높은 건물을 식별하는 데 사용되는 일반적인 기준점인 높이가 300m 이상인 건물은 2015년 현재

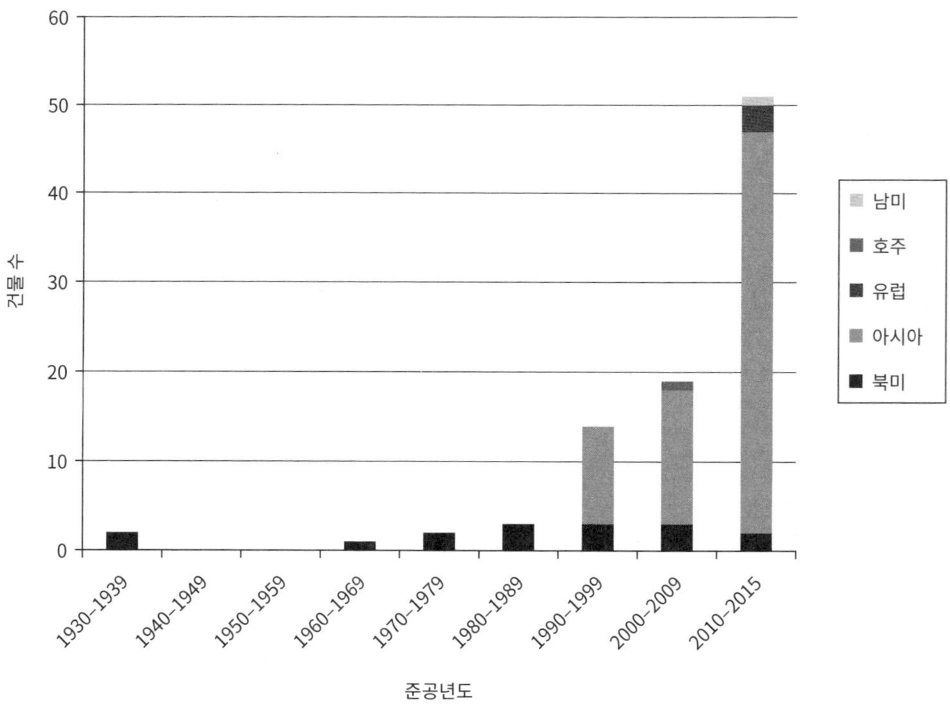

그림 3.3 초고층 건물의 세계적 발전

출처 : Council on Tall Building and Urban Habitat(2015)

전 세계에 92개가 있다(고층 건물 및 도시 서식지 위원회 2015). 그림 3.3에서 볼 수 있듯이, 초고층 건물의 개발이 급격히 진행되고 있다. 2010년부터 2015년까지 5년 동안, 첫 번째 초고층 건물 준공 시점부터 80년 동안보다 더 많은 초고층 빌딩이 전 세계적으로 건설되었다. 초고층 건물의 규모가 그 어느 때보다 커지고 있는데, 1930년에서 2000년 사이에 세계에서 가장 높은 건물은 133m에서 452m로 증가했고, 2000년까지 세계에서 가장 높은 건물은 377m가 더 높아져 828m로 증가했다. 초고층 건물에 대한 면밀한 검토는 기술적, 지리적 및 경제적 요인의 합류가 어떻게 발전의 붐을 뒷받침했는지 보여준다.

그들의 초기 전형적 모습에서, 초고층 건물은 예외적으로 미국에서의 현상이었다. 높이가 300m 이상인 처음 8개 건물은 1930년에서 1989년 사이에 모두 미국에서 건설되었다. 1980년대까지 철골이 주요 구조재로 사용되었고, 초고층 건물이 사무실로 사용되었다. 뉴욕의 크라이슬러 빌딩과 엠파이어 스테이트 빌딩, 시카고의 시어스 타워(현재 윌리스 타워)와 존 핸콕 센터와 같은 고전적인 건물은 도시의 스카이라인의 상징적 특징과 미국 엔지니어링 및 비즈니스 역량의 중요한 상징이 되었다. 따라서 1930년대 초에는 초고층 건물을 건설하는 기술이 존재했지만, 실제로는 매우 적게 건설되었으며 미국 이외의 시장은 없었다.

1980년대에 시작되어 2000년대까지 실제로 강력해진 초고층 건물 건설의 급증은 세 가지 경향과 일치한다. 첫째, 콘크리트 또는 복합 구조재를 사용하여 초고층 건물을 건설하기 위한 새로운 시공 기술이 개발되었다. 이 자재들로 건물을 더 얇은 기초로 지탱하면서 더 높이 지을 수 있게 되서, 세입자를 찾기가 어려울 수 있는 매우 큰 연단이 없기 때문에 경제적으로 유용하다. 혁신적인 엘리베이터는 또한 더 많은 사람들을 건물로 더 빨리 이동시키기 위해 개발되었다. 둘째, 초고층 건물은 고급 주거용 또는 호텔용으로 널리 사용되고 있어 사무실과 함께 고층 건물을 위한 완전히 새로운 시장을 창출하였다. 셋째, 초고층 건물은 미국 외의 몇몇 동부, 남동아시아와 중동국가에 집중되어 가장 빠른 성장세를 보이는 세계적인 현상이 되었다. 특히 가장 많은 건설 붐은 중국과 두바이의 에미리트에 있었으며 현재는 각각 초고층 건물의 37%와 23%가 주거용으로 사용되고 있다. 이 국가에서 상징적인 건축물을 갖춘 초고층 건물은 고급 재산 중심의 경제 개발 모델의 한 부분이자 도시 마케팅 및 상품화의 한 형태인 세계적인 권력과 지위 상승의 중요한 상징이 되었다. 이와 같이 초고층 건물의 21세기 붐은 새로운 건설 기술과 신흥시장에서 민감한 상징적 표현의 건설을 기반으로 한 미국 선행 연구의 적응을 세계적으로 반영한다.

3.2.4 출시 실패

물론 모든 새로운 혁신 기술이 인기를 얻는 것은 아니다. 한 가지 재미있는 질문은 새로운 메가프로젝트 기술이나 디자인이 개발주기에 역행하는 것인가이다. 사회 기반시설 유형이 지역 사용자를 대상으로 하고 여전히 혜택을 제공하는 경우 계속해서 운영될 것이다. 예를 들면, 19세기에 처음 개발된 교통기술인 모노레일은 20세기 초 독일에서 어느 정도 인기를 얻었으며 그 이후로 도시 교통 문제에 대한 해결책으로 기획자에 의해 끊임없이 홍보되었다. 그러나 놀이 공원과 공항에서 약간의 관심과 일부 적용을 제외하고는 다른 교통 메가프로젝트 기술과 연관되어 도시 교통 시스템으로 만들어진 모노레일은 거의 존재하지 않는다. 건설된 모노레일은 일반적으로 효과적인 교통서비스를 제공하는 지역시장에서 지속적으로 운영되고 있다. 그러나 전 세계적 규모에서 모노레일 기술은 도시철도 기술로 선택된 지하철 및 경전철의 대중성을 능가하지 못했다.

다른 경우 혁신의 물결을 따라가지 못하면 프로젝트 소유자가 훨씬 더 많은 비용을 부담할 수 있다. 상징적인 스포츠 경기장, 건축학적으로 중요한 문화 시설, 대규모 컨벤션 센터 및 고급 해안 재개발의 경우 메가프로젝트의 성공은 경쟁 시장에서 지역 및 국제 사용자 기반 제공 서비스에 달려 있다. 이러한 유형의 자산의 경우, 세계적 혁신의 물결에 역행하고 경쟁력이 없는 메가프로젝트는 소유자 및 사용자에게 가치를 감소시킬 수 있으므로 비용이 많이 드는 재작업이 필요하거나 기술적인 수명이 종료되기 훨씬 전에 완전히 대체될 수도 있다. 북미 야구경기장의 경험은 이 점을 강조하는데, 복고풍 캠든 야드 개장 직전에 지어진 마지막 현대적 경기장은 매우 빨리 구식이 되었다. 토론토와 템파베이의 크고 값비싼 현대적인 돔형 경기장은 1980년대 말과 1990년대 초에 처음 개장했을 때 관할 구역을 전문 스포츠 핫스팟으로 만드는 기술적 경이로움으로 간주되었다. 그들은 현재 잔디 경기장의 편안함과 복고풍 구장 디자인의 명랑한 분위기가 부족하기 때문에, 팀과 팬들이 게임에 참가할 수 있는 최고의 선수를 유치하는 데 장애물로 간주된다. 각 도시에서, 구식 경기장은 현장에서의 팀 품질과 조직의 재정적 생존 가능성과 관련하여 해결해야 할 문제이다. 두 팀은 이제 겨우 25년 된 아직 완벽하게 작동하는 야구장을 대체할 새 경기장을 개조하거나 새로 고치기 위한 값비싼 선택을 모색 중이다.

3.2.5 남에서 북으로의 혁신 물결

지금까지 제시된 사례는 지구 북반구에서 남반구로 확산된 메가프로젝트 기술을 주로 보여주었다. 이것은 지난 2세기 동안 새로운 메가프로젝트 기술 확산의 주된 방향이었다. 19세기와 20세기 초반에 유럽의 식민지 체제는 새로운 기술이 북쪽에서 남쪽으로 이동하는 핵심 통로를 제공했다. 예를 들어, 20세기가 시작하는 시점에, 유럽제국은 아프리카대륙에 있는 여러 식민지에서 철도건설을 대대적으로 착수하였다. 이 사회기반시설에 대한 투자는 자연 자원의 보다 효과적인 개발을 가능하게 하고, 무역의 글로벌 흐름으로의 연결성을 향상시킴으로써 식민지의 지휘와 통제를 증가시키는 것을 의미했다(Jedweb and Moradi 2012). 최근에는 세계은행이나 국가 개발 기관과 같은 다국적 기관을 통한 국제 재정 원조와 기술 지원이 메가프로젝트 기술 및 프로젝트 자금이 남반구로 확산되는 중요한 역학구조가 되었다. 북쪽에서 남쪽으로의 확산에 대한 역사적인 경험이 증명하듯이, 남반구 지역의 새로운 사회기반시설 메가프로젝트의 선정은 항상 자발적인 것은 아니었다. 어떤 경우에는 식민지 정부가 특정 기술 개발을 강요하였고, 보다 최근에는 양자간 원조 또는 개발 대행 기금이 메가프로젝트 특정 유형의 개발에 조건부로 제공되었다. 이러한 강요된 메가프로젝트의 대부분은 결과물이 부실하거나 또는 주최국가의 사회적 불평등 수준을 악화시켰다.

상당히 빈번하지는 않지만, 지구 남반구의 메가프로젝트 혁신이 눈에 띄고 전세계적으로 급증한 사례가 있다. 가장 눈에 띄는 사례는 버스급행시스템 (BRT: Bus Rapid Transit)의 물결일 것이다. 버스급행시스템을 대규모로 개발한 첫 번째 도시는 브라질의 쿠리치바로, 1974년에 양질의 정거장을 갖춘 고정 노선의 대용량 버스라인 네트워크를 구축했다. 버스급행시스템은 도시 철도 기술에 비해 저렴한 비용, 빠른 건설 및 보다 유연한 대안을 제공했다. 많은 승객 수와 상대적으로 저렴한 비용으로 쿠리치바의 버스급행시스템은 브라질 전역과 남미 지역 및 오타와와 피츠버그를 포함한 북반구 여러 도시에서 유사한 프로젝트를 실행하도록 영감을 주었다. 이 프로젝트는 규모가 커졌고 부지, 정거장 및 차량 비용이 포함되었을 때 수억 달러의 비용이 소요되는 메가프로젝트가 되었다. 그러나 버스급행시스템의 용량 제약에 대한 우려가 있었기 때문에 이 기술은 당시에는 세계적인 물결로 채택되지 못했고, 많은 국가에서 버스는 여행의 최후 수단으로 간주되었다.

그런 다음 2000년에 보고타는 트랜스밀라노 버스급행시스템을 개설하여 버스급행시스템과 관련된 글로벌 패러다임을 변화시켰다. 시스템의 41km 첫 단계에 대해 2억 4천만 달러 또는 킬로미터당 590만 달러인 트랜스밀라노는 당시 고려 중인 유사한 지하철 시스템보다 훨씬 저렴했다. 보고타의 버스급행시스템은 또한 각 정거장에서 차선을 통과하고 버스급행시스템의 용량에 대한 인식을 변화시킨 혁신적인 서비스를 포함했다. 대담한 브랜드의 빨간색 관절형 버스와 현대식 정거장이 주목을 끌었다(UNDP 2012). 첫 번째 트랜스밀라노 버스급행시스템 라인이 성공적으로 개통된 직후, 많은 도시들이 보고타의 경험을 따랐으며 유사한 버스급행시스템을 구현하였다. 2000년대에는 자카르타, 델리, 광저우, 요하네스버그, 테헤란, 이스탄불, 멕시코시티를 포함한 남반구에 있는 수십 개의 주요 도시에서 버스급행교통 서비스를 구현하였다. 보고타의 경험은 또한 북미 및 유럽 도시에서 버스급행시스템 프로젝트를 유행시켰다.

남반부의 혁신적인 사회기반시설 기술 외에도, 남-남 투자의 새로운 형식은 개발도상국에서 특정 유형 메가프로젝트의 유행을 촉발시키고 있다. 특히 중국은 아프리카 주요 사회기반시설의 투자자가 되었고, 사회기반시설 메가프로젝트를 건설했다. 사회기반시설이 세계 표준보다 훨씬 뒤떨어져있는 아프리카 국가의 경우 사회기반시설에 대한 외부로부터 투자는 경제 기반을 확대할 수 있는 기회를 제공한다. 한편 중국의 경우 아프리카에 대한 사회기반시설 투자는 정치적 유대를 강화하고 천연 자원에 대한 접근을 확보하기 위한 전략적 계획의 일환이다. 이로 인해 아프리카 전역의 주요 도로 및 철도, 항구, 에너지 프로젝트는 중국 기업이나 국유 기업에서 자금을 조달하고 건설했다. 지금까지 35개 이상의 아프리카 국가들이 나이지리아, 앙골라, 수단, 에티오피아에서 가장 큰 사회기반시설 협상을 위해 중국과 연관되어 있다. 중국 지도부에 이어 브라질, 인도 및 일부 걸프 국가도 특히 자국 지역의 사회기반시설 투자에 관심을 돌려 개발도상국 메가프로젝트 건설의 유행을 촉진시켰다 (Foster et al. 2008). 따라서 남남 투자의 형식은 신기술의 보급이 중요한 것이 아니라, 사회기반시설이 건설되지 않는 곳에 프로젝트의 급증을 시작하기 위한 자금조달, 건설 전문성 및 동기 부여를 제공하는 데 있다.

3.2.6 주기 종료

원자력 발전소 건설의 사례는 기술의 효과와 안전에 대해 대중의 우려에 대한 견해가 달라지면서 갑자기 혁신의 물결이 어떻게 멈출 수 있는지를 보여 준다. 수십억 달러 규모의 원자력 발전소 건설은 1970년대와 1980년대에 서구 민주주의와 동부 공산주의 국가 모두에서 많은 프로젝트가 진행되어 개발의 물결에 올라탔다(그림 3.4).

이 프로젝트는 계속 증가하는 전 세계 전력에 대한 요구를 충족시켰다. 그러나 1990년대와 2000년대의 새로운 원자력발전소의 급격한 감소 및 선진국의 비교적 적은 신규발전소 건설과 원자로 개발의 미니 붐을 경험한 주요 시장인 중국의 요인이 합쳐졌다. 쓰리 마일 섬과 체르노빌 및 후쿠시마에서 연속적으로 발생한 사고는 원자력발전소의 안전성에 대한 세계적인 우려를 불러 일으켰고 원자력 생산 및 방사성 폐기물 처리 과정의 위험에 대한 우려를 강조하였다. 원자력발전소는 건설의 비용초과 및 기간지연으로 널리 알려져 왔다. 또한 신재생 에너지원을 확대할 수 있다는 공약은 실현 가능한 대체 에너지원의 가능성을 희미하게나마 제공하였다.

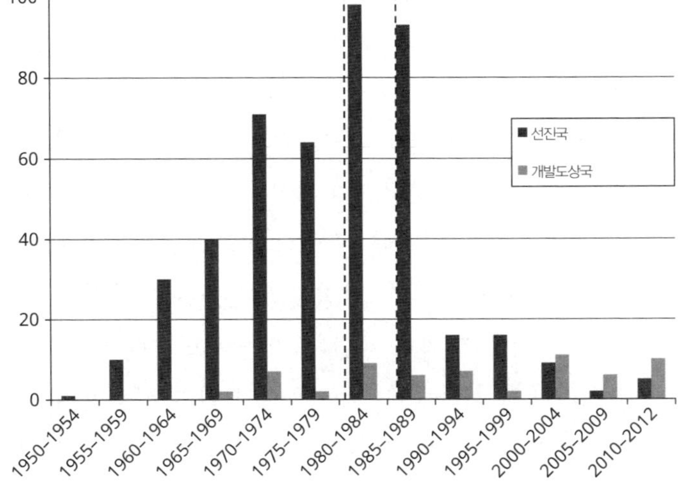

그림 3.4 호황과 파멸 — 세계의 원자력발전소 가동

출처 : International Atomic Energy Commission(2016)

새로운 원자력발전소의 건설이 쇠퇴해 왔음에도 불구하고, 이것은 기존 설비의 전면적인 중지 또는 폐쇄를 가져오지 못했다. 인기 급등 기간 동안 건설된 대부분의 원자력발전소는 여전히 운영 가능하며 중요한 전기 공급원을 제공한다. 원자력은 전 세계적으로 생산된 전기의 약 12%를 차지하고 있으며 13개국이 전력의 3분의 1을 원자력으로부터 사용하고 있다(Nuclear Energy Institute 2015). 그럼에도 불구하고 1990년대 이후 독일, 이탈리아, 스위스 등 선진국에서는 기존 원자력발전소의 사용을 단계적으로 중단할 계획을 발표하였다. 2012년 후쿠시마 사고 이후 중국은 원자력발전소 건설에 대한 유예 선언을 발표했으나 공장 안전 점검을 통해 석탄을 통한 전력 생산 대안을 모색하면서 신형 원자로 개발을 새롭게 시작하였다. 이러한 배경에서 원자력 메가프로젝트의 미래는 매우 불확실하다.

3.2.7 사회기반시설 개발의 지속적인 특성

종합하면, 이러한 사례는 다양한 기술 혁신이 한 지역의 계획으로부터 국가적, 지역적, 심지어는 국제적 개발주기로 확산됨에 따라 광범위한 메가프로젝트 유형에 공통적인 특징이 있음을 보여준다. 메가프로젝트 혁신 및 프로젝트 개발의 출현-급등-쇠퇴(또는 적어도 감소) 유형은 적어도 지난 세기 동안 강력하게 지속되어 왔다. 프로젝트 개발 주기는 새로운 메가프로젝트 기술이 자본주의와 공산주의 국가 간에 확산되어 자유주의와 보수주의 이데올로기에 의한 정부의 관할권뿐만 아니라 민족주의 또는 분리주의적 시각을 취함으로써 정치 이데올로기, 경제 시스템 및 거버넌스 구조를 초월한다. 각 주기는 적어도 20년 동안 지속되며, 메가프로젝트 계획 및 건설이 발생하는 오랜 기간과 인기 하락을 재촉하는 메가프로젝트 개발이 이전 모델에서 결함을 관찰하는 데 소요되는 기간을 반영한다. 심지어 한 세기가 넘도록 지속된 지하철이나 도시철도와 같은 가장 성공적인 메가프로젝트 기술들 중 일부는 개발이 덜 건설된 기간에 이어 급격히 개발된 곳이나 개발이 다른 지역보다 특정 지역에 더 집중되는 경우 여전히 물결을 보여 왔다.

지금까지 대부분의 메가프로젝트 개발 주기는 북반구에서 시작되어 남쪽으로 이동했지만, 남반구 지역의 국가들이 다른 곳에서 널리 적용할 수 있는 문제에 대한 혁신적인 솔루션을 개발함에 따라 이러한 형식이 변화하기 시작되었다는 징후가 있다. 메가프로젝트 혁신의 물결에 대한 영감은 런던, 뉴욕 또는 파리와 같이 세계적인 수준의 최상위에 위치할 수 있다. 또는 BRT의 경우 쿠리치바, 보고타, 야구 경기장의 볼티모어 캠든 야드 또는 박물관 건물 붐의 경우 빌바오의 구겐하임과 같이 일반적으로 덜 주목받는 장소에서 성공적인 혁신으로 시작될 수 있다.

메가프로젝트 개발의 출현-급등-쇠퇴 형식이 관찰되는 시간과 빈도는 이것이 단순한 기업의 세계화, 현대 대중 통신 기술 또는 국제 여행의 용이성 증가의 함수가 가능성 있는 요인이지만, 그렇지 않다는 것을 암시한다. 사회기반시설 메가프로젝트가 지역 및 세계 정치 경제에 적합하고 촉진되며 소비되는 방식에 근본적으로 무엇인가가 있다. 사회기반시설 개발의 주기적 형식에 대한 설명을 제공하는 것은 다음 절의 주제이다.

3.3 왜 메가프로젝트 개발의 주기인가?

메가프로젝트 개발 주기는 간결한 일시적 유행이나 장기적인 경향에 의해 여러 가지 상호 관련이 있다. 그들은 특정 순간에 어느 새로운 메가프로젝트 접근의 확산을 촉진시키는 기술혁신, 경제, 사회 네트워크, 이데올로기 및 관심 그룹들의 복잡한 구성에 의해 주도된다. 더욱이, 메가프로젝트 혁신의 세계적 확산은 주요 확실한 이점을 달성하는 정치적 및 정책적 의도뿐만 아니라 자주 특정 메가프로젝트 기술에 기인하는 강력한 무형의 상징적 메시지를 전달하는 잠재성으로 인해 더욱 촉진된다.

메가프로젝트 개발 주기의 원인에 대한 설명은 3가지 관점에서 혁신, 정책 이동성 및 기술 확산에 대한 통찰력을 조화시켜야 한다. 경제학자들에게는 새로운 기술의 혁신과 확산의 물결이 창조적인 파괴 과정의 결과이며, 낮은 비용으로 수요를 충족시키는 신기술은 끊임없이 기존의 기술을 대체하고 있다. 정치과학자들은 주어진 시점에서 특정 기술이나 정책의 확산을 뒷받침하는 기관, 이데올로기 및 개인이 합해져 정책 이동성이 비롯된다는 것을 관찰한다(Dolowitz and Marsh 2000). 지리학자 및 계획학자들은 새로운 아이디어나 기술이 한 곳에서 다른 곳으로 이동할 때 어떻게 재해석되고 변경되는지 설명하기 위해 정책 이동 네트워크에서 지역문화와 불평등한 역동성의 중요성을 강조하였다(McCann and Ward 2012). 메가프로젝트가 진행되는 출현-급등-쇠퇴 혁신 확산주기의 각 단계 검토 결과 특정 행위자, 정치적·경제적 이익 및 이데올로기가 지배적으로 나타나며, 이로 인해 메가프로젝트 개발이 전국적으로 또는 전 세계적으로 전이되는데 영향을 끼친다는 것을 보여 준다.

3.3.1 혁신자

사회기반시설 개발주기는 새로운 품목, 제품 또는 활동을 창출하는 "혁신자"로 시작된다. 메가프로젝트 혁신가와 그들이 창안하는 새로운 아이디어를 연구할 때, 새로운 메가프로젝트 접근법을 개발하려는 동기와 민간 및 공공부문의 다양한 이해관계자가 참여하는 방법이 메가프로젝트가 개발되는 세계 곳곳에서, 혁신이 진정으로 새로운지를 확인할 필요가 있다. 이러한 각각의 요소는 개발되어 궁극적으로 다른 지역에 어떻게 전이될 수 있는지에 대한 통찰력을 제공한다.

앞서 강조한 바와 같이 사회기반시설 부문 혁신 물결의 촉발은 잘 알려진 세계적 수준의 최상위권에 속하는 지역에서뿐만 아니라 덜 유명한 지역에서도 발생할 수 있다. 중요한 것은 공공 및 민간부문 모두 메가프로젝트 혁신의 원천이라는 것이다. 대규모로 신기술을 개발 및 구현하는 것은 민간부문이 자체적으로 기꺼이 감당할 수 없는 상당한 위험을 초래한다. 따라서 가장 독창적이고 혁신적이며 대담하고 위험한 메가프로젝트에 대해 연구개발, 기금, 소유 및 운영 면에서 정부와 민간부문의 참여를 포함하는 것이 일반적이다.

혁신이 개발 주기 촉발에 중요한 것은 새로운 접근방식이 다양한 지역에서 직면하고 있는 공통 과제를 해결한다는 것이다. 자동차, 철도, 비행기, 컴퓨터 및 인터넷과 같은 일부 많지 않은 기술 혁신은 이전에 시도된 적 없는 기술, 전체 제품 카테고리 또는 아이디어를 상상할 수 있다는 점에서 진정으로 혁신적인 제품이다. 이러한 기술은 이전의 사회기반시설 기술을 완전히 대체하고 공간적, 사회적 및 정치적 관계를 완전히 재정비할 수 있는 역량을 갖추고 있다. 종종 혁신은 본질적으로 진화론적이며, 당분간 존재해 온 기술이나 아이디어를 재해석하거나 적용한다. 운전자 없는 열차 또는 새로운 고층 빌딩 기술과 같은 이러한 진화적 혁신은 기존 기술에 대한 점진적 개선으로 유용성을 높이고 비용을 감소시키며 위험을 줄이거나 외부 효과를 최소화할 수 있다.

시대적으로 혁신적인 사회기반시설 기술을 개발하고 구현하기 위한 다양한 동기 부여가 있다. 새로운 메가프로젝트에 대한 투자는 지역 문제를 경감하고 국경 간 흐름을 보다 밀접하게 연결하여 특정 지역의 경쟁력을 높이는 등 상당한 이점을 제공하는 잠재력을 가지고 있다. 메가프로젝트의 유형에 따라 더 접근하기 쉽고, 안전하고, 건강하며, 효율적이고, 생산적이며, 학습이 되고, 살기 좋고, 아름답고, 지속가능하며, 또는 탄력적인 경제 성장과 번영을 이룰 수 있다. 따라서 새로운 유형의 메가프로젝트를 성공적으로 활용하는 첫 번째 주창자에는 상당한 이점이 있을 수 있다. 쿠리치바와 보고타의 시장들은 국가 수준 및 국가 정치 경력을 시작하는 도약점으로 성공적이고 선구적인 BRT 프로젝트의 리더십을 이용하였다.

혁신의 또 다른 형태는 메가프로젝트에 대한 새로운 상징적 의미의 구축이다. 사회기반시설 메가프로젝트는 명시된 목적을 뛰어 넘는 강력한 상징적 이미지의 다양한 집합으로 가득 차게 되며 지역 및 전 세계 시청자를 대상으로 한다. 프로젝트 기획자와 발기인에 의해 개발된 공식적인 설명은 장소의 자존심, 현대성과 진보의 이미지, 대규모 프로젝트를 수행하기 위한 집단행동의 가능성에 대한 낙관론과 시급한 문제를 해결하기 위한 대규모 계획을 실행하는 예지력 있는 지도력을 강조하는 경향이 있다.

델리 지하철이 적절한 예를 제공한다. 홍보 자료와 공중 담화에서 프로젝트 기획자는 새로운 전기 열차 시스템을 교통 혼잡에 대처하고 대기 오염을 개선하는 가시적인 혜택을 제공하는 메가프로젝트로 제시했다. 그들은 또한 방대한 지하철 시스템을 보유하고 있는 세계적 대도시에 맞춰 현대적인 델리의 깔끔하고 깨끗하며 잘 관리된 상징으로 지하철의 이미지를 신중하게 구성했다. 델리 지하철이 개장한 날에 백만 명 이상의 델리 주민들이 도시의 자존심이 된 기차를 타기 위해 줄을 섰다(Siemiatycki 2006 참조).

공식적으로 구축된 표현 외에도 메가프로젝트는 낭비적인 지출, 노골적인 임대료 추구, 프로젝트 관리 무능력, 확인되지 않은 권위, 권한 및 통제를 포함하여 더 부정적인 상징적 연관성을 전달할 수 있는 잠재성을 가지고 있다. 이러한 배경에서, 많은 경우에 메가프로젝트와 연관시킬 지속적인 상징적 표현의 구성은 시간이 지남에 따라 열띤 논쟁을 겪으며 진화를 하고 있다. 보스턴의 중앙 동맥 터널은 프로젝트가 경험한 건설 사업비 초과 때문에 초기에는 매우 부정적으로 여겨졌지만, 몇 년 후 성취된 보다 광범위한 도시 건설 혜택을 인정하는 긍정적인 표현으로 나타났다.

3.3.2 급등

특정 유행을 설정하는 메가프로젝트의 구현과 관련된 명백하고 상징적인 혜택을 감안할 때, 성공적인 아이디어의 모방자가 뒤따를 것이라는 것은 놀라운 일이 아니다. 중요한 질문은 몇몇 메가프로젝트 혁신이 세계적인 물결 또는 장기적 추세가 되어 인기를 얻는 반면, 다른 기술들은 채택이 되지 못하는 이유이다. 달리 말하자면, 어느 시점에 많은 혁신적인 메가프로젝트 기술—몇몇은 혁명적이고 나머지는 진화적인—이 전 세계적으로 개발되고 있으며 실험되고 있다. 그렇다면 우리는 세계적인 개발의 물결에 동참하기 위해 인기가 급등한 것을 어떻게 설명할 수 있을까? 이 질문에 대한 답은 새로운 기술의 유형과 혜택, 혁신자와 추진자의 지위, 장소들에 의해 영향을 받는 다각적인 것이며, 그리고 새로운 유형의 메가프로젝트로부터 혜택을 받는 정치적 경제이다.

가장 기본적인 수준에서 메가프로젝트 혁신은 제공하는 혜택 측면에서 다른 대안보다 우위에 있기 때문에 보다 폭넓게 증가한다. 이러한 혜택은 다른 대안보다 경제적, 환경적 또는 사회적 혜택이 크고 구현하기 쉽거나 위험이 적으며 다양한 물리적 및 거버넌스 환경에 보다 잘 적응할 수 있다는 점을 포함하는 등 다양할 수 있다. 지역 혁신에서 세계적 현상으로 급증하는 메가프로젝트는 개선된 이동성과 혼잡 완화, 위생 및 깨끗한 식수, 안정적인 에너지, 안전, 무역, 관광, 거주 적합성 등 여러 면에서 사회가 직면한 공통적으로 주어진 많은 긴급한 수요를 만족시키는 것이다.

메가프로젝트의 유형과 그것이 성취해야 할 필요성은 인기와 실행이 급증하는 근거에 영향을 끼친다. 대중교통, 도심 도로 터널, 물 및 폐수 처리와 공공 주택과 같은 사회기반시설 서비스를 제공하는 메가프로젝트는 지역 사용자의 기본적인 요구를 충족시키는 데 초점을 맞추는 경향이 있는데, 이것은 외부적으로 더 경쟁력 있는 장소를 만드는 도미노 효과를 가질 수 있다. 그리고 그들의 성공은 다른 곳에서 취한 다른 접근법에 의해 특별히 영향을 받지는 않는다. 보고타에서의 새로운 BRT 시스템의 구현은 브뤼셀의 지하철 시스템의 성공에 직접적인 영향을 끼치지 않는다. 이와 같이, 지역 지향 사회기반시설의 이러한 유형 확산은 언제든지 새로운 기술의 이용 가능성, 거버넌스 역량, 필요한 자원을 동원하는 능력, 우선순위 이동성, 어려운 집단적 문제를 해결하는 방법에 대한 이데올로기, 그리고 다양한 기술과 관련된 상징적 이미지에 크게 좌우된다.

지역 사회기반시설과는 달리, 다른 시설 유형의 성공은 경쟁 우위를 유지하기 위해 상업 또는 사람의 국가적 또는 글로벌 네트워크에 대한 상호 운용성과 통합에 훨씬 더 의존적이다. 이러한 유형의 메가프로젝트의 경우, 혁신적인 기술이나 디자인이 이전 접근법을 대체하고 다른 사람들이 경쟁력을 유지하기 위해 유사한 투자가 요구된다면 새로운 개발의 물결이 신속하게 촉진될 수 있다. 예를 들어, 항만은 심층수 접근, 선적 및 하역 장비, 주변 지상 교통 접근에 대한 글로벌 기술 표준을 지속적으로 최신 상태로 유지해야 하는 복잡한 사회기반시설이다. 그렇지 않으면 배의 현 유형에 서비스할 수 없거나 경쟁 시설보다 효율이 떨어지며 궁극적으로 경쟁업체에 대한 시장 점유율을 잃게 된다. 컨벤션 센터와 같은 사회기반시설의 일부 유형도 강력한 글로벌 경쟁이라는 맥락에 놓여 있다. 수천 명의 사람들을 위한 대규모 회의시설이 요구되는 많은 행사장이 세계적으로 설치되어 있다. 이 수익성 있는 시장을 활용하기 위해 도시는 그들의 관할구역에서 전 세계적으로 사업 활동을 유치하기 위해 더욱 정교한 컨벤션 센터를 건설했으며, 낡은 시설은 고객 감소 압력에 직면해 있다.

혁신의 실질적인 유용성의 중요성 외에도 사회기반시설 개발 주기의 증가 추세는 사회적, 경제적 및 정치적 과정의 일부이다. 새로운 메가프로젝트 기술이나 접근법은 대다수의 추종자들이 채택하는 일련의 상호 연결된 네트워크와 채널을 통해 확산된다. 사회기반시설 메가프로젝트를 통해 국제적으로 연결된 저명한 건축가, 디자이너, 기획자, 컨설턴트 및 정치인 그룹은 새로운 기술 또는 프로젝트 유형을 창출하고 이러한 사회기반시설의 장점을 다양한 정치 및 경제 의사 결정권자에게 전달하는데 있어 중심적인 역할을 수행하였다. 주목할 만한 프로젝트, 정책 회의, 세계 박람회 및 국제 스포츠 행사, 국제 여행 유람 등의 언론 보도를 포함하여, 새로운 메가프로젝트 아이디어가 전파되는 다양한 포럼이 있다.

새로운 아이디어가 전파되는 네트워크의 중요성을 과소평가해서는 안 된다. 즉, 개발의 국제적 주기가 촉발된 최근의 메가프로젝트 중 일부는 잘 알려지지 않은 장소에 위치했음에도 불구하고 명성이 좋고 잘 연결된 글로벌 조직에 의해 시작되었거나 자금 지원을 받았다. 박물관 메가프로젝트의 물결을 촉발시킨 빌바오의 구겐하임은 세계에서 가장 유명한 건축가 중 한 명에 의해 설계되었으며, 그들의 네트워크를 통해 상당한 국제 관심을 가져온 잘 설립된 글로벌 박물관 프랜차이즈의 일부이다. 마찬가지로 보고타의 BRT 시스템은 경전철의 저렴한 대안으로 세계은행으로부터 지원받았다. 세계은행은 다른 선진국에서 기술에 대한 인지도와 정당성을 높이기 위해 다른 잠재 시장에 대한 성공을 찬사했다. 볼티모어의 캠든 야드 야구 경기장은 20여 년 동안 16개의 새로운 야구 경기장을 설계하기 위해 후속적으로 고용된 유명한 국제 건축 회사인 HOK에 의해 설계되었고, 미 대륙에 걸쳐 복고풍 디자인 혁신을 확산하는데 중요한 역할을 담당하고 그것에서 수익을 창출했다. 이 예들에서 제시된 바와 같이, 새로운 기술의 창시자와 새로운 아이디어가 전파되는 네트워크의 연결은 어떤 프로젝트가 널리 확산 될 것인지에 영향을 끼친다.

마지막으로, 메가프로젝트가 널리 확산되는 명확한 정치 경제학이 있다. 성공적으로 확산된 메가프로젝트 혁신은 일반적으로 상승된 지위, 부와 명예를 지닌 개인에게 호소력을 발휘하며 지역 성장 동맹의 일부가 된다. 인기가 급상승한 메가프로젝트 기술이나 접근법의 대부분은 지역을 보다 경제적으로 경쟁력 있게 만들고, 부동산 소유자, 개발자, 기업가 등 주요 지역 관계자들을 위해 큰 이익을 창출할 수 있는 잠재력과 중요한 시민 지지자와 주류 미디어에 호소하는 장소 자존심에 대한 주요 메시지를 지닌다. 이를 위해 인기 급상승하는 메가프로젝트는 당시의 지배적인 이데올로기와 일치하는 메가프로젝트이며, 각 지역이 메가프로젝트에 자신의 지역 상징적 표현을 첨가할 수 있다.

3.3.3 주기 종료

혁신과 메가프로젝트 개발 주기의 쇠퇴는 포화점에 도달하고 새로운 기술로 낡은 방식이 퇴출되며 개발 초기 모델의 결함을 보여주는 증거를 포함한 다양한 이유로 시작된다. 첫째, 특정 유형의 기술이 실행 가능하여 시장의 대다수가 이를 채택하고 당초의 혁신에서 혜택을 얻음에 따라 포화에 도달될 수 있다. 이것은 한 곳의 시설이 다른 곳과 직접적으로 경쟁하는 글로벌 지향의 메가프로젝트에 가장 직접적으로 적용된다. 모든 잠재적 시장이 새로운 야구장, 컨벤션 센터 같은 현재의 최신 기술을 채택하면, 주요한 새로운 혁신이 현재 상황을 중단시킬 때까지 개발의 계속적인 물결은 필요하지 않다. 대신, 우리는 기존 설비의 소규모 쇄신과 확장을 볼 수 있다.

둘째, 메가프로젝트 개발 주기의 종료는 이전 기술보다 더 확실하고 상징적인 혜택을 제공하는 새로운 기술이 등장할 때 시작될 수 있다. 이것은 창조적인 파괴의 전형적인 경우이다. 이것은 메가프로젝트의 역사에서 볼 수 있는데, 철도는 19세기 내륙화물 운송을 위한 운하를 대체했으며, 도시전차는 20세기 중반에 자동차 및 버스로 대체되었고, 시내 복고풍 야구 경기장은 21세기로 접어들면서 현대식 교외 야구장으로 대체되었다.

셋째, 메가프로젝트로 인한 상징적 또는 정치적 이점이 유형의 혜택과 비용, 또는 승자와 패자에 대한 주의 깊은 분석에서 불분명할 때, 당초의 메가프로젝트 접근에서의 결함은 급속한 수용 기간 동안에서 보다 더 명백해질 수 있다. 한 맥락에서 적합하거나 당초의 혁신가에게 커다란 이익을 가져다주는 메가프로젝트는 그 밖의 다른 곳에서는 효과가 없을 수도 있다. 급증하는 메가프로젝트 기술로 관찰된 초기의 저조한 성과는 지역의 정치적 조건이나 빈약한 구현 프로세스에 대해 종종 비난받는 반면 시간이 지남에 따라, 전문가 및 지역 사회의 반대 그룹은 체계적인 결함을 강조하고 궁극적으로 메가프로젝트 개발의 물결을 멈추는 데 주된 역할을 했다.

경전철, 상징적인 박물관 또는 전력 댐과 같은 메가프로젝트의 비용초과 및 혜택부족 체계가 증가하는 증거는 기존 프로젝트의 후속 단계를 취소하거나 다른 지역에서의 채택을 중단시킬 수 있다. 투명성과 책임성이 결여된 계획 프로세스는 지역사회 반대의 근원이었다. 정부나 정치권력의 변화는 프로젝트 유형의 우선순위를 변경함으로써 개발의 물결을 멈출 수 있다. 경제 상황이나 사회기반시설 유형에 대한 대중 인식의 변화는, 기술이 자신의 이익과 모순되는 것으로 파악된다면 그들의 위치를 전환할 수 있는 특정 유형의 개발을 지원한 지역 부동산 개발업자 및 시민 지지자와 같은 주된 메가프로젝트 지지자들을 이끌 수 있다. 실제로, 메가프로젝트의 부정적 외부성에 대한 인식을 높이는 반대 그룹은 다양한 기술, 특히 현대 대중교통, 공공 주택 및 20세기 중반의 에너지 메가프로젝트의 쇠퇴에 중요한 역할을 했다.

중요한 것은 다양한 유형의 메가프로젝트는 특정 기술에 대한 혁신과 태도 변화에 따라 다른 방식으로 영향을 받기 때문에 다양한 방식의 경험은 감소한다. 메가프로젝트는 고정 자본으로 여러 세대 동안 지속된다. 그러나 몇몇 혁신은 이전에 생성된 사회기반시설에 대해 완전한 창조적 파괴를 부과하고 구식 기술은 물리적 환경에서 적극적으로 제거된다. 20세기 중반의 트램 라인과 21세기로 접어든 야구 경기장의 경우, 개발의 물결이 끝나갈 무렵에는 더 이상 수익을 낼 수 없고 그들을 대체한 기술과 상충되었기 때문에 적극적으로 제거되었고, 오래된 도시 질서를 상징적으로 대표하였다.

반대로 메가프로젝트 개발의 급증이 끝나면, 비용이 유지보수 및 업그레이드에 계속 투입되어 그 기술은 앞으로도 수십 년 동안 계속 사용될 것이다. 원자력발전소는 1990년대 이래 선진국에서는 새로운 설비가 거의 건설되지 않았지만 대부분의 설비가 필요한 에너지원을 제공하기 위해 계속 가동되고 있다. 흥미롭게도 1950년대와 1960년대에 널리 보급된 도시 고속도로의 경우, 수십 년을 사용한 현재 그들의 미래가 뜨겁게 논의되고 있다. 1970년대에 개발의 물결이 끝난 후 오랫동안 이 시설들이 계속 운영되었지만 도시가 지속 가능성, 보행 적정성, 거주 적합성에 그 어느 때보다도 강조되고 있는 시대에서, 많은 도시 정치인들과 지역 사회 단체들은 이들의 지속적인 유용성과 상징적 의미에 대해 논쟁하고 있다. 사실, 보스턴, 시애틀, 서울, 샌프란시스코와 같은 도시가 증가하면서 오래된 도시 질서의 이러한 오래된 인공물을 대체하기 위해 메가프로젝트가 시작되었다. 고속도로의 경험과 같이 한 유형의 메가프로젝트에 대한 유용성과 인식의 변화는 여론 주도자가 다시 다음의 큰일을 찾고 실행하기 위한 피드백 루프를 자주 추진하게 한다.

3.4 결론 — 당신의 메가프로젝트에서 혁신 주기는 어디인가?

이 장에서 설명한 것처럼 메가프로젝트 개발 주기는 다양한 장소, 기간, 사회기반시설 유형을 통한 공통적인 특징이다. 지난 2세기 동안 메가프로젝트의 새로운 혁신은 전 세계적으로 나타나고 광범위하게 채택됨에 따라 대중성이 급상승했으나, 약속된 혜택을 제공하지 못하였고, 여러 곳에서 기대에 부응하지 못해 실패했거나 다음 개발 물결에 의해 자리를 빼앗겼다. 메가프로젝트 개발의 주기적 특성 관찰뿐만 아니라 그것들이 추진되는 프로세스의 이해는 공공 및 민간부문 의사 결정권자들에게 강력한 통찰력을 제공한다. 실제로 정책 결정자는 프로젝트 개발의 평가 단계에서 세 가지 상호 관련된 질문을 연구함으로써 검토 중인 제안된 프로젝트의 성공 가능성 및 관련된 위험에 대해서 학습할 수 있다.

첫째, 고려된 사회기반시설 유형이 개발 주기에서 어느 위치이며, 그것을 어떻게 메가프로젝트 특정 유형에 영향을 끼칠 것인가? 세계적 경향의 문화 시설, 컨벤션 센터 또는 항만과 같은 일부 프로젝트 유형의 경우, 새로운 메가프로젝트 기술을 개발하는데 따르는 높은 비용과 위험을 수반하는 혁신자와 기획자에 상당한 이익이 주어진다. 제대로 배치된 도시의 신속한 대중교통 메가프로젝트, 새로운 통신 계획 또는 그린 에너지 프로젝트에 대한 투자와 같은 경우에는 기술이 완성되거나 개발의 물결이 계속되는 경우 나중에 채택되는 것으로부터 큰 혜택은 계속 발생된다. 메가프로젝트 기술이 널리 채택됨에 따라 성숙 단계에 접어들면서 프로젝트 기획자는 새로운 기술이 그들이 개발하려는 사회기반시설 유형을 침해하는 경우의 프로젝트에 대한 가능성과 영향을 고려해야 한다.

둘째, 메가프로젝트 아이디어를 전달받고 이전되는 장소가 얼마나 유사한가? 놀랄 만한 사실은 수억 달러의 비용이 들 수 있는 BRT나 하이테크 자전거 공유 시스템 같은 메가프로젝트 기술이 현저히 다른 정치 시스템, 거버넌스 구조 또는 이데올로기가 있는 지역 간에 성공적으로 전이되는 경우가 자주 있으며, 유사하고 명백하며 상징적인 문제를 해결하도록 고안된 것을 제공한다는 것이다. 동시에 한 지역에서 상당한 이익을 가져온 새로운 경전철과 같은 메가프로젝트는 부적절한 위치에 있거나 창안자를 성공적으로 만든 보완 정책을 수반하지 않고 지역 문화적 또는 경제적 조건을 고려하지 않거나 주변 지역 사회에 인기가 없을 경우 다른 곳에서는 실패할 수 있다.

셋째, 메가프로젝트가 개발되는 주 목적은 무엇인가? 이 프로젝트는 주로 사회기반시설의 구현을 통해 지역 상황을 개선하기 위한 것인가, 아니면 주로 교통, 자본, 무역, 관광객, 이미지 및 관심 등을 위해 지역을 글로벌 공간으로 연결시키려고 하는가? 국제적 위주의 메가프로젝트는 다른 곳의 기술 혁신에 특히 민감한 경향이 있는 반면, 지역 위주의 사회기반시설은 글로벌 최첨단 기술이 발전한 경우에도 상당한 지역 이익을 여전히 제공할 수 있다. 종합하면, 프로젝트 평가 과정에서 이러한 질문의 대답은 정책입안자들이 메가프로젝트 개발주기에 대한 이러한 이해를 활용할 수 있게 해준다. 의사결정자는 건설이 완료된 직후 구식이 될 수 있는 메가프로젝트를 개발하는 데 비용이 많이 드는 실수, 또는 메가프로젝트를 부적절한 지역으로의 이전을 피할 수 있다.

참고 문헌

Best, J. (2006). *Flavor of the Month*. Berkeley: University of California Press.

Council on Tall Buildings and Urban Habitat. (2015). “100 tallest completed buildings in the world by height to architectural top,” <http://skyscrapercenter.com/buildings>.

Dolowitz, D. P. and Marsh, D. (2000). “Learning from abroad: The role of policy transfer in contemporary policy-making," *Governance*, 13(1): 5–23.

Flyvbjerg, B. (2007). "Cost overruns and demand shortfalls in urban rail and other infrastructure," *Transportation Planning and Technology*, 30 (1): 9–30.

Foster, V., Butterfield, W., Chen, C., and Pushak, N. (2008). "Building bridges: China's growing role as infrastructure financier for Sub- Saharan Africa," World Bank, <http://siteresources. worldbank.org /INTAFRICA/Resources/BB_Final_Exec_summary_English_July08_Wo-Embg.pdf>.

International Atomic Energy Commission. (2016). *Nuclear Power Reactors in the World*. Vienna: IAEC.

Jedwab, R. and Moradi, A. (2012). "Colonial investments and long -term development in Africa: Evidence from Ghanaian railroads," NEUDC Conference Working Paper, <https:// www.dartmouth.edu/ ~neudc2012/docs/paper_34.pdf>.

Lehrer, U. and Laidley, J. (2008). "Old mega-projects newly packaged? Waterfront redevelopment in Toronto," *International Journal of Urban and Regional Research*, 32(4): 786–803.

McCann, E. J. and Ward, K. (2012). "Policy assemblages, mobilities and mutations: Toward a multidisciplinary conversation," *Political Studies Review*, 10: 325–32.

Mees, P. (2010). *Transport for Suburbia*. London: Earthscan.

Nuclear Energy Institute. (2015). "World statistics," <http://www.nei.org /Knowledge-Center/ Nuclear-Statistics/World-Statistics>.

Pickrell, D. (1992). "A desire named streetcar: Fantasy and fact in rail transit planning," *Journal of the American Planning Association*, 58(2): 158–76.

Siemiatycki, M. (2006). Message in a metro: Building urban rail infrastructure and image in Delhi, India," *International Journal of Urban and Regional Research*, 30(2): 277–92.

UNDP. (2012). "Bogota, Colombia bus rapid transit project: Transmilenos," <http:// www.esc- pau.fr/ppp/documents/featured _projects /colombia_bogota.pdf>.

제4장

큰 것은 취약하다

규모 이론화의 시도

아티프 안사르, 벤트 플뤼브비에르,
알렉산더 버드지어와 다니엘 룬

"명백한 사실보다 더 기만적인 것은 없다."
Sherlock Holmes in *The Boscombe Valley Mystery*, Sir Arthur Conan Doyle

4.1 개요

크기의 이론은 19세기 중반 이래로 특히 규모와 범위(Stigler 1958; Silberston 1972; Chandler 1990), 자연적 독점(Mill 1848; Mosca 2008) 또는 선제적 역량구축(Porter 1980)의 경제 개념으로 이끌어진 "더 큰 것이 더 낫다"는 주장을 옹호하였다. 크게 구축하는 것은 전통적으로 규모의 경제를 효과적으로 확보하고 미래의 경쟁에서 경쟁자를 물리치는 데 필요하다고 여겨져 왔다(Ghemawat 1991; Ghemawet and der Sol 1998; Hayes and Garvin 1982: 78; Penrose[1959] 2009: 89-92; Wernerfelt and Karnani 1987). 예를 들어, 전기 생산 규모의 경제는 출력이 증가함에 따라 평균 비용 곡선이 감소된다고 가정한다(Ansar and Pohlers 2014: 그림 1).

크기 이론은 경영 실천에 지속적인 영향을 끼쳤다. 규모 증대는 철강(Crompton and Lesourd 2008), 해운(Cullinane and Khanna 2000), 금융(Cavallo and Rossi 2001), 통신(Majumdar and Venkataraman 1998; Foreman and Beauvais 1999), 물 관리와 전기 유틸리티(Kowka 2002; Pollitt and Steer 2012)와 같은 많은 산업에서 생존과 경쟁 우위를 확보하기 위해 필요하다. 회사가 신제품 또는 지리적 시장을 추구하려고 할 때 큰 위험이 목격된다. 모토로라는 이리듐 위성 배치의 기술적 진보에 미화 60억 달러를 지출했고(Bhide 2008), 독일 철강회사 티센크루프는 미국과 브라질 시장에 진입하기 위해 110억 달러 이상을 지출하였다(Ansar 2012). 경제 발전이라는 맥락에서 사츠(Sachs 2006)는 빈곤 퇴치, 에너지 및 물 부족, 또는 도시화와 같은 큰 도전 사항은 "큰 추진력" 해법으로만 해결할 수 있다는 견해를 대중화했다.

크기 이론은 말할 필요도 없이 보편적으로 받아들여지지는 않는다. 스추마커(Schumacher 1973)는 "작은 것이 아름답다."고 옹호하였다. 이스터리(Easterly 2002, 2006)는 사츠가 선호하는 거대한 "대형개혁"에 반대한다고 주장했다. 아마도 크기 이론에 대한 가장 지속적인 공격은 "더 큰 것이 더 낫다"의 대안으로 "혼란스러워"(1959)와 "분리된 증분주의"(1979)를 주장한 린드블럼(Lindblom)으로부터 나왔다. 학술 토론에서, 논리적 증분주의(Quinn 1978), 모듈성(Baldwin and Clark 2000), 진정한 선택성(Copeland and Tufano 2004), 적응성 변화(Heifetz et al. 2009)와 같은 개념과 함께 점진주의의 개념을 중심으로 학파가 출현하였다. 증분주의에 대한 핵심 근거는 불확실성하에서 의사결정 합리성이 잘 문서화된 정의에 기준한다(Atkinson 2011: 9).

그러나 크기 이론은 주류 비즈니스 및 정부 관행에서 지속적인 우세를 유지해 왔다. 크기 이론을 바탕으로 정당화된 메가프로젝트는 그 어느 때보다도 널리 확산되어 있고 규모가 더 크다(Flyvbjerg 2014). 일상적으로 대규모 자본 투자 결정이 현실 세계에서 실패되었기 때문에 대규모 이론의 타당성에 대한 새로운 조사가 시급한 과제가 되었다. 모토로라의 이리듐은 출시 후 3년 이내에 파산하여 약 100억 달러의 지분을 청산했다(Kerzner 2009: 351). 2005년에 시작된 미주 지역의 티센크루프의 메가프로젝트는 더 나쁜 운명을 겪었다. 2012년 6월까지 티센크루프 엘리베이터의 생존은 의심스러웠으며 회사 주가는 2008년 5월 최고치의 1/4 수준이었다. 이 회사는 불운한 미국 철강공장을 최대의 라이벌인 아셀로미탈과 일본 스미모토에 상당히 할인된 가격으로 매각함으로써 부분적으로 새로운 자본을 창출해야 했다. 대규모 자본 투자를 시작한 게하드 크롬 회장을 포함한 티센크루프의 최고 경영진이 해고되었다. 큰 투자의 다른 경우는 실패했다. 보스턴의 빅딕(Big Dig)이나 씨티그룹의 "대담한 투자"의 손실은 수십억 달러에 이른다(Dash and Creswell 2008). 일본의 후쿠시마 원자력 발전소에 지출한 비용은 복구할 수 없을 뿐만 아니라, 그것의 정화비용은 경제 여건을 더 악화시킬 것이다. 재정적 계산을 넘어, 심지어 중국정부의 과묵한 태도는 중국 산샤(三峡) 댐의 엄청나고 예기치 못한 인적 및 환경적 영향에 노출되어 있다(Qiu 2011; Stone 2008, 2011).

지난 15년 동안 대규모 데이터의 증거는 공공 및 민간부문에서, 대규모 자본 투자의 재정적, 사회적 및 환경적 성과가 놀랍도록 부실하다는 것을 나타냈다(예, Nutt 1999, 2002; Flyvbjerg et al. 2002, 2003, 2005, 2009; Titman, Wei and Xie 2004; Flyvbjerg and Budzier 2011;

Van Oorschot et al. 2013; Ansar et al. 2014).

이 장에서 우리는 탈렙(Taleb 2012)이 제안한 개념인 "취약성"을 구조적으로 부실한 결과를 산출한 대규모 자본 투자의 경향으로 특징짓는다. 무작위로 쉽게 해를 입히는 물건이나 시스템은 허약하다. 우리는 그들의 외모와는 달리 대규모 자본 투자가 쉽게 실패한다고 주장한다. 즉, 장기간의 구성, 실행 및 운영 중에 영향을 끼치는 다양한 불확실성의 원인 때문에 마이너스 현재 가치를 제공한다. 우리는 규모와 범위의 경제가 존재함을 반박하지 않는다. 대신에, 우리는 대규모 자본 투자가 규모와 범위의 경제를 뛰어넘어 부실하거나 부정적인 결과를 가져오는 불확실성에 대한 불균형(비선형)이 나타난다고 주장한다. 우리는 자본 프로젝트의 지도자들이 성공하기 위해서는 규모가 증대되는 곳과 그렇지 않은 곳을 신중하게 고려해야 한다고 주장한다. 메가프로젝트 관리에서 공통사항인 "더 큰 것이 더 낫다"를 자동적으로 가정하는 것이 실패하는 원인이다.

다음 섹션에서 우리는 먼저 세 이론적 개념인 크기, 취약성, 규모 대비 확장성 사이의 연계를 개발하고 구성한다. 관련 문헌을 바탕으로 취약성의 근원과 결과에 관한 12가지 제안을 발전시켜, 이를 대규모 자본 투자에 적용한다. 특히 우리는 투자로 인한 누적 손실이 투자 누적 이익을 초과하는 한계인 "투자 취약성"의 구조를 개발한다. 둘째로, 우리는 245개 대규모 댐의 데이터로부터 증거를 활용하여 대규모 자본 투자의 취약성에 대한 우리의 주장을 구체화한다. 대규모 댐으로부터 우리의 이론적 제안과 증거는 대규모 자본 투자가 초기에 설정된 확장성 및 효율성에 대한 열망을 성취하는데 실패했다는 것을 제시한다. 일단 파산되면 이러한 투자가 좌초되어 그들을 수행한 기업 및 국가에 장기적인 악영향을 끼치게 된다.

4.2 이론과 구성

4.2.1 무엇이 큰 것인가?

어떤 것이 크다는 것은 충분히 분명한 것 같다. 그러나 크고, 대규모의, 주요한, 거대한 등과 관련된 아이디어의 구성은 파악하기 어렵다고 밝혀졌다. 큰 것과 관련된 단어의 정의에 대한 문헌 검토는 다음과 같이 큰 것 구성에 대한 다중적 차원의 목록을 나타낸다.

- 높이, 길이, 질량, 무게, 면적 또는 체적으로 측정되는 물질 비율
- 필요한 토지, 노동 또는 장비의 수량과 품질 면에서 측정된 것을 구축하고 운영하는 데 필요한 투입물
- 선행 자본 지출(Flyvbjerg 2014), 반복적인 운영 지출 또는 수명 종료 비용으로(Clark and Wrigley 1995, 1997) 측정되는 자본 지출
- 어떤 것이 생산될 수 있는 생산량 단위(Samuelson 1948; Stigler 1958) 또는 생산량의 중복성(Chandler 1990)으로 측정된 공급
- 수요 단위뿐만 아니라 품질, 속도 및 기능성 측면에서 측정되는 제공된 수요(Weinstock and Goodenough 2006)
- 어떤 것을 구축 또는 수명 확장(Gomez-Ibanez 2003)에 소요되는 시간으로 측정된 일시성
- 공간적 고정성 또는 부동성과 "공간적 고정성" 경향이 큰 자산 이동 비용(Ansar 2012)
- 예를 들어 자산 또는 그 납품의 기술 측면(Simon 1962) 또는 사회적 및 정치적 복잡성(Liu et al. 2007)에 초점을 맞추어 측정된 복잡성
- 환경의 영향으로 혜택을 받거나 피해를 입은 사람들의 수, 활성화된 또는 비활성화된 기능의 수, 또는 변화의 크기와 속도로 측정된 영향

이러한 다차원 간의 관계(심지어 각 차원 내의 지표)조차도 간단하지 않다. 예를 들어, 소프트웨어 IT 프로젝트와 같은 모험사업을 완료하는 데 필요한 시간을 줄이려면 관리자가 더 많은 프로그래머를 동원해야 하며, 이는 사업의 자본 지출을 증가시킬 수 있다(논의에 대해 Akinson 1999 참조; Williams 2005). 그러나 숙련된 관리자는 그러한 명백한 관계가 실제로 유지되지 않는다고 보고한다. 이와는 대조적으로 컴퓨터가 오늘날 유래된 1960년대 IBM의 시스템/360 제품군의 개발을 책임졌던 IBM 임원인 프레드 브룩스의 유명한 "브룩스 법"인 "늦게 소프트웨어 프로젝트에 인력을 추가하면 늦게 만들어진다"를 작성했다(Brooks 1995: 25).

큼(Bigness)은 규모의 경제개념과 같이 크기의 이론이 유의미하게 연관되지 않은 우리가 열거한 차원에 걸쳐 다중적이고 예측할 수 없는 상호 작용을 수반한다. 큰 것의 위험은 이러한 상호 작용에 반영되며, 이제 우리는 이를 시작한다.

4.2.2 취약성은 무엇인가?

탈렙(Taleb 2012)은 우리가 이야기하는 무작위성과 위험의 유형을 표현하기 위하여 취약성 구성과 반의어인 견고함을 제안한다. 이 개념에 대한 탈렙의 영감은 테이블 위에 놓인 도자기 컵에 이익이 될 수 있는 임의의 사건이 없지만, 지진이나 인간의 어색함과 같은 광범위하고 불확실한 사건이 해를 끼칠 수 있다는 관찰에서 도출되었다(Taleb 2012: 268). 도자기 컵과 같이 깨지기 쉬운 물건은 우리가 큰 자본투자의 취약성을 탐색하기 위해 아래[1]에서 상호 교환적으로 사용하는 용어인 무작위성, 불확실성, 휘발성, 변동성, 소란 또는 엔트로피를 포함한 "무질서한 가정" 구성원들에게 취약하다.

구조물로서의 취약성은 예를 들어 건축과 관련하여 점점 더 다양하게 사용됨을 발견한다(Shinozuka et al. 2000; Choi et al. 2004). 인간 골격(Seref-Ferlengez et al. 2015), 세계 금융 및 금융 위기(Davies스 1995; Taleb et al. 2012; Klemkosky 2013; Calomiris and Haber 2014), 수학(Taleb and Douady 2013), 생태와 생태계(Nilsson and Grelesson 1995; Sole and Montoya 2001), 상호 의존적인 네트워크(Callaway et al. 2000; Buldrev et al. 2010; Vespignani 2010; Parshani et al. 2011; Gao et al. 2012; Morris and Barthelemy 2013), 유리 형성 액체의 특성 평가와 같은 재료 과학(Scopigno et al. 2003; Mauro et al. 2014; Martinez-Garcia et al. 2015), 분쟁이 자주 발생하는 국가들(USAID 2005; Ziaja 2012), 민주적 정치 체제(Mitchell 1995; Issacharoff 2007) 그리고 심지어 개인 윤리(Nussgaum 2001) 등이다. 이와 같이 다양하게 사용됨에도 불구하고 **취약성**은 이러한 분야에서 공통된 의미를 갖는다. 탈렙 과업의 출발점에서 우리가 찾은 것은 이것이 가장 포괄적이기 때문에 우리가 먼저 **취약성**이라고 일반적으로 정의한 다른 출처를 보완한다는 것이다. 둘째, 우리는 자본 투자에 적용한 "투자 취약성"이라 불리는 보다 구체적인 개념을 개발하기 위해 이것을 사용한다.

취약성은 혼란에 직면했을 때 "[a] 시스템이 얼마나 **고통스러운지**"를 설명한다(Taleb and Douady 2013: 1677). 취약성의 결과는 일반적으로 되돌릴 수 없는 기능 손실이다. 아래에서 개선할 예비 제안은 다음과 같다.

> **제안 1.** 취약성은 전형적으로 돌이킬 수 없다. 한번 깨지면, 취약성은 원래 기능으로 쉽게 복원될 수 없다.

물질 성질로서의 취약성은 물질의 파괴점(Scopigno et al. 2003; Martinez-Garcia et al. 2015)

에 의해 나타내어진다. 마우로 등(Mauro et al. 2014)은 이 고유한 본질적인 취약성 임계값을 "구조적 특징"이라고 한다. 벌디레브 등(Buldyrev et al. 2010)은 전력망과 같은 네트워크에 대해 유사한 구조분석을 수행하였다(또한 Vespignani 2010 참조). 노드 수, 네트워크가 분리되어 있거나 상호 의존적인지 여부, 다른 네트워크와의 상호 연결 수와 같은 네트워크의 본질적인 구조적 특징은 다양한 네트워크가 파괴되는 "주요 임계 값"을 결정하는 데 도움이 될 수 있다.[2] 좀 더 일반적인 제안으로서,

> **제안 2.** 압박 요인 영향 하에 사물(재료, 시스템, 프로세스 또는 네트워크)이 붕괴되는 시점에서 주의 깊은 구조적 분석 및 실험이 나타내는 고유한 "취약성 임계 값"을 갖는다. 다른 모든 것들은 동일한 조건하에서, 미리 설정된 임계치가 낮을수록 취약성이 커진다.

큰 것의 가정된 이익은 크기에 따라 취약성 임계값이 증가한다는 것이다. 그러나 탈렙(Taleb 2012: 278-80)은 코끼리와 같은 더 큰 유기체는 작은 유기체보다 크기의 비율에 따라 취약성 임계값이 낮은 경향이 있다고 주장한다. 따라서 예를 들어 치명적인 결과를 초래하기 위해 고양이 체중의 두 배를 돌로 치기도 한다. 그러나 코끼리의 몸무게 절반의 돌이 그 취약성 임계값으로 충분할 수 있다. 이러한 더 큰 시스템이 불균형적으로 더 큰 취약성의 원인은 노벨상을 수상한 물리학자 앤더슨(P. W. Anderson 1972)의 "더 많은 것은 다르다"개념에서 발견될 것이다. 보다 일반적인 제안으로 다음과 같이 설명한다.

> **제안 3.** 시스템이 커질수록 붕괴시키는 압박 요인의 상대적 크기는 불균형하게 감소한다.

이전에 제안한 바와 같이 취약성의 또 다른 요인은 시스템간의 상호 연결성이다. 다시 말해, "상속된 취약성"이다. 상속된 취약성은 상호 연결된 시스템의 한 쪽에서 취약성이 발생할 경우 피해 확산을 세밀히 나타나는 데 도움이 된다. 일반적인 제안으로,

> **제안 4.** 이중화가 없는 상호 의존적인 시스템에서, 전체 시스템의 취약성 임

계값은 시스템의 가장 약한 구성 요소의 임계값과 동일하다.

그림 4.1은 다른 것들을 더 큰 취약성에서 낮은 취약성으로 나타내는 복합적인 방법을 제안한다. 이것은 두 가지 차원으로 구성된다. 첫째, 세로축은 얼마나 쉽게 부서지는지를 보여주는데, 즉 높거나 낮게 사전에 설정된 "취약성 임계값"이다. 둘째, 가로 축은 취약성 임계값이 초과되면 파손된 물건이 자체 동일한 기능 상태로 얼마나 쉽게 복구되는지를 보여 주는데, 즉, 높거나 낮은 "기능 회복성"이다. 유아 동요의 계란인 험프티 덤프티(Humpty Dumpty)는 이중고의 취약성으로 인해 고통 받는다(그림 4.1의 4 사분면): 그것은 쉽게 부러지고; 즉, 취약성에 대한 임계값이 낮다. 그리고 다시 모아질 수는 없다.

그러나, 모든 것은 험프티 덤프티 달걀만큼 운이 없는 것은 아니다. 다용도 전기 퓨즈도 쉽게 파손되지만 희생 기능을 수행하기 위해 쉽게 복원 될 수 있다(3 사분면). 반대로 다이아몬드는 취약성 임계값이 높지만 한번 깨지면 피해는 돌이킬 수 없다(2 사분면). 마지막으로 곰팡이와 자연에서의 많은 시스템(Taleb 2012)은 쉽게 부서지지 않고 쉽게 복구된다(1 사분면). 부수적으로, 다음 섹션에서 보여지는 확장성에 대한 토론과 같이, 1 사분면의 시스템은 확장성이 높은 시스템으로 많은 특성을 공

그림 4.1 취약성 지도

유한다.[3]

제안 5. 취약성 임계값이 낮고 기능 회복성이 낮은 시스템(4 사분면)은 파손을 방지하기 위해 많은 완충물이 필요하다.

"내재적" 및 "상속된" 취약성의 구별과 밀접한 관련이 있는 것은 "명확한" 취약성과 "숨겨진" 취약성의 구별이다. 계란이 깨지는 취약점은 분명하다. 따라서 우리는 식료품점에서 내일 아침 식사를 위해 구입할 때 계란을 조심스럽게 취급한다. 계란이 부수어졌을 때도 놀라지 않는다. 마찬가지로 전기 퓨즈의 취약성은 분명하고 실제로 의도된 것이다. 반대로, 숨겨진 취약점은 악의적이며 놀라움을 수반한다. 베스피그나니(Vespignani 2010: 985)는 상호연결성이 높은 네트워크 파손의 경우 상대적으로 위험 임계값이 낮은 곳에서 "갑작스럽게" 나타나는데, 이것은 놀람의 요소를 소개한다. "이로 인해 독립된 네트워크보다 전체 연결된 시스템의 고장을 예측하거나 통제하기가 훨씬 어려워진다."

숨겨진 취약성은 상속된 취약성과의 상호작용 효과가 있다. 아킬레스건은 작은 숨겨진 약점이 다른 강력한 시스템과 연계될 때 이 현상을 상기시킨다.[4]

제안 6. 시스템을 제대로 견고하게 만드는 데 필요한 정보 조건은 일부 숨겨진 취약성 원인이 남아있을 수 있기 때문에 매우 엄격하다. 숨겨지고 상속된 취약성이 있는 경우, 겉보기에는 견고한 시스템이 놀라울 정도로 낮은 임계값에서 갑자기 분해된다. 숨겨지고 상속된 취약성의 경우에 대비가 부족하면 결과적으로 분명하게 해를 입힐 수 있다.

탈렙(Taleb 2012: 270–1, 예)은 취약성을 만드는 데 누적 프로세스의 역할을 수행하지만 숨겨진 취약성은 종종 이들에 의해 생성되거나 악화된다. 탈렙은 일반적으로 한 번의 타격으로 인한 취약성을 강조한다. 대조적으로 "누적된 취약성"은 천 번의 상처로 인한 죽음이다. 케일과 몬티레그레(Keil and Montealegre 2000)는 알지 못한 채 끓여져 죽는 개구리와 같은 불운한 투자를 비유했다(Keil 1995; Royer 2003).

이해하기 어려운 동적 변경은 종종 경고 없이 취약성의 임계값을 낮춘다. 그러한 상황에서 작은 스트레스조차도 예기치 않은 파손을 초래한다. 세레프-훼렌기즈 등(Seref-Ferlengez et al. 2015)은, 예를 들어 인간의 뼈가 일상적인 스트레스 요인에 의해 지속적으로 미세 손상에 노출된다는 것을 발견했다. 사람들이 나이가 들어감에 따라 "골격 견고함을 추가적으로 감소시키는" 데 기여함으로써 일상적인 미세 손상이 누적되기 시작하여, 즉 뼈가 부러지는 임계값이 낮아진다(Seref-Ferlengez et al. 2015: 1). 기술 시스템에서 작은 오류의 누적은 종종 인간이 만든 재난 뒤에 있다(Turner and Pidgeon 1997).

제안 7. 누적된 숨겨진 프로세스는 시간이 지남에 따라 시스템의 취약성 경향을 증가시킨다.

숨겨진 취약성은 또한 사회학적 및 심리적 특징을 가지고 있다. 권력관계를 연구하는 학자들은 조직이 명백한 것을 무시하거나(Flyvbjerg 1998) 조직 내에서 "알고 싶지 않다는 것을 알고 있는" 사람들을 무시하는 것을 암묵적으로 선택할 수 있다고 제시한다(Ansar 2015). 과도한 자신감과 같은 심리적 편견은"(전문가가 많이 알고 있지만 자신이 생각하는 것보다 덜 안다는) 전문가 문제"로 인해"취약성을 초래"한다(Taleb 2012: 215). 심리학 이론은 전문가에 의해 설계된 시스템에서 숨겨진 취약성이 예외가 아닌 표준이 될 것이라고 예측한다(Kahneman 2011). NASA는 한 엔지니어링 팀이 미터법 단위를 사용하고 다른 엔지니어링 팀은 우주선 조작에 미국 단위를 사용했기 때문에 1999년 9월에 125백만 달러의 화성 기후 궤도 선을 잃었다(Reichhardt 1999; 조직 의사 결정 이론에 비추어 NASA의 우주 왕복선 재해에 대한 논의는 Hodgkinson and Starbuck 2012 : 2-5 참조). CNN에 따르면 NASA의 제트 추진 연구소의 책임자인 에드워드 스톤은 "이 단순한 오류를 인식하고 수정하지 못한 우리의 무능력이 아주 큰 영향을 끼쳤다"고 NASA의 임무 검토에서 밝혔다(1999.9.30.). 또한 숨겨진 취약성을 수정하는 정보 조건에 대해서는 제안 6을 참조하라.

제안 8. 행동 및 심리적 편견은 숨겨진 취약성을 밝혀내는 것을 더 어렵게 만든다. 전문가에 의해 설계된 시스템에서 숨겨진 취약성은 예외가 아닌 표준이 될 것이다.

제안 9. 사회학적 및 조직적 맥락에서 숨겨진 취약성은 명백히 숨겨질 것이다.

탈렙(Taleb)은 무질서의 외부 원인에 초점을 맞추는 경향이 있지만, 취약성에 종사하는 생태학자들은 취약성을 야기하는 내부 변화에 대해 동일한 관심을 기울이고 있다(Nilsson and Grelsson 1995 참조). "파괴된 대칭" 이론가들은 또한 내부 복잡성이 증가함에 따라 종종 무작위 프로세스에 의해 유발되는 내부 방해원의 위협이 비선형적으로 커져서 명백한 원인 없이 더 큰 시스템을 무너뜨릴 수 있다고 지적했다(Anderson 2011). 결과적 관점에서 볼 때 외부 및 내부 스트레스 요인의 구별은 중요하지 않다. 중요한 것은 부정적인 결과의 크기이다. 탈렙(Taleb 2012: 136)의 주장,

> 당신이 생각하는 것보다 훨씬 더 취약성을 제어할 수 있다. (…) (반)취약성을 감지하거나 ― 실제로 알아차리는 것 (…) ― 이벤트의 역학을 예측하고 이해하는 것보다 훨씬 쉽다. 전체 임무는 실수를 예측하는 것으로부터 무엇이 피해를 최소화(와 이득 최대화) 하는지의 중심 원칙으로 축소된다. 즉, 실수할 경우 무너지지 않거나 심지어 혜택이 되지 않는 것을 갖는 것 (…) 쓰나미 또는 경제 사건이 다가오는 것을 보지 못하는 것은 변명할 수 없다. 그들을 취약하게 만드는 것은 아니다.

결과적 관점에서 발전될 수 있는 일반화 제안은 다음과 같다.

> **제안 10.** 시스템이나 프로세스가 체계적으로 빈약한 결과를 제공한다면, 그것은 취약성을 나타내는 지표이다. 시스템을 폐기하거나 재설계하라.

> **제안 11.** 스트레스 요인을 예측하거나 통제하는 것보다 취약성이 초래할 수 있는 피해의 크기에 대해 견고해지는 것이 더 용이하다.

4.2.3 "투자 취약성"의 특별한 경우

지금까지 취약성의 일반적인 기능을 분석했다. 이제 우리는"투자 취약성"이라는 특별한 사례로 넘어가는데, 이는 **투자 불가능한 것에 대한 금융 투자의 취약성으로 정의한다; 즉, 순 경제 가치를 창출하는 능력을 상실하는 것이다.** 도로, 정유 공장, 교량, 공장, 부동산 개발 등과 같은 물리적 자산에 적용할 때 투자 취약성으로 인해 자산은 "좌초 자산"이 된다. 즉, "자산이 예상치 못한 또는 조기 상각, 하락 재평가로 고통

을 받거나 부채로 전환되는 경우"(Ansar et al. 2013a : 2) 이다. 부서지거나 좌초된 자산은 경제에 대한 순 장애물이 된다. 즉, 대체 용도로 사용될 수 있는 자원들을 비효율적으로 소비한다. 취약성이 발생하기 쉬운 자산이 너무 많은 경제는 시스템의 한 구석 또는 시스템에서 전체로 확산될 수 있는 전이된 취약성의 도미노와 같은 영향으로 인해 시스템 전체의 실패 위험이 높아진다.

4.2.3.1 혜택 대 비용 비율(BCR) — 투자 취약성의 임계값을 감지할 수 있는 경험 법칙

투자의 취약성 임계값은 투자의 지출 구조를 모델링하여 찾을 수 있다. 그림 4.2는 그러한 지출 구조를 그래픽으로 보여준다. 가상투자의 할인된 이익 흐름과 할인된 고통의 흐름을 내림차순으로 정렬된 후 그래프로 표시한다. 투자는 일반적으로 오랜 기간에 걸쳐 있기 때문에 적절한 할인율을 도입하여 상환 구조에 돈의 시간 가치를 포함시키는 것이 필수적이다(Souder and Shaver 2010 참조).

그림 4.2의 취약점은 누적 고통—영역 "1"—이 누적 이득—영역 "2"—를 초과하는 지점이다. **다시 말해서 누적 이익 대 고통 비율이 1 미만으로 떨어져 분모의 고통보다 분자의 이익이 적어지면 투자가 중단된다.** 자본 예산 편성에 관한 문헌에서 일반적으로 혜택-비용 비율(BCR)로 생각되는 혜택 대 고통 비율은 투자의 취약성 임계

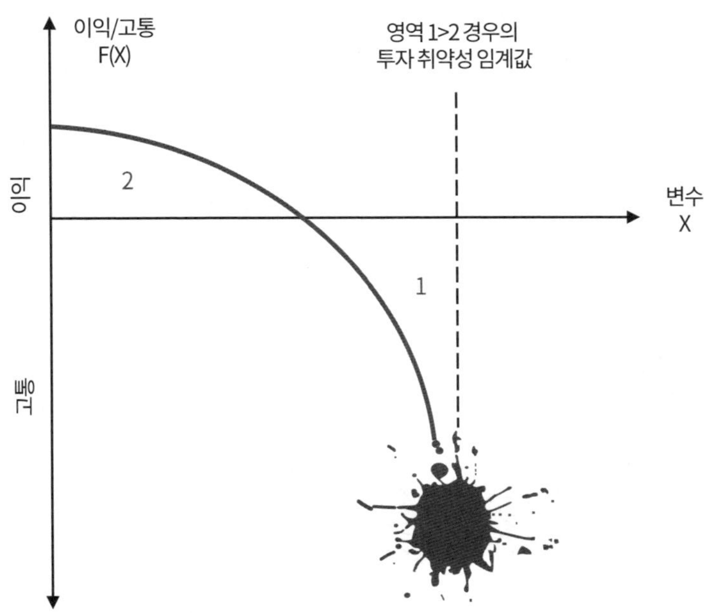

그림 4.2 그래프 "투자 취약성"

값을 감지하는데 유용한 경험적 규칙으로 작용한다.

보다 일반적인 취약성의 경우와 마찬가지로, 자산을 "파괴"하는 데 필요한 방해의 절대 임계값이 낮을 때(예: 낮은 혜택 대비 비용 비율) 스트레스가 혜택 대비 비용 비율을 1 밑으로 쉽게 밀어내어 자산은 더 커진 내재적 투자 취약성으로 고통받는다. 스트레스 요인은 예를 들어 처리 비용이 비례하지 않게 되어 엉망이 될 수 있는 자산의 60년 수명 동안 단 하나의 기상 사건일 수 있다. 많은 취약한 것들과 같이, 투자 취약함에도 놀라움의 요소가 있는데, 겉보기에는 발생하지 않을 것 같고 때때로 경미한 스트레스 요인이 불균형한 피해를 끼칠 수 있다.

투자는 일단 중단되면 대체 방안을 통해 회복할 수 있도록 투자를 재배치하는 것이 어렵거나 거의 불가능하기 때문에 더욱 취약해진다. 덜 구체적인 자산—예: 사용을 변경할 수 있는 건물—은 더 높은 특성을 가진 자산보다 돌이킬 수 없을 정도로 파괴되는 경향이 적다(투자 취약성과 거래 비용 경제학의 "지킴"에 관한 논의 사이의 연관성에 관한 풍부한 근거는 Gomez-Ibanez 2003 참조).

마찬가지로, 자산의 이익(예상 혜택 및 우발적 소득)이 제한되었지만 고통(예상 비용 및 예상치 못한 손실)이 제한되지 않으면 자산의 내적 투자 취약성이 높아진다. 이 성향은 그림 4.2의 형태로 나타나듯이, 곡선의 왼쪽 상단 부분(이익)이 경계가 있고 유한하지만, 곡선의 오른쪽 부분(고통)은 무한하며 잠재적으로 무한한 나락이다. 이 관찰에 기반하여 탈렙(Taleb 2012: 158)은 "취약성은 이익보다 더 많은 손실을 의미하고, 좋은 면보다는 더 안 좋은 면과 유사하고, (불리한) 비대칭과 같다"고 제안하였다.

4.2.4 확장성이란 무엇인가?

옥스퍼드 영어사전은 **확장 가능**과 **확장성**을 다음과 같이 정의한다.

> 확장 가능, 형용사
> 규모를 바꿀 수 있다, **드물게**.
> 1977 *Jrnl. Royal Soc. Arts* 125770/1. 이러한 레이저는 대용량을 균일하게 펌핑할 수 있기 때문에 확장 가능하다.
>
> 확장성 명사. 확장 가능한 속성.
> 1978 *Sci. Amer.* Nov. 44/2. 기술의 확장성과 개선된 빔 포커싱의 테스트에 대

한 시연 (…) AEC에 의한 지원을 이끄는 노력을 촉진해야 한다고 설명했다.

특히, 우리는 확장 가능성 단어에 대한 불만족스러운 정의에 주목한다. 규모면에서 변화할 수 있는 능력(또는 외부의 힘없이 동일하게 변화)은 무엇인가? 실제로 확장성은 컴퓨터 과학, 시스템 아키텍처, 소프트웨어 프로그래밍 분야에서 가장 일반적으로 논의된다(Hill 1990; Gunther 2007). 이것은 우리의 목적에 불충분하다.

학술 문헌에서, 어떤 조건에서 어떤 것이 규모에 맞게 변화할 수 있는 능력을 가지고 있는지에 대한 이해는 수학의 진보, 특히 차원분열도형 기하학(Fractal Geometry: 형상이 확정적이 아닌 도형에 관한 기하학)의 분야에 의해 깊이 인식되었다. 만델브로트의 연구는 척도의 두 주된 차원인 시간적 차원과 공간적 차원을 식별 했다. 예를 들어, 한 알의 모래, 조약돌, 바위, 절벽, 그리고 영국의 해안선은 공간적 규모의 크기가 더 큰 등급에 대해 더 미세한 연속체로 나타낸다(Mandelbrot 1967 참조). 마찬가지로, 5초 사이의 척도에 따른 주가 변동은 시간적 척도의 크기가 더 큰 등급인 5년 사이의 척도보다 더 미세하게 나타낸다. 척도의 더 미세하고 더 거친 등급은 줌-인(마이크로스코픽)과 줌-아웃(매크로스코픽)의 정도에서도 생각할 수 있다. 만델브로트의 공간적, 시간적 척도로는 제3의 척도인 "관계형"을 소개한다. 관계형 척도는 최종 사용자의 수(예: 소수 또는 다수)뿐만 아니라 최종 사용자의 이질성과 이들의 맞춤형 요구도 언급한다(**공간적, 시간적, 관계적** 다중 스칼라 구조에 대한 논의는 Ansar 2010; Ansar 2012 참조).[5]

이러한 척도에 대한 이해를 바탕으로, 우리는 확장성을 어떤 사물(예로 시스템, 시스템의 시스템, 프로세스, 네트워크 등)이 아주 미시적인 것에서 아주 거시적인 **공간적, 시간적, 관계적** 척도로 **용이하게** 전환할 수 있는 능력이라고 정의한다. 힘이 들지 않음은 용량을 늘리거나 제거하는 데 소요되는 시간, 비용 등의 관점에서 최소한의 마찰을 수반한다. 긴 시간 동안, 힘이 들지 않음은 호환성을 잃지 않고 신속하게 업그레이드할 수 있는 능력을 의미한다. 그러나 확장성을 주로 확장 가능한 기능으로 이해하고 실행하면서 오늘날 학문과 실무에서 지배적인 접근방식인 규모 축소에 거의 주의를 기울이지 않는 경우, 그 자체로 취약성이 추가된다(Sutton and Rao 2014). 그러므로 우리는 확장성을 양쪽 방향, 즉 규모 확대와 축소 양방향으로 모두 변화시킬 수 있는 능력으로 이해한다.[6]

큰 규모와 대조적으로 우리는 핵심 통찰력에 도달한다. 큰 것은 일반적으로 어느 정도의 여유를 가지고 있는데, 웨인스톡과 굿이너프(Weinstock and Goodenough

2006)는 이를 "시스템에 자원을 추가하지 않고 증가된 작업부하를 처리할 수 있는 능력"이라고 부른다. 예를 들어, 대형 발전소는 거의 최대 용량으로 가동되지 않는다. 수요가 하루의 한 구간에서 다른 구간으로 증가한다면, 발전소는 추가된 수요의 일부 또는 전부를 충족시키기 위해 가동량을 증가시킬 수 있다. 그러나 이러한 제한적인 여유는 진정한 확장성과는 다르다. 따라서, 대형 발전소는 공간적, 시간적, 상대적 좁은 분야에서 약간의 증가된 수요를 충족할 수 있을지라도, 국가 또는 지구적 에너지 위기를 해결하기 위해 힘들이지 않고 규모를 확대(또는 축소)할 수는 없다. 따라서 대규모, 확장성 및 취약성을 연계하여 우리는 다음으로 나아간다.

제안 12. 취약성은 큰 것이 확장 가능한 것에 가장 잘 남겨진 것을 하도록 강요받았을 때 발생한다.

4.3 실행의 취약성 — 대형 댐의 증거

취약성에 관한 이 12가지 제안은 문헌 연구에 기초한다. 우리는 이제 그 제안들을 245개의 대형 댐에 대한 자본 투자의 증거에 대해 시험한다. 대규모 댐에 대한 우리의 연구는 조사되지 않은 질문으로의 귀납적 조사로 시작되었다. 중국에서 브라질까지 진행 중인 수력 발전 대형 댐의 활발한 건축 붐이 긍정적인 수익을 낼 수 있을까? 우리의 이전 노력(Ansar et al. 2014)에서 대부분의 대형 댐은 너무 많은 비용이 들고 긍정적인 위험 조정 수익을 내기 위해 건설하는데 너무 오랜 시간이 걸린다는 가장 강력한 증거를 발견하였다. 우리의 경험적 결과는 왜 대형 댐에 대한 투자가 혜택-비용 비율이 1 이하로 떨어져 "투자 취약성"이라고 불리는 특별한 경향을 갖는지에 대한 답을 얻는 데 도움이 될 이론 개발을 시작하도록 동기를 부여하였다.

그림 4.3은 댐의 지역 위치, 벽 높이, 프로젝트 유형, 연식, 실제 프로젝트 비용에 따른 데이터 집합의 개요를 보여준다. 1934년부터 2007년까지 5개 대륙 65개국에서 총 3,530억 달러(2010년 가격)를 건설한 우리의 대형 댐 데이터 집합은 가장 큰 규모이다. 타당하고 신뢰할 수 있는 비용 및 일정 데이터를 찾을 수 있는 모든 대형 댐이 연구에 포함되었다. 데이터와 귀납적 연구는 안사르 등(Ansar et al. 2014)에 설명되어 있다.

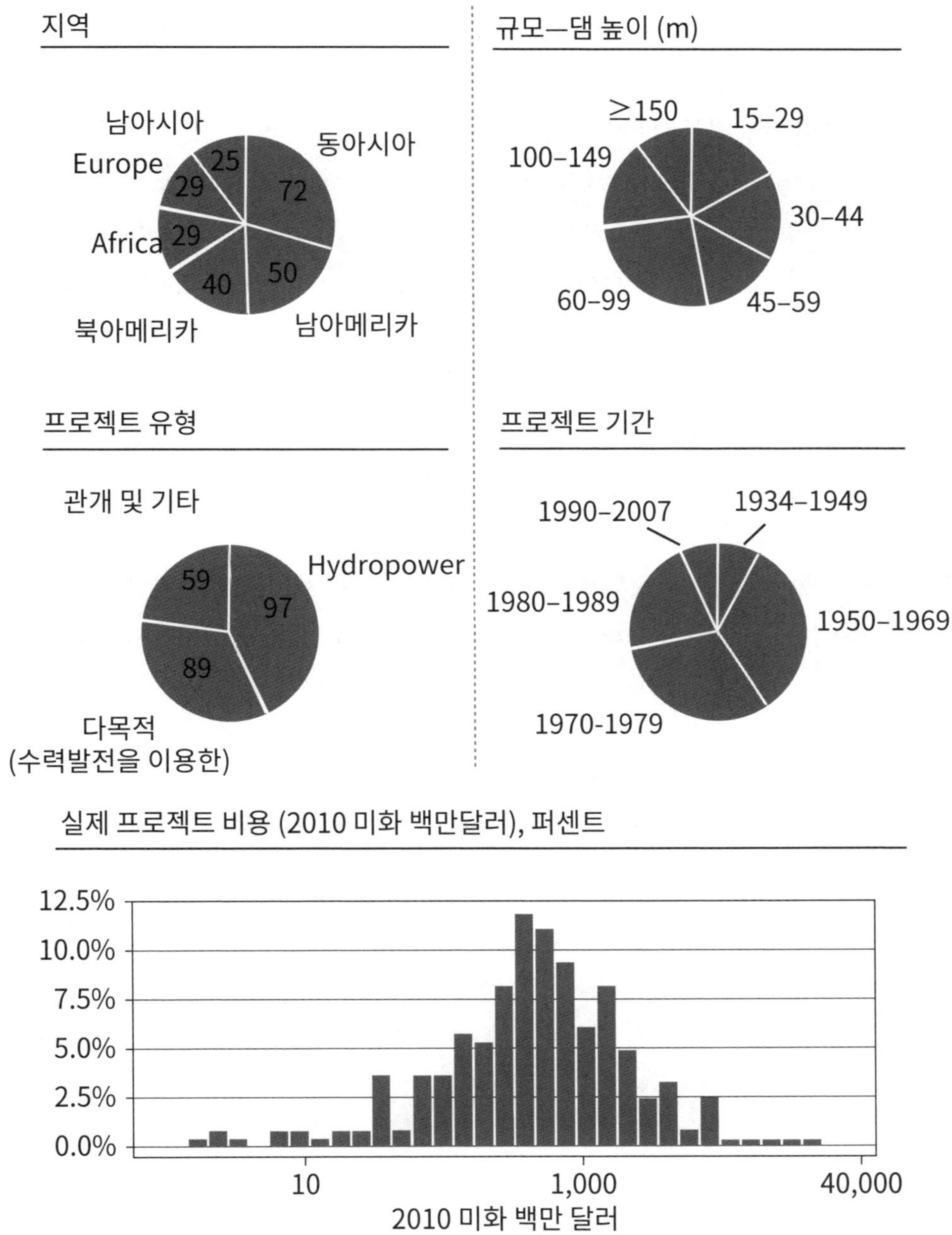

그림 4.3 5대륙 245개 대형 댐의 표본 분포(1934-2007), 미화 3,530억 달러 가치(2010년 가격)

출처: Ansar et al.(2014)

4.3.1 왜 큰 댐을 연구하는가?

우리는 다음과 같은 이유로 대형 댐이 투자 취약성에 대한 이론을 개발하는 데 특히 유용한 경험적 환경을 제공한다는 것을 발견한다.

첫째, 큰 댐은 전형적인 메가프로젝트이다. 댐은 물리적 비율이 크고, 방대한 양의 투입물(자재, 토지, 인력 또는 물리적 장비)을 조달해야 하며, 막대한 초기 재정 지출을 수반하며, 대량의 결과물을 생성하고, 건설 및 유지하는데 오랜 시간이 걸리고, 공간적으로 고정되며, 구성품의 수뿐만 아니라 구성요소 간의 높은 상호의존성 측면에서도 매우 복잡하다. 대형 댐은 일반적으로 많은 수의 사람들과 건설, 운영, 그리고 궁극적으로 철거에서 환경에 영향을 끼친다.

둘째, 댐은 분리할 수 없는 개별 자산이다. 90%의 완성된 댐은 전혀 건설되지 않은 댐만큼 가치가 없다. 이러한 이유로, 댐과 관련된 물리적 범위와 비용은 방법론적으로 잘 정의되어 있으므로 계획과 실제 결과 사이의 유사 비교에 특히 적합하다.

셋째, 댐의 전체 수명의 주요 부분은 건설단계에서 전면에 제시된다. 화력발전소와 달리 댐은 공급 원료에 대한 후속 기간에 큰 변동비를 요구하지 않는다. 다른 대규모 자본 투자에 대해 설정하기가 훨씬 어려운 것과 비교하여 댐의 현금 흐름(또는 비용 및 혜택의 흐름)의 투명성은 어느 정도 가능하다.

마지막으로, 대형 댐의 결과는 다른 대형 사업들에게 일반화될 수 있다. 대형 댐은 공학적 문제 또는 "표준화된 생산 기술"을 고려할 수 있는 전통적 이론을 폭넓게 연구하고, 전기와 물 같이 수요 추세가 확립된 것으로 보이는 결과물의 기본 서비스를 생성한다(Sidak and Spulber 1997). 예를 들어 대규모 자본 투자가 혁신적인 신기술에 기반 하기보다 전체적인 계획 불확실성이 대형 댐에서 더 제한되어야 한다고 직관은 암시할 것이다. 댐 건설에서 제도적인 오류의 발견은 투자 취약성의 문제가 덜 표준화된 자본 투자에 대해 더욱 심각해질 것임을 시사한다.

4.3.2 대형 댐에 어떤 일이 일어나는가?

제안 10은 시스템이나 프로세스가 체계적으로 불량한 결과를 산출한다면 그것은 취약성의 지표라고 제안했다. 특히, 우리는 혜택-비용 비율이 1 이하로 떨어지는지 시험하는 데 관심이 있다.

4.3.2.1 비용 성능

비용 초과와 관련하여, 우리는 다음과 같은 관찰을 한다.[7]

- 대형 댐 4곳 중 3곳은 현지 통화 불변가 기준 비용 초과가 발생하였다.
- 실제 비용은 추정 값 보다 평균 96% 높았다(중간 값 27%; IQR 0.86). 비용이 과소추정과 비용초과로 제도적으로 편향되어 있다는 증거가 압도적이다(Mann-Whitney-Wilcoxon U = 29646, 페이지 0.01); 비용 과소추정 크기가 비용 과대추정 오류보다 크다($p < 0.01$). 왜곡은 부정적인 결과(즉, 예산 검사)로 향하고 있다.
- 그림 4.4와 같이 댐의 비용초과 그래프는 긴 꼬리가 나타난다; 실제 비용은 대형 댐 10개당 2개에서 2배 이상이며 댐 10개당 1개에서 3배 이상이다. 긴 꼬리는 계획자들이 먼 미래에 발생할 사건들의 확률을 설정하는 데 어려움을 가지고 있음을 시사한다.(Taleb [2007] 2010: 284)

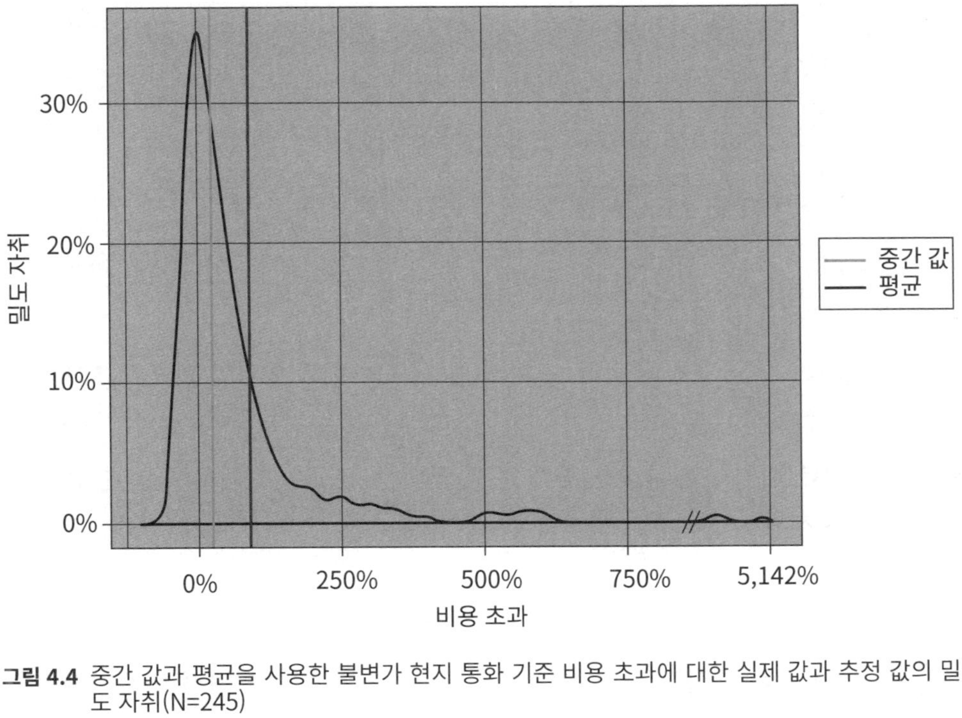

그림 4.4 중간 값과 평균을 사용한 불변가 현지 통화 기준 비용 초과에 대한 실제 값과 추정 값의 밀도 자취(N=245)

출처: Ansar et al.(2014)

4.3.2.2 일정 성과

대형 댐은 비용이 많이 소요되고 규칙적인 경향이 있고, 심각한 예산초과가 발생하기 쉬울 뿐만 아니라, 또한 건설하는 데 오랜 시간이 걸린다.[8] 큰 댐은 평균 8.6년이 걸린다. 일정 지연과 관련하여 우리는 다음과 같은 관찰을 한다.

- 대형 댐 10곳 중 8곳은 일정 지연에 고통스러웠다.
- 실제 수행 일정은 그림 4.5와 같이 추정치(중간 값 27%, 또는 1.7년)보다 평균 44%(또는 2.3년) 오래 소요되었다. 일정 지연은 필요로 하는 혜택 사용이 지연되는 것과 같아 혜택-비용 비율에 손해가 된다. 이것은 미래 혜택의 순현재 가치를 감소시킨다. 비용초과가 없더라도 일정 지연은 투자 취약성을 야기시킬 수 있다. 대형 댐 비용의 대부분이 사업 초기에 발생하기 때문에, 그것들은 먼 미래에 발생할 혜택과 같이 할인율에 민감하지 않다.
- 비용초과와 같이, 수행 일정이 구조적으로 과소추정에 편향되었다는 증거가 압도적이다(Mann-Whitney-Wilcoxon U = 29161, $p < 0.01$); 일정 과소추정의 크기(즉, 일정 지연)가 일정 과대평가 오류보다 크다($p < 0.01$).
- 댐의 일정 지연 구간을 그려보면, 비록 비용초과의 꼬리만큼 길지는 않지만 그림 4.5와 같이 긴 꼬리가 드러난다. 비용은 일정보다 통제 불능 상태로 급상승할 위험이 더 크다.

4.3.2.3 대형 댐 투자 취약도 임계값

제안 2는 시스템마다 취약성 임계값이 다르다는 것을 제시하였다. 대형 댐에 대해, 전형적인 예측 혜택-비용 비율(BCR)은 1.4였다.

즉, 기획자들은 순 현재 혜택이 순 현재 비용을 약 40% 초과할 것으로 기대하였다. 향후의 혜택이나 운영 및 관리 비용에 변화가 없는 경우, 비용초과비율이 1.4 이상인 사업은 취약성 임계값을 침해할 수 있다 — BCR이 1 밑으로 떨어지면, 파산 자산의 선행된 매몰비용은 되찾을 수 없다.

- 대형 댐의 절대 임계치 1.4는 도로, 철도, 교량 또는 터널 자본 투자와 같은 다른 많은 물리적 인프라 자산과 대체로 일치하며, 일반적으로 BCR은 약 1.4이다(NAO 2014).

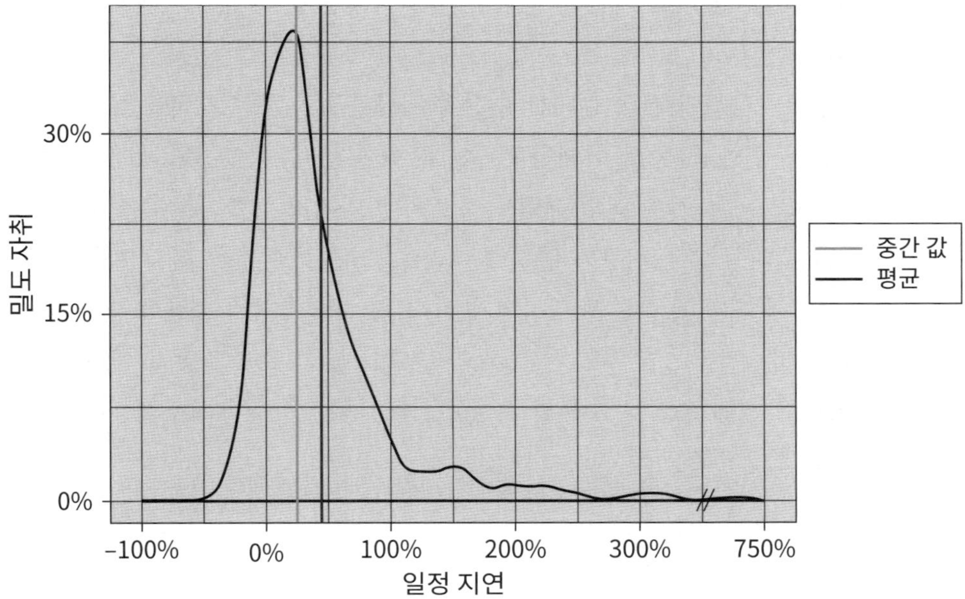

그림 4.5 중간 값과 평균을 사용한 일정 지연의 밀도 자취(N=239)

출처: Ansar et al.(2014)

- 취약성 임계값으로 BCR 1.4를 사용하여 도로, 교량 또는 터널 프로젝트 투자보다 대형 댐 투자가 취약하다는 것을 확인하였다. 그러나 대형 철도 프로젝트에 대한 투자는 대형 댐에 대한 투자보다 훨씬 더 취약하다. 우리는 245개의 대형 댐에 대한 증거를 또 다른 353개의 도로, 레일 및 고정 연결부 프로젝트(교량 및 터널)의 샘플과 비교함으로써 이러한 결론에 도달했다(Flyvbjerg et al. 2002, 2003, 2005; Ansar et al. 2013b).
- 댐의 절반 가까이(47%)에 대한 투자에서 취약성 임계값을 경신했다; 즉, 1.4 이상의 비용초과 비율은 도로의 경우 14%(n=239, $M_{비용초과}$=1.22)와 고정 연결부의 경우 25%(n=39, $M_{비용초과}$=1.37)와 비교된다. 철도 프로젝트(n=79, $M_{비용초과}$=1.44)의 경우 표본의 50% 이상에서 비용초과 비율이 1.4를 넘었다.
- 그러나 급증하는 비용초과로 볼 때 대형 댐 투자는 철도 프로젝트와 비교해 성과가 더 열악하다. 대형 댐의 경우 80번째 백분위 비용초과는 당초 추정치의 거의 두 배($P80_{비용초과}$=1.99) 이고, 90번째 백분위수는 세 배 이상($P90_{비용초과}$=3.07)으로 길고 두꺼운 꼬리를 나타낸다. 철도의 경우, 계속 증가되는 비용초과에 대한 왜곡은 덜 명확하며($P80_{비용초과}$= 1.75와 $P90_{비용초과}$= 1.90), 이는 정

규분포와 비교했을 때 여전히 길고 두껍지만 대형 댐에 비해 꼬리가 잘린 것을 시사한다.

- 대형 댐의 취약성 임계값에 대한 우리의 계산은 보수적인 편견을 갖고 있다. 기존 문헌에는 이것이 해당된다는 강력한 증거가 있지만(WCD 2000a; McCully 2001; Scudder 2005) 댐의 혜택도 목표치에 미치지 못한다고 가정해 왔다. 우리는 대형 댐의 비용과 일정에 따라 구축된 것과 같이 댐의 계획 및 실제 혜택에 대한 포괄적인 데이터가 아직 존재하지 않기 때문에 이러한 가정을 했다. 지금까지 우리의 표본으로부터 84개의 수력 발전 대형 댐 프로젝트에 대해 우리가 가용할 수 있는 데이터는 그들이 최소한 11%의 평균적인 혜택부족을 겪고 있다는 것을 보여 준다.

큰 댐은 취약한 시스템의 근본적인 불리한 비대칭성 때문에 어려움을 겪는다는 점에 유의하라: 대형 댐에서 얻을 수 있는 잠재적 이득은 제한되어 있지만, 고통은 제한되지 않는다(그림 4.2 참조). 예를 들어, 극심한 가뭄에 큰 수력 발전 댐은 거의 전력을 생산하지 않을 수 있지만, 수년에 걸친 홍수에서는 댐의 설계 한계치의 최대치에 도달한다. 따라서 댐이 생산할 수 있는 최대 혜택은 제한되지만, 초기 비용초과 또는 후속 운영 및 유지보수 비용 등으로 인한 최대 손실은 제한되지 않는다. 운영 및 유지보수 비용에 대한 혜택부족과 비용초과를 고려하면, 대형 댐에 대한 투자의 손실 비율은 아마도 우리가 보수적으로 계산한 것보다 더 클 것이다.

요약하자면, 우리의 보수적 추정에 따르면, 대형 댐들 거의 절반이 심지어 그들의 운영을 시작하기 전에 투자가 중단된다. 이는 초기 자본지출에서 과도한 비용초과 때문이다. 투자 수명주기의 초기 단계에서의 취약성은 투자 사산에 비유될 수 있다. 후속적인 논의는 "누적 취약성"으로 인해 수명이 진행됨에 따라 투자 취약성 위험이 단지 지속적이고 유동적이지 않은 큰 자산에서만 증가한다는 것을 보여 줄 것이다.

4.3.3 대형 댐에서 투자가 중단되는 이유는?

왜 대형 댐에 대한 투자가 중단되는지에 대한 설명은 그들이 건설로 이어지는 사고 과정들에서 찾을 수 있다. 우리는 대형 댐 건설에 대한 최종 결정을 내리기 전에 은행 이사회에 제출된 세계은행에서 이전에 기밀이었던 사업사례(**직원 평가 보고서**

또는 프로젝트 평가 문서라고 함)를 검토했다. 전형적인 사업사례는 댐의 자금조달을 정당화하기 위해 다음과 같은 일련의 주장을 제시할 수 있다.

- 첫째, 사업사례는 한 나라가 직면하고 있는 막대한 전기나 물 부족을 요약한다.
- 둘째, 사업사례는 그 국가가 미개발 수력자원을 많이 보유하고 있다고 주장한다.
- 셋째, 사업사례는 전문가들에 의해 특히 유리하다고 판단되는 부지에 대형 댐이 건설되어야 한다고 제안한다. 제안된 대형 댐은 그 나라의 전기나 물 부족 문제 해결에 있어 크게 기여할 것이라고 주장하고 있다.
- 넷째, 사업사례는 대형 댐이 현재의 시장 수요와 시장 공급 사이의 격차를 **빠르게** 메울 수 있고 향후 급증하는 수요를 충족시키기 위해 여유를 제공할 수 있다고 나타내는 기술적 연구를 인용한다.
- 다섯째, 사업사례는 또한, 제안된 대형 댐이 "규모의 경제"로 인해 "예상된 수요를 적절하게 충족시킬 가장 비용이 적게 드는 확장 경로"가 될 것이라고 제안하는 경제학자들의 연구를 인용하고 있다(US Department of Energy 2009). 보통 대형 석탄 화력발전소에 대해 대형 댐과 같은 다른 대안 한두 가지만 고려된다.
- 마지막으로, 몇 개의 부록에 걸쳐 상세한 계산이 건설 결정일 현재 제안된 대형 댐 혜택의 순 현재 가치가 비용의 순 현재 가치를 초과할 것이라고 나타낸다. 즉, 혜택 비용 비율이 1을 초과할 것이다. 전형적으로, 경쟁력 있는 대안이라고 나타내는 혜택 및 비용의 데이터는 거의 또는 전혀 없다.

이러한 사고 과정은 주어진 문제(용수 및 전기 공급)를 해결하기 위한 대안 방법에 대한 합리적 평가보다 미리 선택한 해결책(대형 댐)의 합리화와 더 유사하다. 그 과정은 합리성으로 제시된 합리화다(Flyvbjerg 1998). 우리는 몇 가지 큰 결점들을 확인한다.

첫째, 전형적인 비즈니스 사례가 확장성의 하나로서 해결해야 하는 과제—즉 전기와 용수 공급을 어디서나(**공간적**), 언제나(**시간적**), 누구든지(**관계적**) **쉽게** 켜고 끌 수 있게—를 정확하게 식별하지만, 사업사례는 확장 가능한 해결책을 제안하는 대신한 번에 전부를 해결할 방안을 제안한다. **확장 가능하게 최선책으로 남겨진 것들을 크게 한꺼번에 하도록 강요될 때 취약성이 발생한다**는 제안12를 상기하라.

둘째, 선호되는 해결책에 반대해서 고려되는 대안들의 수는 거의 없다. 분산 발전이나 에너지 생산성 향상과 같은 대안은 무시된다. 프리무스(Primus 2008:105)가 묘사한 바와 같이, 기획자들이 선호되는 해결책으로서 대형 자산을 조기에 설정하는 것이 일반적인데, 그러고 나서 대안들은 "무위로 축소"된다. 이것은 의사결정자에게 제시된 선택 사항들을 제한한다.

셋째, 규모의 경제라는 논리(최소 비용의 확장 경로로)를 도입함으로써, 사업사례는 댐이 클수록 더 확장가능하고 더 효율적이기 때문에 엄청난 규모의 대형 댐을 건설할 것을 제안한다. 전형적인 비즈니스 사례에서 큰 규모로 인해 발생할 수 있는 효율성에 대해 크게 우려하더라도, 내구성이 있으며 유동적이지 못한 자산에 대해 발생할 수 있는 비선형적 위험에 대해서는 고려하지 못한다.

4.3.3.1 대형 댐의 다양한 투자 취약성 측면

지금까지 우리는 대형 자본 투자가 특히 대규모 자본이 적절하지 못한 확장성 있는 대안으로 사용될 때 취약한 경향이 있다는 이 장의 본질적인 주장을 경험적으로 입증했다. 특히 우리는 제안 2, 10, 12에 대한 증거를 살펴보았다. 우리는 이제 이론 분야에서 진보된 다른 제안에 대한 경험적 지지를 찾는 것으로 방향을 전환한다.

제안 1에서 취약성은 일반적으로 회복될 수 없다는 것을 발전시켰다. 대형 댐에 대한 투자의 경험적 배경에서, 이 제안은 두 가지 측면을 갖는다. 첫째, 일반적으로 초기 비용초과로 인해 투자가 중단되면 긍정적인 수익을 창출하기 위해 자산을 재배치하는 것은 거의 불가능하다. 즉, 증가된 초기비용을 갚기 위한 수익 증대와 그에 대한 채무 조정이 가장 어려운 것으로 입증된다. 파라나 강에 대한 야시레타 조약에 따른 아르헨티나와 파라과이의 합작 사업으로 1973년에 시작되었고, 조약의 의도된 제안에 따라 겨우 38년 후인 2011년에야 완성된 야시레타 수력 발전 프로젝트는 한 예이다. 그 댐은 1998년부터 예정된 용량의 60%로 가동되었다. 2001년 6월, 댐 자본가의 하나인 세계은행은 **수행완료보고서**를 발행했는데, 이는 사업 결과물에 대한 다음의 결론에 도달했다.

> 위에 기반하여, 사업 종료와 최대용량 운영에 대한 해결책이 없어 목표를 달성하지 못한 것이 명백하다. 설명한 바와 같이, 그 사업은 의도하지 않은 수준(의도된 용량 이하)으로 장기간 운영되었다. 또한, 그 사업은 수행완료보고서에서 계산된 부실한 ERR(경제적 수익률), 부정적 순 현재 가치를 제시한다. 결과적으로, Loan 3520-AR의 결과는 불만족스러운 것으로 평가되며, 전체 관점에서 야시레타 계획의 결과는 마이너스 순 현재가치 때문에 부정적인 것으로 평가되었다.

그 프로젝트의 예상보다 낮은 생산량은 예상보다 낮은 전기 가격에 의해 악화되었다. 세계은행(World Bank 2001) 보고서는 야시레타 댐이 "매각된 전기의 현물 가격(그리고 2001년 이후에 잔여분에 추정된)이 MWh당 30달러[40년간 합의된 1973년 협정]보다 낮았기" 때문에 "큰 마이너스 순 현재가"를 가지고 있다고 설명한다. 왜냐하면 ICR은 프로젝트에 투입된 매몰비용의 규모 때문에 댐이 플러스 순 현재가로 전환되는 시나리오를 구상하지 않았다.

둘째로, 투자의 중단은 이 장 시작에서 도자기 컵과 달리 느린 동작으로 발생한다. 그러나 의사결정자들은 실패한 행동 방침에 대한 약속을 뒤집을 수 없는 것처럼 보인다. 야시레타 댐의 경우, 세계은행의 독립 평가 부서에서 작성한 세계은행 **프로젝트 성과 감사 보고서**는 다음과 같이 나타났다.

> [세계]은행 성과는 불만족스럽다는 평가를 받고 있다. 그 평가는 수요 증가가 더디다는 부정적인 위험성을 간과했는데, 이것이 가장 중요한 것으로 판명되었다. 이후, 1985년 좋은 품질과 시기적절한 **공공 투자 검토**(PIR: Public Investment Review)의 권고에도 불구하고 프로젝트를 재평가할 기회는 소멸되었다. 은행은 또한 재무적 협약에 대한 불이행도 받아들였다.(1996b: 14)

야시레타 댐의 **프로젝트 성과 감사 보고서**(World Bank 1996b: 16)는 대규모 투자 자본의 교활하지만 회복할 수 없는 취약성을 깔끔하게 요약하였다. "여러 차례 은행은 주요 공공사업이 너무 진전되기 전에 그 사업을 중단시킨 좋은 사례가 있었다." 그러나 그렇게 하지 않았다. 똑똑한 사람들과 조직들이 나쁜 짓을 하고도 좋은 돈을 낭비하는 것을 멈추게 할 수 없는 현상이 학술 문헌에서 수행의 확대나 제약과 같은 많은 이름으로 진행된다(McNamara et al. 2002). 큰 모험의 재정 규모가 너무 커서 일단 시작되면 그 약속은 구속력이 있고, 파멸적이고, 상호의존하게 된다.

제안 3은 취약성의 영향을 고려할 때 비례성의 중요성을 제안했다. 댐의 경우, 가난한 나라에 건설된 큰 댐에 대한 투자는 부유한 나라에 건설된 유사한 큰 댐에 대한 투자와 비교했을 때 매우 다르게 이루어진다. 이 입장은 분명히 사소하게 보이지만 실제 효과는 두드러진다.

북미에 건설된 대형 댐(n = 40)은 그림 4.6과 같이 다른 곳에 건설된 대형 댐(M = 104%)보다 비용초과(M =11%)가 상당히 낮다. 그러나 우리 기준 등급의 댐 4곳 중 3곳은 공학과 경제 예측에 대한 조언을 북미 기업이 제공했다는 것이다. 심리학에서 이론들을 고수하는 것과 일관되게, 우리는 이 관찰을 대형 댐에 대한 북미의 경험에 대한 지나친 의존의 표시로 해석하고 있는데, 이것은 세계의 나머지 지역에서 비용 추정치를 하향으로 편향되게 보이게 한다. 전문가들은 북미의 흔한 경우에서 그들의 예측을 "고수"하고 불충분한 "조정"을 적용하고 있을 수 있는데(Flyvbjerg et al. 2009; Tversky and Kahneman 1974), 예를 들어, 현지 통화 가치 하락 위험이나 현지 프로젝트 관리 팀의 품질을 적절히 반영한다.

지지자들은 왜 유사한 큰 댐이 가난한 나라에 지어져야 하는지에 대한 주요 예로 종종 1936년에 끝난 미국의 후버댐을 들고 있다. 그러나 후버댐 같은 것은 거짓 사례라는 증거가 나타난다. 대신 개발도상국의 의사결정자들은 댐 기록 전체에 대한 증거와 대형 댐의 경우, 투자 취약성이 개발도상국에서 가장 가능성이 높은 결과물이라는 것을 고려하여야 한다.

마찬가지로, 건설 일정과 관련하여, 우리는 1인당 국민소득이 높은 나라들이 1인당 국민소득이 낮은 나라들에 비해 일정지연이 적은 경향이 있다는 것을 발견했다. 우리는 "대부분의 국가에 가장 유용한 대용물은 [인구당 국가별 소득] (…) 한 국가가 복합시설 건설을 위해 제공할 수 있는 일반적인 경제적 지원 수준"이라고 말한 베이컨과 비산트-존스(Bacon and Besant-Jones 1998: 325) 해석에 동의한다. 이 결과는 특히 개발도상국들이 대형 댐과 같은 복잡한 시설을 가장 필요로 하는 것처럼 보이지만, 그들이 씹을 수 있는 것보다 더 크게 무는 것은 피해야 한다는 주장을 강화한다.

마지막으로, 가난한 나라에서 대형 댐에 대한 투자가 중지될 때, 그 나라의 경제는 누적된 부채로 그 취약성을 더 쉽게 계승한다. 브라질의 이타이푸 댐은 1970년

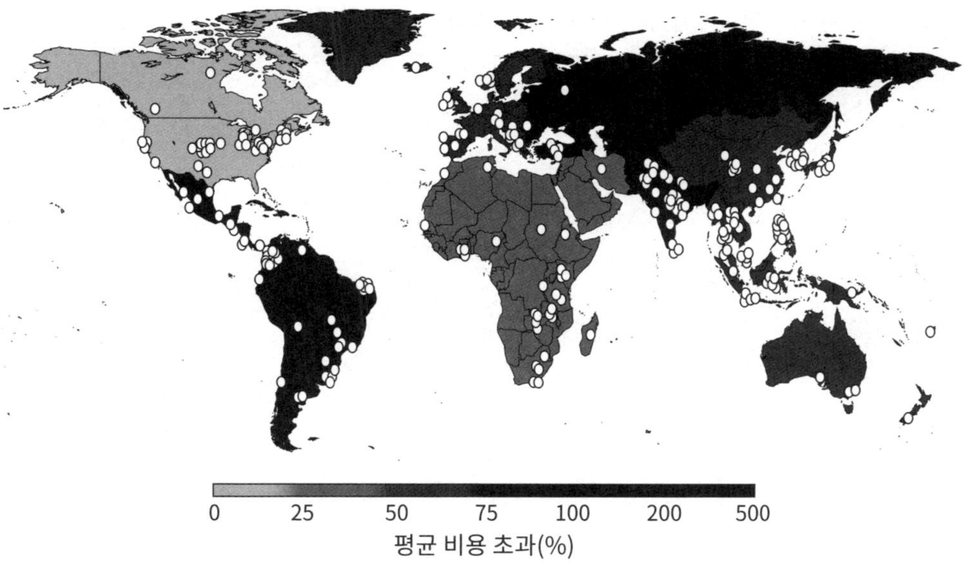

그림 4.6 표본 대형 댐의 위치와 지리적 비용 초과

출처: Ansar et al.(2014)

대에 건설되었다. 비용은 예측보다 240% 초과된 약 200억 달러가 들었는데, 그것은 30년 동안 브라질의 공공 재정을 손상시켰다. 이와 유사하게, 대부분 외부 출처에서 차입한 타벨라 댐의 실제 비용은 1968년에서 1984년 사이에 파키스탄의 외부 공공 부채 재고 증가의 23%에 달했고, 또는 표 4.1에서 보여진 콜롬비아의 치보 댐(1970-77)은 12%에 해당한다. 큰 투자의 불리한 결과를 흡수할 수 없는 대차대조표를 가진 기업과 국가들은 재정적인 파탄에 직면한다.

제안 5와 제안 6으로 이어지는 논의에서 알 수 있듯이, 전형적으로 겉보기에 취약해 보이는 시스템을 더욱 견고하게 만들고자 하는 열망이 있다. 투자 취약성 측면에서 이것은 비용초과에 대한 완충제로 예비비를 구축하는 것을 의미한다—즉, 어떤 프로젝트가 예비비를 고려한 후에도 BCR이 1보다 크다면, 그 투자는 건전하다고 간주될 수 있다. 즉, 취약성 임계값을 쉽게 넘지 않을 것이다. 그러나 증거는 표준 예비비가 너무 낮다는 것을 제시한다. 예를 들어, 우리의 표본에 있는 대형 댐의 인플레이션에 대비하여 예비비를 제공할 경우, 예측자들은 연간 인플레이션 증가율이 평균 2.5%일 것으로 예상했지만, 18.9%로 밝혀졌다(평균 전체 샘플에 대해). 적정한 예비비가 제공되었다면, 혜택-비용 비율은 더 낮았을 것이고, 투자는 최종 승인을 쉽게 받을 수 없었을 것이다.

표 4.1 공공 순 외부 부채의 총 주식(백만US$, 경상가)

년도	콜롬비아	파키스탄
1968		3,252.4
1970	1,296.6	
1977	2,699.6	
1984		9,692.8
수행 일정에 따른 부채 증가	1,403.0	6,440.5
적정 기간에 대한 대형 댐의 비용(백만US$, 경상가)	치보 댐	탈베라 댐
	168.7	1,497.90
부채 증가 비율로서 댐의 비용	12.0%	23.2%

출처: Ansar et al.(2014)

민감도 분석은 대규모 자본 투자의 사업사례에서 건전성에 대한 열망이 공식화되는 또 다른 메커니즘이다. 그러나 예비비와 같이, 대규모 자본이 투자되는 사업사례에서 관례적으로 행해지는 이 연습은 형식적이다. 전형적인 **사전** 민감도 분석은 기본 사례 주변의 매우 좁은 범위의 변동에 대한 스트레스 시험만 수행했고, 반면, 실제 사전 증거는 매우 넓은 범위가 시험되었어야 한다는 것을 보여준다. 문제는 민감도 분석 범위가 가장 좁은 경계에서 실제 차이를 반영하도록 확대되는 경우, 그 사업은 산산조각이 난다. 콜롬비아의 과비오 수력 발전 프로젝트의 전후 모습이 설명되어 있다.

그림 4.7은 댐 건설에 대한 최종 결정을 내린 1981년 콜롬비아 과비오 수력 발전 프로젝트의 **직원 평가 보고서**의 혜택 대비 비용 분석에 관한 대표적인 섹션의 영사본을 보여주고 있다. 영사본이 보여주는 바와 같이, 과비오의 계획자들은 먼저 댐의 경제적 수익률(15%)이 자본의 기회비용(11%)보다 높다는 것을 보여주는 기본 사례 시나리오를 실시했다. 그 후 계획자는 기준 사례의 혜택과 비용에 대한 민감도 분석을 실시했지만, 단지 ±15% 범위의 스트레스 시험만 적용하였다. 계획자들은 그들의 추정치가 불확실성 대상이라는 것을 인정하면서도, 우리가 길고 두꺼운 꼬리에서 보았듯이 그러한 사건이 대형 댐의 특징일지라도 극단적인 사건에 대한 시험을 고려하지 않는 것 같다.

밝혀진 바와 같이, 과비오 댐을 소유한 콜롬비아의 유틸리티는 파산했다(World Bank 1996a: iii). 그 댐의 실제 산출된 비용(현지 통화 불변가격)은 추정치의 6배까지 상승

6.04 이 기준에 근거하여, 투자수익은 약 15.0%(부록 6.1)이고, 이것은 11%로 추정된 콜롬비아 자본의 기회비용과 주로 비교된다.

6.05 민감도분석은 비용과 수익의 가능한 변화의 내부 재무 수익률에 관한 영향을 추정하기 위하여 수행되었다. 이것의 요약은 다음과 같다.

투자 프로그램의 수익률(%)			
	혜택		
비용	85%	100%	110%
100%	11	15	17
115%	10	12	15

프로그램 비용이 15% 증가한다면, 수익률은 약 12%가 될 것이다. 프로그램 비용이 증가하지 않지만 혜택이 추정치보다 15% 감소한다면, 수익은 약 11%가 될 것이다. 프로그램 비용이 15% 증가하고 혜택이 15% 감소한다면 투자 프로그램의 수익률은 약 10%가 될 것이다. 균등화율은 전기판매 수익이 사회의 모든 혜택에 충분히 반영되지 않았기 때문에 EEEB의 실질 경제적 수익률이 과소평가된다.

그림 4.7 구아비오 수력발전 프로젝트에서 투자의 견실성에 대한 열망

출처: 세계은행(1981: 42)

하였다. 사전 민감도 분석이 허용한 +15%의 비용초과 대신, +500%의 스트레스 시험이 더 적절했을 것이다! 과비오에 대한 투자는 단지 중단되지 않았다. 산산조각이 났다.

과비오 댐의 전 사후 결과를 보고한 세계은행의 **수행완료보고서**는 수력발전사업이 운영수명이 시작되기도 전에 과비오에 대한 투자가 중단되었다는 것을 인정했다. "일반적으로 말해서 프로젝트의 결과는 매우 불만족스러운 것으로 간주되어야 한다. (…) 이것은 높은 비용, 특히 완료 시 프로젝트의 비실현성(재무적 및 경제적) 관점에서 이루어졌다"(World Bank 1996: iv).

제안 7은 누적된 프로세스와 종종 숨겨져 있는 프로세스가 시간이 지남에 따라 시스템의 취약성을 증가시킨다고 나타낸다. 대형 댐과 관련하여, 우리는 지금까

지 기대되는 미래 이익을 초과하는 비용초과 때문에 대형 댐의 수명 초기에 발생하는 투자 취약성에 초점을 맞추었다. 이제 우리는 대형 댐의 노후화에 따른 "누적 투자 취약성"으로 관점을 전환한다. 이는 노후화된 대형 댐을 수리, 정비 또는 해체하는 데 많은 비용이 소요될 때 발생한다. 이러한 후반 생애 비용은 노후화 되어가는 대형 댐이 영구 부채로 전환될 수 있다. 우리는 자재와 투자 관점에서 누적 취약성을 설명하기 위해 두 가지 사례를 검토한다.

사소한 스트레스 요인에 의한 누적 자재 피로, 빈약한 유지관리 및 사회기반시설에 대한 새로운 수요는 경고 없이 물리적 붕괴를 초래할 수 있다. 1985년 7월 19일 268명의 사망자를 낸 동 이탈리아 알프스의 스타바 댐의 갑작스런 구조 붕괴는 수년간의 방치의 결과로 야기된 물리적 취약성의 비극적인 사례이다. 스타바 댐은 눈에 띄게 부패한 상태임에도 불구하고, 그들이 의도한 기능을 계속 수행했다. 댐을 복구하는데 소요되는 비용이 높았기 때문에, 소유주들은 — 베르가모의 프리알피 광산회사[9] — 행동할 필요를 거의 느끼지 않았다. 그 후 댐들은 뚜렷한 원인 없이 붕괴되었는데, 이는 누적 취약성의 특징이다(Luino and Graff 2012: 1042 참조). 댐의 물리적 취약성과 그에 따른 인명 피해가 투자 취약성을 야기했다: 즉, 청산을 위한 금융 부채는 1억 3천만 유로를 초과했고 많은 개인에 대한 형사처벌이 댐 운영과 연관되었다.

그러나, 심각한 물리적 붕괴는 누적된 투자 취약성을 유발하기 위해 필요하지 않다. 짐바브웨와 잠비아의 국경에 있는 카리바 댐은 가장 핵심적이고 최신의 경우를 제시한다.[10] 카리바 수력 발전 계획은 두 단계로 이루어져 있다. 첫 단계는 그 당시 세계에서 가장 큰 인공 호수인 카비라 호수에 저수하는 128m 댐 벽의 건설을 수반했다. 전형적인 대형 댐과는 대조적으로 카리바 1단계는 빠르게 건설되었다. 토목 작업은 1955년부터 1959년까지 불과 4년 만에 완성되었다. 최초의 전기는 1960년 1월에 생성되었다(WCD 2000b: 9). 1단계 동안 설치된 6기의 발전기는 모두 1962년까지 가동되어, 666MW의 용량으로 의도된 500MW을 초과하였다. 카리바의 1단계는 또한 당시 80.8백만 파운드의 예산 범위 내에서 건설된 드문 대형 댐들 중 하나이다(World Bank 1956; WCD 2000b).

따라서 카리바 1단계는 건강한 출생으로 역경을 물리친 것으로 나타난다.[11] 그러나 누적된 과정이 카리바를 투자 취약성으로 몰아넣었다. 댐 수문으로부터 흘러나오는 물의 흐름은 시간이 지나면서 문 아래의 급경사진 웅덩이를 부식시켰다. 당초 수심 10m였던 웅덩이는 그림 4.8과 같이 댐 벽의 기초부 쪽으로 침식되면서 점차 80m가 넘게 마모되었다. 카리바 댐의 구조적 건전성은 절박한 위험에 처해 있다.

카리바 댐 구조물의 누적된 피로 때문에 의사결정자들을 난처한 압박—댐이 붕괴되어 상상할 수 없는 인적, 환경적, 재정적 손실을 입게 되거나 댐을 영구적으로 유지하기 위해 막대한 비용 지출을 허용하게 하는—에 놓이게 한다. 이제 네 개의 기관—유럽연합, 스웨덴 정부, 아프리카개발은행, 그리고 세계은행—은 최소 10년 이상 소요될 것으로 예상되는 수리를 위해 295백만 달러의 융자를 제공하기 위해 행동에 나섰다(World Bank 2014). 비록 급경사진 웅덩이의 철저한 조사가 카리바가 직면한 가장 시급한 문제이지만, 콘크리트가 부풀어 오르고, 수문이 오작동하는 것과 같은 많은 다른 문제들이 발생되기 시작했다. 카리바의 보수 고지

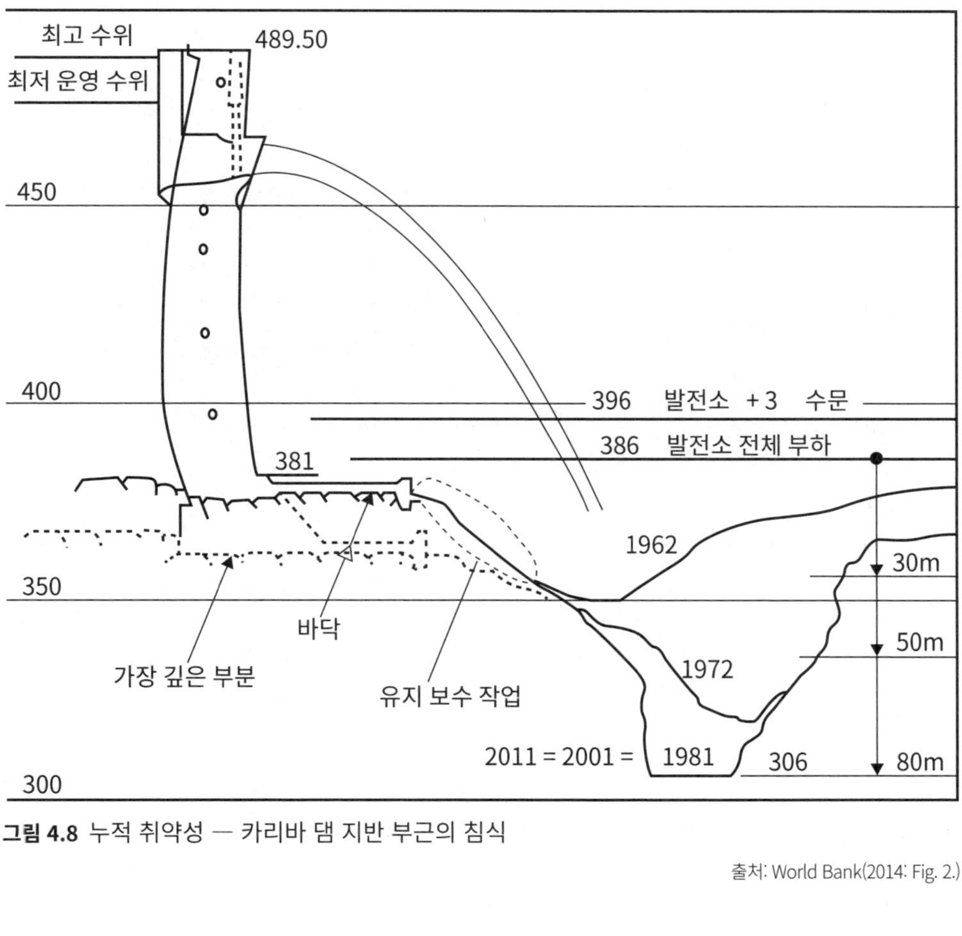

그림 4.8 누적 취약성 — 카리바 댐 지반 부근의 침식

출처: World Bank(2014: Fig. 2.)

서는 확실한 종료일과 함께 고정된 예측 가능한 금액이 될 것 같지 않다. 기부자들이 댐을 유지하기 위해 영구적인 자금원을 찾을 수 있을지는 의문이다.

카리바의 자재 피로는 대형 댐의 수명이 한정되어 있음을 일깨워 준다. 앞으로 10년, 20년까지는 아니더라도 예측 가능한 인류 역사에서 카리바와 같은 대형 댐은 우연히 무너지지 않도록 제거되어야(심지어 다시 건설한다 해도)할 것이다. 카리바와 같은 대형 댐의 수명까지 얼마나 많은 돈을 설비에 지출해야할지 아무도 모른다. 이러한 재건 및 사망 비용은 카리바의 당초 BCR 분석에서 예견되지 않았다. 세계 대형 댐의 95%가 20세기에 건설되었고, 많은 댐들이 정해진 서비스 수명이 다 되어가고 있다(Lavigne 2005). 카리바 보다 덜 양호한 댐들은 영구히 수리를 위한 자원을 찾을 수 있을까? 아니면 잊혀진 댐들은 스타바 댐처럼 누적된 피로에서 무너질 때만 듣게 될 것인가? 세계에는 4만 5천 개 이상의 대형 댐이 있다. 누가 그들의 폐기나 재건 비용을 지불할 것인가?

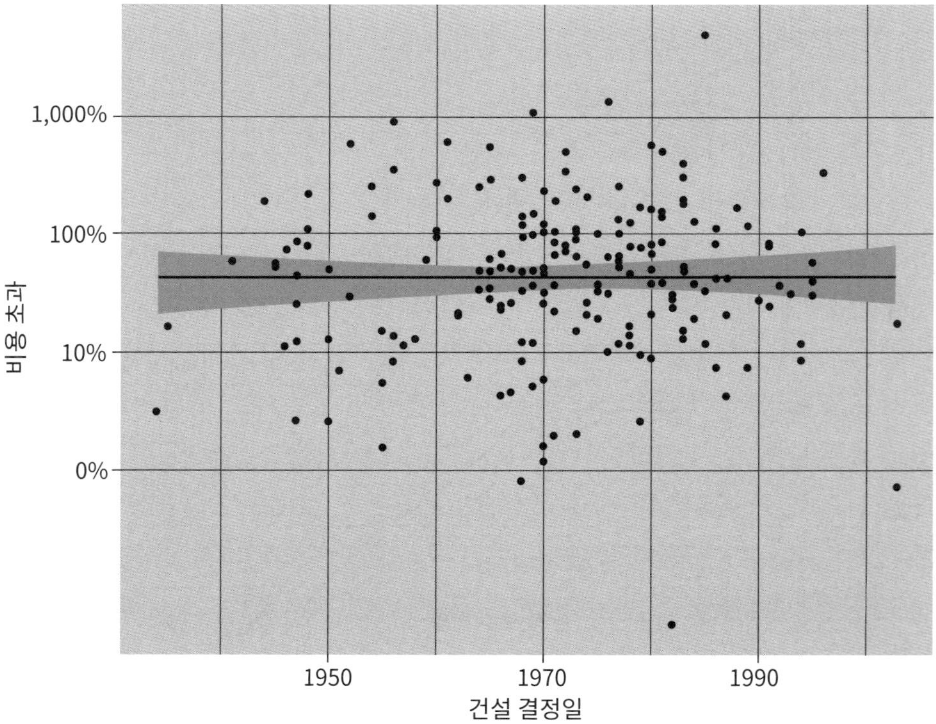

그림 4.9 시간(1934-2007)에 따른 대형 댐에 대한 비용 추정의 부정확성(N=245)

출처: Ansar et al.(2014)

제안 8에서는 인식적 편견이 일반인과 전문가 모두에게 취약성 탐지를 어렵게 한다고 제시했다. 이탈리아의 바욘트 댐은 취약성의 심리적 및 사회학적 차원에 대한 사례 중 아마도 특히 불행한 일일 것이다. 베니스 북쪽 100km 거리의 위치한 바욘트는 1960년에 완공된 60층짜리 고층건물에 해당하는 260m를 넘는 세계에서 가장 높은 얇은 아치 댐이다. 이 댐은 거대한 수직 절벽으로 특징지어지는 깊고 좁은 협곡인 바욘트 계곡을 가로질러 건설되었다. 1963년 10월 9일, 거대한 산사태가 예상치 못한 속도로 저수지 안으로 붕괴되었고, 이는 댐을 덮쳐 하류에 있는 마을들을 파괴시키는 250m의 쓰나미를 발생시켰다. 거의 2,000명의 사람들이 사망했다. 정확한 인명손실을 부과하는 것 외에 이 댐은 경제적 기능도 상실했다.

비욘트 취약성의 가장 가까운 원인은 예상치 못한 자연 재해로 보이지만, 근원은 불확실성하에서 인간 판단의 편향이 요점이다(Tversky and Kahneman 1974; Kahneman and Lovallo 1993; Lovallo and Kahneman 2003; Kahneman 2011). 심리학 문헌에 따르면 전문가(통계학자, 엔지니어 또는 경제학자와 같은)와 일반인은 불확실성하에서 판단할 때 체계적이고 예측 가능한 오류를 범하기 쉽다고 한다. 과도한 자신감이나 경험에 대한 지나친 의존과 같은 편견은 이러한 오류를 뒷받침하고, 이는 위험의 과소평가를 초래한다.

비욘트 건설에 책임 있는 전문가들의 행동은 그러한 인식적 편견과 일치한다. 1960년 11월까지 댐 뒤에 있는 저수지를 향해 기울어진 대량의 암이 심하게 균열이 발생했다는 것은 명백하였다. 전문가들은 산사태를 완전히 막는 것은 불가능하다는 결론을 내렸지만 그럼에도 불구하고 "저수지 수위를 조심스럽게 높임으로써 (…) [대량의 산사태의] 이동 속도를 조절할 수 있다고 가정하였다"(Petley 2008; Semenza and Ghirotti 2000; Kilburn and Prtley 2003 참조). 산사태를 통제할 수 있다는 전문가들의 심리적 자신감은 "통제의 환상"이라는 개념—결과물을 통제하는 능력을 과대평가하는 사람들의 경향—과 일치한다(Kahneman and Riepe 1998).

전문가들의 통제에 대한 환상은 그들이 직면한 근본적인 위험 요인의 차이를 구조적으로 과소평가함으로써 악화되었다. 전문가들은 비욘트 댐 벽 뒤에 있는 저수지에 산사태가 일어날 수 있는 잠재적 결과를 모의실험하기 위해 몇 개의 규모로 모델을 만들었다. 그러나 이 모델들은 대량 흙 덩어리가 매우 빠른 속도로 미끄러질 경우의 누적 효과를 고려하지 않았으며, 이는 최종 결과로 판명되었다(Marco 2012: 145-6).

제안 9에 따라, 조직 차원에서 그러한 심리적 편견이 쉽게 감소되지 않게 나타난다. 예로, 대형 댐의 비용 추정치가 시간에 따라 더 정확한지 아닌지를 분석하였는데, 이는 만일 심리학적 원인이 초기 사업의 오류를 야기하더라도, 조직적 요인이 심리적 편견을 완화하기 위해 시간이 지남에 따라 중재할 것이라는 생각이었다. 이와 대조적으로, 우리의 통계적 분석은 댐이 건설된 해나 10년이 지나도 예측 오류에 큰 차이가 없다고 제시하였다(F=0.57, p=0.78). 유사하게, 그림 4.9에서 제시된 바와 같이 예측 오류(F=0.54, p=0.46)의 개선이나 악화를 나타내는 추세는 관찰되지 않았다. 조직은 과거의 실수로부터 교훈을 삼고 있지 않는 거 같다. 조직이 심리적 편견의 부작용을 감소시키는 데 왜 실패했는지가 향후 많이 연구될 분야이다(Durand 2003; Makadok 2011 참조).

4.4 요약 및 결론

민간부문과 공공부문 모두에서 메가프로젝트는 이전보다 더 여러 곳에 건설되고 규모가 더 커졌다. 이러한 대형 자본 투자는 두 가지 열망—규모나 범위의 경제에서 효율성에 대한 열망과 수요에 앞서 용량을 구축함으로써 확장성에 대한 열망—을 뒷받침하는 이론에 근거하여 정당화된다. 우리는 대규모 투자가 어느 쪽이든 열망을 성취하는데 있어서 양호하지 않은 실적을 가진다는 것을 발견했다. "큰 것이 낫다"는 기존의 명제와는 달리, 대규모 자본 투자는 취약성에 대한 성향—무작위 또는 무작위 사건의 영향으로 인해 복구할 수 없게 되는 투자의 빈약함—을 가지고 있다는 것을 발견했다. 취약성의 개념은 이전의 사업과 경영 이론에 포함되지 않는다. 우리는 그것의 통합을 큰 이론에 대한 필수적인 경계조건으로 제안한다.

우리의 이론적 주장은 다음과 같이 요약할 수 있다: 효율성과 수요에 앞서 용량구축에 대한 큰 것 이론의 강조는 대규모 모험에 대한 "한정적이고 정적인 투자"를 하도록 관리자들을 장려한다(Klingebiel and Adner 2015: 222). 큰 것 이론들이 그들의 논리에 통합되지 못하는 것은 시스템의 크기를 과대 조정하면 더 많은 하위 요소들 사이에서 가능한 상호 작용의 많은 숫자로 인해 그것의 복잡성을 불균형적으로 증가시키고, 이것은 취약성을 초래한다는 것이다. 큰 시스템의 하나 또는 몇 개의 상호작용에서 작은 오류가 확대된다. 이 모든 것은 재정적인 손실을 초래한다: 건설에서 비용초과의 경향, 시스템이 노후화됨에 따라 새로운 취약점을 수정하는

데 예상치 못한 대규모 청구서들, 그리고 시스템을 해체해야 하거나 붕괴할 경우 대규모 처리 비용. 그들 골리앗의 출현에도 불구하고, 대규모 자본 투자는 장애에 직면했을 때 마이너스의 순 현재 가치를 산출하여 쉽게 파산한다. 취약성에 대한 더 큰 성향은 대형 투자에 내재되어 있다.

우리는 또한 재래식 이론이 확장성과 크게 융합되었다고 주장한다. 큰 것은 대규모 선행 재정 지출, 지속적인 시간적 소요, 공간적 비이동성, 대량의 산출물 생산 능력 등과 같은 다중 속성으로 맞춤화되고 복잡해지는 것을 수반한다. 이와는 대조적으로 확장성은 시간과 공간의 제약으로부터 독립적이다. 예를 들어, 브리태니커 백과사전을 전체적으로 인쇄한 하드바운드는 정해진 장소(공간), 정해진 시간(시기), 제한된 청중(관계)에서만 이용될 수 있다. 위키피디아는 언제 어디서든 누구나 즐길 수 있다. 위키피디아는 인쇄된 경쟁자와 달리 확장성이 있다. 큰 것이 확장 가능하게 남겨진 최선의 것을 하도록 강요될 때 취약성은 발생한다.

우리는 1934년부터 2007년까지 5대륙 65개국에서 총 3,530억 달러(2010년 가격)의 가치를 가진 245개의 대형 댐의 데이터 집합에서 나온 증거를 사용하여 우리의 주장을 입증한다. 우리의 주요 발견은 다음과 같다.

- 우리가 연구한 댐의 거의 절반이 가동을 시작하기 전에 파산을 고려할 정도로 대규모의 비용초과 고통을 받았다. 즉, 초기에 매몰된 자본을 회수할 수 없었다. 투자자산 수명주기 초기 단계에서의 취약성은 투자 사산에 비유될 수 있다.
- 대형 댐의 비용 리스크는 두꺼운 꼬리가 있다; 실제 비용은 10개의 댐 중 2개의 경우 2배 이상이며, 10개의 대형 댐 중 1개는 3배 이상이다.
- 관리자들은 학습하지 않는 것 같다. 오늘날의 예측은 1934년과 2007년 사이의 예측만큼 부실한 것 같다.
- 비용은 차치하고라도 대형 댐은 건설하는데 평균 8.6년이 걸리며 이는 시급한 에너지와 물 수요를 해결하기 위해서는 다소 늦는다.
- 투자 취약성 위험은 대형 댐의 수명이 늘어남에 따라 자재 피로와 재앙적 실패의 위험과 같은 누적 공정으로 인해 영구적으로 비용이 많이 드는 재건의 필요성을 유발한다.
- 의도된 서비스 수명을 초과하여 대형 댐을 유지하거나 제거하는 비용은

위험한 금융부채가 될 것이다.

- 대규모 투자를 하는 기업이나 국가는 그 취약성을 계승한다. 예를 들어, 대형 댐과 유사한 메가프로젝트의 엄청난 비용이 개발도상국들에서 부채의 폭발적인 증가를 야기 시켜 그들의 경제적 잠재력을 약화 시켰다. 개발도상국들은 대형 댐과 같은 복합 시설이 가장 필요한 것처럼 보임에도 불구하고 국가 경제에 크게 관련된 프로젝트들로부터 멀리 떨어져야 한다.

의사 결정자들이 모든 큰 모험을 포기할까? 물론 그렇지 않다. 그러나 그들은 큰 것이 더 낫다고 경솔히 추정하지 말고, 큰 것이 좋다고 할 때 주위 깊게 평가하여야 한다. 증거는 흔히 가정하는 것보다 위험조정 기준에서 큰 모험이 좋은 가치를 제공하지 못한다고 제시한다. 대규모 자본 투자에 최종적 청신호를 부여해야 할 책임이 있는 최고 의사결정자들은 평가 시 그 숫자에 대해 회의적인 태도를 유지해야 한다. 또한 그들은 수행하려는 투자의 취약성 임계값을 결정하기 위해 현상의 전체 변화를 반영하여 더 극단적인 스트레스 시험을 요구함으로써 과제 완료까지의 시간, 비용 및 혜택의 부분적 추정치를 구하여야 한다. 우리는 또한 적은 수익을 얻는 대규모 자본 투자를 하지 말 것을 권고한다. 대규모 투자는 추정을 하는 현재 경영의 경향보다 취약성을 피하기 위한 더 많은 완충이 필요하다.

큰 것이 깨지기 쉽다면 대안은 무엇인가? 우리는 이 질문에 대답할 여유가 없다. 다른 곳에서 프로젝트를 성공적으로 수행하기 위하여 "큰 것이 깨지기 쉽다면, 작게 나누어라"는 경험적 방법으로 일하는 관리자들을 연구하고, 모듈화 이론(Baldwin and Clark 2000, Schilling and Steensma 2001; Garud et al. 003; Levinson 2006), 제품 혁신의 실제 옵션(Klingebiel and Ander 2015)과 더 많은 사용자 생산자 협동개발(Grabher et al. 2008; Ansar 2012) 같이 이 접근법을 뒷받침하는 이론들을 연구한다. 우리는 이 일을 나중에 보고하기를 희망한다. 현재로서는, 우리는 큰 모험 수행 전에 관리자들이 가능한 대안을 엄격하게 고려하여야 한다고 결론을 짓는다. 학자들은 마찬가지로 큰 이론들을 신중하게 재평가해야 한다. 우리의 자료에 의하면, 대규모 금액을 받아들이는 현재의 경향과 큰 것을 "선호하는 해결책"에 대한 자본 프로젝트 의사결정에서 조기 고정화는 종종 기록적인 잘못된 방향으로 취약성을 증가시키고 따라서 실패의 높은 위험을 야기한다.

주

1. 향후의 노력에는 장애 가족 구성원들 사이의 보다 세심한 차이를 이끌어내야 할 수도 있다(변동성에 대해서는 Goldstein and Taleb 2007 참조).
2. 벌디레브 등 (Buldyrev 2010: 1025) 보고서 : "분리된 단일 네트워크의 경우, 네트워크가 고장 나기 전에 상당수의 네트워크 노드를 무작위로 제거해야 한다. 그러나 네트워크 간의 종속성을 고려할 때, 소수의 노드만의 제거는 전체 시스템의 완전한 분열을 야기할 수 있다."
3. 그림 4.1에서 제안된 2 x 2 매트릭스에 모든 것이 정확하게 들어맞지는 않는다. 부서진 골동품 도자기 컵을 다시 붙여 차를 마시는 기능을 회복하는 것은 가능하지만, 그것은 미학적으로 불편한 것이다. 유사하게, 험프티 대포는 방어 기능을 회복할 수 있었다. 그러나 그것은 "왕의 모든 말과 왕의 모든 부하들"의 노력에도 불구하고 이용 가능한 시간 내에 도달할 수 없는 것으로 판명되었다. 그러나 그 대포의 일시적인 취약성은 반박할 수 없을 정도로 왕립주의 세력에까지 번졌다. 따라서 고장난 시스템이 복구 가능성이 높은 경우에도 세 가지 질문은 여전히 관련성이 있다. (i) 복구에 필요한 노력(예로, 비용 또는 시간)은? (ii) 복구가 이루어지는 시간 동안 다른 것(유전된 취약성 등)에 어떤 위해가 발생할 수 있는가? (iii) 회복이 기능적 열등함을 산출할 것인가? 이것이 시사하는 바는 취약성 임계치가 높고 원래의 기능으로 쉽게 복원되는 시스템을 만드는 것은 믿을 수 없을 정도로 어렵다는 것이다.
4. 그리스 신화에서 아킬레우스가 아기였을 때, 그가 젊어서 죽을 것이라고 예언되었다. 그의 죽음을 막기 위해 그의 어머니 테티스는 그를 불굴의 힘을 제공한다는 스틱스 강으로 데리고 가서 그의 몸을 물에 담갔다. 그러나 테티스가 아킬레우스의 발뒤꿈치를 잡고 있을 때 그의 발뒤꿈치는 마법의 강물에 씻기지 않았다.
5. 지리학이나 생태학 등 다른 학문 분야도 규모에 깊은 관심을 가져왔고, 전형적으로 맨델브로트 같은 비슷한 언어 — 예를 들어, 더 미세하거나 거친/넓은 척도 — 를 사용했다(Wiens 1989; Wu and David 2002). 아마도 주목할 만한 차이점은 기하학이 척도를 연속체로 취급하는 경향이 있는 반면, 지리학자나 생태학자들은 러시아 인형과 같은 중첩된 계층 구조로서 척도를 개념화하는 것을 선호했다. 예를 들어 거리, 블록, 이웃, 자치구, 시, 도, 국가, 지역, 대륙, 행성, 태양계 등은 중첩된 공간구조이다. 비록 중첩된 계층구조 개념화는 정밀하지 않은 근사치지만, 중첩된 구조에서 확대된 규모가 더 큰 것과 결합되지 않는 한, 우리는 이해를 돕기 위해 그러한 근사치 사용에 반대하지 않는다.
6. **확장성**에 대한 우리의 정의는 예를 들어 웨인스톡과 굿이너프(Weinstock and Goodenough 2006)로 대표되는 더 인기 있는 개념화와는 다르다. 차이점은 첫째, 웨인스톡과 굿이너프는 주로 사용자

수나 사용자 주도 성과 기준과 같은 관계적 규모에 초점을 맞추고 있는 반면, 공간과 시간은 무시할 수 없으며, 둘째, 거의 전적으로 확장 능력에 중점을 둔다는 것이다. 특히 이전 능력이 구식이 되어 제거되어야할 경우, 용이한 규모 축소도 마찬가지로 중요하다. 따라서 증가하는 수요 증대를 충족시키는 것이 중요한 것이 아니라, 수요가 사라질 경우 무엇을 해야 하는지를 아는 것이 중요하다.

7. 실제 발생비용(실제 CAPEX라고도 함)은 프로젝트 완료 시점에 결정된 실제 회계장부에 기록된 건설비용으로 정의된다. 추정비용은 건설 결정 시 예산 또는 예측된 건설비용으로 정의된다. 실제 발생비용은 선로 인수 및 재정착, 설계 엔지니어링 및 사업관리 서비스, 댐 프로젝트를 완료하기 위해 연관된 모든 토목 공사와 설비, 장비 구입 같은 요인들로 구성된다. 비용절감 또는 초과는 추정비용의 비율로 표현되는 실제 발생비용이다. 프로젝트 구축 결정일의 연도는 모든 추정 및 실제 상수 비용을 프로젝트가 위치한 국가의 실제(인플레 효과가 제거됨) 현지 통화로 표시한 가격의 기준 연도를 말한다. 비용초과는 실제 발생된 비용에서 추정비용을 감해서 추정비용의 퍼센트로 표현된 것이다.
8. 수개월 내 프로젝트의 실제 시행일정. 수행 시작일(최종 건설 결정일이라고도 함)은 주요 금융가와 주요 의사결정권자의 프로젝트 승인일이다. 수행 완료일은 완전 상업적 운영 날짜이다. 일정지연 또는 일정단축 또는 초과는 추정 수행일정의 비율로 표현되는 실제 구현 월수이다.
9. 《뉴욕타임스》(*The New York Times* 22 July 1985)에 따르면 몬테카티니 회사는 1960년대 초 광산과 스타바댐 단지를 건설하였다. 1979년 이탈리아 국영 에너지 회사인 에닐에 인수되어 1981년 프레알피에게 매각되었다. 1985년에 재난이 발생했다.
10. 여기서 카리바 사건에 대한 논의는 자크 레슬리와의 개인적인 의사소통에서 혜택을 보았다.
11. 누적 취약성의 일환으로 카리바 댐의 크고 지속적인 사회적, 환경적 영향이 미흡하게 완화되었다는 점에 주목할 필요가 있다. 세이어 스커더(Thayer Scudder 2005: 1)는 처음에는 "비용-혜택 분석에 기반하여 영향을 받는 사람들조차 성공적인 프로젝트를 고려했다. 카리바는 또한 받아들일 수 없는 환경적, 사회적 영향을 포함했다. 5만7천명이 저수지 분지와 댐 바로 하류에 본의 아니게 정착한 것은 심각한 환경 악화를 초래했고, 이는 이들 중 대다수가 빈곤하게 된 여러 요인 중 하나였다."라고 썼다. 게다가, 중요한 것은, 1970-77에 건설된 카리바의 2단계는 600MW 발전소를 구축하여, 전체 프로그램의 BCR에 심각하게 손해를 끼치면서, 추정치의 2.5배 이상의 비용이 초과하였다(World Bank 1983; WCD 2000b: 12-14 참조).

참고 문헌

Anderson, P. W. (1972). "More is different," *Science*, 177(4047): 393–6.

Anderson, P. W. (2011). *More And Different: Notes from a Thoughtful Curmudgeon*. Hackensack, NJ: World Scientific Publishing Company.

Ansar, A. (2010). *"New Departures" in Infrastructure Provision: An Ongoing Evolution away from Physical Assets to User Needs*. DPhil dissertation, Oxford University.

Ansar, A. (2012). "Location decisions of large firms: Analyzing the procurement of infrastructure services," *Journal of Economic Geography*, 13: 823–44, <http://doi.org/10.1093/jeg/lbs042>.

Ansar, A. (2015). *Transformational Leadership in the Public Sector: Lecture Delivered at the Major Projects Leadership Academy (MPLA)*. University of Oxford.

Ansar, A., Caldecott, B., and Tillbury, J. (2013a). *Stranded Assets and the Fossil Fuel Divestment Campaign: What Does Divestment Mean for the Valuation of Stranded Assets*. Oxford: University of Oxford.

Ansar, A., Flyvbjerg, B., and Budzier, A. (2013b). *The Time Bomb: Why Even the Best Companies Bet the Shop Without Knowing It*. Unpublished Working Paper, University of Oxford.

Ansar, A., Flyvbjerg, B., Budzier, A., and Lunn, D. (2014). "Should we build more dams?: The actual costs of mega-dam development," *Energy Policy*, 69: 43–56.

Ansar, A. and Pohlers, M. (2014). "Fluid populations, immobile assets: Synchronizing infrastructure investments with shifting demography," *International Area Studies Review*, 17(2): 222–48.

Atkinson, M. M. (2011). "Lindblom's lament: Incrementalism and the persistent pull of the status quo," *Policy and Society*, 30(1): 9–18, <http://doi.org/10.1016/j.polsoc.2010.12.002>.

Atkinson, R. (1999). "Project management: Cost, time and quality, two best guesses and a phenomenon, its time to accept other success criteria," *International Journal of Project Management*, 17(6): 337–42.

Bacon, R. W. and Besant-Jones, J. E. (1998). "Estimating construction costs and schedules: experience with power generation projects in developing countries," *Energy Policy*, 26(4): 317–33, <https://doi.org/ 10.1016/S0301-4215(97)00164-X>.

Baldwin, C. and Clark, K. (2000). *Design Rules: The Power of Modularity*. Cambridge. MA: MIT Press.

Bhidé, A. (2008). *The Venturesome Economy: How Innovation Sustains Prosperity in a More Connected World*. Princeton, NJ: Princeton University Press.

Brooks, F. P. (1995). *The Mythical Man-Month: Essays on Software Engineering*, 2nd edn. Reading, MA: Addison Wesley.

Buldyrev, S. V., Parshani, R., Paul, G., Stanley, H. E., and Havlin, S. (2010). "Catastrophic cascade of failures in interdependent networks," *Nature*, 464(7291): 1025–8, <http://doi.org/10.1038/nature08932>.

Callaway, D. S., Newman, M. E., Strogatz, S. H., and Watts, D. J. (2000). "Network robustness and fragility: Percolation on random graphs," *Physical Review Letters*, 85(25): 5468–71.

Calomiris, C. W. and Haber, S. H. (2014). *Fragile by Design: The Political Origins of Banking Crises and Scarce Credit*. Princeton, NJ: Princeton University Press.

Cavallo, L. and Rossi, S. P. (2001). "Scale and scope economies in the European banking systems," *Journal of Multinational Financial Management*, 11(4): 515–31.

Chandler, A. D. (1990). *Scale and Scope: Dynamics of Industrial Capitalism*, new edn. Cambridge, MA: Harvard University Press.

Choi, E., DesRoches, R., and Nielson, B. (2004). "Seismic fragility of typical bridges in moderate seismic zones," *Engineering Structures*, 26(2): 187–99.

Clark, G. L. and Wrigley, N. (1995). "Sunk costs: A framework for economic geography," *Transactions of the Institute of British Geographers*, 20(2): 204–23.

Clark, G. L. and Wrigley, N. (1997a). "Exit, the firm and sunk costs: Reconceptualizing the corporate geography of disinvestment and plant closure," *Progress in Human Geography*, 21(3): 338–58.

Clark, G. L. and Wrigley, N. (1997b). "The spatial configuration of the firm and the management of sunk costs," *Economic Geography*, 73(3): 285–304.

CNN. (1999). "NASA's metric confusion caused Mars Orbiter loss," 30 September, <http://edition.cnn.com/TECH/space/9909/30/mars. metric/>.

Copeland, T. and Tufano, P. (2004). "A real-world way to manage real options," *Harvard*

Business Review, 82(3): 90–9.

Crompton, P. and Lesourd, J.-B. (2008). "Economies of scale in global iron-making," *Resources Policy,* 33(2): 74–82, <http://doi.org/10.1016/ j.resourpol.2007.10.005>.

Cullinane, K. and Khanna, M. (2000). "Economies of scale in large containerships: Optimal size and geographical implications," *Journal of Transport Geography,* 8(3): 181–95, <http://doi.org/10.1016/S0966 -6923(00)00010-7>.

Dash, E. and Creswell, J. (2008). "Citigroup saw no red flags even as it made bolder bets," *The New York Times,* 23: A1.

Davis, E. P. (1995). *Debt, Financial Fragility, and Systemic Risk,* new edn. Oxford: Clarendon Press.

Durand, R. (2003). "Predicting a firm's forecasting ability: The roles of organizational illusion of control and organizational attention," *Strategic Management Journal,* 24(9): 821–38.

Easterly, W. R. (2002). *The Elusive Quest for Growth: Economists' Adventures and Misadventures in the Tropics*. Cambridge, MA: MIT Press.

Easterly, W. R. (2006). "The big push déjà vu: A review of Jeffrey Sachs's *The End of Poverty: Economic Possibilities for Our Time,*" *Journal of Economic Literature,* 44(1): 96–105.

Flyvbjerg, B. (1998). *Rationality and Power: Democracy in Practice*. Chicago: University of Chicago Press.

Flyvbjerg, B. (2009). "Survival of the unfittest: Why the worst infrastructure gets built, and what we can do about it," *Oxford Review of Economic Policy,* 25(3): 344–67.

Flyvbjerg, B. (2014). "What you should know about megaprojects and why: An overview," *Project Management Journal,* 45(2): 6–19, <http://doi.org/10.1002/ pmj.21409>.

Flyvbjerg, B., Bruzelius, N., and Rothengatter, W. (2003). *Megaprojects and Risk: An Anatomy of Ambition*. Cambridge: Cambridge University Press.

Flyvbjerg, B. and Budzier, A. (2011). "Why your IT project may be riskier than you think," *Harvard Business Review,* September, <http://hbr.org/2011/09/why-your-it-project-may-be-riskier-than-you-think/ar>.

Flyvbjerg, B., Garbuio, M., and Lovallo, D. (2009). "Delusion and deception in large infrastructure projects," *California Management Review*, 51(2): 170–93.

Flyvbjerg, B., Holm, M., and Buhl, S. (2002). "Underestimating costs in public works projects: Error or lie?" *Journal of the American Planning Association*, 68(3): 279–95.

Flyvbjerg, B., Holm, M., and Buhl, S. (2005). "How (in)accurate are demand forecasts in public works projects? The case of transportation," *Journal of the American Planning Association*, 71(2): 131–46.

Flyvbjerg, B., Landman, T., and Schram, S. (eds.) (2012). *Real Social Science: Applied Phronesis*. Cambridge: Cambridge University Press.

Foreman, R. D. and Beauvais, E. (1999). "Scale economies in cellular telephony: Size matters," *Journal of Regulatory Economics*, 16(3): 297–306.

Gao, J., Buldyrev, S. V., Stanley, H. E., and Havlin, S. (2012). "Networks formed from interdependent networks," *Nature Physics*, 8(1): 40–8.

Garud, R., Kumaraswamy, A., and Langlois, R. N. (2003). *Managing in the Modular Age: Architectures, Networks, and Organizations*. Oxford: Blackwell.

Ghemawat, P. (1991). *Commitment: Dynamic of Strategy*, 2nd edn. New York: The Free Press.

Ghemawat, P. and Del Sol, P. (1998). "Commitment Versus Flexibility?" *California Management Review*, 40(4): 26–42.

Goldstein, D. and Taleb, N. (2007). "We don't quite know what we are talking about when we talk about volatility," *Journal of Portfolio Management*, 33(4): 84–6, <http://papers.ssrn.com/sol3/Papers. cfm?abstract_id=970480>.

Gómez-Ibáñez, J. A. (2003). *Regulating infrastructure: monopoly, contracts, and discretion*. Cambridge, MA: Harvard University Press.

Grabher, G., Ibert, O., and Flohr, S. (2008). "The neglected king: The customer in the new knowledge ecology of innovation," *Economic Geography*, 84(3): 253–80.

Gunther, N. (2007). *Guerrilla Capacity Planning: A Tactical Approach to Planning for Highly Scalable Applications and Services*. Berlin: Springer, <http://link.springer.com/10.1007/978-3-540-31010-5>.

Hayes, R. H. and Garvin, D. A. (1982). "Managing as if tomorrow mattered," *Harvard Business Review*, 60(3): 70–9.

Heifetz, R., Grashow, A., and Linsky, M. (2009). *The Practice of Adaptive Leadership*. Boston, MA: Harvard Business Press, <http://www.leadersthatlast.org/pdfs/the_practice_of_adaptive_ leadership_review.pdf>.

Hill, M. D. (1990). What Is Scalability? *ACM SIGARCH Computer Architecture News*, 18(4), 18-21.

Hodgkinson, G. P., and Starbuck, W. H. (2012). *The Oxford Handbook of Organizational Decision Making* (Reprint edition). Oxford: Oxford University Press.

Issacharoff, S. (2007). Fragile Democracies. *Harvard Law Review*, 120(6), 1405-67.

Kahneman, D. and Lovallo, D. (1993). "Timid choices and bold forecasts: a cognitive perspective on risk taking," *Management Science*, 9(1): 17-31.

Kahneman, D. (2011). *Thinking, Fast and Slow*. New York: Farrar, Straus and Giroux.

Kahneman, D. and Riepe, M. W. (1998). "Aspects of investor psychology," *Journal of Portfolio Management*, 24(4): 52-65, <http://doi.org/10.3905 /jpm.1998.409643>.

Keil, M. (1995). "Pulling the plug: software project management and the problem of project escalation," *MIS Quarterly*, 19(4): 421-47.

Keil, M. and Montealegre, R. (2000). "Cutting your losses: Extricating your organization when a big project goes awry," *Sloan Management Review*, 41(3), <http://sloanreview.mit.edu/article /cutting-your-losses-extricating-your-organization-when-a-big-project-goes-awry/>.

Kerzner, H. (2009). *Project Management Case Studies*. New York: Wiley.

Kilburn, C. R. and Petley, D. N. (2003). "Forecasting giant, catastrophic slope collapse: Lessons from Vajont, Northern Italy," *Geomorphology*, 54(1): 21-32.

Klemkosky, R. C. (2013). "Financial system fragility," *Business Horizons*, 56(6): 675-83, <http://doi.org/10.1016/j.bushor.2013.07.005>.

Klingebiel, R. and Adner, R. (2015). "Real options logic revisited: The performance effects of alternative resource allocation regimes," *Academy of Management Journal*, 58(1): 221-41, <http://doi.org/ 10.5465/ amj.2012.0703>.

Kwoka, J. E. (2002). "Vertical economies in electric power: Evidence on integration and its alternatives," *International Journal of Industrial Organization*, 20(5): 653-71.

Lavigne, P. M. (2005). "Dam(n) how times have changed …," *William and Mary Environmental*

Law and Policy Review, 29: 451.

Levinson, M. (2006). *The Box: How the Shipping Container Made the World Smaller and the World Economy Bigger*. Princeton, NJ: Princeton University Press.

Lindblom, C. E. (1959). "The science of 'muddling through'," *Public Administration Review*, 19: 79–88.

Lindblom, C. E. (1979). "Still muddling, not yet through," *Public Administration Review*, 39(6): 517–26, <http://doi.org/10.2307/976178>.

Liu, J., Dietz, T., Carpenter, S. R., et al. (2007). "Complexity of coupled human and natural systems," *Science*, 317(5844): 1513–16.

Lovallo, D. and Kahneman, D. (2003). "Delusions of success," *Harvard Business Review*, 81(7): 56–63.

Luino, F. and De Graff, J. V. (2012). "The Stava mudflow of 19 July 1985 (northern Italy): A disaster that effective regulation might have prevented," *Natural Hazards and Earth System Sciences*, 12(4): 1029–44, <http://doi.org/10.5194/nhess-12-1029-2012>.

Majumdar, S. K. and Venkataraman, S. (1998). "Network effects and the adoption of new technology: Evidence from the U. S. telecommunications industry," *Strategic Management Journal*, 19(11): 1045–62.

Makadok, R. (2011). "Invited editorial: The four theories of profit and their joint effects," *Journal of Management*, 37(5): 1316–34, <http://doi.org/10.1177/0149206310385697>.

Mandelbrot, B. B. (1967). "How long is the coast of Britain," *Science*, 156(3775): 636–8.

Mandelbrot, B. B. and Hudson, R. L. (2008). *The (Mis)Behaviour of Markets: A Fractal View of Risk, Ruin and Reward*. London: Profile Books.

Marco, D. R. (2012). "Decision making errors and socio-political disputes over the Vajont Dam disaster," *Disaster Advances*, 5(3): 144–52.

Martinez-Garcia, J. C., Rzoska, S. J., Drozd-Rzoska, A., Starzonek, S., and Mauro, J. C. (2015). "Fragility and basic process energies in vitrifying systems," *Scientific Reports*, 5(8314), <http://doi.org/ 10.1038/srep08314>.

Mauro, N. A., Blodgett, M., Johnson, M. L., Vogt, A. J., and Kelton, K. F. (2014). "A structural signature of liquid fragility," *Nature Communications*, 5(4616), <http://doi.

org/10.1038/ncomms5616>.

McCully, P. (2001). *Silenced Rivers: The Ecology and Politics of Large Dams*. London: Zed Books.

McNamara, G., Moon, H., and Bromiley, P. (2002). "Banking on commitment: Intended and unintended consequences of an organization's attempt to attenuate escalation of commitment," *Academy of Management Journal*, 45(2): 443-52, <http://doi.org/10.2307/3069358>.

Mill, J. S. (1848). *The Principles of Political Economy: With Some of Their Applications to Social Philosophy*. London: John W. Parker.

Mitchell, J. (1995). *The Fragility of Freedom: Tocqueville on Religion, Democracy, and the American Future*. Chicago: University of Chicago Press.

Morris, R. G. and Barthelemy, M. (2013). "Interdependent networks: The fragility of control," *Scientific Reports*, 3(2764), <http://doi.org/10. 1038/srep02764>.

Mosca, M. (2008). "On the origins of the concept of natural monopoly: Economies of scale and competition," *European Journal of the History of Economic Thought*, 15(2): 317–53.

National Audit Office. (2014). *Lessons from Major Rail Infrastructure Programmes* (No. HC: 267, 14–15, p. 40). London: National Audit Office, <http://naodigitalchannels.polldaddy.com/s/site-feedback ?st=1&iframe=1>.

Nilsson, C. and Grelsson, G. (1995). "The fragility of ecosystems: A review," *Journal of Applied Ecology*, 32(4), 677–92, <http://doi. org/10.2307/2404808>.

Nussbaum, Martha C. (2001). *The Fragility of Goodness: Luck and Ethics in Greek Tragedy and Philosophy*. Cambridge: Cambridge University Press.

Nutt, P. C. (1999). "Surprising but true: Half the decisions in organizations fail," *The Academy of Management Executive (1993–2005)*, 13(4): 75–90, <http://doi.org/10.2307/4165588>.

Nutt, P. C. (2002). *Why Decisions Fail: Avoiding the Blunders and Traps That Lead to Debacles*. Oakland, CA: Berrett-Koehler.

Parshani, R., Buldyrev, S. V., and Havlin, S. (2011). "Critical effect of dependency groups on the function of networks," *Proceedings of the National Academy of Sciences*,

108(3): 1007–10,<http://doi.org/10. 1073/pnas.1008404108>.

Penrose, E. (2009). *The Theory of the Growth of the Firm*, 4th edn. Oxford: Oxford University Press.

Petley, D. N. (2008). "The Vaiont (Vajont) landslide of 1963," <http://www.landslideblog.org/2008/12/vaiont-vajont-landslide-of-1963.html>.

Pollitt, M. G. and Steer, S. J. (2012). "Economies of scale and scope in network industries: lessons for the UK water and sewerage sectors," *Utilities Policy*, 21: 17–31.

Porter, M. E. (1980). *Competitive Strategy: Techniques for Analyzing Industries and Competitors*. New York: Free Press.

Priemus, H., Flyvbjerg, B., and van Wee, B. (eds.) (2008). *Decision-Making on MegaProjects: Cost–Benefit Analysis, Planning and Innovation*. Cheltenham, UK: Edward Elgar.

Qiu, J. (2011). "China admits problems with Three Gorges Dam," *Nature News*, <http://doi.org/10.1038/news.2011.315>.

Quinn, J. B. (1978). "Strategic change: 'Logical Incrementalism'," *Sloan Management Review*, 20(1): 7–19.

Reichhardt, T. (1999). "NASA reworks its sums after Mars fiasco," *Nature*, 401(6753), 517, <http://doi.org/10.1038/43974>.

Royer, I. (2003). "Why bad projects are so hard to kill," *Harvard Business Review*, 81(2): 48–56.

Sachs, J. D. (2006). *The End of Poverty: Economic Possibilities for Our Time*. New York: Penguin.

Samuelson, P. A. (1948). *Economics*. New York: McGraw-Hill.

Schilling, M. A. and Steensma, H. K. (2001). "The use of modular organizational forms: an industry-level analysis," *The Academy of Management Journal*, 44(6): 1149–68, <https://doi.org/10.2307/3069394>.

Schumacher, E. F. (1973). *Small Is Beautiful: A Study of Economics as if People Mattered*, new edn. London: Vintage.

Scopigno, T., Ruocco, G., Sette, F., and Monaco, G. (2003). "Is the fragility of a liquid embedded in the properties of its glass?" *Science*, 302(5646): 849–52, <http://doi.org/10.1126/science.1089446>.

Scudder, T. (2005). *The future of large dams: dealing with social, environmental, institutional and political costs*. London: Earthscan.

Semenza, E. and Ghirotti, M. (2000). "History of the 1963 Vaiont slide: The importance of geological factors," *Bulletin of Engineering Geology and the Environment*, 59(2): 87–97, <http://doi. org/10.1007/s100640000067>.

Seref-Ferlengez, Z., Kennedy, O. D., and Schaffler, M. B. (2015). "Bone microdamage, remodeling and bone fragility: How much damage is too much damage? *BoneKEy Reports*, 4, <http://doi.org/10. 1038/bonekey.2015.11>.

Shinozuka, M., Feng, M. Q., Lee, J., and Naganuma, T. (2000). "Statistical analysis of fragility curves," *Journal of Engineering Mechanics*, 126(12): 1224–31.

Sidak, J. G. and Spulber, D. F. (1997). *Deregulatory Takings and the Regulatory Contract: The Competitive Transformation of Network Industries in the United States*. Cambridge: Cambridge University Press.

Silberston, A. (1972). "Economies of scale in theory and practice," *The Economic Journal*, 82(325): 369–91, <http://doi.org/ 10.2307/ 2229943>.

Simon, H. A. (1962). "The architecture of complexity," *Proceedings of the American Philosophical Society*, 106(6): 467–82.

Sole, R. V. and Montoya, M. (2001). "Complexity and fragility in ecological networks," *Proceedings of the Royal Society of London B: Biological Sciences*, 268(1480): 2039–45.

Souder, D. and Shaver, J. M. (2010). "Constraints and incentives for making long horizon corporate investments," *Strategic Management Journal*, 31(12): 1316–36, <http://doi.org/10.1002/smj.862>.

Stigler, G. J. (1958). "The economies of scale," *Journal of Law and Economics*, 1: 54.

Stone, R. (2008). "Three Gorges Dam: Into the unknown," *Science*, 321(5889): 628–32, <http://doi.org/10.1126/science.321.5889.628>.

Stone, R. (2011). "The legacy of the Three Gorges Dam," *Science*, 333(6044): 817, <http://doi.org/10.1126/science.333.6044.817>.

Sutton, Robert I. and Huggy Rao (2014). *Scaling Up Excellence: Getting to More Without Settling for Less*. New York and London: Random House.

Taleb, N. N. (2010). *The Black Swan: The Impact of the Highly Improbable, with a New Section: "On*

Robustness and Fragility" 2nd edn. New York: Random House.

Taleb, N. N. (2012). *Antifragile: Things That Gain from Disorder*. London: Allen Lane.

Taleb, N. N., Canetti, E. R., Kinda, T., Loukoianova, E., and Schmieder, C. (2012). *A New Heuristic Measure of Fragility and Tail Risks: Application to Stress Testing* (No. WP/12/216). Washington, DC: International Monetary Fund, <http://papers.ssrn.com/sol3/papers. cfm?abstract_id=2156095>.

Taleb, N. N. and Douady, R. (2012). "A map and simple heuristic to detect fragility, antifragility, and model error," *Quantitative Finance*, 1–21.

Taleb, N. N. and Douady, R. (2013). "Mathematical definition, mapping, and detection of (anti)fragility. *Quantitative Finance*, 13(11): 1677–89, <http://doi.org/10.1080/14697688. 2013.800219>.

Titman, S., Wei, K. C. J., and Xie, F. (2004). "Capital investments and stock returns," *Journal of Financial and Quantitative Analysis*, 39(4): 677–700, <http://doi. org/10.2307/30031881>.

Turner, B. A. and Pidgeon, N. F. (1997). *Man-made Disasters*. Oxford: Butterworth-Heinemann.

Tversky, A. and Kahneman, D. (1974). "Judgment under uncertainty: heuristics and biases," *Science*, 185(4157): 1124-31.

USAID. (2005). "Measuring fragility: Indicators and methods for rating state performance."

US Department of Energy. (2009). Center for Energy, Environmental, and Economic Systems Analysis (CEEESA), <http://www.dis.anl.gov/ projects/PowerAnalysisTools. html>. Politikwissenschaft, 6(1): 39–64, <http://doi.org/10.1007/s12286-012-0123-8>.

Van Oorschot, K. E., Akkermans, H., Sengupta, K., and Van Wassenhove, L. N. (2013). "Anatomy of a decision trap in complex new product development projects." *Academy of Management Journal*, 56(1): 285–307, <http://doi.org/10.5465/amj.2010.0742>.

Vespignani, A. (2010). "Complex networks: The fragility of interdependency," *Nature*, 464(7291): 984–5.

Weinstock, C. B. and Goodenough, J. B. (2006). *On System Scalability*. DTIC Document, <http:// oai.dtic.mil/ oai/ oai?verb=getRecord&metadataPrefix=html&identifier=A DA457003>.

Wernerfelt, B. and Karnani, A. (1987). "Competitive strategy under uncertainty," *Strategic Management Journal,* 8(2): 187–94, <http://doi.org/10.1002/smj.4250080209>.

Wiens, J. A. (1989). "Spatial scaling in ecology," *Functional Ecology,* 3(4), 385–97, <http://doi.org/10.2307/2389612>.

Williams, T. (2005). "Assessing and moving on from the dominant project management discourse in the light of project overruns," *IEEE Transactions on Engineering Management,* 52(4): 497–508, <http://doi.org/10.1109/TEM.2005.856572>.

World Bank. (1956). *Appraisal of the Kariba Hydroelectric Project in the Federation of Rhodesia and Nyasaland* (No. T.O. 116-a). Washington, DC: World Bank.

World Bank. (1981). *Staff Appraisal Report: Colombia Guavio Hydro Power Project* (No. 3408-CO). Washington, DC: World Bank.

World Bank. (1983). *Project Performance Audit Report. Zambia: Kariba North Hydroelectric Project (Loan 701-ZA)* (No. 4661). Washington, DC: World Bank.

World Bank. (1996a). *Implementation Completion Report: Colombia Guavio Hydro Power Report (Loan 2008-CO)* (No. 15691). Washington, DC: World Bank.

World Bank. (1996b). *Performance Audit Report Argentina Yacyreta Hydroelectric Project (Loan 1761-AR) Electric Power Sector Project (Loan 2998-AR)* (No. 15801). Washington, DC: World Bank.

World Bank. (2001). *Implementation Completion Report (CPL-35200; SCL-3520A; SCPD-3520S) on a Loan in the Amount of 300 US$ Million to the Republic of Argentina for the Yacyreta Hydroelectric Project II* (No. 22489). Washington, DC: World Bank.

World Bank. (2014). *Environmental and Social Impact Assessment: Terms of Reference* (No. E4648) (pp. 1–29). World Bank, <http://documents.worldbank.org/curated/en/2014/09/20248277/zambia-kariba-dam-rehabilitation-project-environmental-assessment-environmental-social-impact-assessment-terms-reference>.

World Commission on Dams. (WCD). (2000a). *Cross-Check Survey: Final Report.* Cape Town, South Africa, <www.dams.org>.

World Commission on Dams. (WCD). (2000b). *Kariba Dam Zambia and Zimbabwe. WCD Case Study.*

Wu, J. and David, J. (2002). "A spatially explicit hierarchical approach to modeling complex ecological systems: Theory and applications," *Ecological Modelling,*

153(1-2): 7-26.

Ziaja, S. (2012). "What do fragility indices measure?" *Zeitschrift für Vergleichende*.

제5장

글로벌 메가프로젝트의 제도적 문제점과 해결 방안

레이몬드 레빗·W. 리처드 스콧

5.1 개요

메가프로젝트는 성공적인 수행을 위해 새롭고 이전에 검증되지 않은 관리 기술과 기법을 필요로 하는 대규모이고 복잡한 프로젝트이다. 지난 10년 동안 수십억 달러 규모의 프로젝트가 전 세계의 많은 사회간접시설과 자원추출시설에 대해 일반적이 되었다. 그러나 규모와 범위가 증가된 것이 조정의 난이도로 볼 때 반드시 대형 프로젝트가 "메가프로젝트"로 전환되는 것은 아니다. 레서드 등(Lessard et al. 2014)은 프로젝트의 "어려움, 산출물 가변성 및 비선형성, (비)관리성" 측면에서 프로젝트의 복잡성을 정의하고, 복잡성에 기인하는 요인을 이해하기 위하여 구조 및 프로세스 기반 이론적 프레임워크를 결합한 "프로젝트 복잡성의 집합"을 제안한다. 우리는 복잡성의 원인들에 대한 그들의 특성화에 동의한다. 우리는 "메가프로젝트"를 관리자들이 전체적인 프로젝트 복잡성을 처리하기 위하여 프로젝트를 다소 자치적인 하위 프로젝트로 분할함으로써, 총 프로젝트 조정 비용을 줄일 수 있는 정도의 관점에서 다른 대형 프로젝트와 구별한다. 또한 "글로벌 메가프로젝트"는 다양한 언어와 제도를 가진 여러 나라의 참여자들과 외부 그룹과 관련되기 때문에 상당한 수준의 교차적 복잡성을 수반한다.

5.1.1 공간/기술적 구성 복잡성

대형 프로젝트와 메가프로젝트(조정 관점에서)를 구별하는 첫 번째 핵심은 구상하고 실행할 수 있는 하위 프로젝트들의 가장 분해 가능한 집합 사이에 여전히 남아 있는 하부 프로젝트 간 상호의존성의 수와 중요성이다. 상대적으로 소수의 상호 연결된 하위 시스템인 도로, 철도 및 파이프라인과 같은 대규모 선형 "수평적" 프로젝트는 지질학적 또는 기후적 조건과 같은 주로 국지적 불확실성에 직면하여 거의 독립적인 지리적 하위 프로젝트로 분해되기에 비교적 용이한 경향이 있다. 그러한 프로젝트는 하위 프로젝트 집합으로서 비교적 자율적으로 조정될 수 있으므로, 중앙 조정에는 적당한 필요성만을 내포하고 있다. 8억 달러 규모의 알래스카 횡단 파이프라인 시스템 프로젝트는 1970년대에 5개의 개별 파이프라인 하부 프로젝트(다수의 펌프장 및 기타 보조 시설 포함)로 건설되었고, 각각은 건설사 팀의 경쟁 입찰이 가능할 정도로 작았고 주로 독립형 하위 프로젝트로 관리될 수 있었다. 대규모 도로, 철도, 전력, 물 수송 사업도 이런 식으로 종종 공급 및 관리되었다.

이와는 대조적으로, 원자력 발전소나 대규모 담수화 시설과 같은 상호 연결된 하위 시스템을 많이 가지고 있는 대규모이며 공간적으로 집중된 "수직" 프로젝트는 관리 목적상 "거의 분해 가능한 [하위 프로젝트]"의 구성으로 쉽게 세분할 수 없기 때문에 메가프로젝트라고 할 수 있다(Simon 1962). 이러한 프로젝트는 가장 조정 집약적인 두 종류의 상호의존성(Levitt 2015)에 상당한 수준을 가진 하위 프로젝트 중에서 복잡성과 강력한 연결(Perrow 1984)을 모두 보여 준다.

- 요소들의 공간적, 기능적 간섭사항의 조정을 보장하기 위해 상호의존적 당사자 간의 집중적이고 지속적인 정보공유가 요구되는 **호환적 상호의존성**
- 상호의존적 당사자들이 하나 이상의 상충하는 하위목표를 갖는, 즉 상충하는 하위목표에 영향을 끼치는 매개변수의 일부 가치는 A에게는 더 좋지만 B에게는 더 나쁘고, 그 반대도 마찬가지로 **이론의 여지가 있는 상호종속성**. 예를 들어 컴퓨터 화면 설계자는 추가 전력이 필요한 높은 밝기와 해상도를 선호하고, 전원 공급기 설계자는 전원 공급을 가능한 한 밝게 유지하고 컴퓨터의 배터리 수명을 연장하기 위해 전체 전력 수요를 제한하는 것을 선호한다. 이론의 여지가 있는 상호종속성은 매개변수 선택에 대한 당사자들 간의 협의에 도달하기 위한 협상이 필요하다(Levitt et al. 1999). 교착 상태가 발생할 경우 문제 해결을 위해 더 높은 수준의 엔지니어링 및 프로젝트 관리로 시간 소비를 유발하는 경우가 많다. 그래서 그들은 여전

히 관리하기 어렵고 비용이 많이 든다.

제임스 톰슨(James Thopmson 1967)의 고전 저서인 《실행 중인 조직(Organization in Action)》은 이러한 두 종류의 상호의존성을 어느 정도 "상호간의 상호의존성"으로 정의하고 있는데, 이것은 조정을 위해 "상호적 적응"이 필요한 상호의존성의 일종이다. 그러나 그는 이 두 종류의 "상호간의" 상호의존성을 구별하지 않는다. "호환적 상호의존성"이 있는 하위 작업의 경우, 상호의존적 당사자에 의한 상호 적응은 조정을 달성하기 위한 당사자들 사이의 정보 공유와 갱신만이 요구된다. 이와는 대조적으로 "이론의 여지가 있는 상호종속성"은 상호적응 과정에서 의견 불일치와 갈등으로 이어질 가능성이 훨씬 더 높으며, 교착상태를 해결하기 위한 악화가 더 자주 발생한다.

5.1.2 기술과 관련된 성숙도

프로젝트에 관련된 핵심 기술의 성숙은 또한 거의 분해될 수 있는 하위 프로젝트로의 가분성에 영향을 끼친다. 복잡한 기술이 성숙함에 따라, 기술을 구성하는 하위시스템의 개발자들은 나머지 상호의존성에 대한 체계적 분석과 조정 실패에 대한 시행착오 조정의 조합을 통해 하위시스템 간섭사항에서 상호의존성 해결을 위한 표준 솔루션을 전개시킨다. 하위시스템과 간섭사항 사양에 대한 결과적인 표준은 기술에 대해 진화하는 "시스템 아키텍처"로 정의한다.

성숙한 시스템 아키텍처는 제품의 다중 하위시스템이 거의 자체적으로 개발 되게 할 수 있다. 더욱이, 그것은 불가피하게 공급망 세분화로 이어질 수밖에 없는데, 그것은 전문화된 하위시스템 제공자들이 거래비용 경제학의 원칙에 따라 중앙 제공자보다 더 빠르고 효율적으로 서브시스템을 생산하고 향상시킬 수 있기 때문이다(Williamson 1979). 예를 들어, IBM™은 1980년대 개인용 컴퓨터의 시스템 아키텍처를 표준화하고 발표하기로 결정하였다. 이것은 대규모의 부품 공급업자인 예를 들어, 디스크 드라이브용 Seagate™, 마우스 및 키보드의 Logitech™를 생성했고, 궁극적으로 전체 PC 산업을 상품화함으로써 새로운 개인용 컴퓨터의 개발을 비교적 간단하게 관리할 수 있는 프로젝트로 전환하였다.

공식적 또는 비공식적 시스템 아키텍처가 표준화 및 제도화된 수준으로 성숙된 기술과 연관된 복잡한 프로젝트는 현재 모듈형 서브시스템을 중심으로 구성된 거의 자율적인 하위 프로젝트로 보다 쉽게 세분화되는 데 적합하다. 이와는 대조적으로, 서브시스템의 성능과 인터페이스 사양이 아직 표준화되지 않았고 시스템 아키텍처에 통합되지 않은 새로운 여러 기술을 통합한 대규모 프로젝트는 많은 수의 새로운 호환성과 논쟁적인 상호의존성을 발생시킨다. 이는 시스템 통합 업체가 관리하기 위한 상당히 증가된 조정 복잡성을 가중시키며, 대규모 프로젝트를 메가프로젝트로 전환할 수 있다. 따라서 조정의 관점에서 볼 때, 메가프로젝트는 범위, 기술 및 시스템 아키텍처가 상당히 추가적인 중앙의 조정 비용 없이 거의 독립적인 하위 프로젝트로의 분해를 허용할 만큼 아직 충분히 표준화 및 제도화되지 않은 복잡한 프로젝트로서, 이는 통합적 전체로서 중앙에서 관리되어야만 한다.

프로젝트 기술/공간 구성 및 기술 성숙도 외에도, 대형 프로젝트의 두 가지 추가 복잡성 차원의 크기는 동등하지만, 덜 복잡한 프로젝트보다 그들을 기하급수적으로 더 관리하기 어렵게 만들 수 있다.

5.1.3 프로젝트의 지역경제 규모와 정치적 영향

환경적, 사회적 관심과 안전장치가 낮은 수준의 나라에서 비거주 지역에 기반을 두거나 여러 지역을 횡단하는 대규모 프로젝트는 프로젝트를 재형성하거나, 완전히 차단하려는 사회적 운동을 강화 또는 발생시키지 않고 건설할 수 있다. 어떤 프로젝트가 가치 있는 자연 환경이나 인류에 상당히 큰 영향을 끼칠 때, 그것을 다시 형성하거나 차단하려는 사회적 운동이 활성화하거나 발생하기 시작한다. 프로젝트 관리는 그 후에 그것을 진행하는 경우, 독재적으로 통치되는 국가에서는 사회적 허가를 필요치 않거나 명시적 또는 암시적인 사회적 허가를 갖는 복잡한 기술적 프로젝트보다, 관리하는 데 완전히 다른 정치적 및 홍보 기술을 필요로 하는 정치적 복잡성 수준에 이른다(McAdam et al. 2010).이런 방식으로, 알래스카 파이프라인 프로젝트와 같은 프로젝트가 공간적 및 기술적 구성 측면에서 거의 자율적인 하위 프로젝트로 잘 분리되었다 하더라도, 그것의 지역 경제적 및 환경적 영향과 그로 인해 관계되는 외부의 이해관계자 관리의 난제 때문에 이전에는 "메가프로젝트"로 묘사되었다.

5.1.4 제도적 복잡성 — "글로벌 메가프로젝트"

대규모 프로젝트를 메가프로젝트로 전환하는 복잡성의 네 번째 차원은 제도적 복잡성으로, 서로 다른 국가 기관 체제 때문에 발생하는 차이인 기술적, 계약적, 정치적 이슈 등을 주요 프로젝트 수행 파트너들이 함께 효과적으로 작업을 함으로써 해결하여야만 하는 데서 비롯된다. 우리는 이러한 복잡성의 차원을 가진 대형 프로젝트를 "글로벌 메가프로젝트"라고 정의한다.

이 장에서는 글로벌 메가프로젝트의 고유한 복잡성을 정의하고, 기관 간 차이의 영향을 평가하고, 스폰서, 관리자 및 기타 이해관계자가 이러한 과제를 해결할 수 있는 방법을 식별하는 데 초점을 맞춘다. 우리는 오르 등(Orr et al. 2011: 17)에 의해 개발된 공식을 "글로벌 메가프로젝트"의 정의로 채택한다.

> 글로벌 프로젝트는 다수의 수행자가 계약적, 계층적, 네트워크 기반 조직의 조합을 통해 다수의 현장, 조직, 문화 및 지리적 자원을 결합하여 산출물의 최적화를 추구하는 일시적 노력으로 정의된다.

5.1.5 장 개요

글로벌 메가프로젝트에 대해 이 심도 깊은 정의로부터, 우리는 이 장에 중요한 제도적 성분을 포함하고 있는 요소들을 요약한다. 우리는 다양한 행동 양식에 대한 지침과 정당성을 제공하는 상징적 구조, 규칙 및 규범 체제를 포함하는 "제도"에 대한 광범위한 개념을 채택한다. 이러한 상징적인 요소들은 참여자들이 복잡한 메가프로젝트를 수행하려고 시도할 때, 그들에게 문화, 회사, 전문성, 그리고 국가 간 상호작용하는 오해와 의견 불일치, 갈등의 근원이다. 또한 이러한 요소들은 참여자들이 공유된 프로젝트 정체성을 만들고 우선적인 목표, 관계 계약, 공유된 거버넌스 배치 및 수행되어야할 작업에 대한 공통 개념과 어떻게 그것이 통제되고 조정될지에 따라 해결책이 만들어질 수 있는 토양이 될 수 있다.

이 장은 크게 세 부분으로 구성되어 있다. 첫째, 우리는 우리의 개념적 체제와 관련된 다양한 요소와 메커니즘을 조사하기 위해 제도적 개념을 살펴보았다. 두 번째는 글로벌 메가프로젝트에 의해 제기된 제도적 과제를 검토한다. 그리고 세 번째는 수많은 프로젝트 수행 참여자들과 다양한 다른 이해관계자들이 어떻게 제도적 요소를 다양한 계약적, 관계적, 심리적 거버넌스 메커니즘으로 만들어 프로젝트 프로세스와 결과를 형성하고 영향을 미칠 수 있는지를 고려한다.

5.2 제도의 다면적 특성

1세기가 넘는 연구(Scott 2014: 1장 참조)에서 도출된 아이디어에 의한 정보에 의해, 우리는 다음과 같은 제도의 개념을 포함하는 광범위한 개념을 채택한다.

> 제도는 관련 활동 및 자원과 함께 사회생활에 안정과 의미를 제공하는 규정적, 규범적, 문화적 인식 요소로 구성된다.(Scott 2014: 56)

이 정의는 사회생활에서 상징적 요소의 중심을 강조하지만, 이러한 요소들은 참여자들의 사회적 행동과 연결되어 있고 자원과 관련되어 있다고 주장한다. 즉 우리는 참여자들이 거주하고 권력의 역할에 얽혀 있는 생활 제도에 초점을 맞춘다. 공식화는 행동을 지도하고 통제할 수 있는 제도의 능력을 특권으로 삼지만, 제도가 활동과 행위자들을 지원하고 권한을 부여하는 것을 인식하는 것도 마찬가지로 중요하다. 또한, 기든스(Giddens 1979)에 의해 확인된 반사적 이중주의를 인정하면서, 우리는 기존 제도적 구조가 참여자들과 행동에 제한적인 맥락을 제공하는 한편, 동시에 참여자들은 이러한 구조들을 재생산, 수정과/또는 해결하기 위하여 그들의 지위와 자원을 활용하기 위해 빠르게 수행되고 있는 힘의 상호작용을 인식한다.

적어도 19세기 중반까지 거슬러 올라가는 광범위한 문헌에 대한 우리의 검토는 제도 이론가들이 제도의 근본적인 요소와 그들을 유지하는 메커니즘의 최소 세 가지 다른 개념을 고안하고 탐구했다고 우리를 설득한다. 놀랄 것도 없이, 이러한 개념들은 조사자들 사이의 규율 차이와 광범위하게 연관되어 있다. 우리는 각각을 간략하게 검토한다.

5.2.1 다양한 제도적 요소

5.2.1.1 법적-행정적("규정적") 체제

지난 세기의 전환기에 행정 시스템에 대한 비교 연구를 수행한 "역사적 제도주의자"로부터, 어떻게 시장을 규정하는 규정 체계를 출현시킬지를 조사하는 현재의 합리적 선택 학자들까지, 정치과학자들은 제도의 우선적 기반으로서 규정 요소들을 강조한다(예: Buegess 1902; Moe 1984). 이와 관련하여, 경제학자들은 국가가 기업 내부와 기업 간의 교류를 관리하기 위해 발생하거나 고안된 상거래나 관리 시스템 형식을 규제하는 방법을 조사함으로써 이러한 동일한 요소를 강조한다(예로 North 1990; Williamson 1979). 놀랄 것도 없이, 그들이 선호하는 연구 대상들은 정치적, 경제적 행동을 관리하기 위해 만들어진 공식적 행정 구조와 법체계이다. 부분적으로 그러한 시스템이 낯선 사람이나 적대자를 통제하기 위해 작동하기 때문에, 그들은 강제적인 메커니즘에 크게 의존하는데, 즉 감시 기계가 만들어지고 준수를 장려하기 위하여 제재가 이루어진다. 이러한 시스템의 적용을 받는 사람들은 합리적인 존재로 규정 준수나 반항의 비용과 혜택을 계산하고, 일반적으로는 방법을 써서 행동할 것으로 가정한다.

글로벌 메가프로젝트는 국내 및 주최국의 법, 금융 회사와의 법적 합의, 지역 및 지방 기관의 규제, 기업 계층 구조 등 다양한 형태의 규정적 체제에 직면해 있다. "해결방안" 측면에서, 프로젝트 관리부서는 계약상의 합의를 지지하고 프로젝트와 고객 간의 합의에 대한 기반을 형성하기 위해 규칙과 제재를 만든다.

5.2.1.2 규범적 체제

사회학자들은 그들의 훈련 시작부터 제도들에 대해 광범위하고 더 확산된 개념을 받아들였다. 그들은 계층화 제도와 민족관계, 종교, 가족, 공동체, 그리고 자발적인 연합과 같은 분야에 중점을 두기 때문에, 사회적 의무와 구속력 있는 사회질서에 대한 중요성을 강조한다. 그들은 사회제도를 사회생활을 뒷받침하는 도덕적 질서를 제공하는 규범제도로 본다(예, Durkheim 1912/1961; Selznick 1992).

규범제도는 선호하거나 원하는 목적의 개념을 제공하고, 가치 있는 국가가 어떻게 추구되어야 하는지를 명시한 두 가지 가치로 구성된다. 예를 들어, 정치적, 경제적, 가족, 종교와 같은 사회의 여러 측면은 그들이 봉사하는 가치와 그것을 얻기 위한 적절한 수단의 측면에서 다양하며, 이러한 별개의 영역에서 행동을 지도하는 다양한 제도적 논리학이 발생되었다(Davis 1949; Friedland and Alford 1991). 오히려 개인이 중요한 성향을 채택한다고 가정하기보다는, 개개인이 적절한 감각에 의해 인도되는 것으로 보인다. 개인들은 "나의 관심사는 무엇인가?"라고 묻기보다는 "이 제도에서 나의 역할은 무엇이며, 이와 같은 상황에서 내가 어떻게 행동할 것으로 기대되는가?"라고 묻는다(March and Olsen 1989). 규정 준수를 확실하게 하기위해 작동되는 메커니즘은 위반 시 심각한 사회적 제재가 가해질 수 있는 공통적인 표준과 내부적 기대값들이다.

메가프로젝트는 글로벌 건설 관행을 뒷받침하는 전문적 표준에서부터 환경복지와 지역 공동체의 권익을 감독하는 NGO에 의해 야기된 도덕적 기준에 이르기까지 규범적 압력하에서 작동된다. 규범적 구조는 또한 관계적 계약과 "부드러운" 자발적 기준의 사용을 기반으로 하는 메카니즘들에서 크게 부각되는데, 이는 은행들이 자금을 조달하는 프로젝트에 대해 환경적 및 사회적 안전망 측면을 요구하는 것을 나타내기 위해 사용하는 "적도 원칙"과 같다.

5.2.1.3 문화적-인식적 체제

수십 년 동안 인류학자들은 서로 다른 부족과 민족들 사이에서 시간과 공간에 걸쳐 존재하는 특이한 변화를 조사하고 설명하기 위해 노력해왔다. 이러한 집단들이 실제로 사회 현실 그 자체에 대한 공통된 개념인 사회 세계에 대한 공유된 개념을 받아들인다는 것이 발전된 지배적인 설명이다(Kroeber and Kluckhohn 1952; Geertz 1973). 훨씬 늦게 등장하긴 하지만, 개인의 행동에 대한 설명으로서 인식적 구조, 정신적 모델과 관련된 각본의 중요성을 강조한 인지심리학들에 의해 밀접하게 관련된 개념이 고안되었다(예, Lewin 1951; Shank and Abelson 1977). 이 두 가지 관점을 연관시켜, 호프스티드(Hofstede 1984)는 서로 다른 문화권의 개인들이 그들의 마음속에 다양한 "소프트웨어" 장비를 갖추고 있다고 제안했다.

제도의 문화적-인식적 개념은 의식적 인식하에서 자주 작용되어 깊이 내재되며, 수용된 가정에 놓여 있는 상황에 대해 사회 질서가 공유된 이해에 의존하는 정도를 강조한다. 문화적 및 인식적 연계는 한편으로는 주관적인 인식과 해석 그리고 다른 한편으로는 더 넓은 의미의 공유된 기호학적 체계 사이의 가교를 강조한다.

세계적인 메가프로젝트의 특징은 다양한 경제적, 종교적 이념에서부터 다양한 민족과 언어에 이르기까지 그들이 직면하고 있는 광범위한 문화적 차이점을 가지고 있다. 문화 체계는 또한 과제 개념을 형성하거나 재구성하기 위해 아이디어를 고안할 수 있고, 공유된 정체성이 참가자들 간의 협력적 행동을 지원할 수 있기 때문에 해결책을 지원한다(Swidler 1986).

결론적으로, 수세기에 걸쳐 학자들은 다양한 사회 질서 규모 또는 형태에 대한 관심에 기초하여 여러 유형의 제도적 요소를 식별하고 때때로 선별적으로 강조해 왔다. 이 작업은 제도적 체계의 다면성을 전체적으로 강조한다. 우리의 견해에 따르면, 그것은 또한 풍부하고 강력한 제도적 체계를 구성하는 모든 요소를 포함할 수 있는 포괄적 체제를 구축하는 지혜를 또한 제시한다.

5.2.2 조합의 제도적 요소

제안된 바와 같이, 한 가지 유형의 요소가 일부 사회 질서에서는 지배적이어서 구조를 지지하는 명백한 "원칙"을 제공하는 반면, 여러 개의 "원칙"의 상호 작용이라는 조합으로 작용하는 요인을 관찰하는 것이 더 일반적이다. 대부분의 강력한 제도적 합의는 규정적, 규범적, 문화 인식적 요소들의 다양한 조합으로 이루어져 있다. 제도를 분석하는 작업의 일부는 여러 요소의 상호작용을 분석하는 것이다. 어떤 경우에는 비공식적인 작업 그룹의 규범이 형식적인 규칙이나 더 포괄적인 이념과 일치하게 나타날 때와 같이 상호 보완적일 것이다. 다른 경우에는, 규칙이 제정될 수 있지만, 시간이 흐르면서 계속적인 작업 일상과 신념 체계에 의해 재정의 되거나 변형된다. 여전히 다른 경우에는 요소가 잘못 조정되어 불안정, 갈등 및 변화를 야기한다.

제도의 유지와 변화에 있어 작동되는 메커니즘은 또한 그들의 유연성에 따라 다양하다. 공식 규칙과 법적 체제는 더 쉽게 제정되거나 변경된다. 그것들은 "느린" 규범적이고 문화적인 체계에 비해 "빠르게 움직이는" 제도이며, 장기간에 걸쳐 개인 집단이 의도하지 않은 상호의존적인 행동의 결과로 더 자주 진화한다 (Roland 2004; Scott 2013: 114).

제도를 분석함으로써 야기되는 도전 사항들은 우리가 그것들을 제한된 사회 영역에서 작동되는 것으로 본다면 더욱 투명하고 이해할 수 있게 된다. 이러한 경계들을 정의하는 하나의 유망한 접근법은 **조직 분야**의 개념에 의해 제시된다.

5.3 조직 분야와 프로젝트

글로벌 메가프로젝트는 독특한 유형의 조직 분야로 유용하게 여겨진다. 그러한 접근방식은 적절한 관계 요소(이해관계자)의 전체 범위뿐만 아니라 참여자의 행동을 알리고 동기를 부여하는 중요한 상징적 요소도 포함한다.

5.3.1 조직 분야

디마지오와 포웰(DiMaggio and Powell 1983: 148)에 따르면,

> 조직 분야별로 보면, 우리는 주요 공급자, 자원 및 제품 소비자, 규제 기관 및 유사한 서비스나 제품을 생산하는 기타 조직과 같이 제도적 생활의 인식된 영역을 구성하는 통합적인 조직을 의미한다.

경제학자들의 산업에 대한 개념처럼, 조직 분야는 보통 유사한 조직의 범주, 예를 들어, 인프라 건설 프로젝트를 강조한다. 그러나 중요한 지원이나 감독을 제공하는 다른 조직에도 또한 관심을 확대한다. 그것은 우리가 같은 "작은 세계"에서 운영되는 다양한 조직들—즉, 동일하거나 관련된 제도적 습관을 공유하는 조직들—의 복잡성을 분석하는 데 초점을 맞출 수 있게 한다. "현장의 개념은 공통의 의미 체계를 구성하는 공동체나 조직의 존재를 의미하며, 그 참여자들이 현장 밖의 행위자들과 보다 더 빈번하고 운명적으로 상호작용을 한다"(Scott 1994: 207-8).

제도적 체계로서 모든 조직 분야는 다양한 제도적 논리를 수반하는 토지, 금융, 사회, 문화 같은 자본의 다양한 규모와 형식을 지원하는 개인 및 집단 행위자들을 포함하고, 다양한 유형의 거버넌스에 의해 감독된다(Scott et al. 2000). 글로벌 메가프로젝트는 매우 다양한 행위자 또는 이해당사자들 사이의 상호작용으로 특징지어지는 독특한 유형의 조직 분야이다.

5.3.2 다중 수준

글로벌 메가프로젝트의 검사는 다양한 분석 수준에서 수행될 수 있다. 예를 들어, 국제 수준에서는, 카그람(Khagram 2004)은 미국에서 20세기 초에 시작되어 개발도상국으로 확산과 쇠퇴를 거친 대형 댐의 상승과 하락을 연대순으로 기록한다. 그는 그의 풍부한 제도적 역사 자료에서, 이해관계자, 제도적 논리와 규정적 체제에서 시간에 따른 변화를 분석한다. 더 상세한 수준에서, 수많은 연구들이 특정 국가나 지역 내에서 행해진 유사한 유형의 작업을 수행하는 프로젝트 조직들을 조사한다. 예들 들어, 주스트와 동료들(Jooste, Levitt and Scott 2011; Jooste and Scott 2011)은 남아프리카공화국, 캐나다의 브리티시컬럼비아, 대한민국의 세 지역에서 구성된 공공-민간협력사업(PPP)의 예를 연구하였다. 그들은 다양한 지원부서와 회사 조합,

금융과 법률 고문, 감사, 옹호 단체 및 컨설턴트 같은 중재자와 연관된 프로그램 구성을 발견했다. 더 중요한 것은, 그 접근은 PPP 프로그램의 개념과 설계에 영향을 끼치는 더 폭넓은 정치적, 사회적 환경을 고려하도록 허용하였다. 그리고 우리는 그것의 작업이 주위의 지원과 통제되는 실체에 의해 영향을 받음으로써, 단일 프로젝트 조직에 초점을 맞추는 많은 유용한 연구들을 가지고 있다(예, Mahalingam, Levitt, and Scott 2011; South, Levitt, and Dewulf 2015).

5.3.3 글로벌 메가프로젝트의 제도적 분야의 독특한 특징

조직 분야로서, 글로벌 메가프로젝트는 다른 덜 복잡한 영역과 구분되는 여러 가지 특징을 보여준다.

5.3.3.1 더 다양한 참가자의 수

메가프로젝트는 본질적으로 다양한 참가자들과 관련된다. 참가자는 전문적 역할의 측면에서 입법부, 정부 기관 관료, 여러 계획 분야의 전문성을 입증하는 다양한 민간 기업, 다중 엔지니어링 설계 분야, 여러 전문 분야의 건설 회사, 그리고 미국에서 최대 15개의 개별적인 직종 기반 조합으로 대표될 수 있는 건설 노동자 등 다양하다.

20세기 동안, 세계은행이나 아시아개발은행과 같은 정부나 다 국가 간 개발 기관은 일반적으로 국채 발행과 매각을 통해 메가프로젝트 자금조달에 주도적인 역할을 했다. 그러나, 21세기에, 전 세계 정부들은 심각한 재정 규제에 직면하여, 많은 대규모 인프라 프로젝트들이 25년에서 50년 혹은 그보다 더 장기간의 양허로서 민간에서 자금을 조달하고 있다. 이것은 새로운 금융 참여자들을 인프라 투자기금과 일반적으로 연기금, 국가 기금, 가족 기업, 대학 기부금과 같은 양허 사업에 장기 부채를 제공하는 다양한 기관 투자자들을 메가프로젝트 분야로 끌어들였다. 상업은행들은 초기에 메가프로젝트에 부채를 제공했지만, 위험 노출에 따라 전 세계의 은행에서 더 많은 자본 보유고를 부과한 엄격한 은행 규제로 그들이 인프라 양허와 같은 장기 투자에 돈을 빌려주는 것을 덜 매력적으로 만들었다.

프로젝트가 설계와 건설의 형식적 단계를 거쳐 진행됨에 따라, 프로젝트의 범위, 규모 및/또는 위치와 또는 심지어 **존재 이유**의 일부 측면을 옹호 또는 더 자주 반대하기 위해 다양한 NGO와 시민단체들이 거의 항상 활성화되거나 심지어 더 생기게 될 것이다. 게다가, 주어진 프로젝트에 대해 강한 의견을 가진 사람들은 이제 전통적인 방식과 점점 더 증가하는 "입소문"의 소셜 미디어 채널 둘 다를 통하여 메가프로젝트의 측면에 대한 그들의 지지나 반대를 전파할 수 있다. 이런 의미에서 기존 조직 분야로의 메가프로젝트 진입은 해당 분야의 특성을 변화시켜, 메가프로젝트의 스폰서와 매니저들이 통과할 수 있는 매우 복잡하고 경쟁적인 제도적 분야를 생성할 수 있다.

30-50년 이상의 메가프로젝트의 수명 동안, 지방 정치는 종종 개발 대 보존 혹은 친기업 대 친정부를 표명하는 지역 정당과 국가 정당들 사이에서 여러 번 변화할 수 있다. 세계 지정학은 2000년대 초반 아랍의 봄처럼 엄청나게 변화할 수 있다. 1990년대 중국의 경이로운 경제 부흥과 2007년 금융위기에 따른 유럽의 경제 하락에서처럼 경제력은 대륙에 걸쳐 이동할 수 있다. 그리고 종종 메가프로젝트의 투입이나 결과와 관련된 상품에 대한 세계적인 수요는 주문 크기에 따라 상승하거나 하락할 수 있는데, 이는 중국 경제가 수십 년 동안 연간 두 자릿수 증가율에서 급격히 하락함에 따라 2015년 중반에 원유, 철, 구리, 금 가격이 급격히 하락하였기 때문이다. 이러한 모든 위험에 대처하기 위하여 글로벌 메가프로젝트들에 대한 거대한 거버넌스 과제를 제기하며, 그들의 제도적 분야를 신속하게 재편성할 수 있다.

5.3.3.2 지역적 내재성 정도

일부 경제 모델들은 이성적인 행위자들이 그들이 위치한 사회 구조에 영향을 받지 않는다고 가정하지만, 사회학자들은 모든 행위자들이 그들이 운영되는 구체적인 개인 및 사회 체계에 내재되어 영향을 받고 있다고 강조한다(Granovetter 1985). 그러나, 특히 글로벌 메가프로젝트들에 대해 참여자가 프로젝트를 둘러싼 지역적 맥락에 내재되는 정도는 크게 다르다는 점을 강조하는 것은 중요하다. 프로젝트 참가자와 다른 지역적 기관 사이의 관계와 상호작용, 조정 또는 협상 수준으로 "지역적 내재성"을 정의하는 것은 프로젝트 참여자들의 유형 사이에 존재하는 실질적인 차이를 문서화 하는 것이다(Orr and Levitt 2011: 185). 글로벌 인프라 프로젝트를 담당해 온 50여 명 이상의 관리자와의 인터뷰를 통해, 일반 계약자들은 가장 높은 수준의 지역적 내재성을 보인 반면, 수처리 시스템을 위한 생체 반응기 내에 엘리베이터를 공급하는 기관과 같은 시스템 계약자들은 낮은 수준을 나타내었다.

개발자와 엔지니어링, 금융 또는 법률 컨설턴트는 중간 수준을 보여주지만, 프로젝트에 대한 서비스의 특성에 따라 변동성이 더 크다.

높은 수준의 내재성을 관리하는 전략은 현지 지식(지역 채용 등)을 증가시키려는 시도에서 현지 지식의 필요성(지역 계약사 아웃소싱 등)을 감소시키는 것까지, 지역 지식 부족에 대한 영향을 감소시키는 것(예를 들어, 정치적 위험 보험 구입) 등 다양하다(Orr and Levitt 2011).

5.3.3.3 장기, 다단계 프로젝트 수명주기

메가프로젝트는 수명 주기 동안 예측 가능한 일련의 단계인 재형성, 설계와 시공, 시운전 및 상업운전, 운영 및 유지보수, 개조, 철거 또는 재활용 등을 거쳐 진행된다.

밀러와 올레로스(Miller and Olleros 2000)가 지적하듯이 프로젝트 형성 단계는 메가프로젝트를 생성하고 구성하는 데 결정적이다. 프로젝트 형성 단계에서, 프로젝트의 규모, 범위 및 위치의 다른 대안을 지원하거나 반대하는 데 활동적인 규제 기관, 다른 입법자와 다양한 NGO 또는 지역사회 그룹을 포함한 다른 주요 이해관계자의 경제적, 환경적, 사회적 요구와 제약조건을 수용하거나 압도하기 위하여 주요 이해관계자 그룹은 프로젝트를 추진하고 연속적인 과정을 통해 프로젝트를 구체화한다. 대부분의 선진국에서는 프로젝트가 장기간의 환경 검토 과정을 거쳐 진행되어야 하며, 여기에는 사회적 영향에 대한 검토도 포함될 수 있다. 이 단계는 몇 년에서 수십 년까지 지속될 수 있다. 영국에서 프랑스까지의 채널 터널, 캘리포니아 고속철도 프로젝트와 같은 프로젝트는 30년 이상 걸려 고안되었다.

이 단계 동안 프로젝트의 지지자는 일반적으로 지역, 주 및/또는 국가 정치인 그룹, 프로젝트의 제공 또는 최종 사용에 경제적 지분이 있는 기업, 하나 이상의 노동조합 또는 구성원이 프로젝트로부터 혜택을 받을 수 있는 무역협회, 프로젝트에 의해 가치가 향상될 수 있는 부동산을 소유한 개인 또는 업체(영화에서 차이나타운의 새로운 제안된 도수로에 의해 관개되는 오렌지 농장을 소유한 부동산 재벌 같은), 그리고 이념적인 이유로 프로젝트를 지원하는 개인들과 미디어, 경제적으로 무관심한 개인들을 포함한다.

프로젝트들은 때때로 형상화 단계에서 몇 번의 반복을 통해 진전되고, 압도적인 반대나 변화하는 경제적, 정치적 환경에 직면하여 당초의 후원자들에 의해 포기되고, 그 후 조건이 바뀌면서 동일하거나 새로운 후원자들에 의해 다시 점화된다. 예를 들어, 알래스카 북쪽 경사면의 프루드호 만에서 주 남부의 부동항인 발데즈의 해양 터미널로 원유를 운송하기 위해 의도된 알래스카 횡단 석유 파이프라인 시스템의 환경 검토 관할권을 여러 주와 연방 규제 위원회를 만족시키는 것이 1960년대에 프로젝트를 지지하는 석유회사와 지역 정치인들 둘 다에게 가능하지 않은 것처럼 보였다. 그러나 1973년 미국의 아랍 석유 수출금지에 따른 유가의 급격한 상승과 국가의 정치적 분위기가 이 "국가 석유 비상사태" 해결을 찾는 방법으로 이동하였다. 석유 부족과 비용에 대한 대중의 거센 항의에 대응하여, 미국의 대통령과 의회는 그 프로젝트가 이전에 직면했던 법률 분규 및 규제상의 난제들을 단순화하고 방지하기 위하여 단일 대행사가 이 프로젝트에 대한 통합 환경 검토 절차를 수립하는 특이한 단계를 밟았다. 이로 인해 합리적인 시간 내에 사업을 수행할 수 있게 되었고, 그래서 석유회사 그룹이 알레스카 합작회사를 설립하여 프로젝트를 수행하고, 5개의 건설 합작회사가 각각 파이프라인의 한 부문씩을 납품하도록 계약되었으며, 기술적 및 물류 관점에서 상당히 복잡한 이 메가프로젝트는 석유가 1977년에 파이프라인을 통해 공급될 수 있게 매우 빠르게 진행되었다.

형상화 단계는 제도적 분야의 발전 측면에서 틀림없이 프로젝트의 가장 중요한 단계이며 가장 격동적인 단계이다. 그 이유는 프로젝트의 이 단계에서 이루어지는 개념 계획과 설계 결정이 최종 프로젝트 구성이 될 여러 측면에서 일반적으로 확정되기 때문이다. 일단 그것의 지지자들에 의해 상세 설계와 건설을 진행하기 위해 더 실질적인 투자를 하기로 결정되면, 합의된 규모, 범위 및 위치에서 모든 당사자들의 꾸준히 증가된 투자와 이 단계에서 다수 이해당사자들 간에 이루어진 협의에 수반되는 추가 비용 및 시간, 재협상 및 변경된 약속 등으로, 프로젝트의 기본 형성을 종료 시기에 크게 변경될 가능성을 더 낮아지게 한다.

프로젝트 형성 단계에 따라, 일반적으로 S-곡선 궤적에 따라 상세 설계, 자재 및 부품의 조달, 시공이 진행됨에 따라 프로젝트에 대한 투자 수준은 빠르게 증가한다. 이 단계에서는 이 프로젝트가 지역 사회에 매우 현실적인 영향을 끼친다. 메가프로젝트는 지방 또는 심지어 지역 경제 호황을 빈번하게 유도하는 숙련된 노동력, 주요 상품, 부품 또는 건설 장비 등의 지역적 또는 심지어 세계적인 부족을 초래하고, 나아가 모든 것에 대해 부동산과 소비자 가격을 상승시킬 수 있다. 또한 차량 통행량, 소음, 대기오염, 수로나 지하수 오염, 건설근로자 다량 수입과 이전에 조용했던 지역사회를 심각하게 혼란에 빠트리는 알코올 남용, 마약, 매춘, 기타 사회적 병폐를 야기할 수 있는 "프로젝트 캠프 추종자"들을 상당히 많이 발생하게 한다.

운영과 유지보수 단계는 메가프로젝트의 수명 주기 중 가장 긴 단계로, 50년에서 100년까지 연장할 수 있다. 이 단계는 종종 관리하기에 가장 어려운 단계임에도 불구하고, 전 세계 정부들은 정치적으로 호소력 있는 새로운 프로젝트를 시작하기 위해 정부 기금을 사용하는 것에 찬성하여 대규모 인프라 프로젝트를 체계적으로 관리하여 왔다. 옛 교량들이 말 그대로 무너지거나 물관리 시스템이 수리될 수 없을 정도로 누수가 심해지면, 지방 국회의원들은 위기에서 프로젝트를 대체하기 위하여 국가적인 지원방법을 모색한다. 최근 미국의 예로는 허리케인 카트리나로 인한 제방 붕괴에 따른 뉴올리언스 홍수에 대한 연방정부의 지원 요구와 미네소타 주의 주요 고속도로의 교량 붕괴가 있었다.

사용자에게 통행료나 요금을 부과하는 급수 시스템, 교량 또는 도로와 같은 기반시설 메가프로젝트에 대해, 의무사용료의 수준, 인상률 또는 심지어 매우 높은 존재성은 정부 또는 민간 프로젝트 소유자와 운영자에게 심각한 정치적 문제를 야기할 수 있다. 새로운 사용자 요금과 대수층으로부터 지하수를 끌어올리는 것에 대한 제한은 볼리비아의 코차밤바 물 프로젝트의 초기 운영 단계에서 지역 도시 용수 사용자와 농민들 각각으로부터 격렬한 항의를 불러일으켰고, 그것은 지역적으로 소규모 혁명과 궁극적으로 새로운 정부로 이어지는 혁명을 촉발시켰다.

마지막 단계에서, 프로젝트가 기술적 또는 경제적 이유로 내용연수가 종료될 때, 그들의 자산은 반드시 개조 또는 철거되어야 하며 그들의 자재와 구성품은 실현 가능한 정도까지 재활용되어야 한다. 이것 또한 샌프란시스코와 브루클린과 같은 도시의 몇몇 오래된 도시 고속도로의 경우처럼 강력한 이해당사자들이 확장이나 보수 대 철거를 위한 다양한 옵션의 필요성이나 만족도에 대해 의견이 일치하지 않을 때 논쟁의 여지가 발생될 수 있다. 허술한 감독으로 기업들이 정리나 복구 활동에 대한 책임을 지지 않는 경우가 많다. 메가프로젝트의 수명경로 단계에서 확인된 사항은, 이들을 수행하는 공급망의 일치된 단편화가 반영된다. 로런스와 로르슈(Lawrence and Lorsch 1967)가 설명하듯이, 그러한 단편화는 기술의 차별화를 이끌고, 더 중요한 것은 목표의 차별화를 유도한다. 메가프로젝트를 기획하고, 설계하고, 건설하고, 운영하는 별도의 회사나 기관들은 장기 스폰서, 투자자, 사용자들의 목표와는 다른 지역적 하위 목표를 개발한다.

플뤼브비에르 등(Flyvbjerg et al. 2002; 2003)은 메가프로젝트 기획자들이 후원 기관 및 기업과의 명시적이거나 암묵적인 유착으로 메가프로젝트를 개발하는 데 필요한 비용과 시간을 체계적으로 과소평가하고 그에 대한 수요를 과대평가한다고 설득력 있게 주장하고 문서화했다. 이와 유사한 맥락에서, 레빗 등(Levitt et al. 1980)과 헤니즈 등(Henisz 2012)은 전통적인 설계-입찰-시공 메가프로젝트 수행 과정이 요구되는 설계 노력을 줄이고 실패로부터 스스로를 보호하기 위해 시설의 과다설계에 강한 동기부여를 가지고 있다고 주장한다. 그리고 이 수행 과정에서 확정분으로 경쟁적 입찰하는 계약자에 대한 경제적 동기부여는 사양(Specification)에 부합하는 수준에서 충분히 선정될 수 있을 만큼 낮은 가격으로 입찰에 응하고, 설계에서 인지되거나 방어할 수 없는 변화, 불일치 또는 불완전성에 근거하여 협상에 의한 업무변경으로 추가 보상을 모색하는 것이다. 헤니즈 등(Henisz et al. 2012)에 자세히 설명된 프로젝트 단계 전반에 걸친 이 "고장난 제도"는 메가프로젝트의 관리를 상당히 복잡하게 하고 결과에 큰 영향을 끼칠 수 있다.

그러므로 세계적인 메가프로젝트는 매우 긴 수명주기를 가지며, 종종 기업의 수명을 초과하고, 특정 국회의원이나 정당의 임기를 거의 항상 초과한다. 그들은 다양한 기술을 가진 다양한 참가자들, 상이하고 자주 상충되는 목표들, 다른 기관들, 그리고 역동적인 수준의 참여를 포함한다. 이는 가장 근면하고 철저한 위험 분석에도 불구하고 예측하기 매우 어려운 메가프로젝트에 대해 일련의 위험과 관련된 관리 문제들을 야기한다.

5.3.3.4 주요 임차인의 이동

방금 기술한 바와 같이, 주요 사회기반시설 프로젝트는 다양한 공공, 민간, 비영리 기관, 시민 등의 참여로 활성화되어 프로젝트의 제도적 영역에 진입하는 다중 수명주기 단계를 거치며, 다른 것들은 비활성화 되고 퇴장한다. 동시에, 주로 사업의 제도적 논리와 방향을 형성하는 제도적 분야에서 이해관계자 네트워크의 "주요 임차인"(Padgett and Powell 2012)과 유사한 중심적이고 가장 영향력 있는 참여자는 또한 프로젝트 단계별로 변화한다.

예를 들어 캘리포니아 주 경로 91(SR91X) 공공-민간 인프라 양허 프로젝트의 이

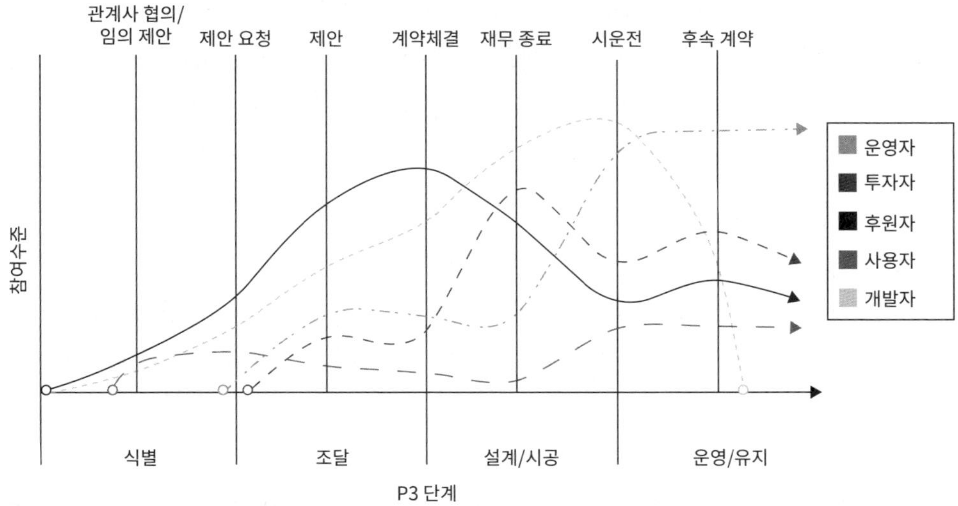

그림 5.1 SR91X 개발과정의 주요 시점에서 핵심 이해관계자의 참여수준

해관계자 네트워크 분석에서, 사우스 등(South et al. 2015)은 그림 5.1과 같이 프로젝트의 제도적 분야에 대한 주요 이해관계자들의 참여 수준이 프로젝트 단계에서 상승하고 하락하는 것을 발견했다.

> 특정 이해관계자들이 PPP 내에서, 각자, 그리고 중요한 사건들의 결과에서 서로 상호작용함에 따라, 참여의 수준은 급격하게 변화했다. SR91X 사례에서 칼트렌스 는 프로젝트 초기에 지배적인 위치를 차지했지만, 결말을 지을 때 PPP에 덜 관여하게 되었다.
>
> [캘리포니아 민간 교통 회사(CPTC)] 공식적인 RFP에 앞서 미국 건설사 두 곳과 유럽 유료도로 사업자 한 곳 등 세 개 기업이 개발자 SPV 컨소시엄(및 이들의 병렬 경쟁)이 참여하였고, SR91X가 발전함에 따라 지속적으로 참여하였다. CPTC에 양허한 결과, SPV의 경쟁은 급속히 줄어들었으나, CPTC는 PPP에서 지배적인 위치를 계속 발전시켰다. 재정적인 종료가 이루어짐에 따라 CPTC는 SR91X에서 가장 많은 지분을 보유하게 되었다. 그 후 프로젝트가 위탁되고 초기 운영이 시작되면서 SPV 컨소시엄의 대부분 소유권은 사업 모델이 그들의 운영과 일치하지 않는다는 것을 인정했다. SR91X와 밀접한 관련이 있는 민간 임원인 대니얼 핸슨은 "많은 작업과 진퇴양난의 정치였으므로 PPP에서 자기자본을 계속 유지하는 것은 이치에 맞지 않았다"고 말했다.

SR91X의 건설 및 초기 개발 리스크를 회피한 CPTC는 양허에서 지분을 매각할 기회를 모색했다. CPTC는 새로 구성된 비영리 단체(SR91X를 개인적으로 소유 및 관리하기 위해 설립된)에 매각하려다 실패한 후, 결국 오렌지 카운티 교통청(OCTA: Orange County Transportation Agency)과의 협정에 대한 그들의 지분 매각 계약을 체결하였다. [OCTA]는 사실상 새로운 양허자가 되었다. 비록 OCTA는 기존 사업모형을 유지하는 데 관심이 있었고, 기존 영업 직원을 보유(그리고 나중에 확장)한 이전 SPV의 운용 지분 파트너와 계약을 체결했지만, OCTA는 자산을 관리하기 위해 두 명 미만의 정규직에 상응하는 인력을 전담시켰다(South et al. 2015).

5.4 메가프로젝트의 제도적 과제에 대한 대응 — 거버넌스 메커니즘의 혼합과 일치

세계적인 메가프로젝트는 BBC방송이 설명했듯이 관리하기 매우 어렵다. 그들의 크고 복잡한 공간 및 기술적 범위, 지역과 국가에 대한 거시 경제적 중요성, 새로이 포함된 기술의 잠재적 통합, 그리고 더 긴 지속 기간과 제도적으로 다양한 참여자들이 모든 거대한 조정 문제들을 생성한다. 이러한 관리 복잡성의 원천으로부터 발생하는 경제적, 정치적 위험은 엄격하게 계약적인 수단을 사용하여 관리하는 것이 불가능하다는 것이 입증되었다. 윌리엄슨(Williamson 1979)이 주장하듯이, 새로 발견되거나 새롭게 예측된 모든 위험을 다루기 위한 변호사들의 시도로 메가프로젝트의 계약에 통합되는 "예비비 주장" 조항의 확산은 결과적으로 다루기 어려운 계약을 만들고 협상하고 관리하는 데 비용이 많이 들게 한다. 따라서 메가프로젝트는 수십 년 동안 연장될 수 있는 필연적인 엄청난 청구와 값비싼 중재와 소송을 야기한다. 현재의 파나마 운하 확장 프로젝트는 이러한 경향의 대표적인 예다.

다행히도, 우리는 성공적인 메가프로젝트 관리자들이 다른 두 제도(규범적-문화적 요소)에 기초한 "관계적 거버넌스" 메커니즘과 함께, 글로벌 메가프로젝트 제공의 관리 과제를 완전히 해결할 수 없다는 것이 입증된 규제 메커니즘에 근거하여 그들의 프로젝트가 필연적으로 불완전한 계약을 증가시킬 수 있고 증가시킨다는 것을 발견했다. 이 장의 마지막 절에서는 관리자가 글로벌 메가프로젝트의 계약적/법적 거버넌스를 강화하기 위해 채택할 수 있는 관계형 거버넌스 메커니즘의 일부를 기술하고 설명한다. 이러한 메커니즘에 대한 더 자세한 적용 범위는 헤니즈 등(Henisz et al. 2012)에서 확인할 수 있다.

5.4.1 향상된 법률적-계약적 거버넌스 메커니즘

메가프로젝트 계약에서는 "가장 영향력 있는 당사자 — '선출권자'(Mesquita et al. 1999) — 의 이익에 부합하기 위해 중대하고 장기적인 경제적 이해관계를 창출한다"는 조항이 포함될 수 있다(Henisz et al. 2012). 여기에는 지역채용 쿼터, 지역조달 설정 국면 또는 지방자치단체의 사업투자, 지방연금기금 또는 국가자본이 포함된다. 참여자들의 관심을 더 잘 맞추거나 잠재적인 프로젝트 반대자들의 관심을 포함함으로써, 그러한 조항들은 갈등이나 반대 경향을 감소시킬 수 있다. 마찬가지로, 세계은행이나 아시아개발은행과 같은 다자간 은행이 이 프로젝트에 대한 수여자나 대출자가 된다면, 지방 정부나 민간 고객, 계약업체 모두 기회주의적 클레임이나 계약적 재협상의 근거가 될 수 있는 프로젝트 맥락에서 정치적, 경제적, 지질학적, 사회적 또는 기타 인지적 변화를 어떻게 처리할 것인지 고려하는 경우, 미래의 비즈니스 기회를 잠재적으로 제한할 수 있는 그들의 평판에 대한 위험인 "미래의 그림자"를 따져봐야만 한다.

기존 계약을 확장하여 내부 프로젝트 수행 팀의 핵심 구성원들의 관심을 맞추는 두 번째 방법은 이를 동맹 계약의 형태로 설정하는 것이다. 이 접근법에서, 전체 프로젝트 관리 기업은 공급망 파트너와의 계약에서 통일된 계층의 많은 핵심 요소를 재현하는 조항을 채택한다(Stinchcombe 1986). 이는 계약 조건에서 모든 참가자가 어느 정도 공유된 경제적 목표를 공유하는(Gunnarson and Levitt 1982) 체제를 만들려고 시도하는 단일 소규모 회사(Dioguardi 1983) 또는 외견상 회사(Eccles 1981)로서, 프로젝트를 재구성하기 위하여 지리적이며 기능적으로 세분화된 건설산업 공급망을 "실질적으로 통합"한다. 이 접근법은 일부 북해 유전 프로젝트에 사용되었고, 이후 히드로 터미널 5를 건설하는 데 사용되었다(Gil 2009).

대형 미국 의료업체인 스터 헬스는 미국 서부해안에 수십억 달러의 신축 또는 혁신 병원 대부분을 개발하기 위하여 이 형태의 계약을 사용하였으며, 이 접근법은 거대하고 복잡한 메가프로젝트를 제공하는 다른 영국, 미국 및 호주 고객들 사이에서 관심을 끌고 있다. 이런 소위 통합 프로젝트 수행(IPD: Integrated Project Deluvery) 계약에 대한 모든 핵심 당사자들인 다수의 설계회사, 주 계약업체, 주요 전문건설회사들은 각 당사자의 직접 비용을 실비정산하고, 상호에 대한 책임 청구는 면제되며, 당사자의 본사 간접비용과 이익은 클라이언트의 높은 수준의 프로젝트 기준인 예산을 포함하여 일정, 품질 및 기타 더 주관적인 지표에 충족되는 정도에 얻어질 것에 합의하는 단일 통합형 합의서(IFOA: Integrated Form Of Agreement)에 서명한다.

그러나 프로젝트 계약에 증가되는 이런 법적인 메카니즘은, 특히 변화의 잠재적인 회계 또는 경제적 영향이 개인이나 계약의 다른 면으로 그들 조직에 대한 생존 위험 또는 상당한 정치적 사업적 위험이 부과되는 수준에 도달하는 경우, 핵심 프로젝트 맥락 차원에서 상당한 변화를 직면할 때 고장날 수 있다. 그래서 이러한 과제들에도 불구하고 글로벌 메가프로젝트는 얼마나 자주 성공적으로 완성되는가? 우리는 프로젝트 수행 팀의 성공적인 고객과 관리자가 글로벌 메가프로젝트 모든 당사자들의 협력적인 행동을 격려하고 기회주의를 단념시키기 위하여, 규범적이며 문화 인식적 제도에서 구축된 추가적이고 관계된 거버넌스 메카니즘을 채용한다고 주장한다.

5.4.2 규범적과 인식적-문화적 거버넌스 메커니즘

규범적이고 인식적이며 문화적 메가프로젝트 거버넌스 메커니즘은 지금까지 잘 연구되어 왔으며 널리 받아들여진 사회학적 및 심리적 과정을 기반으로 한다. 정당이 의무를 위해 호의를 교환하는 사회적 교환(Blau 1964; Homans 1958)과 사람들이 새로운 집단이나 공동체에 대해 인정된 소속감을 바탕으로 확인하는 기존 정체성이 증가하거나 포함하는 정체성 이론(Armstrong 2002; Scott and Lane 2000)이 두 가지 예이다.

5.4.2.1 흥미로운 프로젝트 비전에 기초한 공유 정체성

메가프로젝트의 관리자는 프로젝트 참여자들의 상상력과 열정의 방식으로 프로젝트의 목표를 기술하고 지속적으로 옹호할 수 있는 기회를 갖는다. 제조업에서의 동료들과 달리 건설 프로젝트의 근로자들은 그들이 하는 일을 위해 가시적이고 "구체적인" 의미를 제공하는 그들의 노동에 대한 크고 지속적인 "기념물"을 구축하며, 그들이 그들의 친구와 가족에게 자랑스럽게 과시할 수 있다. 건설근로자의 동기에 관한 보르처딩(Borcherding 1972)의 연구는 이것을 극적으로 설명한다. 미국 남서부의 포코너 지역에 있는 두 개의 대형 석탄 화력발전소 메가프로젝트 전기 작업자들이 무엇을 하는지 연구자에게 질문받았다. 첫 번째 프로젝트의 한 직원이 어떤 안전장치에서 제어판의 게이지로 케이블을 어떻게 연결하는지 설명했다. 두 번째 프로젝트에서 거의 동일한 작업을 하는 전기 작업자는 "나는 미국 남서부에 불을 붙이고 있다!"라고 연구자에게 대답하였다.

플릭스테인(Fligstein 2001: 106, 112)은 "협력의 이유를 찾기" 위한 목표를 사람들에게 호소하여 이질적인 집단들이 함께 "새로운 의미의 체계를 창출하는"것을 허락하고 "행동 동기부여로서 집단적 정체성을 가진 행위자를 제공"함으로써 일부 숙련된 개인이 조직을 변형시킬 수 있다고 주장한다. 특히 병원이나 스포츠 경기장과 같은 사회기반시설 프로젝트와 물 공급, 도로 또는 전력 프로젝트와 같은 민간기반시설 프로젝트 등 많은 메가프로젝트는 참가자들의 노동에 대한 구체적인 기념물을 생산할 뿐만 아니라, 눈에 띄는 사회적 경제적 또는 문화적 혜택을 창출한다. 숙련된 관리자는 프로젝트 목표를 매우 가시적으로 만들고 직원들이 참여하는 프로젝트의 중요성과 사회적 가치를 지속적으로 상기시킴으로써 이러한 혜택에 기여하는 근로자와 관리자의 상상력과 열정을 연계시킬 수 있다.

5.4.2.2 핵심 참여자들의 협력과 연계

그들의 주장이나 정책에서 전통적인 확정분, 경쟁적 입찰 계약 방식을 적용하려는 몇몇 공공 및 민간 기관은 미래 협력을 강화하고 신뢰를 구축하기 위해 조기에 참가자들과 협력하려 시도하고 있다. 개인 참가자들 사이의 협력이 필요한 높고 매끄러운 벽과 같은 물리적 장애물이 있는 "로프 코스"는 몇몇 메가프로젝트 고객이 참여하는 신뢰 구축 활동의 한 예이다. 조기에 모든 사람이 고객과 다중 수행회사의 대표자로 구성된 팀을 활용하여 프로젝트의 개념 설계를 집합적으로 정의하기 시작한 계획 회의는 신뢰를 구축하고 공유 프로젝트 정체성을 개발할 수 있는 메커니즘의 또 다른 예이다. 관리자들은 미래의 그림자가 현재 프로젝트의 결과보다 더 두드러질 수 있는 고위 관리자들에 의해 문제 해결을 확대하기 위한 이러한 환경에서 서로 법적으로 구속력을 갖지 않는 서약을 종종할 것이다. 이들과 공유된 프로젝트 정체성과 당사자 간 신뢰 구축을 시도하는 다른 "파트너링" 메커니즘들은 프로젝트 실행을 촉진할 수 있지만, 프로젝트의 범위나 일정과 다양한 당사자와 연관된 비용에 대해 상당한 영향을 끼치는 변화에 직면할 경우 실책이 될 수 있다.

5.4.2.3 절차적 정의

절차적 정의 대 분배적 정의에 대한 연구는 모든 종류의 논란이 되고 논쟁의 여지가 많은 결정을 내리는 "공정한 절차"를 따라 참가자들이 부분적 최적의 결과물을 받아들이는 최종 결정의 소유권과 의지를 갖는 결과로 나타날 것이다(Kim and Mauborgne 1991). 절차적 정의에 대한 인식을 생성하는 세 가지 요소는, 자신의 관점을 제시하고 토론하는데 **참가자들의 초기 참여**, 최종 결정을 내리는 데 사용된 **기준과 절차에** 대한 명확하고 합리적인 **설명**, 다음에 일어날 일에 대한 **명확한 기대값 설정**이다. 모두가 절차적 정의의 감각과 관련된 당사자들의 협력 수준을 높이는 데 기여한다. 프로젝트 맥락에 대한 이전 가정이 변화할 때, 관리자가 공정하다고 인식되는 고용 절차는 다른 메가프로젝트 참가자와의 협력 정도에 상당한 영향을 끼칠 수 있다.

5.4.2.4 강건한 프로젝트 문화 구축

조직문화가 자신의 행동에 입증됨으로써 조직 리더 비전에 의해 설정되었다는 것을 보여주는 많은 문헌들이 있다(Selznick 1957). 메가프로젝트에서 근로자들의 안전을 무엇보다도 가장 중요하게 여긴다고 확언한 관리자가, 최근 사고가 발생한 프로젝트를 방문하여 비용과 일정만 강조한다면, 그 관리자는 위선적이고 믿을만하지 못하다고 여겨진다. 성공적인 메가프로젝트 관리자는 지역 환경과 다양한 프로젝트 참여자들의 문화에 관심을 갖으며, 프로젝트 참가자들 사이에서의 중요한 제도적 차이에 관한 민감도를 설명하는 방식으로 자의식 적으로 행동한다. 이것은 프로젝트의 다중 문화와 제도 사이에서 주요한 교차 문화적 **무례**를 피하고 가교를 구축하기 위해 받아들여진다. 아프가니스탄(러시아 지배 전에)에서 성공적인 주요 인프라의 스웨덴 관리자는 프로젝트 종료시점에 아프가니스탄의 역사와 문화에 관한 책을 썼다. 성공한 다른 메가프로젝트 관리자들은 프로젝트에 대한 핵심 그룹의 역사와 종교적인 문헌들을 연구했고, 그들의 일상을 지배하는 이 제도의 맥락적 지식을 이용하였다.

5.5 결론

메가프로젝트는 관리자에게 "심각한" 문제를 야기하는 정치적, 제도적, 거시 경제적, 재정적인 문제를 야기한다. 전통적인 법적-계약적 거버넌스 메커니즘은 이러한 과제가 연장된 기간 동안 야기하는 위험에 직면할 때 거의 정상적으로 작동되지 못한다. 우리는 교차 제도적 차이가 특정 과제를 야기하는 글로벌 메가프로젝트의 몇몇 독특한 도전적 사항들을 확인한다. 동시에, 우리는 다양한 참여자들의 장기적 협력을 강화하는 법적-계약적 메커니즘을 제공하는 거버넌스 메커니즘을 형성하는 데에, 그리고 규범적, 인식적, 문화적 기반으로부터 형성된 관계 계약적 메커니즘을 통한 법적, 계약적 메커니즘을 강화하는데, 제도의 세 가지 기반이 어떻게 사용될 수 있는지를 보여줬다. 이 장에서 설명한 제도의 세 가지 기반에 대한 보다 상세한 설명에 관심이 있는 독자들은 스콧(Scott 2014)을 참조하기를 바라며, 글로벌 메가프로젝트에 대한 전통적인 거버넌스 접근을 강화하는 제도의 이 세 기반 이용에 관심이 있는 관리자는 헤니즈 등(Henisz et al. 2012)에서 이러한 메커니즘의 기초와 적용에 대한 추가 세부사항과 참조를 발견할 수 있다.

참고 문헌

Armstrong, E. A. (2002). *Forging Gay Identities: Organizing Sexuality in San Francisco, 1950–1994*. Chicago: University of Chicago Press.

Blau, P. M. (1964) *Exchange and Power in Social Life*. New York: Wiley.

Borcherding, J. D. (1972). *An Exploratory Study of Attitudes that Affect Human Resources in Building and Industrial Construction*. PhD dissertation, Department of Civil Engineering, Stanford University.

Burgess, W. (1902). *Political Science and Comparative Constitutional Law*. Boston, MA: Ginn.

Davis, K. (1949). *Human Society*. New York: Macmillan.

DiMaggio, P. and Powell, W. W. (1983). "The iron cage revisited: Collective rationality and institutional isomorphism in organizational fields," *American Sociological Review*, 48(2): 147–60.

Dioguardi, G. (1983). "Macrofirms: Construction firms for the computer age," *Journal of Construction Engineering and Management*, 109(1): 13–24.

Durkheim, E. (1912). *The Elementary Forms of the Religious Life*. New York: Collier.

Durkheim, E. (1961). *Moral Education: A Study in the Theory and Application of the Sociology of Education*. Glencoe, IL: Free Press of Glencoe.

Eccles, R. G. (1981). "The quasi-firm in the construction industry," *Journal of Economic Behavior and Organization*, 94 (Supplement): s17–s51.

Fligstein, N. (2001). "Social skill and the theory of fields," *Sociological Theory*, 19(2): 105–25.

Flyvbjerg, B., Bruzelius, N., and Rothengatter, W. (2003). *Megaprojects and Risk: An Anatomy of Ambition*. Cambridge: Cambridge University Press.

Flyvbjerg, B., Holm, M. S., and Buhl, S. (2002). "Underestimating costs in public works projects: Error or lie?" *Journal of the American Planning Association*, 68(3): 279–95.

Friedland, R. and Alford, R. R. (1991). "Bringing society back in: Symbols, practices and institu-tional contradictions," in W. W. Powell and P. J. DiMaggio (eds.), *The New Institutionalism in Organizational Analysis*. Chicago, IL: University of Chicago Press, pp. 232–63.

Geertz, C. (1973). "The Impact of the Concept of Culture on the Concept of Man," in *The Interpretation of Cultures*. New York: Basic Books, pp. 39–40.

Giddens, A. (1979). *Central Problems in Social Ttheory: Action, Structure, and Contradiction in Social Analysis*, Vol. 241. Berkeley, CA: University of California Press.

Gil, N. (2009). "Developing cooperative project client–supplier relationships: How much to expect from relational contracts," *California Management Review*, 51(2): 144–69.

Granovetter, M. (1985). "Economic action and social structure: The problem of embeddedness," *American Journal of Sociology*, 91: 481–510.

Gunnarson, S. and Levitt, R. E. (1982). "Is a building construction project a hierarchy or a market," *Proceedings of the Seventh INTERNET Congress, Copenhagen, Denmark*, 521–9.

Henisz, W. J., Levitt, R. E., and Scott, W. R. (2012). "Toward a unified theory of project governance: economic, sociological and psychological supports for relational contracting," *Engineering Project Organization Journal*, 2(1–2): 37–55.

Hofstede, G. (1984). *Culture's Consequences: International Differences in Work-Related Values*. Beverly Hills, CA: Sage.

Homans, G. (1958). "Social behavior as exchange," *American Journal of Sociology*, 63(6): 597–606.

Jooste, S. F. and Scott, W. R. (2011). "Organizations enabling public–private partnerships: An organization field approach," in W. R. Scott, R. E. Levitt, and R. J. Orr (eds.), *Global Projects: Institutional and Political Challenges*. Cambridge University Press, pp. 377–402.

Jooste, S. F., Levitt, R., and Scott, D. (2011). "Beyond 'one size fits all': How local conditions shape PPP-enabling field development," *Engineering Project Organization Journal*, 1(1): 11–25.

Khagram, S. (2004). *Dams and Development: Transnational Struggles for Water and Power*. Ithaca, NY: Cornell University Press.

Kim, W. C. and Mauborgne, R. A. (1991). "Implementing global strategies: The role of procedural justice," *Strategic Management Journal*, 12(S1): 125–43.

Kroeber, A. L. and Kluckhohn, C. (1952). "Culture: A critical review of concepts and definitions," *Papers: Peabody Museum of Archaeology and Ethnology, Harvard University*.

Lawrence, P. R. and Lorsch, J. W. (1967). *Organization and Environment: Managing Differentiation and Integration*. Boston: Graduate School of Business Administration, Harvard University.

Lessard, D., Sakhrani, V., and Miller, R. (2014). "House of Project Complexity: Understanding Complexity in Large Infrastructure Projects," *Engineering Project Organization Journal*, 4(4): 170–92.

Levitt, R. E. (2015). "An extended framework for coordinating interdependent tasks in a project or functional ecosystem," *Stanford University Global Projects Center Working Paper*.

Levitt, R. E., Logcher, R. D., and Ashley, D. B. (1980). "Allocating risk and incentive in construction," *Journal of the Construction Division*, 106(3): 297–305.

Levitt, R. E., Thomsen, J., Christiansen, T. R., Kunz, J. C., Jin, Y., and Nass, C. (1999). "Simulating project work processes and organizations: Toward a micro-contingency theory of organizational design." *Management Science* 45(11): 1479–95.

Lewin, K. (1951). *Field Theory in Social Science*. New York: Harper.

Mahalinam, A., Levitt, R. E., and Scott, W. R. (2011). "Rules versus results: Sources and resolution of institutional conflicts on Indian metro railway projects." In W. R. Scott, R. E. Levitt, and R. J. Orr (eds.), *Global Projects: Institutional and Political Challenges*. Cambridge: Cambridge University Press, pp. 113–34.

March, J. G. and Olsen, J. P. (2010). *Rediscovering Institutions*. New York: Simon and Schuster.

McAdam, D., Boudet, H. S., Davis, J., Orr, R. J., Scott, W.R., and Levitt, R. E. (2010). "'Site fights': Explaining opposition to pipeline projects in the developing world," *Sociological Forum*, 25(3): 410–27.

Mesquita, B. B. D., Morrow, J. D., Siverson, R. M., and Smith, A. (1999). "Policy failure and political survival: The contribution of political institutions," *Journal of Conflict Resolution*, 43(2): 147–61.

Miller, R. and Olleros, X. (2000). "Project shaping as a competitive advantage," in R. Miller and D. R. Lessard (eds.), *The Strategic Management of Large Engineering Projects: Shaping Institutions, Risks, and Governance*. Cambridge, MA: MIT Press.

Moe, T. M. (1984). "The new economics of organization," *American Journal of Political Science*, 28: 739–77.

North, D. C. (1990). *Institutions, Institutional Change and Economic Performance*. Cambridge: Cambridge University Press.

Orr, R. J. and Levitt, R. E. (2011). "Local embeddedness of firms and strategies for dealing with uncertainty in global projects," in W. R. Scott, R. E. Levitt, and R. J. Orr (eds.), *Global Projects: Institutional and Political Challenges*. Cambridge: Cambridge University Press, pp. 183–246.

Padgett, J. F., and Powell, W. W. (2012). *The Emergence of Organizations and Markets*. Princeton, NJ: Princeton University Press.

Perrow, C. (1984). *Normal Accidents: Living with High-Risk Technologies*. New York: Basic Books.

Roland, G. (2004). "Understanding institutional change: Fast-moving and slow- moving institutions," *Studies in Comparative International Development*, 4: 109–31.

Scott, W. R. (1994). "Conceptualizing organizational fields: Linking organizations and societal systems," in H.-U. Derlien, U. Gerhardt, and F. W. Scharpf (eds.), *Systemrationalitat und Partialinteresse*. Baden-Baden: Nomos Verlagsgesellschaft, pp. 203–21.

Scott, W. R. (2013). *Institutions and Organizations: Ideas, Interests, and Identities*, 4th edn. Los Angeles, CA: Sage.

Scott, S. G. and Lane, V. R. (2000). "A stakeholder approach to organizational identity," *Academy of Management Review*, 25(1): 43–62.

Scott, W. R., Ruef, M., Mendel, P. J., and Caronna, C. A. (2000). *Institutional Change and Healthcare Organizations: From Professional Dominance to Managed Care*. Chicago, IL: University of Chicago Press.

Selznick, P. (1957). *Leadership in Administration*. New York: Harper and Row.

Selznick, P. (1992). *The Moral Commonwealth: Social Theory and the Promise of Community*. Berkeley: University of California Press.

Shank, R. C. and Abelson, R. P. (1977). *Scripts, Plans, Goals, and Understanding: An Inquiry into Human Knowledge Structures*. Hillsdale, NJ: Lawrence Erlbaum.

Simon, H. A. (1962). "The architecture of complexity," *Proceedings of the American Philosophical Society*, 106: 467–82.

Swidler, A. (1986). "Culture in action: Symbols and strategies". *American Sociological Review*, 51: 273-86.

Stinchcombe, A. L. (1986). "Contracts as hierarchical documents," in A. L. Stinchcombe and C. A. Heimer (eds), *Organizational Theory and Project Management: Administering Uncertainty in Norwegian Offshore Oil*. Oxford: Oxford University Press, pp. 121–71.

South, A. J., Levitt, R. E., and Dewulf, G. P. M. R. (2015). "Dynamic stakeholder networks and the governance of PPPs," *Proceedings of the 2nd International Conference on Public–Private Partnerships*, Austin, Texas, 26–29 May 2015.

Swidler, A. (1986). "Culture in action: Symbols and strategies". *American Sociological Review*, 51: 273-86.

Thompson, J. (1967). *Organizations in Action*. New York: McGraw-Hill.

Williamson, O. E. (1979). "Transaction-cost economics: The governance of contractual relations," *Journal of Law and Economics*, 22: 233–61.

제6장

메가프로젝트 의사결정과 관리

윤리적 및 정치적 이슈

버트 반 위·휴고 프리머스

6.1 개요

교통 메가프로젝트는 사회에 큰 영향을 끼친다. 그들은 많은 비용을 지출할 뿐만 아니라 접근성, 경관, 환경 그리고 종종 사회적 응집력과 일자리, 주택단지 및 기타 토지 이용의 공간적 분포에 영향을 끼친다. 추가적으로, 대규모 프로젝트에 대규모 자금이 투자되는 것은 높은 기회비용의 결과가 된다—이는 다른 소규모 프로젝트에 할당될 수 있거나 또는 정부 적자를 줄이는 데 사용될 수 있다. 따라서 메가프로젝트의 의사결정, 계약, 건설 프로세스의 관리, 운영은 사회적 관련성이 높다. 따라서 중요한 질문은 의사결정자들에게 어떻게 적절한 정보를 제공할 것인가 하는 것이다. 좋은 프로젝트는 효과적이며(그들은 해야 할 일을 한다) 효율적(종종 비용 효과적으로 표시되는)일 뿐만 아니라, 공정해야 한다. 많은 서방 국가에서 메가프로젝트는 비용-혜택분석(CBA: Cost-Benefit Analysis)을 사용하는 것으로 표현되었다(Hayashi and Morisugi 2000; Bristow and Nellthrop 2000; Grant-Muller et al. 2001). CBA는 공정성 외에 효율성과 효과성(효과는 암묵적으로만 적용되지만)은 다루지만, 공정성을 결코 설계하려 하지는 않았다. 그러나 그것은 윤리적 문제가 위기에 처하면 CBA만으로 의사 결정 준비를 하는 데 충분하지 않다는 것을 의미한다.

윤리적인 문제는 특정 메가프로젝트의 효과뿐만 아니라 더 높은 수준, 예를 들면 사람들이 이러한 지출은 균형적이어야 한다고 생각하는 많은 나라에서, 다른 지역의 사회기반시설 지출 분포에 대한 공정한 느낌과 연관이 있다.

그럼에도 불구하고, 교통, 교통 인프라, 특히 교통 메가프로젝트와 관련된 윤리적 문제는 최근 몇 년간 그 주제에 대한 관심이 증가되고 있지만 학술 문헌에서 널리 논의되지는 않았다(예, Martens 2006, Van Wee 2011, Harrison and Shepherd 2014). 이러한 윤리적 문제들이 메가프로젝트의 의사결정 과정과 관리에 중요한 요소인 만큼 이 장에서 논의한다. 더 구체적으로는 다음과 같은 문제를 논의한다.

- 메가프로젝트가 사회에 끼치는 영향에 대한 윤리적 측면
- 메가프로젝트의 장단점을 연구하는 윤리
- 메가프로젝트의 비용과 혜택 추정의 품질
- 의사결정과정의 민주적 자질

이 네 가지 주제는 다음 네 가지 섹션에서 각각 논의된다. 마지막 섹션(6.6)은 윤리적 및 정치적 특성에서 현재의 단점을 개선하기 위한 향후 연구 및 의사 결정 절차에 대한 방법을 탐구한다. 이 장에서는 교통 메가프로젝트에 중점을 두지만 그 내용의 대부분은 다른 유형의 메가프로젝트에도 적용된다. 다음의 용어에서 "메가프로젝트"와 "사회기반시설"은 교통 메가프로젝트와 교통사회기반시설을 의미한다.

6.2 메가프로젝트의 사회적 영향에 대한 윤리적 측면

메가프로젝트의 (잠재적) 윤리적으로 연관된 영향에 대해 완전한 검토를 제시하는 것은 이 장의 범위를 벗어난다. 보다 포괄적인 논의를 위해서 우리는 반 위(Van Wee 2011)를 참조한다. 여기서 우리는 메가프로젝트의 주요한 윤리적 관점으로만 제한한다. 이는 다음과 관련이 있다.

- 분배 효과(예: 지역 간, 소득그룹 간), 대체 자원 배분을 통한 분배 효과
- 지역 결속력에 영향
- 가격
- 할인
- 자연과 환경에 대한 되돌릴 수 없는 영향의 중요성; 메가프로젝트는 종종 수십 년, 가능하면 한 세기 이상의 수명을 가지고 있기 때문에 이것들

이 결정적이다.

분배 효과는 CBA의 전체 결과에 영향을 끼치지 않으며 일반적으로 가장 잘 보고된다. 그럼에도 불구하고 그들은 사회와 정치인 모두에게 관련될 수 있다. 예를 들어, 시민들과 정치인들은 일반적으로 실업, 소득, 기회 접근 등을 비교적 균등하게 분배하는 것을 선호하며, 정치인들은 종종 더 균등한 분배에 더 많이 주의를 기울인다. 네덜란드 주이더제엘리잔은 인구가 적고 경제적으로 낙후된 네덜란드 북부 지역과 인구가 밀집된 부유한 지역(랜즈스타드)을 연결하는 주이더지리진이라 불리는 잠재적인 신철도라인은 경제적 불평등을 줄이기 위해 부분적으로 제안되었다. CBA를 지지하는 보고서들은 이 철도를 건설하는 것이 랜즈스타드보다 경제적으로 낙후된 동부 지역의 비용으로 실제로 북부에서 추가적인 일자리를 창출할 수 있다는 것을 보여 주었다.

물론, 모든 대규모 사회기반시설 프로젝트는 분배효과를 가질 수 있지만, 이것들은 메가프로젝트와 함께 발생할 가능성이 가장 높다. 그러한 프로젝트는 더 큰 공간적 규모에서 접근성에 따라 상대적으로 중요한 효과를 얻을 수 있다. 이러한 프로젝트는 이동 시간(또는 일반화된 운송비용)의 변경을 통해 접근성에 미치는 영향 외에도 토지 이용 변경을 유도할 수 있다. 예를 들어 접근성 향상으로 인해 지역을 더 매력적으로 만들 수 있다. 지역별 소득수준이 다를 경우 접근성 변화와 관련 경제효과(주로 일자리 재분배)로 인해 메가프로젝트가 지역 간 소득수준 분포에 영향을 끼칠 수 있다.

메가프로젝트의 분배효과도 정치인들에 의해 만들어지는 교통 인프라 프로젝트의 선정에 간접적으로 관련이 있다. 교통부는 일반적으로 확정된 다소의 예산을 가지고 있다. 메가프로젝트는 많은 금액—대안적인 소규모 프로젝트에 사용될 수 있는 금액—이 소요되고 그런 대안 프로젝트가 지역이나 소득 그룹에 끼치는 영향은 메가프로젝트에서 비롯된 것과 같지 않을 가능성이 매우 높다. 만약 그 프로젝트들이 건설되지 않았다면, 정부 적자가 줄어들었을 수도 있고, 대안적인 정부 지출이 이루어질 수도 있었을 것이다(그래서 "기회 비용"이라고 불린다). 네덜란드에서는 1990년대 대부분 두 개의 잘 알려진 철도 노선 건설—로테르담을 거쳐 암스테르담, 앤트워프, 브뤼셀과 파리에 이르는 고속철도와 로테르담 항구와 독일 루르 지역을 연결하는 전용 철도 화물선인 베투베르루테—은 새로운 기반시설 예산에 대해 중요한 주장을 하여 다른 프로젝트에 사용할 수 있는 예산이 줄어들었다.

지역적 수준의 **결합 효과**는 최소한 EU 수준에서 정치적으로 중요할 수 있다. 결합 사유는 종종 EU 사회기반시설에 지출을 정당화하는 데 사용된다(카나레타 2002). 사회기반시설은 남부 이탈리아와 같이 경제적으로 가치가 떨어지는 지역을 더 넓은 경제권으로 통합할 수 있다. 덴마크와 스웨덴 사이의 오레순스브루그와 영국과 프랑스 사이의 채널 터널은 연결의 양쪽에 대해 경제 통합에 기여하는 것을 목표로 하고 있다. 메가프로젝트의 결합 효과는 접근성 개선에서 비롯되는데, 이는 소규모 교통 인프라 프로젝트보다 메가프로젝트에 더 명백하다; 메가프로젝트는 종종 지역 간의 연결을 개선한다. 이론적으로 접근성 향상은 상호작용을 위한 장벽을 낮추고 결과적으로 결합력을 향상시킬 수 있다.

가격 효과는 윤리적으로 세 번째 중요한 주제이다. 이동 시간 및 배출가스와 같은 단위들의 가격은 모든 교통 인프라 프로젝트에서 중요하다. 우리는 왜 이것들이 메가프로젝트들에서 더 중요한지에 대한 특별한 이유를 알지 못한다. 그래서 이것은 더 일반적인 토론과 관련이 있을 수 있다. 첫 번째 잠재적인 윤리적 주제는 교통시간 변화에 대한 금전적 평가다. 대부분의 메가프로젝트는 교통시간을 줄이는 것을 목표로 한다. 그러므로 중요한 질문은 이러한 변화들이 어떻게 평가될 수 있는가 하는 것이다. 시간의 가치의 개념은 이러한 이유로 개발되었다. 소득이 높은 사람들은 시간의 가치가 더 높다. 고속도로 통행료를 도입하면 비교적 적은 수의 고소득층에게 더 많은 저소득층의 비용으로 혜택을 제공할 수 있다: 고소득자의 경우 혼잡 감소로 인한 교통시간 절약은 매우 가치 있지만 저소득자는 자신의 교통형태(노선 변경, 교통수단 변경 또는 여행 축소)를 적응시킨다. 따라서 소득이 높은 사람은 소득이 낮은 사람보다 혜택-비용 분석 결과에 더 많은 영향을 받는다(Mackie et al. 2003). 즉 복지적 관점(지역이나 국가에 대한 복지를 극대화하는 방법)에 근거한 의사결정은 "한 사람 한 표"라는 민주적 원칙과 충돌한다. 이 "문제"를 극복하기 위해 이른바 "시간적 형평성 가치"를 미국과 같은 몇몇 국가에서 소개되었다. 그것의 가치는 평균소득자의 시간의 가치에 기초한다(Morisugi and Hayashi 2000, Martens 2006에서 인용된).

복지 효과의 계산에 따른 다음 잠재적 문제는 복지와 소득 사이에 선형적 관계가 있다는 혜택-비용 분석의 가정으로부터 비롯된다. 그러나 일정한 소득 증대에 따른 복지의 증가는 소득이 높을수록 줄어든다고 가정하는 것은 그럴듯해 보인다. 월 소득 200유로의 증가는 월 소득 10,000유로 소득자보다 월 소득 1,000유로

소득자에게 더 중요할 것이다.

셋째, 교통 인프라는 안전 수준에 영향을 끼칠 수 있다. 이것을 어떻게 평가해야 하는가? 일반적 관행은 이런 것들을 교통이용자의 지불의지에 근거한 통계적 수명 가치라고 부르는 것에 근거해서 가치를 평가하는 것이다. 잠재적인 윤리적 문제는 통계적 수명 가치가 저소득층 그룹보다 고소득층 그룹에서 더 높기 때문에 시간의 가치의 경우와 마찬가지로 동등한 "민주적" 문제를 제기하는 것이다. 또 다른 문제인 보건 경제학에서 결정은 종종 품질 조정 수명당 비용을 기준하며, 이것은 40세(Shepard and Zeckhauser 1984)에 정점을 찍은 지불의지 기반 통계적 수명 가치와 달리 연령에 따라 감소한다. 요한슨-스텐만과 마틴슨(Johansson-Stenman and Martinsson 2008)의 연구는 사람들이 안전에 관한 윤리적 선호를 가지고 있다는 사실을 보여준다. 삶의 가치에 대한 사람들의 윤리적 선호도에 대한 그들의 연구에서는, 노인에 대한 가치가 감소하고 보행자에 비해 자동차 운전자에 대한 가치가 낮다는 것을 보여 주었다(안전과 위험을 평가하는 윤리적 측면에 대한 추가 논의는 Van Wee and Rietveld 2013 참조.)

할인은 인플레이션을 감안하더라도 사람들이 현재 어느 정도 돈의 양이 미래의 같은 양보다 더 가치가 있다는 사실과 관련이 있다. 혜택-비용 분석에서는 미래 혜택과 비용이 기준 연도 단위로 할인되어 표현된다. 할인율이 높고 향후 비용과 혜택이 더 클수록 기준 연도 단위로의 가치가 작게 표현된다. 메가프로젝트는 소규모 프로젝트보다 사업기간이 더 길기 때문에, 메가프로젝트에서 할인율을 설정하는 것이 소규모 교통 인프라 프로젝트보다 더 중요하다. 관련 토지 이용 효과를 생각할 수 있지만, 메가프로젝트가 대량으로 유발된 수요의 실질적인 법적 이동 효과를 얻는다면 미래의 이산화탄소 방출 효과는 더 적절할 수 있다.

자연과 풍경에 영향을 끼치기 때문에, 메가프로젝트의 경우 **돌이킬 수 없거나 대체 불가능한 효과**가 쉽게 발생할 수 있다. 예를 들어, 몇몇 동물 종은 고속도로 또는 철도 노선을 건널 수 없어서 서식지의 크기가 줄고, 그 결과 그들은 생존할 수 없을지도 모른다. 물론, 그런 프로젝트는 해체될 수 있지만, 그것은 거의 일어나지 않는다. 반 위(Van Wee 2011 : 35-7)는 이 주제에 대해 논의한다.

> (…) 어떤 것들은 대체할 수 있고, 어떤 것들은 그렇지 않아 대체할 수 없는 것들이 대체 가능한 것보다 더 가치 있는 것(Morton 1991)이 될 수 있다. 복지 최

대화 패러다임을 지지하는 주류 경제학자는 이 구분이 적절하지 않다고 주장할 수 있다: 만약 사물이 대체할 수 없고 긍정적으로 평가된다면, 그들을 대체할 수 없다는 사실이 소비자의 지불 의지 또는 의사 결정자의 가치로 표현된다. 하지만 대체할 수 없는 것의 개념을 다수가 투표하는 민주주의와 연결시켜 보자. 한 나라에서 새로운 고속도로를 건설하기 위해 대체할 수 없는 자연 지역을 포기하는 것에 대한 논쟁이 있다고 가정해보자. 수십 년 동안 대다수는 고속도로 건설에 반대표를 던졌다. 하지만 특정 선거가 있은 후, 51%의 의원들이 고속도로 건설 결정을 지지했다. 그러면 그 자연 지역이 대체할 수 없다는 것이 중요한 사항인가? 사람들이 도로 건설 선택이 민주적으로 결정되었다고 주장할 수 있다. 그러나 대다수가 그 결정을 후회하면 다음 선거 후에 공정한 기회는 무엇인가? 장기적인 관점에서 보면, 그 자연 지역이 대체할 수 없이 중요하다고 주장할 수 있다.

6.3 메가프로젝트의 장단점을 연구하는 윤리학

서구 민주주의 국가에서 장관들은 여러 가지 이유로 메가프로젝트를 제안할 수 있다. 의회, 그리고 가급적이면 더 많은 대중에게 적절하고 제때에 정보를 알려야 한다(섹션 6.5 참조). 많은 나라에서, 오해의 소지가 있는 의회는—예를 들면 프로젝트 대안에 대한 조작된 추정치를 제공함으로써—정치적 죄악 또는 심지어 불법적인 것으로 간주된다. 장관들은 심지어 그들이 적절하게 의회에 알리지 않았다면 사임을 강요받을 수 있다.

혜택-비용 분석의 역할은 메가프로젝트에 관한 의사결정을 지원하는 것이다. 그러나 교통 수요 예측과 같이 혜택-비용 분석에 대한 입력을 제공하는 메가프로젝트와 연구의 혜택-비용 분석은 종종 장관의 이익을 위해 행동하는 공직자와 같이 결과물에 대한 지분을 가진 한 명 또는 여러 명의 행위자에 의해 자금조달과 감독을 받는다. 이것은 혜택-비용 분석의 독립성과 관련 연구에 대한 의문을 제기한다. 물론 연구 결과에 관심이 있는 정치인은 의회나 지방/지역의 대가에 편향된 정보를 제공하는 것이 의회와 일반 대중 모두에게 용인될 수 없는 것으로 여겨지지만, 연구자들에게 영향을 끼치려는 유혹을 받고 있다. 게다가, 만약 그들이 압력을 받게 된다면, 연구자들이 그들의 결과를 각색하는 것을 유혹받을 수 있다. 앞서 언급한 베투버로우트(Betuweroute)는 중요한 예를 언급하였다: 수요 예측도 비용

추정치도 중립적이지 않았고, 여러 번 수정해야 했다(Primus 2005). 불만족으로 인해 대규모 국가 교통 인프라 프로젝트에 대한 혜택-비용 분석 지침이 이행되었다(Eijgenraam et al. 1999).

그러나 연구 수행 윤리학에 대한 연구는 거의 실행되지 않았다. 이 절에서는 메가프로젝트의 장단점에 대한 연구를 수행하는 윤리학에 대해 논한다. 그것은 반위와 몰린(Van Wee and Molin 2012)의 연구에 바탕을 두고 있다(이전 버전은 Van Wee 2011 참조). 그들은 대규모 교통 인프라 프로젝트(메가프로젝트 및 기타 대형 프로젝트)를 위해 혜택-비용 분석 관련 연구를 하는 8명의 네덜란드 연구원들과 인터뷰했고 이러한 인터뷰에 근거하여 54개의 제안서를 작성했다. 다음으로 그들은 네덜란드 혜택-비용 분석 커뮤니티에 있는 인터뷰 대상자와 다른 연구자들에게 제안서를 보내서 -3점(완전히 동의하지 않음)에서 +3점(완전동의) (또는 9: 적용되지 않음)까지 7점 리커트 척도에 점수를 매겼다. 표 6.1은 제안 선정에 대한 점수를 나타낸다.

제안이 선택된 표와 다른 분석에 근거하여, 연구의 가장 중요한 결론은 다음과 같다.

- 네덜란드 대학과 몇몇 컨설턴트들을 위한 윤리적 강령(행위의 강령)이 존재하지만, 응답자들은 이러한 강령의 내용에 대해 거의 알지 못한다.
- 주요 인프라 프로젝트의 추진자는 일반적으로 혜택-비용 분석의 성능검증 고객(지금부터 "고객")이다. 이것은 이해 상충을 야기하고, 따라서 혜택-비용 분석의 유용성을 제한한다.
- 컨설턴트들은 사회의 이익보다 고객의 이익을 더 중요시하지만, 대학 배경을 가진 연구원들은 그 반대이다.
- 네덜란드는 대규모 국가 교통 인프라 프로젝트에 대한 혜택-비용 분석 지침을 가지고 있다. 응답자들은 이것이 네덜란드의 국가 프로젝트에 대한 혜택-비용 분석의 품질을 증가시킨다고 생각한다. 동시에 그들은 연구원들에 대한 윤리적 딜레마를 줄일 수 있다.

요약하자면, 이 연구는 의뢰인이 혜택-비용 분석과 관련 연구 결과에 관심이 있기 때문에 연구원들에 대해 압력을 가한다고 확인시켜 준다.

반위와 몰린(Van Wee and Molin 2012: 35-6)은 그들이 발견한 의미에 대해 논한다. 그

표 6.1 연구자와 의뢰인 사이의 관계에 관련된 진술에 대한 점수

	완전 비동의							완전 동의		
	-3	-2	-1	0	1	2	3	9	평균	표준편차
적은 할당으로 독립의 높은 수준	4	2	7	4	2	3	3	3	-0.2	1.9
지역은* 인프라 프로젝트의 사전 분석에서 과도하게 긍정적인 시나리오를 고려하는 경향이 있다.	0	2	1	2	4	11	4	4	1.4	1.4
연구자들은 인프라 프로젝트의 사전 분석에서 과도하게 긍정적인 시나리오를 사용하여 지역의 경향에 따르게 때때로 행동한다.	1	3	3	5	7	5	1	3	0.3	1.5
때때로 연구 결과물은 정책에 대해 선호하는 결과를 적용한다.	2	8	3	4	6	1	2	2	-0.4	1.7
네델란드에서는 의뢰인이 원하는 결과를 지원하기 위하여 결코 추측을 적용하지 않는다.	1	7	7	5	4	1	2	2	-0.6	1.4
(CBA 같은) 사전 평가에서, 정부기관은 시나리오를 규정하는데 영향을 끼치기를 원한다.	1	0	4	3	7	7	2	4	0.8	1.5
인프라 프로젝트에서 의뢰인은 때때로 결과에 영향을 끼치기를 원한다.	0	1	3	2	12	7	1	2	0.9	1.2
의뢰인이 결과 전달에 관심이 없어서 몇몇 CBA는 "낮은 수준"을 유지한다.	0	2	1	5	5	7	6	2	1.2	1.5
연구자는 그가 명확히 하는 한, 그가 다른 선택을 선호하더라도 의뢰인의 출발점을 수용할 수 있다.	0	3	3	2	6	6	6	2	1.2	1.5
연구자가 잠재적 해결책들을 보유하고 있고, 해결책의 하나를 의뢰인이 포함되기를 원하지 않는다면, 그것을 제외시키는 것은 수용되지 않는다.	0	0	1	3	4	10	8	2	1.0	1.7
나는 때때로 의뢰인이 원하는 것을 형성하도록 한다.	3	3	1	3	14	2	2	0	0.3	1.7
나는 윤리적 이유를 위해 임무를 중지한다.	13	5	0	1	1	1	2	5	-1.7	2.0
의뢰인의 그의 지위를 적용함으로써, 윤리적 이유로 임무를 중지하는 것을 두려워한다.	9	4	1	2	2	2	3	5	-0.9	2.3
나는 정부기관이 결과에 영향을 끼칠 수 있는 시나리오를 규정하는 것을 수용한다.	3	3	3	6	6	2	2	3	-0.1	1.8

* 지역은 네덜란드 도로 당국의 지방 또는 지역 구역일 수 있으며, 앞서 언급한 것과 지방 자치체를 포함한 복수의 행위자 간의 협력일 수 있다.

들은 혜택-비용 분석과 혜택-비용 분석 관련 연구의 성능을 검증하는 고객이 연구 결과에 관심을 가져 때때로 긍정적 결정 또는 대안을 추가하는 것은 위험하다고 나타낸다. 이들은 이를 본질적으로 문제가 있다고 보는 이해관계의 충돌로 간주하고, 혜택-비용 분석과 관련 연구의 (윤리적) 품질을 떨어뜨릴 수 있다고 경고한다. 그들은 연구를 위한 방법으로서 독립적인 고객을 갖는 것이 더 바람직하다고 주장한다. 이것은 국가, 지역, 지방 등 모든 거버넌스 수준에 적용된다. 그들은 민주적으로 선택된 의회와 다른 기관들이 중립적으로 정보를 제공하는 중요성을 강조한다. 또한 그들은 연구자들뿐만 아니라 연구를 의뢰하는 고객들에게도 행동강령을 제안한다. 그들은 또한 독립적인 2차 의견과 메가프로젝트나 대규모 프로젝트뿐만 아니라 소규모 프로젝트에도 연구를 감독하는 독립 위원회를 활용할 것을 제안한다. 독립 위원회의 2차 의견이나 보고서의 결과는 혜택-비용 분석과 혜택-비용 분석에 대한 입력을 제공하는 연구 보고서에 포함되어야 한다.

이러한 함축적 의미 외에도 행동강령을 갖는 것만으로는 충분치 않다는 것을 깨닫는 것이 중요하다고 생각한다. 이 강령들은 또한 효력을 가지기 위해 시행되어야 한다. 플뤼브비에르(Flyvbjerg 2013b)의 사례연구에서는 행동강령이 필수적으로 수행되는 것은 아니라는 것을 보여 주는데—이는 반위와 몰린의 연구 결과를 확인하는 결론이다. 우리는 가장 좋은 단계는 행동강령의 시행을 제도화하는 것이라고 생각한다. 예를 들어, 독립위원회는 연구자의 윤리적 행동을 점검할 수 있거나, 해당 행동과 강령이 상충되는 연구자에 의해 처벌이 발생할 수 있다. 그러므로 우리가 이미 말한 것을 반복하는 많은 이유들이 있다: 의뢰인은 독립적이 되어야 한다.

좀 더 일반적으로 표현하자면 연구원 역할과 정치인의 역할이 뒤섞여서는 안 된다. 연구자들은 의사결정에 유용한 양질의 연구를 수행해야 하고, 정치인들은 정치적 선호를 포함한 많은 다른 측면의 연구에 근거하여 결정해야 한다.

연구 독립성의 중요성 외에도, 우리는 의사결정 과정에서 행위자들이 어떤 연구, 어떤 데이터, 어떤 연구기관들이 신뢰성과 수용성이 있다고 고려하는지에 대해 (연구 수행 전에) 합의할 수 있음을 추가한다.

6.4 메가프로젝트의 비용 및 혜택의 추정 품질

앞의 절에서는 연구 결과에 관심이 있는 고객을 갖는 것이 번거롭다고 결론지으면서 연구 수행의 윤리에 대해 논의했다. 그러나 그러한 영향이 경험적으로 발견될 수 있을까? 메가프로젝트에 대한 대체 옵션의 장단점에 대한 **사전** 평가—혜택-비용 분석, 다중 기준 분석—가 "적절한" 입력 값을 가정한다. 가장 중요한 입력 값은 비용 추정과 수요 예측이다. 따라서 중요한 질문은 비용 추정치와 수요 예측이 얼마나 편중되어 있는가이다. 그리고 수요와 비용 예측 평가와 관련된 현재의 수행이 얼마나 개선될 수 있는가? 이 절에서는 이러한 질문에 답하는 것을 목표로 한다.

제기된 문제는 반위(Van Wee 2007)의 문헌 검토에서 답한다. 그는 비용 추정치가 종종 편향된다고 결론짓는다. 즉, 공식적인 건설 결정 당시 비용은 과대평가된 비용보다 더 빈번히 과소평가된다(예, Flyvbjerg et al. 2003). 비용초과의 크기는 연구들 사이에서 크게 다르다. 혜택-비용 분석은 의사결정을 지원하기 위해 수행되며, 따라서 공식적인 건설 결정전에 수행되어야 한다. 비용초과에 대한 연구는 일반적으로 출발점에서 건설하기로 공식 결정 시 비용 추정치를 채택하고 이를 실제 프로젝트 비용과 비교한다(Flyvbjerg et al. 2003). 그러나 혜택-비용 분석에 사용된 예비비 추정치는 공식 건설결정 당시와 다를 수 있다. 칸타렐리 등(Cantarelli et al. 2010)은 네덜란드에서 2000년대에 개통된 장거리 철도 프로젝트 두 건—베투워루테와 암스테르담에서 벨기에 및 프랑스까지 연결된 고속철도—이 그러했음을 보여준다(섹션 6.2 참조). 초기 추정치에서 공식적인 건축 결정이 내려졌을 때까지의 비용 추정치의 증가된 비율이 건설 결정과 프로젝트 실현 사이의 비율보다 훨씬 더 높았다.

두 번째 결론은 인프라 프로젝트의 수요 예측 품질에 관심을 갖는 논문 수가 적다는 것이다. 이 프로젝트들의 막대한 비용, 특히 메가프로젝트, 그리고 엄청난 영향을 고려하면, 이것은 이상하게 보인다. 반 위(Van Wee 2007)는 수요의 과대평가가 과소평가보다 더 일반적이라고—도로보다 철도가 더—결론짓고 있다. 셋째, 사업비와 수요에 대한 결점이 있는 추정의 가장 중요한 이유는 발견되는 결과에 대한 다른 해석도 가능하지만 건설에 긍정적인 결정에 관심이 있는 사람들의 전략적 행동 때문인 것으로 보인다(예, Flyvbjerg et al. 2003). 예를 들어, 엘리아슨과 훠스거라우(Eliasson and Fosgerau 2013)는 비용초과가 선택적 편향에서 비롯될 수 있다고 결론짓는다. 선택편향으로 인해 발생한 비용초과가 충분히 설명되지 않고, 전략적 행동과 낙관주의적 편견도 발생한다고 가정할 때, 문제는 어떻게 해야 하는가이다. 이 문헌에 근거하여 반위(Van Wee 2007: 621)는 수요 예측의 품질을 개선하기 위한 몇 가지 아이디어를 제시하는데, 그중 대부분은 비용 추정의 품질을 개선하는 데도 사용할 수 있다.

- 최첨단 방법, 데이터 및 기술의 적용
- "더 좋은" 제도적 준비의 도입
- 목표가 실현될 수 있는 방법을 측정하고, 좋은 성과를 보상하고, 나쁜 성과를 처벌하기 위한 명확한 대상과 기법의 도입
- 예를 들어 공개적으로 가용한 정보를 제공하여 투명성 향상
- 위험 자본 포함
- "객관적 검토"를 활용하는 "참조 등급 예측법"의 적용(Flyvbjerg 2013a)
- 독립적인 동료 검토 포함
- 조작을 포함한 전략적 행동을 감소하거나 회피하기 위한 조치의 도입. 이러한 조치들은 (1) 투명성과 공공 통제에 의한 공공부문 책임성을 향상시키기 위한 조치와 (2) 경쟁과 시장 통제에 의한 민간부문 책임성을 향상시키기 위한 조치로 통합될 수 있다

플뤼브비에르(Flyvbjerg 2013a)는 가이드라인 제시보다 한 단계 더 나아간다. 그는 먼저 "사업, 투자 또는 일정한 관리 기준을 가진 인력에 대한 조사에 사용되는" 용어인 실사 개념을 논한다(Flyvbjerg 2013a: 763). 법적 의무가 될 수 있지만, 그것은 일반적으로 자발적으로 수행되는 활동에 적용된다. 그는 다음과 같이 언급한다.

> 실사 이면의 이론은 이러한 유형의 조사를 수행하는 것이 의사결정자가 이용할 수 있는 정보의 양과 품질을 향상시키고 이 정보가 당면한 의사결정과 모든 비용 및 혜택, 위험 결정에 대한 반응적인 방식으로 심의하기 위해 체계적으로 사용되도록 함으로써 정보에 입각한 의사결정에 크게 기여한다고 주장한다.

핵심 질문은 예측되는 변수의 기대 값과 그 변수와 관련된다. 그는 주어진 비용이 혜택의 예측 방법을 제안한다.

1. 평가 대상 사업 사례 또는 예측에 대한 식별 및 설명.

2. 성과가 측정되는 것에 대해 외부 관점을 나타내는 벤치마크 설정.
3. 해당 예측에서 성과를 평가하기 위해 벤치마크 사용.
4. 다른, 유사한 예측으로부터 예측 기록 확인.
5. 추가 비용 및 혜택 위험 확인.
6. 예상 결과 설정.
7. 예측자의 논평 요청.
8. 예측이 과대평가 되었는지 과소평가 되었는지, 그리고 어느 정도인지에 대한 결론.

예를 들어, 그는 이러한 단계를 설명한다. 우리는 그러한 절차의 가능성에 동의한다. 또한, 우리는 이전에 말한 것을 반복한다. 즉, 행동 규범이 연구자들에게 적용되어야할 뿐만 아니라, 연구 의뢰인들에게도 적용되어야 한다. 반 위(Van Wee 2014)는 이러한 행동 강령에 대한 몇 가지 초기 아이디어를 제시한다.

1. 연구는 결과에 관심이 있는 행위자에 의해 계약되고 감독되지 않는다. 중간 기구를 이용한 연구를 수행하는 것은 선택사항이다.
2. 연구는 독립 기구에 의해 평가받는다.
3. 압력을 받고 있는 연구자들은 이것을 보고할 권리 또는 의무까지 가지고 있다. 이것은 예방효과를 가져올 수 있다.
4. 연구를 의뢰하는 고객은 대안에 대한 찬반 개요가 중립적이지 않은 방식으로 결과에 영향을 끼칠 수 있는 모델, 도구, 방법 또는 시나리오를 규정하지 않을 수 있다.
5. **사전 평가**에서, 고객은 연구자가 적어도 두 가지 대조적인 시나리오를 사용하도록 의무화해야 한다.
6. 연구자들은 그들의 연구 결과를 신문에 보고하고 이를 언론에 알릴 권리를 갖는다.

6.5 의사결정 과정의 민주적 자질

많은 사회에서 메가프로젝트에 대한 민주적인 의사결정 품질은 매우 중요한 것으로 여겨진다. 이 절은 일반적으로 의사결정의 민주적 자질과 다음의 두 가지 특정 문제에 초점을 맞춘다: (i) 인터페이스 관리의 비용과 위험에 대한 공공 기관의 과소평가와 (ii) 계약 사기의 영향. 이 두 가지 측면은 네덜란드 메가프로젝트에 대한 최근 평가에서 이러한 측면들이 중요한 역할을 한다고 나타났고, 우리는 이것이 다른 국가들에게도 적용된다고 생각한다.

중요한 질문은 "의사결정의 민주적 자질이 무엇인가?"이다. 우리는 이 맥락에서 민주적 자질은 메가프로젝트에 대한 결정이 민주국가의 일반적인 절차에 통합되는 방식과 정부의 다른 계층의 책임들이 얼마나 분명하게 나타나느냐, 그리고 이해당사자와 시민사회가 정보를 얻고 관여하는 방식에 달려 있다고 생각한다. 우리는 이것에 대해 다음에 대해 더 자세히 논한다. 반위(Van Wee 2011: 20)는 실질적인 경험의 법칙을 제공하며,

> 만일 의사결정자가 (1) 잠재적으로 적절한 모든 선택적 대안을 이용할 수 있는 경우, (2) 충분한 정보를 제공받은 경우, (3) 다른 선택적 대안을 평가할 수 있다면. 공공의 의사결정 품질이 더 높다는 것을 시사한다.

우리는 이제 민주적 자질에 대해 좀 더 상세히 기술하고 있다.

6.5.1 일반적인 민주적 자질

메가프로젝트에 대한 의사결정은 연구원, 엔지니어, 관리자 및 다른 전문가들로부터의 의견에 관한 문제일 뿐만 아니라 궁극적으로 정치적 의사결정의 문제이다. 특히 서구 세계에서 메가프로젝트에 대한 의사결정 과정의 민주적 자질은 매우 중요한 것으로 여겨진다. 이 민주적 질은 다음과 같은 경우에 더 높다.

- 의사결정은 명백한 문제 분석과 인구통계학, 경제, 이동성 및 비용 측면에서 현재 상황, 미래 동향 및 시나리오에 대해 신뢰할 수 있는 정보를 이용할 수 있는 경우에 기반한다.
- 공공의 의사 결정자(의회, 지역 당국, 시의회)는 다른 대안 해결책들 사이에서 선택할 수 있고 찬반(혜택-비용 분석의 경우 혜택과 비용)은 적절한 방법과 중립적이고 독립적인 방법으로, 영향이 각 대안의 영향을 명확히 하면서 대안에 따라 계산되고 분석된다.

- 어떤 사항들이 문제가 있는지를 이해하는 시민들은, 의사결정 과정과 경쟁적 대안에 대해 적절히 알게 된다. 예를 들어, 무시되는 측면과 대안에 대해 개방적인 프로세스에서 의견을 제시할 수 있는 가능성을 항상 가져야만 한다. 메가프로젝트의 선호 대안에 대한 폭넓은 사회적 지지와 메가프로젝트의 결과로 피해를 입게 될 사람들이 적절히 보상받는 것은 필수적이다.
- 이해관계자는 식별되고, 적절히 알려지며, 의사결정 과정에 참여할 수 있으며, 선호하는 대안을 제안할 수 있다. 공공 선택의 배경은 일반 시민들과 특히 이해당사자들에게 설명되어야 한다.

그러나, 대안을 선택하고 찬성과 반대를 추정하는 것은 종종 간단한 과정이 아니다. 보통 몇 년, 때로는 수십 년이 걸리는 의사결정 과정 동안, 많은 불확실성이 존재하며, 미래의 발전과 정치적 선호에 대한 기대는 바뀔 수도 있다. 이것은 "후회하지 않는" 부분과 다른 부분을 구별하면서 메가프로젝트를 여러 부분으로 나눌 수 있는 충분한 이유가 될 수 있다. 후회 없는 결정은 다른 결정보다 더 이른 단계에서 내려질 수 있다. 연구원들과 정치인들 모두 어떤 요소들이 알려지지 않았거나 불확실한지 분명히 해야 한다. 의사결정 과정에서 그렇게 하지 않는 것은 책임 있는 정치인의 태도가 아니다. 일반적으로 그러한 정치인은, 예를 들면, 공공 선택 이론(Buchanan and Tullock 1962)에서 설명된 것과 같이, 재선될 가능성을 높이기 위해 강한 인상을 주는 성취자(독일어 마커)로 여겨지기를 원한다. 예를 들어 고도 경제 성장의 시나리오를 가정하여 긍정적인 결정(섹션 6.3 참조)의 가능성을 높일 수 있는 방식으로 정치인이 그 과정에 영향을 끼치는 것은 유혹적이다. 앞서 주장했듯이, 의회와 일반 대중이 적절하게 정보를 제공받지 않는다면 이는 민주적 가치를 위태롭게 할 수 있다. 정치인들은 또한 초기 단계에서 그들의 계획에 대한 지지를 얻는 시도를 할 수 있다. 플뤼브비에르 등(Flyvbjerg et al. 2003)은 정치적 의사결정은 흔히 공약의 확대로 특징지을 수 있으며, 이로 인해 편견이 초래된다고 나타냈다. 법정에서와 같이 극도의 반대와 탄원서가 진실을 찾는 부담으로 동원된다. 이것은 메가프로젝트에 대해 개방적이고 민주적인 의사결정의 품질을 떨어뜨릴 수 있다. 공약의 증가는 종종 논란이 되는 정보로 이어지며, 이는 전략적인 행동을 뒷받침하며, 때로는 공공기관에 의해 거짓말까지 한다.

6.5.2 인터페이스 관리 및 인터페이스 위험

메가프로젝트는 대부분 계약이 부분으로 분할될 정도로 규모가 크다. 이것은 후보 계약자들 간의 경쟁을 강화시킨다. 실제 사례로는 암스테르담의 지하에 대한 남북 라인이 있는데, 여기서 개별적인 지하철역 및 터널에 대해 16개의 별도 계약이 확인되었다(Priemus 2009). 처음 7건의 계약은 표 6.2에 명시되어 있다.

또 다른 예는 암스테르담과 벨기에 국경 사이의 고속열차 연결부의 토목 공학 하부 구조로서, 7개의 부분이 별도로 계약되었다(표 6.3 참조).

하부구조(설계와 시공: 투자), 인프라 제공자(설계, 제작, 금융과 25년간 유지관리)와 운송 서비스(15년 동안)를 구분하였다. 각 부분의 계약자들은 누가 관련 부분을 실현하는지 알지 못했다.

이러한 경우의 문제는 별도로 계약된 요소들 사이에서 요소들의 인터페이스에 대해 많은 비용과 위험이 발생한다는 것이다. 이는 일반적으로 인터페이스 비용과 위험이 사전에 명시되지 않고 결과적으로 의사결정자에게 제공되는 정보에 포함되지 않으므로 인터페이스 비용과 위험은 민주적 의사결정에 필요한 근거를 줄일 수 있기 때문에 윤리적 관점에서 중요하다. 공공 기관(고객으로서)은 인터페이스 위험을 과소평가하고 이런 위험을 해결하는 추가 비용을 승인하지 않는 경향이 있다. 그러나 계약자들은 이런 위험에 높은 가격을, 때때로 극도로 높이, 특히 그

표 6.2 7개 남-북 지하철 라인 계약

계약	계약일	1라운드 12-12-2000	2라운드 25-10-2001	3라운드 1-5-2002	계약자	금액 (백만 유로)
징크터널	10/2001		0		헤이만스/스트럭톤	54.2
여객 중앙역	5/2002		X	0	스트럭톤/반 오드	155.1
케이슨담락	5/2002		0		헤이만스	26.9
터널굴착 및 완화조치	12/2000	0			세턴	135.5
로킨 역	10/2001	X	0		막스 뵈글	
비젤그라츠 역	5/2002	X	X	0	막스 뵈글	223.2
세인터반 역	5/2002	X	X	0	막스 뵈글	
합계						594.9

X=성공적이지 않은 계약 절차
0=성공적인 계약 절차
출처: 프리머스(2009).

들의 협상 지위가 높다고 인식되었을 때 책정하는 경향이 있다. 특히 메가프로젝트 경우에, 인터페이스 위험을 해결하는 비용은 비용 초과에 대한 설명에 크게 기여한다(TCI 2004).

가능한 경우, 인터페이스 위험은 다른 기간 동안 인프라를 부분적으로 계약함으로써 감소시킬 수 있고, 결과론적으로 나중의 계약자는 이미 실현된 부분에 적용할 수 있고, 전체 프로세스 동안에 더 학습된 프로세스가 구성될 수 있다.

6.5.3 계약 사기

세계의 많은 지역에서 건설 산업은 계약서가 공식적으로 계약되기 전에 카르텔을 형성하고 정보를 교환하는 오랜 전통을 가지고 있다. 이는 현재 계약상의 사기라는 꼬리표가 붙었지만, 계약업체들은 최근까지 연속성을 촉진하기 위한 법적 효과적인 조정 메커니즘으로 간주되었다(Doree 2004; Priemus 2004). 이것은 20세기의 마

표 6.3 HSL-남 — 토목공학 하부구조에 대해 체결된 계약

계약	컨소시엄	참가 회사	날짜	계약금액 (백만 NLG)[1]
HSL-A4 누디릭 폴란드	폴란드 머렌	발라스트 네담, 반 하툼, 버머	2000/07/16	710
주이드-폴란드 미덴	HSL-컨소시엄 주이드-폴란드 미덴	NMB-암스텔란드, HBG, 헤이만스	2000/07/16	866
주이드-폴란드 주이드	HSL-드레츠 스테덴	발라스트 네담, 반 하툼 및 블란케부트, 스트럭톤	2000/07/16	1,105
HSL-A16 브라반트 누드	HSL-브라반트	발라스트 네담, 볼커 스테빈, 스트럭톤, 보스칼리스, 버미어	2000/07/16	640
HSL-A16 브라반트 주이드	HSL-컨소시엄 브라반트 주이드	HBG, NBM, 헤이만스, 홀스만, HAM, 반우드	2000/07/16	997
전체 하부구조	-	-	-	4,318
터널 "녹색 심장"		보우게스/쿱 추켐	1999/12/17	941
기존 철도 인프라와 연결	안타킹엔 콘소시엄	KWS, 발라스트네담, NBM, 암스텔란드, HBG	2001/01-25	458
총 토목 업무				5,717

[1] 2.2 덴마크 길더(NLG) = € 1 = US$ 1.4

출처: 프리머스(2009).

지막 10년 동안 유럽 위원회에 의해 경쟁 정책이 수립되고 그 뒤에 국가 정부가 단계적으로 시행하면서 점차적으로 변화되었다.

일부 메가프로젝트에서는 이러한 관행의 결과가 여전히 관찰될 수 있으며, 고속철도 남부(제6.2절 참조) 라인이 그 예가 된다. 이 라인의 하부구조 계약 경쟁은 가짜인 것처럼 보였다. 각 경쟁 컨소시엄은 하나 이상의 경쟁 컨소시엄에 속한 건설회사로 구성되었다(표 6.3, 참조). 초기 단계에서 컨소시엄 사이의 정보를 교환하는 것은 매우 쉬웠다. 결국 공식 입찰은 교통부가 계산한 예산보다 40%가량 많았다(TCI 2004).

암스테르담의 남북 지하철의 계약 절차 첫 단계에서는 카르텔이 활발했던 것으로 보인다. 네덜란드 계약자들은 외국 경쟁자들을 배제하려고 했다. 그럼에도 불구하고, 일부 계약은 경험이 풍부한 독일 계약자 맥스 보글과 체결되었는데, 처음에는 네덜란드 주요 계약자의 배제 정책의 결과로 계약될 수 없는 네덜란드 하청업자가 우연히 발견되어 나중에 법원에서 유죄판결을 받았다(Priemus 2009).

2002년에 네덜란드에서 건설업 거래에 대한 의회 조사 위원회가 열렸다. 네덜란드 의회는 건설업을 포함하여 카르텔을 금지하는 유럽과 네덜란드 경쟁정책의 타당성을 강조했다. 2002년 이후, 비록 건설 산업에서 카르텔의 오랜 전통과 그들 사업의 연속성에 대해 건설업자들이 높은 우선순위를 채택하는 걸 고려할 때, 상황은 개선된 것 같다. 유럽 국가들과 다른 계약자들이 공적 뇌물과 카르텔 형성 등의 비공식적인 접촉을 하면서 공정한 경쟁의 장을 혼란스럽게 하는 것이 아직 가능하다. 여기서 공공의 독립적인 권한에 의한 외부 감시는 매우 중요하다.

마지막으로, 건설사기를 예방하고 바로잡는 데 있어 회계사의 역할이 보다 중요하고, 더 전문적이며, 보다 적극적으로 이루어져야 한다는 것을 경험으로 제시한다(Parlementa Enquetecommissie Bouwnijverheid 2002).

6.6 향후 연구 및 의사결정 절차에 대한 방법

우리는 메가프로젝트의 의사결정과 관리뿐만 아니라 다른 교통 프로젝트들의 윤리적 측면이 잠재적으로 매우 중요하다고 주장해 왔다. 그럼에도 불구하고 이 분야에 대한 연구는 많지 않다. 이 절에서는 의사결정 절차와 관련된 미래 연구에 대한 몇 가지 방법을 제시하지만, 모든 교통(인프라) 프로젝트에 중요함에도 메가프로젝트에는 특별히 중요하지 않은 연구는 제외하고 최소한 메가프로젝트에 관련이 있는 연구로 제한한다.

첫째, 메가프로젝트의 분포효과 분야에 대한 더 많은 연구가 필요하다. 이것은 지역과 소득 집단의 분배 효과를 다루지만, 공정한 경쟁의 장과 연대를 포함하여, 자본과 관련된 더 많은 분포가 적절하다(Thomopoulos et al. 2009 참조). 또한, 정부 지출과 그 결과에 대한 대안이 더 잘 이해될 필요가 있다. 만약 자금이 메가프로젝트에 쓰이지 않는다면 어떻게 사용할 것인가, 그리고 그 영향은 무엇인가? 의사결정에서 정부 지출과 그 영향에 대한 대안을 포함하는 것이 더 나을 수 있다; 혜택-비용 분석은 일반적으로 대체 지출의 비교를 포함하지 않는다.

둘째, 할인과 돌이킬 수 없는 효과의 분야에서 연구가 필요하다. 어느 회복할 수 없는 효과가 적절하고 효과 추정에 대한 장기적 불확실성의 중요성이 언제, 어떠한 것이 중요한가, 그리고 의사결정 및 관리에 대한 이러한 영향에서 장기적 효과와 불확실성의 중요성은 무엇인가?

셋째, 연구를 하는 윤리의 영역에서 더 많은 연구가 필요하다; 이미 설명했듯이, 이 분야는 거의 탐구되지 않았다. 그러나 효과 추정치에 끼치는 영향은 클 수 있으며, 결과적으로 의사결정 절차와 민주적 자질을 구성하는 적절한 기능에 영향을 끼칠 수 있다. 우리는 의뢰인이 연구에 미치는 영향이 특별히 적절하다고 생각한다. 연구 및 관련 기관 규정은 연구자의 역할, 의뢰인의 역할, 그리고 연구자와 의뢰인의 상호작용에 초점을 맞출 수 있다. 세 가지 카테고리에 대해 인센티브는 연구의 독립성과 품질을 향상시키며 예방적으로 또는 수정적으로 작업하는 것을 목표로 할 수 있으며, 결과적으로 표 6.4의 분류가 된다.

넷째, 비용 추정과 수요 예측의 품질 영역에 대한 더 많은 연구가 필요하다. 지난 15년 정도 동안, 그러한 연구의 전통은 발전했고, 부분적으로 플뤼브비에르 등

표 6.4 연구와 몇 가지 예의 중립/독립을 증진시키기 위한 인센티브의 분류

	예방	조치
연구의 의뢰인("수요")	의뢰인에 대한 행동 수칙(이것들이 존재하지 않는다고 우리가 알고 있는 한), 의뢰인이 될 수 있는 사람에 대한 규칙	정치적 토론, 의회 청문회
연구자("공급")	행동 규칙, CBA에 대한 지침	다른 사람들의 의견
의로인과 연구자간의 상호작용	선정된 연구자/연구기관에 대한 규칙, 의뢰인과 연구자 간의 상호작용에 대한 지침	다른 사람들의 의견

(Flyvbjerg et al. 2003)에 의해 영향력 있는 작업이 추진되었다. 최소한, 이러한 추정치의 품질을 개선하기 위한 인센티브의 영향을 포함하며, 그러한 추정의 품질에 영향을 끼치는 기관 및 관리 요인에 대한 연구가 필요하다.

마지막으로 연구, 컨설팅, 정보 수집, 정보 처리 등 메가프로젝트를 위한 의사결정 과정의 민주적 자질에 대한 더 많은 연구가 필요하다. 핵심 쟁점은 초기 단계에서 모든 이해당사자에 대한 정보의 가용성, 정보, 데이터 및 연구의 중립성 및 신뢰성, 프로세스 아키텍처의 개방성, 공정성 및 유연성, 프로세스 전반에 걸쳐 불확실성과 위험성에 대한 인식 등이다(뇌물 없음, 카르텔 없음, 공정한 경쟁, 공평한 경쟁의 장). 제도적인 준비 외에도, 더 폭넓게 대중에게 딜레마, 대안, 우선순위에 대해 알리는 언론의 역할이 결정적으로 중요하다.

참고 문헌

Bristow, A. and Nellthorp, J. (2000). "Transport project appraisal in the European Union." *Transport Policy*, 7(1): 51–60.

Buchanan, J. M. and Tullock, G. (1962). *The Calculus of Consent*. Ann Arbor, MI: University of Michigan Press.

Canaleta, C. G., Arzoz, P. P., and Gárate, M. R. (2002). "Structural change, infrastructure and convergence in the regions of the European Union," *European Urban and Regional Studies*, 9(2): 115–35.

Cantarelli, C. C., Flyvbjerg, B., van Wee, B., and Molin, E. J. E. (2010). "Lock-in and its influence on the project performance of large-scale transportation infrastructure projects: investigating the way in which lock-in can emerge and affect cost overruns," *Environment and Planning B: Planning and Design*, 37(5): 792–807.

De Blaeij, A., Florax, R. J. G. M., Rietveld, P., and Verhoef, E. (2003). "The value of statistical life in road safety: A meta-analysis," *Accident Analysis and Prevention*, 35(66): 973–86.

Doreé, A. G. (2004). "Collusion in the Dutch construction industry: An industrial organization perspective," *Building Research and Information*, 32(2): 146–56.

Eijgenraam, C. C. J., Koopmans, C. C., Tang, P. J. G., and Verster, A. C. P. (1999).

Evaluatie van infrastructuurprojecten. Leidraad voor kosten-batenanalyse. Deel I: Hoofdrapport. Megaproject Decision Making and Management *Onderzoeksprogramma Economische Effecten Infrastructuur* [*Evaluation of infrastructure projects. Guideline for cost–benefit analysis. Part 1: Main report. Research program Economic Effects Infrastructure*]. Den Haag: Ministerie van V&W en EZ.

Eliasson, J. and Fosgerau, M. (2013). "Cost overruns and demand shortfalls: Deception or selection?" *Transportation Research Part B,* 57: 105–13.

Flyvbjerg, B. (2013a). "Quality control and due diligence in project management: Getting decisions right by taking the outside view," *International Journal of Project Management,* 31/5: 760–74.

Flyvbjerg, B. (2013b). "How planners deal with uncomfortable knowledge: The dubious ethics of the American Planning Association," *Cities,* 32: 157–63.

Flyvbjerg, B., Bruzelius, N., and Rothengatter, W. (2003). *Mega-Projects and Risk: An Anatomy of Ambition*. Cambridge: Cambridge University Press.

Grant-Muller, S. M., MacKie, P., Nellthorp, J., and Pearman, A. (2001). "Economic appraisal of European transport projects: The state-of-the-art revisited," *Transport Reviews,* 21(2): 237–61.

Harrison, G. and Shepherd, S. (2014). "An interdisciplinary study to explore impacts from policies for the introduction of low carbon vehicles," *Transportation Planning and Technology,* 37/2: 98–117.

Hayashi, Y. and Morisugi, H. (2000). "International comparison of background concept and methodology of transportation project appraisal," *Transport Policy,* 7(1): 73–88.

Johansson-Stenman, O. and Martinsson, P. (2008). "Are some lives more valuable? An ethical preferences approach," *Journal of Health Economics* 27(3): 739–52.

Mackie, P. J., Wardman, M., Fowkes, A. S., Whelan, G. A., Nellthorp, J., and Bates, J. J. (2003). *Value of Travel Time Savings in the UK. Prepared for the Department for Transport*. Leeds: Institute for Transport Studies, University of Leeds/John Bastes Services.

Martens, K. (2006), "Basing transport planning on principles of social justice", <http://www-dcrp.ced.berkeley.edu/bpj>.

Morisugi, H. and Hayashi, Y. (2000). "Editorial," *Transport Policy,* 7(1): 1–2.

Morton, A. (1991). *Disaster and Ddilemmas: Strategies for Real-Life Decision Making*. Oxford: Blackwell.

Parlementaire Enquêtecommissie Bouwnijverheid (2002). *De bouw uit de schaduw. Eindrapport Parlementaire Enquête Bouwnijverheid [Building industry out of the shadow. Final report]*," Tweede Kamer 2002–2003, 28.244, nrs. 5–6, The Hague: Sdu Uitgevers.

Priemus, H. (2004). "Dutch construction fraud and governance issues," *Building Research and Information*, 32(4): 306–12.

Priemus, H. (2005). "Centraal Planbureau en Betuweroute; schuivende panelen" ["National Bureau of Economic, Policy Analysis and Betuwe Line: shifting panels"] *Tijdschrift Vervoerwetenschap*, 41(3): 9–14.

Priemus, H. (2009). "Contracting public transport infrastructure: Recent experience with the Dutch High-Speed Line and the Amsterdam North–South Metro Line," presentation at the 11th International Thredbo Conference on Competition and Ownership in Land Passenger Transport, Delft University of Technology, 21 September.

Shepard, D. S. and Zeckhauser, R. J. (1984). "Survival versus consumption," *Management Science*, 30: 423–39.

Thomopoulos, N., Grant-Muller, S., and Tight, M. R. (2009). "Incorporating equity considerations in transport infrastructure evaluation: Current practice and a proposed methodology," *Evaluation and Program Planning*, 32(4): 351–9.

Tijdelijke Commissie Infrastructuurprojecten (TCI) (2004). "*Grote projecten uitvergroot. Een infrastructuur voor besluitvorming [Megaprojects scrutinized. An infrastructure for decision-making]*," Tweede Kamer 2004–2005, 29.283, nrs. 5–6, The Hague: Sdu Uitgevers.

van Wee, B. (2007). "Large infrastructure projects: A review of the quality of demand forecasts and cost estimations," *Environment and Planning B*, 34(4): 611–25.

van Wee, B. (2011). *Transport and Ethics: Ethics and the Evaluation of Transport Policies and Projects*. Cheltenham, UK, and Northampton, MA: Edward Elgar.

van Wee, B. (2014). "Naar een gedragscode voor opdrachtgevers? Een discussiepaper" ["Towards a code of conduct for clients of research. A discussion paper"]. *Colloquium Vervoersplanologisch Speurwerk*, 2014.

van Wee, B. and Molin, E. (2012). “Transport and ethics: Dilemmas for CBA researchers. An interview-based study from the Netherlands,” *Transport Policy*, 24: 30–36.

van Wee, B. and Rietveld, P. (2013). “Using value of statistical life for the *ex ante* evaluation of transport policy options: A discussion based on ethical theory,” *Transportation*, 40/2: 295–314.

제7장

지금까지 가장 큰 사회기반시설 거품은?

중국에서 부채로 자금 조달된 도시와 국가 건축물 메가프로젝트

후에웨이 렌

7.1 개요

중국은 1990년대 초부터 세계 어느 나라보다 메가프로젝트를 많이 건설하였다. 지방정부는 인프라 메가프로젝트의 최대 투자자로, 전국의 지방자치단체는 공공시설, 도로, 교량, 터널, 공원, 항구, 공항, 지하철 등에 대규모로 투자하였으며, 민간 자본도 건설 분야로 빠르게 유입되었다. 민간 투자는 종종 지방 정부와 협력하여 특히 주택 및 상업용 부동산 개발에 새로운 메가프로젝트를 촉발시켰다. 2008년 글로벌 경기침체로 인해 대규모 투자가 크게 감소할 것으로 예상될 수 있었지만, 중국에서는 경기 침체가 인하여 중앙정부의 인프라 메가프로젝트 투자를 유도하는 경기부양책의 형태로 정당화되었다. 고정자산투자에 대한 지출—다른 것들 중에서 부동산 및 인프라 등의 건설 활동을 포착하는 조치인—은 2013년 국내총생산의 70%를 차지하는 등 인프라 지출이 해외무역을 제치고 국가경제 성장에 가장 큰 기여를 하였다.[1] 중국은 2011년, 2012년, 2013년 3년 동안 6.4기가 톤의 시멘트를 사용했는데, 이는 20세기 전체 기간 동안 미국이 사용했던 것보다 더 많은 것이다.[2] 중국 도시들의 메가프로젝트에 대한 이 전례 없는 수준의 투자를 어떻게 설명할 수 있을까?

지금까지, 도시 메가프로젝트에 대한 연구는 주로 북미와 유럽에서 산업화 이후의 도시에 집중되어 왔다. 이 문헌은 2000년대 초반 이후 현재의 메가프로젝트 개발 흐름에서 두 가지 주요 주제를 규명하였다. 첫째, 많은 이들이 메가프로젝트의 시간적 변화를 지적했다: 1950년대와 1960년대의 "많은 수의 메가프로젝트" 시대에 비해, 오늘날 도시의 메가프로젝트는 지역사회의 서로 다른 요구를 해결하기 위해 더 포괄적이고, 덜 파괴적이며, 더 유연한 경향이 있다(Altshuler and Luberoff; Diaz Orueta and Fainstein 2008). 둘째, 몇몇 저자들은 메가프로젝트 개발을 기업가적 도시 거버넌스의 광범위한 전략의 일부로 식별한다(Olds 2002; Flyvbjerg, Bruzelius, and Rothengatter 2003; del Cerro Santamaria 2013). 지난 수십 년간 경제 구조 조정이 투자를 위한 도시 간 경쟁을 심화시켰다는 점을 지적하면서, 그들은 도시 건설이 민간 재정 투자에 크게 의존하는 세간의 이목을 끄는 프로젝트들에 의해 점점 더 지배되고 있다고 주장한다.

그러나 서구 도시의 메가프로젝트에 대한 이러한 관찰은 중국의 메가프로젝트 붐에 대한 설명에는 한계가 있다. 첫째, "많은 수의 메가프로젝트 시대"에서 "해치지 말라"(Altshuler and Luberoff 2003)로 전환한 것은 중국 도시에서는 찾아볼 수 없으며, 1990년대 초반부터 대규모이며 상당한 파괴적인 도시 재생을 경험하고 있다. 도시 메가프로젝트는 중국 도시의 조화를 크게 변화시켰다. 전통적인 이웃들은 새로운 고속도로, 지하철 노선, 사무실과 쇼핑 단지를 만들기 위해 불도저로 파괴되었고, 수백만 명의 거주자들은 도심에서 도시 외곽으로 이주했다. 둘째, 중국 도시 건물에 메가프로젝트가 만연하는 것은 그들이 지역 관리들에 의해 의식적으로 추구되는 기업가적 전략인지에 의문을 갖게 된다. 즉, 실증적인 현장탐구를 통해서만 해결될 수 있는 조사를 제기한다. 서구의 도시와는 달리 도시형 메가프로젝트는 중국의 도시건설업자들에게는 "예외"가 아닌 "규칙"이 됐다.

도시 메가프로젝트의 지역적 변경에 관한 문헌(Ren and Weinstein 2012; Lehrer and Laidley 2008; Haila 2008; Bezmez 2008)을 바탕으로 1990년대와 2000년대 중국의 메가프로젝트 시대를 야기한 경제적, 사회정치적 여건을 고찰한다. 이 장에서는 대규모 메가프로젝트 건설 붐의 배경인 규제완화 조치와 금융 혁신 그리고 중국 메가프로젝트 붐의 경쟁과 혼합 유산에 대해 논의한다. 메가프로젝트는 복합 상업 및 주거 프로젝트뿐만 아니라 인프라 프로젝트(고속도로, 지하철, 스포츠 경기장, 공항, 유틸리티 등)를 포함하여 광범위하게 구성되었다. 이 장에서는 특정 종류의 메가프로젝트에 초점을 맞추는 대신 토지, 주택 및 금융 분야의 규제 개혁과 같은 메가프로젝트의 계획과 수행에 기반을 둔 공통적인 조건을 검토한다.

이 장은 일련의 토지, 주택, 금융에 대한 규제 철폐 개혁이 도시 메가프로젝트의 최대 사업자인 중국의 지방 자치 정부들에게 상당한 권한을 부여했다고 주장한다. 1980년대와 1990년대의 토지개혁은 사유화된 토지 이용권과 공공 토지 소유권을 분리함으로써 토지가 시장에서 거래되는 상품이 되었다. 공공 토지 소유권은 시 정부들이 현재의 사용자들에게 시장 비율 보상에 훨씬 못 미치는 가격으로 메가프로젝트를 위한 토지를 취득할 수 있는 막대한 권한을 주었다. 1990년대 초부터 중앙정부에서도 주택 철거와 퇴거에 대한 규제를 잇달아 공표하면서 이런 규제들이 대규모 주거이동의 발판을 마련했다. 취득한 토지와 거주 주민이 쫓겨나더라도 자금 조달 없이는 메가프로젝트 건설이 불가능할 것이다. 지방자치단체가 설립한 준 국가기업제도인 지방투자회사의 부상은 지방정부를 대신하여 시장에서 특히 중앙은행으로부터 직접 차입하여 문제를 해결했다. 따라서, 다양한 시장 중심의 규제 개혁은 중국의 거대한 메가프로젝트 시대 도래에 최적의 조건을 만들어 냈다.

7.2 메가프로젝트용 토지 확보

도시형 메가프로젝트는 종종 토지구획의 취득과 통합이 필요하며, 메가프로젝트를 위한 토지확보는 많은 나라에서 용이한 일이 아니다. 중국에서는 시장개혁이 시작된 이후 토지 분야에서 도시형 메가프로젝트를 위한 토지 취득이 여러 가지 주요 법률 및 규제 변화에 의해 촉진되었다. 이러한 규제 변화는 지방 정부에게 토지 취득에 상당한 힘을 실어 주었고, 이는 다시 전국적으로 강력한 저항과 논쟁을 촉발시켰다.

토지는 1950년대부터 1970년대까지 사회주의 중국의 상품이 아니었으며, 국가가 특정 산업 프로젝트를 위해 단웨이(국가 기업)에 할당하였다. 1982년 헌법 제10조는 어떤 조직이나 개인도 토지를 압류·매각하거나 다른 불법적인 토지이전을 할 수 없다고 규정하고 있다(Yeh and Wu 1996). 1980년대 시장개혁 초기에 지방정부는 기반시설을 구축하고 외국인 투자자를 유치할 자본이 부족했고, 선전 등 일부 해안도시는 토지이용권 민영화를 실험하기 시작했다. 토지개혁 초기인 1980년대 중반 이전까지 지방자치단체의 주요 의제는 외국인 투자자에게 값싼 토지를 제공해 인프라 구축에 도움을 주는 것이었다. 남쪽의 실험은 잘 진행되었고, 홍콩과 대만의 투자자들이 진주강 삼각주의 경제특구로 몰려와 공장을 세우고 값싼 토지를 이용하기 시작하였다.

토지개혁을 다른 도시로 확대하기 위해 1988년 중앙정부에 의해 "토지의 사용권은 법 조항에 따라 이전될 수 있다"(Yeh and Wu 1996)고 헌법이 수정되었다. 따라서 헌법은 처음으로 토지 이용권의 시장 거래를 인정했다. 사유화된 토지 이용권은 공공으로 남아 있던 토지 소유권과 다르게 취급되었다. 개인과 기관투자가는 택지개발에 대해 최대 70년, 상업용 부동산개발에 대해서는 50년 동안 토지 이용권을 취득할 수 있었다.

토지 이용권 민영화를 위한 지방자치단체의 의제는 1990년대 후반부터 사회기반시설을 제공하기 위해 투자자에게 인센티브를 주는 것에서 지방정부 수익을 창출하는 것으로 바뀌었다. 현행 재정정책에서 토지임대 수익이 "예산 외"로 취급되어 중앙정부와 나누어 가질 필요가 없었다. 지방자치단체가 민간에 토지를 임대하고, 투자자들 사이에 거래하면서 토지임대료와 거래수수료가 시정부 수입의 주요 원천이 되었다. 정부는 도시 인프라를 개선하기 위해 토지 임대 수익을 사용하며, 이는 다시 개발을 위해 더 많은 토지를 개방할 수 있다.

중국의 토지 시장은 공공 소유권과 사유 사용권 모두를 혼합적으로 포함하고 있으며, 정부와 민간 투자자들 사이의 공공 경매와 물밑 협상을 통해 토지가 거래되는 다중 트랙 체제 내에서 운영되어 왔다(Lin and Ho 2005; Lin 2009). 지방자치단체가 통상적으로 협상을 통해 토지 이용권을 거래하기 때문에, 중앙정부는 모든 상업용지를 경매로 최고 입찰자에게 공개 이전하도록 촉구함으로써 시장 투명성 향상을 도모해 왔다. 그러나 실질적인 문제로서, 지방 정부와 투자자들의 이해관계가 얽혀 있기 때문에 물밑 협상은 여전히 지배적인 토지 임대 방식으로 남아 있다. 많은 관리들과 그들의 친척들은 부동산 회사와 건설 프로젝트의 주주들이며, 지방 정부들은 일반적으로 이러한 잘 연결된 기업들에게 시장가치에 훨씬 못 미치는 가격으로 토지를 임대한다. 지자체들은 투자자를 유치하기 위한 수단으로 토지 값을 낮추는 유연성 때문에 경매보다 협상을 선호한다(Xu, Yeah, and Wu 2009). 지방자치단체와의 좋은 관계는 낮은 시장가격으로 주요 부지를 얻으려는 개인과 기업에 매우 중요하다.

토지 수용은 군대의 동원이나 강제 철거와 같은 폭력적인 수단에서부터 **후커우** 제도의 교묘한 속임수와 같은 행정적 수단까지 다양한 형태를 취한다. 중국에서 도시 토지는 주(州) 정부에, 농촌 토지는 마을 집단원 의해 소유된다. 국가는 현행 헌법에 따라 공익이라는 명목으로 농민으로부터 농경지와 현 사용자에게서 도시 토지를 취득할 권리가 있다. 대부분의 경우 농민과 도시 거주자들은 투자자들이 같은 토지를 취득하기 위해 지불할 시장가격보다 훨씬 낮은 가격으로 지방정부로부터 보상받으며, 지방정부는 토지를 싸게 사들인 다음 투자자들에게 임대함으로써 토지거래를 통해 상당한 이익을 용이하게 얻을 수 있다.

시 정부에 의한 토지 점유는 확산되었고 농민들로부터 강한 저항을 불러일으켰다. 예를 들어 2005년 광둥성 동저우의 작은 마을에서 지방정부는 농민들의 토지를 몰수하고 발전소를 건설하기로 결정했다. 그 보상금에 만족하지 못하고 농작물에 대한 환경적 피해에 당황한 농부들은 그들의 불만을 거리에서 표현했다. 지방정부는 시위자들에게 발포하여 십여 명의 마을 사람들을 사망시키고 더 많은 사람들을 부상시킨 무장 경찰을 동원하여 반격했다. 1989년 톈안먼 학생운동 이후 처음으로 무장 세력이 민간인에게 치명적인 폭력을 행사한 것이다.[3]

진주강 삼각주 우칸 마을의 토지 취득에 대한 시위는 중국 농민들의 토지 수용에 대한 저항에 전환점을 맞이했다(Ren 2017). 2011년 마을 사람들이 관공서에 난입해 지방 관리들을 쫓아내고, 마을 정부가 마을 토지의 3분의 1 정도를 외부 투자자에게 임대했다는 사실을 알고 도로를 봉쇄했다. 마을 정부와 협상하기 위해 마을 사람들이 선택한 대표들 중 한 명이 경찰 유치장에서 사망했다. 지역 마을 주민들과 지방정부가 파견한 치안부대의 대치상태는 몇 달 동안 계속되었다. 결국 2012년 광둥성 정부가 개입했다. 마을 관리들은 해임되었고, 토지 거래는 보류되었다. 그리고 마을 사람들은 새로운 지도자들을 뽑기 위해 선거를 치를 수 있었다.[4]

토지수용도 농민의 **후커우** 지위 변화에 의해 이루어질 수 있다. **후커우는** 인구수를 도시와 농촌의 범주로 나누는 국가 등록 제도다. 시골의 **후커우** 소유자들은 법에 의해 그들이 거주하는 마을의 토지를 가질 권리가 있다. 2004년 선전은 농촌의 **후커우** 지위를 "농업"에서 "도시" 즉 "비농업"으로 재분류하여 바오안과 룽강 지역에서 235km^{2}의 농촌 토지를 도시 토지로 전환하였다. "비농업" **후커우** 소유자가 된 후, 마을 사람들은 더 이상 농촌 땅을 가질 자격이 없어졌다. 농민들은 시세보다 훨씬 낮은 요금으로 보상받는 경우가 많고, 지자체는 보상금의 대부분을 토지 없는 농민들을 위한 연금과 의료보험 구입에, 나머지는 지역사회 시설 건설에 적용하고 있다. 도시적인 **후커우**를 제공함으로써 농민의 토지를 취득하는 전략은 많은 대도시에서 널리 추진되고 있다(Xu, Yeah, and Wu 2009).

요약하면, 중국에서 현재의 토지 시장은, 즉 공산주의 혁명과 시장 개혁의 유산으로서 독특하며, 메가프로젝트용 토지 취득은 다른 나라들에 비해 훨씬 빠르고, 더 파괴적이며, 비민주적이다. 도시 토지에 대한 공공 소유는 시 정부에게 현재의 이용자에게 적절한 보상을 제공하지 않고도 토지를 취득할 수 있는 독점권을 주고 있으며, 토지 소유권과 대조되는 토지 이용권의 민영화는 더욱 두드러져, 토지 임대 수익을 지방 재원으로 전환함으로써 시정이 강화되었다. 토지의 가용성은 중국의 메가프로젝트 시대의 도래를 위한 토대를 마련했다.

7.3 메가프로젝트를 위한 주택 철거

그러나 대부분의 도시 토지 구획은 인구 밀도가 높은 중국 도시의 지역사회와 기업들에 의해 사용되기 때문에, 공유지 소유만으로는 메가프로젝트를 위한 충분한 토지를 확보할 수 없다. 중국에 도시형 메가프로젝트를 건설하는 것은 거의 현존하는 주택의 철거와 거주자의 퇴거가 불가피하게 요구된다. 도심의 토지가 부동산 투기와 메가프로젝트 건설에 이용 가능하도록 설계된 대규모 도시재생 프로그램은 1990년대 초에 시작되어 2000년대 중반에 정점을 찍었다. 토지 부문의 규제 개혁과 마찬가지로, 중앙 정부는 이윤 주도형 도시 메가프로젝트를 위한 주택 철거를 합법화하기 위한 일련의 정책을 시행하였다.

대규모 주택 철거는 1990년대 초 베이징과 상하이에서 처음 시작되었는데, 이 두 도시가 중국의 글로벌 도시로 재탄생하겠다는 야심 찬 계획을 발표했다.

예를 들어, 1990년 베이징에, 시 정부는 "구식 및 노후 주택 재개발 계획"을 수립하여, 15년 내에 300만 평방미터의 오래된 도시 주택들을 재개발하였다. 이 1차 재개발의 대상은 도심 지역이었다. 1993년, 당시 치청 지역 정부는 역사적인 베이징의 심장부인 제2순환도로 내에 금융 중심지를 개발하기 시작했고, 안마당 주택과 좁은 골목의 전통적인 동네인 **후통**을 대부분 파괴하였다. 선거구간 경쟁에 이끌려 다른 지역들도 곧 자신들의 대표적인 메가프로젝트를 건설하기 위해 그 뒤를 따랐다. 홍콩의 기업 거물 리카싱이 투자한 대규모 쇼핑 및 사무소 단지인 오리엔탈 플라자는 1993년 착공되었으며, 주민과 보존주의자들의 반대에도 불구하고 더 많은 **후통**들이 사라졌다(Wang 2003; Zhang and Fang 2004; Johnson 2005). 2008년 베이징 올림픽은 도시재생이라는 장치에 더욱 기름을 부었고, 수백만 명의 주민이 공정한 보상 없이 도심 외곽에서 변두리로 쫓겨났다(Ren 2011). 2010년까지 도시재생

사업은 대부분 완료되었다. 치솟는 집값과 임대료를 감당할 수 없었던 일반 시민들은 끊임없이 뻗어 나가는 베이징의 도시 주변으로 밀려났다. 지방 정부와 민간 개발자들의 "성장 기계"는 도시재생 프로그램을 추진하여 주민과 민간-공공성장 연합(Zhang 2002; He and Wu 2005; Chen 2009)을 분열시키는 힘의 불균형을 심화시키고 있었다.

1990년대와 2000년대의 대규모 강제 주택 철거를 이해하기 위해서는, 그러한 관행을 가능하게 하기 위해 국가가 행한 규제 변화를 다시 한 번 검토해야 한다. 2011년까지, 1991년과 2001년에 연속적으로 제정된 도시주택 철거규정으로 강제 철거가 합법화되었다(State Council 1991, 2001). 이 두 규정은 주민의 동의 없이 재개발하는 관행을 정식으로 합법화하고, 행정 명령에 의한 강제 철거도 단행했다. 주민들은 인민법원에 상고할 수 있지만 법원은 철거 중지 명령을 내릴 수 없었고, 이 규정은 주민들이 어떤 형태로든 보상이나 임시주택을 제공받을 경우 상고 중에 철거가 지연되는 것을 명시적으로 금지하고 있다. 1990년대 대규모 철거로 시위가 확산됐고, 결국 중앙정부는 2001년 철거 규정을 개정했다. 2001년 규정은 개발자에 대한 통제를 강화했지만 근본적인 권력관계는 바뀌지 않았다. 즉, 시 정부는 행정 명령에 의해 주민들로부터 주택을 취득할 수 있는 막강한 권한을 부여받았고, 주민들은 도시재생 프로그램의 의사결정 과정에서 제외되었다.

국무회의는 2011년 2001년에 규정을 새로운 법안으로 대체했으며, 가장 중요한 변화는 폭력이나 수도, 난방, 전기 차단 등의 관행을 통해 주민 퇴출을 금지하는 것이었다(State Council 2011). 이전의 법률에서 벗어나, 2011년 규정은 도시 재개발 사업이 진행되기 전에 주민 대다수의 동의를 구했다(11조). 취득한 재산의 시장가치, 이전비용, 그 밖의 피해 주민과 사업체에 대해 발생한 손실을 포함하는 보상기준이 규정되었다(17조). 2011년 규정은 독립적인 제 3자 부동산 중개 기관이 재산의 시장 가치를 평가하도록 요구하였으며, 이러한 평가자들은 잘못된 관행에 대해 5만에서 20만 **위안**의 벌금을 물게 된다. 그것은 금전적 보상과 **상황** 정착 둘 다 또는 둘의 조합으로 영향을 받는 거주자들에게 선택하라고 명령한다.

이러한 더 많은 보호 조치 외에도, 2011년 규정은 무엇이 "공익"인지 정의하지 않는다. "공익"은 사회기반시설에서부터 교육, 문화, 건강, 환경보호시설, 그리고 저렴한 가격의 주택과 낡고 황폐한 도시지역의 재개발에 이르기까지 다양한 사업을 포괄하는 것으로 광범위하게 해석된다. 그것은 또한 불특정 "공익에 도움이 되는 다른 필요들"의 마지막 범위를 포함하고 있다. 따라서 거의 모든 공공 및 민간 프로젝트는 "공익"을 제공하는 것으로 해석될 수 있다.

2011년 규정은 철거에 저항하고 제공된 보상금으로 이전하기를 거부하는 "가구"들을 처벌하기 위한 새로운 조치를 도입했다. 저항하는 주민들이 행정소송을 제기하지 않고 철거를 담당하는 당국이 지정한 기간 내에 이전을 거부할 경우 자치단체는 지방법원에 강제 철거명령 소송을 제기할 수 있다(조항, 28). 또 새 규정은 철거를 막기 위해 폭력을 휘두르는 주민은 물론, 주민을 위협하기 위해 폭력을 행사하는 개발자까지 경찰에 처벌할 수 있는 권한을 부여하고 있다(32조). 그러나 일부에서 관찰한 바와 같이 경찰은 개발업자들이 고용한 철거반원보다 항의하는 주민들을 단속할 가능성이 높다(Biddulph 2015: 120).

전반적으로 2011년 규정은 재개발 과정에서 주요 이해관계자 간의 권력관계 변화를 반영한다. 도시재생사업의 주요 의사결정권자는 지방자치단체지만 이들의 힘은 더 이상 견제받지 않는 것이 아니다. 주택에 대한 권리는 1990년대와 2000년대보다 오늘날 더 잘 보호되고 있다. 국가가 사회불안을 점점 더 우려하고 있기 때문에 대규모 도시재생 프로그램은 더 이상 주민들의 동의 없이 시작될 수 없다. 예를 들어, 2011년 상하이 법률은 도시 재개발 사업이 진행되기 위해서는 주민의 90%의 동의가 필요하며, 이후 철거가 이루어지기 위해서는 주민의 80%가 보상 조건에 동의해야 한다(Shanghai Municipal Government 2011).

다른 나라들과 마찬가지로 중국의 주택 철거는 크게 다투고 있으며, 강제 철거는 1990년대 초반으로 거슬러 올라가 전국 곳곳에서 광범위한 항의와 시위를 촉발시켰다. 주민 다수의 동의와 시장가격 보상을 포함한 2011년 주택 철거에 관한 규정이 제시한 변화는 전국적으로 일어난 20년 동안 지속된 주택 권리 운동에 대한 주 정부의 대응으로 해석될 수 있다. 중국의 도시 재개발과 철거의 속도는 2010년 이후 확실히 둔화되었는데, 부분적으로 거주자들은 그들의 주택에 대한 시장 가격으로 보상받을 필요가 있고, 개발자들과 지방 정부는 더 이상 많은 거주자들을 중심지에 이전시키는 것을 포함하는 메가프로젝트를 감당할 수 없기 때문이다.

7.4 금융 메가프로젝트 — 지방 투자회사

지방 정부가 어떻게 인프라에 그렇게 많은 투자를 할 수 있는지 종종 중국 도시의 전문가들과 관찰자들을 당황하게 한다. 인프라 메가프로젝트에 투자하기 위한 지방정부의 자금은 다양한 출처에서 나오며, 그 중 가장 중요한 것은 지방정부가 인프라 메가프로젝트에 자금을 조달하기 위해 시장에서 직접 차입하기 위해 세운 지방투자회사-콴시 국가 기업들이다.

시 정부는 **단웨이**(주 기업)를 오랫동안 주요 인프라 공급자로 대체해 왔다. 대부분의 자치단체는 충분한 세수가 없는데, 예를 들면, 그들은 그들의 야심찬 기반 시설 프로젝트에 자금을 공급하기 위해 재산세를 징수하지 않는다. 대부분의 부동산은 여전히 공공부문이 소유하고 있으며, 지방정부는 자기 재산에 세금을 부과하고 세수입을 중앙정부와 분담하는 것을 꺼리고 있다. 더욱이, 재산이 있는 중산층은 재산세를 부과하기 위한 어떤 정책 실험도 거부한다. 제한된 지방세 수입과 중앙정부의 보조금 감소를 감안할 때, 예산외 수입과 자본시장에서의 차입이 인프라 금융의 주요 공급원이 되었다. 우(Wu 2010)는 상하이시가 부동산 투자자에게 28종류 이상의 수수료를 부과하고 있으며, 이 예산 외 수익이 인프라 투자 자금의 최대 25%까지를 차지한다는 사실을 발견했다. 토지 임대 수입도 예산외 수익으로 간주되며 지방 정부에게 있어 가장 중요한 수익원이 되었다. 2013년 상하이 시는 개발자로 부터 토지 임대비용으로 중앙정부와 공유가 필요 없는 소득 2,000억 **위안** 이상의 수익을 얻었고, 전국 20대 대도시의 토지임대수익은 1조 5,000억 **위안**에 달했으며, 전년보다 63% 증가했다.[5]

더욱이 채권, 주식, 국영은행 대출, 증권시장 상장, 합작 등을 통한 국내외 자본시장에서의 차입이 인프라 투자자본의 30% 이상을 차지하는 새로운 자금 조달방식이 되었다(Wu 2010). 이러한 종류의 차입금 중에서, 국책은행으로부터의 대출은 지방자치단체가 야심찬 인프라 사업에 자금을 조달하는 주된 방법이 되었다. 중앙정부가 은행들이 지방자치단체에 대출하는 것에 대한 요건을 강화하면서, 지방투자회사와 같은 특수 목적의 투자 플랫폼은 이러한 규제를 회피하기 위해 설립되었다. 일부 추산에 따르면 2011년까지 자본시장에서 1만 개 이상의 지방투자회사가 인프라 투자자금 마련을 위해 지방정부에 의해 설치되었다(Wong 2011). 은행대출은 자치단체로 직접 입금되는 것이 아니라 도로, 교량, 지하철, 관공서 건설에 자금을 조달하는 투자회사들의 계좌로 들어가는 것이다. 고가로 평가되는 시 소유 토지는 이러한 대출 거래의 담보로 사용된다. 이와 같이, 발생한 부채는 지자체의 대차대조표에 나타나지 않는다. 자금을 조달하기 위해 대차대조표 외의 수단을 이용한 결과 지방정부 부채의 규모와 구조가 불투명하다.

지방정부에 의해 설립된 대부분의 지방투자회사는 심각한 빚더미에 올라 있다. 예를 들어 후베이성의 수도인 우한의 도시건설투자개발공사의 등록된 자산은 미화 150억 달러이고 부채는 미화 140억 달러이다. 2014년 중국 내 총 지방정부 부채는 거의 미화 3조 달러에 달할 것으로 추정되었는데, 이는 중국 GDP의 약 14%를 차지한다.[6] 중국 국영 은행들은 높은 인프라 대출로 인한 위험 증가에 대한 베이징 금융 당국의 경고에도 불구하고 높은 잠재적 수익률 때문에 지방정부가 설립한 지방투자회사에 대출하기를 바라고 있다.

BOT(Build-Operate-Transfer)는 교통 인프라 메가프로젝트를 구축하기 위해 널리 적용된 모델이다. 비용은 민간투자자와 지방 정부가 분담하고, 초기 투자가 통행료를 통해 회수된 후에는 소유권이 지방 정부로 이전된다. BOT가 이용자에게 터무니없는 수수료를 부과함으로써 인프라 자금을 조달하기 위해 민간 시장을 두드리는 데 효과적이라는 것이 증명되었지만, 그것은 다양한 인프라 프로젝트를 지방정부와 그들의 민간 파트너들을 위한 이윤 창출 수단으로 전환되었다. 예를 들어 2012년 중국은 전 세계 14만 킬로미터의 유료도로 중 10만 킬로미터를 자랑했고, 2015년까지 유료도로를 16만 2,600 킬로미터로 증가시켰다.[7] 자동차를 소유하고 운전하는 것은 중국 중산층의 상징이지만, 통행료도 끊이지 않아 비용이 많이 들게 되었다. 도로와 교량 통행료의 급등은 육류와 채소를 매일 유료도로를 통해 도시로 운송해야 하기 때문에 식품가격의 인플레에도 기여했다. 2011년 6월, 통행료 체계에 대한 공공의 항의에 대해, 중앙정부는 5개 부처를 동원해 허가받지 않은 요금소와 허가 기간이 지나 운영을 지속하는 부스를 없애기 위한 1년간 캠페인을 벌였다. 그 캠페인은 지방 당국의 강력한 저항에 부딪혔다.[8]

중국 도시들은 국내외 민간 자본을 투입하여 도시 기반시설 구축에 괄목할 만한 진전을 이루었다. 기반시설에 대한 대규모 투자는 민관 협력관계와 자금조달을 위해 투명하지 않은 지방투자회사에 의해 촉진되었다. 많은 기반시설 메가프로젝트들은 지방 정부와 민간 투자자들 모두에게 이윤을 창출하는 수단이다. 그러나 기반시설 대출을 상환할 수 없게 되는 지방 정부의 증가되는 능력 상실은 기반시설 투자에 기초한 성장 모델을 탈선시킬 우려가 있다.

7.5 2008년 이전 — 건축 메가프로젝트의 시대

웅장한 대규모 행사와 이를 준비하기 위한 건축 메가프로젝트의 건설이 중국의 21세기 첫 10년을 장식하였다. 2001년 베이징은 2008년 올림픽 개최권을 얻어냈고, 2년 뒤 상하이는 2010년 세계박람회 개최지로 선정됐다. 이 두 대규모 행사는 각 유치 도시에서 건설 붐을 일으켰고, 시 정부에 의한 대규모 철거와 도시의 메가프로젝트에 대한 대규모 투자를 정당화하기 위해 사용되었다. 2000년대 메가프로젝트 개발의 두드러진 특징 중 하나는 홍보를 위해 세계적인 유명 건축가들을 참여시키는 것이며, 국가에서 가장 유명한 프로젝트는 언제나 외국 건축가들에게 의뢰된 것이다. 건축설계의 상징적 자본은 지역 정치 엘리트들에 의해 메가프로젝트 건설 과정에서 경제, 정치, 문화 자본으로 탈바꿈한다(Ren 2011). 민간 개발업자들은 유명 외국 건축가들에게 브랜드와 마케팅을 위한 고급 주택을 디자인하도록 의뢰하고, 지방 관리들은 그들의 정치 경력을 발전시키기 위해 일류 건축가들이 설계한 상징적인 건물을 남기고 싶어 하며, 중국 정부는 세계적인 수준으로의 국가 부흥을 상징하기 위한 국가적 운동을 디자인하기 위해 "스타 건축가"를 모색하였다. 2008년 올림픽을 위해 지어진 베이징의 국립 경기장은 건축 메가프로젝트를 이용한 국가 건설과 장소 홍보의 예를 제공한다.

베이징이 2008년 올림픽 개최권을 따낸 후, 시 정부와 올림픽 조직위원회는 주요 경기장을 설계할 일류 국제 회사를 찾았다. 2002년 6월 베이징 시장은 올림픽 경기장을 위해 세계 최고의 건축 디자인이 모여들게 할 것이라고 발표했다. 2002년 10월, 시 정부와 올림픽 조직위원회는 베이징 시립 계획 위원회에 경기장을 위한 개념 건축 설계 경쟁을 조직해 줄 것을 요청했다. 상당한 수의 국제 디자인 팀과 배심원들은 베이징 시 공직자들의 외국인 건축가에 대한 선호도를 반영했다. 2003년 4월, 올림픽 조직위원회는 국립 경기장 설계를 위해 스위스 건축 회사인 헤르조그 앤 드 메우론을 선정하였다(Ren 2009).

디자인 경쟁이 진행되는 동안 경기장 소유권을 놓고 또 다른 별도의 입찰이 진행됐다. 2003년 8월, 중앙정부와 강력한 연대를 하고 있는 대형 국영 은행인 중국국제신탁회사가 이끄는 5개 기업으로 구성된 컨소시엄이 소유권 입찰의 승자라고 발표되었다. 컨소시엄의 또 다른 회사는 베이징 도시 건설 공사로, 지방투자회사가 이전 섹션에서 논의되었다. 중국국제신탁회사는 총 건설비의 42%를 투자했으며, 나머지 58%는 베이징 국영자산관리공사로 대표되는 시 정부에 의해 제공되었다. 시 정부는 토지 임대료를 줄이고 철거를 돕는 등 보조금도 지원했다. 중국국제신탁회사와 베이징시 정부는 올림픽 이후 경기장 사용권이 30년인 국가경기장회사를 설립했고, 이후 경기장 소유권이 시로 되돌아간다. 국립 경기장의 닉네임인 "새 둥지"는 올림픽 경기 동안 국제적인 관심을 끌었지만, 그 이후로 베이징 올림픽 공원에는 대부분 비어 있었다.

7.6 2008년 이후 ─ 휴식, 자극적 계획과 시의 부채

중국에서는 2008년 올림픽 직후, 경기 침체가 시작되었지만, 경기 침체가 기반시설 메가프로젝트에 더 많은 투자를 유도하는 합법적인 도구로 사용되었다.

이 경기 침체는 중국이 정치적 안정면에서 부정적인 결과를 초래하고 경기 불황으로 끌려갈 것을 우려한 중국의 최고 지도자들을 놀라게 했다. 2009년에 중앙정부는 세계 최대 규모이며 오바마의 경기부양책보다 3배 더 큰 4조 **위안**의 경기부양책을 내놓았고, 이 중 1조 1,800억 위안을 중앙정부가 제공하고 나머지는 은행대출을 통해 지방정부가 제공하였다(Wong 2011). 경기부양책은 2008년 중국 GDP의 12.5%에 달했고, 27개월에 걸쳐 확산될 예정이었다. 지출에 배정된 상위 3개 우선순위 분야는 교통 및 전력 인프라, 지진 발생 후 건설과 저렴한 주택으로, 나머지는 농촌 인프라, 환경 보호, 기술, 보건 및 교육으로 확대되었다. 이러한 대규모 재정 투입은 특히 은행 대출에 관한 금융 부문의 규제 완화를 촉발시켰고, 또한 지방 부채에 대한 재정 규제의 완화를 촉발시켰다.

지방정부는 2009년 경기부양 프로그램의 시행하고 특히 자금지원을 받을 특정 기반시설 사업을 확인하는 핵심 주체이다. 지방 정부가 자본을 조달하고 이들 사업을 공동 출자할 수 있도록 중앙정부는 일련의 규제완화 조치를 취했다(Wong 2011). 예를 들어 국무원은 지방정부를 대신하여 2,000억 **위안**의 국고 채권을 승인하였고, 재무부는 상대적 자금이 경기부양 사업에 어떤 요건을 갖출 수 있는지에 대한 기준을 완화하였다 ─ 기본적으로, 지방정부의 재량에 따른 모든 재원은 공동금융에 사용될 수 있다.

한 가지 특별한 규제완화 조치는 지방투자회사의 광범위한 활용이었다. 지방 정부 자체가 시장에서 차입할 수 없기 때문에 인프라 투자와 시 수익 향상을 위해 은행에서 차입하고 회사채를 통해 자금을 조달한다. 지방투자회사는 은행 대출금과 기타 모금된 자금을 한데 묶고, 지방 자산을 자본과 담보로 사용한다. 도시 토지의 공유로 인해, 토지는 지방투자회사를 뒷받침하는 주요 자산이 되었고, 시 정부는 지방투자회사의 부채에 충당하기 위해 토지 임대 소득을 사용하였다. 지방 정부에 의해 설립된 수만 개의 지방투자회사를 감독할 수 있는 국가기관은 없으며, 심지어 재무부도 할 수 없다. 2008년부터 2010년까지의 경기부양 지출 기간 동안, 지방 정부는 지방투자회사를 통해 대규모로 차입하여 막대한 지방 부채를 발생시켰다. 부채 상환은 부족한 경제 성장과 적은 세입으로 어려움을 겪고 있는 많은 도시들에서 문제가 되었다.

경기부양에 따른 기반시설에 대한 과잉투자 때문에 중국 시 정부는 2008년부터 대량의 부채가 누적되었다. 국내 지방정부 부채는 2009년 7조 **위안**에서 2010년 말 14조 **위안**으로 두 배로 늘었다(Wong 2011). 이처럼 급증하는 시의 부채는 세입과 책임의 불일치 등 시 재정의 장기 구조적 경향과 지방정부가 기반시설을 위한 보조금 조달과 투자를 위해 대규모로 차입하도록 장려한 중앙정부의 2009년 경기부양 프로그램 등 단기정책으로 모두 설명해야 한다.

2008년 이후 중국에서 도시 재정 위기가 조성되고 있다. 지방투자회사의 상승은 지방정부의 재정능력과 자율성을 크게 향상시켰지만, 국영은행으로부터 지방투자회사의 대량 차입 때문에 지속 불가능한 수준의 시 부채를 생성하였다. 중앙정부가 취한 규제완화 조치는 지방정부의 차입 규모를 현저히 확대하고 시 부채의 증가를 발생시켰다. 지방 채무를 억제하기 위해 중앙정부는 자금조달을 위한 PPP(민간-공공 동반자 관계) 모델로 점차 눈을 돌리고 있다. 2015년 5월 국가발전개혁위원회는 총 1조 9,700억 위안(미화 약 3,177억 5,000만 달러)에 이르는 1,043개 사업 목록을 발표했는데, 그것은 건설과 운영을 지원하기 위해 민간 투자자들을 초대했다. 그러나 국책은행들이 지방정부에 계속 대출해 주는 한 PPP 모델로 전환하는 것이 지방정부 부채를 줄이는 데 도움이 될 수 있을지 의문이다.[9]

7.7 결론

이 장에서는 대규모 메가프로젝트 건설이 가능해진 중국의 경제 및 사회정치적 여건을 살펴보았다. 1978년 시장 개혁이 시작된 이래, 정부는 모든 수준에서 토지, 주택, 인프라 금융 분야에서 시장 지향적인 규제 개혁을 시작했다. 1988년 헌법 개정으로 사유지 사용권과 공유지 소유권을 분리함으로써 토지가 상품화되었고, 시 정부가 수익을 얻기 위해 공공 소유지를 임대할 수 있는 독점권을 갖게 되었다. 1990년대와 2000년대 강제철거를 합법화하고 도시재생사업의 발판을 마련했던 1991년과 2001년 도시재생 프로그램으로 메가프로젝트를 위한 토지 취득이 더욱 완화되었다. 게다가, 중국의 메가프로젝트 시대는 지방 정부를 대신하여 국영 은행으로부터 차입할 수 있는 지방투자회사의 증가로 설명될 필요가 있다. 토지, 주택, 시 재정의 이러한 규제 변화는 중국이 지난 20년 동안 세계의 어느 나라보다 더 많은 메가프로젝트를 건설할 수 있었던 이유를 설명해준다.

이 글은 세계 경기 침체의 시작인 2008년 전후의 메가프로젝트 건설도 비교했다. 2008년 이전에는 대규모 행사의 개최가 메가프로젝트 건설을 정당화하는 경우가 많았지만, 2008년 이후에는 2009년 중국 정부가 경기 침체에 대처하기 위한 대규모 경기부양 프로그램을 도입하면서 메가프로젝트 건설에 대한 또 다른 투자의 물결이 발생하는 것과 같이 세계 경제위기가 새로운 합법화 도구가 되었다. 중국의 고속 경제성장이 막바지에 이르면서 오늘날 많은 지방정부들은 기반시설 메가프로젝트에 대한 과잉투자로 인해 큰 부채를 보유하고 있는 자신들을 발견하였다. 2015년 지방정부 부채가 국내총생산(GDP)의 약 40%에 달했기 때문에, 이는 지속 가능하지 않고, 많은 지방 정부와 투자 기관이 채무조정이 이뤄지지 않은 채 채무불이행이 속출할 것으로 보인다. 재정부는 2015년 마침내 지방 정부를 위한 재융자 프로그램을 도입해 약 3조 **위안**(약 1,600억 달러)의 고금리 채권을 손실금리 채권으로 대체했다. 이렇게 되면 지방 정부는 1년에 약 400억-500억 **위안**의 이자를 절약할 수 있다.[10]

이 장은 또한 메가프로젝트 개발의 경쟁적인 성격을 부각시켰다. 토지 취득과 주택 철거로 인해 전국적으로 시위가 확산되었고, 중앙 정부는 국민의 토지 및 주택에 대한 권리 보호를 강화하기 위해 이전의 정책을 수정함으로써 대응하였다. 경기 침체와 증가하는 시 부채와 함께 토지 및 주택 취득에 대한 규제 강화는 중국의 메가프로젝트 시대의 종말을 예고하고 있다.

주

1. David Barboza, "Building boom in China stirs fears of debt overload," *The New York Times*, 7 July 2011, 〈http://www. nytimes.com/ 2011/07/07/business/global/building-binge-by-chinas-cities-threatens-countrys-economic-boom.html?_r=0〉.

2. Ana Swanson, "How China used more cement in 3 years than the U.S. did in the entire 20th century?" Wonkblog, *The Washington Post*, 24 March 2015, 〈http://www.washing-tonpost.com/ news/wonkblog/wp/2015/03/24/how-china-used-more-cement-in-3-years-than-the-u-s-did-in-the-entire-20th-century/〉.

3. "Chinese police shoot protesters," BBC News, 7 December 2005, 〈http://news.bbc.co.uk/2/hi/asia-pacific/4507130.stm〉.

4. Andrew Jacobs, "Residents vote in Chinese village at center of protest," *The New York Times*, 1 February 2012, 〈http://www. nytimes.com/2012/02/02/world/asia/residents-vote-in-chinese-village-at-center-of-protest.html〉.

5. "Land leasing revenues in 20 cities increased by more than 60 percent," *Xinhua Net*, 3 January 2014, 〈http://news.xinhuanet.com/ fortune/2014-01/03/c_125954247.htm〉.

6. Dexter Roberts, "A peek at China's local debt mess," *Bloomberg Business*, 9 January 2014, 〈http://www.bloomberg.com/bw/ articles/2014-01-09/chinas-local-government-debt-is-almost-3-trillion〉.

7. Yixue Wu, "Roads take an unbearable toll," *China Daily*, 25 April 2012, 〈http://usa.chinadaily.com.cn/business/2012-04/25/content_15137576.htm〉; "China considers plan to bolster toll roads in search for growth," Bloomberg Business, 5 August 2015, 〈http://www.bloomberg.com/news /articles/2015-08-05/china-considers-plan-to-bolster-toll-roads-in-search-for-growth〉.

8. "Trouble on the highway," *Caixin Online*, 29 June 2011, 〈http://english.caixin.com/2011-06-29/100274315.html〉.

9. "China invites private investors to help build $318 billion of projects," *Reuters*, 25 May 2015, 〈http://www.reuters.com/article/2015/ 05/25/us-china-economy-infrastructure-idUSKBN0OA07R20150525〉.

10. "China's local government debt: Defusing a bomb," *The Economist*, 11 March 2015, 〈http://www.economist.com/blogs/ freeexchange/2015/03/china-s-local-government-debt〉.

참고 문헌

Altshuler, A. and Luberodd, D. (2003). *Mega-Projects: The Changing Politics of Urban Public Investment*. Washington, DC: Brookings Institution Press.

Bezmez, D. (2008). “The politics of urban waterfront regeneration: The case of Halic (the Golden Horn), Istanbul,” *International Journal of Urban and Regional Research*, 32(4): 815–40. Xuefei Ren

Biddulph, S. (2015). *The Stability Imperative: Human Rights and Law in China*. Vancouver: University of British Columbia Press.

Chen, X. (ed.) (2009). *Shanghai Rising: State Power and Local Transformations in a Global Megacity*. Minneapolis: University of Minnesota Press.

del Cerro Santamaria, G. (ed.) (2013). *Urban Megaprojects: A World View*. Bingley: Emerald Group Publishing.

Diaz Orueta, R., and Fainstein, S. (2008). “The new mega-projects: Genesis and impacts,” *International Journal of Urban and Regional Research*, 32(4): 759–67.

Flyvbjerg, B., Bruzelius, N., and Rothengatter, W. (2003). *Megaprojects and Risk: An Anatomy of Ambition*. New York: Cambridge University Press.

Haila, A. (2008). “From Annankatu to Antinkatu: Contracts, development rights and partnerships in Kamppi, Helsinki,” *International Journal of Urban and Regional Research*, 32(4): 804–14.

He, S. and Wu, F. (2005). “Property-led redevelopment in post-reform China: Aa case study of Xintiandi redevelopment project in Shanghai,” *Journal of Urban Affairs* 27(1): 1–23.

Johnson, I. (2005). *Wild Grass: Three Stories of Change in Modern China*. New York: Pantheon Books.

Lehrer, U. and Laidley, J. (2008). “Old mega-projects newly packaged? Waterfront redevelopment in Toronto,” *International Journal of Urban and Regional Research*, 32(4): 786–803.

Lin, G. (2009). *Developing China: Land, Politics and Social Conditions*. London: Routledge.

Lin, G., and Ho, S. (2005). “The state, land system, and land development processes in contemporary China,” *Annals of the Association of American Geographer* 95(2): 411–36.

Olds, K. (2002). *Globalization and Urban Change: Capital, Culture, and Pacific Rim MegaProjects*. New York: Oxford University Press.

Ren, X. (2009). "Architecture and nation building in the age of globalization: Construction of the National Stadium of Beijing for the 2008 Olympics," *Journal of Urban Affairs*, 30(2): 175–90.

Ren, X. (2011). *Building Globalization: Transnational Architecture Production in Urban China*. Chicago: University of Chicago Press.

Ren, X. (2017). "Land acquisition, rural protests, and the local state in China and India," *Environment and Planning C*, 35(1): 22–38.

Ren, X. and Weinstein, L. (2012) "Urban governance, megaprojects, and scalar transformations in China and India," in T. Samara, S. He, and G. Chen (eds,), *Right to the City in the Global South: Transnational Urban Governance and Socio-Spatial Transformations*. New York: Routledge.

Shanghai Municipal Government. (2011). *Shanghai Urban Housing Acquisition and Compensation Regulation*.

State Council. (1991). *Urban Housing Demolition Regulation*.

State Council. (2001). *Urban Housing Demolition Regulation*.

State Council. (2011). *Urban Housing Acquisition and Compensation Regulation*.

Wang, J. (2003). *Beijing Record*. Beijing: Sanlian Press.

Wong, C. (2011). "The fiscal stimulus program and public governance issues in China," *OECD Journal on Budgeting*, 11(3): 1–21.

Wu, W. (2010). "Urban infrastructure financing and economic performance in China," *Urban Geography*, 31(5): 648–67.

Xu, J., Yeh, A. and Wu, F. (2009). "Decoding urban land governance: State reconstruction in contemporary Chinese cities," *Urban Studies*, 46(3): 559–81.

Yeh, A. and Wu, F. (1996). "The new land development process and urban development in Chinese cities," *International Journal of Urban and Regional Research*, 20(2): 330–53.

Zhang, T. (2002). "Urban development and a socialist pro-growth coalition in Shanghai," *Urban Affairs Review*, 37(4): 475–99.

Zhang, Y. and Fang, K. (2004). "Is history repeating itself? From urban renewal in the

United States to inner-city redevelopment in China," *Journal of Planning Education and Research,* 23(3): 286–98.

2부

원인

CAUSES

제8장

메가프로젝트에서 선구적인 행동경제학이 연구되었는가?

알버트 오 허슈먼의 사례

벤트 플뤼브비에르

8.1 왜 허슈먼과 숨어 있는 손이 문제인가

최근 샌프란시스코의 새로운 트랜스베이 터미널 메가프로젝트—수십억 달러의 교통체계와 부동산 개발 계획—가 수억 달러의 사업비 초과가 발생했을 때, 전 캘리포니아 주 국회의장이자 샌프란시스코 시장인 윌리 브라운은《샌프란시스코 크로니클(San Francisco Chronicle)》의 주간 칼럼에서 이런 말로 대중을 진정시키려고 애썼다.

> 트랜스베이 터미널이 예산보다 3억 달러 정도 많다는 소식은 누구에게나 충격으로 다가오지 말아야 한다. 우리는 항상 초기 추정치가 실제 비용보다 훨씬 적다는 것을 알았다. 우리가 [샌프란시스코] 중앙 지하철이나 [샌프란시스코-오클랜드] 베이 브리지나 그 밖의 다른 대규모 건설 프로젝트에 실제 비용을 알지 못했던 것처럼 말이다. 그러니 그만둬라. 공공 프로젝트에서 첫 번째 예산은 정말 착수금일 뿐이다. 만약 사람들이 처음부터 실제 비용을 알았다면, 어떤 것도 승인되지 않았을 것이다. 그 생각은 시작하자는 것이다. 시작하자.(Brown 2013)

여기 윌리 브라운은 알버트 오 허슈먼(Albert O. Hirschman)의 유명한 숨어 있는 손의 본질을 표현하고 있다.

> 만약 사람들이 처음부터 실제 비용과 어려움을 알았다면, 어떤 것도 승인되지 않았을 것이다. 그러므로 그들이 알지 못하는 것은 좋은 일이다. 왜냐하면 우리는 일을 진행시키고 착공을 시작할 필요가 있기 때문이다.

이러한 관점은 가장 오래되고 가장 보편적인 정당화이기도 한데, 그 이유는 낮게 책정된 사업비 추정치와 낙관적인 사업 사례가 대규모 프로젝트에서 자주 수용될 수 있는 것으로 고려되기 때문이다(Flyvbjerg 2009). 이 생각에 따르면, 허슈먼이 당초 "섭리의 무지"라고 부른(Alacevich 2014: 157) 어느 정도의 무지가 바람직하다. 왜냐하면 새로운 프로젝트를 시작할 때 그것이 없으면 프로젝트는 시작되지 않기 때문이다. 그리고 허슈먼과 브라운 모두 프로젝트를 시작하는 것은 좋다고 말했다.

허슈먼(Hirschman 1967a)의 숨어 있는 손의 원칙에 대한 책—《관찰된 개발 프로젝트(Development Projects Observed)》—이 처음 출판된 지 거의 50년이 되었고, 오늘날 이 책과 원칙 둘 다 그 어느 때보다도 강력하다. 이 책은 최근 브루킹스 고전(Hirschman 2015)으로 다시 출간되어, 하버드 교수 겸 오바마 백악관의 행정가인 카스 선스테인(Cass Sunstein 2015a)과, 베스트셀러 작가 겸《더 뉴요커(The New Yorker)》의 전속 작가인 말콤 글래드웰(Malcolm Gladwell 2013) 등으로부터 축하를 받았다. 허슈먼(Hirschman 1967a: 1)은《관찰된 개발 프로젝트(Development Projects Observed)》에서 그의 목적과 숨어 있는 손의 원칙이 "**일반적인 프로젝트 행동**"을 이해하기 위한 것임을 분명히 했다. 이 작품을 바탕으로 선스테인(Sunstein 2015: 4)은 허슈먼을 "초기 행동경제학자"라고 부른다. 따라서 허슈먼에 대해 우리는 프로젝트 관리에 있어서 초기 행동 이론가로서 희귀한 무엇을 가질 수 있다. 이것이 사실이라면 분명히 소중히 여기고 배워야 할 것이다. 다음에 우리는 허슈먼의 숨어 있는 손의 원리를 시험함으로써 이 주장을 검토할 것이다.

학문과 정책, 실행에 있어서 숨어 있는 손의 원칙이 끼치는 영향은 논란의 여지가 없다. 그리고 점점 더 많고 규모가 큰 프로젝트가 전 세계적으로 건설되면서 "역사상 가장 큰 투자 붐"이라 불리는 이 원칙은 빠르게 성장하는 프로젝트 포트폴리오를 정당화하는데 있어 점점 더 중요해지고 있다(Flyvbjerg 2014a)[1]. 허슈먼은 이론만큼이나 실행에 관심이 있는 희귀한 유형의 학자로, 그는 숨어 있는 손을 비롯한 자신의 생각으로 정책에 대한 영향을 찾는 데 성공하였다. 그것은 특히 숨어 있는 손 원칙을 흥미롭게 만들었지만, 또한 특히 문제가 되는 것은 많은 정책 입안자

들과 실행들에서는 비록 틀렸다 하더라도 포기하기에는 너무 좋은 이론의 유형이기 때문이다.[2]

아래의 평가는 허슈먼 작품의 일반적 재능이나 "저명한 20세기 지성인"(Offe 2013: 584)과 "경제학의 위대한 영웅 중 한 명"(Rodwin 1994: 36)에 대해 의문을 제기하지 않는다.[3] 그러나 전에는 하지 않았던 허슈먼의 숨어 있는 손 원칙을 엄격하게 시험할 때가 되었다. 이러한 시험은 본 장의 목적이다. 자신의 가까운 친구이자 후에 노벨상 수상자이며, 하버드의 경제학자 토머스 셸링과의 한 사적인 논평에서, 허슈먼은 숨어 있는 손의 원칙 출판 시점에서 이 작품은 "탐험, 실험이며 나는 우선 그것을 이해할 수 있으며, 내가 잘못했을 때 나에게 말해 줄 비평가가 필요하다"고 설명했다(Adelman 2013: 404, 원문에서 강조). 그 후 나는 그가 요구했지만 결코 하지 않았던 이 비평가가 될 작정이다.[4] 허슈먼의 비평가로서 특히, 나는 다음의 세 가지 시험에 대하여 더 중요해지는 순서로 숨어 있는 손의 원칙을 주제로 삼을 것이다.

1. 원칙이 모범적 적용으로 추정되는 전형적인 사례인 시드니 오페라 하우스에 대한 시험.
2. 원칙을 기초로 하는 허슈먼의 샘플링, 데이터 수집, 데이터 분석의 타당성과 신뢰성에 대한 시험.
3. 허슈먼의 결과가 더 많고 더 나은 데이터로 복제될 수 있는지 여부를 평가하기 위해 허슈먼이 연구한 샘플보다 훨씬 크고, 더 대표적이며, 더 높은 품질의 데이터를 가진 프로젝트의 표본에 대한 통계적 시험.

세 가지 시험은 모두 허슈먼(Hirschman 1967a: 1) 자신의 작업에 대한 명시적 목적 즉 "프로젝트 전반의 행동"을 이해하기 위해 수행될 것이다. 그러나 시험을 실시하기 전에 우선 숨어 있는 손의 원칙이 무엇이며 학계, 정책 입안자, 실무자들에 의해 어떻게 인정되었는지 좀 더 깊이 있게 살펴보자.

8.2 숨어 있는 손이 무엇인가?

허슈먼(Hirschman 1967a: 12)은 세계은행에 의해 자금 조달된 다수의 개발 프로젝트 결과를 연구한 후, 《관찰된 개발 프로젝트(Development Projects Observed)》에서 다음과

같이 언급하였다.[5]

> 만약 프로젝트 기획자들이 (…) 프로젝트를 위해 준비되어 있는 모든 어려움과 문제를 미리 알았다면, 그들은 아마도 결코 그것을 다루지 않았을 것이다. (…) 따라서 이러한 어려움에 대한 사전 지식은 유감스러웠을 것이다.

대표적인 사례로 허슈먼(Hirschman 1967a: 9-10)은 건설 당시 아시아 최대 규모였던 동파키스탄(현재의 방글라데시) 카르나풀리 제지 공장을 강조하였다. 그 계획은 종이 펄프의 주요 공급원으로 넓고 쉽게 접근할 수 있는 대나무 숲을 사용하는 것이었다. 그러나 제분소가 문을 연 직후 자연의 기괴한 사건으로 생산을 지탱하던 대나무의 85%가 꽃을 피우고 죽었다. 만일 기획자들이 이것을 알았다면, 아마 그들은 결코 제분소를 제안하고 자금을 조달하지 않았을 것이라고 허슈먼은 주장했다. 그 대신 관리자들은 이제 다른 지역의 대나무를 수입, 채취하고 재목을 이용하여 믿을 수 없는 원천을 대체할 수 있는 빠르게 성장하는 대나무 종들을 연구할 수밖에 없었으며, 따라서 원재료 기지를 창의적으로 다양화하였다. 확실히 이것은 원래 계획보다 비용이 많이 들고 힘들었지만 그 결과 제분소가 생존하여 수천 명의 사람들을 위한 일자리를 창출했다고 허슈먼은 주장했다.

허슈먼(Hirschman 1967a: 13)은 그가 본 것을 "일반적인 행동 원칙"과 숨어 있는 손인 "공정한 일반적인 현상"이라고 빠르게 표시하였다. 그는 비용과 어려움에 대한 사전 지식을 불행하게 보는 것은 이런 지식이 예산에 부합하고 난제를 극복할 수 있는 능력에 대한 "비관적인 견해"(12)로 귀결될 가능성이 높기 때문에 사업을 시작하기 전에 중단될 수도 있다고 설명했다. 인간은 어려움을 다루는 능력을 무시하거나 과소평가하는 경향이 있기 때문에 무지가 더 낫다고 허슈먼은 주장했다. 따라서 무지는 사람들을 "속여"(13), 하지 않았을 프로젝트를 하게 하였다.

> 우리는 우리의 창의성을 필연적으로 과소평가하기 때문에, 우리가 직면하고 있는 과제의 어려움을 대략 비슷한 정도로 과소평가하는 것이 바람직하다. 그래서 우리가 이 두 과소평가들에게 속아 우리가 할 수 있지만, 그렇지 않으면 감히 할 수 없는 과업을 수행하는 것이다. 그 원칙은 이름을 붙일 만큼 중요하다. 우리는 분명히 보이지 않거나 감춰져 있는 어떤 종류의 손의 흔적을

> 명확히 쫓고 있기 때문에, 나는 **숨어 있는 손**을 제안한다. (…) 숨어 있는 손은 기본적으로 오류를 통해 조치를 유도하는 방법이며, 오류는 프로젝트의 비용이나 어려움을 과소평가하는 것이다.(Hirschman 1967a: 13, 29; 원문에서 강조)

허슈먼은 경제 이론에서 가장 유명한 개념들 중 하나인 아담 스미스의 보이지 않는 (숨겨진) 손을 이용하여 그의 새로운 원칙의 이름을 만들었다. 이것은 허슈먼이 숨어 있는 손에 얼마나 이론적으로 야심이 있었고 그가 그것을 얼마나 중요하게 받아들였는지를 보여준다. 그는 그 원칙을 이론으로 보았고, 처음에는 "섭리의 무지 이론"이라고 불렀지만, 나중에 이것을 "숨어 있는 손의 원칙"으로 바꾸었을 뿐이라고 명확히 했다(Alacevich 2014: 157). 허슈먼(Hirschman 1967a: 1, 3, 7, 13)은 또한 개발사업에 집중했지만 선진국과 개발도상국의 프로젝트 유형과 지역에 걸쳐 적용되는 "일반"적인 원칙에 입각한 이론을 보았다고 강조했다. 이것은 허슈먼(Hirschman 1967a: 13)이 비용과 혜택에 대한 "두 가지 상쇄하는 과소평가" 특징을 가진 숨어 있는 손이 모든 시간과 공간에 걸쳐 각 프로젝트에 적용될 것이라고 생각했다는 것은 아니다 라고 말했다. 그는 "파산이나 흰색 코끼리로부터 잃거나 파괴적으로 승리한 전쟁에 이르기까지" 프로젝트가 존재한다는 것을 잘 알고 있었고, 이 프로젝트는 비용 과소추정이 심지어 더 큰 이익 과소추정에 의해 상쇄되지 않고, 혜택 부족에 따른 혜택 과대추정으로 인해 악화되었다(Hirschman 1967a: 30). 그러나 허슈먼(Hirschman 1967a: 1, 13)은 숨어 있는 손이 "일반적으로" 적용된다는 이론, 즉, 그렇지 않은 경우보다 더 많은 경우에 적용되고, 따라서 프로젝트 행동에 대한 일반적인 이해를 위해 더 중요하고 더 흥미로운 원칙이라고 이론화했다. 이에 따라, 그는 나중에 《관찰된 개발 프로젝트(Development Projects Observed)》에서 그가 후에 "장소의 자부심"이라 부른 숨어 있는 손을 그 책 첫 장에 이름을 붙이고 포함시켰다(Hirschman 1995a: ix). 선스테인(Sunstein 2015a: 1-2)은 2015년 판의 서문에서 숨어 있는 손을 가장 큰 아이디어라고 부르며 숨어 있는 손의 결과는 기획자가 원래 생각했던 것만큼 또는 더 좋은 결과를 만들어내는 것이라고 설명한다.

허슈먼의 현장 노트에 따르면, 그는 태국에 있는 숨어 있는 손에 대한 아이디어를 우연히 발견했는데, 그곳에서 그는 큰 관개 프로젝트를 연구하러 갔다. 그는 그 프로젝트의 추진자들이 그것의 혜택을 과대평가하고 비용을 과소평가했다는 것을 발견했다. 그 프로젝트가 "사막을 활짝 피게 할 것"이라는 주장으로 혜택이 부풀려졌다. 투자자들에게 그 프로젝트를 매력적으로 만들기 위해 비용이 낮게 책정되었는데, "저비용"은 "과잉 판매"(Adelman 2013: 400-1)와 관련이 있다. 이러한 관찰을 고려할 때, 숨어 있는 손 원칙을 고무시킨 이 프로젝트가 원칙에 대한 대표적 예가 아니라는 점에 주목해야 한다. 허슈먼이 최종적으로 발표한 형태의 원칙에 따르면, 비용과 어려움에 대한 과소평가는 의도적이지 않은 자기기만인 반면, 태국 관개사업의 비용은 과소평가와 과대판매는 다른 사람들에 대한 의도적인 속임수였다고 나타냈다. 허슈먼은 분명히 숨어 있는 손 원리에 영감을 준 특정 프로젝트보다 더 순수하고 낙관적인 의견을 나타내었다. 이 최초의 낙관론은 앞으로 더 많은 것을 보여 줄 것이다.

숨어 있는 손을 이끄는 핵심 메커니즘은 비용을 포함한 어려움에 대한 무지에 의해 야기되는 낙천주의로, 사람들이 다음과 같은 실제 도전사항들을 알았더라면 하지 않았을 일을 하도록 유도한다.

> [숨어 있는 손]의 원칙은 사람들이 도전을 하고 받아들이는 것과는 거리가 멀다는 것을 암시한다. 도전 사항의 부재로 잘못 추정된 문제 때문에, 그 과제가 밝혀지는 것보다 더 용이하고 다루기 쉬워 보이기 때문에 사람들은 일반적으로 새로운 과업을 수행한다.(Hirschman 1967a: 13)

행동경제학자들은 나중에 허슈먼이 관찰한 행동의 유형을 묘사하고 문제화하기 위해 과중된 편견, 계획 오류, 낙관주의적 편견과 같은 용어를 사용할 것이다(Gilovich et al. 2002). 실제로 선스테인(Sunstein 2015a: 4)은 허슈먼이 "초기 행동경제학자로 쉽게 보여질 수 있다"고 하고, 《관찰된 개발 프로젝트(Development Projects Observed)》는 "행동경제학의 작품으로 간주될 수 있다"고 생각하였다. 그 후에 우리는 이것이 합리적인 해석인지, 그리고 행동경제학과 프로젝트 관리 측면에서 허슈먼과 숨어 있는 손에게서 무엇을 배울 수 있는지를 보게 될 것이다. 현재로서, 허슈먼(Hirschman 1967a: 12-13)이 "새로운 프로젝트를 시작하는 데 따른 어려움"과 그 프로젝트를 위험에서 구했을 뿐만 아니라, 종종 그것을 특별히 가치 있게 만든 일련의 진행 중인 사건들이 해결책을 확실히 찾아낸다고 결론짓고 있다는 점에 주목한다. 따라서 허슈먼은 숨어 있는 손 때문에, 심지어 비용이 예상외로 높은 것으로 판명되더라도 계획들의 순 혜택이 예상한 만큼 크거나 더 높게 된다는 가설을 세웠다. 숨어 있는 손의 도움으로, 프로젝트는 긍정적인 순 혜택을 얻기 위해 실행 가능한 것으로 판명되었다. 따라서 우리는 다음과 같이 비용 및 혜택을 과소평가하는 "두 가지 상쇄" 또는 "이중"을 강조하여 숨어 있는 손의 원리를 요약한다 (Hirschman 1967a: 13, 16).

> 추정된 것보다 높은 프로젝트 비용/어려움은 일반적으로 예상보다 높은 프로젝트 혜택/문제 해결 능력에 의해 가중될 것이다.

그러나 허슈먼은 여기서 멈추지 않는다. 또한, 그는 숨어 있는 손의 기능을 손의 계략이 의사결정자나 기획자의 "버팀목" 역할을 제공하는 학습 과정으로 설명함으로써,

> 그가 가정하는 프로젝트의 어려움과 위험에 대해 보다 솔직하게 평가할 수 있는 그의 문제 해결 능력에 대한 충분한 자신감을 아직 얻지 못한 단계에서, 그를 앞으로 나아가게 한다. 이러한 어려움과 위험을 충족시키고 그들에 대처할 수 있다는 경험은 그가 이러한 버팀목을 버리고 새로운 프로젝트에 대한 보다 성숙한 평가를 달성할 수 있도록 해주어야 한다. 숨어 있는 손은 본질적으로 위험 회피자가 위험을 감수하도록 만들고 그 과정에서 그를 덜 위험 회피자로 만드는 메커니즘이다(Hirschman 1967a: 26).

이와 같이, 행동경제학에 잘 맞는 공식인 "자기기만의 메커니즘"을 통해 숨어 있는 손은 의사결정자들이 그렇지 않았다면 취하지 않았을 위험을 감수하도록 계략을 쓰고, 그 과정에서 그들에게 (a) 위험이 무엇인지, (b) 위험이 관리 가능하다는 것과 (c) 미래 프로젝트에 대한 위험을 덜 회피하는 것이 괜찮다고 가르친다 (Hirschman 1967a: 34). "숨어 있는 손은 기본적으로 의사결정자들이 위험을 감수하는 것을 배우는 전환 메커니즘이며, **전환이 짧을수록 그리고 학습 속도가 빠를수록 좋다**"라고 설명한다. 빠른 학습은 의사결정자와 기획자가 "허용할 수 있는 위험과 허용할 수 없는 위험을 구별할 수 있는" 능력을 갖추도록 하기 때문에 바람직하며, 따라서 숨어있는 손의 도움으로 시간이 지남에 따라 위험을 감소시킬 수 있다. 허슈먼은 현장 노트(Bianchi 2011: 18)에 "합리적으로 하기 전에 이 모든 어리석은 짓을 해

야 한다"고 적었다. 그러나 허슈먼이 본문에서 "해야 한다"라는 단어를 사용한 것과 같이("그러면 그가 이 버팀목을 버릴 수 있게 해야 한다."), 의사결정의 학습모델에서 중요한 가정이 숨겨져 있다. "해야 한다"가 적용되지 않는다면, 즉 학습이 이루어지지 않고 의사결정자가 미래 프로젝트의 위험을 식별하고 관리하는 능력이 향상되지 않는다면 어떤 일이 발생하는가? 우리는 나중에 이 문제로 돌아갈 것이다. 일단은 숨어 있는 손 원칙의 이 부분을 다음과 같이 요약한다.

> 프로젝트 위험은 시간이 지남에 따라 감소하는 경향이 있다.

요약하면, 허슈먼(Hirschman 1967a: 35)이 말한 대로, 숨어 있는 손은 유익한 무지 또는 "무지의 무지"를 통해 작동한다. 유익한 무지는 의사결정자에게서 두 가지를 숨긴다. 첫째, 프로젝트의 진정한 비용과 어려움은 여전히 불명확하며, 기획자들이 그들의 진짜 합병증을 알았더라면 고려하지 않았을 프로젝트를 시작하게 되는 것이다. 둘째, 숨어 있는 손은 비용이 많이 들고 어려운 프로젝트를 처리하는 기획자들의 문제 해결 능력도 숨겨주어, 어려움들이 나타나게 될 때 그러한 프로젝트들을 성공적으로 처리할 수 있도록 해주고, 그때 기획자들의 감춰진 능력이 명백해짐으로써 가까스로 어려움에서 벗어나게 된다. 허슈먼과 그의 추종자들에 따르면, 전반적으로, 숨어 있는 손은 좋은 것이다. 왜냐하면 그것은 프로젝트를 진행시키고 유익한 무지에 기초하여 성공하게 되기 때문이다. 이것은 기획자들이 실제 비용과 어려움을 미리 알고 있었더라면 그렇게 하지 않았을 것이라고 한 윌리 브라운의 최근 주장과 정확히 같다. (제8.1절 참조).

8.3 허슈먼의 숨어 있는 손의 영감

허슈먼(Hirschman 1967a: 16)은 숨어 있는 손 원칙 개발과정에서 숨어 있는 손 원칙에 가까운 "근사치"라는 "창조적 오류" 개념에 강한 영향을 받았다. 이 개념은 당시 34세의 하버드 조교수인 소이어에 의해 15년 전에 개발되었다(Sawyer 2014, 첫 출판 1952). 소이어는 창의적인 오류를 다음과 같은 방식으로 설명했다.

> (…) 대규모 경제적 수행의 역사를 알 수 없다. (…) 경험해 보지 않으면 (…) 기업의 판단 착오나 오보가 대량으로 존재할 뿐만 아니라 성공적인 기업의 조

> 건이었던 것처럼 보이는 경우에. 즉 판단 착오나 완전한 무지가 명백한 경우에 기업을 시작하는 것은 매우 중요한 사항이다.(Sawyer 2014: 143; 원문에서 강조)

소이어는 창의적 오류가 에리 호와 온타리오 호 사이의 웰랜드 운하, 파나마 운하, 미들섹스 운하, 트로이와 그린필드 철도 그리고 초기 오하이오 도로 등 대규모이며 역사적으로 중요한 많은 인프라 건설의 핵심사항이라고 주장했다. 이들과 기타 프로젝트의 경우, 소이어(Sawyer 2014: 144)는 "추정 비용에서의 오류는 적어도 수요 추정에서의 해당 오류에 의해 상쇄되었다"고 밝혔다. 소이어(Sawyer 2014: 145)는 웰랜드 운하에 대해 다음과 같이 쓰고 있다.

> 우리는 원래의 자본이 제공되었던 최종 비용에 대한 정확한 객관적 평가를 제공하였는지 또는 해당 기간에 사업을 완성하기 위해 착수 시 또는 그 후에 나왔는지 매우 타당하게 의문을 제기할 수 있다. 그러나 한번 혜택의 오류가 시작되자, 전체 자금을 조달할 수 있는 방법들이 점차 발견되었고, 한번 완성된 웰랜드 운하는 합리적인 의문의 여지가 없을 정도로 수립되었다.

그러나 소이어는 창의적 오류가 모든 프로젝트와 기업에 적용되는 일반적인 현상이라고 주장하는 것은 아니라고 설명하느라 고심했다. 그는 단지 이러한 특정한 현상에 관심이 있었고, 따라서 창의적 오류의 대상이 되었던 그의 연구를 위한 프로젝트들만을 샘플링 했다. 즉, (a) 그 프로젝트를 투자자들에게 매력적으로 보이게 한 비용 과소추정에 따라 시작되었던 프로젝트들과 (b) 초기 비용 과소추정 및 결과적으로 비용초과임에도 불구하고 그 프로젝트를 성공으로 만드는 비용보다 더 큰 실제 혜택을 가지고 있었다. 소이어(Sawyer 2014: 147)는 그에게 "관심 있는 유일한 사례"는 다음과 같다고 그의 샘플링에 대해 설명하였다.

> 비용과 수익을 모두 알지 못하는 필연적으로 대규모인 투자 범주 내에서 매우 특별한 경우였으며, 그 범주 내에서 실패를 무시하고 성공한 사례들을 선택했다. (…) 비용에 대한 당초의 총체적인 오산에도 불구하고 첫 번째 오류가 적어도 그에 상응하는 수요 과소평가로 운이 좋게도 상쇄되었기 때문이다.

사실 소이어는 샘플링에 대한 매우 선택적인 접근법을 설명하고, 그의 결과가 샘플링의 경험적 **사후 결과가 아니라** 샘플링의 선험적 결과라는 것을 독자에게 주의를 주기 위해 그의 책의 3분의 1 이상을 사용한다. 따라서 소이어는 무작위 프로젝트 표본에서 창의적 오류를 **발견**하지 못했다는 것을 분명히 밝히고 있다. 그는 대신 창의적 오류를 보여주기 위해 각 프로젝트를 비 무작위로 선정하여 프로젝트의 표본에서 그러한 오류를 설명한다. 허슈먼은 소이어 작업의 이러한 측면을 완전히 무시하고 마치 숨어 있는 손 원칙을 지지하고 두 현상 모두 유사한 경험을 가진 **사후** 경험적 발견인 것처럼 제시한다.

> 이 아이디어[소이어의 창의적 오류]와 숨어 있는 손 원칙의 유사성은 명백하다. 소이어의 계획에는 비용과 혜택 모두를 이 중으로 과소평가하는 반면, 우리가 더 넓게 보면, 한편으로는 프로젝트의 경로에 걸쳐 있는 여러 가지 어려움과 이러한 어려움을 해결할 수 있는 능력에 대해 이 중으로 과소평가하는 것을 관찰했다.(Hirschman 1967a: 16-17)

그의 접근방식을 소이어의 접근법과 융합시키면, 소이어의 이전 표본 모델을 사후 경험적 결과로 제시함으로써, 허슈먼은 소이어를 완전히 잘못 이해하게 된다. 이후, 우리는 허슈먼의 샘플링과 숨어 있는 손의 타당성에 대한 결과를 탐구할 것이다.

8.4 숨어 있는 손의 영향

그가 큰 생각이 떠올랐다고 믿으면서, 아담 스미스에 대한 그의 암시에 기뻐하며, 허슈먼은 많은 청중을 찾아갔다. 그는 그것을 정치경제와 문화에 관한 잡지이며 다니엘 벨과 어윙 크리스톨이 편집한《공공 이익》의 독자층에서 발견했는데, 정책 입안자, 동료 학자, 언론인들을 목표로 삼았다. 크리스톨은 허슈먼이 숨어 있는 손에 대해《관찰된 개발 프로젝트(Development Projects Observed)》의 부분들을 좀 더 읽기 쉬운 기사로 수정되도록 도왔다(Hirschman 1967b). 그 기사는 즉각적인 영향을 미쳤지만, 처음에 그 책은 약간 실패작이었는데, 아마도 그 기사가 처음에 책의 시장을 잠식했기 때문일 것이다. 그러나 나중에 그 책은 새로운 발간을 포함하여 관심을 끌었고 그것은 고전이 되었다. 허슈먼의 아이디어는 워싱턴 정책 수립에서부터 유엔, 세계은행 및 세계적인 개발기관에 이르기까지 정책 입안자들과 실행자들에 의해 채택되었다(Adelman 2013: 405). 스웨덴 외교관이자 경제학 교수인 괴란 올린은 유엔에서 이 새로운 개념을 산업 발전에 적용하고 있다고 썼다. 세계은행 경제부장인 앤디 카마크는 허슈먼에게 이렇게 말했다.

> 만약 우리의 현대적인 프로젝트 기법이 사용되었더라면, 세계의 많은 기존 개발은 결코 수행되지 않았을 것이라는 사실에 대해 내가 반성을 하면서 겪었던 불안감을 해소하는 데 부분적으로 도움을 주었다. 당신이 이 장[제1장 "숨어 있는 손의 원리"]에서 탐구하는 아이디어들을 더 연구한다면, 우리는 경제학자들의 이러한 미래 억제적 역할을 피할 수 있을 것이다.(Adelman 2013: 405)

허슈먼은 그가 나타나서 숨어 있는 손 원리에 이름을 부여하고 이론적 근거를 제공하기 전부터, 기획자들과 개발자들은 그 원리와 그것을 자신들에게 유리하게 이용하는 방법을 알고 있는 것 같다는 것을 염두에 두고 있었다. 즉, 대부분의 이론들의 경우와 같이, 그것을 이용하기 위해 허슈먼의 이론을 알 필요도 없거나, 그 이론의 대상이 될 필요도 없다.

> 기획자들과 개발자들은 오래 전부터 숨어 있는 손 원리에 대해 어렴풋이 알고 있었을 것이다. 왜냐하면 그들은 너무 명백하게 어려움과 불확실성에 충분히 경험했기 때문에, 보통 차별을 받을 수 있는 사업들을 의사결정자에게 더 매력적으로 보이도록 만들 수 있는 프로젝트를 찾는데 현저히 능숙했기 때문이다.(Hirschman 1967a: 21)

여기 허슈먼은 일반적으로 비용, 위험 및 어려움을 과소평가하는 동시에 혜택과 기회를 과대평가함으로써, 언론과 공공 토론회에서 기획자나 개발자들이 프로젝트들을 좋게 보이게 하여 프로젝트 시작을 합리화하는 유형에 대해 이야기한다. 따라서 프로젝트의 사전 혜택-비용 비율을 전반적으로 매력적으로 보이게 한다. 많은 사람들에게, 허슈먼의 숨어 있는 손은 그런 합리화를 정당화하는 것처럼 보이도록 강력하게 호소하고 있다. 그 메시지는 샌프란시스코 환승 터미널에서 윌리 브라운이 전한 것과 사례연구에서 시드니 오페라 하우스의 기획자들에 의해 논의된 "공사 착수"와 같다.

특히 프로젝트 기획자와 개발자에게 이 메시지가 인기 있는 이유를 쉽게 이해할 수 있다. 일반적으로 개발자들은 사업 진행이 그들의 직업이기 때문에 그들의 프로젝트를 진행하도록 허락 받는 것 보다 더 좋은 것은 없다. 그리고 숨어 있는 손의 원리는 바로 그것을 정확하게 장려하는 이론이다. 그것은 의사결정자들이 비용이나 다른 어려움에 대해 너무 많이 걱정하지 않고 그냥 진행해야 하는 이유를 설명한다. 그것은 어려운 상황에서 인간의 문제 해결 능력에 중점을 둔 숨어 있는 손이 어려움을 극복할 것이기 때문에 그렇게 함으로써 결과들이 그들에게 받아들여질 것이라고 예측한다. 일류 경제학자이자 프로젝트 관리 학문의 설립 아버지의 그러한 추론으로, 누가 그들의 도전에 조바심을 내서 대형 프로젝트에 반대해서 흥을 깨는 사람이 되고 싶겠는가? 대신, 숨어 있는 손의 원칙은 낙관주의와 행동의 성향을 정당화하는데, 이 두 가지 원칙은 모두 프로젝트 추진자들과 다른 완고한 사람들의 사고방식에 깊은 반향을 불러일으킨다. 이것은 무엇보다도 왜 숨어 있는 손의 메커니즘이 그토록 깊고 오래 지속되는 영향을 끼쳤는지 설명한다. 그것은 또한 주요 프로젝트 관리에서 왜 빠져나올 수 없는 상황과 책임의 증가가 만연하고 있으며, 왜 프로젝트 포기 비율이 낮은지 설명한다(Cantarelli et al. 2014; Drummond 2014).[6] 인류 역사상 가장 위대한 인물 보다 더 큰 프로젝트를 시작하고 완료하도록 이끌었으며, 많은 이들이 잠금 효과와 숨어 있는 손의 궁극적인 달인으로 간주되고 있는 뉴욕의 전직 건설 코디네이터인 로버트 모스스가 만트라처럼 계속 반복해서 말한 바와 같이: **"그 첫 번째 말뚝을 가라앉히면 그들은 결코 당신이 그것을 끌어올리지 못하게 할 것이다"**(Caro 1975: 218, 828-32).

세계은행에서 40년간 근무하였고 1964년 허슈먼과 《관찰된 개발 프로젝트(Development Projects Observed)》의 현장작업에 착수하기 직전 처음 만난 로버트 피치오토는 30년 후 은행의 부사장으로서, 이 책이 "그동안 오랫동안 프로젝트 관계자들에게 영감을 주었는데 (…) 왜냐하면 그것이 그들의 일상적인 경험을 입증해 주기 때문이다." 이라고 설명했다(Picciotto 1994a:341). 피치오토는 이 책을 소장하고 있는 다른 책들과 같이 "고전"이라고 부르는 것을 주저하지 않았고, 처음에는 은행 직원을 포함한 일부 사람들에 대해 체제 전복적으로 보였던 허슈먼의 생각들이 주류가 되었다고 언급하였다(Gasper 1986: 467; Rodwin 1994: 31-2; Alacevich 2014).

이 기사와 서적은 처음에는 매우 느렸지만 학계에서도 그들의 영향을 끼쳤다.

《공공 이익(the Public Interest)》의 동료 작가인 데이비드 리스먼은 초기 사용자였는데, 그는 하버드 대학교의 학생들에게 허슈먼의 기사를 배포했다(Adelman 2013: 405). 이후 이 기사와 서적은 의사결정, 프로젝트 관리, 개발 경제학, 기획, 사정, 평가 등의 주제에서 전 세계 대학 강좌의 표준 과목이 되었다. 허슈먼의 작품은 심지어 노벨상 수상자인 스탠포드의 폴 크루그먼, MIT의 카렌 폴렌스케와 도널드 숀, 하버드의 제시 리보트와 같은 학자들의 공헌으로, 숨어 있는 손의 현저한 특징과 함께 그것의 탐험에 헌신하는 학술서 전체를 갖게 된 희귀한 영예까지 받았다 (Rodwin and Schön 1994).

또한, 말할 필요도 없이, 실행자와 학자들로부터 비평이 있었다. 세계은행 관계자들은 출판 전에 이 책에 대한 허슈먼의 중간 관찰 결과를 읽을 기회가 있었을 때, 이 책들 중 많은 부분을 "아주 명백하거나 확실히 틀렸다"고 비평했다(Alacevich 2014: 153). 그러나 허슈먼은 그의 원고에 사소한 수정만 했고, 그 비평이 출판 후에 사라졌어도, 세계은행은 그 책에 실망했다(Alacevich 2014: 156, 163). 세계은행은 허슈먼이 전달하지 않은 명백하고 반복 가능한 평가 기준을 찾고 있었다. 학계도 이 때의 추세에 따라 프로젝트 평가와 비용 혜택 분석에 더 관심을 보였다. 허슈먼이 비용 혜택 분석에 대해 긍정적으로 평가한 가운데, 이 방법론의 기획자들은 허슈먼의 책을 무시할 만큼 비평하려고 하지 않았으나, 장기적인 관점에서 행운이 없었다(Little and Mirrlees 1974; Reutlinger 1970; Squire and van der Tak 1975; Alacevich 2014: 161-4). 실제로, 숨어 있는 손을 포함한 허슈먼의 아이디어는 위 앤디 카마르크의 인용에서 목격된 바와 같이 은행 관계자를 포함한 프로젝트 평가에서 비용 혜택 분석 결과를 지나치게 강조하지 않는 주장으로 사용될 것이다. 학계에서 랄(Lal 1983: 176)은 "납득하기 어려운"이라고 발견한 좋은 프로젝트와 나쁜 프로젝트를 사전에 구별할 수 있는 가능성을 제거할 수 있기 때문에, 숨어 있는 손의 원리를 "설득력이 없다"고 언급하였다. 크렉넬(Cracknell 1984: 17)은 허슈먼의 숨어 있는 손에 관한 글은 "입력적이고 도발적인 독서"를 목적으로 만들어진 것이라고 관측했지만, 크렉넬의 영국 해외개발부에서의 경험에는 맞지 않았다.

이 비평에도 불구하고, 그리고 때로는 그것 때문에, 최초 출판된 지 반세기가 지난 오늘날에도, "신기원을 이룬"(Alacevich 2014: 139) 이라 불리는《관찰된 개발 프로젝트(Development Projects Observed)》 책의 기원에 대한 전문 역사가의 헌신적인 연구를 한《더 뉴욕커(The New Yorker)》(Gladwell 2013)의 말콤 글래드웰과 숨어 있는 손의 중요성을 강조하는 선스테인(Sunstein 2015a)이 격찬한 서문이 실린 새로운 브루킹스 고전 판에 의해, 숨어 있는 손을 포함한 '관찰된 개발 프로젝트'의 아이디어들의 축하가 여전히 강하게 진행되고 있다.[7] 이 책은 허슈먼의 가장 영향력 있는 것으로 그리고 숨어 있는 손은 그의 가장 강력한 아이디어로 당연히 여겨지고 있다. 이것과 허슈먼의 다른 작품 유산을 더욱 확실하게 하는 것은 허슈먼의 작품을 "지속적인 성과"(Sunstein 2013: 17)라고 부르는《뉴욕 리뷰 오브 북스》의 광범위한 리뷰와 함께 아델만(Adelman 2013)의 종합적인 지적 전기이다.[8]

8.5 하지만 그것은 이론일까?

우리는 허슈먼이 숨어 있는 손의 원리에 숨겨진 기본적인 생각, 즉 무지가 없었으면 프로젝트는 시작되지 않기 때문에 프로젝트에 대한 의사결정을 내릴 때 무지가 좋다는 것을 설명하기 위해, 원래 그리고 명시적으로 "이론"이라는 용어를 사용했다 (Alacevich 2014: 157). 우리는 또한 허슈먼이 숨어 있는 손이 선진국과 개발도상국을 포함하여 프로젝트 유형, 조직, 지역 전반에서 "**일반적인** 프로젝트 행동"을 이해하기 위한 행동의 원칙이라고 주장했다는 것을 보았다(Hirschman 1967a: 1, 13, 강조).

그럼에도 불구하고 허슈먼의 몇몇 학생들은 숨어 있는 손의 원리는 이론이 아니며 허슈먼이 이론화를 싫어했다고 주장한다. 예를 들어 선스테인(Sunstein 2015: 1)은 허슈먼이 "큰 주장과 법률적 일반화를 불신한다"고 쓰고 있다. 아델만(Adelman 2013: 115-6, 124, 145-6, 198, 236, 420-2, 503, 582, 620, 647)도 마찬가지로 "**작은 사상**"에 대한 허슈먼의 관심과 "대(大) 이론"을 싫어한다고 강조한다. 비시 산알은 직접적으로 허슈먼을 "반 이론적"이라고 부른다(Rodwin and Schön 1994: 320). 본 장의 이전 버전에 대한 논평에서, 아델만(Adelman 2015)은 다음과 같은 논점을 확장한다.

> [허슈먼]은 당신이 알다시피 확실히 "이론"을 싫어했다. 그리고 당신은 그가 이것을 숨어 있는 손의 이론이라고 부른다고 계속 주장하고 있다. 핵심 단어는 원칙이며, 고전 정치 경제의 발견적 학습 유형에 훨씬 더 부합한다. 그는 시간과 장소를 넘나드는 인과관계를 추구하지 않기 때문에, 그의 '원칙'이 많은 경우에 적용되지 않는다는 것을 충분히 인정하게 될 것이다.(원문에서 강조)

유사하게, 선스테인(Sunstein 2015: 1, 4)은 허슈먼이 이론 개발을 넘어 실제 실행의 "설명적인 묘사"를 강조하면서, "사실상 시험 가능한 가설을 제시하는 것이 아니라 메커니즘의 묘사로 대신하기 때문에" 그는 "표준적인 경제학자가 아니다"라고 강조하였다.

아델만이 "이론"을 먼저 사용한 후에 허슈먼이 정립한 키워드가 "원칙"이라는 것은 옳았다. 그러나 아델만이 그 원리가 이론이 아니고 허슈먼이 이론에 반대했다는 것은 틀렸다.[9] 허슈먼(Hirschman 1994: 277-8)은 그 자신이 후자의 요점에 대해 직접적이고 일관되게 말하였다.

> 나는 (…) 패러다임과 이론화에 반대하지 않는다. 나는 내가 (…) "공급 효과" (…)에서(…) "불균형 성장" (…) 까지 "터널 효과" (…) 에 이르기까지 꽤 많은 이론적 개념을 생각해냈다고 주장하기를 좋아하기 때문이다. 그래서 "비이론적" 또는 "반 이론적"으로 분류된다면 나는 약간 신경이 쓰인다.(Hirschman 1994: 277-8)

같은 취지에서 허슈먼은 자신의 "**이론적 성향**"에 대해 노골적으로 말하고, 그의 "개발 **이론**에 대한 기여"에 대해 명확하고 자기중심적인 것처럼, 자신의 작품을 "유용한 **이론**을 구축하는 특징"을 가지고 있다고 묘사한다 (Hirschman 1994: 278, 강조가 추가되었다). 그러므로 허슈먼이 자신의 이론을 실행한다고 보았다는 것과 이론화에 반대하지 않았다는 것은 의심할 여지가 없다.

허슈먼이 이론에 반대했다는 오해는 세 가지 출처에서 나온 것 같다. 첫째, 오페(Offe 2013: 588-9)가 관찰한 바와 같이 허슈먼은 "이론화의 허무성에 관한 이론"을 만드는 역설적인 위업을 달성한 것으로 보인다. 허슈먼은 세계에 대한 이론들이 실제로 이해와 효과적인 행동에 장애가 될 수 있다고 이론화했다. 이런 의미에서 허슈먼이 이론에 반대한다는 것은 아델만 등의 말이 맞았다. 그러나 그는 일반적인 이론이 아닌 요약본과 같은 종류의 이론은 반대한다. 그리고 이것은 오페에 의해 올바르게 지적된 것처럼 허슈먼 자신의 작품을 비이론적으로 만들지는 않았다.

둘째, 허슈먼이 작은 것 사상에 집중한 것은 이 특정에 초점을 맞추는 것이 일반과 이론, 특히 큰 것 이론에 초점을 맞추는 것에 반대한다는 견해를 갖게 된 것으로 보인다(Adelman 2013). 허슈먼은 "특정 사항과 일반 사항 사이의 반대는 존재하지 않는다"고 명확히 했다. "보통 특정 부분의 몰입은 일반적 사항을 찾아내는데 필수적이다"라고《관찰된 개발 프로젝트(Development Projects Observed)》의 서문에서 언급했는데, 이는 둘 사이의 반대 사항을 제거하였다(Hirschman 1967a: 3). 허슈먼은 생각이 너무 정교해서 둘 사이에서 둘 중 하나라는 단순한 이분법으로 적용할 수 없었다. 대신에 그는 오래되고 근본적인 현상학적 통찰력을 따랐는데, 그 작은 질문들은 종종 큰 해답으로 이어지며, 따라서 학자들은 가능한 한 상세하고 일반적인 일을 동시에 할 필요가 있다는 것이었다. 그러한 접근은 작은 것과 큰 것의 반대를 무시한다. 그리고 이 사고방식에 따르면 하나는 다른 하나를 배제하는 대신 다른 것으로 이어지며, 그래서 허슈먼은 **작은 것의 사상**과 이론을 모두 강조하였다(Flyvbjerg 2001: 133-4).

셋째, 이론의 서로 다른 두 가지 용도인 설명과 설계에 관한 문헌에 혼동이 있다. 설명에 대한 이론의 사용은 허슈먼이 앞에서 말한바와 같이, 그는 이 일에 대해 아무런 문제가 없었고, 자기 자신에게도, 다른 사회과학자들에게도 문제가 없었는데, 말할 필요도 없이, 몇몇 이론들이 다른 이론들보다 더 잘 설명된다는 것을 제외하고는 말이다. 법률과 같은 사상이 사회적 행동, 또는 심지어 사회질서를 규정하고 계획에 사용되는 설계에 대한 이론의 사용은 별개의 문제다. 허슈먼은 전문가 또는 혁명가에 이끌어진 그러한 사회공학은 대단히 문제가 많고 실패할 수 밖에 없다고 보았다. 그는 특히 개발 정책에 있어서 이런 방식으로 사용되는 이론에 반대했다. 그러나 이 장에서는 이론에 초점을 맞추고 있으며, 숨어 있는 손의 원칙이 진실 주장과 인과관계 메커니즘 이론이 되도록 허슈먼에 의해 매우 많이 발전되었다.

예를 들어, 우리는 허슈먼(Hirschman 1967a: 13, 15)이 숨어 있는 손의 원리를 구체화하면서 "사람들은 일반적으로 어려운 점들이 없다고 잘못 추정하기 때문에 그리고 그 업무는 전체 비용이 과소평가되고 결과적으로 투자 결정이 활성화되어 밝혀질 것 보다 더 용이하고 더 관리하기 쉽다고 보이기 때문에 새로운 일에 착수하고 뛰어들게 된다"고 주장하는 것을 보았다. 이 중심적인 진술은 새로운 프로젝트를 시작할 때 사람들이 어떻게 행동해야 하는지에 대한 진실된 주장이고, 그것은 시험될 수 있는 인과관계 메커니즘("때문에", "결과적으로")과 주장을 모두 설명한다. "전형적으로"라는 단어와 함께, 허슈먼은 분명히 묘사된 행동을 더 자주 적용하는데, 이것은 나중에 논의된 바와 같이 경험적으로 시험될 수 있는 구체적인 주장이다. 나중에 논의된 "비용이 과소평가 된다"는 진술도 마찬가지다. 이러한 진리 주장에서 이론화, 설명, 가설 실험과 다른 주장은 없는데, 이런 의미에서 숨어 있는 손의 원리는 하나의 이론이다. 그것은 시험이 가능하다고 예측하고 설명하고 있다. 그러므로 아델만, 선스테인 등이 허슈먼의 이론화에 대한 명백한 주장을 부인하는 것은 잘못되고 솔직하지 못한 것이다. 그의 이론이 타당한지 아닌지는 또 다른 의문이다. 그러나 아델만과 선스테인은 허슈먼이 전통적인 실증적 가설 시험 경제학자가 아니라는 것은 옳았다. 그는 너무 영리해서, 현상학, 사례연구, 많은 설명, 서술의 힘을 이해했다.

아델만과 선스테인 역시 각각 숨어 있는 손의 원리를 "발견적 학습"이나 "메커니즘"으로 감소시키고자 하는 것은 잘못된 것이다. 발견적 학습은 특정 제한된 상황에서 작동하는 일반적인 적용가능성에 대한 주장이 없는 경험적 추측이나 지식에 의한 추측이다. 이것은 숨어 있는 손의 원리에 대한 매우 겸손한 해석이다. 우리는 허슈먼이 그 원칙이 일반적인 것이라고 거듭 강조했고, 프로젝트 유형과 지역 전반에 걸쳐 적용된다는 것을 보아왔다. 그러나 허슈먼이 "모든" 시간과 장소를 걸친 인과관계를 추구하지 않는다는 것이라는 아델만의 의견은 옳았다. 그러나 모든 시간과 장소에 적용되는 사회과학 이론은 거의 없기 때문에(Flyvbjerg 2001), 이것은 사회과학의 다른 연구보다 이론이 약한 숨어 있는 손을 식별하기 위한 유용한 기준은 아니다. 허슈먼(Hirschman 1967a: 13, 16-17)은 숨어 있는 손이 "전형적으로" 적용된다고 명시적으로 말하고 있으며, 그 적용 방법(비용/어려움과 혜택/문제해결 능력에 대한 "이중 과소평가")에 대해 설명한다. 이것은 이론으로서의 자격을 충분히 갖출 수 있고, 그것은 발견적 학습 그 이상이다.

아델만, 선스테인 등은 허슈먼이 표준 경제학자가 아니라고 하는 것이 옳다고 하더라도, 그를 주로 기존 경제학자들이 간과하거나 말해도 지나치지 않는 이야기를 밝히거나 설명하는 "소설가"로 묘사하는 것은 잘못된 것이다(Krugman 1994: 287). 허슈먼 역시 이것에 동의하지 않을 것이다. 그는 다음과 같은 방식으로 이와 같은 의견을 명시적으로 거부한다.

> 나는 (…) 더 체계적인 (이론적인) 경제학자나 사회과학자들이 간과해 온 것을 파악하고 밑거름이 되는 것에 주로 관심이 있는 사람으로서 (…) 내가 묘사되는 것에 전적으로 동의할 수 없다(Hirschman 1994: 278).

또한 허슈먼에 대한 이러한 묘사는 선스테인이 그를 초기 행동경제학자로, 행동경제학의 작품으로《관찰된 개발 프로젝트(Development Projects Observed)》를 묘사하는 것과도 상충된다(Sunstein 2015a: 4). 행동경제학은 모두 이론화와 가설의 시험에 관한 것이다. 그래서 허슈먼을 이 경제학의 특정 브랜드라 주장하면서 동시에 그를 가설 실험에 관심이 없는 "이야기꾼"이라고 부르는 것은 자기모순처럼 보인다.

마지막으로 아델만과 선스테인은 숨어 있는 손의 원리를 시험할 수 없다고 말하는 것은 잘못된 것이다. 그러한 시험이 허슈먼의 주된 관심사가 아니었다는 것은 옳을 수도 있지만, 숨어 있는 손의 진실한 주장이 시험을 받지 않을 수도 또는 받지 않아야 된다는 것을 의미하는 것은 아니다. 그리고 아마도 우리가 보게 될 것처럼 허슈먼은 이것에 더 관심을 기울였어야 했다. 다음에 논하는 것은, 이 장의 도입부에서 언급된 세 가지 시험으로, 그러한 시험이 가능하다는 것을 알 수 있을 것이다. 그 첫 번째는 숨어 있는 손 시험의 전형적인 사례는 시드니 오페라 하우스이다.

8.6 시드니 오페라 하우스 — 숨어 있는 손의 전형적 사례

숨어 있는 손의 원칙은 시드니 오페라 하우스의 경우 모범적으로 적용되는 것으로 가정되어 왔다. 오페라 하우스는 1973년에 설립되었고, 당시와 지금, 사람들은 숨어 있는 손의 논리가 이 프로젝트를 실현하는 데 결정적이었다(전체 경우는 Flyvbjerg 2005a 참조)고 기록하고 있다. 뉴사우스웨일스 주 수상인 조 케힐은 재선 출마를 하고 암 투병 중이었는데, 오페라 하우스의 초기 예산을 국회에서 승인받기 위해 고의로 낮게 추정하였는데도 윌리 브라운과 로버트 모세와 같이 사과를 하지 않았다. 케힐은 사람들에게 "나는 당신들이 베넬롱 포인트[오페라 하우스 현장 위치]로 내려가서, 내 뒤를 잇는 사람이 이것을 완성하는 것을 아무도 막지 않을 정도로 발전하기를 바란다."[10] 고 말했다. 아니면 윌리 브라운의 말에서, 다시 "그 생각은 시작하는 것이다. 착공 시작하자."는 말 그대로 그들이 시드니에서 한 것은 그들이 건설할 것을 그리기도 전에 그들은 그것을 시작하였다. 로버트 모세와 마찬가지로 케힐도 구속적인 상황과 몰입 상승효과에 능하였다. 사람들은 또한 이것이 좋은 것이라고 말하고 있다(Skaburskis and Teitz 2003). 따라서 오페라 하우스는 허슈먼이 숨어 있는 손의 혜택에 대해 옳다는 것을 증명하는 원형인 숨어 있는 손 원리의 전형적인 사례로 보인다. 여기서 우리는 이 해석이 문제의 사실에 의해 입증되는

지 여부를 시험한다.

시드니 오페라 하우스는 처음에 700만 호주달러의 비용이 들 것으로 추정되었지만, 실제로는 1억 200만 호주달러의 비용이 들었고, 예상보다 10년이 더 걸렸다.[11] 1,400%의 비용 상승은 엄청난 정치적, 재정적 문제를 야기시켰지만 결국 건물이 완공되었고 시드니, 뉴사우스웨일스, 호주, 그리고 전세계에 보물로 밝혀졌는데, 그 혜택은 비용을 훨씬 능가하는 것으로 보인다. 2007년에 오페라하우스는 유네스코 세계문화유산으로 지정되었는데, 이는 이집트의 피라미드와 타지마할과 동등한 지위를 획득한 세계 최연소 건물이다. 확실히 이건 성공 이야기이고, 수행된 숨어 있는 손의 전형적 모델이다. 그리고 분명히 오페라 하우스가 종종 숨어 있는 손의 논리를 방어하고 확인하는 데 사용된다는 것은 정당화된다.

스카버스키스와 테이츠(Skaburskis and Teitz 2003: 439)는 비용 과소평가와 비용초과 여부에 대한 일반적인 논쟁에서 시드니 오페라 하우스를 예로 들어 다음과 같이 질문한다.

> 사람들은 정말로 시드니 오페라 하우스가 예산 내에서 건설될 것이라고 생각했는가? 아니면 우리 모두가 정말 원하는 일이 일어나도록 하기 위해 그 속임수를 받아들이고 희망적인 사고를 하는 데 동의했는가? (…) 호주 사람들은 그 항구의 극적인 돛들을 정말 후회하는가? 아니면 그들은 비용에 대한 공정한 예측에 기초했을 가장 합리적인 [건설하지 않기로 한] 결정을 더 후회했을까?

이것이 가장 분명하고 가장 유혹적인 숨어 있는 손의 논리다. 이런 질문들에 대해, 특히 시드니에 가서 오페라 하우스의 우아함과 장엄함을 목격한 사람이라면, 누가 부정적인 대답을 하겠는가? 그러나, 그 미사여구를 시험하는 것을 강조하자.

물론 돌이켜 보면, 호주 사람들은 시드니 오페라 하우스를 후회하지 않는다. 그것은 다른 것들과 달리 호주를 세계 지도에 올려놓았고, 호주가 문화적으로 뒤떨어진 것으로 알려진 오명을 벗어나는 데 도움을 주었다. 이 과정에서 매년 700만 명 이상이 방문하는 등 건물 비용을 크게 웃도는 관광 달러가 쏟아져 나왔다. 그러나 처음에는 이 건물을 "항구의 극적인 돛"이라고 부르지 않았다. 이것은 사실상 사후의 미적 합리화다. 건물의 설계와 건설 기간 동안, 여러분은 형편없는 건축가에 의해 설계된 "백색 거북이와 결합하는 것" 또는 "아무 좋은 생각 없이 바다에서 기어나오는 것"으로 묘사되는 미학을 공개적으로 보게 될 것이다(Reichold and Graf 2004: 168).

건축가에 대해 말하자면, 그가 20세기의 가장 상징적인 건물을 설계했다는 점에서 놀라운 일이며, 그의 이름을 아는 사람들은 거의 없다.[12] 그리고 만약 사람들이 그 이름이 존 우트존이라는 것을 안다면, 그들은 일반적으로 그가 디자인한 다른 건물의 이름을 말할 수 없다. 시드니 오페라 하우스의 비용초과와 이에 따른 논란으로 우트존의 명성과 경력은 무너지고 더 많은 걸작들 건설은 중단되었기 때문이다. 그는 오페라 하우스의 문제들로 희생양이 되었고 하나의 건물 건축으로 건축에서 가장 비극적인 인물이 되었다.[13] 이것은 시드니 오페라 하우스의 실제 "후회"와 실제 비용이다(Flyvbjerg 2005a). 이 건축적, 미적 비극의 차원을 측정하기 위해, 사상 실험은 우트존과 같은 수준에 있다고 동료들에 의해 판단되는 건축가 프랭크 게리의 수집된 작품을 고려한다. 그렇다면 당신이 하나만 선택할 수 있다면, 어느 게리 건물을 선택할지, 나머지는 건설해야할 지를 고려해야 할 것이다. 이것은 뉴사우스웨일스 정부가 의도적으로 숨어 있는 손의 게임을 하고 그것에 의하여 시드니 오페라 하우스의 계획과 건설을 잘못 관리함으로써 부과한 높은 가격을 보여 준다.

피치오토(Picciotto 1994a: 221-2)가 관찰한 바와 같이, 숨어 있는 손은 그들이 원하는 것을 얻기 위해 강력한 위치에 있는 사람들이 사용하는 능란한 손놀림으로 모두 너무 쉽게 변한다. 이것이 시드니에서 일어난 일이다. 사물의 표면에서만 시드니 오페라 하우스가 숨어 있는 손의 전형적인 사례처럼 보인다. 표면 아래를 파보면 오페라 하우스가 정반대라는 것을 알 수 있다. 그것은 20세기의 가장 재능 있는 건축가 중 한 사람의 경력과 작품에 대해 파괴적인 숨어 있는 손에 의해 관리됨으로써 얻을 수 있는 비참한 결과의 전형적인 경우다. 시드니는 중요한 점을 지적하고 있다. 숨어 있는 손에 의한 관리는 위험하고 파괴적이며, 때로는 과격하고 예기치 못한 방법으로, 그리고 숨어 있는 손은 모든, 또는 심지어 대부분의 어려움을 숨길 만큼 충분하지 않다. 허슈먼이 연구한 몇몇 프로젝트는 시드니 오페라 하우스보다 훨씬 더 비참한 결과를 초래했으며, 곧 알게 되겠지만, 이것들은 우리가 읽어보아도 결코 이해할 수 없을 것이다.

8.7 숨어 있는 손의 유효성

시드니 오페라 하우스와 같은 사례에 대해 잘 설명하지 못하는 것 외에도, 숨어 있는 손은 샘플링과 데이터 수집의 보다 근본적인 수준에서 학문적 타당성에 해로운 영향을 끼치는 결함이 있다. 자세히 보면 허슈먼의 아이디어는 매우 적은 수의 관찰과 편향된 데이터에 기초하고 있다고 나타난다. 허슈먼은 4대륙에 분포하는 단지 11개의 개발 프로젝트만을 연구하였다(Hirschman 1967a: 2-3).[14] 우리가 보게 될 것처럼, 그것은 우리가 도출한 광범위한 결론을 뒷받침하기에는 너무 한정된 데이터 집합이다. 그러나 허슈먼의 적은 표본 크기는 일반적으로 2차 문헌에서 무시되거나 감추어져, 숨어 있는 손의 경험적 토대는 견고하다는 인상을 남겼다. 이것은 왜냐하면 흔히 있는 일이지만 2차적인 문학은 주요 출처보다 더 많은 독자를 끌어들였기 때문에 통념으로 자리 잡게 되었다. 예를 들어 엘스터(Elster 1983: 158)는 허슈먼이 숨긴 손을 지지하기 위해 "수많은 사례 연구"를 했다고 했고, 카티노(Catino 2013: 62)는 허슈먼이 "분석한 많은 프로젝트"에 대한 원칙에 바탕을 둔다고 했다. 다른 저자들은 허슈먼이 연구한 프로젝트들을 "수많은"(Cracknell 1984: 17), "일련의" (Alacevich 2014: 139), "다양한"(Lepenies 2008: 450)으로 완곡하게 표현함으로써 표본 크기의 문제를 애매하게 했거나, 클리트가드(Klitgaard 1997:1963)와 같이 표본 크기 언급 없이 그의 결과를 단순히 보고하였다. 일단 어떤 이론이 일반적으로 받아들여지고 널리 인기를 끌게 되면, 분명히 높이 평가되는 학자들조차도 그것을 시험하지 않는 것은 말할 것도 없고, 그 경험에 근거하여 확인하고 보고하는 데 노력하지 않는다는 사실은 흥미롭다. 숨어 있는 손에 관한 문헌의 전형인 그런 글들을 바탕으로 독자들은 숨어 있는 손의 경험적 토대가 건전하다고 믿게 되었다. 주요 출처로 돌아가서 확인하는 것이 독자가 사실 어떤 학문적 작업에 있어서 가장 기본적인 이슈, 즉 타당성과 신뢰성의 관점에서 큰 물음표가 숨어 있는 손의 원칙에 어렴풋이 감지되고 있다는 것을 알 수 있을 것이다.

허슈먼이 그의 적은 프로젝트 샘플에서 발생할 수 있는 문제들에 대해 경고를 받지 않았다는 것은 아니다. 전술한 바와 같이, 표본에 있는 프로젝트들은 모두 세계은행으로 부터 자금 지원을 받았고, 허슈먼은 그 프로젝트들을 선정하는 데 있어서 관계자들과 협력했다. 세계은행은 초기에 이 연구에 큰 기대를 걸었으나 제안된 샘플을 보고 몇몇 은행 관계자들이 회의적이 되었다. 은행의 경제학자인 로버트 F. 스킬링스는 "매우 적은 표본으로 피할 수 없이 추진되는 무작위 요인의 문제"에 대해 명시적으로 경고했다(Adelman 2013: 388). 다른 관계자도 유사하게 "약 300개 중 12개의 프로젝트와 같은 적은 샘플이 유효한 일반적 결론을 도출하기에 충분할 것인지 아닌지" 궁금해했다 (Alacevich 2014: 147). 그러나 허슈먼은 각 프로젝트의 현장을 직접 방문하여 인터뷰와 관찰했는데, 이것으로 큰 규모의 샘플은 비현실적이 되었다. 초기의 비평에도 불구하고, 그는 그의 11개 프로젝트를 지속하였으며, 이것은 그 작업에 대한 대중의 호소와 긍정적인 반응으로 다시 침묵이 흘렀다.

샘플링 문제 외에도, 허슈먼의 숨어 있는 손 연구와 관련된 두 번째 문제는 편향된 데이터 수집이다. 아델만(Adelman 2013: 388)은 이 연구의 배후에 있는 "현장 기록의 풍부함"을 체계적으로 경험했다. 그는 그 기록들이 "기본적인 혼란의 강한 인상"을 담고 있다는 것을 발견했다. 많은 프로젝트들이 특이해 보였기 때문에 허슈먼은 분명히 "그의 관찰을 이해하려고 애쓰고" 그리고 "그의 노력을 분명히 하는 데 어려움을 겪고 있었다", 반면 허슈먼은 "다소 포괄적인 필법"으로 특이성이 무시되기를 원했다(Adelman 2013: 388, 396). 어떤 사람들은 데이터 수집의 혼란스러운 상태 때문에 질서와 광범위한 필적에 대한 허슈먼의 욕구가 정확히 강하게 되었다고 추측할 수 있다. 어쨌든, 숨어 있는 손의 원칙은 결국 주된 광범위한 필적이 되었다.

허슈먼의 노트에 따르면, 그가 인터뷰한 많은 프로젝트 매니저들의 "진행 중인 주제"는 그들의 프로젝트가 "실패한" 것이었다(Adelman 2013: 389). 그러나 노트와 저서에 의해 판단하면 "증인보다 더 희망적인 경향이 있었고", 정보원들의 좌절에도 불구하고 효과가 있는 것들을 찾으라고 고집했다. 아델만(Adelman 2013: 392)은 "밝은 전망을 확인하는 것은 허슈먼의 직업적 습관이 되어가고 있었다"고 밝혔고, 허슈먼의 잘못된 접근방식은 그의 편견이 체계적으로 문제화되고 유효성 검사를 받은 적이 없다는 것을 의미했기 때문에, 직업적 위험에 더해질 수 있다. 그 대신, 허슈먼의 낙관주의는 데이터 수집을 통해 증명되지 않은 상태로 남았고, 아델만(Adelman 2013: 393)의 기록보관소에 대한 상세한 분석에 따르면 그것은 "그의 눈을 멀게 했다," 그리고 "놀랍고 긍정적인 효과에 대한 그의 소망은 그가 보고 들은 것을 압도했다,"고 나타났다.[15] 피코토(Picciotto 1994b: 303)도 마찬가지로 허슈먼에게 있어서 주요한 문제와 다른 체계적 어려움을 포함한 개발 과정은 "낙관주의와 낭만주의에 싸여 가려져 있었다."고 보고 있다. 현재의 저자의 견해에 따르면, 학자가 다른 사람들이 실패한 것에서 성공을 찾는 것은 아마도 독창적인 것으로 완전히 합법적일 수 있다. 그러나 학자는 자신의 접근법을 개방하여 다른 사람들이 그것을 시험할 수 있도록 해야 한다. 그러나 허슈먼은 그렇게 하지 않았다. 어떤 이유로든 의도적이든 아니든 간에 허슈먼은 편향된 데이터 수집을 감추고 있었는데, 그 결과 숨어 있는 손은 그가 연구한 프로젝트의 속성인 것처럼 보이게 되었고, 사실 그의 편향된 속성과 그의 데이터로부터 "그가 뽑은 이야기"가 결국 숨어 있는 손의 이야기가 되었다(Adelman 2013: 394). 이 분석에 따르면, 그의 현장 노트에서 나타난 것과 같이 숨어 있는 손의 낙관론은 저자의 낙관이며, 심지어 허슈먼이 자신의 증거도 아닌 증거에 의해 정당화되지 않는 것이다. 오페(Offe 2013: 588)는 예상되지 않은 도전 사항이 성공에 따른 창의적인 해결책의 기회를 제공하는 허슈먼의 낙관적인 개발 모델로 나치 독일로부터 탈출하여 프랑스, 영국, 이탈리아, 스페인, 미국에서 이민을 경험한 그의 "자신 인생 경험의 거울 이미지"라고 보고 있다. 오페는 이러한 개인적 경험이 허슈먼의 학문적 작품에서 만연된 낙관주의의 근본 원인이라고 추측한다.[16] 허슈먼(1971) 자신의 표현에서, 이것이 후기 책들 중 하나의 제목이 될 정도로 그는 "희망에 대한 편견"을 가지고 있었다.

예일대 정치학자인 찰스 린드블롬은 일찍이 허슈먼과 현장 연구에 동행한 적이 있는데 그의 접근방법의 위험성을 그에게 경고했다(Adelman 2013: 396). 브루킹스 연구소의 월터 살란트도 허슈먼에 대해 그의 분석이 "그들을 해결할 수 있는 어려움과 능력이 과소평가된 경우"만을 다룬다는 점에서 일방적이라고 지적하였다(Adelman 2013: 404). "어려움이 과소평가되고 해결 능력이 과대평가되는 경우는 어떤 경우인가?" 라고 살란트가 물었다. 그의 답변에서, 다시 한 번 허슈먼은 사적으로, 이것이 문제라는 것에 동의했고, 그는 숨어 있는 손이 위험을 회피할 방법을 보여주기 위해 "예상하지 못한 성공을 강조"하고 싶었다고 인정했다(Adelman 2013: 405). 성공에 대한 허슈먼의 강조는 앞서 설명한 창의적 오류에 대한 소이어의 선택적 샘플링과 유사하며, 소이어가 성공을 위해 샘플링을 했다는 것을 완전히 명확히 한 반면, 허슈먼은 이를 소이어의 작업과 자신의 작업 모두를 위해 감추었다. 허슈먼은 이런 식으로 자신의 연구와 소이어의 연구를 잘못 표현한다. 소이어가 편견된 샘플링 문제에 대해 얼마나 강조했는지를 볼 때, 그의 글 3분의 1을 사용하여 그것을 설명하는 것을 보면, 어떻게 허슈먼이 이것을 우연히 간과할 수 있었는지

보기 어렵다. 그 누락은 의도된 것 같다. 허슈먼(Hirschman 1967a, 1967b)은 어디에도 편향된 데이터 수집에 대한 언급을 하지 않아, 허슈먼의 숨어 있는 손이 그의 데이터를 연구하여 얻은 경험적 후 발견이라는 환상을 남기고 있는데, 이는 실제로 숨어 있는 손을 긍정하는 관찰만을 포함하여 데이터가 어떻게 수집되었는지에 대한 방법론적 가공품일 경우를 후세가 받아들이는 것이다.

이 점에서, 《관찰된 개발 프로젝트(Development Projects Observed)》(Hirschman 1967a)의 원문에서 그리고 《공공 이익(the Public Interest)》(Hirschman 1967b)의 수정분에서 숨어 있는 손이 표시되는 방식이 거의 감지할 수 없는 차이를 주목하면 흥미롭다. 이 책에서 허슈먼(Hirschman 1967a: 7, 14)은 지나가는 말로 숨어 있는 손을 "사색적"이고 단지 어느 점에서 유용하다고 할 때, 이전에 확인된 몇몇 약점에 대해 약간 회피하는 것처럼 보인다. 그 책은 "탐험, 실험"이라고 말한 토머스 셸링(8.1절 참조)에 대한 그의 사적인 언급에도 같이 적용된다. 허슈먼의 입장에서 보면 다소 솔직하지 못하고, 방법론적으로 타당하지 않아 보일 수도 있는데, 그는 자신의 작품을 실험으로 여기지만 독자들에게 말하지 않았다. 그는 비록 그의 낙관론에서, 그가 이것을 탐구하거나 심지어 언급하지도 않았더라도, 숨어 있는 손이 약점이 있을 수 있다는 것을 알고 있었고, 그의 동료들에 의해 알려진 것처럼 보인다. 그러나 《공공 이익》에서 이 부분은 완전히 편집되어 있다. 초기의 발행 부수가 많았기 때문에 이 글은 숨어 있는 손의 독서를 지배하게 되었고, 그 성공 이후부터 허슈먼과 그의 독자들 모두 처음에는 일부의 의구심이 빠르게 무시되었다. 즉 아담 스미스 등 위대한 경제학자들의 전통적 경제론의 일반적인 원칙을 주장하고 싶은 유혹은 불충분하고 편향된 자료에도 불구하고 허슈먼에게는 분명히 너무 컸다. 아이러니하게도, 나중에 작은 이념에 헌신하고 웅대한 이론을 싫어하는 것으로 알려지게 될 그 학자는(Adelman 2013: 115-16), 이 시기에 부끄러운 기색 없이 "숨어 있는 손"의 원리를 공식화하여 홍보하였다.

폴 크루그먼은 허슈먼을 "평범한 영어의 풍부함"에 의해 "사람들을 유혹"하는 "소설가"라고 일축한다(Krugman 1994: 287; Rodwin 1994: 11). 이것은 가혹한 평가로, "허슈먼은 '이야기꾼' 이상"이라고 주장하는 텐들러(Tendler 1994: 289)에 의해 반박되었다. 로드윈(Rodwin 1994: 11)은 크루그먼의 비판을 그의 패배로 규정했는데, 이는 크루그먼이 자신의 주장을 논쟁하기 위해 광범위한 스토리텔링을 사용했기 때문이다. 사실상 방법론적 일관성의 관점에서 뒷받침되지 않는 스토리텔링을 거부하기 위해 스토리텔링을 사용하는 것은 말할 필요도 없다. 그러나 크루그먼과 텐들러의 관점은 둘 다 "스토리텔링"이 사회과학의 이류 방법론이라는 잘못된 가정에 바탕을 두고 있다. 그러나 많은 사람들에게 스토리텔링, 즉 서술은 사회과학자들의 도구상자에서 가장 강력한 방법 중 하나이며, 크루그먼도 정말 중요할 때 그것을 사용하는 이유이다. 각 사회과학 분야의 가장 귀중한 고전이 스토리텔링에 바탕을 두고 있다는 사실을 목격하라(Flyvbjerg 2001). 그러나 스토리텔링은 많은 방법 중 한 가지에 불과하며, 다른 방법처럼 잘하거나 잘하지 못할 수도 있다. 허슈먼의 문제는 그런 식으로 이야기하는 것이 아니다. 문제는 나쁜 스토리텔링이다. 만약 허슈먼이 샘플링, 자료수집, 분석에서 타당성과 신뢰성에 대한 정상적인 사회과학 표준을 준수했다면, 그는 그의 관찰에 대한 타당하고 신뢰할 수 있는 이야기를 만들어냈을 것이다. 대신에 그는 연구의 기본 규칙을 위반했고, 그 결과 무효하고 신뢰할 수 없는 연구가 산출되었다. 이 정도까지 크루그먼의 비평은 정당하다. 그러나 이것은 허슈먼의 작품이 나쁜 이름을 이야기하는 유형이라 할지라도, 스토리텔링과는 아무런 관련이 없다. 대신 그것은 어느 방법론에 적용되는 쓰레기 입력과 쓰레기 출력에 모든 관련이 있다.

선스테인(Sunstein 2015a: 5)은 2015년 발간된 《관찰된 개발 프로젝트(Development Projects Observed)》의 서문에서 허슈먼의 저서인 "불편한 읽을거리"는 통계학자들이 종속 변수에 대한 표본 추출이라고 부르는 오류를 범했음을 나타낼 것이라고 지적했다. 선스테인은 당연히 그의 고전적인 글의 서문에서 허슈먼에게 자비심을 베풀어야 한다. 그러나 나는 허슈먼의 잘못을 지적하는 것은 자비롭지 않은 독서가 아니라 정확하고 균형 잡힌 독서가 될 수 있으며, 이 오류는 허슈먼의 연구를 학문적인 관점에서 무효하게 될 것이라고 제안하고 싶다. 그러나 선스테인(Sunstein 2015a: 4)은 허슈먼을 초기 행동경제학자로 해석하고, 행동경제학에서의 작품으로 숨어 있는 손의 출판을 늘려나갔다. 허슈먼의 방법론은 주류 행동경제학에 비해 너무 정밀하지 않고 그의 데이터는 너무 품질이 낮다. 더욱이 과신이나 편견을 결과에 부정적인 것으로 보는 행동경제학자와는 달리, 허슈먼은 편견의 긍정적인 측면을 강조하는데, 왜냐하면 과신과 낙관주의가 그의 사고방식에 있어서 숨어 있는 손을 촉발시키는 것이기 때문이다. 따라서 우리는 허슈먼을 초기 행동경제학자의 본보기로 보는 대신, 그를 행동경제학자들이 연구해야 할 사례로 볼 수 있다. 낙관주의적 편견이 정책과 사업뿐만 아니라 학문적으로도 얼마나 해로울 수 있는지를 보여주는 사례이다. 허슈먼은 편견의 연구자라기보다는 피해자였다.

예측하지 못한 난제가 발생할 때 문제를 해결하는 능력이 심지어 최선의 전략, 개략적 계획 및 비용 혜택 분석보다 대규모 위험적 사업의 성공에 더 중요하다는 허슈먼의 견해에 공감할 수 있다. 그러나 숨어 있는 손으로 허슈먼은 이것을 경험적 시험을 위한 질문으로 만드는 대신, 필요할 때 문제 해결 능력이 촉발될 것이라고 낙관적으로 가정한다. 이것이 허슈먼의 주된 오류이다. 그는 경험적 현실에 대한 자신의 낙관적인 견해를 잘못 알고 전달했다. 만일 그가 다음과 같이 주장한다면 모든 것이 잘 되었을 것이다. (i) 프로젝트의 적은 샘플 연구에 기반하여 특정 아이디어를 개발한 것이 숨어 있는 손에 가장 중요하며, (ii) 그의 견해에서 이러한 아이디어가 경제 발전과 대규모 프로젝트의 계획을 이해하기 위해 유용할 수 있다는 것이다. 그리고 (iii) 작은 표본 크기 때문에 그리고 성공을 강조하기 위해 의도적으로 데이터를 수집했기 때문에, 더 넓은 프로젝트 모집단에서 아이디어가 얼마나 자주 그리고 어디에 적용되는지 알 수 없다. 더 많은 연구가 이것을 명확히 할 필요가 있을 것이다. 이것이 허슈먼이 그의 연구 발표에 대해 정직하고 균형 잡힌 방법이었을 것이다. 그 대신 그는 자신의 생각, 특히 숨어 있는 손을 행동의 일반원리로 지나치게 확장시켰다. 사실은 허슈먼이나 우리나 모두 숨어 있는 손이 실제로 그런 일반적인 원리인지, 아니면 단지 그것이 얼마나 일반적이거나 지역적인 것인지 알고 있지 않다는 것이다. 원칙이 성립된 지 50년이 지난 지금, 아무도 이것을 학문적으로 시험하지 않았다. 이러한 시험은 다음 두 절의 주제이다.

8.8 숨어 있는 손은 실패하는 프로젝트를 구할 수 있는가?

우리는 허슈먼이 11개의 대형 프로젝트의 데이터를 바탕으로 숨어 있는 손의 원리를 발전시킨 것을 보았다. 이제 우리는 2,062개의 프로젝트로 구성된 더 크고 더 많은 데이터 집합에 대해 원리를 시험할 것이다. 허슈먼의 결과가 더 큰 샘플로 복제되는지 여부를 확인할 것이다.[17] 이 데이터는 동종 최대 데이터베이스에서 가져온 것이며, 표 8.1에 나열된 8가지 프로젝트 유형을 다룬다. 그것들은 허슈먼의 적은 표본을 가진 대부분의 프로젝트들처럼 사회기반시설 프로젝트들이다.[18] 데이터 집합의 각 프로젝트에서 두 개의 데이터 접점을 측정했다. 즉, 각각 비용초과와 혜택초과이다. 지리적으로, 이 데이터 집합은 선진국과 개발도상국을 망라한 6

개 대륙 104개국의 프로젝트를 포함하고 있다. 역사적으로 이 자료는 1927년부터 2013년까지 거의 1세기를 다루고 있다. 과거의 프로젝트들은 역사적 경향 분석이 가능하게 포함되었다. 그 자료는 저자와 그의 동료들에 의해 지난 20년 이상 수집되었다. 앞서 설명한 허슈먼의 특이하고 편향된 데이터 수집과는 달리, 이 데이터 수집은 체계적으로 국제 표준을 따랐으며, 따라서 데이터의 품질은 그에 상응하여 더 높다. 데이터 수집과 데이터베이스는 플뤼브비에르 등(Flyvbjerg et al. 2002, 2005a)과 플뤼브비에르(Flyvbjerg 2005b)에 자세히 설명되어 있다.

> 우리가 본 바와 같이, 숨어 있는 손의 원칙은 프로젝트 성과에 관해 다음과 같은 두 가지 주장으로 요약할 수 있다.
>
> 1. 추정된 것보다 높은 프로젝트 비용/어려움은 일반적으로 예상된 프로젝트 혜택/문제 해결 능력보다 더 작을 것이다.
> 2. 프로젝트 위험은 시간이 지남에 따라 감소하는 경향이 있다.

만약 숨어 있는 손 원칙이 맞는다면, 두 주장은 평균적으로 실제 프로젝트 성과에 의해 확인될 것이다. 원칙이 틀리면 그 주장들은 기각된다. 우리는 이제 그 두 주장을 차례대로 시험해 본다.

표 8.1은 허슈먼의 첫 번째 주장에 대한 시험 결과, 예상보다 높은 프로젝트 비용/어려움(비용초과)이 예상보다 높은 혜택/문제 해결 능력(혜택초과)보다 더 클 것이라는 것을 보여준다. 이는 숨어 있는 손의 문제 해결 능력이 예상치 못한 어려움과 비용초과로 인해 실패하는 프로젝트를 구성하는 상황이다. 표 8.1에서 이상적으로 비용과 혜택은 프로젝트의 전체 생애 주기에 걸쳐 측정될 것이다. 그러나 그러한 데이터는 있더라도 거의 이용할 수 없다. 그러므로 국제 협약은 비용/어려움은 건설비용으로, 그리고 혜택/문제해결 능력은 1년 차 혜택으로 측정하는 것이다. 이 협약은 다음을 따른다. 1년 차 혜택은 전체적인 혜택에 사용하기에는 제한적 지수로 보일 수 있으며, 이와 같은 비판을 받아왔다.

그러나 사실, 첫해 혜택은 신뢰할 만한 측정값이며, 만일 우리가 후에 발생하는 데이터에 의존해야 한다면 후의 혜택 데이터의 존재가 희귀해서 혜택 측정은 대규모 표본에 대해 불가능하기 될 것이기 때문에, 사실 이것은 다행스러운 일이

표 8.1 예상보다 높은 비용이 예상보다 높은 혜택보다 작다는 것이 숨어 있는 손의 주장인가? 그 답은 "아니오"이다. 즉 숨어 있는 손은 거부된다(비용 및 혜택초과는 실적을 추정 비용과 혜택으로 각각 나눔으로써 실제적 관점에서 측정된다).

프로젝트 유형	비용초과		혜택초과		p*
	N	평균 사업비 초과 (A/E)	N	평균 혜택초과(A/E)	
댐	243	1.96	84	0.89	<0.0001
BRT+	6	1.41	4	0.42	0.007
철도	264	1.40	74	0.66	<0.0001
터널	48	1.36	23	0.81	0.015
발전소	100	1.36	23	0.94	0.0003
건물	24	1.36	20	0.99	0.01
교량	49	1.32	26	0.96	<0.0001
도로	869	1.24	532	0.96	<0.0001
합계	1,603	1.39/1.43≠	786	0.9 / 0.83≠	<0.0001

*) 혜택이 초과하는 '0' 가정에서 검정의 p 값이 만-위트니 검정을 사용한 비용초과보다 더 크다(p가 적을수록 더 좋다).
+) Bus rapid transit.
≠) 각각 가중 평균과 비가중 평균.

다. 운영이 시작된 후 1년 이상의 추정 혜택과 실제 혜택에 대한 데이터가 유용한 소규모 프로젝트의 경우, 운영 첫 해 동안 추정 혜택보다 낮은 혜택을 갖는 프로젝트는 그 이후에 추정 혜택보다 낮은 혜택을 갖는 경향이 있는 것으로 나타났다(Flyvbjerg 2013: 766-7). 따라서 첫 번째 연도를 혜택 측정의 기준으로 사용하는 경우, 다른 기간을 비교의 근거로 사용할 경우와 같이 식별되지 않을 혜택 측면에서, 프로젝트의 성과가 저조한 것으로 식별되는 오류를 초래하는 경우가 자주 나타나지 않는다.[19]

비용초과는 실제 비용을 추정 비용으로 나눈 값으로 측정한다. 즉, 인플레이션은 고려하지 않는다. 혜택초과는 실제 사용량을 추정 사용량으로 나눈 값으로 측정된다. 예를 들어, 교통 인프라의 교통량과 에너지 인프라의 발전량이다. 추정비용과 혜택은 건설 결정시점에 산출된 추정치(최종 사업 사례)이다. 실제 비용은 기록된 결과비용; 첫해 혜택이 유용하면 첫해 혜택으로서, 실제 혜택 또는 첫해 혜택이 유용하지 않으면 가능한 한 첫해에 가까운 시점의 가치로 측정한다. 예를 들어, 철도 프로젝트의 평균 비용초과는 표 8.1에 1.40으로 나타났는데, 이것은 철도 프로젝트의 실제 비용은 평균 및 실제 조건에서 추정 비용보다 40% 더 높은 것을 의미한다. 철도의 평균 혜택초과는 0.66으로, 이것은 34%의 혜택 부족의 증거로서, 추정 승객의 평균 34%가 실제 열차를 이용하지 못하는 것을 의미한다.

만약 숨어 있는 손의 기본 개념이 옳았다면, 평균 혜택초과는 평균 비용초과보다 클 것이다. 우리는 이것이 철도 프로젝트나 표 8.1의 8개 프로젝트 유형 중 어느 것도 해당 되지 않는다는 것을 보았다. 게다가, 우리는 각각의 프로젝트와 평균적인 모든 프로젝트 유형에서, 혜택초과는 전혀 없지만 그 대신에 혜택이 부족(혜택초과 < 1)한 것을 보는데, 이것은 허슈먼의 주장에 맞지 않을 뿐만 아니라 그것에 정반대로 나타나는 것이다.[20] 표 8.1의 p-값에서 우리는 숨어 있는 손의 기각이 통계적 유의성(p<0.0001, Mann-Whitney test)에 대해 사회현상에 대한 연구에서 거의 찾아보기 어려운 압도적으로 높은 수준에서 적용되는 것을 본다.[21]

결과의 견고함을 시험하기 위해 각 프로젝트의 비용초과 및 혜택초과에 대한 데이터를 모두 사용할 수 있는 327개 프로젝트의 하위 샘플에 대해 동일한 시험을 실행했다.[22] 결과는 유사했다. 이 하위표본의 평균 비용초과는 1.53, 평균 혜택초과는 0.89이다(대형 표본의 경우와 비교하면 각각 1.39과 0.9 이다). 그리고 다시, 혜택초과가 비용초과보다 크다는 허슈먼의 주장은 통계적 유의성에 대해 압도적으로 높은 수준에서 기각되었다(p<0.0001, 윌콕슨 시험과 짝을 이룬 시험). 마지막으로, 우리는 베이지안 모델링을 사용하여 프로젝트 유형과 지리적 영향에 대한 결과를 시험했다.[23] 프로젝트 유형과 지리적 측면에서 유의한 차이점은 거의 없었고, 추정된 비용보다 높은 비용이 추정된 혜택보다 높은 혜택에 비해 크다는 위의 주요 결론에 역행하는 결과도 없었다. 주된 주장이 기각된 곳에서 통계적 유의성이 압도적으로 높다는 점을 감안할 때 이것은 놀라운 일이 아니다.

위의 시험에서 특히 주목할 점은 평균적으로 숨어 있는 손이 제시하는 것과 같이 비용초과보다 혜택초과가 크지 않을 뿐만 아니라 혜택초과가 전혀 없다는 것이다. 대신에 우리는 그 반대로 혜택 부족을 발견한다. 이것은 허슈먼의 숨어 있는 손에 대한 아이디어에서 규모와 신호(+ 대신 -)가 혜택초과에 대해 정도와 방향 모두 잘못되었다는 것을 보여준다. 허슈먼(Hirschman 1967a: 13)이 "두 가지 과소평가"를 통해 낙관적으로 이론화했듯이, 비용초과를 보상하는 혜택을 창출하는 프로젝트 대신에, 실제 평균 프로젝트는 상당한 혜택 부족에 의해 복합적으로 발생하는 상당한 비용초과의 이중고에 의해 손상된다. 이것은 말할 필요도 없이 생존가능성에 좋지 않으며, 만약 프로젝트 규모가 크고 건설 경제가 취약하다면, 브라질과 파키스탄이 그들의 대규모 댐 프로젝트(Ansar et al. 2014)와 2004년 올림픽이 있는 그리스(Flyvbjerg and Strwart 2012)와 같이, 단지 하나의 대규모 프로젝트가 잘못되었을 때 수십 년 동안 국가 경제에 부정적인 영향을 끼칠 수 있다. 이 문제는 공공부문 프로젝트에 국한되지 않는다. 에어버스 A380 점보 제트기의 비용초과, 지연, 수익 부족은 회사를 위험에 빠뜨리고 최고 경영진을 희생시켰다; K-마트는 수조원의 IT 프로젝트가 잘못되어 파산했다. 당신이 필요로 할 때, 숨어 있는 손은 어디에 있는가, 이 프로젝트의 소유주들은 당연히 허슈먼에게 물어봤을 것이다.

선스테인(Sunstein 2015a: 4)은 숨어 있는 손에 "악의 쌍둥이"가 있다고 주장할 때 흥미롭고 유용한 방식을 추가한다. 피코토(Picciotto 1994b: 302)도 비슷하게 "여기에 두 손이 숨어 있을 수 있다"고 관측한다. 하나는 허슈먼이 주장하는 자비로운 숨어 있는 손이며, 다른 하나는 악의 있는 숨어 있는 손으로, "장애와 어려움을 감추고 있지만, 창의성이 나타나지 않거나, 너무 늦게 나타나거나, 어쩌면 세상을 구할 수 없는 상황"이다(Sunstein 2015a: 4-5). 그런 상황에 대해 스트리트엔(Steeten 1984: 116)은 "숨어 있는 손의 원리"에 대해 이야기했다. 허슈먼은 이와 같은 상황이 존재할 수 있다는 것을 부인하지는 않았지만, 그는 두 개의 숨어 있는 손 중 어느 것이 경험적으로 더 흔한 것인지, 즉 자비로운 손과 악의적인 손 중 어느 것이 더 흔한 것인지에 대한 명백한 질문을 시험해 본 적이 없으며, 다른 누구도 마찬가지였다. 이 질문은 허슈먼의 관심사가 아니었고, 대신 그는 자신의 편견에 찬 증거를 11개 세계은행의 프로젝트 근거로 자비로운 손은 전형적이어서 둘 중 더 흔하다고 낙관적으로 주장했다. 그러나, 위에 제시된 자료에 기초하여 우리는 이 주장을 기각해야 한다. 이 자료에 따르면, 예상보다 많은 비용이 예상 혜택보다 크지 않다는 "악의 쌍둥이"인 악의 있는 손이 자비로운 숨어 있는 손보다 3.5:1의 비율로 많다. 그리고 다시 이 기각은 압도적으로 높은 통계적 유의 수준에 적용되며, 이는 단지 자비로운 손의 주장이 얼마나 잘못된 것인가를 나타낸다($p<0.0001$, Mann-Whitney test, 일방적). 허슈먼의 자비로운 숨어 있는 손이 전형적이기는 하지만, 허슈먼이 이론화했듯이, 악의 있는 숨어 있는 손은 프로젝트의 78%에 존재함으로써 지배적이다.[24,25]

숨어 있는 손에 대한 명확한 통계적 기각은 숨어 있는 손이 적용되는 프로젝트가 존재하지 않는다는 것을 의미하거나, 그러한 프로젝트가 소이어(Sawyer 2014)가 입증하고 앞에서 설명한 것처럼 흥미로운 연구의 특별한 사례가 아닐 수 있다는 것을 강조해야 한다.[26] 숨어 있는 손을 기각하기 위해 사용된 데이터 집합에서도, 그것의 기본 생각을 확인하는 프로젝트들을 찾아내는 것은 용이할 수 있다. 예를 들어, 데이터 집합에 있는 독일 칼스루헤-브레튼 경전철 라인은 실제 78%의 비용초과를 보였지만, 158%의 훨씬 더 큰 혜택초과를 보였기 때문에, 숨어 있는 손에 따라 이 프로젝트를 실행할 수 있었다. 마찬가지로 완성 당시 세계에서 가장 긴 현수교인 덴마크 그레이트 벨트 교량은 비용초과 45%와 혜택초과 90%를 결합하여 프로젝트를 다시 허슈먼의 원칙에 맞게 만들었다. 그러나 허슈먼(Hirschman 1967a: 13)이 한 것과 같이 이렇게 데이터를 찾아내고 나서 발견한 것을 일반적인 원칙이라고 부르는 것은 솔직하지 못하다.[27] 데이터를 낚는 것은 응용 통계학에서 가장 오래되고 비윤리적인 트릭 중 하나이다. 그리고 허슈먼은 기존 데이터 집합에서 데이터를 직접 찾아내지 않았지만, 우리는 그의 노트와 사적인 서신을 통해 그가 데이터를 수집하는 동안 독자들에게 말하지 않고 대표적인 것 대신에 성공 사례를 의도적으로 강조했다는 것을 알고 있다. 데이터 낚는 것은 의도적으로 이루어졌고 허슈먼의 글에서 얼버무려졌는데, 그것은 50년 동안 숨겨져 있었다. 이 경우, 크루그먼(Krugman 1994: 287)이 "평범한 영어의 풍부함"에 의해 사람들을 유혹하고 오도한 것에 대해 허슈먼을 비판하는 것은 정당하다. 허슈먼을 관대하게 대하기 위해서, 우리는 다른 진정한 낙관론자와 허슈먼이 앞서 주장했던 것처럼, 그는 분명히 그의 독자들뿐만 아니라 자기 자신까지도 유혹한 것으로 추측할 수 있는데, 이것이 그가 말한 행동경제학을 연구하는 주제라기보다는, 그를 행동경제학자들의 연구 대상으로 더 만들었다고 할 수 있다.

8.9 숨어 있는 손은 시간 경과에 따라 프로젝트 위험을 감소시키는가?

허슈먼의 두 번째 주요 주장은 한 프로젝트에서 다음 프로젝트로 학습하기 때문에 시간이 지남에 따라 위험이 감소될 것이라는 것이다. 우리는 허슈먼이 숨어 있는 손을 "의사결정자들이 위험을 감수하는 법을 배우는 구조"로서 "필수적"이며, 그러므로 "**학습 속도가 빠를수록 좋다**"라고 묘사하고 있음을 보았다(Hirschman 1967a: 28). 특히, 허슈먼에 따르면, 숨어 있는 손를 통해 학습하는 것은 의사결정자들이 허용 가능한 위험과 허용되지 않는 위험을 구별하는 방법을 알아냄으로써 시간이 지남에 따라 위험을 더 많이 감소시킬 수 있게 한다고 한다. 숀(Schön 1994: 69)은 허슈먼의 학습 이론을 연구했고, "학습에 관한 이론은 시간이 지나면서 향상되는 성과를 다루어야 한다. 한 행동 양식에서 다른 행동 양식으로만 악화되거나 단순 이동만 하는 성과는 학습으로서 자격이 안 된다"고 옳게 관찰했다. 숨어 있는 손의 맥락에서, 향상된 성과는, 결과적으로 단기적이 아니더라도 중장기적으로는 비용 위험과 혜택 위험을 감소시켜 시간이 지남에 따라 프로젝트 위험을 감소시키는 것을 의미한다. 데이터가 그러한 감소를 보여 주면, 그들은 숨어 있는 손을 지지한다. 데이터가 감소를 보여주지 않는 경우, 학습이 이루어지지 않아 숨어 있는 손을 기각해야 한다는 결론을 내려야 할 것이다.

그림 8.1은 개방연도 데이터가 존재하는 표 8.1에서 프로젝트에 대한 비용 및 혜택초과를 측정함으로써 비용과 혜택 위험에서의 과거 추세를 보여 준다. 데이터는 1927년부터 2011년까지 서비스된 프로젝트를 포함한다. 만약 허슈먼의 학습에 대한 주장이 옳다면, 시간이 지남에 따라 비용초과가 감소하고 혜택초과가 증가할 것이며, 이는 위험감소와 프로젝트 성과개선을 의미한다. 그림 8.1을 고려하면 뚜렷한 경험적 추세는 나타나지 않는다. 비용초과와 관련하여, 비용초과와 착수연도에 대해 유용한 정보가 있는 1,271개 프로젝트를 모두 사용하는 경우, 비용초과와 시간 사이에 유의한 관계가 발견되지 않기 때문에, 통계 검증은 이를 확증한다(BF = 1.70, 베이시안 시험). 우리가 비용초과, 혜택초과, 착수 연도에 대한 가용 정보를 사용하여 327개 프로젝트를 분석하면, 통계적으로 유의한 연간 약 0.5%의 비용초과가 시간에 따라 감소하는 것으로 나타난다(BF = 134). 후자의 데이터 집합은 1952년부터 2011년까지의 데이터를 포함한다.[28]

혜택초과의 경우, 이 시험은 통계적으로 매우 중요한 경험적 추세로 연간 0.5%의 성능 저하 추세를 보여 주는데, 이는 다시 허슈먼의 주장과는 정반대이다(BF = 799). 이는 혜택초과 및 착수연도에 대한 정보가 포함된 625 프로젝트를 사용한다. 비용초과, 혜택초과, 착수연도에 대한 데이터가 있는 327개의 프로젝트를 사용할 때, 그 유의성은 사라지고 시간이 지남에 따라 아무런 영향도 보이지 않는데, 이것은 다시 허슈먼의 주장과 대치된다. 더욱이, Y 절편값이 1보다 훨씬 작은 0.86 (BF = 17)으로, 그 주장과는 반대로 혜택초과 대신 실제로 혜택부족을 나타낸다.

혜택초과에서 비용초과를 뺀 값의 경우, 시간이 지남에 따라 유의한 움직임은 없지만, Y 절편값은 상당히 부정적으로 유지된다(BF = 2352). 이는 혜택초과가 비용초과보다 일관되게 낮음을 의미하며, 또 한 번 더 허슈먼의 주장에 반한다. 이것은 327개 프로젝트의 샘플에 대한 것이다. 1980년 이후의 기간 동안, Y 절편값은 -1.031(BF > 10000)로 상당히 부정적이지만, 시간이 지남에 따라 상당한 움직임이 있다—혜택초과에서 비용초과를 뺀 값이 연간 0.014씩 커진다(BF = 90). 이것은 백분율 증가가 아니라 명목상의 연간 증가율이다. 확실히 긍정적인 발전이지만, 불

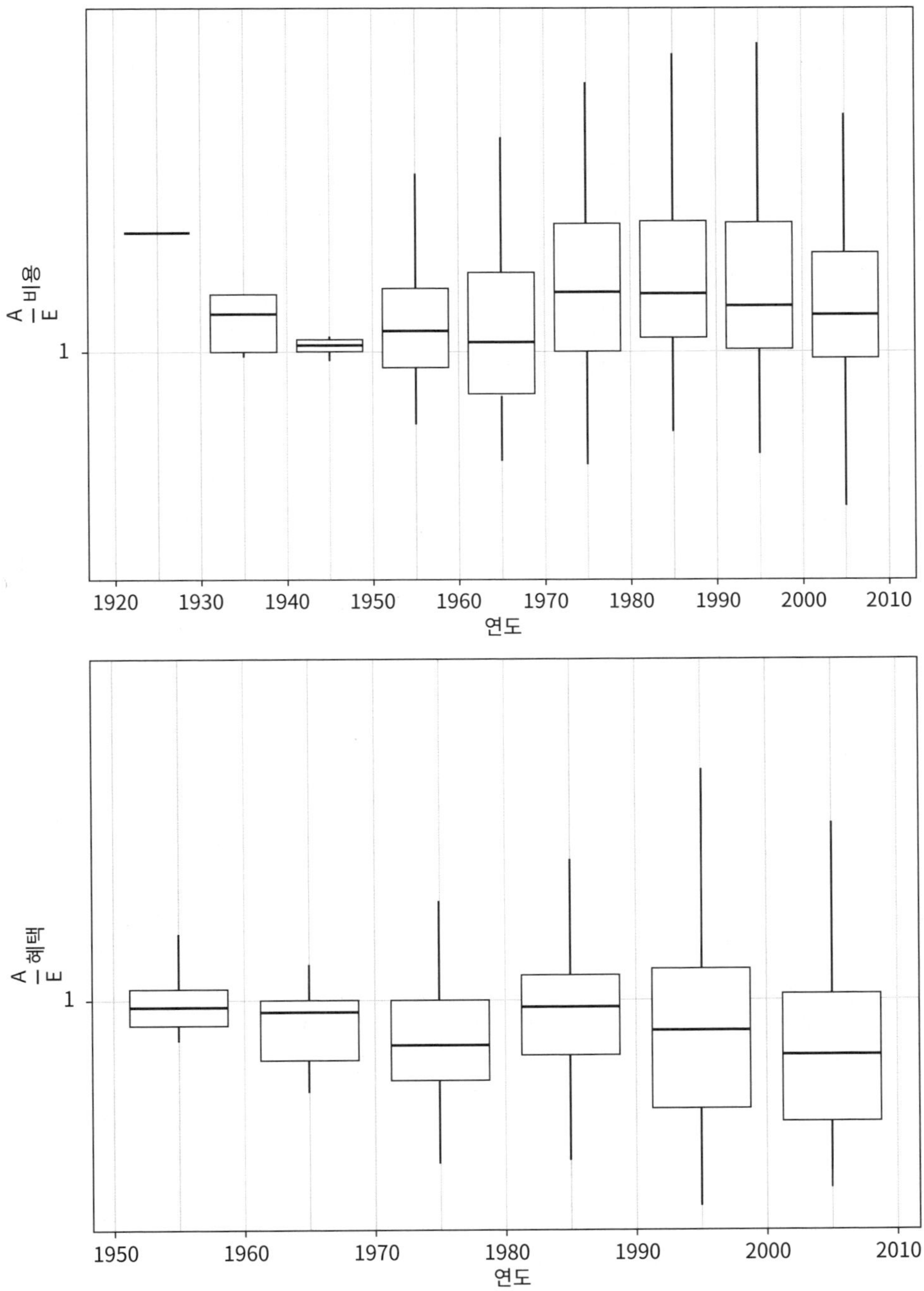

그림 8.1 1920-2011 기간의 비용 위험과 혜택 위험 표시; 비용 초과로 측정된 비용 위험((N = 1271), 혜택 초과로 인한 혜택 위험((N = 625).

행히도 마이너스 Y 절편값으로 시작하여 그 증가가 너무 적어서, 즉, 예상보다 높은 혜택이 예상된 비용보다 더 크다는 허슈먼의 주장이 사실이 되기 전에, 결국 비용초과를 뺀 혜택초과가 최종적으로 양수가 되기까지 74년이 걸릴 것이다. 마지막으로, 각각 1,271개 프로젝트(비용초과)와 625개 프로젝트(혜택초과)의 더 많고 더 신뢰할 만한 표본에 의해 긍정적인 추세가 뒷받침되지 않는다.

다시, 우리는 베이지안 모델링을 사용하여 프로젝트 유형과 지리의 영향을 시험했다. 여기서 우리는 댐에 대한 비용초과가 시간이 지남에 따라 증가하는 반면 철도에 대한 비용초과가 감소했다는 통계적 징후를 발견했다. 나머지 6개 프로젝트의 경우 통계적으로 유의한 추세는 없었다. 혜택의 경우, 전력 프로젝트의 경우 시간이 경과함에 따라 초과가 증가하는 반면 도로에서의 초과는 감소하고 있다는 것을 알게 되었다. 다시 말해 나머지 6개 프로젝트 유형에 대해서 통계적으로 유의한 추세가 없었다. 지리학에 관해서, 우리는 남아메리카와 북아메리카에서 시간이 지남에 따라 비용초과가 증가한 반면, 아시아와 유럽에서는 비용초과가 감소했다는 것을 발견했다. 아프리카와 오세아니아는 통계적으로 유의한 추세가 없었다.[29] 혜택초과의 경우, 아시아와 남아메리카의 초과(혜택부족의 증가)가 감소하는 것을 발견했다. 아프리카, 유럽, 북아메리카 및 오세아니아에는 통계적으로 유의한 추세가 없었다. 시간 경과에 따른 변화에 관한 프로젝트 유형과 지역 간의 차이는 특히 관측치가 부족한 초기에는 적은 숫자에 기인할 수 있다는 점을 유념해야 한다. 데이터 집합이 그 종류 중 가장 크더라도 8개의 프로젝트 유형, 6개의 영역, 최대 9개의 기간으로 세분화하면 일부 하부 모집단이 상당히 작아지고 그에 따라 신뢰성이 감소된다. 그러나 작은 하부 모집단에도 불구하고, 국가와 프로젝트 유형별로 구분할 때 여전히 명확한 효과가 있으며, 이는 그 효과가 얼마나 강력한지를 확인시켜 준다. 요약하면, 위에서 수행한 숨어 있는 손의 통계적 시험은 압도적으로 높은 통계적 유의 수준에서 허슈먼의 주장을 부정한다. 이 데이터는 허슈먼의 주요 주장(예상 비용보다 일반적으로 예상 혜택이 더 크다는)을 뒷받침하지 않을 뿐만 아니라, 그 반대가 사실임을 보여 준다. 전형적인 (평균) 프로젝트는 예상보다 높은 비용과 예상보다 낮은 혜택의 이중고에 의해 방해받는다. 이것은 대부분의 경우에 숨어 있는 손에 의해 예견된 창의적 문제 해결과 혜택에 의해 프로젝트를 지원하는 대신 프로젝트 실행 가능성을 저해한다. 즉, 허슈먼의 자비로운 숨어 있는 손은 선스테인의 악의 있는 숨어 있는 손인 "악의 쌍둥이"에 의해 지배된다. 데이터는 연구된 모든 프로젝트 유형과 지리적 측면에서도 이러한 우위가 눈에 띄게 일치하게 나타날 뿐만 아니라 시간이 지남에 따라 일관되며, 주로 혜택 측면에서 프로젝트 성과가 악화되기 때문에, 다시 허슈먼의 주장과는 정반대되는 것이다.

8.10 돌아보는 허슈먼, 30년 후

허슈먼이 관찰된 개발 프로젝트에 관한 작업을 시작한 지 30년 후인 1994년, 그는 이 책의 새 버전(Hirschman 1995a)의 서문을 쓰고 있었다. 여기서 그는 원래 첫 장, 즉 숨어 있는 손에 대해 "가장 추측성 있는 장"이고 "도발에 가깝다"고 언급한다(Hirschman 1995a: ix). 그는 또 이전에 언급한 폴 크루그먼의 비평적 대사와 함께 현장 작업 중에 너무나 많은 "멋진 이야기"를 수집하여 "때때로 스토리텔링이 분석을 무색하게 했다"(viii)고 인정한다.[30] 결론적으로 그는 "숨어 있는 손의 원칙만큼 '운영적으로 유용한' 것은 없다"고, 그리고, 이 책의 "첫 장에서 언급된 이야기들은 물론 즉시 적용할 수 있는 '실용적 교훈'"을 의미하는 것은 아니라고 주장했다(Hirschman 1995a: ix). 이러한 논평으로 허슈먼은 일반적 적용 가능성과 샘플링, 데이터 및 분석에 대해 부족하다는 주장과 함께 자기 확신이 있던 원본과는 매우 다른 어조로 설명했다. 확실히, 허슈먼은 새로운 서문에서 숨어 있는 손을 거부하거나 심지어 수정해야 한다고 제시하지도 않았다. 그러나 30년이 지난 지금 숨어 있는 손은 일반적인 행동 원칙을 의미한다는 이전의 강력한 주장은 회피하면서 그는 더욱 조심스러워 보였고, 또한 그가 이전에 적극적으로 추구했던 원칙적 영향에서 발생하는 정책 영향에 대한 책임에 대해서도 반대한다는 것이다. 그러나 허슈먼의 의구심은 그 영향을 끼치기 위해 30년이 걸렸던 그의 원칙보다 훨씬 덜 기억될 것이고, 앞으로도 그럴 것이다. 오히려 관찰된 개발 프로젝트의 1995년 판 이후 숨어 있는 손은 강해졌고, 원작의 반세기 후인 2015년 판으로 오늘날에 심지어 더욱 강력해졌다.

허슈먼(Hirschman 1995a: ix)도 이제 일찍이 숨어 있는 손에 대한 거창한 주장에 대해 "숨겨진 의도"를 밝혔다. 그는 "인류에 의해 수행된 가장 높은 탐험으로 공통적으로 밝혀질 경이와 신비감을 갖는 관점에서 개발 이야기를 제공하고 환경을 만들고" 싶었다고 설명했다(ix). 게다가, "나는 잠재되어 있고, 숨겨져 있는 나의 작품들에 대해, 개발의 서사적 모험을 축하하고 노래하기 위한 공동의 의도를 가지고 도전적 사항, 드라마와 웅장함과 같은 것을 보게 되었다"(viii). 그러나 이 의도가 정책 입안자들과 개발 참여자들에게 잘 받아들여졌을지는 모르지만, 이것이 학문적 연구의 특이한 동기라고 말하는 것이 안전하다. 이것은 의제가 흥미롭고 합법적일 수 없다는 것을 의미하지는 않지만, 허슈먼이 그의 독자들에게 그의 연구의 진정한 의도가 무엇인지 말해주기 위해 30년을 기다린 것은 유감스러운 일로써, 이 목적에 대한 타당성을 판단할 기회를 박탈하는 것이다. 어쨌든 이와 같은 야심찬 의제를 가지고 허슈먼은 정말 큰 아이디어를 제안했고, 이 아이디어는 숨어 있는 손이었다. 의제의 고상함과 비학문적 성격 또한 이 장 앞부분에서 문서화된 허슈먼의 데이터 수집 및 분석에서 엄격하고 비판적인 관점의 부족을 설명하는 데 도움이 될 수 있다.

관찰된 개발 프로젝트를 위한 연구를 수행할 때 허슈먼은 숨어 있는 손과 그 지원 이야기들이 그의 숨겨진 의도를 추구하는데 특히 적합하다는 것을 발견했다. 이제 한 세대 뒤, 그는 다른 곳에 있었다. 그는 현재 "자기 전복의 경향"이라고 불리는 자기비판의 유형으로 널리 알려져 있는데, 그는 "내가 원래 생각했던 것보다 덜 일반적이라는 것을 지적했기 때문에 내 이전 제안에 반대한다"고 그 자신을 연계하여 지적 활동으로 묘사했다(허슈먼 1995a: xi; 1995b). 그는 또한 1960년대에 숨어 있는 손을 개발할 때, 자신의 말로 "나는 바쁘게 개발에 관한 명제의 체계를 구축하고 있었고 자기 전복은 내 마음과는 거리가 멀었다"고 솔직하게 인정했다(허슈먼 1995a: xi-xiii). 비록 1995년에 숨어 있는 손이 자기전복을 위한 명백한 선택처럼 보였을지라도, 허슈먼은 이 특별한 제안을 비평으로부터 면제해 주었다는 것은 흥미롭다. 발견될 수 있는 유일한 자기비판은 1995년 신간인 《관찰된 개발 프로젝트(Development Projects Observed)》의 서문에서 나온, 이전에 언급했던, 몇 안 되는 간략한 논평이다.

그의 작품에 관한 로드윈과 숀(Rodwin and Schön 1994)의 책과 같은 서적이 그 아이디어에 대답하고 재고하기 위해 허슈먼을 공개 초청하여 읽힐 수 있는 숨어 있는 손에 대한 광범위한 논평과 비판을 포함하고 있다는 사실을 고려하면, 허슈먼의 자기비판 부족은 더욱 놀라운 것이다. 그리고 허슈먼(Hirschman 1994)이 이 책에서 다른 비평에 답했지만, 그의 답변에서 한 마디도 숨어 있는 손을 언급하지 않는 것은 주목할 만하다. 그는 단순히 로드윈과 숀의 책에서 이 부분을 간단히 무시했다. 여기에 허슈먼이 당초 이 책에서 숨어 있는 손에 의해 구조된 프로젝트로, 관측된 개발 프로젝트에서 성공했다고 밝힌 프로젝트 중 일부는 일정 기간 지나 재앙으로 판명되었다는 점을 덧붙이자. 예를 들어, 숨어 있는 손을 설명한 가장 두드러진 예는 동 파키스탄(현재 방글라데시) 카납풀리 제지공장으로 1970년대 내내 손실이었고, 혀쉬먼이 예견한 경제부흥 대신 국가경제에 걸림돌이 되었고, 또 다른 허슈먼의 프로젝트인 나이지리아의 300마일짜리 보르누 철도는 1967-70년 동안 분리된 비아프라에서 굶주림과 기아와 살인으로 인해 분리되고 비극적인 내전으로 이어진 민족분쟁을 촉진시켰다(Adelman 2013: 392).[31] 아델만(Adelman 2013: 422)에 따르면, 개인적으로 그가 연구한 그렇게 빨리 재난적인 결과를 나타내는 프로젝트를 알아보지 못한 것이 허슈먼을 불안하게 만들었다고 한다. 그러나 신기하게도, 이 실패는 어디에도, 혹은 프로젝트 결과가 숨어 있는 손의 원칙에 역행하는 것처럼 보인다는 사실은, 허슈먼이 그 원리를 비판적으로 평가하고 수정하게 한다.

요약하면, 숨어 있는 손에 대한 허슈먼의 침묵은 놀랄 정도로 간과하고 있는데, 특히 그의 작품의 다른 부분을 재해석하고 수정하는 자기 전복을 통해 적극적인 참여를 한 것을 볼 때 말이다. 허슈먼은 숨어 있는 손의 자기 전복이 필요하다는 것을 충분히 알고 있었다는 인상을 받지 않기란 어렵다. 그러나 그는 또한 숨어 있는 손이 너무 문제투성이여서 비판을 받으면 분해된다는 것도 알고 있는 것 같았다. 허슈먼의 숨어 있는 손에 대한 생각은 그가 원래 그의 독자가 아닌 토마스 셸링에게 말했던 것처럼 실제로 "실험"임이 증명되었다. 수십 년이 지난 지금, 허슈먼은 그 실험이 실패했거나, 고칠 수 없을 정도라고 결론을 내리는 것 같았지만, 다시 독자들에게 말하지 않았다. 이 단계에 이르러서는 아마도 숨어 있는 손에 대한 그의 확립된 관심이 너무 강했던 것 같다. 이 장에서 소개한 바와 같이, 숨어 있는 손의 원리는 비록 틀렸다 하더라도 많은 사람들이 포기하기에는 너무 좋은 것 같다는 이론의 유형이다. 허슈먼은 궁극적으로 이 견해를 공유한 것으로 보인다.

8.11 결론

이 장에서 우리는 알버트 오 허슈먼이 초기 행동경제학자로 간주될 수 있으며, 대규모 프로젝트 관리에 대해 그가 주로 기여한《관찰된 개발 프로젝트(Development Projects Observed)》가 행동경제학의 작품으로 고려될 수 있다고 하는 주장을 시험하기 시작했다. 이 책의 핵심 아이디어인 숨어 있는 손의 원리에 초점이 맞춰져 있다. 우리는 네 가지 이유로 숨어 있는 손을 거부한다.

첫째, 허슈먼의 데이터 수집은 매우 편향적이었다. 그는 독자들에게 말하지 않고 자신의 데이터 수집에서 예상치 못한 성공에 초점을 맞추는데, 그에 따라 독자들은 숨어 있는 손이 균형 잡힌 데이터에서 경험적 발견을 한 후의 것이라 인상을 받게 된다. 이는 실제로 숨어 있는 손을 확인하는 관측들을 포함하여 데이터 수집에 대한 방법론적 가공품인 것이다. 여기서 허슈먼은 걱정스러울 정도로 노골적인 데이터 낚기에 근접했고, 통계학자들이 종속 변수에 대한 샘플링이라고 부르는 오류를 범했다.

둘째로, 4대륙에 퍼진 11개의 프로젝트 샘플로, 허슈먼의 데이터 집합은 그가 도출한 광범위한 결론을 뒷받침하기에는 너무 제한적이다. 불행하게도, 숨어 있는 손에 관한 2차 문헌은 이것을 무시하거나, 혹은 숨어 있는 손의 경험적 근거가 건전하다는 잘못된 인상을 주면서 지나치게 억지 해석을 하였다.

셋째, 허슈먼은 자신의 연구 결과를 잘못 전달했다. 사석에서 그는 자신의 연구를 "탐험, 실험"이라고 불렀다(Adelman 2013: 404). 그러나 그의 독자들에게 허슈먼(1967a: 13)은 아담 스미스 등 위대한 경제학자들의 전통에서 경제이론인 "일반적인 행동원칙"을 발견했다고 주장했다. 30년 동안 허슈먼(Hirschman 1995a: viii)은 개발의 서사적인 모험인 도전, 드라마, 그리고 웅장함을 축하하고 노래하기 위해 또한 그의 연구를 위해 가지고 있던 숨겨진 의제에 대해 침묵했다. 독자들에게 연구의 탐구적이고 실험적인 성격을 말하지 않음으로써, 그의 편향된 자료 수집과 그것을 추진한 숨은 의제를 감춤으로써, 그의 표본이 적음으로 인해 발생하는 문제들을 무시함으로써, 그리고 그의 약점과 편향된 자료들이 뒷받침될 수 있다는 것보다 훨씬 더 많은 것을 주장함으로써, 허슈먼은 그의 연구 결과를 잘못 전달하고 독자들을 오도했다.

넷째, 통계적 검정은 허슈먼의 결과가 더 크고 더 나은 데이터 집합으로 복제되지 않을 수 있으므로 거짓으로 고려되어야 한다는 것을 보여준다. 허슈먼의 원래 표본보다 거의 200배 큰 샘플을 사용하여 국제 표준에 따라 체계적으로 데이터를 수집한 것에 의해 다음 사항이 발견되었다. (a) 추정 보다 높은 비용이 추정 이익보다 적다는 숨어 있는 손의 주요 주장은 통계적 유의성이 압도적으로 높은 수준에서 거부된다($p<0.0001$). 주장이 예측한 바와 같이, 혜택초과액은 비용초과보다 크지 않을 뿐만 아니라, 평균적으로 혜택초과가 전혀 없을 뿐만 아니라, 그 반대인 혜택부족도 있다. 허슈먼은 혜택초과에 대해 규모와 신호(+ 대신 -)를 모두 잘못 이해했다. 실제로, 허슈먼(1967a:13)이 주장한 비용과 혜택에 대한 "두 가지 상쇄 과소평가"

대신에, 평균 프로젝트는 상당한 혜택부족에 의해 복합적으로 발생하는 실질적인 비용초과의 이중고에 의해 악화된다. (b) 프로젝트 위험이 (배움으로 인해) 시간이 지남에 따라 감소하는 경향이 있다는 숨어 있는 손 원칙의 두 번째 주장도 기각된다. 혜택 위험에 대해 우리는 즉, 연간 0.5%의 혜택부족이 증가한다는 통계적으로 매우 중요한 역사적 추세를 발견한다(BF = 799). 다시 이것은 허슈먼이 주장하는 것과는 정반대이다. 비용 위험의 경우, 그러한 위험과 시간 사이에 유의한 관계를 찾을 수 없다. 즉, 비용 위험은 시간이 지남에 따라 다소 일정하게 나타난다(BF= 1.70). (c) 마지막으로, 자신의 자비로운 숨어 있는 손(혜택초과 > 비용초과)이 선스테인(2015a: 4)이 말하는 "악의 쌍둥이"인 악의 있는 숨어 있는 손(혜택초과 < 비용초과)보다 더 일반적일 것이라는 허슈먼의 주장을 시험하면서, 우리는 그 반대가 진실이라고 발견한다. 악의 있는 숨어 있는 손 사례의 78%로 지배적이며, 자비로운 숨어 있는 손에 대해 3.5:1의 비율로 우세하며, 통계적 유의성이 압도적으로 높은 수준이다($p<0.0001$).

허슈먼에게 공정하게 말하자면, 숨어 있는 손 개발에 있어서, 비록 허슈먼이 때때로 입력한 일반적인 낙관주위와 의도적인 속임수 사이의 애매한 부분이 있지만, 그의 편견과 오해는 의도적인 속임수에 의한 것이 아니라 일반적인 낙관주의에 의한 것으로 보인다. 더우기 이 네 가지 사항은 각각 허슈먼의 숨어 있는 손이 상당히 무효화되도록 하기에 충분하다. 그들은 함께 합치면 파괴적인 평결을 내린다. 허슈먼(Hirschman 1967a: 1)의 명시적 목적과 같이 "일반적인 프로젝트 행동"을 이해하기에 숨어 있는 손에서 적합한 것은 아무것도 없다. 그 원칙은 그것이 생각해 낸 특별한 성공 사례에만 적용되며, 그 중 일부는 허슈먼의 낙관론과 증명에 기반을 둔 것보다 숨겨진 의제에 의해 형성된 상상의 일부인 것으로 우리는 이제 알고 있다. 만약 허슈먼이 연구한 행동의 유형에 일반적인 행동의 원리가 있다면, 그것은 숨어 있는 손에 의해 가정한 것과 정반대이다. 실제로, "창조적 오류"를 통해 허슈먼(Hirschman 1967a: 16)이 약속하는 성공 대신에, 표 8.1과 같이, 상당한 혜택부족에 의해 복합적으로 발생하는 상당한 비용초과의 이중고에 의해 프로젝트 실행성이 저하된다. 마지막으로, 본 연구의 결과를 고려할 때, 어떤 부분이 더 세밀한 조사에 적합한지 그리고 그렇지 않은지를 결정하기 위해 허슈먼의 다른 작업 중 일부를 유사하게 시험하는 것이 좋은 생각일 수 있다.

숨어 있는 손은 낭만주의자들과 냉소주의자들 모두에 상기시키는데, 이것이 그 지속적인 영향을 잘 설명해 줄 것이다. 낭만주의자들은 직관적인 매력과 사람들이 초기의 어려움에도 불구하고 일반적으로 그들의 프로젝트를 그들 앞에 놓는 창의적인 문제 해결자로 묘사되는 것에 만족한다. 허슈먼은 분명히 낭만주의자였다. 냉소주의자들은 숨어 있는 손을 프로젝트 시작의 목적을 정당화하는 수단으로 보고 있다. 윌리 브라운, 조 케힐, 로버트 모세가 이 범주에 속한다. 그러나 숨어 있는 손이 너무 근본적으로 잘못되었기 때문에, 흔히 행해지는 것처럼 정책과 실천에서 그것을 사용하는 것은 기껏해야 부족한 자원의 잘못 배분(파레토 비효율)으로, 그리고 최악의 경우 우리가 보아온 것과 같이, 파괴된 직업과 회사를 넘어 성가신 사항(하얀 코끼리)에서부터 국가적 위기와 심지어 전쟁까지 이르는 노골적인 재앙으로 이어질 가능성이 높다. 숨어 있는 손보다 더 나은 개념과 이론, 즉 낙관주의적 편견의 이론, 계획적 오류, 취약성, 전략적 오해의 이론 등이 존재하며, 이러한 이론은 데이터를 설명하고 정책과 실천에 대해 숨어 있는 손보다 우선하여 사용되어야 한다(Kahneman 2011; Flyvbjerg et al. 2009).

그러므로 여기서 논의된 결과가 반드시 악의 있는 숨어 있는 손의 대상인 프로젝트의 대다수가 시도되지 않았어야 한다는 것을 의미하는 것은 아니다. 그러나, 이러한 프로젝트와 다른 프로젝트에 대한 결정과 비용 혜택 분석은 숨어 있는 손에 의지하는 대신, 최종 승인을 받기 전에 편견에 치우치지 않아야 한다는 것을 의미한다. 잘 검증된 방법은 그러한 편견에 치우치지 않은 건전한 이론에 근거하여 존재한다. 이 방법들 중 일부는 최근 대규모 교통 인프라 프로젝트에 대해 영국과 덴마크 프로젝트 관리에 의무화되었으며, 이 방법들은 미국과 중국을 포함한 많은 다른 나라들뿐만 아니라 교통 이외의 많은 프로젝트 유형에서도 특별히 사용되고 있다(Flyvbjerg 2006, 2013; Batselier et al. 2016; Chang et al. 2016).

허슈먼이 초기 행동경제학자의 예시인지, 그리고 선스테인이 제시한 대로 관찰된 개발프로젝트가 행동경제학의 작품으로 간주될 수 있는지에 대한 질문에 대해서, 그 답은 부정적이다. 여기서 논의된 연구와 데이터는 우리가 허슈먼을 행동경제학자들이 연구하기 위한 사례로 볼 필요가 있다는 것을 보여준다. 이것은 낙관주의적 편견이 얼마나 해로운 것인지, 정책이나 사업뿐만 아니라 학문에서도 볼 수 있는 사례다. 허슈먼은 학생이 아니라 편견의 피해자였다. 그러나, 허슈먼을 거부함에 있어서 더 중요한 것은, 유익한 무지와 "공사 착수"에 대한 사리사욕의 찬사를 하는 세상의 윌리 브라운들을 배척해야 한다. 연구는 그러한 생각을 시험해야지, 축하해서는 안 된다.

감사

저자는 다음과 같은 중요한 도움에 감사한다. 더크 베스터는 이 장에 대한 통계 분석을 수행했다. 아티프 안사르, 알렉산더 버드지어, 찬탈 칸타레리는 각각 통계 분석에 사용된 데이터의 일부를 수집하는 것을 도왔다. 제러미 아델만, 미첼 알레이시비치, 알렉산더 버지어, 샹탈 칸타렐리, 존 엘스터, 올레 조니 클레이크그, 클로스 오페, 캐스 선스테인은 이 장의 이전 버전에 대한 귀중한 의견을 제공했다. 이 장에서 사용된 데이터 중 일부는 안사르 등(Ansar et al. 2014)과 칸타렐리 등(Cantarelli et al. 2012)에서 이전에 사용되었다.

주

1. 숨어 있는 손의 원칙에 대한 최근 학계의 찬성은 크리즈(Kriz 2015: 14-15)를 참조하라. 그는 "허슈먼이 '숨어 있는 손'을 식별하였을 때 옳았다. (…) 개입은 아마도 (…) 사람들이 그 위험의 모든 결과에 대해 순진하게 대처하는 것이 최선일 것이다"라고 말한다. 이와 유사하게, 레페니즈(Lepenies 2008: 450)는 관찰된 개발 프로젝트를 "그의 '숨어 있는 손의 원리'를 포함해서 현재에도 여전히 유효한 설명과 분석 (…) 숨겨진 손의 존재만으로도 개발사업이 우선 추진되는 이유가 된다"와 함께 "개발 지원의 인상적인 분석"이라고 불렀다.
2. 원칙과 이론이라는 용어는 여기에서 서로 바꾸어 사용된다. 우리는 숨어 있는 손의 원리가 정말로 이론인가 하는 문제로 되돌아갈 것이다.
3. 글레드웰(Gladwell 2013: 2)도 마찬가지로 허슈먼을 "20세기 가장 비범한 지식인의 하나"라고 부른다.
4. 관련 기록보관소에 접근하기 시작한 후 전문 역사학자들의 허슈먼 작품에 대한 새로운 유형의 연구가 등장하기 시작했다. 아델만(Adelman 2013)은 알라체비치(Alacevich 2014)와 같이 이 작품의 한 예다. 이러한 자료와 연구는 처음으로 허슈먼과 그의 작품에 대한 더 나은 이해를 발전시키는 데 이용될 수 있다. 본 연구는 허슈먼의 데이터와 분석의 타당성을 평가하는 데 도움을 주기 위해 이러한 자료들을 광범위하게 활용한다. 저자의 지식에 따르면, 새롭게 이용 가능한 기록 자료가 숨어 있는 손을 체계적으로 평가하는 데 사용된 것은 이번이 처음이다.
5. 숨어 있는 손에 관한 허슈먼의 고전 텍스트의 두 가지 버전이 존재한다(1967a, 1967b). 여기에 인용된 버전은 《관찰된 개발 프로젝트(Development Projects Observed)》(Hirschman 1967a)에서 브루킹스연구소가 발행한 것으로 원문이다. 다른 버전은 《공공 이익(the Public Interest)》에 의해

"숨어 있는 손의 원리"로 출판된 글이다. 이 두 텍스트의 차이는 경미하며, 출판 당시 《공공 이익(the Public Interest)》의 편집자인 어빙 크리스톨이 편집한 덕분에 주로 그 책에 비해 덜 기술적이고 읽기 쉬웠다(Adelman 2013: 405). 《관찰된 개발 프로젝트(Development Projects Observed)》는 허슈먼(Hirschman 1958, 1963)을 포함한 개발 경제학에 관한 3부작 중 세 번째로 절정에 달했다. 1995년 저자의 새로운 서문과 함께 재 발간되었고, 2015년 카스 알 선스테인의 새로운 서문과 미셸리 알라체비치의 맺는말과 함께 다시 발간되었다. 새라 허슈먼-알버트 오 허슈먼의 아내는 남편의 협력자였으며, 숨어 있는 손에 관한 출판물들을 이끈 연구에 대해 현장 안팎에서 광범위한 작업을 했다(Adelman 2013: 388; Alacevich 2014: 149).

6. 심지어 포기하기 가장 쉬운 유형의 프로젝트이며 최악의 수행 프로젝트인 IT프로젝트에서도 포기율은 9%에 불과한 것으로 추정된다(Sauer et al. 2007).
7. 이와 유사하게, 허슈먼(Hirschman 1967b)의 숨어 있는 손에 대한《공공 이익(the Public Interest)》의 기사는 최근 현재 저자(Flyvbjerg 2014b)에 의해 편집된 대규모 프로젝트의 계획과 관리 분야에서의 "필수적 읽을거리"의 집합에 포함되었다.
8. 최근 숨어 있는 손의 사용은 와이스버그(Waisberg 2014), 오시모와 코덱논(Osimo and Codagnone)는 진행 중, 알스톤과 무엘러(Alston and Mueller 2015)를 참조한다.
9. 여기서 **이론**이라는 용어는 상황을 설명하거나 설명할 때 사용되는 사상, 또는 사상 체계를 나타내는 데 쓰인다. 이것은 허슈먼이 사용하는 용어와 유사하다.
10. 호주 방송사 "라테라인", 2003년 1월 9일, 텔레비전 프로그램 복사본.
11. 1억 2백만 호주달러의 실제 산출 비용은 보수적이며, 2002년에 건물을 원래의 설계와 더 일치하게 하기 위해서 부분적으로 추가된 4천 5백만 달러를 포함하지 않는다.
12. 나는 주요 텍스트에서 논의된 문제에 대한 강연에서 시드니 오페라 하우스의 건축가를 천 명 이상의 사람에게 누구냐고 물었고, 아는 사람은 거의 없다. 만약 그들이 안다면, 그들은 보통 건축가와 같은 국적을 가지고 있거나 진정한 건축광이다. 이와 비슷하게, 관리적 질문으로, 구겐하임 미술관 빌바오나 로스엔젤레스 디즈니 콘서트 홀의 건축가가 누구냐고 물었을 때, 더 많은 사람들이 그 대답을 안다.
13. 게리(Gehry 2009: 15)는 "시드니 오페라 하우스에 대한 경쟁에서 우승한 것은 아마도 그[존 우트존]에게 일어난 일 중 가장 최악의 일이었을 것"이라고 옳게 보고 있다. 우트존은 시드니 이후 몇 채의 더 작고 덜 알려진 건물로 스페인의 말로르카에 있는 그의 가족을 위한 두 채의 집과 덴마크의 바그베르트 교회, 쿠웨이트 국회의사당을 지었다. 그러나 거장 건축가의 경력을 채우거나 재능 있는 건축가를 바쁘게 할 만한 것은 아무것도 없다(Flyvbjerg 2005a).

14. 허슈먼(Hirschman 1967a: 3)은 그의 세계은행 프로젝트의 작은 샘플을 선택하기 위해 두 가지 기준을 사용했다. (a) 경제 분야와 지리적 영역에 관한 프로젝트는 잘 다변화되어야 했고, (b) 각 프로젝트는 수년간의 운영을 포함하여 확장된 역사를 가져야만 했다.
15. 아델만(Adelman 2013: 392-3)은 허슈먼의 자료 수집을 "희망"이라고 묘사하고 있다. 허슈먼이 "증인들의 투박한 증언으로 가득차 있다"고 지적했음에도 불구하고, 그것은 "아마도 너무 집요하게 비관적인 결론에 저항한다.", 그리고 아델만에 따르면 그것은 "허슈먼의 입장에서 볼 때, 개발의 재난과 그것들을 평가하는데 개인적인 실패에" 해당한다.
16. 레페니스(Lepenies 2008: 437)도 이와 유사하게 "허슈먼을 논할 때 일과 삶은 분리될 수 없다"고 관찰한다.
17. 이런 시험은 이미 말한 바와 같이 전에 실시되지 않았다. 우리의 숨어 있는 손의 시험에 가장 가까운 것은 크렉넬(Cracknell 1984)과 피치오토(Picciotto 1994a)이다. 영국 해외개발청(ODA)의 장교였던 크렉넬은 ODA 프로젝트의 200개 평가에서 얻은 데이터가 숨어 있는 손(Cracknell 1984: 17-18)에게 "지원을 거의 하지 않는다"고 썼으나, 안타깝게도 크렉넬은 자신의 주장을 입증할 자료나 분석을 제시하지 않았다. 세계은행에서 장교로 근무하던 피코토는 숨어 있는 손을 평가하려 했으나, 그 평가는 엄격하고 좋은 자료가 부족하며, "숨어 있는 손은 단점뿐 아니라 장점도 있다"라고 약하게 결론짓는다(Piccitto 1994a: 223).
18. 허슈먼의 프로젝트 중 비인프라 프로젝트, 즉 산업 프로젝트(본문에서 논의된 카나풀리 제지 공장)와 가축 프로젝트 두 가지만 있다.
19. 1년 차 혜택을 이용하는 것 또한 긍정적인 개발 효과를 고려하지 않았다는 비난을 받아왔다. 예를 들어, 교통 서비스의 개선에 의한 부동산 가치 상승. 그러한 효과는 의심의 여지없이 존재하지만, 교통편이 개발상의 이점을 가지고 있다면, 이러한 효과는 승객수와 거의 비례할 것으로 예상되어야 하며, 따라서 탑승자가 과대평가된다면 개발상의 혜택도 과대평가되고, 이는 사업을 진행하기 위한 사례가 과장되었음을 의미한다. 따라서 1년 차 승객수를 포함하여 추정된 승객수와 실제 승객수의 차이는 문제의 정도를 평가하는 데 좋은 대용물이 될 것이다. 교통 이외의 인프라 유형에도 동일한 사항이 적용된다. 전체 논점 및 추가 설명서는 플뤼브비에르(Flyvbjerg 2005b; 2013)를 참조하시오. 이 책의 17장인, 비커맨을 참조하시오.
20. 결과는 아마도 보수적일 것이다. 즉, 프로젝트 모집단의 비용초과 및 혜택 부족이 표본보다 가장 클 것이다. 이는 데이터의 가용성이 종종 평균적인 프로젝트 관리보다 더 나은 지수를 나타내는 것이며, 부실하게 수행된 프로젝트의 데이터가 종종 공개되지 않기 때문이다. 이는 통계적 분석의 결과를 해석할 때 반드시 염두에 두어야 하며, 이는 숨어 있는 손이 표본보다 프로젝트 모

집단에서 가장 많이 거짓이라는 것을 의미한다. 전체적 주장은 플뤼브비에르 등(Flyvbjerg et al. 2002, 2005a)과 플뤼브비에르(Flyvbjerg 2005b)를 참조하시오.

21. 여기에서 보수적인 방법으로 정의된 유의성은 $p \leq 0.05$가 유의하고, $p \leq 0.01$이 매우 유의하며, $p \leq 0.001$이 압도적으로 유의하다.

22. 통계 검증에 포함된 각 프로젝트에 대한 비용초과 및 혜택초과에 대한 데이터를 모두 사용할 수 있는 것이 이상적이다. 그러나 데이터 가용성은 프로젝트 성과의 측정에 있어 결코 이상적과는 거리가 있다. 샘플 2,062개 중 327개 프로젝트에 대해서만 비용초과 및 혜택초과에 대해 이용할 수 있는 데이터가 있었다. 따라서 이 이상적인 기준을 사용하면 표본에 있는 1,735개의 다른 프로젝트에 대해 대량의 유용한 정보를 폐기하게 될 것이며 이는 명백히 허용되지 않을 것이다. 따라서 우리는 통계 검증을 두 번 하는데, 첫 번째는 총 표본의 2,062개 프로젝트에 대해, 그리고 두 번째는 비용초과 및 혜택초과에 대해 데이터를 이용할 수 있는 327개 프로젝트의 하위 모집단에 대해 실행하기로 결정하였다.

23. MCMC를 사용해 모형을 추정했다. JAGS 언어는 R(Plummer 2003, 2012; R Core Team 2012)에 대한 rjag 인터페이스를 통해 이를 위해 사용되었다. 이러한 검정에 대한 통계적 유의성은 p-값 대신 베이즈 인자(BF)로 측정되었으며, 여기서 $12 < BF \leq 150$은 통계적으로 유의한 결과를 나타내고 $BF > 150$은 매우 유의한 결과를 나타낸다.

24. 아마도 자비로운 숨어 있는 손을 준수하는 프로젝트의 22%가 그렇지 않은 악의 있는 숨어 있는 손을 따르는 프로젝트 78% 보다 총 합계에서 더 많은 혜택을 창출했을 것이라고 추측할 수 있다. 이것은 허슈먼의 일반적인 낙관론과 그의 "사회개혁론"과 일치하는 해석일 수 있고, 이것은 "가능할 것 같은 것보다 더 가능함"을 강조한다(Hirschman 1971, 28). 그러나 검정은 통계적 유의성이 압도적으로 높은 수준에서 (i) 이것은 그 경우가 아닐 뿐만 아니라 (ii) 실제로 악의 있는 숨어 있는 손의 순효과가 자비로운 숨어 있는 손의 순 효과(p)보다 크기 때문에 그 반대가 발생한다($p = 0.001$, 양면 Mann-Whitney 검정, H0: 자비로운 숨어 있는 손의 혜택에 대한 순 효과는 악의 있는 숨어 있는 손의 비용에 대한 순 효과와 동일하며; 비용초과 및 혜택초과에 대한 데이터를 포함하여 327개 프로젝트에 대해 검정한다).

25. 악의 있는 숨어 있는 손의 전체 분석은 플뤼브비에르와 선스테인(Flyvbjerg and Sunstein 2017)을 참조한다.

26. 마르세일레(Marseille 1994)는 숨어 있는 손이 적용되는 듯한 경우를 묘사하고 있다.

27. 허슈먼만이 주요 프로젝트 성과를 실제보다 더 좋게 보이기 위해 데이터 낚기를 한 것은 혼자만이 아니다. 최근에는 밀러(2005)도 같은 일을 했다(Flyvbjerg et al. 2005b).

28. 본 하위표본은 주장 1번을 시험하기 위해 사용된 327개 프로젝트의 하위표본과 동일하다.
29. 우리는 지리적 분석의 근거로 유엔의 거시적(대륙) 지역을 사용하였다, 〈http://millenniumindicators.un.org/unsd/methods/m49/m49regin.htm〉
30. 허슈먼은 폴 크루그먼을 비롯한 학자와 실무자들이 체계적으로 세미나를 개최하고 허슈먼의 작품에 관한 책을 저술하여 그것을 축하하고 비평하고 , 같은 기간 동안 관찰된 개발 프로젝트의 새로운 서문을 쓰고 있었다(로드윈과 숀 1994). 허슈먼은 세미나, 테이프 그리고 토론의 요약에서 서류를 받았다. 그는 그 그룹에게 그가 광범위한 자료를 실험했다고 말했고, 그는 그의 논평과 책의 한 챕터를 돌려주었다(Hirschman 1994; Rodwin and Schön 1994: 314). 이 연습은 관찰한 개발 프로젝트에 대한 허슈먼의 새로운 서문에 영향을 준 것으로 보인다.
31. 숨어 있는 손의 창의적인 해결책 대신 금융 사고를 촉발시킨 것으로 허슈먼이 칭찬하는 주요 프로젝트의 또 다른 예는 콜롬비아 파즈 델 리오 제철소이다(Alacevich 2007; Sandilands 2015).

참고 문헌

Adelman, J. (2013). *Worldly Philosopher: The Odyssey of Albert O. Hirschman*. Princeton, NJ, and Oxford: Princeton University Press.

Adelman, J. (2015). Personal communication, 12 and 13 March, author's archives.

Alacevich, M. (2007). "Early development economics debates revisited," *Policy Research Working Paper*, no. 4441. Washington, DC: World Bank.

Alacevich, M. (2014). "Visualizing uncertainties, or how Albert Hirschman and the World Bank disagreed on project appraisal and what this says about the end of 'High Development Theory'," *Journal of the History of Economic Thought*, 36: 137–68.

Ansar, A., Flyvbjerg, B., Budzier, A., and Lunn, S. (2014). "Should we build more large dams? The actual costs of hydropower megaproject development," *Energy Policy*, March: 43–56.

Batselier, J. and Vanhoucke, M. (2016). "Practical application and empirical evaluation of reference class forecasting for project management," *Project Management Journal*, 47(5): 36–51.

Bianchi, A. M. (2011). "Albert Hirschman and his controversial research report," SSRN, October, <http://papers.ssrn.com/sol3/papers .cfm?abstract_id=1945822>

Brown, W. (2013). "When warriors travel to China, Ed Lee will follow," *San Francisco Chronicle*, 27 July.

Cantarelli, C. C., Flyvbjerg, B., van Wee, B., and Molin, E. J. E. (2014). "Lock-in and its influence on the project performance of large-scale transportation infrastructure projects: Investigating the way in which lock-in can emerge and affect cost overruns," in B. Flyvbjerg (ed.), *Megaproject Planning and Management: Essential Readings*, vol. 1. Cheltenham, UK, and Northampton, MA: Edward Elgar, pp. 424–39. Originally published in *Environment and Planning B: Planning and Design*, 37 (2010), 792–807.

Cantarelli, C. C., Molin, E. J. E., van Wee, B., and Flyvbjerg, B (2012). "Different cost performance: Different determinants? The case of cost overruns in Dutch transport infrastructure projects," *Transport Policy*, 22: 88–95.

Caro, R. (1975). *The Power Broker*. New York: Vintage Books.

Catino, M. (2013). *Organizational Myopia: Problems of Rationality and Foresight in Organizations*. Cambridge: Cambridge University Press.

Chang, W., Chen, E., Mellera, B., and Tetlock, P. (2016). "Developing expert political judgment: The impact of training and practice on judgmental accuracy in geopolitical forecasting tournaments," *Judgment and Decision Making*, 11(5): 509–26.

Cracknell, B. (1984). "Learning lessons from experience: The role of evaluation in the administration of the U.K. aid programme," *Public Administration and Development*, 4: 15–20.

Drummond, H. (2014). "Is escalation always irrational?", in B. Flyvbjerg (ed.), *Megaproject Planning and Management: Essential Readings*, vol. 2. Cheltenham, UK, and Northampton, MA: Edward Elgar, pp. 291–309. Originally published in *Organization Studies*, 19(6) (1998).

Elster, J. (1983). *Sour Grapes: Studies in the Subversion of Rationality*. Cambridge: Cambridge University Press.

Flyvbjerg, B. (2001). *Making Social Science Matter: Why Social Inquiry Fails and How It Can Succeed Again*. Cambridge: Cambridge University Press.

Flyvbjerg, B. (2005a). "Design by deception: The politics of megaproject approval." *Harvard Design Magazine*, no. 22, Spring/Summer, pp. 50–59.

Flyvbjerg, B. (2005b). "Measuring inaccuracy in travel demand forecasting: Methodological considerations regarding ramp up and sampling," *Transportation Research A*, 39(6): 522–530.

Flyvbjerg, B. (2006). "From Nobel Prize to project management: Getting risks right," *Project Management Journal*, 37(3): 5–15.

Flyvbjerg, B. (2009). "Survival of the unfittest: Why the worst infrastructure gets built, and what we can do about it," *Oxford Review of Economic Policy*, 25(3): 344–67.

Flyvbjerg, B. (2011). "Case study," in N. K. Denzin and Y. S. Lincoln (eds.), *The Sage Handbook of Qualitative Research*, 4th edn. Thousand Oaks, CA: Sage, pp. 301–16.

Flyvbjerg, B. (2013). "Quality control and due diligence in project management: Getting decisions right by taking the outside view," *International Journal of Project Management*, 31(5): 760–74.

Flyvbjerg, B. (2014a). "What you should know about megaprojects and why: An overview," *Project Management Journal*, 45(2): 6–19.

Flyvbjerg, B. (ed.) (2014b). *Megaproject Planning and Management: Essential Readings*, vols. I–II. Cheltenham, UK, and Northampton, MA: Edward Elgar.

Flyvbjerg, B., Garbuio, M., and Lovallo, D. (2009). "Delusion and deception in large infrastructure projects: Two models for explaining and preventing executive disaster," *California Management Review*, 51(2): 170–93.

Flyvbjerg, B., Holm, M. S., and Buhl, S. (2002). "Underestimating costs in public works projects: Error or lie?" *Journal of the American Planning Association*, 68(3): 279–95.

Flyvbjerg, B., Holm, M. S., and Buhl, S. (2005a). "How (in)accurate are demand forecasts in public works projects? The case of transportation," *Journal of the American Planning Association*, 71(2,): 131–46.

Flyvbjerg, B., Holm, M. S., and Buhl, S. (2005b). "Credibility problem for transit: Response to Millar," *Journal of the American Planning Association*, 71(4): 452.

Flyvbjerg, B. and Stewart, A. (2012). "Olympic proportions: Cost and cost overrun at the Olympics 1960–2012," Working Paper, Saïd Business School, University of Oxford.

Flyvbjerg, B. and Sunstein, C. R. (forthcoming). "The principle of the malevolent Hiding Hand; or, the planning fallacy writ large," *Social Research*.

Gasper, D. (1986). "Programme appraisal and evaluation: The Hiding Hand and other stories," *Public Administration and Development*, 6: 467–74.

Gehry, F. (2009). Interview carried out by Bent Flyvbjerg, author's archives.

Gilovich, T., Griffin, D., and Kahneman, D. (eds.) (2002). *Heuristics and Biases: The Psychology of Intuitive Judgment*. Cambridge: Cambridge University Press.

Gladwell, M. (2013). "The gift of doubt: Albert O. Hirschman and the power of failure," *The New Yorker*, 24 June.

Hirschman, A. O. (1958). *The Strategy of Economic Development*. New Haven, CT: Yale University Press.

Hirschman, A. O. (1963). *Journeys Toward Progress: Studies of Economic Policy-Making in Latin America*. New York: Twentieth Century Fund.

Hirschman, A. O. (1967a). *Development Projects Observed*. Washington, DC: Brookings Institution.

Hirschman, A. O. (1967b). "The principle of the Hiding Hand," *The Public Interest*, Winter: 10–23.

Hirschman, A. O. (1971). *A Bias for Hope: Essays on Development and Latin America*. New Haven, CT: Yale University Press.

Hirschman, A. O. (1994). "A propensity to self-subversion," in L. Rodwin and D. A. Schön (eds.), *Rethinking the Development Experience: Essays Provoked by the Work of Albert O. Hirschman*. Washington, DC, and Cambridge, MA: The Brookings Institution and the Lincoln Institute of Land Policy, pp. 277–83.

Hirschman, A. O. (1995a). "Preface," in *Development Projects Observed*, 2nd edn. Washington, DC: Brookings Institution.

Hirschman, A. O. (1995b). *A Propensity to Self-Subversion*. Cambridge, MA: Harvard University Press.

Hirschman, A. O. (2015). *Development Projects Observed*, 3rd edn. Washington, DC: Brookings Institution. Published as a Brookings Classic with a new foreword by Cass R. Sunstein and a new afterword by Michele Alacevich.

Kahneman, D. (2011). *Thinking, Fast and Slow*. New York: Farrar, Straus and Giroux.

Klitgaard, R, (1997). "'Unanticipated consequences' in anti-poverty programs," *World*

Development, 25(12): 1963–72.

Krugman, P. (1994). "Krugman discussion: Modeling, learning, and policy," in L. Rodwin and D. A. Schön (eds.), *Rethinking the Development Experience: Essays Provoked by the Work of Albert O. Hirschman*. Washington, DC, and Cambridge, MA: The Brookings Institution and the Lincoln Institute of Land Policy, Appendix A, pp. 285–7.

Lal, D. (1983). *The Poverty of Development Economics*, 2nd edn. 1997, 3rd edn. 2002. London: Institute of Economic Affairs.

Lepenies, P. H. (2008). "Possibilism: An approach to problem-solving derived from the life and work of Albert O. Hirschman," *Development and Change*, 39(3): 437–59.

Little, I. M. D. and Mirrlees, J. A. (1968). *Manual of Industrial Project Analysis in Developing Countries*. Paris: Development Centre of the OECD.

Marseille, E. (1994). "Intraocular lenses, blindness control, and the Hiding Hand," in L. Rodwin and D. A. Schön (eds.), *Rethinking the Development Experience: Essays Provoked by the Work of Albert O. Hirschman*. Washington, DC, and Cambridge, MA: The Brookings Institution and the Lincoln Institute of Land Policy, pp. 147–75.

Millar, W. W. (2005). "Demand forecast article questionable," Letter to the Editor, *Journal of the American Planning Association*, 71(3): 334.

Offe, C. (2013). "'Getting ahead by trespassing,' review of Jeremy Adelman, *Worldly Philosopher: The Odyssey of Albert O. Hirschman*," *European Journal of Sociology*, 54: 583–91.

Osimo, D. and Codagnone, C. (in progress). "Open and evidence-based? Myths and reality of policy-making," draft available at <http://www.icpublicpolicy.org/conference/file/reponse/1435223271.pdf>

Picciotto, R. (1994a). "Visibility and disappointment: The new role of development evaluation," in L. Rodwin and D. A. Schön (eds.), *Rethinking the Development Experience: Essays Provoked by the Work of Albert O. Hirschman*. Washington, DC, and Cambridge, MA: The Brookings Institution and the Lincoln Institute of Land Policy, pp. 210–30, 341–2.

Picciotto, R. (1994b). "Marseille discussion: Learning via the Hiding Hand," in L. Rodwin and D. A. Schön (eds.), *Rethinking the Development Experience: Essays Provoked by the Work of Albert O. Hirschman*. Washington, DC, and Cambridge, MA: The Brookings

Institution and the Lincoln Institute of Land Policy, Appendix A, pp. 301–4.

Plummer, M. (2003). "JAGS: A program for analysis of Bayesian graphical models using Gibbs sampling," in *Proceedings of the 3rd International Workshop on Distributed Statistical Computing, 20–22 March, Vienna, Austria*.

Plummer, M. (2012). "rjags: Bayesian graphical models using MCMC," R package version 3-7.

R Core Team (2012). *R: A Language and Environment for Statistical Computing*. Vienna: R Foundation for Statistical Computing.

Reichold, K. and Graf, B. (2004). *Buildings that Changed the World*. London: Prestel.

Reutlinger, S. (1970). *Techniques for Project Appraisal under Uncertainty*. Washington, DC: International Bank for Reconstruction and Development.

Rodwin, L. (1994). "Rethinking the development experience," in L. Rodwin and D. A. Schön(eds.), *Rethinking the Development Experience: Essays Provoked by the Work of Albert O. Hirschman*. Washington, DC, and Cambridge, MA: The Brookings Institution and the Lincoln Institute of Land Policy, pp. 3–36.

Rodwin, L. and Schön, D. A. (eds.) (1994). *Rethinking the Development Experience: Essays Provoked by the Work of Albert O. Hirschman*. Washington, DC, and Cambridge, MA: The Brookings Institution and the Lincoln Institute of Land Policy.

Sandilands, R. J. (2015). "The 1949 World Bank mission to Columbia and the competing visions of Lauchlin Currie (1902–93) and Albert Hirschman (1915–2012)," *History of Economic Thought and Policy*, 2015/1(1): 21–38.

Sauer, C., Gemino, A., and Reich, B. H. (2007). "The impact of size and volatility on IT project performance," *Communications of the ACM*, 50(11): 79–84.

Sawyer, J. E. (2014). "Entrepreneurial error and economic growth," in Flyvbjerg, B. (ed.), *Megaproject Planning and Management: Essential Readings*, vol. I. Cheltenham, UK, and Northampton, MA: Edward Elgar, pp. 143–48. Originally published in *Explorations in Entrepreneurial History*, 4(4) (1951–52): 199–204.

Schön, D. A. (1994). "Hirschman's elusive theory of social learning," in L. Rodwin and D. A. Schön (eds.), *Rethinking the Development Experience: Essays Provoked by the Work of Albert O. Hirschman*. Washington, DC, and Cambridge, MA: The Brookings Institution and the Lincoln Institute of Land Policy, pp. 67–95.

Skaburskis, A. and Teitz, M. (2003). "Forecasts and outcomes," *Planning Theory and Practice*, December: 429–42.

Squire, L. and Van der Tak, H. G. (1975). *Economic Analysis of Projects*. Baltimore: Johns Hopkins University Press.

Streeten, P. P. (1984). "Comment," in G. M. Meier and D. Seers (eds.), *Pioneers in Development*. New York: World Bank and Oxford University Press, pp. 115–18.

Sunstein, C. R. (2013). "An original thinker of our time," *The New York Review of Books*, 23 May, pp. 14–17.

Sunstein, C. R. (2015). "Albert Hirschman's Hiding Hand," Foreword to Albert O. Hirschman, *Development Projects Observed*, 3rd edn. Washington, DC: Brookings Institution.

Tendler, J. (1994). "Taylor discussion: Professional practice, modeling, lore, and prescription," in L. Rodwin and D. A. Schön (eds.), *Rethinking the Development Experience: Essays Provoked by the Work of Albert O. Hirschman*. Washington, DC, and Cambridge, MA: The Brookings Institution and the Lincoln Institute of Land Policy, Appendix A, pp. 288–9.

Waisberg, I. (2014). "Management consulting as Hiding Hand," *Academy of Management Proceedings*, January.

제9장

메가프로젝트 수행 증가

갱신과 평가

헬가 드럼몬드

"잘 수립된 계획이 잘못될 수 있는데, 자주 나쁘게 된다."

로버트 번즈

메가프로젝트는 우여곡절이 많을 수 있다. 50%의 비용초과가 일반적으로 발생한다. 100% 비용초과도 드물지 않다(Flyvbjerg, Garbuio, and Lavallo 2009; Keil and Mahring 2010). 예를 들어, 시드니 오페라 하우스의 예상 비용은 700만 호주 달러였다. 이 건물은 결국 10년 뒤인 1973년에 원래 건물 설계에서 규모를 축소하여 개장했는데, 그 비용은 1억 2백만 호주 달러로 1,400%의 비용초과가 되었다(Flyvbjerg, Garbuio, and Lavallo 2009). 런던 사보이 호텔의 개축 비용은 예상보다 거의 두 배의 비용이 지출되었고 예상보다 거의 두 배나 오래 걸렸다(Biltz 2010). 웨일스 국회의사당은 예산보다 300% 더 많은 비용이 소요되었다. 스코틀랜드 의회 건물은 예상보다 10배나 더 비용이 추가되었다. 에든버러의 트램 시스템은 계획보다 3년 늦게 마침내 2014년에 개통되었고 예산보다 3억 7천5백만 파운드가 더 초과되었다. 암스테르담의 새로운 지하철의 비용은 건설기간 동안에 거의 두 배로 증가되었다《이코노미스트(The Economist 2009)》. 53억 달러 규모의 파나마 운하 증축은 예산을 훨씬 초과해 예정보다 1년 지연되었다(Webber 2015).

일부 메가프로젝트는 "블랙홀"이 되어, 지속적으로 자원을 투자해도 소용없게 된다(Keil and Mahring 2010). 시카고 심층 터널의 하수구 프로젝트는 "돈은 배수구 아래로"라고 조롱당했다(Staw and Ross 1987a, 1987b). 소레함 원자력 발전소 비용은 약 60억 달러로 추정되었지만, 한 번도 사용되지 않고 해체되었다(Ross and Staw 1993). 미 공군은 새로운 전투 지원 시스템에 6년과 10억 달러를 낭비했다(Stross 2012). 베를린의 브란덴부르크 공항은 2011년에 개항할 예정이었으나 2014년 후반에 이르러 빨라야 2016년 개항으로 지연되었다. 비용은 당초 예상한 25억 유로로부터 43억 유로로 급증하였다. 주요 IT 프로젝트 3개 중 적어도 2개가 실패한다(Nelsson 2007).

준공되는 많은 것들은 약속된 혜택 근처에도 가지 못한다. 환경 영향은 빈번히 과소평가되는 반면 수요 예측은 20-70% 정도 틀리는 경우가 많다(Flyvbjerg, Bruzelius, and Rothengatter 2009). 예를 들어, 영국의 M6 유로 고속도로는 개통된 지 10년 이상 지났지만, 교통 수준은 여전히 예상한 것보다 훨씬 낮았다. 마찬가지로, 채널 터널을 통과하는 교통량도 예상보다 현저히 적었다. 재설계된 파나마 운하는 세계에서 가장 큰 선박을 수용할 수 있지만, 투자가 성과를 달성할지는 두고 봐야 하는데, 업계 전문가들은 상선 붐이 끝났다고 보고 있다(Donnan 2015). "통제가 안 되는" 프로젝트의 더 많은 사례들이 인용될 수 있다. 왜 조직들은 결코 배우지 않는 것처럼 보이는가?

경제학은 확실히 명확한 지침을 제공한다. 즉, 중요한 기대가 충족될 것 같지 않은 경우, 의사결정자는 프로젝트 완료시 한계 혜택이 한계 비용을 초과할 것을 명확히 하는 경우에만 프로젝트를 검토하고 부족한 자원을 재투자해야 한다. 그러나 메가프로젝트의 역사는 의사결정자들이 가치 없는 것을 도태시키기 보다는 수행의 상승이라고 알려진 현상으로 단지 "나쁜 것에 돈을 투자하였는데, 더 많은 돈을 넣기" 위해 재투자할 수 있다는 것을 암시한다(예, Staw 1976; Brockner 1992; Drummond 1996). 이 장에서는 다음과 같은 네 가지 주요 질문을 탐구한다.

1. 상승은 어떻게 시작하나?
2. 무엇이 의사결정자들이 경제적으로 부실한 메가프로젝트를 지속하도록 만드는가?
3. 의사결정자들이 프로젝트를 잘못 진행되는 것을 억제하기 위해 할 수 있는 일은 무엇인가?
4. 가장 바람직한 연구 방향은 무엇인가?

9.1 상승은 어떻게 시작되는가?

시인이 경고하듯이, 불확실한 세상에서는 아무리 좋은 계획이라도 틀어지기 쉽다.

그러나 메가프로젝트는 시작하기에 부실한 계획일 수도 있다. 더 정확히 말하면, 인간은 선천적으로 과신하고 있는 것으로 생각된다(Langer 1975; Taylor 1980; Taylor and Brown 1988; Fischhoff, Slovic, and Lichtenstein 1977). 그러한 현혹적인 낙관주의는 계획자들이 달성할 수 있는 것보다 훨씬 더 많은 것을 약속할 수 있다는 것을 의미한다(예, Flyvbjerg, Garbuio, and Lovallo 2009; Staw and Ross 1987a, 1987b; Ross and Staw 1993). 예를 들어, 2012년 런던 올림픽은 영국에 아직 실현되지 않은 엄청난 장기적인 혜택을 약속했다. 보다 최근에는 니카라과에 270킬로미터의 운하를 건설할 계획에 대해 500억 달러 규모의 프로젝트가 5년 안에 완성될 수 있다고 가정한다. "그것은 매달 10억 달러의 일을 해야 하는 것인데, 내 생각에는 기술자로서 생각할 수 없는 일이다,"라고 한 관계자가 정보를 제공했다(Webber 2015).

이론적으로 복잡한 조직은 엄격한 프로젝트 계획과 예측 도구를 사용하기 때문에 인간의 결점으로부터 보호된다. 하지만 실제로 그 도구들은 상황을 더 악화시킬 수 있다. 이는 그들이 조직의 역량으로, 경영진이 경쟁과 시장 현실을 외면한 채 어떻게 도전을 극복하고, 인지된 위험을 극복하자고 제안하는지에 대한 내면을 보는 경향이 있기 때문이다. 더욱이 비교 가능한 프로젝트가 자주 무시되기 때문에 예상 비용과 혜택은 환상에 뿌리를 둘 수 있다(Lovallo and Kahneman 2003). 예를 들어, 국제무역박람회는 악명 높은 손실 생산자이다. 하지만 캐나다 무역 박람회 86의 계획자들은 자신감이 넘쳤다. 적어도 손익분기점으로 역사적 도전을 하고자 기대됐다. 그러나 그것은 캐나다의 모든 남자, 여자, 아이들이 적어도 한번은 그곳을 방문할 것이라고 가정하는 것이다(Ross and Staw 1986). 그러나 그들은 그렇게 하지 않았다. 더욱이, 초기 예측은 조직 위계가 변경될 때 수정될 수 있지만, 초기 추정치는 강력한 지주 역할을 하는 경향이 있기 때문에, 그것의 수정은 거의 실현되지 않았다(예, Kahneman, Lovallo, and Sibony 2011; Kahneman and Lovallo 1993 참조).

현혹은 허상에 의해 더 악화될 수 있다. 자원에 대해 경쟁하는 계획자들은 의도적으로 비용과 프로젝트 위험을 소극적으로 다루고, 프로젝트를 매력적으로 보이게 할 수 있는 혜택을 과도하게 강조한다. 특권은 프로젝트를 상당히 이용하지만, 위험에 대해서는 아니다. 예를 들어, 1950년대에 영국 건축가, 감독자, 건설회사, 그리고 정치인들은 부실하게 건설되어 곧 습기, 공공시설 파괴, 사회적 고립의 대명사가 된 구조화된 고층건물 주거의 장점을 극찬했다(예, Kynaston 2015 참조). 마찬가지로 소레함 원전은 싸고 깨끗하고 안전한 전기를 약속했다(Ross and Staw 1993). 사업에 목마른 계약업체는 비용초과가 될 것이라고 확신하면서 인위적으로 낮은 입찰가를 제출한 거 같다(Lovallo, Viguerie, Uhlaner, and Horn 2007; Flyvbjerg et al. 2009a, 2009b, 2009c). 부실하게 구상된 프로젝트가 구체화되면서 영리한 조언자들은 "시작하자! 시작하자! 시작하자!"라는 열정의 해일에 잠기게 된다.

내부 정치는 "낙타"를 만들 수 있다. 예를 들어 런던 증권거래소가 의뢰한 5억 파운드(1993년 값)의 IT 프로젝트인 TAURUS는 설계가 너무 복잡해져서 합리적인 예산과 기간에 맞춰 구축될 수 없었기 때문에 3년간의 수포로 돌아간 노력 끝에 취소되었다. 모두 다른 디자인을 원하고 끊임없이 변화를 원해서 큰 실수가 은행, 브로커, 관리인, 등기 담당관에 의해 발생하였다(Drummon 1996).

마찬가지로 1990년대 후반 영국 국방부는 군납에 대해 합동인사청(JPA: Joint Perssonnel Administration)으로 알려진 2억 파운드의 IT 플랫폼을 의뢰했다. 그때까지, 육해공군은 별도의 시스템을 운영했다. 비용을 절약하기 위해, 부처는 민간 급여 소프트웨어 패키지를 선택했다. 그러나 군납은 극히 복잡하다. 무수히 자주 바뀌는 수당뿐만 아니라 육군, 해군, 공군은 각각 다른 규칙을 가지고 있었다. 예를 들어, 한 프로젝트 매니저는 "당신은 키프로스에서 두 가족이 서로 옆에 살게 될 것이고, 그 중 한 가족은 영국으로 돌아갈 자격이 있는 반면에 다른 한 가족은 그렇지 않을 것이다"라고 말했다(Kelman et al. 2009: 9).

소프트웨어를 작동시킬 수 있는 유일한 방법은 조화를 이루고 능률화하는 것이었지만 그것은 고위 경영진이 예상했던 것보다 더 어려운 것으로 판명되었다. 결국 급여와 수당의 약 70%만이 조화를 이뤘다. 그렇더라도 담당기관은 진행하기로 했다. 한 고위 관료는 "그 당시 우리는 시장에서 감당할 수 있는 한계 범위까지 갔었다"고 말했다(Kelman et al. 2009: 12).

그 편의주의는 프로젝트에 계속 문제가 되게 반복될 것이다.

9.2 상승의 원인은 무엇인가?

일단 부실하게 평가된 프로젝트가 현실의 험난한 길을 만나게 되면, 계획이 흐트러지기 시작한다. 비용이 초과되기 시작하고, 기간이 연장되며, 약속한 혜택이 실현될 것인지에 대한 의심이 확산되기 시작한다. 인내에 대한 가장 중요한 힘은 순전히 그만두는 비용이라고 생각된다. 이러한 비용은 심리적, 사회적, 경제적 및 조직적일 수 있다(예, Staw 1997; White 1986; Rubin and Brockner 1975 참조).

9.2.1 심리적 원인

실패의 임박함은 심각하게 자아에 위협이 된다. 자아는 우리 자신의 감각을, 좋은 시각으로 보이고자 하는 우리의 타고난 욕망을 말한다(예, Crocker and Park 2004 참조). 더 정확히 말하면, 부정적인 피드백은 자기방어적인 행동을 유발하는 것으로 생각되는데, 그 결과 의사결정자들은 야망과 현실의 괴리로부터 자신을 보호하기 위해 부정으로 빠지게 된다. 부정은 여러 가지 형태로 나타날 수 있다. 예를 들어, 의사결정자들은 문제가 심각하다고 믿기를 거부하거나, 기이한 기상 조건과 같은 통제할 수 없는 우연 요인에 의한 좌절을 비난할 수도 있다(Staw and Ross 1978). 또한 그들은 부당성을 입증하는 데이터를 경시하거나 심지어 무시하면서 선입견을 확인하는 듯한 피드백에 더 집중하는 경향이 있다(Staw and Ross 1987a, 1987b; Zhang and Baumeister 2006). 더욱이 그들의 확신을 뒷받침하기 위해 도움이 되는 데이터를 적극적으로 제거할 수 있다(Nisbett and Ross 1980; Bazerman and Moore 2009: 2장). 추가적으로, 자기효율이 높은 개인(과제수요를 성공적으로 충족할 수 있는 능력에 대한 개인의 판단)은 프로젝트 위험(Jani 2011)을 과소평가하고 그 후 그 과제가 불가능하다고 믿기를 거부할 수 있다(Whyte, Saks, and Hook 1997). 예를 들어, TAURUS 모니터링 그룹의 한 관계자가 주저하면서 "나는 그들(프로젝트 팀)이 TAURUS가 작동하지 않을 것이라고 믿지 않을 것이라고 생각한다. 그들은 그들이 그것을 어떻게 작동시키는지 알고 있고, 그것은 단지 더 오래 걸릴 것이고 조금 더 비용이 소요될 것이라 믿는다."라고 말했다(Drummond 1996: 141).

통찰력의 결여는 의사결정자들이 프로젝트(편견에 영향을 끼친)를 좋아하고 가치 있게 여긴다면 특히 두드러질 수 있다. 즉, 그들은 약점보다 "작은 프로젝트"의 강점을 더 잘 알고 있을 수 있다(Schultz-Hardt, Thurow-Kroning, and Frey 2009). 이러한 심리적 함정은 무의식적으로 작용하는 경향이 있기 때문에, 의사결정자들은 그 반대가 사실일 때, 성공이 가까웠다고 진정으로 믿을 수 있다(Conlon and Park 1987). 예를 들어, 볼딩, 모건과 스테일린(Boulding, Morgan, and Staelin 1997)의 실험에서, 심지어 지속성이 강하게 제시된 피드백이 실패로 끝날지라도 참가자의 80%가 프로젝트를 지속한다는 것을 발견했다. 참가자들은 중단하기보다는 지속성을 정당화하기 위해 피드백을 해석했다.

피드백이 지속적으로 부정적이 됨으로써, 곤경에 처한 의사결정자들은 그 모험적 사업에 투자된 모든 시간, 돈, 노력을 정당화해야 한다는 압력을 경험할 수 있다. 이러한 매몰 비용은 결과에 영향을 줄 수 없기 때문에 부적절하지만, 의사결정자는 "그만 두기에는 너무 많이 투자했다"고 느낄 수 있다(예, Teger 1980; Arkes and Blumer 1985 참조).

만약 그렇다면, 의사결정자들은 위험을 추구하게 될 수도 있다. 위험을 추구하는 것은 상황을 보증하는 것보다 더 큰 위험을 수반하는 것이다. 그러한 행동은 부정적으로 형성된 선택에 의해 촉발되었다고 생각된다. 즉 포기는 분명히 손실을 초래하는 것을 의미한다. 지속은 프로젝트가 위기 등을 극복하면 손실을 피할 수 있는 기회를 제공하지만, 위험은 프로젝트를 심각하게 악화시킨다. 어려운 상황에 처하여, 의사 결정권자들은 위험을 받아들일 것이다(예, Kahneman and Tversky 1979, 1982; Whyte 1986 참조).

지속성은 결국 "목표 대체" 효과에 의해 추진될 수 있다. 즉, 경제적으로 열악한 프로젝트가 진행됨에 따라, 특히 목표가 가까운 것 같고 매몰 비용이 높은 경우(Moon 2001), 완성이 매우 중요해짐으로써 원래의 성공 목표는 잊혀지게 된다(Conlon and Garland 1993; Fox and Hoffman 2002). 예를 들어, 기술팀은 TAURUS가 결코 예상한 대로 작동하지 않을 것이라는 것을 깨달았다. 나중에, 그들이 신경쓰는 것은 "피투성이의 일을 끝내고 뒤로 가자"는 것뿐이었다(Drummond 1996: 140).

최근의 연구는 추가적인 위험을 강조한다. 특히 팅(Ting 2011)은 목표가 가까워 보이면 의사결정자들이 그 가치를 과장하는 경향이 있는 반면, 젠슨, 콘론, 험프리과 문(Jensen, Conlon, Humphrey, and Moon 2011)은 부정적인 정보의 비윤리적인 은폐를 발견했다.

9.3 사회적 원인

대부분의 메가프로젝트는 매스컴의 관심에 눈에 띄어 행해진다. 실패를 공개적으로 인정하는 것은 아무도 무능해 보이는 것을 즐기지 않기 때문에 개인적으로 인정하는 것보다 훨씬 더 당혹스러울 수 있다. 예를 들어 암스테르담은 기둥으로 지탱된다. 새로운 지하철 노선 주변의 건물들이 갑자기 몇 센티미터나 가라앉아 사람들이 창문에서 탈출할 수밖에 없게 되자, 암스테르담 시는 공사가 완벽하지 않을 수도 있다는 보고가 있었음에도 불구하고 이 프로젝트가 진행될 것이라고 주장했다(《이코노미스트(The Economist)》, 2009). 게다가, 서구 세계의 의사결정자들은 약속을 지키고, 그들이 시작한 것을 끝내며, 단호하고 일반적으로 "전환할 것이 아닌"

것처럼 보일 것으로 예상된다. 문화적으로 역경에 직면했을 때의 끈기는 강함을 의미하지만, 철수는 약점을 의미한다(예, Staw and Ross 1987b 참조).

9.4 프로젝트와 경제적 원인

특히 처분 가치가 낮을 경우 메가프로젝트를 종료하는 것은 비용이 많이 소요될 가능성이 높다(Staw and Ross 1987a). 그것은 계약자에 대한 위약금, 중복 지불금, 부분적으로 완성되어 제거되는 비용, 임대차 계약 의무 등이다. 예를 들어, 런던 2012 올림픽 계획은 2005년에 시작되었다. 2008년 세계 금융위기가 발생했을 때 이미 수백 건의 계약이 채결된 상태였기 때문에 의사결정자들은 진행하였다. 이와 유사하게, 런던의 크로스 레일 프로젝트는 유럽의 최대 토목 공사 프로젝트로서, 15억 파운드의 투자와 지하 깊은 곳에서 42킬로미터 이상의 철도를 포함한다. 중간 지점에서, 그 프로젝트는 2천 5백만 작업시간이 소요되었고 약 8마일의 터널을 공사하였다. 더욱이 직접적으로 그리고 공급망을 통해 거의 14,000개의 일자리가 그 프로젝트에 의존한다. 수 마일의 터널을 없애고 수백만 킬로그램의 진흙을 복구하고, 모든 부분에 건설된 정거장을 해체하는 비용을 상상해보라. 그 잔액에서 출구 비용을 고려하면, 그만두기 위해서는 계속하는 것 만큼 비용이 많이 들지도 모른다.

9.4.1 조직적 원인

궁극적으로 메가프로젝트는 그 자체의 동력에 의해 추진될 수 있다(Drummond 1994). 그 프로젝트를 추진하기 위해 정교한 행정 인프라가 만들어졌을지도 모른다. 해체는 너무 많은 문제가 있을 수 있다. "관리자들이 심각한 운영 중단에 찬성하여 매일의 업무를 포기하는 것은 조직의 모든 규칙, 절차, 일상 업무뿐만 아니라 전적인 문제가 행정적 타성을 야기할 수 있다. 때때로 배를 흔들지 않는 것이 더 용이하다"(Staw and Ross 1987b: 71). 이외에, 정치적으로 능숙한 경영진들은 만약 그들이 그 사업 진행에 관심이 있다면 진실을 감추기 위해 정보에 대한 통제권을 사용할 수도 있다(Harrison and Harrel 1993). 완공을 기대하며 투자한 이해관계자는 개의치 않고 지속을 위해 압력을 가할 수 있다. 예를 들어, 채널 터널 프로젝트는 주로 은행들이 너무 많은 자금을 대출해주어 "중단할" 여유가 없었기 때문에 생존하였다. 그들 역시 수행의 상승에 굴복했다. 마찬가지로 에어버스의 A400M 군용기는 유럽 최대의 단일 방위 계약이다. A400M은 장거리에서 거대한 적재물을 운반하고 거친 지형에서 가파른 이륙을 하도록 설계되었다. 그러나 이 프로젝트는 시작부터 거의 고집스럽게 진행되어왔다. 그러다가 2015년 5월 이미 사업이 예정보다 4년 늦어지고 예산보다 수십억 유로가 초과된 상황에서 세비야 인근 시험비행에서 비행기가 추락해 직원 4명이 숨졌다. 원인은 아직 밝혀지지 않았다. 유감스럽게도 엔진 고장을 배제할 수 없다. 그러나 A400M을 후원하는 7개 국가가 인내심을 갖고 기다리는 한 가지 이유는 손을 뗄 경우 수십억 유로가 낭비되는 것을 보고 싶지 않기 때문이다(Hollinger and Vasager 2015).

9.4.2 게임을 기다림에 따른 상승— 빠져나오지 못하는 상황의 역학

국가가 A400M을 기다리는 또 다른 이유는 항공기의 능력을 필요로 하기 때문이다. 그러나 그들은 얼마나 더 기다려야 하는가? 게다가, 그 항공기가 약속을 지킬 것이라는 보장은 없다.

그 나라들에서 발견했듯이, 기다림은 기다림을 낳는다. 보다 정확히 말하면, 상승 이론가들은 활동의 경제적 차선에 대한 "빠져나오지 못하는 상황"이 재투자하려는 의도적인 결정을 수반할 필요는 없다고 믿는다. 그것은 "덫"이라고 알려진 현상으로 단순히 시간의 경과를 통해 일어날 수 있다.

덫의 역학은 제리 루빈과 조엘 브로크너(Jerry Rubin and Joel Brockner 1975)의 실험에서 그래픽으로 입증되었다. 참가자들은 8달러짜리 상금을 놓고 십자말풀이 퍼즐 풀기를 도전한다. 13분이면 임무를 완수할 수 있도록 허락되었지만, 3분이 지나자 상금의 가치는 떨어졌고 분 단위로 계속 떨어졌다. 대신에, 참가자들은 단지 2.40달러의 지분을 가지고 그만둘 수 있었다. 그러나 3분이 지나자 지분은 분당 10%씩 떨어졌다. 결정적인 것은, 참가자들은 퍼즐을 푸는데 도움이 되는 사전을 사용할 수 있고, 그것을 받기 위해서는 줄에서 첫 번째, 두 번째, 세 번째가 되어야 한다고 들었다. 참가자들은 사전을 기다리거나 퍼즐을 풀도록 선택할 수 있다. 그들은 기다리는 동안 퍼즐 작업을 할 수 없었다. 사실, 사전은 없었고, 아직 참가자의 87%는 3분이라는 손익분기점 이상으로 기다렸다. 가장 긴 기다림은 거액의 상금이 빠른 속도보다 더 느리게 감소하는 곳에서 발생했는데, 보상 차트가 없는 곳이며 참가자들이 "줄에서 첫 번째"인 경우이다. 다른 말로, 가장 긴 기다림은 목표가 근접한 것 같거나 지속을 위한 비용이 숨겨져 있는 곳일 가능성이 높다.

빠져나오지 못하는 상황은 궁극적으로 그만두는 비용이 너무 비싼 프로젝트와 관련된 외부투자자와 "부가적으로 하는 개인 간의 내기"(Becker 1960)로부터의 결과일 수 있다. 예를 들어, 조직들은 고도의 기술과 응집력이 있는 팀이 분산되는 것을 보기보다는 경제적으로 부실한 프로젝트를 지속하고 싶어할 수 있다.

9.5 상승은 항상 비합리적인가?

잠재적인 프로젝트가 "잘못됨"을 통제하는 방법을 논의하기 전에 나는 심각한 좌절에도 불구하고 지속함이 정당화될 수 있다는 것을 강조해야 한다. 보다 구체적으로, 중요한 기대가 충족되지 않을 것이 분명해질 때 이론적으로 프로젝트가 실패한다. 그러나 실제로는 상황이 명확하지 않을 수도 있다. 피드백은 특히 초기에는 일정하지 않고 신뢰할 수 없을 수 있으며, 거의 어느 정도 불가피하게 모호하다. 따라서 프로젝트를 포기하기 전에 상황이 어떻게 진행되는지 지켜보는 것이 현명할지도 모른다. 어느 정도까지의 상승은 일반적인 사업 비용이다(Camerer and Weber 1999; Bowen 1987).

심지어 프로젝트에 비용이 더 많이 들어가고 약속된 것보다 덜 수행되더라도, 지속성은 여전히 경제적인 의미를 가질 수 있다. 궁극적으로, 노스크래프트와 울프(Northcraft and Wolf 1984)는 결정은 순이익이 반영되어야 한다고 말한다. 순이익은 비용초과 및/또는 수익 또는 혜택 부족, 기대 수익의 시기에 따라 결정된다. 노스크래프트와 울프(Northcraft and Wol1984: 232)는 소위 "합리성의 영역"이라고 불리는 것은 시간이 지남에 따라 의도되고 실현된 비용과 수익 사이에 경제적으로 지속 가능한 격차로서, 미래 비용과 미래 혜택의 모든 범위를 허용한다고 말한다. 격차가 클수록 지속되는 것이 현명하다. "합리성의 영역"을 계산하는 것은 회계사에게 있어 직업이다. 그러나 그 원리는 파악하기 쉽다. 간단히 말해서, 프로젝트를 완료하는데 소요되는 기대 한계 비용이 기대 한계 수익보다 실질적으로 적다면, 부분적으로 완료된 프로젝트가 가치가 없다고 가정하는 것이고, 지속함이 현명할 수 있다. 사보이 호텔의 개보수 비용이 예상보다 훨씬 많이 들었지만, 추가 투자는 결국 그만한 가치가 있을 수도 있다는 것을 상기하라.

아니면 그럴까? 불확실성은 사라지지 않는다. 미래 비용은 예상을 초과할 수 있다. 혜택은 실망스러울지 모른다. 게다가, 곤경에 처한 의사결정자들은 백합꽃을 피우고 싶은 유혹을 받을 수도 있다. 실제로, 연구 결과에 따르면 프로젝트가 예정보다 지연될 경우, 의사결정자들은 재정적 혜택에 대해 더 낙관적으로 되었다(Meyer 2014). 그들이 지속 가능한 사업 성장, 평판, 직원 복지와 같은 무형 자산에 대해 얼마나 더 낙관적인가? 요컨대, 지속을 위한 개정된 사례는 원래의 경우와 마찬가지로 단지 현혹적인 낙관주의에 물들어 있을 수도 있고, 어쩌면 그보다 더 할 수도 있다.

9.6 상승 관리

9.6.1 당신은 어떤 상황에 처하는가?

일단 메가프로젝트가 시작되면, 비용은 기하급수적으로 증가하고 지속되어야 하는 압력은 거의 저항할 수 없게 된다. 첫 번째 처방은 조직들이 그들이 어떤 상황에 처하게 되는지에 대해 극도로 조심해야 한다는 것이다. 국민건강서비스 사업은 다양한 기존 시스템을 통합하는 기술적 과제에 대해서는 아무 말도 하지 않아 의료윤리, 환자 기밀성, 정보 거버넌스, 그리고 다수의 원인으로 논란에 휩싸일 수밖에 없었다(Becker 2007; Whiney and Daniels 2013). "결과에 의한 지불" 계약을 받아들임으로써, 엑센츄어와 후지쯔는 문제를 보유하고 있었다. 마찬가지로, 7개 회원국이 요건을 지시하도록 허용됨으로써, 에어버스는 7개의 다른 항공기를 제작하게 되었다. 설상가상으로, 에어버스는 미국 회사인 프레트(Pratt)와 휘트니(Whitney)가 항공기에 동력을 공급하는 새로운 터보프로펠러 엔진을 개발하기를 원했지만, 회원국들은 롤스로이스를 고집했다. 더욱이, 에어버스는 고객 변화로 인한 비용초과를 모두 흡수하기로 합의하였다(Hollinger and Vasager 2015). 단순한 진실은 하나에서 벗어나는 것보다 혼란이 되기 훨씬 쉽다는 것이다.

9.6.2 의심으로 시작하기

철학자인 프란시스 베이컨을 비유하자면, 확신으로 시작해서 의심으로 끝나는 것보다는 의심으로 시작해서 확신으로 끝나는 것이 낫다. 그것은 메가프로젝트를 평가하는데 좋은 주문이다. 예측은 무엇에 근거하는가? 추천 등급 예측을 채용했다고 해도(Flyvbjerg 2008), 얼마나 현실적일까? 예를 들어, 채널 터널에 대한 연산은 바다 밑의 장거리 터널과 관련이 없는 강 밑이나 산을 통과하는 터널과 같은 소규모 프로젝트의 데이터를 사용했다. 이 문제에 직면하는 대신, 의사결정자들은 계산이 잘못되었다고 판명되더라도, 수익은 비용초과분을 충분히 보상할 것이라고 주장했다(Drummond 2012). 그러나 그것은 교통량이 해협 선박을 비울 것이라고 가정하는 것이다. 그것은 아직 그렇게 되지 않았다.

예측이 현실적 비교를 반영한다 하더라도 아무리 과학적으로 엄격하고 권위적으로 보일지라도 그것은 지식에 의한 추측일 뿐이다. 문제는 책상에 놓이는 두꺼운 서류들이 입증하지 못할 수 있다는 것이다. 상징은 표면의 외관이 암시하는 것보다 더 깊은 의미를 구체화한 어떤 인공물이나 몸동작이다. 예를 들어 그래프와 차트는 정보를 응축하는 주된 목적에 도움이 되지만, 또한 질서와 통제를 나타낼 수도 있다(예, Morgan, Frost, and Pondy 1983). 더 정확히 말하면, 기호는 세 가지 일을 한다. 첫째, 그들은 정보를 유용한 형태로 압축하고, 둘째, 그들은 우리가 사물을 어떻게 생각하는지를 구조화하며, 셋째, 그것들은 우리가 어떻게 감정적으로 반응하는지에 영향을 끼친다. 그들은 또한 특정한 사실에 관심을 끌고 다른 사람들의 관심을 다른 데로 돌리면서 속일 수 있다(Brown 1994; Barley 1983). 차트, 그래프, 연산 및 기타 모든 분석의 함정은 과학적 정밀도를 의미한다. 정보를 가져와서 분석하는 것으로 보이는 것은 책임감 있고 성실한 관리를 의미하며, 관리자는 불확실성을 통제할 수 있다고 느낄 수 있다(예, Feldman and March 1981 참조). 관리자들은 모든 것이 통제되고 있다고 생각할지 모르지만 그것은 환상이다.

어떤 결정도 고려된 옵션만큼만 좋을 뿐이다. 프로젝트를 수행하기 전에 대안 투자 기회를 나란히 비교하는 것이 바람직하다. 명백해 보일지 모르지만, 연구에 따르면 기회 비용은 쉽게 무시된다고 한다(Northcraft and Neale 1986). 예를 들어, 런던, 버밍햄, 리즈, 맨체스터 사이의 고속철도 연결에 반대하는 사람들은 그 자금이 기존 철도를 개선하는데 더 유용할 것이라고 말한다. 그들이 옳을지도 모른다. 하지만 그 자금으로 또 무엇을 살 수 있겠는가? 가능성을 식별하는 또 다른 기법은 이른바 소멸하는 옵션 시험을 적용하는 것이다(Soll, Milkman, and Payne 2015: 70). 즉, 고려중인 대안들을 선택할 수 없다고 가정해 보라. 자 이제는 무엇인가?

9.6.3 경계하라

유령-사전 실험은 빠져나가지 못하는 상황이 반대로 비용 특징과 관련 있다는 것을 의미한다(Brockner, Shaw, and Rubin 1979). 우리는 이 이론에서 의사결정자들이 조심할 경우 비용이 많이 드는 빠져나가지 못하는 상황에 덜 굴복할 가능성이 있다고 추론할 수 있다. 그것은 지속성 비용을 확실하게 유지하는 관점으로 명확한 목표를 설정하고 그에 대한 진행 상황을 모니터링하는 것을 의미한다. 의사결정자들은 또한 약속한 혜택을 계속 재검토해야 한다. 예를 들어, 상선 운송과 파나마 운하의 운세 전환을 회상하라. 그 프로젝트는 사건들에 의해 압도 되었는가?

예산은 비용초과를 인식하기 위한 특히 중요한 수단이다. 또한, 의사결정자들은 소위 정신적 예산이라고 불리는 자금, 시간, 노력, 감정적 에너지를 프로젝트에 비공식적 할당하는 것으로 생각한다(Health 1995; Health and Soll 1996). 예산은 경계심을 장려할 뿐만 아니라 계획으로부터의 편차에 대한 조사를 촉진하여, 의사결정자가 프로젝트의 모든 단계에서 더 많은 책임을 지게 한다(Tetlock 1985은 책임에 대해 논의한다).

그러나 한 가지 제시하는 경고는 의사결정자들이 경제적으로 실행 가능한 프로젝트를 포기하도록 예산이 유도될 수 있다는 것이다. 구체적으로는, 지적인 개인들을 대상으로 한 실험은 예산 한계에 도달하면, 의사결정자들은 투자를 감소시킬 수 있다는 것을 보여주었다(Health 1995). 그러나 그 자체로, 예산의 고갈은 프로젝트의 상태에 대해 또는 그것이 경제적인 이유로 완성할 가치가 있는지 여부에 대해 아무런 언급도 하지 않는다. 이것이 회계사들이 비정보적 손실이라고 부르는 것이다. 즉, 예산 고갈은 단지 일정 액수가 쓰인다는 것을 나타낸다. 하지만 분명히, 의사결정자들이 정보적 손실과 비정보적 손실 사이를 항상 구별할 수 있는 것은 아니다. 또, 다중 단계 프로젝트에서는, 특정 단계의 추가 지출이 사업 전체를 위협하지 않는 경우에도 순혜택 창출을 약속하는 프로젝트도 포기되는 경향이 있다(Tan and Yates 1995). 예산은 좋은 하인이지만 나쁜 주인을 만든다.

9.6.4 지속이 기본 선택권으로 되게 하지 마라

일단 승인되면 일반적으로 완전히 예기치 않은 일이 발생하지 않는 한 메가프로젝트는 완료될 것으로 가정한다(예, Pan, Pan, Newman and Flynn 2006b 참조). 그렇더라도 지속성을 기본 옵션으로 허용하는 것은 현명하지 못한 일일 수 있다. 구체적으로는 유령-사전 실험의 후속편에서 브로크너, 쇼와 루빈(Brockner, Shaw, and Rubin 1979)은 지속성이 기본 선택권인 참가자들과는 달리, 악화되고 있는 상황에서, 참가자들이 더 늦기 보다는 더 빨리 그만두는 경향의 적극적인 의사결정을 할 필요가 있다는 것을 알게 되었다.

적극적인 의사결정은 우리에게 과거와 미래의 비용을 고려하고 그 정보에 주의를 기울일 것을 강요한다고 생각된다. 이와는 대조적으로 수동적으로 결정할 수 있는 것은 지속성이 어떤 대가를 치르게 하는지를 의사결정자들이 잊게 할 수 있다. 이는 초기 및 빈번한 프로젝트 위험 평가와 감사를 포함하는 정기적인 "진행/중지" 검토를 구축해야 하는 또 다른 이유이다(Keil 1995). 대안은 위기가 고조되는 문제일 수 있다.

그러나 심지어 가장 주의 깊은 관찰도 확실하지 않을 수 있다. 연구 결과에 따르면 조직은 필요한 모든 프로젝트 관리 도구와 프로토콜을 제자리에 배치할 수 있으며, 이를 사용하는 방법에 대해 잘 훈련되고 경험이 있는 직원을 보유할 수 있다. 그러나 잠재적으로 불길한 신호는 여전히 빗나가고 있다(Van Oorschot, Akkermans, Sengupta, Van Wassenhove 2013). 왜 이런 일이 일어나는지 명확하지 않다. 한 가지 가능성은 문제가 거의 완전히 부각되지 않는다는 것이다. 이와 관련된 또 다른 가능성은, 완성을 향한 일심동체로 인해 의사결정자들이 더 큰 그림을 보지 못하게 될 수도 있어, 그들은 결국 근본적인 병폐보다는 증상을 치료하면서 영원히 장애 제거 활동을 하게 되는 것이다(Drummond 1996).

9.6.5 한계 설정(그러나 신중하게 하라)

한계 설정도 프로젝트가 잘못됨을 억제하는 데 도움이 될 수 있다(예, Ross and Staw 1991 참조). 좀 더 구체적으로, 브록너, 루빈과 랭(Brockner, Rubin, and Lang 1981)은 일부 참가자가 공개적으로 개입의 한계를 나타냄을 요구하는 실험을 실시했다. 다른 그룹은 사적으로 한계를 설정하지만, 통제 그룹은 전혀 한계를 설정하지 않는다. 아마도, 예상대로, 한계를 정하지 않은 참가자들이 가장 많이 투자했을 것이다; 반면, 한계를 설정한 참가자들은 공개적으로 가장 적게 투자했다. 의사결정자가 기대치를 설정하도록 강요하여 그 기대치에 비해 결과를 비교하며 그 차이를 부각시킴으로써 상승을 제한하도록 한계를 설정하는 것으로 생각된다. 공적인 선언을 하는 것 또한 일관성에 대한 사회적 압력을 야기하는데, 브레이크를 적용하는 또 다른 이유이다.

그러나 한계 역시 양날의 문제가 될 수 있다. 브로크너와 동료들은 공공장소에서 제한을 두는 사람들은 그들의 경제 자료에 "지속하라"라고 쓰여 있음에도 불구하고 그러한 한계에 도달했을 때 사업을 포기하는 경향이 있다는 것을 발견했다. 공공의 청렴은 기이한 결정을 내릴 수 있는 것처럼 보인다.

9.6.6 그 프로젝트는 생존 가능한가?

유령-사전 실험 참가자들이 발견했듯이, 단지 시간의 경과로 우리의 목표에 가까워질 것이라고 생각하는 것은 현명하지 못하다. 몇몇 메가프로젝트는 결코 도달하지 않을 운명의 유령사전과 같다. 만약 그렇다면, 의사결정자들은 그것을 빨리 인식할수록 더 좋다.

이상적으로는 확실한 증거가 필요하다. 예를 들어, 덴버 국제공항의 개항이 약속된 완전 자동화된 수하물처리 시스템의 문제로 심각하게 지연되었을 때, 한 자문 엔지니어 회사가 실험을 했다. 그들은 트랙의 루프(전체 시스템의 축소판)를 분리하여 작업 부하하에서 실험했다. 혼돈이 뒤따랐다. 컨베이어 벨트가 걸리고 수하물 차량이 충돌하여 설계가 실행 불가능한 상태임을 단정적으로 보여주었다(Monteagre and Keil 2000: 426).

그래서 무엇인가? 거의 모든 프로젝트는 목적을 위한 수단이다. 덴버 공항 당국은 그들의 목표는 최첨단 수하물처리 시스템을 만드는 것이 아니라, 공항을 가동시키는 것이라는 것을 인식했다. 수하물 시스템은 필수적이었지만, 그 목적은 시도되고 시험된 기술을 사용한 표준 반자동 시스템을 구축함으로써 달성될 수 있었다(Monteagre and Keil 2000: 426). 마찬가지로 리즈는 그렇게 전차선을 건설하는 것이 아니라 대중교통 시스템을 제공하는 것이 목표라는 것을 인식했다. 전차 버스면 충분할 것이다. 도덕: 올바른 문제를 해결하라.

9.6.7 옳은 질문을 하라

결정적인 증거가 항상 얻을 수 있는 것은 아니다. 게다가, 프로젝트가 심각한 어려움에 처했을 때, 의사결정자들은 그들이 듣고 싶어 하는 것을 듣게 될 것이다; 즉, 사람들은 매우 열심히 일하고 있고, 모든 것이 통제되고 있으며, 그 프로젝트는 "사실상 완성되었다". 그러한 공허한 주장은 반박하기 어려울 수 있다. 그런데 뭐가 들리지 않는 거야? 예를 들어, 무엇을 했느냐가 문제가 아니라 남아있는 해야 할 일이다. 프로젝트가 95% 완료될 수 있지만(사실적 완료됨) 가장 어려운 부분이 마지막에 있는 경우(예: 새로운 기술의 삽입) 그 수치는 매우 오해의 소지가 있을 수 있다.

공식 정보 채널 너머를 보라. 예를 들어, 런던의 크로스 레일에 대한 고무적인 신호는 예산이나 이정표와는 아무런 관련이 없다. 오히려, 단기적인 어려움이 닥치더라도 장기적인 전망이 좋다는 것을 암시하는 것은 이 경로를 따라 상승하는 집값이다. "걸어서 관리"는 비대칭 정보의 문제를 시정할 수 있다. 평소에 만나지 못할 사람들과 대화하라. 예를 들어 런던 증권거래소의 피터 롤린스 전 최고 경영자는 후배들의 신선한 솔직함에 감동했다. 그가 그들에게 TAURUS에 대해 물었을 때, 그는 그의 공식 정보와 완전히 상반되는 솔직한 답변을 얻었다(Drummond 1996: 155).

9.6.8 불확실성한 작업

앞으로 해야 할 일을 정했으니, 다음 질문은 그것이 허용 가능한 기간과 예산 내에 할 수 있고, 또 잘 할 가능성이 얼마나 되는가이다. 더구나 약속한 혜택이 실현될 가능성은 얼마나 될까?

동전 던지기와는 달리, 그것이 "앞면"이 나올 확률은 50%일 때; 격동적이고 모호한 세상에서, 수학적인 확률은 정의하기 어렵다. 베이시안 통계는 본 장의 범위를 벗어나지만, 대략적인 평가도 도움이 될 수 있다(Rubin and Weisberg 2004). 예를 들어, TAURUS가 예정보다 심각하게 지연되었을 때, 검토 결과 더 이상의 지연이 없다면 추가적인 18개월 안에 프로젝트가 완료될 수 있다고 결론지었다. 이사회는 최고 경영자인 피터 롤린스에게 다음과 같이 질문했다.

> "만족하십니까?" "그 프로젝트에 더 이상의 변화가 없다면, 그리고 기술에 더 이상 문제가 없다면, 나는 정부가 약속된 시간 내에 법을 제정한다고 말했다. 그때 예스였다. 나는 동의했다. 하지만, 큰 조건이다"(Drummond 1996: 115).

즉, "잊어버려." 실제로, 그 프로젝트는 결코 지속되지 않았다. 법률은 상상할 수 없을 정도로 복잡한 것으로 판명되었다. 게다가, 모든 기술적인 문제들이 해결된 것에 대해, 또 다른 문제가 나타났다. 만약 위원회가 확률에 비중을 두었더라면, 그들은 너무 많은 심각하고 통제할 수 없는 의존성이 있다는 것을 깨달을 것이고, 또한 프로젝트 역사상 자신감을 불어넣을 만한 어떤 것도 없었을 것이다. 위원회의 실수는 존재하지도 않는 확실성("만족하십니까?")을 추구하는 것이었다.

9.6.9 상징에 주목해라

궁극적으로, 프로젝트는 사람들이 더 이상 그것을 지원하지 않을 때에만 실제로 실패한다(Sauer 1993; Baskerville and Land 2004). 관리자들이 상징에 주의를 기울이면 문제가 있는(그러나 반드시 희망이 없는 것은 아니다) 프로젝트에 대한 지원을 유지하는데 성공할 가능성이 더 높다. 지속성은 프로젝트에 대한 믿음을 의미한다(Elsbach 2003; Drummond 2014). 예를 들어, 치명적인 충돌 직후, 에어버스의 비행시험 엔지니어인 페르난도 알론소는 희생자들을 기리기 위한 의미로 A400M를 비행했다. 그러나 그것은 또한 항공기에 대한 자신감을 나타냈고 미래에 대한 잠재적으로 어색한 질문들을 빗나가게 했다(Hollinger and Vasager 2015). 같은 이유로, 프로젝트 매니저의 해고, 휴가 취소, 전문가의 조언은 문제가 심각하게 받아들여지고 어떤 일이 이루어질 것이라고 의미한다(Pfeffer 1977, 1981).

상징적 경영은 거의 문제를 해결하지 못하지만 시간을 벌어 감정과 대중의 열기를 가라앉게 한다. 또한 문제 해결자들이 정보 수요에 대해 끊임없이 방해받지 않고 일할 수 있도록 한다. 시간이 흐르면, 사람들은 또한 결국 기대치가 충족되지 않을 가능성에 익숙해진다.

9.6.10 프로젝트 매니저 제거

상징주의와는 별도로, 만약 관리자가 한 사항에 전념하여 모든 관점을 잃을 정도가 된다면, 그를 제거하는 것이 현명할지도 모른다. 다시, 건강 주의보가 적용된다. 다른 사람들이 실패한 곳에서 성공하기 위해 새 관리자가 결정 되었다면 상승은 계속될지도 모른다. 역오차도 또한 가능하다. 즉, 연구 결과에 따르면 감독관들은 그들이 임명하지 않은 직원들을 체계적으로 과소평가하는 경향이 있는 반면, 그들이 개인적으로 임명한 사람들을 체계적으로 과대평가한다(Bazerman, Beekun, and Schoorman 1982; Schoorman 1988). 우리는 이러한 연구를 통해 프로젝트를 승계하는 관리자들이 실제보다 상황을 더 나쁘게 볼 수 있다고 추론할 수 있다(Drummond 2014).

9.6.11 프로젝트의 "죽음의 행진"을 도입하지 마라

검토도, 감사도, 이정표도, 한계도 없는 프로젝트를 상상해보라. 그것은 부실 경영의 전형처럼 보일 것이다. 그러나 의사결정자들은 또한 이러한 활동들이 상징적이라는 것을 깨달아야 한다. 좀 더 정확히 말하면, 그것들은 의식의 일부분이기 때문에 프로젝트에 대한 엄격한 재평가나 엄격한 모니터링 연습으로 보일 수 있는 것은 단순히 관리자들이 그 동작을 거치는 것일 수도 있다.

그러한 "죽음의 행진"은 필요하지만 고통스러운 행동을 미루기 위한 숨겨진 지연일 수 있다(Anderson 2003). 그 매력은 더 깊이 얽혀듦을 감수하는 일시적인 심리적 은신처다. 그런데, 연구결과에 따르면 프로젝트를 도태시키는 것이 항상 도덕적으로 해로운 것은 아니고 그 반대일 수 있다. 구체적으로 셰퍼드, 팻젤트, 윌리엄스와 와렌케(Shepherd, Patzelt, Williamd, and Warnecke 2014)는 엔지니어가 개별 프로젝트보다는 자신의 직업으로 식별되는 것을 발견했다. 능력 없는 기술자들을 골라내는 것은 그들의 전문 기술을 더 유망한 가능성으로 방향을 전환하는 기회로 여겨진다.

9.7 실물-옵션 사고

실패는 프로젝트가 지정된 기준 내에서 제공될 수 없다는 것을 의미한다는 것을 상기하라. 이것은 더 많은 시간, 더 많은 자원, 그리고 어쩌면 약간의 변화로 이 프로젝트가 성공할 수 없다는 결정적인 증거와 같지 않다(Adner and Levinthal 2004). 옵션은 무엇인가? 옵션은 미래에 조치를 취할 의무는 부여하지 않고 권리를 부여한다(Janney and Dess 2004). 예를 들어 프로젝트를 다른 용도로 전환하거나, 프로젝트의 규모를 변경하거나, 단계별 구현을 선택하거나, 향후 성장 기회의 발판으로 삼기 위해 프로젝트를 활용한다.

다시, 조건이 적용된다. 실물 옵션은 유혹적이다. 이론적으로 비용은 고정되어 있는 반면 혜택은 잠재적으로 무한하기 때문이다(Leslie and Michaels 1997). 하지만 단점이 있다. 또한, 경영자들은 그들이 옵션을 평가하는 방식에 편견을 가질 수 있다. 예를 들어, 티와나 등(Tiwana et al. 2006)은 경영자들은 아마도 실패의 암시가 거의 없기 때문에 성장 옵션에 대한 발판을 대부분 중시하는 경향이 있다는 것을 발견했다. 마찬가지로 의사결정자는 이를 실패로 간주하여 포기 옵션을 행사하지 않을 수 있다(Adner and Levinthal 2004). 게다가 유연성은 얼마만큼의 가치가 있는가? 실물 옵션은 가치를 평가하기 어렵다(Janney and Dess 2004). 그러면 언제 그들을 행사할 것인가 하는 문제가 있다. 예를 들어, 기업은 유전을 구입하여 면허를 취득할 수 있지만, 석유가 배럴당 일정한 가격에 도달할 때까지 시추를 연기할 수 있다. 그러나 가격이 장기간 일정 수준 이상 유지될 것이라는 보장은 없다(Zardkoohi 2004). 불확실성과 함께 하는 것이 결코 "돈이 되지" 않을 수도 있는 옵션들에 대해 지불하는 것보다 더 저렴할 수 있다.

그렇더라도 프로젝트를 포기하기 전에 잠재적으로 가치 있는 옵션이 파괴될 수 있는 것을 고려하라. 예를 들어, 문제가 있는 맞춤형 소프트웨어 프로젝트가 기성품에 비해 불리하게 되어 폐기된 경우, 소프트웨어를 라이선스할 수 있는 잠재적인 수익성 옵션이 몰수된다. 유전이 매각되면 가스 탐사 등 석유에 포함되는 옵션이나 육지에 건설할 수 있는 옵션이 모두 파괴된다. 마찬가지로, A400M을 고집함으로써, 에어버스는 다른 모험적 사업들에게 정보를 제공할 수 있는 지식을 습득하였다. 포기는 귀중한 정보의 흐름을 차단한다. 요컨대 프로젝트의 옵션 가치를 계산할 때 지속성은 정당화될 수도 있다(Tiwana et al. 2006).

9.8 연구에 대한 쟁점

연구는 조직들이 더 나은 결정을 내리는데 도움이 되어야 한다. 즉, 경제적으로 더 현명한 결정을 내리고 납세자와 개인 투자자들을 보호해야 한다. 비록 메가프로젝트 증가가 상당한 연구 관심을 이끌었지만(예, Keil and Mahring 2010; Mahring and Keil 2008; He and Mittal 2007; Pan et al. 2006a, 2006b; Keil et al. 2000; Keil 1995; Keil and Robey 1999; Drummond 1996), 우리는 또한 의사결정자들이 항상 재투자에 의한 부정적인 피드백에 반응하지 않는다는 것을 알고 있다(예, Staw and Fox 1977; Singer and Singer 1985; Drummond 1995 참조). 일화적인 증거는 또한 우리에게 메가프로젝트의 증가가 결코 불가피한 것은 아니라는 것을 말해준다. 동아프리카에서 극적인 발견이 상업적인 양의 석유 생산에 실패했을 때, 툴로우는 즉시 마른 우물에 뚜껑을 씌우고 옮겨갔다. 엑센츄어는 10억 파운드의 위약금(후에 약 6억 파운드로 감소)에도 불구하고 국민건강서비스 계약에서 손을 뗐다. 2년 뒤 재협상에 실패하자 후지쓰도 그 뒤를 따랐다. 프로젝트 리더인 앤드류 롤러슨은 공개적으로 "이것은 효과가 없고, 작동하지 않을 것이다"라고 선언했다(Daft, Murphy and Willmott 2010). 리즈는 4,500만 파운드가 넘는 돈을 투자했음에도 불구하고 더 저렴한 트롤리버스 옵션을 위해 전차 프로젝트를 포기했다. 왜 몇몇 조직은 적시에 퇴장하는 반면 다른 조직들은 이에 휘말리는가?

연구는 주로 실험적이었다(검토에 대해 Sleesman, Conlon, McNamara , and Miles 2012; Drummond 2014 참조). 그 결과 잠재적인 개별적 상승 원인의 많은 양의 목록이 작성되었다. 그러나 메가프로젝트의 운명은 개별적 단독 행동에 의해 결정되는 경우가 거의 없다. 예를 들어, 학자들은 상승이 개인적인 책임이 필요한지 여부를 계속 묻는다(예, Brockner 1992; Keil 1995; Whyte 1986; Sleesman et al. 2012 참조). 그러나, 메가프로젝트 연구를 위한 보다 효과적인 방향은 책임감이 어떤 영향도 끼치지 않는지를 조사하는 것일 수 있다. 더 구체적으로, 연구는 집단이 개인보다 상승에 덜 취약하다는 것을 보여주었다. 더욱이 책임감이 없는 집단(실험적 통제 조건에서)은 훨씬 덜 취약하다. 그러나 이러한 연구들은 또한 "책임 없는" 집단들은 문제가 있는 프로젝트를 회수하려는 경향이 적다는 것을 보여주었다(Whyte 1991; Leatherwood and Conlon 1987).

메가프로젝트가 일반적으로 10년에서 15년 소요되기 때문에 구별이 중요하다. 문제가 발생할 때쯤, 이 프로젝트를 승인할 책임이 있는 사람들은 오래 전에 이전했을지도 모른다. 예를 들어, 영국 국방부는 치눅 Mk3 헬리콥터에 대한 보잉과의 계약에서 소프트웨어 코드에 대한 접근이 배제된 것을 발견했다. 결과적으로, 헬리콥터는 비행 가능성이 증명될 수 없었고 작전상 절실한 필요에도 불구하고 결국 7년간 격납고에서 머물고 있었다(Ministry of Defence 2008). 치누크 이야기는 문제가 표류하고 결정이 최종적으로 내려지고 그 후에 만들어지지 않게 되는 프로젝트 관리 역사에서 최악의 사례 중 하나이다(Drummond 1994; Denis, Dompierre, Langley and Rouleau 2011). 예를 들어, 헬리콥터를 개조하여 안전하게 비행할 수 있도록 하는 알맞은 작업 프로그램에 동의하는 데만 30개월이 걸렸다. 그 후 그 프로젝트는 포기되었고, 기계는 머지않아 이용할 수 있도록 Mk2s로 다시 전환되었다. 누가 계약서를 작성했는지 아무도 모른다(Ministry of Defence 2008). 문제는 누군가가 책임을 맡았더라면 더 큰 위급함이 되었을 것인가 하는 것이다. **제안:** 어떠한 책임도 개인이나 집단의 책임보다 증가하는 우유부단에 대해 더 도움이 되는 것은 없다.

연구는 또한 책임이 양날의 것인가 여부를 탐구해야 한다(Flyvbjerg et al. 2009a, 책임 논의). 즉, 특히 의사결정자의 경력이 위태로운 경우 초기에는 특히 거부를 할 수 있다(예, Fox and Staw 1979 참조). 그러나 일단 실패가 잘 정리되고 진정으로 명백해지면, 책임(따라서 자아)은 행동에 대한 자극이 될 수 있다; 문제를 해결하고, 선택권을 탐구하고, 무엇보다도 결단력 있게 행동하려고 노력한다.

완성 효과는 또한 추가적인 연구에 보답할 수 있다. 프로젝트가 진전될 때 완성이 프로젝트 품질을 포함한 다른 목표를 대체할 수 있다는 점을 상기하라(예, Conlon and Garland 1993 참조). 하지만 이런 대체는 언제 일어날까?

저자는 프로젝트가 10% 완료되거나 90% 완료되는 극단적인 시나리오를 실험했다. 분명히, 이론적으로, 의사결정자는 단지 10%가 완료된 프로젝트를 종료하는 것에 만족할 수 있다. 그러나 실제로는 10%가 완료되었다는 것은 계획에 동의가 이루어지고; 계약서 서명, 직원 및 장비 채용, 그리고 땅에 큰 구멍을 이미 팠다는 것을 의미할 수 있다. 더 많은 그래픽 실험 시나리오를 사용함으로써 우리는 대체물이 이전에 생각했던 것보다 프로젝트 수명 주기에서 훨씬 더 일찍 발생할 수 있다는 것을 발견할 수 있다.

만약 그렇다면, 진행이 잘 안 되는 메가프로젝트를 설명할 때, 목표 대체는 중요한 사항일지도 모른다. 정신 실험(Platt 1964; Wicker 1985)을 통해, 목표 대체와 상승 사이에 완벽한 상관관계가 요구되는가? 직관적으로 우리는 높은 인지효능(Whyte, Saks, and Hook 1997), 적당한 난이도 (Lee, Keil, and Wong 2015), 매력적이고 근접한 목표가 가속기 역할을 할 것이라고 생각할 수 있다. 그러나 거꾸로 된 역학도 그럴듯하다. 즉, 완성이 매우 중요해지면(책임에 의해 추진될 가능성이 있음) 인지 효율이 상승하고, 의사결정자들이 난관을 해결하기 위하여 그들 자신을 단련함으로써 그 목표는 더욱 가치 있고, 더 용이하고, 더 가깝게 보이는 거 같다. 사실, 우리는 비합리적인 영향이 간접적인 경로를 취할 수 있다는 것을 알고 있다. 예를 들어, 연구에 따르면 일단 자금이 투자되면, 의사결정자들은 성공 가능성에 대해 더 확신하게 되는 경향이 있다(Arkes and Hutzel 2000). 또한, 더 가까운 목표가 더 가치 있는 것 같다는 팅(Ting 2011)의 발견을 상기하라. 반대로 브렘과 라이트(Brejm and Wright 1983)는 지속성 프로젝트는 목표가 어렵다면 가치가 낮아 보인다는 것을 발견했다. 추가적으로 포기가 비용이 많이 들고 의사결정자들은 지속성이 얼마의 비용이 들고 궁극적으로 어떤 대가를 치르게 될지 모를 때 목표 대체와 상승 사이의 관계는 강화될 가능성이 높다(Northcraft and Neale 1986). 중요하게도, 루빈과 브로크너(Rubin and Brockner 1975)는 유령-사전 실험 참가자들 중 급여 차트를 요청한 사람이 거의 없다는 것을 발견하였다. **제안:** 목표 대체가 발생할 때, 오해의 낙관주의가 그 상황에 다시 등장한다.

연구원들은 문맥적인 요소들을 대부분 무시해 왔다. 스토우(Staw 1997)는 이것이 논란의 여지가 없기 때문이라고 제안한다. 그러나 시에, 차이와 첸(Hsieh, Tsai, and Chen 2015)의 연구는 기업들이 더 크고, 경쟁적인 회사들이 실패한다면, 그것은 수행의 상승을 단념시키지만; 만일 더 작은 경쟁자들이 성공한다면, 그것 역시 가속적인 역할을 한다는 것을 발견했다. 이는 비교 가능한 프로젝트가 성공했다면 특히 소규모 및/또는 경험이 적은 경쟁업체가 구축한 경우 메가프로젝트 상승은 더 가능성이 높다는 것을 의미할 수 있다.

어떤 프로젝트들은 필요하기 때문에 구축된다. 비용은 중요하지 않거나 최소한 2차적이다(Northcraft and Wolf 1984). 예를 들어, 포스호 하구의 새로운 도로 교량은 현존하는 건널목(1964년 개통)이 거의 수명이 다 되었기 때문에 스코틀랜드 경제에 필수적이다. 집필 시점(2015년 6월)에, 프로젝트는 일정대로 진행되고 비용은 예산 보다 다소 적게 집행되었다. 사태는 아직 해결되지 않을지 모르지만, 아직 쓰이지 않은 이 사례 연구는 모든 메가프로젝트가 오해의 낙관주의에 굴복하지는 않는다는 것을 시사한다. 다시, 무엇이 차이를 만드는가? 필수적 프로젝트는 비필수적 프로젝트보다 더 현실적으로 평가되는 경향이 있다. 그렇다면 그 이유는 무엇인가? 추측하건대, 그것은 그것들이 지어질 것이기 때문에, 수치를 "게임"할 필요가 없다고 정확히 모두가 알고 있기 때문일 것이다. 이 가능성은 자원에 대한 낮은, 중간, 높은 경쟁이 얼마나 계획자의 추정에 영향을 끼치는가를 조사하는 현장 실험을 수행함으로써 시험할 수 있다. 논리적으로, 우리는 높은 경쟁이 가장 낙관적인 예측을 만들어 낼 것이라고 예상할 수 있다. 그러나 결과는 놀랄지도 모른다. 높은 경쟁은 의사결정자들이 심각하게 받아들일 경우 신중해야 할 필요가 있을 수 있다. 이와는 대조적으로, 적당한 경쟁은 "모든 것을 자유롭게 하는" 것을 장려할 수 있다.

우리는 또한 새로운 개념이 필요하다. 개념은 우리가 보는 것, 보는 방법, 생각하는 방법을 구조화하기 때문에 중요하다(예, Morgan 1990 참조). 우유부단함의 증가라는 개념은 비용이 많이 들어 행동하지 않음을 야기할 수 있는 조직 병리학에 주목하기 때문에 유용하다. 또 다른 가능성은 필연성의 증가인데, 이것은 차선책 결정(약속 및 양보)과 잠재적으로 치명적인 영향에 대한 주목이 사업 수명 주기 초기에 이루어진다. 사건의 연구 사슬(예: 에어버스는 7명의 고객을 위해 7대의 비행기를 설계하는 것으로 끝나는 것)은 이기적인 의사결정자의 개념이 계획적이고 무모하게 희망 없는 프로젝트에 재투자한다는 것이 일부분이라는 것을 보여줄 수도 있다.

즉, 상승하는 필연성은 지속성이 인간의 허약함에 의해 덜 추진되고, 하나의 차선 결정이 또 다른 차선의 결정을 강요하는 것 등과 같이 자신들을 허약하게 하는 프로젝트 요인에 의해 더 추진된다.

상승하는 필연성의 개념은 실행에 영향을 끼친다. 예를 들어, JPA가 주춤했을 때, 군인들의 지급을 받지 않는다고 언론의 헤드라인에 대대적으로 보도되었다. 계약업체로서 EDS는 국방부와의 협력을 통해 모든 추가 작업에 대해 어떠한 보증도 없이 문제를 진단하고 해결했다. EDS는 결과적으로 상당한 손실을 입었다고 생각되지만(Kelman et al. 2009), 도구를 하향화 하거나 공식서한을 발행하는 것은 거의 불가피하게 상황을 악화시켰을 것이다. 마찬가지로 파나마 운하 당국도 지연을 악화시킬 뿐인 비용초과에 대해 누가 지불해야 하는지에 대해 계약자를 고소하는 것보다 더 잘 생각했을 것이다(Webber 2015). 불가피성을 증대시킨다는 개념은 의사결정자들이 그들의 결정이 **분명히** 어떤 결과를 가져올지 고려하도록 장려한다.

9.9 결론

대부분의 문제가 되는 메가프로젝트는 대개 예상보다 비용이 많이 들고, 약속된 혜택이 실현되기 더디지만 결국 완성된다. 런던의 카나리 부두는 현재 번창하고 있는 상업 지구지만 하룻밤 사이에 성공하기는 어려웠다. 마찬가지로, 초기에는 런던 바비칸 센터의 오케스트라가 거의 빈 공간에서 연주를 했다. JPA는 효과가 있다. 하지만 투박한 화면과 제한된 기능은 원래 예상한 유선형 시스템과는 전혀 다르다(Kelman et al. 2009). 암스테르담의 새 지하철은 도시에 엄청난 경제적 이익을 가져다줄 수도 있지만, 《이코노미스트(The Economist 2009)》가 무미건조하다고 지적했듯이, 단지 그들 주택이 아직 거기에 있는 사람들에게만 해당된다.

만약 내가 단 한 가지 처방을 내릴 수 있다면, 나는 조직들에게 그들이 어떤 처리를 하는지 주의할 것을 촉구할 것이다. 무엇이 상승을 유발하는지에 상관없이, 단순한 사실은 메가프로젝트가 일단 견인력을 얻으면 그들은 거의 막을 수 없다는 것이다. 첫 번째 질문은 메가프로젝트가 필요한지 여부에 관한 것이다. 아마 틀림없이 많은 경우에 그렇지 않다(Flyvbjerg et al. 2009년에 이 점을 논의했다). 예를 들어, TAURUS의 "과잉 없는 실질본위" 버전은 시도되고 검증된 기술을 사용하여 6개월 이내에 제작될 수 있었다(Drummond 1996). 영국의 보건 당국은 결국 당초에 하려고 했던 그들만의 환자 기록 시스템을 구축했다. 에든버러 공항과의 전차 연결은 버스보다 오래 걸리기 때문에 쓸모없는 것으로 보인다. 런던은 정말 또 다른 공연장이 필요한가? HS2의 예상 비용은 약 350억 파운드에서 500억 파운드로 증가했는데, 이는 제안된 노선에 대한 반대를 수용한 결과다. 런던과 버밍엄 사이의 30분을 절약하는 것이 그 돈의 가치가 있는가(적어도 20년을 기다려서)? 모든 프로젝트의 실질 비용은 우리가 대신 가질 수 있었던 것이다.

단호하게, 나는 의사결정자들이 위험을 회피하거나 야망이 있지만 필요한 프로젝트를 피해야 한다고 제안하는 것이 아니고, 단지 그들이 어떻게 전개될지에 대해 충분히 오랫동안 생각할 만큼 중지하자고 제안한다. 이는 특히 "도미노" 효과를 가질 수 있는 프로젝트 초기에 내린 결정에 적용된다. 실행을 위한 현존하는 처방은 경계의 필요성을 강조한다(예, Simmons and Staw 1992; Brockner, Shaw, Rubin 1979; Keil, Rai, Mann, Zhang 2003 참조). 그러나 만약 프로젝트가 이미 치명적으로 위태로워진다면 그것이 무슨 도움이 될 수 있을까? 정치와 마찬가지로, 메가프로젝트는 가능성의 예술일 수도 있다. 그렇더라도 의사결정자들은 편의주의가 얼마나 괴롭힘을 당할 수 있는지에 대해 신중히 생각해야 한다. 불확실성에 대한 모든 강조에 대해, 몇몇은 예측 가능하다. 도(道)가 충고하듯이 사물의 시작을 피해야만 우리는 그들의 피할 수 없는 목적을 벗어날 수 있다. 또는 피터스(Peters 2010: 196)가 보다 긍정적으로 표현하고 있듯이, 궁극적으로 성공은 조직이 **하지 않는** 것을 반영한다.

참고 문헌

Adner, R. and Levinthal, D. A. (2004). "What is *not* a real option: Considering boundaries for the application of real options to business strategy," *Academy of Management Review*, 29: 74–85.

Anderson, C. J. (2003). "The psychology of doing nothing: Forms of decision avoidance result from reason and emotion," *Psychological Bulletin*, 129: 139–67.

Arkes, H. R. and Blumer, C. (1985). "The psychology of sunk costs," *Organizational Behavior and Human Performance*, 35: 124–40.

Arkes, H. R. and Hutzel, L. (2000). "The role of probability of success estimates in the sunk cost effect," *Journal of Behavioral Decision Making*, 13: 295–306.

Barley, S. R. (1983). "Semiotics and the study of occupational and organizational cultures," *Administrative Science Quarterly*, 28: 393–413.

Baskerville, R. L. and Land, F. (2004). "Socially self-destructing systems," in C. Avgerou, C. Ciborra and F. Land (eds.), *The Social Study of Information and*

Communication Technology, Oxford: Oxford University, pp. 263–82.

Bazerman, M. H., Beekun, R. I., and Schoorman, F. D. (1982). "Performance evaluation in a dynamic context: A laboratory study of the impact of the prior commitment to the ratee," *Journal of Applied Psychology*, 67: 873–6.

Bazerman, M. H. and Moore, D. A. (2009). *Judgment in Managerial Decision-Making*. New York: Wiley.

Becker, H. (1960). "Notes on the concept of commitment," *American Journal of Sociology*, 66: 32–40.

Becker, M. Y. (2007). "Information governance in NHS's NPfIT: A case for policy specification," *International Journal of Medical Informatics*, 76: 432–7.

Biltz, R. (2010). "Savoy reopens after £220m revamp," *Financial Times*, 8 October, <http://www.ft.com>.

Boulding, W., Morgan, R., and Staelin, R. (1997). "Pulling the plug to stop new product drain," *Journal of Marketing Research*, 34: 164–76.

Bowen, M. G. (1987). "The escalation phenomenon reconsidered: Decision dilemmas or decision errors," *Academy of Management Review*, 12: 52–66.

Brehm, J. and Wright, R. A. (1983). "Perceived difficulty, energization, and the magnitude of goal valence," *Journal of Experimental Social Psychology*, 19: 21–48.

Brockner, J. (1992). "The escalation of commitment to a failing course of action: Toward theoretical progress," *Academy of Management Review*, 17: 39–61.

Brockner, J., Shaw, M. C., and Rubin J. Z. (1979). "Factors affecting withdrawal from an escalating conflict: Quitting before it's too late," *Journal of Experimental Social Psychology*, 17: 492–503.

Brockner, J., Rubin, J. Z., and Lang, E. (1981). "Face-saving and entrapment," *Journal of Experimental Social Psychology*, 17: 68–79.

Brown. A. D. (1994). "Politics, symbolic action and myth making in pursuit of legitimacy," *Organization Studies*, 15: 861–78.

Camerer, C. F., and Weber, R. A. (1999). "The econometrics and behavioral economics of commitment: A re-examination of Staw and Hoang's NBA data," *Journal of Economic Behavior and Organization*, 39: 59–82.

Conlon, E. J. and Parks, J. M. (1987). "Information requests in the context of escalation," *Journal of Applied Psychology*, 72: 344–50.

Conlon, E. J. and Garland, H. (1993). "The role of project completion information in resource allocation decisions," *Academy of Management Journal*, 36: 402–13.

Crocker, J. and Park, L. E. (2004). "The costly pursuit of self-esteem," *Psychological Bulletin*, 130: 392–414.

Daft, R. L., Murphy, J., and Willmott, H. (2010). *Organization Theory and Design*. Andover: Cengage.

Denis, J. L., Dompierre, G., Langley, A., and Rouleau, L. (2011). "Escalating indecision: Between reification and strategic ambiguity," *Organization Science*, 22: 225–44.

Donnan, S. (2015). "Frugal US consumers hit Panama Canal trade," *Financial Times*, 22 May, <http://www.ft.com>.

Drummond, H. (1994). "Too little too late: A case study of escalation in decision-making," *Organization Studies*, 15: 509–605.

Drummond, H. (1995). "De-escalation in decision-making: A case of a disastrous partnership," *Journal of Management Studies*, 32: 265–81.

Drummond, H. (1996). *Escalation in Decision-Making: The Tragedy of Taurus*. Oxford: Oxford University Press.

Drummond, H. (2012). *Economist guide to Decision-Making*. London: Economist Publications in association with Profile Books.

Drummond, H. (2014). "Escalation of commitment: When to stay the course?" *Academy of Management Perspectives*, 28: 430–46.

Economist, The (2009). "A big dig," 5 February, <http://www.Economist.com>.

Elsbach, K. D. (2003). "Organization perception management," in B. M Staw and L. L. Cumings (eds.), *Research in Organization Behavior*, vol. 25. Amsterdam: Elsevier, pp. 297–311.

Feldman, M. S. and March, J. G. (1981). "Information in organizations as signal and symbol," *Administrative Science Quarterly*, 26: 171–86.

Fischhoff, B., Slovic, P., and Lichtenstein, S. (1977). "Knowing with certainty: The appropriateness of extreme confidence," *Journal of Experimental Psychology: Human*

Perception and Performance, 3: 552–664.

Flyvbjerg, B. (2008). "Curbing optimism bias and strategic misrepresentation in planning: Reference class forecasting in practice," *European Planning Studies*, 16: 3–21.

Flyvbjerg, B., Bruzelius, N., and Rothengatter, W. (2009). *Megaprojects and Risk: An Anatomy of Ambition*. Cambridge: Cambridge University.

Flyvbjerg, B., Garbuio, M., and Lavallo, D. (2009). "Delusion and deception in large infrastructure projects: Two models for explaining and preventing executive disaster," *California Management Review*, 51: 170–93.

Fox, F., and Staw, B. M. (1979). "The trapped administrator: the effects of job insecurity and policy resistance upon commitment to a course of action," *Administrative Science Quarterly*, 24: 449–71.

Fox, S. and Hoffman, M. (2002). "Escalation behavior as a specific case of goal-directed activity: A persistence paradigm," *Basic and Applied Psychology*, 24: 273–85.

Harrison, P. D. and Harrell, A. (1993). "Impact of 'adverse selection' on managers' project evaluation decisions," *Academy of Management Journal*, 36: 635–43.

He, X. and Mittal, V. (2007). "The effect of decision risk and project stage on escalation of commitment," *Organizational Behavior and Human Decision Processes*, 103: 225–37.

Heath, C. (1995). "Escalation and de-escalation of commitment in response to sunk costs: The role of budgeting in accounting," *Organization Behavior and Human Decision Processes*, 62: 38–54.

Heath, C. and Soll, B. (1996). "Mental budgeting and consumer decisions," *Journal of Consumer Research*, 23: 40–52.

Hollinger, P. and Vasager, J. (2015). "Crash casts shadow over Airbus' military transport aircraft," *Financial Times*, 11 May, <http://www.ft.com>.

Hsieh, K-Y., Tsai, W., and Chen, M.-J. (2015). "If they can do it, why not us? Competitors as reference points for justifying escalation of commitment," *Academy of Management Journal*, 58: 38–58.

Jani, A. (2011). "Escalation of commitment in troubled IT projects: influence of project risk factors and self-efficacy on the perception of risk and the commitment to a failing project," *International Journal of Project Management*, 29: 934–45.

Janney, J. J. and Dess, G. G. (2004). "Can real-options analysis improve decision-making? Promises and pitfalls," *Academy of Management Executive*, 18: 60–75.

Jensen, J. M., Conlon, D. E., Humphrey, S. E., and Moon, H. (2011). "The consequences of completion: How level of completion influences information concealment by decision makers," *Journal of Applied Social Psychology*, 41: 401–28.

Kahneman, D. and Tversky, A. (1979). "Prospect theory: An analysis of decision under risk," *Econometrica*, 47: 263–91.

Kahneman, D., and Tversky, A. (1982). "The psychology of preferences," *Scientific American*, 246: 162–70.

Kahneman, D. and Lovallo, D. (1993). "Timid choices and bold forecasts: A cognitive perspective on risk taking," *Management Science*, 39: 17–31.

Kahneman, D., Lovallo, D., and Sibony, O. (2011). "Before you make that big decision," *Harvard Business Review*, June: 51–60.

Keil, M. (1995). "Pulling the plug: Software project management and the problem of escalation," *MIS Quarterly*, 19: 412–27.

Keil, M. and Mähring, M. (2010). "Is your project turning into a black hole?" *California Management Review*, 53: 6–28.

Keil, M. and Robey, D. (1999). "Turning around troubled software projects: an exploratory study of de-escalation of commitment to failing courses of action," *Journal of Management Information Systems*, 15: 63–87.

Keil, M., Rai, A., Mann, J. E. C., and Zhang, G. P., (2003). "Why software projects escalate: The importance of project management constructs," *IEEE Transactions on Engineering Management*, 50: 251–61.

Keil, M., Tan, B. C. Y., Wei, K. K., Saarinen, T., Tuunainen, V., and Wassennar, A. (2000). "A cross cultural study on escalation of commitment behaviour in software projects," *MIS Quarterly*, 24: 299–325.

Kelman, S., Weatherhead III, A. J., and Weatherhead, R. W. (2009). "A different kind of partnership: The UK's Ministry of Defence and EDS develop the Joint Personnel Administration program (JPA)," *Kennedy School of Government Case Program, CR16-09-1900-0*, pp. 1–22.

Kynaston, D. (2105). *Modernity Britain*. London: Bloomsbury.

Langer, E. J. (1975). "The illusion of control," *Journal of Personality and Social Psychology*, 32: 311–28.

Leatherwood, M. L. and Conlon, E. J. (1987). "Diffusibility of blame: Effects of persistence on a project," *Academy of Management Journal*, 30: 836–847.

Lee, J. S., Keil, M., and Wong, K. F. E. (2015). "The effect of goal difficulty on escalation of commitment," *Journal of Behavioral Decision Making*, 28: 114–29.

Leslie, K. J. and Michaels, M. P. (1997). "The real power of real options," *The McKinsey Quarterly*, 3: 4–22.

Lovallo, D. and Kahneman, D. (2003). "Delusions of success: How optimism undermines executives' decisions," *Harvard Business Review*, July: 57–63.

Lovallo, D., Viguerie, P., Uhlaner, R., and Horn, J. (2007). "Deals without delusions," *Harvard Business Review*, December: 92–9.

Mähring, M. and Keil, M. (2008). "Information technology project escalation: A processes model," *Decision Sciences*, 39: 239–72.

Meyer, W. G. (2014). "The effect of optimism bias on the decision to terminate failing projects," *Project Management Journal*, 45: 7–20.

Ministry of Defence (2008). *Chinook Mk3 Helicopters*. London: TSO.

Monteagre, R. and Keil, M. (2000). "De-escalating information technology projects: Lessons from the Denver international airport," *MIS Quarterly*, 24: 417–47.

Moon, H. (2001). "Looking forward and looking back: integrating completion and sunk-cost effects within an Escalation-of- commitment progress decision," *Journal of Applied Psychology*, 86: 104–13.

Morgan, G. (1990). "Paradigm diversity in organizational research." in J. Hassard and D. Pym(eds.), *The Theory and Philosophy of Organizations*. London: Routledge, pp. 13–29.

Morgan, G., Frost, P. J., and Pondy, L. R. (1983). "Organizational symbolism," in L. R. Pondy, P. J. Frost, G. Morgan., T. C. Dandridge (eds.), *Organizational Symbolism*. London: JAI, pp. 3–35.

Nelson, R. R. (2007). "IT project management: infamous failures, classic mistakes and best practices," *MIS Quarterly Executive*, 6: 67–78.

Nisbett, R. E. and Ross, L. (1980). *Human Inference: Strategies and Shortcomings of Social Judgment*. Englewood Cliffs: Prentice-Hall.

Northcraft, G. and Neale, M. A. (1986). "Opportunity costs and framing of resource decisions," *Organizational Behaviour and Human Decision Processes*, 37: 348–56.

Northcraft, G. and Wolf, G. (1984). "Dollars sense and sunk costs: A life cycle model of resource allocation decisions," *Academy of Management Review*, 9: 225–34.

Pan, S. L., Pan, G. S. C., Newman, M., and Flynn, D. (2006a) "Escalation and de-escalation of commitment to information systems projects: Insights from a project evaluation model," *European Journal of Operational Research*, 173: 1139–60.

Pan, S. L., Pan, G. S. C., Newman, M., and Flynn, D. (2006b). "Escalation and de-escalation of commitment: A commitment transformation analysis of an e-government project," *Information Systems Journal*, 16: 3–21.

Peters, T. (2010). *The Little Big Things: 136 Ways to Produce Excellence*. New York: Harper Collins.

Pfeffer, J. (1977). "The ambiguity of leadership," *Academy of Management Review*, 2: 104–12.

Pfeffer, J. (1981). "Management as symbolic action: the creation and maintenance of organizational paradigms," in L. L. Cumings and B. M. Staw (eds.), *Research in Organizational Behaviour*. Greenwich: JAI Press, pp. 1–52.

Platt, J. R. (1964). "Strong inference," *Science*, 146: 347–53.

Ross, J. and Staw, B. M. (1986). "Expo 86: An escalation prototype," *Administrative Science Quarterly*, 31: 379–91.

Ross, J. and Staw, B. M. (1991). "Managing escalation processes in organizations," *Journal of Managerial Issues*, 3: 15–30.

Ross, J. and Staw, B. M. (1993). "Organizational escalation and exit: Lessons from the Shoreham nuclear power plant." *Academy of Management Journal*, 36: 701–32.

Rubin J. Z. and Brockner, J. (1975). "Factors affecting entrapment in waiting situations: The Rosencrantz and Guildenstern effect," *Journal of Personality and Social Psychology*, 31: 1054–63.

Rubin, R. E. and Weisberg, J. (2004). *In An Uncertain World*. New York: Random House.

Sauer, C. (1993). *Why Information Systems Fail: A Case Study Approach*. Henley: Alfred Waller.

Schoorman, F. D. (1988). "Escalation bias in performance appraisals: An unintended consequence of supervisor participation in hiring decisions," *Journal of Applied Psychology*, 73: 58–62.

Schultz-Hardt, S., Thurow-Kröning, B., and Frey, D. (2009). "Preference-based escalation: A new interpretation for the responsibility effect in escalating commitment and entrapment," *Organizational Behavior and Human Decision Processes*, 108: 175–86.

Shepherd, D. A., Patzelt, H., Williams, T., and Warnecke, D. (2014). " How does project termination impact project team members? Rapid termination, 'creeping death', and learning from failure," *Journal of Management Studies*, 51: 513–46.

Simonson, I. and Staw, B. M. (1992). "Decision strategies: A comparison of techniques for reducing commitment to losing courses of action," *Journal of Applied Psychology*, 77: 419–26.

Singer, M. S. and Singer, A. E. (1985). "Is there always escalation of commitment?" *Psychological Reports*, 56: 816–18.

Sleesman, D. J., Conlon, D. E., McNamara, G., and Miles, J. E. (2012). "Cleaning up the big muddy: A meta-analytic review of the determinants of escalation of commitment," *Academy of Management Journal*, 55: 541–62.

Soll, J. B., Milkman, K. L., and Payne, J. W. (2015). "Outsmart your own biases," *Harvard Business Review*, May: 65–71.

Staw, B. M. (1976). "Knee-deep in the big muddy: A study of escalating commitment to a chosen course of action," *Organizational Behavior and Human Decision Processes*, 16: 27–44.

Staw, B. M. (1997). "Escalation research: An update and appraisal," in Z. Shapira (ed.), *Organizational Decision Making*. Cambridge: Cambridge University Press, pp. 191–215.

Staw, B. M. and Fox, F. V. (1977). "Escalation: the determinants of commitment to a chosen course of action," *Human Relations*, 30: 431–50.

Staw, B. M. and Ross, J. (1978). "Commitment to a policy decision: A multi-theoretical perspective," *Administrative Science Quarterly*, 23: 40–6.

Staw, B. M. and Ross, J. (1987a). "Behavior in escalation situations: Antecedents, prototypes and solutions," in L. L. Cummings and B. M. Staw (eds.), *Research in*

Organization Behavior. London: JAI Press.

Staw, B. M. and Ross, J. (1987b). “Knowing when to pull the plug,” *Harvard Business Review*, March/April: 65–72.

Stross, R. (2012). “Billion-dollar flop: Air Force stumbles on software plan,” *The New York Times*, 8 December, <http://www.nytimes.com/20/12/09/tecnology/air-force-stumbles-over-software>.

Tan, H-T. and Yates, J. F. (1995). “Sunk cost effects: the influences of instruction and future return estimates,” *Organizational Behavior and Human Decision Processes*, 63: 311–19.

Taylor, S. E. (1980). *Positive Illusions*. New York: Basic Books.

Taylor, S. E. and Brown, J. (1988). “Illusion and well-being: A social psychological perspective on mental health,” *Psychological Bulletin*, 103: 193–210.

Teger, A. I. (1980). *Too Much Invested to Quit: The Psychology of the Escalation of Conflict*. New York: Pergamon.

Tetlock, P. E. (1985). “Accountability: The neglected social context of judgment and choice,” in B. M. Staw and L. L. Cummings (eds.), *Research and Organizational Behaviour*, vol. 7. Greenwich CT: JAI Press, pp. 297–332.

Ting, H. (2011), “The effects of goal distance and value in escalation of commitment,” *Current Psychology*, 30: 93–104.

Tiwana, A., Keil, M., and Fichman, R. G. (2006). “Information systems project continuation in escalation situations: A real options model,” *Decision Sciences*, 37: 357–91.

Van Oorschot, K. E., Akkermans, H., Sengupta, K., and Van Wassenhove, L. K. (2013). “Anatomy of a decision trap in complex new product development projects,” *Academy of Management Journal*, 56: 285–307.

Webber, J. (2015). “Lure of larger container ships fuels canal boom in central America,” *Financial Times*, March 26, <http:www.ft.com>.

Whitney, K. M. and Daniels, C. B. (2013). “The root cause of failure in complex IT projects: Complexity itself,” *Procedia Computer Science*, 20: 325–30.

Whyte, G. (1986). “Escalating commitment to a course of action: A reinterpretation,” *Academy of Management Review*, 11: 311–21.

Whyte, G. (1991). "Diffusion of responsibility: Effects on the escalation tendency," *Journal of Applied Psychology*, 76: 408–15.

Whyte, G., Saks, A. M., and Hook, S. (1997). "When success breeds failure: The art of self-efficacy in escalating commitment to a losing course of action," *Journal of Organizational Behavior*, 18: 415–32.

Wicker, A. W. (1985). "Getting out of our conceptual ruts: Strategies for expanding conceptual frameworks," *American Psychologist*, 40, 1094–103.

Zardkoohi, A. (2004). "Do real options lead to escalation of commitment?" *Academy of Management Review*, 29: 111–19.

Zhang, L. and Baumeister, R. F. (2006). "Your money or your self-esteem: Threatened egotism promotes costly entrapment in losing endeavours," *Personality and Social-Psychology Bulletin*, 32: 881–93.

제10장

혁신 게임으로서의 메가프로젝트

로저 밀러·도널드 레사드·비벡 사크라니

메가프로젝트는 특정한 상황과 시장 요구에 맞게 수년간 구성되어 온 복잡하고 맞춤화된 해결방안이다. 각 프로젝트는 예측 가능하고 광범위하게 출현하는 이슈에 직면할 수 있는 복수의 혁신적 선택을 요구한다. 다양한 형태의 위험은 서비스를 제공할 시설의 설계, 자금 조달 및 구축에 관련되어 있다.

이 장에서는 후원자, 전문가 및 잠재적으로 대립되는 이해관계자들이 프로젝트를 만드는 기회를 얻기 위해 상호작용하며, 이런 프로젝트를 설계하고 수행하는 혁신의 게임으로서 메가프로젝트를 강조한다. 첫 번째 부분에서는 프로젝트가 어떻게 후원되고 구성되는지에 대해 설명한다. 두 번째 부분은 프로젝트 가치를 창출하기 위한 혁신 관점에 초점을 맞춘다. 세 번째 부분에서는 고객과 후원자, 전문회사가 혁신적 해결방안을 활용한 프로젝트를 구성하기 위해 과정을 더 상세히 묘사하고 필요한 동적 능력을 설명한다. 네 번째 부분에서는 공공-민간 협력(PPP)의 증가에 따라 메가프로젝트가 어떻게 구성되는지를 설명한다. 다섯 번째 부분은 후원자들과 전문가들이 어떻게 메가프로젝트의 본질적인 복잡성을 숙지하고 필요한 복잡성을 제공하는 아키텍처와 과정을 개발하는지를 검토함으로써 결론짓는다.

우리의 관찰은 네 가지 출처의 광범위한 증거에 기초하고 있다. 먼저 우리는 에너지, 교통, 석유, 가스 분야의 60개 대형 엔지니어링 프로젝트를 분석했다. 각 프로젝트별로 후원자, 투자자, 계약자, 반대자, 법률 고문 및 규제 기관(Miller and

Lessard 2000)을 인터뷰했다. 두 번째 근거 출처는 전 세계적으로 많은 수의 수자원 프로젝트에서 측정된 모델링 연구이다(Sakhrani 2015). 정보의 세 번째 출처는 노르웨이에서 정유 개발을 수행한 5명의 MP를 포함(Am and Hieberg 2014)하여 다수의 석유와 가스 프로젝트(Lessard, Sakhrani, and Miller 2014)이다. 마지막으로, 우리는 혁신 실행에 관한 세계적인 연구를 도출한다(Miller and Cote 2012). 이 장에서는 일반적인 패턴에 초점을 맞추고, 또한 중요한 사항을 설명하는 특정 프로젝트의 예를 제공한다.[1]

10.1 메가프로젝트의 후원과 구성

대형 엔지니어링 프로젝트의 계획과 관리는 두 가지 상반된 관점에서 볼 수 있다. 첫 번째는 선택권과 관련된 수익 및 비용과 위험에 대한 예측이 최적의 프로젝트를 선택하고 이를 수행하기 위해 사용되는 **사전**의 합리적 관점이다. 그러나 메가프로젝트를 계획하는 결정은 고객과 후원자들의 대규모 "일시적이고 전면적인" 분석적 노력으로 이루어지는 경우는 드물다. 모든 선택권이 최적 경로를 선택하기 위해 고려되는 원대한 의사결정 기간은 거의 발생하지 않는다. 이러한 합리적 접근방식은 분석적 노력의 엄격함과 예측이 인지된 우월성 또는 공식적 선택권 접근방식 경우에서 주요 역학을 모델링하는 능력에 의존한다. 두 번째 반대 관점은 메가프로젝트 관리를 추진함과 반대함에 있어서 권력 행사를 수반하는 정치적 과정의 진행으로 보는 것이다. 심지어 기술적으로 복잡한 프로젝트도 협상 대상이 될 수 있다; 후원자들과 이해관계자들은 대안을 만들기 위해 협의한다. 최종 선택은 시간이 지남에 따라 정치적 과정으로부터 나타난다. 우리의 접근방식은, 많은 수의 모험적 사업 연구에 기반하여, 프로젝트의 구성은 그 자체로 논리가 된다는 것을 인정한다. 우리는 메가프로젝트를 밀러와 코테(Miller and Cote 2012)가 정의한 혁신의 게임으로 보는 것이 선형의 공학적인 접근보다 더 생산적이라고 주장한다. 게임은 맥락에 반응함으로써 나타나는 행위자들 사이의 일관성 있는 상호작용 형태이다. 메가프로젝트의 활동가들은 후원자(협약)와 전문가 연합 또는 때로는 잠재적인 대립 가능성이 있는 이해관계자들의 연합을 포함한 트리오이다.

공학적 메가프로젝트를 포함하여 850개의 혁신 프로젝트를 분석한 결과, 밀러와 코테(Miller and Cote 2012)는 다음과 같은 두 가지 주요 관점에 따라 여섯 가지 명백한 혁신 형태를 확인한다. 시장 및 기술적 역동성(중간 대 격동)과 독립형 제품에서 개방형 플랫폼, 상당히 통합된 폐쇄형 시스템에 이르는 혁신 구조.[2] 6가지 결과 형식은, (1) 매우 불안정한 기술 및 마케팅 상황에서 발생하는 **유레카 게임**, 발견과 기업가 정신에 기반한다. (2) 성숙하고 적절히 변화하는 기술 및 마케팅 환경에서 이루어지는 **새롭고 개선된** 게임, 이러한 게임은 생산성 향상을 위해 제품과 과정의 반복적이며 점진적인 변화를 강조한다. (3) 새로운 작업 방식을 도입하도록 설계된 새로운 과학 및 엔지니어링 해결방안과 관련된 **획기적인** 게임, 후원자는 훈련 전문가와 협력하여 활동한다. (4) 매우 역동적인 환경 및 플랫폼, 경쟁적이고 종종 상호배타적인 플랫폼 기반 비즈니스 모델에서 발생하는 **구조의 대결**. (5) 개별 상품 바구니를 제공하기 위해 플랫폼에 대해 적용하는 **대규모 사용자** 지정 게임. (6) 기술 및 시장 측면에서 다소 격동적인 환경에서 발생하지만 강력한 통합이 요구되는 **한계를 초월하는** 게임 등이다.

한계를 초월하는 게임은 메가프로젝트에서 우리가 관찰한 구성 과정(Miller et al. 2008)을 가장 잘 특징짓는데, 이 프로젝트들은 중간 정도의 기술과 시장의 역동성을 수반할 뿐만 아니라 강력하게 통합된 폐쇄 시스템을 구성해야 하기 때문이다.[3] 메가프로젝트는 채택되기 위하여 시장에서 준비하는 해결방안으로 수요에 앞서 미리 개발된 "사양에 따라 구축"되는 경우는 드물다. 대신에, 후원자들과 전문 회사들은 명확한 요구에 대응하고, 초기 문제에서 구조에 대한 최종 수행으로 향하는 작은 단계적 혁신을 통해 수년 동안 공동으로 진행된다. 이는 R&D로 시작하여 생산개발과 궁극적으로 시장에 출시되는 프로젝트에 자주 적용되는 혁신의 재래식 선형적 관점과는 대조적이다.

메가프로젝트에서의 혁신은 일반적으로 급진적인 새로운 것이 아니라 다양한 요구에 대한 조건부 및 적응력 있는 해결 방안이다(Miller and Cote 2012). 고객, 후원자나 전문 기업은 드러나지만, 종종 변화하는 요구를 위한 해결방안을 공동으로 개발하기 위해 서로 집중적으로 상호작용한다. 또한, 그들은 수용 가능한 해결책을 찾기 위해 잠재적으로 대립하는 이해관계자들과 상호작용해야 한다. 따라서 메가프로젝트 관리는 시스템을 종결하기 위하여 열정적인 노력과 이해관계자뿐만 아니라 전문가팀들의 통합으로 특징지어진다.

10.1.1 메가프로젝트의 맥락

비록 대부분의 메가프로젝트는 교량, 지하철, 고속도로, 전력 댐, 기타 대규모 에너지 및 수자원 프로젝트와 복합 산업과 도시 개발 등 잘 사용되는 분야에 포함되는 것처럼 보이지만, 각 메가프로젝트는 특별한 기술적 및 제도적 맥락 때문에 다양하다. 메가프로젝트를 특징짓는 맥락의 주요 특성은 다음과 같다.

1. 메가프로젝트는 규모가 매우 다양하고 평균 10억 달러 이상의 비용이 소요되는 대규모이며 기술적으로 복잡한 엔지니어링 및 금융 모험사업이다. 많은 이해관계자들의 저항과 외부 압력은 규모에 따르는 경우가 많다.
2. 메가프로젝트 이면의 기술은 지속적이고 급진적인 변화는 아니다. 대신 축적된 지식은 적당한 속도로 성장한다. 공학적 과제는 서비스를 제공하고 안정적인 수익을 제공하며 위험에 대응할 수 있는 강력하게 통합된 폐쇄형 시스템을 구축하는 것이다.
3. 메가프로젝트는 크고, 복잡하며, 되돌릴 수 없는 재무적 수행과 연관된다. 일단 건설되면 프로젝트는 범위별로 달라진다; 그들은 특정 상황에 맞게 맞춤화되며, 원래의 목적 이외의 다른 용도로 다시 포장되고 다시 전개되기 어렵다.
4. 서비스, 기술 해결방안, 금융 공학에 대한 수요에서의 주요한 불확실성이 그 자신들을 멈추게 해서 위험과 불안정이 나타난다. 외부와 내부 조건이 변경되면 프로젝트는 모순된 압력을 받게 된다. 의사결정 과정을 구조화하는 데 도움이 되는 제도적 버팀목이 없을 때, 메가프로젝트의 구성은 종종 위기의 퇴화 사이클로 곤두박질친다.
5. 메가프로젝트의 성과는 기능성, 투명성, 지연, 비용, 경제발전에 대한 기여 등 여러 관점에 따라 측정될 수 있다. 모든 면에서 높은 점수를 받는 프로젝트는 거의 없다. 비용초과는 일반적이지만, 대부분의 메가프로젝트는 후원자들이 추구하는 서비스를 제공하게 된다. 그러나 많은 저자들은 실망스러운 결과의 확산을 강조한다(Flyvbjerg et al. 2003). 상승기간에, 초기 시장의 기대치를 재평가하고 수익이 유입되기 시작하면서 프로젝트의 진정한 가치가 명백해진다. 후원자들은 수익이 예상보다 훨씬 낮다는 것을 발견할지도 모른다.
6. 메가프로젝트의 의사결정은 여러 해에 걸쳐 수행된다. 초기의 의사결정 활동은 평균 6-7년에 걸쳐 분포되지만, 건설과 램프 업 기간은 훨씬 짧다

(Miller and Lessard 2000). 고객-후원자가 제안한 초기 아이디어에서 이행, 건설, 램프 업으로의 전환은 분명하지 않고 우여곡절이 많다. 종료 시점까지의 혁신적 단계와 특정 정의된 프로젝트 건설이 가능함으로써, 수년에 걸쳐 여러 이슈가 해결되며 진행된다.

10.1.2 메가프로젝트의 후원

네트워크 운영자, 공공기관 또는 산업기업과 같은 메가프로젝트의 고객이나 후원자들은 그들이 직면하고 있는 병목 현상, 문제, 도전을 정의하는 것으로 시작한다. 문제나 병목 현상의 예는 다음과 같다: (1) 반복되는 교통 과부하, 고속도로 시스템에서 누락된 연결부위를 구축하기 위해 추가 투자가 필요함을 시사하는 것; (2) 수립된 방법에 따른 석유 및 가스전 개발에서의 낮은 산출량, 따라서 매장량을 이용하는 새로운 방법을 찾는 것; (3) 전력망에서 빈번한 전압 저하, 설계의 재작업 등을 요구한다. 천연자원은 또한 메가프로젝트에 기회를 제공한다. 많은 메가프로젝트들은 목표 서비스 제공과 같은 실질적인 목표뿐만 아니라 높은 야망, 고상한 이상, 경제 개발 목표도 포함한다. 메가프로젝트는 종종 정치적 목적을 달성하기 위한 도구이다(Flyvbjerg et al. 2003).

메가프로젝트는 사내 자원으로만 구축되는 경우는 드물지만, 각각 다른 역량과 종종 다른 목적을 가진 뚜렷한 역할을 하는 후원자와 외부 참여자 기관의 협력을 수반한다. 참여자의 조율을 위한 과정은 강력한 리더십, 폭넓은 협상, 글로벌 계약이다.

10.1.3 메가프로젝트 구성에서의 보완적 조직의 듀오

메가프로젝트의 구성은 두 명확한 조직 사이의 제도적 및 절차적 구조 내에서 여러 해 동안 상호적인 의사결정을 통해 이루어진다. (1) 해결해야 할 주요 문제 또는 병목 현상이 있는 고객-후원자(개발자라고도 함);[4] (2) 프로젝트를 설계, 자금 조달 및 구축할 수 있는 엔지니어링 지식, 재정 자원과 경험을 보유한 전문 기업.

듀오의 운영 구성원은 대개 공공기관이나 개인사업자, 대기업 등의 후원자이다. 문제나 병목현상에 직면한 기업은 고객들에게 더 나은 서비스를 제공할 수 있도록 맞춤화된 해결방안을 진정으로 필요로 한다. 이 듀오의 두 번째 부분은 연합에 가입하고, 프로젝트 조직을 구성하며, 전문성을 확보하기 위해 계약하는 전문 기업들의 그룹으로 구성된다. 전문 기업들은 신뢰할 수 있는 파트너와 입찰자가 되기 위한 역량과 경험을 개발하였다. 전문 기업은 필요한 분야와 보완적 엔지니어링 분야에서 지식을 축적해 왔다.

구성은 후원자, 전문 회사, 그리고 반대자들이 관점과 축적된 지식에 직면하면서 발생한다. 그 둘은 문제 대부분이 해결될 때까지 그리고 어느 정도 최종 마무리가 될 때까지 작업한다. 전문가들은 새로운 접근법을 제안하고, 문제를 재정의하며, 모범 사례를 모색한다. 물론, 고객이나 후원자들은 항상 혁신적이지 않고 진부한 방식을 고수할 수 있다.

혁신을 위한 많은 경로가 추구될 수 있다. 후원자들은 축적된 경험을 이용하여 내부적으로 해결책을 개발하기로 할 수 있다. 그러나 후원자들이 당면한 문제를 해결하는 데 필요한 모든 전문지식을 갖추는 경우는 드물다.

대신, 후원자들은 공개 소스에 의존하고 보완 전문가들로 구성된 하나 또는 여러 그룹을 초대하여 해결책을 설명하고 제안한다. 후원자는 매우 자주, 혁신적인 해결방안에 접근하기 위해 경쟁하는 전문 회사들을 초대하고 비용을 지불한다.

이 2인조는 제안된 프로젝트를 재구성하기 위해 관련 당사자들이 참여하도록 계기가 되었을 때 3인조가 될 수 있다. 우리가 주목한 대부분의 메가프로젝트는 환경단체, 지역사회 또는 이익단체의 저항에 부딪힌다. 이러한 영향을 받는 당사자들의 이익은 통합되고 고려되어야 한다.

10.1.4 이슈에 대한 반응 구성하기

고객이나 후원자들은 위험과 어려움에 직면했을 때 한가롭게 앉아 있지는 않고, 해결해야 할 특정한 이슈에 따라 프로젝트를 구체화한다. 어떤 경우에는 여러 가지 문제들이 함께 해결되어야 한다. 프로젝트 구성이 내재된 제도적 구조는 문제를 해결하기 위해 구성 노력을 할당하는 체계에 도움이 된다. 표 10.1에는 해결책을 개발해야 할 필요가 있는 여러 가지 주요 독립적 이슈들이 포함된다.

이러한 이슈들에 대한 해결책은 그림 10.1과 같이 일시적 구성 과정을 통해 나타난다. 각 구성 항목의 시작점에서 많은 미래의 일들이 가능하다; 해결책은 사전에 결정되지 않지만, 후원 그룹에 의해 만들어질 수 있다. 후원자들은 문제에 대한 해결책을 개략적으로 묘사하는 가능한 방법에 대한 많은 가설을 개발할 수 있다. 정교한 전략과 추진력을 얻기 위한 탐색적 투자가 이루어진다.

표 10.1 메가프로젝트가 구성되는 주변의 주요한 이슈들

■ 스폰서에 의한 문제와 병목의 정의	■ 다양한 위험: 시장성, 기술과 제도
■ 아이디어로서 프로젝트의 부족한 타당성	■ 파트너쉽을 활성시키기 위한 세계적 수준의 전문가 참여
■ 수요 예측: 신뢰성과 장기간	■ 공정성, 필요한 자격, 입찰 프로세스
■ 스폰서들 간의 구조	■ 변화를 반영하는 포괄적인 계약 및 절차
■ 환경적 도전사항과 조치	■ 허가와 규제 결정
■ 장기간 동안의 비즈니스와 재무적 모델	■ 최종 파트너쉽 협의에 대한 약속

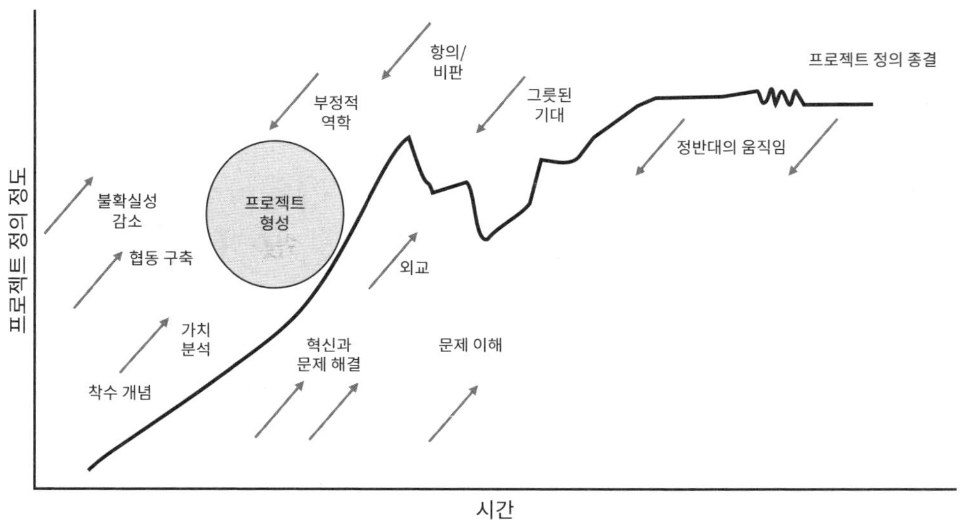

그림 10.1 프로젝트 형성

반대 측과 반대 세력의 영향이 커지면, 후원자들은 이성적인 주장을 하지만, 단지 설득하기 위해 외교를 이용한다. 각 모양의 에피소드 후, 프로젝트의 가치가 여전히 받아들일 수 있다면 후원자들은 다시 시작한다. 프로젝트가 만일 비합리적인 선택을 하게 된다면 그들은 포기할 수 있다.

각 구성 항목마다, 어느 정도 마무리하기 위해 높은 수준의 불확실성을 해결하려는 노력이 기울여진다.

10.1.5 프로젝트 요소를 활성화된 조각으로 구성

상호의존적인 이슈들은 한꺼번에 해결될 수 없다. 대신, 이슈들은 묶음으로 전제조건을 구성한다. 주요 이슈의 해결은 종종 논리적으로 연계된 다른 이슈와 문제

해결을 진행하기 위한 전제조건이다. 시간이 경과함에 따라 이전에 해결된 이슈들이 다시 등장하여 새로운 구성을 초래하는 과제가 될 수 있다. 심지어 공식적인 합의가 이루어진 이슈들도 조건과 권력 이동이 발생하면서 다시 제기될 수 있다. 레서드 등(Lessard et al. 2014)은 프로젝트의 구성을 네 가지 활동으로 나누었다.

1. 프로젝트의 고유한 기술적 특성에 대한 적응. 프로젝트는 위치, 규모, 체계적 복잡성 및 새로움의 정도 같은 특성에 의해 특징지어진다(Dewar and Hage 1978; Shenhar and Dvir 2007). 과학과 공학 분야의 광범위한 다양성이 요구된다.
2. 프로젝트를 지배하는 고유한 제도적 구조 내에서 프로젝트의 형상. 입법, 규정 및 공공 금융 구조는 결국 당사자들을 구속한다(Scott 2013). 형상도 이해관계자의 반응과 권력에 의해 영향을 받는다. 취약한 제도적 구조는 불완전한 해결책으로 이어진다. 고도로 구조화된 제도적 체제는 고도의 구성 노력과 또한 더 높은 관리성을 수반한다.
3. 제도적 특성에 대응하고 프로젝트를 실현하기 위해 설계된 조직적 배열의 프로젝트 설계(Burton and Obel 2004). 기술적 선택은 설계 엔지니어링, 규모, 물류 활동 등에 초점을 맞춘다. 건축 전략은 프로젝트의 실행 가능성, 사업모델, 자금 조달, 파트너십 계약, 정부 참여, 위험 할당 및 위기 대비에 관한 것이다(Anderson 1999).
4. 지배력을 서서히 주입시키기 위해 출현하는 특성을 증진시킨다. 출현하는 특성은 성과(비용, 지연, 기능성) 또는 관리성, 유연성, 품질과 같은 특성 관점에서의 결과물이다. 출현하는 특성은 프로젝트 설계뿐만 아니라 기술적 또는 제도적 특징 간의 상호의존성과 상호작용에서 비롯된다(Lessard et al. 2014). 예를 들어, 프로젝트는 위기에 직면하거나 혼란에 대응할 수 있는 내재된 능력을 통해 관리될 수 있다. 후원자들은 혼란에 대응하는 능력을 발휘하는 장치를 사용한다. 통제한다는 것은 경험, 판단, 직관에 바탕을 둔 예술이다.

표 10.2에는 프로젝트 요소를 형상하기 위한 몇 가지 구조적 장치가 수록되어 있다. 후원자들은 위기 상황에서 대응책을 제공하기 위해 각각의 장치를 연구한다.

표 10.2 프로젝트를 구체화하고 조각하기 위한 적용 장치

▪ 구상 협의	▪ 인정
▪ 공공-민간-파트너십	▪ BOT 시공 소유 및 운영
▪ 프로젝트 금융	▪ 조달 계약
▪ 설계 시공 계약	▪ 회합 조항
▪ 공적 협의	▪ 최종 파트너십 협의에 대한 약속

10.1.6. 에피소드 과정으로서 구성하기

많은 프로젝트를 분석하면서 구성은 여러 에피소드에 걸쳐 점진적인 문제 해결을 통해 발생한다는 점에 우리는 주목했다.

1. 기회 구성: 이 첫 에피소드는 고객이나 후원자가 조언자의 도움을 받아 프로젝트 개념을 개발하고, 파트너들의 연합을 구상하며, 행동할 준비가 되었음을 알리기 때문에 몇 년 동안 지속된다. 후원자는 그 기회를 구성할 수 있는 자원을 가진 신뢰할 수 있는 당사자로의 위치를 선점한다. 아이디어 발생을 구성하고 자금을 조달하는 적절한 방법과 수단에 대해 논의한다. 기회가 공개되면 이해당사자들에 의해 해결할 사항이 자주 나타난다. 이러한 관심사를 포함하기 위해 기회는 재활용되고 재정의되어야 한다. 선도적인 후원자가 제시한 믿을 만한 전망이 없으면 프로젝트는 유아기의 함정에 빠진다. 이 개념을 탐구하고 개발하기 위해 초기에 수백만 달러의 자금이 할당된다. 위험을 이해하고 선택권을 식별하기 위해 엔지니어링, 재무 및 마케팅 타당성 연구가 수행한다. 개념의 실행 가능성이 확립되면 많은 반복 후에 종료된다. 합의서 메모는 그 동의를 묘사한다. 그러나 그 프로젝트는 여전히 다차원적인 아이디어일 뿐이다. 후원자는 그 개념을 개선하고, 몇 가지 상호의존적인 이슈를 해결하고, 파트너와의 연합을 강화하기 위해 프로젝트를 중단하거나 추가 반복에 착수하기로 할 수 있다. 전형적으로 후원자들은 완전한 개념적 해결책을 개발하기 위해 적당한 금액(수천만 달러까지)을 할당할 것이다.
2. 프로젝트 구성하기: 이 에피소드는 투자 시나리오의 구축과 투자자를 위한 사업 사례(재무 모델)의 작성을 포함한다. 장기 계약, 구조 협의 등의 장치

에 중점을 두어 궁극적으로 투자가 기회주의적 행동으로부터 보호됨을 보장하기 위한 교섭을 한다. 특화된 전문가들은 전반적인 가치 창출에 기여하고자 하는 의도에 동참하지만, 또한 "그들의 공정한 몫보다 더 많은 것"을 획득하기를 희망한다. 그 과정은 포지티브-섬 협동과 제로섬-게임 사이의 시소이다. 결국, 균형은 받아들여진다.

3. 프로젝트 재구성: 일단 이 프로젝트가 추진될 가능성이 분명해지면, 공포가 되살아나고 영향을 받는 이해관계가 발생된다. 후원자는 그들의 권리를 인정받고, 보상을 협상하고, 그렇지 않으면 지역사회와 함께 선제적인 전략을 펼침으로써 영향을 받는 당사자들의 동의를 얻으려고 한다. 프로젝트 구축 권리를 얻는 것은 종종 선도적인 후원자들이 오염된 현장을 청소하고, 경제 개발 계획을 구성하고, 보완 시설 건설 등에 상당한 비용을 지출함으로써 신뢰할 수 있는 약속을 증명해야 한다. 이전에 누락된 해결되지 않은 이슈들은 프로젝트가 개발될 때 다시 나타날 수 있다. 만약 당사자들이 새로운 협정을 맺을 수 없다면, 그들은 사법적, 정치적, 혹은 정부의 결정을 기다려야 한다. 이러한 딜레마를 해결하기 위해 제도적 및 환경 평가 구조의 존재는 여기서 매우 중요하다. 지연은 그러한 공식적인 평가의 불가피한 결과이다. 제도적 구조는 당사자들이 그 프로젝트를 절충하거나 중단하도록 유도한다.
4. 프로젝트 엔지니어링: 금융 및 엔지니어링 용어로 본 프로젝트의 개념은 이제 더 명확해졌다. 게다가, 필요한 연합은 이제 굳건해졌다. 세부적인 공학은 이제 가능하다. 최종 패키지에 대한 약속은 모든 주요 문제가 해결되었을 때 이루어진다. 이 에피소드에서는 상세설계가 산출되고, 실행을 위한 역할이 규정된다.
5. 프로젝트를 구축하기 위한 전력 질주: 프로젝트 관리를 위한 대부분의 공식적인 도구의 초점인 이 에피소드는 대개 상대적 안정성의 맥락에서 발생한다. 완전한 구성이 달성되면 본격적인 건설이 시작된다. 본격적인 건설은 수익이 얼마나 빨리 도달할 수 있는지에 영향을 끼치기 때문에 프로젝트에 경제적 가치를 추가한다. 주요 제약조건은 과도한 위험을 초래하지 않는 주공정 경로를 따라 적절하게 다양한 작업이 수행되는 것이다. 이 단계에서의 혼란은 주요 문제가 해결되었기 때문에 대개 훨씬 더 낮다.

6. 프로젝트 진행 및 운영: 일단 프로젝트가 건설되면, 그것은 상승기에 접어들게 된다. 시장, 기술 기능 및 사회적 수용성에 대한 기대를 시험하는 것은 여기에 있다. 극단적인 경우, "초기의 어려움(치아가 나올 때의 불쾌감)"은 프로젝트가 재구성되는데 재활용될 정도로 심각하다. 적절한 정의가 가능하지 않으면 프로젝트가 중단된다.

표 10.3은 전형적인 메가프로젝트에 대한 이 6개 각 단계에서 상황 조건, 개념, 연합, 약속의 구성, 과정과 종료를 요약한 것이다(Lessard and Miller 2013). 그림 10.2는 일련의 선택으로서 대표 프로젝트의 구성과정과 형태를 보여준다. 이전 에피소드에서 이루어진 합의 사항들을 다시 순환하는 것이 종종 필요하다. 각 에피소드가 취하는 경로는 이전 에피소드의 종료 정도에 따라 좌우된다.

10.2 혁신을 통한 프로젝트 가치 창출

메가프로젝트 혁신게임의 중요한 것은 가치다. 가치에 대한 탐구는 가치 창출과 획득의 이중적 노력을 포함한다. 구성 과정은 가치를 실현하기 위해 혁신에 의존한다. 메가프로젝트의 가치는 고객 후원자들과 전문회사(연합의 리더들) 양자의 복수 목표와 밀접하게 연관되어 있다. 이는 가치목표가 처음부터 명확하게 알려지지 않을 수 있고 구성 과정에서 발견되어야 하고 정제되고 분명히 표현해야 하는 긴장감을 강조한다. "영역을 확장하다"에 대한 노력은 자주 경쟁하고 적합하지 않은 가치 차원에 걸쳐 절충의 균형을 이루기 위한 것이다.

메가프로젝트는 근본적인 변화를 가능하게 함으로써 그들의 수명주기 동안 사회에 대한 가치를 창출한다. 변화는 기술적이거나 제도적이거나 둘 다일 수 있다. 예를 들어, 제2 서번 크로싱은 웨스트 웨일즈와 영국의 교통과 경제 통합 가능성을 근본적으로 변화시켰다. 지하철이나 보스턴의 동맥 터널과 같은 도시 교통 프로젝트는 근본적으로 이전에 "고립된" 지역의 잠재력을 변화시킨다(Boston CA/T in Hughes 2000). 카즈노가와 또는 칠레 북부에 제안된 타라파카 미러[5] 같은 대형 펌프 저장 프로젝트는 훨씬 더 낮은 비용으로 전력망 균형과, 이 프로젝트와 함께 태양광 발전과 풍력 같은 간헐적 원천의 더 큰 통합을 가능하게 한다. 이와는 대조적으로, PPP를 통해 고속도로를 건설하기 위한 민간 연합체로서 코피루테 출현은 공공의 의무와 민간 금융을 연계하는 연합 교량처럼 제도적인 변화였다.

표 10.3 프로젝트 구성에서의 에피소드

	기회 구성	프로젝트 구성	프로젝트 재구성	프로젝트 설계	프로젝트 건설 추진	운영까지 확대
맥락적 조건	스폰서와 전문가가 주요 선택 구성; 많이 자유스러움	해결이 필요한 기본적 상호 종속적인 이슈의 차단	프로젝트가 "실질적" 두려움을 갖게 되고 위험이 발생하고 위험에 직면한 것과 같이	주요 선택이 설정되는 안정적 기간	프로젝트 관리의 순차적 세계	자유롭지 못함으로 인한 돌이킬 수 없는 고정화
개념	주요 관점의 비전과 묘사	기술, 시장, 정치에서의 상호종속적인 이슈에 대한 전체적 해결	힘 있는 행위자들이 프로젝트가 실현되게 하도록 개념이 그들에 적용	다차원적 개념이 명확해지고 계획이 됨	개념이 확정; 수익 발생 성취를 위한 신속한 건설	개념이 확정됨: 시장, 기술과 정치적 협의
연합	신용 있는 스폰서가 파트너와 이해관계자 모집	역할 정의: 우승자, 전문가, 지지자와 참는자들	구성원과 힘 있는 이해관계자의 폭 넓은 구성	이해관계자의 폭넓은 설정이 인허가를 진행시킨다	연합이 확정, 공식 협의에 의한 지지	연합이 확정됨: 요청 자원 가용
수행 방식	말로, 비공식적, 때대로 공적으로, 그러나 더 많은 구성에 개방	신용 있는 스폰서가 의지 표명	힘 있는 반대자들과 협의	상세한 비지니스 계획	계약과 사양의 설정	최종 협정, 소유권과 재무 구조
프로세스	비전 주변을 다중 반복	스폰서, 파트너와 이해관계자가 협상	시험적 개념과 연합을 강조하는 반복	공식적 계약 및 파트너쉽	순차적 세계로의 복귀	모든 관계의 안정화
종결	협의 각서	구체적인 구조 협의	실제 프로젝트 결과가 산출되도록 하는 협의	상세한 계획	계약	안정적 계약 및 돌이킬 수 없는 선택

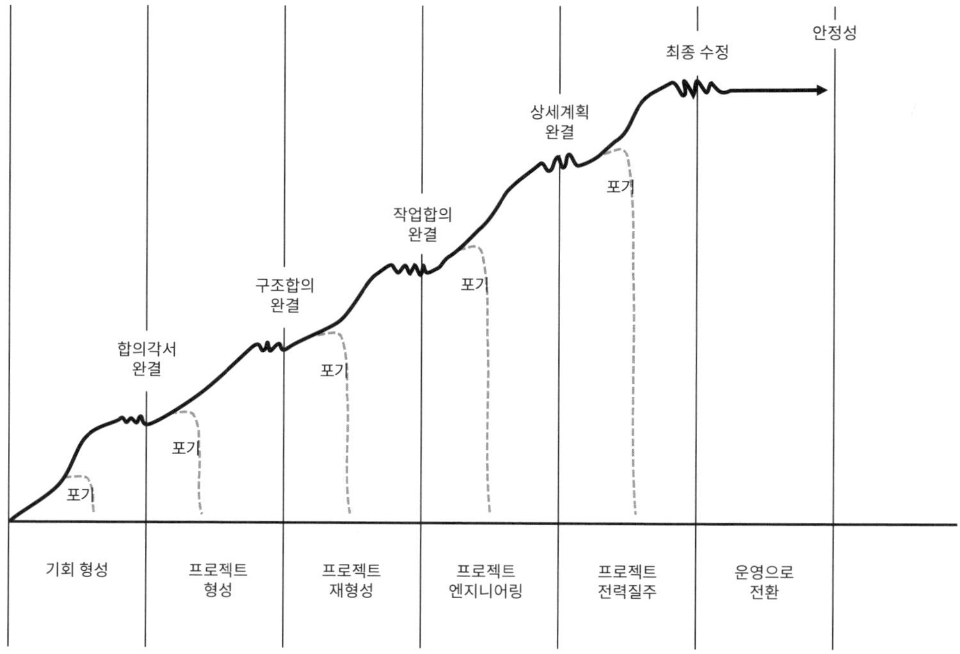

그림 10.2 일련의 선택으로서의 형성 과정

프로젝트의 가치는 그것이 제공하는 서비스의 본질이다. 예를 들어, 많은 사용자가 경제적, 사회적 노력을 수행하기 위해 전기를 소비하기 때문에 사회는 혜택을 얻는다. 서비스의 가치는 시장이나 관세를 사용하여 가격을 책정할 때 명확해진다. 단위 가격이 과제(예: 수자원, 혼잡 또는 탄소 배출량 감소)인 서비스에서는, 비록 프로젝트 조직과 그 건축적 배치가 가치 획득 메커니즘을 포함해야 하지만, 가치는 계속해서 창출된다.

구성화 및 수행 과정은 사회를 위한 가치 창조의 동력으로서 메가프로젝트를 구축한다. 가치는 초기 상승기 동안과 이후 안정적 운영기간에 먼저 실현된다. 서로 다른 구성 단계의 비용은 가치를 확보하기 위한 후속 선택권의 가격이다. 듀오(또는 트리오)가 강제적인 기회로 종료될 수 없으므로, 메가프로젝트를 포기하면 가치는 종종 사라진다.

게임 참가자들은 초기 부분에서 프로젝트 배열을 명확히 함으로써 가치를 얻으려 한다. 프레임 배열, 양허 계약, 하나 이상의 건축적 모델(BOT)과 같은 거버넌스를 인식하는 장치(표 10.2)는 엔지니어링 및 기술 선택과 연계하여 생애주기에 걸쳐 프로젝트의 가치 잠재력을 보호하고 그것을 게임 참가자에게 할당한다. 이 장치들은 참가자들 간의 가치 교환 조건을 포함하고 있다.

(시스템) 통합 및 아키텍처에 관한 엔지니어링 문헌은 의도된 가치 결과를 만들기 위해 국제적 설계 및 플랫폼과 관련된 유용한 시각을 제공한다(Maier and Rechtin 2009). 설계의 변화는 프로젝트의 다중 목표에 부합하는 경쟁적 가치 관점에 따른 가치 결과의 거래로 이어진다. 가능한 모든 프로젝트 설계와 아키텍처 선택의 집합은 가치의 균형을 포괄적으로 나타내기 때문에 소위 설계 무역영역이라고 불린다. 무역영역은 가치에 대한 설계 가능성의 풍경 지도를 보여준다. 그러나 구성 과정에서 듀오 멤버들은 풍경 속에 있다. 그들은 결과적 변화, 즉 기대 가치의 절충을 이해하기 위해 프로젝트 아키텍처의 변화(예: 생산능력 증가, 단계적 투자, 기술 변형, 가격 구조)를 탐구함으로써 가능성을 발견한다. 이러한 조사된 설계의 대부분은 필요성과 유용한 유연성 때문에 프로젝트의 (4) 엔지니어링 단계(표 10.3 참조) 이전에 이루어진다. 파트너십 구성원들은 후속적인 본격적 프로젝트 건설이 가능하게 하는 상세 설계 단계에서 프로젝트 설계와 아키텍처에 제약받게 된다.

그림 10.3은 복수의 목표에 걸친 가치 절충의 개념을 보여준다. 가치 관점은 듀오의 두 멤버인 후원자와 전문가(연합의 리더)의 기능적 관점, 즉 후원자가 평가한 서비스 수준과 전문가/계약자에 대한 이익으로 나타난다. 달성 가능한 가치 영역의 내부에 있는 다수의 메가프로젝트 구조와 설계 형상(A, E, B, C)이 있다. 이 둘은 이러한 가능성을 탐구하면서, 최종 형상에 대한 협상 합의를 도출하기 위해 효율적인 설계(D, G, F)를 식별하고 가치 차원에 따라 절충하도록 구체화하고 재구성한다.
듀오(트리오)에서 공공부문 고객-후원인의 관점으로부터 가치 획득은 기능적 약속(교통량 감소, 신뢰성 있는 전력 공급, 이용 가능한 승객-레인-마일 등)을 이행하는 메가프로젝트와 밀접하게 관련되어 있다. 그 대가로, 후원자는 서비스의 화폐화된 가치(예: 가용성 지급)나 민간 전문가에게 독점적인 권리와 특권(확장 선택권, 통행료 징수권, 미래 프로젝트에 대한 첫 번째 거부권) 또는 이것들의 일부 조합을 협의한다.

연합에 속한 전문 기업들은 신뢰성과 명성을 확립하고 장기적 이득을 위한 학습을 내재화할 기회뿐만 아니라 단기적 이익 인센티브를 추구한다. 전문가들은 그들의 역할을 확보하기 위해 이익의 일부를 교환하고 그들이 신뢰할 수 있는 파트너로서 가져다주는 "무형"의 평판과 관계적 가치를 보여줄 수도 있다.

가치 창출과 획득은 상호의존적이다. 혁신 게임에서 참가자들의 복수 목표는 전체 가치 파이의 크기를 증가시킬 뿐만 아니라 각자의 몫도 증가시키는 것이다. 잘

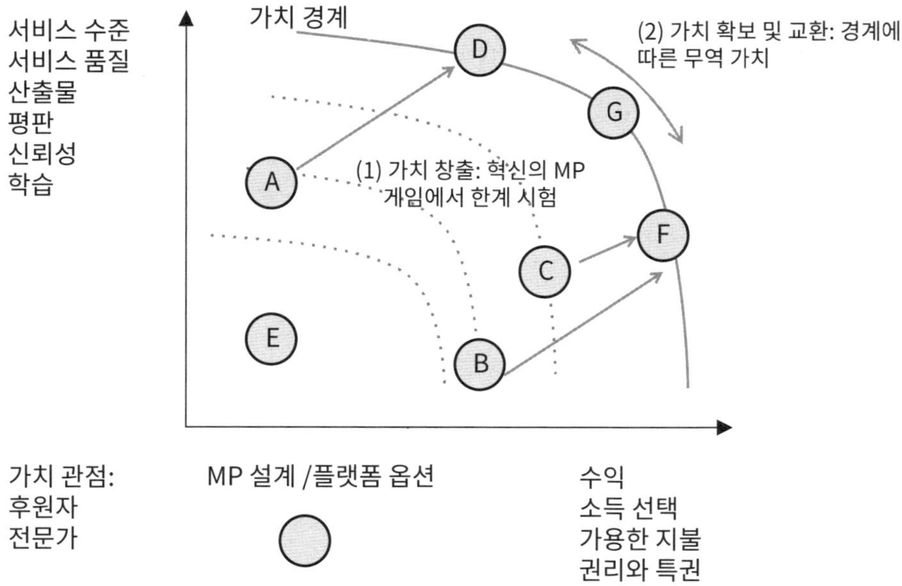

그림 10.3 다수의 가능한 설계 선택권을 갖춘 메가프로젝트 가치 거래 공간

만들어진 프로젝트는 윈-윈 상황을 가능하게 할 수 있다. 게임 참가자(듀오, 트리오)는 또한 "영역을 확장하기"(창작) 위해 프로젝트 배열을 조정하고 "영역에 따라 이동한다"(획득).

생애주기 가치 및 기타 절충은 석유나 가스 프로젝트와 같은 단일 후원자 산업 메가프로젝트에서 존재한다(Merrow 2011). 여기서 후원자는 안전, 합법성 및 환경적 영향으로 균형을 맞춘 생애주기 경제 이익(기업과 공동체에 대한)이어야 한다. 후원자는 기관 파트너와 이해관계자의 이익을 통합하기 위해 프로젝트의 범위를 넓혀야 할 수 있다(Freeman et al. 2007). 통합 과정에는 가치 거래 영역에 반복적인 탐사가 연관될 수 있다.

따라서 메가프로젝트의 가치를 창출하고 획득하는 것은 선택권의 가치를 평가하기 위한 합리적인 분석 과정을 가치 절충으로 균형을 맞추기 위한 협상의 정치적 과정과 서로 얽히게 된다. 듀오와 트리오들은 탐사를 통해 배우고 세련된 목소리로 그들의 관심을 분명히 표현한다. 최선의 상황에서, 혁신의 게임은 협력적 동반자 관계로 발전할 수 있는 잠재력을 가지고 있다.

10.3 역량, 능력과 자원의 통합 구성

메가프로젝트를 만드는 데는 많은 유능한 행위자가 필요하다. 우리는 그것이 반복적이지만 후원자, 전문가, 계약자, 지역사회, 규제기관과 기타 이해관계자들 사이의 직접적이고 대등한 거래가 관련된다는 것을 보여주었다. 각각은 프로젝트를 구성하고, 엔지니어링 및 수행에 필요한 보완적 역량의 일부를 보유해야 하지만, 몇몇 당사자들은 프로젝트를 함께, 한 번에, 공동으로 구성하는 능력을 개발하여야 한다. 어떤 경우에는 조정자가 개별 후원자나 전문가가 될 수도 있지만, 대부분은 조각을 동적으로 결합할 수 있는 능력은 생태계 자체의 수준에 달려 있다. 여기서는 메가프로젝트를 구분하는 통합 동적 역량에 특별히 주의를 기울이면서 후원자와 전문가의 능력에 초점을 맞춘다.

10.3.1 역할 구성하기

유능한 후원자들은 프로젝트 개념을 분석하고, 경쟁력 있는 전문 회사들과 대화에 참여하고, 그들의 선택이나 누락의 결과를 감수할 준비가 된 책임 있는 소유주로 행동함으로써 중심적인 역할을 한다.

효과적인 후원자들은 프로젝트 아이디어가 가치가 있는지를 신속하게 결정할 수 있는 기술을 필요로 한다. 후원자들은 프로젝트 아이디어가 추구할 가치가 있는지의 여부를 신속히 결정하기 위해 변호사, 컨설턴트, 투자 은행가들과 함께 임시 조직을 구성한다. 후원자들은 그들이 구성하기 전에 시장, 기술, 지정학적 불확실성에 대한 조언을 구한다.

유능한 후원자들은 또한 외부 파트너와 연계하거나, 정부 기관과 교류하거나, 전문 기업 그룹과 협력할 수 있는 관계적 능력을 갖추고 있다. 효과적인 후원자들은 계속해서 증가하고 있는 투자 수준을 수반하는 프로젝트를 빠르게 포기할 수 있는 능력을 개발했다. 마지막으로, 효과적인 후원자들은 주요 불리한 위험이 현실화될 때 권력을 유지한다. 위기 상황에서, 다양한 후원자들은 여러 수익원을 기대할 수 있고, 프로젝트 생존을 돕기 위해 파트너와 연합회원들의 네트워크에 의지할 수 있다.

메가프로젝트를 개발하기 위해 후원자들은 관련 분야의 전문가 조직으로부터 지식, 조언, 서비스를 지원받는다. 인프라 펀드의 은행과 투자자들은 금융 공학의 사업과 공공 및 민간 사이의 협정 조성을 학습했다. 은행가들과 투자자들은 주식형 펀드에 접근할 뿐만 아니라 최상의 재무 실행을 제안한다. 전문 분야의 건축가와 엔지니어는 그들의 지식 분야에서 최고의 설계와 건설을 제공할 수 있다. 우리는 전문가들이 그들의 전문 분야에서 상당한 시장 점유율을 가질 수 있는 위치에 놓이게 되는 광범위한 지식과 관계를 축적한다는 점에 주목했다.

10.3.2 구성을 위해 요구되는 능력

메가프로젝트를 구성하는 것은 잘 정의된 대안 중에서 선택하거나 실행하는 데 필요한 것으로부터 매우 다양한 역량이 필요하다. 둘 다 많은 개별 역량이 필요하지만, 복잡한 집합을 통합할 수 있는 능력뿐만 아니라 더 크게 구성하고 더 강력한 통합 및 동적 능력 집합을 필요로 한다.[6]

운영 능력은 특정 작업을 수행하거나 특정 과정을 관리하는 데 필요한 개별 역량이다. 이는 일반적으로 한 두 회사에서 시작해 전체 산업으로 확산되는 한정된 차별화를 제공하는 모범 사례들이다. 통합 역량은 방안을 따를 수 있는 구조화된 형태로 많은 활동을 설계/조정할 수 있는 능력이다. 이를 위해서는 프로젝트 관리 훈련과 이해관계자 통합/관리 훈련이 요구된다. 역동적인 능력은 후원자, 전문가 연합 또는 듀오가 새로운 방안을 만들 수 있도록 허락하는 것이다. 어떤 경우에는 후원자나 특정 전문가가 소유하지만, 다른 경우에는 특정 정당에 반대함으로써 연합에 직접적으로 참여한다.

이러한 통합 및 동적 능력은 특히 메가프로젝트의 시간적으로 느린 속도가 주어질 때 개발하기 어렵다. 결과적으로, 지식과 능력을 발전시킬 수 있는 잠재력의 상당 부분은 시간이 흐르면서 일련의 프로젝트가 아니라 시간이 중복되는 복수의 프로젝트와 연합에 참여함으로써 얻어진다. 대규모 산업 후원자는 일반적으로 많은 프로젝트를 구성하는 프로그램 포트폴리오를 가질 것이지만, 한 번에 단지 몇 개만 실행할 수 있다. 이와는 대조적으로, 금융 전문가나 법률 전문가는 전 세계에서 언제라도 수행되고 있는 특정 유형의 많은 프로젝트에 참여할 수 있다. 대형 계약업체들은 이들 사이 어느 곳에 속할 것이다. 이러한 다양한 역량 구축 경험은 다양한 "구성자"의 경쟁 우위의 핵심이다.

이러한 수준의 능력은 10.1.5절에서 묘사한 기술, 기관 및 아키텍처의 프로젝트 요소를 구성할 때보다 선명하게 볼 수 있다(Lessard et al. 2014).

메가프로젝트의 기술적 측면을 구성하는 것은 일반적으로 많은 다른 요소들을 결합하고 여러 가지 다른 분야를 고려하는 것이 요구된다. 이러한 것은 대안이 되는 일관성이 있는 전반적인 설계로 통합되어야 한다. 더욱이, 그것들은 특정한 지리적, 정치적 맥락과 다른 구축 환경에 설정되어야 한다. 기술적 구성에서 관찰된 동적 능력의 예로 존재하든지 아닌지, 프로젝트의 어떤 측면을 복제하고 특정 환경에 적용할 것인지의 균형을 유지하는 것이 포함된다. 부문 또는 프로젝트 요소에 의한 순차적인 부분적 하위 최적화 회피, 게임 초반에 조기 고정 상태 또는 특정 설계 원칙을 준수하지 않는 극단적인 상황 회피, 프로젝트가 재구성, 엔지니어링 또는 심지어 새로운 개발이 변화를 촉발함으로써 완성하기 위해 전력 질주하는 기간을 통하여 진행됨에 따른 주요 가치 차원을 주시하는 것.

제도적 영역은 더 복잡하다. 관계 역량은 지식과 특정 이해관계가 추구되는 전반적인 가치와 어떻게 관련되는지 그리고 필요한 의견 교환에 신뢰가 어떻게 관여하는지와 연관된다. 이것은 다양한 이해관계를 나타내고 결합하는 것만이 필요할 때 복잡하지만, 프로젝트가 발전하기 위해서 후원자를 포함한 일부 이해관계가 구성되어야 한다면 훨씬 더 복잡해진다. 우리가 관찰한 통합 동적 역량의 예로는, 포함되지 않으면 가장 도움이 되거나 가장 큰 피해를 줄 수 있는 이해관계자를 식별하고 관여시킬 수 있는 능력과 프로젝트에 대한 관용을 얻기 위하여 어느 정도 주의를 요구하지만 중심 해결책의 부분으로 필요치 않은 것을 분리하거나 구분하는 능력이다.

프로젝트 조직의 구조는 아마도 가장 어려운 것일 것이다. 여기에는 프로젝트의 순서, 속도, 통합, 역할 및 거버넌스 메커니즘이 포함되고, 기술적 공예품과 정치적 거래로서 프로젝트 사이의 상호의존성을 직접적으로 다룬다. 그것은 개인의 우수성을 육성하는 방법으로 많은 조직의 내부 일상을 연결해야 하지만, 일관성도 있어야 하고, 궁극적으로는 프로젝트가 완성되어야 한다. 가능한 한 간단해야 하지만, 좋지 않은 상황에 직면할 경우 프로젝트의 구성 또는 설계의 조기 단계로 복귀함으로써 재작업뿐만 아니라 다양한 참가자들과 재협상을 하는 "킬러 루프"를 촉발하며 중요하고 잠재적으로 대립될 수 있는 이해관계자를 배제하지 않는 거버넌스가 되어야 한다.[7]

10.3.3 구성 비용과 경쟁적 우위

MP의 구성은 일반적으로 소규모 기업체들의 손이 미치지 않는 비용이 많이 들고 시간이 많이 소요되는 사업이다. 구성 비용은 매우 클 수 있다. 예외적으로 어려움이 없는 표준 프로젝트의 경우, 전체 자본 지출의 약 1%를 구조 구성하기, 입찰 및 법률적 지출에 사용될 것이다. 경쟁 입찰 비용을 포함한 구성의 지출은 중간 정도로 어려운 프로젝트의 총 비용의 평균 2.3%에 해당한다.

후원자들이 환경적, 정치적, 사회적 문제를 해결하려는 의지를 보여주기 위해 투자할 때 구성의 지출은 최대 30%까지 치솟을 수 있다. 많은 경영진이 비용 구성을 경솔한 것으로 보는 반면, 효과적인 후원자들은 이를 이성적인 책무에 필요한 것으로 보고 있다. 경쟁적 파트너십에서 입찰자가 부담하는 비용도 놀랄 만큼 높을 수 있다. 전체 자본 지출의 4.5%에 이르는 입찰 비용은 흔하지 않은 것이 아니다. 조기에 일찍 투자할 수 있는 능력을 갖춘 후원자가 필요하다.

구성의 비용과 필요한 능력은 참여할 수 있는 기업의 수를 제한한다. 더욱이 메가프로젝트가 느리게 진행되는 속도는 필요한 경험이 천천히 축적된다는 것을 의미하며, 단지 소수의 기업만이 서로 다른 제도적 맥락에서 많은 프로젝트에 동시에 참여함으로써 학습을 가속하는데 필요한 통합 동적 능력을 개발할 것이다.

그 결과, 후원자, 연합 지도자, 큰 영향을 끼치는 전문가들은 새로운 기회에 큰 가치를 가져다줄 수 있지만, 그 가치 중 일부를 획득할 수 있다.

10.4 구성의 기존 방식에서 파트너십 모드로 전환

프로젝트 구성 기간에도 제도적 조건 자체가 수정되고 있다. 프로젝트와 제도적 구조의 구성은 공존한다. 1980년대에 영국 재무부에서 메가프로젝트를 후원하고 건설하고 운영하기 위한 새로운 제도 모델인 PPP가 등장했다. 그것은 전통적인 접근 방법을 대체하기 위해 많은 나라에서 채택되었다. 전통적인 접근방식은 그 강조점에서는 수직적이다. 후원자들은 그들의 해결책을 정의하고 그들이 최선 옵션으로 여기는 것을 결정한다. 그 후, 내부 전문가나 엔지니어링 회사는 그러한 해결책에 부합하기 위해 프로젝트를 설계한다. 상세설계가 완성되면 프로젝트는 여러 패키지로 나뉜다. 그런 다음 각 작업 패키지 묶음에 대해 복수의 계약업체로부터 입찰이 요청된다.

가치는 내부 또는 외부 전문가가 개발한 창의적인 설계 선정과 대부분 입찰 과정을 통해 달성한 비용 절감으로 전통적인 방식에서 창출된다. 불행히도, 전통적인 방식의 후원자들은 종종 시대에 뒤떨어진 지식의 제품을 가지고 작업하여 열등한 해결책을 설계한다. 게다가, 후원자와 계약자 사이의 갈등은 결국 비용 증가와 일정 지연으로 이어진다. 위험은 결국 후원자가 대부분 부담한다.

지난 수십 년 동안, 공공-민간 파트너십 접근방식은 점차 제도화되어 메가프로젝트를 구성하는 전통적인 방식에 도전하게 되었다(Grimsey and Lewis 2007). 파트너십 접근법의 목표는 후원자와 전문가 조직 간의 혁신적인 협업을 증가시키는 훨씬 더 높은 비율의 상호 작용의 가능성을 제시하는 것이다. 목표는 주로 기능성을 향상시키는 혁신을 촉발하는 동시에 설계, 시공 및 생애주기 유지 관점을 통합하는 글로벌 계약을 발생시킨다.

주요 변화는 내부 직원의 리더십에서 글로벌 계약을 중심으로 구조화된 외부 전문가의 리더십으로 전환하는 것이다. 파트너십 접근법을 사용할 때 다음과 같은 세 가지 형태의 연합이 수립된다.

1. 첫 번째 연합은 후원자의 준비를 바탕으로 PPP 접근법을 사용할 용의가 있음을 공식적으로 선언한다. 따라서 후원자는 자격을 갖춘 전문가들과 파트너십 방식으로 수행하고 혁신적 접근법을 위한 공간을 만들겠다는 의사를 밝힌다. 후원자는 그가 장기간에 걸쳐 지불할 준비가 되어 있는 수요의 수준과 특징을 공개한다. 프로젝트를 설계하고 건설하는데 사용되는 기술적 및 재정적 해결책은 설명되지 않는다.
2. 두 번째 수준은 후원자와 경쟁적으로 선정된 전문가들(연합) 사이의 협력이다. 제휴 연합을 구축하기 위해, 유지보수뿐만 아니라 금융, 엔지니어링, 조달 및 건설 분야의 자격을 갖춘 전문 기업들이 후원자로부터 직접 초대받거나, 많은 경우, 선언된 수요를 충족하는 경쟁적 제안의 개발에 참여하도록 전문가 연합의 리더에 의해 초대된다. 이 제안서는 성과, 수익, 금융 모델, 기여금 및 해당되는 경우 통행료 수입과 같은 이슈들을 다룬다. 위험을 부담하는 영향도 당사자 간에 할당된다. 일단 후원자에 의해 수주 제안서가 선정되면, 글로벌 계약으로 발전된다. 고객 또는 후원자 및 수주한 파트너십 연합은 포괄적인 파트너십 계약을 체결한다.
3. 연합의 3단계 수준은 최종 설계 및 건설을 목적으로 낙찰된 연합사가 선택한 전문 기업의 주도로 만들어진 프로젝트 조직(종종 특수 목적 조직으로 불린다.)이다. 혁신을 위한 여지를 마련하는데 필요한 인센티브를 제공하기 위해

> 설계, 시공, 재무, 운영 계약 또는 변형이 사용된다. 프로젝트 조직의 중앙 집중화된 의사결정 절차는 위험에 대응하고, 해결책을 개발하고, 지속적인 변화에 직면하여 절충을 계산하는 책임을 할당하기 위해 마련되며, 그중 대부분은 잠재적으로 대립하는 이해관계자들을 필요로 한다. 프로젝트 조직은 대개 선진적인 전문 회사에 의해 구성된다.

전통적인 방식을 넘어선 파트너십 접근법의 우월성 주장에 대한 논의가 분분하다. 파트너십 접근법에 찬성하는 주장은 성과와 혁신에 대한 인센티브가 조기에 구축될 수 있다는 것이다. 파트너십 방식에서의 후원자는 주요 절충사항을 중앙 집중화하고 창의적인 해결책의 출현을 촉진함으로써 비용을 절감하고 새로운 디자인을 도입할 수 있다(Lamman et al. 2013). 결국 하도업체는 혁신 과정에 참여하지 않고, 후원사로부터 이익을 줄여 비용을 절감하도록 강요받는다는 반론이다.

반면 PPP는 정의상 공적 후원자 및 민간 파트너/협약을 포함하지만, 후원자가 전형적으로 민간 석유회사(또는 업무 파트너십으로 기업 집합)인 석유·가스 등의 산업 프로젝트와 후원자뿐만 아니라 민간 전문가/계약자 의미의 공공 규제기관/회계 당국에 대해 유사한 해결방안이 사용되었다. 암과 히에버그(Am and Hieberg 2014)는 규제기관인 NPD와 국영 석유회사인 스타토일이 수년 동안 민간 석유회사와 계약업체들을 포함한 파트너십을 통해 생산 기술과 계획을 재구성한 것으로, 정부를 포함한 노르웨이의 에코피스크 프로젝트의 역사를 다시 서술하고 있다. 다른 것들과의 협력 관계에서 새로운 시추 기술 연구에 대한 정부의 지원과 더 높은 복구 옵션과 관련된 비용을 인식하기 위한 재정 관점에서의 조정이 포함되었다. 그러나 석유·가스 프로젝트의 대다수는 재정 협정, 기타 규제 및 기술적 해결책이 반복적인 파트너십을 통하기보다는 순차적이고 "수직적으로" 결정된다는 관점에서 수직적이다.

10.5 결론 — 복잡성을 잘 다루어 구성하기

메가프로젝트가 복잡하다는 것은 말할 필요도 없다. 20년 동안, 우리는 연구를 통해 복잡성이 메가프로젝트의 명백히 구성된 요소들 사이의 상호작용 결과로 나타난다는 것을 관찰했다. 일부 기술적 도전과 제도적 조건이 메가프로젝트의 "본질적"인 반면, 후원자들과 전문가들은 구성과 재구성 단계에서 기술적 선택과 조직적 배치를 다룬다. 이 듀오들은 그들의 관점을 가치로 정하고, 그것을 창조하고 획득하기 위한 프로젝트를 설계한다. 참가자들이 가치 범위를 넓힐 수 있는 정도는 PPP로의 이동 사례와 같이 때로는 변화하는 제도적 환경 내에서 많은 필수적인 분야와 과정을 통합하기 위한 동적 능력에 달려 있다.

메가프로젝트를 추구하는 듀오들은 프로젝트 기회에 고유한 필수적 다양성과 함께 **복잡성을 수용**해야 한다. 어떤 기회들은 그 듀오의 이전 모험적 사업들보다 다소 복잡할 수도 있다. 결과적으로, 프로젝트를 구성하면서 그들의 기술적, 조직적, 구조적 선택은 그 복잡성을 더욱 복잡하게 만들 수 있다. 그리고 메가프로젝트를 구성하는 기술은 복잡성을 해결하기 위해 사전 예방적이고 의식적인 일련의 선택들 중 하나가 된다. 어떤 경우에는 단일 메가프로젝트가 아닌 전반적 계획 내에서 일련의 소규모 프로젝트를 추진함으로써 이러한 작업을 달성할 수 있다(Ansar et al. 2014; Flyvbjerg and Ansar 2015). 기술적, 제도적 고려사항에 매우 광범위한 적용 범위가 필요한 다른 요소에서는 주요 자본 지출이 발생하기 전인 초기에 이해관계자를 참여시키거나 환율 및 일반 상품 가격의 우발상황에 대비하여 회피하는 것과 같은 다양한 요소를 분리하는 구조들이 관리 가능한 정도의 복잡성을 달성하는 열쇠가 될 것이다.

듀오는 메가프로젝트에 관리체제를 고취하는데 필요한 **메커니즘을 파악**해야 한다. 이러한 배치의 설계로 인한 복잡성은 가치의 잠재력을 보호하기 위해 필요하다. 가치를 실현하는데 필요한 복잡성의 정도인 필수적 복잡성의 아이디어는 복잡성을 최소화해야 한다는 대중적 견해에 반하는 것이다. 사실, 유능한 후원자들은 그들이 가치와 관련된 복잡성을 관리할 수 있게 해주기 때문에 정확하게 구성 비용을 발생시킨다. 예를 들어, 오사카의 난코 전력 프로젝트의 후원자는 지역 이해관계자들을 통합하기 위해 적극적이었다. 지역사회는 온화하고 미적으로 만족스러운 부지 설계에 높은 프리미엄을 부여했다. 프리미엄을 가져와야만 후원자가 그 프로젝트를 수행할 수 있었다. 처음부터 구성 과정에 지역 관심을 포함시키는 것은 프로젝트의 복잡성을 증가시켰지만, 이것은 가치를 창출하고 획득하기 위한 필수 조건이었다. 반대의 예는 파리의 오를리벌 프로젝트였는데, 이 프로젝트에서는 구성 과정에서부터 핵심 이해관계자 집합을 배제하여 청정 기술 해결책으로 프로젝트를 신속하게 추진할 수 있었지만, 그것은 충분히 포괄적인 "가치 경계"를 고려하지 않았기 때문에 비용만 많이 드는 쓸모없는 것으로 밝혀졌다.

듀오는 **가치 절충을 지속**시켜야 한다. 메가프로젝트의 초기 계획이 예상대로 실현되는 경우가 드물다. 따라서 후원자들과 전문가들은 "철도 위에서"라는 메가프로젝트를 유지하기 위해 일회성 도박 대신 일련의 라운드로 메가프로젝트인 혁신 게임을 해야 한다. 가치가 오랜 기간 동안 듀오(또는 트리오) 멤버에게 발생하고, 아마도 전문성과 평판을 통해 미래 프로젝트를 수행할 수 있기 때문에 메가프로젝트에서 매우 중요하다. 프로젝트에서 수직적 통합 정도가 높은 산업 후원자들조차도 비용, 이익, 안전 및 환경 영향 간의 절충을 균형 있게 조정해야 한다. 또한 동적 통합자 및 주변 이해관계자와의 관계로서의 신뢰성을 보호해야 한다.

흥미로운 예는 온타리오의 407번 고속도로의 여러 단계에 대한 PPP 계약의 발전이다. 첫째 라운드에서 PPP는 프로젝트에 주로 수명(Capex 대 Opex) 절충을 가져오려 했는데, 이것은 가치를 획득하는 것뿐만 아니라 혼잡 관리에도 중요한 방법으로 간주되어 공공부문에서는 매우 어려운 것이지만 통행료 정책을 통합하였다. 시간이 지남에 따라 통행료 정책이 분리되어 주정부에 의해 유지되었고, 건설자/운영자에게 부과된 벌금을 통해 PPP는 비용, 가용성 및 혼잡에 대해 재강조되었다.

메가프로젝트는 해결하기 어려운 문제를 제시한다. 그 크기와 복잡성은 비용초과, 일정 지연 및 기타 주요 가치 차원에 대한 목표 달성 실패를 유발한다(Ansar et al. 2014). 그러나 이들의 크기와 범위는 달리 얻을 수 없는 비용과 혜택의 내실화를 종종 허용한다. 성공은 일회성의 웅장한 디자인보다는 듀오(또는 트리오)의 역동적인 참여에 더 달려 있다.

주

1. 달리 언급되지 않는 한, 예는 밀러와 레사드(Miller and Lessard 2000) 및/또는 레사드, 사크라니, 밀러(Lessard, Sakhrani, and Miller 2014)가 제공한 것이다.
2. 발드윈과 본 히펠(Baldwin and Hippel 2011)은 요소들이 모듈화되었을 때 혁신 플랫폼이 단독 이거나, 통합적 또는 개방적인 플랫폼이 되는 조건을 보여준다. 모듈형 시스템과 통합형 시스템을 다루기 위하여 이 두 가지 관점을 결합하는 추가 작업이 필요하다.
3. 이 일반화는 우리의 표본에 있는 물리적인 메가프로젝트에 근거한다. 대규모 IT 프로젝트는 종종 원래 더 급진적이며, 때로는 아키텍처의 전투로 더 잘 특징지어진다.

4. 고객-후원인은 일반적으로 역동적인 기업가적 역할을 하는 당사자로, 대규모 수직적으로 통합된 국가 수자원이나 에너지 회사나 듀오 또는 트리오(링 울타리 있는 사업부)의 경우와 같이 일원화 될 수 있다. 고객 협업의 예로는 템즈 워터 링과 온타리오 주 407번 고속도로가 있다. 후원자 주도의 협업 예로는 ITA 댐과 허브 전력이 있다. 가더몬은 통합된 고객 후원자가 있는 프로젝트의 예다.
5. 〈http://www.pv-tech.org/news/chilean_developer_submits_plan_for _24_7_pv_plus_pumped_storage_plant〉.
6. 동적 역량의 개념은 티스 등(Teece et al. 1997)에 의해 가장 두드러지게 개발되었다. 이러한 역량의 "수준"에 대한 보다 광범위한 자료와 보다 상세한 설명은 가르시아 등(Garcia et al. 2014)을 참조하라.
7. 프로젝트 과제 상호의존성의 설계구조 매트릭스(DSM) 특성화 내에서 "계획되지 않은 반복"에 대한 논의는 에핑어(Eppinger 2001)를 참조하라.

참고 문헌

Am, K. and Heiberg, S. (2014). "Public-private partnership for improved hydrocarbon recovery: Lessons from Norway's major development programs," *Energy Strategy Reviews*, 3: 30-48.

Ansar, A., Flyvbjerg, B., Budzier, A., and Lunn, D. (2014). "Should we build more large dams? The actual cost of megaproject development," *Energy Policy*, 69: 43-56.

Anderson, P. (1999). "Perspective: Complexity theory and organization science," *Organization Science*, 10(3): 216-32.

Baldwin, C. and von Hippel, E. (2011). "Modeling a paradigm shift: From producer innovation to user and open collaborative innovation," *Organization Science*, 22(6): 1399-417.

Burton, R. M. and Obel, B. (2004). *Strategic Organizational Diagnosis and Design: The Dynamics of Fit*. Boston: Kluwer.

Dewar, R. and Hage, J. (1978). "Size, technology, complexity, and structural differentiation: Toward a theoretical synthesis," *Administrative Science Quarterly*, 23(1): 111-36.

Eppinger, S. (2001). "Innovation at the speed of information," *Harvard Business Review*, 79(1): 149-58.

Flyvbjerg, B. and Ansar, A. (2015). "Should we build more megadams?," <https://www.linke-din.com/pulse/why-more-megadams-bad-idea-bent -flyvbjerg>.

Flyvbjerg, B., Bruzelius, N., and Rothengatter, W. (2003). *Megaprojects and Risk: An Anatomy of Ambition*. Cambridge: Cambridge University Press.

Freeman, R. E., Harrison, J. S., and Wicks, A. C. (2007). *Managing for Stakeholders: Survival, Reputation, and Success*. New Haven, CT: Yale University Press.

Garcia, R., Lessard, D., and Singh, A. (2014). "Strategic partnering in oil and gas: A capabilities perspective," *Energy Strategy Reviews*, 3C: 21–29.

Grimsey, D. and Lewis, M. K. (2007). *Public Private Partnerships: The Worldwide Revolution in Infrastructure Provision and Project Finance*. Cheltenham: Edward Elgar.

Hughes, T. P. (2000). *Rescuing Prometheus*. New York: Vintage Books.

Lamman, C., MacIntyre, H., and Berechman, J. (2013). *Using Public–Private Partnerships to Improve Transportation Infrastructure in Canada*. Vancouver, BC: Fraser Institute Research Studies.

Lessard, D. and Miller, R. (2013). "The shaping of large engineering projects," in H. Priemus and B. van Wee (eds.), *International Handbook on Mega-Projects*. Cheltenham: Edward Elgar.

Lessard, D., Sakhrani, V., and Miller, R. (2014). "House of project complexity: Understanding complexity in large infrastructure Projects," *Engineering Project Organization Journal*, 4(4): 170–92.

Maier, M. and Rechtin, E. (2009). *The Art of Systems Architecting*, 3rd edn. Boca Raton, FL: CRC Press.

Merrow, E. W. (2011). *Industrial Megaprojects: Concepts, Strategies, and Practices for Success*. Hoboken, NJ: Wiley.

Miller R. and Côté M. (2012). *Innovation Re-invented: Six Games that Drive Growth*. Toronto: University of Toronto Press.

Miller, R. and Hobbs, R. (2005). "Governance regimes for large complex projects," *Project Management Journal*, 36: 42–50.

Miller R. and Lessard D. (2000). *The Strategic Management of Large Engineering Projects: Shaping Institutions, Risks and Governance*. Cambridge, MA: MIT Press.

Miller, R, Olleros, X., and Molinié, L. (2008). "Innovation games: A new approach to the competitive challenge," *Long Range Planning*, 41: 378–94.

Sakhrani, V. (2015). *Negotiated Collaboration: A Study in Flexible Infrastructure Design*, PhD dissertation, MIT.

Scott, W. R. (2013). *Institutions and Organizations: Ideas, Interests, and Identities*. 4th edn. Thousand Oaks, CA: Sage.

Shenhar, A. J. and Dvir, D. (2007). *Reinventing Project Management: The Diamond Approach to Successful Growth and Innovation*. Cambridge, MA: Harvard Business Press.

Teece, D. J., Pisano, G., and Shuen, A. (1997). "Dynamic capabilities and strategic management," *Strategic Management Journal*, 18(7): 509–33.

Williams, T. M. (2005). "Assessing and moving on from the dominant project management discourse in the light of project overruns," *IEEE Transactions on Engineering Management*, 52(4): 497–508.

제11장

메가프로젝트에서의 권력과 상황 파악

스튜워트 R. 클렉·샨카 샨카란·크리스 비에센탈·줄리엔 폴락

11.1 개요

전통적인 설명에 따르면, 메가프로젝트는 대규모로 장기간이며, 변형적이고 복잡하다. 상당수의 대규모 프로젝트가 더 작은 규모이고 더 많은 실질적 특성이 있다는 반 메리윅(Van Marrewijk 2015) 의견에 비록 우리는 동의하지만, 일반적으로 메가프로젝트의 추정 비용은 미화 10억 달러 이상이다(Aalton and Kujala 2010; Flyvbjerg 2014). 무엇보다도, 메가프로젝트는 설계, 기술, 혁신, 모호함, 불확실성, 관리, 재정, 예산, 환경 영향, 사회 운동 및 시민 반대 동원; 일시성과 시간적 영향, 대중의 조사 및 책임감; 상호조직적 관계, 공공과 민간의 협업, 다 국면과 비선형성 등의 면에서 복잡하다.

다수의 영향력 있는 핵심적인 이해관계자들은 공공부문과 민간부문 모두의 복잡성을 분명히 한다. 때때로 그들은 사회(수백만 명에게 영향을 끼치는)에 큰 영향을 미칠 정도로 중요하여 상당히 면밀한 조사의 대상이다. 가장 눈에 띄는 메가프로젝트는 이런저런 종류의 건설 프로젝트로서 공간적 발자취를 남긴다. 그러나 그것들은 오로지 건설 사업에만 한정되는 것은 아니다. 그것들은 IT, 국방, 혁신, 재난 구조와 많은 다른 분야에서 발생할 수 있다. 메가프로젝트 영향과 수행에 투입되는 자원의 양에 관해, 메가프로젝트는 단순히 "소규모 프로젝트의 확대된 버전"(Flyvbjerg 2014: 6)이 아니지만, 분명히 다른 문제, 권력 역학 및 구조를 가지고 있다. 그들의 규모, 사업기간과 복잡성은 경쟁적인 이해 형성 및 권력관계의 복합적

인 과정으로 인해 메가프로젝트를 값비싼 대상으로 만든다.

예전에, 많은 그러한 프로젝트들이 공공부문의 새로운 계획이었을 것이다. 메가프로젝트와 관련된 대규모 비용과 정부지출 삭감의 결과로, 많은 메가프로젝트들이 은행, 개인투자자 또는 민간자금에 점점 더 의존하고 있다. 투자자들은 프로젝트의 전반적인 목표와 완전히 일치하지 않을 수 있는 자신들의 목표를 가질 수 있어서, 메가프로젝트 영역을 프로젝트 진행에 영향을 끼치는 권력 역학에 대해 훨씬 더 풍부한 환경으로 만든다. 민간부문 자본의 외부 참여는 중요한 지속적인 프로젝트 자금 조달이 적절한 기간의 투자 수익을 제 3자에 부분적으로 의존하는 것을 의미하며, 이는 프로젝트 생애주기 전체에 걸쳐 중요한 의사결정에 영향을 끼칠 수 있다. 이러한 재정적 의문과 관련된 고려사항들은 협상의 성격과 메가프로젝트의 의사결정 특성을 상당히 변화시킨다. 즉, 메가프로젝트는 특히 목적, 목표 및 전략이 일치되지 않을 수 있는 여러 이해관계자의 관점에서 주요한 사회적, 정치적, 문화적 어려움에 직면한다.

메가프로젝트는 주로 엔지니어링 기반(Giezen 2012)으로 설계 및 구성되고 수행되며, 일반적으로 프로젝트 관리의 합리적, 선형, 양적, 가치중립적(Cicmil et al. 2006) 측면이 선호된다. 전통적인 프로젝트 관리의 지배적인 과학적, 규범적, 이중적 가정은 주로 프로젝트 구조와 규범적 프로세스 관점에서 이들 프로젝트를 정의한다. 그러한 가정은 프로젝트 실행을 특징짓는 시운전 단계와 후속적인 운영 단계 모두에서 기본적인 권력 역학을 무시한다(Cicmil and Hodgson 2006; Clarke 1999; Clegg 1975).

메가프로젝트의 수가 증가하고 학문의 전문화를 향한 움직임을 고려할 때, 프로젝트 관리 관행은 엔지니어링의 기술적 문제를 초과하는 복잡성을 해결하기 위한 작업 가능한 해결책과 실행 방법을 개발하기 위해 어려움을 겪는다. 전통적인 프로젝트 관리 접근법이 메가프로젝트 관리 표준을 충족시키지 못한다는 인식이 확산되고 있지만, 아직 활용할 이론적 지식이 부족하다(예, Flyvbjerg 2007; Holmes 2001; Maylor et al. 2008). 이런 지식은 존재하지만 조직정치의 사회과학에 내재 되어 있어서 공학적 학문에 포함되는 경우는 흔치 않다. 성공적인 프로젝트 매니저들은 조직정치를 관리하는 "어둠의 마법"에 능숙해야 하지만, 그들은 종종 학문의 공식적인 교육보다는, 일하면서 배운 내재된 관습과 실천을 통해서 더 많이 행동한다. 이 장에서는 메가프로젝트 관리의 바탕을 이루는 현재의 관행을 살펴보고 이를 이해하는 데 있어서 권력관계의 역할과 중요성을 탐구할 것이다. 그러기 위해서는 사업의 현실정치를 다루는 불충분함을 분석함으로써, 합리주의적 편견을 형성하는 내재된 권력관계의 암묵적 집합과 함께 규율 형성의 경로 의존적 연합에 먼저 관리와 공학 분야가 진입하는 방식을 다루어야 한다.

11.2 (메가)프로젝트 관리의 진화

11.2.1 초기 프로젝트 관리

명시적 연구 분야로서의 프로젝트 관리는 20세기 후반에 시작되었다(Paton et al. 2010). 그러나 공식적 연구 분야로서 프로젝트 관리의 상당한 관심은 건설, 국방, 화학, 항공산업(Morris 1997: 19) 등의 공학적 분야와 심지어 오늘날 기준으로 메가프로젝트로 표현할 수 있는 사업이 크게 성장하면서 세계 제2차 대전 후 초기에 시작되었다. 공학 분야의 우위에 기인하는 기술적, 과학적 지식에 대한 선호로 프로젝트 관리 실행이 양적, 실증적 기법 및 방법에 초점을 맞추게 되었다. 프로젝트들은 프레드릭 테일러와 헨리 페욜과 같은 현대 "고전적" 관리 기법의 설립자들에 의해 추진된 기존의 공학적 기반 관리 방법에 따르는 방식으로 연구되었다.

공학적 은유법은 프로젝트와 그 관리의 업무 영역에서 쉽게 받아들여졌다. 프로젝트 관리의 초기 공식화는 특히 항공우주 산업(Morris 2013: 13)의 영향을 받아, 시스템 엔지니어링 및 시스템 분석(Morris 2002), 인공두뇌학(Urli and Urli 2000: 33)과 같은 하드 시스템 사고방식을 도입하여 작업을 수행하면서(Yeo 1993: 115) 예산, 일정, 품질을 통제하는 기법의 정량적 사용을 강조하였다. 프로젝트 관리 시스템은 프로그램 평가 검토 기법(PERT: Program Evaluation Review Technique)과 주공정 기법(CPM: Critical path Methods)과 같이 기술자의 기술 및 과학적 지식을 바탕으로 발전하였다(Packerdorff 1995; Winch 1998). 이러한 기법은 관리자가 안정적이고 폐쇄적이며 비경쟁적인 세계에 존재한다고 가정하는 경향이 있다. 즉, 관리 통제가 전제조건이었고 프로젝트 수명주기 초기에 명확히 정의되고 청사진을 작성한 문제에 대해 해결책을 미리 설계할 수 있었다.

물론, 우발적 사건은 항상 발생한다. 1960년대와 1970년대부터 점차 프로젝트 관리 학습이 개인(조직) 경험의 특이성과 선형성에서 표준화된 합리화 이론으로 옮겨갔다(Paton et al. 2010). 공학 지식과 지역 관행에 내재된 합리성의 표준화는 항상 후자에 대한 전자의 합법성을 재주장하는 것을 의미했다. 1980년대까지 생성된 학문은 우리가 현재 알고 있는 "주류 프로젝트 관리"로 발전하였다(Cicmil and Hodgson 2006). 기술 혁신으로 조직은 정교한 프로젝트 관리 도구(예: PRINCE2)를 개발할 수 있었고, 새롭게 정복된 컴퓨터화된 세계에서 IT의 성공으로 도출된 최신 진보를 이용하여 현장 전문화 추구를 지원하였다. 이러한 IT 기반 도구는 위험 관리(예: 몬테 칼로)뿐만 아니라 계획 및 통제에 사용되었다. IT 시스템의 사용은 논리 알고리즘을 사용하여 객관적으로 정확한 예측을 제공하는 것으로 보이는 정확하고 견고하며 정량적이며 충분한 예산, 위험 및 성과 추정의 외관에 대한 고객의 욕구를 충족시켰다. 현대 프로젝트 환경의 복잡성을 해소하기 위한 범용 솔루션으로서 IT 기반 프로젝트 도구 사용은 프로젝트 관리를 더욱 전문화하려는 방법으로 점점 더 의존하게 되었다. 표준의 세계는 매력적으로 보였다(Higgins 2005; Higgins and Hallstrom 2008).

11.2.1.1 프로젝트 관리에 대한 표준 모델의 발전

1990년대까지 프로젝트 관리는 연구와 실행의 분야로 확대되고 있었다. 공학 기반의 근간이 많은 다양한 산업과 분야에 적용되면서 초기 정의의 타당성과 단순성 및 단일 표현에 대한 환원주의적 강조와 같은 많은 초기 가정이 새로운 노력의 영역으로 반영되었다. 프로젝트와 프로젝트 관리의 후속적인 중요성은 사후 관료적 형태의 조직(Paton et al. 2010)을 반영하는 것으로 보이는 사업 환경의 "프로젝트화"(Lundin, Soderholm 1995; Midler 1995)로 설명되었다. 관료적 관리의 조직 모델은 안정적인 권한 구조를 필요로 하지만, 구조적 권한 관계의 속성보다는 탈 관료적 및 조직적 안정성을 상징하는 프로젝트 수명의 유동성과 일시적 불안정성이 프로젝트에 적합하게 적응할 수 있는 표준화 과정에 내재 되었다. 프로젝트 기반의 조직 접근방식으로의 전환은 1990년대 이후 조직 연구의 주요 관심사였다(Whittington et al. 1999). 이러한 '새로운' 구조 형태는 보다 역동적이고 유연하며 다양하고 예측 가능한 것으로 특징지어졌기 때문이다(Cicmil and Hodgson 2006). 이와 같이 클락(Clarke 1999: 139)은 프로젝트 관리를 현재 비즈니스가 직면하고 있는 변화하는 세상에 적용하기 위한 도구로 설명하고 있다.

현대 환경의 복잡성을 해소하기 위한 보편적 해결책으로서 프로젝트에 대한 의존도가 증대되고 프로젝트 관리의 전문적 제도화가 증가한다는 의미는 프로젝트의 "일반적 특성"(Besner and Hobbs 2008)을 기술하고 프로젝트 관리를 위해 보편적으로 적용할 수 있는 방법을 제공하는 공식 지식물(PMBOK 등)을 도입함으로써 달성된다는 것이다. PMBOK는 매우 규범적이었으며, 실제로 적용되는 이론보다는 델리아 스미스(Delia Smith 2009)의 요리법일 수도 있었다. 프로젝트 관리와 그 방법론은 공학 기반 학문과 정량적이고 객관적인 프로젝트 관리 도구로부터 그들의 자연적 진화로 인해 여전히 합리적이고 선형적이며 가치중립적인 것으로 간주 되었다(Cicmil et al. 2006). 기본적인 가정은 프로젝트 관리자가 합리적인 분석을 위한 탐색 도구 역할을 하는 예측 모델에서 대표적인 프로젝트 생애주기 동안 일반적으로 나타낼 수 있는 객관적 현실에 직면한다는 것이다. 이 모델에서 암시하는 것은 프로젝트를 미리 관리하고 계획할 수 있다는 가정이다. 프로젝트와 그 도구의 추정된 객관성으로 인하여, 전통적인 프로젝트 관리에서는 프로젝트 생애주기 각 단계에서 프로젝트 관리 과정의 엄격하고 순차적이며 선형적인 적용이 성공적인 프로젝트 결과를 가져올 것이라는 보편적인 "최상의 실행"을 적용하여 프로젝트를 미리 정해진 형태로 관리할 수 있다고 가정한다. 모든 프로젝트가 같지 않은 다양한 관리 접근법이 필요할 수 있다는 일부 인정(예, Turner and Cochrane 1993)이 있었지만, 프로젝트와 그 방법은 주어진 맥락과 상황에 보편적으로 적용될 수 있다고 일반적으로 가정하고, 복잡한 요구를 달성하기 위한 간단한 해결책을 제공할 수 있다(Winter et al. 2006). 이런 관점에서, 메가프로젝트는 대규모 프로젝트일 것이다.

현재 단순히 정의 가능하고 동의할 수 있는 목표와 안정적인 맥락에 대해 뒷받침되지 않는 가정이 광범위한 다양한 산업에서 적용되고 있음에도 불구하고, 하드 시스템 사고에 내재된 가정은 주류 프로젝트 관리의 관행에 계속 영향을 끼친다.

11.2.1.2 사람 간의 발전과 관행 기반 강조

비록 하드 시스템 사고가 주류 프로젝트 관리에 큰 영향을 끼치지만, 시스템 사고 커뮤니티 내의 논쟁은 진전되었다. 1980년대 초부터 해석 주의적 관점에 기반을 둔 시스템 사고에 대하여 두 번째 광범위하게 접근하는 집단이 등장하기 시작하였다. 소프트 시스템 방법론(Checkland 1981)과 전략적 가정 표면화 및 시험(Mason and Mitroff 1981)과 같은 이러한 접근방식은 문제 상황의 사회적 및 대인 관계적 측면을 강조하였다. 즉 전적으로 기술 해결책의 이행에만 초점을 맞추는 것이 아니라 문제 상황을 구조화하여 진전하기 위해 상호 수용 가능한 합의로의 발전을 촉진할 필요가 있는 경우가 자주 있다. 다양한 저자들은 프로젝트 관리 실행에서 소프트 시스템 사고를 더 강조해야 한다고 주장해 왔다(예, Winter and Checkland 2003; Yeo 1993). 소프트 시스템 사고 기법의 사용이 프로젝트 관리 실행의 주류가 될 것으로 보이지는 않지만, PMBOK 가이드(PMI 2013)에서 이해관계자 관리를 10대 지식으로 포함함으로써, 프로젝트 계획과 이행의 사회적 및 대인 관계적 측면을 더욱 강조해야 할 필요성에 대응하고 있는 것으로 나타난다.

프로젝트 실행 상황에 의존하는 국면을 더 많이 강조하는 것은 합리성과 객관성의 이슈를 극복하려는 또 다른 최근의 프로젝트 관리 연구 흐름에서도 명백히 나타난다. 프로젝트 관리의 추상화된 개념화를 위한 보편적 모델의 개발을 목표로 하는 대신에, 사회과학 기반의 과정 지향적 전통적 연구에 중점을 둔다(브롬퀴스트 등 2010; 브롬퀴스트와 패큰돌프 1998; 엘그월 2003; 쇠더룬드 2002). 실행 중심의 연구는 프로젝트와 그 기본 과정이 시간이 지남에 따라 진화하는 관계형임을 강조한다.

> 사람들은 자신의 세계에 대해 행동할 때 이치에 맞으며, 일반적으로 무엇이 적절한 관행을 구성하는지에 대해 그들의 당연한 인식과 모순되지 않는 한 새로운 관행을 받아들인다. 앞으로 다가올 실행의 형성은 항상 그 자체로 구성되고 재구성된다. 그 자체로 되어 가고 있다.(Bjorkeng et al. 2009: 156)

실무 지향적인 프로젝트 관리 연구는 프로젝트를 "수많은 개념적 조직 이론과 조직적 행동 프레임워크를 적용하고 개발할 수 있는 사회적이고 조직적인 설정"으로 본다(Blomquist et al. 2010: 6). 프로젝트를 사회생활의 복잡성을 통합한 사회적 과정으로 이해해야 한다는 것이 실행적 관점의 주요 주장이다(Cicmil and Hodgson 2006). 객관적 현실로서 프로젝트에 대한 전통적인 가정은 해결해야 할 과제이다. 프로젝트 매니저는 "관리가 무엇이고 관리자가 하는 계획, 조직구성, 조정 및 통제의 전통적이고 보편적인 주장들이 종종 혼란하고 모호하며 단편적이고 정치적 특성의 조직적 현실에 대해 우리에게 말해 주지 않음으로써", 상황에 의존적이고, 실용적이며 정치적인 방식(Cicmil and Hodgson 2006)으로 이슈를 해결하는 반사적인 실무자로 보인다(Alvesson and Deetz 2000: 60).

따라서 실무 중심의 프로젝트 연구는 연구자가 프로젝트를 구상하고 해석하며 수행하는 방식에 영향을 끼치는 조직적 맥락 내의 개인 상황에 의해 수행되는 미시적 활동에 초점을 맞출 것을 요구하는 훨씬 더 넓은 범위를 제공한다. 더 넓은 맥락은 많은 공식적이고 비공식적인 이해관계자들이 차지하고 있는 프로젝트의 다양한 공간뿐만 아니라 이러한 공간들이 발전하고, 관여하며, 얽혀있는 임시적이고 정치적인 문제들을 수반한다.

이러한 실행 관점은 메가프로젝트와 관련하여 명확하게 개발되지는 않았지만, 그들에 대한 분석에 명백한 친화력을 가지고 있다. 이러한 관점에서 메가프로젝트 연구는 보편적 모델, 초기 정의 및 정량화보다는, 즉 상황 의존적, 대인관계, 그리고 실황 관리 경험을 강조할 필요가 있을 것이다. 그러나 전통적으로 프로젝트 관리 연구에서 권력관계나 정치를 통합했다는 증거는 거의 없다(예, Hodgson and Cicmil 2008; Cicmil and Hodgson 2006). 특히 메가프로젝트의 진행에 영향을 끼칠 수 있는 잠재적인 권력이 고려될 때 특히 우려된다. 이러한 통합이 일어날 수 있는 초기 방법은 사람들이 집단적 경험에 의미를 부여하는 과정인 이해 형성 문헌을 통해서이다.

11.2.2 이해 형성

메가프로젝트는 권력관계를 통합할 필요성을 강조하는 특징을 가지고 있다. 아마도 프로젝트 관리와 관련하여 이것을 명확하게 인식한 첫 번째는 클렉(Clegg 1975)일 것이다. 클렉은 주로 프로젝트 사무실에서 3개월에 걸쳐 건설 현장에서 진행 과정을 녹음하는 것을 수반하는 민족지학 기법을 사용하여 혁신적인 방법으로 데이터를 분석했다. 그의 분석 핵심은 프로젝트 관계를 구성하는 계약에서 수행되는 중심적 역할을 실현하는 것이었다. 전형적인 하드 머니 계약은 방대한 양의 문서 자료인 기술 도면, 청사진, 계획서, 컨설턴트 보고서 - 작업 명세서 등을 통해 프로젝트의 거의 모든 측면을 합리적이고 선형적으로 규정하려고 시도했다. 프로젝트 매니저는 그들이 하는 일을 웨익(Weick 1993: 635)이 "사람이 하는 일을 합리화하는 신뢰할 만한 이미지의 지속적이며 회고적인 발전"으로 정의하여, 이해 형성으로 알려지게 된 핵심 역량을 이해시키기 위해 고도로 숙련되고 능숙하여야 한다.

이해 형성을 구성하는 특징적인 활동은 웨익의 정의에서 잘 표현되었다. 첫째, 이해 형성은 계속 진행된다: 우리는 항상 이치에 맞으며, 우리가 경험하고 있는 것에 대한 우리의 감각은 항상 순간적이며, 실험적이고 변화하며 전후 사정과 관련된 순간의 것이다. 둘째로, 이해 형성은 회고적이다. 우리는 그것이 경과함에 따라 어떤 것을 이해하게 되고, 추가적인 감각 데이터 관점에서 우리의 이해를 끊임없이 검토하게 된다. 셋째, 우리가 하는 이해는 신뢰할 만하다. 왜냐하면 우리는 결코 완벽히 이해하지는 못하지만 당면한 문제나 사람들에 대해서는 충분한 이해를 하기 때문이다. 그것은 우리가 하고자 하는 일을 계속할 수 있게 해준다. 정확성이 바람직할 수 있지만, 작업이 지속적으로 업데이트되는 합리적인 구조는 특히 상황이 빠르게 변화하고 있을 때 방향 지침을 제공한다. 신뢰할 만한 이해는 다른 면에서도 항상 잠정적이다. 그것은 우리가 가지고 있는 관심에 달려 있으며 그 다음에 그 의미를 부여하는 것이지 다른 것이 아니다. 우리는 이 방면으로 좀 더 자세히 되돌아갈 것이다. 넷째, 이해 형성은 물질적인 실행이다. 그것은 의미와 행동을 탐색하고, 다른 사람들이 잘 저항할 수 있는 특정한 방향으로 그들을 조종하기 위해 사용되는 모델, 계획, 그리고 정신적 지도와 같은 사물들의 표현을 사용하여 만들어진다. 우리의 축적된 지식은 정치적이고, 긴급하며, 이해 형성에서 다른 이해 관계를 가진 다른 사람들에 의해 경쟁할 가능성이 있다. 다섯째, 이해 형성을 할 때 우리는 사물에 부여하는 관심의 관점에서 사물의 의미를 합리화한다. 여섯째, 비록 조직에는 사람이 아닌 컴퓨터나 키패드와 같은 많은 행위 물이 있음에도, 이해 형성을 하는 주체는 사람들이고, 그들은 행위자로서 수행하는 물질적인 사물이나 장치를 사용한다. 일곱째, 심지어 행위자들이 같은 단서들을 다루고 있다고 생각하고 협업을 도모할 때도, 같은 프로젝트에 종사하는 수행자들 간에도 다를 수 있는 업무를 하는 것에 대한 이해를 구성하고 협상하는 것은 수행 실천을 통해서인데, 이것은 프로젝트를 둘러싼 협상에서 항상 그렇지는 않다.

우리는 우리 주위에서 일어나고 있는 일을 개인별로 이해한다. 우리는 감각 데이터를 사용하여 사건 전개에 대한 인상을 수집한 다음, 인지 능력을 사용하여 데이터로부터 형태를 만든다. 많은 단서가 이치에 맞도록 사용된다. 과거의 경험, 다른 사람들이 생각한다고 말하는 것이 일어나는 것, 프로젝트 관리 분야가 제공하는 합리성들뿐만 아니라 형성되는 패턴을 고정함으로써 친근해진 이야기 같은 것들. 행위자들은 이해 형성하기에서 기득권이 다르므로 이러한 단서들을 일률적으로 사용하지 않을 것이며, 결과적으로 사람들은 같은 단서들에서 매우 다른 이해를 할 수 있다.

프로젝트 조직은 구성원들이 공통된 양식인 상식을 만드는 것에 상당한 관심을 가지고 있다. 프로젝트 관리 업무의 중요한 부분이 상식 만들기의 단서를 만들려고 노력하는 것이라는 점이 조직에 중요하기 때문이다. 프로젝트 관리자의 업무 중 중요한 부분은 조직과 구성원을 특징짓는 의미의 공통 프레임을 만들고, 적용하고, 사용하는 것이다. 우리는 이것이 성취되는 방법을 조사할 것이다. 이해 형성을 공통으로 하는 것은 쉬운 문제가 아니다. 그 프로젝트가 커질수록 더 많은 수의 계약자, 하도업자, 외부 당국, 이해관계자, 그리고 이 모든 것들이 더 얽히고 복잡해지는 더 긴 기간으로 더 문제가 된다.

메가프로젝트 관리자는 도구를 사용하여 작업을 수행하고 공통으로 이해할 수 있다. 회계 시스템, 자원 계획 모델, PERT 등. 이러한 도구는 관리를 돕기 위한 합리적인 도구가 되도록 설계되었다. 그러나 도구는 스스로 아무것도 하지 않는 것이고, 사용되는 것이다. 도구는 적용의 특정한 맥락, 어떤 것을 할 수 있는 유용한 시간, 사용 가능한 정보, 그리고 이용할 수 있는 기술과 능력에 대해 이해되어야 한다. 중요한 것은 **이러한 도구들**이 **단순히 존재하는** 것이 아니라 사용의 맥락과 상황을 이해하는 탁월한 기관들이 **사용하는** 것이다. 그래서 많은 요인들이 이해 형성에 투입된다.

이해 형성은 복잡한 현상이다. 그것은 **사회적 맥락**을 포함한다. 그것은 다른 사람들의 실제적, 암시적, 또는 상상적 존재에 의해 영향을 받는다. 만약 다른 사람들이 특정한 해석이 이치에 맞는다고 생각한다면, 당신도 그렇게 할 가능성이 더 크다. 이해 형성에서 **개인의 정체성**은 특히 전문적 정체성의 측면에서 중요한데, 매우 넓은 범위의 다양성이 일반적으로 모든 메가프로젝트 팀에 존재한다. 어떤 상황은 이러한 정체성을 전복시키거나 강화할 수 있다. 사람들이 지난 사건에서 주목하는 것, 그들이 얼마나 먼 과거를 보는가, 그리고 그들이 과거를 얼마나 잘 기억하는가—다시 말하면, **회고적인 의미**, 즉 위와 같이 모든 영향을 끼치는 이해 형성들은 과거의 사건들에 대한 기억 속에 새겨진 일시적 의미를 지니다. 조직적으로 가장 중요한 결정은 종종 가장 명확하지 않기 때문에, 조직적으로 이것은 매우 중요하다. 비서들의 의사록에 의한 결정(무엇을 보관하고 무엇을 폐기할 것인가)은 이러한 사건에 대한 기억들이 상당히 뚜렷하게 다를 수 있는 프로젝트 구성원들에 의해 만들어질 수 있는 이후에 이해에 대한 기반을 제공할 수 있기 때문이다. 이것들은 전략적이거나 특이한 결정은 아니지만, 그들은 조직적인 과거를 구성한다. 프로젝트 매니저는 과거의 경험으로부터 **핵심적인 단서**를 얻는다. 따라서 그들은 그들의 과거를 그들의 미래에 투영한다. 프로젝트 경험의 일시성과 유동성을 고려할 때, 이것은 프로젝트 관리에서 특히 중요한 요소인데, 왜냐하면 대부분의 행위자는 이치에 맞을 때 많은 뚜렷한 경험을 끌어낼 수 있기 때문이다. 일반적으로 더 오랜 기간에 걸쳐 더 많은 제도적 분야(정부, 기업, 지역사회 정치 등)를 걸친 메가프로젝트로 인해 이러한 이슈들은 복잡성과 난이도 면에서 더욱 심화된다.

프로젝트 계획 도구는 사건의 전개를 다른 패턴으로 나눌 수 있는 구조를 제공한다. 이해 형성은 현재의 프로젝트를 수행할 수 있을 만큼 충분히 **그럴듯한** 의미를 만들어낸다. 그러한 의미는 항상 현시점에 따라 제정되고 따라서 새로운 데이터가 등장하거나 오래된 데이터에 대한 새로운 해석이 이루어짐으로써 항상 수정된다(Weick 1995; 2008). 따라서, 메가프로젝트 주위에 등장하는 이야기는 단편적이고, 불연속적이며, 매우 미묘하고, 때로는 다소 미묘한 재조명을 받지 않으리라고 기대될 수 있다. 메가프로젝트는 복잡한 이야기들이다. 그들은 일반적으로 많은 해설자와 이야기를 가지고 있다. 몇몇은 잘 연습되었고 잘 수행되고 훈련되었으며, 다른 몇몇의 더 단편적인 반서술적 이야기들(Lofren 2015)은 회고적 서술과 종종 상당히 모호한 맥락에서 생겨나는 이야기와 연결된다(Alderman and Ivory 2015). 반서술적인 것은 형식적인 서술로 전환된 이야기로서 존재할 수 있다. 그것은 메가프로젝트 이익의 가능성을 예측하는 이야기로 회고적 서술이 될 것이라는 희망에 놓여 있을 수도 있다. 이해 형성과 반서술적인 점은 프로젝트 생애에서 특이한 사항이다. 그들은 특히 서로 다른 언어를 가진 사람들이 함께 일해야 하는 곳(Smits, Van Marrewijk, andVeenswijk 2015)과 뚜렷한 문화를 가진 여러 사이트가 있는 곳(Smith et al. 2015; Bektas, launche, and Wamelik 2015)에서 메가프로젝트 문화의 복잡성에 기여한다. 프로젝트는 합리적으로 자기 고유 방식으로 소문, 험담, 공식 성명, 사업 계획, 웹사이트 등 그럴듯한 이야기로 가득하지만, 반드시 다른 것과 일관되는 것은 아니다. 프로젝트 조직은 종종 복수 의미의 원천을 가지고 있다.

프로젝트 매니저들은 종종 노조를 적대시 한다. 그럼에도 불구하고, 그들은 노동 가격을 낮출 수 없기 때문에 자본과 기술의 사용에 합법적인 불만 해결과 더 많은 혁신을 의무화하는 것과 같은 많은 긍정적인 것들을 성취한다. 시민사회 이해관계자 그룹은 때때로 잠재적으로 방해될 수 있는 권력으로 간주된다. 이해관계자들이 메가프로젝트의 산출물을 받는다고 여겨질 때, 그들은 종종 프로젝트 산출물에 관여하고 변화시킬 행위자 보다는 수동적인 수혜자로 보여진다. 이는 잘 관리되지 않는 메가프로젝트로 인해 종종 발생할 수 있는 높은 사회적 비용을 고려할 때 문제가 있다. 예를 들어, 제닝스(Jennings 2012)는 민간 자본이 확보되지 못한 후 밀레니엄 돔 건설을 지원하기 위해 정부 자금이 필요하다는 것을 확인했다. 2012년 런던 올림픽 기간 동안 민간 개발자들이 철수한 후 올림픽 마을을 건설하기 위해 공공부문이 다시 개입하도록 요청받았다. 캐나다에서는 몬트리올 올림픽 개발로 인한 10억 달러의 적자를 지불하기 위해 부동산세가 인상되었다. 부채는 결국 30년 후에 갚아졌다—당초 예상했던 6-7년보다 상당히 더 길었다.

여러 면에서, 합리성에 대한 경영진의 주장은 프로젝트 관리를 위한 기초가 된다.[1] 다음과 같은 중요한 기능을 가지고 있다: 이런 전문지식이 관리에 부여된다는 주장이 없다면 어떤 메가프로젝트도 순조롭게 출발할 수 있을 것 같지 않다. 그럼에도 불구하고, 대부분의 메가프로젝트들은 전개될 때, 많은 행위자들의 극도의 복잡성, 포함된 공간의 수, 완성에 걸리는 오랜 시간, 그리고 함께 이해해야 하는 매우 높은 수준의 차별화된 지식 때문에 합리성의 경계를 시험할 것이다. 프로젝트 관리가 실제로 어떻게 전개되느냐는 항상 지역적 상황, 담론, 관행에서 발견되는 구체적인 이해 형성에 달려 있다. 관리주의는 경영진이 내리는 결정이 항상 합리적이 될 수 있다고 가정한다. 이러한 조직개념에서 프로젝트 관리 결정에 대한 저항은 어디에서 나오든 불법적이고 비합리적인 것으로 간주된다.

이해 형성은 하나의 틀을 추적하여 우리가 사물을 서로 연결시켜 논리 정연하고 상황과 연결된, 비유(Grant 2008: 896)을 만들 수 있게 한다. 틀을 만들면 우리는 이해할 수 있게 된다. 비유는 합리성을 만들기 위해 이해를 형성한다. 우리가 말했듯이, 프로젝트 관리와 관련된 한 가지 비유는 오랫동안 지배적이었다. 바로 공학의 비유이다. 비유는 우리가 사물을 묘사하고 분석하고 생각하는 방식에 영향을 끼친다. 주류 프로젝트 관리의 비유는 단일적이고 객관적인 세계관을 의미하며, 초기 정의에 대한 헌신이 메가프로젝트들에 대해 타당하고 바람직하다는 것을 암시한다. 이것의 결과는 빠른 진행과 부실한 추정치에 대한 헌신을 위한 압박으로 보일 수 있다. 제닝스(Jennings 2012)는 시드니 오페라 하우스 프로젝트의 정치적 가속화가 범위 변경과 불확실성으로 이어진다고 지적했다. 1959년 뉴사우스웨일스 정부의 압력으로 공학적 설계가 아직 불완전한 상태에서 예정보다 일찍 사업을 시작하게 되었다. 이에 따른 기술적 문제는 콩코드 개발, 몬트리올 올림픽, 밀레니엄 돔, 스코틀랜드 의회 프로젝트, 2012년 런던 올림픽의 아쿠아틱스 센터에서 경험한 프로젝트 관리 문제와 비교되었다.

메가프로젝트의 필요성에 대해 정의롭지 못한 믿음 또한 공통적인 이해 형성으로 보여, 그렇지 않았다면 결코 시작되지 않았을지도 모르는 프로젝트에 자금을 투입하게 되었다. 홀(Hall 1980)은 베이 지역 고속 교통 시스템이 예상 탑승객의 51%만 수송한다는 것을 확인했다. 필립(Phillips 2008)은 건설 전 시드니 크로스 시티 터널의 사용량 추정치가 하루에 9만 대라는 점에 주목했다. 완공 후, 재무비용은 매일 이 터널을 이용했던 26,500대의 차량 통행료로 지불할 수 없었다. 건설 전에 시드니 레인코브 터널은 하루 9-11만 대의 차량 통행으로 추정됐으나, 새로 완공된 터널에 통행료가 도입되면서 하루 5만 대의 차량만 통과되었다. 시드니 공항링크 건설도 유사한 예를 제공한다. 응과 루즈모어(Ng and Loosemore 2007)는 노선 개통 후 6개월 만에 여객사용량은 예상된 하루 46,000명에 비해 12,000명에 불과하다는 사실을 확인했다. 메가프로젝트에서의 이해 형성 과정에 관해 주류 메가프로젝트 관리의 비유가 끼치는 영향은 인정될 필요가 있다. 왜냐하면 엔지니어링과 하드 시스템 사고의 많은 가정들이 대인관계 정치와 권력이 과장된 역할을 할 수 있는 메가프로젝트에 전이되지 않기 때문이다.

11.2.3 권력

메가프로젝트의 규모와 복잡성은 서로 다르며 종종 경쟁적인 목적을 가진 복수의 이해관계자 집단이 함께 모여 기념비적인 규모와 영향력의 프로젝트를 수행함으로써 권력 역학이 작동되기 좋은 기반이다. 지속적인 협력은 계약에 의해 강화되고 합법화된 복잡한 계약 방식을 통해 이루어진다. 이러한 계약이 당사자 사이의 관계를 연결하는 문서다. 가장 취약한 시점에서 이 협업을 함께 묶는 결속은 재정적인 이익 하나이다. 보다 견고하게, 그들은 다양한 규범적, 문화적 고려를 동맹과 관계의 망으로 끌어들여 다 중으로 연결될 수 있다. 본질적으로, 메가프로젝트는 정부, 민간 계약자, 하도업자, 건축업자, 노동조합, 지역사회 단체, 규제 당국 등과 같은 다양한 분야의 참여자가 관여하는 영역으로 고려되어야 한다. 각 참가자는 프로젝트에서 이해관계자로서 프로젝트와 이해 형성이 전개됨에 따라 조건과 계약에 따른 이해관계를 가진다.

플뤼브비에르(Flyvbjerg 2014)가 제안하듯이, 프로젝트 초기에는 비용과 혜택의 잘못된 조직적 예측에 대한 충분한 이유가 있을 것이다. 물론 이러한 예측은 일종의 권력이다. 즉, 그들은 약속을 얻고, 자원을 이용하고, 주요 참여자들과 고객들에게 이 프로젝트가 실행 가능하다고 설득하는 것이 생산적이다. 냉소적인 사람들이 "스핀(선전)"이라고 부르는 긍정적인 권력의 본질적인 요소는 종종 프로젝트가 발생되도록 하기 위해 필요하다. 메가프로젝트가 전개되면서, 다른 많은 권력 관행들이 작용하게 된다. 프로젝트 계획을 해석하는 데 지수적인 요소가 있는 곳에 변화된 명령이 제시될 것이다. 그리고 다큐멘터리와 다른 자료들에 대해 서로 다른 이해관계가 있는 그러한 지수화가 항상 있을 것이다(Clegg 1975).

메가프로젝트에 대해 이해해야 할 가장 중요한 것은 그것들이 많은 다른 장소에서 많은 참여자들이 생산한 문서들에 의해 구성되어 있다는 점인데, 이 문서들은 모두 의미가 포함되어 있다. 따라서 이 문서들이 맥락에서 사용될 때, 그 의미는 항상 지수적 해석의 대상이 된다(Garfinkel 1967). 프로젝트 과정에서 차등적으로 관심을 두는 참여자들은 프로젝트와 관련된 이해 형성의 다른 측면에 대해 차등적인 관심을 가질 것이다. 예를 들어, 클랙(Clegg 1975)은 프로젝트 관리의 공통적인 이해 형성 방식이 프로젝트를 구성하는 문서의 서로 다른 지수적 의미를 이용하려고 시도하는 다른 참가자들을 위하는 것임을 발견했다. 그들은 조직적으로 성취하려고 노력한 특정 이해의 관점에서 문서에서 생략, 모호함 및 모순을 해석한다. 그러므로 그들은 의미를 색인하고 정치적, 조직적으로 관심이 있는 다른 방식으로 이해 형성을 수행한다. 따라서 계약상의 세부사항은 정치판의 장이 된다.

메가프로젝트에는 항상 명시적으로 명백한 권력 기능이 존재하는데, 이는 고객 조직이 계약상 규격에 따라 수행되도록 확실하게 하는 것이다. 계약된 여러 당사자들의 조직적 자기 이익은 많은 권력 의제를 실행에 옮긴다. 이러한 의제들은 프로젝트의 기술적 목적(시간, 비용, 범위 등)뿐만 아니라, 관련된 여러 조직의 재무적 이익뿐만 아니라 정치적, 경제적, 미적 목적(Flyvbjerg 2014)에도 관계된다. 지역사회는 최소한의 협의로 진행하는 프로젝트가 일상생활과 지역사회에 엄청난 유해한 영향을 끼칠 수 있다는 것을 알게 될 것이며, 종종 그것들은 산산 조각난다(Paine and Burgess 2015). 메가프로젝트 관리자의 경우, 권력관계는 책임 측면에서, 목표 설정, 충족 및 누락; 주요 일정 달성, 이동 및 지연; 산업 관계가 잘못 또는 잘 관리되고; 공동체의 우려가 고려되고 처리되거나 처리되지 않고; 생태계가 저하되거나 개선되는 등의 측면에서 작용한다. 메가프로젝트의 영향은 항상 다면적이며, 모든 면은 권력과 함께 관리되는 활동이다.

전형적으로, 메가프로젝트 건설이라는 어려운 세계에서 권력관계는 특별히 긍정적이지 않다. 직원 관계는 종종 대립적이어서 각각 호전성과 반노조주의의 전통을 각 당사자들 쪽에서 이끌어낼 것이다. 그들이 더 긍정적으로 만들어질 경우, 이것은 종종 계약자들이 좋은 행동에 대해 노조에 뇌물을 주면서 응하는 "협박" 전술들 때문에, 즉, 프로젝트가 중단되지 않는다(Doran 2015). "공공사업 계약 및 건설"은 국제투명성기구가 2011년 지수에서 조사한 활동 중 가장 부패한 부문이다. 명백히 상충되는 권력관계의 부재가 반드시 부정적인 권력관계의 부재를 의미하는 것은 아니며 권력관계가 전적으로 긍정적이라는 것을 나타내는 것도 아니다.

자신들에 대한 권력보다는 다른 사람들에게 권력 행사를 전제로 한 긍정적인 권력관계는 가능하며, 그들은 실제로 일어나는데, 아마도 원하는 것보다 더 드물 것이다. 계약자와 하도급업자의 이익이 일치할 수 있는 범위 내에서, 고객의 이익은 계약자의 이익과 협상이 되고 합의되며, 고용주의 이익과 일치하는 종업원 이익, 지역사회의 우려가 충족되고, 생태계가 존중되거나 개선될 수 있다. 만약 이 프로젝트의 모든 요소들이 잘 관리될 수 있다면, 권력관계는 신중하게 덜 눈에 거슬리고, 더 미묘하고 더 부드러운 수준으로 될 것이다.

동맹 계약과 같은 구체적인 형태의 협력 계약이 진행 중인 곳에서만 긍정적인 힘을 풍부하게 발견할 수 있을 것이다. 그러한 조건에서, 문서, 지형, 수문 분석 등 미래 완전한 전략으로 조직된 해석에서 부분적 이해관계보다는, 정부를 위해 포괄적이고 설계된 프로젝트 문화(Clegg et al. 2002)에 의해 구체화된 공통의 의지(Pitsis et al. 2003)가 실현될 가능성이 더 크다. 대부분 프로젝트는 이러한 조건들에 순응하지 않을 것이며, 이러한 조건들은 대개 발생하는 계약의 형태를 통해 선행 신호로 표시된다. 계약은 최저 입찰에 근거하여 경쟁적이지 않은 경향이 있지만, 이해관계자들이 계약의 관심을 표명하도록 초청된 고객 조직에 대해 제 3자 감사에 의해 작성된 표시가격에 근거한다.

계약이 보통 고객과 계약을 이끄는 조직 간의 적합성에 기초하여 할당되면 주요 당사자들이 비용 절약 방법과 예산 이내로, 제때 수행되기 위해 그리고 생태계, 공동체와 보건과 안전에 관한 성과지표를 충족하기 위해 혁신적으로 연관되는 긍정적인 위험/보상 비율을 적용한다. 이러한 유형의 계약이 전개되는 경우, 계약 당사자들에게는 권력 관점에서 매우 긍정적이지만, 계약이 창출하는 조건은 프로젝트가 정부에서 시작되는 후속적 권력 게임에 영향을 받으며, 경쟁 입찰이 사용되지 않는다는 것이 명확하게 발견되는 후속 감사 요건의 적용을 받는다. 이것에 근거하여, 계약이 너무 많은 여유를 가지고 있어 너무 "느슨하다"고 논란이 될 수 있고, 따라서 지수적인 세부 사항에 대한 일반적인 권력 게임은 물론 필요하지 않았다.

프로젝트 프로세스의 더 일반적인 형태는 프로젝트 사양, 프로세스 및 결과에 대해 다양한 경계적 합리성이 충돌되고, 이해관계를 확보하기 위해 공동 연합화, 순차적 및 상호의존성(Thompson 1967)의 다양한 관행을 사용하여 그 시점에서 이슈에 일치하지 않은 이해관계자를 압도하고 권력의 특정 사건에서 작은 이익을 얻는 골치 아픈 혼란이다. 메가프로젝트 관리자들은 권력을 관리하는 데 능숙해야 한다. 그렇지 않다면, 그들은 자금, 시간, 그리고 전문적 이미지를 잃으면서 끝날 것이라고 예견할 수 있다.

메가프로젝트 관리는 여러 가지 형태의 전문적 및 직업적 실행을 다루어야 하며, 다양한 형태의 권력/지식을 활용해야 한다. 각각의 직업과 직업에 지식을 코드화하는 자신만의 방법이 있는 한, 이것들은 항상 쉽게 해석되지는 않는다. 고전적인 예들은 서로 다른 관련성을 가지고 있는 동일한 세트의 3차원 계획이나 모델을 서로 다르게 읽음으로써 서로 다른 거래와 직업의 능력 및 성향과 관련이 있다. 해석의 작은 문제들은 비용, 시간, 설계, 기능이라는 큰 문제들로 분출될 수 있다. 메가프로젝트는 많은 표준 프로젝트를 상당히 초과하는 정도의 복잡성을 수반하므로, 책임 문제와 관련된 대립적인 권력관계를 촉발할 수 있는 다양한 형태의 이해 형성에 대한 기회는 높다(Lukes 2005). 통상적인 사업과 전문 직업들이 사회과학, 생태학, 공동체, 그리고 정치경제적 전문지식이 구체화된 난해한 지식에 의해 결합되는 경우, 사람들 사이의 대립되는 권력관계에 대한 기회가 그들 자신의 지식 영역에서 안전하지만 그들이 협력할 의무가 있는 사람들에 대해 익숙하지 않은 사람들 사이에서는 부정적인 힘이 작용하는 갈등 관계에 대한 잠재력이 증가한다.

프로젝트 관리자의 정상적인 역량으로 언급된 프로세스에 대한 가장 상세한 설명 중 하나가 《합리성과 권력—실행에서의 민주주의(Rationality and Power: Democracy in Practice)》에서 명백하다 (Flyvbjerg 1998)—덴마크 올보르 시내 중심부의 자동차 사용을 제한하기 위한 계획의 상세한 사례 연구로, 비록 이 사례가 메가프로젝트의 예로 발전되지는 않았지만, 프로젝트와 관련된 행위자들(가시성과 일반적으로 관련된 이해관계자로 인해 메가프로젝트에서 악화되는 수행 과정에서 필수적인 직접적 이해관계자 전부는 아닌) 사이의 권력 관계가 프로젝트 현실을 변화시키고 형성하는 매우 유동적인 권력 과정을 수반하는 방법을 예시하고 있다.

플뤼브비에르(Flyvbjerg 1998)의 주요 주제는 권력이 합리성을 형성한다는 것이다. 다양한 단계에서, 다른 정치 행위자들은 그들의 이해 형성 선호도를 통해 프로젝트를 이끌려고 했다. 그들은 이해 형성이 진행될 수 있는 의무적인 통과 점을 구조화하려고 했다(Clegg 1989). 여러 위원회가 운영됨으로써 다양한 주장들이 제기되었고, 운영회의 차별적 참여는 서로 다른 선호도로 다른 시점에서 다른 결과를 낳았다. 영역과 충족조건에 관해 누가, 무엇을 소개할 수 있는가를 놓고 소규모의 전투가 벌어졌다. 이런 상황으로 인하여 여러 지역에서의 의도와 구성원의 관계는 경쟁 또는 재현되거나 변형되었다. 이러한 변화로 인해, 의무적인 통과 지점이 이동하게 되었고, 이는 또한 지배했던 권력의 관계도 변화시켰다. 권력의 특정 에피소드에서의 작은 승리는 권력관계가 흐르는 전체 회로의 구성을 변화시킬 수 있는 능력을 갖추게 된다. 계획에 참여했던 활동가들은 끊임없이 구체적인 전략을 수정하거나 재수정을 모색하고 있었고, 권력의 역할이 매우 유동적이었지만, 소상공인, 상공인회의소, 지방 신문의 편집적 견해는 사회적 통합이 소상공인이 많은 투쟁에서 승리하는 것을 의미하는 것 같았다. 알보르에서 교통 계획의 시스템 통합을 재정의하려는 시도는 계속해서 사회 통합의 암초에 기반을 두고 있었다. 알보르가 어떻게 계획되고, 설계되고, 어떻게 생겼는지 뿐만 아니라, 어떻게 계획되지도, 설계되지도, 보이지도 않는지도 권력관계의 영향이었다.

플뤼브비에르(Flyvbjerg 1998)는 권력관계와 합리성에 대해 매우 중요한 사실을 우리에게 경고한다. 권력과 지식이 얽혀 있을 때, 합리적 수단과 목적을 정당화하는 의미에서, 권력이 크면 클수록 합리성에 대한 필요성이 줄어든다는 것이다. 합리성과 권력의 관계는 균형 잡힌 관계가 아니었다. 권력은 분명히 합리성을 지배했다. 즉, 현재 권력을 구성한 사람들은 계속 그렇게 하려고 했고, 그들이 이용할 수 있는 전략과 전술을 사용하면서, 그들이 선호하는 것으로 보이는 어떤 방식으로든 프로젝트의 현실을 정의할 준비가 되어 있었다. 이러한 의미에서 "구체적인 물리적, 경제적, 생태학적, 사회적 현실"(Flyvbjerg 1998: 227)을 정의하고 생성함에 있어서, 합리성과 현실로 정의되는 것은 권력의 영향이었다. 진전되고 합리성으로 주장되는 것은 전적으로 권력관계에 달려 있다. 불리해질수록 그들은 권력을 과소평가하는 합리성의 개념에 더 의존하기 쉬웠고, 사실적이고 객관적이며 이성적인 지식을 통해 그들 자신의 입장을 모색하려 했다. 가장 강력한 합리성은 권위 있는 근거의 설명보다는 합리화의 형태를 취했다. 종종, 합리화를 목격했던 다른 요원들이 그들이 그렇게 할 힘이 부족하므로 공개하지 않을 수밖에 없다고 느끼는 합리성의 공개 공연이었다. 그들은 그들의 행동으로 모든 가능성이 발생할 반응을 예상했고 두려워했다. 공공연한 갈등과 차이점 식별에 위험이 도사리고 있었다. 기관들이 권력관계에 의지할 수 있는 시설이 클수록, 그들은 이성에 대해 덜 걱정했고, 그것에 대한 책임을 덜 지게 되었다. 더 많은 권력에 접근할수록 더 적은 이유가 발생한다. 대부분 권력관계는 안정적이고 불평등했다. 권력관계가 안정적으로 유지되고 합의와 협상으로 특징지어질 수 있는 곳에서는, 합리성이 더 큰 발판을 얻을 수 있다; 권력관계가 적대적이 될수록 그것을 숨기려는 주장과 전략을 전개하기가 더 쉬웠다. 따라서 합리성은 영향을 끼치려면 기존 전력 회로 내에서 계속 유지되어야 한다. 그들에게 도전하는 것은 승산이 없는 대결이다.

플뤼브비에르를 읽는 것은 중요하다. 왜냐하면 플뤼브비에르는 우리를 정치적 과정뿐만 아니라 그들의 설계가 추진 과정을 통해 구체화되어 맥락에 포함됨으로써, 우리를 프로젝트의 심장으로 끌어들이기 때문이다. 어떻게 꿈이 설계되고 설계가 구체화되며, 이러한 행동들을 둘러싸고 있는 과정에서 이해관계가 내재되어 있다. 클렉과 플뤼브비에르 같은 학자들이 개척한 일반적인 접근법의 추가적인 효용성은 20세기에 구체화된 가장 논쟁적이고 성공적인 꿈들 중 하나로 시드니 오페라 하우스를 고려할 때 명백하다. 제닝스(Jennings 2012)는 수많은 메가프로젝트를 둘러싼 행정적 정치적 이슈와 그에 따른 위험을 조사하여 다음과 같이 결론을 내린다.

> 규제적인 국가가 선호하는 일종의 공식적인 통제는 시드니 오페라 하우스의 경우에서 거의 사라진 것처럼 보이지만, 프로젝트를 가능한 한 빨리 시작하라는 정치적 압력에 따라 과도하게 낙관적인 계획과 범위로 느리게 추진되는 대부분의 다른 프로젝트들과 마찬가지로 프로젝트 성과 부실의 주된 원인이 되는 것 같다.(Jennings 2012: 250)

플뤼브비에르(Flyvbjerg 2014)는 메가프로젝트가 예산과 시간 내에 그리고 설계가 통합적으로 수행되는 일이 거의 없는 주요 이유 중 하나는, 종종 강력한 이해관계자(연방정부 또는 주정부 등)로부터 프로젝트에 내재된 암묵적 낙관주의적 편견과 정치적 지원을 받아야만 착수할 수 있기 때문이라고 지적한다.

11.3 메가프로젝트에서의 정치적 영향

메가프로젝트 관련 대중에게 거의 알려지지 않은 사항으로, 메가프로젝트는 때때로 선거 공약, 정치적 의제 또는 다른 정치적 의사결정 과정의 일부분과 연관되기 때문에 프로젝트 수명주기 동안 상당한 정치적 제약과 환경의 변화를 겪게 된다. 따라서, 메가프로젝트에 대한 지지나 반대는 종종 그러한 큰 과업이 발생하는 정치 환경에 달려 있다. 레이텐(Leijten 2013)은 특정(흔히 공개되지 않은) 정보가 의사결정에 큰 영향을 끼치고, 이에 따라 이해관계자들의 전략적 행동을 초래한다고 주장한다. 정치인들은 종종 그들의 정책을 정당화하기 위한 수치가 필요하지만 어떤 추정도 틀릴 가능성이 크고, 정확성이 높아 보일수록 잘못된 추정치는 더 커질 것이다. 결과적으로, 메가프로젝트의 한 가지 이슈는 그것들이 종종 정치적 이해 형성 관점에서 편향된 혜택에 대한 예측으로 정당화된다는 것이다. 수치는 종종 관련된 정치적 의사결정자의 이념에 근거한 정치적 결정을 합리화하는 데 사용된다. 예를 들어, 환경 영향을 의식하는 정당은 특정 대안을 거부하는 요인으로 환경 악화에 대한 수치를 사용할 수 있다. "소프트" 주관적 수치는 종종 "하드"로서 이해 형성에서 제안될 수 있으며, 주관적 추정을 중심으로 의사결정에 상당한 영향을 끼친다. 호주 국가 광대역통신망의 경우처럼 프로젝트 진행에 문제를 제기하는 방법으로 점점 더 많은 보고서를 요청하면서 수치는 종종 정책에 이의를 제기하는 수단이 될 수 있다. 이는 "분석에 의한 마비"로 이어질 수 있다. 정보의 경쟁 가능성은 또한 의사결정을 직관적으로 유도하여 중복되는 역효과를 가져올 수 있다. 프로젝트들이 승인을 위해 의도적으로 과소평가 될 때, 그것들은 종종 구속(Cantarelli and Flyvbjerg 2013)을 초래하게 되고, 복잡한 권력관계와 이해관계가 얽혀있어서 예상보다 더 오래 프로젝트를 수행하게 된다.

메가프로젝트의 소유권은 사업주들이 민간 금융 제공을 통해 공공정책에 영향을 끼칠 때 프로젝트 소유주가 추정하는 가치를 약화하면서 점진적으로 변화시킬 수 있다. 대표적인 것이 두 개의 공공기관의 지부가 착안한 로테르담 항과 독일 힌터랜드 사이의 베투와르우트 화물 철도 노선이다(Leijten 2013: 72). 네덜란드 정부는 당초 계획이 문제가 되자 그 프로젝트에 자금 조달에 참여하게 되었다.

민간 투자에 대한 의사결정에 사용되는 비교 요소들은 프로젝트 기간 중 전략적 행동이 어떻게 진화할지 예측할 수 없어 공익에 영향을 끼칠 수 있다. 하드 시스템 사고와 공학적 가정은 프로젝트 관리 실행에서, 특히 잘못된 신뢰가 일반적으로 팽배한 메가프로젝트의 초기 단계에서 계속된다. 메가프로젝트의 초기 정의는 관련된 불확실성 때문에 종종 문제가 된다. 민간 투자자들은 또한 그들이 정보로부터 이익을 얻을 수 있는 다른 사람들과 경쟁하고 있을 때 프로젝트를 초기 단계에서 정의하는 데 도움이 될 귀중한 정보를 공유하지 않을 수 있다. 그런 다음 의사결정자들은 차선책의 출발점에서 시작할 수 있다. 공공 소유자와 개인 행위자의 동기 또한 상이할 수 있다. 민간 행위자들은 그들 자신의 이익을 위해 검증되지 않은 새로운 기술을 시도하는 것에 관심이 있거나 프로젝트의 형성 단계 동안에 이루어진 약속 때문에 검증되지 않은 기술을 사용하도록 요구할 수 있다.

그룬(Grun 2004)은 공공부문이 프로젝트 수행에 민간부문에 대한 의존도가 높아짐에 따라 정치적 영향력이 더욱 만연해졌다고 주장한다. 그룬은 뮌헨과 비엔나 병원 프로젝트에 대한 사회정치적 영향을 비교하고, 한 가지 특징적인 사회정치적 영향력은 소유주에 의한 임시 개입이라고 결론짓는다. 정치적 영향은 뮌헨 프로젝트의 기술적 목표에 영향을 끼치지 않았다. 주요 목표를 달성하지 못한 실패와 이에 따른 비용초과는 당시 뮌헨에서 조직된 올림픽에 대한 대중의 관심을 불러일으키지 못했다. 이와는 대조적으로 비엔나 병원은 집중적인 정치적 간섭으로 인한 재앙이었다. 부패 스캔들의 영향을 받자 야당은 시드니 오페라하우스와 유사하게 정치적 간섭을 증가시킨 "특별 내부통제 절차"를 만들도록 여당을 압박했다. 대중의 인식이 메가프로젝트 진행에 끼치는 영향은 런던 링웨이와 코벤트 가든 개발에서도 볼 수 있는데, 둘다 모두 여론에 의해 취소되었다(Ng and Loosemore 2007). 듀이와 데이비스(Dewey and Davis 2013)도 멕시코시티 공항의 인식된 실패에 기여한 요인으로 계획 결정에 대한 공공의 개입을 확인했다. 이 경우 정치계급과 시민 사이에 상당한 분열이 있었고, 프로젝트 개발에 대한 시민 참여의 적절성을 놓고 지방 정부와 중앙 정부 사이에 갈등이 발생하였다. 지방, 국가, 국제 동맹국들의 강력한 연합이 공항과의 투쟁을 구축하고 확장하기 위하여 문화 정체성, 역사적 연맹, 건설되는 지리적 위치를 이용해 발전하였다.

관심 있는 계약자들은 또한 그들의 사업을 유지하기 위해 그들에게 매력적인 메가프로젝트를 시작하도록 압력을 가할 수도 있다. 예를 들면 콩코드 프로젝트 추진에 대한 영국과 프랑스 항공기 산업의 영향이다. 계약자는 또한 운영 단계에서 더 많은 지원이 필요한 첨단 기술 시스템을 제공하여 프로젝트를 확대하려고 할 수 있다. 정치적 영향도 계약자의 선택에 영향을 끼칠 수 있다. 프로젝트 소유주들은 지역 계약자들을 고용하도록 강요할 수 있다. "국가 안보"와 같은 장벽은 입찰하는 계약자의 제한을 정당화하는 데 사용될 수 있다.

메가프로젝트의 수와 다양성이 증가하고 있는데, 이는 근본적인 정치적 동력이기도 하다. 예를 들어, 국가 이익을 위해 정치적 이해 형성을 추진함으로써 지역 정치인을 홍보하기 위하여 글로벌 플랫폼으로 사용되는 올림픽 게임 이벤트와 같은 대규모 스포츠 행사를 개최하려고 경쟁하는 국가들의 욕구가 있다. 정부지출 및 소득과 밀접한 관련이 있는 특정 산업 분야를 활성화하는 것도 메가프로젝트를 실행하는 또 다른 이유일 수 있다. 예를 들어, 영국이 히드로 공항에 5번 터미널을 건설한 이유 중 하나는 영국의 GDP에 대한 항공 산업의 기여도를 높이기 위해서였다. 히드로는 2004년 114억 파운드에서 2030년 800억 파운드에 이를 것으로 예상된다(Doherty 2008). 이를 문맥과 관련지으면, 싱가포르 창이 공항은 싱가포르의 GDP에 5.6% 기여한다(Oxford Economics 2009).

11.4 결론

권력관계는 사회 현실의 사회적 구성에 필수적 사항이다. 권력관계는 물질적 현실을 사회적으로 구축하는 이해 형성에도 똑같이 필요한 사항이다. 그러나 우리가 이 장에서 제시한 다수의 증거에도 불구하고 고전적 프로젝트 관리(Winter et al. 2006)에서는 프로젝트 관계와 그 주변에서 권력관계의 만연된 현실을 인정하려 하지 않는다. 우리가 지적하기 위해 고심해 온 것처럼 권력관계가 반드시 나쁜 것은 아니며, 권력은 언급할 수 없는 말은 아니다. 메가프로젝트 세계에서 많은 권력이 특정의 부분적 이익을 추구하기 위해 다른 집단에 대한 권력을 행사하려는 그룹들로 구성되어 있지만, 항상 그런 경우는 아니다. 진정으로 긍정적인 권력 실행이 행해질 수 있지만, 이것은 정상적이 아니며, 그것들이 존재하는 곳에서는 종종 정상 위반으로 취급될 것이다. 사실, 일단 입찰에서 승리하면, 모든 이해관계자에게 권력을 행사함으로써 프로젝트의 수익성을 보장하기 위해 계약조직에 책임을 부과하기 때문에, 경쟁적 계약의 규범은 부정적인 권력관계를 조장하는 데 많은 역할을 한다. 이렇게 하는 것은 프로젝트 성공 기준의 과다 예측과 프로젝트 비용—수익성 목표를 달성하려면 증가해야 하는—의 감소된 예측에서 시작할 수 있다. 그것은 산업적 평화를 보장하기 위한 뇌물과 부패의 관행과 그들이 계획된 사업 성과의 달성에 있어서, 강행 시 장애물로 여기는 지역사회와 시민사회단체에 대한 태도를 지속할 수 있다. 이러한 부정적인 권력 역학관계에 빠져 드는 것은 정보 개방의 정신에서 시작된 복잡한 과업보다 종종 홍보 기회나 희망적인 투표 승리자로서 메가프로젝트가 더 중요한 정치인들의 허영과 야망이다.

프로젝트 진행의 사실 뒤의 의미를 실제로 결정하는 사람들의 권력관계 논의는 물론, 합리성이 강력한 이해관계에 의해 체계적으로 왜곡되는 방식도 억제된다. 합리성은 프로젝트 성과에 대한 궁극적인 보증을 제공할 수 없다(Spender and Scherer 2007); 이 정도는 플뤼브비에르(Flyvbjerg 1998)의 작업에서 명백하다. 메가프로젝트는 일반적으로 정치적 후원을 필요로 한다. 정치적 후원자들은 사업을 시작하는 데 수반되는 매스컴 관심을 받지만, 프로젝트 성과의 현실에 반하여 후원받겠다는 이야기들이 쏟아져 나올 때, 스폰서들은 종종 현장을 비워버린다. 왜냐하면 메가프로젝트의 지속 기간은 시작으로 이익을 얻는 정치적 수치들의 기간을 항상 초과하기 때문이다. 이 경우 시드니 오페라 하우스는 예산 초과(1,000%)로 볼 때 특이 수치일 수 있지만, 정치면에서는 그렇지 않으며, 오히려 그 모범이 될 수 있다.

감사

교정을 위한 기타 샤카르와 참고자료 목록을 준비한 리사 아디프로조에게 감사한다.

주

1. 관리주의는 강력한 기업 문화, 기업가 주의, 품질, 지도력을 중심으로 한 그리고 목표 성취를 강조하는 이상화된 이미지로 조직을 재창조하려는 시도를 포함한다. 대상은 문화, 품질, 직무 만족도, 고객 만족도 등에 대한 감사를 통해 측정되는 경우가 많다. 이것들은 다양한 기준에 따라 조직의 순위를 매기는 데 사용될 수 있다. 파워(Power 1997)는 조직 순위가 갈수록 보편화되고, 성적 일람표가 조직 성과로 만들어진 감각을 결정하는 "감시 사회"에 살고 있다는 신호라고 주장해 왔다.

이를 근거로 플뤼브비에르 등(Flyvbjerg et al. 2003)은 대부분의 메가프로젝트는 관리 실패라 결론 짓는다.

참고 문헌

Aaltonen, K. and Kujala, J. (2010). "A project lifecycle perspective on stakeholder influence strategies in global projects," *Scandinavian Journal of Management*, 26(4): 381–97.

Alderman, N. and Ivory, C. "Dealing with ambiguity in complex projects: Planned or emergent practices?" in A. Van Marrewijk (ed.), *Inside Megaprojects: Understanding Cultural Practices in Project Management*. Copenhagen: CBS Press, pp. 175–209.

Alvesson, M. and Deetz, S., (2000). *Doing Critical Management Research*. London: Sage.

Besner, C. and Hobbs, B. (2008). "Project management practice, generic or contextual: A reality check," *Project Management Journal*, 39(1): 16–33.

Bektaş, E., Lauche, K., and Wamelik, H. (2015). "Knowledge sharing in megaprojects: A case study of as co-location approach," in A. Van Marrewijk (ed.), *Inside Megaprojects: Understanding Cultural Practices in Project Management*. Copenhagen: CBS Press, pp. 137–74.

Bjørkeng, K., Clegg, S., and Pitsis, T. (2009). "Becoming (a) practice," *Management Learning*, 40(2): 145–59.

Blomquist, T., Hällgren, M., Nilsson, A., and Soderholm, A. (2010). "Project-as-practice: In search of project management research that matters," *Project Management Journal*, 41(1): 5–16.

Blomquist, T. and Packendorff, J. (1998). "Learning from renewal projects: Content, context and embeddedness," in R. A. Lundin and C. Midler (eds.), *Projects as Arenas for Renewal and Learning Processes*. Dordrecht: Kluwer Academic Publishers, pp. 37–46.

Cantarelli C. C. and Flyvbjerg, B. (2013). "Mega-projects' cost performance and lock-in: Problems and solutions," in H. Priemus and B. Van Wee (eds.), *International Handbook on Mega-Projects*. Cheltenham: Edward Elgar, pp. 333–55.

Checkland, P. (1981). *Systems Thinking, Systems Practice*. Chichester: Wiley.

Ciçmil, S. and Hodgson, D. (2006). "New possibilities for project management theory:

A critical engagement," *Project Management Journal*, 37(3): 111–22, <http://eprints.uwe.ac.uk/16783>.

Ciçmil, S., Williams, T., Thomas, J., and Hodgson, D. (2006). "Rethinking project management: Researching the actuality of projects," *International Journal of Project Management*, 24(8): 675–86.

Clarke, A. (1999). "A practical use of key success factors to improve the effectiveness of project management," *International Journal of Project Management*, 17(3): 139–45.

Clegg, S. R. (1975). *Power, Rule and Domination*. London: Routledge and Kegan Paul.

Clegg, S. R. (1989). *Frameworks of Power*. London: Sage.

Clegg, S. R., Pitsis, T., Rura-Polley, T., and Marosszeky, M. (2002). "Governmentality matters: Designing an alliance culture of inter-organizational collaboration for managing projects," *Organization Studies*, 23(3): 317–37.

Dewey, O. and Davis, D. (2013). "Planning, politics and urban mega-projects: Lessons from Mexico City's airport controversy," *Journal of Urban Affairs* 35(5): 531–51.

Doherty, S. (2008). *Heathrow's Terminal 5: History in the Making*. Chichester: Wiley.

Doran, M. (2015). "Trade union royal commission: Contractor felt he had no choice but to pay CFMEU ACT official $135k, inquiry hears," <http://www.abc.net.au/news/2015-07-13/royal-commission-into-trade-unions-begins-cfmeu-probe/6613916>.

Engwall, M. (2003). "No project is an island: Linking projects to history and context," *Research Policy*, 32(5): 789–808.

Flyvbjerg, B. (1998). *Rationality and Power: Democracy in Practice*. Chicago: University of Chicago Press.

Flyvbjerg, B. (2007). *Megaproject Policy and Planning: Problems Causes, Cures*. Aalborg, Denmark: Institut for Samfundsudvikling og Planlaegning.

Flyvbjerg, B. (2014). "What you should know about megaprojects and why: An overview," *Project Management Journal*, 45(2): 6–19.

Flyvbjerg, B., Bruzelius, N., and Rothengatter, W. (2003). *Megaprojects and Risk: An Anatomy of Ambition*. Cambridge: Cambridge University Press

Garfinkel, H. (1967). *Studies in Ethomethodology*. Englewood Cliffs, NJ: Prentice Hall.

Giezen, M. (2012). "Keeping it simple? A case study into the advantages and disadvantages of reducing complexity in megaproject planning," *International Journal of Project Management*, 30(7): 781–90.

Grant, D. (2008). "Metaphor and organization," in S. R. Clegg and J. R. Bailey (eds.), *The Sage International Encyclopedia of Organization Studies*. Thousand Oaks, CA: Sage, pp. 896–900.

Grün, O. (2004). *Taming Giant Projects: Management of Multi- Organizational Enterprises*. Berlin: Springer.

Hall, P. (1980). *Great Planning Disasters*. London: Weidenfeld & Nicholson.

Higgins, W. (2005). *Engine of Change: Standards Australia Since 1922*. Blackheath, NSW: Brandl and Schlesinger.

Higgins, W. and Hallström, K. T. (2008). "Technical standardization," in A. Iriye and P. Y Saunier (eds.), *The Palgrave Dictionary of Transnational History*. London: Palgrave Macmillan, 2008, pp. 1–7.

Hodgson, D. and Ciçmil, S. (2008). "The other side of projects: The case for critical project studies," *International Journal of Managing Projects in Business*, 1(1):142–52.

Holmes, A. (2001). *Failsafe Is Project Delivery*. London: Gower Publishing.

Jennings, W. (2012). "Executive politics, risk and the mega-project paradox," in M. Lodge and K. Wegrich (eds.), *Executive Politics and Governance*. London: Palgrave Macmillan, pp. 236–63.

Leijten, M. (2013). "Real-world decision-making on mega-projects: Politics, bias and strategic behaviour," in H. Priemus and B. Van Wee (eds.), *International Handbook on Mega-Projects*. Cheltenham: Edward Elgar, pp. 57–82, <http://books.google.com/books?hl=en&lr=&id=iH 0tAgAAQBAJ&oi=fnd&pg=PA57&dq=info:xOASd8Gpve4J:scholar.google.com&ots=PC650GTYLO&sig=NbnLinp7csQtLvJSuCTIaQBSZFU"\t"_blank">.

Löfgren, O. (2015). "Catwalking a bridge: SA longitudinal study of a transnational megaproject and its ritual life," in A. Van Marrewijk (ed.), *Understanding Cultural Practices in Project Management*. Copenhagen: CBS Press, pp. 33–68.

Lukes, S. (2005). *Power: A Radical View*, 2nd edn. London: Palgrave Macmillan.

Lundin, R. A. and Söderholm, A. (1995). "A theory of the temporary organization,"

Scandinavian Journal of Management, 11(4): 437–55.

Mason, R. and Mitroff, I. (1981). *Challenging Strategic Planning Assumptions: Theory, Cases and Techniques*. New York: Wiley.

Maylor, H., Vidgen, R., and Carver, S. (2008). "Managerial complexity in project-based operations: A grounded model and its implications for practice," *Project Management Journal*, 39(S1): S15–26.

Midler, C. (1995). "'Projectification' of the firm: The Renault case," *Scandinavian Journal of Management*, 11(4): 363–75.

Morris, P. (1997). *The Management of Projects*. London: Thomas Telford.

Morris, P. (2002). "Science, objective knowledge and the theory of project management," *Civil Engineering*, 150(2): 82–90.

Morris, P. (2013). "Reconstructing project management reprised: A knowledge perspective," *Project Management Journal*, 44(5): 6–23.

Ng, A. and Loosemore, M. (2007). "Risk allocation in the private provision of public infrastructure," *International Journal of Project Management*, 25(1): 66–76.

Oxford Economics (2009). *Economic Benefits of Air Transport in Singapore*, Singapore Country Report, <https://www.iata.org/ policy/Documents/Benefits-of-Aviation-Singapore-2011.pdf>.

Packendorff, J. (1995). "Inquiring into the temporary organization: New directions for project management research," *Scandinavian Journal of Management*, 11(4): 319–33.

Pain, H. and Burgess, M. (2015). "WestConnex protest brings 1500 Newtown locals out to voice their objections," <http://www. smh.com.au/nsw/westconnex-protest-brings-1500-newtown-locals-out-to-voice-their-objections-20150201-13322y#ixzz3oVfCQrfJ>

Paton, S., Hodgson, D., and Ciçmil, S. (2010). "Who am I and what am I doing here?: Becoming and being a project manager," *Journal of Management Development*, 29(2): 157–66.

Phillips, G. (2008). *Analysis of Sydney Public–Private Partnership Road Tunnels*, Mathematics Learning Centre, Sydney University, *<http://www.maths.usyd.edu.au/u/geoffp/melfin2. pdf>*.

Pitsis, T., Clegg, S. R., Marosszeky, M., and Rura-Polley, T. (2003) "Constructing the Olympic Dream: Managing innovation through the future perfect', *Organization Science*,

14:5, 574–90.

Power, M. (1997). *The Audit Society: Rituals of Verification*. Oxford: Oxford University Press.

Project Management Institute (PMI). (2013). *A Guide to the Project Management Body of Knowledge (PMBOK Guide)*. 5th edn. Newtown Square, PA: Project Management Institute.

Smith, D. (2009). *Delia's Complete How To Cook: Both a Guide for Beginners and a Tried and Tested Recipe Collection for Life*. London: BBC Books.

Smits, K., Van Marrewijk, A., and Veenswijk, M. (2015). "The collabyrinth of cross-cultural collaboration in the Panama Canal megaproject," in A. Van Marrewijk (ed.), *Inside Megaprojects: Understanding Cultural Practices in Project Management*. Copenhagen: CBS Press, pp. 103–36.

Söderlund, J. (2002). "Managing complex development projects: Arenas, knowledge processes and time," *R&D Management*, 32(5): 419–30.

Spender, J. C. and Scherer, A. G. (2007). "The philosophical foundations of knowledge management: Editors' introduction," *Organization*, 14(1): 5–28.

Thompson, J. D. (1967). *Organizations in Action*. New York: McGraw-Hill.

Turner, J. R. and Cochrane, R. (1993). "Goals-and-methods matrix: Coping with projects with ill-defined goals and/or methods of achieving them," *International Journal of Project Management*, 11(2): 93–101.

Urli, B. and Urli, D. (2000). "Project management in North America: Stability of the concepts," *Project Management Journal*, 31(3): 33–43.

Van Marrewijk, A. (ed.) (2015). *Inside Megaprojects: Understanding Cultural Practices in Project Management*. Copenhagen: CBS Press, pp. 16–17.

Weick, K. E. (1993). "The collapse of sensemaking in organizations: The Mann Gulf disaster," *Administrative Science Quarterly*, 38(4): 628–52.

Weick, K. E. (1995). *Sensemaking*. Thousand Oaks, CA: Sage.

Weick, K. E. (2008). "Sensemaking," in S. R. Clegg and J. Bailey (eds.), *International Encyclopeadia of Organization Studies*. Thousand Oaks, CA: Sage, pp. 1403–6.

Whittington, R., Pettigrew, A., Peck, S., Fenton, E., and Conyon, M. (1999). "Change and complementarities in the new competitive landscape: A European panel study,

1992–1996," *Organization Science*, 10(5): 583–600.

Winch, G. M. (1998). "The Channel Fixed Link: le projet du siècle," unpublished case study, Manchester University.

Winter, M. and Checkland P. (2003). "Soft systems: A fresh Perspective for project management," *ICE Proceedings of Civil Engineering*, 156(4): 187–92.

Winter, M., Smith, C., Morris, P., and Ciçmil, S. (2006). "Directions for future research in project management: The main findings of a UK government-funded research network," *International Journal of Project Management*, 24(8): 638–49.

Yeo, K. (1993). "Systems thinking and project management: Time to reunite." *International Journal of Project Management*, 11(2): 111–17.

제12장

메가프로젝트 계획에 관한 집단 행동적 관점

누노 길

12.1 개요

메가프로젝트라 불리는 철도와 공항, 체육시설인 올림픽 공원같이 장기간 수행되는 사회기반시설에 대한 자본 집약적 개발 성과가 저조하다는 지배적인 인식이 다음의 두 견해를 발생시켰다. 하나는 전략적인 허위 설명 및 낙관주의적 편견(Wachs 1989; Flyvbjerg et al. 2003), 계획 부족(Merrow et al. 1988, Morris 1994) 또는 융통성 없는 구매자-공급자 계약(Stinchcombe and Heimer 1985) 때문에 추진자가 비용과 일정 목표를 과소평가한다는 주장이다. 또 다른 하나는 일반적인 견해로 업무가 느리게 수행되어 추진자가 볼모가 되며 (Hall 1982; Shapiro and Lorenz 2000), 잘못된 행위의 증가(Ross and Staw 1986), 그리고 그들이 통제하지 못하는 외부 사건(Altschuler and Luberoff 2003; SSzyliowicz and Goetz 1995; Miller and Lessard 2000) 때문에 메가프로젝트가 계획대로 진행될 수 없다는 것이다.

이 장은 집단행동 관점을 활용하여 토론을 진전시키는 것을 목적으로 한다. 우리는 메가프로젝트가 대규모로 설계된 새로운 인공물, 즉 사회기반시설 시스템을 개발하기 위해 형성된 방대한 행위자-네트워크라고 주장한다. 우리는 또한 이들 네트워크 내의 고차원적인 의사결정이 네트워크의 핵심에서 조직 간 합의를 구축해야 할 필요성에 의해 추진된다고 주장한다. 합의는 집단 목표와 계획이 관련된 모든 사람이 동의하는 정도를 말한다(Van de Ven 1976). 고차원적인 개발 결정에 대해 합의를 해야 할 필요성은 토지, 재정, 계획 동의, 정치적 지원, 사용하는 데 필요한 지식 등을 포함하는 새로운 사회기반시설 개발에 중요한 상호의존적 자원에 대한 직접적인 통제의 분포에서 비롯된다. 메가프로젝트 기획자는 고차원적인 개발 결정에 직접적으로 영향을 끼칠 수 있는 권리를 공유해야만 자원이 풍부한 행위자들이 참여하는 것을 기대할 수 있다. 그러므로 개발 과정은 필연적으로 합의 지향적이다. 그 결과, 상호 수용 가능한 설계 솔루션에 대한 검색은 조직 간 논쟁으로 확장되고 있다. 즉, 고차적인 개발 결정이 이루어지는 메가프로젝트 네트워크의 핵심은 합의 지향적인 집단행동이나 "다원론적" 설정이다(Denis et al. 2011).

이러한 설정에서 관리자는 권한 계층(March and Somon 1958), 시장(Ouchi 1980), 이들을 실행하는 시스템 통합자(Brusoni et al. 2001)에 의존할 수 없다. 오히려 상호의존적 의사결정을 하는 권한이 법적으로 독립된 행위자들에게 배분되어 거버넌스가 비교적 "평범한" 상태일 때, 최고 경영자들은 민주적인 의사결정 과정을 보존하기 위해 서로 다른 행위자들의 우려에 주의를 기울여야 한다(Rothschild and Russel 1986). 즉, 최고 경영자들은 대행인에게 의뢰하지만, 그들을 완전히 활용할 수 없어서 협상해야 한다(Pfeffer and Salancik 1978).

계획 결정이 모호한 보상하에서는 재산권을 손상시키기 때문에 메가프로젝트를 계획할 때 합의에 도달하는 어려움은 더욱 악화된다. 따라서 메가프로젝트 네트워크는 긍정적인 작업 관계와 상호신뢰의 역사, 일원화된 고차원의 목표, 그리고 자율적인 행위자들을 함께 참여시키기 위한 합법적인 주최자의 존재 등으로 알려진 협력의 전례에 부합되지 못한다(Gray 1989; Ring and Van de Ven 1992; Thomson and Perry 2006). 빠듯한 기간과 예산으로 인해 분쟁 해결을 위한 자원의 부족도 합의에 이르기 어렵게 만드는 또 다른 요인이다. 메가프로젝트를 계획하기 위해 형성된 복잡한 문제인 행위자-네트워크는 리텔과 웨버(Rittel and Webber 1973)의 표현대로 "계획된 문제는 사악한 문제"라는 환경에 고도로 제도화되고 상호의존성이 높다. 그럼에도 불구하고, 대규모 네트워크 참여자들은 통제될 필요가 있고, 시스템 목표를 달성하기 위해 행동들이 조정될 필요가 있다. 따라서 이 연구의 동기를 부여하는 두 가지 핵심 연구 질문은 다음과 같다. (i) 메가프로젝트의 계획 단계를 지배하는 구조는 무엇인가? 그리고 (ii) 참여 행위자를 수행하고 그에 따라 계획 단계를 지속시키기 위해 어떤 조정 메커니즘을 이용할 수 있는가?

이 연구는 내부 분석 단위를 가진 다중 사례 연구 접근법을 채택한다(Eisenhardt 1989; Yin 1984). 사례 연구를 통해 연구자들은 상황적, 시간적 차원을 통합할 수 있으므로 참신한 아이디어를 탐구하기에 적합하다(Eisenhardt and Graebner 2007). 이 연구는 영국의 4개의 메가프로젝트로 구성되어 있는데, 이것은 강력한 재산권 제도를 가진 다원주의 사회와 새로운 사회기반시설에 대한 추진자의 계획에 모든 행위자가 이의를 제기할 수 있는 제도화된 메커니즘을 가지고 있다. 분석 단위는 시스템 목표에 따라 통일된 메가프로젝트 기획자와 자원이 풍부한 행위자들 사이의 논쟁이다.

분석 결과 조직 간 논쟁의 근원은 (i) 일회성 계획 결정에 대한 서로 다른 선호, (ii) 갈등을 해결하기 위한 자원의 부족, (iii) 제 3자 관점에서의 정당성을 보존하기 위해 성과 목표 발표에 대한 기획자의 주저함, 이 세 가지 요인의 합성인 것으로 밝혀졌다. 어려운 협상 및 정치적 활동과 함께 협력하는 노력의 양립은 행위자들의 이탈 위험을 초래한다. 이것은 결국 비효율적인 과정과 모호한 결과로 이어진다. 본 연구의 중심적 기여는 조정하는 네 가지 메카니즘 사이의 상호작용이 매우 취약한 개발을 어떻게 지속하는지를 제안하는 모델이다.

이 장의 나머지 부분은 다음과 같이 구성되어 있다. 첫째, 합의 지향적 개발에 관한 문헌을 검토한다. 그런 다음 연구 방법과 분석을 소개한다. 그것은 메가프로젝트에 대한 성과 논쟁 중심에서 매우 취약한 합의 중심 생산 공동체의 지속가능성을 강조하는 토론으로 마무리된다.

12.2 배경 — 합의 지향적 개발

한 행위자가 문제를 해결할 수 있는 정보 처리 능력과 자원을 모두 갖추지 못한 복잡한 문제에 대한 해결책을 찾는 것이 중요하기 때문에 조직간 협력이 관리 연구의 중심이다(Van de Ven 1976; Gray 1989). 이 방대한 문헌의 한 흐름은 새로운 제품의 합의 지향적인 개발과 관련이 있다. 이 문헌은 개방 소프트웨어와 과학을 생산하기 위해 자발적으로 등장하는 생산 공동체의 연구로 알려진다. 이러한 설정에서 알려진 조정 메커니즘에는 경계 조직(O'Mahony and Bechky 2008), 모델과 같은 프로토타입, 작업 그룹(Tuertscher et al. 2014)과 같은 경제 기반시설, 그리고 실력주의의 기반 당국(O'Mahony and Ferraro 2007)이 포함된다.

그러나 새로운 메가프로젝트의 계획 단계는 앞서 언급한 설정과 중요한 방식에서 다르며, 따라서 조직과 관리 이론을 발전시킬 기회를 창출한다. 첫째, 계획 결정에 대한 권리 청구인들 사이의 목표 일치성은 의심스럽다. 목표를 전적으로 지지하는 행위자뿐만 아니라 그들의 협력에 높은 대가를 요구하는 행위자들과 함께 일하도록 제도적 환경은 추진자를 강요한다. 이것은 발생하는 분쟁을 해결하기 위해 실력주의에 기반한 당국의 참여를 배제한다.

협력 규범의 출현을 복잡하게 만드는 두 번째 요인은 선거와 규제 주기에 의한 시간적 압박이다.[1] 복잡한 문제를 이해하고 집단행동을 조정하기 위해 의사소통을 할 수 있도록 행위자들 간 오랜 대화를 하는 것이 필요하므로 합의의 구축은 서두를 필요가 없다. 따라서 시간적 압박은 위험 인식을 증폭시키고 협상과 정치 활동으로 이어진다(Ring and Van de Ven 1992; Gersick 1994).

마지막으로, 대규모 사회기반시설 개발은 합의를 끌어내는 데 어려움을 피하는 모듈식 설계구조에 의존할 수 없다. 모듈화는 설계 선택 간의 상호의존성을 감소시키며, 이로 인한 경쟁이 약화되고 자원의 자발적 기부가 장려되며, 비협조적인 행동의 영향을 제한한다(Baldwin and Clark 2000; Baldwin and von Hippel 2011). 이와는 대조적으로, 많은 독립 행위자들이 분리할 수 없는 자산의 개발에 직접적으로 영향을 끼칠 권리를 공유하는 경우, 설계 선택은 오스트롬(Ostrom 1990)의 공유 자원으로 적합하다. 즉, 그들은 낮은 배제 가능성(의사결정 과정에 참여하는 것)과 높은 경쟁(의사결정 선호)을 병행한다(Gil and Baldwin 2013). 따라서 계획 결정의 청구자 중 일부가 타협과 협력을 거부함으로써 무임승차를 선택할 경우, 분리할 수 없는 자산의 집합적 개발이 진행될 위험이 크다.

어려움에도 불구하고, 거버넌스가 (i) 상호 조정 능력을 가진 의사결정 중심과 권력의 여러 중심 전역에 분산되어 다원적이며, (ii) 지방 통치를 존중하는 고위 당국과 고급 수준의 규칙을 존중하는 지방 청구인이 강력한 경우, 대규모 합의 지향의 집단행동 영역은 지속할 수 있다. 이것은 삼림이나 어업과 같은 자치적인 자연 공유 자원에 대한 오스트롬(Ostrom 1990)의 이론에서 중심 주장이다. 길과 볼드윈(Gil and Baldwin 2013)은 이러한 주장을 공동이용 개발에 대한 자본 집약적 자산의 집합적인 개발로 확장한다. 그들은 제한된 자원(시간과 돈)과 다수의 청구인(국가 및 지방자치단체와 학교 교사)을 가진 많은 수의 주립 학교 건물들을 개발하기 위한 자본 프로그램의 연구를 수행한다.

그러나 학교 건물의 개발은 다른 성격의 행위자를 통합하기 위해 준수할 수 있는 목표를 가진 자본사업이다. 이와는 대조적으로 메가프로젝트는 논란이 많고 시스템 목표가 모호한 자본 집약적 사업이다. 그럼에도 불구하고, 목표를 달성하기 위한 필요자원의 통제는 항상 독립 행위자에 걸쳐 분포한다. 반면 이러한 행위자들은 이질적인 선호와 관심을 가지지만, 그들이 계획 결정에 직접적인 영향을 끼치지 않는 한 자원을 투입할 가능성은 적다.

복잡한 문제들인 메가프로젝트는 완전히 분해되기가 어렵다. 예를 들어, 철도는 트랙, 차량과 정거장을 포함한다. 마찬가지로 공항은 콩코스, 활주로 및 보행로를 포함한다. 이 요소들은 기술적으로 결합되어 있으며 중앙 예산에서 재정을 끌어낸다. 따라서 각 요소를 계획하는 결정은 상호의존적이다. 따라서 메가프로젝트를 계획하는 것은 비록 제한적인 하위 목표와 일치하기는 하지만 동시에 복수의 상호의존적 합의를 구축하는 것과 연관된다. 한 구성 요소를 계획할 때 국지적 논란이 표면화됨에 따라 해당 구성 요소의 국지적 성능 목표를 완화하기 위해 압력이 상승한다. 지방 정부의 목표 기한 불이행은 까다로운 선례를 만들고 전체적인 목표를 위협하기 때문에, 정부 기관들은, 그들이 강권으로 통치한다면, 결함의 위험이 커지지만, 너무 많은 지방분권은 통제할 수 없을 정도로 많은 위험을 초래한다는 캐치-22 상황에 직면한다. 이러한 긴장은 내가 말하는 매우 취약한 개발로 이어지며, 나는 이제 그들의 지속가능성에 대해 논의를 시작하겠다.

12.3 연구 설계, 표본 및 방법

본 연구는 비교 사례 연구 설계(Eisenhardt 1989)를 사용하며, 사례들은 복제 논리에서 주장되는 이론적 통찰력을 확신하거나 부당성을 입증하는 독립 실험으로 취급된다. 이론을 발전시키고 좀 더 일반화하고 견실한 통찰력을 산출하기 위해(Yin 1984), 프로세스 중심 귀납 연구(Siggelkow 2007)에 권장되는 다양하고 특수한 의미가 있는 샘플을 구축했다. 샘플에는 다음 네 가지 메가프로젝트인 히드로 공항 제2터미널(T2), 고용량 지하 철도인 런던 크로스레일, 런던 2012 올림픽 공원, 영국의 제2 고속철도(HS2)가 포함된다. 이러한 사례는 표 12.1에 요약되어 있다.

이 샘플은 자본집약적 사회기반시설에 대한 개발 프로세스의 다양한 세 가지 기본 속성을 포함한다. 첫째, 사회기반시설 시스템의 기술적 분해 수준에 따라 사례가 다르다. 그림 12.1은 이를 양식화된 방식으로 보여준다.

올림픽 공원은 기술적 관점에서 대규모로 분해할 수 있는 시스템을 암시한다. 그것은 경기장, 수영장, 그리고 벨로드롬을 포함한 독립된 장소들로 구성되어 있다. 그 자산들을 서로 연결하는 것은 지하 유틸리티이다. 그러나 유틸리티 시스템은 높은 가치의 장소들에 대한 변화의 영향을 포착하기 위해 고안된 "종속 시설"이다.

이와는 대조적으로, 철도 시스템의 기술적 구조는 훨씬 덜 분해적이다. 모든 정거장은 동일한 고부가 기능 구성품(궤도, 제어 및 신호 시스템)에 연결되며, 동일한 열차 차량을 수반해야 한다. 한편, 공항은 하이브리드 기술 시스템을 제안한다. 예를 들어, 콩코스를 연결하는 터널과 같은 일부 구성품은 물리적으로 통합되지만, 주차장과 호텔과 같은 다른 구성품은 통합되지 않는다.

표본도 계획과정의 참여 구조에 따라 달라진다. HS2 계획은 전적으로 공적 자금으로 조달된다. 따라서 높은 수준의 개발 결정은 주로 상호의존적 자산을 소유한 중앙 및 지방 정부와 공공기관을 포함한다. 이와는 대조적으로 히드로 T2는 전적으로 민간 소유주인 BAA에 의해 자금을 조달한다.[2] 그러나 독점자로서, BAA는 신규 터미널 개발권을 규제 기관과 이 사례의 주요 사용자인 글로벌 항공사 네트워크인 스타 얼라이언스와 공유해야 한다. 나머지 두 건은 공공 및 민간 금융과 관련되어 있다. 계획 결정의 청구자 수가 많을수록, 그리고 그 청구자 수가 다양해질수록, 우리는 합의에 도달하는 데 있어 더 많은 어려움을 예상할 수 있었다.

셋째, 샘플은 엄격한 마감시한이 계획 과정과 개발 결정을 제한하는 정도에 따라 달라진다. 런던 2012의 변경할 수 없는 마감시한은 의사 결정에 대단한 압력을 행사했다. 다른 계획들은 부동의 마감시한에 직면하지는 않았지만, 총선 전에 행해진 일들을 보려는 정치인들의 의지 때문인지(크로스레일, HS2 1단계 사례) BAA의 경우 규제 사이클 때문인지, 여전히 압박감이 컸다. 결정 압력을 증폭시킨 것은 세 번의 올림픽 경쟁에서의 입찰 실패와 두 번의 크로스레일 원정 실패의 역사였다.

12.3.1 분석 단위

분석에 포함된 단위로 인해 계획 단계에서 높은 수준의 개발 결정에 대해 중대한 논쟁이 발생되었다. 35개의 논쟁은 응답자들에 의해 인식적으로 검토되었다. 논쟁은 어려운 질문을 유발한다. 당사자들이 지역 성과 목표와 일치하는 지역적 디자인 해결책을 사전에 찾아야 하는가, 아니면 합의된 해결책을 쉽게 찾도록 목표를 놓쳐야 하는가? 청구인들이 합의할 수 없는 경우 계획과정을 진행해야 하는가? 어떤 행위자들이 지역 개발 결정에 영향을 끼칠 합법성을 가지고 있는가? 이러한 질문들에 대한 해답을 찾는 것은 계획 단계에서 이러한 개발들의 거버넌스

표 12.1 사례, 면담자와 기록 데이터베이스 샘플의 고수준 설명

사례	런던 2012	히드로우 T2	크로스레일	고속철도 2
고위층 공유 목적	올림픽 파크 건설 및 동부 런던의 도시 재생 촉진	STAR 연맹을 위한 새 공항 터미널 건설	고용량 기차로 런던의 동부와 서부 연결	런던과 버밍햄 연결(1단계); 버밍햄과 북부지역 연결(2단계)
핵심 추진자	영국 정부; 런던 정부; BOA; LOCOG≠	BAA, 규제기관, STAR 연맹	영국 정부, 런던 정부	영국 정부
계획 동안의 시간 압박	대량 런던의 입찰 승리 후 재계획까지 - 2년(5-7)	높음 새 규제 주기 시작 전 계획까지 - 4년(5-8)	높음 2005년 선거 전에 의회 프로세스를 시작하기 위해 재 계획까지 4년(1-5) 2005-08 (의회 프로세스)	대량(1단계) 2015년 선거 전에 의회 프로세스를 종료하기 위해 계획까지 4년(9-13) 중간(2단계) 계획까지 6-7년(2010 -16/17)
프로젝트 예산에 대한 전체적 목표	점차 완화 2004, £ 42억 (최종가격, VAT 제외) 2007, £ 93억 (최종가격, VAT 포함) 2013, £ 89-102억 (다른 출처)	점차 완화 2005, £ 10-15억 (기능한 2005년 가격) 2008, £ 20억 (07/08 가격) 2014, £ 26억 (현금가격)*	점차 완화 2002, £ 98억 (2002 가격) 2008, £ 159억 (최종가격)+ 2014, £ 148억 (현금가격)	점차 완화 2010,-£300억 (2009가격) 2012, £327억 (2011가격) 2014, £426억 (2011가격) + HS3, 크로스레일 2
프로젝트 일정에 대한 전체적 목표	부동의 2012년 여름	2005년에 완화 및 "부드러워" 2012 개관 2010년에는 "점차적으로" 2014년 개관	2003년에 완화 및 "부드러워" 2016에 전체 개통 2012에 2017-2019	압박하에 2026, 1단계 2030-33 2단계
인터뷰(분석 단위)	36 (11 논란)	19 (5 논란)	33 (9 논란)	35 (12 논란)

면담한 조직의 수와 설명	8 : 런던2012(입찰 회사); ODA(추진자 대행사); LOCOG(게임 운영자); OPLC(공원 운영자); 런던 교통부(TfL); CLM(프로그램 매니저); 토지 임대(민간 개발자); 네트웍 레일(영국 철도 안프라 소유주)	5 : STAR연합; 카나다 항공; BAA; 헷코와 발포 비티(민간 설계 및 시공 회사)	8 : 치끼(추진자 계획 대행사); 크로스레일, 추진자의 수행 대행사); 네트웍 레일; 영국 재무부; 런던 교통부(TfL); 카나리 와프(민간 금융자); 벡텔, 트랜샌드(컨설턴트)	11 : HS2 Ltd(추진자 대행사); 맨체스터 시 위원회(MCC); 런던청(GLA); 런던 교통부(TfL); 캠든구; 맨체스터 교통부(TfGM); 네트웍 레일; 영국 재무부; 맨체스터 공항; CH2MHill, AECOM(컨설턴트)
기록 데이터	전체 문서 수: 469 전략 및 계획 문서: 260 재정 보고서 : 6 공식적 의사소통: 5 뉴스와 홍보 문서: 111 설계 문서: 16 회의록: 71	전체 문서 수: 114 전략 및 계획 문서: 74 재정 보고서 : 6 공식적 의사소통: 19 뉴스와 홍보 문서: 8 설계 문서: 4 회의록: 3	전체 문서 수: 122 전략 및 계획 문서: 74 재정 보고서 : 6 공식적 의사소통: 6 뉴스와 홍보 문서: 23 설계 문서: 9 회의록: 8	전체 문서 수: 66 전략 및 계획 문서: 22 재정 보고서 : 2 공식적 의사소통: 20 뉴스와 홍보 문서: 12 설계 문서: 8 회의록: 2

* 건설가격에서의 물가상승비는 2008년과 2013년 사이에는 발생하지 않음.
+ ₤ 159억 (2016년경 준공일에서의 최종가격)은 2002년 가격으로 약 ₤ 111억 임(할인율 3.5% 추정).
≠ 영국 올림픽 협회(BOA); 올림픽 및 패럴림픽 런던 조직 위원회(LOCOG)와 국제 올림픽 위원회(IOC)의 감시

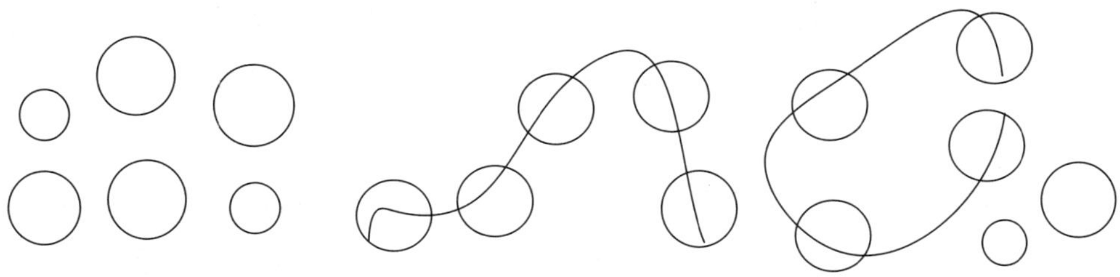

모듈러 사회기반시설 설계 구조 (예, 올림픽 공원)

일체형 사회기반 시설 설계 구조 (예, 철도 시스템)

하이브리드 사회기반 시설 설계 구조 (예, 공항 터미널)

그림 12.1 다양한 사회기반시설 설계 구조의 양식화된 표현

이해에 필수적이다. HS2 사례에서는 진행 중인 계획 노력과 동시에 데이터를 수집할 수 있었다.

12.3.2 데이터 수집

데이터 수집은 내가 2005년 올림픽공원 개발을 위해 설립된 공공기관인 올림픽수행청(ODA)의 최고 경영진(위원장, 대표이사, 상무이사 7명)을 2011년 만나면서 시작됐다. 이 팀은 4개 기구 연합—국가 및 런던 정부, 영국 올림픽협회(BOA), LOCOG, 올림픽 운영자 및 국제올림픽위원회(IOC) 감시인—으로 구성되어 최고 의사결정 기구에 보고했다. ODA는 올림픽 이사회에 참석했지만 거부권은 없었다.

2011년과 2014년 사이에 나는 ODA에 부여된 접근 권한을 활용하여, 첫째, 올림픽 공원의 다른 개발 파트너의 최고 경영자와 협의하고, 둘째, 앞에서 설명한 논리로 다른 계획에 대해 협상하였다. 눈덩이처럼 불어나는 방식(Biernacki, Waldorf 1981)으로, 모든 경우에 있어서 나는 또한 설계, 제작, 관리 등을 계약한 공급업체의 이사들을 인터뷰했다.

2시간 이상 걸린 총 121회의 공식 인터뷰는 나와 박사과정 학생들에 의해 진행되었으며, 테이프에 녹음되었다. 비공개 합의서는 체결되지 않았지만, 인용문 사용 허가와 출처 익명 유지 여부를 항상 물었다. 일부 응답자들은 대본을 사용할 수 있는 자유를 주었고, 다른 응답자들은 때때로 우리에게 녹음기를 멈추라고 요청했고 특정 인용문 사용을 허용하지 않았다. 후속 인터뷰는 특정 이슈에 대한 심층조사, 구두 계정 재확인, 데이터베이스 내 차이를 보정하기 위해 실시되었다.

추가 데이터를 수집하고 회원 확인을 허용하기 위해(Lincoln and Guba 1985), 새로운 발견은 응답자들과 공유되었고, 몇몇은 발표와 점심을 위해 초대되었다. 우리는 총 13명의 손님을 맞이했고, 방문 때마다 세미나 회담과 점심 대화를 상세히 손으로 기록한 메모를 작성했다.

우리 데이터의 정확성과 개념적 통찰력의 견고성을 향상하기 위해(Jick 1979), 구두 계정은 기록 출처에 대해 삼각측량 되었다(Miles and Huberman 1994). 영국에서는 어느 대규모 사회기반시설에 대한 계획과정이 잘 제도화되어 있어 많은 계획서류가 온라인에서 이용할 수 있거나 정보자유법을 통해 이용이 가능하다. 주요 문서에는 이사회 회의록, 공식 커뮤니케이션, 설계 변경 기록, 성과 목표 및 목표 달성을 위한 계획을 발표하는 보고서 등이 포함되었다. BAA의 경우 연간 기업보고서, 마스터플랜, 협의 문서 등을 검토하였다. BAA와 STAR 사이의 논쟁은 규제 기관이 작성한 보고서와 BAA, STAR, 규제 기관 사이의 서신에 기록되었다.

내부 프로젝트 문서에 대한 정보는 제3자가 작성한 보고서에 대해 재생되었다. 이에 따라 우리는 국정감사실, 국회 위원회, 정부 감시단 및 기타 제 3자가 작성한 보고서를 상세히 조사했다. 다른 자료의 출처로는 New Civil Engineer, 건설 뉴스, 전국 언론 기사 등 전문 매체의 최고 경영자들과의 기사와 인터뷰, 특히 공공영역에 포함된 논란들이 있었다.

12.3.3 방법

나는 어떻게 하면 취약하고 합의 지향적인 발전을 지속시킬 수 있을 것인가 하는 핵심 질문에 의해 도출된 이론화에 대한 프로세스적 접근(Langley 1999) 방법을 적용하였다. 보조적인 질문인 거버넌스는 무엇인가? 조직간 논쟁은 어디로부터 오는가? 그리고 그들은 어떻게 해결되는가? 등이 포함된다. 귀납적 추론에 대한 권고(Ketokivi and Mantere 2010)에 이어, 전후 사정과 관련지은 시간적 이해, 편견에 대한 방지(Miles and Huberman 1994), 수정주의와 자기 권력의 확대 경향(March and Sutton 1997)을 제공하는 사실에 입각한 설명이 이루어졌다.[3]

먼저 거버넌스 구조를 조명하기 위해 설계구조 매트릭스(DSMs: Design Structure Matrices)를 활용했다. 설계구조 매트릭스는 구성 요소 간 상호의존성을 포착하여 복잡한 시스템을 제곱 행렬로 나타낼 수 있는 설계 이론의 도구(Steward 1981) 이다. DSM의 대각선을 따라 배치된 셀은 고차적인 계획 결정(결정들의 이름은 행렬을 압축적으로 유지하기 위해 행의 왼쪽에 나열된다)을 나타내는 반면, 비대각 요인은 결정들 사이에서 상

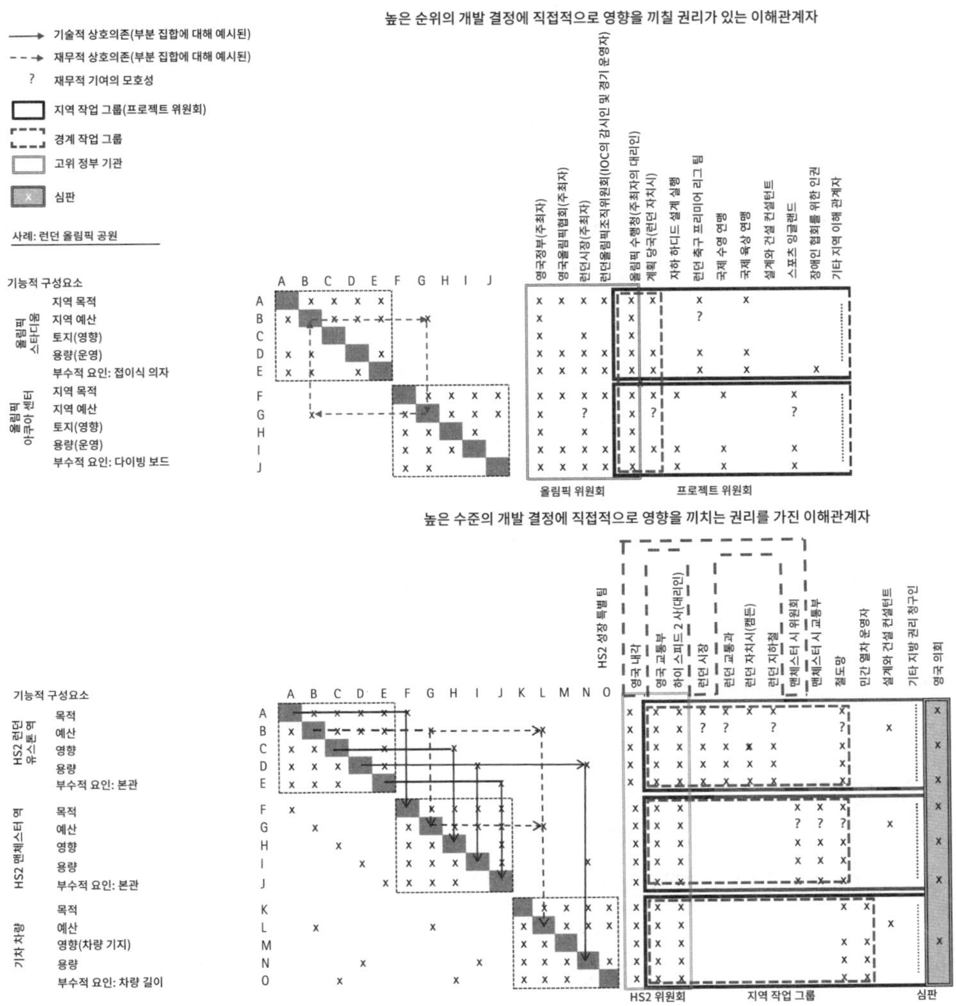

그림 12.2 런던 올림픽 공원과 HS2 사례에서 설계 구조 매트릭스와 동반 조직 매트릭스의 발췌

호의존성의 존재를 나타낸다. DSM이 i열 j에 입력하는 경우, 요소 i에 관한 결정은 요소 j에 관한 결정에 직접적인 영향을 끼친다. 따라서 대각선 셀에 표현된 결정들은 상단과 하단의 결정으로부터 입력하고, 좌우측으로부터 결과물을 남긴다.

DSM은 상세설계를 작성하되 자본집약적 개발을 위한 계획 프로세스의 구조가 아닌 작업 구조를 모델링하는 데 사용되었으며, 따라서 DSM의 내용에 대한 원래의 프로토콜이 요구되었다. 그러나 이 연습의 목적은 계획과정을 철저히 모형화하는 것이 아니었다. 오히려 고위층의 결정을 지배하는 구조를 조사하기 위해서였다. 따라서 표본 논쟁을 추출한 구성요소에 대해 DSM은 용량, 설치 공간 및 관런 요소를 포함하여 논쟁에 직접적으로 영향을 받는 지역의 목표, 예산 및 핵심 요구사항의 결정 사이의 상호의존성을 파악한다. 각 DSM에 대한 동반 매트릭스는 어느 행위자가 의사결정과 이슈에 대해 논의되는 포럼에 직접적으로 영향을 끼치는지를 보여준다.

그러나 DSM 분석으로는 이 문제들이 실제로 어떻게 해결되었는지 나타낼 수 없다. 따라서 DSM 분석은 코딩 및 표를 이용한 원시 데이터의 정성적 분석으로 보완되었다(Strauss and Corbin 1990). (i) 원고를 검토하고 인용문이나 "사고 단위"를 추출하고(Miles and Huberman 1994), (ii) 인터뷰 데이터를 검증하기 위해 2차 데이터를 사용하는 것, 그리고 (iii) 주장을 전개하는 것 사이에서 반복하면서, 나는 점차 조직 간 논란을 해결하기 위한 높은 수준의 형식을 찾아냈다. 나는 이론적 포화 상태에 도달했을 때 데이터와 이론 사이의 반복을 중단했다.

개념체계에 대해 논의하기 전에 데이터 분석을 다음으로 진행했다. 그림 12.2는 두 가지 사례에 대한 DSM과 조직 매트릭스를 나타낸 반면, 표 12.2는 논란이 어떻게 해결되었는지를 나타낸다.

12.4 분석

분석은 우선 높은 수준의 개발 결정을 지배하는 구조와 그다음 계획 단계에서 달성하기 매우 어려운 개발의 지속 가능성을 검토한다.

12.4.1 메가프로젝트 계획을 지배하는 다 중심적 구조

다 중심성은 공감대 중심 집단행동의 포괄적 영역을 구성하기 위한 직관적인 접근법이다. 그 아이디어는 의사결정과 권력, 행동을 제한하고 가능하게 하는 공유된 규칙의 집합적 구조로 거버넌스를 분산시키는 것이다(Ostrom 1990, 2005). 이 문헌과 일치하는 DSM 분석은 거버넌스를 분산시키기 위한 체계적인 과정을 보여준다. 이 주장을 입증하기 위해, 나는 사회기반시설 시스템의 기술적 분할성에 대해 상당히 다른 올림픽과 HS2의 사례를 사용한다. 우선 DSM 분석에서 나타난 의사결정 구조와 그 다음 조직 매트릭스에서 나타난 거버넌스 구조를 살펴본다.

두 사례의 DSM 행렬은 비 대각선 "x"의 밀집된 클러스터를 보여 준다. 이러한 클러스터는 특정 구성 요소에 대한 높은 수준의 개발 결정이 어떻게 서로 밀접하게 상호의존적인지를 보여준다. 즉, 직관적인 발견: 스포츠 경기장이든 철도이든

표 12.2 표 설명 분석의 발췌 — 개발 환경의 품질과 논쟁을 해결하기 위해 사용된 메커니즘

사례	협력적 환경의 품질	내재된 논쟁		논쟁 해결				
				협상 회담의 품질	해결 장소	문제 해결	설계 유연성	목표 달성 해이
런던 올림픽 파크	효과적인 협력을 위한 의도의 증거가 다수; 이해관계자에 듣는. 많은 수가 공동체에 듣는 것이 고, 대중들은... ! 계층이 있다고 누구든지 생각하지 마라, 매우 건전한 평등주의 도전 사항이 있다(ODA관료). 상호의존적으로, 내가 그들의 의자에 무엇이 않아야하는지 정확히 알기 때문에 나는 결코 변경(더 높은 유연성 필요) 하거나 통과시키려 압력을 가하지 않았다 (LOCOG관료). 상호 신뢰 이 고귀한 문화- 규칙적으로 설정하고 개방하고 정직한 비-판단적 관계, 만일 잘못된 것이 있으면 협상을 한다- 나는 이것이 실질적으로 중요하다 생각한다(ODA관료).	올림픽 역	목표 일치의 부족	어려움: 협상하려는 의지 없음. 경기장 센터에 잘못된 것들... 왜 우리가 세계에서 가장 부유한 클럽에 공개적으로 지원해야 하는가? 왜? 그것은 공공부지이고...수용하려면 비용이 많이 든다. 당신의 책임을 공공 스포츠로 규칙을 위반하지 마라(ODA관료).	최고 통제 기관 우리는 위원회에 3번 되돌아 갔는데, 거기에는 신뢰할만한 (축구 클럽) 입찰 종료점이 없었다(ODA관료).	시간 압력하의 상호협력 우리는 움직일 필요가 있었다(ODA관료)	예. 최악 시나리오에 대한 기초 규모를 정하다; 접어 넣을 수 있는 좌석(최종 라운드에)	예. 04, ₤282백만 (04 가격) 07, ₤422백만(VAT 제외 현금가) 13, ₤537백만(VAT 제외 현금가) 14, - ₤600백만 (VAT 제외 현금가)
			하위 요소(조명)의 차이	어려움: 권력의 불균형을 이용하려는 노력. 방송출연자은 너무 늦게 당사자들에게 온다 그리고 우리가 ₤700억에서 이것과 저것을 원하는거 같이 말하기 시작하고...크게 개량한 것은 없다(LOCPOG관료).	최고 통제 기관 그들은(IOC) 청구서를 지불하지 않았다(ODA관료).	일방적 양보. 우리는 상당히 비싼 변화를 시작하였다(ODA관료)	방송 기술을 이끌게 보이는 것은 영국에서 필요 없다.	
		아쿠아 센터	용량, 예산, 발자국의 뚜렷한 차이	어려움: 권력의 불균형을 이용하려는 노력. 당초 예산을 유지하려는 압력이 많았다...건축가는 조금도 협상하려 하지 않았다. 예산의 문제는 없었다...그들은 떠나라고 협박했다...그들은 우리로부터 회사를 분리하려 했고 우리는 그들로부터 회사를 분리하려 했다(ODA관료).	최고 통제 기관	타협과 어려운 협상. 답례: 예로 미적 기반이나 경기장은 당초보다 1/3로 축소되어야 했다.	예. 모듈 날개에 임시적 15,000 좌석	예. 04, ₤75백만 (04 가격) 07, ₤182백만(VAT 제외 현금가) 13, ₤229백만(VAT 제외 현금가)
			하위 요소(구분된 위원회)의 차이	어려움: 협상하려는 의지 없음. ODA는 다이빙 대를 변경하려 하지 않았다. FINA는 그들이 작업하지 않는 것을 증명하기 위하여 건축가를 파견했다...LOCOG는 FINA가 변경할 수 있다고 말하는 정치적 게임을 실행하고...LOCOG는 FINA와 맞서려 하지 않았지만, 우리는 그렇게 했다(ODA관료).	최고 통제 기관	어려운 협상. 원고(수생 연맹)는 많은 흥정과 새로운 증거 후에 요구 하였다.	아니오. 왜 지붕을 사고 다이빙 대를 사지 않았나?...나는 항상 그것이 조각품으로 보인다.	

(계속)

사례	협력적 환경의 품질	내재된 논쟁		논쟁 해결				
				협상 회담의 품질	해결 장소	문제 해결	설계 유연성	목표 달성 해이
고속 철도 2	효과적인 협력을 위한 의도의 증거가 다수; 고 차원의 목표 공유: 고 차원의 원칙, 우리는 결코 문제를 갖지 않았다(TfL관료)...반면에 나는 정부의 포부를 지원한다...현 제안은 직접 대면하기에 부적절하다. 맨체스터가 그 계획의 지원을 재확인하기를 원하는...나는 매우 행복하다(HS2 고위관료). 상호 존경. 그들(HS2사)은 그들이 보기를 원하는 것의 아이디어를 가졌고 우리도 그랬다. 우리 모두 서로를 존경했다(맨체스터 위원회 관료).	런던 유스턴 시스템	목표 일치의 부족, 계획에 대한 뚜렷한 차이	어려움: 폐쇄적인 사람들. 우리는 그들(HS2사)에게 비용 데이터를 우리와 공유할 수 있는지 물었으나 그들은 우리와 공유하지 않을 것이다. 의심할 것도 없이 그들은 우리가 우리스스로 그것을 계산하는 준비하는 것을 원하지 않았다(LGA관료). 그 과정은 다소 테니스와 같았다. 그들(HS2)은 제안을 우리에게 보내고 우리는 그것을 검토해서 다시 보내고 그들은 그것을 검사하고 다시 돌려보낸다(TfL관료).	심판(또는 늦은 처리). 설계는 형편 없었고 잠재적으로 안전하지 않아 우리는 호소하였다. 그것은 의견이 일치되는 실패가 아니라 단지 각자의 비전이 동의하지 않는 실패이다(TfL관료).	협상 진행 중. 당초 계획은 필요할 때 도움이되는 계획이다(HS2관료). 만일 당신이 포기한다면 우리가 좀 더 생각할 이야기가 있을지도 모른다(LGA관료).	예. 우리는 HS2사에 크로스레일2에 대해 소극적 공급을 하라고 요청했다...그래서 우리는 그 개발에 용이하게 연결되었다.	예. 2011, £11억, 2014, £21억. Euston의 모든 작업이 HS2 신용카드로 제안된다는 원칙이 받아들여졌다(TfL관료).
		맨체스터 역	목표는 합의하나 계획에 대한 뚜렷한 차이	적당함: 공감을 구하는 진실된 노력. 우리는 그들(HS2)이 역 설계를 하고 있을지도 모르는 작업에 관여하였다. 그들은 우리와 업무를 하거나 더 광범위한 재생 프로그램을...우리의 목적은 항상 합의를 이루려 시도하는 것이다(위원회 선출 지도자). 그들은 우리의 관여를 신중하게 받아들였다...그것은 우리가 실제적으로 과정의 일부 같이 느끼게 했다(TfGM관료).	예견하기 어렵다. 우리는 호소하기 원하지 않았고, 우리는 그것이 여기서 해결하기를 원했다(위원회 선출 지도자).	협상 진행 중. 만일 정부가 세금 환급을 위임하면, 위원회는 투자를 위해 지불을 고려할 수 있다(위원회 입장).	그렇지 않다. HS2는 한 역이 다른 역 옆에 있다는 선택을 생각해 냈다...우리는 하나의 통합된 다중 모델 교통 중심을 본다(위원회관료)	예(피할 수 없음). 2100, £350백만. 그러나 위원회는 그것이 혜택을 증가시킬거라고 주장한다. 우리는 수표장을 개설하지 않는다(HS2관료).

기능적 요소의 목표에 관한 결정은 자본 예산, 환경에 미치는 영향(필요한 토지) 및 그 요소의 기능적 요건과 밀접하게 관련되어 있다.

예상한 대로, 두 경우에 대한 DSM 매트릭스는 요소 클러스터 간 상호의존성의 정도에 따라 다르다. 올림픽 공원의 경우, 한 개최지에 대한 높은 수준의 개발 결정은 다른 개최지에 관한 결정과는 무관하다. 따라서 올림픽 공원 DSM은 구성 요소 클러스터 외부에 분산되어 있다. 중요한 예외는 지방 예산 결정 간의 상호의존성이다. 한 장소에 대한 자본 예산의 증가는 다른 장소에 사용할 수 있는 자금이 줄어들 가능성이 있기 때문이다. HS2 사례에서 요소 클러스터들 사이에 더 많은 상호의존성이 존재한다. 첫째, 각 시설의 목표는 적정해야 한다. 둘째, 시설의 예산은 형평성 우려와 글로벌 제약으로 인해 상호의존적이다. 셋째, 시스템 전반의 기술적 제약조건은 지역 요건의 결정 사이에 상호의존성을 야기한다. 따라서 HS2 DSM은 구성요소 클러스터로부터 밀도가 높게 채워진다.

그러나 두 사례의 조직 매트릭스는 상당히 유사하다. 두 경우 모두 매트릭스는 지역 작업 그룹(일명 프로젝트 보드)의 분산된 구조를 보여주며, 각 그룹은 관심 구성 요소에 대해 상호 합의된 설계 솔루션을 생산하도록 제한된다. 프로젝트 위원회 멤버십은 지자체와 영향력 있는 이익집단 등 자원이 풍부한 지역 행위자에게 개방되지만, 이 계획에 반대하는 행위자나 자원이 빈약한 지역 행위자에게는 개방되지 않는다(협의가 모든 그룹에 도달하지만).

가장 높은 수준에서, 두 조직의 매트릭스는 추진자 연합을 형성하는 조직으로 제한된 최고 지배 기구를 보여준다. 이 지배 기구는 모든 높은 수준의 개발 결정에 직접적인 영향을 끼친다. 최고 지배 기구의 절대적 권한은 프로젝트의 추진자가 모든 지역 결정을 제한하는 전체 목표(비용과 일정)를 중앙에서 통제한다는 사실을 반영한다. 추진자의 대리인은 "경계에 걸친" 역할로 모든 의사결정 포럼에 참석한다(Tushman 1977).

게다가, 두 조직 매트릭스는 지역 문제를 해결하기 위해 만들어진 중간 단계의 의사결정 포럼을 공개한다. 예를 들어 올림픽의 경우 추진자 연합의 집행기관인 ODA와 향후 올림픽공원을 관할할 4개 지방자치단체 등의 조직이 구성되었다. HS2의 거버넌스도 중첩되어 있다. 따라서 각 도시에서 지도자들은 추진자의 대리인인 HS2사의 임원들에게만 개방된 조직을 만들었다. 그리고 추진자, 영국 정부는 차례로 또 다른 조직인 HS2 성장 대책본부를 만들었고, 이는 도시 중심에 정거장이 있는 모든 도시의 선출된 지도자들과 제휴하였다.

12.4.2 합의 구축

논란을 분석한 결과는 집합적 개발 노력의 성과목표에 의해 제약된 설계 솔루션에서 지역적 공감대를 형성하는 데 어려움을 나타낸다. 추진자 대리인은 초기 목표를 준수해야 하는 의무를 가지고 있는 반면, 지역 청구인들은 예산과/또는 기간이 충분하지 않다고 주장한다. 이는 최고 지배 기구가 지역 청구인과의 문제를 해결하기 위해 끊임없이 조치해야 한다는 것을 의미한다.

HS2 사례는 다음을 나타내고 있다. 추진자와 지역 청구인은 도시 재생을 촉진하기 위하여 HS2 정거장 개발을 이용하여야 한다는 목표에 따라 합의된다. 그러나 지역 청구인들은 정부가 대중교통 시스템과 도시 구조가 통합된 세계적 수준의 정거장들을 개발하는데 자금을 충분히 공급받지 못하고 있다고 주장한다. 그들의 주장을 뒷받침하기 위해, 그 도시들은 마스터플랜을 수립했다. 그러나 목표를 지켜야 한다는 압박감에 HS2사는 도시들이 승인하지 않은 계획을 정부에 권고했다. 그다음 움직임을 결정하는 것은 한 단계 위의 내각4이 할 일이다. 한 관계자는 "HS2사는 보병 양성소다. 실제적으로 그들이 (중앙)정부의 지시대로 한다. 그래서 HS2사는 모든 싸움을 하고, 모든 싸움을 하는 것처럼 보이지만, 그들은 정말로 지시받은 대로만 하고 있다."라고 설명했다. 결정적으로, 모든 경우에, 최고 지배 기구는 가장 기본적인 것으로 간주될 수 있는 것보다 더 적은 의사결정 권한을 가

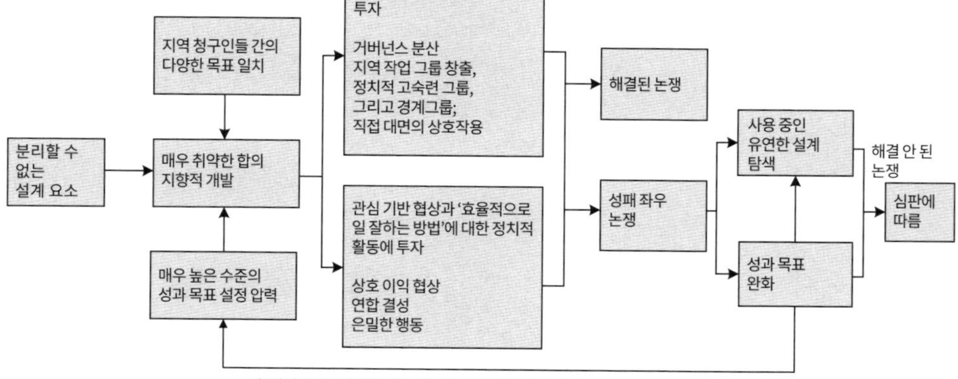

그림 12.3 지속적인 고도로 취약한 동의-지향의 개발

지고 있다. 법률상, 지역 단체가 난관에 봉착하면 추진자들은 합리적인 해결책을 제시할 수 있는 힘을 가지고 있다. 그러나 항상 최고 지배 기구들은 국지적인 난국이 표면화되면 지시에 따라 지배하는 것을 꺼린다. 이는 T2(STAR 관계자가 말한 "어떤 이야기가 나오면 바뀌게 된다")와 공공 자금에 의한 계획에 대해서는 사실이었다. 따라서 가능한 해결책을 모색하는 것은 한편으로는 모든 당사자가 타협하고 교환하려는 의지에 달려 있다. 반면에, 그것은 청구인들이 거래 중단에 성공할 때까지 다중 이익 협상과 정치 활동과 연관된다.

숙고 과정과 이익에 기초한 협상의 공존은 이러한 개발들을 매우 취약하게 만든다. 나는 지금 그들을 지속하기 위해 등장한 네 가지 고급 조정 메커니즘의 패턴을 논의한다. 그림 12.3은 등장하는 논리를 보여준다.

12.4.3 성과 목표 완화

메가프로젝트는 자본 집약적 사업이다. 그 목표는 논란의 여지가 있고 환경 활동가들로부터 많은 반발을 불러일으킨다. 다른 행위자들은 목표에 따라 통일될 수 있지만, 목표를 달성하기 위한 최선의 방법에 대해서는 여전히 의견이 다르다. 추진자, 반대자, 그리고 그 밖의 사람들 사이에 이어지는 분쟁은 앞으로 나가는 가치의 모호함과 요건의 불확실성을 야기한다. 모호성을 완화하기 위해, 추진자들은 반드시 계획 노력이 시작될 때 성과 목표에 대해 약속한다. 한 비선출된 공직자는 다음과 같이 말했다.

> 정치인들은 프로젝트 발표를 좋아한다. 우리의 지침은 "언론인들이 뭐라고 하든 현물 제공에 끌리지 마라. 어리석다. 당신은 단지 자신을 행운의 볼모로 삼았다"입니다.

분석 결과, 추진자들이 낙관주의적 편견을 가지고 있다는 주장이 확인되었다(Flyvbjerg et al. 2003). 한 응답자가 말했듯이, "조기엔 사람들의 눈이 그들의 위보다 훨씬 크다."[5] 워킹그룹이 합의에 이르기 위해 노력하자, 추진자들은 성과 목표(비용과 시간)를 완화해 달라는 현지 행위자들의 요청을 거부한다. 추진자들은 그들이 자본을 손상시키고 잠재적으로 전체적인 목표들을 손상시키기 때문에 목표 일정을 못 맞추는 것을 선호하지 않는다. 그럼에도 불구하고, 성과 목표를 완화하는 것은 문제를 해결하기 위한 귀중한 메커니즘이다.

아쿠아틱스 센터가 좋은 예다. 예산은 2004년 가격으로 7,500만 파운드로 책정되었으나, 상징적인 장소를 제공하기에 불충분한 수치이다. 계획한 지 1년, 예산이 두 배가 되어 증가 추세를 이어갔다. ODA의 일방적인 비용 절감 시도는 ODA의 손을 들어주기 위해 정치적 맞장구를 친 국내 청구인들을 격분시켰다. 2008년까지 예산이 2억 4,200만 파운드(최종 가격)로 급상승하자 국민들의 항의가 이어졌다.

더 많은 자원을 "항아리"(자금, 시간 또는 둘 다)에 투입하는 것은 국내 솔루션 공간을 완화하지만, 전체적인 목표물에 압력을 가하며, 대중들이 보기에 이 계획의 정당성에 영향을 끼친다. 나는 위험을 완화하기 위한 완충적 가치를 분석한다.

12.4.4 전체 완충장치

계획 대상의 비용초과를 잠재적으로 유발할 수 있는 예측 가능한 사건의 목록을 작성하는 것은 관행이다(Cleland and King 1983). 위험 사건의 잠재적 영향이 확인되면 모의실험을 통해 계획을 시작할 때 최상의 시나리오와 최악의 시나리오를 계량화할 수 있다. 그러면 최고 의사결정기구는 판단 요구에 직면하게 된다. 즉, 그들은 계획의 매력을 높이기 위해 낙관적인 성과 목표를 설정하거나, 목표에 더 확실성을 보장하는 보수적인 목표를 설정한다. 한 응답자는 다음과 같이 말했다.

> 거기에는 대역폭이 있다. (…) 우리가 그것을 너무 세게 밀어붙이면, 우리는 프로젝트를 전혀 얻지 못할 것이다. (…) 그래서 그 게임은 계속해서 [영국] 재무부의 진짜 한계가 무엇인지, 그리고 우리가 그것을 얼마나 한계까지 밀어붙일 수 있는지 (…) 그것은 정치적인 결정이다.

예를 들어, T2 사례에서, BAA는 대형 완충장치의 사용을 배제하고, 계획 중이나 나중에 수행할 때 발생하는 비용이나 일정 초과로 인한 공공의 반발을 무력화할 수 있는 회사의 능력을 확신했다. 그리고 실제로, 두 목표물은 개발 수명주기 동안 여러 번 지연된다. 반면 다른 사례에서는 당선된 지도자들이 성과 목표치가 여러 번 지연되는 것을 국민에게 보여 주고 싶은 욕구가 없었다. 런던 2012년 사례가 좋은 예이다. 입찰에서 40억 파운드[6]의 예산(최종 가격, 부가가치세 제외)은 지속 가능한 유산을 남기기에는 매우 부족했다. 더 복잡한 문제는 2008년 올림픽이 끝난 후에야 해결할 수 있는 설계 요구사항에서의 불확실성이었다. 그러나 2006년 중반에 이르러 예산을 재조정하라는 공공의 압력이 거세졌고, 내각은 65억 파운드의 예산(부가가치세 포함 최종 가격) 위에 큰 완충장치(27억 파운드)를 설정했다. 한 관리는 이렇게 말했다.

> 재무부는 정말, 정말 명확했다. (…) 큰 봉투 그리고 결코 자금을 위해 우리의 문을 두드리지 않았다. (…) 실제로 그들이 옳았다. (…) 그때 우리는 결정을 내릴 수 있었다. (…) 우리가 해야 할 일을 할 충분한 자금이 없었기 때문에 겁에 질리는 것보다. (…)

그러나 대형 완충장치들이 충돌을 완전히 제거하지는 못했다. 조사 결과에 따르면 추진자들은 프로젝트 수행의 마지막 단계에서 느슨한 부분이 바닥날 위험을 완화하기 위해 우발상황의 사용을 면밀히 조사한다. 따라서 계획에서 의사결정 과정은 여전히 엄격한 목표들에 의해 제한적으로 전개되며, 특히 추진자가 또 다른 지연이 발생하는 것을 꺼릴 때 더욱 그러하다. 이는 추진자가 다음과 같은 자기실현 예언을 회피하는 데 성공할 수 있다는 것을 의미하지는 않는다. 런던 2012는 수행이 끝날 때까지 예비비를 소진했으며, 크로스레일은 같은 경로(NAO 2014)를 따른다. 나는 이제 유연한 설계 구조의 역할에 대해 논의한다.

12.4.5 유연한 설계 구조

모듈형 설계 구조는 공동 목표를 달성하기 위해 자원의 자발적인 기여에 의존하는 생산 공동체의 핵심이다(Baldwin and von Hippel 2011). 그러나 모듈화는 달성하는 데 시간과 비용이 소요된다. 대규모 물리적 사회기반시설보다 모듈형 디지털 시스템 개발이 덜 복잡하다. 그럼에도 불구하고 통합적인 물리적 자산의 유연성은 여분과 같은 안전장치에 대한 투자를 통해 구축될 수 있다. 제한된 형태의 유연성으로, 안전장치에 대한 투자는 논란이 될 수밖에 없다(Gil 2007; Gil and Tether 2011). 그럼에도 성능 목표가 안전한 통합 설계로 완화된 뒤 표본의 많은 논란이 해소됐다고 분석되었다.

올림픽 수영 센터의 사례가 설명하고 있다. 입찰에서는 물결 모양의 지붕이 있는 대규모 장소를 제안했다. 그러나 언급했듯이, 예측 비용은 집단적인 계획이 진행됨에 따라 빠르게 상승하였다. 그 디자인 개념이 전 세계적으로 찬사를 받았기 때문에, 입찰 약속에서 물러나는 것은 어려운 일이었다. 복잡한 문제들은 경기장의 최소 수용력에 대한 엄격한 제약이었다. 결국, 원래의 미학에 충실한 작은 장소를 만들고 임시 모듈을 추가하여 2,500석에서 17,500석으로 용량을 증가시켜 안전한 설계를 사용하여 분쟁을 해결했다.

한편 올림픽 스타디움의 사례는 유연한 설계를 협상하는 데 있어 어려움을 잘 보여준다. 계획 단계의 시작부터 최고 의사결정 기구는 작품인 경기장이 축구 클럽 또는 육상 경기를 개최해야 하는지에 대한 의견으로 나뉘었다. 축구 경기장은 업적으로 더 실행할 수 있었지만, 입찰 약속을 취소할 수도 있다. 그 대안은 접을 수 있는 좌석이 있는 이중 목적의 경기장에 20% 더 많은 자금을 투자하는 것이었다. 그러나 축구광들은 이를 "만물박사"라고 부르며 뒤로 반발하였다. 시간이 얼마 남지 않은 가운데 ODA가 제안했고 올림픽 위원회는 견고한 설계구조를 추진하겠다는 결정을 승인했다. 반대 당사자 간의 내분은 2013년까지 계속되었는데, 그때 마침내 1억 3,100만 파운드를 투자하여 접을 수 있는 좌석을 추가하기로 합의가 이루어졌다.[7]

또 다른 논란으로 인해, 외부 당사자가 다음 섹션에서 논의된 메커니즘인 문제 해결에 관여하게 되었다.

12.4.6 논쟁 중재와 판정

스포츠에서 심판은 중재자 역할을 하며 승리를 위해 경쟁하는 선수들 간의 분쟁을 해결하는 사람이다. 메가프로젝트를 계획할 때, 자율적인 행위자들은 설계를 정의할 결정에 대한 싸움에서 이기려고 노력한다. 중첩된 심판 구조의 존재는 청구인들이 스스로 해결하지 못했다는 새로운 논란에 종지부를 찍을 수 있는 것으로 나타났다. 심판은 다양한 제도적 수준에서 존재할 수 있다. 프로젝트 영역 밖에 존재하는 심판도 있고, 내부적으로 만들어진 중하급 독립기구일 수도 있다.

크로스레일과 HS2의 경우 영국 의회는 외부의 강력한 중재자 역할을 했다. 계획으로 인해 실질적으로 영향을 받는 모든 행위자는 추진자의 계획 결정에 반대하는 청원을 할 권리가 있었다. 청원자들은 상담 결과에 불만을 품은 개인과 기업에서부터 고차원의 목표를 공유하는 자원 부자들까지 다양했다. 이 행위자들은 추진자의 최종 계획에 대해 공통적으로 환멸을 느꼈고, 의회가 더 많은 양보를 끌어낼 수 있도록 도와준다고 믿고 있었다. 한 관리는 이렇게 말했다.

> HS2는 우리의 논점이 틀렸다고 우리를 설득하지도 않았고, 그들의 논점이 옳다고 우리를 설득하지도 않았다. (…) [청원]은 우리가 잘못이라고 느끼는 것을 바로잡을 수 있는 능력을 우리에게 준다. (…) 그것은 궁극적으로 당신의 비전이 우월하다는 주장을 펴는 것이다.

히드로 T2의 경우, 결국, 개발 과정에 더 가까운 행위자인 산업 규제 기관이 심판의 역할을 했다. 규제 기관의 존재는 양측 모두에게 안심이 되었다. BAA의 한 응답자는 "우리는 항상 싸우고 있다… 항공사들이 그것을 좋아하지 않는다면, 그들은 공식적인 분쟁을 일으킬 수 있다"고 말했다. 실제로, 항공사들은 규제 당국에 BAA가 그들의 요구를 무시하고 있다고 불평하는 편지를 여러 통 보냈는데, 이에 대해 BAA가 이의를 제기하였다. "우리의 임무는 협의하는 것이지 합의를 끌어내는 것이 아니다. 거의 어떤 것에 대해서도 결코 공감대를 얻을 수 없다"고 BAA 자금 이사는 말했다. 그 이하의 수준에서, T2의 설계가 BAA의 400만 파운드 추가 비용으로 문의 개폐를 허용해야 한다고 결정한 기관인 중재자의 역할을 하기 위해 은퇴한 이사를 채용했다.

심판의 존재는 장단점을 가져온다. 심판은 숙고와 협상 과정이 해결하지 못하는 문제를 해결한다. 그러나 심판에게 의존하는 것은 성과 목표에서 지연을 초래할 수 있는 숙고와 지식 창출의 늦은 사이클의 원천이며, 따라서 계획과정 중의 요건에서 많은 불확실성을 초래한다. 심판의 존재는 또한 많은 지위 협상에 기름을 끼얹는 격이 된다.

런던이 경쟁에서 이긴 후 의회가 주최자 계획 권한을 급하게 부여하였기 때문에 강력한 외부 심판이 없었다는 점에서 올림픽 사건은 예외이다. 새로운 이슈를 중재하기 위해 추진자는 기획력을 상실한 지방자치단체와 함께 내부 이사회를 설치했다. 그러나 한 단계 위에는 심판이 없었다. "여러분은 모든 곳에 강력한 인물들을 가지고 있다. (…) 통치할 수 없다"라고 한 관계자가 말했다(Norris et al. 2013). 힘든 기한에 직면하여, 비용 예측에서 실질적인 지연이 뒤따랐다.

요약하면, 메가프로젝트는 다른 지역 행위자들에게 중요한 다른 하위 문제들에서 부분적으로 분해될 수 있는 포괄적 합의 중심의 집단행동 문제를 만들어낸다. 나는 개발 조직이 유지되기 위한 네 가지 높은 수준의 메커니즘을 식별한다. 목표물의 달성 못함은 부분적 검색을 용이하게 한다. 전체적 완충장치는 지연을 보완한다. 그리고 유연한 디자인은 국지적 갈등을 중화시킨다. 종합하면, 이러한 메커니즘은 대부분의 논란을 해결할 수 있다. 그러나 논란을 해결하기 위해 자원이 투자될 수 있는 양과 횟수에는 한계가 있다. 따라서 안전망으로써 해결되지 않은 문제는 심판에게 맡겨질 수 있다.

12.5 논의

나는 지금 자본 집약적 사회기반시설을 계획하기 위해 구성된 매우 취약한 조직을 어떻게 유지할 것인가에 대한 중심적인 문제를 다룬다. 합의 지향의 개발에서, 최고 경영진은 상위에 중앙집권화된 결정과 과제를 일방적으로 선택할 수 없음에 반해 하위 수준을 대신할 수 없다. 그리고 지방의 결정을 전복시킬 수 있는 "영향력 있는 관리자"는 존재하지 않는다(Clark and Fujimoto 1991). 그러나 최고 경영진은 모든 지방의 요구를 제한하는 상위 수준 자원에 대한 직접적인 중앙집권적 통제권을 가지고 있기 때문에 "무비판적으로 찬성하는 계층"(Rivikin and Siggelkow 2003)으로도 작동할 수 없다.

다국적 거버넌스는 지역 실무 그룹의 멤버십을 지역 문제에 대한 해결책의 직접적인 영향을 받는 지역 주최자와 지역 행위자로 제한함으로써 관리 복잡성을 완화 시킨다. 그러나 여전히 기술적으로 분해될 수 있는 기반구조 시스템에서도 하위 문제는 계획과정의 착수 시점에 추진자가 일방적으로 설정한 전체적 성과 목표 때문에 상호의존적이다. 자신의 이익(Knudsen and Levinthal 2007) 때문에 지역 그룹이 지역적으로 최적화하는 경향이 있어서, 계획 수립 시 지역의 성과 목표를 완화하는 압력이 가중된다. 이는 추진자가 사전에 설정된 성과 목표를 고집할 때 조직에서 이탈할 위험과 계획 중 중요한 자원 손실의 위험이 증가한다는 점에서 추진자의 최고 경영진이 어려운 문제를 야기한다. 반대로, 만약 추진자가 지역 목표를 완화한다면, 그것은 대중과 다른 제 3자의 관점에서 개발의 정당성을 위협한다.

12.5.1 성과 목표 완화와 유연한 설계

성능 목표의 불이행 또한 유연한 설계구조를 생성하기 위한 전제조건이므로 이 두 가지 메커니즘을 함께 논의한다. 성능의 불이행은 매우 취약한 개발을 지속하는데 중요한 "산소 주입"을 목표로 한다. 만약 초기 목표들이 계획이 진행되면서 비현실적으로 드러나고, 추진자들이 여전히 그 목표들을 고수한다면, 그 지역의 문제들은 여전히 처리하기 어려운 상태로 남아있을 것이다. 다른 경우에, 성능 목표 완화는 모든 사람에게 더 높은 기대 혜택을 제공하는 위험 중립적인 유연한 설계 솔루션을 허용하기 위한 필수 조건이다.

목표의 미달성이 공공의 정당성을 훼손하고 전략적 오보에 대한 비난을 부채질한다는 점을 감안할 때, 왜 추진자들이 먼저 융통성이 없는 약속을 하는지를 묻는 것이 타당하다. 그렇게 하지 않는 것은 분명히 고결하게 들린다. 그러나 스톤과 브러쉬(Stone and Brush 1996)가 주장하듯이, 조직들이 상황에서 계획을 세울 때, 약속에 대한 시기상조의 요구를 충족해야 하는 것은 계획을 추진하지 못하는 자원 획득에 필요한 합법성을 개발하기 위한 전제조건이다. 다르게 표현하면, (당시 경계된 이성적 행위자들이 알고 있는 것을 진실이라고 가정하는) 약속들은 가치 제안을 둘러싼 모호성을 감소시키고, 뒤따르는 자원 획득 과정을 용이하게 한다. 일단 자원이 확보되면, 지역 솔루션에 대한 합의 지향적인 검색이 그 약속으로 제약된 솔루션 공간 내에서 뒤따른다. 다만 결정이 오래 걸려 위험이 큰 상황에서 합의 지향의 논의 결과를 예단하기는 어렵다는 분석이 나온다. 그러므로 초기 약속은 종종 지나치게 낙관적인 것으로 나타난다.

이러한 통찰력은 메가프로젝트 계획을 위해 형성되는 합의 지향적 영역의 맥락에서 더 미묘한 성과 개념화의 필요성을 시사한다. 생산 공동체에 관한 기존 연구에서 로직과 모듈화의 동질성은 설계 선호도에 있어 대립 관계를 감소시킨다. 이것은 조직 간 갈등과 협력적 행동의 필요성을 약화한다. 문제는 그때 조정 작업 중 하나인 수행평가는 프로세스의 효율성과 해결책의 효과를 중심으로 다룬다. 반대로 합의 중심의 개발이 매우 취약할 경우 현지 검색은 많은 반복과 시간 소모적인 협상이 필요하여 개발과정은 효율적이 되지 못한다. 거래는 또한 승자와 패자를 만들어낼 것이며, 따라서 결과의 효과성에 대한 후속 평가에 애매함을 초래할 것이다(Lundrigan et al. 2015).

프로세스 비효율성과 모호한 결과가 합의 지향적 기업에 특징지어지면, 이는 이러한 기업이 지속 가능하다는 것을 당연시할 수 없다는 것을 시사한다. 따라서 동일한 목표들이 난해한 하위 문제를 야기하고 있다는 것이 명백해졌을 때 추진자가 성과 목표를 완화하는 것이 정당하다는 것을 받아들이는 것이 타당해 보인다. 성과 목표에서 달성 못함을 정당화한다고 해서 최초 목표치를 설정할 때 추진자들이 더 나은 일을 하도록 의무화하는 구실을 제공하지 않는다. 그러나 이러한 합의 지향적 개발에 참여하고 시스템 목표에 따라 통일되는 행위자의 관점에서, 긍정적인 성과란 조직을 유지하는 능력을 중심으로 이루어진다.

따라서 여기서 새로운 것은 조직간 갈등을 없애려고 더 많은 자원을 항아리에 넣는 것이 아니라, 이 행동을 어떻게 해석할 것인가 하는 것이다. 조직적 관점에 따르면 최초 비용 및 일정 목표의 미달성은(설계 솔루션에 대한 합의 중심의 검색 중 요구사항의 진화하는 경우) 새로운 논란을 해결할 수 있는 합법적인 메커니즘이라고 한다. 따라서 성과 목표를 완화하기 위한 조치는 무능이나 마키아벨리의 잘못된 표현을 나타내지 않는다. 자원이 풍부한 행위자들을 참여시키기 위해 목표를 완화할 필요가 있다면, 이러한 행동은 추진자가 일방적으로 전면에서 목표를 수립할 때 낙관주의적 편견에서 비롯된다. 이 낙관주의는 정직하지 못함을 가장하려는 의도가 아니다. 오히려 자기 이익 위주의 행위자들이 공유된 문제에 대해 상호 합의된 해법을 도출하는 것이 그리 어렵지 않을 것이라는 믿음에서 근거를 두고 있다. 합의 지향적인 집단행동에 대한 낙관주의는 집합적 검색의 결과 예측에 오류를 초래하는데, 이는 합의 달성에 필요한 비용과 시간을 과소평가하는 쪽으로 치우치기 때문이다. 그러나 이와 같은 낙관주의적 편견이 없다면, 사람들은 공유된 문제를 집단으로 해결하려고도 하지 않을 것이다.

결정적으로 자기 이익 위주의 행위자들 집단이 공동의 문제를 해결하기 위해 스스로 조직할 수 있다는 전제는 보편적이지 않다. 집단행동에 관한 고전적인 연구는 의사결정을 정부나 민간 기업으로 중앙 집중화할 것을 요구하였다(Hardin 1968; Olson 1965). 그 이후로, 합의 지향적인 집단행동 분야의 학자들은 낙관해야 할 이유가 있다고 반론을 펴왔다(Gray 1989; Ostrom 199; Beck and Plowman 2014). 특히 합의 지향 사회기반시설 개발의 분야에서, 길과 볼드윈(Gil and Baldwin 2013)은 목표 일치율이 높을 경우, 초기 솔루션 공간이 제한되더라도, 성과 목표의 미달성이 합의를 구축하기 위한 전제조건이 아니라는 것을 보여준다. 메가프로젝트를 계획할 때, 낮은 목표 조합은 성과 목표를 완화하기 위해 더 많은 압력을 가한다. 그러나 의사결정 과정의 참가자들에게 있어 이러한 미달성은 조직간 갈등을 민주적으로 해결하는데 소요되는 정당한 비용이다. 제 3자의 관점에서 책임 문제를 제기하고 자원 사용에 대한 주최자의 정당성을 훼손하는 이 메커니즘을 과도하게 사용하지 않는 것이 주최자의 요령이다.

합의 지향적 개발의 지속가능성이 성과에 대한 척도라는 주장은 합의 지향적 집단행동에 있어 현존하는 문헌과 일치한다. 이러한 연구들은 공유 자원의 지속 가능성에 중점을 두고, 결과로서 그 자원을 지배하는 자기조직화 공동체의 지속 가능성에 초점을 둔다(Ostrom 1990). 지속 가능한 합의 중심의 개발은 참여 주체들이 즐겁게 사용하면서 공유할 인공물로 접히는 최종 디자인을 생산한다. 따라서 합의 지향적인 개발에서, 공유 자원은 설계 결정 "실행 중"이다. 개발과정이 지속 가능하다면 이 공유 자원도 지속 가능하다. 그러나 이러한 공유 자원의 형태는 나중에 설계 결정 "실제"에서 독립적 행위자들이 사용 중에 공유하는 물리적 인공물로 진화하게 될 것이다. 이는 설계 생산의 공동체도 지속 가능하다고 시사한다. 그러나 그것은 사용 중인 공동체로 진화할 것이다.

12.5.2 전체적 완충장치

예비비 구성은 조직의 여유를 확보하는 완충장치로, 조정을 위한 내부 압력이나 변화에 대한 외부 압력에 조직이 성공적으로 적응할 수 있도록 허용하는 여유 자원이다(Bourgeois 1981). 그러나 조직의 수행 방식에 대한 여유 자원의 영향은 환경 및 관심 성과 변수에 따라 달라진다(Voss et al. 2008). 예를 들어 효율적 관점에서 보면, 시어트와 마치(Cyert and March 1963)는 여유가 정치적 활동과 협상을 감소시킨다고 주장하는데, 이는 가용 재원이 많아지면 갈등이 줄어들기 때문이다. 그러나 보우기오스(Bourgeois 1981)는 여유는 또한 자기 확장 경영자들에게 정치와 차선적 행동에 관여할 기회를 만들어 줄 수 있으며, 따라서 자기실현 예언에도 도움이 될 수 있다고 나타낸다.

이 연구는 전체적 완충장치가 비효율성의 원천인지 아닌지에 대해 결론을 내리지 못한다. 왜냐하면 우리는 완충장치가 존재하지 않았을 때의 결과에 대해서만 추측할 수 있기 때문이다. 그러나 이전 연구와 일치하여 관찰된 완충장치에 의해 발생한 조직적 여유는 지역적 문제 해결에 효과적이었다. 실제로, 많은 관찰된 상호간 논쟁은 지역적 성과 목표들을 수행함으로써 해결되었다. 경영진이 미달성을 흡수하는 여유가 없었더라면 이는 더 어려웠을 것이며, 따라서 공개적으로 눈에 띄는 전체적 성과 목표를 완화할 수밖에 없을 것이다.

중요한 것은 전체적 완충장치에 의해 만들어진 여유는 매우 취약한 개발을 지속하기 위해 필요한 메커니즘이 아니라는 점이다. BAA 사례가 좋은 예이다. 이것은 민간과 공공 재정 사업의 근본적인 차이를 시사한다. 성과 목표의 미달성은 전자보다 후자에 더 많은 대중의 관심을 끈다. 이것은 전체 자원이 합의 지향적 검색 결과에 대처하기 위하여 충분치 않다는 나쁜 뉴스를 차단하기 위하여 더 많은 여유 자원을 구축하도록 선출된 지도자들, 그들의 대리인들, 그리고 공공정책을 장려한다. 그래도 여유와 유연한 디자인을 구축하고 성능 목표를 완화하는 데는 한계가 있다. 이것은 우리를 분쟁을 해결할 수 있는 권한을 부여받은 구조의 역할로 이끈다.

12.5.3 중첩된 심판들의 역할

집단행동 문헌에서, 적당한 갈등 해결 기구의 부재는 거버넌스 취약성에 대한 원인이다(Ostrom 1990). 독립적인 중재자의 부재는 난국, 권력 다툼, 정치적 기동의 위험을 증가시킨다; 그러나 갈등을 해결하기 위한 대안 포럼의 존재는 또한 당사자들이 그들의 차이를 스스로 해결하기 위한 부정적인 전제조건을 잠재적으로 만든다(Reilly 2001). 그러므로 심판은 또한 비효율의 근원이다. 심판의 장단점을 해결하는 것은 협상에서 잡음의 근원이기 때문에 더욱 복잡하다.

협상 전술은 차치하고라도 대규모 합의 중심의 집단행동은 메가프로젝트 계획이 만들어지기 때문에 일부 논란은 단순히 합리적인 시간 내에 저절로 해결될 수 없다는 분석이 나온다. 그러므로 심판은 의견 차이를 좁히지 못하는 경우에 교착상태에 빠지지 않을 것이라고 모든 반대 단체들을 안심시키기 위한 실용적인 장치다. 이 결과는 심판이 환경이 부과하는 강력한 외부 중재자라는 것에서부터 계획과정 참여자가 지적한 분쟁을 해결하기 위한 힘을 가진 중재자라는 것까지 다양한 수준에서 존재한다는 것을 시사한다.

내부 심판의 필요성은 적정한 갈등 해결 메커니즘의 필요성을 주장하는 오스트롬(Ostrom 1990)의 강력한 거버넌스 원칙과 일치한다. 더 흥미로운 것은 이러한 합의 지향적인 경기장을 유지하기 위하여 외부 중재자들이 필요하다는 것이다. 다 중심 거버넌스가 참여자의 자율적 공유 자원 참여 능력을 신뢰하면 더 안정적이라는 오스트롬의 주장과 대치되는 것이다.

이것은 메가프로젝트의 계획이 너무 취약해서 그들 자신의 장치에 맡길 수 없는 합의 지향적인 집단행동 영역을 만드는 것을 시사한다. 문제의 핵심은 추진자가 성과 목표에 미리 조기에 약속하지 않는 한 계획 수립 과정이 순조롭게 진행될 수 없다는 점이다. 그러나 일단 합의 중심의 계획 수립이 시작되면 연속적인 하위 문제들이 많다는 점을 감안할 때 목표를 제대로 설정할 가능성은 적다. 이 결정들은 뒤집기 어렵고 오래 지속되기 때문에 위험이 크다. 시스템 목표를 둘러싼 일치성도 낮을 수 있다. 이에 따라 일부 기획 결정 청구인들은 협력에 대한 높은 대가를 요구하고 싸움 없이 패할 생각을 배제하고 있다. 따라서 모든 지역 문제에 대한 합의가 나타날 수 있다고 가정하는 것은 비현실적이다. 외부 심판에게 의존하는 것은 목표 합의가 낮고 문제가 환경과 상호의존적일 때 자치 관리의 한계를 인식한다.

12.6 결론

이 연구의 동기는 메가프로젝트 수행이 어렵기 때문이다. 이러한 대규모 사업들의 계획수립 과정에서 성과 목표를 달성하지 못했을 경우 성과가 저조하거나 그 반대인가? 이 문제를 밝히기 위해, 나는 메가프로젝트를 계획하는 것이 매우 취약한 합의 지향적인 행동 네트워크를 만든다고 주장하는 것으로부터 시작한다. 이 행위자 네트워크의 과제는 일회성 사회기반시설 개발이다. 네트워크 구성원은 사용 중인 사회기반시설을 공유할 자원이 풍부한 자율적 행위자이다. 이 구성원들은 그들의 자원을 투입하는 대가로 계획 결정에 영향을 끼치기를 원한다.

이 연구는 대형 사회기반시설이 기능 구성 요소의 하나의 시스템으로 항상 분해될 수 있다는 것을 보여주고, 각 구성 요소는 다른 지역 행위자 그룹과 관련이 있다. 이러한 높은 수준의 분해 가능성은 여러 의사결정 그룹을 생성하여 다른 국소적 하위 문제를 해결할 수 있게 한다. 거버넌스가 다 중심성의 정도를 보여주는 반면, 국부적 하위 문제는 상호의존적이다. 첫째, 전체의 성과 목표가 해결 가능성을 제한하기 때문에 그들은 재정적으로 상호의존적이다. 그리고 둘째, 요소들이 명확하고 표준적인 인터페이스를 가진 독립적 모듈로 분해되기 어렵기 때문에 많은 기술적 결정은 상호 의존적이다. 자원 부족, 낮은 문제 분해성, 그리고 합의 지향적인 의사결정의 합성은 좋지 않은 문제를 만들어낸다.

따라서 계획 시작 시 설정된 목표에 대해 메가프로젝트의 성능을 평가하는 것은 지나치게 가혹하다. 한정된 이성적 행위자들이 그 당시 알고 있는 것이 사실이고 낙관적이 타당한 것이라는 가정을 바탕으로 하여, 초기 계획은 단지 공을 굴리기를 목표로 한다는 점을 간과하고 있다. 그러나 이러한 초기 성과 목표는 해결을 위한 합의 중심 검색 결과에 대한 정확한 예측을 제공할 수 없다. 초기 성과목표가 너무 경직된다면 계획과정은 민주적이지 않을 것이다. 역설적으로, 성과 목표의 지나친 미달성은 개발이 정치적 축구가 되어 여론의 법정에서 손상될 위험을 야기한다. 따라서 계획에서 어떤 대규모 사회기반시설 개발의 지속가능성도 당연하게 여겨질 수 없으며, 실제로 많은 계획들이 수년간의 계획 작업 끝에 포기된다.

이러한 통찰력은 메가프로젝트의 성과에 대한 논쟁을 진전시키는 데 도움이 된다. 이는 불이행이 합의 지향적인 집단 검색의 결과와 일치할 때, 성능 목표에 대한 성능 저하와 연관시키는 것은 불공정할 수 있음을 시사한다. 이러한 식견은 선출된 지도자, 대리인 및 정책이 매우 큰 우발상황에 치우치는 공공 자금조달 계획의 맥락에서 중요하다. 우발상황 발생에 대한 조직적 여유는 갈등 감소에 효과적이지만 비효율성, 하위 최적 행동, 자기충족적 예언의 위험을 발생시킨다. 전방에서 대규모 우발상황이 발생하면 새롭게 대두되고 있는 논란 해결의 부담도 한 당사자인 추진자에게 전가된다. 성과 목표의 미달성이 어떻게 발생하는지에 대한 공통적인 이해는 미달성의 책임을 공유할 수 있는 제도적 환경을 조성하는 데 잠재적으로 기여할 수 있다. 따라서 이는 내재된 우발상황의 축소를 허용하여 하위 위험을 완화한다.

발견의 일반화에 대한 가장 중요한 제한은 사례를 둘러싼 환경이다. 영국의 문맥은 재산권을 보호하기 위해 고안된 엄격한 계획법을 제공하고, 국가의 정치적 및 법적 시스템은 선출된 지도자들에게 지역 이익에 주의를 기울이는 인센티브를 제공한다. 심지어 영국의 법과 정치 체제를 똑같이 만든 사회도 같은 제도와 차원을 갖지 못할 것이다. 따라서 대규모 사회기반시설 시스템을 계획하기 위한 조직 형태에서 차이는 예상할 수 있다.

결론적으로, 이 연구는 매우 취약한 합의 지향적 개발을 유지하기 위하여, 경영진은 규칙을 완화하거나, 여유와 융통성을 만들거나, 심판에게 문제 해결을 미루어 성패를 좌우할 이슈를 언제 해결할지를 알 필요가 있다. 이러한 조정 메커니즘 사이의 올바른 균형을 맞추는 것은 내부의 민주적 의사결정 과정과 제3자 관점에서의 정당성 보존을 위해 필요하며, 이는 모호한 맥락에서 취약한 개발을 지속하기 위한 두 가지 전제조건이다.

감사

나는 이 연구에 기여한 모든 응답자의 시간과 노하우를 인정한다. 올림픽수행청과 크로스레일의 최고 경영자들에게 접근할 수 있도록 도와준 돈 워드 건설우수성에 특별한 감사를 드린다. 칼리스 볼드윈, 앤드류 데이비스, 벤트 플뤼브비에르, 레이 레빗, 피터 러브, 앨런 펜, 2015년 엔지니어링 프로젝트 조직 회의 참석자, 2015년 아카데미 경영자 회의에 제출된 초안 검토자들의 통찰력 있는 토론과 논평도 감사하다. 어떤 오류, 누락 또는 부정확한 것에 대한 책임은 전적으로 나에게 있다.

주

1. 예를 들어 영국의 경우 총선거 사이의 기간은 5년을 초과할 수 없으며, 규제된 독점기업은 5년마다 새로운 자본계획을 작성해야 하는 의무에 따라 운영되는 경향이 있다.
2. 2012년 BAA는 히드로 주식회사로 이름을 변경했지만, 여기서는 단순성을 위해 BAA 이름을 유지했다.
3. 초점 사례별로 하나씩 4개의 상세한 사실적 서술이 하버드식 교수 사례 발표회를 이용하여 제작되었고, 검토 의견을 받기 위해 회람되었다.
4. 영국 내각은 영국 정부의 집단적 의사결정 기구로서, 수상과 정부 부서를 이끄는 최고위급 각료들로 구성된다.
5. 와츠(Wachs 1989)와 후에 플뤼브비에르 등(Flyvbjerg et al. 2003)은 기획자가 "거짓말"하거나 "잘못 표현했다"고 주장하기까지 한다. 이 주장은 일반적인 개념에 부합하기 때문에 반박하기 어렵지만, 증거를 뒷받침하는 것은 피상적이다. 한 응답자는 "만약 당신이 낙관적이지 않다면, 당신은 이런 종류의 직업을 가지지 못할 것이다. (…) 하지만 40년 동안 일하면서 나는 사람들이 고의로 숫자를 조작한 단 하나의 사건을 생각할 수 없다"고 말했다.
6. 이 수치는 경기장 9억 7천 1백만 파운드, 전환 비용 8천 9백만 파운드, 올림픽 기반 시설 6억 4천만 파운드, 올림픽 비 기반시설 10억 4천만 파운드, 지역 교통 계획 7억 파운드, 입찰 비용 1천 5

백만 파운드를 포함한다. 그것은 7억 6천 6백만 파운드의 토지를 제외한다.

7. 2016년 10월까지, 육상 트랙과 접을 수 있는 좌석을 덮기 위해 지붕을 설치하는 과정에서 계약자들이 직면하는 어려움 때문에, 경기장 전환 비용은 3억 2천 3백만 파운드로 증가했다.

참고 문헌

Altshuler, A. A. and Luberoff, D. (2003). *Mega-Projects: The Changing Politics of Urban Public Investment*. Cambridge, MA: Brookings Institution Press.

Baldwin, C. Y. and Clark, K. B. (2000). *Design Rules: The Power of Modularity*, vol. I. Cambridge, MA: MIT Press.

Baldwin, C. Y. and von Hippel, E. (2011). "Modeling a paradigm shift: From producer innovation to user and open collaborative innovation," *Organization Science*, 22(6): 1399–417.

Beck, T. E. and Plowman, D. A. (2014). "Temporary, emergent interorganizational collaboration in unexpected circumstances: A study of the Columbia Space Shuttle response effort," *Organization Science*, 25(4): 1234–52.

Biernacki, P. and Waldorf, D. (1981). "Snowball sampling: Problems and techniques of chain referral sampling," *Sociological Methods and Research*, 10: 141–63.

Bourgeois III, L. J. (1981). "On the measurement of organizational slack," The Academy of Management Review, 6(1): 29–39.

Brusoni S., Prencipe A., and Pavitt K. (2001). "Knowledge specialization, organizational coupling, and the boundaries of the firm: Why do firms know more than they make? *Administrative Science Quarterly*, 46(4): 597–621.

Clark, K. B. and Fujimoto, T. (1991). *Product Development Performance*. Boston: Harvard Business School.

Cleland, D.I. and King, W. R. (1983). *Systems Analysis and Project Management*, 3rd edn. New York: McGraw-Hill.

Cyert, M.D. and March, J. G. (1963). *A Behavioral Theory of the Firm*. Englewood Cliffs, NJ: Prentice-Hall.

Denis, J., Dompierre, G., Langley, A., and Rouleau, L. (2011). "Escalating indecision:

Between reification and strategic ambiguity," *Organization Science*, 22(1): 225–44.

Eisenhardt, K. M. (1989). "Building theories from case study research," *Academy of Management Review*, 14(4): 532–50.

Eisenhardt K. M. and Graebner M. (2007). "Theory building from cases: Opportunities and challenges," *Academy Management Journal*, 50(1): 25–32.

Flyvbjerg, B., Bruzelius, N., and Rothengatter, W. (2003). *Megaprojects and Risk: An Anatomy of Ambition*. Cambridge: Cambridge University Press.

Gersick, C. J. (1994). "Pacing strategic change: The case of a new venture," *Academy of Management Journal*, 37(1): 9–45.

Gil, N. (2007). "On the value of project safeguards: Embedding real options in complex products and systems," *Research Policy*, 36 (7): 980–99.

Gil, N. and Tether, B. (2011). "Project risk management and design flexibility: Analysing a case and conditions of complementarity," *Research Policy*, 40: 415–28.

Gil, N. and Baldwin, C. (2013). "Sharing design rights: A commons approach for developing infrastructure," Harvard Business School working paper, 14-025, January.

Gray B. (1989). "Conditions facilitating interorganizational collaboration," *Human Relations*, 38(10): 911–36.

Hall, P. (1982). *Great Planning Disasters*. Berkeley: University of California Press.

Hardin, G. (1968). "The tragedy of the commons," Science, 162(3859): 1243–8.

Jick, T. D. (1979). "Mixing qualitative and quantitative methods: Triangulation in action, *Administrative Science Quarterly*, 24(4): 602–11.

Ketokivi, M. and Mantere, S. (2010). "Two strategies for inductive reasoning in organizational research," *Academy of Management Review*, 35: 315–33.

Knudsen, T., and Levinthal, D. A. (2007). "Two faces of search: Alternative generation and alternative evaluation," *Organization Science*, 18(1): 39–54.

Langley, A. (1999). "Strategies for theorizing from process data," *Academy of Management Review*, 24: 691–710.

Lincoln, Y. S. and Guba, E. G. (1985). "But is it rigorous? Trustworthiness and authenticity in naturalistic evaluation," in D. D. Williams (ed.), *Naturalistic Evaluation*. San Francisco: Jossey-Bass.

Lundrigan, C., Gil, N., and Puranam, P. (2015). "The (under) performance of megaprojects: A meta-organizational approach," *Proceedings of the 75th Academy of Management Conference, Vancouver*.

March, J. G. and Simon, H. A. (1958). *Organizations*. New York: Wiley.

March, J. G. and Sutton, R. I. (1997). "Crossroads-organizational performance as a dependent variable." *Organization Science*, 8(6): 698–706.

Merrow, E.W., McDonwell, L.M., and Arguden, R.Y. (1988). *Understanding the Outcome of Megaprojects*. Santa Monica, CA: Rand Corporation.

Miles, M. B. and Huberman, A. M. (1994). *Qualitative Data Analysis: An Expanded Sourcebook*, 2nd edn. Thousand Oaks, CA: Sage.

Miller, R. and Lessard, D. (2000). *The Strategic Management of Large Engineering Projects*. Cambridge, MA: MIT Press.

Morris, P. W. (1994). *The Management of Projects*. London: Thomas Telford.

National Audit Office (2014). *Crossrail: Report by the Comptroller and Auditor General. Department for Transport*, 24 January. National Audit Office.

Norris, E., Rutler, J., and Medland, J. (2013). *Making the Games. What Government can Learn from London 2012*. London: Institute for Government.

O'Mahony, S. and Bechky, B. A. (2008). "Boundary organizations: Enabling collaboration among unexpected allies," *Administrative Science Quarterly*, 53(3): 422–59.

O'Mahony, S. and Ferraro, F. (2007). "The emergence of governance in an open source community," *Academy of Management Journal*, 50: 1079–106.

Olson, M. (1971) [1965]. *The Logic of Collective Action: Public Goods and the Theory of Groups*, revised edn. Cambridge, MA: Harvard University Press.

Ostrom, E. (1990). *Governing the Commons: The Evolution of Institutions for Collective Action*. Cambridge: Cambridge University Press.

Ostrom, E. (2005). *Understanding Institutional Diversity*. Princeton, NJ: Princeton University Press.

Ouchi, W. (1980). "Markets, bureaucracies, and clans," *Administrative Science Quarterly*, 25: 125–41.

Pfeffer J. and Salancik, G. R. (1978). *The External Control of Organizations*. New York: Harper

& Row.

Reilly, T. (2001). "Collaboration in action: An uncertain process." *Administration in Social Work*, 25(1): 53–73.

Ring, P.S. and Van de Ven, A. H. (1992). "Structuring cooperative relationships between organizations," *Strategic Management Journal*, 13(7): 483–98.

Ross, J. and Staw, B. M. (1986). "Expo 86: An escalation prototype," *Administrative Science Quarterly*, 31(2): 274–97.

Rothschild, J. and Russell, R. (1986). "Alternatives to bureaucracy: Democratic participation in the economy," in J. F. Short (ed.), *Annual Review of Sociology*, vol. 12. Palo Alto, CA, pp. 307–28.

Rittel, H. W. J. and, Webber, M. (1973). "Dilemmas in a general theory of planning," *Policy Sciences*, 4: 155–69.

Rivkin, J. W. and Siggelkow, N. (2003). "Balancing search and stability: Interdependencies among elements of organizational design." *Management Science*, 49(3): 290–311.

Shapiro, A. and Lorenz, C. (2000). "Large-scale projects as complex systems: Managing scope creep," *The Systems Thinker*, 11(1): 1–5.

Siggelkow, N. (2007). "Persuasion with case studies," *Academy of Management Journal*, 50(1): 20–4.

Steward, D. (1981). "The design structure matrix: A method for man-aging the design of complex systems," *IEEE Transactions on Engineering Management*, 28(3): 71–4.

Stinchcombe, A. L. and Heimer, C. A. (1985). *Organization Theory and Project Management: Administering Uncertainty in Norwegian Offshore Oil*. London: Scandinavian University Press.

Stone, M. M. and Brush, C. G. (1996). "Planning in ambiguous contexts: The dilemma of meeting needs for commitment and demands for legitimacy," *Strategic Management Journal*, 17(8): 633–52.

Strauss, A. and Corbin, J. M. (1990). *Basics of Qualitative Research: Grounded Theory Procedures and Techniques*. Thousand Oaks, CA: Sage.

Szyliowicz, J. S. and Goetz, A. R. (1995). "Getting realistic about megaproject planning: The case of the new Denver International Airport," *Policy Sciences*, 28(4): 347–67.

Research Methods Series, vol. 5. Thousand Oaks, CA: Sage Publications.

Thomson, A. M. and Perry, J. L. (2006). "Collaboration processes: Inside the black box," *Public Administration Review*, 66(S1): 20–32.

Tuertscher, P., Garud, R., and Kumaraswamy, A. (2014). Justification and interlaced knowledge at ATLAS, CERN," *Organization Science*, 25(6): 1579–1608.

Tushman, M. (1977). "Special boundary roles in the innovation process," *Administrative Science Quarterly*, 22: 587–605.

Van de Ven, A. H. (1976). "On the nature, formation, and maintenance of relations among organizations," *Academy Management Review*, 1(4): 24–36.

Voss, G. B., Sirdeshmukh, D., and Voss, Z. G. (2008). "The effects of slack resources and environmental threat on product exploration and exploitation," *Academy of Management Journal*, 51(1): 147–64.

Wachs, M. (1989). "When planners lie with numbers," *Journal of the American Planning Association*, 55(4): 476–79.

Yin, R. K. (1984). *Case Study Research: Design and Methods* (3rd edn. 2003). *Applied Social Research Methods Series*, vol. 5. Thousand Oaks, CA: Sage Publications.

제13장

신흥국가의 대규모 행사 추진에 대한 이해

로버트 A. 바드·빅토 A. 메스슨

13.1 개요

몇몇 보고에 의하면 대규모 스포츠 경기에 대한 경제적 영향 추정치는 매우 크다. 상파울루대학과 언스트 앤 영대학은 2014년 6월/7월 월드컵과 2016년 브라질 하계올림픽으로 인한 경제적 영향이 총 1,000억 달러이고, 12만 개의 새로운 일자리를 창출할 수 있을 것으로 추정했다(Ernst & Young Terco 2011). 2013년 6월 브라질의 스포츠로 인한 경제적 이익을 주도한 정부의 석학들을 칭찬하기 위해 브라질 거리를 가득 메우는 기쁨에 찬 군중들보다, 보고된 백만 명의 사람들이 이러한 특별행사를 주최하는 것으로 상징되는 국가의 우선순위에 항의하며 브라질리안 시의 거리를 가득 메웠다(Lundy 2013). 이런 극단적인 반대 견해를 어떻게 조화시킬 수 있을까? 왜 세계 7위의 경제 대국의 시민들은 그들의 GDP 4.5% 증가(World Bank 2014)와 실업자 수 10.62% 감소(Trading Economics 2014)에 강력하게 때로는 격렬하게 항의했을까.[1]

스포츠 대형 행사를 유치하는 타당성은 특히 신흥국들에 대해 점점 더 많은 의문이 제기되고 있다. 특별한 행사의 경제성을 분석하는 독립 학자들은 거의 만장일치로 브라질 시위대의 불안감을 주로 두 가지 이유로 공유하고 있다. 첫째, 대형 스포츠 행사는 행사 주최자, 후원자, 그리고 그 행사를 수행하는 사람들이 약속한 경제적 이익을 제공하지 못한다. 둘째, 혜택과 비용은 불균형적으로 배분된다.

학문적인 발견과 최근의 관행에 비추어 보면 몇몇 미스터리가 나타난다. 한 기자는 최근 "만약 대규모 행사로부터 의미 있는 경제적 영향이 없는 것에 대해 당신의 분석이 맞는다면, 왜 도시와 국가들은 그것을 유치하기 위해 계속해서 그렇게 치열한 경쟁을 벌이고 있는가?"라는 간단한 질문을 던졌을 때, 이 퍼즐은 급격한 대중의 관심을 끌었다. 그런 현실적인 문제들은 학자들을 난처하게 한다. 대다수 독립적 연구가 목표에서 벗어나, 신흥국이 유치 추진에 신중해야 할 가능성이 존재한다. 이 글의 목적은 신흥국들이 유치하려는 동기를 조사하고, 이들과 관련된 동기와 결과가 유치의 정당성을 입증하는지를 분석하는 것이다.

유치에 관한 주장은 주로 경제학과 관련이 있다. 근본적인 질문은 비용과 혜택이 대형 스포츠 행사를 주최하는 개발도상국들의 정당화이다. 현재 존재하는 유치에 대한 비용-혜택 및 위험-보상 방식이 이를 정당화하지 않는다는 것을 증명할 수 있다면, 빈도가 증가하면서 이를 적극적으로 추진한 개발도상국의 경제적 성과를 개선하기 위해 변경될 수 있는지에 대한 이슈를 해결하는 것이 중요하다. 더욱이 혜택을 얻는 사람들은 도출된 혜택에 비례하여 비용을 부담하지 않는 경우가 많다. 독립적인 학문은 관련된 명백한 공공 재정 이슈에 대응하여 표면화되기 시작했고, 최종 분석에서 대중에게 제공하는 혜택이 비용을 훨씬 초과함으로써 유치에 대한 재정적 및 도덕적 지원의 정당화를 제안하는 후원자들에 의해 권위 있는 "과학적인" 연구를 이용하였다.

신흥국들은 역사적으로 하계 및 동계 올림픽보다 FIFA 월드컵을 더 많이 개최하였다. 표 13.1은 1930년부터 1966년까지 선진국과 신흥국이 월드컵을 각각 5회와 3회에 걸쳐 개최했음을 보여준다. 역사적으로 FIFA는 월드컵을 중남미와 유럽의 축구 강국들 사이에서 번갈아 개최하였다. 러시아를 비롯한 BRICs(브라질, 러시아, 인도, 중국) 국가들을 신흥국으로 분류하면 1970년부터 2022년까지 월드컵 개최는 선진국과 신흥국 간에 균등하게 나뉘었다. 다시 러시아가 신흥경제국으로 분류되면 지난 4차례 월드컵은 개발도상국에서 개최되었다. 이런 추세는 신흥국이 월드컵을 더 자주 개최하는 쪽으로 나타난다. 이는 유럽과 라틴 아메리카의 스포츠의 전통적인 장소가 가지고 있는 것과 같은 방식으로, 일반적으로 스포츠를 수용하지 않은 지역으로 경기를 확장하려는 FIFA의 최근 욕망에 의해 부분적으로 설명된다.

하계올림픽은 개최 빈도가 높다는 점에서 유사한 추세를 보인다. 신흥국들의 개최 빈도가 시간에 따라 증가된 유사한 경향이 하계올림픽에서도 나타났다. 특히,

표 13.1 1930년 이후 월드컵 개최 도시

월드컵/년도	개최국	선진국(D) 또는 신흥국(E)
1930	우루과이	E
1934	이탈리아	D
1938	프랑스	D
1950	브라질	E
1954	스위스	D
1958	스웨덴	D
1962	칠레	E
1966	영국	D
1970	멕시코	E
1974	서독	D
1978	아르헨티나	E
1982	스페인	D
1986	멕시코	E
1990	이탈리아	D
1994	미국	D
1998	프랑스	D
2002	대한민국	D
2006	독일	D
2010	남아공	E
2014	브라질	E
2018	러시아	E
2022	카타르	E

출처: FIFA 월드컵 및 올림픽 게임 개최국(2015).
WorldFactsInc, <https://sites.google.com/site/ worldfactsinc/FIFA-World-Cup—Olympic-Games-Host-Nations>

하계올림픽은 1928년부터 1964년까지 선진국들에 의해 독점적으로 개최되었다. 1968년부터 현재까지 선진국과 신흥국은 각각 12회와 4회를 개최하였다. 동계 올림픽은 개발도상국들의 개최 빈도가 비슷하게 증가했지만, 그 정도는 적었다. 선진국들은 1928년부터 1964년까지 동계 올림픽의 독점 개최국이었다. 1968년부터 현재까지 러시아(2014년 소치 러시아)와 옛 유고슬라비아(1984년 사라예보 유고슬라비아)를 신흥국으로 분류하면 12:2로 선진국과 신흥국 비율로 나눠지는 현상을 보였다.

단순히 올림픽 유치 신청이 개발도상국들에게는 훨씬 더 흔한 일이 되었다. 1896년과 1996년 사이에, 모든 하계올림픽 유치 신청의 82%는 선진국에서, 10%는 개발도상국에서, 그리고 8%는 동구권이나 구소련에서 나왔다. 2000년에서

2016년 사이, 전체 입찰의 절반도 안 되는 것이 산업화된 국가들로부터 나왔다. 동계 올림픽 쪽에서는 1924년부터 1998년까지의 입찰의 93%가 산업화된 국가에서 나왔고, 2002년부터 2024년까지의 입찰 도시의 57%만이 같은 지역에서 나왔다.

13.2 신흥국 유치의 원동력

상업적 스포츠의 세계를 넘어선 국제적인 발전은 선진국과 신흥국 양쪽에서 기념행사를 개최하는 동기를 상당 부분 설명해준다. 이 부분의 서술은 일반적으로 원동력을 식별한 후 좀 더 구체적으로 논한다. 가능한 한 가장 광범위한 관점에서 보면, 잠재적 주최국/도시들은 개최가 국민 통합을 촉진하고 국가의 성격 및/또는 문화를 더 명확하게 표현함을 제공하기 위해 사용될 수 있다고 구상한다(Varrel and Kennedy 2011). 둘째, 국가들과 도시들은 그것이 그들의 경제를 크게 활성화할 것이라는 기대에서 개최하려고 한다. 이러한 특별한 동기는 세계 경제의 구조적 발전을 감안할 때 더 큰 긴급성을 가정했다. 더 중요한 변경 사항 중 일부는 본 섹션의 나머지 부분에서 확인하고 논의된다.

첫째, 세계 경제가 더욱 개방적으로 되었다. 1970년대에 가속화된 제2차 세계대전 이후 시대에 경제 경쟁은 전 세계적으로 심화되었다. 1971년 미국의 일방적인 브레튼우즈 국제통화제도의 금환산성을 폐지함에 따라 변동환율제를 채택한 것은 거의 틀림없이 상품, 서비스, 자산 등의 국제적인 교역 확대에 기여하였다. 다시 말해, 국제 경쟁의 증가가 2008년의 세계 금융위기가 하나의 사례인, 경제 불안정에 거의 틀림없이 원인이 되었다. 특히 2015년의 늦은 여름 신흥국에서 상품 가격과 통화 불안뿐만 아니라 유가의 붕괴도 또 다른 양상을 나타내고 있다. 특히 도시 거주민들에게 일자리를 제공해야 하는 항상 중요한 필요성은 경제 불안이 가중되고 있는 세상에서 더욱 중요해졌다. 사회 질서와 정치적 지속 가능성은 정부가 시민들에게 경제적 기회를 제공하고 분배적인 사회 정의를 제공하지 못하는 것에 의지하는 테러리스트들의 활동들에 비추어 볼 때 더 긴박하게 작용한 것으로 보인다.

둘째, 도시 인구는 놀라운 속도로 증가하고 있다. 1975년 세계 인구의 62.1%가 농촌에 거주했으며, 그 비율은 2000년("Urban Area" 2002)에는 53%로 감소했다. 2050년(유엔 2014)까지 세계 인구의 66%가 도시 지역에 거주할 것으로 추산된다. 이러한 도시 인구 증가의 대부분은 개발도상국에서 발생했으며, 신흥국에서는 매달 500만 명의 추가 거주자가 도시로 흡수되고 있으며, 이는 세계 도시 성장의 95%를 차지한다("Urban Area" 2002). 거대도시로의 이주는 그러한 경제와 사회 제도를 강조해 왔고, 정부는 많은 필수적 요소들을 제공하는데 있어 보조를 맞추지 못했다. 일자리, 교통, 보안, 교육, 식수, 하수처리, 쓰레기 처리와 같은 기본적인 필수시설의 제공은 부족했다. 국가, 지방정부, 연방정부는 주요 도시의 사회기반시설 재원을 마련하기 위한 자금 부족을 충당하지 못하고 있다. 사실 일부 국가의 연방정부와 주정부는 도시가 가장 자금을 필요로 할 때 수익분담금을 삭감했다. 이것은 모든 단계의 정부들이 재정적인 스트레스를 경험해왔기 때문에 발생했다.

국가들과 도시들에게 수익과 비용 측면 모두를 삭감하는 금융위기는 그들이 그들의 재정적인 어려움 대처에 더 많은 기업가적 전략을 강요하였다.[2] 대규모 행사는 다양하고 종종 적대적인 정치적 연합을 통합하고, 프로젝트가 구상되고 완성되는 속도를 가속하는 능력을 가지고 있다. 그것은 행사 촉진 연구로 고무된 대규모 행사의 재정적 이익에 대한 희망과 결합 되어 선진국과 개발도상국의 많은 나라와 도시들이 저항하기에는 너무 유혹적이라는 것이 증명되었다. 스포츠팀 유치, 정치적 대회 유치, 박물관, 아쿠아리움, 콘서트 장소 건립에 대한 강조는 특히 선진국을 중심으로 도시 경제에 활력을 불어넣거나 유지하기 위한 보다 광범위한 대규모 도시적, 기업가적 전략을 반영했다. 신흥경제 지자체들은 그동안 같은 수준의 소비재를 공급하지 못했으나 1984년 약 2억 2,500만 달러의 수익을 올린 하계올림픽 경기인 LA 하계올림픽의 성공 사례를 본받으려 한 것으로 보인다(Los Angeles Olympic Organizing Committee 1984).

대규모 행사 개최는 일반적으로 관광 무역을 강화하도록 도시를 지원하는 방법으로 여겨져 왔다. 관광은 도시 경제에 상당한 활력을 불어넣을 수 있는 청정 산업으로 간주될 수 있는 더 큰 장점이 있다. 1992년 하계올림픽 개최 이후 바르셀로나가 관광지로 탈바꿈했다는 주장이 그 제안에 자금을 대출해 주었다.

셋째, 관광산업은 빠른 속도로 성장했다. 1950년 관광객 입국자 수는 2천만 명 미만이었으며 2008년에는 9억2천만 명이었으며, 2020년에는 16억 명("The Global Growth og Tourism" 2014)에 이를 것으로 예상된다. 유럽과 미국이 가장 빈번한 여행지였지만, 관광산업의 놀라운 성장이 아프리카, 중동, 아시아를 포함하여 전 세계적으로 발생했다. 이러한 추세는 여행 기술, 휴일 지원 혜택의 진행 결과로 이어질 가능성이 크며, 가처분 소득, 여행의 이용 가능성과 여행 유형, 언론 보도가 증가한다("The Global Growth og Tourism" 2014). 관광산업은 대부분의 나라들에 의해 경제 성장을 증가시키고 일자리 창출에 필수적인 것으로 확인되고 강조되었다. 특히 중동의 테러 위협은 튀니지와 이집트 등 국가 경제를 훼손하려는 테러분자들이 관광산업을 표적으로 삼으면서 관광의 중요성에 대한 강력한 증거를 제공했다. 관광산업의 추세는 어느 나라에든 더 많은 잠재적 방문객들이 있다는 것을 암시하지만, 동시에 관광객들에게 더 많은 선택권이 제공되고 가장 중요한 안전 위험을 안고 있는 국가들을 방문하기를 꺼린다. 스포츠 대규모 행사는 잠재적으로 수익성이 있는 관광 무역에 참가자를 제공할 수 있다.

넷째, 대규모 스포츠 행사는 가장 중요하고 인지도가 높은 글로벌 브랜드가 아니더라도 국제적 브랜드로 진화하고 있으며, 이들 소유자와 임대자들에 의해 국제 관객들에게 적극적으로 홍보되었다. 한 국가는 2주 이상 지구상의 중심무대를 점령함으로써 그들 자신을 마케팅할 기회를 위해 기꺼이 많은 돈을 지불할 것이다.

대규모 행사 마케팅은 역사적으로 명확하지만 밀접하게 연관된 두 가지 개발의 결과로 가속화되었다. 1956년 호주 멜버른 올림픽을 위한 텔레비전 권리의 첫 판매[3]와 대규모 행사에 뒤따르는 1984년 LA 하계올림픽의 자금 조달을 위한 모델의 핵심 부분으로 완전히 부상한 기업 후원이다. 후안 안토니오 사마란치 IOC 위원장은 2001년 텔레비전의 중요성을 확인했다. 사마란치는 "우리는 올림픽에 관중이 필요하지만 IOC는 10만 석 규모의 경기장을 고집하지 않는다. 올림픽은 주로 텔레비전을 위해 방영된다"고 말했다(Barney et al. 2004). 특히 텔레비전 시청자의 규모는 개최권을 다투는 선진국과 개발도상국 모두에게 매우 유혹적인 것으로 증명되었다.

기업 후원자들이 대규모 스포츠 행사의 자금조달에 관여하는 것에 대한 **존재 이유**는 상품을 판매하는 것이다. 광고는 그 노력에 매우 중요하다. 올림픽과 월드컵 방송은 일관된 기준으로 어떤 프로그램보다도 가장 큰 잠재적 시장에 도달한다. 2012년 런던 올림픽은 미국에서 텔레비전 기록을 세웠는데, 2억 1,940만 명의 미국 시청자들이 이 행사를 시청하여 2008년 베이징 올림픽 기록인 미국 관객 수 2억 1,500만 명을 갱신했다("London Olympics 2012 Ratings" 2012). 하계올림픽의 전 세계 관중은 약 32억 명이다. 다른 어떤 행사도 전체 관객 수가 많지는 않지만, FIFA 월드컵 결승은 일반적으로 단일 이벤트인 월드컵 결승에서 가장 많은 시청자를 보유하고 있다. 2010년 스페인과 네덜란드의 챔피언 결정전은 9억 900만 관중이 관람했다.

지난 수십 년간 언론은 대형 스포츠 행사와 공생관계를 발전시켰다. 국가 내 스포츠와 미디어의 통합은 대부분의 국가에서 상업적 스포츠 산업에 공통적인 발전이었다. 스포츠는 신문, 맥주, 트럭, 성기능 장애 치료제, 텔레비전을 판매한다. 상업 스포츠와 미디어 사이의 친밀감이 커짐에 따라, 한 세기 동안, 논쟁의 여지가 있는 것은, 유치를 비판하는 시위와 다른 수단에 대한 언론의 보도를 어느 정도 약화시켰다는 것이다. 미디어가 대형 행사 유치를 통해 경제적으로 혜택을 받을 수 있는 경우, 미디어가 그렇게 하는 것의 경제적 효과에 대해 객관적으로 보도할 의지와 능력이 떨어진다는 것을 누구나 놀라게 해야 하는가? 그러나 유치로 인한 시민 불안이 언론 보도를 보증할 만큼 충분히 뉴스거리가 될 만한 사례들이 있다—2014년 월드컵과 2016년 하계올림픽 개최와 관련한 브라질의 소요를 목격했음. 그러나 대체로 유치에 대한 대중의 비난은 모두 다 함께 보도되지 않았더라도 과소 보도되었다.

기업 모델과 방송에 대한 강조는 몇 가지 중요한 방법으로 **올림픽 헌장**을 다시 쓰는 데에 책임이 있다. 더욱 주목할 만한 것 중 하나는 프로선수들의 참가를 허용한 1986년 **헌장** 개정이었다. 이 같은 조치는 부분적으로 그동안 침체되어 있던 미국 방송시장에 활력을 불어넣기를 원하는 욕구에서 비롯됐다. 대형 행사 자금을 조달하기 위한 주요 수단으로 정부로부터 기업 후원자들에게 성화를 전달하는 것은 돌이킬 수 없이 그들을 변화시켰다. 신흥국들은 지도자들이 스포츠 스타들과 손을 잡고 기업 스폰서들과 더 친밀한 관계를 맺음으로써 잠재적으로 여러 가지 면에서 이익을 얻을 수 있을 것이며, 이는 다른 경제적 이익들 중에서 더 큰 외국인 투자를 창출할 수 있을 것이다.

텔레비전은 생방송 관중이 수익을 견인했던 당시보다 행사 장소를 덜 의미 있게 만들었다. 현대 게임과 그들의 기업 후원자들의 목표는 가능한 한 많은 시청자들에게 도달하는 것이다. 대형 행사 장소는 더 이상 선진 서구 세계에 국한되지 않는다. BRICs 국가들이 그들의 거대한 시장(BRICs는 27억 8천만 명의 인구를 가지고 있었고, 2009년 전 세계 GDP의 15% 차지)으로 신흥국들의 선봉장을 이루고 있고, 그들은 점점 더 세계적 중심 무대, 사회적 힘, 경제적 기회에 대한 동등한 접근을 요구하고 있다.

BRICs는 대형 스포츠 행사 개최의 상징적 중요성을 이해하고 있으며, 2008-2016년 동안 3번의 하계올림픽 중 2번을, 최근 3번의 월드컵을, 그리고 2014년 동계올림픽 개최했거나 개최할 예정이다. IOC와 FIFA, BRICs의 이해관계와 국가들이 긴밀히 연관되어 있다. BRICs 국가들은 국가 상표화와 사회 발전과 같은 비 스포츠 목표를 달성하기 위해 특징적 스포츠 행사를 사용한다; IOC와 FIFA는 그들의 브랜드를 세계에서 가장 인구가 많은 국가로 가져가기를 원한다.

유치에 대한 최종적인 이유는 개최국이 행사 기간 동안 글로벌 무대에서 좋은 성과를 거둘 확률과 관련이 있을 것이다. 만약 개최국이 기대를 돋우어 자치주들이 광범위하게 정의된 마케팅 이유로 저항할 수 없는 것으로 증명된다면, 월드컵이나 올림픽 경기 동안 명연주자의 공연은 상업적인 약속을 더욱 복합적으로 만든다. 1930년부터 20번의 월드컵이 열렸고 개최국이 다섯 번 우승했고, 두 번 준우승 했다. 25-35%의 성공률은 유치를 훨씬 더 매력적으로 만든다.

많은 대형 스포츠 행사는 경제적 이익이라는 약속 때문에 개최된다고 해도 과언이 아니다. 한 사회의 일부 집단이 다른 집단보다 분명히 더 많은 혜택을 주겠지만, 일부 선거구들이 행사에 의한 손해를 당하더라도, 유치를 통해 도시나 국가가 전반적으로 더 나아질 수 있다는 것을 증명할 수 있다면 불균형적인 이익분배가 더 용인될 수 있다. 그리고 물론, 아무리 멀리 떨어져 있어도, 경제의 확장이 모든 사람들을 더 잘 살게 할 가능성은 항상 있다; "조류가 상승하면 모든 배가 오른다." 이 장의 다음 섹션에서는 유치를 주관하도록 이끄는 사람들에 의해 널리 알려진 유치의 순 혜택에 관한 문헌을 검토한다.

13.3 유치에 관한 문헌 검토

경제학자들은 경제 행위자들이 합리적이라고 가정한다. 합리성은 경제적 혜택이 경제적 비용을 초과하는 경우에만 조치가 취해진다는 것을 의미한다. 대형 스포츠 행사를 개최하는 것은 그렇게 함으로써 얻는 이익이 명시적 비용과 기회(암시적) 비용을 모두 포함하는 비용을 초과하는 경우에 합리적이다. 유치에 공공자금을 활용하는 리트머스 테스트는 행사로부터의 단순한 긍정적 회계수익이 아니라 긍정적인 경제적 이익이다. 다소 다르게 말하면, 이 행사는 공공 자금의 가능한 모든 사용에서 가장 높은 수익을 명확히 제공해야 한다. 유치에 대한 논란은 공공 자금의 희소성이 증가되고 있고, 그러한 자금의 사용을 최대한 보장할 필요성 때문에 거의 틀림없이 증폭되었다. 두 번째 근본적인 공공 재정 문제는 공공 자금을 사용하여 특별 행사를 유치하는 것에 대한 논쟁에서 크게 부각되고 있는 것은 유치로 이익을 얻는 사람들이 얻어진 이익에 비례하여 비용을 부담하는지와 관련이 있다. 토마스 피케티의 저서《21세기 자본(Capital in the Twenty-First Century)》은 전 세계의 부와 소득의 분배에 있어 점점 더 왜곡되고 있다는 점을 더욱 날카롭게 강조하였다. 이러한 불평등 증가는 납세자들에게 실질적인 입증 가능한 혜택 없이 상당한 공공 자금을 필요로 하는 사업에 대해 회의감을 고조시켰다.

역사적으로 대형 스포츠 행사를 개최하는 것의 효용성에 관한 문헌은 개최의 합리성에 관한 문제에 더 초점을 맞추었다. 신흥국들이 유치 욕구를 더 크게 드러냈기 때문에 그러한 강조는 다소 변경될 수도 있다. 개발도상국에서 기본적인 욕구가 덜 충족되기 때문에 선진국보다 신흥국에서는 공적 자금의 신중한 사용이 더 절실한 것으로 보인다. 그러나 유치로 인한 경제적 이익이 없다면, 혜택과 비용의 불공평한 분배는 사실상 확실해 보일 것이라고 말해도 무방하다. 더욱이, 0보다 큰 경제 수익에 대해 전개되는 논쟁의 많은 부분이 중요한 비용을 무시하거나 과소 표시하면서, 일부 창의적이고 의심스러운 혜택 표현을 만들어 냈다고 말하는 것이 타당하다. 이 모든 이슈들은 유치의 신중함에 대한 학문적 비판의 요지를 구성한다.

유치로부터 긍정적인 경제적 이익을 찾지 못한 주요 학술적 연구를 모두 암송하기보다는, 개최로 얻는 이익이 일반적으로 경제적 혜택을 보장하기에 충분히 실질적으로 보이지 않는다는 견해(또는 비용이 너무 크다는 견해)에서 학자들이 만장일치에 가까운 것처럼 보인다는 것을 간단히 말할 수 있다. 그러한 견해는 적어도 어느 정도까지는 다음 개념에 근거를 두고 있는데, 그것은 스포츠 시설을 제외한 어떤 사회기반시설이 건설되든, 그 행사에 특별히 필요한 스포츠 기반시설을 구성하는데, 거대하고 소모적인 지출 없이 만들어졌을 수 있는 특별 행사를 수용하기 위해 건설된다는 것이다. 경제적 이유로 유치를 주장하는 데는 대형 행사 고유의 이익이 필요할 것이다.

문헌을 검토한 결과 비록 주목할 만한 주의사항이 있기는 하지만, 그러한 주장을 하는 경제학자들의 논문이 확인되었다. 두 명의 저자는 만약 사실이라면 유치하거나 유치를 추진하는 것이 겉보기에는 이성적인 행동으로 보일 것이다(Ross and Spiegel 2011)라는 유치의 결과를 제안했다. 로즈와 슈피겔은 유치가 30%의 영구적인 수출 증가와 상관관계가 있다는 것을 발견했다. 만일 올림픽이나 월드컵이 그 정도 규모의 수출 증가를 **초래**하였다면, 수출 부문이 적정 규모의 나라라도 유치하지 않는 것은 어리석은 짓이라고 주장할 수 있다. 두 가지 중요한 주의사항을 주목해야 하며 로즈와 슈피겔이 확인하였다. 첫째로, 개최는 눈에 띄는 정도로 수출의 증가를 유발하지 않는다; 올림픽과 월드컵은 개최국의 증가하는 경제 개방의 신호이다. 둘째, '유치 경쟁'은, 국가의 수출 분야 확대에 관련되기 때문에, 동일한 결과를 유도할 수 있을 만큼 충분히 강한 신호다. 유치 예정 도시 또는 신청 도시는 개최에 관련된 모든 비용과 위험 없이 동일하거나 유사한 경제적 결과를 경험한다. 이는 중요한 것은 유치가 아니라 수출 증가와 경제 확대를 설명하는 보다 자유주의적인 무역 정책을 추구하겠다는 의지를 나타내는 것으로 보인다. 실제로, 메니그와 리처(Maennig and Richter 2012)의 주제에 대한 추가 연구는 적절한 매칭 방법론을 통해 입찰국가를 다른 유사한 비 입찰국가와 비교했을 때, 예상된 "올림픽 효과"가 사라진다는 것을 발견한다.

다른 가능한 유치 동기는 국가 자부심이나 국가 자신에 대해 좋은 의미의 국가 장려를 심어주는 것을 포함한다. 일부 분석가들에 따르면, 양호한 효과는 범죄율 감소와 신체 활동 수준의 증가와 관련이 있으며, 이는 결국 국민 건강의 향상으로 이어진다고 한다. 건강과 행복은 측정하기 어렵고, 질적 영향에 대한 가치를 "측정"하여 개최가 합리적인 행위로서 적합하도록 보장하는 위험이 있다.

BRICs 국가들이 가장 유치하려는 신흥 경제국들을 대표한다는 것은 다시 한 번 주목할 만하다. 국제 문제에서 더 강한 목소리를 내기 위한 전략에 대해 이 국가 그룹 내에서 합의가 있는 것처럼 보인다. 대형 행사를 유치하는 것은 앞에서 언급한 바와 같이 그 전략의 중요한 요소로 보인다. 세계는 지역 노선을 따라 점점 더 조직화되고 있는 것처럼 보이며, 스포츠 대형 행사를 개최하는 것은 아마도 초국가적 또는 지역적 정체성을 분명히 보여주는 것일 것이다. 그러나 BRICs를 단일 개체로 생각하는 것은 부정확할 것이다. 이들 4개국은 각각 자신들만의 고유한 문제에 직면하고 있으며, 개별적인 문제에 직면하고 있는 것이 공동의 이익 추구를 능가할 가능성이 매우 높다. 그러나 지역 공동의 이익은 단일화된 세력으로서 작용하고 있으며 세계 나머지 국가들과 맞서는 데 더 큰 지렛대를 제공했다. 남아프리카공화국의 2010년 월드컵은 아프리카 지도자들이 행사 전에 모여 홍보와 기획을 할 때 흔히 아프리카 월드컵으로 불렸다.

13.4 신흥국의 유치로 인한 경제적 기대치와 결과

이 섹션은 실제 결과와 유치로 예상되는 경제적 결과의 비교에 초점을 맞춘다. 분석된 구체적인 신흥경제 경험은 2010년 남아프리카공화국 주최 월드컵, 2010년 인도 주관 영연방 대회, 2014년 브라질 주관 월드컵이다. 남아공은 BRICs 4개국에 이어 가장 중요한 신흥국가로 여겨지는 11개국인 '차기 11개국'으로 불리는 국가군에 포함돼 있다. 따라서 이 3국 샘플은 유치 기대치가 신흥국들의 실제 결과와 어떻게 비교되는지를 잘 보여 준다.

틀림없이 유치의 가장 중요한 동력은 단기 또는 장기 중 하나로 정의할 수 있는 기대되는 경제적 이익이다. 국가 브랜딩에 대한 아이디어는 장기적인 상업적 의미를 분명히 가지고 있다. 한 나라가 무엇이고 무엇을 할 수 있는지에 대한 인식인 브랜딩은 상업적, 정치적, 사회적 상호작용을 확대하기 위한 기반 창출과 연관된다. 도전적 사항으로 스포츠 대형 행사를 성공적으로 유치하기 위해 필요한 모든 업무를 조직하고 수행하는 데 능숙하다는 것을 증명하는 국가는 앞으로 있을 상호 작용에서 신뢰할 수 있고 유능한 파트너로 간주될 가능성이 더 크다. 국가 브랜드를 장식하는 것은 개최 도시나 국가에게 분명히 중요한 목표다. 그것은 중요한 경제적 유산이 만들어질 수 있는 수단이라고 생각된다.

유산의 혜택은 평가하기 어렵다. 유치로 인한 행사 자체를 통해 행사를 준비하기 위해 건설 단계부터 시작되는 경제활동이 증가하는 단기적 이익은 행사의 경제적 성공에 대한 즉각적인 피드백을 제공한다. 경제적 큰 이익이 발생하려면 사건이 발생한 시점인 경제 그라운드 제로에서 큰 폭의 상승과 함께 사건이 구성되는 시간 동안 발생해야 한다. 기사의 이 부분은 고용, 정부 재정, 관광, 그리고 경제적 유산을 제공하는데 필수적인 기반 시설의 개발에 초점을 맞출 것이다. 남아공, 인도, 브라질의 경험은 스포츠 대형 행사의 경제적 성과에 대한 피드백으로 무엇을 제공하는가? 표 13.2는 남아프리카, 인도, 브라질에서 개최되는 3대 스포츠 대형 행사의 주요 성과 변수로 기대했던 것과 실제 발생한 것에 관한 통계를 제공한다.

표 13.2의 통계는 몇 가지 주목할 만한 것을 나타낸다. 첫째, 실제 개최 비용은 "입찰서"에 제시된 개최 예산의 배수이다. 2010년 남아프리카공화국이 주최하는 월드컵과 델리가 주관한 영연방 게임은 실제 비용이 각각 2,067%, 1,547%씩 입찰서 예산을 초과했다.

표 13.2 남아공, 인도, 브라질에서 개최한 대규모 행사의 선정된 변수에 대한 기대 결과와 실제 결과

통계/국가	남아공: 월드컵 2010, 추정 가치(실제 가치)	인도(델리): 영연방 게임(CWG) 2010, 추정 가치(실제 가치)	브라질: 월드컵 2014, 추정 가치(실제 가치)
개최 비용	입찰서의 $343백만($70.88억)	입찰서의 $265백만 (약 $41억)[a]	약 $130억 (일부는 $150억 정도로 추정)[c]
행사에 참가한 여행자수	483,000(220,000-310,000)	182,000(75,606)	약 600,000(1백만)
여행자가 머문 날수	14-18일(10.3일)		
평균 여행자 지출	$3,986($1,550)		
국가 재정 회계 수익(손실)	(- $65.79억)	$1.45억(- $37억). CWG는 인도의 GDP에 $49.4억 추가 예측[b]	
수상 기관 이익	FIFA, $5.67억		FIFA, $26억
경기장 지출 금액	$15.44억	$10.2억	입찰서 비용=$11억 ($36억, 공공 $의 약 90%)[c]
전체 비용 중 경기장 지출: %	37%	25%	27.7% ($36억/$130억)
교통 비용	$17.16억	$19.83억	
전체 지출 중 교통 비용: %	39%	48%	
일자리 창출	2009년 695,000; 2010년 280,000; 2011년 174,000[d]	CWG가 247만 "고용 기회"를 창출한다고 예측[e]	1년 등가로 363만 (2014년 6월에 순고용 25,383)[f]

a 스포츠 시설에 대한 비용 외에 델리시 인프라 지출을 델리 인프라 지출(0.48)로 대표되는 영연방 게임을 수행하기 위한 총 지출의 일부를 나눔으로써 산출. %19.83억/0.48=4.13

b 예측 과잉은 예측 수입 $4.1억에서 입찰서 비용 $2.65억을 감하여 산출. $37억 실제 손실은 실제 순 수입 $0.4억에서 실제 개최 비용 $41억을 감하여 산출(CWG 수입 $101.5백만에서 발생 비용 $61.5백만을 감하면 순 수입은 $40백만). 공식적 입장은 CWG는 "수입 중립" 또는 소액의 흑자 발생.

c FIFA(2007). 《브라질 입찰: 2014 월드컵에 대한 조사 보고서》, 10/30, <http://www.fifa.com/mm//document/affederation/mission/62/24/78/inspectionreport_e_24841.pdf>.
Morpurgo, G.(2015). "브라질과 월드컵의 경제적 영향: 회상," Perspectives: Student-Led Economics Journal, 19 February, <http://kcleconomics.com/a-look-back-to-2014brazil-and- the-world-cups-economic-impact/>. Associated Press(2015). "FIFA returns $100M to Brazil; World Cup cost $15 billion," USA Today, 20 January, <http://www.usatoday.com/story/sports/soccer/2015/01/20/fifa-returns-100m-to-brazil-world-cup-cost-15-billion/22050583/>.

d 실제적으로 창출된 일자리 수의 확인은 글로벌 재무 시장의 내파로 인해 2008년 3분기에 시작된 것이라 일반적으로 생각되는 글로벌 경기 침체로 가능하지 않았다. 남아공은 경기 침체로 약 100만개 일자리가 사라졌다고 나타난다.

e 한번 2008년 경기 침체의 시작이 실질적인 일자리 창출 수를 결정하기를 거의 불가능하게 만들었다. 이 숫자를 결정하기 위한 사후 CWG 감사가 없었지만, 일자리 기회가 예측 보다 훨씬 적었다는 사실을 모든 증거가 지적한다.

f Mitra, A (2014). "브라질에서의 2014 월드컵의 윤리적 분석," Seven Pillars Institute, 8 September, <http://sevenpillarsinstitute.org/case-studies/ethical-analysis-of-the-2014-fifa- world-cup-brazil>.

출처: Konrad Adenauer Stiftung (2015). 개발도상국에서의 지속가능한 대규모 행사, <http://www.kas.de/wf/doc/kas_29583-1522-1-30.pdf?12012404515>.

2014년 브라질 월드컵을 위해 확인된 입찰서 예산 수치는 없었다. 구체적인 숫자보다 입찰서에서는 2014년 FIFA 월드컵 개최 비용에 관해 다음과 같은 정보를 제공하였다.

> 입찰 LOC 대표들은 2014년 FIFA 월드컵™ 최종 경쟁에서의 유치와 단계에 관한 개최 협정의 모든 요건을 체계적으로 충족시킨 예비예산 준비에 건전한 방법론을 적용했음을 증명할 수 있었다. 예비예산 작성 시 가정은 잘 설명되고 문서화되었으며, 지원 세부 사항의 수준은 모든 비용 범주에 대한 2014 FIFA 월드컵™ 예비예산의 상세 심사를 허용하기에 충분하다(FIFA 2007).

실제 개최 비용이 월드컵과 남아프리카공화국, 델리 컨페더레이션스 게임에서 그렇게 상당한 금액이 입찰서 비용을 초과한 것은 행사 입찰에서 비용 추정치를 낮출 필요가 있다는 인식과 행사가 확정되면 엄청난 비용이 초과되기 때문일 수 있다. 비용초과는 건설계약의 비용 물가상승 조항, 법적 난제, 환경문제 충족을 포함하는 예측하지 못한 건설문제, 존재하는 독점력을 행사하는 건설회사, 부패의 결과일 수 있다.

둘째, 개도국을 위한 경기장/아레나 및 훈련 시설 건설과 관련된 기반시설 비용은 전체 유치 비용의 25% 이상을 차지한다. 신흥국의 이 비율은 이미 상당한 경기장/아레나 인프라를 보유한 선진국의 유치보다 상당히 높을 가능성이 크다. 예를 들어, 로스엔젤레스는 1984년 하계올림픽을 개최하는 과정에서 기반시설 비용이 상대적으로 적게 발생했다. 로스엔젤레스 경기 비용 중 약 73%가 사실 관리 비용이었다. 마찬가지로, 미국은 1994년 월드컵을 위해 경기장 건설과 개장에 530만 달러를 지출했다. 이는 신흥국 개최국과는 크게 다른 비용 프로필이다(Zarnowski 2015). 2010년과 2014년 남아공과 브라질 월드컵의 경기장 지출은 각각 21억 달러와 36억 달러였다. 경기장 자본 자원의 잘못된 할당은 성장과 발전에 장기적인 영향을 끼칠 것이다.

셋째, 남아공과 델리에서의 행사 결과로 남아공과 델리를 찾는 추가 방문객 수는 기대에 미치지 못했다. 6-7월 기간의 남아공 추가 방문 관광객 수는 20만 명으로 예상치를 크게 밑돌았으며, 특히 남아프리카공화국이 2010년 월드컵 개최지로 선정되었다는 발표(남아공 월드컵 경고, 2014년 6월 10일)에 따른 초기 주장과 비교했을 때 더욱 그러하다. 월드컵의 결과로 인한 브라질의 점진적인 관광이 예상을 초과했다는 것은 초기 징후들이다. 표 13.2에 제시된 모든 데이터에 대해 긍정적인 방식으로 놀란 결과가 유일한 경우였다. 그러나 브라질의 관광과 관련된 예상치 못한 놀라움과 관련하여 그 증거는 일관되게 발견되지 않았다. 브라질 항공협회는 2014년 6월 항공 교통량이 2013년 6월에 비해 11-15% 감소했다고 발표했다(Alves 2014). 항공 여행이 줄어든 이유는 월드컵 기간 브라질 내에서 여행하는 비즈니스맨 수가 크게 줄어든 것과 관련이 있는 것으로 보인다.

일자리 창출 통계는 검토된 신흥국 표본에서 식별하기 어렵다. 2010년 행사의 일자리 창출은 세계 금융시장의 붕괴로 인한 2008년 세계 경제 붕괴로 모호해졌다. 증거에 근거해 볼 때 브라질의 행사로부터 합리적으로 예상할 수 있는 일자리 창출은 실제 발생한 일자리보다 훨씬 못 미치는 것으로 보인다. 월드컵 활동이 절정에 달했던 2014년 6월 브라질 신입사원 채용은 단지 25,383명에 불과했다. 예상 일자리 창출 결과를 363만 개로 추정한다는 것은 실제 일자리 창출이 월드컵에서 기대했던 일자리의 10분의 1 미만(3.63/12= 302,500, 302,500/25,583 = 11.82)임을 의미한다.

중요한 전반적인 결론은 대형 스포츠 행사들이 신흥국가의 적극적인 추진에 동기를 부여한 경제적 결과를 만들지 못한다는 것이다. 이 장의 다음 절에서는 실제 결과가 예상 결과에 미치지 못하는 이유를 살펴보기로 한다.

13.5 기대치에 못 미치는 결과의 이유

이 장에서는 스포츠 대형 행사의 경제적 성과가 기대에 미치지 못하는 이유를 확인하고 토론한다. 주된 이유는 (1) 비합리적인 기대, (2) 흰 코끼리 경기장, (3) 행사 소유자에 의한 독점 임대, (4) 부실한 행사 관리, (5) 부패 등이다. 이 이유들은 각각 다음의 본문에서 논의될 것이다.

13.5.1 비합리적인 기대

표 13.2에 기록된 정보는 스포츠 대형 행사를 주최하는 3개 신흥국 표본에 대해 혜택이 상당히 과장되고 비용이 상당히 과소평가된다는 것을 나타낸다. 이러한 국가 표본에 대한 현실은 특별 행사를 개최한 개발도상국과 신흥국 모두에게 적용된다(Matheson 2013). 이러한 경제적 교묘한 속임수의 이유는 아마도 민주주의에

서 주최하기 위해 공적 자금을 사용하는 승인을 확보하는 것과 관련이 있을 것이다. 실제로 민주적이지 않은 나라에서는 그렇게 할 필요가 적다. 2022년 동계 올림픽 입찰 7개 참가국 중 민주국가들이 비용 문제를 이유로 모두 경쟁에서 탈락하고, 민주적 전통이 거의 없는 카자흐스탄 알마티와 중국 베이징만이 유일한 잠재적 개최국으로 남게 된 것은 별로 놀랄 일이 아니다. 그러나 시민의 정치적 발언권이 거의 없는 나라에서도 최소한 대형 행사가 경제성장의 기폭제가 될 수 있다는 가식이라도 제시하는 것은 정치적으로 신중하다. 지지자들은 대중들이 대형 행사들에 대한 지출은 투자로 간주되어야 하며, 대다수의 희생을 감수하고 소수의 이익을 얻는 낭비적이고 과시적인 공공 소비로 간주되어서는 안 된다고 믿기를 원한다. 세금을 쓰거나 줄어든 사회봉사를 통해 돈을 지불하라는 요구를 받는 사람들은 바로 유치의 행위와 자기 나라가 그런 거대한 구경거리를 할 수 있었다는 사실을 알고 있는 것에 대해 암묵적으로 자부심을 가져 달라고 요청받는다.

대형 행사 성공은 수행될 것과 비교하여 약속된 것을 비교함으로써 측정될 수 있다. 행사의 결과가 예상과 일치하지 않을 때 행사의 인식된 문제는 악화된다(대규모 행사는 본질적으로 사회적으로 파괴적이기 때문에 항상 문제가 발생할 것이다). 이 문제를 처리하는 방법에는 두 가지가 있다: (1) 결과를 향상시키는 방법과/또는 (2) 예상할 수 있는 결과를 좀 더 겸손하게 표현하는 방법이 있다. 기대의 관리는 그 효능에 대해 점점 회의적인 대중에게 대형 행사를 판매하는 것에 대한 고려에서 분명히 배제되었다. 제대로 관리되지 않는 기대의 영역에서 가장 큰 주범은 이 행사를 위해 의뢰된 예비 경제 영향 연구이다. 크고 다양한 도시의 경제를 위해 어떤 행사가 어떤 역할을 할지 잘 이해할 수 있는 모델이 아직 만들어지지 않은 것이 현실이다. 입력-출력 모델은 아무리 복잡하더라도 외부충격의 발생에 따르는 손실과 상당한 대체효과를 본질적으로 설명할 수 없다. 기술적 역량이 정확한 결과를 보장한다는 인식은 아마도 공식 의사결정자의 상식을 압도하거나 다른 이유로 의뢰한 연구자들의 "권위적" 발견을 믿고 싶어 한다. 잠재적 후원자 연구로 기대치를 형성하는 것보다 이전과 유사한 대형 행사의 가능한 영향을 예측하기 위해 사후 조사 또는 감사를 사용하는 것이 훨씬 더 나은 전략일 것이다. 적절히 개발되고 관리된 기대치가 대형 행사의 성공에 대한 인식의 핵심이다.

기대치를 관리하지 못하면 단기적, 장기적 결과가 모두 심각하게 발생할 수도 있다. 2014년 월드컵과 2016년 하계올림픽의 개최가 잘못된 우선순위를 예시하고 재정적으로 특권을 가진 소수에 이익을 제공한다는 인식에서 브라질 도시 거리에서의 항의가 발생 되었다. 이러한 인식은 즉각적인 정치적 구조를 위협할 뿐만 아니라, 사회 계층 간의 분열을 확대함으로써 장기적으로 사회적 구조를 더욱 긴장시키게 되었다. 그러한 비용은 엄청날 수 있고, 되돌리기도 어렵다. 대형 행사에 대한 수익위험 프로파일의 모든 척도는 다른 사회적 목적을 달성하기 위해 상당한 자금을 사용하는 것이 아니라 대형 행사 개최를 통해 발생될 수 있는 계층 간의 긴장 증가를 고려해야 한다.

13.5.2 흰코끼리 경기장

신청 도시나 국가에 대한 스포츠 대형 행사를 수용하기 위한 시설들에 대한 요구는 이러한 사회적 볼거리의 과잉을 가장 생생하게 보여준다. 경기장 등과 연계해 흰코끼리라는 말이 여러 언어에서 상투적인 문구가 되었다. 재정 부담이 부과되는 것은 단지 시설 건설비용만이 아니라, 그들의 유지보수는 장기적으로 예산을 위태롭게 할 수 있다. 경기장의 운영유지관리 비용은 대회가 끝나면 연간 수백만 달러에 달하며, 경기장을 사용하지 않거나 활용도가 낮을 경우 이러한 비용은 명확하고 지속적인 부담으로 작용한다. 2004년 하계올림픽을 개최한 그리스와 아테네시는 "이 유령도시 올림피아 사치를 유지하기 위해 단순히 7억 8,400만 달러로 추산된다"고 말했다(Perryman 2012). 신중하고 창의적인 사고는 사회기반시설의 모든 요소를 재사용하는 데 노력할 필요가 있으며, 대형 스포츠 행사의 세계에서 가혹한 현실은 게임을 위한 장소와 주최지 경제의 다른 부문들 간의 상승효과 부족이다.

경기장 건설은 행사 주최자의 명령에 따른다. 국제올림픽위원회(IOC)나 국제축구연맹(FIFA)과 같이 대형 스포츠 행사를 주관하는 국제기구들은 많은 이들이 과도하다고 생각할 만한 특정 규격에 따라 경기장 건설을 요구한다. 이러한 초과분은 입찰 과정과 행사 수행 및 숙박에서 특징인 예산 항목이 되었기 때문에 지속된다. 이코노미스트는 다음과 같이 논평했다.

> 책임질 필요가 없는 스포츠 엘리트들에 의해 조종되는 강력하고 거대한 올림픽 운동은 덜 유연하다. 위험 표지판이 마련되어 있으며, 신문들은 외국 올림픽 거물들을 위해 예약된 5성급 호텔 객실과 올림픽 VIP들을 위해 지정될 수 있는 수 마일의 특별 차선에 대해 보도하고 있다. 아마도 스포츠의 성공은

> 대중의 분노를 무력화시킬 것이고, 국가는 화려한 경기를 개최하는 것에 자부심을 느낄 것이며, 영국의 미래에 대한 새로운 자신감을 부채질할 것이다. 그러나 지금으로서는 올림픽 토론은 영광보다는 물질적 비용과 혜택을 중심으로 진행된다. 특정한 응원을 원한다면 영국의 과거를 축하하는 축제에 내기를 하라.(Bagehot 2011)

점점 치열해지는 유치 경쟁에서 이기기 위해 IOC와 FIFA에 깊은 인상을 줄 필요가 이 과정에서 인정된 부분이다. 입찰 비용이 올라가면서 뇌물과 물적 과잉, 유치하기 위해 과도하게 지불하려는 의지가 더욱 강해진다. 솔트레이크시티는 도시들이 행사를 확보하기 위해 기꺼이 하는 일에 관한 주의사항을 제공했다. 2002년 솔트레이크시티 동계 올림픽과 관련된 입찰담합 스캔들은 그 지역의 아주 깨끗한 이전의 명성에 손상을 입혔다.

사치스런 시설 건설은 계획에 의해 추진된 초과의 한 국면에 불과하다. IOC 헌장은 다음 조항이 나타내는 바와 같이 시설과 관련되어 과도한 요구는 하지 않는 것으로 보인다.

> (…) 국가 또는 국제기구와 협력하여 필요한 경우 단순하고 기능적이며 경제적인 스포츠 시설을 조성한다.(International Olympic Committee 2013)

실제로 대형 행사를 위한 경기장 건설에서 단순하고 경제적인 구조는 표준이 아니다. "필요한 곳"은 실제 건설 관행과 맞지 않는다. 베이징의 새 둥지는 4억7,800만 달러, 런던 웸블리 스타디움에는 2014년 8억8,900만 파운드(2014년 1조 4,750억 달러)의 가격표가 붙어 있다. 개막식과 일부 행사를 위한 정교한 구조는 주최 도시나 국가의 브랜드화나 거대 건축 지향의 극단적인 예에 기인할 수 있지만, 다른 주요 원인은 이 행사를 수행하는 단체들로 보인다. IOC와 FIFA의 요구는 경기장의 물가상승비 원인을 분명히 요구하고 있다. 경기장은 교육, 위생, 대중교통과 같은 다른 사회적 투자의 희생으로 마련된다. 브라질 사람들은 교환의 성격을 이해했고, 일반 브라질 사람들은 특히 FIFA 관계자들이 교통이 어려운 도시 주변을 이동할 수 있도록 만든 특별 숙박시설에 화가 났다. 최근 대중교통의 9% 가격 인상에 항의하는 브라질 사람들은 "FIFA 운송을 우리에게 달라"고 외치는 소리를 들을 수 있었다. 국제축구연맹(FIFA)은 경기장 건설 매뉴얼에 11가지 주요 사항을 명시했다.

국제축구연맹(FIFA)은 개최국에 최소 4만 명의 관중이 앉을 수 있는 현대식 경기장 8개 이상과 개막전과 결승전을 위해 8만 명의 수용 능력을 갖춘 경기장을 1개 이상 갖추도록 요구하고 있다. 의무사항 중 일부는 관중과 환경친화적이다; 다른 것들은 현재와 미래에 FIFA의 경제적 이익에 부합하는 행사 자체의 브랜딩과 마케팅을 분명히 강조한다("Know the FIFA Requirements" 2009).

결론은 국제축구연맹(FIFA)과 국제올림픽위원회(IOC) 요건에 따른 수정으로 비용이 많이 증가한다는 것이다. 2014 브라질 월드컵 개막전은 FIFA의 요구 조건을 수용하기 위해 이타케라오 스타디움을 3억 3,500만 레알(2014년 1억3,700만 달러)에서 10억 7,000만 레알(2014년 4억 3,600만 달러)로 원래 프로젝트를 수정해야 했다. 3억 1,900만 달러가 들어간 아마존 마나우스의 경기장은 참석률이 높은 행사에 다시 이용되지 않을 수도 있다고 보도되었다. 브라질 관계자들은 경기장을 지원할 민관협력을 모색하고 있지만, 현지 축구 클럽들은 한 경기에 단지 1,000명의 팬이 참여한다는 점에서 그런 약속은 할 수 없다. 마나우스는 아마도 월드컵을 위한 단지 4게임의 경기장 수명을 가지고 있을 것이다. 매달 25만 달러로 추산되는 유지비에도 불구하고, 이 경기장은 현재 생일 파티와 버스 차량기지로 사용되고 있다(Ormiston 2014).

과도하고 낭비적인 경기장 기반시설의 다른 사례들은 많은 지출이 요구되었다. 남아공의 2010년 월드컵 개최는 너무나 익숙한 패턴을 따랐다. 남아공 프리미어 축구 리그인 ABSA 프리미어십은 경기당 평균 7,500명의 팬이 참가하였으며, FIFA가 요구하는 크기의 경기장은 필요 없다. 월드컵을 위해 건설된 5개의 새로운 경기장은 약 10억 달러의 비용이 들었다. 피터 모카바와 음보벨라 등 새로 건설된 두 경기장은 각각 1억 5,000만 달러와 1억 4,000만 달러의 비용으로 건설되었다. 그들은 때때로 축구와 럭비 경기에 이용된다. 예를 들어 음보벨라 경기장은 2013년 12번의 축구 경기를 개최했으며 평균 관중 수는 7,606명으로 경기장 규모의 평균 16.5%에 달했다. 모카바 경기장에는 상시 세입자나 심지어 시간제 입주자도 등록되어 있지 않다(Fieno 2014).

아테네의 헬리니코 올림픽 경기장은 2004년 하계올림픽에 이후 유럽에서 가장 큰 대도시 공원으로 전환되기로 되어 있었다. 오늘날 이 단지는 모든 면에서 볼 때 버려진 것이다(Sanburn 2012).

2008년 베이징 하계올림픽의 상징적인 건축물인 베이징의 새 둥지와 워터 큐브는 스포츠 경기장으로서 정기적으로 계속 사용되는 것을 찾지 못했다(Lim 2012). 새 둥지는 올림픽 이후 대형 행사를 개최한 적이 거의 없고 경기장 일부가 아파트로 개조됐다. 워터큐브는 2009년에 대중 수영용으로 개장되어 세계에서 가장 비싼 랩풀*로 만들어졌다. 이후 대대적인 보수공사를 거쳐 실내 대형 워터파크로 재개장했다. 이것은 활용도가 낮은 다른 시설에는 좋은 장기적 사용이지만, 또한 이것은 워터파크를 건설한 매우 비싼 방법이다(Matheson 2013).

시드니 올림픽 공원은 2000년 올림픽이 끝난 직후 흰 코끼리로 선언되었다. 실제로 2000년 하계올림픽의 순비용(혜택을 초과하는 비용)은 15억 달러로 추산되었다.(*The Independent* 2008)

위험은 행사 개최나 잠재적 개최는 피할 수 없는 것처럼 보이지만, 일부 신청 도시들이 적극적으로 대형 행사를 추구하는 것을 단념하지 않는 것 같다. 사실, 최고의 도박 전통에서, 질문은 "내기를 조금 할까 아니면 많이 할까?"로 나타난다. 제레미 헌트 영국 문화부 장관은 런던 하계올림픽에 대해 간결하게 이 난제를 표현했다.

> 올림픽에 대해 두 가지 태도를 취할 수 있다. 당신은 지금이 긴축의 시기라고 말할 수 있다. 그러므로 우리는 가능한 한 그것을 줄여야 한다. 아니면, 지금이 긴축의 시기이기 때문에, 우리는 기회를 이용할 수 있는 가능한 모든 것을 해야 한다고 말할 수 있다.(Clarke 2012)

신흥 경제국가들은 성장 경제의 다른 분야와의 시너지 효과를 많이 내지 못하는 저활용 자본의 건설이나 개조에 사회기반시설 예산의 상당 부분을 투입할 여력이 있을 수 없다. 경기장 건설과 관련된 사회적 비용 및 활용률 저하가 경기장이 반드시 유지되어야 한다는 점에서 장기적인 문제를 나타낸다. 더욱이 스포츠 경기장이 토지의 기회비용이 높은 곳에 지어지는 것은 너무나 흔한 일이다. 대형 행사에 대한 공적 자금 지원을 옹호하는 사람들은 개최로 인한 이득이 장기적으로 발생한다고 강조한다. 개최의 가장 중요한 이유로 전개되는 특별한 행사의 긍정적인 유산은, 전적으로 부정되지는 않더라도, 경제적 유산을 제공할 수 있는 다른 형태의 사회기반시설에 대한 투자를 밀어내는, 스포츠 시설의 자금조달과 건설에 의해 유발

* Lap Pool: 왕복 연습용의 좁고 긴 풀.

된 경제에 미치는 부정적인 영향에 의해 표현되지 않을 수 있다. 특별한 행사의 공적 자금조달을 옹호하는 사람들은 종종 다양한 정치집단이 결합할 수 있는 사건이 주변에 없다면 경제적 유산을 제공하는 기반시설 투자가 그렇게 빨리 또는 전혀 일어나지 않을 것이라고 주장한다. 그럼에도 불구하고 스포츠 사회기반시설은 책임 있고 효과적인 정부가 어떤 경우에도 제공해야 하는 것으로, 사회적으로 필요한 사회기반시설의 가속화를 위해 지불해야 하는 가격은 매우 높다.

이 중 어느 것도 일부 개최 도시들이 이룬 진보를 부정하는 것은 아니다. 예를 들어 브라질은 2005년 이후 빈곤을 줄이고 중산층을 확대하는 데 큰 진전을 이루었다. 브라질에서 교육, 보건, 교통에 대한 지출이 경기장에 대한 지출을 왜소하게 만들었다는 사실에 이의를 제기할 수는 없지만, 브라질에서 진보적인 입법의 성공은 월드컵의 결과가 아니었다(*Flannery* 2014). 남아공, 인도, 브라질은 모두 행사를 수용하는데 스포츠 시설 이외의 사회기반시설에 대한 지출을 통해 경제적 유산을 제공했다. 문제는, 이러한 신흥 개최국들이 대형 스포츠 행사에 수반되는 엄청난 낭비적인 스포츠 사회기반시설 지출이 없었다면, 시민들의 삶을 더 상당히 개선시킬 수 있었을까 하는 점이다.

13.5.3 수행 조직에 의해 책정된 독점적 임대료

스포츠 시설은 스포츠 대형 행사와 관련된 자금의 중요한 유용만을 의미하지는 않는다. 독점 공급자인 행사를 수행하는 사람들은 행사가 창출하는 수익의 불균형한 몫을 전용하여 광범위한 비판을 받아왔다. 표 13.2의 정보는 FIFA가 2010년 남아공 월드컵에서 얻은 이익이 5억 6,700만 달러라는 것을 나타내는 반면, FIFA가 제공한 보다 최근의 수치는 36억 5,000만 달러의 수입에 대해 6억 3,100만 달러의 이익을 나타내고 있다(*Jamaica Observer* 2011). FIFA는 2014년 월드컵에서 48억 달러의 수입을 냈으며, 이익은 26억 달러에 달한다(Manfred 2015). FIFA의 기록에 따르면 2011년부터 2014년까지 지역 조직위원회에 4억 5,300만 달러를 기부했고, 토너먼트 이후 브라질에 1억 달러의 '유산' 지불금을 지급했다(Manfred 2015). 어느 정도의 맥락을 제공한다면, FIFA가 벌어들인 이익은 브라질의 경기장 지출의 약 72%와 같다.

FIFA의 위험 보상 프로파일은 개최국의 프로파일과 크게 다르다. FIFA와 IOC는 행사에 대한 모든 비용이 스포츠 대형 행사에 항상 수반되는 비용초과를 포함하려고 일부 금액을 백지수표에 포함할 것을 요구한다. 브라질 월드컵 추진을 지원하기 위해 FIFA가 고용하거나 FIFA와 연계한 제 3자 기관을 포함한 FIFA와 그 자회사는 면세 지위를 부여받았다(Mitra 2014). FIFA는 사회기반시설이 제공된다는 점에서 아무런 위험도 감수하지 않으며, 행사까지 판매된 티켓의 모든 수입을 전용한다. 그것은 기업의 일반적인 위험 보상 프로파일이 아니다. 월드컵을 개최하는 국가에 적용되는 것은 분명 아니다. 월드컵은 즉각적인 보상의 불균형한 작은 몫으로 상당한 자본 투자의 위험을 가정한 것이다.

13.5.4 부실한 관리

대형 행사 유치와 관련하여 "국가 브랜딩"의 가장 중요한 측면 중 하나는 월드컵, 영연방 경기 또는 올림픽 경기의 크기와 범위의 구경거리를 제작하는 데 필요한 관리적 및 조직적 역량의 발휘이다. 진행자가 무능력해 보이면 메시지가 부정적으로 될 수 있다는 위험이 있다. 주최국은 행사 준비 기간 및 행사 기간 동안, 그리고 그 행사 뒤를 이어 지구상의 중심 무대를 점령한다. 인터넷과 소셜 미디어의 정교함과 인기가 높아지면서 스포트라이트는 시간이 지날수록 더욱 강렬해졌다. 조그만 실수도 확대되어 개최국의 브랜드가 퇴색된다. 경기 전에 전시하고, 행사를 잘 조직하고 관리하지 않는 나라에 재난이 발생한다.

2010년 월드컵을 앞두고 남아공의 특정범죄에 대한 평판이 남아공의 명예를 더욱 해칠 것이라는 두려움이 월드컵 개최를 통한 관광 선진화를 저해하고 있다. 남아공이 월드컵 관중의 안전을 보장하기 위해 4만 명 이상의 경찰을 추가 고용했다는 사실은 아마도 그 두려움을 부정하고 그 행사에 따른 관광산업의 확장을 보장하는 데 결정적인 역할을 했을 것이다. 그러나 남아공은 2010년 월드컵을 위해 추가 방문객 1인당 약 13,000달러를 지출한 것으로 보고되었다(Egan 2014). 물론 남아공이 월드컵 첫 방문자에게 보여준 호감이 추가 관광객으로 이어진다면 이 금액은 줄어들 것이다. 그것은 두고 봐야 할 일이다.

소치, 러시아, 브라질과 가장 최근의 카타르는 미디어 조명의 매서운 응시 아래서 항상 잘 해내지는 못했다. 소치 동계올림픽의 엄청난 비용(500억 달러 이상), 부족한 호텔, 매일 나타나는 테러위협 등이 소치와 러시아를 불리하게 만들었다. 브라질의 성악 시위대, 경기장 재난, 건설의 느린 속도, 브라질의 많은 행사 관련 위기들을 관리하는데 정부 지도력의 변화가 브라질 브랜드를 손상시켰을 수도 있다. 브라질의 이미지는 존 코츠 IOC 부위원장이 2016년 하계올림픽을 위한 리우데자네이루의 준비는 "내가 경험한 것 중 최악"이라고 말했을 때 어려움을 겪어야 했다(Barnes 2014). 리우데자네이루 주변 지역에서 특정 올림픽 스포츠가 열릴 수질의 독성에 관한 엑스포가 브라질 이미지에 악영향을 끼쳤다(*NPR* 2015). 카타르의 외국인 노동자들의 잘 알려진 인권 유린과 2022년 월드컵 경기장 건설의 전례 없는 비용까지 겹쳐 '카타르 브랜드'에 상당한 피해를 입혔을 수도 있다. 중요한 것은 행사를 통한 브랜딩이 양방향에 영향을 끼친다는 것이다. 행사를 제대로 관리하지 못할 경우 주최국의 이미지를 훼손할 뿐만 아니라, 양호한 조직과 경영진이 이미지 퇴색을 증가시킬 위험도 크다.

13.5.5 부패

대형 스포츠 행사 시장의 구조는 부패에 대한 충분한 기회를 제공한다. 첫째로, 수행되는 개최는 상품으로 행사의 유일한 제공자이다. 둘째, 행사 규모에 따라 공적 보조금이 필요하며, 지출을 감독하는 사람들은 제 3자 자금 사용에 덜 신경을 쓴다. 셋째, 행사 개최로 인한 재무적 이익은 몇몇 산업의 손에 집중된다; 건설회사, 은행, 그리고 접견 부문은 일반적으로 이익을 본다. 만약 이들 부문이 몇몇 대기업에 의해 지배된다면, 입찰 과정은 계약을 확보하기 위한 리베이트, 정치적 기여, 그리고 뇌물과 관련이 있을 것이다. 이들 세력은 2014년 월드컵과 2016년 하계올림픽 준비와 연계해 브라질에서 명백한 것으로 알려졌다. 《이코노미스트(The Economist)》는 최근 다음과 같이 보도했다.

> 그러나 지난 9월 경찰 조사 결과 이러한 성장의 일부는 브라질 최대 건설회사 중 적어도 6개사가 2013년 190억(88억 달러)의 국내 수입을 합친 부풀린 계약에 기인하였으며, 수년 동안 국영 석유회사인 페트로바스와 정치자금을 대가로 계약을 맺어온 것으로 밝혀졌다. 브라질에서 7번째로 큰 건설업체인 UTC 엔겐하나의 사장 등 30여 명의 건설 간부들이 현재 부패나 돈세탁 혐의로 재판을 기다리고 있다.(The Economist 2015)

최근 FIFA 관계자들과 관련된 부패 의혹이 제기되었다. 2015년 5월 27일 FIFA 9명과 기업 임원 5명 등 14명이 기소돼 미국에서 사기와 음모, 부패 혐의를 받고 있다. 47개국의 기소장은 기소자들이 24년 동안 자신들을 풍요롭게 하려고 불법행위를 했다고 주장하고 있다. 불법행위가 적발된 기간은 스포츠 대형 행사 산업에서 부패가 체계적이며 신흥국뿐만 아니라 선진국을 포함한다는 것을 시사한다.

13.6 결론

이 장의 목적은 신흥국들이 스포츠 대형 행사를 유치하려는 동기를 분석하는 것이었다. 그것은 우선 추진자들이 무엇을, 그리고 왜 그렇게 하였는지 확인하였다. 그것은 또한 그러한 동기를 분석하여, 개최의 이익에 대한 기대와 결과에 비추어 추진자가 이치에 맞는지를 평가하였다. 그 결과 기대치는 수량화된 혜택을 비용과 비교한다면 신흥국들이 스포츠 경기를 주최하는 것은 이치에 맞지 않음을 시사한다. 그 결과가 시사하는 바는 신흥국 개최는 아마도 신흥국이 스스로를 상승으로 인식하고 있으며, 세계에 더 큰 목소리를 낼 만한 경제적 힘을 가지고 있다는 것을 다른 국가들에게 전달하는 신호일 것이다. 소프트 외교는 BRICs 국가들의 특별한 전략으로 보이는데, 신흥국들이 개최해 온 대부분의 스포츠 대형 행사는 그 그룹의 국가들 또는 "다음 11"이라고 불리는 국가들이다. 이 메시지의 강도는 신흥국들마다 다른 것으로 나타나 그들의 실제이고 인식된 경제적, 정치적 힘을 반영한다.

유치가 점점 더 많은 비용이 소요되는 책략이 되어가고 있으며, 이러한 것들은 신흥국의 경제를 잠재력으로 해칠 것이 명확하다. 개최를 통해 국가가 희생되지 않도록 해야 할 일들이 분명히 있다. 가장 분명한 것은 독점 생산자들의 힘의 완화이다. 특히 FIFA와 IOC는 최소한 규제를 받아야 한다. 값비싼 경기장, 부패, 그리고 수익 분배와 관련된 불공평한 협정은 독점권 행사의 직접적인 결과물이다. 신청 도시와 국가는 공동의 이익을 인식하고 세계가 원하는 것처럼 보이는 스포츠 대형 행사가 제공되어 건전한 경제원칙과 실천을 보장할 수 있도록 함께 협의할 필요가 있다. 대부분의 국가는 현재 특정 행사를 특징짓는 고 위험과 저 수익을 감당할 수 없다.

행사가 개최국의 정치 경제에 어떻게 영향을 끼치는지에 대한 현실적 인식을 제공하기 위해 경제적 결과와 기대에 관해 이용할 수 있는 정보를 활용하는 것도 중요하다. 행사로부터 이익을 얻으려고 하는 사람들이 의뢰하고 전파하는 '권위적 연구'는 합리적이라는 것을 넘어 체계적으로 기대감을 높인다는 점에서 해롭다고 입증됐다. 기대에 부합되지 못하면 정치적, 사회적 구조를 훼손하고 개최국에 장기적 피해를 야기할 수 있다. 현재 상태로는 스포츠 대형 행사 시장의 전체 구조가 "잠재적인 개최자 주의"를 외치고 있다. 이는 개최가 적어도 비용에 준하는 혜택을 제공하고, 세금이나 사회서비스 축소를 통해 행사를 후원하는 일반 시민이 참여하는 방식으로 혜택을 공유하도록 바꿀 필요가 있다. 현행 제도에서 금메달은 실제 경기를 하는 선수들보다 개최자에게 더 부족하다.

주

1. 최근 보도에 따르면 브라질에는 2,329만 명의 노동력 중 113만 명의 실업자가 있다고 한다. 〈http://www.tradingeconomics.com/brazil/unempl -oyment-rate〉을 참조하시오. 12만 개의 새로운 일자리를 창출하면 실업자가 10.62% 감소할 것이다.
2. 예를 들어, 미국의 연방 수입 공유는 1987년에 현저하게 감소하였고, 이에 따라 미국 전역의 많은 도시에서 재정 위기가 발생하였다. 〈http:// www.nytimes.com/1987/01/31/us/end-of-federal-revenue-sharing-creating-financial-crises-in-many-cities.html?src=pm&pagewanted=2〉를 참조하시오.
3. 텔레비전 권리는 게임이 창출한 수익의 4%에 불과했지만, 주사위는 던져졌다. 1956년 올림픽이 무료 취재 문제로 전 세계 뉴스레터와 텔레비전 방송사에 의해 보이콧된 것도 주목할 만하다. 이러한 중요한 개발에 대한 자세한 정보는 바니 등(Barney et al. 2004)을 참조하시오.

참고 문헌

Alves, L. (2014). "World Cup has not been good for Brazil Airlines," *Rio Times,* 1 July, <http://riotimesonline.com/brazil-news/rio-business/ world-cup-has -not-been-good-for-brazil-airlines/>.

Associated Press. (2015). "FIFA returns $100m to Brazil; World Cup cost $15 billion," *USA Today,* 20 January, <http://www.usatoday.com/story/sports/soccer/2015/01/20 / fifa-returns-100m-to-brazil-world-cup-cost-15-billion/22050583/>.

Bagehot [columnist]. (2011). "Olympic Britain v. Royal Britain," *The Economist,* 31 December, <http://www.economist.com/node/21542196>.

Barnes, T. (2014). "Preparations for Rio Olympics 'the Worst,' committee official says,"

The New York Times, 29 April, <http://nyti.ms/1hbV1Ci>.

Barney, R. K., Wenn, S. R., and Martyn, S. G. (2004). *Selling the Five Rings*. Salt Lake City: University of Utah Press.

Clarke, J. (2012). "How much will the London Olympics cost? Too much," *Forbes*, 28 March, <http://www.forbes.com/sites/johnclarke/2012/03/28/how-much-will-the-london-olym-pics-cost-too-much/>.

Economist, The. (2015). "Brazilian construction firms: Knock 'em down, build 'em up: Government cuts and a bribery scandal will prompt a shake-out in the industry," 23 May, <http://www.economist.com/sections/business-finance>.

Egan, M. (2014). "South Africa's World Cup warning to Brazil," *CNN Money*, 10 June, <http://money.cnn.com/2014/06/09/investing/world-cup-south-africa-brazil>.

Ernst & Young Terco. (2011). *Sustainable Brazil: Social and Economic Impacts of the 2014 World Cup*, <http://www.dohagoals.com/lang/content_en/downloads/copa_2014.pdf>.

Fieno, J. V. (2014). "Four years on, South Africa's World Cup has failed to live up to promises," *World SoccerTalk*, 12 June, <http://worldsoccertalk.com/2014/06/12/south-africa-four-years-later/>. Robert A. Baade and Victor A. Matheson

FIFA. (2007). *Brazil Bid: Inspection Report for the 2014 World Cup*, 30 October <http://www. fifa. com/mm/document/affederation/mission/62/24/78/inspectionreport_e_24841.pdf>.

FIFA World Cup & Olympic Games host nations. (2015). *WorldFactsInc*, <https://sites. google. com/site/worldfactsinc/FIFA-World-Cup — Olympic-Games-Host-Nations>.

Flannery, N. P. (2014). "World Cup economics: Why Brazil's bashers have got it wrong," *Forbes*, 23 June, <http://www.forbes.com/sites/nathanielparishflannery/2014/06/23/world-cup-economics-why-brazils-bashers-have-got-it-wrong/>.

Independent, The. (2008). "After the party: What happens when the Olympics leave town," 19 August, <http://www.independent.co.uk/sport/olympics/after-the-party-what-happens-when-the-olympics-leave-town-901629.html>.

International Olympic Committee (2013). *Olympic Charter*, 9 September, Bye-Law to Rule 5, 7: 20.

Jamaica Observer. (2011). "FIFA reports $631-m profit on 2010 World Cup," 5 March, <http://www.jamaicaobserver.com/sport/FIFA-reports-631-m-profit-on-2010-World-

Cup_8463347>.

Konrad Adenauer Stiftung. (2015). *Sustainable Mega-Events in Developing Countries*. <http://www.kas.de/wf/doc/kas_29583-1522-1-30.pdf?120124104515>.

Know the FIFA requirements for World Cup stadiums. (2009). *Portal 2014,* 9 September, <http://www.portal2014.org.br/noticias/2350/KNOW+THE+FIFA+REQUIREMENTS+FOR+WORLD+CUP+STADIUMS.html>.

Lim, L. (2012). "China's post-Olympic woe: Hot to fill an empty nest," *NPR,* 10 July, <http://www.npr.org/2012/07/10/156368611/chinas-post-olympic-woe-how-to-fill-an-empty-nest>.

London Olympics 2012 ratings: Most watched event in TV history. (2012). *The Huffington Post,* 13 August, <http://www.huffingtonpost.com/2012/08/13/london-olympics-2012-ratings-most-watched-ever_n_1774032.html>.

Los Angeles Olympic Organizing Committee. (1984). "Official report of the Games of the XXIIIrd Olympiad Los Angeles, 1984," <http://library.la84.org/6oic/OfficialReports/1984/1984v1pt3.pdf>.

Lundy, M. (2013). "Brazilians have reason to protest the cost of the Olympics and World Cup." *Globe and Mail,* 24 June, <http://www.theglobeandmail.com/globe-debate/brazilians-have-reason-to-protest-the-cost-of-olympics-and-world-cup/article12742114/>.

Maennig, W. and Richter, F. (2012). "Exports and Olympic Games: Is there a signal effect?" *Journal of Sports Economics*, 13(6): 635–41.

Manfred, T. (2015). "FIFA made an insane amount of money off of Brazil's $15 billion World Cup," *Business Insider: Sports,* 20 March, <http://www.businessinsider.com/fifa-brazil-world-cup-revenue-2015-3>.

Matheson, V. (2013). "Assessing the infrastructure impact of mega-events in emerging economies," in G. K. Ingram and K. L. Brandt (eds.), *Infrastructure and Land Policies*. Cambridge, MA: Lincoln Land Institute, pp. 215–32.

Mitra, A. (2014). "An ethical analysis of the 2014 FIFA World Cup in Brazil," *Seven Pillars Institute,* 8 September, <http://sevenpillarsinstitute.org/case-studies/ethical-analysis-of-tje-2014-fifa-world-cup-brazil>.

Morpurgo, G. (2015). "Brazil and the World Cup's economic impact: A look back," *Perspectives: Student-Led Economics Journal,* 19 February, <http://kcleconomics.com/a-look-back-to- 2014brazil-and-the-world-cups-economic-impact/>.

NPR. (2015). "AP study finds viruses linked to raw sewage in Rio de Janeiro Olympics waters," 10 July, <http://www.npr.org/2015/07/30/427839942/ap-study-finds-viruses-linked-to-raw-sewage-in-rio-de-janeiro-olympic-waters>.

Ormiston, S. (2014). "In Amazon's Manaus, Brazil's dreamiest World Cup adventure," *CBS News: World,* 9 June, <http://www.cbc.ca/news/world/in-amazon-s-manaus-brazil-s-dreamiest-world-cup-adventure-1.2669024>.

Perryman, M. (2012). "Do the Olympics boost the economy? Studies show the impact is likely negative," *Daily Beast,* 30 July, <http://www.thedailybeast.com/articles/2012/07/30/do-the-olympics-boost-the-economy-studies-show-the-impact-is-likely-negative.html#url=/articles/2012/07/30/do-the-olympics-boost-the-economy-studies-show-the-impact-is-likely-negative.html>.

Piketty, T. (2014). *Capital in the Twenty-First Century,* transl. A. Goldhammer. Cambridge, MA: Belknap Press.

Rose, A. K. and Spiegel, M. M. (2011). "The Olympic effect," *The Economic Journal,* 1212(553): 652–77.

Sanburn, J. (2012). "Was it worth it? Debt-ridden Greeks question the cost of the 2004 Olympics," *Time,* 9 July, <http://olympics.time.com/2012/07/09/amid-economic-turmoil-some-greeks-look-back-at-2004-olympics-as-losing-proposition/>.

The Global Growth of Tourism. (2014). Coolgeography.co.uk, <http://www.coolgeography.co.uk/GCSE/AQA/Tourism/Tourism growth/Tourism Growth.htm#arrivals>.

Trading Economics. (2014). "Brazil unemployment rate,"<http://www.tradingeconomics.com/brazil/unemployment-rate>.

Urban Areas: Global Overview. (2002). In *Global Environment Outlook 3: Past, Present and Future Perspectives,* <http://www.grida.no/geo/geo3/english/pdfs/chapter2-8_urban.pdf>.

Varrel, A. and Kennedy, L. (2011). "Mega-events and megaprojects." *Chance 2 Sustain:*

Policy Brief 3, June, <http://www.chance2sustain.eu/fileadmin/Website/Dokumente/Dokumente/Publications/Chance2Sustain_-_Policy_Brief_No3___Mega-Events_and_Megaprojects_-_WP2.pdf>.

United Nations. (2014). "World urbanization prospects," <http://esa.un.org/unpd/wup/Highlights/WUP2014-Highlights.pdf>.

World Bank. (2014). "Countries: Brazil, overview," <http://www.worldbank.org/en/country/brazil/overview>.

Zarnowski, C. F. (2015). "A look at Olympic costs," <http://library.la84.org/SportsLibrary/JOH/JOHv1n1/JOHv1n1f.pdf>.

3부

치유

CURES

제14장

메가프로젝트의 혁신과 유연성

새로운 수행 모델

앤드루 데이비스·마크 도드슨·데이비드 M. 간

14.1 개요

메가프로젝트는 사회기반시설, 국방, 광업, 제조 플랜트, 의료, 거대과학, 항공 및 우주 탐사, 주요 스포츠 행사와 같은 다양한 공공 및 민간부문에 대해 대규모로 복합적이며 일회성인 자본 투자를 수행하기 위해 사용되는 모델이다. 총 자본 비용이 미화 10억 달러 또는 그 이상인 메가프로젝트는 극도로 위험한 모험사업으로 관리하기 어렵다고 악명 높으며, 종종 당초의 목표를 달성하지 못한다(Flyvbjerg, Bruzelius, and Rothengatter 2003; Merrow 2011). 비용 초과, 일정 지연 및 부실한 운영 결과가 일반적이다. 한 추정치에 따르면 10개의 메가프로젝트 중 9개가 예산을 초과하고 있으며 50% 이상의 예산 초과가 드물지 않다(Flyvbjerg 2014: 9). 예를 들어 영국과 프랑스를 연결하는 해저 철도 터널인 채널 터널의 건설은 예산보다 80%나 많이 소요되었다.

그 규모와 복잡성에 대처하는 것뿐만 아니라 불확실성에 대응하는 것은 메가프로젝트 관리에서 긴급하고 지속적인 도전 사항이다. 공항, 고속철도, 올림픽과 같은 메가프로젝트들은 계획과 수행에 많은 시간이 소요되기 때문에, 최종적인 결과가 수년 또는 심지어 수십 년 전에 수립된 목표를 달성했는지 아닌지를 알 수 없다. 처음부터 위험과 불확실성을 식별하기 위한 노력을 하지만, 프로젝트가 진행되는 동안 발생할 수 있는 기술, 시장, 금융 및 기타 조건의 모든 우발적 사건과 변화를 예측하는 것은 쉽지 않은 사항이다. 예로 런던의 히드로 공항의 터미널 5 프로젝트를 살펴보자. 그것은 영국 역사상 가장 긴 계획 기간이 소요되었고, 설계가 마무리되자마자, 매우 예상치 못한 일인 2001년 9월 11일 뉴욕의 트윈 타워에 대한 테러 공격이 발생했다. 이 프로젝트는 2001년 11월에 정부의 승인을 받았으나 새롭고 더 엄격한 공항 보안 요건을 다루기 위해 재설계되어야 했다.

이전의 연구들은 프로젝트 스폰서들과 의뢰인들이 메가프로젝트의 초기 개발 기간 동안 구조적으로 비용을 과소평가하고 혜택을 과대평가한다고 강조한다(Morris andd Hough 1987, Miller and Lessard 2000; Flyvbjerg et al. 2003; Williams and Samset 2010; Morris and Smith 2013). 이러한 초기 계획과 낙관적 행동에 대한 강조는 메가프로젝트의 성과가 왜 그렇게 부실한지에 대한 몇 가지 중요한 이유를 확인할 수 있지만, 또한 메가프로젝트를 수행하는데 사용된 모델이 변화하고 예기치 않은 상황에 대해 계획을 혁신하고 적용할 수 없으므로 실패한다. 가장 일반적으로 사용되는 수행 모델에 따르면, 의뢰인은 시작 시점에 프로젝트에 영향을 끼칠 수 있는 모든 불확실성을 파악하고, 초기 단계에서 설계를 확정하며, 프로젝트 실행 중에 계약자와 적대적 관계를 형성하여 위험을 전가할 수 있는 확정가격 계약을 사용할 수 있다고 가정한다.

본 장에서는 세 개의 영국 메가프로젝트, 즉 히드로 터미널 5, 2012 런던 올림픽, 크로스레일의 책임 있는 조직들이 보다 혁신적이고 유연한 수행 모델을 구성하기 위해 어떻게 상당한 노력을 기울였는지 살펴본다. 이 새로운 접근법은 메가프로젝트의 수명 동안 새로운 기술에 의해 가능하게 된 혁신적인 새로운 관행, 프로세스 및 효율성을 이용할 기회를 포함하여 그것을 제공하기 위한 새롭고 예기치 않은 선택권이 있음을 인식하는 것이다.

문헌(Teece, Pisano, and Shuen 1997; Eisenhardt and Martin 2000; Zollo and Winter 2002)과 우리 자신의 경험적 연구를 바탕으로, 우리는 의뢰인이 새로운 기회가 생기거나 상황이 빠르고 예기치 않게 변화할 때 계획을 적용하고, 일상 업무를 수정하고, 혁신하는데 필요한 "동적 역량"을 개발할 수 있다고 주장한다. 2005년에서 2015년 사이에 실시된 우리의 연구는 새로운 혁신적이고 유연한 프로젝트 수행 모델과 관련된 동적 역량을 확인했다. 이 모델은 관리자가 메가프로젝트 관리에 관련된 위험과 기회를 해결하기 위해 사용하는 5가지 전략적 프로세스로 구성된다.

- 검색 기능: 불확실성을 해결하고 프로젝트 목표를 달성하는 데 필요한 수

행 모델의 구성 요소를 식별, 시험 및 결합한다.

- 적응력 있는 문제 해결 능력: 프로젝트 팀 체계와 프로세스를 수립하여 긴급한 문제와 기회를 다룬다.
- 시험 및 실험 능력: 새로운 기술이 프로젝트에 도입되기 전에 검증될 수 있도록 새롭고 고위험 사례를 시험하고 실험한다.
- 전략적 혁신 능력: 프로젝트 공급망 및 연구 파트너의 혁신적 자원과 역량을 활용할 수 있는 공식적이고 신중한 프로세스를 생성한다.
- 균형 조정 능력: 계획한 절차를 수행하는 것과 예기치 않은 사건 또는 새로운 기회가 발생하거나, 조건이 변경될 때 혁신을 추진하는 것 사이의 균형을 관리한다.

이 장의 나머지 부분은 크게 세 부분으로 나뉜다. 다음 절의 문헌 검토에서는 메가프로젝트를 둘러싼 불확실성을 해결하는데 필요한 동적 역량에 내재된 혁신적이고 유연한 프로세스를 확인한다. 섹션 14.3은 사례 연구 프로젝트에 동적 역량이 어떻게 적용되었는지를 보여주고, 섹션 14.4는 새롭고 유연한 제공 모델의 주요 특징을 식별하며, 다양한 유형의 영구적 및 임시적인 의뢰인이 메가프로젝트의 동적 역량을 개발하고 전개하는 방법을 고찰한다.

14.2 메가프로젝트의 불확실성 관리

메가프로젝트는 고유한 제품, 시스템 또는 산출물을 설계하고 구축하기 위해 수립된 임시 조직과 프로세스이다(Davies, Gann, Douglas 2009; Davies and Frederiksen 2010). 독립적인 조직으로 수립된 메가프로젝트는 의뢰인 팀, 주 계약자 또는 여러 형태의 임시 연합, 공동 수급 또는 다수의 당사자(의뢰인, 계약자, 공급자 및 기타 이해관계자)가 주도할 수 있으며, 불확실한 환경에서 제한된 일정 기간 동안 공유 활동에 대해 공동으로 작업할 수 있다(Jones and Lichenstein 2008; Merrow 2011). 각 프로젝트는 보통 더 작은 상호 관련 프로젝트로 분해되고 하나의 프로그램으로 구성된다. 시스템 통합자 조직(의뢰인, 주 계약자 또는 수행 파트너)은 프로젝트 활동에 참여하는 수많은 하위그룹과 공급업체의 업무를 조정하기 위해 구성된다(Davies et al. 2009; Merrow 2011; Davies and Mackenzie 2014). 이 조직은 전체 프로그램과 프로젝트 간의 간섭사항을 관리하고, 별도 계약을 통해 외부 공급업체를 관리하며, 시간, 비용, 품질 성과 목표 달성을 책임진다. 메가프로젝트는 또한 초기 계획과 설계에서부터 시공, 통합 및 시험을 거쳐 운영으로의 이관까지 수 년 또는 수십 년이 걸리는 임시적 프로세스이다(Artto, Ahola, and Yartianinen 2016).

14.2.1 수행 모델

각 메가프로젝트에는 두 가지 기본적인 단계가 포함된 고유의 수행 모델이 있다. 프런트엔드 "계획" 단계는 프로젝트가 그들의 전체적인 전략적 목표를 어떻게 충족시킬지를 스폰서와 의뢰인이 정의하고 거버넌스를 형성하며, 계약을 준비하여 입찰단계에서 기술 혁신을 촉진하는 대안적 아이디어와 방법을 고려하는 수행전략을 검토할 때 발생한다. "실행" 단계는 프로젝트가 진행 승인을 받고 계약자가 설계, 시공, 통합, 시운전, 시험과 자산을 운영자에게 이전할 때 발생한다.

몇몇 중요한 연구들은 계획 단계에서 이루어진 잘못된 결정 때문에 종종 메가프로젝트가 실패한다고 주장한다. 모리스와 호흐(Morris and Hough 1987)의 주요 프로젝트에 관한 연구는 프런트엔드 프로젝트 정의 단계 형성에 발주자 또는 스폰서의 주요 역할을 강조했다(Morris 1994, 2013; Edkins et al. 2013). 밀러와 레사드(Miller and Lessard 2000)의 대규모 엔지니어링 프로젝트에 관한 연구 역시 특히 복잡한 프로젝트와 급진적으로 변화하는 외부 환경을 처리하기 위한 새로운 형태의 계약 및 거버넌스 개발 측면에서 특히 스폰서 형성 역할에 초점을 맞추었다. 플뤼브비에르 등(Flyvbjerg et al. 2013)은 메가프로젝트의 부실한 성과는 초기에 약속된 낮은 비용이 훨씬 더 높게 나타날 것이며, 기대되는 혜택이 실현되지 않을 수 있다는 인식에서, 과도한 낙관주의나 고의적인 속임수에 기인한다고 언급하였다(Flyvbjerg, Garbuio, and Lovallo 2009). 메로우(Merrow 2011)는 성공 여부는 프런트엔드에서 프로젝트 스폰서의 적극적인 참여에 달려 있다고 주장하면서도, 강력하고 유능한 소유주 중심 프로젝트팀 구성, 올바른 조직 구조를 선정, 이를 실현하기 위한 역량을 구축, 프로젝트의 다른 부분들 사이의 간섭사항을 관리하는 능력을 구성하는 등, 각 메가프로젝트에 대한 올바른 실행 접근방식의 확립에 관한 중요성을 강조한다.

연구는 가치 창출, 강력한 프로젝트 리더십, 고성능 문화, 협력 프로젝트 팀 등 대형 프로젝트의 성공적인 수행에 기여하는 많은 요인을 파악한다(Dvir and Shenhar 2011). 메가프로젝트를 관리하기 어렵게 만드는 주요 관점으로는 규모(Morris and Hough 1987; Flyvbjerg et al. 2003; Merrow 2011), 불확실성(Miller and Lessard 2000; Shenhar 1993,

2001; Shenhar and Dvir 1996; Floricel and Miller 2001; Flyvbjerg et al. 2003; Loch, De Meyer, and Pich 2006; Lenfle and Loch 2010; Brady, Davies, and Nightingale 2012), 복잡성(Shenhar and Dvir 2007; Davies and Mackenzie 2014; Brady and Davies 2014), 긴급성(Morris and Hough 1987; Shenhar and Dvir 2007) 및 제도적 구조(Scott, Levitt, and Orr 2011) 이다. 메가프로젝트를 담당하는 스폰서 및 의뢰인들은 이러한 모든 관점을 다루어야 하지만 영국의 대규모 사회기반시설 프로젝트의 관리에 대한 연구(Gil 2009; Davies et al. 2009; Davies, Dodgson, and Gann 2016)는 불확실성에 적응하는 것이 메가프로젝트 수행과 관련된 가장 어려운 측면 중 하나라고 제시한다.

14.2.2 혁신과 불확실성

메가프로젝트와 관련된 많은 불확실성은 예측 가능하며 위험 관리 및 우발상황계획을 사용하여 초기에 해결할 수 있다. 그러나 이러한 기법은 새로운 것을 배우고 방향을 바꾸고 문제를 해결하기 위해 즉흥적으로 대처하기보다는 예기치 못한 사건이 발생할 때 "계획으로 돌아가기" 위한 노력을 장려한다(Loch et al. 2006). 메가프로젝트는 매우 불확실하므로 의뢰인들은 전통적으로 혁신과 관련된 추가적인 위험을 도입하기보다는 기존의 일상, 시도되고 검증된 관행 및 입증된 기술에 의존하는 것을 선호한다(Van Marrewijk, Clegg, Pitsis, and Veenswijk 2008). 위험을 "하향적 위협"과 연관시키는 이러한 경향은 혁신으로부터 유입되는 "상향적 기회"를 무시한다(Ward and Chapman 2003: 98). 대규모 고위험 프로젝트에 대한 고전적 연구들은 불확실성을 관리하고 완화시키는 혁신에 의해 수행되는 역할을 강조했기 때문에 이것은 놀라운 일이다.

예를 들어, 세계은행에 대한 연구에서, 허슈먼(Hirschman 1967)은 대규모 프로젝트를 수행하는 동안 부딪치는 많은 숨겨진 불확실성을 처리하기 위한, 특히 훨씬 후에 예기치 못한 문제가 발생할 때 그들을 해결하기 위한 진지한 노력을 요구하는 창의성과 혁신을 식별하는 숨어 있는 손의 원칙을 소개했다. 우리가 그것을 "우리 자신에게 그것이 밝혀지는 것보다 더 일상적이고 단순하며 진정한 창의성의 산물처럼 보이기 때문에"(1967: 13) 도전적인 프로젝트가 수행된다고 허슈먼은 주장했다. 그러나, 숨어 있는 손 구조는 지나치게 낙관적이라는 비판을 받아왔고(Flyvbjerg 2014), 필요에 따라 혁신을 육성하는 특정 프로세스를 식별하는 것을 소홀히 한다.

혁신과 불확실성 사이의 관계는 대규모이며 복잡한 북해 석유 및 가스 프로젝트에 대한 스틴치콤과 하이머(Stinchcombe and Heimer 1985)의 연구에서도 나타난다. 이러한 프로젝트는 조건이 안정적이고 예측 가능한 경우 다양하며 계획된 프로젝트 순서, 일정 및 우발상황에 의존하지만, 프로젝트 실행 중에 발생하는 예기치 않은 상황은 조건 변경이나 새로운 기회가 발생할 때 계획을 변경하고 프로세스를 조정하며 혁신을 추진하는 결정에 따라 해결되어야 한다.

메가프로젝트의 관리자들은 국방 시스템 프로젝트의 초기 연구에서 조건 변화가 명백하게 확립되었을 때 계획된 일상을 실행하는 것과 혁신을 촉진하는 것 사이에서 균형을 맞출 필요가 있다는 생각하였다. 예를 들어, 세일러스와 챈들러(Sayles and Chandler 1971: 13)는 NASA의 우주 프로그램에 관한 연구에서 모든 복잡한 프로젝트에서 "확정된 계획의 필요성과 (비용의 변화를 최소화하기 위해) 유연한 계획에 대한 욕구 사이에 적절한 타협점을 찾는 것"을 인식했다. 아폴로 프로그램 실행 중 적응력 있고 혁신적인 NASA의 능력은 시스템 통합, 변화 관리, 형상 관리, 진보적인 설계 적용(Johnson 2002)과 같이 1950년대에 개발된 기술들에 의해 지원받았다.

14.2.3 동적 역량

이 초기 연구는 메가프로젝트의 불확실성의 정도에 따라 일상적이고 혁신적인 행동을 수행하는 중요성을 강조한다. 문제는 이러한 사회기반시설을 제공하는 조직이 어떻게 이러한 균형적 행동에 대한 능력을 개발하느냐이다. 이러한 점에서, 동적 역량에 관한 문헌은 조직이 긴급한 문제를 해결하고, 혁신적 기회를 탐구하며, 불확실성을 해소하는데 필요한 적응력 있는 프로세스, 단순한 규칙 및 일상을 개발하는 방법 설명에 도움이 된다.

동적 역량의 개념은 주로 기업의 자원 기반 관점(Teece et al. 1997; Teece 2007, 2010; Eisenhardt and Martin 2000)과 진화 이론(Zollo and Winter 2002; Helfat and Peteraf 2003)과 관련이 있다. 이 개념은 프로젝트 기반 산업들을 포함한 모든 유형의 산업에서 기업들이 빠르게 변화하는 불확실한 환경에서 성공적으로 생존하고 성장하기 위해 그들의 업무와 자원을 어떻게 적용하고, 통합하고, 재구성하는가를 설명하기 위해 전략적 학자들에 의해 도입되었다(Teece et al. 1997; Eisenhardt and Martin 2000; Eisenhardt and Sull 2001; Hellfat 2000; Winter 2000, 2003, 2010; Zollo and Winter 2002; Hellfat and Peteraf 2003, Teece 2007, 2012).

동적 역량은 혁신을 촉진하고 불확실성에 적응하기 위해 목적 있는 활동, 식별

가능한 전략 프로세스 및 학습된 관리적 일상(예, 신제품 개발 또는 포트폴리오 관리용)이다(Eisenhardt and Martin 2000; Dodgson,Gann, and Phillips 2014). 그것은 임시 창의성과 즉흥성(Winter, 2003), 경영진의 리더십 능력, 고위 경영진의 역량을 언급하지는 않는다. 동적 역량은 몇 가지 간단한 규칙과 핵심 프로세스로 정의될 수 있다. 그들은 관리자가 혁신적 기회를 추구하고 급변하고 불확실한 상황을 처리할 수 있는 지침을 제공한다(Eisenhardt and Sull 2001).

연구는 주로 기업이 변화하는 상황에 대응하여 자원 기반을 확장하고 혁신을 창출하는 방법에 초점을 맞춘 반면에, 동적 역량에 대한 또 다른 사고는 안정과 변화의 균형을 유지하는 것의 중요성과 다양한 환경 조건에 보조를 맞추는 효율성 및 유연성(Adler, Goldoftas, and Levine 1999; O'Reilly and Tushman 2008; Eisenhardt, Furr, and Bingham 2010)을 강조한다. 오레일리와 터스만(O'Reilly and Tushman 2008)은 동적 역량이 급변하는 불확실한 상황에 조직이 적응할 수 있도록 지원하며, 동시에 안정적이고 예측 가능한 환경에서 기존 운영의 일상을 어떻게 그리고 언제 활용할지를 아는 것으로 양면성을 지원한다고 제안한다.

이 개념은 프로젝트 기반 기업들이 기존 의뢰인을 유지하기 위해 프로젝트를 전개하는 반면 새로운 시장에 진입, 발전, 성장하기 위한 혁신적인 프로젝트를 개발하기 위해 적용되었다(Gann and Salter 2000; Davies and Brady 2000; Brady and Davies 2004; Ethiraj, Kale, Krishnan, and Singh 2005; Soderlund and Tell 2009; Cattini, Ferriani, Frederiksen, and Taube 2011; Davies and Brady 2016). 그러나 학자들은 최근에야 크고 복잡한 프로젝트를 관리하기 위해 어떻게 동적 역량이 전개되는지를 고려하기 시작했다(Winch 2014; Davies and Brady 2016; Winch and Leinringer 2016; Davies et al. 2016). 동적 역량의 균형적 역할은 데이비스와 브레디(Davies and Brady 2016)에 의하면, 이들은 의뢰인과 수행 파트너가 복잡한 프로젝트에서 발견되는 다양한 수준의 불확실성에 유연하게 대응할 수 있는 동적 역량을 개발할 수 있음을 보여준다. 윈치와 레이링거(Winch and Leiringer 2016)는 사회기반시설 프로젝트 수행에 필요한 전략적, 상업적, 거버넌스 능력을 파악하기 위해 "소유자 프로젝트 능력"의 아이디어를 개발한다. 데이비스 등(Davies et al. 2016)은 히드로 터미널 5 프로젝트에 관한 연구에서 어떻게 BAA가 유연한 계약, 협업적인 통합 프로젝트 팀 구조, 혁신과 유연성을 촉진하기 위한 간단한 규칙 등을 구체화하기 위해 유연한 솔루션을 추진하는 일련의 동적 역량을 구축, 코드화 및 동원한 방법을 확인한다.

14.2.4 메가프로젝트에서의 동적 역량

불확실성이 복잡하고, 새롭고, 빠르게 변화하는 프로젝트에서 어떻게 다루어지는지를 이해하는 것과 관련된 문헌은 우리가 메가프로젝트의 혁신과 유연성을 가능하게 하는 다섯 가지 특정한 동적 역량을 확인하는 데 도움이 된다(표 14.1 참조).

- 검색 역량
- 적응력 있는 문제 해결 역량
- 시험 및 실험 역량
- 전략적 혁신 역량
- 균형 조정 역량

첫째, 프런트엔드 계획 중에는 다른 프로젝트와 산업 환경에서 새롭거나 성공적인 아이디어, 실행, 기술을 검색하고, 옵션과 다양성을 생성하며, 프로젝트가 직면한 미래 조건을 해결하기 위해 그 다양성 내에서 선택하기 위한 동적 역량이 요구된다(Davies et al. 2009; Davies et al. 2016). 선택한 아이디어, 실행 및 기술이 프로젝트의 전체 목표를 달성하도록 설계된 수행 모델을 만들기 위해 조정, 수정 및 결합될 수 있으며, 동시에 변화하고 예측하지 못한 상황에 적응할 수 있다.

표 14.1 메가프로젝트에서의 동적 역량 — 전략적 과정과 핵심 문헌

동적 역량	전략적 과정과 문헌
검색 역량	규격 불확실성과 참고 등급 예측(Lavallo와 Kahneman 2003; Flyvberg 2014) 타 프로젝트 및 산업으로부터 내/외부적 학습(Davis 외. 2009; Davis 외. 2016) 검색, 시험과 새로운 조합 선정(Davis 외 2009; Davis 외 2016)
적응력 있는 문제 해결 역량	문제 해결 팀(Minzberg 1983; Edmonson, 2012a, 2012b) 유연한 계약(De Meyer 외. 2002; Gil 2009) 심리적 안전(dmonson, 2012a, 2012b)
시험 및 실험 역량	실시간 성과로부터 학습 및 피드백(Eisenhardt와 Tabrizi 1995) 학습, 다중 실험과 선택주의(Loch 외. 2006)
전략적 혁신 역량	공식 혁신 전략(Davis 외. 2014; Dodgson 외. 2015)
균형 조정 역량	확정 대 유연한 계획 (Sayles와 Chandler 1971) 훈련 유연성 (Sapolsky 1972) 목표 유연성 (Lnfle과 Loch 2010) 진보적 설계 확정, 변화관리 위원회와 형상관리(Johnson 2002)

검색 과정은 기술적, 시장적, 사회적, 제도적 위험을 포함한 프로젝트 수행과 관련된 불확실성을 예측하기 위한 작업으로 설명된다(Miller and Lessard 2001). 우리가 본 바와 같이, 대부분의 고위험 프로젝트는 일정이 지연되며 예산이 초과되고, 당초 사양을 달성하지 못한다. 관련된 불확실성을 이해하기 위하여, 경영자들은 과거에 수행된 프로젝트에 대한 자신의 능력과 경험으로부터 학습할 수 있다. 그러나 이러한 직관적인 "내부적 시각"을 채택하려는 조직들은 지나치게 낙관적인 경향이 있으며 프로젝트를 지연시키거나 중단시킬 수 있는 모든 가능한 사건들을 고려하지 못하고 있다(Lavallo and Kahneman 2003). "참조 등급 예측" 기법을 사용하여 다른 곳에서 수행된 유사한 프로젝트의 경험을 조사함으로써, 관리자는 프로젝트의 가능성 있는 결과를 보다 정확하게 이해할 수 있다(Flyvbjerg 2014). 이러한 "외부 관점 검토"를 채택하는 것은 다른 프로젝트와 산업에 대한 비교 데이터를 제공하는 관리자를 모집하고 컨설턴트 영입으로 지원받는다.

의뢰인, 계약자 및 수행 파트너는 이전 절차를 반복하거나, 점진적인 조정 또는 완전히 새로운 수행 모델을 만들기로 결정할 수 있다. 가장 급진적인 형태의 "프로젝트 혁신"에서, 의뢰인은 새로운 관행과 기술을 실험하고, 새로운 거버넌스 구조를 창출하며, 기존의 제도를 변형한다(Michaud and Lessard 2000).

둘째, 메가프로젝트 실행 중에 발생하는 사건 및 진화하는 의뢰인 요구사항을 혁신하고 해결하기 위해서는 적응력 있는 문제 해결 기반의 동적 역량이 요구된다(Dvir and Shenhar 2011; Davies et al. 2016). 메가프로젝트에서, 이 적응력 있는 문제 해결 과정은 유연한 계약과 프로젝트 팀 구조에 의해 뒷받침된다.

고정 가격 계약이 예측할 수 있고 안정적인 조건을 처리하기에 적합할 수 있는 반면에, 예기치 않고 빠르게 변화하는 조건을 다루기 위해서는 다른 형태의 유연한 계약이 필요하다(Shenhar and Dvir 2007; Pich, De Meyer, Loch 2002;. Loch, De Meyer and Pich 2006; Gil 2009). 예를 들어, 코스트 플러스 또는 비용 실비정산 계약에서 의뢰인과 계약자는 신뢰와 협업을 구축하고 위험과 기회를 공유하기 위한 관계적 합의를 체결한다. 유연한 계약은 "가능한 모든 우발상황의 열거 및/또는 사전에 그에 대한 적절한 적응을 규정하는" 불가능함을 인정한다(Williamson 1985: 79). 그들은 계획한 프로젝트 활동과 일정이 예상치 못한 상황을 해결하기 위해 실시간으로 수정되는 경우 상호 조정에 의한 협의를 지원한다(Thompson 1967). 의뢰인은 문제를 숨기고, 비용을 회수하고, 합의된 이윤을 달성하고, 혁신적 가능성을 이용하며, 문제에 대한 고품질 해결책을 구축하기보다는 프로젝트 팀에게 노출되도록 장려하는 인센티브를 부여한다.

메가프로젝트는 프로젝트 팀에 의해 각각 실행되는 수많은 소규모 프로젝트로 분해된다. 프로젝트 팀에서 서로 다른 지식과 기술을 가진 사람들은 급변하는 조건, 예측하지 못한 문제, 그리고 새로운 기회에 유연하게 적응하고 대응할 수 있다(Mintzberg 1983; Soderholm 2008; Geraldi, Lee-Kelley, Kutsch 2010; Edmondson 2012a, 2012b). 이들 팀은 기존의 지식과 기술을 과거의 틀에서 벗어나 새로운 것을 건설할 수 있는 기준으로 취급한다. 프로젝트 팀은 당면 과제의 범위를 정하고, 상호의존적인 작업을 식별하며, 집단행동을 구조화하기 위해 단순한 규칙에 의존한다(Edmondson 2012a, 2012b). 팀워크는 프로젝트의 방향과 초점을 자주 바꾸면서 신속한 적응을 촉진한다. "정신적으로 안전한" 환경에서 일하는 것은 프로젝트 팀원들이 위험을 감수하고, 좌절을 극복하고, 협력적인 학습과 혁신에 참여하도록 장려한다.

셋째, 동적 역량은 새로운 또는 고위험 관행을 시험하고 프로젝트에 도입하기 전에 별도 장소에서의 시험, 파일럿 연구 또는 기타 운영 환경에서 새로운 기술이 입증되는지 확인이 요구된다. 새롭고 불확실한 프로젝트는 시험과 다중 실험 수행을 통해 얻은 피드백으로부터 학습함으로써 예측된 많은 위험과 예측되지 않은 불확실성에 적응해야 한다(Eisenhardt and Tabrizi 1995; Loch et al. 2006; Perminova, Gustafsson, and Wikstrom 2008). 시험은 새롭거나 복잡한 프로젝트 활동을 수행하는 방법을 배우고, 그것과 관련된 위험을 식별하고 처리하는 데 필요한 변경을 수행하는 방법을 배우기 위해 착수될 수 있다. 새로운 관행과 입증되지 않은 기술의 시험은 효율적인 성능에 대한 위험과 장애물을 식별, 진단 및 해결하도록 보장한다. 획기적으로 새로운 기술을 개발하는 프로젝트는 선호되는 것을 선택하기 전에 서로 독립적으로 병행하여 복수의 시험을 수행할 수 있다(Loch et al. 2006). 예를 들어 상당한 과학적, 기술적 불확실성에 직면하고 상당한 시간적 제약에 직면한 맨해튼 프로젝트는 핵분열성 물질을 만드는 두 가지 폭탄 설계와 세 가지 방법을 개발했다(Johnsom 2002; Lenfle and Loch 2010; Lenfle 2011).

넷째, 전략 혁신의 동적 역량은 추구해야 할 과제를 식별하고, 그 안에 있는 전체 프로그램과 개별 프로젝트를 포함하여 메가프로젝트의 목표를 지원하는 공식적인 혁신 과정을 수립한다. 전체적인 혁신 전략을 수립하고 구현하는 것은 전체 프로젝트 공급망과 대학과 같은 연구 파트너의 혁신 자원과 능력을 계획, 조정 및

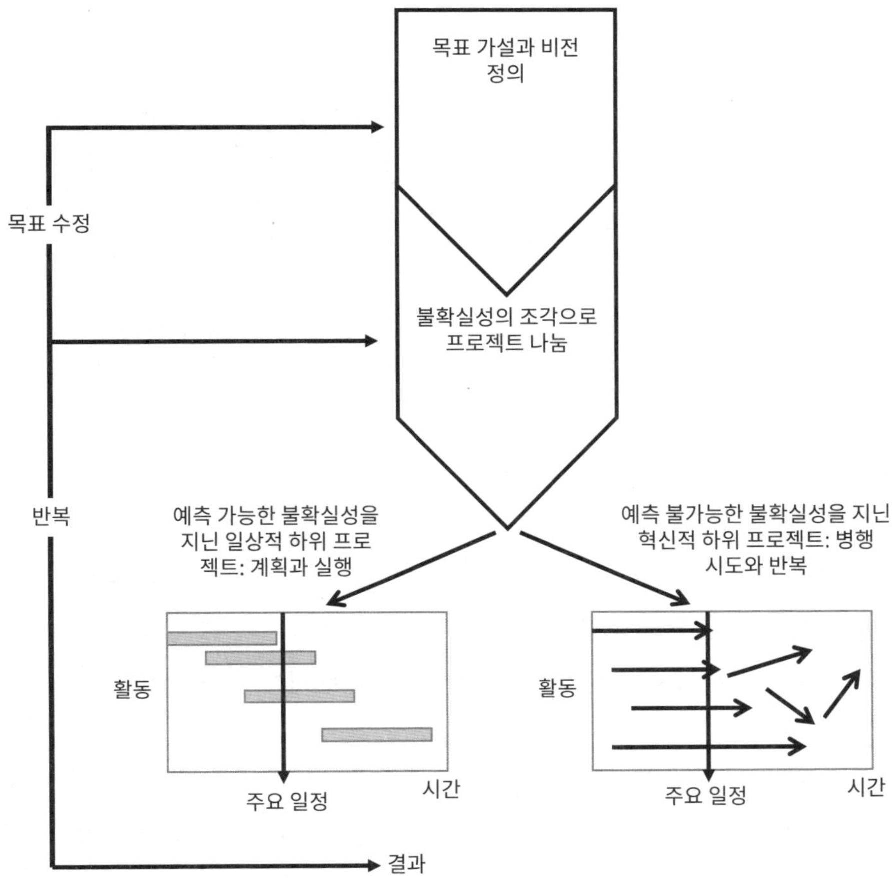

그림 14.1 메가프로젝트에서 일상과 혁신의 균형

출처: Adapted from Lenfle and Loch(2010.)

전개하는 데 도움이 된다(Davies et al. 2014; Dodgson et al. 2015). 디지털 인프라 플랫폼에 의해 지원되는 통합 혁신 프로세스는 인센티브와 보상과 함께 시행될 수 있으며, 프로젝트 계약자와 공급자가 자원을 투입하고 주요 혁신 과제를 해결하고 아이디어를 개발하며 새로운 기회를 이용하는 데 필요한 능력을 적용하도록 권장할 수 있다.

다섯째, 프로젝트의 실행 중 안정적이거나 불확실한 조건에 따라 일상적이고 혁신적인 조치의 필요성에 균형을 맞추는 동적 역량이 요구된다. 메가프로젝트는 처음 적용된 불확실하고 새로운, 혁신적 절차뿐 아니라 이전 프로젝트에서도 여러 차례 수행된 예측 가능하고 표준화되고 반복적인 일상의 '집합'이기 때문이다

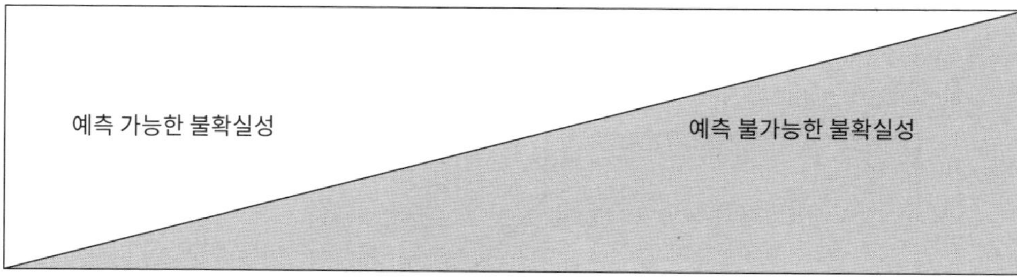

그림 14.2 불확실성에 대한 균형적 대응

(Enfwall 2003). 초기에는 설계를 "확정"하고, 계획 절차를 실행하고, 공사 일정을 안정화하기 위한 노력을 할 수 있지만, 사업이 진행되는 동안 새로운 혁신적 가능성을 모색하고 예기치 못한 문제를 해결하기 위해서는 어느 정도 유연성이 요구된다.

복잡한 프로젝트에서 안정성과 변화 사이의 절충을 관리할 수 있는 유연성을 제공하여 단계별로 설계를 점진적으로 확정하고 "변경 통제 위원회"를 사용하는 등의 몇 가지 기법은 원래 1950년대와 1960년대에 개발되었다(Johnson 2002). 폴라리스 대륙 간 탄도 미사일 프로그램은 "훈련된 유연성"이라는 개념에 의존했다. 즉, 예측 가능한 제약 조건 내에서 작업 규율, 일정을 맞추기 위한 결단력, 어떤 특정한 목표에 대한 미숙한 확약을 피하고 변화하고 긴급한 상황에 적응하기 위해 선택사항을 가지는 유연성이다(Sapolsky 1972: 250).

맨해튼 프로젝트에 관한 최근 연구는 "목표 유연성"이 균형 잡힌 행동의 해결책도 제공한다는 것을 시사한다(Lenfle and Loch 2010). 그림 14.1에서 볼 수 있듯이, 메가프로젝트의 다양한 불확실성은 예측 가능한 위험(전면 계획, 표준화된 실행 절차 및 위험 관리)과 예측 불가능한 불확실성(혁신 지원을 위한 병렬 시험과 반복 학습)을 다루기 위한 뚜렷한 프로젝트, 구조 및 프로세스로 분해될 수 있다. 그림 14.2는 예측된 불확실성과 예측하지 못한 불확실성의 균형을 맞추는 데 필요한 일상적이고 혁신적인 조치와 관련된 계약, 프로세스 및 행동의 유형을 나타낸다. 프로젝트들은 또한 프로젝트 생애주기의 다른 단계들을 다루기 위해 목표인 유연성을 사용한다. 즉, 불확실성이 높을 때 초기 개발 단계에서 코스트 플러스 계약을 사용할 수 있고, 불확실성이 점차 감소하는 이후 단계에서 고정 가격 계약이 더 적절하다(Shenhar and Dvir 2007: 94).

14.3 연구 결과 예

이 섹션에서 우리는 영국 사회기반시설 의뢰인들이 메가프로젝트의 혁신과 유연성을 촉진하기 위해 어떻게 동적 역량을 개발해 왔는지에 초점을 맞춘 우리 자신이 발표한 연구를 언급한다. 우리는 세 가지 프로젝트와 그들이 새로운 프로젝트 수행 모델을 생성하는데 역할을 소개하고, 우리의 문헌 검토에서 확인된 다섯 가지 동적 역량이 사례 연구에서 어떻게 전개되었는지를 설명하기 위해 선택된 예를 포함한다.

14.3.1 상황— 영국의 사회기반시설 프로젝트

저자들은 2005-2015년 동안 3개의 대형 민간 및 공공 의뢰인이 대규모 사회기반시설 프로젝트를 수행하는 새로운 방법을 어떻게 탐구해 왔는지를 조사하는 장기 연구 프로그램에 참여하였다. 우리는 계약자와 수행 협력업체와 협력하는 의뢰인들이 어떻게 히드로 터미널 5(T5)와 런던 2012 올림픽 건설, 크로스레일 프로젝트를 관리할 수 있는 동적 역량을 개발했는지에 초점을 맞추었다. 우리는 CEO, 프로젝트 책임자, 프로젝트 매니저, 이사, 프로젝트 팀원들과 백여 차례 이상 인터뷰를 진행했다. 우리의 질적 연구 방법에 대한 자세한 설명은 데이비스 등(Davies et al. 2016); 데이비스 및 매켄지(Davies and Mackenzie 2014); 그리고 도드슨 등(Dodgson et al. 2015)에서 확인할 수 있다.

T5 프로젝트는 히드로 공항에 영국 항공사를 위해 43억 파운드의 새로운 터미널을 설계하고 건설하기 위해 수립되었다. 그 당시, BAA는 프로젝트 수행을 담당하는 의뢰인 조직이었다. BAA는 민간의 공항 소유자와 운영자였으며, 2012년에 히드로 공항 홀딩스로 개칭되었다. T5는 극도로 위험한 프로젝트로 여겨졌다. 2002년에 건설이 시작되었을 때 투자는 BAA 자본 가치의 약 3분의 2에 해당한다. 건설 프로그램은 16개의 주요 프로젝트와 147개의 하위 프로젝트로 구성되었다. T5 프로젝트는 2008년 3월 27일 서비스를 개시했을 때 상당한 문제들을 겪었다. BA는 2만 개의 가방을 잘못 전달했고 501편의 항공편을 취소하여 약 1,600만 파운드의 손실이 발생되었다. 터미널은 개항 12일 만에 첫 전체 운행 일정을 달성했

다. 혼란스러운 개방에도 불구하고 이 사업은 일정대로, 예산 내에서, 그리고 만족스러운 안전 기록으로 고품질의 사회기반시설을 정확히 설계하고 건설한다는 목표를 달성한 것으로 평가되고 있다.

런던 2005년 7월 6일에 2012년 올림픽과 패럴림픽 개최지로 선정되었다. 올림픽 수행청(ODA : Olympic Delivery Authority)은 2006년 올림픽공원 인프라, 경기장, 올림픽 마을, 교통 시스템의 설계와 건설을 감독하는 임시 의뢰인 및 공공부문 기관으로 지정되었다. 임시의 공동수급사인 CLM(CH2MHill, Ling O'Rourke, Mace)은 ODA의 "수행 파트너" 역할을 하기 위해 특별히 설립되었다. 건설 프로그램은 70개 이상의 개별 프로젝트(주 계약업체에 의한 계획, 승인 및 관리)로 구성되었다. 주요 행사장 프로젝트는 올림픽 공원(올림픽 경기장, 아쿠아틱스 센터, 벨로드롬, 국제 방송 센터/프레스 미디어 센터 및 선수촌)에 집중되어 있었는데, 그중 상당수는 개별적으로 크고, 고비용이며, 복합적이었다. T5나 크로스레일과 달리 런던 올림픽 프로젝트의 속도, 계획, 일정은 "변경될 수 없는 종료일"에 의해 종속되었다. 이 프로젝트는 2012년 7월 27일 경기가 시작되기 13개월 전인 2011년 7월에 성공적으로 완료되었으며, 경기 조직 위원회가 경기 장소를 시험하고 시험에서 얻은 피드백을 올림픽 준비에 사용할 수 있는 충분한 시간을 제공하였다. 그러나 이 프로젝트는 2005년 입찰 서류와 함께 제출된 경기장들을 건설하고 유치하기 위한 42억 파운드의 당초 예산 범위 내에서 수행되지 못했다. 2007년에 수립된 총 65억 파운드의 수정된 예산은 2009년에 93억 파운드로 증가되어 관련 비용에 대한 보다 현실적인 추정치를 제공하였다. 68억 파운드의 최종 비용은 건설에 배정된 81억 파운드의 새로운 기준선 내에 있었지만, 당초 기준선과 비교해 볼 때 그 프로젝트는 예산을 상당히 초과하였다.

크로스레일은 서부의 레딩과 히드로 공항에서부터 런던 중심부를 거쳐 동쪽의 선필드, 아비 우드에 이르는 새로운 지하철 철도를 설계하고 건설하기 위해 수립된 148억 파운드의 사업이다. 이 118km의 노선은 런던 중심부를 관통하는 21km의 철도 터널을 포함한다. CRL(Crossrail Limited)은 2008년 공공 소유 및 임시 발주자 조직으로 설립되었다. CRL은 전체 프로그램 관리자로서 공동 프로젝트 스폰서인 교통성(DfT)과 런던 교통부(TfL)를 책임진다. AECOM, CH2MHill, Nichols Group의 임시 합작법인인 Transcend가 전체 프로그램을 관리하기로 계약되었다. 중앙 지역의 사업 수행을 관리하기 위해 벡텔, 할크로우, 시스트라의 합작회사인 크로스레일 센트럴이 설립되었다. 전체 프로그램은 터널, 정거장 플랫폼, 신호, 차량을 포함한 다수의 프로젝트로 구분된다. 드라가도스 시스크 합작회사에 수여된 가장 큰 개별 프로젝트는 파링돈과 런던시 사이에 5억 파운드의 중앙 터널 구역을 건설하는 것이었다. 2009년 착공해 2018년 완공되면 크로스레일이 운행철도로 전환된다.

이 세 개의 메가프로젝트는 대규모 인프라 프로젝트의 혁신을 장려함으로써 급격한 성능 향상을 달성하려는 영국 정부 노력의 일환이다. 예를 들어 1990년대에 영국 정부는 두 개의 영향력 있는 연구인 라쌈(Latham 1994)과 에간(Egan 1998) 보고서를 의뢰하여 새로운 아이디어와 학습을 개발하고 다른 프로젝트 산업의 혁신적인 관행을 채택함으로써 건설 프로젝트의 열악한 성과를 어떻게 극복할 수 있는지를 조사하였다. 1990년대 BAA의 CEO인 존 에간 경은 T5 프로젝트를 수행하기 위해 만들어진 근본적으로 새로운 모델을 개발하기 위해 다른 프로젝트와 산업에서 배운 교훈을 사용했다.

많은 면에서 T5는 협력적이고 혁신적이며 유연한 프로세스(Davies et al.)를 바탕으로 전통적인 관행을 포기하고 획기적으로 새로운 메가프로젝트 수행 모델을 만들려는 노력을 나타냈기 때문에 현재는 "프로젝트 혁신"(Michaud and Lessard 2000)으로 보여진다(Davies et al. 2009). 학습된 교훈, 좋은 교훈 및 나쁜 교훈(예, T5의 학습을 피할 필요성)이 T5와 런던 2012 올림픽과 그 이후의 프로젝트 사이에 공유되어, 영국에서 메가프로젝트의 혁신이 수행되는 방식에 있어 광범위한 제도적 변혁의 필요성에 대한 업계 전반의 이야기를 시작했다. 예를 들어, 왕립 공학 아카데미의 보고서(Royal Academy of Engineering 2014)는 2012년 런던 올림픽의 수행에서 얻은 교훈의 이전이 다른 메가프로젝트에 어떻게 적용되었는지를 강조한다.

14.3.2 영국 메가프로젝트의 동적 역량

우리는 이제 영국에서 메가프로젝트를 관리하기 위해 어떻게 5가지 동적 역량이 전개되어 왔는지를 설명하기 위해 연구의 예를 사용한다.

14.3.2.1 검색 역량

T5 사례는 프로젝트 목표를 달성하기 위하여 그리고 예기치 않고 변화하는 상황에 대처하도록 요구되는 새로운 아이디어, 실행 방식 및 기술을 선택하고 결합하는데 수반되는 검색 프로세스를 설명한다. BAA는 "T5 협정"이라고 알려진 계약

및 납품 문서에 구체화된 새로운 프로젝트 수행 모델을 만들기 위해 다른 프로젝트와 산업에서 얻은 학습, 사내 평가 결과 및 관련 프로젝트의 통계 연구를 사용했다(Davies et al. 2009; Davies et al. 2016).

BAA는 T5를 계획하면서 다른 메가프로젝트(예: GSK의 새로운 영국 연구시설, 석유 및 가스 플랫폼, 홍콩 국제공항)와 산업의 실행 경험을 수집하기 위하여 관리자 팀을 모집했다. 팀원들은 T5 프로젝트에 어떻게 성공적 관행, 기술, 아이디어(항공우주 분야의 디지털 모델, 자동차 산업의 적시 물류 등)가 적용되고 이전될 수 있는지를 알아보기 위해 전 세계의 회사와 산업 및 프로젝트에 대한 현장 학습에 착수했다. BAA의 자체 자본 프로젝트는 T5 협정서의 요소를 소규모로 실험할 수 있는 유용한 시험장을 제공함으로써, 프로젝트가 시작되기 전에 효과적인 성과에 대한 장애물이 감지, 진단 및 해결될 수 있도록 하였다. BAA는 또한 공항과 런던의 패딩턴역을 연결하는 히드로 익스프레스 프로젝트를 중단시켰던 문제들을 재해결하기 위해, 나중에 T5에 사용된 협력적 위험 부담 접근법을 적용하였다. 그 결과, 이 프로젝트는 새로운 목표 일정을 충족하고 1998년에 서비스를 개시했다. 한 BAA 관리자의 말에 따르면, 히드로 익스프레스 프로젝트에서 얻은 학습은 "T5 계약이 효과가 있을 수 있다는 증거"였다(BAA interview 2005).

BAA는 T5 수행과 관련된 불확실성을 이해하기 위해 외부 관점을 채택했다. T5와 관련된 위험과 불확실성을 파악하기 위해 관련 프로젝트 사례에 대한 비교 연구가 수행되었는데, 여기에는 지난 10년간 건설된 10억 파운드 이상의 모든 주요 영국 건설 프로젝트와 이전 15년 동안에 개항한 모든 국제공항이 포함되었다. 이러한 연구를 통해 알게 된, BAA의 프로젝트 임원은 "이와 같은 메가프로젝트의 매력적인 점은 확실성이 존재하지 않는 곳에서 확신을 얻으려고 하지 않는 것"이라고 인정했다(BAA interview 2009). 그들은 이러한 메가프로젝트의 저조한 성과가 고정가격 계약과 주요 계약자에게 위험을 전가하려는 노력과 관련이 있다는 것을 발견했다. 영국 및 프랑스를 연결하는 채널 터널, 런던 지하철 주빌리 라인 증설 같은 이러한 프로젝트들은 범위 변경에 대한 책임을 놓고 의뢰인과 계약자 사이의 분쟁 및 법적 다툼 때문에 주로 비용, 시간 및 품질 초과가 누적된다. BAA는 급진적인 다른 수행 전략이 없다면 T5는 예산 10억 파운드를 초과하고 1년 지연될 것이며 6명의 사망자가 발생할 것이라고 예측했다.

반면 BAA는 T5에 대한 수행 모델을 만들기 위해 검색 부문에 시간과 자원을 투자했는데, 이는 임시 클라이언트 조직인 ODA와 CRL이 수행한 검색 프로세스가 일회성 프로젝트와 관련된 특정 문제와 불확실성 처리에 초점을 맞춤으로써 미래 프로젝트에 재사용될 수 있었다. 두 회사 모두 메가프로젝트를 수행한 이전의 경험 및 역량과 성공적인 기록을 보유한 여러 회사가 참여하는 수행 파트너 조직을 선정하였다. 두 회사 모두 T5의 경험으로 혼란스러운 이전을 피하는 방법 등 다른 영국의 메가프로젝트로부터 교훈을 얻었다.

14.3.2.2 적응력 있는 문제 해결 역량

T5, 런던 2012 올림픽, 그리고 크로스레일 프로젝트는 모두 유연한 계약과 다양한 프로젝트 팀이 결합된 적응력 있는 문제 해결 프로세스를 광범위하게 사용했다.

BAA의 1단계 계약자와의 T5 계약은 실비정산과 통합 프로젝트 팀에 기반하였다(Gil 2009; Davies et al. 2009; Davies et al. 2016). T5 계약에는 설계부터 시공, 운영, 인계까지 모든 만일의 사태를 예측하거나 통제하는 것이 불가능하므로 프로젝트의 위험을 계약자에게 전가되어서는 안 된다는 BAA의 결정이 반영되었다. 이 관계형 계약에 따라 공급업체는 투명한 공개 장부 기준으로 비용을 상환받고, 이전에 합의된 목표 비용 및 완료 일자 조기달성에 대한 성과개선으로 성과급을 받았다. 계약은 수행해야 할 작업을 구체적으로 명시하지 않았지만, 오히려 모회사의 요구와 관계없이 특정 프로젝트 업무를 적시에 수행하는데 필요한 지식과 기술을 적절히 조합하여 수준 높은 능력의 인력들을 제공하겠다는 공급자의 약속이었다. T5 합의서는 BAA와 1차 공급자가 참여하는 통합 프로젝트 팀에서 작업을 수행하도록 규정하였다. 팀은 "상업적 이익을 위해 타인의 실패나 어려움을 탓하거나 이용하기"보다는 문제를 해결하고, 기회에 대응하고, 얻은 학습에 따라 행동함으로써 프로젝트 목표를 달성하기 위해 건설적으로 작업할 것으로 기대되었다(Wolstenholme, Fugeman, and Hammond 2008: 12). 수행 핸드북은 통합 프로젝트 팀이 예상치 못한 문제와 기회를 처리할 수 있도록 다음과 같은 단순한 규정과 절차를 제공했다.

> 전통적인 프로젝트 논리는 일단 프로젝트가 시작되면 모든 요구사항을 미리 정의하고 변화를 제거하려 한다. 그러나 유연성과 적응성은 T5의 주요 목표이다. 따라서 기존의 프로세스와 해결책은 지지할 수 없다. 접근방식의 유

> 연성, 해결책의 유연성, 최근의 책임 있는 의사결정 등이 필요하다. 이러한 이유로 프로세스, 실행 및 결과물은 단계적으로 강화될 것이다.(BAA Delivery Handbook 1999)

올림픽과 크로스레일 프로젝트도 유연한 형태의 계약 및 공동 통합 프로젝트 팀을 활용하여 전체 프로그램을 관리하고 그 안에 있는 개별 프로젝트를 수행했다(Davies and Mackenzie 2014). 예를 들어, 올림픽의 경우, CLM은 일정 목표를 달성하고 협업을 지원하기 위한 인센티브가 포함된 계약하에 ODA의 수행 파트너로 작업했다. 시운전 계획 단계에서 ODA와 CLM이 독립적인 조직으로 설립되었을 때, 그들은 팀을 만들고 그들의 전략적 목표, 프로세스, 문화를 생성하기 위하여 런던 카나리 부두의 외부 사무실에 함께 배치되었다. 신뢰와 개방에 기반한 관계 구축은 공동 팀 이벤트와 사회 활동을 개최함으로써 촉진되었다. 프로그램이 계획에서 시공으로 전환되었을 때, CLM은 건설 현장에 함께 배치된 통합 팀에서 ODA 담당자 및 주요 계약자들과 같이 일했다. 통합 팀 구조는 또한 서로 다른 이해관계, 인센티브 및 목표를 가진 기업들이 협력할 것으로 예상될 때 발생하는 협력을 강화하고 긴장을 극복하는 데 사용될 수 있다. 예를 들어, 크로스레일 프로젝트는 CRL과 그것의 두 수행 파트너 조직 사이의 협업과 신뢰 구축에서 직면했던 몇 가지 문제를 해결하기 위해 "통합 프로그램팀" 구조를 수립했다(Davies et al. 2014). CRL 본사의 한 층에 의뢰인 및 두 수행 파트너가 참여하는 새로운 공동 매트릭스 조직이 구성되었다.

14.3.2.3 시험 및 실험 역량

T5, 올림픽 및 크로스레일 프로젝트에서는 입증된 기술과 신뢰할 수 있는 실행을 사용함으로써 새로운 기술과 혁신적인 새로운 실행 채택과 관련되어 잘 알려진 비용과 시간 초과 위험을 최소화했다. 새로운 기술과 불확실한 실행이 도입되었을 때, 이들이 프로젝트에 참여하기 전의 실험과 시운전, 다른 운영 환경에서 시험되고 증명된다.

T5 프로젝트는 새로운 기술과 리허설, 모델 성과에 관한 시범 연구, 전용 외지 시험 시설 운영, 신기술에 대한 직원 훈련 및 숙지로 잠재적 지장을 줄 수 있는 프로젝트 활동들과 관련된 위험을 식별하고 해결하기 위해 시험과 시도를 수

행했다(Davies et al. 2009; Davies et al. 2016). 예로, 주 터미널 건물의 "지붕 프로젝트"는 T5에서 가장 도전적이고 불확실한 프로젝트 중 하나로 여겨졌다. 이 프로젝트를 담당하는 통합 프로젝트 팀에게 150m가 넘는 스팬을 가진 지붕 교대 구조물을 세우는 문제와 관련된 위험과 안전에 대한 우려를 식별하고 노출할 것을 권장하였다. 그들의 해결책은 영국 북부의 별도의 장소에서 미리 세워진 지붕 구조의 설치를 시험하는 것이었다. 시범 시험에서 140개의 개선점이 확인되었으며, 각각 현장에서의 신속한 건설을 가능하게 하는 선제적 위험 완화 계획을 세우고 있었다(National Audit Office 2005: 5). 한 매니저가 말했듯이, "공급업체의 조기 참여와 통합 작업으로, 수행 방식을 계획할 수 있게 해주었기 때문에, T5에 대한 주요 성공 요인은 첫 번째 실행 연구와 프로토타입 제작이고 그것에 따른 큰 성공은 지붕에 대한 것이다"(BAA intgerview 2006). 이 프로젝트는 당초 계획보다 3개월 빨리 수행되어 2001-2002년의 습한 겨울로 야기될 수 있는 지연을 회복할 수 있게 되었다.

ODA는 "변경할 수 없는 종료일"에 따라 프로젝트를 순조롭게 완료시키기 위해 혁신에 대한 극한을 의도적으로 유지했다. ODA는 런던 주빌리 라인 확장의 신기술에 대한 과도한 계획과 같은 비용과 시간 초과를 피하려고 기존 방법과 시험된 프로세스를 광범위하게 사용했다. T5의 혼란스러운 개관의 교훈으로(Brady and Davies 2010), ODA는 2012년 7월 27일 개막한 올림픽을 앞두고 1년간의 실전 테스트를 시행하기 위해 2011년 7월 건설 프로그램을 완료하였다.

14.3.2.4 전략적 혁신 역량

T5와 올림픽 프로젝트의 혁신은 실행 중에 문제 있는 특정한 도전적 사항과 기회를 다루는 데 초점을 맞춘 반면, 크로스레일은 프로젝트를 위하여 계약업체 및 프로젝트 공급망 구성원의 혁신적인 자원과 능력을 활용하기 위한 계획적이고 공식적인 전략 수립이라는 급진적인 새로운 개념을 도입했기 때문에 중요하다(Davies et al. 2014; Dodgson et al. 2015).

"크로스레일 혁신 전략"은 전략적 과제를 극복하고 프로젝트의 전반적인 비전과 시간, 비용 및 품질 목표 달성에 도움이 되는 혁신을 개발, 자금 조달 및 도입하기 위해 2012년에 수립되었다. 서로 다른 프로젝트와 공급업체의 구성원들은 혁신을 위한 아이디어를 제출하도록 격려되었다. 성공하면 개발, 시험, 구현에 필요한 자원을 얻을 수 있을 것이다. 혁신 팀은 새로운 아이디어를 식별, 평가 및 개발하고, 투자된 프로젝트의 포트폴리오를 관리하고, 프로젝트 전반에 걸쳐 성공적인 혁신을 공유할 책임이 있었다. 조직을 위하여 아이디어를 제출하고(혁신 포털), 아이디어의 진행 상황(혁신 관리시스템)을 관리, 추적, 보고하고 크로스레일 커뮤니티 전반적으로 혁신을 소통하고 공유할 수(웹 사이트를 통해) 있는 메커니즘을 제공하기 위해 "Innovate18"이라 불리는 온라인 디지털 플랫폼이 개발되었다. 크로스레일에 도움이 될 것 같은 새로운 아이디어는 이해관계자들로부터 관련 후원 및 도움을 얻은 후에 개발되었다. 2014년 중반까지, 혁신 프로그램은 세 차례의 평가를 완료하고 30회의 혁신을 지원하기 위한 자금이 제공되었다.

메가프로젝트를 위한 혁신 전략을 개발하려는 아이디어는 영국에서 지지를 얻고 있다. 2014년 CRL 프로그램 책임자가 템즈 티드웨이 터널의 CEO로 자리를 옮기면서 그는 혁신에 대한 크로스레일의 전략적 접근 방식을 본받고자 했다. 42억 파운드의 이 프로젝트는 런던의 19세기 하수 시스템을 대체하기 위해 25km의 터널을 건설하는 것과 관련된 도전 사항과 요구 조건에 맞춘 혁신 전략을 개발했다. 이 프로젝트는 CRL 전략 개발, CRL 혁신 팀원 모집, CRL 프로세스 복제, 개발했던 디지털 플랫폼의 재사용 등에 관여하는 학자와 실무자들의 컨설팅에 따라 전략적 혁신 역량을 개발했다. 보다 최근에는, 500억 파운드의 영국의 새로운 고속철도 노선 개발을 담당하는 의뢰인 단체인 HS2사도 이 프로젝트를 위한 혁신 전략을 개발했다.

14.3.2.5 균형 조정 역량

우리의 연구는 기술, 사용자 요구 및 운영 환경의 변화에 적응하는 동시에 조건이 안정되었을 때 일상을 유지하는 데 필요한 훈련된 유연성을 어떻게 제공하는지 확인했다. 설계의 조기 확정과 이후 단계에서 비용이 많이 소요되는 수정을 피하고자 T5에서 "진보적 설계 확정" 프로세스가 사용되었다(Gil and Tether 2011). ODA는 진전을 저해하는 예기치 않은 문제를 발견하고 혁신을 촉진할 기회를 식별하기 위해 매우 효과적인 변화 관리 프로세스를 가지고 있었다. 계약자가 제안한 중대한 변경은 ODA 의장이 주재하는 변화 관리 위원회의 승인을 받아야 했다. 예를 들어 ISG(경기장 건설계약자)가 제안하고 위원회가 승인한 중요한 혁신은 강철 지붕에서 상당한 시간과 비용을 절감하는 케이블 망 지붕으로 변경하는 결정이었다

(Davies and Mackenzie 2014). ODA는 ISG의 계약을 재협상하여, 혁신적 변화와 관련된 위험이 계약자에게 이전하기 위해 ISG의 계약을 수고/달성에서 고정가격 계약으로 변경했다.

우리는 또한 목표한 유연성의 균형적 역할을 확인했다. T5 협정은 BAA의 1차 계약자 대부분에 의해 사용된 상부 계약인 반면, 올림픽과 크로스레일 프로젝트는 프로그램 내에서 개별 프로젝트의 구체적인 과제와 불확실성을 해결하기 위해 적합한 새로운 엔지니어링 계약(NEC)을 사용했다(Davies and Mackenzie 2014). 예를 들어, 올림픽 프로젝트에서는 ODA가 단순하고 덜 위험한 프로젝트(예: 임시 경기장)와 연관된 알려지고 예측 가능한 조건을 처리하기 위해 NEC 옵션 A(고정가격) 계약을 사용하였고, NEC 옵션 C 위험 공유 목표-비용 계약은 가장 크고 가장 어려운 프로젝트(아쿠아틱스 센터, 벨로드롬, 올림픽 경기장)와 관련된 위험을 나타내고 예상치 못한 문제를 해결하려고 필요한 협력적 행동과 유연성을 촉진하기 위해 사용되었다. 이 접근법에 따라, 주요 계약자들은 그들의 프로젝트에 대한 개별적인 목표를 달성하는 그들만의 방법을 찾기 위해 그들 자신의 독특한 능력과 그들의 이전 경험을 이용하도록 장려되었다.

> 우리는 ODA가 설정한 목표를 어떻게 전달할 것인지 결정할 자유가 주어졌다. 그리고 우리는 우리가 처한 상황 때문에 약간 다르게 할 것이고, 그것은 장소와 프로그램의 성격에 따라 달라진다.(Principal contractor interview 2011)

그러나 안정성과 변화 사이에서 균형이 깨져야만 했다.

> 지속적인 변경이 있을 수 없으며, 완료된 것에는 확정 사항이 있어야 하며 (…) 만약 그 날짜 이후에 변경된다면, 다른 계약업체가 이를 수용하기 위해 공급하는 것을 변경해야 함을 의미한다.(CLM interview 2011)

개별 프로젝트는 주계약자에 의해 상대적으로 독립적으로 계획되고 관리되었지만, ODA와 CLM은 프로그램 전체에 개별 프로젝트의 진행 상황에 대해 상세하고 규칙적이며 정확한 정보를 제공하고 예기치 않은 문제의 가시성을 높이기 위한 모니터링 및 보증 프로세스 같은 표준화되고 일관된 프로세스를 적용함으로써 규율이 유지되도록 보장했다.

14.4 동적 역량 및 유연한 수행 모델

우리의 연구는 영국의 가장 크고 중요한 인프라 의뢰인들과 공급 파트너들 중 일부가 메가프로젝트를 수행하는 새로운 방법을 탐구하고 창조해 왔다는 것을 보여주었다. BAA는 이전의 메가프로젝트 계획과 실행 방식에서 근본적으로 벗어나 완전히 새로운 T5 모델을 만드는 데 앞장섰다. T5를 준비하는 동안 BAA의 검색 결과, 메가프로젝트의 부실한 성과는 위험을 전가하고 계약자와 적대적인 관계를 형성하는 고정가격 계약과 관련이 있는 것으로 밝혀졌다. 이 접근법에 따르면 의뢰인들은 최저가 입찰가를 선택하는데, 이것이 시간과 예산 내에서 유지되는 최선의 길이라고 믿는다. 모리스와 호흐(Morris and Hough 1987)는 템스 배리어와 같은 주요 프로젝트에 관한 연구에서 고정가격 계약의 문제에 대한 추가적인 역사적 증거를 제공하지만, 최근의 예로는 채널 터널, 주빌리 라인 확장, 스완윅 항공 교통 관제 시스템, 웸블리 축구 경기장이 있다.

전통적인 모델은 프로젝트에 영향을 끼칠 수 있는 불확실성과 미래 조건을 미리 파악할 수 있고, 프로젝트 실행 중에 발생하면 이를 처리하기 위한 비상 계획을 수립할 수 있다고 가정한다. 이 모델 하에서, 메가프로젝트에 관련된 조직들(후원자, 의뢰인, 계약자)은 새로운 아이디어와 혁신적인 접근법을 도입하는 것을 주저하고, 시험 되고 검증된 기술, 확립된 일상 및 입증된 기술을 선호한다. 초기 단계에서 설계를 확정하기 위한 노력을 하고, 프로젝트에 영향을 끼치는 위험을 해결하기 위해 예비비를 사용하여 계획한 대로 사업을 추진한다. 고정가격 계약을 사용하는 메가프로젝트에서 예상치 못한 사건이 발생할 경우, 의뢰인과 계약자는 예측하지 못한 변경에 대한 책임을 놓고 논쟁을 벌여 끝없는 법적 분쟁, 비용 초과 및 공기 지연을 초래하는 경우가 많다.

14.4.1 유연한 수행 모델을 지향하는 것

T5는 영국 메가프로젝트의 관리, 거버넌스 및 구조에 대해 제도적 변화와 불확실하고 급변하는 상황에 신속하게 대응하는데 필요한 협업적 행동을 장려하기 위하여, 혁신적이며 유연한 프로세스를 결합한 획기적인 새로운 수행 모델을 진행하였다. 우리 연구의 강조사항으로서, T5 수행 모델의 요소들이 한 프로젝트에서 다

른 프로젝트로 공유되고 이전되고 있다. 올림픽과 크로스레일 프로젝트는 T5 수행에 사용되는 주요 협력 프로세스(위험 분담 계약 및 통합 프로젝트 팀 등) 중 일부를 모방하고 유연성과 혁신을 지원하는 새로운 프로세스를 추가했다.

유연성 제공 모델은 메가프로젝트의 불확실성을 처리하기 위한 일련의 전략적 프로세스와 간단한 규칙에 기반을 둔다. 의뢰인은 유연한 위험 공유 또는 위험 부담 계약을 사용하고, 급변하고 예측할 수 없는 상황을 처리하기 위하여 통합 프로젝트 팀의 계약자와 협력한다. 설계와 시공 업무를 구체화하기 위해 계약자들을 조기에 투입된다. 프로젝트가 전개됨에 따라 설계를 점진적으로 확정하는 것은 변화하는 요구사항이나 새로운 기회에 대처하는 데 필요한 유연성을 제공한다. 실행 중에 예상치 못한 일이 발생하거나 새로운 기회가 발생할 경우, 통합 프로젝트 팀의 구성원들은 문제를 파악하고, 새로운 기회를 발굴하며, 혁신적인 해결책을 찾기 위해 협력하도록 동기를 부여받는다. 그러나 이 프로젝트들 사이에는 약간의 차이점이 있다. 예를 들어, BAA가 T5에 대해 맞춤형 위험 부담 계약을 체결한 반면, ODA와 CRL은 전체 프로그램 내에서 개별 프로젝트와 관련된 여러 가지 불확실성을 다루기 위한 다양한 위험 공유 계약을 적용했다. CRL은 혁신 전략을 개발하고 구현하는 첫 번째 프로젝트로서 두각을 나타내고 있다.

14.4.2 동적 역량 및 불확실성

전통적인 수행 모델은 프로젝트가 진행되는 동안 미래의 상황을 예측하고 불확실성을 관리하기 위해 의뢰인과 계약자의 계획 및 실행에 의존한다. 그것은 미래의 세계 상황에 대한 정보가 적정하며 프로젝트가 잘 이해되고 예측 가능하여 합리적인 과정으로 신중하게 최적화될 수 있다고 가정한다(Pich et al. 2002; Brady, Davies and Nightingale 2012). 프로젝트 수행 중 불확실성을 처리하기 위해 수립된 프로세스는 기업들이 안정적이고 예측할 수 있는 조건을 다루기 위해 의존하는 잘 알려진 "표준화된 운영 절차"와 유사하다. 프로젝트 일상, 작업 일정 및 위험 관리 기법은 당초 계획대로 실행되며, 프로젝트 수행 중 이전에 식별된 신호나 위험이 발생할 때 미리 정해진 지시사항, 우발상황 및 조치가 취해진다(Pich et al. 2002).

반면, 유연한 모델은 메가프로젝트의 계획과 실행 단계 동안 불확실성과 급변하는 조건을 처리하는 동적 역량에 의존한다. 이 모델은 미래 조건을 예측하고 예측하지 못한 사건을 식별할 수 없는 우리의 인지 무능력 때문에 정보가 처음부터 부적절하다고 가정한다(Pich et al. 2002; Davies 2014). 정보 부족과 예측하지 못한 불확실성을 처리하려면 프로젝트가 진행되는 동안 새로운 계획을 수행하고, 프로세스를 조정하며, 혁신할 수 있는 능력이 필요하다(Stinchcombe and Heimer 1985; Eisenhardt and Tabrizi 1995; Loch et al. 2006; Shenhar and Dvir 2007). 우리는 메가프로젝트 관리자가 혁신과 유연성을 높이기 위해 사용하고 있는 5가지 전략적 프로세스 집합을 확인했다.

- 프로젝트가 당면한 불확실성을 조정하고, 새로운 아이디어, 관행 및 기술을 식별하고, 미래 상황을 다루기 위한 최상의 구성을 선정하여 정보의 부적정성을 해결하기 위해 계획 단계에서 검색 기능이 적용된다(참고 수준 예측, 사내 프로젝트로부터의 학습, 기타 프로젝트 및 산업에 대한 현장 방문 등).
- 프로젝트가 진행되는 동안 예기치 못한 사건 및 기회를 처리하기 위해서는 적응력 있는 문제 해결 능력이 요구된다(예: T5 협정, 협업 계약, 통합 프로젝트 팀, 통합 프로그램 팀).
- 신규 또는 고위험 실행과 관련된 위험을 식별하고 프로젝트 도입 전에 신기술을 신뢰할 수 있고 입증되었는지 확인하기 위해 시험 및 실험 능력이 사용된다(예: T5의 프로토타입 시험 및 운용 이전 시험, 실시간 이벤트에 대한 ODA 시험).
- 프로젝트 공급망 및 연구 파트너의 혁신적 자원을 활용하기 위한 계획적이고 공식적이며 체계적인 프로세스를 수립하고 프로젝트에서 이를 구현하는 데 전략적 혁신 역량이 사용된다(예: CRL의 혁신 전략).
- 상황이 급변하고 예기치 못할 경우 혁신을 촉진하여, 계획한 대로 절차를 수행하고 유연한 대응에 수반되는 절충을 관리하기 위한 균형 조정 역량이 요구된다(예: 진보적 설계 확정성, 변경 관리 위원회 및 맞춤형 계약서).

각 프로젝트는 이전 프로젝트에서 개발된 학습과 능력을 활용했지만, 동적 역량 개발의 주된 초점은 프로젝트마다 다르다. T5는 획기적으로 새로운 프로젝트 수행 모델을 만들기 위해 프런트엔드 검색 기능 개발에 주력했다. 올림픽 프로젝트의 혁신은 정해진 기한 달성에 초점을 맞춘 올바르고 안정적이며 일관된 프로세스 내에서 혁신을 지원할 수 있는 역량의 균형을 맞추는 역할을 강조했다. 크로스레일의 강조점은 전략적 혁신 역량을 개발하고 적용하는 것이었다.

우리는 과거에 실시된 메가프로젝트들이 이러한 역량 중 하나 이상을 사용했을 수도 있다는 것을 알고 있지만, T5와 올림픽과 크로스레일 프로젝트에 관한 우리의 연구는 불확실성과 급변하는 상황에 대처하는 조직의 능력 5개 모두가 전개되었을 때, 현저히 증가한다는 것을 제시한다. 동적 역량의 적용은 메가프로젝트의 생애주기에 따라 달라진다. 검색 역량은 프런트엔드 계획 단계에서 단독으로 적용되는 반면에, 다른 4가지의 적응력 있는 문제 해결, 시험 및 실험, 전략적 혁신 및 균형 조정 역량은 실행 단계에서 직면하는 조건과 난제를 처리할 때 함께 작동하도록 통합 및 구성되어야 한다.

우리의 연구는 대조적인 두 유형의 의뢰인 조직이 메가프로젝트를 관리하는 데 필요한 동적 역량을 개발할 수 있다고 주장했다(Davies et al. 2016). 지속적이거나 영구적인 의뢰인 조직의 예로서, BAA는 BP, 쉘, 네트워크 레일, 하이웨이 잉글랜드, 런전 언더그라운드와 유사한 방식으로 여러 해에 걸쳐 수많은 메가프로젝트를 수행하는 역할을 담당하였다. T5에 대한 동적 역량을 개발하고 이후 프로젝트(터미널 2)의 수행을 개선하기 위해 얻은 학습을 적용할 수 있는 기회와 동기를 얻었다.

임시 의뢰인 조직의 예로서 ODA와 CRL은 독립적인 실체로 설립되었고 각 프로젝트 기간 동안 지속되도록 설계되었다. ODA는 올림픽 건설 프로그램이 끝난 직후 해체됐으며 CRL은 크로스레일이 개통되면 해체된다. BAA와 달리 ODA와 CRL은 그들의 프로젝트를 관리하는데 필요한 동적 역량이 임시적이며 전적으로 사내에서 개발될 수 없다는 것을 이해했다. 그들은 메가프로젝트 관리에 대한 사전 능력과 경험을 가진 몇몇 계약자와 관련된 수행 파트너를 설립했다. 올림픽의 경우, ODA의 수행 파트너는 T5에서 얻은 그들의 이전 경험을 가져온 두 회사(Laing O'Rourke and Mace)를 포함한 세 개의 서로 다른 회사의 지식과 자원을 한데 모았다.

메가프로젝트를 관리하기 위해 설립된 임시 의뢰인이 짧은 기간만 유지된 조직은, 있더라도, 거의 없다. 대부분의 메가프로젝트의 긴 계획과 실행 기간은 임시지만 의뢰인들에게 수년 또는 심지어 수십 년에 걸쳐 적용될 수 있는 동적 역량을 준비하고 개발할 기회를 제공한다. 예를 들어, HS2 Ltd는 수십 년 동안 지속될 것으로 예상되는 건설 프로젝트 기간 동안 수행될 것이다. 이들 각 임시 조직의 지속은 아이디어의 계획적인 학습, 모방, 아이디어의 교차 활성화를 통해 역동적인 역량이 어떻게 하나의 메가프로젝트에서 다음 것으로 전달될 수 있는지를 설명하는데 도움이 된다. 이것은 프로젝트들 사이에 개인들의 이동에 따라 촉진되었다. 이것은 두 가지 예를 들어 설명할 수 있다. 첫째, 크로스레일의 전략적 혁신에 대한 접근방식이 이전 T5 프로젝트 임원으로서의 경험이 CRL의 CEO에 의해 알려지게 되었다. 둘째, CRL의 프로그램 임원이 템즈 티드웨이 터널 프로젝트의 CEO가 되었을 때, 그는 크로스레일에서 사용된 전략적 혁신 접근법을 모방했다. 두 프로젝트 모두 혁신적인 아이디어를 교환하기 위하여 동일한 디지털 플랫폼(Innovate18)을 사용한다. 이것은 프로젝트 간 혁신적 관행과 기능의 "매개체"로서 프로젝트 전문가들의 중요성을 보여 준다(Svcott et al. 2011; Grabher and Thiel 2015).

14.5 결론

이 장에서는 영국의 사회기반시설 의뢰인이 계약자와 수행 파트너와 협력하여 메가프로젝트를 관리하기 위한 새로운 유연성 있는 수행 모델을 개발하는 방법을 살펴보았다. 우리는 T5, 올림픽, 그리고 크로스레일의 세 가지 프로젝트를 책임지고 있는 의뢰인들이 기존의 메가프로젝트 관리 방식이 더 이상 실행가능하지 않다는 것을 어떻게 인식하는지 보여주었다. 그들은 협업, 유연한 계약, 통합 프로젝트 팀, 혁신을 바탕으로 획기적으로 새롭고 적응력이 높은 모델을 실험하고 개발하기 위한 노력에 참여했다. 동적 역량 문헌(Teece et al. 1997; Eisenhardt and Martin 2000; Zollo and Winter 2002)을 언급하면서, 관리자들은 메가프로젝트에서 직면하는 매우 불확실하고 빠르게 변화하는 조건을 처리하는데 필요한 혁신과 유연성을 촉진하기 위해 5가지 전략적 프로세스와 단순한 규칙에 의존한다고 주장했다. 우리는 이러한 동적 역량이 세 가지 프로젝트에서 어떻게 다른 방식으로 적용되었는지를 확인했다. 일부 학자들은 최근 상설조직의 동적 역량(Winch 2014; Winch and Leiringer 2016; Davies et al. 2016)을 검토했지만, 임시 조직이 대규모 일회성 프로젝트를 관리하는데 필요한 동적 역량—향후 프로젝트에 이러한 기능을 재사용하는데 외관상으로는 가능성이 거의 없거나 가능성이 없는—을 어떻게 구축하고 적용할 수 있는지를 탐구하기 위한 추가 연구가 필요하다.

참고 문헌

Adler, P. S., Goldoftas, B., and Levine, D. I. (1999). "Flexibility versus efficiency? A case study of model changeovers in the Toyota production system," *Organization Science* 10(1): 43–68.

Artto, K., Ahola, T., and Vartiainen, V. (2016). "From the front end of projects to the back end of operations: Managing projects from value creation throughout the system lifecycle," *International Journal of Project Management*, 35(2), 258–70. BAA. (1999). *The T5 Agreement: Delivery Team Handbook*, BAA Company Document.

Brady, T. and Davies, A. (2004). "Building project capabilities: From exploratory to exploitative learning," *Organization Studies*, 25(9): 1601–21.

Brady, T. and Davies, A. (2010). "From hero to hubris: Reconsidering the project management of Heathrow's Terminal 5," *International Journal of Project Management*, 28, 151–7.

Brady, T. and Davies, A. (2014). "Managing structural and dynamic complexity: A tale of two projects," *Project Management Journal*, 45(2): 21–38.

Brady, T., Davies, A., and Nightingale, P. (2012). "Dealing with uncertainty in complex projects: Revisiting Klein and Meckling," *International Journal of Managing Projects in Business*, 5(4): 661–79.

Cattani, G., Ferriani, S., Frederiksen, L., and Täube, F. (2011). "Project-based organizing and strategic management: A long-term research agenda on temporary organizational forms," *Advances in Strategic Management*, 28: 3–26.

Davies, A. (2014). "Innovation and project management," in M. Dodgson, D. M. Gann, and N. Phillips (eds.), *The Oxford Handbook of Innovation Management*. Oxford: Oxford University Press, pp. 625–47.

Davies, A. and Brady, T. (2000). "Organisational capabilities and learning in complex product systems: Towards repeatable solutions," *Research Policy*, 29: 931–53.

Davies, A. and Brady, T. (2016). "Explicating the dynamics of project capabilities," *International Journal of Project Management*, 34(2): 314–27.

Davies, A., Dodgson, M., and Gann, D. M. (2016). "Dynamic capabilities for a complex project: The case of London Heathrow Terminal 5," *Project Management Journal, Special Innovation and Flexibility in Megaprojects Issue: Innovation and Project Management: Bridging Contemporary Trends in Theory and Practice*, 47(2): 26–46.

Davies, A. and Frederiksen, L. (2010). "Project modes of innovation: The world after Woodward," *Research in the Sociology of Organizations, Special Issue: Technology and*

Organization: Essays in Honour of Joan Woodward, 29: 177–215.

Davies, A., Gann, D. M., and Douglas, T. (2009). "Innovation in megaprojects: Systems integration at London Heathrow Terminal 5," *California Management Review*, 51(2): 101–25.

Davies, A., MacAulay, S., Debarro, T., and Thurston, M. (2014). "Making innovation happen in a megaproject: The case of London's Crossrail," *Project Management Journal*, 45(6): 25–37.

Davies, A. and Mackenzie, I. (2014). "Project complexity and systems integration: Constructing the London 2012 Olympics and Paralympics Games," *International Journal of Project Management*, 32: 773–90.

De Meyer, A., Loch, C. H., and Pich, M. T. (2002). "Managing project uncertainty," *Sloan Management Review*, 43(2): 6–67.

Dodgson, M., Gann, D. M., MacAulay, S., and Davies, A. (2015). "Innovation strategy in new transportation systems: The case of Crossrail," *Transportation Research Part A: Policy and Practice*, 77: 261–75.

Dodgson, M., Gann, D. M., and Phillips, N. (2014). "Perspectives on innovation management," in *The Oxford Handbook of Innovation Management*. Oxford: Oxford University Press, pp. 3–25.

Dvir, D. and Shenhar, A. (2011). "What great projects have in common," *MIT Sloan Management Review*, 52(3): 19–21.

Edkins, A., Geraldi, J., Morris, P., and Smith, A. (2013). "Exploring the front-end of project management," *Engineering Project Organization Journal*, 3(2): 66–85.

Edmondson, A. (2012a). *Teaming: How Organizations Learn, Innovate, and Compete in the Knowledge Economy*. San Francisco: Wiley.

Edmondson, A. (2012a). "Teamwork on the fly," *Harvard Business Review*, April: 72–80.

Egan, J. (1998). *Rethinking Construction: The Report of the Construction Industry Task Force*. Department of Transport, Environment and Regions.

Eisenhardt, K. M. and Tabrizi, B. N. (1995). "Accelerating adaptive processes: Product innovation in the global computer industry," *Administrative Science Quarterly*, 40: 84–110.

Eisenhardt, K. M. and Martin, J. A. (2000). "Dynamic capabilities: What are they?" *Strategic Management Journal*, 21: 1105-21.

Eisenhardt, K. M. and Sull, D.N. 2001. Strategy as simple rules, *Harvard Business Review*, January 2001: 107-116.

Eisenhardt, K. M., Furr, N. R., and Bingham, C. B. (2010). "Microfoundations of performance: Balancing efficiency and flexibility in dynamic environments," *Organization Science*, 21(6): 1263-73.

Engwall, M. (2003). "No project is an island: Linking projects to history and context," *Research Policy*, 32: 798-808.

Ethiraj, S. K., Kale, P., Krishnan, M. S., and Singh, J. V. (2005). "Where do capabilities come from and how do they matter? A study in the software services industry," *Strategic Management Journal*, 26: 25-45.

Floricel, S. and Miller, R. (2001). "Strategizing for anticipated risks and turbulence in large-scale engineering projects," *International Journal of Project Management*, 19: 445-55.

Flyvbjerg, B. (2014). "What you should know about megaprojects and why: An overview," *Project Management Journal*, 45(2): 6-19.

Flyvbjerg, B., Bruzelius, N., and Rothengatter, W. (2003). *Megaprojects and Risk: An Anatomy of Ambition*. Cambridge: Cambridge University Press.

Flybjerg, B., Garbuio, M., and Lovallo, D. (2009). "Delusion and deception in large infrastructure projects: Two models for explaining and preventive executive disaster," *California Management Review*, 52(2): 170-93.

Gann, D. M. and Salter, A. (2000). "Innovation in project-based, service-enhanced firms: The construction of complex products and systems," *Research Policy*, 29: 955-72.

Geraldi, J., Lee-Kelley, L., and Kutsch, E. (2010). "The Titanic sunk, so what? Project manager response to unexpected events," *International Journal of Project Management*, 28: 547-58.

Gil, N. (2009). "Developing cooperative project-client relationships: How much to expect from relational contracts," *California Management Review*, 51(2): 144-69.

Gil, N. and Tether, B. (2011). "Project risk management and design flexibility: Analysing a case and conditions of complementarity," *Research Policy*, 40: 415-28.

Grabher, G. and Thiel, J. (2015). "Projects, people, professions: Trajectories of learning through a mega-event (the London 2012 case)," *Geoforum*, 65: 328–37.

Helfat, C. E. (2000). "Guest editor's introduction to the special issue: The evolution of firm capabilities," *Strategic Management Journal*, 21: 955–9.

Helfat, C. E. and Peteraf, M. A. (2003). "The dynamic resource-based view: Capability lifecycles," *Strategic Management Journal*, 24: 997–1010.

Hirschman, A. O. (1967). *Development Projects Observed*. Washington, DC: The Brookings Institution.

Johnson, S. B. (2002). *The Secret of Apollo: Systems Management in American and European Space Programs*. Baltimore and London: John Hopkins University Press.

Jones, C. and Lichtenstein, B. (2008). "Temporary inter-organizational projects: How temporal and social embeddedness enhance coordination and manage uncertainty," in S. Cropper, M. Ebers, C. Huxman, and P. Smith Ring (eds.), *The Oxford Handbook of Inter-Organizational Relations*. Oxford: Oxford University Press, pp. 231–55.

Lavallo, D. and Kahneman, D. (2003). "Delusions of success: How optimism undermines executive's decisions," *Harvard Business Review*, July: 56–63.

Latham, M. (1994). *Constructing the Team*. London: HMSO.

Lenfle, S. (2011). "The strategy of parallel approaches in projects with unforeseeable uncertainty: The Manhattan case in retrospect," *International Journal of Project Management*, 29: 359–73.

Lenfle, S. and Loch, C. (2010). "Lost roots: How project management came to emphasize control over flexibility and novelty," *Californian Management Review*, 53(1): 32–55.

Loch, C., De Meyer, A., and Pich, M. (2006). *Managing the Unknown: A New Approach to Managing High Uncertainty and Risk in Projects*. Hoboken, NJ: Wiley.

Merrow, E. W. (2011). *Industrial Megaprojects: Concepts, Strategies, and Practices for Success*. Hoboken, NJ: Wiley.

Michaud, P. and Lessard, D. (2000). "Transforming institutions," in R. Miller and D. R. Lessard(eds.), *The Strategic Management of Large Engineering Projects: Shaping Institutions, Risks, and Governance*. Cambridge, MA: MIT Press, pp. 151–63.

Miller, R. and Lessard, D. (2000). *The Strategic Management of Large Engineering Projects: Shaping Institutions, Risks, and Governance*. Cambridge, MA: MIT Press.

Miller, R. and Lessard, D. (2001). "Understanding and managing risk in large engineering projects," *International Journal of Project Management*, 19: 437–43. Innovation and Flexibility in Megaprojects

Mintzberg, H. (1983). *Structures in Fives: Designing Effective Organizations*. Upper Saddle River, NJ: Prentice Hall.

Morris, P. W. G. and Hough, G. H. (1987). *The Anatomy of Major Projects*. Chichester: Wiley.

Morris, P. W. G. (1994). *The Management of Projects*. London: Thomas Telford.

Morris, P. W. G. (2013). *Reconstructing Project Management*. Chichester: Wiley.

National Audit Office (2005). *Case Studies: Improving Public Services through Better Construction*. London: National Audit Office.

O'Reilly, C. A. and Tushman, M. L. (2008). "Ambidexterity as a dynamic capability: Resolving the innovator's dilemma," *Research in Organizational Behavior*, 28: 185–206.

Perminova, O., Gustafsson, M., and Wikström, K. (2008). "Defining uncertainty in projects: A new perspective," *International Journal of Project Management*, 26: 73–9.

Pich, M. T., Loch, C. H., and De Meyer, A. (2002). "On uncertainty, ambiguity and complexity in project management," *Management Science*, 48(8): 1008–23.

Royal Academy of Engineering. (2014). *Public Projects and Procurement in the UK: Sharing Experiences and Changing Practice*.

Sapolsky, H. M. (1972). *The Polaris System Development: Bureaucratic and Programmatic Success in Government*, Cambridge, MA: Harvard University Press.

Sayles, L. and Chandler, M. K. (1971). *Managing Large Systems*. New York: The Free Press.

Scott, R. W. Levitt, R. E., and Orr, R. J. (2011). *Global Projects: Institutional and Political Challenges*. Cambridge: Cambridge University Press.

Shenhar, A. J. (1993). "From low to high-tech project management," *R&D Management*, 23(3): 199–214.

Shenhar, A. J. (2001). "One size does not fit all projects: Exploring classical contingency domains," *Management Science*, 47(3): 394–414.

Shenhar, A. J. and Dvir, D. (1996). "Toward a typological theory of project management,"

Research Policy, 25: 607–32.

Shenhar, A. J. and Dvir, D. (2007). *Reinventing Project Management: The Diamond Approach to Successful Growth and Innovation*. Boston, MA: Harvard Business School.

Söderholm, A. (2008). "Project management of unexpected events," *International Journal of Project Management*, 26(1): 80–96.

Söderlund, J. and Tell, F. (2009). "The P-form organization and the dynamics of project competence: Project epochs in Asea/ABB, 1950–2000," *International Journal of Project Management*, 27: 101–12.

Stinchcombe, A. L. and Heimer, C. (1985). *Organizational Theory and Project Management: Administering Uncertainty in Norwegian Offshore Oil*. Oslo: Norwegian University Press.

Teece, D., Pisano, G., and Shuen, A. (1997). "The dynamic capabilities and strategic management," *Strategic Management Journal*, 18(7): 509–33.

Teece, D. (2007). "Explicating dynamic capabilities: That nature and microfoundations of (sustainable) enterprise performance," *Strategic Management Journal*, 28(13): 1319–50.

Teece, D. (2010). "Alfred Chandler and 'capabilities' theories of strategy and management," *Industrial and Corporate Change*, 19(2): 297–316.

Teece, D. (2012). "Dynamic capabilities: Routines versus entrepreneurial action." *Journal of Management Studies*, 49(8): 1395–401.

Thompson, J. D. (1967). *Organizations in Action: Social Science Bases of Administrative Theory*. New Brunswick, NJ: Transactions Publishing.

Van Marrewijk, A., Clegg, S. R., Pitsis, T., and Veenswijk, M. (2008). "Managing public-private megaprojects: Paradoxes, complexity and project design," *International Journal of Project Management*, 26: 591–600.

Ward, S. and Chapman, C. (2003). "Transforming project risk management into project uncertainty management," *International Journal of Project Management*, 21: 97–105.

Williamson, O. E. (1985). *The Economic Institutions of Capitalism: Firms, Markets, Relational Contracting*. New York: Macmillian.

Williams, T. and Samset, K. (2010). "Issues in front-end decision making on projects," *Project Management Journal*, 41(2): 38–49.

Winch, G. (2014). "Three domains of project organising," *International Journal of Project*

Management, 32: 721–31.

Winch, G. and Leiringer, R. (2016). “Owner project capabilities for infrastructure development: A review and development of the ‘strong owner’ concept,” *International Journal of Project Management*, 34(2): 271–81.

Winter, S. G. (2000). “The satisficing principle in capability learning,” *Strategic Management Journal*, 21: 981–96.

Winter, S. G. (2003). “Understanding dynamic capabilities,” *Strategic Management Journal*, 49(8): 1402–6.

Winter, S. G. (2012). “Capabilities: Their origins and ancestry,” *Journal of Management Studies*, 24: 991–5.

Wolstenholme, A., Fugeman, I., and Hammond, F. (2008). “Heathrow Terminal 5: Delivery strategy,” *Proceedings of the Institution of Civil Engineers: Civil Engineering*, 161(5): 10–15.

Zollo, M. and Winter, S. G. (2002). “Deliberate learning and the evolution of dynamic capabilities,” *Organization Science*, 13(3): 339–51.

제15장

메가프로젝트 이해관계자 관리

그레이엄 윈치

개요

런던 증권거래소의 정산 결제 자동화를 위한 TAURS 프로젝트에 대한 이해관계자의 발언권을 위한 포럼을 제공하기 위해, 핵심 주체들의 대표성을 받아 TAURS 증권산업운영위원회(SISCOT: Securities Industry Steering Committee)를 설치하였다. TAURUS의 중심에는 강제적인 주권의 비실물화(주식 지분증서를 전자등록기로 대체)가 있었는데, 이는 업계 규제 당국의 지원을 받는 개인 의뢰인을 위해 작업하는 중개인들의 이익을 위협했다. 이 위원회는 이러한 중개인들을 포함하였고 이해관계자들이 그들의 특별한 이해관계를 충족시키기 위해 그러한 요구사항을 구체화하려고 노력하면서 TAURUS 시스템의 요건에 중요한 입력사항을 제공했다. 그 결과 예산과 일정이 상승하는 감당할 수 없는 범위로 이어졌고, 결국 8,000만 파운드(당시 가격)가 낭비된 후 사업이 취소되었다. 이 프로젝트를 수행하려는 사람들에게 증권산업운영위원회는 "Mad Hatter's Tea Party"로 알려지게 되었다(Drummond 1996).

TAURUS 프로젝트 팀이 프로젝트의 이해관계자를 관리하면서 직면한 과제는 엄청났고, 이를 대체한 CREST 프로젝트는 규제 이해관계자의 이익을 감소시켜 TAURUS에 대한 상대편의 힘을 감소시키는 프로젝트 범위의 변경으로만 성공할 수 있었다. 본 장의 목적은 이러한 유형의 과제를 탐구하고 다양한 이해관계자 집단이 상이하고 종종 상충되는 주장들 사이의 균형을 유지함으로써, 메가프로젝트에 대한 이해관계자들이 어떻게 가장 적절하게 관리될 수 있는지에 관한 연구 의제를 제안하는 것이다. 우리는 프로젝트 이해관계자 관리에 관한 최근의 연구 기여 중 일부를 보다 면밀하게 검토하기 전에, 지난 50년간 이해관계자 관리에 관한 문헌의 발전을 간략하게 검토하는 것으로 시작할 것이다. 그런 다음 우리는 프로젝트 이해관계자 관리에 중요한 식견을 창출한 두 가지 다른 지적인 활동, 즉 행위자-네트워크 이론과 제도 이론을 논할 것이다. **메가프로젝트와 사회**를 주제로 프로젝트 이해관계자 관리에 관한 연구와 실행의 새로운 방향과 그에 따르는 윤리적 고려사항을 제시함으로써 결론을 내릴 것이다.

15.1 전략적 관리 연구에서의 이해관계자

법인의 주식이나 법률적 소유주인 주주들과 구별되는 기업의 이해관계자 개념은 전략 계획에 관한 작업의 일환으로 1960년대 초 스탠퍼드 연구소에서 제시되었다(Freeman 1984). 이러한 아이디어는 전략 경영(Ansoff 1968), 프로젝트 관리(Cleland and King 1968), 그 외 다른 곳에서 빠르게 채택되었다. 안소프, 클랜드와 킹에게 이해관계자들은 목적을 추구하기 위해 고려해야 하는 기업 "환경"의 일부였다. 프리먼은 이러한 통찰력을 현재의 문헌이 연구되는 전략적 관리에 대한 중대한 기여(1984; Parmar et al. 2010)로 발전시켰다. 프리먼은 전략적 관리가 생산 기능적 관점, 심지어 주주와 종업원의 이익을 고려한 경영적 관점을 넘어서 정부, 비정부기구, 지역사회, 공급자, 의뢰인과 같은 행위자를 고려한 기업의 이해관계자 관점으로 변경할 필요가 있다고 주장했다. 그는 또 특정 기업의 이해관계자 "지도"는 우발적이었고, 단정적이기보다는 경험적으로만 설명할 수 있다고 강조했다. 이러한 근거로 프리먼은 문헌에서 이해관계자에 대해 널리 받아들여진 정의를 다음과 같이 제공하였다(Freeman 1984: 46).

> 조직의 이해관계자는 조직의 목적 달성에 영향을 끼칠 수 있거나 영향을 받을 수 있는 그룹 또는 개인이다.

프리먼에서 영감을 받은 연구가 진화함에 따라(Laplume et al. 2008), 프로젝트 이해관계자 관리 연구에 관한 우리의 검토를 구조화하는 데 사용될 4가지 주요 조사 방법을 개발했다. 이러한 조사 방법은 다음과 같다.

- **이해관계자의 정의와 중요점은** 기업 목표의 성공적인 추구를 위해 이해관계자가 누구인지와 이들의 상대적 중요성을 식별하기 위한 개념과 기법을 개발한다. 미첼 등(Mitchell 1997)은 이해관계자 중요 사항은 상대적으로 강력하고 합법적이며 긴급한 청구권을 가진 이해관계자의 기능이라고 주장하면서 이 조사방식에 상당히 기여하였다.
- **이해관계자의 행동과 대응은** 이해관계자가 기업의 행동에 어떻게 영향을 끼치는지 조사한다. 프루먼(Frooman 1999)은 이해관계자가 기업이 의존하는 자원을 보유할 때는 직접적인 전략을 사용하고, 보유하지 않을 때는 간접적인 전략을 더 많이 사용한다고 주장했다. 간접적인 전략에는 캠페인, 연합 및 네트워크 구성, 규제 조치가 포함될 수 있다.
- **확고한 행동과 대응은** 프리먼(Freeman 1984)이 많은 노력을 기울인 분야로, 기업의 사회적 책임 활동, 정부와 규제 당국의 로비 활동, 협력 관계 구축 등이 포함될 수 있다.
- **기업 성과는** 이해관계자 관리 능력에 대한 투자를 위해 회사에 대한 수익을 조사한다. 일반적으로 수익률이 긍정적인 것으로 나타나지만, 그 증거는 오히려 간접적이고, 아직 설득력이 없다.

랩룸과 그의 동료 등(Laplume et al. 2008)은 합리적인 전략적 계획의 필수적인 부분에 대해 이해관계자 관리에 대한 프리만의 원래 개념으로부터, 이해관계자 관리를 윤리적 의무로 보는 관점으로의 전환과 함께 문헌의 또 다른 추세에 주목한다(Gibson 2000). 그러나 기업이 이윤을 창출하기 위한 스미스의 도덕적 의무가 일단 배제되면, 다른 이해관계자들의 상대적 장점을 평가하는 기준이 불분명해지므로 이러한 의무는 새로운 도전을 제기한다. 깁슨(Gibson 2000)은 이해관계자들이 식별 가능하고 일관성 있는 사회집단이 존재하는 한 편파성과 상호주의 개념을 효율적으로 사용하면 이 문제를 해결할 수 있다고 주장한다. 그러나 근본적인 이해관계자로서 이해관계자 함수에 자연환경의 포함을 주장하는 이들도 있다(Driscoll and Starik 2004). 이것은 프리먼의 정의에 대한 급진적인 확장이다. 그러나 자연환경은 분명히 목적을 추구하는 기업에 의해 영향(예를 들어 공해, 지구온난화)을 받고 있으며, 기업에 영향(예: 이용할 수 있는 천연자원의 고갈, 자연재해와 같은)을 끼친다. 드리스콜과 스타릭은 자연환경을 고려하기 위한 "근접성"을 포함하도록 이해관계자 중요 프레임워크

(Mitchell et al. 1997)의 확장을 제안했다.

전략적 관리의 일부로서 이해관계자 관리는 60년대 초반부터 긴 길을 걸어왔지만, 교착상태에 빠진 것처럼 보인다. 이전의 전략관리에 관한 옥스퍼드 핸드북(Faulkner and Campbell 2003)에는 이해관계자 관리에 관한 장이 포함되어 있지 않고 본문에만 언급되어 있다는 점이 눈에 띈다. 전략관리 분야에 대한 연구 관심은 변하여, 현재는 비지니스 윤리 분야에서 최고로 강력하다(Laplume et al. 2008). 그 개념에 관한 관심이 증가하고 있는 또 다른 분야는 지금 우리가 방향을 전환하고 있는 프로젝트와 프로그램 관리이다.

15.2 프로젝트 및 프로그램 관리 연구의 이해관계자

프로젝트 및 프로그램 관리에 관한 연구자들은 곧 이해관계자 관리 개념의 중요성을 깨달았으나(Cleland and King 1968), 중요한 연구 활동을 자극하지는 못했다. 오히려 이 주제는 캘버트(Calvert 1995), 클리랜드(Cleland 1998), 매킬로이와 밀스(McElroy and Mills 2000), 윈치(Winch 2004)와 현 핸드북과 같은 프로젝트 관리 핸드북과 지침서에서 강조되었다. 그것은 치니오와 올로몰라이(Chinyio and Olomolaiye 2010)의 단독 문헌으로 나타났다. 프로젝트 이해관계자 관리 연구에 대한 최근의 문헌 검토(Achterkamp and Vos 2008; Littau et al. 2010; Mok et al. 2015)는 이 주제에 대한 연구 관심이 2005년경에 시작되었고 그 이후 탄력을 받았음을 보여준다. 후자의 검토는 메가프로젝트에 초점을 맞추고 있기 때문에 특히 도움이 된다. 이 세 가지 검토는 함께 저널에 발행된 연구 문헌에 대해 좋은 내용을 제공하지만, 문헌과 주요 기여도에 대한 더 깊은 이해보다는 참고 문헌 데이터베이스에 대한 의존도가 어느 정도의 차이를 만들어냈다. 그래서 여기서 우리의 검토는 더 최근에 출판된 논문들에 초점을 맞출 것이고, 또한 서적에 발표된 이전의 기고문들도 포함할 것이다. 우리는 라플룸과 그의 동료들(Laplume et al. 2008)에 의해 개발된 범주를 사용하여 우리의 검토를 구성할 것이다.

15.2.1 이해관계자 정의 및 특징

밀러와 레사드(Miller and Lessard 2000)는 스폰서, 자금 조달자, 정부 및 주요 공급자를 포함한 메가프로젝트에 대한 프런트엔드 정의를 중심으로 이익 연합체가 실행 가능한 프로젝트 개념을 정의하고 집행으로 전환되기 위해, 충분한 추진력이 갖춰질 때까지 형성되고 재형성되는 메가프로젝트에 대한 "프로젝트 형성" 과정에 대해 사려 깊은 통찰력을 제공한다. 플뤼브비에르 등(Flyvbjerg et al. 2003)은 또한 메가프로젝트의 스폰서와 금융 사이의 관계 역동성이 어떻게 의도적인 비용 과소평가와 혜택 과대평가, 즉 메가프로젝트의 투자사례를 전략적으로 잘못 표현함으로써 "메가프로젝트 역설"을 만들 수 있는지를 보여준다. 살리넨 등(Sallinen et al. 2011)은 핀란드 민간 원자력 프로젝트의 규제 기관으로서 국가 정부의 중요성을 분석한다. 그들은 원자력 규제 당국이 어떻게 권력과 합법성을 모두 가졌는지를 보여준다. 그것은 상당한 권력(기술 요건을 충족해야 함)과 합법성(민간 원자력은 감독 없이 정치적으로 승인될 수 없다)을 모두 제공하는 원자력 시설의 안전성 수호자이다. 이 두 가지가 결합되어 요건을 충족하는데 어려움이 프로젝트의 주 공정에 있기에 긴급성을 부여한다. 양 등(Yang et al. 2014)은 프로젝트 매니저를 대상으로 중요한 사항에 대한 인식을 파악하기 위한 설문조사를 실시했다. 그들은 권력이 가장 중요하고, 긴박함과 근접성이 그 뒤를 따르고 있는 반면, 이러한 프로젝트 매니저들에게는 합법성은 거의 없다고 보고한다.

15.2.2 이해관계자 행동과 대응

휴즈는 보스턴 중앙동맥/터널에 대한 이해관계자 참여의 역학관계와 "큰 고기 덩어리를 부족에게 돌려주기"(Hughes 1998: 221)에 대한 지역사회 이해관계자 대표들의 목표를 보고했다. 맥아담 등(McAdam et al. 2011)은 추가로 개발도상국의 파이프라인 프로젝트에 대한 반대를 유발하는 요인을 기존 제도 체계 내에서의 법적 반대와 그러한 체계 외부의 정치적 반대를 구분하여 분석하였다. 살리넨 등(Sallinen et al. 2011)은 정부 대리인—원자력 안전 규제자—의 행동이 프로젝트 관리를 어떻게 형성하는지 보여준다. 마주 등(Mazur et al. 2014)은 프로젝트 매니저의 감성 지능이 국방분야의 내외부 이해관계자와의 관계 발전을 위해 중요하다는 것을 보여 주고, 브로베치 등(Vrhovec et al. 2015)은 이해관계자에 의한 IT-가능한 조직 변화에 대한 저항을 탐구한다. 콜링게와 하티(Collinge and Harty 2014)와 헤라비 등(Heravi et al. 2015)은 건설 프로젝트에서 프로젝트 단계별로 이해관계자의 참여가 어떻게 변화하는지 보여준다. 로우와 캘런(Law and Callon 1992)과 미소니어, 루프라니-페디다(Missonier and Loufrani-Fedida 2014)는 제트 전투기와 IT 프로젝트에서 이해관계자들의 네트워크가 시간이 지남에 따라 각각 어떻게 발전했는지를 보여 준다.

15.2.3 확고한 조치 및 대응

윈치(Winch 2004)는 프로젝트의 범위를 축소하는 것(임무는 아니지만)이 규제자의 관심을 어떻게 제거하는지, 그리고 그것에 의하여 프로젝트 임무에 반대하는 그룹의 힘을 현저하게 감소시키는지를 보여준다. 창 등(Chang et al. 2013)은 방위사업 획득 프로젝트를 연구하면서 공급자와의 가치관 조화의 중요성을 강조했다. 드 쉐퍼 등(De Schepper et al. 2014)은 공공 사회기반시설 프로젝트에 대한 민간 금융사용이 프로젝트 이해관계자와의 관계 복잡성을 어떻게 상당히 증가시키는지를 보여준다. 그레이먼(Greiman 2013)은 보스턴 중앙동맥/터널의 프로젝트 관리 팀이 이해관계자와의 의사소통 및 완화 문제를 어떻게 다루었는지를 보여준다. 양 등(Yang et al. 2014)은 프로젝트 매니저들이 강력한 이해관계자들과 타협하거나 양보하는 경향이 있는 반면, 다급해 하는 이해관계자들에 대해서는 보류(아무것도 하지 않음)나 타협 전략을 사용하는 경향이 있다고 보고했다. 가까운 관계의 이해관계자들은 좀 더 부드럽게 다루어지는 경향이 있었다. 에스케로드와 바가사르(Eskerod and Vaagaasar 2014)는 발주자 프로젝트 관리팀이 프로젝트 수명주기를 통해 프로젝트의 선임 스폰서 및 주요 공급업체와의 신뢰 관계를 어떻게 구축하는지 보여준다. 베링거 등(Beringer et al. 2013)은 포트폴리오 관리를 강조하고, 효과적인 프로젝트 포트폴리오 관리를 위해 내부 이해관계자의 중요성을 보여준다.

15.2.4 확고한 성과

프로젝트 성과는 전통적으로 시간, 비용 및 품질 목표 달성의 반스(Barnes 1988) 삼각형과 관련하여 정의되어 왔다. 여기서 검토되고 이전의 검토에서 다룬 프로젝트 이해관계자 관리에 관한 문헌 대부분은 프로젝트 진행에 지장을 초래하지 않도록 관리해야 할 그룹으로서, 이해관계자의 관점에서 암묵적으로만 이 정의를 채택한다. 따라서 그레이먼(Greiman 2013)은 보스턴 중앙동맥/터널에 대한 이해관계자 관계 완화를 제공하는 것이 총비용에 30%를 추가했다고 제안한다. 그러나, 프로젝트 성과 문헌으로 방향을 돌린다면, 그곳의 논쟁이 다른 이해관계자들이 지지하는 다른 성과 기준을 고려하기 위해, 이 좁은 정의에서 옮겨갔음을 알 수 있다. 메로우(Merrow 2011)는 소유자와 운영자의 관점을 들어, 높은 수준의 "팀 통합"이 초기 프로젝트 팀에서 사업자의 대표성이 팀 통합 지수를 구성하는 더 중요한 변수 중 하나인 높은 프로젝트 성과로 이어진다는 것을 보여주는 회귀 분석을 제시한다. 데이비스(Devis 2014)와 터너와 졸린(Turner and Zolin 2012)은 공급자, 사용자, 프로젝트 팀과 같은 이해관계자들이 프로젝트 성과에 대한 서로 다르고 때때로 양립할 수 없는 인식을 어떻게 가지는지를 보여 준다.

15.2.5 검토

이 검토는 프로젝트 이해관계자에 대한 경험적 연구가 메가프로젝트 관리 수행 지원이 증가되는 활동과 함께 활발한 분야임을 입증한다. 위에서 검토한 모든 연구가 메가프로젝트에 관한 것은 아니며, 심지어 메가프로젝트 관리와 관련이 없는 연구도 있다. 그것이 발전함에 따라 프로젝트 관리 분야는 프리먼(Freeman 1984)이 제안한 것보다 다소 좁은 이해관계자 정의를 지지했는데, 아마도 클리랜드(Cleland 1986)의 영향을 받았을 것이다. 리타우 등(Littau et al. 2010: 표 A2)은 프로젝트 관리 연구자들이 일반적으로 프로젝트의 **영향을 받는** 사람보다는 프로젝트에 **관심이 있는** 사람으로 정의를 제한함으로써, 분석 대상에 포함하기 위한 이해관계자의 인지도가 더 높아졌음을 의미하는 것이 분명하다. 이러한 구별은 이전의 형성이 근본적인 이해관계자를 정의에서 배제되었기 때문에 중요하다.

따라서 여기서 검토된 대부분의 연구와 이 검토가 구축된 3개의 초기 연구 검토에서 다룬 연구는, 커뮤니케이션과 완화를 통한 이해관계자 이익과의 효과적인 관계가 프로젝트 임무의 성공적인 수행을 위해 필수적이라는 전제하에서 분명히 "중요"하다(Donaldson and Preston 1995). 프로젝트 임무를 정의하는 프로젝트 프런트엔드에 초점을 맞춘 연구는 메가프로젝트 프런트엔드 프로세스의 형성을 경험적으로 탐구한다는 점에서 더 "설명적"(Donaldson and Preston 1995)이다. 도날드슨과 프레스톤(Donaldson and Preston 1995)은 이해관계자 관리 이론이 서술적 또는 수단적 관점에 의존할 수 없으며, 오히려 "규범적" 관점이 필요하다고 주장함으로써 검토를 마무리한다. 이것은 우리가 검토할 부분이다.

이에 앞서 프로젝트 이해관계자 관리 연구에 대한 몇 가지 제한 사항에 대해 논의한다. 하나는 개념적인 반면, 다른 하나는 메가프로젝트 이해관계자 관리에 관한 연구의 범위에 관한 것이다. 개념적인 문제는 주주의 부재 문제이다. 이해관계자 이론의 근본적인 전제(Freeman 1984)는 이해관계자가 중심조직에 대한 수탁적 권리를 갖는 주주들과 구별된다는 것이다. 공공조직에 대한 유사한 집단은 납세자들이다. 그렇다면, 프로젝트의 주주들은 누구인가? 가장 명백하게, 그들은 그 프로젝트의 자본가들이다. 프로젝트가 내부 자금으로부터 소유자 조직에 의해 자금이 조달되는 경우, 프로젝트 주주들은 그들이 지분을 소유하거나 납세자일 때, 소유 조직에서 일반적으로 정의되는 주주들이다. 그러나 많은 소유주 조직은 그들의 메가프로젝트에 대해 청구권 없는 금융을 추구하기 때문에, 프로젝트 주주는 프로젝트에 의해 창출되는 자산과 그들의 이용을 창출하는 관련 현금 흐름에 대해 직접 청구권을 가질 수 있다(Morrison 2012). 공공 프로젝트에 관한 이러한 협정을 공공·민간 협력이라고 한다(Winch and Schmidt 2016). 그러나 나중에 알게 되겠지만, 프로젝트 자본가를 프로젝트 이해관계자 관리에서 대조적인 주주라기보다는 특별한 유형의 이해관계자로 취급하는 것이 분석적으로 더 도움이 된다.

관련 이슈는 이해관계자 분석에 대한 중심 조직의 정확한 정의다. 데이비스(Davis 2014)가 보여주듯이, 일부 연구에서는 프로젝트 매니저나 프로젝트팀을 분석에 포함하고, 다른 연구에서는 소유자, 의뢰인 또는 최고 경영진을 포함한다. 프리먼(Freeman 1984)에게 있어, 그는 이것이 그 조직 내의 합의를 전제하고 있다고 언급하지만, "중심 조직"은 그 기업이다. 따라서 그는 상황의 세부 사항에 따라 중심 조직 정의에 대한 실용적 접근을 권고한다. 유추적으로, 중심 조직은 윈치(Winch 2014)가 정의한 소유주 조직으로, 프로젝트에 투자를 위한 자본을 조달하고, 프로젝트에서 창출한 자산을 "소유"하며, 투자자에게 수익을 제공하기 위한 혜택 사용을 위해 계속 활용된다. 그러나, 이것은 프로젝트 관리 관점에서 직관에 반하는 것이다; 확실히 중심 조직은 임시 프로젝트 조직이어야 하는가? 그러나 임시 프로젝트 조직은 다양한 이해관계의 연합체로서(Winch 2014) 합의는 확실히 가정할 수 없기 때문에, 이 정의에 따라 많은 분석적 힘을 잃게 될 것이다. 또 다른 문제는 프런트엔드 정의 중에 그와 같은 프로젝트 조직이 없는 경우가 종종 있고, 공식적인 설립은 이해관계자들에 의한 형성과정의 **결과물**이라는 점이다. 코크레인 등(Cochrane et al. 2002), 쿠신과 파스보이스-두크로스(Cusin and Passebois-Ducros 2015), 휴즈(Hughes 1998)는 모두 도시 엘리트들 간의 상호작용에서 프로젝트가 어떻게 생성되며, 프로젝트를 관리할 "소유주" 조직이 확인되기 전에 완전하게 형성되는지를 보여 준다.

따라서 우리는 좀 더 추상적인 수준의 정의로 전환하여 **프로젝트 임무**(Winch and Bonke 2002)를 이해관계자 분석의 초점이 되게 제안하며, 여기서 프로젝트 임무는 가치 제안으로서 메가프로젝트의 전체적인 의도로 정의된다. 이는 프로젝트 임무를 달성하기 위해 요구되는 총활동 집합인 프로젝트 범위와 구별된다. 이것은 프리먼의 정의에서 발전한 것이지만, 두 가지 장점을 가지고 있다. 이와 같은 중심조직이 없을 수 있지만 분명히 떠오르는 임무가 있는 프로젝트 형성단계에서 이해관계자 분석을 가능하게 하며, 자본가를 포함한 이해관계자 관심의 초점은 향후 수년간 물리적으로 존재하지 않을 수 있는 경우가 많다는 점에서 미래지향적이다. 따라서 우리는 프로젝트 이해관계자에 대해 다음과 같은 정의를 제안한다.

> 프로젝트 이해관계자는 프로젝트 임무의 달성에 영향을 끼칠 수 있거나 영향을 받는 그룹 또는 개인을 말한다.

이 견해의 두 번째 관찰은 근본적 이해관계자에 대한 완전한 관심의 부재이다. 심지어 젱 등(Zeng et al. 2015)도 메가프로젝트에 대한 "사회적 책임"에 대한 검토에서 환경적 우려를 가볍게 언급하지만, 많은 이해관계자에게 환경적 우려는 메가프로젝트의 주요 쟁점이다. 실제로 겔러트와 린치(Gallert and Lynch 2003:16)는 메가프로젝트를 "경관을 빠르게 의도적이며 심각하게 변화시키는 프로젝트"로 정의하고, 자연환경과 사회환경 모두에 대해 1차적 및 2차적 "변위"를 분석한다. 드리스콜과 스타릭(Driscoll and Starik 2004)은 자연환경을 진정으로 원초적인 것으로 보지만, 우리는 여기서 고대 건물이나 고고학적 유적과 같이 일반적으로 "유산"이라는 단어를 적용하여 사회로부터 가치를 부여받은 기존의 예술적 요소를 포함하도록 정의를 유용하게 완화시킬 것을 제안한다.

우리의 세 번째 관찰은 프로젝트 이해관계자 관리에 관한 연구에서 이해관계자로서 정부, 특히 국가 정부라는 독특한 특성에 대한 관심이 현저하게 거의 주어지지 않았다는 것이다. 정부는 매우 중요한 것으로 쉽게 정의되며, 그 행동은 프로젝트의 진행에 중요한 결과를 가져올 수 있다(King and Crewe 2013); 사실 정부의 공식적인 승인 없이 진행할 수 있는 메가프로젝트는 거의 없다. 그러나 정부는 대부분의 프로젝트 이해관계자 분석 배경에 숨어 있다. 에스케로드와 바가사르(Eskerod and Vaagaasar 2014)는 자신들이 연구한 신호 프로젝트는 실제 투자를 하고 있던 철도망 소유주보다 정치인들이 더 선호하고 있으며, 이것이 프로젝트 팀에게 고위 경영진으로부터 상대적인 자율성을 부여하였다고 언급하고 있으나, 더 이상 이런 일련의 조사를 추진하지는 않는다. 마찬가지로, 창 등(Chang et al. 2013)은 공급자가 국수주의적 조달 정책을 주장하지만, 그러한 정책을 시행하는 정치적 역학을 분석하지는 않는다고 주장한다.

단지 살리넨 등(Sallinen et al. 2011)만이 특별히 중요한 유형의 이해관계자인 규제자를 강조한 분석에서 국가 정부의 역할을 진지하게 고려한다. 실제로 메로우 등(Merrow et al. 1981)은 규제 당국이 메가프로젝트에 대한 예산 초과의 주요 원인이라고 주장했다. 토지 사용에 대한 규제 기관은 공간 자원을 소비하는 모든 프로젝트를 형성하는 주요 요인이다(Stringer 1995). 영국의 규제 자산 기반(Helm 2009) 모델과 같은 공익 기업에 대한 경제 규제 당국은 다수의 프로젝트와 프로그램을 구성하는 규제 기간(일반적으로 5년)에 걸쳐 자본 투자 계획에 합의함으로써 프로젝트 포트폴리오 수준에서 행동한다.

마지막으로, 우리는 연구 문헌에 프로젝트 이해관계자 관리 개념의 적용이 적어도 두 가지 이상 있다는 것을 관찰할 수 있다. 첫 번째는 서술적이며 메가프로젝트의 프런트엔드 형성과 메가프로젝트 투자의 혜택을 받을 수 있는 이들에게 인센티브를 제공하고, 그로 인해 손실될 수 있는 이들에게 끼치는 영향을 완화한다는 측면에서 이해관계자들의 연합을 어떻게 구성하는지에 관심이 있다. 두 번째인 클리랜(Cleland 1986)는 프로젝트 실행의 효율성 및 효과와 이를 방해할 이해관계자의 가능성 완화에 더 관심을 갖는데 중요한 역할을 한다. 광범위하게, 그러나 연구 저널 문헌은 두 번째 문제에 초점을 맞추는 경향이 있는 반면, 참고 문헌에 제시된 확장 사례 연구는 앞선 문제에 초점을 맞추는 경향이 있다. 우리는 메가프로젝트에 대한 이해관계자들을 완전히 이해하고 그에 따라 관리하기 위하여 두 가지 기여가 모두 필요하다고 주장한다.

15.3 프로젝트 이해관계자 이론의 확장

이러한 고려사항들은 메가프로젝트에 대한 프로젝트 이해관계자 관리 이론의 확장에 경험적으로나 이론적으로 상당한 노력을 기울일 필요가 있음을 제시한다. 그러므로 우리는 이제 사회학에서 두 가지 이론적 접근 방법으로 관점을 전환하게 되었는데, 이것은 이 과제에서 우리를 도울 수 있다고 제안한다. 첫째는 행위자-네트워크 이론이고, 둘째는 제도 이론이다.

15.3.1 행위자 네트워크 이론과 근본적인 이해관계자

캘런(Callon 1986)은 세인트 브리우크 만의 가리비 재생 시도에 대한 그의 생식 연구

분석에서 인간(어부·연구자)과 비인간(가리비) 행위자가 개념적 평등이 주어지는 변형의 사회학을 주장한다. 캘런의 관심사는 과학의 사회학에 있어서, 그는 어부들이 계속해서 이익을 내는 무역을 할 수 있도록 만(灣)의 가리비 개체군을 재생하려는 연구자들에게 분석적인 관심을 집중한다. 이에 따라 행위자-네트워크 이론(Latour 2005)은 자연계와 건설 프로젝트의 관계에 관련된 사람들에게 분석에 대해 독특하고 논란의 여지가 있는 (Hacking 1999) 이론적 접근방식을 채택하도록 고무시켰고(Sage et al. 2011; 2014; Tryggestad et al. 2013), 이에 따라 프로젝트 이해관계자로서 다양한 종류의 동물군을 개념화했다. 예를 들어, 트라이게스타드 등(Tryggestad et al. 2013)은 보호되는 개구리 종의 사육 연못의 발견이 개발자, 지방 정부 및 환경 운동가들 간의 상당한 상호작용을 수반하는 주택 개발 프로젝트를 어떻게 꽤 많이 재구성하였는지를 보여 준다.

행위자-네트워크 이론은 사회적 구성(Latour 2005)으로서 기술 분석 중심이며, 따라서 분석은 (우리의 확장 속에서) 다른 근본적 이해관계자들에게도 유산과 같은 역사적으로 내재된 기술의 형태로 확장될 수 있다. 실제로 하베이와 녹스(Harvey and Knox 2015)가 도로 건설 프로젝트에서 이해관계자로서 산(山) 자체의 중요성을 규명하기 때문에 이론적 범위는 더욱 확대될 수 있다. 이는 무술인을 고용하는 등 산을 공경하는 의식을 행한 사업관리팀에 의해 인정되었으며, 산 굴착이 현장 사고와 사망의 형태로 인간의 희생을 요구했다고 널리 퍼진 믿음이다. 또한 통찰력 있는 효과에 대한 정보시스템 프로젝트의 역학관계를 분석하는 데 사용되었다(예, Missonier and Loufrani-Fedida 2014; Pollack et al. 2013). 특히, 로우와 캘런(Law and Callon 1992)은 실패한 영국 제트 전투기 프로젝트를 둘러싸고 전개되는 이해관계자 네트워크를 분석한다. 외부 이해관계자의 글로벌 네트워크와 내부 이해관계자의 로컬 네트워크 간의 관계를 둘 사이의 "의무적 통과점"으로 프로젝트 관리팀에서 관리할 필요가 있다고 주장한다. 그들의 경우에 이를 수행할 수 없는 프로젝트 팀의 무능력으로 일정 및 예산 상승을 초래하여 결국 프로젝트가 취소되었다.

15.3.2 제도적 이론과 정부 이해관계자

제도적 이론에 대한 고전적 기여(Selznick 2011) 중 하나는 1930년대 뉴딜 시대에 탄생한 수력 발전 댐 개발 프로그램과 농장 효과 개선 프로그램을 통한 미국 테네시 밸리의 개발이라는 메가프로젝트의 사례 연구다. 셀즈닉은 기존 기관들이 "비공식적 신입회원 선거"를 통해 프로그램을 어떻게 형성하는지 보여 주는 반면 테네시 밸리 당국(메가프로젝트 담당 정부기관)은 유통협동조합을 설립해 전기에 대한 의뢰인의 "공식적 신입회원 선거"를 사용했다. 그것의 목적은 항상 "제도적 환경"에 대처하는 프로그램에 대한 안정성을 확보하는 것이었다. 이전의 작업(흔히 "구식 제도주의"라고 불림)이 제도적 구조의 지속성에 초점을 맞춘 반면, 나중의 작업(흔히 "신제도주의"로 불림)은 기관과 제도적 구조가 어떻게 변하는지를 강조하여 조직 이론에서 지배적인 접근법이 되었다(Greenwood et al. 2008). 이러한 우위에도 불구하고, 제도 이론은 현재 일부 중요한 개발 노선이 존재하지만, 일반적인 프로젝트 관리 연구와 특히 이해관계자 관리에 있어서 상대적으로 거의 영향을 미치지 않았다.

첫 번째 노선은 초국가적 메가프로젝트로, 즉, 메가프로젝트가 실행되는 국가 외부에서 중요한 입력을 가진 메가프로젝트와 관련이 있다. 국가마다 제도적 체계가 다르고, 이는 영토 관할권 내에서 실행되는 메가프로젝트를 형성하는 데 지대한 영향을 끼친다(Scott 2011). 일반적으로 국가사업 시스템(Whitley 1992; Winch 2000)은 메가프로젝트의 실행을 형성하는 반면, 규제 시스템의 세부사항 차이는 부주의한 공급자를 곤란에 처하게 하여 공정과 예산 문제를 야기시킬 수 있다(Sallinen et al. 2011; Syban 1996). 규범적 및 문화적 차이는 또한 프로젝트 형성과 실행에 중대한 영향을 끼칠 수 있다(Fellow and Liu 2016; Winch et al. 2000). 스콧(Scott 2011)은 세계은행 등의 자금조달 기관, 그린피스 등의 국제 비정부기구, ISO 등의 표준기구, 런던과 뉴욕의 법률회사 등을 포함한 "글로벌 인프라 플레이어"로 구성된 초국가적 메가프로젝트를 중심으로 발전해 온 잠재적 국제 이해관계자들의 세 가지 독특한 "조직 분야"를 분석한다. 그는 이를 특정 프로젝트를 중심으로 "주최자 커뮤니티" 조직 분야와 프로젝트 조직 구성원들로 생성된 조직 분야를 대조한다.

두 번째 작업 예는 공공부문 IT 메가프로젝트에 제도적 이론의 적용이다(Currie and Guah 2007; Currie 2012). 그들은 "조직적 분야"를 그들의 영국 의료 시스템 메가프로젝트의 맥락을 제공하는 분야로 정의한다. 그들은 조직 분야를 구성하는 다양한 조직들 사이의 "제도적 이형성"에 대한 경향과 또한 그러한 과정에 저항하려는 특정 그룹, 특히 의료 전문가들의 활동을 분석한다. 이는 전문성 및 관리성과 관련된 분야 내 "제도적 논리"와 이들이 어떻게 메가프로젝트 형성에 상호작용을 하는지에 대한 분석으로 이어진다. 그런 다음 그들은 특정 그룹, 특히 의료 전문가들을 완전히 참여시키지 못한 것이 어떻게 상당한 지연을 초래했는지를 보여 준다. 이해관계자 관리의 관점에서 보면, 조직 분야를 구성하는 다양한 조직과 단체(보건부, 병원, 일반의사, IT 공급업체 등)가 이해관계자이고, 이들이 고수하는 제도적 논리의 관점에서 프로젝트에 대한 다양한 관심을 표명한다.

15.3.3 메가프로젝트 이해관계자 관리 이론

우리는 행위자-네트워크 이론과 제도 이론이 행위자-네트워크 이론에 대한 기본적인 분석과 제도적 이론에 대한 정부 관련 분석 등 서로 다른 이해관계자 그룹에 대해 정확하게 분석함으로써 어떻게 프로젝트 이해관계자 관리 이론과 실행의 공백을 메울 수 있는지를 보여주었다. 물론 두 이론적 관점 모두 이러한 적정한 기여보다 조직 이론에 기여한다는 주장을 훨씬 더 폭넓게 하지만, 이 장에서는 이런 것들을 논하기는 어렵다. 또한, 행위자-네트워크 이론과 제도 이론은 우리가 제안하는, 종합적으로 결합 될 수 없는 다소 다른 존재론적 주장을 구체화한다는 점에 유의해야 한다. 우리는 그들 중 하나를 선택할 필요가 있다.

아마도 두 관점 사이의 주요한 차이점은 어떻게 사회가 구성되는가에 있다. 행위자-네트워크 이론은 사회의 구성이 직접 또는 비인간 "행위자"를 통한 중재된 행위자들 간의 연관성을 통해 생성되는 것으로 본다(Latour 2005). 행위자-네트워크 이론의 가장 현저한 기여가 인간에게 있다는 것에 대한 분석에서 비인간에게 동등한 지위를 주는 것이 이러한 관심사이며, 근본적 이해관계자를 분석에 포함시키기를 원하는 사람들에게 그것이 매력적인 이유이다. 또한 행위자-네트워크 이론은 네트워크에 있는 행위자들이 그러한 연관을 통해 구성되며 상호작용에 수반되는 사전 정의는 하고 있지 않다고 주장한다. 제도적 이론은 기존의 사회적 관계—규정적, 규범적 또는 문화적 관계가 된(Scott 2008)—가 현재의 사회적 관계를 어떻게 형성하는지 강한 대조로 분석한다. "제도적 기업가 정신"과 "제도적 업무"와 같은 프로세스 개념을 통해 기관이 어떻게 변화할지에 대한 제도 이론에서 관심이 높아지고 있지만, 일부 기존 사회형성의 변화에는 여전히 초점을 맞추고 있다. 그러므로 행위자-네트워크 이론은 반역사적인 기관을 강조하고 구조적인 실체를 크게 부정하는 반면, 제도 이론은 역사적 구조의 역할을 강화하며 그러한 구조가 어떻게 변하는지에 대해 최근에야 연구 관심이 서비스를 제공하는 기관으로 이동하였다.

이해관계자 관리 이론의 관점에서, 근본적인 전제는 이해관계자들이 기업의 목적 추구로 부정적인 영향을 받지 않는다면, 일종의 사전 청구나 이익을 확고하게 갖는 것이다(Freeman 1984). 그러므로 이러한 이유로, 행위자-네트워크 이론은 메가프로젝트 이해관계자 관리에서 이론의 개발에 부적절한 것으로 보일 것이다. 만약 이 주장이 받아들여진다면, 행위자-네트워크 이론이 근본적 이해관계자의 분석에 가져다주는 중요한 통찰력을 우리가 유지하는 방법은 없을까? 예. 있다. 모든 경험적 기여에서 관심의 동물군은 인간 대리인에 의해 목소리를 부여받는다. 이런 경우, 동식물군은 선거 운동 단체들이 그들의 본래 이익을 옹호하기 때문에 단지 "통제 불능"이다. 그렇지 않으면, 샨사댐(New and Xie 2008)과 같은 프로젝트에서처럼, 그것들은 간단히 없어질 것이다. 한편, 사회 운동 이론(McAdam 2011)에 의해 보완된 제도 이론은 특정 근본적 이해관계자들의 주장이 어떻게 동원되는지, 그리고 다른 사람들의 주장이 그렇지 않는지를 분석하는 개념적 도구를 제공한다.

프로젝트(Law and Callon 1992)에 관한 지역 네트워크와 글로벌 네트워크의 분석은 스콧(Scott 2011)이 공헌한 세 가지 조직 분야의 분석과 현저한 유사성을 가지고 있지만, 초국가적인 프로젝트에 초점을 맞춘다는 것은 글로벌 네트워크가 개최국의 국가 네트워크와 초국가적인 인프라 업체들의 진정한 글로벌 네트워크라는 두 가지 요소로 나뉘는 것을 의미한다. 행위자-네트워크 이론 접근방식이 추가적인 통찰력을 제공하는 곳은 지역 네트워크와 글로벌 네트워크 사이의 관계 진화의 함수에 있다(Law and Callon 1992; Missonier and Loufrani-Fedida 2014). 그리고 프로젝트 관리팀의 네트워크에서 중심성의 중요성은 지역 네트워크와 글로벌 네트워크 사이에서 "의무적인 통과점"(Law and Callon: 31) 이다. 그들의 분석에서, 프로젝트의 확대와 그에 따른 취소에 심대한 역할을 하는 네트워크 브로커의 이러한 지위를 확립하는 것은 주 계약자의 실패였다. 그러나 제도적 이론은 셀즈닉(Selznick 2011)이 보여주듯이 이해관계자 관계의 진화에 대한 미묘한 분석을 제공할 수도 있으며, 이해관계자의 하위 네트워크 사이의 중개자 역할은 소셜 네트워크 분석(Burt 2005)에서 중요한 역할을 한다.

따라서 우리는 제도적 이론이 메가프로젝트 이해관계자 관리를 위한 가치 있는 기반을 제공한다고 결론짓는다. 현재까지 이 분야의 연구 중 상당수는 이론상으로 고지식하지 않더라도 이론적으로 절충적이었다. 이해관계자 관리이론이 경영을 순전히 주주의 대리인으로 보는 신고전주의 경제학에서 파생된 기업의 이론에 도전했듯이, 1930년대 시장기반 해결책에 대한 믿음이 약화된 시기 동안 경제

발전에 대한 정부의 개입 분석으로부터 제도적 이론이 발전했다(Selznick 2011). 다른 이들은 제도적 이론과 이해관계자 관리 사이의 연결고리를 만들었다(Campbell 2007). 그러나 조직 이론은 단순히 경영 활동을 가능하게 하려고 적용될 수는 없다; 이론은 도구를 통해 중재된다(Cabantous and Gond 2011). 그러므로 우리는 이제 프로젝트 이해관계자 관리에 사용할 수 있는 다양한 도구를 평가하는 것을 시작한다.

15.4 이해관계자 관리를 위한 도구

양(Yang 2014)은 이해관계자 함수와 소셜 네트워크 분석에 특히 초점을 맞춰 이해관계자 분석에 사용할 수 있는 일부 도구에 대한 귀중한 개요를 제공한다. 우리는 또한 이러한 도구들에 집중함으로써 이러한 선례를 따를 것이다. 프리먼(Freeman 1984)은 이해관계자의 서술적 함수를 주장했다. 본크(Bonke 1996)는 프로젝트 이해관계자의 선구적 함수에서 더 분석적인 접근법을 제공하여, 기술의 사회 구축에 관한 연구(Pinch and Bijker 1987)의 개념을 도출하였는데, 이는 행위자-네트워크 이론(Latour 2005)의 발전에 영향을 끼친 것 중 하나였다. 나중에 (Winch and Bonke 2002) 권력/이익 매트릭스(Johnson and Scholes 2002)와 결합한 이 함수 접근방식은 여러 가지 장점을 가진다. 프로젝트 임무의 지지자 또는 반대자로 잠재적인 이해관계자를 식별하고 상대적 입장을 특징짓는 것 외에도, 프로젝트 임무에서의 이익을 식별하고 임무가 그들의 이익으로 긍정적으로 조정될 수 있는 잠재적 방법을 식별한다. 올랜도와 랜딘(Plander and Landin 2005)과 윈치(Winch 2004)는 이 접근법을 이용하여 시간을 통해 변화하는 이해관계자 관계를 함수화하는 데 사용할 수 있는지를 보여준다. 최근의 발전은 코베이(Covey 1989)의 영향 서클 및 관심 서클 개념을 적용하여 프로젝트 팀이 조치할 수 있는 이해관계자와 그렇지 않은 이해관계자를 식별하는 것이다.

이해관계자 서클 도구(Bourn and Walker 2005; Bourn and Weaver 2010)는 이해관계자 식별을 개발하고 프로젝트와 인지된 관계를 평가하기 위한 다양한 템플릿에 의해 독점적인 소프트웨어 지원으로 생성된 매력적인 그래픽 프레젠테이션으로 구성된다. 프로젝트의 수명주기 동안 함수 실행을 두 번 이상 반복하여 확인된 이해관계자의 지속적인 연계를 보장할 것을 권고한다. 많은 사람들이 분석의 형식이 도움이 된다고 생각하겠지만, 그 방법은 프로젝트에 대한 다양한 이해관계자들의 이익에 대한 동기를 조사하는 것을 장려하는 것으로 보이지 않으며, 실제로 그것은 주로 내부 이해관계자들에게 초점을 맞춘 것으로 보인다. 또한 프로젝트 형성 중 이해관계자 이해보다는 실행 단계 도구로 보일 수 있다.

전략 수립을 위한 그룹 의사결정 지원 시스템에 대한 광범위한 경험을 바탕으로, 아커맨과 에든(Akermann and Eden 2011)은 여러 해에 걸쳐 다양한 의뢰인을 위해 조직된 이해관계자 매핑 워크숍에 대한 보고서를 작성한다. 이 논문의 특별한 이점은 함수 제작 과정에 관심을 가지는 것인데, 이는 지금까지 요약된 접근법에서 대부분 기술되지 않는 것으로 남게 된다. 종이와 포스트잇을 사용한 작업에 이어, 함수는 이해관계자 식별과 프로젝트에 관한 상대적인 권력과 이익을 나타내는 인과관계 함수 소프트웨어를 사용하여 개발된다. 인과관계 함수 소프트웨어는 또한 다양한 이해관계자들의 동기와 그들 사이의 잠재적 연결을 포착한다. 인과관계 함수 소프트웨어의 한 가지 문제는 그것의 출력을 해석하기 다소 어려울 수 있지만, 너무 많이 만들어서는 안 된다는 것이다. 워크숍의 한 참가자는 다음과 같이 말했다. "그들을 어디에 둘 것인가에 대한 논쟁에서 가장 많이 배웠다. [그리드 위의 이해관계자들]; 출력 자체는 별로 도움이 되지 않았다."(Akermann and Eden 2011: 188).

로울리(Rowley 1997)의 함수에 따라, 프로젝트 이해관계자 관리와 관련된 연구자들은 이해관계자 관계를 분석하기 위해 소셜 네트워크 분석(SNA)을 적용했다. 양 등(Yang et al. 2011)은 네트워크에서 이해관계자의 중요성을 결정하기 위해 SNA의 "상태 중심성" 측정을 사용한다. 양(Yang 2014)은 SNA를 위에서 보고한 이해관계자 서클 접근법과 비교하였는데, 둘 다 프로젝트 이해관계자 분석에 유용하며, 전자는 이해관계자 간의 관계를 식별하는데, 후자는 이해관계 이익의 순위를 결정하는 데 유용하다는 것을 발견했다. 지금까지 건설 프로젝트에 대한 이해관계자 관리에 대한 가장 정밀한 적용은 프로젝트에 관한 다양한 "네트워크"(계약, 지시, 통제 등)가 어떻게 중복되고 서로 강화되는지를 보여주는 프라이크(Pryke 2012)의 작업이다. 그러나 그의 업무는 서로 계약 관계에 있는 조직들의 "프로젝트 연합"을 구성하는 이해관계자들의 지역 네트워크로 한정된다. 이 검토에서는 양(Yang 2014)이 보완적으로 보여주는 이해관계자 서클과 SNA 도구가 실행 중 프로젝트 이해관계자 네트워크의 도구적 분석에 더 적합함을 시사한다. 이것은 이해관계자 네트워크의 완전한 파악과 그들의 포부와 관련된 경험적 자료의 수집에 기반하기 때문이다. SNA의 또 다른 문제는 네트워크에서 특출한 것으로 보이는 이해관계자가 의료 연결 기관의 의료 종사자와 같이 프로젝트 팀으로부터 무시당하고 있는 강력한 이해관계자일 수 있고, TAURS의 SISCOT 회원들과 같이 매우 중심적인 이해관계자가 지나치게 영향을 끼칠 수 있다는 점이다. 반면에 이해관계자 함수 접근방식은, 특히 인과적 함수에 의해 뒷받침되는 경우, 메가프로젝트의 프런트엔드를 형성하는 조직 및 제도적 프로세스의 서술적 분석에 더 적합하다.

15.5 메가프로젝트 이해관계자에 관한 연구의 미래 — 메가프로젝트와 사회

프로젝트 이해관계자 관리에 대한 우리의 논의는 도날드슨과 프레스턴(Donaldson and Preston 1995)의 용어로는 서술적이고 중요한 것이었지만, 우리는 규범적인 측면으로 전환할 것을 약속했다. 슈튜러(Steurer 2006)는 전략 문헌의 이해관계자 관리 연구가 비즈니스와 사회 연구에 대해 광범위한 관심으로 대체되었다고 주장한다. 우리는 프로젝트 이해관계자 관리 연구의 다음 단계 또한 기존의 서술적이고 중요한 접근법을 보완하기 위한 **메가프로젝트와 사회** 조사 방식을 개발해야 한다고 제안한다. 이러한 방식에 따른 한 가지 주제는 "프로젝트화"(Lundin et al. 2015)에 대한 연구로 프로젝트에서 사회적, 경제적 조치가 점점 더 조직화되는 방식을 조사하는 반면, 반 머레윅(Van Marrewick 2015)은 문화적 측면을 탐구한다. 그러나, 거의 정의상으로는 메가프로젝트 주변에 광범위한 사회적 우려가 메가프로젝트 주변 사회에 상당한 영향을 끼친다.

첫 번째 우려는 **정치적**이다. 메가프로젝트는 항상은 아니지만 종종 정치적 과정의 결과물이다. 비용 혜택 분석에 근거한 프로젝트에 대한 합리주의적 정당성이 있지만, 이 프로젝트 뒤의 실제 동력은 비용 혜택 분석이 형성되는 정치적 조치들이다. 예를 들어, 정부의 정책 조치는 종종 IT 메가프로젝트를 통해 구현된다(King and Crewe 2013). 정책 의도는 정부 활동의 일부 측면을 개혁하는 것으로, 이는 종종 더 큰 기존 시스템에 내장되는 새로운 IT 시스템 개발 가능성과 그러한 시스템 개발에 필요한 시간과 노력에 대해 부정확한 가정을 하는 것이다. 영국의 경우, 우리는 의료 연계에 대해 논의해 왔다; 영국의 야심찬 정책 변화 추진 프로젝트들 중 상당한 어려움에 봉착한 가장 최근의 것은 유니버셜 크레딧—소득에 따라 다른 복지 혜택을 제공하는 제도—이다(National Audit Office 2013, 2014a). 정책 변화 중심 메가프로젝트가 대규모 프로그램으로 등장하기 전에 정책 프로세스를 통해 어떻게 형성되고, 따라서 프로젝트로서 관리되어야 할 것에 대한 훨씬 더 많은 연구가 필요하다.

하베이와 녹스(Harvey and Knox 2015)의 작업은 메가프로젝트 정치의 또 다른 측면인 국가 및 지역 차원의 체계적 부패가 프로젝트의 진행 여부와 예산과 일정을 중심으로 사업을 구성하는 데 영향을 끼친다는 것을 보여준다. 따라서 그들은 문헌에서 대부분 무시되어 온 메가프로젝트 **그림자의 이해관계자**라고 불릴 수 있는 훨씬 더 광범위한 주제를 소개한다. 부패는 글로벌 인프라 반부패 센터에 의해 "뇌물수수, 강탈, 사기, 카르텔, 권력남용, 횡령, 돈세탁"(http://www. giaccentre.org)으로 정의된다. 이것의 극심하게 나쁜 예로는 잠비아의 카리바 댐 북 발전소 프로젝트(Morrel 1987)이다. 본질적으로 그림자의 이해관계자들은 연구하기 매우 어렵고, 국제 투명성 기구 같은 국제 캠페인 기구의 역할이 여기에서 필수적이다.

플뤼브비에르와 몰로이(Flyvbjerg and Molloy 2011)는 전략적으로 그릇된 설명이 일종의 부패라고 주장하지만, 전략적으로 그릇된 설명이 범죄가 아니라 전문성이 떨어진다는 점을 시사하고 있다. 우리는 이것이 **거버넌스**의 문제(Muller 2011) 즉, 소유조직과 그 투자사업(Winch 2014)의 관계에 관한 것이며, 보다 광범위하게는 중앙/국가적으로 할당된 예산과 위임된 프로젝트 추진자와의 관계에 관한 문제라고 주장할 것이다. 몰로이와 체티(Molloy and Chetty 2015)는 느슨한 예산 통제 상황에서 도시 간 경쟁이 개발도상국에서 희소한 자원의 심각한 잘못된 배분이 남아프리카공화국에서 어떻게 발생하였는지를 보여준다. 마찬가지로, 레이즈너(Reisner 1993)는 미국 서부지역의 댐에 대한 연방기관 간의 경쟁이 어떻게 환경적 또는 경제적 관점에서 역효과를 냈는지를 보여준다. 공공부문과 민간부문 모두에서 이러한 거버넌스 과제에 대한 대응은 예산 프로세스의 중앙 집중화였다. 대표적인 공공부문은 진입 프로세스에서 노르웨이의 품질관리이다(Klakegg et al. 2016; Samset and Volden 2016). 이는 2011년 주요 프로젝트 기관(National Audit Office 2014b)이 설립되면서 영국 공공부문에서도 발생하고 있다.

두 번째 관심사는 **경제적**이다. 특히 에너지와 교통 사회기반시설 제공에 대한 메가프로젝트는 경제 성장에 매우 중요한 역할을 한다. 이러한 기여에 대한 우려는 프로젝트 실패가 경제 성장에 끼치는 영향에 대해 흥미로운 논조로 이어졌다. 허슈먼은 이를 "기업가적 오류"(Sawyer 1952)가 우연한 결과를 초래하는 개발 프로젝트의 "숨어 있는 손"(1995)이라고 부른다. 그러한 저자들은 개발 메가프로젝트는 비용과 혜택에 대한 냉정한 평가가 그 누구도 프로젝트를 진행하도록 유혹하지 않을 정도로 위압적이며, 따라서 프로젝트가 진행되어 장기적으로 산출할 수 있는 혜택의 **과소**평가로 인해 보충되는 비용을 과소평가할 뿐이라고 주장한다. 홉스밤(Hobsbawm 1962: 57)의 주장에서 이 논쟁의 한 정점은 다음과 같다.

> 위대한 철도 건설업자 중 가장 명백한 사기꾼에게도 마지못해 감탄하는 것은 부인하기 어렵다. 헨리 메이그는 어떤 기준으로 보아도 정직하지 못한 모험가였으며, 존경할 만한 사업가라기보다는 샌프란시스코나 파나마와 같은 악당과 착취의 넓은 구심점에 있는 미국 대륙의 전체 서쪽 가장자리를 따라 호화로운 지출에 대한 미지불 자국과 뇌물수수와 기억들을 그의 뒤에 남겼다. 그러나 페루 중앙 철도를 본 적이 있는 사람은 상상력이 형편없어도 그의 낭만적인 개념과 성취의 웅장함을 부정할 수 있을까?

캐나다 태평양 철도에도 같은 말을 할 수 있었지만(Cruise and Griffths 1988), 플뤼브비에르와 선스테인(Flyvbjerg and Sunstein 2016)은 이러한 주장에 대해 신랄하게 비판하고 있으며, 더 나은 비용 혜택 분석(CBA: Cost-Benefit Analysis)을 권고하고 있다. 그러나 CBA의 개선 주장은 직접투자 사례에 대한 부정적 및 긍정적 외부효과를 설득력 있게 다루지 못하기 때문이라는 투자평가에 대한 CBA에 대한 광범위한 비판을 무시한다. 허쉬만(Hirschman 1995)은 초기 토론의 일부를 검토하며, 이후 논평가들은 CBA를 "과장된 난센스"이라고 불렀다(Self 1970; Naess 2006). 비용 혜택 분석 연구 커뮤니티 내에서도 메가프로젝트 투자(Vickerman 2007)의 모든 혜택을 포착하기 위한 한계에 대한 인식이 커지는 한편, 계산법의 비용 측면, 특히 "자연 자본"의 가치평가(Helm 2015)에도 중요한 이슈가 남아 있다.

이 모든 것은 메가프로젝트 투자 평가와 선택이 잠재적으로 연구할 수 있는 풍부한 영역이라는 것을 의미한다. 현재까지, 연구는 계산법의 기술적 개선에 초점을 맞추고 있다. 이것은 중요하지만 범위가 한정되어 있다. 우리는 CBA의 행동적 측면과 프로젝트 선택에 대해 더 일반적으로 더 많이 연구할 필요가 있다. 우리는 CBA가 실제로 어떻게 사용되는지, 그리고 분석 도구가 "수행적인" 정도(Cabantous and Gond 2011; Callon 1998), 즉 계산하기 위한 객관적 수단을 제공하기보다는 어떻게 사회적으로 계산법을 형성하는지를 더 잘 이해할 필요가 있다. 또한 우리는 기관 내부와 기관 간의 권력관계가 메가프로젝트 계획(Szyliowicz and Goetz 1995)에서 어떻게 평가와 선택을 형성하는지, 그리고 국제 건설 산업에서의 광범위한 권력관계 형성에 대해서도 더 많은 이해가 필요하다(Linder 1994).

그러므로 여기서 해야 할 많은 연구가 있지만, 이 연구를 하는 데 있어서, 우리는 왜 "열정"이 메가프로젝트를 포함한 모든 종류의 투자 프로젝트를 시작하는데 중요한 점에 대해 케인즈의 주장을 유념해야 한다.

> 솔직히 말하면, 우리는 철도, 구리 광산, 섬유 공장, 특허 의학, 대서양 여객선, 런던 빌딩의 10년 후의 수확량을 추정하는 우리 지식의 기반이 거의 그리고 때로는 아무것도 아니라는 것을 인정해야 한다.(Keynes 1961: 149)

이러한 만연된 불확실성에 비추어 볼 때, CBA는 아마도 정교한 프로젝트 선택 도구라기보다는 미래에 대해 이치에 맞는 구조화된 방법에 지나지 않는다. CBA와 투자 평가 도구의 개선은 의심할 여지없이 더 일반적으로 이루어질 수 있지만, 결국 메가프로젝트는 공공부문이나 민간부문의 기업가(추진자)가 수반하는 기업가적 오류의 위험을 본질적으로 보유하는 혼합물에 충분한 양의 열정이 있는 경우에만 실제로 시작될 것이다.

우리의 최종 관심사는 **윤리적**이다. 조사된 문헌에서 언급되지 않은 한 이해관계자는 **미래세대**인데, 비록 그들이 인식된 정당성에 강할지라도 그들의 우려는 부족한 근접성, 긴급성, 권력 등이다. 2015년 유엔 지속가능 발전목표는 경제 개발과 인간복지를 지원하기 위해 지역 및 국경을 초월한 인프라를 포함한 품질, 신뢰성, 지속가능성 및 탄력성 있는 인프라의 개발을 목표 9(목표 17개 중)에서 요청되었으며, 모든 것에 대해 알맞고 공평한 접근에 초점을 맞추고 있다(http://www.un.org/sustainabe development/involution-industria lization/).

메가프로젝트는 이러한 목표를 달성하는 데 많은 역할을 할 것이다. 이들은 장기간에 걸쳐 사회의 인프라를 구축하며, 현 세대는 현명하든 아니든 간에 이전 세대의 인프라 투자 결정으로부터 혜택을 받는다. 현재의 인프라 프로젝트들은 미래세대를 위한 유산이 될 것이지만, 불가피하게 자연 자본의 손실도 수반할 것이다. 이러한 절충은 어떻게 이루어져야 하는가? 투자로 삶의 질이 부정적인 영향을 받게 될 지역주민과 같은 오늘날의 이해관계자들이 미래세대에게 투자의 혜택을 거부할 수 있도록 허용해야 하는가? 아니면 오늘날의 수익자 이해관계자들이 미래세대를 위해 실질적인 자연 자본 손실을 발생시키는 근본적인 이해관계자들의 이익을 부인할 수 있도록 허용해야 한다. 우리는 CBA와 같이 현재 우리가 가지고 있는 도구가 광범위한 합법성과 효능이 결여되어 있으므로, 이러한 절충이 어떻게 **이루어져야만** 하는지에 대해 훨씬 더 많은 연구가 필요할 것이다.

15.6 결론적 생각

본 장에서는 프로젝트관리 분야에 관한 전략연구 및 그것의 적용으로부터 이해관계자 관리 문헌을 검토하였다. 프로젝트관리 연구 문헌은 프로젝트 임무의 수행에 **의해 영향을 받는** 광범위한 범주보다는 관심 있는 자에 대한 이해관계자 정의의 제약으로 요약되는, 그 접근방식에 큰 영향을 끼친다는 것을 알게 되었다. 이해관계자들이 프로젝트 임무 자체를 형성하는 방식에 대해 좀 더 사려 깊은 문헌의 근거를 제공하는 프로젝트 프런트엔드에 대해 보다 서술적인 연구도 검토했다. 그러나 그 분석을 개척한 행위자-네트워크 문헌을 검토했지만, 그 문헌은 근본적 이해관계자의 존재를 인정하지 못해서, 실제로는 근본적 이해관계자의 이익이 그들의 관심을 유도할 때만 사회 운동으로 고려된다는 점에 주목하여, 메가프로젝트 이해관계자 관리에 대한 제도적 접근의 장점을 추천한다. 이것은 또한 연구자들이 메가프로젝트에 대한 정부의 역할을 더 쉽게 분석할 수 있게 해줄 것이다.

전략연구의 최근 발전을 바탕으로 **메가프로젝트와 사회**라고 부르는 메가프로젝트 이해관계자 관리에 대해 보다 포괄적인 관점을 주장하였다. 우리가 제안한 이 관점은 메가프로젝트의 추진과 자금 조달에서의 부패, 거버넌스와 정치의 역할과 관련된 **정치적 이슈**를 포함하도록 분석을 확대하는 것이다. 또한 **경제적 이슈**와 메가프로젝트 자금 조달에 있어서 "숨어 있는 손"과 "기업가적 오류"의 역할도 포함한다. 더 나은 CBA는 이러한 과제를 완화하는 데 도움을 줄 수 있지만, 우리는 또한 메가프로젝트 선택 기법으로서 CBA의 현재 상태에 대한 중요한 한계에 주목했다.

마지막으로 우리는 메가프로젝트를 둘러싼 **윤리적 이슈**와 미래세대를 메가프로젝트와 사회관점 안에서 핵심 행위자로 보는 것의 중요성을 제기했다. 메가프로젝트는 매우 중요한 의미에서 장기적 혜택(50년 기간)을 위한 단기 비용(10년 기간)에 관한 것이다. 이러한 비용은 투자의 자본비용일 뿐만 아니라, 지역 이해관계자의 자연 자본 손실과 편의시설 손실도 포함한다. 대규모 자본 투자에 대한 경로 의존성은 잘못된 투자에 관련된 기회비용이 예측된 자본 총액에 비해 매우 많다는 것을 의미하기도 한다. 여러 국가와 대기업이 이러한 종류의 세대 간 결정을 내리는 새로운 방법을 찾기 위해 고군분투하고 있으며, 따라서 이러한 본질적인 정치적 과정들은 메가프로젝트와 사회의 연구 분야에서도 중요한 부분이다.

감사

이 장의 준비에 도움을 주신 산드라 슈미트 박사와 나탈리아 시그리바 박사에게 감사드린다.

참고 문헌

Achterkamp, M. C. and Vos, J. F. (2008). “Investigating the use of the stakeholder notion in project management literature: A meta-analysis,” *International Journal of Project Management*, 26: 749–57.

Ackermann, F. and Eden, C. (2011) “Strategic management of stakeholders: Theory and practice,” *Long Range Planning*, 44: 179–96.

Ansoff, H. I. (1968). *Corporate Strategy*. Harmondsworth: Penguin.

Barnes, M. (1988). “Construction project management,” *International Journal of Project Management*, 6: 69–79.

Beringer, C., Jonas, D., and Kock, A. (2013). “Behavior of internal stakeholders in project portfolio management and its impact on project success,” *International Journal of Project Management*, 31: 830–46.

Bonke, S. (1998). “The Storebaelt fixed link: The fixing of multiplicity,” London, Le Groupe Bagnolet Working Paper 14, <http://www.chantier.net/europe.html>.

Bourne, L. and Walker, D. H. (2005). “Visualising and mapping stakeholder influence,” *Management Decision*, 43(5): 649–60.

Bourne, L. and Weaver, P. (2010). “Mapping stakeholders,” in E. Chinyio and P. Olomolaiye (eds.), *Construction Stakeholder Management*. Oxford: Wiley Blackwell.

Burt, R. S. (2005), *Brokerage and Closure: An Introduction to Social Capital*. Oxford: Oxford

University Press.

Cabantous, L. and Gond, J.-P. (2011). "Rational decision making as a performative praxis: Explaining rationality's eternal retour," *Organization Science*, 22: 573–86.

Callon, M. (1986). "Some elements of a sociology of translation: Domestication of the scallops and the fishermen of St. Brieuc Bay," in J. Law (ed.), *Power, Action, and Belief: A New Sociology of Knowledge*. London: Routledge, pp. 196–223.

Callon, M. (1998). "Introduction: the embeddedness of economic markets in economics." in M. Callon (ed.), *The Laws of the Markets*. Oxford: Blackwell, pp. 1–57.

Calvert, S. (1995). "Managing stakeholders," in J. R. Turner (ed.), *The Commercial Project Manager*. London: McGraw Hill, pp. 214–22.

Campbell, J. L. (2007). "Why would corporations behave in socially responsible ways? An institutional theory of corporate social responsibility," *Academy of Management Review*, 32(3): 946–67.

Chang, A., Chih, Y.-Y., Chew, E., and Pisarski, A. (2013). "Reconceptualising mega project success in Australian defence: Recognising the importance of value co-creation," *International Journal of Project Management*, 31: 1139–53.

Cleland, D. I. (1986). "Project stakeholder management," *Project Management Journal*, 17: 36–44.

Cleland, D. I. (1998). "Stakeholder management," in J. Pinto (ed.), *Project Management Handbook*. San Franciso, CA: Jossey-Bass, pp. 55–72.

Cleland, D. I. and King, W. R. (1968). *Systems Analysis and Project Management*. New York: McGraw-Hill.

Cochrane, A., Peck, J., and Tickell, A. (2002). "Olympic dreams: Visions of partnership," in J. Peck and K. Ward (eds.), *City of Revolution: Restructuring Manchester*. Manchester: Manchester University Press, pp. 95–115.

Collinge, W. H. and Harty, C. (2014). "Stakeholder interpretations of design: Semiotic insights into the briefing process," *Construction Management and Economics*, 32: 760–72.

Covey, S. R. (1989). *The 7 Habits of Highly Effective People*. London: Simon and Schuster.

Cruise, D. and Griffiths, A. (1988). *Lords of the Line: The Men Who Built the CPR*. Toronto: Penguin.

Currie, W. L. (2012). “Institutional isomorphism and change: The national programme for IT — 10 years on” *Journal of Information Technology*, 27: 236–48.

Currie, W. L. and Guah, M. W. (2007). “Conflicting institutional logics: A national programme for IT in the organisational field of healthcare,” *Journal of Information Technology*, 22: 235–47.

Cusin, J. and Passebois-Ducros, J. (2015). “Appropriate persistence in a project: The case of the wine culture and tourism centre in Bordeaux,” *European Management Journal*, 33: 341–53.

Davis, K. (2014). “Different stakeholder groups and their perceptions of project success,” *International Journal of Project Management*, 32: 189–201.

De Schepper, S., Dooms, M., and Haezendonck, E. (2014). “Stakeholder dynamics and responsibilities in public–private partnerships: A mixed experience,” *International Journal of Project Management*, 32: 1210–22.

Donaldson, T. and Preston, L. E. (1995). “The stakeholder theory of the corporation: Concepts, evidence, and implications,” *Academy of Management Review*, 20(1): 65–91.

Driscoll, C. and Starik, M. (2004). “The primordial stakeholder: Advancing the conceptual consideration of stakeholder status for the natural environment,” *Journal of Business Ethics*, 49: 55–73.

Drummond, H. (1996). *Escalation in Decision-making: The Tragedy of TAURUS*. Oxford: Oxford University Press.

Eskerod, P. and Vaagaaser, A. L. (2014). “Stakeholder management strategies and practices during a project course,” *Project Management Journal*, 45: 71–85.

Faulkner, D. O. and Campbell, A. (eds.) (2003). *The Oxford Handbook of Strategy*. Oxford: Oxford University Press.

Fellows, R. and Liu, A. (2016). “Sensemaking in the cross-cultural contexts of projects,” *International Journal of Project Management*, 34: 246–57.

Flyvbjerg, B., Bruzelius, N., and Rothengatter, W. (2003). *Megaprojects and Risk: An Anatomy of Ambition*. Cambridge: Cambridge University Press.

Flyvbjerg, B. and Molloy, E. (2011). “Delusion, deception and corruption in major infrastructure projects: Causes, consequences and cures,” in S. Rose-Ackerman and

T. Søreide (eds.), *International Handbook on the Economics of Corruption*, vol. 2. Cheltenham: Edward Elgar, pp. 81–107.

Flyvbjerg, B. and Sunstein, C. R. (forthcoming). "The principle of the malevolent guiding hand: Or, the planning fallacy writ large," *Social Research*.

Freeman, R. E. (1984). *Strategic Management: A Stakeholder Approach*. Cambridge: Cambridge University Press.

Frooman, J. (1999). "Stakeholder influence strategies," *Academy of Management Review*, 24: 191–205.

Gellert, P. K. and Lynch, B. D. (2003). "Mega-projects as displacements," *International Social Science Journal*, 55: 15–25.

Gibson, K. (2000). "The moral basis of stakeholder theory." *Journal of Business Ethics*, 26: 245–57.

Greiman, V. A. (2013). *Mega Project Management: Lessons on Risk and Projects Management from the Big Dig*. Hoboken, NJ: Wiley.

Greenwood, R., Oliver, C., Sahlin, K., and Suddaby, R. (eds.) (2008). *The Sage Handbook of Organizational Institutionalism*. London: Sage.

Hacking, I. (1999). *The Social Construction of What?* Cambridge, MA: Harvard University Press.

Harvey, P. and Knox, H. (2015). Roads: An Anthropology of Infrastructure and Expertise. Ithaca,NY: Cornell University Press.

Helm, D. (2009). "Infrastructure investment, the cost of capital, and regulation: An assessment," *Oxford Review of Economic Policy*, 25(3): 307–26.

Helm, D. (2015). *Natural Capital*. Princeton, NJ: Yale University Press.

Heravi, A., Coffey, V., and Trigunarsyah, B. (2015). "Evaluating the level of stakeholder involvement during the project planning processes of building projects," *International Journal of Project Management*, 33: 985–97.

Hirschman, A. O. (1995). *Development Projects Observed*. Washington, DC: The Brookings Institution.

Hobsbawm, E. J. (1962). *The Age of Capital 1848–1875*. London: Weidenfeld & Nicholson.

Hughes, T. P. (1998). *Rescuing Prometheus: Four Monumental Projects that Changed the Modern*

World. New York: Vintage Books.

Johnson, G., and Scholes, K. (2002). *Exploring Corporate Strategy*, 6th edn. London: Prentice Hall.

Keynes, J. M. (1961). *The General Theory of Employment, Interest and Money*. London: Macmillan.

King, A. and Crewe, I. (2013). *The Blunders of Our Governments*. London: Oneworld.

Klakegg, O. J., Williams, T., and Shiferaw, A. T. (2016). "Taming the 'trolls': Major public projects in the making," *International Journal of Project Management*, 34: 282–96.

Laplume, A. O., Sonpar, K., and Litz, R. A. (2008). "Stakeholder theory: Reviewing a theory that moves us," *Journal of Management*, 34: 1152–89.

Latour, B. (2005). *Reassembling the Social: An Introduction to Actor-Network Theory*. Cambridge: Cambridge University Press.

Law, J. and Callon, M. (1992). "The life and death of an aircraft: A network analysis of technical change," in W. E. Bijker and J. Law (eds.), *Shaping Technology/Building Society*. Cambridge, MA: MIT Press, pp. 21–52.

Linder, M. (1994) *Projecting Capitalism: A History of the Internationalization of the Construction Industry*. Westport, CT: Greenwood Press.

Littau, P., Jujagiri, N. J., and Adlbrecht, G. (2010). "25 years of stakeholder theory in project management literature (1984–2009)," *Project Management Journal*, 41: 17–29.

Lundin, R. A., Arvidsson, N., Brady, T., Ekstedt, E., Midler, C., and Sydow, J. (2015). *Managing and Working in Project Society: Institutional Challenges of Temporary Organizations*. Cambridge: Cambridge University Press.

Mazur, A., Pisarski, A., Chang, A., and Ashkanasy, N. M. (2014). "Rating defence major project success: The role of personal attributes and stakeholder relationships," *International Journal of Project Management*, 32: 944–57.

McAdam, D. (2011) "Social movements and the growth in opposition to global projects," in W. R. Scott, R. E. Levitt, and R. J. Orr. (eds.), *Global Projects: Institutional and Political Challenges*. Cambridge: Cambridge University Press, pp. 86–110.

McAdam, D., Boudet, H. S., Davis, J., Orr, R. J., Scott, W. R., and Levitt, R. E. (2011). "'Site Fights': Explaining opposition to pipeline projects in the developing world," in W. R. Scott, R. E. Levitt, and R. J. Orr. (eds.) *Global Projects: Institutional and Political Challenges*. Cambridge, Cambridge University Press, pp. 279–309.

McElroy, B. and Mills, C. (2000). "Managing stakeholders," *Gower Handbook of Project Management*, Routledge Taylor and Francis Group, pp. 757–75.

Merrow, E. W. (2011). *Industrial Megaprojects: Concepts, Strategies and Practices for Success*. Hoboken, NJ: Wiley.

Merrow, E. W., Phillips, K. E., and Myers, C. W. (1981). *Understanding Cost Growth and Performance Shortfalls in Pioneer Process Plants*. Santa Monica, CA: RAND Corporation.

Miller, R. and Lessard, D. R. (2000). *The Strategic Management of Large Engineering Projects: Shaping Institutions, Risks, and Governance*. Cambridge, MA: MIT Press.

Missonier, S. and Loufrani-Fedida, S. (2014). "Stakeholder analysis and engagement in projects: From stakeholder relational perspective to stakeholder relational ontology." *International Journal of Project Management*, 32: 1108–22.

Mitchell, R. K., Agle, B. R., and Wood, D. J. (1997). "Toward a theory of stakeholder identification and salience: Defining the principle of who and what really counts," *Academy of Management Review*, 22: 853–86.

Mok, K. Y., Shen, G. Q., and Yang, J. (2015). "Stakeholder management studies in mega construction projects: A review and future directions," International Journal of Project Management, 33: 446–57.

Molloy, E. and Chetty, T. (2015). "The rocky road to legacy: Lessons from the 2010 FIFA World Cup South Africa stadium programme," *Project Management Journal*, 46: 88–107.

Morrell, D. (1987) *Indictment: Power and Politics in the Construction Industry*. London: Faber and Faber.

Morrison, R. (ed.) (2012). *The Principles of Project Finance*. Farnham: Gower.

Müller, R. (2011). "Project governance," in P. W. G. Morris, J. K. Pinto, and J. Soderlund (eds.), The Oxford Handbook of Project Management. Oxford: Oxford University Press, pp. 297–320.

Naess, P. (2006). "Cost-benefit analyses of transportation investments: Neither critical nor realistic," *Journal of Critical Realism*, 5: 32–60.

National Audit Office. (2013). *Universal Credit: Early Progress*. London: National Audit

Office.

National Audit Office. (2014a). *Universal Credit: Progress Update*. London: National Audit Office.

National Audit Office. (2014b). *Major Projects Authority Annual Report 2012–13 and Government Project Assurance*. London: National Audit Office.

New, T. and Xie, Z. (2008). "Impacts of large dams on riparian vegetation: Applying global experience to the case of China's Three Gorges Dam," *Biodiversity and Conservation*, 17: 3149–63.

Olander, S. and Landin, A. (2005). "Evaluation of stakeholder influence in the implementation of construction projects," *International Journal of Project Management*, 23(4): 321–8.

Parmar, B. L., Freeman, R. E., Harrison, J. S., Wicks, A. C., Purnell, L., and De Colle, S. (2010). "Stakeholder theory: The state of the art," *The Academy of Management Annals*, 4: 403–45.

Pinch, T. J. and Bijker, W. E. (1987). "The social construction of facts and artefacts: Or how the sociology of science and the sociology of technology might benefit each other," in W. E. Bijker, T. P. Hughes, and T. J. Pinch (eds.), *The Social Construction of Large Technological Systems*. Cambridge, MA: MIT Press, pp. 17–50.

Pollack, J., Costello, K., and Sankaran, S. (2013). "Applying actor-network theory as a sense-making framework for complex organisational change programs," *International Journal of Project Management*, 31: 1118–28.

Pryke, S. (2012). *Social Network Analysis in Construction*. Oxford: Wiley Blackwell.

Reisner, M. (1993). *Cadillac Desert: The American West and Its Disappearing Water*. New York: Penguin.

Rowley, T. J. (1997). "Moving beyond dyadic ties: A network theory of stakeholder influences," *Academy of Management Review*, 22(4): 887–910.

Sage, D., Dainty, A., and Brookes, N. (2011). "How actor-network heories can help in understanding project complexities," *International Journal of Managing Projects in Business*, 4(2): 274–93.

Sage, D., Dainty, A., Tryggestad, K., Justesen, L., and Mouritsen, J. (2014). "Building with wildlife: Project geographies and cosmopolitics in infrastructure construction," *Construction Management and Economics*, 32(7–8): 773–86.

Sallinen, L., Ahola, T., and Ruuska, I. (2011). "Governmental stakeholder and project owner's views on the regulative framework in nuclear projects," *Project Management Journal*, 42: 33–47.

Samset, K. and Volden, G. H. (2016). "Front-end definition of projects: Ten paradoxes and some reflections regarding project management and project governance," *International Journal of Project Management*, 34: 297–313.

Sawyer, J. E. (1952). "Entrepreneurial error and economic growth," *Explorations in Entrepreneurial History*, 4: 199–204.

Scott, W. R. (2008). *Institutions and Organizations: Ideas and Interests*. Los Angeles, CA: Sage.

Scott, W. R. (2011). "The institutional environment of global projects," in W. R. Scott, R. E. Levitt, and R. J. Orr. (eds.), *Global Projects: Institutional and Political Challenges*. Cambridge: Cambridge University Press, pp. 52–85.

Self, P. (1970) "Nonsense on stilts": Cost–benefit analysis and the Roskill Commission," *The Political Quarterly*, 4: 249–60.

Selznick, P. (2011). *Leadership in Administration: A Sociological Interpretation*. New Orleans, LA: Quid Pro Books.

Steurer, R. (2006) "Mapping stakeholder theory anew: From the 'stakeholder theory of the firm' to three perspectives on business–society relations," *Business Strategy and the Environment*, 15: 55–69.

Stringer, J. (1995). "The planning enquiry process," in J. R. Turner (ed.), *The Commercial Project Manager*. London: McGraw-Hill.

Syben, G. (1996). *Learning the Rules of the Game Abroad: The Case of Friedrichstadtpassagen 207*. Le Groupe Bagnolet Working Paper 15, <http://www.chantier.net/europe.html>.

Szyliowicz, J. S. and Goetz, A. R. (1995). "Getting realistic about megaproject planning: The case of the Denver International Airport," *Policy Sciences*, 28: 347–67.

Tryggestad, K., Justesen, L., and Mouritsen, J. (2013). "Project temporalities: How frogs can become stakeholders," *International Journal of Managing Projects in Business*, 6(1): 69–87.

Turner, R. J. and Zolin, R. (2012). "Forecasting success on large projects: Developing reliable scales to predict multiple perspectives by multiple stakeholders over multiple time frames," *Project Management Journal*, 43: 87–99.

Van Marrewijk, A. (ed.) (2015). *Inside Megaprojects: Understanding Cultural Practices in Project Management*. Copenhagen: CBS Press.

Vickerman, R. (2007). "Cost-benefit analysis and large-scale infrastructure projects: State of the art and challenges," *Environment and Planning B: Planning and Design*, 34: 598.

Vrhovec, S. L. R., Hovelja, T., Vavpotič, D., and Krisper M. (2015). "Diagnosing organizational risks in software projects: Stakeholder resistance," *International Journal of Project Management*, 33: 1262–73.

Whitley, R. (1992). *Business Systems in East Asia: Firms, Markets, and Societies*. London: Sage.

Winch, G. M. (2000). "Construction business systems in the European Union: Editorial introduction," *Building Research and Information*, 28: 88–97.

Winch, G. M. (2004). "Managing project stakeholders," in P. W. G. Morris and J. K. Pinto (eds.), *The Wiley Guide to Managing Projects*. New York: Wiley, pp. 321–39.

Winch, G. M. (2014). "Three domains of project organising," *International Journal of Project Management*, 32: 721–31.

Winch, G. M. and Bonke, S. (2002). "Project stakeholder mapping: Analyzing the interests of project stakeholders," in D. P. Slevin, D. I. Cleland, and J. K. Pinto, *The Frontiers of Project Management Research*. Newtown Square, PA: Project Management Institute, pp. 385–403.

Winch, G. M., Clifton, N, and Millar, C. J. M. (2000). "Organisation and management in an Anglo-French consortium: The case of Transmanche Link," *Journal of Management Studies*, 37: 663–85.

Winch, G. M. and Schmidt, S. E. (2016). "Public-private partnerships: A review of the UK private finance initiative," in M. C. Jefferies and S. Rowlinson (eds.), *New Forms of Procurement: Public Private Partnerships and Relational Contracting in the 21st Century*. London: Taylor and Francis, pp. 35–50.

Yang, J., Shen, G. Q., Ho, M., Drew, D. S., and Xue, X. (2011). "Stakeholder management in construction: An empirical study to address research gaps in previous studies," *International Journal of Project Management*, 29: 900–10.

Yang, R. J. (2014). "An investigation of stakeholder analysis in urban development projects: Empirical or rationalistic perspectives," *International Journal of Project Management*, 32: 838–49.

Yang, R. J., Wang, Y., and Jin, X.-H. (2014). "Stakeholder attributes behaviors, and decision-making strategies on construction projects: Importance and correlations in practice," *Project Management Journal*, 45: 74–90.

Zeng, S. X., Ma, H. Y., Lin, H., Zeng, R. C., and Tam, V. W. Y. (2015). "Social responsibility of major infrastructure project in China," *International Journal of Project Management*, 33: 537–48.

제16장

민간 금융

어떤 문제들을 얼마나 잘 해결하는가?

그래미 호지·카스턴 그리브

16.1 개요 — 메가프로젝트에서 민간 금융의 역할

사회기반시설에서의 공공·민간 협력(PPP: Public-Private Partnerships)은 좁은 정의에서 더 넓은 개념에 이르기까지 매우 다양한 방식으로 검토되어 왔다. 예를 들어, OECD는 PPP를 "정부와 민간 파트너 사이의 장기 계약 약정으로서, 자본 자산을 사용하여 공공 서비스를 제공하고 자금을 조달하며 관련 위험을 공유하는 것"(2012: 18)으로 정의한다. 세계은행은 PPP를 더 광범위한 의미로 "민간 참여자가 상당한 위험을 부담하고 관리 책임과 보수, 성과가 연계되는 공공 자산이나 서비스를 제공하기 위해 민간 참여자와 정부 기관이 체결하는 장기 계약"(2015)으로 보고 있다. 여기서 의심의 여지가 없는 것은 사회기반시설 PPP에 대한 아이디어가 현재 전 세계에 잘 정착되어 있다는 것이다.[1] 장기 사회기반시설 계약이 체결되는 데 민간 금융이 중요한 역할을 한다는 일반적 합의도 세계적으로 널리 알려져 있다. 더욱이, PPP는 현재 공공 사회기반시설 프로젝트를 위한 우리가 선호하는 조달 메커니즘 중 하나로 잘 확립되어 있다(Hodge et al. 2010). 민간 금융은 처음부터 PPP 아이디어의 일부였는데, 영국은 때때로 공공정책 프로그램을 "민간 금융 주도(PFI: Private Financial Initiative)" (Terry 1996)라고 명명함으로써 프로젝트에서의 PPP 도입을 시작했다는 평가를 받는다. 2012년 영국 정부는 이 정책을 재검토했고 오랜 숙고 끝에 공공 사회기반시설 프로젝트에 민간 금융을 사용하는 현대화된 버전인 "PF2"를 내놓았다(HM Treasury 2012). 또한 플뤼브비에르(Flyvbjerg 2014)가 메가프로젝트로 정의한 것에 PPP가 중요한 역할을 했다. 2008-2009년 글로벌 금융위기 이후 PPP는 압력을 받았으며(Greve and Hodge 2013) 사회기반시설 프로젝트를 위한 민간 금융이 비난받았다. 민간 금융이 특정 프로젝트에 대해 중지되어 파산하는 일이 발생했다. 민간 금융의 이용에 대해 많은 논란이 있었지만, 민간 금융이 무엇을 할 수 있는지, 사회기반시설에서 민간 금융의 정책이 얼마나 달성했는지에 대한 개요는 거의 없다. 그러므로 이 장의 목적은 PPP에서 민간 금융의 역할을 검토하는 것이다.

따라서 이 장에서는 민간 금융과 PPP 장기 사회기반시설 계약 기법이 메가프로젝트에서 어떤 문제를 얼마나 잘 해결하는지를 알아본다. 첫 번째 주장은 메가프로젝트에 민간 금융을 원하는 이유는 국가마다 다르고 시간이 지나면서 바뀌었지만, 본질적으로 두 가지 주요한 형식적 합리성과 관련이 있다는 것이다. 두 번째 주장은 민간 금융이 얼마나 잘 이행되는가에 대한 학술적 증거가 증가하고 있지만, 야단스럽고 종종 화려한 논쟁에도 불구하고 그 증거가 모두 일방적이 아니기 때문에 결론적 주장은 아직 나오지 않고 있다는 것이다.

이 장에서는 PPP의 민간 금융에 관한 현재의 문헌을 검토하고, 민간 금융에 관한 논의에 대한 몇몇 주요 기여를 검토한다. 그것은 다음과 같은 방식으로 구성된다. 첫 번째 절에서는 PPP 현상을 간략하게 논의하고, 두 번째 절에서는 민간 금융의 이용에 대해 제시된 이유를 논의하며, 세 번째 절에서는 민간 금융이 문제를 얼마나 잘 해결하는지 그 증거를 검토하고, 네 번째 절에서는 토론과 결론을 제공한다.

16.2 공공·민간협력 민간 금융의 간략한 역사

이 절에서는 PPP 사회기반시설 프로젝트의 일부로 민간 금융 사용의 진화에 대해 설명한다. 유료도로와 같은 사회기반시설 프로젝트에 민간 금융을 이용한 가능성은 수천 년 전으로 거슬러 올라간다. 더 최근에는 드 브리스(de Vries 2013: 11)가 네덜란드와 영국의 운하, 토지 매립, 교통 프로젝트에 대해 17세기와 18세기에 걸쳐 공동금융 및 민간 금융의 경우를 설명한다. 마찬가지로, 프랑스는 1800년대 동안 수도 공급을 위해 개선된 프랑스의 양허 모델과 함께 수 세기 동안 공공 사회기반시설을 위한 민간 금융을 활용해 왔다. 시간이 흐르면서 공공·민간이 혼합된 풍부한 역사가 분명히 있고, 공공의 노력에 민간이 결합된 아이디어는 웨튼홀(Wettenhall

2005:2010)이 말한 것처럼 거의 새로운 것이 아니다. 그러나 최근 수십 년 동안 앞으로 사회의 복잡한 문제를 해결할 수 있는 독립적 부문은 없을 것이라는 새로운 깨달음을 얻었다.

PPP 사고의 현대적인 부활은 1990년대 초 영국에서 시작되었다.[2] 공공 사회기반시설을 제공하기 위해 민간 금융을 이용하는 선택권이 사법권에 대한 현대적인 정책 선호로 바뀐 것은 이때였다.[3] 1992년 존 메이저가 이끄는 보수당 정부는 민간 금융 계획을 제안했다. 가장 큰 이유는 보수당 정부가 공공부문 투자를 통해 전통적인 방식으로 공공 사회기반시설에 자금을 조달할 수 없거나, 이를 마지못해 했기 때문이다. 새로운 사회기반시설의 공공 자금 조달은 국가 공공부문 차입 요건을 초과할 위험이 있기 때문에, 보수당 정부는 새로운 사회기반시설은 초기에 민간부문 자원에 의해 자금 조달되어야 한다고 생각하였다. 공공부문은 새로운 사회기반시설을 취득했다는 점에서 이득을 볼 것이다. 민간부문은 새로운 투자 기회를 얻었고, 사업이 기간 내와 예산 내에서 수행되면 이익을 얻을 수 있었다. 그것은 또한 보수당 정부가 이미 추진했던 정책으로 정부의 활동을 민영화하는 초기 경향을 지속하는 것으로 보여 주었다.

이 추세는 전 세계의 다른 정부들에 의해 채택되었다. 호주는 영국의 경험에서 영감을 받은 최초의 국가 중 하나이다. 특히 빅토리아 주는 상당한 예산 어려움과 심각한 차입 한도(PAEC 2006: 55)에 따라 1980년대 후반과 1990년대 초반까지 민간부문 자금 조달을 실험해 오고 있었다. 1990년대 중후반 도시연결 도로 프로젝트와 각종 교도소 프로젝트의 성공에 따라, 주요 공공 사회기반시설 프로젝트의 선호로 민간 금융을 투입하기 위하여 2000년 파트너십 빅토리아 정책을 시작하였다. 캐나다는 2000년대 초반에 많은 주에서 뒤를 이었다. 퀘벡은 또한 초기 주창자였고, 브리티시컬럼비아는 캐나다와 실제 세계에서 가장 야심차고 일관된 PPP 프로그램 중 하나를 개발했다.

1997년 영국은 보수당에서 신노동당으로 권력이 이동하면서 새로운 정부를 갖게 되었다. PFI 계획이 중지될 것인지 아니면 계속 허용될 것인지에 대한 의구심이 있었다. 결국 보수당이 안내했던, 야당 시절 노동당이 악담한 민영화 프로그램의 변종이었다. 토니 블레어와 신노동당 정부는 이 계획을 계속 유지하기로 했다. 그 이후 연구자들은 왜 그러한지에 대해 논의해왔다(Flinders 2010; Hellowell 2010). 토니 블레어가 PFI 정책을 계속해야 하는 이유는 세 가지였다. 첫째로, 신노동당 정부는 공공부문 사회기반시설, 특히 학교와 병원에 투자하고 개발하려는 계획을 세우고 취임했지만, 이러한 약속을 이행하기 위해서는 자금 조달 능력이 필요했다. 둘째, 신노동당은 정부가 반기업은 아니지만 신뢰할 수 있는 파트너로 볼 수 있다는 신호를 보내는 방법으로 런던시에 PFI를 채택했다. PFI 계획을 계속하는 것은 친기업적이라는 신호를 보내는 확실한 방법이었다. 셋째, 영국 정부는 이미 PPP와 공공 사회기반시설 혁신 분야에서 세계적인 리더로 인식되었다. 신노동당은 당시 PFI 정책이 제시한 최첨단 글로벌 포지션을 유지하고 구축하기를 원했다. 그래서 신노동당 정부는 이전 보수당 정부의 PFI 정책을 지속했다. 나중에 밝혀진 증거는 공공 사회기반시설에 대한 투자가 신노동당 기간 동안 실제로 증가했다는 것을 보여주었다. 새로운 학교들이 생겨나고, 새로운 병원들이 건설되고, 새로운 교통 사회기반시설이 제공되었다. 신노동당은 사회기반시설과 메가프로젝트에 관심을 갖는 사전 예방적인 정부로 여겨졌다.

PFI 계획은 영국과 유사한 상황에 있는 여러 국가들의 관심을 끌었다. 국가들은 새로운 메가프로젝트에 투자하고 설립하기를 원했지만, 그들 자신이 자금이 부족했거나 이러한 의욕에 자금 조달하는 것을 마지못해 했다. 민간부문이 민간 금융을 가지고 개입할 여지가 있었다. 스페인, 이탈리아, 프랑스, 네덜란드는 모두 PFI 계획에 착수했고, 고무적인 것의 대부분은 영국 모델에서 나왔다. 오늘날에도 각국은 여전히 영국을 주요 상징으로 인용하고 있다. 멕시코는 최근 OECD에 PPP 계획에 대해 발표하면서, 법률과 PPP 단위의 설립 방식에 대한 주요 상징의 원천으로 영국을 명시적으로 인용했다. 국제기구들이 민간 금융 개념에 대한 지식을 전파하기 시작했다. 세계은행은 PPP를 개발도상국의 사회기반시설 프로젝트에 민간 금융을 도입하는 방안으로 채택했다. OECD(2008)는 **자금과 위험 분담을 위한 가치 추구**라는 제목의 PPP에 대한 완벽한 보고서를 발표했다. 그리고 공공부문 메가프로젝트에 민간 금융을 도입하는 것에 대한 검토와 권고사항들이 나타났다. 일부 국가들은 더 전통적인 국영 기업 모델과 상당히 전통적인 공공부문 투자 정책을 고수했다. 예를 들어 스칸디나비아 국가들은 지금까지 PPP 모델에 특별한 관심을 보이지 않았다. 예를 들어 덴마크는 국영 기업 모델을 통해 3개의 메가프로젝트(그레이트 벨트 교량, 외레순트 교량, 코펜하겐 메트로)를 건설했는데, 여기서 국가는 국유기업이 얻은 대출을 얻거나 보증했다. 이것은 비록 좀 더 전통적이긴 하지만 민간 금융인 PPP 모델의 대안이며 AAA 등급의 건전한 경제를 가진 덴마크에 적용되는 모델이었다.

글로벌 금융위기가 공공부문 메가프로젝트에서 민간 금융 아이디어의 승리 행진을 잠정 중단했다. 글로벌 금융 위기는 2008년 PPP 세계에 충격으로 다가왔다. 대부분의 PPP 프로젝트는 은행 대출과 투자로 자금을 조달했다. 이제 은행들은 갑자기 훨씬 보수적으로 되었고, 일부 은행들은 PPP 프로젝트에 신용을 연장하거나 금융을 제공할 여유가 없었다(Connolly and Wall 2013; Hellowell and Vecchi 2013). "선도적인" PPP 국가인 영국에서는 정부가 PPP 프로젝트의 일부를 파산으로부터 구하기 위해 개입해야 했다.[4] 당시 영국은 재무부가 은행으로부터 투자금 일부를 일시적으로 인수하는 개정 모델을 내놓았다. 돌이켜보면, 영국은 본질적으로 금융의 혼합 모델을 실행하기 시작했다. 이런 변화는 신용위기를 극복하기 위해 마련된 임시 처방으로 추진하려고 노력하였지만, 은행권의 PPP 단독 거래가 더 이상 PPP 프로젝트의 첫 번째 선택지가 아니라는 게 중요한 사항이다. 영국 재무부는 그 이후 일부 프로젝트에서 다시 손을 뗐지만, 정부는 오늘날 더 혼합 금융 모델을 옹호하고 있다. 영국 정부는 또한 PPP에 대한 PFI 정책 계획을 전부 수정했다. 그 결과는 정부가 혼합 금융을 옹호하는 2012년 **공공·민간협력에 대한 새로운 접근**에 관한 문서였다(HM Treasury 2012).

글로벌 금융 위기는 PPP 지지자들에게는 확실히 놀라운 일로 다가왔고 민간 금융 지지자들의 지적 기반을 뒤흔들었다. 자본-자산 가격결정모형의 위험조정 계산법, 효율적 시장가설, 자기 주도적 시장개념 등이 모두 도전에 직면했다. 한동안, PPP 아이디어는 불운한 듯 보였고, 정부가 많은 프로젝트를 유지하려고 노력하면서 오직 생명 연장에만 의존했다.[5] 은행 위기 얼마 후 바젤 3 규칙이 내려졌다. 이러한 규칙들은 은행들이 높은 위험도를 수반하는 거래를 더 어렵게 만들며, 그들은 곧 PPP 거래에 대한 대규모 자금 조달에 대한 의욕을 잃었다. PPP 시장은 은행들로부터 이 새로운 접근법으로 인해 어려움을 겪었다.

그러나 PPP에 대한 강한 관심은 그림 16.1과 같이 계속 증가하였다. 여기서, 유럽 전역의 PPP에 대한 높은 관심 수준(매년 약 250억 유로의 거래)이 2010년 이후 이 수준의 3분의 2 수준(연간 약 150억 유로의 거래)으로 감소했다는 것은 명백하다. 상반기(H1)와 하반기(H2)의 거래 수준이 모두 표시되었다(European PPP Expertise Centre 2014).

글로벌 금융 위기 이후의 PPP에 대한 이러한 지속적인 관심은 많은 다른 출처에서 나왔다. 첫째, 사회기반시설과 메가프로젝트에 대한 투자 필요성과 요구가 지

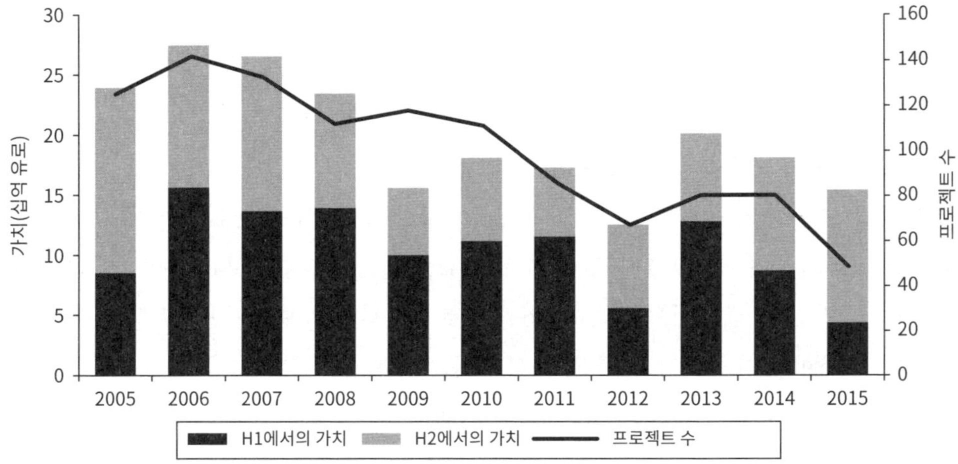

그림 16.1 2005년 이후의 유럽 PPP 시장 가치와 사업의 수

속되었다. 이 재무 모델은 이제 민간 금융과 은행에만 기반을 둔 것이 아니라, 더 다양한 대부업체의 혼합 금융과 금융에 기반을 두고 있다. 이 게임의 새로운 참가자들에는 연기금이 포함되어 있는데, 이것은 PPP 거래에 보다 체계적인 관심을 가져왔다. 연기금의 경우 정부 보증이나 정치적 후원의 형태를 자주 수용하는 안정적인 프로젝트와 정부만이 제공할 수 있는 안정적인 투자 수익률에 매력적이다. 연기금은 그들의 투자 포트폴리오에 메가프로젝트가 바람직하다고 보았다. 정부가 이전 사례보다 더 큰 비중을 차지하면서 프로젝트 위험도 고르게 분담되고 있다. 두 번째 새로운 관심은 현재 전 세계 정부, 특히 개발도상국의 정부들에게 PPP 프로젝트에 대해 적극적으로 조언하고 있는 국제기구로부터 나왔다. 이와 관련해 세계은행과 IMF는 매우 적극적이었고 2015년 세계은행은 민간 금융 등 PPP에 대해 강조한 "PPP 지식 연구소"를 출범시켰다. 어떤 면에서는 이것이 그러한 조직으로부터 사회기반시설 제공에 대한 오랜 관심의 지속적이고 아마도 이미지를 개선하는 것으로 보일 수 있지만, 협업 라벨과 공공부문 및 민간부문의 역량을 최대한 활용하려는 매력은 여전히 강력했다. 세 번째 새로운 관심은 산업 성장을 적극적으로 추구하고 PPP 정책 브랜드를 채택하며, 더 높은 성장 정책을 돕기 위해 민간 금융을 이용하려는 정부와 지역으로부터 나타났다. 유럽연합은 최근 야심찬 **유럽 투자계획**(European Commission 2014)에 조치를 취했다. 유럽위원회는 이 정책의 선두에서서 3,150억 유로의 투자를 유치하는 계획을 내놓았다. 유럽 집행위원회는 그 투자 자체의 일부만 제공할 것이다. 추구하는 투자 대부분은 민간 금융의 형태로 민

표 16.1 공공 프로젝트에서 민간 금융 사용에 대한 주장의 세 국면

	민간 금융의 주요 특성	민감 금융에 대한 연구에서의 중심	영감을 주는 모델
1990s	은행을 통한 민간 투자자로부터 조달된 민간 금융	프로젝트 금융은 프로젝트를 위한 금융을 조달하기 위해 실용적인 방법으로 논의되었고, 이념적/정치적 관점인지를 보기위하여 조사되고 평가되었다(샤울 2010).	영국 PFI 모델
2000s	글로벌 금융 위기까지 민간 투자자로부터 조달된 민간 금융. 2009년부터 일정 기간 동안 "고갈" 되었다. 바젤 3는 은행에 대한 엄격한 규정을 의미하고, 이것은 PPP에 대한 은행의 관심을 감소시켰다.	경제학자들은 돈에 대한 가치 대 총 사회적 비용의 질문, 자본 비용과 할인율의 역할 등을 포함한 민간 금융의 이슈들을 논의한다(브랑크-브루드 등 2006; 보드만과 비닝 2010; 비닝과 보드만 2008). 개인 민감 금융 거래를 심사한다.	호주와 캐나다로부터의 민간 금융에 관한 국제적 경험
2010s	기관 투자자(연금)가 시장에 진입했다. 민간 금융을 지원하기 위한 몇몇 정부 금융이 금융의 혼합을 이끌었다. 금융은 다양한 근원으로부터 조달될 수 있다.	특정 금융 협정과 모델에 관한 더 많은 기술적 논의(드 베티그니스와 Ross 2010; 드 브리스와 예호 2013; 헬로웰과 베치 2013)	미국(시 채권 시장), 개발도상국, 중국을 포함한 많은 국가에서의 민간 금융 사용 초점. 세계은행 등은 대안적 민감 금융 선택의 폭넓은 사용 범위에 대해 조언 제공.

간부문에서 나오는 것이다. 이 투자는 에너지, 교통, 디지털화 분야의 사회기반시설 프로젝트를 대상으로 한다. 어떤 면에서는 유럽 위원회의 계획이 대규모 PPP로 특징지어질 수 있다. 만약 실현된다면, 위원회는 몇 년 안에 많은 PPP 프로젝트에 박차를 가할 것이다. 그러나 위원회가 이 계획을 철회할 수 있는지에 대해서는 회의적인 시각이 존재한다.

따라서 우리는 1990년대, 2000년대 이후, 2010년 이후의 세 가지 측면에서 공공사업에 민간 금융을 사용하기 위해 정부가 채택한 주장의 전개를 요약할 수 있다. 이는 표 16.1에 나타나 있다.

16.3 민간 금융과 PPP 기법 — 어떤 문제를 해결할 것인가?

이 절에서는 공공 사회기반시설 프로젝트 및 메가프로젝트에 민간 금융을 사용하는 이유를 검토한다. 수년 동안 문헌에서는 민간 금융 사용의 장단점, 더 폭넓게 메가프로젝트에서의 PPP 기법 사용에 대해 많은 논쟁이 있었다. 공공정책, 행정,

정치학, 회계와 같은 분야의 기여는 민간계약법에 근거한 장기 사회기반시설 협약과 같은 민간 금융 및 PPP 기법이 정치와 공공정책 목표를 모두 달성하는 과정에서 어느 정도 도움을 줄 수 있는지를 강조한다.[6] 엔지니어링, 건설 관리, 계획 및 프로젝트 파이낸스의 분석가는 이러한 개선을 이끄는 가능한 메커니즘과 함께 더 강력히 기간 내 및 예산 내 수행의 약속을 강조한다. 반면, 경제학계 인사들은 우리의 경제 모델이 실제 상황에 맞게 보정된 가장 적당한 정도에 따라 민간 자금 장기 계약의 가능한 이론적 이점을 강조한다(드 베티그니스와 Ross 2010; 드 브리스와 예호 2013). 주요 논란에 대한 우리의 판단은 왜 민간 금융과 PPP 계약 기술이 메가프로젝트에서 매력적인지에 대한 두 가지 공식적인 논거가 있다는 것이다.

1. 공공금융은 사회기반시설 정책에서 정부의 포부를 충족시킬 수 없거나 정치적으로 매력이 없어 민간 금융이 필요하다.
2. 민간 금융은 민간부문이 공공 사회기반시설 사업에 참여할 수 있는 인센티브를 제공하고, 사업의 효율적인 확보뿐만 아니라 기간 내와 예산 내에서 수행되는 방식이다.

이 두 가지 형식적 합리주의[7]는 토론할 가치가 있다.

공공금융은 사회기반시설 정책에서 정부의 포부를 충족시킬 수 없거나 정치적으로 매력이 없기 때문에 민간 금융이 필요하다. 정부는 새로운 사회기반시설을 개발하려는 큰 의도가 있을지 모르지만, 이러한 사업들에 자금을 제공할 수단이 없거나 스스로 대출받기를 꺼린다. 정부는 민간 금융을 제공하기 위해 민간부문에 의존한다. 1990년대 PPP 초기에는 은행으로 눈을 돌리는 것을 대부분 의미했다. 이후 정부들은 연기금을 법정화하고 PPP에 투자해야 한다고 설득하려고 노력해왔다. 그러나 민간 금융은 정부가 그 돈을 빌리려고 할 때보다 더 높은 차입비용/더 높은 이자율이 적용된다. 만약 정부가 훨씬 더 낮은 금리를 받을 수 있다면, 왜 그들은 단지 그 거래의 자금만 직접 조달하지 않는가? 종종, 정부는 그들이 단지 더 많은 돈을 빌릴 수 있는 위치에 있지 않다. 예를 들어 유럽연합에서는 정부 부채가 GDP의 3%를 초과할 수 없다(OECD 2008: 45). 그래서 일부 정부는 야심찬 사회기반시설 계획이 실제 실행되려면 실제로 민간 금융의 가용성이 필요하다. 우리가 전에 보았듯이, 민간 은행들은 글로벌 금융 위기 전에는 정부에 자금을 기꺼이 빌려주었다. 자본은 이용 가능했다. 정부는 단지 물어보기만 했다. 나중에 PPP 정책 개발에서 민간 금융 포트폴리오의 실제 구성을 세밀히 조사했을 때 복잡성이 발생했다. 다른 경우에는, SOE와 공공 자금을 통해 프로젝트를 용이하게 수행할 수 있는 제도상의 준비를 안 할 수도 있어, 이러한 사항은 고려하지 않을 수 있다. 그러나 다른 경우에는 정부가 정책목표로 공공부문의 부채를 제한하고자 할 수 있으며, 따라서 원칙적으로 민간부문의 자금 조달을 선호한다. 그러나 정책 선호로 민간부문 금융을 활용하는 것은 정책 결정, 프로젝트 평가, 계약 준비 등을 할 때 많은 문제를 야기한다. 이러한 문제에는 투자 자체의 위험 프로파일, 취한 위험에 대한 민간 투자자의 수익률, 대체 수행 선택을 평가할 때 사용하는 할인율 등이 포함된다. 이러한 문제들은 한동안 민간 금융 거래에 관한 문헌에 많이 포함되었으며, 정부가 어떤 종류의 거래를 하고 있는지와 그 상대적 효과에 대해 격렬한 논쟁이 계속되고 있다.

민간 금융은 민간에 공공 사회기반시설 프로젝트에 참여할 수 있는 인센티브를 제공하고, 기간 내와 예산 내에 수행될 뿐 아니라 프로젝트를 효율적으로 확보하는 방식이다. 민간 금융의 이용에 대한 이 두 번째 주장은 전통적인 프로젝트 수행 방식과 비교하여, 프로젝트가 당초 기간 및 배정된 예산 내에 수행될 수 있도록 더 강력한 인센티브를 제공한다는 것이다. 민간 투자자가 프로젝트에 자금을 투자했다면 투자 수익을 원하고, 약속된 사회기반시설 일부를 수행하는데 큰 관심을 갖게 된다는 주장이다. 민간부문이 PPP 프로젝트를 수행하는 것뿐만 아니라 자금 조달에 관여하게 되면, 그들은 더 큰 규율을 제공하고, 그 일을 효율적으로 그리고 사양에 따른 수행에 초점을 맞출 것이라는 주장이 있다. 민간부문이 더 빡빡한 프로젝트 일정과 견실한 프로젝트 조직을 충족시킬 수 있는 능력과 가능성이 더 뛰어나다는 논리이다.[8] 또한, 장기간의 법적 계약을 체결하면, 이 계약은 프로젝트 상세 사항에 대해 원치 않는 정치적 영향에서 보호될 것이다. 요컨대, 이 모든 것은 효과적인 수행을 더 강조하도록 보장한다. PPP 수행에서 중요한 요소는 PPP에 관한 어느 텍스트가 강조하듯이 위험 분담이기도 하다(OECD 2008). 민간 금융의 제공은 프로젝트의 수명 동안 누가 어떤 종류의 위험을 떠맡을 것인가에 대한 논의를 장려할 뿐만 아니라, 도달한 정확한 합의에 대한 명확성을 장려한다.

민간이 금융을 제공할 뿐 아니라 이전 프로젝트의 전문성과 노하우를 제공한다는 점도 추가될 수 있다. 따라서 PPP는 공공부문이 초기 구상부터 운영까지 민간부문의 전문지식을 활용할 수 있는 방법이 된다. 관할 구역의 정부들은 세계의 다른 지역에서 많은 사회기반시설 프로젝트를 수행한 민간부문 파트너를 보유함으로써 혜택을 얻으며, 그들은 다른 곳의 경험, 민간부문 품질 보증 시스템, 그리고 다른 국가의 프로젝트로부터 배울 수 있다.

우리는 이제 민간 금융과 PPP 기법이 메가프로젝트에 중요한 두 가지 주요 이유들을 명확히 했다. 민간 금융의 이용에 있어서 시간이 지남에 따라 어떤 일이 일어났는가? 다시 말하지만, 문헌에는 경쟁적인 견해가 있다. 영국 정부는 단순히 영국 산업 연맹이 처음에 원하고 정부가 지원하는 사회기반시설 프로젝트에 자금을 조달할 수 있는 수단을 가지고 있지 않았기 때문에 영국에 PPP를 확립하는 첫 시기에 민간 금융이 필요했다고 확실하게 말할 수 있다. 이는 토니 블레어의 신노동당 정부 시절 공공부문에 대한 욕구가 더 높았지만, 재정적인 제약은 상당 부분 유지되었을 때 더욱 분명했다. 그래서 현대 PPP 정책의 재탄생 초기에는 단순히 자본에 대한 접근이 필요하였다. 은행들이 PPP에 더 관심을 가지자 그들은 PPP를 수립하기 위해 영국 정부뿐만 아니라 전 세계의 여러 정부를 상대로 대출 기회를 요청하기 시작했다. 영국 은행들은 또한 각국이 영국의 경험을 모방하려고 노력함으로써 해외 시장으로 눈을 돌렸다. 나중에, 논쟁은 민간 금융의 수용과 함께 발생하는 민간부문 규율과 위험 분담에 관한 것이었다. 적어도 PPP 채택 국가에서는 정부와 국영기업이 야심찬 사회기반시설 프로젝트를 수행하는데 신뢰받지 못했다.

민간부문의 규율이 추구하는 목표를 달성하는 정도가 격렬한 논란이 되고 있다. 많은 연구자들과 관측자들은 민간부문이 현실적으로 효율적인 PPP 거래를 수행하지 못했고, 프로젝트 개발만을 생각하기보다는 이익 기회를 계속 추구하고 있다고 주장해왔다. 호지(Hodge 2004)는 정부가 크게 사들이고 과소비하는 초대형 신용카드처럼 정부가 민간 금융을 이용할 수 있지만, 그렇다면 결국 그 대금을 지불해야 할 것이 분명하다고 일찍이 경고했다. 정확히 어떻게 PPP에 자금을 조달하는지에 대한 세심한 주의는 헬로웰과 벡치(Hellowell and Vecchi 2012, 2013), 코놀리와 월(Connolly and Wall 2013)이 제공했다. 이 전문가들이 알아내려고 한 본질은 바로 PPP의 잔여기간 동안에 거래의 실제 재무 구성이 매우 중요하다는 것이다. 마찬가지로 공정하고 정확한 할인율의 사용에 관한 주장이 있다. 보드맨과 비닝(Boardman and Vining 2010)과 같은 연구자들은 많은 정부가 취한 할인율의 선택에 대해 이의를 제기해 왔다. 샤오울(Shaoul 2010)과 에드워즈 등(Edwards et al. 2004)과 같은 연구자들은 공공 사회기반시설에 대한 재원 조달에 있어 민간부문의 의도와 전략에 대해 비판적이었다. 그리고 흥미롭게도, 스칸디나비아의 정부 소유 및 국영 기업 사회기반시설 프로젝트에 대한 경험은 또한 민간 금융이 반드시 좋은 프로젝트 수행의 필수조건이 아니라는 것을 어느 정도 보여주었다.

16.4 요약 — 민간 금융과 PPP는 어떤 문제를 해결하는가?

오늘날의 정부는 PPP의 정당화로서 이러한 형식적 합리성을 혼합하여 채택할 가능성이 높다. 유럽 위원회의 접근법은 유럽 위원회가 야심찬 **유럽 투자계획**을 실현하기 위해 실제 민간 금융을 필요로 한다는 것을 다시 한번 논쟁하는 것으로 어느 정도 되돌아가야 한다는 점을 주목하는 것은 흥미롭다. PPP가 매우 필요한 사회기반시설 프로젝트에 투자하기 위해 은행과 특히 연기금이 가장 중요한 방법이 될 수 있는 개발도상국에서도 이와 같은 추세를 관찰할 수 있다.

16.5 민간 금융이 PPP에서 어떻게 잘 작동되고 있는가?

우리는 이전에 민간 금융이 PPP 아이디어에서 주된 역할을 했다고 주장했고, 그것은 근본적으로 공공금융을 이용할 수 없거나 매력적이지 않거나, 그리고 더 나은 효율성과 적시성, 지출 정확성의 두 가지 주요 문제를 해결하는 것을 목표로 했다. 그렇다면, 민간 금융과 PPP 기법은 어느 정도까지 이 세 가지 문제를 해결하는 데 성공하는가? 그리고 그 증거들이 이 논쟁들에 대해 뭐라고 하는가? 우리가 관심을 갖는 것은 이 문제들이다.

이 약속 중 첫 번째에 대해서는 거의 의심의 여지가 없다. 민간 금융의 가용성은 공공자금 부족의 시기에 정부들을 도울 수 있는 잠재력을 항상 가지고 있었다. 첫째, 과거 천 년의 유료도로를 통해서든, 또는 더 현대적인 방법으로든 "사용자 지불" 제도를 채택할 가능성은 정부가 주요 사회기반시설 프로젝트에 공적 자금까지 사용할 필요를 완화 시킨다. 사회기반시설 금융이 공공 예산에서 나와야 하는 정도(또는 사용자가 "민간" 예산에서 지불해야 하는 정도)는 정치적 판단의 문제다.

앞서 우리는 영국 정부가 1990년대에 민간 금융을 채택한 것에 주목한 것은 새로운 사회기반시설을 제공하고자 하는 욕구를 충족시키기 위해 공공부문 차입을 더 이상 채택할 수 없었기 때문이다. 그러나 이 시기 이전에는 많은 정부(비즈니스 부문과 같은)가 이미 임대 운영을 실험하여 사회기반시설을 제공할 수 있었지만, 공공

부채가 대차대조표에서 제외되었다. 재정적인 명확성에 관한 한 합법성은 의심스럽지만, 그럼에도 불구하고 적어도 한동안은 이 "대차대조표상에 나타나지 않는" 수단이 민간 사회기반시설이 가능하게 정치적 사회기반시설 약속을 이행하도록 자금을 조달할 수 있도록 했다는 데에는 의심의 여지가 없었다. 회사 부채를 숨기기 위해 특히 대차대조표에 나타나지 않게 한 후 미국 회사 엔론의 높은 관심을 받은 사망은 부채의 정직성과 대차대조표의 정확성에 대한 새로운 관심으로 이어졌다. 오늘날, 그것은 호주 빅토리아와 같은 정부들이 정부 대차대조표에 모든 민간 자본 사회기반시설 거래를 포함한다는 것은 별로 놀랄 일이 아니다. 그리고 이러한 관행은 점점 더 보편화되고 있다. 그러나 대차대조표에 PPP 부채 세부 사항을 포함하는 국제적으로 승인된 회계기준에 따라 정부 대차대조표 자체를 제공하는 관행은 국제적으로 특별히 일반적인 것은 아니다. 게다가 공공 차입금을 회수할 수 있는 능력에 있어 정부들을 제한하는 규칙의 지속적 존재는 민간 금융 선택을 정부들에게 매력적으로 만들고 있다.

이러한 민간 금융/PPP가 널리 확산된 이유 중 두 번째는 효율성, 적시성 및 지출 정확성을 다루며 가장 합법적인 것으로 간주되어 왔다. 지금까지 민간 금융/PPP 연구 및 조사 노력이 많은 주제가 되어 왔는데, 이러한 가치는 작업을 완료하는 학문의 중심이기 때문이다. 이러한 더 많은 기술적 근거(그리고 돈의 가치에 대한 관련 논쟁)는 현대 사회기반시설 담론에 결정적이었다. 그리고 아마도 이것 때문에, 이 이론은 논쟁의 여지 없이 가장 치열한 경쟁이었다. 어떤 면에서는, 이 강력한 경쟁은 놀랍지 않다. 결국, 오늘날 PPP 현상을 구성하는 많은 요소들의 역할을 분리하는 것이 반드시 간단한 문제는 아니다. 최소한 어느 정도 민간 금융을 채택하는 것은 PPP 협정의 중요한 부분이지만, 다른 문제들도 마찬가지다. 예를 들어, 단일 컨소시엄의 존재, 계약의 패키지화, 서비스 및 성과 표준의 상세한 사양, 상업적 인센티브의 유형 및 규모, 위험을 부담하고 보상하기 위한 법적 준비의 정교화, 자본가, 건설사 및 의뢰인에 대한 제도적 및 계약적 역할 분리, 모든 면에서 강력한 전문적인 기술, 선진 건설 기법의 채택, 내부와 외부 인력 사이의 상호 관계의 품질 등이 포함된다. 물론 프로젝트 수행이 이루어지는 법적, 경쟁적, 문화적, 거버넌스 환경도 사업 수행의 내부적, 상업적, 제도적 구조와 문화만큼이나 중요할 수 있다.[9]

이론적 입장에서 보면 이러한 문제에 대해서는 많이 쓰였고, 극단적이지만 훨

표 16.2 선정된 PPP 평가, 1998-2014

연구	샘플/사례	국가	출판 유형	더 큰 돈의 가치?	논평/결론
Bloomfield et al. (1998)	메사추세츠 교정 시설	미국	사례 연구	아니오	P3 임대 구입을 통해 7.4% 비쌈; 프로젝트는 공공으로 위장된 실질 위험과 함께 "낭비가 심하고 위험"하다.
Arthur Anderson 과 LSE (2000)	분석된 29 비즈니스 사례	영국	초기 평가	예	PSC에 대해 17% 비용 절감 추정; 위험 전이가 예측 절감액의 61% 차지
National Audit Office (2000)	NAO의 7 비즈니스 사례(2000)	영국	비지니스 사례	예	10-20% 비용 절감 추정
Walker와 Walker (2000)	호주 사례의 일반 관찰	호주	문헌 검토	아니오	PPP 인프라 금융이 의회와 공공에 대한 책임을 악화시킴으로써 "오해의 소지가 있는 회계 속임수"로 보이게 거래함; 민간 실질 수익률은 공공에 기대한 것의 10배까지 오름
Mott Macdonald (2002)	선정된 39 전통적 프로젝트와 11 PFI 프로젝트	영국	다중 사례 검토	예	전통적 "공공" 인프라 제공 협정은 시간의 30%와 27%가 시간 내에 및 예산 내에 있었으나, PFI 형식 파트너십은 시간의 76%와 78%가 각각 시간 내에 및 예산 내에 있었다.
Pollitt (2002)	10 주요 PFI 사례	영국	감사실 사례 검토	예	최상의 거래가 아마도 모든 경우에 얻어지고, 돈의 좋은 가치는 아마도 10사례 중 8사례에서 얻어진다.
Audit Commission (2003)	10 전통적과 8 PFI 학교 비교	영국	감사 보고서	아니오	"우리는 PFI 프로젝트가 재래적 방법보다 더 빠르게 수행된다는 증거가 없다. 공공 분야 비교자는 많은 사람들의 신뢰를 잃었다.
Greve (2003)	화럼 시의 사례 연구	덴마크	사례 분석	아니오	"덴마크 공공 행정의 역사에서 가장 극적인 스캔들." 그것의 결과로 화럼 시민의 세금과 시민에 대한 부채가 증가하였으며 전 시장이 투옥되었다.
Fitzgerald (2004)	빅토리아의 8 PPP 사례	호주	정부에 보고	불확실	전통적 수행 구조에 비한 PPP 우월은 분석에서 채택되는 할인율에 좌우된다; 반대 결론은 할인율을 8.65% 사용할 때(PPP가 9% 싸고)와 5.7% 사용할 때(PPP가 6% 비싸다)에 도달한다.
Edwards et al. (2004)	연구된 8 도로사례와 13 병원 사례	영국	사례 검토와 면담	아니오	계약 검토는 3년이 걸렸다; "PFI는 공공 서비스의 금융과 수행에 비싼 방식이다." "주요한 수혜자는 금융 조달자이다."
Grimsey and Lewis (2004)	몇몇 분야를 걸쳐 선정된 글로벌 관찰	몇 개 국가	문헌 검토	예	"예비의 증거는 PPP가 공공 조달 문제에 대한 하나의 해를 제공한다는 것을 강하게 시사하는 것 같다. 그것은 PPP의 한 '모델'이 아니다."
Pollitt (2005)	영국 사례의 일반 관찰과 5 사례	영국	문헌 검토	예	"긍정적인 전반적 평가를 피하기는 어려운 것 같다."
Shaoul (2006)	영국 사례의 일반 관찰	영국	문헌 검토	아니오	PFI는 책임의 부족으로 매우 비싸다고 판명되었다; PFI 정치는 "다수의 비용으로 소수를 부유하게 한다."

연구	샘플/사례	국가	출판 유형	더 큰 돈의 가치?	논평/결론
Boardman et al. (2005: 186)	5 도로, 폐기물 관리, 담수화 사례	캐나다와 미국	사례 검토	아니오	위험에 대한 민간부문의 보상과 실제로 그들이 위험을 참는다는 확신이 없는 한 "P3는 배당효율이 개선되지 않을 것이다."
Auditor-General of New South Wales (2006)	뉴 사우스 웨일즈의 19 학교 건설	호주	감사 보고서	예	7%와 23% 사이는 싸다; 감사는 이 두 PFI 계약에 대한 비즈니스 사례를 "설득력" 있다고 보았다.
Pollock et al. (2007)	모토 맥도날드와 기타 보고서 재분석	영국	학술 논문	아니오	"재무부가 PFI에서 개선된 효율의 비용과 시간 초과 주장을 지원하는 증거는 없다." (…) "[추정을 인용한다] 증거 근거는 없지만 PFI에 편향적으로 호의적이다…단지 한 연구가 PFI 조달 성과와 [이것이] 잘못 인도되었다는 근거한 모든 주장과 비교한다."
Allen Consulting Group (2007)	21 PPP와 33 전통적 프로젝트 사례	호주	컨설팅 보고서	예	PPP는 계약 이행 관점에서 측정된 전통적 프로젝트에 대한 대안보다 11% 저렴하다고 보고되었다(또는 프로젝트 초기로부터는 31%); 호주의 피크 인프라 공급 업체에 의해 지원된 연구 프로젝트
Blanc-Brude et al. (2006)	15 EU 국가를 통과하는 227 새 도로 구간으로, 이것은 65 PPP	EU	31 회귀분석	시험 안함	사전 PPP 건설 비용은 전통적 조달보다 24% 비싸다; 이것은 전통적 비용 초과 크기와 유사하다; PPP가 저렴한 전체적 생애주기비용을 제공하는지는 아직 알려지지 않았다.
Leviakangas (2007: 211)	핀란드 유로 도로 사례 연구	핀란드	재무적 모델	아니오	민간 금융이 복지 이득을 달성했다는 가설은 확인되지 않았다.
Vinning and Boardman (2008)	몇 개 분야에 걸친 10 사례	캐나다	공공 경제학	불확실	10 사례 연구에서, 정확히 반은 경제적으로 "성공" 이라고 판단되었으나, 나머지 반은 "성공적이지 않다"고 판단되었다; 성공적이지 않다고 판단된 프로젝트는 일반적으로 큰 프로젝트들이다.
Sarmento (2010)	"SCUT" 고속도로 프로젝트	포르투갈	경제학	아니오	"만일 전통적 조달이 사용되었다면, 훨씬 덜 비쌌을 것이다. (…) €20억 또는 €30억 적게"; 정부는 민간 입찰자와 적정한 협상을 할 수 없다고 판단하였다.
Vecchi et al. (2010)	14 새롭고 개조한 병원과 지원 서비스	이탈리아	재무	아니오	"과도한 수익이 이 프로젝트들의 투자자들에게 발생한다…예상 수익률 (…)은 적정히 기능하는 경쟁적 시장에서 발견하는 것보다 상당히 높다." "체계적인 위험의 매우 낮은 수준이" 투자자에 의한 PPP계약에서 얻어진다.
Ball (2011)	다수 프로젝트	호주와 영국	공공관리	아니오	대부분의 경우에, 위험은 과정을 제공하는 PPP 돈에 대한 가치에 전가된다.

연구	샘플/사례	국가	출판 유형	더 큰 돈의 가치?	논평/결론
Boera et al. (2013: 470)	국제적인 48 감사 보고서 검토	21 감사실	감사	아니오	"DBFM(O) 프로젝트가 가장 효율적인 정부 조달 형식이라고 나타내는 확실한 증거는 아직 없다. [PPP] 혜택이 자동적으로 발생한다는 가정은 이성적이지 않다"
Barlow et al. (2013)	9 국가에 걸친 보건의료 PPP	유럽	보건관리	불확실	혼합된 결과가 돈에 대한 가치에서는 나타나지 않았는데 초기 PPP에서 얻어졌다; 새로운 PPP가 더 전망이 있으나 설정하고 관리하기 더 어렵다.
Regan (2014)	국제적 PPP 경험 검토	몇 개 국가	빌딩과 건설	예	국제적 증거가 PPP는 "전통적 조달 방법 보다 더 낮은 비용으로 더 좋은 인프라 서비스를 제공한다"고 제시한다.

씬 덜 쓰인 이론적 모델을 현실 세계에 교정하고 실제 프로젝트 대안의 돈에 대한 가치 또는 효율성을 결정한다. 또한 한쪽에는 민간 금융과 관계되는 것과 같은 프로젝트 수행 대안들을 옹호하고 비판하는 글이 많이 씌었지만, 다른 한쪽에서는 엄격하고 독립적인 경험적 작업은 거의 없으며, 다시 우리의 실제 세계 경험에 대하여 이런 생각들을 교정한다. 실제로 PPP 성과에 대한 지식 기반은 가장 근본적인 수준에서도 실망스러울 정도로 낮은 수준에 머물러 있다는 것이 우리의 판단이다.

PPP 성공을 돈에 대한 가치 차원으로 단순하게 보고, 지금까지 성과 증거에서 배울 수 있는 것을 추적했다(Hodge and Greve 2009: 2013). 사멘토 국제평론(The international review of Samento 2014)이 최근 이 분야에 추가됐다. 이러한 검토에 포함된 일부 평가 연구의 예는 표 16.2에 나타난다. 포괄적이지는 않지만, 이러한 사례들은 현재까지 연구 결과의 공정성을 제공한다.

경험적 증거로부터 현재까지 압도적인 교훈은 전 세계의 장기적인 사회기반시설 계약의 PPP 계열에 대한 상당한 경험, 편파적인 옹호 및 비판, 수많은 전문적 보고서[10]에도 불구하고 돈에 대한 가치의 성과 증거가 혼재되어 공공 이익 측면에서 엄격한 성과 평가는 놀랄 만큼 적다는 것이다. 독립적인 엄격한 평가는 거의 없다. 이것은 PPP 성과에 대한 우리의 판단을 걱정스럽게 하였다. 물론 PPP 성과에 대한 많은 평가는 더 일반적인 지상[11] 또는 특정 PPP 우려사항[12] 중 하나를 포함하지만, 대부분은 실제 비용 측정보다는 비즈니스 사례 예측을 분석하였다.[13] 또한 대부분 통계적 관점에서 특별히 엄격하지 않았으며 통제 그룹을 고용하지 못했다(Hodge 2010). '전통 조달'의 반사실적인 것도 대개 모호하여, 그러한 평가를 신뢰할 수 없게 되었다. 헤어(Hare 2013)는 이용 가능한 PPP 증거가 "약하고 혼재된 것"이라고 언급을 잘 했다.

그렇다면 기존 조달 방식과 비교했을 때 돈에 대한 가치 결과를 보면 어떤 점이 있을까? 호지와 그레브(Hodge and Greve 2009), 사멘토(Samento 2014) 등의 리뷰는 평가 문헌에서 크게 세 그룹의 발견을 밝혔다. 첫 번째 평가 그룹은 기존 사회기반시설 제공에 비해 우수한 PPP 성능을 보여준다. 주로 위험 전이 계산을 통해 기존 조달에 비해 비용추정치가 낮음(최대 31%)을 보고한다. 그러한 평가의 예로는 17%에 달하는 비용 절감액을 추정한 아더 앤더슨(Arther Anderson 2000)의 영국 정부에 대한 조기 보고서, 호주 정부에 대한 앨런 컨설팅 그룹(Allen Consulting Group 2007) 산업 자금 지원 보고서(2007), 국제적으로 인정된 회계 표준으로 살펴 본 54개 공공 및 민간 프로젝트를 들었으며, "PPP는 기존 조달에 비해 비용 효율성이 확실히 우수함을 입증한다"(측정 방법에 따라 11%-31% 사이)는 결론을 내렸다. 이러한 것들은 리건(2014)과 같은 산업연계연구에 의해 지원되었고, PPP에 대한 좋은 돈에 대한 가치를 확인한 실무자들에 의해 강화되었다(Eadie et al. 2013). 그들은 또한 PPP가 더 자주 시간 내(전통적 프로젝트의 경우 30% 대비 76%)에 그리고 예산 내(전통적 계약의 경우 27% 대비 78%)에 수행되었다고 추정하는 연구들에 의해 지지되었다(Mott-Macdonald 2002; National Audit Office 2003).

그러나 반대되는 두 번째 연구 그룹은 PPP 우위의 판단을 지지하지 않는다. 여기서 심각한 우려는 투자자에 대한 과도한 수익률(Vecchi et al. 2010), 정책 확장에 유리한 편향된 돈에 대한 가치평가 방법론, 프로젝트 평가와 정밀 조사에 필요한 정보의 불충분한 가용성(Shaoul 2005) 등이다. 심지어 영국 의회 공공회계 위원회는 공공부문의 프로세스에 분명하게 "조작"이라는 라벨을 붙였다. 발 등(Ball et al. 2007)은 "거의 전적으로 주관적인" 위험 분석에 주목했고, 영국 감사 위원회(UK Audit Commission 2003)는 "PFI 프로젝트가 더 전통적인 방식으로 자금을 조달하는 프로젝트보다 더 빨리 학교를 제공했다는 증거를 발견하지 못했다"고 말했다. 또한 폴록 등(Pollock et al. 2007)은 모트-맥도널드의 기간 내 및 예산 내 결과에 대해 "[이]에 기반한 모든 주장은 오해의 소지가 있다."고 말하고 확실한 증거 기반이 없다고 비판하였다.[14] 일부 실무자들 역시 PPP의 돈에 대한 가치에 대해 회의적인 태도를 보여 우마 등(Umar et al. 2013)은 PPP를 20가지 잠재적 혜택 중 17번째로 꼽았고, 반면 정책 비평가들은 PPP를 "납세자를 제외한 모든 사람들을 위한 터무니없는 거래"(Davidson 2013) 또는 "파산에 대한 청사진"(Salzman 2014)으로 보았다. 많은 감사원장 또한 PPP에 대해 회의적이었다. 예를 들어, 온타리오 (캐나다) 감사총장은, 74개의 PPP 프로젝트의 가시적 비용은 "공공부문에서 프로젝트를 계약하고 관리할 경우 (…) 보다 거의 80억 달러가 높을 것으로 추정된다"고 비판적으로 보고하였다(OAGO 2014). 위험 평가 불확실성에 대한 10년 전 우려를 반영하듯, OAGO(2014)는 위험 비용이 PPP 수행에 유리하게 프로젝트에 영향을 끼쳤지만, "위험 비용의 가치를 지원하는 경험적 데이터는 없다"고 보고했다. 보다 국제적 규모로 보어즈 등(2013:470)은 전 세계 21개 감사 사무소로부터 48건의 감사 보고서를 검토했으며, "DBFM(O) 프로젝트가 정부 조달의 가장 효율적인 형태를 나타낸다는 확실한 증거가 아직 없다"면서 PPP를 사용함으로써 얻을 수 있는 잠재적 이익은 있지만 "이러한 이익이 자동으로 발생한다고 가정할 이유는 없다"고 결론지었다.

세 번째 큰 연구 그룹도 관찰되었다. 이러한 연구들은 또한 PPP의 성공에 대한 주장을 의심했지만, 이러한 결론의 논리는 PPP가 전통적인 방법보다 우월하다고 판단되기 전에 훨씬 더 큰 분석적 관리가 필요하다는 것이었다. 예를 들어, 블랑크-브루드 등(Blan-Brude et al. 2006)은 EU 국가에 걸쳐 신중한 회귀 분석을 실시해서, PPP 도로는 처음에 우리가 전통적인 조달로부터 예상한 것보다 24% 더 비싸다는 것을 발견했는데, 아이로니컬하게, 이는 전통적인 프로젝트 비용 초과와 거의 동일한 크기이다.[15] 피츠제럴드(Fitzgerald 2004)는 그의 호주 PPP 평가에서 비용 절감의 크기는 사용하는 할인율에 크게 좌우된다고 주장했다 (더 높은 할인율을 사용하여 추정된 9%의 비용 절감보다 6%의 비용 증가를 제시하는 낮은 할인율과 함께). 비닝과 보드맨(Vining and Boardman 2008)은 캐나다 PPP의 절반은 성공으로 검토되었다고 단지 판단했고, 쥬프(Jupe 2009)는 PPP를 영국 교통에 대한 "불완전한 해결책"으로 보았다.[16] 역시 중요하게, 호즈(Hodge 2002)가 10년 전에 이미 "위험이전에 대한 생각은 이론적으로는 모두 좋다"고 하지만 PPP 위험의 가치평가와 가격 책정에 대해 실제적인 경험적 작업이 불충분해서 위험이 적절하게 "공유"되는지 또는 납세자에 "전가"되는지에 대해 불확실성은 남는다고 경고하였다(PAEC 2006: 158에서 인용된). 그렇다면 종합적으로 PPP의 돈에 대한 가치 증거에 따른 최선의 해석은 혼재되어 있다고 말하는 것이 타당하다. 또한 사멘토와 레니부그(Sarmento and Renneboog 2014)의 표현대로, 학자들은 PPP가 돈에 대한 가치를 발생시키는 것에 대해 대체로 회의적이었지만, 정부는 그렇지 않았다.[17]

16.6 토론과 결론

이 장에서는 민간 금융이 어떤 문제를 해결했는지, 얼마나 잘 해결했는지를 강조하고 민간 금융과 PPP 기법을 메가프로젝트에서 사용하는 것을 고려했다. 여기서 몇 가지 교훈은 분명하다. 첫째, 민간 금융이 주요 공공 사회기반시설 프로젝트에 대해 공공 자금 조달을 할 수 없거나 원하지 않는 정부들을 계속해서 끌어들일 것이라는 데는 의심의 여지가 없다. 우리는 전 세계 민간 금융의 가용성이 그들이 그렇지 않았다면 진행되지 않았을 경우에 비해 많은 메가프로젝트들이 수행되었다는 것을 인정해야 한다. 마찬가지로, 개인 신용카드를 부적절하게 높은 금리로 내일 지불되는 것을 구매하는 것과 마찬가지로, 민간 금융 역시 정부가 바람직하고 즉각적인 사회기반시설 거래를 눈감아 주는 것에 대한 대형 신용 카드에 지나지 않는다. 둘째로, 그리고 수행 효율성과 돈의 가치에 대한 보다 합법적인 문제에 대해, PPP/민간 금융 기술의 효과에 대해 우리가 얼마나 아는 것이 없는지는 여전히 놀랍다. 기껏해야 증거가 혼재돼 있고, 평균적으로 전통적인 프로젝트 수행 기법과 비교하면 거의 차이가 없다. 그러나 최악의 경우 민간 금융 및 PPP 프로젝트는 금융 엔지니어 및 거래 관련자에게 사용자나 시민보다 훨씬 더 많은 보상을 제공한다. 그러나 배심원단은 이 점에 대해서는 언급하지 않고 있다. 셋째, 돈에 대한 가치의 우려와 거버넌스와 책임에 관한 문제에 대해 계속되는 논쟁에도 불구하고,[18] "지금 구매하고 나중에 지불하는" 약정으로 PPP의 유치와 성공은 정부의 관점에서 계속된다는 것을 인정해야 한다. 물론 일부 실패와 정책 전환도 있었지만, 많은 주에서 PPP를 사용하는 데는 여전히 분명한 매력이 있다. PPP는 사법권의 경제적 필요와 구별되는 정치적 요구를 충족시키는 경우가 많다. 실용적으로, 그리고 네 번째로, PPP에 대한 다양한 경험이 있다. 현실적으로 장기 법정 계약 사용의 증가는 프로젝트 정의와 공사내역에서 원치 않는 정치적 영향력에 대한 방패가 된다는 결론을 내릴 수 있다. 상업 계약은 필요한 규율이고, 효과가 있는 것 같다. 그러나 거기에는 "PPP 모델"과 같은 것이 없다는 것과 수백 가지의 변형이 가능하기 때문에 다른 관할권으로부터 신뢰할 수 있는 교훈을 배우는 것은 여전히 어려운 일이다. 개별 프로젝트의 성공이나 실패를 칭찬하거나 비판하는 것은 쉽지만, DBFMO 모델과 같은 기법을 통해 민간 금융 주요 프로젝트에 대한 현대적 선호의 정책 효과를 평가하는 것은 훨씬 더 어려운 과제로 남아 있다. 다섯째, 우리의 현대적인 집중은 기간 내 및 예산 내의 프로젝트 수행은 이해할 수 있었지만, 또한

"기간 내"와 "예산 내" 수행의 중요성이 지나치게 강조된 환경으로 이어졌다. 여기서 위험은 프로젝트의 단위 비용에 대한 보다 합법적인 측정에 대한 강조를 제거하면서 시간이 지남에 따라 목표 지점이 변화했다는 것이다. PPP 프로젝트가 지나치게 높은 가격을 책정하는 정도까지, 이것은 정부가 프로젝트 기간 및 비용 초과와 관련된 정치적 당혹감을 덜 추구하기 위해 필요 이상의 비용을 기꺼이 지불할 것임을 시사한다. 그러나 이곳의 현실은 또한 민간 컨소시엄이 보통 실제 위험을 감수한다는 것을 보여주는 많은 경험이 있다는 것이다. 건설의 어려움(Hodge and Duffield 2010의 남부 교차 정거장에 대한 논의 참조) 또는 교통 수치(시드니 교차 터널의 경우처럼) 같은 프로젝트 위험이 적절하게 추정되지 않았기 때문에, 호주와 같은 관할 지역에서 다수의 프로젝트가 상업적 의미에서 "실패"되었다. 이러한 프로젝트에서 경험한 상업적 손실과 파산은 컨소시엄이 (이러한 대가를 치르지 못한) 막대한 상업적 위험을 떠맡았다는 것을 분명히 보여준다. 그러므로 호주 정부는 이러한 컨소시엄에 의해 초래된 위험에 노출되지 않았다. 그러나 전체적으로 평균 단위 프로젝트 비용에 대한 명확한 효율성의 증거가 부족하기 때문에 민간 컨소시엄이 부담하는 위험에 대해 지불한 평균 가격은 대개 불분명하다. 그러나 수행된 사회기반시설의 단위 비용뿐만 아니라 취해진 위험에 대해 지불된 가격은 시민과 사용자에 관한 한 궁극적인 돈에 대한 가치 및 효율성 조치일 수 있다. 이 점에 대해서 출판된 것이 거의 없다. 여러 PPP 가능성의 국제적으로 복잡한 지형 속에서 이러한 연구 공백은 면밀한 검토가 우선 과제로 남을 것이다.

경험은 민간 금융이 메가프로젝트의 중추적인 역할을 해왔고 앞으로도 계속 해나갈 것이라는 데는 의심의 여지가 거의 없다고 제시한다. 다수의 정부가 당면한 주요 과제는 가장 효율적인 사회기반시설 거래가 어떻게 추진되고 있는지, 장기적으로 이러한 사업에 어떻게 자금을 조달할 것인가 하는 것이다. 또한 민간 금융은 민간부문이 공공 메가프로젝트를 수행할 방법을 항상 제공할 것이고, 정부가 모든 위험을 스스로 떠맡기보다는 위험을 분담하는 것을 선호한다. PPP를 통한 민간 금융의 이용도 미국 PPP 시장과 같은 "신 시장"에서도 보편화되고 있으며, 이는 수행 방식에서 경쟁의 증가와 투명성 강화가 장려되는 한, 아마도 좋은 일일 것이다(Department of Transport 2015; Sabol and Puentes 2014). 세계은행과 IMF는 개발도상국들에서 발생하지 않을 수 있었던 사회기반시설 투자를 장려하기 위한 방법으로 민간 금융과 PPP를 고려한다. 실행 관점에서, 영국의 새로운 "PF2" 구조로의 변화는 그들의 PFI 모델에 항상 개선의 여지가 있었다는 것을 확인시켜 준다. 따라서, 배심원들이 PPP에 대한 성과 증거에 대해서는 언급하지 않고 있지만, 많은 근본적인 경험적 연구는 아직 이루어지지 않고 있다.

주

1. PPP의 언어와 일반적 개념이 잘 확립되어 있지만, 실제로는 "PPP 모델"과 같은 것은 없다는 것을 인정하는 것도 마찬가지로 중요하다(Hodge 2013). 그것은 전 세계에 걸쳐 수백 혹은 수천 가지의 서로 다른 계약 유형으로 구성된 현상이다. 계약을 구성할 때 결정해야 할 많은 결정 사항들인 각 부문의 재정 정도, 수행될 프로젝트, 어느 당사자가 위험을 부담하는지, 성과에 대한 인센티브 정도, 책임과 거버넌스 문제에 적용할 투명성과 구조 문제 등이 있다. 캐나다와 호주와 같은 소위 선도적인 PPP 국가들은 공통 접근법을 공유하지도 않고 각 국가별 단일 국가 모델을 가지고 있지도 않다. 예를 들어, 시에미아티키(Siemiatycki 2013)는 단일 국가 접근법보다는 대다수의 공공 금융과 반대되는 보수적인 위험 이전의 약정 범위까지 캐나다 PPP를 관찰한다. 그리고 호주의 PPP 지침은 균일성을 시사하지만, 현실은 다양한 프로젝트와 함께 다양한 위험 전이 약정이 채택되어, 시기에 따라 공공금융과 민간 금융의 다른 비율을 채택하고 있다. 그렇다면, 좀 더 광범위하게, 우리는 합법적인 계약서를 작성하는 것만큼 사회기반시설 수행 약정을 구조화하는 많은 다양한 방법이 있다고 결론 내릴 수 있다.
2. 흥미롭게도 드울프 등(Dewulf et al. 2012:13)은 영국의 PFI 양허 모델이 "호주에서 이미 사용되고 있는 양허 모델에서 나온 것"이라고 말한다.
3. 그래서 스미스(Smith 1999)의 지적대로, 홍콩은 1960년대 후반부터 1990년대 후반까지 다수의 거대한 (FDBO) 도로 사회기반시설 프로젝트를 성공적으로 수행했고, 채널 터널 프로젝트는 1984년 마거릿 대처와 프랑수아 미테랑으로부터 처음 축복을 받은 반면, 영국 정부가 주요 프로젝트에 대해 민간부문 자금조달 아이디어를 "정부 철학의 핵심"에 두었던 것은 1990년대 후반이었다. 즉, 1990년대 후반 영국이 PPP 아이디어를 프로젝트 수행 옵션에서 공공정책으로 전환하였다.
4. 이러한 현상은 호주와 같은 다른 국가에서도 일반적으로 공공 가시성이 없이 발생했다.
5. 실제로 글로벌 금융 위기가 후에 콘비츠 등(Konvitz 2012) 논평가들은 "PPP는 죽었다! PPP의 PFI 형태는 죽었다. 죽었어!" 라고 선언했다. 그러나 이 장의 저자들은 이 믿음에 이의를 제기하면서, 세계 금융 위기의 여파로 시대가 확실히 변했지만, 민간 금융의 장기 사회기반시설 계약에 대한 지속적인 정치적 요구는 PPP를 재고할 필요성으로 이어졌을 가능성이 더 높다고 주장한다(Hodge

and Greve 2013). 개념 자체가 재편성되고 있었고, 위험 공유는 폐기되기보다는 재구성되고 있었다. 그들에게 PPP 현상이 죽지 않았고, PPP 브랜드는 비록 새로운 형태로 진화하긴 했지만 살아있고 건강하다는 주장이 제기됐다. 미나드(Menard 2013)와 같은 다른 사람들도 이 시대에 PPP가 "우리와 함께 있다"고 결론지었다.

6. 예를 들어 호지와 그리브(Hodge and Greve 2013)는 PPP에 대해 24개의 목표를 제시하고, 명시적(묵시적이 아닌)과 기술적(비기술적이 아닌)의 적은 수를 강조한다.

7. 여기서도 우리의 마음과 관련이 있는 덜 눈에 띄고 비공식적인 이성들의 세 번째 집합이 있다. 우리는 PPP(따라서 민간 금융과 같은 PPP 기법)가 여러 가지 면에서 정부를 지원하는 것처럼 보인다고 주장했다. 예를 들어 정책 또는 프로젝트 수행 도구로서의 PPP는 다음을 통해 정부를 도울 수 있다.

   - 사회기반시설 필요와 공공 의제에 대한 우선순위를 포함
   - 계획 우려보다 프로젝트 수행을 강조하고, 민간 계약법에 따라 메가프로젝트를 "추진"한다
   - 정부 정책입장과 야당 정책입장 구분
   - 프로젝트 위험과의 연관성을 정부로부터 멀리 이동
   - 금융 및 비즈니스 시장의 신뢰도 향상
   - 관련 지원 그룹과의 연계 강화
   - 격변기에 비즈니스 또는 경제적 지원을 제공하고, 국내 전문 PPP/금융/건설 서비스를 해외에 판매할 수 있도록 지원

   요컨대, PPP 기법은 민주적 거버넌스 자체가 "더 어려워진" 시기에 정부의 선거 전망을 높이고 사업의 관리를 용이하게 할 수 있다.(Flinders 2014)

8. 물론 그러한 주장은 20-30년 전 국유기업의 민영화를 지지하는 역사적 주장과 정면으로 평행선을 달린다.(Hodge 2000)

9. 성공적인 PPP를 위한 사항은 모든 서구 자유주의 경제를 뒷받침하는 몇 가지 가정을 포함한다. 예를 들어, 여기에는 서구의 자유민주주의에서의 법의 규정들에 관한 가정들이 포함되어 있는데 여기에는 정치와 관료 양쪽으로부터 상당히 독립되고 분리된 사법제도, 정부, 민간 기업, 개인이 모두 법에 구속되어 있고 법 앞에 평등임을 인정하는 법률 체계, 당사자 간의 공식적인 법적 계약과 사유재산권이 경제의 기본 구성 요소가 되는 사회 등 문화적, 역사적 요소들이 포함된다. 게다가 서구 경제는 대개 강력한 정부뿐만 아니라 강한 민간부문이 경제 성장에 필수적이라고 여겨지어 번성하는 혼합경제를 가정하고 있으며, 잘 발달된 경쟁적인 민간시장은 계획, 프로젝트 관리, 엔지니어링, 건설, 설계, 금융, 회계, 법률, 상업 분쟁 해결 등과 같은 다양한 전문 서비스와 함께 금

융을 제공한다. 또한, PPP는 효과적인 경쟁과 상업적 기준에만 의해 주도되고 정치적 연결, 가족 관계나 개인적 관계에 의해 지침이나 영향을 받지 않는 입찰자에 대한 행정적 결정을 뒷받침하기 위해 정치적 영향력에 독립적이고 사적 재산이나 인맥에 의해 부패되지 않은 강력한 규제자를 가정할 수 있다. 마지막으로 서구 경제는 또한 일반적으로 날카로운 언론과 자유 언론을 포함한 다중 책임 메커니즘을 통해 정부와 관료들이 시민들에게 책임이 있다고 가정할 수 있다.

10. 예로 KPMG(2014); OECD(2008); 프라이스워터하우스쿠퍼스(Pricewater -houseCoopers 2012, 2005); 언스트 영(Ernst & Young 2013, 2007); 딜로이트(Deloitte 2015, 2006)를 보시오.

11. 예로 호즈와 그리브(Hodge and Greve 2007); 버그 등(berg et al. 2002); Bovaird(2004); 고바디언 등(Ghobadian et al. 2004); 에드워드 등(Edwards et al. 2004); 그림시와 르이스(Grimsey and Lewis 2004); 오스본(Osborne 2001); 페롯과 체틀루스(Perrot and Chatelus 2000); 폴릿(Pollitt 2005); 사바스(Savas 2000); 샤오울(Shaoul 2005); 바일랜코트-로즈너우(Vaillancourt-Rosenau 2000).

12. PPP검토에 대한 더 상세한 강조는 흘린더스(Flinders 2005), 모트 맥도널드(Mott Macdonald 2002), 국립 감사원(2000), 폴락 등(Pollock et al. 2002)과 국립 감사원(National Audit Office 2009)을 보시오.

13. 샤오울(Shaoul 2005; 2010) 뿐만 아니라 휘쩌라드(Fitzgerald 2004); 엘런 컨설팅 그룹(Allen Consulting Group 2007); 레비아캔가스(Leviakangas 2007); 브랑크-브루드 등(Blanc-Brude et al. 2006)의 다중 연구는 여기서 제외되었다.

14. "상업적 신뢰"라는 정부 주장 이면에서 이러한 연구 자료를 추출하는 데 있어서의 어려움도 잘 알려진 이 연구가 엄격성이 결여되어 동료 검토의 정밀 조사가 환영받지 못한다는 우려를 증폭시켰다.

15. 그러나, 이 검토는 더 이상의 돈에 대한 가치 결론을 내리지 않도록 주의를 주었고, 장기간의 수명주기 비용은 여전히 알려지지 않았다고 주장했다.

16. 개인적 차원에서, 우리의 "지금까지의 증거에 대한 가장 낙관적인 내용은 그것이 혼재되어 있다는 것이다." (Hodge and Greve 2009) 우리는 10년 반 동안 PFI형 PPP가 "정치적으로 성공했지만, 재정적으로 의심스럽다"거나, 몇 년 전 영국의 하원 공공회계위원회(UK's House of Commons Committee of Public Accounts 2011)가 적절한 표현으로 "PFI 거래는 납세자보다 민간부문에 더 나은 가치를 보인다"고 우려해 왔다. 벤트 프라이브저그(Eldrup and Schutze 2013: 24, 105에서 인용한)는 LTIC PPP 성공에 관해서 약간 긍정적이지만 모호한 결론을 유사하게 가지고 있는 것으로 보인다. 그는 호주와 미국 PFI형 PPP 프로젝트에서 발생한 5개의 프로젝트 실패 사례와 런던 지하철 정비 회사 메트로넷을 열거했으며, "확실한 경험적 증거가 빠져 있다"고 인정하지만, "요

컨대, 여러 PPP가 목표를 달성하기 위해 애쓰는 동안, 학계와 실무에서 얻은 경험적 증거는 PPP가 프로젝트 성과개선, 혁신 달성, 위험 이전 약속을 실제로 이행할 수 있음을 시사한다"고 결론짓는다.

17. 우리는 또한 한동안 존재해 온 PPP 거래의 궁극적인 비용 부담에 대한 추가적인 우려에 주목해야 한다(hellowell and Pollock 2007).

18. 넓은 성과 영역인 **거버넌스**에 대해서도, 다양한 범위의 명료한 논평들이 있다. 실제로 PPP 거버넌스와 거버넌스 도구로서의 PPP의 정당성에 대한 질문은 프로젝트 효율성과 효과성에 관한 문제만큼이나 논란의 여지가 많았다. 한편, PPP는 정부가 새로운 사회기반시설 프로젝트를 제공하는 데까지 그 상황을 주도하는 능력을 회복하는데 도움을 준 것으로 보인다. 그러나 다른 한편으로, 여러 가지 비난이 다음과 같이 평준화되었다: 공공부문 비교에 정당성이 결여되고 민간 금융 제공에 호의적인 분석적 조작, 투명성이 결여된 의사결정 준비, 동등한 파트너로서의 시민보다는 분명히 사업 파트너로 행해지고 있는 거대하고 복잡한 상업 거래, 민간 법률 계약에 따라 시민들이 정보 자유나 행정법을 통해 정보에 접근하고 검토하는데 필요한 전통적인 방법, 그리고 여러 가지 상반된 역할들 중 책임감이 부족한 정부. PFI형 PPP가 PPP 계열의 "사생아"라는 꼬리표가 붙은 것은 이상한 일이 아니다(Hodge 2006: 324). PPP 거버넌스 문제에는 분명히 긴장이 계속되고 있다. 마찬가지로, 윌럼스와 반 도렌(Willems and Van Doren 2011:2012)과 같은 관측자들은 대부분의 PPP 책임 우려는 과장되어 있다고 주장하지만, 공공 책임 문제는 여전히 남아 있다.

참고 문헌

Allen Consulting Group. (2007). *Performance of PPPs and Traditional Procurement in Australia*. Final Report to Infrastructure Partnerships Australia.

Arthur Anderson and LSE Enterprise. (2000). *Value for Money Drivers in the Private Finance Initiative*. Report commissioned by the UK Treasury Task Force on Public-Private Partnerships.

Audit Commission. (2003). *PFI in Schools*. London: Audit Commission.

Auditor General of New South Wales. (2006). The New Schools Privately Financed Project, Audit Office of NSW.

Ball, R., Heafey, M., and King, D. (2007). "The private finance initiative in the UK," *Public Management Review*, 9(2): 289-310.

Ball, R. (2011). "Provision of public service infrastructure: The use of PPPs in the UK and Australia: A comparative study," *International Journal of Public Sector Management*, 24(1): 5–22.

Barlow, J., Roehrich, J., and Wright, S. (2013). "Europe sees mixed results from public-private partnerships for building and managing health care facilities and services." *Health Affairs*, 32(1): 146–54.

Berg, S., Pollitt, M., and Tsuji, M. (eds.) (2002). *Private Initiatives in Infrastructure: Priorities, Incentives and Performance*. Aldershot: Edward Elgar.

Blanc-Brude, F., Goldsmith, H., and Valila, T. (2006). *Ex Ante Construction Costs in the European Road Sector: A Comparison of Public–Private Partnerships and Traditional Public Procurement*. Economic and Financial Report 2006/01, European Investment Bank.

Bloomfield, P., Westerling, D., and Carey, R. (1998). "Innovation and risks in a public-private partnership: Financing and construction of a capital project in Massachusetts." *Public Productivity and Review*, 21(4): 460–71.

Boardman, A., Poschmann, F., and Vining, A. (2005). "North American infrastructure P3s: Examples and lessons learned," in G. Hodge and C. Greve (eds.), *The Challenge of Public–Private Partnerships: Learning from International Experience*. Cheltenham: Edward Elgar.

Boardman, A. and Vining, A. (2010). "Assessing the economic worth of public-private part-nerships," in G. Hodge, A. Boardman, and C. Greve, (eds.), *International Handbook on Public–Private Partnerships*. Cheltenham: Edward Elgar.

Boers, I., Hoek, F., van Montford, C., and Wieles, J. (2013). "Public-private partner-ships: International audit findings," in P. de Vries and E. B. Yehoue (eds.), *The Routledge Companion to Public–Private Partnerships*. Oxford: Routledge.

Bovaird, T. (2004). "Public-private partnerships in Western Europe and the US: New growths from old roots," in A. Ghobadian, D. Gallear, N. O'Regan, and H. Viney (eds.), *Public–Private Partnerships: Policy and Experience*. Basingstoke: Palgrave Macmillan. Graeme Hodge and Carsten Greve Connoly, C. and Wall, T. (2013). "The impact of the global financial crisis on public-private partnerships: A UK perspective," in C. Greve and G. Hodge (eds.), *Rethinking Public–Private Partnerships: Strategies for Turbulent Times*.

Oxford: Routledge.

Davidson, K. (2013). "Some fabulous deals—for all but taxpayers," The Age, 29 July: 21.

de Bettignies, J.-E. and Ross, T. W. (2010). "The economics of public-private partnerships: Some theoretical contributions," in G. Hodge, A. Boardman, and C. Greve, (eds.), *International Handbook on Public–Private Partnerships*. Cheltenham: Edward Elgar.

Deloitte. (2006). *Closing the Infrastructure Gap: The Role of Public–Private Partnerships*. Deloitte Research Study.

Deloitte. (2015). *Trending P3: The Evolving Role of Value-for-Money Analysis in Supporting Project Delivery Selection*. Deloitte Research Study.

Department of Transport. (2015). *Expanding the Market for Infrastructure Public–Private Partnerships, Alternative Risk and Profit Sharing Approaches to Align Sponsor and Investor Interests*. Washington: US Department of the Treasury.

de Vries, P. (2013). "The modern public-private demarcation: History and trends in PPP," in P. de Vries and E. B. Yehoue (eds.), *The Routledge Companion to Public–Private Partnerships*. Oxford: Routledge.

de Vries, P. and E.B. Yehoue (eds.). (2013). *The Routledge Companion to Public-Private Partnerships*. Oxon: Routledge.

Dewulf, G., Blanken, A., and Bult-Spiering, M. (2012). *Strategic Issues in Public–Private Partnerships,* 2nd edn. Chichester: Wiley Blackwell.

Eadie, R., Millar, P., and Toner, L. (2013). "Public private partnerships, reevaluating value for money," *International Journal of Procurement Management,* 6(2): 152-69.

Edwards, P., Shaoul, J., Stafford, A., and Arblaster, L. (2004). *Evaluating the Operation of PFI in Roads and Hospitals*. London: Certified Accountants Education Trust.

Eldrup, A. and Schutze, P. (2013). Organisation and Financing of Public Infrastructure Projects: *A Path to Economic Development of the Danish Welfare Model*. Copenhagen : Offentligt-PrivatPartnerskab.

Ernst & Young. (2007). *The Road Ahead: Future of PPP in Australian Road Infrastructure*. Australia: Ernst & Young.

Ernst & Young. (2013). *Mayoral Position Paper on Public Private Partnerships*. Auckland: Ernst & Young.

European Commission. (2014). *An Investment Plan for Europe,* <http://ec.europa.eu/priorities/jobs-growth-investment/plan/index_en.htm>.

European PPP Expertise Centre. (2014). *Market Update: Review of the European PPP Market,* <http://www.eib.org/epec/resources /publications/epec_market_update_2015_h1_en.pdf>.

Fitzgerald, P. (2004). *Review of Partnerships Victoria Provided Infrastructure*. Melbourne: Growth Solutions Group.

Flinders, M. (2005). "The politics of public–private partnerships," *British Journal of Political and International Relations*, 7: 215–39.

Flinders, M. (2010). "Splintered logic and political debate," in G. Hodge, A. Boardman, and C. Greve (eds.), *International Handbook on Public–Private Partnerships*. Cheltenham: Edward Elgar.

Flinders, M. (2014). "Explaining democratic disaffection: Closing the expectations gap (commentary)," *Governance: An International Journal of Policy, Administration, and Institutions,* 27(1): 1–8.

Flyvbjerg, B. (2014). "What you should know about megaprojects and why," *Project Management Journal,* 45(2): 6–19.

Ghobadian, A., Gallear, D., O'Regan, N., and Viney, H. (eds.) (2004). *Public–Private Partnerships: Policy and Experience*. London: Palgrave Macmillan.

Greve, C. (2003). *When Public–Private Partnerships Fail. The Extreme Case of the NPM-Inspired Local Government of Farum in Denmark,* paper for the EGPA-conference, 3–6 September, Oerias, Portugal.

Greve, C. and Hodge, G. A. (2013). "Conclusions: Rethinking public–private partnerships," in C. Greve and G. Hodge (eds.), *Rethinking Public–Private Partnerships: Strategies for Turbulent Times*. Oxford: Routledge.

Grimsey, D. and Lewis, M. (2004). *Public–Private Partnerships: The Worldwide Revolution in Infrastructure Provision and Project Finance*. Cheltenham: Edward Elgar.

Hare, P. (2013). "PPP and PFI: The political economy of building public infrastructure and delivering services," *Oxford Review of Economic Policy,* 29(1): 95–112.

Hellowell, M. (2010). "The UK's private finance initiative: History, evaluation, prospects," in G. Hodge, A. Boardman, and C. Greve (eds.), *International Handbook on Public–Private Partnerships*. Cheltenham: Edward Elgar.

Hellowell, M. and Pollock, A. (2007). *Written Evidence to the National Assembly for Wales Finance Committee with Regards to Its Inquiry on Public Private Partnerships* <http://www.aog.ed.ac.uk/__data /assets/pdf_file/0009/96246/CIPHP_2007_Hellowell_EvidenceWelshFinanceCommittee.pdf>.

Hellowell, M. and Vecchi, V. (2012). "An evaluation of the projected returns to investors on 10 PFI projects commissioned by the National Health Service," *Financial Accountability and Management* 28(1): 77–100.

Hellowell, M. and Vecchi, V. (2013). "What return for risk? The price of equity capital in public-private Partnerships," in C. Greve and G. Hodge (eds.), *Rethinking Public–Private Partnerships: Strategies for Turbulent Times*. Oxford: Routledge.

HM Treasury. (2012). *A New Approach to Public–Private Partnerships*. London: HMSO.

Hodge, G. A. (2000). *Privatization: An International Review of Performance*. Boulder, CO: Perseus Books, Westview Press.

Hodge, G. A. (2002). "Evidence presented to the Public Accounts and Estimates Committee inquiry into private investment in public infrastructure," 30 April, Melbourne.

Hodge, G. A. (2004). "The trouble with public-private partnerships," *The Age*, 19 July.

Hodge, G. A. (2006). "Public-Private partnerships and legitimacy," *University of New South Wales Law Journal*, 29(3): 318–27.

Hodge, G. A. (2010). "Reviewing public-private partnerships: Some thoughts on evaluation," in G. A. Hodge, A. Boardman, and C. Greve (eds.), *International Handbook in Public–Private Partnerships*. Cheltenham: Edward Elgar.

Hodge, G. A. (2013). "Public-private partnership: Ambiguous, complex, evolving and successful: Keynote address to global challenges in PPP: cross-sectoral and cross-disciplinary solutions?," Universiteit Antwerpen, City Campus, Hof Van Liere, 6–7 November.

Hodge, G., Boardman, A., and Greve, C. (eds.) (2010). *International Handbook on Public–Private Partnerships*. Cheltenham: Edward Elgar.

Hodge, G. A. and Duffield, C. (2010). "The Australian PPP experience: Observations and reflections," in G. A. Hodge, C. Greve, and A. Boardman (eds.), *International Handbook in Public–Private Partnerships*. Cheltenham: Edward Elgar.

Hodge, G. A. and Greve, C. (2007). "Public-orivate partnerships: An international perfor-mance review," *Public Administration Review*, 67(3): 545–58.

Hodge, G. A. and Greve, C. (2009). "PPPs: The passage of time permits a sober reflection," *Economic Affairs*, 29(1): 33–9.

Hodge, G. A. and Greve, C. (2013). "Introduction: Public–private partnership in turbulent times," in C. Greve and G. A. Hodge (eds.), *Rethinking Public–Private Partnerships: Strategies for Turbulent Times*. Oxford: Routledge.

House of Commons Committee of Public Accounts (2011). "Lessons from PFI and other projects," *Forty-fourth Report of Session 2010–12*, September.

Jupe, R. (2009). "New Labour, public–private partnerships and rail transport." *Economic Affairs*, 29(1): 20–5.

Konvitz, J. (2012). "Keynote address to the European Consortium for Political Research, Standing Group on Regulation and Governance," Exeter, June.

KPMG. (2014). *Public–Private Partnerships: Emerging Global Trends and the Implications for Future Infrastructure Development in Australia*, KPMG.

Leviakangas, P. (2007). *Private Finance of Transport Infrastructure Projects: Value and Risk Analysis of a Finnish Shadow Toll Road Project*, ESPOO, VTT Publications.

Menard, C. (2013). "Is public–private partnership obsolete? Assessing the obstacles and shortcomings of PPP," in P. de Vries, and E. Yehoue (eds.), *The Routledge Companion to Public–Private Partnerships*. Oxford: Routledge.

Mott Macdonald. (2002). *Review of Large Public Procurement in the UK*. London: Mott Macdonald.

National Audit Office. (2000). *Examining the Value for Money of Deals under the Private Finance Initiative*. London: The Stationery Office.

National Audit Office. (2003). *PFI: Construction Performance*. London: The Stationery Office.

National Audit Office. (2009). *Private Finance Projects*. A paper for the Lords Economic Affairs Committee.

OECD. (2008). *Public–Private Partnerships: In Pursuit of Risk Sharing and Value for Money*. Paris: OECD.

OECD. (2012). *Recommendation of the Council on Principles for Public Governance of Public–Private Partnerships*. Paris: OECD.

Office of the Auditor General of Ontario (OAGO). (2014). *Annual Report*,<http://www.auditor.on.ca/en/reports_en/en14/2014AR _en_web.pdf>.

Osborne, S. (ed.). 2001. *Public-Private Partnerships: Theory and Practice in International Perspective*. New York: Routledge.

Perrot, J.-Y. and Chatelus, G. (eds.) (2000). *Financing of Major Infrastructure and Public Service Projects: Public Private Partnerships, Lessons from French Experience Throughout the World*. Paris: Presses de l'ecolenationale des Ponts et Chaussees.

Pollitt, M. (2002). "The declining role of the state in infrastructure investment in the UK," in S. Berg, M. Pollitt, and M. Tsuji (eds.), *Private Initiatives in Infrastructure: Priorities, Incentives and Performance*. Aldershot: Edward Elgar.

Pollitt, M. (2005). "Learning from the UK Private Finance Initiative experience," in G. Hodge and C. Greve (eds.), *The Challenge of Public–Private Partnerships: Learning from International Experience*. Cheltenham: Edward Elgar.

Pollock, A., Price, D., and Playe, S. (2007). "An examination of the UK Treasury's evidence base for cost and time overrun data in UK value-for-money policy and appraisal," *Public Money and Management*, April: 127–33.

Pollock, A., Shaoul, J., and Vickers, N. (2002). "Private finance and value for money in NHS hospitals: A policy in search of a rationale?" *British Medical Journal*, 324: 1205–8.

PriceWaterhouseCoopers. (2005). *Delivering the PPP Promise. A Review of PPP Issues and Activities*, <http://www.pwc.com/gx/en/ government-infrastructure/pdf/promisereport.pdf>.

PriceWaterhouseCoopers. (2012). *Build and Beyond: Bridging the Gap, Meeting the Challenges of Healthcare Development in South East Asia*. KPMG, March.

Public Accounts and Estimates Committee. (PAEC) 2006. *Seventy-First Report to the Parliament, Report on Private Investment in Public Infrastructure*. Melbourne: Public Accounts and Estimates Committee.

Regan, M. (2014). "Value for money in project procurement," Faculty of Society and Design Publications, Paper 120. (Research Report for the Asian Development Bank 2013.) <http://epublications.bond .edu.au/fsd_papers/120>.

Sabol, P. and Puentes, R. (2014). *Private Capital, Public Good: Drivers of Successful Infrastructure Public–Private Partnerships*. Brookings Institute.

Salzman, R. (2014). *A Blueprint for Bankruptcy: Thinking Highways,* <http://www.truth-out.org/news/item/26848-a-blueprint-for-bankruptcy>.

Sarmento, J. M. (2010). "Do public-private partnerships create value for money for the public sector? The Portuguese experience," *OECD Journal on Budgeting,* 10(1): 93–119.

Sarmento, J. M. (2014). "Public-private partnerships," *Doctoral thesis, Tilberg School of Economics and Management,* University of Tilberg.

Sarmento, J. M, and Renneboog, L. D. R. (2014). *Public–Private Partnerships: Risk Allocation and Value for Money*. TILEC Discussion Paper, vol. 2014-017. Tilburg: TILEC.

Savas, E. S. (2000). *Privatization and Public–Private Partnerships*. New York: Chatham House and Seven Bridges.

Shaoul, J. (2005). "The private finance initiative or the public funding of private profit," in G. Hodge and C. Greve (eds.), *The Challenge of Public–Private Partnerships: Learning from International Experience*. Cheltenham: Edward Elgar.

Shaoul, J. (2010). "A review of transport public-private partnerships in the UK," in G. Hodge, A. Boardman, and C. Greve, (eds.). *International Handbook on Public–Private Partnerships*. Cheltenham: Edward Elgar.

Siemiatycki, M. (2013). "Is there a distinctive Canadian PPP model? Reflections on twenty years of practice," paper delivered to CBS-UBC-Monash International Workshop on PPPs, 13–14 June, Vancouver.

Smith, A. J. (1999). *Privatized Infrastructure: The Role of Government*. London: Thomas Telford.

Terry, F. (1996). "The private finance initiative: Overdue reform or policy breakthrough?" *Public Money and Management,* 16(1): 9–16.

Umar, A. A., Zawawi, N. A. W. A., Khamidi, M. F., and Idrus, A. (2013). "Stakeholder perceptions on achieved benefits of PFI strategy," *Modern Applied Science,* 7(4): 31–40.

Vaillancourt-Rosenau, P. (ed.) (2000). *Public–Private Policy Partnerships*. Cambridge, MA:

MIT Press.

Vecchi, V., Hellowell, M., and Longo, F. (2010). "Are Italian healthcare organizations paying too much for their public-private partnerships?" *Public Money and Management,* 30(2): 125-32.

Vining, A. and Boardman, A. (2008). "Public-private partnerships in Canada: Theory and evidence," *Canadian Public Administration,* 51(1): 9-44.

Walker, B. and Walker, B. C. (2000). *Privatisation: Sell Off or Sell Out? The Australian Experience.* Sydney: ABC Books.

Wettenhall, R. (2005). "The public-private interface: Surveying the history." in G. Hodge and C. Greve (eds.), *The Challenge of Public–Private Partnerships: Learning from International Experience.* Cheltenham: Edward Elgar.

Wettenhall, R. (2010). "Mixes and partnerships through time." in G. A. Hodge, C. Greve and A. Boardman (eds.), *International Handbook in Public–Private Partnerships,* Cheltenham: Edward Elgar.

Willems, T. and van Dooren, W. (2011). "Lost in diffusion? How collaborative arrangements lead to an accountability paradox," *International Review of Administrative Sciences,* 77(3): 506-30.

Willems, T. and van Dooren, W. (2012). "Coming to terms with accountability: Combining multiple forums and functions," *Public Management Review,* 14(7): 1011-36.

World Bank. (2015). *PPP Knowledge Lab,* <https://pppknowledgelab .org>.

제17장

메가프로젝트의 광범위한 영향

걱정 또는 치유?

로저 빅커먼

17.1 개요

경제와 지역사회를 변화시킬 수 있는 영향을 끼치는 역량을 갖춘 프로젝트인 메가프로젝트는 항상 논란이 되어 왔다. 역사적으로, 군이나 기술자(흔히 구별할 수 없는 집단)가 도로나 댐을 만들면서 흔히 진보라고 묘사되었던 것에 관한 관심으로 공동체나 개인이 분열되어 왔다. 아마도 이 역사적인 메가프로젝트에서 가장 잘 문서화된 사례는 19세기 철도일 것이다. 철도 개발은 영국의 대부분 민간자금으로 운영되는 철도의 경우처럼 의회의 승인을 받거나 정부에 의해 직접 제공되었기 때문에, 우리는 추진자와 반대자 모두가 제기한 주장에 대한 좋은 역사적 증거를 가지고 있다. 비록 이러한 것들이 지난 2세기 동안 더 과학적이 되었지만, 그 주장은 본질적으로 그대로 남아 있다. 계획을 추진하는 사람들은 사람들의 삶과 지역 경제에 대해 변화된 영향을 주장한다. 반대론자들은 주요 중심부의 활동 집중화를 통한 환경 파괴와 지역 경제의 침체를 거론한다. 메가프로젝트에 대한 결정이 점점 더 정교한 분석에 의존하게 됨에 따라, 분석가들은 이러한 효과에 대한 보다 정확한 추정치를 제시할 것으로 예상되었으며, 종종 그들의 한계를 넘어서는 기법을 확장하기도 했다.

이 장에서 우리는 메가프로젝트의 폭넓은 영향에 특별히 초점을 맞추어 메가프로젝트 평가에 대한 기법을 평가한다. 우리는 이러한 광범위한 영향이 무엇이며 어떻게 그들을 분석될 수 있는지에 대한 개요에서 시작한다. 그런 다음 우리는 오는날 프로젝트의 정당성으로서 그러한 영향을 이용하기 전에 역사적 증거를 살펴본다. 이번 논의는 회고적 감사에서 청구된 혜택이 종종 수행되지 않았다는 점을 제시하기 때문에, 사업의 정당성을 위해 광범위한 영향을 끼치는 주장의 타당성에 대한 회의론이 증가하는 배경과 대치된다. 동시에, 정부들은 2008년 금융위기로 촉발된 경기침체로 인해 너무 부진한 상태로 나타나고 있는 경제 증진 방법으로 메가프로젝트를 사용할 것을 촉구받고 있다.

17.2 폭넓은 영향

전통적인 교통 프로젝트 평가는 사용자 혜택과 비용 사이의 균형에 초점을 맞춰왔다. 사용자 혜택은 주로 더 빠른 이동, 교통 혼잡 감소, 차량 또는 방식을 변경할 필요성 등을 통해 새로운 시설이 허용하는 시간 절약에서 주로 도출된다. 토지 가치 상승이나 임대료 상승으로 주변 지역에 끼치는 영향은 증가하는 여행 혜택의 자본화를 나타내기 때문에 여기에 포함되지 않는다. 이런 이중 계상 혜택에 대한 두려움은 일반적으로 더 넓은 경제적 이익에 대한 어떤 개념도 고려하기를 꺼리게 했다.

이 접근방식의 문제는 모든 시장이 완벽한 경쟁의 특성을 보인다는 것을 암묵적으로 가정한다는 것이다. 따라서 새로운 사회기반시설로 인한 교통비용의 변화는 사용자의 비용과 그 교통을 사용하는 이들의 서비스에 대해 그들이 부과하는 가격에 완벽하게 반영될 것이다. 교통 집약적인 상품의 가격이 하락하고, 통근자의 임금도 하락할 것이다. 이러한 변경 사항을 포함하려는 어떠한 시도도 실제로 원래의 교통 변경 사항을 이중으로 계산할 것이다.

그러나 그러한 시장이 항상 또는 아마도 항상 완벽한 것은 아니다. 이러한 상황에서 교통비용 변동은 교통사용 시장의 가격변동으로 원활하게 전달되지 않는다. 불완전하게 경쟁하는 기업들은 이익 증가(가격 하락 없음)나 시장 점유율 증가(가격 하락 및 마진 감소)를 모색하기 위해 이러한 변경의 효과를 그들의 수익에 가격을 반영할 수 있다. 따라서 교통비용 변경의 순 효과는 총 효과로 이어질 수 있으며, 이는 사용자 비용의 직접변화가 의미하는 것보다 크거나 적었다. 따라서 더 넓은 영향을 고려할 필요가 있으며, "혜택"의 사용에 의해 암시된 것과 같이 항상 긍정적일 것이라는 가정보다는 긍정적일 수도 있고 부정적일 수도 있다.

완벽한 경쟁의 가정은 제한 사례를 제공한다는 것이 항상 이해되었지만(Jara-Diaz

1986), 광범위한 영향 이야기의 기초가 되는 이론적 발전은 소위 신경제지형도(NEG: New Economic Geography)의 개발에서 유래되었다. 국제 무역 문헌에서 시작되었지만, 도시와 지역의 사례에 빠르게 적용되었던(Krugman 1991), NEG의 주된 기여는 불완전한 경쟁의 조건에서 두 장소 사이의 교통비용 하락이 경제에 예측할 수 없는 영향을 끼칠 수 있다는 것을 보여주는 것이었다. 이것은 부분적으로 그들의 초기 위치에 달려 있었다. 한 지역이 통신 개선을 누린 지역보다 경제면에서 훨씬 더 넓어야 한다면, 이미 누려진 규모의 경제와 더 큰 효율성으로 인해 넓은 지역이 개선된 통신 이용을 더 용이하게 할 것이다. 그러므로 경제적 복지를 확산시키는 더 나은 교통수단 대신에, 궁극적으로는 더 큰 집중을 이끌 수 있다. 그러나 또 다른, 낮은 수준의 교통비용에서는 교통비용의 변경이 더 이상 위치 선정에 적절한 고려사항이 되지 않게 될 것이다. 만약 이것이 또한 더 큰 경제에 대한 혼잡의 증가와 다른 부정적인 외부효과와 일치한다면, 순 효과는 분산과 지역 간 경제활동의 바람직한 평준화일 수 있다. 그러나 그것은 또한 교통비용의 하락 정도에 따라 달라질 수 있다. 한계적 변화는 단순히 집중의 과정을 강화시킬 수 있지만, 교통비용의 단계적 변화는 분명히 다른 영향을 끼칠 수 있기 때문에 가난한 지역이 이전에 그렇게 할 수 없었던 곳에서 경쟁할 수 있게 하는 반면, 부유한 지역은 더 많은 혼잡비용으로 고통받을 수 있다. 그러한 단계적 변화는 메가프로젝트와 연관될 가능성이 더 크다.

이것으로부터의 결론은 본질적으로 결론은 없다; 교통공급 변화의 영향은 관련된 도시나 지역의 초기 상황, 교통 제공의 변화 정도, 그리고 또한 그 변화를 이용할 수 있는 사용자들의 능력에 따라 다른 영향을 끼칠 수 있다. 그러나, 이것이 의미하는 것은 그 영향이 발생 가능한 영향을 식별하고 측정할 수 있는 효과적인 방법이 필요하다는 특정 사례가 될 것이다. 우리는 개선된 교통수단이 경제활동의 집중이나 집중 배제로 이어질 것이라는 선례를 말할 수 없다.

17.3 폭넓은 경제적 영향의 근거

이전 섹션에서 우리는 폭넓은 영향의 기본 전제를 확인했다. 이 절에서 우리는 그러한 영향을 발생시키는 것의 이론적 근거를 이해하기 위해 좀 더 자세히 설명한다. 이를 이해하는 열쇠는 생산성에 대해 변화하는 교통비용이 끼치는 영향이다. 여기에는 노동시장 분류 개선, 노동시장의 두터워짐, 경쟁구조의 변화 등 세 가지 상호 관련 과정이 있다.

이것의 가장 간단한 측면은 낮은 교통비용이 노동자들을 더 적합한 일자리에 접근할 수 있게 하고, 고용주들이 더 나은 자격을 갖춘 노동자들에게 접근할 수 있게 하는 방법이다. 여기에는 줄어든 교통비용이 노동자의 노동시장 진출을 유도하는 정도가 포함된다. 이것의 직접적인 영향은 유도된 여행 사용자 혜택에서 선택되지만, 더 나은 분류로 인한 추가 생산성은 그렇지 않다.

노동시장이 두터워지는 것은 노동공급의 유효밀도가 개선된 접근성이 증가된 위치에 이르러서 발생한다. 이것은 잘 알려진 현상인데, 대개 생산성이 더 큰 도시 지역에서 체계적으로 더 높은 방법으로 종합적으로 연구된다. 베너블스(Venables 2007)는 이것을 허용하지 않는 것이 어떻게 교통 개선의 총 혜택을 체계적으로 과소평가하게 하는지를 보여주었다. 총체적 증거와 이론적 정당성은 추가적인 생산성 연계의 전제를 수용할 수 있는 합리적인 근거를 제공하지만, 특정 교통 개선으로부터 개별 부문에 대한 영향의 보다 세분화된 증거는 그레이험(Graham 2007)에 의해 제시되었다. 이 증거는 그것이 런던을 가로지르는 철도 연결의 새로운 터널을 건설하는 메가프로젝트인 크로스레일의 개발을 진행하기 위한 타당한 이유로 사용되었기 때문에 중요했다. 긍정적인 광범위한 영향에 대한 명확한 증거가 없었다면, 프로젝트는 전반적으로 긍정적인 순 혜택을 창출하기 위해 노력했을 것이다.

여기서 측정되고 있는 것은 더 좋은 접근성이 노동자의 일자리 접근 비용과 노동자를 찾는 고용주들의 노동시장 구역 면적의 규모를 감소하는 방법이다. 따라서 유효밀도 또는 경제적 질량이 증가한다. 접근성이 좋아지면 일반화된 일자리 접근 비용이 낮아져 그 일자리에서 효과적인 실질임금이 늘어난다. 실질임금의 증가는 노동 공급의 증가를 자극하고, 이는 더 많은 노동자를 고용함에 따라 생산량 증가로 이어진다. 생산량 증가에 대한 소요 비용이 낮아서 모든 근로자에게 영향을 끼치는 고용 증가와 관련된 생산성이 향상된다. 따라서 총 순효과는 증가된 근로자 수에 평균 생산성 수준을 곱한 것뿐만이 아니라, 더 고밀도의 노동시장으로부터 모든 근로자의 생산성 향상을 반영할 필요가 있다(Venables 2007).

잠재적 광범위한 영향의 또 다른 요소는 경쟁에 대한 것이다. 전통적인 평가 방법은 교통을 이용하는 활동에 대한 시장에서 완벽한 경쟁이 있다고 가정한다. 이러한 가정이 함축하는 것은 교통 일반화 비용의 하락이 특정 분야의 모든 기업에 동일한 영향을 끼치고 기업들에 의해 활동 가격을 동등하게 낮추는 형태로 전가

되리라는 것이다. 그러나 기업들이 한계 비용에 비해 다른 점수를 획득할 때, 경쟁에서의 불완전한 결과로, 그 영향은 더 이상 그렇게 간단하지 않다. 여기서 기업들은 차등표시를 이용하여 교통가격의 변동을 이익변동에 흡수하거나 교통비용 절감보다 가격을 낮춰 전략적 우위를 얻을 수 있다. 그러므로 더 효율적인 기업들은 덜 효율적인 기업들을 희생시키면서 시장 점유율을 높일 수 있고, 따라서 시장 지배력을 높일 수 있다. 이것은 같은 장소에 있는 다른 회사들에 영향을 끼칠 수 있고, 다른 위치에 있는 회사들의 지역 집중에 변화를 가져올 수 있다. 예를 들어, 만약 같은 시장에 있는 회사들이 초기 시장 규모가 더 크기 때문에 다른 시장보다 더 높은 수준의 생산성을 갖는다면, 다른 위치의 회사보다 더 효과적으로 교통비용의 변화를 이용할 수 있고, 이는 두 위치의 차등적인 성장으로 이어진다. 이는 크루그먼(Krugman 1991) 모델에서 비롯되는 낮은 교통비용에서 발생하는 집중력 향상에 관한 주장의 근거이다(Fujita et al. 1999; SACTRA 1999 참조). 광범위한 영향의 관점에서, 핵심 질문은 이것이 결과물에 영향을 끼치지만, 선험적인 예측은 없으며, 이는 다른 시장 경쟁에서 불완전성의 상대적 정도와 기업들이 시장 점유율을 증가시키거나 새로운 시장에 진입하기 위한 교통비용의 변화를 이용할 수 있는 정도에 달려 있다.

17.4 교통과 생산성

우리는 교통의 변화가 생산성과 경제 성장 및 복지에 영향을 끼칠 수 있다는 것을 확인했다. 이것은 폭넓은 영향력의 논쟁을 이해하는데 중요한 단계이지만, 가장 많은 논란을 불러일으킨 것이다. 여기서 우리는 그 논쟁을 조금 더 자세하게 설명한다.

경제 성장의 주체로서의 교통은 오랜 역사를 가지고 있다. 경제역사학자들은 경제 성장의 한 요인으로 운하와 철도 등 교통 분야의 주요 혁신에 대한 영향을 오랫동안 확인하였다. 이러한 역사 견해는 포겔이 미국 철도에 관한 연구(Fogel 1964)에 의해 시작한 것과 같은 큰 논란을 불러일으켰다. 본 연구의 본질은 철도가 없었다면 불가능했을 금액을, 정해진 기간의 종료 시점에서 1인당 소득이 어느 정도 더 높았는지에 대해, 철도에서 발생하는 "사회적 배당금"을 파악하는 것이었다.(Leunig 2006, 2010) 철도 성장이 경제 성장의 원인이라기보다는 결과라는 반론이다. 이러한 관점에서, 교통은 높은 성장의 수단이기 보다는 높은 성장을 용인하는 것이다.

그 주장은 사회기반시설이 경제 성장에 긍정적인 영향을 끼칠 수 있다는 것을 보여주기 위해 고안된 작업에서 새로운 자극을 받았다. 아스차우어(Aschauer 1989)는 공공연히 제공되는 사회기반시설이 민간 투자의 생산성을 높일 수 있다는 것을 보여주는 것에 우려하였다. 이는 1980년대 미국과 영국에서 수행된 사회 자본에 대한 공공의 개입을 줄이기 위한 주장을 부정하려는 시도였다. 정부의 자금 조달로 인한 민간 투자 자금경색 주장은 다음을 시사한다. 즉, 공공부문의 사회기반시설 투자는 민간부문에 대한 효과적인 투자 비용을 증가시키기 위하여 공공부문이 세수 증가를 이용하거나 차입비용을 낮출 수 있어서 민간투자수익률을 잠재적으로 낮출 수 있다는 것이다. 아스차워 접근법은 이러한 요인이 경제 성과에 끼치는 긍정적인 영향을 보여주기 위하여 교통을 포함한 공공 사회기반시설의 다양한 지표가 포함된 증강 통합 생산 기능을 사용하였다. 이는 공공 사회기반시설 투자에 대한 수익률이 자금경색의 효과를 보상할 수 있을 만큼 충분히 높았다는 것을 의미하며, 따라서 사실상 고품질의 사회기반시설 제공은 민간부문 기업의 생산성을 해당 기업의 투자 수준보다 더 높일 수 있다.

아스차우어의 연구는 논란이 되었고, 기본적인 발견을 강화하거나 반증하려는 많은 시도를 유발했다(주장의 중요한 요약은 Gramlich 1994 참조). 작업의 방어는 당초의 추정에 따른 여러 가지 계량 경제학 문제들에 의해 도움이 되지는 않았지만, 이후의 연구는, 비록 그 영향이 아스카워의 당초 작업이 제시한 것보다 다소 적을지는 몰라도, 사회기반시설 투자가 생산성 고성장에 대체로 긍정적인 영향을 끼친다는 일반적인 전제가 유지되고 있다는 것을 시사했다.

논쟁의 핵심은 더 나은 교통수단이 시장 규모를 확장하고, 따라서 집중이 결국 생산성과 경제 성장을 증대시킨다는 것이다. 도시 규모와 생산성 사이의 연관성은 다시 복합적인 결과를 가지고 일정 기간 탐구되었다(증거에 대한 논의는 Glaeser and Gottlieb 2009 참조). 일반적으로 대도시일수록 생산성이 높은 것으로 나타났지만, 전반적으로나 부문별로 내포된 탄력성에는 일관성이 없었다. 논쟁을 확대하면, 더 나은 교통수단이 어떤 강화된 투입물처럼 운영될 수 있다면, 그 개선에 투자는 낙후된 지역이 더 선진화된 지역을 따라잡는 결과를 가져올 수 있다고 추정되었다. 이러한 주장은 지역 통합의 도구로서 교통에 대한 투자 정책의 사례를 함축한다는 점에서 잠재적으로 매력적인 주장이었다. 만일 서로 다른 지역의 교통 제공이 더 평등하게 될 수 있다면, 그들의 경제는 수렴될 가능성이 있을 것이다.

아스차워가 지역통합생산 접근법을 개발하는 것과 동시에, 유럽연합 집행위원회에 대한 연구(유용한 요약은 Biehl 1991 참조)는 대체로 비슷한 결론을 내렸지만, 한 가지 유의미한 차이가 있었다. 비헬 연구는 생산 기능의 다양한 요소들이 실제 생산의 제약조건으로 작용하는 정도를 더 주의 깊게 살펴보았다. 이는 높은 수준의 사회기반시설 제공과 함께 높은 생산성이 일반적으로 연관되는 반면, 교통 부족이 제약이 되지 않는 지역은 제약이 되는 지역보다 추가 투자의 혜택을 덜 받을 것이라 보여주었다. 따라서 사회기반시설 빈곤 지역에만 투자를 집중하는 것은 유럽연합의 성장에 전반적인 혜택을 제공하지 못할 것이다. 비록 그러한 투자의 혜택이 있을 수 있지만, 다른 제약조건이 다루어지지 않는다면 기대했던 것보다 더 적은 혜택을 얻을 것이다. 이것은 정책 입안자들에게 혼잡함이 미래의 발전을 가로막는 제약을 극복하기 위해 선도 지역에 더 많은 사회기반시설을 투입하는 것과 빈곤한 지역에 투자를 집중시킴으로써 가난한 지역의 불균형을 바로잡으려는 시도 사이에서 선택의 문제를 제기한다.

크루그먼(Krugman 1991)이 개척한 "새로운 경제지형도" 접근방식은 양방향 도로 효과로 알려지게 된 이 문제를 부각시켰다(SACTRA 1999). 두 지역 간 교통이 개선되면 두 지역에 대한 상대적 영향이 불확실하다. 그것은 두 지역의 초기 상대적 경제 상태, 두 지역 간의 초기 교통 일반화 비용의 수준, 그리고 개선의 결과로 이러한 비용이 감소하는 정도에 따라 달라질 것이다. 만약 두 지역이 매우 다른 개발 단계에 있고, 핵심 주변 상황, 그리고 교통비용이 상대적으로 적게 하락한다면, 핵심 지역은 주변 지역을 희생하여 감소된 접근 비용을 이용할 수 있는 낮은 비용의 경제적인 이점을 갖는다. 이제 핵심 지역에 있는 기업들은 주변 지역의 시장을 더 싸게 공급할 수 있고 자원은 주변 지역에서 핵심 지역으로 끌어들일 것이다. 이것은 주변 지역들이 자동으로 낮은 접근 비용으로부터 이익을 얻을 것이라는 주장에 대한 신뢰를 떨어뜨리려고 그들이 자주 사용하는 주장이다. 실제로 그것은 호텔링(Hotelling 1929)이 제기한 주장으로 거슬러 올라가는데, 만약 작은 도시들이 그들의 시장이 더 큰 도시들로부터의 상품들이 쇄도하는 것을 피하기를 원한다면, 더 나은 접근보다 더 높은 장벽을 위한 캠페인을 추가할 것이다.

그러나 크루그먼 분석의 요점은(Fujita et al. 1999) 이것이 보편적인 결과가 아니라는 것이다. 핵심 도시가 이미 혼잡으로 인한 비용 상승에 직면해 있거나 교통비 하락이 주변 지역 소규모 시장의 비용 불리함을 극복하기에 충분하다면, 교통의 개선이 수렴으로 이어질 수 있다. 최종 결과는 항상 사례별로 다르며 일반적이지 않다.

"새로운 경제지형도" 접근방식이 명확히 하는 것은 이러한 결과의 종합적 모델링이 정확한 결과를 제공할 것 같지 않다는 것이다. 교통비 변화의 영향은 개별 시장의 반응에 따라 달라지기 때문에 더 세분화된 접근법이 필요하다. 베너블스(Venables 2007)는 교통비 하락이 도시(노동시장) 규모의 증가로 어떻게 이어질 것인지를 보여주는 전통적인 접근법으로 증가한 규모가 어떻게 모든 노동자의 생산성 향상을 포착하지 못하는지를 보여주는 간단한 모델을 제공했다. 베너블 모델을 기반으로 한 그레이엄(Graham 2007)은 새로운 철도 노선인 크로스레일의 건설이 어떻게 지역 노동 시장의 효과적인 밀도를 증가시키고, 집중의 증가에 따른 생산성의 향상을 발생시켰는지를 보여주기 위해 런던 대도시 지역에 대한 데이터를 사용했다. 이 분석은 부문별로 수행되었고 그것은 전통적인 제조업 부문이 경영이나 금융 서비스보다 훨씬 낮은 영향을 보여주면서 부문별로 그 영향이 어떻게 다른지를 명확히 보여주었다. 이러한 서비스 부문의 훨씬 높은 탄력성은 대도시 지역에서의 교통수단 개선이 상당히 긍정적이고 광범위한 경제적 혜택을

표 17.1 크로스레일로부터의 혜택

혜택	복지 (£백만)	GDP (£백만)
비즈니스 시간 절약	4,447	4,847
통근 시간 절약	4,152	
레저 시간 절약	3,833	
총 교통 사용자 혜택	12,832	
노동력 참여 증가	3,094	872
작업시간 증가	0	0
더 생산적인 직업으로 이동	485	10,772
집적 혜택	3,580	3,094
경쟁 증가		0
불완전한 경쟁		485
증가된 GDP의 국고 결과		
재래식 평가에 대한 추가	7,159	
합계(재무, 사회적 및 환경적 비용과 혜택 제외)	19,991	20,069

출처: 교통성(2005)

창출하기에 충분한 생산성 향상이 될 수 있다는 것을 보여주었다. 그레이엄의 결과는 직접 사용자 혜택이 160억 파운드의 프로젝트 비용을 정당화하기에 불충분했던 크로스레일 프로젝트에 대해 보다 강력한 비즈니스 사례를 가능하게 했다(표 17.1).

그레이엄의 후기 연구는 이것이 긍정적이고 광범위한 영향이 항상 존재하고 한계 프로젝트를 정당화하기에 충분하다는 것을 보여준다는 유의미한 주의를 추가했다. 그레이엄 등(Graham et al. 2010)은 개선된 교통수단 영향의 거리 감소가 얼마나 강력한지를 보여준다. 철도역과 같은 접근 지점과 가까운 지역은 혜택을 받겠지만, 이러한 효과는 10킬로미터 떨어진 곳에서는 상대적으로 효과가 거의 없을 정도로 급속히 사라진다(Melo et al. 2012). 둘째로, 그 결과는 잠재적 불안정성을 보여주며 다른 프로젝트들 사이에서 간단히 이전될 수 없다(Graham and Van Dender 2011). 그러나 전체적으로 보면 다음과 같은 일관된 증거가 있는데(예, Melo et al. 2013), 대부분의 대규모 교통 투자의 경우, 추가적인 10-20%의 혜택을 계상할 수 있는 기존의 평가 방법에서 포착되지 않은 광범위한 경제적 영향이 있으며, 이는 경험과 상식에 의한 방법이 기준에서 크게 벗어나지 않았을 수 있음을 제시한다.

17.5 폭넓은 혜택의 한계

그러나 그러한 긍정적이고 폭넓은 영향은 항상 있었으며, 도시 교통 개선에 기반한 연구 결과가 도시 간 프로젝트에 얼마나 일반화될 수 있을까? 도시연구의 주요 추진력은 노동시장의 효과적 밀도가 증가하여 경제 대량화를 견인한 집합체에 기반한 생산성 증대로 이어진다는 것이다. 도시 간 맥락에서 핵심-주변적 주장은 경제적 영향을 더 강하게 이끌어내는 동력으로 생각될 수 있다. 영국에서 제안된 HS2 고속철도 노선의 경우, 크로스레일의 경우에 사용되는 표준 모델을 적용하여 더 넓은 혜택을 고려하지 않고 프로젝트를 지원할 수 있는 훨씬 더 작은 혜택과 혜택 비용 비율(BCR)을 보이는 것으로 나타났다(표 17.2). 여기서 폭넓은 혜택은 직접 혜택의 약 20%에 불과하며, 크로스레일의 경우 약 55%에 해당한다. 그레이험과 메로(Graham and Melo 2011)는 기존 모델의 확장으로 이것을 좀 더 자세히 연구했다. 그리고 비록 그들은 더 넓은 혜택을 발견했지만, 이것들은 크로스레일의 경

표 17.2 HS2에 대한 경제적 사례

BCR 구성요소	1단계 (£십억)	전체망 (£십억)
1 교통 사용자 혜택		
비지니스	£16.9	£40.5
기타	£7.7	£19.3
2 기타 정량적 혜택	£0.4	£0.8
3 간접 세금의 정부 손실	-£1.2	-£2.9
4 순 교통 혜택 = (1) + (2) + (3)	£23.8	£57.7
5 광범위한 경제적 영향(WEIs)	£4.3	£13.3
6 WEIs를 포함한 순혜택 = (4) + (5)	£28.1	£71.0
7 자본 비용	£21.8	£40.5
8 운영 비용	£8.2	£22.1
9 총비용 = (7) + (8)	£29.9	£62.6
10 수익	£13.2	£31.1
11 정부의 순비용	£16.7	£31.5
12 WEIs 제외 BCR (비율) = (4)/(11)	1.4	1.8
13 WEIs 포함 BCR (비율) = (6)/(11)	1.7	2.3

출처: 교통성(2013)

우에서 예상할 수 있는 것보다 훨씬 더 작은 규모였다. 또한 네트워크 크기에 따라 BCR이 증가하고 더 넓은 혜택을 추가함에 따른 증분도 증가한다는 점도 둘 다 흥미롭다.

대부분의 교통 모델과 그에 따른 혜택의 파생은 지속적인 수요와 비용 함수의 한계적 변화에 대한 일반적인 경제학자의 가정에 근거한다. 그러나 정의상 메가프로젝트는 행동 반응을 항상 예측하기 쉽지 않은 비용의 단계적 변화를 초래한다(이 점에 대한 더 자세한 설명은 Vickerman 2015a 참조). 그러한 상황에서는 한계변화에 기초한 모형을 사용하는 것이 덜 적절하다. 앞서 논의된 노동시장이 두터워진 사례에서 문제는 단일 노동시장 확대보다는 두 개의 대형 노동시장이 더 가까워지면 어떻게 되는가 하는 것이다. 핵심 노동시장이 교통비용의 매우 큰 변화를 제외하고, 보다 주변적인 것을 희생하여 이득을 취하는 경향이 있는 핵심-주변 형식 반응에 이 결과가 있는가? 아니면 두 노동시장 모두 여파 효과로 혜택을 볼 수 있을까? 베너블스(Venables 2013)는 집중을 이해하는 일반적인 부문별 접근방식이 아니라 활동이나 기술에 대한 집중 혜택을 고려하면 그 효과가 더 강할 수 있다고 제안했다. 이것은 파리로 또는 파리로부터 어느 쪽으로든 기업의 움직임이 크지 않았지만, 기업 내에서는 기술/직업 수준에서 집중 혜택으로부터 이익을 얻기 위한 활동의 움직임이 일부 있는 주요 도시 간의 TGV 서비스의 도입에 따라 프랑스에서 이루어진 관찰의 근원이 될 수 있다(Plassard and Cointet-Pinell 1986, Klein and Claisse 1997, Dornbusch 1997, Burmeister and Colletis-Wahl 1996).

노동시장에 끼치는 영향이 집중 효과를 식별하는 가장 직접적이고 일반적인 방법이지만, 사업 연결성에 대한 사업 변경은 추가적인 경제적 영향의 원천을 제공할 수 있다. 그러한 효과를 확인하는 것은 노동시장 효과보다 덜 단순하며, 더 논란이 많은 것으로 입증되었다. KPMG(2013)는 런던과 영국 중북부 주요 도시 연결을 제안하는 HS2 고속철도 노선의 일부로 의뢰된 작업에서, 더 전통적인 노동시장 기반 분석에 사업연결을 추가함으로써 제안된 것보다 훨씬 더 광범위한 경제적 영향을 확인했다고 주장했다. 표 17.3의 왼쪽 열에는 연결에 대한 생산성이 가정된 탄력성에 기초한 최대 영향이 표시된다.

추가 민감도 분석에서, 방식 공유 접근방식을 사용하여 생산성에 대한 연결의 상대적 중요성 가중치를 부여하는데, 이 중 약 50%의 영향은 추정되었지만, 여전히 연간 GDP 수준으로 상당한 80억 파운드가 증가하였다.

이 연구는 접근성을 증가시킴으로써 얻을 수 있는 이익을 추정하기 위해 지

표 17.3 HS2로부터 GDP에 관한 연결성의 영향

	연간 GDP 영향	
	초기 추정치	최빈값 공유 가중 추정치
영국 경제에 대한 전체 영향	£150억	£80억
아래로부터 결과:		
비즈니스에 대한 철도 연결성	£130억	£75억
노동력에 대한 철도 연결성	£10억	n/a
자동차 연결성(노동력과 비즈니스에 대한)	£2억	£32억

출처: KPMG(2013)

역 기반의 생산 기능을 사용했다. 연결성 변화는 일련의 세분화된 교통 시장에서 일반화된 비용에 대한 변화에 기초하였다. 이러한 추정치는 서로 다른 장소의 상대적 접근성이 변경됨에 따라 사업 장소의 가능한 변화를 모형화하는 데 사용되었다. 이 작업에 대한 비평가들(예, Overman의 2013년 하원에서의 증거 참조)은 비현실적인 탄력성 가치와 다양한 모드의 영향을 집계하는 방법이 프로젝트 완료 후 최대 150억 파운드의 연간 이익 추정치를 얻기 위해 사용되고 있다고 주장했다. 이러한 제안된 혜택을 절반으로 줄인다고 하더라도, 더 넓은 경제적 영향을 계산하는 승인된 방법에 의해 산출된 혜택을 훨씬 초과하여 순수치가 산출될 것이다. 표 17.2의 전체 평가 기간 동안 약 700억 파운드의 추정치와 대조된다(Department of Transportation 2014a). 영국 북부 도시 간의 접근성을 개선하기 위해 설계된 일련의 프로젝트와 관련하여, 그러한 전반적인 혜택을 계산하기 위한 유사한 시도가 이루어졌다(SERC, 2009). 이러한 방법들의 비교는 탄력성에 대한 논쟁으로 또는 교통비용과 접근성의 단계적 변화의 경우 더 일반적으로 적절한 행동적 가정으로 결론지어진다(하원 재무위원회에서의 Overman과 KPMG의 논의 참조).

광범위한 경제적 영향은 전체 영향의 정확한 추정치를 얻는데 중요한 이슈로 여겨져 왔지만, 대부분의 메가프로젝트 전체 혜택은 대개 직접적인 사용자 혜택에 의해 도출된다. 이것들은 시간 절약의 가치에 의해 좌우되는 경향이 있다. 메가프로젝트는 전형적으로 상당한 시간 절약 및/또는 신뢰도 증가를 도출하는 경향이 있으므로, 시간 절약에 대한 정확한 평가가 매우 중요할 것이다. 더욱이 이러한 시간 절약은 대부분의 경우 출장 여행자의 시간 절약에 따라 좌우될 것이며, 이것들의 가치평가 또한 몇몇 비판의 대상이 되었다. 예를 들어, 출장 시간 절약은 영국의 HS2 고속철도 프로젝트에 대해 추정된 사용자 혜택의 40% 이상을 차지한다(표 17.2). 이는 레저 여행 가치의 5배 이상으로 평가되는 철도에서 시간 절약으로 도출된다(Department of Transpor -tation 2014b). 이러한 계산의 근거는 검토 중에 있지만(예, Wardman et al. 2013 참조), 이러한 절감액의 과대평가에 대한 우려는 여러 요인에 기초한다. 증가되는 비판은 출장 여행자의 시간 가치가 생산성 및 임금률에 따라 좌우되는 것과 같이 여행에 소비되는 시간이 항상 불이익이라는 가정에 초점이 맞춰져 있다. 반론은 출장 여행자가 이동 중에 계속 일할 수 있는 현대 기술(이메일, 와이파이 등)이 이러한 가정을 바꾸었다는 것이다. 즉 출장자는 계속 생산적일 수 있다. 교통과 통신이 대체물인지 또는 보완물인지에 대한 문제를 조사한 연구들은 보완

물 일 가능성이 더 크다고 보는 경향이 있다(Mokhtarian 2003; Choo et al. 2007). 그렇다면 그 질문은 붐비는 기차에서 환경이 얼마나 생산적인가 하는 것에 관한 것이다. 출장자는 이메일이나 사무실과의 연락 등 낮은 수준의 활동을 계속할 수 있어서 시간 절약의 가치는 임금률로 나타내는 값보다 작을 수 있다. 그러나 얼마나 더 작을까? 아마도 시간 절약에 대한 레저 여행자의 가치만큼 낮지는 않을 것이다. 그러나 우리는 관찰할 수 있는 수량에 근거하지 않은 추측의 영역에 있다. 직접적인 사용자 혜택을 저 평가할 경우 더 중요해질 수 있는 광범위한 영향의 상대적 중요도에 영향을 끼칠 수 있어서 이 논쟁은 여기에서 적절하다 할 수 있다.

17.6 프로젝트의 정당성을 위해 광범위한 혜택 사용

우리는 여기서 메가프로젝트 평가에 더 광범위한 경제적 영향을 포함하는 것을 정당화하기 위해 견고한 이론적, 경험적 근거가 있다는 것을 보여주었다. 그러나 직접적인 사용자 혜택에 기초하여 프로젝트가 미미한 것으로 판명될 때만 이러한 혜택이 추구될 위험이 있다. 그러한 상황에서 가능한 한 이러한 혜택을 크게 만들어야 한다는 압박감이 항상 존재한다고 보일 것이다. 치료법은 저주가 된다. 필요한 것 중에서 첫째로는 광범위한 영향을 포함하여야 할 때를 결정하는 객관적인 방법이고 둘째는 그들의 가치를 승인하는 방법이다.

이것 중 두 번째는 아마도 다루기가 더 쉬울 것이다. 예를 들어 계산 가능한 공간적 일반 평형 모델(Brocker and Mercenier 2011)을 통해 더 폭넓은 경제에 미치는 영향에 대한 정교한 모델링이 가능하지만, 이러한 모델들은 데이터로 채우기에는 크고 복잡하며 비용이 많이 든다. 영국 교통부(UK Department of Transportation 2005; 2014a)는 다양한 요소들을 다루는 더 단순하고 특별한 방법을 사용해 왔다. 이것은 집중 영향, 불완전 경쟁 시장의 출력 변화, 노동 공급 영향, 다소 생산적인 일자리로 이동의 네 가지 요소를 확인한다. 2천만 파운드 이상의 모든 프로젝트에 대해 생산과 노동력 공급 영향을 평가한다. 집중 영향은 투자가 주요 고용 센터에 가까운 경우로 한정된다. 고용 이전은 상세한 토지 이용-교통 상호작용 모델에서 그러한 이전 가능성이 있다는 증거가 있는 경우에만 고려된다.

노동-공급 영향은 교통비용 절감에 따른 순임금의 변화에 탄력성을 단순하게 적용하는 것이다. 노동-공급의 변화를 평균 근로자의 생산성과 곱하여 예상되는 생산량의 변화를 제공한다. 불완전한 경쟁 효과(생산량은 증가하지만, 비용은 감소함에 따라 암묵적인 상승에서 생산량에 미치는 영향)는 직접 모델링하지 않지만, 비즈니스 및 화물 사용자의 시간과 비용 혜택에 10%의 임의적인 상승이 적용된다. 접근성이 다른 영역 간 가격상승 변동과 접근성 변화에 대한 시장 반응을 모두 파악하기 위해 추가 연구가 필요한 주제이다.

집중효과는 그레이험(Graham 2007)이 개발한 방법을 사용하였는데, 이는 세분화된 기업 수준 데이터를 이용하여 접근성 변화로 인한 유효 밀도(경제 질량)의 변화를 추정하였다. 그런 다음 유효밀도의 변화에 대해 밀도에 관한 생산성의 탄력성을 적용하여 집중 효과가 제공된다. 분명히 이것은 데이터 수집과 분석에 상당한 노력을 수반함에 따라 집중 영향이 예상되는 프로젝트에 제한한다.

그러나, 새로운 경제 지형에 대한 이론적 분석은 우리에게 그러한 영향이 어디서 일어날 수 있는지를 확인하는 선험적인 방법은 없다고 믿게 한다. 예를 들어, 접근성의 큰 변화가 지역의 잠재력을 증가시킨다면 상대적으로 작은 프로젝트(재무적 관점에서)에서 발생할 수 있으므로, 이는 단순히 프로젝트 규모의 결과가 아니다. 이와 유사하게, 단순히 그 가치로 정의되는 메가프로젝트는 서로 다른 장소의 상대적 접근성과 따라서 집중의 변화에 상대적으로 적게 영향을 끼칠 수 있다.

17.7 광범위한 영향에서 변형적 영향까지

논점은 어느 평가든 적절한 혜택을 가진다는 단순한 기대로부터, 경제의 공간 구조를 재조정할 수 있는 잠재력을 가진 메가프로젝트 관점에서 정당성을 제공하는 것으로 옮겨갔다. HS2 프로젝트에 사용된 KPMG에 의해 개발된 방법론은 광범위한 영향력을 주장하는 관점이다. 흥미롭게도, 그것은 또한 철도가 미국의 경제 성장에 미치는 영향에 대한 훨씬 이전의 연구로 되돌아가야 한다. 정책적 측면에서 그것은 지출을 정당화하기 위한 프로젝트의 순수한 경제적 평가에서 벗어나, 더 광범위한 경제 정책 목표의 도구로서 메가프로젝트에 대한 투자를 사용하는 것을 주장한다. 정책 입안자의 관점에서 이것은 프로젝트를 정당화할 때 더 간단한 논쟁을 일으킨다. 그것은 전체 경제에 영향을 끼치고 시간 절약 또는 집중 경제의 가치에 대한 상세한 기술적 논쟁에 의존하지 않는 관점에서 프로젝트에 대한 명확한 근본적 이유를 제시한다. 전체적인 결과는 이러한 상세한 계산에 달려 있지만, 그 결과가 일자리 창출과 지역 발전이라는 맥락에 놓여있을 때 그것은 더 간단한 메시지를 제시한다. 그러나 아무리 규모가 크더라도 경제 변혁에 대한 부담을 하나의 프로젝트에 부여하는 것이 타당할까. 레이드 등(Laird et al. 2014)은 비용 혜택 분석에 기반한 접근법이 주요 교통 사회기반시설을 평가하는 가장 효과적인 방법일 가능성이 있지만, 혜택 비용 비율 계산과 경제적 특성을 나타내는 총부가가치 변동 사이에 발생하는 차이를 이해하기 위해 더 많은 작업이 필요하다고 주장해 왔다.

변형적 영향은 경제와 그것의 지역 분포에 수많은 변화의 인상을 준다. 새로운 주요 사회기반시설에 대한 연결은, 훨씬 더 작은 규모로, 개별 도시에 대해 변형적이 될 수 있다. 이전에는 존재하지 않았던 새로운 연결을 생성함으로써 개발 기회를 제공할 수 있다. 그러나 단순히 그러한 기회를 창출하는 것이 실현될 수 있는 것은 아니며, 다른 도시들은 일부 혜택을 식별할 수 있었지만(Ahlfeldt and Feddersen 2010, 2015), 많은 소규모 도시들은 고속철도 연결로부터 혜택을 얻지 못했다(Garmendia et al. 2012; Vickerman 2015b). 다시 한 번 우리는 더 광범위한 혜택을 보장할 선례의 부족을 파악할 수 있다.

17.8 미래를 위한 몇 가지 결론과 조언

이 장의 주된 주장은 대규모 교통 사회기반시설 프로젝트에서 광범위한 경제적 영향에 관하여 이론적 및 경험적 사례가 모두 존재한다는 것이었다. 이를 추정하는 방법이 존재하며, 이러한 방법이 존재하는 경우 일반적으로 혜택의 10-20%가 추가되는데 의견이 일치한다. 그러나 그러한 긍정적인 광범위한 영향은 모든 프로젝트에서 보장되지는 않는다. 그리고 그것들이 어떤 지역에 존재하는 경우에도 다른 지역에 부정적인 영향을 끼칠 수 있고, 이것은 총체적인 효과를 감소시킨다. 이론적 사례에서 제시한 것과 같이, 경험적 결과는 경제 구조, 교통비용의 수준, 그리고 논쟁 중인 투자 때문에 발생하는 변화의 정도와 관련된 일련의 조건에 의존한다.

위험은 표준 교통 비용-혜택 분석에서 사용자가 받는 직접적인 영향 기반으로 한계를 입증하여 프로젝트를 정상화시킬 때 항상 더 폭넓게 혜택을 받는다고 가정하는 것이다. 어느 프로젝트에 관한 사업 사례의 기초는 직접적인 영향에서 출발한다. 그것은 단지 폭넓은 혜택이 프로젝트를 구제할 매우 특별한 경우일 것이다. 영국의 크로스레일 사례는 대규모 잠재적으로 더 많은 혜택이 확인되었을 뿐만 아니라, 이러한 혜택이 프로젝트 진행 결정에 결정적인 요소가 된 주요 사례가 되었다. 이 프로젝트의 특징은 집중 탄력성이 높은 지역의 접근성에 큰 변화를 발생시켰지만, 그 결과를 단순히 다른 프로젝트로 이전할 수 있다고 가정할 수는 없다. 광범위한 영향에 의존하는 것은 손해가 될 가능성이 높지만, 그것은 또한 모든 경우에 있어서 그들의 존재에 대한 회의감을 조장한다. 영국 HS2 고속철도 노선의 경우 상원(2015)이 그러한 혜택에 대해 매우 회의적이라고 인식되었다. 몇몇은 프로젝트 평가에 대한 지침에서 낙관적 편견에 대한 조정의 영향을 상쇄하는 방법으로, 폭넓은 혜택을 소위 마력이라고 근본적으로 간주할 수 있다(HM Treasury 2013).

광범위한 영향은 모든 투자 평가, 특히 한계 평가의 치료제가 될 의도는 없지만, 베너블스 등(Venables et al. 2014)이 주장하는 바와 같이, 모든 평가에서 완전성을 보장하는 과정의 일부분이다. 문제는 모든 관련 요소를 포함하는 명확한 표준 방법론의 개발을 저해한 기존 연구 기반에는 여전히 격차가 존재하며, 이것이 해결되기 전까지는 광범위한 영향력의 논쟁이 계속될 가능성이 크다는 것이다. 더욱이, 현재 측정된 광범위한 영향은 본질적으로 직접 혜택이 이중적으로 계산된 신기루라는 것이 여전히 일부에 의해 제시되고 있다(Crozer 2015).

그렇다면 광범위한 영향을 정확하게 처리하는 방법의 요구사항은 무엇인가? 그들은 프로젝트의 근거에 대한 명쾌한 진술로 시작한다. HS2 사례를 둘러싼 많은 논란은 그것의 인식에서 비롯되었는데, 첫째는 시간 절약을 통한 접근성 개선, 그 다음에는 철도 용량을 증가시키는 방식, 그리고 마지막으로 남과 북 사이의 영국 경제의 균형을 재조정하는 수단으로 인식되었다. 이 중 많은 부분이 인식되고 있는 동안, 처음부터 이 모든 점에 근거하여 명확한 정당성이 결여된 것은, 반대에 반응하도록 사례가 변화되고 있다는 희망을 반대론자들에게 주었다. 주요 교통 투자가 성취되도록 설계된 것을 단순하고 명확하게 설명하는 것이 견실한 평가의 첫 단계이다.

둘째로, 경제적 영향 보고서라고도 하는 광범위한 경제적 영향에 대한 예비 평가가 필요하다. 이것은 프로젝트의 영향을 받을 가능성이 있는 지역의 기준 경제 상황을 평가할 필요가 있다. 관련 요인으로는 경제 구조, 지역 산업에서 교통비용의 상대적 중요성, 노동 시장의 자기 충족 정도, 산업의 상대적 이동성(접근성 변화로 얼마나 쉽게 이전할 수 있는지) 등이 있다. 그러나 이 평가의 전제는 관련 연구 분야의 옵션이다. 프로젝트 제안자들은 보통 경제적 영향을 평가하기에는 너무 협소한 지리적 지역에 초점을 맞추고 있다. 이것은 인접 지역뿐만 아니라 부정적이고 긍정적인 영향에 대한 잠재성을 무시한다. 메가프로젝트에서는 국가 규모에 영향이 있을 가능성이 있으며, 따라서 전체 순 영향을 평가하기 위해서는 분석을 위한 국가적 체계가 필요하다. 그러나 모든 프로젝트에 하나의 표준 국가 모델을 사용할 수 있는 것은 아니다. 접근성 및 거리 감소 변경에 대한 반응성의 변화를 볼 때, 활동과 방식에 의해 서로 다른 프로젝트가 각 활동과 각 영역 또는 지역에 서로 다른 영향을 끼칠 것이다.

셋째, 접근성/교통비용 변화에 대한 관련 반응에 관한 연구가 더 필요하다. 베너블스(Venables 2013)는 집중이 산업 또는 부문 수준보다 활동 및 기술 수준에서 더 많은 영향을 끼칠 수 있다고 제시했다. 전통적인 탄력성 추정은 메가프로젝트와 관련된 단계적 변화가 아니라 한계적 변화 모델에 의존한다. 이는 그러한 반응에 대한 더 많은 행동적 연구가 필요하다는 것을 제시한다(이 점에 대한 자세한 설명은 Vickerman 2015b 참조). 또한 이 연구는 여행자, 특히 출장 여행자가 시간 절약 방법을 어떻게 사용하는지에 관한 문제를 해결하기 위한 접근성의 변화에 대응하여 개별적인 행동을 보다 면밀하게 조사할 필요가 있으며, 따라서 여행에 소비된 시간이 업무에도 사용될 수 있는 적절한 가치를 제공한다.

때때로 직면하는 문제는 이런 많은 연구가 특정 필요성을 가진 특별한 프로젝트의 맥락 안에서만 수행된다는 것이다. 영국에서 우리는 집중 효과의 추정이 어떻게 크로스레일 요구에 대해 대응하였고, 북측 라인 착수와 HS2의 요구에 의한 지역적 수준에서 전체적인 경제적 영향에 대한 새로운 접근법을 만들어내려는 시도를 보아왔다. 이에 대한 문제는 이 연구가 대개 프로젝트 추진자에 의해 자금을 지원받는 것과 같이 채택된 방법들이 이 프로젝트에 대한 특별한 변론으로 간주된다는 점이다. 후속 분석은 영국 교통부의 광범위한 경제적 영향에 대한 공식 지침의 경우처럼 종종 평가 지침을 갱신해야 하는 필요성의 일부로서 중심적으로 수행되지만, 특별한 변론에서 벗어나기는 어렵다(그리고 교통부는 주요 공공 예산 보유자로서 종종 메가프로젝트의 궁극적인 추진자이다).

광범위한 경제적 영향에 대한 평가는 모든 메가프로젝트 평가에서 필수적인 요소인 것으로 나타났다. 노동시장, 경쟁, 생산성, 그리고 궁극적으로 국가 생산에 대한 그러한 효과의 모든 차원에 대한 견실한 추정 방법은 지난 10년 동안 크게 발전했다. 그러나 함축적 의미에 대한 광범위한 수용은 덜 발전된 상태로 존재하고, 광범위한 영향은 많은 회의론의 대상으로 남아 있다.

참고 문헌

Ahlfeldt, G. M. and Feddersen, A. (2010). "From periphery to core: Measuring economic adjustments to high speed rail," London School of Economics and University of Hamburg, <http://eprints.lse.ac.uk/29430/>

Ahlfeldt, G. M. and Feddersen, A. (2015). "From periphery to core: Measuring agglomeration effects using high speed rail," Spatial Economics Research Centre Discussion Paper 172, London School of Economics, <http://www.spatialeconomics.ac.uk/textonly/SERC/publi- cations/download/sercdp0172.pdf>.

Aschauer, D. (1989). "Is public expenditure productive?" *Journal of Monetary Economics*, 23: 177–200.

Biehl, D. (1991). "The role of infrastructure in regional development," in R. W. Vickerman (ed.), *Infrastructure and Regional Development: European Research in Regional Science*, vol. 1, London: Pion, pp. 9–35.

Bröcker J. and Mercenier, J. (2011). "General equilibrium models for transportation economics," in A. de Palma, R. Lindsey, E. Quinet, and R. Vickerman (eds.), *A Handbook of Transport Economics*. Cheltenham, UK and Northampton, MA: Edward Elgar.

Burmeister, A. and Colletis-Wahl, K. (1996). "TGV et fonctions tertiaires: grand vitesse et entreprises de service à Lille et Valenciennes," *Transports Urbains*, issue 93.

Choo, S., Lee, T., and Mokhtarian, P. L. (2007), "Do transportation and communications tend to be substitutes, complements, or neither? The US consumer expenditures perspective, 1984–2002," *Transportation Research Record*, 2010: 121–32.

Crozet, Y. (2015). "High speed rail and urban dynamics: Wider or targeted economic effects? Paper to seminar on high-speed rail and the city: Urban dynamics and tourism," Paris-East University, January.

Department for Transport. (2005). "Transport, wider economic benefits, and impacts on GDP," Technical Paper.

Department for Transport. (2005). *Transport, Wider Economic Benefits, and Impacts on GDP*, Technical Paper.

Department for Transport. (2013). *The Economic Case for HS2*. London: HS2 Ltd.

Department for Transport. (2014a). *WebTAG: TAG unit A2-1 wider impacts*, <https://www.gov.

uk/government/publications/webtag-tag-unit-a2-1-wider-impacts>.

Department for Transport. (2014b). *WebTAG: TAG unit A1-3 user and provider impacts*, <https://www.gov.uk/government/publications/webtag-tag-unit-a1-3-user-and-provider-impacts-november-2014>.

Dornbusch, J. (1997). "Nantes, sept ans après l'arrivée du TGV Atlantique," *Notes de Synthese du SES*, Mai–Juin.

Fogel, R. M. (1964). *Railroads and American Economic Growth: Essays in Economic History*. Baltimore, MD: Johns Hopkins University Press.

Fujita, M., Krugman, P. R., and Venables. A. J. (1999). *The Spatial Economy: Cities, Regions and International Trade*. Cambridge, MA: MIT Press.

Garmendia, M., Romero, V., de Ureña, J. M., Coronado, J. M., and Vickerman, R. W. (2012). "High-speed rail opportunities around metropolitan regions: The cases of Madrid and London," *Journal of Infrastructure Systems*, 18: 305–13.

Glaeser, E. L. and Gottlieb, J. D. (2009). "The wealth of cities: Agglomeration economies and spatial equilibrium in the United States," *Journal of Economic Literature*, 47: 983–1028.

Graham D. J. (2007). "Agglomeration, productivity and transport investment," *Journal of Transport Economics And Policy*, 41: 317–43.

Graham D., Gibbons, S., and Martin, R. (2010). *The Spatial Decay of Agglomeration Economies: Estimates for Use in Tansport Appraisal*, Report for Department of Transport.

Graham D. J. and Melo P. C. (2011). "Assessment of wider economic impacts of high-speed rail for Great Britain," *Transportation Research Record*, 2261: 15–24.

Graham D. J. and Van Dender, K. (2011). "Estimating the agglomeration benefits of transport investments: Some tests for stability," *Transportation*, 38: 409–26.

Gramlich, E. M. (1994). "Infrastructure investment: A review," *Journal of Economic Literature*, 32: 1176–96.

HM Treasury. (2013). *The Green Book: Appraisal and Evaluation in Central Government*, <https://www.gov.uk/government/uploads/system/uploads/attachment_data/file/220541/green_book_complete.pdf>.

Hotelling H. (1929). "Stability in competition," *The Economic Journal*, 39: 41–57.

House of Commons Treasury Committee. (2013). *The Economics of HS2*, oral evidence, 5 November 2013, <http://data.parliament.uk/writtenevidence/committeeevidence.svc/evi- dencedocument/treasury-committee/the-economics-of-hs2/oral/3472.html>.

House of Lords Economic Affairs Committee. (2015). *The Economics of High Speed 2*. First Report of Session 2014–15, HL Paper 134. London: The Stationery Office.

Jara-Diaz S. R. (1986). "On the relationships between users' benefits and the economic effects of transportation activities," *Journal of Regional Science*, 26: 379–91.

Klein, O. and Claisse, G. (1997). *Le TGV-Atlantique: entre recession et concurrence*. Lyon: LET.

KPMG (2013). *HS2 Regional Economic Impacts*, HS2 074, High Speed Two (HS2) Limited.

Krugman, P. (1991). "Increasing returns to scale and economic geography," *Journal of Political Economy*, 99: 483–99.

Laird J., Nash C., and Mackie P. (2014). "Transformational transport infrastructure: Cost–benefit analysis challenges," *Town Planning Review*, 85: 709–30.

Leunig T. (2006). "Time is money: A reassessment of the passenger social savings from Victorian British railways," *The Journal of Economic History*, 66: 635–73.

Leunig T. (2010). "Social savings," *Journal of Economic Surveys*, 24: 775–800.

Melo, P. C., Graham, D. J., and Brage-Ardao, R. (2013). "The productivity of transport infrastructure investment: A meta-analysis of empirical evidence," *Regional Science And Urban Economics*, 43: 695–706

Melo P. C., Graham, D. J., and Noland, R. B. (2012). "The effect of labour market spatial structure on commuting in England and Wales," *Journal Of Economic Geography*, 12: 717–37.

Mokhtarian, P. L. (2003). "Telecommunications and travel: The case for complementarity," *Journal of Industrial Ecology*, 6: 43–57.

Plassard, F. and Cointet-Pinell, O. (1986). *Les effets socio-économique du TGV en Bourgogne et Rhônes Alpes*, DATAR, INRETS, OEST, SNCF.

SACTRA (Standing Advisory Committee on Trunk Road Assessment). (1999). *Transport and the Economy*. London: The Stationery Office.

SERC (Spatial Economics Research Centre). (2009). *Strengthening Economic Linkages between Leeds and Manchester: Feasibility and Implications*, Report to the Northern Way, <http://

www.spatialeconomics.ac.uk/textonly/SERC/publications/download/Northern_Way_Project_Technical_Report.pdf>.

Venables, A. J. (2007). "Evaluating urban transport improvement: Cost-benefit analysis in the presence of agglomeration and income taxation," *Journal of Transport Economics and Policy*, 41: 173-88.

Venables, A. J. (2013). "Expanding cities and connecting cities: The wider benefits of better communications," unpublished draft, Oxford.

Venables, A. J., Laird, J., and Overman, H. (2014). *Transport Investment and Economic Performance: Implications for Project Appraisal*, paper commissioned by the UK Department for Transport.

Vickerman, R. W. (2015a). "High-speed rail and regional development: The case of intermediate stations," *Journal of Transport Geography*, 42: 157-65.

Vickerman, R. W. (2015b). "Economic impacts of transport policy," in C. A. Nash (ed.), *Handbook of Research Methods and Applications in Transport Economics and Policy*. Cheltenham: Edward Elgar, pp. 389-402.

Wardman, M., Batley, R., Laird, J., Mackie, P., Fowkes, A. S., Lyons, G., Bates, J., and Eliasson, J. (2013). *Valuation of Time Savings for Business Travellers*, Institute for Transport Studies, University of Leeds.

제18장

메가프로젝트 관리에서의 품질보증

노르웨이 방식

그로 호이스트 볼턴·너트 샘세트

18.1 개요

공공투자 프로젝트가 항상 여러 이해관계자의 기대에 부합하는 것은 아니다. 비용초과는 언론에 보도된 가장 흔한 실패 사례이다. 4,000개 이상의 대규모 정부 지원 프로젝트를 연구하면서, 모리스와 호흐(Morris and Hough 1991)는 일반적으로 비용초과가 40%에서 200% 사이라는 것을 발견했다. 플뤼브비에르 등(Flyvbjerg et al. 2003)은 60년간 20개국의 258개 사회기반시설 프로젝트를 분석한 결과, 10개 프로젝트 중 9개 프로젝트가 비용을 초과했다고 결론 내렸다. 또한 핀토와 슬레빈(Pinto and Slevin 2006)은 의사결정자들이 프로젝트의 초기 단계에서 제시된 수치를 신뢰할 만한 이유를 더 이상 검토하지 않고, 대신 그 단계에서 비용초과가 발생할 것임을 이미 인정하는 문화가 발달했다(미국에서)고 주장한다.

프로젝트와 관련된 또 다른 심각한 유형의 문제는 공공 자원이 낭비되어 예상되는 효과를 산출하지 못할 수도 있다는 것이다.

프로젝트 성공 3단계는, 모두 중요한데, 다음과 같이 정의할 수 있다(Samset 2008).

1. 운영 성공: 시간과 비용 효율성을 모두 갖춰 약속대로 프로젝트가 수행된다.
2. 전술적 성공: 프로젝트는 가능한 최저 비용으로 사용자에게 최대의 효용/혜택을 제공한다.

3. 전략적 성공: 프로젝트는 (장기적 목표 내에서 의도된) 원하는 사회 발전에 가능한 최저 비용으로 재무적으로 지속가능한 방식으로 기여한다.

이 세 가지 수준은 (1) 산출물, (2) 결과(이용자의 1차 효과), (3) 사회에 끼치는 장기적 효과로 프로젝트 관리 문헌에서 확인된 성취의 세 가지 수준에 따른 것이다.

실제로, 초점은 주로 운영상의 성공에 맞춰져 있다. 그러나 주요 공공투자는 일반적으로 사회에 더 폭넓은 영향을 끼치기 때문에, 프로젝트의 전술적 및 전략적 성과에 대한 평가는 그 성공에 대한 전반적인 평가의 필수적인 측면이 되어야 한다.

공공 메가프로젝트는 다양한 이해관계자들 사이의 커뮤니케이션을 통해 정치적 필요성으로부터 고안된다. 그러한 프로젝트를 구성하는 과정은 일반적으로 다양한 행정적 차원의 정부, 지방 정부, 정치 기관, 대중, 언론, 그리고 민간부문의 건설업자와 컨설턴트를 포함한다. 그러한 과정은 때때로 복잡하고, 공개되며, 예측 불가능한 경우가 많은데, 이는 밀러와 르사드(Miller and Lessard 2000)가 60개의 주요 프로젝트의 프런트-엔드 단계에서 불확실성과 실현가능성의 조정에 대해 강조한 심층적인 연구에서 설명하고 분석하였다. 밀러와 홉스(Miller and Hobbs 2005)와 플뤼브비에르 등(Flyvbjerg et al. 2003)의 논의대로, 이해관계자들이 개방성과 사회적 책임을 위해 노력하기보다 숨겨진 의제를 추구한다면, 기만과 무책임에 의한 영향 또한 받을 수 있다.

프로젝트 관리 분야에서는, 이러한 과정의 방향성을 제공할 수 있거나 제공하여야 하고, 결과 향상을 지원할 수 있거나 지원해야 하는 거버넌스 체계보다는, 프로젝트 그 자체와 관련 과정 및 절차의 향상에 중점을 두고 연구가 진행되어왔다. 프로젝트 거버넌스는 최근에야 프로젝트 관리 커뮤니티에서 중요한 이슈가 되었다. 예를 들어 뮐러(Müller 2009)를 참조하라. 주요 투자 프로젝트에 대한 거버넌스 체제는 성공적인 투자를 보장하기 위해 금융 기관이 실현해야 하는 과정과 체계로 구성된다. 그러한 체제는 일반적으로 진입 시 적절한 품질, 합의된 목표 준수, 프로젝트 중에 발생할 수 있는 이슈의 관리 및 해결을 보장하기 위한 규제 체계를 포함한다. 주요 거버넌스 문서에 대한 외부 품질 검토도 포함될 수 있다. 그러나 주관 기관으로 대표되는 정부로서는 프로젝트의 설계와 운영 수준에서의 관리에 필수적인 역량도 개입도 필요가 없을 것이다. 그것은 전술적이고 전략적인 관점을 가질 것이며, 체계적이고, 책임감 있고, 효율적인 준비와 실행을 촉진하는 제한된 역할을 가져야 한다.

플뤼브비에르 등(Flyvbjerg et al. 2003)은 대규모 프로젝트 사례에 기반하여, 메가프로젝트와 관련된 의욕, 위험 및 영향에 대해 논의한다. 저자들은 그러한 프로젝트에 관련된 문제들은 주로 위험에 관한 태만과 공공의 이익보다는 개인의 경제적 또는 정치적 이익을 위해 프로젝트를 개발하는 것을 주된 목적으로 하는 프로젝트 추진자들 사이의 책임성 결여에 관한 것이라고 결론짓는다. 메가프로젝트 역설을 해소하기 위해서는 (1) 메가프로젝트에 관한 의사결정에 위험과 책임성을 훨씬 더 강조하고, (2) 위험 분석과 위험 관리를 수행할 수 있는 규제가 확실히 마련되어야 하며, (3) 프로젝트 홍보에 대한 정부의 관여를 줄이는 방향으로 정부의 역할을 전환해야 하고, 프로젝트와 독립된 거리를 유지하고, 메가프로젝트 공익 목적의 구성 및 감사에 대한 참여를 제한해야 한다고 제안한다. 또한, 의사결정에서 책임성을 보장하기 위해 (4) 다음과 같은 4가지 기본 수단을 채택해야 한다. (a) 투명성 보장, (b) 성과 요구사항 명시, (c) 프로젝트 건설 및 운영을 규제하기 위한 명시적 규칙 설정, (d) 민간 투자자의 위험 자본과 관련된 것으로서 투자하려는 민간 투자자의 의지는 처음에 프로젝트의 실행 가능성에 대한 효과적인 지표를 제공하려는 것이다.

18.2 노르웨이에서 메가프로젝트의 프런트-엔드 거버넌스

1997년 노르웨이 정부는 비용초과, 공기지연, 낮은 프로젝트 성공 등으로 인해 일련의 부정적인 경험 때문에 대규모 공공투자 프로젝트의 계획, 실행 및 모니터링을 위한 시스템을 검토하기 위한 연구를 시작했다. 이 연구는 교통, 국방, 건설 분야의 11개 프로젝트 사례를 검토하였으며, (1) 프로젝트의 승인 당시 결정 근거를 제공한 문서가 적절한지, (2) 프로젝트 실행이 만족스러운지에 초점을 맞췄다. 이 연구(Berg et al. 1999)는 11개 프로젝트 중 3개 프로젝트만이 원래 예산 내에서 완료되었으며, 나머지 8개 프로젝트의 비용초과가 84%에 달한다는 것을 발견했다. 더욱이 기초 문서는 많은 프로젝트에서 부족했다. 이 연구는 궁극적으로 진행 결정 전 프로젝트의 초기 단계의 실패가 프로젝트 성공률이 낮은 주요 원인이라고 결론지었다.

또한, 노르웨이의 공공투자 프로젝트에서의 문제는 계획 프로세스가 종종 부문

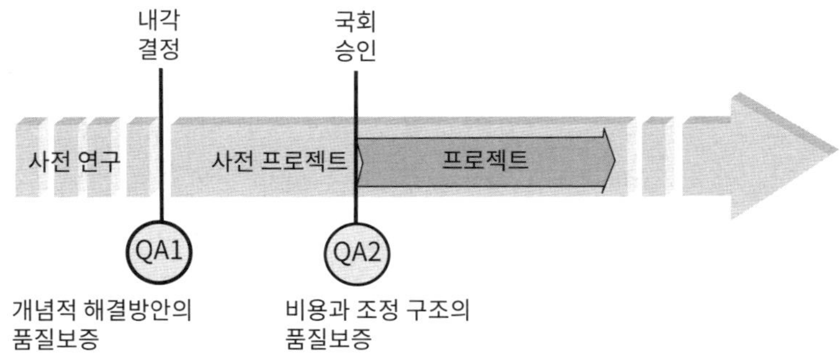

그림 18.1 주요 공공투자 프로젝트에 대한 노르웨이의 품질 투입 제도

별 및 지역적 기반이라는 것이다. 프런트-엔드 단계는 일반적으로 프로젝트의 혜택을 받는 사람들에 의해 지역적으로 아이디어가 창출되는 상향식 프로세스였으며, 효용을 과대평가하고 비용을 과소평가하는 강력한 동기부여가 있을 수 있다. 샘세트 등(Samset et al. 2014)이 "왜곡된 인센티브"라고 언급한 이러한 인센티브는 전형적인 주된 대리인 문제를 초래한다. 광범위한 경제 분석은 일반적으로 개념적 해결책이 이미 선정된 나중 단계에 실시된다.

2000년에 노르웨이 재무부는 위에서 설명한 문제를 해결하기 위해 의무적인 Quality-at-Entry 제도(그림 18.1)를 도입했다. 처음에, 이 제도의 목적은 비용초과로 인한 문제를 줄이는 것이었고 즉, 운영 성공을 보장하는 것이었다. 2005년에는 올바른 프로젝트가 시작되고 지속 불가능한 프로젝트가 거부되는, 즉 전술적 및 전략적 성공을 개선하기 위해 개념적 해결책 선택의 품질 보증을 포함하도록 제도가 확대되었다. 이 체제는 프런트-엔드 단계에서 분석과 의사결정, 특히 분석과 의사결정 사이의 상호 작용을 개선하기 위해 고안되었다. 그것은 의사결정에 필요한 규칙이 이미 마련되어 있다는 개념에 근거했다. 그러나 분석과 결정의 품질과 일관성을 보장하기 위한 구속력 있는 규칙은 없었다.[1]

부처별, 기관별 요구와 관행을 수용하기 위해, 계획이 엄격하고 과도하고 포괄적이 되지 않도록 고안되었다. 따라서 반드시 존재해야 하는 문서 유형의 요건을 설정하지만, 공공기관이 특정 도구, 형식 등을 사용할 것을 요구하지 않으며, 이와 같이 프로젝트 실현에 지장을 주지 않는다. 오히려 이 계획의 목적은 (1) 근본적인 이행/불이행 결정으로 정치적 통제를 보장하는 것, (2) 세부사항보다는 본질적인 문제에 초점을 맞춤으로써 결정에 대한 적정한 기준을 확립하는 것, (3) 모든 분야의 투자 프로젝트에 적용될 명확한 이정표와 결정 체계를 수립하는 것이다. 이러한 목적을 달성하기 위해 (1) 내각 자체에서 가장 필수적인 결정을 정립하기 위해, (2) 정부로부터 독립적이며 분석가를 압도할 수 있을 만큼 충분히 유능한 품질 보증 시스템을 도입하고, (3) 거버넌스 체제가 영향을 받는 부처 및 기관의 절차 및 관행과 양립할 수 있도록 보장하기 위해 계획이 고안되었다.

노르웨이 Quality-at-Entry 제도하에서 재무부의 사전 자격인 고도로 숙련된 외부 컨설턴트가 총 예산 NOK 7억 5천만(약 8천만 유로)를 초과하는 모든 공공투자 프로젝트에서 의사결정 문서의 품질 보증을 수행하도록 배정되었다. 처음 4년 동안, 이러한 품질 보장은 50여 개의 프로젝트에서 수행되었는데, 이 프로젝트에서는 의회의 자금 책정 전에 비용추정과 결정 문서를 면밀하게 조사하였다. 관련 컨설턴트는 프로젝트 관리 및 비용 엔지니어링 분야의 전문지식을 갖추고 있었다. 이러한 초기 경험을 바탕으로 제도는 확대되었고, (1) 개념적 해결책(QA1)의 선택과 (2) 선택된 프로젝트 대안(QA2)에 대한 예산, 관리 구조, 계약 전략에 관한 의사결정의 근거를 확보하기 위해 지금은 두 개의 별도 품질 보증 프로세스를 수반한다. QA1의 경우 사회과학과 경제학의 능력을 포함한 광범위한 역량이 요구된다.

검토 과정은 QA1과 QA2 모두 상당히 유사하다. 검토자는 먼저 부문별 부처 및 그 하부기관으로부터 문서를 받은 후, 문서를 검토하여 의사결정을 위한 충분한 근거를 제공하는지를 확인한다. 문서가 불충분할 경우 추가 정보가 요청될 수 있다. 또한 검토자는 독립적인 분석과 계산(불확실성 분석 및 QA1의 비용 혜택 분석)을 수행한다. 마지막으로 검토자는 보고서를 작성하여 부문별 부처와 재무부에 제출한다. 그 보고는 일반적으로 공개된다.

QAl은 QA2의 적격 단계, QA2는 예산 프로세스 제출을 위한 적격 단계이다. 프로젝트에서 QAl을 수행한다고 해서 QA2가 수행되는 것은 아니며, 프로젝트에서 QA2를 수행한다고 해서 의회가 프로젝트의 우선순위를 정하는 것은 아니다. QAl 과정은 프로젝트를 담당하는 부처 내 결정과 품질기관으로서 재무부가 참여하는 것으로 시작된다. 외부 검토자가 보고서를 제출하면 해당 건은 재무부가 평가해 내각에 상정하고, 이후 프로젝트 추진 여부를 결정한다. 부문별 부처는 또한 QAl 이후 진행을 중단할 수 있다. 사전 프로젝트를 계속한다면 결과 문서는 외부 검토(QA2)를 받게 된다. QA2 보고서가 전달된 후에도 내각은 여전히 프로젝트를 중단하거나 예산 절차에 들어갈 수 있도록 허용하는 두 가지 선택권을 갖지만, 우선순위를 정할 것이라는 보장이 없다(Christensen 2011).

18.3 데이터

15년간(2015년까지) 운영한 결과 200건에 가까운 프로젝트가 QA2 검토를 받았고, 이 중 약 80여 건이 완료되어 운영 단계에 있다. QA1 방식은 10년째 운영 중이며, 지금까지 약 70건의 프로젝트가 개념평가(CA)를 거쳐 외부 QA1 검토를 받았다. 그러나 이들 프로젝트 중 현재까지 종료된 것은 없다. 현재까지 11개 프로젝트만이 QA1과 QA2를 모두 거쳤다.

거의 예외 없이, QA1과 QA2의 적용 대상 프로젝트는 예상 투자 비용이 약 8,000만 유로를 초과하는 주요 공공투자를 나타낸다. 프로젝트 대부분의 비용 추정치는 7,000만 유로에서 3억 유로까지 다양하지만, 이들 중 일부는 훨씬 더 높은 비용추정치를 가지고 있다. 예를 들어 신형 전투기를 인수하는 데 약 70억 유로가 소요될 것으로 추정된다.

사업의 절반가량은 교통부(주로 도로·철도)의 권한에 속하고, 나머지 절반은 대부분 국방부 산하의 사업이며, 정부 각 부처의 건설과 ICT 프로젝트이다. 재무부가 QA 계획 관리자 역할을 하는 것과 마찬가지로, 지방자치단체와 현대화 산하의 공공건물 건설 기관도 관여하고 있다.

시작 이후, 관련 당사자들은 QA 계획에 상당한 경험을 쌓았다. 재무부가 후원하는 후행 연구 프로그램은 프로젝트 및 QA 과정에 대한 데이터를 지속적으로 수집하여 학습 과정에 기여한다. 그러나 대규모 투자 프로젝트를 계획하고 실행하는 데 시간이 소요되기 때문에, 이 계획의 효과에 대한 정보는 지금에야 이용할 수 있게 되었다. 실제로 국무회의 결정전에 CA와 QA1을 검토하는 과정은 보통 2-4년이 걸린다. 그 후 프로젝트 대부분은 사전 프로젝트 단계에 들어가는데, 이는 QA2 검토와 의회의 승인을 거쳐 종료되며, 승인되면 엔지니어링 및 건설 단계로 진행되는데, 이는 일반적으로 2-5년, 예외적으로 최대 10년까지 소요된다. 이 시점 이후에야 최종 비용, 시간, 품질, 즉 프로젝트 운영 성공의 지표가 등록될 수 있다. 사용자와 사회의 장기적인 효과를 관찰하기 위해서는 사업이 몇 년 동안 운영될 때까지 더 오래 기다려야 한다.

본 연구는 QA1 및 QA2 보고서, CA 보고서 및 기타 외부 품질 검토의 근거를 제공한 프로젝트 문서, 비용 및 운영 구조를 포함한 의회 제안서, 프로젝트 수행 및 효과에 관한 부처 및 기관의 최종 보고서와 평가, 기타 문서 등의 정보에 기반을 둔다.

2010년에서 2015년 사이에 데이터가 수집되었다. 이 프로젝트를 담당하는 기관과 부처는 데이터 수집과 수치의 품질관리에 대한 지원을 제공했다. 승인된 비용 구조와 운영 구조는 의회 제안과 결의로부터 수집되었다. 완료된 프로젝트의 경우, 최종 비용은 주관기관에서 작성한 사업계정을 기준으로 각 부처에 보고되었다. 이들 공적 수치들은 매년 감사원이 의회에 제출하고 승인받는다. 이러한 비용 데이터의 품질과 관련하여 설명될 수 있는 몇 가지 약점이 있을 수 있다. 다만 연구진은 사용된 물가지수에 대해 문제를 명확히 하고 상세 정보를 얻기 위하여 회계 검토, 책임자 면담 등 상당히 철저한 검증 과정을 거쳤다는 점에 유의해야 한다. 아스(Aass 2013)와 웰드(Welde 2014)는 정보의 타당성을 보장하기 위해 데이터와 연구자의 분석에 대한 보다 상세한 계정을 제공한다. 또한 여기서 다루고 있는 프로젝트들은 최신의 외부 품질보증에 대한 엄격한 분석 요건으로 기관과 부처, 정치인의 특별한 관심을 받는 국가의 매우 큰 사업이라는 점도 유념해야 한다. 따라서 프로젝트들은 QA 체계 밖의 다른 프로젝트들과 비교하여 잘 문서화되고 모니터링된다.[2]

우리는 다음과 같은 오류와 관련하여 부정확할 수 있는 사항들을 포함한다.

- 완료된 프로젝트의 최종 비용은 다소 불완전할 수 있다. 현재까지 기관들이 비용을 "숨기기" 위해 노력했다는 증거는 없지만, 실제 프로젝트 비용이 모두 계정에 포함되었는지의 확인은 제한적이었다
- 변경 및 추가 보상에 대한 공급업체와의 지속적인 사법적 충돌로 인해 일부의 경우, 비용 수치는 프로젝트가 확정된 후 한참 후에만 제공될 수 있다
- 기관의 최종 비용 보고가 불완전할 수 있다. 각 기관은 최종 비용 등록을 위한 다양한 관행을 가지고 있다. 이 연구는 최종 비용에 접근할 수 있는 모든 프로젝트를 포함하는데, 이것은 연구자들에게 시기적절하고 정확한 데이터를 제공하는 기관(예: 노르웨이 공공 도로 관리청)에 대한 편견을 야기할 수 있다. 연구에서 도로 프로젝트의 비율은 58%지만, 전체 품질 보증된 도로

프로젝트는 48%이다. 우리는 이 불일치를 용인할 수 있는 것으로 간주하고, 그것은 단지 지연의 문제일 뿐, 누락된 자료의 문제는 아니라는 점에 주목해야 한다. 그러나 상대적으로 제한된 숫자와 도로 프로젝트의 특성으로 인해 연구 내 통계 분석의 정확성과 견실함이 제한된다는 점도 유념해야 한다. 여러 가지 다른 분야의 프로젝트 구성에 대한 결론이 개별 부문의 프로젝트를 대표하지 않는다는 것을 의미하기도 한다

- 가격 조정의 계산과 지수의 사용은 일부 부정확성을 야기할 수 있다. 가격 조정에 관한 기관의 방법과 관행은 다소 상이하다. 도로 프로젝트는 도로 건설에 대한 공식 지수로 가격 규제를 받는다. 다른 프로젝트에서는 기관 자체 가격 조정이 적용된다. 규모가 큰 기관들은 그들의 분야에서 실제 비용 개발을 기준으로 비용 조정 및 구조 운영을 위한 자체 비용 지수와 절차를 수립했다. 본 연구의 수행기간 동안, 그러한 모든 지수는 소비자 물가지수(CPI) 이상으로 증가했다
- 프로젝트 범위와 비용 회계 간의 관련성은 다소 다를 수 있다

그러나 상대적인 관점에서 보고된 최종비용과 실제 최종비용 사이의 불일치는 추정컨대 작으며, 기껏해야 단지 총비용의 몇 퍼센트가 된다. 예를 들어 대부분의 프로젝트에서 수행 단계가 몇 년으로 제한되어 있어서, 물가지수의 선택은 비용 적용 수준이나 부문 간 차이에 큰 영향을 끼치지 않으리라고 예상된다.

최종 비용에 대한 이러한 자료에는 연구 당시 완료되었던 67개의 프로젝트가 모두 포함되어 있다. 몇 가지 예외를 제외하고(나중에 언급) 이들 프로젝트는 최종 비용이 책정되고 보고된 QA2 프로젝트의 전체를 구성한다. 우리가 알고 있는 바로는 QA2를 거친 14개의 추가 프로젝트가 완료되었지만 그들의 최종 비용은 아직 정해지지 않았다. 이 프로젝트들은 폐기되지 않고 일시 중단될 뿐이며, 비용 수치가 산출되면 포함될 것이다. 최종 비용에 대한 예측에 의존하기보다는 신뢰할 수 있는 데이터가 제공될 때까지 기다리는 것을 선호한다. 우리의 연구는 지속적으로 증가하는 프로젝트 수에 기반하여 매년 갱신된다.

단지 4개의 프로젝트만 이번 연구에서 제외되었다. 3건은 양수인 간 비공개 협의에서 최종 비용을 조달할 수 없다는 점을 감안한 PPP 사업이다. 한 도로 프로젝트는 수행기간 동안 범위가 상당히 변화하여, 예산과 비용의 의미 있는 비교가 무

의미하게 됨으로써 자격이 없어졌다.

QA1 제도의 효과를 결정하는 것은 완전히 또 다른 문제이다. 우리는 투자 프로젝트가 운영 단계에서 3-5년 정도 걸릴 때까지 기다려야 전술적이고 전략적인 관점에서 그 효과를 평가할 수 있을 것이다. 현재(2015년)는 QA1 대상 프로젝트가 아직 완료되지 않은 상태여서, 보다 근본적이고 종합적인 개입의 효과를 평가하기까지는 시간이 걸릴 것이다. 지금까지 1차 QA2 프로젝트 중 총 11개 프로젝트가 사용자와 사회에 끼치는 영향 관점에서 사후 평가되었으며, 외부 평가자가 9개, 자체 연구자가 2개를 평가하였다. 그러나, 이는 그들이 QA1을 거치지 않았기 때문에 우리에게 귀중한 정보를 제공했다; 그들은 QA1 프로젝트의 영향에 대한 후속 평가를 위한 통제 그룹 역할만 할 것이다.

18.4 개념적 해법 선택에 대한 품질보증(QA1)

현재 QA1 단계에서의 절차는 주관기관이 투자 건에 대한 개념평가(CA) 보고서 또는 사전 타당성 연구를 작성하는 것이다. 이 보고서에는 다음 문서가 포함되어야 한다.

1. **필요한 분석**. 이 문서에서는 모든 이해관계자와 영향을 받는 당사자를 식별하고, 그들의 필요성과 우선순위와 관련하여 예상되는 투자의 적절성을 평가한다.
2. **전반적인 전략**. 이전의 분석에 기초하여 일관되고 현실적이며 검증 가능한 즉각적이고 장기적인 목표를 이 문서에 명시한다.
3. **전반적인 요구사항**. 이 문서는 충족해야 하는 기능적, 미적, 물리적, 운영적 및 경제적 요건과 같은 모든 요건을 식별한다.
4. **가능성 연구**. "기회 공간"이 필요성, 목적 및 요건의 범위를 정함으로써, 본 문서는 가능한 것에 대한 한계를 제공하고, 현실적인 대안 개념적 해결책을 식별한다.
5. **대안 분석**. 최소한 두 가지 대안 및 소위 제로 대안(프로젝트를 안함)을 분석하여 운영 목표, 본질적인 불확실성, 비용추정 등을 명시하고 대안은 이 문서에 보고된 완전한 비용 혜택 분석을 실시한다.
6. **프로젝트 이전 단계에 대한 지침**. 이 문서에는 선호하는 대안에 대한 제안된

실행 전략이 포함되어 있다.

CA 보고서는 현재 외부 검토자(QA1)에 의해 면밀히 검토되고 있다. 또한 그들은 재무부의 지침에 기반하여 대안에 대한 완벽한 비용 혜택 분석을 수행한다. 검토자는 다음 사항에 대한 평가와 조언을 포함하는 보고서에 그들이 찾아낸 것을 제시한다.

- 프로젝트에 영향을 끼칠 수 있는 불확실성
- 분석된 개념의 예상되는 경제적 혜택과 비용
- 대안의 순위
- 관리 전략

QA1의 목적은 개념적 해법 선택에 대한 결정이 공정하고 합리적인 정치적 절차를 거쳤음을 확실하게 함으로써 주관기관을 지원하는 것이다. 물론 궁극적으로 개념은 외부 검토자가 아무 역할도 하지 않는 정치적 과정을 통해 선정된다. 검토자의 역할은 결정의 근거를 제공하는 기초 문서의 전문적 품질을 통제하는 것으로 제한된다. 근본적인 요구사항으로서, 제로 대안 외에 최소한 두 가지 실행 가능한 대안 개념이 검토되어야 한다.

주관기관은 이제 그 문서들을 분석하고 그 경우를 정치적 수준으로 제시한다. 프로젝트 소유자로서, 국가는 프로젝트를 생성한 근본적인 문제와 관련된 사회적 요구를 가장 잘 해결할 방법을 결정해야 한다. 내각은 이제 개념적 해법의 선택과 관련된 결정을 내리고 사전 프로젝트 단계 진행 여부를 결정한다.

18.5 QA1의 교훈

첫 QA1 보고서가 나온 지 10년이 지났지만, 이 제도의 효과를 평가하기에는 아직 이르다. 우리의 지식은 QA1을 수행한 프로젝트의 유형, CA 및 QA1 보고서의 품질, 그리고 그 결과의 결정에 의해 제한된다. 간접적으로는 제도 도입 후 정부, 산업계, 학계에 전파된 효과 일부를 유추할 수도 있다.

2015년까지 약 70개의 프로젝트가 CA와 QA1을 수행했다. CA 보고서의 품질이 시간이 흐르면서 꾸준히 향상되었고 공통의 최상 사례로 수렴한다는 것에는 의심의 여지가 거의 없다. QA1 보고서에서도 동일한 추세를 확인할 수 있으며, 품질보증자는 수년간의 경험을 쌓았고 긍정적인 학습 곡선을 보여주었다(Samset and Volden 2013). 문헌에 있는 몇몇 검토들은 교통 부문에서 CA/QA1 프로세스의 성과와 이 제도에 대한 이해관계자의 경험을 이미 조사하였다. 예를 들어, 라스무센 등(Rasmussen et al. 2010), 스테이튼스 베그비슨(Statens vegvesen 2012), 비저트네이스(Bjertnaes 2012)를 참조한다. 이러한 연구들은 CA/QA1 프로세스가 시간과 자원을 소비할 수 있지만, 전반적으로 기관들은 이 제도로부터 혜택을 얻는 것 같다고 제시한다. 특히, 이 제도는 이전 시스템보다 프로젝트 아이디어의 조기 파악에 더 체계적인 접근방식을 제공한다. 기획자들은 도로 구간 선정과 기술적 해결방안 결정으로 직행하기보다는 더 넓은 시야를 갖고 사회적 측면을 논의하도록 강요받아, 기관 내에서 아이디어가 성숙되고 창의성을 자극할 수 있다. 또한 이 제도의 프로세스는 가장 효과적인 선택이 분석에 포함될 가능성을 높인다.

QA1 제도는 특히 도로 프로젝트에서 전통적으로 상당한 영향력을 가져온 지역 이해관계자들보다 부처와 내각이 프로세스의 초기 단계에서 더 직접적인 영향력을 행사할 수 있도록 한다. 그러나 아직 개선의 여지가 있다. 17개 프로젝트에 대한 한 가지 심층 연구(Samset et al. 2013)는 CA 보고서에서 기회 공간을 어떻게 정의하고 활용하는지 구체적으로 조사한다. 반복되는 문제는 CA 프로세스 이전에 이미 개념적 해결책이 선정되었다는 점인데, 이는 기관의 경로 의존성이나 정치적 제약과 한계 때문이다. 또 다른 연구(Statens vegvesen 2012)는 품질보증자가 경제적 고려사항에 대해 불균형적인 주의를 기울여서 경제적 영향과 다양한 정치적 목표의 달성에 균형을 맞춰야 한다고 제안한다. 마지막으로, 일부 부처와 기관은 하나의 실현 가능한 개념적 해결책 외에 다른 대안이 없는 경우 CA/QA1 전 과정을 거쳐야 하는 무의미함에 관심을 가져왔다.

CA 및 QA1 권고안과 최초 70개 QA1 프로젝트의 결과 결정을 연구하면서, 후속 연구자들은 품질보증자들이 사례의 1/3에서 개념의 우선순위에 대해 주관 부처에 동의한다는 것을 발견했다. 나머지 3분의 2의 사례에서는 품질보증자와 주관 부처가 개념의 우선순위에 대해 의견이 상이하다. QA1 보고서는 더 자주 제로 대안이나 더 경제적으로 실현 가능한 개념을 권고한다. QA1 보고서에서 품질보증자는 CA 프로세스 동안 특히 덜 비싼 개념과 관련하여 전체 기회 공간 탐색 실패에 대해 주관 부처를 종종 비판한다. 70여 개의 프로젝트 대부분은 현재 내각의 정치적 처리를 통과하였으며, 그중 거의 80%가 한 가지(혹은 한 가지 이상의) 개념으로 사전 프로젝트 단계에 돌입했다. 일반적으로 내각이 QA1 권고안에 따라 프로젝트를 전면 거부한 경우는 6%에 불과했다. 품질보증자가 QA1 보고서에서 CA 권고안을 승인할 때, 내각은 일반적으로 권고안을 따른다는 것은 놀랍지도 않다. 따라서 QA1 프로세스는 제안된 개념이 가장 효율적이고 효과적인 대안이라는 확신을 높인다. 그러나 권고안이 나뉘면 결과는 예측하기 어렵다. 이 경우 내각은 QA1 권고안보다 부문별 부처의 권고를 더 많이 따르지만, 프로젝트 제안을 철회하거나 새로운 CA 평가를 위해 부문별 부처로 다시 보내거나 내각이 전혀 다른 개념을 선택하는 경우도 있다(Grindvoll 2015). 그 결과에 따르면 내각은 이제 대부분의 경제적 결과인 프로젝트의 결과에 대해 더 많은 정보를 얻고 있으며 QA1 권고안을 신중하게 받아들이고 있다. 그러나 프로젝트 개념의 선택은 분명히 정치적 결정으로 남아 있다.

특히 노르웨이에서는 예상되는 경제적 생존 가능성에 따라 공공 투자사업의 우선순위를 정하는 전통이 없으며, 특히 도로 사업(Welde et al. 2013)의 경우도 그러하다. 실행 가능성에 따른 우선순위의 부재는 정치인과 정부 기관 모두에게 적용된다. QA1 제도는 의사결정자들이 대안들과 그들의 경제적 의미에 대해 잘 알고 있다는 것을 보장할 수 있다. 그러나 시간이 지남에 따라 분명히 효과적이지 않으며 다른 대안보다 열등한 개념적 해결책을 선택하기가 더 어려워질 수 있다. 증거는 또한 투자 정당성이 낮다는 것을 보여주는 독립적인 QA1 보고서가 영향력이 있을 수 있고, 따라서 논란이 많은 경우에 내각의 건전한 결정이 필수적이라는 증거를 암시한다. 스포츠 열광자와 지역사회가 2018년과 2022년 후반에 노르웨이에서 동계올림픽을 개최하자는 제안이 대표적인데, 그 제안은 국가가 투자 비용을 보증하는 것이었다. 두 경우 모두, QA1 보고서에서 혜택이 과대 평가되고 비용이 과소 평가 되었다고 밝혀진 후에야 내각은 그 제안을 거절했다.

CA/QA1 제도의 한 가지 현저한 영향은 품질보증자가 관리자의 역할뿐만 아니라 조언자의 역할도 갖고 있어서, 평가 과정 동안에 품질보증자의 조언에 따라 각 부처의 기회 공간이 확대되었다는 것이다. 여러 경우 외부 검토자에 의해 CA 문서가 거부되고, 새로운 개념적 대안이 제시되어 평가 과정에서 2차적 검토가 이루어졌다. 추가로 비록 입증하기는 어렵지만, 가장 빈약하게 고안된 많은 투자 제안들이 CA/QA1 단계에 도달하기도 전에 선별 배제되고 있다는 것을 믿을 이유가 있다. 이러한 제안은 관련 부처 및 기관의 개선된 프로세스와 절차로 인해 조기에 거부될 수 있으며, 이는 아마도 QA1 제도의 가장 중요한 유익한 효과일 것이다.

18.6 선택된 프로젝트의 품질보증과 해당예산(QA2)

QA2는 사전 프로젝트 단계 종료 시점에서 수행되며, 전략관리 문서를 승인 및 자금배정을 위해 의회에 제출하기 전에 책임부서에 독립적 검토 의견을 제공하는 것을 목적으로 한다. 이런 검토는 예산이 현실적이고 합리적인지 확인하기 위한 최종적인 통제 수단뿐만 아니라, 앞으로의 관리 문제를 확인하기 위해 적극적으로 추진된다. 이 분석은 프로젝트의 자금 조달에 관한 최종 결정을 입증하는 데 도움이 되어야 하며, 관리 기준으로서 실행 중과 실행 후에 유용해야 한다.

품질보증 검토에 대한 입력사항으로서 기관은 다음 사항을 제공할 의무가 있다.

(1) 총괄관리문서(방침문서)
(2) 비용의 기준추정과 적절한 경우의 수입/수익의 기준추정
(3) 최소 두 가지 대안적 계약 전략에 대한 평가

품질보증자는 이러한 문서를 검토 및 검증하고 성공 요인/곤란한 사항 및 전반적인 불확실성 시나리오에 대한 별도의 분석을 수행한다. 비용 불확실성 분석은 기본 추정치에 근거해야 하며, 예상 비용 및 관련 불확실성을 설정하기 위해 예상 추가사항을 명기하여야 한다. 품질보증인은 (1) 필요한 예비비 및 기관의 방침 구조를 포함한 제안된 비용 구조와 (2) 예비비의 관리 및 권한부여를 포함한 비용 구조 내에서 유지하기 위하여 프로젝트 관리를 위한 적절한 전략을 추천한다.

제안된 비용 구조는 수학적 분석 방법 또는 시뮬레이션 도구에 기반하여 추계적(확률 기반) 비용추정에 대한 표준 절차를 사용하여 확립된다. 결과는 보여지는 것과 같이 투자비용의 누적 확률분포이다. 제안된 비용 구조는 일반적으로 P85이며, 비용 구조를 초과할 위험이 있을 경우 프로젝트 기간에 수행될 수 있는 단순화 및 축소(이른바 축소목록)에 대한 공제도 가능하다. 예비비 사용에 대한 동기를 피하려고 기관의 방침 구조는 더 낮은데, 일반적으로 P50 수준이며, 그림 18.2를 참조한다.

의회와 주무 부처는 당연히 이 권고안을 따를 필요가 없다. 프로젝트의 최종 전

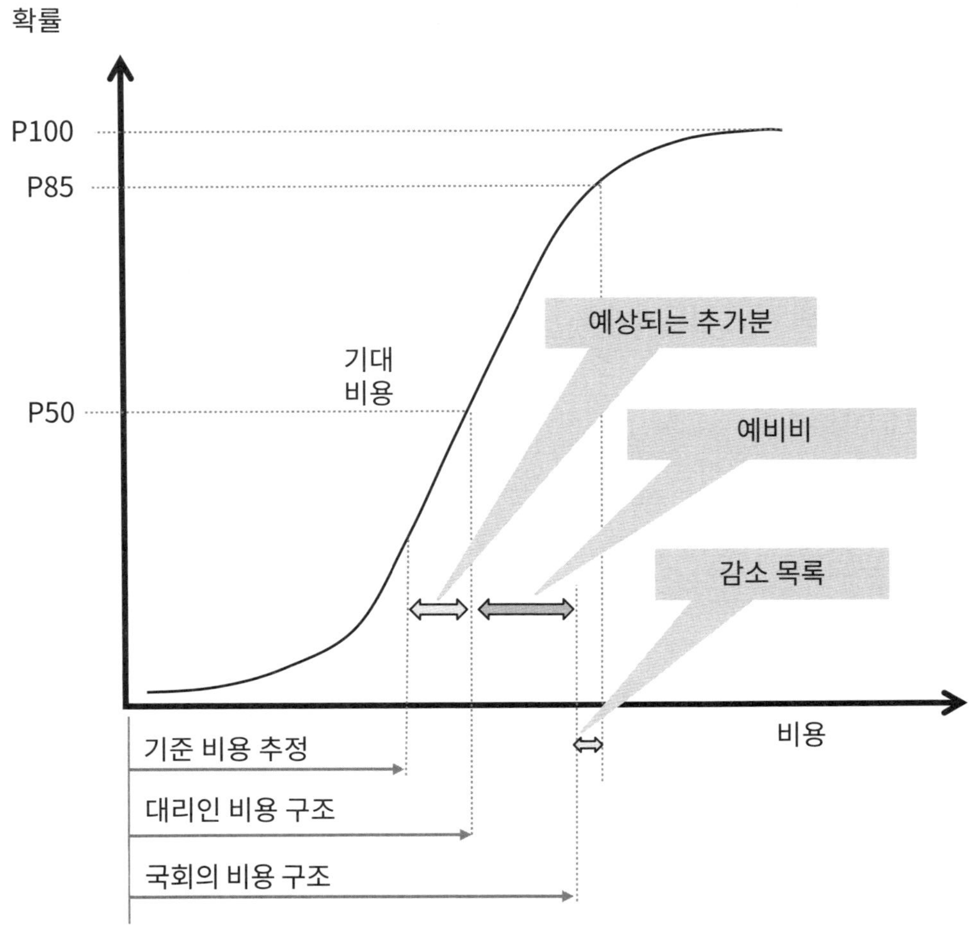

그림 18.2 추계적 비용추정 — 핵심 용어 정의

체 비용 구조는 의회에서 결정되며, 그 후 부처가 수행 기관의 방침 구조를 결정할 것이다. 전문적 관점에서 QA2 검토는 프로젝트 관리 전문지식에 크게 의존한다. 즉, 프로젝트 산출물이 합의된 품질과 비용 구조 내에서 제때에 수행될 수 있도록 하는 방법을 확실히 해야 한다. 계약 전략은 보다 인센티브 이론, 거래 비용 이론, 더 일반적으로 조직 이론을 포함한 경제학의 요소들로서 실행에서 중요한 부분이다. 품질보증자들은 이 모든 분야에 전문지식을 가질 것으로 기대된다.

18.7 QA2의 교훈

비용 및 방침 구조에 한 QA2 추천안은 단지 권고사항일 뿐이지만, 프로젝트의 약 70%는 승인된 비용 구조가 QA2 권고사항과 일치하고, 나머지 30%는 경미한 편차만 있음을 알게 되었다. 또한 최종 방침 구조는 프로젝트의 54%에 있는 QA2 권고안과 동일하며, 두 가지 예외는 편차가 ±10% 이내(Samset and Volden 2013)이다. 이러한 결과는 이 과정에서 사용된 QA2 프로세스와 추계적 비용추정 기법이 주요 공공투자사업의 예산 결정 기준으로 신뢰되고 있음을 나타낸다.

확립된 최종 투자비용으로 2012년 말까지 완료된 모든 QA2 프로젝트를 기반으로 비용 준수성에 대한 첫 번째 분석이 2013년에 제시되었다(Samset and Volden 2013, 2014). 당시 이러한 사업은 모두 40여 개였으며, 그 결과가 유망했다.[3] 40개 프로젝트 중 32개 프로젝트(80%)가 비용범위 내에서 또는 그 이하로 완료되었다. 게다가, 몇몇 프로젝트들은 상당한 비용 절감을 하였고, 총 5억 유로로 대부분 도로 프로젝트였다. 전체 프로젝트의 총 순 절감액은 총 투자의 약 7%인 3억 유로 이상이었다. 이는 과거의 경험과 다른 나라의 여러 연구에서 얻은 발견을 바탕으로 기대할 수 있었던 것과 비교했을 때 예외적으로 좋은 결과였다.

현재 QA2 심사에 제출된 총 78개 프로젝트가 완료(2015)되었으며, 이 중 67개(84%)에 대한 최종 비용이 수립되었다. 이 프로젝트들이 포함된 이전 분석의 업데이트 결과(Welde 2015)는 그림 18.3과 같다.

18.7.1 승인된 비용범위와 관련된 최종비용

그림 18.3은 의회가 승인한 최종 비용 및 비용 범위의 차이를 보여주고 있으며, 후자는 P85 추정치에 크게 해당한다. 이 자료에 따르면 67개 프로젝트 중 53개 프로젝트(79%)가 비용범위 내에서 또는 그 이하로 완료되었다. 전체 프로젝트의 총 순 절감액은 거의 6억 유로였으며, 이는 전체 투자의 약 7%에 해당한다.

18.7.2 부문별 비용 차이

그림 18.4는 서로 다른 분야의 프로젝트가 승인된 비용 범위를 준수하는 정도를 보여준다. 프로젝트 수는 아직 너무 적어 확실한 결론을 내리지 못하고 있지만, 국방사업 부문은 비용초과 사업이 없다는 점이 눈에 띈다. 철도 부문도 평균 이상 성과를 냈는데 비용초과 프로젝트가 14%에 불과했다.

18.7.3 기간별 비용 차이

비용 준수 문제에 영향을 끼칠 수 있는 또 다른 요인은 프로젝트가 수행된 기간이

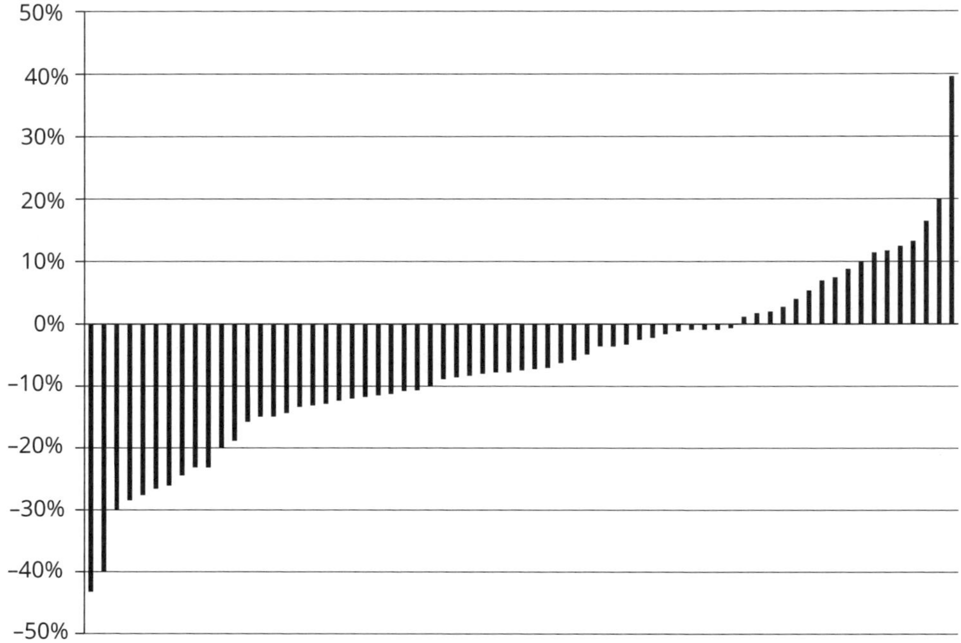

그림 18.3 국회에서 승인된 최종 사업비와 사업비 범위 사이의 차이

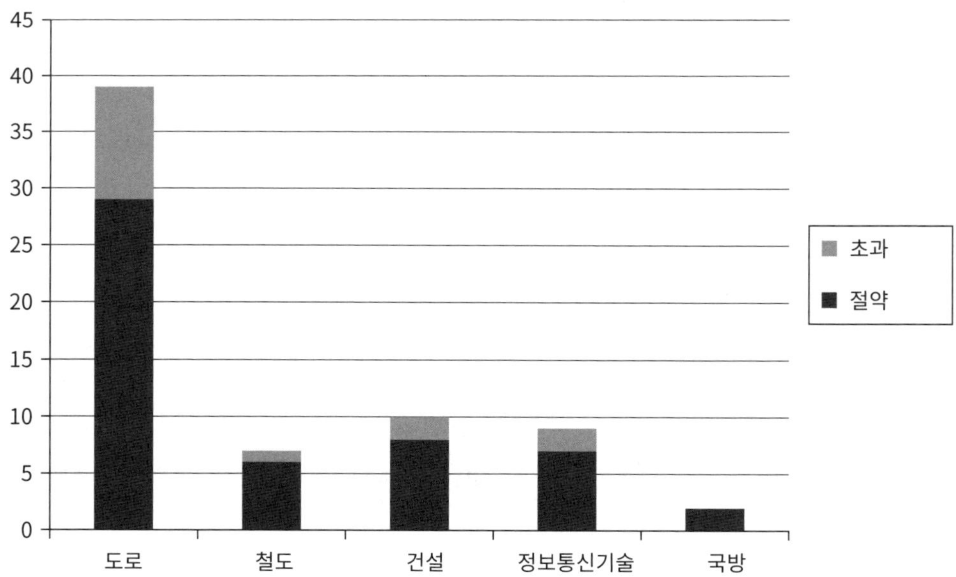

그림 18.4 비용초과 달성 및 부문별 절감액(N = 67) 프로젝트 수

다. 사실, 프로젝트의 결과는 불확실성 분석에 의해 포착된 변동보다 가격 변동이 더 크거나 작을 수 있다는 점에서 학습 효과에 의해 긍정적인 영향을 받을 수도 있고, 경제적 사이클에 의해 긍정적이거나 부정적인 영향을 받을 수도 있다.

그림 18.5는 프로젝트의 최종 비용과 승인된 비용 범위 간의 차이를 보여주고, 이 비용은 2000-2012년까지 수행되었으며 시작 시점별로 분류된다. 우리는 2004-2008년 중반에 발생한 비용초과 현상에 대해 명확하지 않은 경향을 발견한다. 평균적으로 이 기간의 프로젝트들은 비용 범위와 상대적으로 동일한 최종 비용(0% 편차)을 가지는 반면, 이 기간 전후에 수행된 프로젝트의 평균 편차는 13%로, 즉 상당한 비용 절감 효과가 있었다. 두 평균의 차이는 0.05 수준에서 통계적으로 유의하다.

이런 모호한 경향은 이 시기에 발생한 건설 산업의 강력한 비용 상승에 기인할 것이다. 대안적으로, 2007-2008년의 후속적인 세계 금융위기는 예상치 못한 결과를 초래할 수 있다. 이러한 설명 외에 관찰된 모호한 경향의 원인을 파악하기란 어렵다.

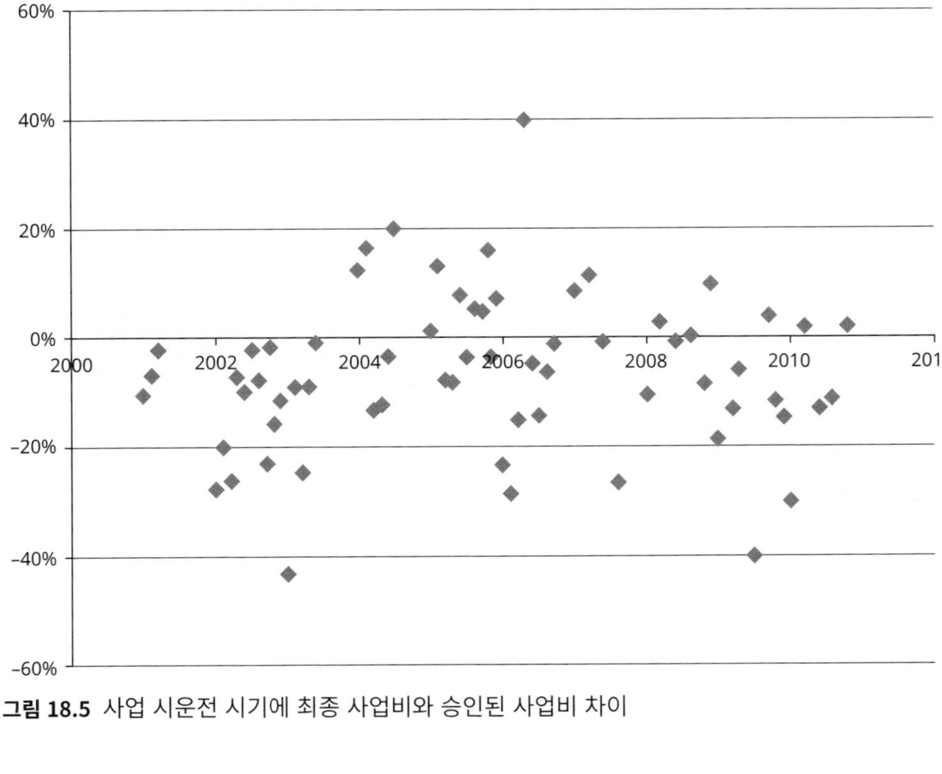

그림 18.5 사업 시운전 시기에 최종 사업비와 승인된 사업비 차이

18.7.4 기관의 운영기준과 관련된 최종비용

앞에서 언급한 바와 같이, 수행 기관의 운영기준 범위는 추정 중간값(P50)과 대체로 일치한다. 프로젝트 실행과 관련한 불확실성을 감안할 때 편차를 예상할 뿐 아니라 수용해야 한다. P50에서 운영기준 범위를 적용할 경우 비용초과와 비용적음이 동일할 것으로 예상해야 하며, 포트폴리오가 충분히 큰 경우 전체 포트폴리오의 평균은 중간값에 근접해야 한다.

최종비용과 운영기준 범위의 차이는 그림 18.6에 나타나 있으며, 결과는 예상과 같다. 차이는 중간값을 중심으로 거의 대칭적으로 분포되어 있어 포트폴리오 수준에서 비용관리가 양호하다는 것을 나타낸다. 그러나 분포는 약간 오른쪽으로 치우쳐 있으며, 프로젝트의 48%가 아래에, 52%가 범위 위쪽에 있다. 평균 2.8%의 양의 편차가 있다. 이상적으로는 편차가 0이어야 한다.

언급했듯이, 연구자들은 현재 QA2를 수행하고 사용자와 사회의 혜택을 측정할 수 있는 운영 단계에 있는 프로젝트에 대해 보다 광범위한 사후 평가를 수행하는 과정에 있다. 평가된 처음 11개 프로젝트의 결과는 전반적으로 운영 성공률이 높지만 재무적인 측면에서만 그렇지 않다는 것을 나타낸다. 11개 프로젝트 중 2개 프로젝트만이 비용 범위를 초과하지만 5개는 운영기준 범위를 초과했다. 더욱이, 단지 두 개가 기간이 지연되었고, 네 개는 품질과 기능성과 관련된 (중대한) 단점을

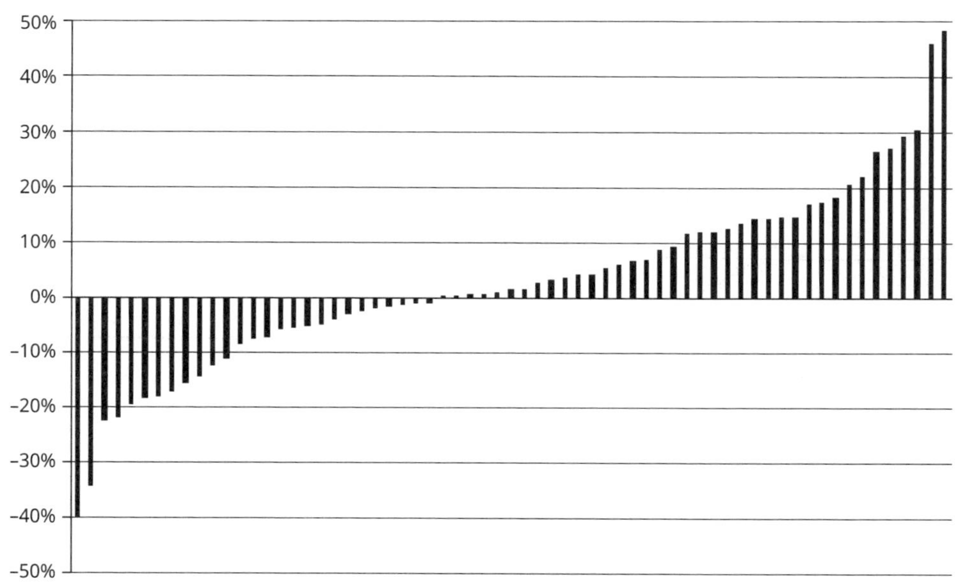

그림 18.6 사업에 대한 최종 사업비와 동의된 위원회 사업비 범위 차이

가지고 있었다. 그 프로젝트들은 본질적으로 잘 조직되고 수행되었다. 실제로 구체화되는 대부분의 위험 요인은 QA2 보고서에서 확인되었다. 그러나 특히 이 프로젝트 중 하나에서는 개장 후 처음 몇 년 동안은 값비싼 조정과 업그레이드가 필요했다. 이번 연구결과는 투자비용만 집중하는 것이 아니라 수명주기 비용을 강조하는 것이 중요하다는 것을 보여준다.

QA2를 거친 첫 번째 프로젝트의 결과는 비용범위 내에서 대다수가 완료되었다는 것을 나타낸다. 또한 최종비용과 운영기준 범위 사이의 편차는 중간 값을 중심으로 거의 대칭적으로 분포한다. 이러한 결과는 포트폴리오 수준에서 노르웨이가 현재 주요 공공투자 프로젝트에서 비용을 효과적으로 통제하고 있음을 나타낸다. 더욱이 편차가 거의 비슷한 양으로 양과 음으로 나뉘기 때문에 불필요할 때 예비비를 지출할 동기가 없다. 이 결과는 수행 기관을 위해 (일반적으로 P50 수준에서) 더 낮은 운영기준 범위를 설정하는 관행으로 인해 발생할 가능성이 높다.

이 데이터는 중간 기간(즉, 2004-2008년에 시작된 프로젝트)에 비용초과가 발생한 경향을 보여준다. 따라서 시간이 지남에 따라 그리고 서로 다른 분야에서 결과가 어떻게 전개되는지를 모니터링 하는 것이 중요하다. 완성된 프로젝트의 첫 번째 집합은 이들 프로젝트가 시간 효과적인 방식으로 수행되었다는 점에서 다소 편향적일 수 있다. 도로 프로젝트는 처음 완공된 프로젝트 중에서 다소 일반적인 것이며, 그 중 상당수는 복잡하지 않은 것이었다. 이와는 대조적으로 수년 전에 시작된 수많은 국방 및 ICT 프로젝트는 미완성 상태로 남아 있으며, 우리는 아직도 그 결과를 기다리고 있다.

18.8 논의

그동안 논의되었던 결과를 고려하면 QA2는 노르웨이 주요 공공사업에서 비용관리 개선과 비용통제가 확보되는 데 도움이 된 것으로 보인다. 1990년대의 상황은 노르웨이와 다른 나라 모두에서 주요 비용초과가 예외라기보다는 일반적이었다. 국제 연구(Flyvbjerg et al. 2003)는 지난 70년 동안 상황이 개선되거나 악화되지 않았다는 것을 보여주었다. 다만 1990년대와 다른 나라의 상황에 관한 결과를 비교할 때는 신중해야 한다. QA2가 보장하는 것은, 프로젝트가 의회의 승인을 받았을 때 더 성숙해지고, 비용추정이 현실적이며, 필요한 예비비를 포함한다는 것이다(P85 수준에서 감축 목록 제외). 그림의 중요한 부분은 프로젝트들이 1990년대보다 현재의 계획

과정에서 더 늦은 단계에서 일반적으로 승인(그리고 비용 프레임 집합)된다는 것이다. 이전에는 비용 프레임이 종종 더 조기에 덜 현실적인 추정치에 기반하였으며, 불확실성에 대한 대비를 항상 포함하지는 않았다.

일반적으로, 비용 준수에 관한 고무적인 결과는 두 가지 방법으로 해석될 수 있다. 즉, QA2를 수행한 투자 프로젝트가 이전보다 더 낮은 비용으로 현재 수행되고 있거나, 또는 보다 성숙하고 더 현실적인 추정에 기초하여 나중에 비용 구조를 수립한다는 것이다. 1990년대의 프로젝트들은 예산과 관련하여 대규모 비용초과를 경험했지만, 오늘날 우리는 프로젝트가 "매우 초기 추정치"에 비해 비용초과가 될 수 있다는 것을 안다(Welde et al. 2014). 예방할 수 없는 것은 QA2에 선행하는 과정에서 프로젝트 내용, 범위, 비용이 증가하는 것이다. 비용 구조가 설정되기 전에 프로젝트는 사용자 그룹과 이해관계자가 큰 기대를 갖는 긴 프런트-엔드 단계를 거치는 경우가 종종 있다. 프로젝트가 의회에 제출될 때, 사회 요구에 대한 효율적인 해결책이라고 여겨지는 것 이상으로 프로젝트 범위가 커진 경우에도 제안을 거절하는 것은 너무 늦을 수 있다. 프로젝트를 실행할 가치가 있는지 여부를 결정하기 위하여 비용추정을 기대 혜택과 비교하는 것은 QA1 단계이다. 그러나 QA1과 QA2 사이에 비용추정치가 증가하면, QA1 단계부터 프로젝트의 전술적·전략적 성공에 대한 평가는 더 이상 유효하지 않게 된다. 지금에 와서 QA1과 QA2를 모두 적용받은 첫 번째 프로젝트를 관찰할 수 있고, QA 제도의 효과를 조사하는 연구자들은 이에 따라 집중력을 확대할 것이다. QA1과 QA2 사이의 범위 증대가 보편적인 문제라면, QA1의 비용추정이 후속 사전 프로젝트 단계(소위 설계 대 비용 원칙)에 결합 되도록 향후 QA 제도를 변경이 해결책이 될 수 있다.

선택편향 문제는 항상 조사가 필요하다. 관련 질문은 대형 프로젝트 사이뿐만 아니라 전체 프로젝트에서 비용초과 크기가 변화했는지이다. 이런 상황에서 대형 프로젝트에 대한 품질보증 이행만으로는 대형 프로젝트의 비용초과 규모 차이가 주요 원인이라고 단정하기는 어려울 수 있다. 오데크 등(Odeck et al. 2015)은 유사한 연구에서 선택편향의 이 문제에 대해 시험했다. 그들은 소규모 도로 프로젝트의 비용초과가 일정하게 유지되었지만, QA2제도 하의 대규모 도로 프로젝트는 같은 기간 동안 비용초과의 규모가 상당히 감소했다는 것을 발견했다.[4]

노르웨이 Quality-at-Entry 체제는 본질적으로 정부 관행의 질적 변화를 시행하고 주요 투자를 위해 도입 시 품질을 개선하기 위해 채택된 하향식 규제 제도이다.

관련 부처나 기관의 현행 절차와 간섭되는 것이 아니라 정치적 의사결정에 필수적인 기반을 제공하는 기존 문서를 단지 개선하는 것이 목표이다. 당연히, 처음에는 이 제도가 다소 논란의 여지가 있었는데, 그것은 추가적인 비용과 시간 지연뿐만 아니라 부처와 기관이 처리하는 문제에 외부 전문가들의 개입을 수반했기 때문이다. 그러나 실제로는 새로운 품질 요건을 충족시키기 위해 관행을 적용한 부처나 기관으로부터 건설적인 응답을 본질적으로 받았고, 경우에 따라 이 제도를 자율규제 절차로 채택하기도 했다.

최근의 연구(Kvalheim et al. 2015)는 노르웨이 정부가 오늘날 주요 공공투자 프로젝트에 관한 결정을 할 때 QA 제도가 도입되기 이전 기간과 비교하여 더 잘 알고 있는지 여부를 조사한다. QA 제도 도입 전후의 프로젝트 샘플과 24명의 공공 기획자 및 지도자와의 인터뷰를 바탕으로 한 이번 연구는 다음과 같은 결과를 보여준다.

1. 결정문서의 품질이 상당히 향상되었다.
2. 개념적 해결책의 선택을 위한 필수 요인은 CA/QA1 분석에 포함된다.
3. 의사결정을 위한 전제조건은 잘 문서화되어 있다.
4. 권고안은 명확하고 투명하다.
5. 프로젝트들은 충분히 성숙되어 있고 QA2 이후 의회의 승인을 받을 준비가 되어 있다.

노르웨이 QA 제도의 중요한 특징은 정부와 민간부문 모두에 끼친 것으로 보이는 파급 효과이다. 제도 도입 후 기간에는 비용추정 및 예산편성, 위험평가, 전략계획 등의 분야에서 개선된 관행의 명확한 추세를 발견한다. 의사결정 문서의 질적 향상과 대체 개념을 포함하도록 분석 범위를 넓히고, 지나치게 상세한 분석은 조기에 피하는 것이 필요하다는 것에 대해 정부 내에서 인식이 확산되고 있다. 이러한 인식은 컨설팅과 건설 산업으로도 확산되어, 공공에 대한 공급자로서 역할에서 이들 분야의 새로운 절차와 요건에 분명히 긍정적인 반응을 보인다. 프런트-엔드 관리가 프로젝트 관리 전문가 사회에서의 이슈가 되고 있고, 교육 과정은 현재 많은 기관과 컨설턴트에 의해 제공되고 있다고 알 수 있다. 개선된 관행도 여러 정부 기관에 의해 채택되고 제도화되었다. QA 제도를 따르지 않는 부문—특히 보건당국(Myrbostad et al. 2010), 전력회사(St. Meld. Nr. 14 2011–2012)와 오슬로 시 당국(Oslo

Kommune 2011)—은 자발적으로 그 제도의 변형을 도입했다. 다른 나라들도 이 제도에 관심을 보였다. 예를 들어, 스웨덴에서는 노르웨이의 제도에서 직접 영감을 받은 CA 보고서의 변종이 초기 계획의 새로운 단계로서 2013년에 도입되었다. 캐나다 퀘벡 주에서도 이와 유사한 제도를 도입했다.

앞에서 언급했듯이, 거버넌스 제도의 한 가지 근본적인 측면은 적어도 세 가지 대안 개념적 해결책이 아직 선택권이 열려 있는 초기에 분석되어야 한다는 것이다. 대안들에 대한 평가가 공정하다는 것을 보장하기 위해 대안들은 동일한 규격으로 분석되어야 한다. 이 요구사항은 개념적 해결책을 정의하는 것에 대한 논쟁을 촉발시켰다. 예를 들어, 개념적 해결책이 동일한 문제에 대한 다른 기술적 해결책을 구성한다면(예, 피오르드를 횡단하는 사회기반시설 프로젝트에서의 교량 대 터널), 또는 개념적 해결책이 가장 넓은 의미에서 다른 프로젝트의 결합된 효과의 차이점에 기초하여 결정되어야 하는가? 답은 어떻든 제도가 이 문제를 공론화 안건으로 내세우면서 애널리스트와 정치인, 국민에게 현저한 영향을 끼쳤다. 이 이슈와 경제 분석에 대한 강조는 관련 대안 개념을 식별하고 가장 실행 가능한 프로젝트 대안을 선택하려는 목적에서 중요한 것으로 증명될 수 있다.

18.9 결론

이 장에서는 공공 프로젝트의 전반적인 의사결정과 성공을 개선하는 데 있어 운영적, 전술적, 전략적 관점에서 공공투자 프로젝트에서 금융 당사자의 이익을 확보하는 거버넌스 체제의 필요성에 대해 논의하였다. 우리는 프로젝트 수행 전에 두 가지 외부 품질 보증 개입이 필요한 노르웨이 Quality-at-Entry 제도를 제시하고 논의해 왔다. 이 하향식 규제 체제에서는 주요 의사결정이 정부의 행정 수준보다는 정치 수준에 기반하고 있다. 기존 관행과 제도에 내재된 절차에 대한 간섭을 제한하는 접근방식이 효과적인 것으로 보이며, 이는 자체 규제 제도의 개발을 촉진할 수 있으며, 궁극적으로 중앙의 하향식 개입을 불필요하게 만들 수 있다. 공공투자의 거버넌스 개선을 위해서는 개방성과 투명성이 필수적이라고 보인다.

지금까지의 교훈은, 예산 품질 보증(QA2)의 대상이 되는 프로젝트가 비용범위 내에서 대부분 완료되었음을 나타낸다. 따라서 포트폴리오 수준에서 국가는 주요 투자 프로젝트의 비용을 보다 효과적으로 통제할 수 있다. 아마도 이 연구의 가장 흥미로운 측면은 프로젝트에서 비용 준수에 대한 다른 연구와 비교했을 때, 우리의 수치는 모든 프로젝트에 대해 동일한 원칙과 방법론에 기초하여 일관성이 있으며, 따라서 비교할만하다는 것이다. 그러나, 비용 준수에 관하여 좋은 결과가 노르웨이의 주요 프로젝트 수행이 다른 나라들보다 더 효율적이라는 증거와 혼동되지 않아야 한다. QA2가 막을 수 없는 것은 QA2에 선행하는 과정에서의 프로젝트 내용, 범위, 비용 증가이다. 이것이 만연한 문제인지를 조사하는 것이 향후 연구의 주제가 되어야 한다. 개념 해결책(QA1) 선택의 품질보증이 프로젝트의 전술적·전략적 성공을 증가시켰는지 판단하기는 이르지만, 개념 해결책 선택에 대한 체계적인 평가가 유용하다는 것은 명확하다.

노르웨이 QA 체제는 프로젝트 거버넌스 개선을 위한 새롭고 단순한 접근법이다. 가장 두드러지게, 프로젝트를 시작하는 사람들로부터의 위험 자본과 프로젝트로부터의 혜택에 대한 요구사항 부족 등의 몇 가지를 제외하고, 이 제도는 플뤼브비에르 등(Flyvbjerg et al. 2003)의 권고사항과 일치한다. 그 프로젝트들이 의회에 제출되었을 때 성숙하고 잘 정의되도록 확실히 하고, 확률적인 비용추정 방법론의 사용을 요구하며, 전체 비용을 사용하지 않는 기관에 대한 인센티브를 포함하고 있다. 지금까지, 이 제도는 노르웨이에서 잘 작동하는 것 같다. 그러나 전체 관점에서 그것이 더 바람직하다는 것을 의미하지는 않는다. 서로 다른 제도적 환경, 특정 유형의 프로젝트와 장기간의 프로젝트를 가진 다른 국가에서는 다른 접근법이 요구될 수 있다.

프로젝트 거버넌스는 최근에서야 프로젝트 관리 커뮤니티에서 이슈가 되고 있다. 이 분야에서 앞으로 나아가기 위해서는 수많은 질문에 답할 필요가 있다. 다른 국가와 기관에서는 어떤 절차가 적용되며, 그 효과는 무엇인가? 사회와 투자자들에게 최대한의 효용과 투자 수익을 보장하기 위해 국제, 정부 또는 기업 차원에서 더 효과적인 거버넌스를 개발하려면 무엇이 필요할까? 주요 투자 프로젝트의 개선된 거버넌스 제도에서 규제, 경제적 수단, 정보의 최적 조합은 무엇인가? 프로젝트 관리 커뮤니티의 과제는 프로젝트 자체의 수행을 넘어 프로젝트의 효용성 및 효과관점의 더 광범위한 이슈로 초점을 전환하는 것이 될 것이다. 최근의 한 연구는 노르웨이와 다른 5개국의 주요 공공투자 프로젝트에 대한 거버넌스 제도를 비교하였다(Samset et al. 2015). 제도에는 많은 유사점이 있지만, 예를 들어 프로젝트 단계, 의사결정 지점 및 개입의 수, 품질 보증 수행자에 관한 차이점도 있다. 모든 제도는 상당히 최근의 것이며, 그들의 효과를 탐구하고 그들의 성공을 비교하기에는 너무 이르지만, 이것은 앞으로의 연구에 흥미로운 주제가 될 것이다. 이 분야에서 이해도와 민감도의 증가는 재무 분야와 실행 분야 모두에서 상호 이익이 될 수 있다.

주

1. 여기서와 유사한 것은 민간 금융 기관일 것이다. 투자 프로젝트와 관련된 실질적인 문제나 특징에 대해서는 거의 고려하지 않고 투자자의 신뢰도와 가용 담보 검토에 기초하여 투자 프로젝트를 거의 독점적으로 평가한다.
2. 모든 기관은 국가재정관리규정(Financesdepartmentet 2013)에 따라 회계처리를 할 의무가 있다. 회계는 개별 프로젝트의 최종 비용을 포함하여 충당금 배분에 대한 통제 근거와 활동 분석 근거를 제공한다. 최종 비용은 계좌를 손상시키지 않고는 변조될 수 없다. 감사원은 매년 회계감사를 한다.
3. 프로젝트 비용은 매년 기관의 회계시스템을 통해 수집되며, 기관의 내부통제시스템의 일환으로 후속조치가 이루어진다. 건설 단계 중, 각 기관은 발생된 비용을 주무 부처에 보고하고 최종 비용에 대한 예측을 제공한다. 완료 후, 연간 총비용은 적절한 지수를 이용하여 공통 가격 수준으로 조정되며, 기관 내부 평가 시스템의 일부로 내부적으로 사용된다. 이 자료는 책임 기관이 소유하지만, 연구 및 기타 목적으로 공개적으로 이용할 수 있다.
4. 노르웨이 공공 도로 관리청 이외의 기관으로부터 소규모 프로젝트의 최종 비용에 대한 데이터에 접근할 수 없어서, 품질 보증만으로는 비용초과 규모 변화의 주요 원인이라고 확실하게 결론을 내릴 수 없지만, 오데크 등(Odeck et al. 2015)의 연구는 품질 보증은 우리의 연구에서 대부분의 프로젝트를 차지하는 도로 프로젝트들 중 비용초과가 감소되었다고 결론지었다.

참고 문헌

Aass, T. (2013). *Kostnadskontroll i prosjekter som har vært underlagt ekstern kvalitetssikring KS2*. Concept working paper.

Berg, P., Østby, L.-E., Lilleby, S., Styrvold, S., Holand, K., Korsnes, U., Rønning, K., and Johansen, F. (1999). *Styring av statlige investeringer: Sluttrapport fra styringsgruppen*. Ministry of Finance.

Bjertnaes, A. M. (2012). *Konseptvalgutredninger: intensjon og forbedringer*. Master's thesis, NTNU.

Christensen, T. (2011). "The Norwegian front-end governance regime of major public projects: A theoretically based analysis and evaluation," *International Journal of Managing Projects in Business*, 4(2): 221.

Finansdepartementet (Ministry of Finance). (2013). *Reglement for økonomistyring i staten Bestemmelser om økonomistyring i staten*. Oslo: Finansdepartementet.

Flyvbjerg, B., Bruzelius, N., and Rothengatter, W. (2003). *Megaprojects and Risk: An Anatomy of Ambition*. Cambridge: Cambridge University Press.

Grindvoll, I. L. (2015). *Hva har skjedd med KS1-prosjektene?: Status per mars 2015*. Concept working paper.

Kvalheim, E. V., Christensen, T., Samset, K., and Volden, G. H. (2015). *Har regjeringen fått et bedre beslutningsunderlag? Om effekten av å innføre konseptvalgutredning (KVU) og ekstern kvalitetssikring (KS1 og KS2) for store statlige investeringsprosjekter*. Concept working paper.

Miller, R. and Hobbs, B. (2005). *Governance Regimes for Large Complex Projects*, paper for the EURAM 2005 conference, University of Montreal.

Miller, R. and Lessard, D. R. (2000). *The Strategic Management of Large Engineering Projects: Shaping Institutions, Risk and Governance*. Cambridge, MA: MIT Press.

Morris, P. W. G. and Hough, G. H. (1991). *The Anatomy of Major Projects: A Study of the Reality of Project Management*. Chichester: Wiley.

Müller, R. (2009). *Project Governance*. Farnham: Gower.

Myrbostad, A., Rohde, T., Martinussen, P., and Lauvsnes, M. (2010). "Regime for planlegging og beslutning i sykehusprosjekter." Concept Report no. 25.

Odeck, J., Welde, M., and Volden. G. H. (2015). "The impact of external quality assurance of costs estimates on cost overruns: Empirical evidence from the Norwegian road sector," *European Journal of Transport and Infrastructure Research*, 15(3): 286–303.

Osol Kommune (2011). *Konseptvalgutredning (KVU) i Oslo kommune. Krav og veiledning*.

Pinto, J. K. and Slevin, D. P. (2006). *Organizational Governance and Project Success: Lessons from Boston's Big Dig*. Concept Symposium 2006, NTNU, Trondheim.

Rasmussen, I., Heldal, N., Homleid, T., Ibenholt, K., Skjelvik, J. M., and Vennemo, H. (2010). "På vei til kvalitet?: Evaluering av KS1 i transportsektoren." *Vista Analyse Report.*

Samset, K. (2008). *Prosjekt i tidligfasen: Valg av konsept* Tapir Akademisk forlag.

Samset, K., Andersen, B., and Austeng, K. (2013). "Mulighetsrommet: En studie om konsep-tutredninger og konseptvalg," Concept Report no. 34. Norway: Ex Ante Academic Publisher.

Samset, K. and Volden, G. H. (2013). "Investing for impact. Lessons with the Norwegian State project model and the first investment projects that have been subjected to external quality assurance," Concept Report no. 36. Norway: Ex Ante Academic Publisher.

Samset, K. and Volden, G. H. (2014): "Front end governance of major public projects: Lessons with a Norwegian Quality Assurance scheme," *International Journal of Architecture, Engineering and Construction,* 3(2): 110–19.

Samset, K., Volden, G. H., Olsson, N. and Kvalheim, E. V. (2015). "Styringsregimer for store offentlige prosjekter: En sammenliknende studie av prinsipper og praksis i seks land. [Governance schemes for major public investment projects: A comparative study of principles and practices in six countries]." Concept Report no. 46. Norway: Ex Ante Academic Publisher.

Samset, K., Volden, G. H., Welde, M., and Bull-Berg, H. (2014). "Mot sin hensikt: Perverse incentiver—om offentlige investeringsprosjekter som ikke forplikter," Concept Report no. 40. Norway: Ex Ante Academic Publisher.

Statens Vegvesen (Norwegian Public Roads Administration). (2012). *Evaluering av KVU/KS1. Færre og bedre KVU-er.*

St. Meld. Nr. 14. (2011–2012). *Vi bygger Norge: om utbygging av strømnettet.*

Welde, M. (2014). *Oppdaterte sluttkostnader: prosjekter som har vært underlagt KS2 per mai 2014.* Concept working paper.

Welde, M. (2015). *Oppdaterte sluttkostnader. Prosjekter som har vært underlagt KS2 per september 2015.* Concept working paper.

Welde, M., Eliasson, J., Odeck, J., and Börjesson, M. (2013). "Planprosesser, beregningsverktøy og bruk av nytte-kostnadsanalyser i vegsektor: En sammenligning av praksis av Norge og Sverige," Concept Report no. 33. Norway: Ex Ante Academic

Publisher.

Welde, M., Samset, K., Andersen, B., and Austeng, K. (2014). "Lav prising, store valg: En studie av underestimering av kostnader i prosjekters tidligfase. [Low estimates, high stakes: A study of underestimation of costs in projects' earliest phase]." Concept Report no. 39. Norway: Ex Ante Academic Publisher.

제19장

양호한 대형 댐

모든 사항 고려 시 양호한 대형 댐이 존재하는가?

세이어 스쿠더

19.1 개요

강 유역과 세계에서 가장 큰 댐 중의 일부와 댐 프로젝트에 영향을 받은 사람들은 지난 60년 동안 아프리카, 중동, 아시아에 있는 나의 실험실이 되었다. 처음부터 이 장은 대형 댐 혜택이 개선될 수 있고, 참가의 옵션 평가 과정의 일부로, 더 양호한 부지 결정 및 환경 흐름, 적절한 환경, 사회 문화 및 보건 영향 연구를 통해 부정적 영향을 피하는 방법을 입증하기 위한 시도는 아니라는 점을 분명히 하겠다.

1956년부터 나는 대형 댐이 강 유역 생태계와 그러한 생태계에 살고 의존하는 사람들과 지역사회에 끼치는 파괴적인 영향을 감소하기 위해 일생을 보냈다. 나의 동료들과 나는 우리의 노력이 프로젝트에 영향을 받은 많은 사람들이 그렇지 않은 사람들보다 덜 가난해지는 결과를 도출했다고 주장할 수 있고, 지금까지 나의 주요 성과는 다목적 메가프로젝트를 중단한 연구팀을 이끈 것이다. 그것은 보츠와나 정부의 남부 오카방고 통합 물 개발 프로젝트였는데, 우리 팀이 공개 강연에서 오카방고 삼각주가 2014년 세계 문화유산이 되는 과정을 설명하는 최종 보고서를 발표하기 직전인 1992년 5월 말 정부가 중단한 것이다.

다음은, 왜 대형 댐이 미래에 대한 부실한 투자인지(실제로 수용할 수 없는)를 설명하려는 것이다. 다양한 주제를 다루려면 고도의 일반화가 필요하지만, 각 댐이 자체 역사 형성에 책임이 있을 뿐만 아니라 각 역사를 둘러싼 환경 및 국가적/국제적 맥락에 영향을 받는 것을 독자가 이해하는 것이 필수적이다. 즉, 대형 댐은 외부와 단절된 상태에서 건설되지는 않는다. 때때로 사건의 이력 통합은 그 지점의 결정적인 중요성을 강조하기 위한 것이다.

19.2 대형 댐의 정치 경제

대형 댐은 더 이상 기능하지 않지만, 여전히 지배적인 세계 정치경제의 핵심 부분이 되고 있으며, 국제금융기구, 세계무역기구, 양국공식개발지원, 여러 국가와 국제수문협회, 국제대형댐 위원회와 선도적인 거시 경제학자 같은 전문협회에 의해 계속 선호되고 있다. 그러한 모든 기관과 개인은 소비에 기반한 국내총생산(GDP)을 성장의 핵심 척도로 선호할 뿐만 아니라, 자유로이 흐르는 강물과 같이 대체 불가능한 자연 자본의 소비를 소득으로 평가한다(Daly 1994).

노벨 경제학상 수상자인 마이클 스펜스가 의장을 맡고 세계성장개발위원회를 위해 세계은행이 발간한 《2008년 성장보고서: 지속적 성장과 포용적 발전을 위한 전략(The 2008 Growth Report: Strategies for Sustained Growth and Inclusive Development)》에서는 "세계 경제가 우리의 관리 능력을 앞질렀다"(Commission on Growth and Development 2008: 203)고 인식하고 있지만, "25년 이상 연평균 7% 이상의 성장률을 보이는" 13개 경제국가에 중점을 두어 설명하면서 여전히 상당히 증가하는 GDP 비율을 옹호하고 있다. "그 확장 속도에서 경제는 10년마다 거의 두 배가 된다. 이 보고서는 이러한 종류의 지속적이고 높은 성장에 관한 것이다."(1)

대형 댐에 대한 나의 결론은 상황을 설명하는 제임스 스콧의 분석인 《국가 같은 곳에서 나타나는: 인간 조건을 개선하기 위한 어떤 계획들이 실패했는가(Seeing Like A State: How Certain Schemes to Improve the Human Condition Have Failed)》와 같이 대형 댐을 포함한 대규모 "국가 주도형 사회공학"의 참담한 사례들이 네 가지 요소를 포함하고 있다는 주장과 중복된다. 첫째는 국가의 "자연과 사회의 행정질서"이다. 두 번째는 초 현대주의자 이념인데, 스콧은 "세계 환경을 희생시켜 국가 GDP의 지속적인 증가를 현재 강조하는 것을 전형적으로 보여준다"고 주장한다. 스콧의 세 번째 요소는 그 계획을 실행하는 데 권력을 이용하는 권위주의 국가의 능력을 요구하는 반면, 네 번째 요소는 시민사회 굴복을 요구한다.

내가 스콧과 헤어질 때 스콧의 세 번째와 네 번째 요소는 어떤 강대국에도 적용될 수 있다. 예를 들어 대형 댐이 관련된 곳인 민주적인 인도와 미국도 포함되어야 한다. 인도의 중요한 예는 인도에서 가장 성스러운 나르마다 강에 있는 사르다

사로바르 댐인 반면, 미주리 강에 있는 대형 댐은 파괴적인 프로젝트의 좋은 미국의 예가 될 것이다. 사르다 사로바르와 미주리 강 사건 모두 다른 곳과 마찬가지로 스콧의 굴복한 시민사회는 원주민 사회를 포함한 가난한 사람들이 주류를 이루고 있었다.

그러한 프로젝트의 지지자들은 주요 정치인이 되는 경향이 있다는 것과 관련이 있다. 이집트의 나세르는 아스완 하이 댐을 피라미드와 동일시했고, 가나의 초대 대통령은 그를 배경의 댐과 함께 보여주는 기념우표(David Brokensha)와 볼타 댐을 가나의 곧 있을 산업화의 상징으로 보았다. 인도의 네루 총리는 바크라 댐을 과거의 힌두 사원과 비교했고, 몇 년 후 사르다르 사로바르를 위한 초석을 놓았다. 미국에서 루즈벨트 대통령은 테네시 벨리 당국의 "아버지"이다. 더 최근에는 사르다 사로바르를 가장 선호한 주의 이전 수상인 나렌드라 모디가 인도의 현 국무총리가 된 지 3주 만에 수천 명의 사람들이 댐의 현재 높이로 재정착함에도 불구하고 댐을 17m 높이기 위해 수문 건설을 승인하도록 강요하였다(Report of the Central Fact Finding Team, 2015).

19.3 경제적 및 재무적 비용

19.3.1 개요

경제협력개발기구(OECD) 국가들에서 대부분 양질의 부지에 이미 댐이 지어졌으며, 댐 건설은 중국, 인도, 브라질, 그리고 열대 및 아열대 지역의 신흥 공업국으로 옮겨갔다. 동남아시아와 아프리카 전역(과거에는 종종 국제 금융 기관의 대출금을 상환할 수 없었던)과 같은 저소득 국가에서는 국제적으로 운영되는 민간 또는 국영 엔지니어링 회사가 건설, 소유, 운영과 25년 이상의 기간을 거쳐 개최국에 댐 이전을 위해 재원을 취득하는 새로운 금융 시스템이 등장했다. 이해관계자가 아닌 최대 주주로서 그 회사는 주최국을 포함한 파트너를 인수할 수도 있다.

19.3.2 경제적 및 재무적 분석에서의 결함— 대형 댐의 비용은 효과적이지 않다

내 경력 동안에, 완성된 대형 댐의 환경적, 사회적 비용이 너무 높다는 것에 나에게 동의한 사람들은, 그럼에도 불구하고 경제적 혜택이 경제적 비용을 크게 초과한다고 주장했다. 그 주장은 안사르, 플뤼브비에르, 버지어와 룬의 "우리는 더 많은 대형 댐을 건설해야 하는가? 수력발전 메가프로젝트 개발 실제비용"이 출판된 이후 반박할 수 없이 손상되었다(Ansar, Flyvbjerg, Budzier, and Lunn 2014).

저자들은 1934-2007년 사이에 건설된 아프리카·아시아·유럽·중남미·북미의 대형 댐 245개를 통계적으로 분석한 결과, "인간사회와 환경에 끼치는 부정적 영향을 설명하기 전에도 대형 댐의 실제 건설비가 너무 많이 소요되어 플러스 수익률을 내기 어렵다"(2014:2)고 결론 내렸다. 과도한 비용은 대형 댐의 경우 평균 8.6년(대형 댐이 시간 의존적인 개발 문제를 다루는 데 좋지 않은 선택인 또 다른 이유)의 긴 공사기간 동안 발생하는 예상치 못한 문제 또는 실수 등과 관련이 있을 뿐만 아니라 "실제비용은 추정치보다 평균 96% 높았고"(6), "더 오래 걸리는 프로젝트는 더 큰 비용초과를 초래하고, 더 큰 프로젝트는 더 오래 걸린다."(1).

더욱이, "비용은 체계적으로 과소평가 쪽으로 치우쳐 있다는 증거가 압도적이다." 두 가지 상호 보완적인 설명이 포함되어 있다. 첫째, 관련 심리 연구에 따르면, 관련 전문가들과 일반인들은 "시간, 비용, 결정의 혜택에 대해 체계적으로 그리고 예상대로 너무 낙관적이다"라고 저자들은 주장한다. 둘째, "낙관적 판단은 종종 속임수, 즉 프로젝트 추진자에 의한 전략적 허위 진술 때문에 악화된다."(2)

19.3.3 대형 댐 건설에 대한 건설, 소유, 운영, 이전(BOOT) 접근방법

세계댐위원회(WCD: World Commission on Dams)와 세계은행(World Bank)의 국제적 연합하에 국제보존자연연맹(IUCN: International Union for Conversation and Nature) 구성에 앞서서, 두 후원사는 1997년 스위스 글랜드의 IUCN 본사에서 워크숍을 개최했다. 대규모 댐 토론에서 주요 행위자(프로젝트에 영향을 받는 강 유역 거주자들과는 관계없이)를 대표하는 38명의 참가자로 구성된 관계 그룹이 초대되었다(35 그룹 참석). 그들에게 몇 가지 공통적인 배경을 제공하기 위해, 다섯 가지 논문이 제시되었다.

"대형 댐 프로젝트의 계획, 설계, 운영, 건설 등의 공학적 및 경제적 관점"에 관한 논문의 수석 저자는 독일 최대 컨설팅 엔지니어링 회사였던 라흐마이어 인터내셔널 GmbH의 수력 및 토지개발부 부장인 엥겔베르투스 오우드(Engelbertus Oud)였다. 그의 논문에서 테렌스 씨 무이어와 오우드(Terence C, Muir and Oud 1997: 23)와 공동으로 "민간부문 자금 조달의 추세는 필연적으로 최적 경제성에 대한 집중을 감소시키고 재정적 생존 가능성에 대한 집중을 확대할 것"이라고 썼다. 또한 "프로젝트와 관련된 간접비용의 최대한 외부화"와 "다른 당사자들, 특히 정부에 가능한 한 많은 위험을 전가한다."(p. 21)가 포함되었다.

19.3.4 정치적으로 편향된 옵션 평가 프로세스의 결함

대형 댐이 건설되는 자유로이 흐르는 강(그리고 종종 국내 또는 국제 중심지)과 그 식물군, 동물군 및 주민은 거시경제 개발과 그 개발에서 대형 댐의 역할을 일반화하기 위한 평가 기준에서 주목받지 않는다.

실제로, 대형 댐을 연구하는 동안, 나는 적절한 옵션 평가 과정, 즉 구체적인 목표를 달성하기 위해 여러 가지 방법에 대한 평가로, 댐이 유일하다고 정의되는 "적절하다"는 것을 결코 만나보지 못했다. 더 자주, 대형 댐을 건설하기로 한 결정은 이미 국가나 정치 지도자에 의해 내려졌으며, 옵션 평가는 어느 댐 부지를 선택할 것인가에 제한되어 있다.

> 종합적인 옵션 평가는 수자원 개발을 위한 의사결정 과정의 착수부터 시작해야 하며, 선택된 프로그램이나 프로젝트의 운영 기간 동안 지속되어야 한다. 모든 관련 이해관계자와 관련 사람들의 범위가 포함되어야 한다. 경제적, 재정적, 기술적 문제는 환경적, 제도적, 사회적 문제에 대한 동등한 고려에 따라 보완되어야 한다.(Scudder 2005)

19.3.5 할인율이 너무 높다

주요 인프라 프로젝트에 대해 국제 금융 기관에서 사용하는 할인율은 10%에서 12% 사이인 경향이 있다. 이는 현재 유럽과 미국에서 진행 중인 삼각주 및 홍수 피해 복구 비용처럼 댐 완공 이후 10년 이상에서 발생하는 환경, 하천 유역 사회, 댐 수리 및 해체 비용은 무시된다는 것을 의미한다.

실제로 오우드와 무이어(Oud and Muir 1997)가 기술한 바와 같이, "프로젝트와 관련된 장기적 손해나 비용을 많은 부분 할인해 주기 때문에 높은 할인율은 지속 가능한 발전을 지원하지 않는다"(23). 그러한 이유로 저자들은 "지구온난화를 다루는 몇몇 환경 연구"(23)에서 사용된 것과 같이 연간 0%-3%의 할인율을 선호한다.

19.3.6 비상 수리 및 해체 비용

19.3.6.1 비상 수리 — 카리바 사례

1960년에 가동된 댐은 여전히 세계에서 가장 큰 인공 저수지를 만들었고, 미국 미드 호수가 있는 후버 댐의 4배에 달하는 저장 용량을 갖추었다. 기술자들은 2015

년까지 카리바 수문 1개 이상에서 물이 유출될 때 128m 댐 밑 부분에 파여진 급강하 웅덩이가 결국 댐의 기초를 훼손할 수 있다고 우려했다. 현재 잠베지 강 관리청과 전문적인 국제기술자들이 급강하 웅덩이가 90m까지 깊어졌으며 급강하 웅덩이와 홍수 방류 수문에 대한 주요 복구 작업이 없으면 2-3년 안에 댐이 붕괴될 수 있다는 데 동의하였다. 붕괴는 모잠비크의 거대한 카호라 바사 댐의 하류 파괴의 위험뿐만 아니라 잠베지 강 하류 유역 내에서 최대 300만 명의 목숨을 위태롭게 할 것이다.

2014년 붕괴가 임박했다는 소문이 돌기 시작하자 잠비아와 짐바브웨 잠베지 강 당국은 국제 금융 기관과 국가 정부에 즉각적인 지원을 요청했다. 세계은행의 평가에 따라, 세 개의 국제단체와 스웨덴 정부는 2015년 2월 서명식 때 2억7,000만 달러의 보조금과 대출금을 제공하기로 동의했다. 잠베지 강 관리청이 1,920만 달러를 산정했을 때, 그러한 높은 금액은 카리바에 대한 당초 비용 혜택 분석에는 확실히 포함되지 않았다.

19.3.6.2 해체와 댐 철거 — 그린즈 캐넌과 엘화 댐

미국에서는 1,000개 이상의 댐이 철거되었다(O'Connor et al. 2015). 비록 대부분의 댐이 소규모이지만, 여기에는 세계에서 가장 크고 아마도 가장 비용이 많이 드는 댐 철거 프로젝트가 포함되어 있다. 워싱턴 주의 엘화강에 있는 두 개의 댐이 관련되었다. 하나는 2014년 철거된 64m 높이의 그린즈 캐넌 댐이고, 다른 하나는 33m 높이의 엘화 댐으로 2012년 철거되었다. 이 두 댐 철거의 총 비용은 3억 5,100만 달러였다.

3억 5,100만 달러가 소요되었음에도, 역효과로 인해 어업 파괴, 영향을 받은 미국 원주민들의 생계 손실, 그리고 주요 침식 문제 등에서 하류 사용자들이 훨씬 더 많은 비용을 지불하였다. 저지대의 엘화 댐 하류 뒤쪽의 침전물 때문에 삼각지 해변과 습지가 심각하게 침식되었다. 가장 나쁜 영향을 받은 것은 포트 앤젤레스 시의 항구를 보호하는 엘화 강 침전물에 의해 동쪽으로 형성된 3마일의 모래톱이다. 외측 가장자리를 따른 사석의 침식 통제는 비용이 많이 들었고, 육군 공병대는 "연간 약 10만 달러"의 손실을 입었다(<https:// en.wikipe dia.org/wiki/Elwha_Ecosystem_Re storation). 훨씬 더 심각한 것은 이 댐이 8종의 연어, 2종의 송어, 그리고 아메리카 원주민의 생계에 중요한 침대조개에 끼치는 부정적인 영향이었지만, 침식은 또한

아메리카 원주민 사회의 보호구역의 크기를 줄였다.

댐 철거에 따르는 복구과정에 관한 과학적인 연구에서 다행인 것은 하천 유역의 83%가 연방정부의 올림픽 국립공원에 있으며, 이 국립공원은 개간담당 부처, 원주민 부족과 함께 하천 복구를 계획하고 관리하고 연구하기 위해 협력했다. 상류 댐이 철거되기 전부터 댐 이전 생태계 복원이 진행 중이다.

> 물고기들이 다시 한번 영양분을 획기적으로 공급함으로써 새들, 벌레들, 포유류들이 연어 알과 사체를 먹고 있다. (…) 강은 급강하 웅덩이 개축, 통나무 걸림, 자갈 막대와 함께 자연 흐름이 원활히 복원되고 있고, (…) 녹화는 매우 빠르게 펼쳐지고 있다. 이미, 이전 호수의 계단식 강둑은 오리나무와 미루나무와 함께 급성장하고 있다.(Mapes 2014)

> (…) 따라서 미국의 모든 곳에서는 댐 철거에 관한 연구를 강화한다. "강들은 복원력이 있고 많은 사람들은 댐 철거에 신속하게 반응한다. 대부분의 하천 수로는 특히 댐이 빠르게 제거될 때 수십 년이 아닌 수개월 또는 수년 내에 안정화되며, (…) 빠른 물리적 대응은 강 시스템에 본질적으로 강력한 상류/하류 합류에 의해 추진된다."(O'Connor et al. 2015)

19.3.7 정부와 프로젝트 당국의 부적절한 정치적 의지, 예산과 직원 역량

이러한 결함은 지역사회 재정착과 관련된 경우 특히 두드러진다. 50개 댐을 통계적으로 분석한 결과, "적절한 데이터를 가진 41건 중 27건(66%)에서 계획능력이 크게 부족했다"(Scudder 2012). 반면, 재정착과 관련된 모든 은행 지원 프로젝트에 대한 세계은행의 1994년《뱅크 와이드 리뷰(Bankwide Review)》저자들은 "적절한 자금의 시간적 가용성이 (…) 재정착 작업이 잘 수행되지 않는 실패 뒷면의 가장 중요한 설명적 운영상의 단일 변수일 수 있다"고 결론을 내렸다(6장: 11). 정치적 의지에 대해서는,《뱅크 와이드 리뷰(Bankwide Review)》는 그것이 반복되는 결핍이라고 밝혔다.

19.3.8 모니터링과 평가(M&E) 부족

세계댐위원회의 가장 충격적인 발견 중 하나는 "댐의 영향에 대한 모니터링 부족과 성능과 영향에 대한 사후 평가를 제대로 시행하지 못한 완전 실패"이다(WCD 2000: 184). 세계댐위원회의 광범위한 지식 기반은 "역사적으로 대규모 댐을 건설한 후 종합적인 사후 평가가 거의 이루어지지 않았다는 것을 보여준다. 이는 사실상 모든 지역과 국가에 적용된다. 거의 예외 없이 그러한 평가의 입력 자료로 필수적인 댐의 물리적, 사회적, 환경적 영향에 대한 모니터링은 거의 또는 전혀 없었다"(WCD 2000: 226–7). "이러한 대규모 투자가 상당한 기간 동안 운영된 후 거의 평가되지 않았다는 것은, 강력한 중앙 기관과 기부자들이 발생된 비용과 혜택을 회계 처리해야 할 의무가 거의 없다는 것을 의미한다. 아마도 더 비판적으로, 그것은 기존 시설의 적응력 관리와 새로운 댐의 설계 및 평가 모두에서 경험으로부터의 배움에 대해 적극적으로 참여하는 데 실패한 것을 의미한다"(184).

세계댐위원회 평론가와 위원회 최종 보고서의 비평으로 아싯 비스워스(Asit Biswas, Stockholm Water Prize winner, 2006)는 사후감사에 대해 "현재 댐에 대한 비생산적인 논쟁이 확산되고 있는 주요 이유 중 하나는 댐의 물리적, 경제적, 사회적, 환경에 대한 객관적이고 상세한 사후 분석의 부재"라고 말한다(Tortajada, Altinbilek, and Biswas 2012).

내가 연구한 모든 댐의 보다 구체적인 모니터링과 평가 문제는 적절한 선택 평가 과정과 적응력 관리 목적 및 후속 평가를 위한 적절한 모니터링 모두에서, 매우 필요한 사전 프로젝트 벤치마크 연구가 충분하지 못함이다. 사전 프로젝트 평가가 계획과정에서 이루어지는 것은 너무 늦었으며, 그 결과 프로젝트 영향을 받는 사람들이 이미 상당하지만 기록되지 않은 부정적인 영향을 받았다. 예를 들어, 재정착자들이 신규 주택 건설, 농지 확장 및/또는 이후 홍수 피해를 입을 새로운 사업 개설을 중지하는 정부 규제, 그리고/또는 정부는 주변 비 영향 지역에서 계속되는 서비스의 제공 또는 개선(특히 농업 확장, 보건소, 학교)을 중단한다.

19.3.9 부패

내가 몇 년 동안 가장 많은 시간을 보낸 10개의 프로젝트와 방문 횟수에 대해, 부패는 다음에 언급된 3가지를 포함하여 적어도 5가지로 기록되었다. 국가 지도자와 엔지니어링 기업이 참여하는 상부의 대규모 비리부터, 영향을 받는 사람들에 대한 보상과 개발사업을 담당하는 지방 공직자까지 다양하다.

레소토에서는 하이랜드워터 프로젝트 계약 경쟁 과정에서 뇌물을 준 사실이 드러나 몇몇 유명 기업들이 세계은행에 의해 블랙리스트에 올랐으며, 중국에서는 정부가 2000년에 "부패한 관리들이 샨사댐 프로젝트 재정착 자금에서 6,000만 달러를 횡령했다"고 보고했다(WCD 2000: 187, box 6.9). 카리바 댐 재정착과 관련하여 나와 동료들은 촌장이나 면장과 같은 지방 관리들이 (관개용, 관광숙소 등을 위해) 토지를 외부인에게 현금 또는 높은 가치의 혜택(관개용, 관광숙소용)을 받기 위해 할당하는 흔치 않은 사례를 문서화했다.

훨씬 더 광범위하고 다양한 부패는 인도 구자라트 주, 마디야 프라데시 주, 그리고 (좀 덜한 정도는) 마하라스트라의 사르다르 사로바르 프로젝트와 연관되어 있다. 이러한 비리의 상당 부분은 재정착 과정과 관련이 있는데, 관리들이 댐을 더욱 높일 수 있도록 수천 가구의 재정착 요건을 완료했다고 법원에 거짓말하고 있다(Report of the Central Fact Finding Team 2015).

19.4 생태계 및 환경 비용

19.4.1 자연적 흐르는 강, 대형 댐, 엔지니어

> 1950년 이후 수문학 환경에 대한 인간의 영향은 9배 증가하였다. (…) 이 영향의 일부만이 물의 부족에서 기인한다. (…) 그 대부분은 댐, 저수지, 둑, 제방 등의 건설과 운영을 통한 자연 흐름 형식의 인간 조작에서 기인한다.(Postel and Richter 2003)

보다 최근에는 강의 파편화 및 흐름 규제를 다루는 혁신적인 연구를 바탕으로 그릴 등(Grill et al. 2015)은 "지속적이고 활발한 댐 건설로 인해 세계 대부분의 강 유역이 대규모로 악화되었으며, 때로는 심각한 영향을 받기도 한다"고 밝혔다. 또한 2015년에는 전 미국 개간 당국 위원인 비어드는《잘못된 댐(Deadbeat Dams)》에서 "우리의 강과 하천을 복원하기 위해 불필요하고 환경 파괴적인 댐을 제거해야 한다"(Beard 2015: 63)고 썼으며, 개간 당국을 폐지해야 한다고 하였다.

댐을 건설하고 정부를 후원하는 회사들은 감독에 관한 충분한 지식을 갖춘 직원을 거의 보유하지 않기 때문에 댐과 관련된 부정적인 생태계와 환경적 영향이 증가한다. 그것은 특히 건설과 전반적인 프로젝트 관리를 담당하는 엔지니어들에게 해당된다. 댐에 관한 세계위원회에서 일하는 동안, 나의 가장 가까운 동료는 얀 벨트로프였는데, 그는 은퇴하기 전에 하르자 엔지니어링 회사의 수석 엔지니어 겸 이사회 이사였다. 미국 국립공학아카데미 회원인 그는 또한 국제대형댐위원회 명예회장이었다. 댐 현장 견학을 함께 하면서, 우리는 또한 아마존 유역의 투쿠루이 댐을 며칠 동안 방문하여 환경문제와 정착 문제를 조사하기 위해 위원회의 브라질 도착에 앞서 준비했다. 나는 벨트로프가 하르자에서 37년간 근무하면서 공학적 책임이 너무 커서 야시레타(아르헨티나), 타르벨라(파키스탄), 얼탄(중국)과 같은 대형 댐과 관련된 환경 및 사회문화적 비용 및 이슈를 깨닫거나 생각할 겨를이 없었다고 분명히 말한 것을 기억한다.

내 경력 동안 여러 번 책임 엔지니어들과 관리자들은 내 접근을 제한하고, 프로젝트 관계자들에게 나와 동행하도록 요구하고, 지역 사회 지도자들에게 그들이 나에게 말하는 것에 조심스럽도록 경고하는 등의 방법으로 자문이나 고문으로서의 업무를 제한하려고 노력했다. 최악의 경우 담당자 중 소수만 정착자를 "그런 방법에서의 국민"으로 보는데. 한 수석 엔지니어가 자신의 프로젝트에 원주민이 필요로 하는 것은 "불임화"라고 나에게 말해 주었다.

19.4.2 자연적 흐르는 강에 대한 평가와 연구

최근의 연구와 개선된 연구는 자연 자본으로서 무료로 흐르는 강의 가치를 더욱 강조한다. 1997년 코스탄자 등은《네이처》에 "세계 생태계 서비스와 자연 자본의 가치"에 관한 기사를 실었다. 16개 생물체를 대상으로 조사한 17개 범주의 생태계 서비스 중 헥타르당 달러로 가장 높은 혜택은 강 어귀가 1위, 담수 늪과 하천 범람원이 2위였다. 그러나 자연적으로 흐르는 강의 기능과 재무적 가치는 개발 담론, 특히 강의 흐름을 방해하는 대형 댐과 기타 기반시설에 대한 선택 평가와 비용-혜택 분석에서 일반적으로 무시되어 왔다.

그릴 등(2015)의 최근 연구는 대형 댐이 무료로 흐르는 강의 생태적 및 재무적 가치에 어떤 악영향을 끼치는지에 대한 보다 상세하고 정밀한 분석을 이끌고 있다. 또한 강 유역 내 환경 변화에 대한 평가(Petit et al. 2001)와 강 유역 내 인간 지역사회 및 생계에 미치는 영향 분포(Richter 2010)를 개선한 원격 감지의 사용 증가도 중요하다.

19.4.3 범람원과 강 복구

복원 운동은 특정 어종에 혜택을 주기 위해 댐으로부터 "환경적 흐름"이라고 불리는 것에 중점을 두고 1970년대에 진행되었다. 환경 흐름 개념의 확대는 연구되지 않았지만, 나도 모르게 "하류 홍수 시뮬레이션과 동시에 [카리바] 댐 뒤의 저수지 내에서의 저수위 저하의 정례화를 연결함으로써 1980년에 그 적용의 선구자를 도왔는지도 모른다. 제대로 실행되면 호수 기슭과 하류 거주자들에 의한 농작물, 가축, 어류의 생산량이 상당히 증가할 것이다. 그것은 또한 사회적 형평성 증가와 환경 영향 감소라는 이점을 가질 것이다."(Scudder 1980).

오늘날, 이전의 습지와 강가의 임상식물에 대한 지식의 증대에 기초하여 가능한 자연 홍수 영역까지 복원하기 위해 댐, 제방, 그리고 그 밖의 강 흐름에 대한 장애물들을 제거하는 것을 포함하도록 복구가 확대되었다. 연구와 복원의 상당 부분 유럽과 북미에서 발생했지만, 다른 곳에도 산재한 예가 있다. 포스텔과 리처(Postel and Richter 2003)는 흐름 복원 유형과 생태적 목적(표 4.1)을 포함한 강 복원 노력의 샘플과 다양한 예를 제공한다. 리차드와 휴즈(Richards and Hughes 2008)는 "유럽에서의 범람원"을 다루는 반면, 휴즈, 모스와 리차드(Hughes, Moss, and Richards 2009)는 다비와 시어즈(Darby and Sears 2008)의 두 장에서 "강 유역과 범람원 복구의 불확실성"을 다루고 있다. 미래를 내다보면서, 나는 복구가 직면하고 있는 주요 문제들이 재산권, 부족한 물 공급에 대한 경쟁, 그리고 재정 문제일 것으로 생각한다.

19.4.4 기후 변화

기후 변화는 장기간 건설 단계가 필요한 대형 댐 등 대규모 프로젝트에 종종 불리한 영향을 끼치는 예견하지 못한 사건의 유형을 잘 보여주는 사례이다. 그러한 사건은 환경적(예를 들어, 댐에 의한 지진이나 기타 지진)이거나 국가의 통치 또는 정치 경제의 변화와 관련된 경향이 있다. 이들은 스커더와 제이의 50개 댐 통계 분석(Scudder 2012)의 충분한 자료에서, 44건 중 절반 이상이 주요한 것으로 인식되었다.

대형 댐을 지지하는 사람들은 가뭄과 홍수와 같은 극단적인 사건들의 예상되는 증가로 인해 기후 변화가 야기하는 위험과 불확실성의 증가를 무시하는 경향이 있다. 에빙거와 베르가라(Ebinger and Vergara 2011)에 따르면 "수력 발전 의존도가 높으면 기후 변화에 상당한 취약성이 발생하며, 많은 저소득 및 중간소득 국가들이 공통점을 갖는 것"이 특징이고, 수력발전 영향이 "안정적인 에너지 감소, 변동성 증가, 불확실성 증가"로 요약된다. 더욱이, "단기 수명 사회기반시설이 기후 변화에 따라 장기로 교체될 수 있는 반면, 수력 발전소 같은 장기 수명 사회기반시설은 일반적으로 시설 변화에 덜 적응적이다."

관개 및 수력발전을 위한 저수지 물의 이용가능성을 감소시키는 특정 가뭄으로 기후 변화에 기인하는 것에 주의할 필요가 있지만, 가뭄은 이미 캘리포니아의 전력 생산능력에 영향을 끼치고 있다. 2015년 5월까지의 전력 생산량은 캘리포니아에서 가장 큰 저수지인 샤스타 댐에서 약 3분의 1로 감소했고, 주 내 다른 댐에서의 전력 생산은 "수위가 낮아 정상의 20%에도 미치지 못할 것으로 예상된다"(시아 2015). 가나에서 가뭄은 정기적으로 아코솜보의 볼타 댐에서 수력발전을 줄여 1977년 어업 수입이 수력발전 수입을 실제적으로 초과했다. 기후변화는 파월호(미국), 카리바호, 나세르호(이집트) 등 대형 저수지에서 이미 10%가량에 달하는 저수지 증발률에도 영향을 끼칠 것으로 예상된다.

댐이나 제방위로 물이 넘치는 것을 피하려고 저수지 물의 갑작스러운 방류에 의한 하류 범람이 최근 심각한 것도 기후 변화로 인한 파괴적 사건 발생 빈도가 증가하는 것을 시사한다. 1987년, 1989년, 1997년, 2001년, 2005년, 2008년(베일후스 2012)에 카리바와 카호라 바사 댐에서 극심한 하류의 홍수가 발생하였다. 나이지리아에서는 1999년 니제르 강 카인지 댐에서 방류되어 심각한 하류 피해를 보았고, 2001년 하데지아-누루 시스템의 티가와 챌라와 협곡 댐에서 방류되어 하류 지역 사회와 농경지가 350여 곳이나 침수되었다. 후자의 경우 최초 보고에서 100명 이상의 사망자를 언급했다(Scudder 2005: 226).

19.4.5 관련 환경 저하 — 흐르는 강의 파편 또는 강 유역의 일부와 관련된 환경 비용

19.4.5.1 가까운 상류 지역

상류지역의 댐 관련 도로는 저수지 침하와 오염이 증가하는 위험으로 합법적이고 불법적인 목재 채취 및 채광에 대한 유역을 개방할 위험이 있다. 특히 남아 있는 동남아시아의 열대 숲에서는 지역 및 경계를 횡단하는 야생동물 밀렵이 큰 문제가 되고 있다.

19.4.5.2 저수지 유역, 온실가스 배출 및 침전물

대형 댐의 건설 증가가 열대 및 아열대 지역으로 이동함에 따라 저수지 형성에 따른 온실가스(특히 메탄과 이산화탄소)의 증가가 예상될 수 있다. 그것은 특히 식물 성분이 많고 비교적 얕은 분지가 부분적으로 제거되거나 가치 있는 목재가 잎, 덩굴 및 기타 찌꺼기를 제거하지 못하여, 그 부패는 온실가스의 생산을 유발한다(특히 브라질 아마존에 관한 피 엠 피어사이드의 기사와 브라질의 투쿠루이 댐에 관한 세계 댐 개발 위원회의 댐과 개발 참조). 그러나 훼손되지 않은 자연 서식지 또한 온실가스를 방출할 수 있어서 훨씬 더 많은 댐의 사전 및 사후 연구가 필요하다. 따라서 아마존의 범람원 열대림은 토양에서 메탄을 방출할 수 있고, 동시에 나뭇잎에 있는 이산화탄소를 흡수할 수 있다(World Commission on Dams 2000: 76).

박테리아를 통해 부패하는 식물은 중추신경계의 심각한 독소인 메틸머큐리도 생성할 수 있는데, 이는 로버트 굿랜드와 내가 캐나다 동료들과 함께 제임스 베이 반도에 있는 하이드로-큐벡의 제안된 그란데 베일린 댐을 평가하기 위해 협력했을 때 직면한 것이다.

특히 댐 건설에 의한 독소의 위험은 메틸머큐리가 집중된 먹이 사슬 끝에서 육식성 어류를 섭취한 임산부에 있다. 특히 열대나 아열대에서는 강가의 숲 가장자리가 범람하면 지역사회의 생계에 악영향을 끼칠 수 있다. 카리바 저수지가 가득 찬 후, 예를 들어, 그움베 통가에는 통나무배를 만들기 위해 목재, 야생동물, 그리고 식용식물과 약용식물을 포함한 광범위한 비 목재 숲 생산물에 접근하지 못하게 되었다. 결국 저수지 토사 쌓임(대형 댐의 경우 연평균 0.5-1%)은 각 대형 댐의 효용성을 감소시킬 것이다.

19.4.5.3 하류 흐름과 어업

대형 댐 하류에 있는 토사 없는 물의 침식능력은 둑을 깎아내리고, 강가의 숲 가장자리를 무너뜨리고, 교각과 다른 구조물들을 깎아내림으로써 강을 넓히는 경향이 있다. 반면 댐 방류를 정례화함으로써 하천 흐름을 수로로 전환하거나, 제방과 방호벽을 건설해 유출을 통제하는 것은 범람원과 고생산적인 습지에 매우 안 좋은 악영향을 끼쳤다.

동물상에 대해서는 특히 하류 어업이 악영향을 받는다. 세계댐위원회에 따르면, "침적물과 영양소의 차단, 하천 흐름의 재정비, 자연 홍수 체제의 대비 등은 모두 하류 어업에 크고 부정적인 영향을 끼칠 수 있다"(World Commission on Dams 2000:84). 민물에서 번식하고 강으로 돌아가 번식하기 전에 바다에서 성숙하는 온대 연어와 같이 강을 거슬러 올라가는 어류는 특히 악영향을 받아 일부 댐이 있는 강 체계에서 멸종되었다.

19.4.5.4 삼각지 생태계의 부정적인 영향

생산성이 높은 생태계인 삼각지에 대한 대형 댐의 영향은 "수자원 및 에너지 개발 선택 평가 과정보다 더 구체적으로 대형 댐에 대한 타당성 조사에 아직 포함되지 않았다"(Scudder 2005: 229). 댐의 다양한 영향은 대체로 부정적이다. 예를 들어, 댐으로 둘러싸인 강 흐름이 주기적으로 삼각주에 도달하지 못할 때 삼각주 구축 과정이 일시적으로 중단되며, 예를 들어 콜로라도, 인더스, 황하강 등에서 발생한다.

다른 곳에서는 오늘날 나일강 삼각주의 경우와 같이 삼각주 크기와 지형이 회복될 수 없을 정도로 변화되어 있다. 모하마드 카사스는 1967년 아스완 하이 댐의 완공이 "삼각주 건설을 중단시켰다"(Kassas 1972: 179), "해안 후퇴가 연간 수 미터라는 놀라운 속도로 현재 활발하게 일어나고 있다"(186)고 경고한 최초의 과학자였을지도 모른다. 21년 후 스탠리와 워른(Stanley and Warne 1993)은 다음과 같이 작성하였다.

> 나일강 유량과 침전물 방류의 자연 순환의 변화는 다음과 같은 심각한 결과를 가져왔으며, 여기에는 삼각주 해안선의 일부를 따른 부분 침식 가속(Smith and Adbel-Kader 1988; Frihy et al. 1991; Frihy 1992); 낮게 펼쳐진 북부 삼각주 평야 지역에서의 해양 침식(Stanley 1988, 1990); 천연 비료 역할을 톡톡히 해내고 토지 침하를 상쇄한 홍수 토사 퇴적의 감소(Shalash 1982); 자연 홍수가 더 이상 증발 염을 배출하지 않음으로써 경작지의 염류 증가(Shata and El Fayoumy 1970; Kashaf 1983); 해안으로 운반되는 영양소의 감소로 삼각주의 석호와 바다가 모두 물고기 개체수의 급격한 감소(Aleem 1972); 그리고 부레옥잠에 의한 운하와 수로의 다양화(Nymphaea) 등이 있다. 이 마지막 효과는 증발 가스 발산을 통한 수분 손실을 증가시켰고, 주혈흡충병을 촉진시켰다(Waterbury 1979).

이집트의 농업 심장부 토지일 뿐만 아니라 인구밀도가 높은 곳인 나일 삼각주는 해수면 상승으로 가장 위협받는 3대 지구 삼각주 중 하나이다(Climate Change 2007). 물리적 장벽이 지중해의 침투에 대한 해결책이 되지 못할 많은 이유를 알고 있는 이집트 정부는 1980년대 말까지 하이 댐의 나세르 호수 분지에 처음 백만 명의 델타 주민의 "자발적" 정착을 계획하였으나(Adaptation Fund 2011: 8; Government of Egypt 1988), 48,000명의 누비아인들과 그 후손들이 계속해서 그들의 올드 누비로러 "돌아올 권리"를 주장하면서 재정착되었다(Scudder 2016: 40–1).

나일 삼각주는 미국의 미시시피 삼각주의 침식과 마찬가지로 극단적인 경우이다. 더욱이 삼각주 침식은 세계적인 문제가 되었다. 또한 식염수 침투도 마찬가지인데, 이는 단지 삼각주뿐만 아니라 상류 댐에 의한 자연 홍수 체제가 제거되었기 때문에 양쯔강과 같은 주요 강의 하류에도 영향을 미친다. 생물 다양성의 손실은 또 다른 주요 비용이다. 카리바와 카호라 바사 댐 건설로 인해 "아프리카 동부 해안에서 가장 크고 가치가 높은 잠베지 삼각주가 서서히 말라가고 있다"(Scudder 2005: 230).

1996년 내가 잠베지 삼각주를 건넜을 때 생물학자인 브라이언 데이비스는 해양 어류와 새우를 포함한 야생동물의 번식 및 먹이 영역으로서 매우 가치 있는 맹그로브가 어느 정도 파괴되고 있는지 지적했다. 베일후스와 동료(Beilfuss et al. 2000)는 사바나 삼림지대가 개방된 삼각주 범람원을 잠식해 밀렵꾼들이 접근하기 쉬워지고 있다고 지적하며, 틴리(Tinley 1994)는 대형 포유류의 95% 이상이 감소했다고 보고했다.

19.5 저수지 유역 지역사회 재정착

19.5.1 개요

최근까지 댐 재정착 계획 지침이 개선되었지만, 내 동료인 존 게이와 나는 50개의 대형 댐을 통계적으로 분석하는 동안 "시간 경과에 따른 수행 결과의 변화에 대한 유의미한 증거를 발견하지 못했다"(Scudder 2012: 52). 더욱이, 세계은행(대규모 댐에 대한 1980년대에 재정착과 9개의 다른 안전조치 정책을 개척한 기관)의 한 관리는 서면 작성 당시, 안전조치 계획과 이행을 차용자에게 이양하기 위한 지원을 모색하고 있었는데, 이에 대한 수행 능력, 예산 및 정치적 의지가 거의 없었다. 동시에, 국제수력발전협회(중국의 삼협 프로젝트 주식회사와 일렉트릭테 드 프랑스를 포함하는 가장 영향력 있는 후원자)는 2010년 수력 지속가능성 평가 의정서를 통해 세계댐위원회의 2000년 모범 사례 지침을 심각하게 약화시켰다.

19.5.2 재정착 결과

아싯 비스워스와 로버트 구드랜드(전 세계은행 그룹의 최고 환경 고문)처럼 다양한 배경의 전문가들은 댐 재정착을 "대형 댐과 관련된 가장 논쟁적인 이슈"로 간주하였다(Scudder 2012: 37). 현재까지 충분한 연구가 이루어진 소수의 대형 댐과 관련하여 재정착 과정의 결과는 대다수 사람들을 경제적, 사회적, 문화적으로 더 악화시켰다. 스커더와 게이의 분석에 따르면, 적절한 정보를 가진 44건의 사례 중 36건(82%)에서 대다수 사람들의 생활 수준이 악화되었고, 더 최근의 프로젝트에서는 개선되지 않았다.(Scudder 2012: 46) 생활 수준은 5건(11%)에서 회복되었고 3건(7%)에서만 개선되었다.

19.5.3 댐과 관련된 지역사회의 재정착 규모

2000년 세계댐위원회는 댐 건설로 인해 4,000만-8,000만 명이 이주한 것으로 추정했다. 추정치의 변이는 재정착의 규모뿐만 아니라 댐 계획과 이행 중에 정확한 재 정착자 수가 무시된 정도를 보여준다.

19.5.4 평가와 연구

댐, 고속도로, 도시재생, 기타 개발사업과 연계하여 재정착 과정에 관한 연구 결과를 기술할 때 모델과 이론이라는 단어가 가볍게 사용되었지만, **추가 분석을 위한** 문구 **구조**가 현재까지 연구 진행에 대한 보다 정확한 기술일 것이다. 가장 많이 연구되어 온 댐 재정착에 가장 큰 문제는 심지어 어떤 가설과 구조가 존재하는지 시험할 장기적 연구의 부족이다. 한편, 가장 좋으나 불충분한 접근방식은 기존의 분석 체계를 결합하는 것이다.

기존 체계에 대한 가장 유용한 분석은 2005년 9월 "개발에 의한 변위 및 재정착에 있어 체계 사고, 방법론 및 인류학의 역할"에 관한 고등 연구학교의 세미나(Oliver-Smith, 2009)에서 비롯되었다. 네 가지 체계가 특히 주목받았다. 최초로 엘리자베스 콜슨의 지원을 받아 발생한 몇몇 경우의 성공적인 댐 재정착 과정을 스커더

의 4단계 체계가 설명한다.(Scudder and Colson 1982)

개발로 인한 재정착 실패에 더 관심이 있는 세르니(Cernea 1997)는 1990년대에 그의 빈곤 위험과 재건 체계를 개발했다. 다우닝은 정착과 관련된 인권 문제를 강조해 왔고(Downing 1996), 다우닝과 가르시아-다우닝(Downing and Garcia-Downing 2009)은 재정착으로 사람들이 "우리는 누구인가? 여기가 어디지?"와 같은 주로 문화적 질의들을 다시 조사하도록 강요받는지를 강조한다. 드 웻(De Wet 2006)는 남아프리카의 인종차별정책 시대에서 시작된 강제적인 지역사회 재정착에 관한 장기적 연구를 바탕으로, 재정착을 특징짓는 복잡하고 예측 불가능한 많은 문제가 단지 세르니의 빈곤 위험과 재건 체계를 특징짓는 합리적인 접근방식의 유형에 순응할 수 없는 복잡성의 유형을 만든다고 결론짓는다.

나는 드 웻의 우려들이 사회과학자들이 아직 훨씬 더 기본적인 질문을 설명하지 않았기 때문에 관련이 있다고 단순하게 생각한다: 단지 어떤 시스템이 사회문화적 시스템인가? 자연과학의 영향을 받아, 인류학자들이 전통적인 사회와 관련하여 경제학자들이 그랬던 것처럼 사회문화적 시스템을 평형 체계로 간주하던 시절이 있었다. 카리바 재 정착자에 대한 콜슨의 연구와 나의 장기간의 연구는 재정착 직후에, 2단계에서 그웬베 통가가 마치 사회문화적 시스템이 평형계인 것처럼 적응하려고 반응했다고 주장할 수 있다는 것을 보여준다. 그러나 3단계가 발달하는 동안, 그들의 사회문화적 시스템은 개방적인 대처 시스템으로 가장 잘 설명될 수 있었다.

네 가지 체계 중, 8개 분석된 프로젝트에서 재정착자 대다수가 그들의 생활 수준을 2세대로 유지하거나 향상하는 일련의 4단계에서 그 과정을 묘사하려는 첫 번째 시도들만이 있다. 1단계에서는 댐 계획과정을 다루는데, 5년보다 짧은 경우는 드물다. 그 기간 동안 정부는 댐 계획과 건설 과정에서 추가적인 서비스를 제공하지 않을 것이기 때문에 대다수의 생활 수준은 하향될 것으로 예상되는데, 반면에 재정착할 사람들은 그들의 철거 전에 새집을 짓거나, 새로운 사업을 시작하거나 새로운 정원을 정리하지 말라고 경고받는다(또는 경고받아야 한다).

2단계는 지역사회의 물리적 제거 직후 몇 년 동안 비자발적인 재정착을 특징짓는 다차원적 스트레스를 포함한다. 나는 그 기간 동안 대다수의 재정착자들이 가계의 자급자족을 되찾으려고 애쓰면서 친숙한 것에 집착한다고 가정한다. 다차원적 스트레스는 최소한 사망률과 질병이 증가하면 재정착자들(특히 여성)이 잃어버린

집을 슬퍼하고, 미래를 걱정하며, 가능한 한 친숙한 곳에 집착하게 되어 문화적 자산이 감소하는 결과를 초래하기 때문에 가설이 성립된다.

3단계는 가장 흥미로운데, 3단계는 가계 자금을 회복하고 새로운 서식지(증가한 정부 감시 포함)에 적응하면서 대다수가 마치 사회문화 시스템이 개방된 것처럼 운영되기 때문이다. 재정착자들은 그들의 아이들을 교육하고 지역사회를 재건하면서 생산 시스템을 다양화하기 시작한다. 4단계와 마지막 단계에 대해서는, 프로젝트 당국이 제도적 및 생활적 개발책임을 지방 정부와 재정착자들에게 이전하는 것과 관련되는데, 재정착자들의 경우 1세대부터 지도력을 장악할 뿐만 아니라, 2세대가 정부 서비스의 참여 능력을 개발하고 있다. 재정착 과정의 분석은 공동체의 진행 중인 역사에서 정착 영향을 분리하고 분석하는 것이 점점 더 어려워지기 때문에 그 시점에서 중단되는 경향이 있다.

19.5.5 댐 재 정착자들은 국가적/국제적 정치 경제로 편입된다 — 따라서 교육의 중요성

대형 댐과 관련하여 정착한 사람들의 대다수는 저소득 시골 사람들이다. 종종 그렇듯이 고립된 지역에 댐이 건설되는 곳에서는 뉴욕의 킨즈아 댐과 워싱턴 주의 그랜드 쿨리 댐과 같이 대다수의 재정착자들이 원주민일 수도 있다.

댐 부지까지 건설된 도로는 미래 저수지 지역을 가장 먼저 관통하는 경우가 많다. 지금까지, 일반적으로 말해서, 재정착자들은 그들의 지역사회를 가능한 한 이전 주택들과 가깝게 재건하는 것을 선호해왔고, 도로와 선로는 덤불 제거와 같은 다른 목적뿐만 아니라 미래의 재정착 유역에서 계획된 지역에 건설된다. 그러한 도로 건설은 이주 댐 노동자들처럼 필요한 기술을 가진 재정착자들이 거의 없어서 프로젝트 지역을 외부 세계에 개방하는 데 큰 역할을 한다.

현재까지 이 같은 편입은 다음의 네 가지 이유로 재정착자들 대다수가 이전 생활 수준과 삶의 질을 유지하는 데 실패했다는 기록이 있다. 첫 번째 이유는 저수지 범람으로 강둑을 따라 지류 삼각주에 있는 최고의 경작지, 강변의 나무들, 그리고 매우 가치 있는 비목재 임산물과 귀중한 건기 방목지가 제거되기 때문이다.

두 번째 이유는 대부분의 경우 생산성이 낮은 내륙 토양은 잠재적인 이주 지역에 거주할 것으로 예상할 수 있는 거주 인구와 공유되어야 하기 때문이다. 거주자들과 관련된 문제는 일반적으로 경작 가능한 토지에 대한 접근과 정부가 재정착을 위해 따로 마련한 지역에 대한 정치적, 종교적 통제와 관련이 있다. 물리적 충돌이나 소송이 발생될 수 있으며, 특히 경작 가능한 토지가 거주 인구와 재정착 아동에게 적합하지 않게 될 경우 더욱 그러하다.

세 번째 이유는 댐 건설과 저수지 조성과 관련된 새로운 기회를 모색하기 위해 찾아오는 이민자들이다. 만일 어민이 재정착자나 거주자보다 경험이 많은 경향이 있다면, 그들은 휴가 주택을 위한 주요 토지와 내륙 관광, 섬 휴양지, 사냥 금지 구역, 현금 작물의 관개 등을 찾으며 더 양질의 교육을 받고, 자본을 소유하며, 정치적으로 연결되는 경향이 있다. 그들은 또한 그들의 사업을 위한 주요 재정착 지역을 얻기 위해 지역 지도자들을 타락시키는 경향이 있다. 스커더와 제이의 50개 댐 재정착 결과 통계 분석에서 재정착자들의 능력 부족은 47건 중 20건(43%)에서, 거주자와 경쟁과 통합에서의 능력 부족은 44건 중 14건(32%)에서 언급됐다.

넷째, 아스완 하이 댐 재정착의 가능한 경우를 제외하고, 이전에 고립된 재정착자들이 국가적 경쟁력을 갖출 수 있도록 충분한 교육과 훈련을 제공한 댐 프로젝트는 없다.

그러나 소수의 재정착자들에게, 폭넓은 정치 경제 내의 통합은, 특히 재정착 정책이 최초로 직업 훈련과 초·중등학교를 제공하는 경우, 주요한 이점을 가질 수 있다. 카리바 댐과 연계한 학교 제공이 이전에는 단일 계급 사회였던 그웬베 통가에 엘리트 생성을 이끌었다(Scudder and Colson 1980).

중등교육의 가치는 다른 국가적 맥락에 따라 달라질 것이다. 적어도 졸업생들은 정착지 내에 마을 학교와 병원을 운영하고 지역 지도자가 될 수 있을 것이다. 카리바 경우 잠비아가 독립한 시기에 처음 500명의 학생이 졸업했기 때문에 식민지 공직자들의 공석인 자리를 메우거나 더 많은 교육을 받도록 하기 위해서는 중등학교 졸업생들조차도 필요했다(MIT에서 박사학위를 받은 그웬베 통가 재정착자 음윈다이스 시암위자는 이후 잠비아의 선도적인 과학자가 되었다).

계획자와 댐 프로젝트 당국은 저소득 재정착자들의 잠재력을 잠재적 혁신자로서 그리고 그들의 교육 능력에 대해 경시하는 경향이 있다. 내가 1956- 1957년 마즈루의 작은 그웬베 통가 마을에 처음 살았을 때, 카리바가 하류 100km 이상 건설되는 동안, 둥근 창문도 없는 초가집에 156명의 주민만이 살고 있었다. 1958년 재정착 이후, 짧은 거리에 신설된 두 초등학교의 교육 수요는 증가하기 시작했고, 소수의 중등학교에 점점 더 많은 졸업생이 지원했다(소녀들의 수가 천천히 증가하는 것이 포함됨).

추가 교육을 원하는 초·중등 졸업생들에게 학교 경비(특히 여행비, 등록금, 항공료)가 큰 문제가 되었을 때, 아내와 나는 마줄루 학생이라면 누구나 3차 교육을 받을 수 있도록 학비를 지원하기 시작했다. 현재까지 우리는 1956년 156명의 마줄루 마을 주민의 자녀와 손주들 40명 이상의 소년 소녀들에게 등록금을 지원했다. 몇몇은 잠비아 대학을 졸업했거나 해외에서 더 많은 교육을 받았다. 또 다른 일부 사람들은 3년 과정의 교사 연수 대학, 농업, 천연자원 교육 기관, 또는 단기 직업 훈련 과정을 수료했다.

나는 교육 잠재력이 모든 댐 재정착 프로젝트에 존재한다고 믿는다. 그러나 오늘날에도 가장 잘 계획된 댐 프로젝트에서, 실행 가능한 재정착 과정이 2세대 재정착자들에게 넘겨지는 데 필요한 적절한 교육에 대한 강조는 거의 이루어지지 않고 있다.

19.5.6 건강

세 가지 주요 건강 문제 유형은 재정착 과정과 관련이 있다. 첫 번째 유형은 비자발적인 댐 관련 지역사회 재정착을 수반한다고 가정된 생리적, 심리적 스트레스와 관련된 사망률과 질병 증가의 위험이다. 그러나 아스완 하이 댐과 관련된 이집트 누비아인들과 카리바 댐과 관련한 그웸베 통가 재정착을 제외하고, 재정착 관련 높은 사망률과 관련된 데이터는 아직 거의 없다. 심리적인 스트레스에 대해 콜슨의 **재정착의 사회적 결과**는 특히 여성들이 이전 기간과 이후에 상당한 정신적 스트레스를 받았다는 것을 분명히 한다.

건강문제의 두 번째 유형은 재정착 과정 동안의 부적절한 계획과 실행으로 인한 것이다. 가장 심각한 것은 미래 이전 지역의 건강에 대한 적절한 벤치마킹 연구 부족, 철거에 따른 불충분한 국내 용수 공급, 더 크고 가까운 지역사회에 재정착자들이 몰려드는 것이다. 재정착한 사람들이 자유롭게 흐르는 강 옆에 살았다는 사실은 특히 아이러니하다. 5가구당 시추공을 뚫어서 펌프를 장착하는 최선의 경우라도 수자원이 너무 자주 마르고 장비가 고장이 나서 충분치 않은 정비와 예산, 예비 부품 부족으로 수리되지 않는다. 과밀은 행정 통제 강화뿐만 아니라 교육 개선, 개발 중심 확장 서비스, 보건 시설의 제공을 위해 더 큰 지역사회에서(따라서 경제 개발에 불충분한 토지를 이용할 위험을 무릅쓰다) 재 정착자들을 통합하는 정부 정책과 관련이 있다.

세 번째 유형의 건강 문제는 1세대와 후속 세대의 재정착자들이 그들 자신이 찾은 새로운 물리적 환경과 사회적 환경의 특징이다. 그 예로서 유용한 것은 카리바 재정착에 관한 60년 이상의 기간 동안 수집된 정성적 데이터이다. 카리바 호수 유역의 짐바브웨 쪽에서는, 급경사면 기초 수풀 후면에 정착한 많은 지역사회에서 인간 트라이파노소미아 전염병이 잠재적으로 발생했다. 잠비아 쪽에서, 가장 주목할 만한 것은 댐 아래로 이전한 몇몇 마을에서 56명의 여성과 어린이들이 사망한 원인 불명의 죽음이었다. 가능한 원인은 저녁 식사를 함께하는 것을 즐기기 위해 낯선 환경에서 수집된 독성 있는 덩이줄기의 섭취였다.

인접한 고원으로 이주한 그넴베 통가 1,600명 중 41명의 아이들이 처음 2년 기간에 3개월 동안 이질로 사망했다. 말라리아와 주혈흡충병 증가는 저수지 근처에 이주한 마을 내에서 증가했고, 마을에서 증가된 인구수는 1980년대 이후 이질 발생률과 이전에는 잠비아 시골에서 드물게 발생했던 콜레라 발생률이 증가하였다. 한편, 그움베 통가에서는 댐이 건설되기 전 남성들 사이에 노동력 이동률이 높았기 때문에 1990년대 그움베 계곡 전역에서 흔했던 HIV/AIDS로 인한 매우 높은 사망률을 카리바 댐 및 재정착과 연관시키는 것은 위험할 것이다. 그러나 1964년 이후 이 저수지에 낚시하러 온 이민자들은 어류를 얻고 지역 물품을 팔기 위해 어촌에 온 마을 여성들 사이에서 HIV/AIDS의 구체적인 사례에 매우 확실하게 책임이 있다.

19.6 하류 지역사회의 영향

이제 댐 건설이 아프리카, 남아시아, 동남아시아, 동아시아, 중남미 등 신흥 개발도상국으로 옮겨갔고, 댐에 영향을 받는 하류 지역사회와 가계의 수가 두 배 이상 증가하였다. 2010년 리히터 등은 원격 감지 기능을 사용하여 영향을 받는 강의 10km 이내에 거주하는 인구를 추정하였으며, 상류 댐에 의해 야기된 "강 흐름의 변화로 인해 생계에 부정적인 영향을 잠재적으로 받은" 인구의 수를 보수적으로 4억7,200만 명으로 추정했다. 그 추정치는 세계댐위원회가 추산한 재정착에 의한 "직접 이동한 수의 6-12배 이상 초과"된다(Richter 2010: 16).

가능한 부정적인 영향을 받을 수 있는 주된 이유는 이전에 자유로이 흐르는 강의 자연홍수체제에 대한 생계 의존 때문이다. 앞에서 언급한 각 지역마다의 생활

의존도는 우기 동안의 농업을 보완하는 다양한 건기 식품과 현금 작물의 감수농업, 초목 방목과 사료가 부족한 건기 동안의 가축 방목, 소득과 주요 단백질 공급원을 위한 어업, 그리고 강가 및 수산물의 가공과 거래 등을 포함하여 다양하다. 거주자 외에도 이런 자원에 의존하는 사람들은 건기 때 내륙에서 강변 초원으로 이주한 목축민과 강 하류와 상류 지역 사이를 계절적으로 이동하는 어업인 등이다. 나이지리아의 바칼로리 댐(Adams 1993)과 가나 볼타 댐(Hilton and Kowu Tsi 1973) 하류처럼 주민들이 자유롭게 흐르는 강에 의존하는 거주자들 상당수의 가구가 댐 건설이 발생한 후 그들의 집을 떠나야 했다.

이삭먼은《댐과 이동 및 개발의 망상(Dams, Displacement, and the Delusion of Development)》에서, 모잠비크의 카호라 바사 댐 사례와 같이 대형 댐이 수십만 명의 사람들에게 야기된 혼란에 대해 몇 안 되는 상세한 설명 중 하나를 제공한다.

> 카호라 바사는 잠베지를 영원히 변화시켰을 뿐만 아니라, 물을 이용하여 인접해 사는 모든 개인, 즉 남성과 여성, 노인과 젊은이, 농민과 어부의 삶에 영향을 끼쳤다. 강에 의지해 생계를 유지하던 50만 명이 넘는 사람들에게 결과는 비극적이었다. 이런 식으로 수력 발전 프로젝트는 생계 전략을 변경하였으며, 식량 안보를 위험하게 했고, 하류의 주거 형식 등을 변화시켰다 (Isaacman and Issacman 2013: 135).

19.7 이양

프로젝트 당국에 의한 책임 있는 이양은 최소한 프로젝트에 영향을 받는 지역사회를 위한 성공적인 개발과정을 유지하기 위해 정부가 능력과 예산을 갖추는 즉시 이루어져야 한다. 가장 복잡한 것은 성공적인 재정착 프로세스를 정착된 지역사회에 넘기는 것이다. 현재까지 진행 중인 계획, 실행 및 모니터링 책임의 이전은 정부와 재 정착자가 만족스러운 재정착 프로세스를 지속할 수 있는 능력을 갖추기 전에 발생하기 때문에 대형 댐과 관련하여 가장 만족스럽지 못한 결과 중 하나이다.

이러한 수용할 수 없는 상황의 주된 이유는 정부뿐만 아니라 관련 엔지니어링 회사들이 새로 건설된 댐을 가동되는 즉시 프로젝트를 준공하는 경향이 있기 때문이다. 이러한 결론은 국제 금융 기관에도 적용된다. 따라서 세계은행의

《댐 개선 작업: 라오스 인민민주공화국과 남테운 2(Doing a Dam Better: The lao People's Democratic Republic and the Story of Man Theun 2)》 이야기는 2011년 출간됐고, 5년이 지난 지금도 미완의 재정착 이행과정이 아직 진행 중이다.

이양하는 것은 양허협정이나 기타 법적 구속력이 있는 문서에 통보된 요건이 프로젝트 당국과 정부 양쪽에 의해 서명된 경우에 가장 잘 처리된다. 또한 재정착 공동체에 대한 책임의 추가 이전을 촉진하기 위해, 자금 조달과 정부역량 개선과 연관된 이익공유의 형태도 필수적이다. 이익공유의 성공적인 예로는 노르웨이에서 영향을 받는 지역사회가 이용할 수 있는 프로젝트 수익의 가용성과 캐나다에서 준 정부 기관과 원주민 공동체 사이에서 솔선하여 프로젝트 파트너가 되거나, 아스완 하이 댐과 관련된 이집트에서와 같이 그들 스스로 주요 관개 프로젝트를 인수하는 것이 포함된다.

19.8 결론

1956년 엘리자베스 콜슨이 잠베지 강의 카리바 댐과 관련하여 철거 전에 57,000명 그웬베 통가 주민의 1년 전 재배치 연구에 협력해 달라고 요청했을 때, 나는 비자발적인 재정착이나 자유로이 흐르는 강의 댐 건설에 대해 사실상 아무것도 알지 못했다. 10년 후, 이집트의 아스완하이댐과 나이지리아의 카인지댐을 다루는 1년의 카리바 재학습과 연구 및 컨설팅을 거친 후, 나는 대형 댐이 강 유역을 종합적으로 개발할 특별한 기회를 제공한다는 결론을 내릴 뿐만 아니라, 여러 국제 컨퍼런스와 후속 출판물에서 나의 견해를 강조해 왔다.

한편, 나는 댐 건설과 관련된 강 유역 전체의 환경 및 사회적 비용에 더 많은 관심을 기울여야 한다는 우려의 옹호자가 되고 있었다. 시간이 지나면서 나의 우려는 커졌지만, 1998년, 내가 댐에 관한 세계위원회 위원장으로 선출된 것은 환경 및 사회 문제에 대한 나의 경험과 댐 분야의 반대파와 찬성파 사이의 명백한 중립성 때문이었다.

사실, 나는 점점 더 댐 반대파가 되어 가고 있었다. 그러나 자크 레슬리는 그의 《깊은 물(Deep Water 2005)》에서, 그는 나를 "하나의 좋은 댐"을 찾는 위원장으로 특징지었다. 레슬리는 2014년 8월 뉴욕타임즈(New York Times) 견해에서 "테이어 스커더가 댐에 대한 그의 생각을 바꾸었고, (…) 대형 댐은 비용 가치가 없을 뿐만 아니라 현재 건설 중인 많은 댐들이 '참담한 환경적 및 사회경제적 결과를 초래할 것'

이라는 결론을 내렸다"고 썼을 때 그 역설에 대한 답을 찾았다. 그래서, 이 장의 제목—"좋은 대형 댐: 존재하는가, 모든 것을 고려했다고?"—에 대한 내 대답은 **아니오 이고, 좋은 대형 댐은 존재하지 않는다!**

감사

본 장의 초기 원고에 대한 유용한 코멘트를 엘리자베스콜손, 데보라, 존 게이, 피터 보스하드, 자케스 레슬리, 샬드라 포스텡과 데이비드 맥도웰으로부터 받았다.

참고 문헌

Adams, W. M. (1993). "Development's deaf ear: Downstream users and water releases from the Bakalori Dam, Nigeria," *World Development,* 21(9): 1405–16.

Adaptation Fund. (2011). Proposal for Egypt, 31 August.

Aleem, A. A. (1972). "Effect of river outflow management on marine life," *Marine Biology,* 15: 200.

Ansar, A., Flyvbjerg, B., Budzier, A., and Lunn, D. (2014). "Should we build more large dams? The actual cost of hydropower megaproject development," *Energy Policy,* March: 1–17, <http://dx.doi.org/10.1016/j.enpol.2013.10.069>.

Beard, D. P. (2015). *Deadbeat Dams: Why we Should Abolish the U.S. Bureau of Reclamation and Tear Down Glen Canyon Dam*. Boulder, CO: Johnson Books.

Beilfuss, R. D. (2012). *A Risky Climate for Southern African Hydro: Assessing Hydrological Risks and Consequences for Zambezi River Basin Dams*. Berkeley, CA: International Rivers.

Beilfuss, R. D., Dutton, P., and Moore, D. (2000). "Land cover and land use changes in the Zambezi Delta," in J. Timberlake (ed.), *Biodiversity of the Zambezi Basin Wetlands. Vol. III: Land Use Change and Human Impacts*. Bulawayo: Biodiversity Foundation for Africa and Harare/The Zambezi Society. Consultancy Report for IUCN ROSA.

Cernea, M. M (1997). "The risks and reconstruction model for resettling displaced populations," *World Development,* 25(10): 1569–88.

Climate Change. (2007). Impacts, *Adaptation and Vulnerability. Assessment Report of the*

Intergovernmental Panel on Climate Change, <https://www.ipcc.ch/pdf/assessment-report/ar4/wg2/ar4-wg2-chapter6.pdf>.

Colson, E. (1971). *The Social Consequences of Resettlement: The Impact of the Kariba Resettlement on the Gwembe Tonga*. Manchester: Manchester University Press, Institute for African Studies, University of Zambia.

Commission on Growth and Development. (2008). *The Growth Report: Strategies for Sustained Growth and Inclusive Development*. Washington, DC: World Bank.

Costanza, R., d'Arge, R., de Groot, R., et al. (1997). "The value of the world's ecosystem services and natural capital." *Nature*, 387: 253–60.

Daly, Herman. (1994). "Farewell speech": 1–7, <http://www.whirledbank.org/ourwords/daly.html>.

Darby, S. and Sears, D. (eds.). (2008). *River Restoration: Managing the Uncertainty in Restoring Physical Habitat*. Chichester: Wiley.

De Wet, C. (2006). "Risk, complexity and local initiative in forced resettlement outcomes," in C. De Wet (ed.), *Development-Induced Displacement: Problems, Policies and People*. Oxford and New York: Berghahn Books, pp. 180–202.

Downing, T. E. (1996). "Mitigating social impoverishment when people are involuntarily displaced," in C. McDowell (ed.), *Understanding Impoverishment: The Consequences of Development-Induced Displacement*. Oxford and New York: Berghahn Books, pp. 33–48.

Downing, T. E. and Garcia-Downing, C. (2009). "Routine and dissonant culture: A theory about the psycho-socio-cultural disruptions of involuntary displacement and ways to mitigate them without inflicting even more damage," in A. Oliver-Smith (ed.), *Development and Dispossession: The Anthropology of Displacement and Resettlement*. Santa Fe, CA: School for Advanced Research Press.

Ebinger, J. and Vergara, W. (2011). *Climate Impacts on Energy Systems: Key Issues for EnergySector Adaptation*. Washington, DC: World Bank. World Bank Energy Sector Management Assistant Program.

Frihy, O. E. (1992). "Sea-level rise and shoreline retreat of the Nile Delta promontories, Egypt," *Natural Hazards*, 5: 65–81.

Frihy, O. E., Fanos, A. M., Khafagy, A. A., and Komar, P. D. (1991). "Nearshore sediment transport patterns along the Nile Delta, Egypt," *Journal of Coastal Engineering*, 15: 409–29.

Government of Egypt. (2010). Presidential Decree no. 476.

Grill, G., Lehner, B., Lumsdon, A. E., et al. (2015). "An index-based framework for assessing patterns and trends in river fragmentation and flow regulation by global dams at multiple scales." *Environmental Research Letters*, 10 015001: 1–29.

Hilton, T. E. and Kowu-Tsri, J. Y. (1973). "The impact of the Volta scheme of the Lower Volta floodplains," *Journal of Tropical Geography*, 30: 29–37.

Hughes, F. M. R., Moss. T., and Richards, K. S. (2009). "Uncertainty in riparian and floodplain restoration," in S. Darby and D. Sears (eds.), *River Restoration: Managing the Uncertainty in Restoring Physical Habitat*. Chichester: Wiley, pp. 79–104.

Isaacman, A. F. and Isaacman, B. S. (2013). *Dams, Displacement and the Delusion of Development: Cahora Bassa and Its Legacies in Mozambique, 1965–2007*. Athens. OH: Ohio University Press.

Kashaf, A. A. I. (1983). "Salt-water intrusion in the Nile Delta," *Groundwater*, 21(2): 160–7.

Kassas, M. (1972). "Impact of river control schemes in the shoreline of the Nile Delta," in M. T. Farvar and J. P. Milton (eds.), *The Careless Technology: Ecology and International Development*. Garden City, NY: Natural History Press.

Leslie, J. (2005). *Deep Water: The Epic Struggle Over Dams, Displaced People, and the Environment*. New York: Farrar, Straus and Giroux.

Leslie, J. (2014). "Large dams just aren't worth the cost," *New York Times, Sunday Review* Opinion, 24 August.

Mapes, L. V. (2014). "Elwha runs free," *Seattle Times*, 17 August: A15.

O'Connor, J. E., Duda, J. D., and Grant, G. E. (2015). "1000 dams down and counting," *Science*, 348(6234): 496–7.

Oud, E. and Muir, T. (1997). "Engineering and economic aspects of planning, design, construction and operation of large dam projects," in *Large Dams: Learning from the Past, Looking at the Future*. Gland, Switzerland: IUCN–World Bank, pp. 17–39.

Petit, C., Scudder, T., and Lambin, E. (2001). "Quantifying processes of land-cover change by remote sensing: resettlement and rapid land-cover changes in southeastern Zambia," *International Journal of Remote Sensing*, 22(17): 3435–56.

Porter, I. C. and Shivakmar, J. (eds.). (2011). *Doing a Dam Better: The Lao People's Democratic Republic and the Story of Nam Theun 2*. Washington, DC: World Bank.

Postel, S. and Richter, B. (2003). *Rivers for Life: Managing Water for People and Nature*. Washington, DC: Covelo; London: Island Press.

Report of the Central Fact Finding Team. (2015). "Drowning a valley: Destroying a civilization," 10 May.

Richards, K. and Hughes, F. M. R. (2008) "Floodplains in Europe: The case for restoration," in S. Darby and D. Sears, *River Restoration: Managing the Uncertainty in Restoring Physical Habitat*. Chichester: Wiley, pp. 16–44.

Richter, B. D., Postel, S., Ravenga, C., et al. (2010). "Lost in development's shadow: The downstream human consequences of dams," *River Alternatives*, 3(2): 14–42.

Scott, J. C. (1998). *Seeing Like a State: How Certain Schemes to Improve the Human Condition Have Failed*. New Haven and London: Yale University Press.

Scudder, T. (1980). "River-basin development and local initiative in African savanna environments," in D. R. Harris (ed.), *Human Ecology in Savanna Environments*. London: Academic Press, pp. 383–405.

Scudder, T. (2005). *The Future of Large Dams: Dealing with Social, Environmental, Institutional and Political Costs*. Sterling, VA, and London: Earthscan.

Scudder, T. (2012). "Resettlement outcomes of large dams," in C. Tortajada, D. Altinbilek, and A. K. Biswas (eds.), *Impacts of Large Dams: A Global Assessment*. Berlin and Heidelberg: Springer, pp. 37–67.

Scudder, T. (2016). *Aswan High Dam Resettlement of Egyptian Nubians*. SpringerBriefs on Case Studies of Sustainable Development. Singapore: Springer.

Scudder, T. and Colson. E. (1980). *Secondary Education and the Formation of an Elite: The Impact of Education on Gwembe District, Zambia*. London: Academic Press.

Scudder, T. and Colson, E. (1982). "From welfare to development: A conceptual framework for the analysis of dislocated people," in A. Hansen, A. and A. Oliver-Smith (eds.), *Involuntary Migration and Resettlement*. Boulder, CO: Westview Press, pp. 267–88.

Shalash, S. (1982). "Effects of sedimentation on the storage capacity of the High Aswan Dam reservoir," *Hydrobiologia*, 92: 623–39.

Shata, A. and El Fayoumy, I. (1970). "Remarks on the hydrogeology of the Nile Delta, UAR," in *Hydrology of Deltas: Proceedings of the Bucharest Symposium, 1969*, vol. 2, pp. 385–96.

Smith, S. E. and Abdel-Kadar, J. (1988). "Coastal erosion along the Egyptian delta," *Journal of Coastal Research*, 4: 245–55.

Stanley, D. J. (1988). "Subsistence in the northeastern Nile Delta: Rapid rates, possible causes, and consequences," *Science*, 240: 497–500.

Stanley, D. J. (1990). "Recent subsidence and northeast tilting of the Nile Delta, Egypt," *Marine Geology*, 94: 147–54.

Stanley, D. J. and Warne, A. G. (1993). "Nile Delta: Recent geological evolution and human impact," *Science*, 260: 628–34.

Tinley, K. (1994). *Description of Gorongosa–Marrameu Natural Resource Management Area, Section 2: Ecological Profile of the Region (Form, Content, Process)*. Harare: IUCN ROSA.

Tortajada, C., Altinbilek, D., and Biswas, A. K. (eds.) (2012). *Impact of Large Dams: A Global Assessment*. Berlin and Heidelberg: Springer.

Waterbury, J. (1979). *Hydropolitics of the Nile Valley*. Syracuse, NY: Syracuse University Press.

World Bank. (1994). *Resettlement and Development: The Bankwide Review of Projects Involving Involuntary Resettlement 1986–1993*. Washington, DC: Environment Department, World Bank: Section 6:11.

World Commission On Dams. (2000). *Dams and Development: A New Framework for Decision-Making*. The Report of the World Commission on Dams. London: Earthscan.

Xia, R. (2015). "It's also a watt shortage: Lack of rain is cutting power production at California dams," *Los Angeles Times*, 17 May: B1 and B5.

4부

사례

CASES

제20장

메가프로젝트 혁신의 코드 붕괴

보잉 787 사례

버리드 홀즈먼·아론 센허·야오 차오·벤저민 멜라메드

20.1 개요

2011년 9월 26일, 보잉사는 첫 787 드림라이너 수송기를 전 일본 항공에 인도했다고 공개적으로 발표하였다.[1] 그 행사는 원래 계획보다 거의 40개월 늦게, 그리고 예상치 못한 일련의 지연 후에 발생했다. 이 프로그램의 실제 개발 비용은 약 400억 달러로 추정되었으나 "당초 추정치의 두 배가 훨씬 넘었다" (Mecham 2011). 게다가 1년 뒤 한 비행기의 리튬배터리에서 고장이 발견돼 이륙 후 화재가 발생했고, 또 다른 항공기의 구조적인 문제도 발견되었다. 이러한 문제들은 연방항공국(FAA: Federation Aviation Administration)이 이미 운영 중인 드림라이너 전 항공기에 대해 수개월 동안 지상 명령을 내리게 하였다.

드림라이너는 지금까지 만들어진 항공기 중 가장 진보된 상업용 항공기로 가장 효율적으로 운영되도록 설계되었다. 그러나 그것의 납기 지연과 초기 서비스 문제는 세계에서 가장 경험이 많은 상업용 항공기 제조업체 중 하나로 여겨지고 있는 선도적인 회사에게 특히 문제가 되었다. 보잉의 경험은 플뤼브비에르(Flyvbjerg 2014)가 "시간 경과, 예산 초과, 지속적 반복"인 "철의 법칙"이라고 언급한 것으로, 다수의 메가프로젝트에서 볼 수 있는 전형적인 형식에 부합되었다. 수십 년의 연구를 바탕으로 한 플뤼브비에르의 메가프로젝트 성과에 대한 평가는 "이런 프로젝트를 관리하는 기존의 방식이 전통에 도전하고 개혁이 대두되는 '갈등 지점'에 도달했다"고 제안한다.

플뤼브비에르가 메가프로젝트를 더 잘 이해하기 위해 탐구하는 맥락에서, 이 장은 적절한 수준의 기여로 보일 수 있다. 내부로부터 대대적인 변화를 하는 "인사이드 아웃" 방식을 취함으로써, 우리는 보잉이 드림라이너와의 내부 경험을 분석하는 한편, 일련의 사건들을 설명하고 왜 그런 일이 일어났는지 분석했다. 게다가, 우리는 한 걸음 더 나아가서 미래에 유사한 문제들을 피할 수 있는 가능한 방법들을 회고함으로써 제시한다.

보잉 787은 국가나 지방 정부가 자금을 지원하는 공공 기반시설 프로젝트가 아니었다. 순수 상업적 기업으로서, 그것은 상업적 항공 서비스의 빠르고, 경쟁적이고, 역동적인 시장에서 선두 기업의 전략적 위치를 강화하기 위해 수행되었다. 그러나 드림라이너의 가장 독특한 면은 그것이 시도한 혁신의 수준이었다. 보잉 787은 새로운 기술, 새로운 비즈니스 및 인센티브 모델, 그리고 전통적인 공급망을 다루기 위한 새로운 조직 설정과 관련된 새롭고 중요한 관행들을 통합하였다. 그러므로 이 메가프로젝트의 고유성을 더 잘 이해하기 위해, 우리는 이 장에서 혁신 이론과 실행의 최근 발전에 기초하여 혁신 관리 관점을 도입한다.

우리의 결론은 간단하다. 보잉의 지연과 다른 문제들은 **예방되지 않았더라도 최소화될 수 있었을 것이다**. 더 중요한 것은, 프로젝트의 혁신 과제와 잠재적인 어려움에 대한 신중한 조기 분석은, 뒤에 따르는 많은 문제를 예상했을 수도 있고, 더 현실적인 계획으로 이어졌을 수도 있으며, 평판 훼손뿐만 아니라 그것의 일부 손실도 피할 수 있었을 것이다.

우리는 드림라이너 메가프로젝트를 착수하기로 한 보잉사의 결정에 대한 배경을 설명하는 것으로 시작한다. 다음으로 새로운 과제와 그 어려움에 대해 개략적으로 설명하고, 개발 이력과 지연에 대응하여 취한 조치에 관해 설명한다. 그런 다음 우리는 프로젝트의 혁신 정도와 범위를 분석하기 위하여 최근에 개발된 프레임워크 집합을 사용하며, 이러한 문제들이 어떻게 완화되거나 심지어 피할 수 있었는지에 대한 논의를 도출한다. 우리는 향후 고도로 혁신적인 메가프로젝트에서 유사한 도전에 직면할 때 적용될 수 있는 교훈으로 결론짓는다.

20.2 보잉 787 드림라이너 메가프로젝트

20.2.1 보잉의 상업용 항공기 구축 역사

보잉은 1957년 취항한 707형 노선으로 상업용 제트기 시대를 시작했으며 이후 727, 747, 이후 737, 757, 767 등 거의 60년 동안 전 세계 항공기 시장을 지배하였다. 결국 보잉이 가장 성공한 항공기인 777은 1995년 도입돼 항공기 설계와 건설에 새로운 표준을 수립했다. 드림라이너가 고안되었을 때 보잉은 그것이 또 다른 큰 성공을 위한 좋은 위치에 있다고 매우 확신하였다. 그러나, 그 프로그램의 도입부터, 프로그램의 개발과정은 매우 격동적인 것으로 나타났다.

20.2.2 787 비전

2000년대 초반 보잉사의 관심은 연료비 절감, 허용 가능한 소음 수준 달성, 지점 간 직접 연결에 대한 수요 증가, 21세기 항공기 구축에 수반되는 대규모 비용을 부담할 금융 구조 필요성에 의해 추진되었다. 드림라이너 프로젝트는 에어버스의 380 프로그램에 대응하기 위한 대응과 전략적 선제적 조치로 시작되었다.

이 프로젝트는 2004년 4월에 승인되었고, 납기일은 2008년 중반으로 설정되었다. 그 후 곧 보잉은 전일본항공으로부터 기록적인 주문을 받았고, 그 후 55대를 다른 고객들로부터 추가 주문받았으며, 총 850대의 항공기 잔고는 미화 1,400억 달러로 추정되었다.

20.2.3 드림라이너의 혁신적 과제와 결과적 어려움

드림라이너는 물리적 특성, 기술, 관리 방식, 자금 조달, 엔지니어링, 설계 관리, 품질관리, 보증절차, 조립과정 등 여러 측면에서 혁명적인 항공기였다. 이러한 과제 중 많은 것들이 항공 기술의 새로운 발전에 이용되고 설계와 개발 주기를 가속하기 위한 전략적 기회로 의도적으로 수행되었다. 그러나 우리가 보여주게 될 것처럼, 이러한 과제를 해결하는 데 필요한 몇 가지 단계만 미리 실행되었다.

20.2.4 기술 혁신

보잉사는 드림라이너를 20% 저렴한 비용으로 신속한 장거리 운송을 제공할 계획을 세웠다. 따라서 이 신형 항공기는 경량 복합 재료로 제작되었으며, 이 재료는 무게의 50%(및 부피의 80%)로 구성되었다(Teresco 2007; Ye et al. 2005; Slayton and Spinardi 2015). 그러나 이 기술은 대형 동체 부분과 은 설계에 대한 몇몇 새로운 구조적 과제가 제기되었고, 이것은 시험 단계에서 시제품 고장으로 이어졌으며, 따라서 프로젝트 비용이 추가되고 일정이 지연되었다(Holmes 2006).

드림라이너는 기계적인 조작이 아닌 전력을 이용한 신호 제어에 "플라이 바이 와이어" 기술을 사용하도록 설계되었다. 이러한 혁신적인 기술은 상업용 항공기 설계에 새로운 것이었으며, 장기간에 걸친 배선, 설치 및 통합 프로세스의 확장된 기간에 따른 지연이 추가되었다(Ye et al. 2005; Holmes 2006).

20.2.5 비즈니스 모델 혁신

보잉은 설계 프로세스의 속도를 높이기 위해 설계, 엔지니어링, 제작 및 생산의 전례 없는 비율을 국내·외 700개 공급업체가 참여하는 글로벌 네트워크에 아웃소싱하기로 결정했다(Pritchard and MacPherson 2004; MacPherson Pritchard 2005). 이런 결정으로 전통적 공급망이 "개발 체인"으로 변모하여, 하도계약자들이 조기에 개입돼 제작 및 조립 작업뿐만 아니라 설계와 개발도 수행하였다(Tang et al. 2009).

거대한 아웃소싱 프로그램 외에도 보잉은 **성과를 위한 구축**이라는 새로운 인센티브 모델을 도입했다. 이 모델에 따라, 새로운 위험 및 수익 공유 계약이 체결되었으며, 이 계약은 공급업체가 비반복적인 연구개발 비용을 선지급으로 부담하고, 설계 작업의 지적재산을 소유하며, 향후 항공기 판매에서 발생하는 수익의 몫을 취득하는 것이다. 표 20.1은 787의 성과 구축 개발 모델을 요약한 것이다.

구축-성과 모델로 공급업체들은 위험과 보상을 공유하는 전략적 파트너가 되었고, 결과적으로 프로젝트와 프로젝트 결과에 장기적인 관심을 갖게 되었다(소디

표 20.1 보잉 787 성과 구축 모델

업무 범위	계약적 합의 / 책임
시스템 디자인 및 설계	주 계약자로서의 보잉
상세 부분 설계	공급자
인터페이스 설계	보잉이 인터페이스 정의; 공급자는 상세 설계 제공, 그리고 보잉이 심판 역할을 함
2차 공급자 선정 및 관리	1차 공급자
지적 재산권	공급자에 의해 소유됨
순환되지 않는 개발 비용	787 수익으로부터 공급자에 의해 지불된 청산 비용
공급자에 대한 지불 시간	787이 인증되고 고객에게 전달될 때

와 탕 2012). 그러나 모든 하도계약자는 자체 서브시스템 통합 및 사전 조립된 서브시스템을 보잉사가 직접 운영하는 중앙 통합 사이트로 운송하도록 요청받았다(Turner 2013). 불행히도 이들 하도계약자들 중 다수는 원하는 품질 요건, 납기 일정 및 적절한 서류를 충족시킬 수 없었다.

20.3 드림라이너의 개발 역사

20.3.1 당초 계획 대비 프로젝트 사건 비교

당초 계획대로라면 2007년 6월까지 모든 하도계약 조립품이 완성되어 납품될 예정이었다. 2007년 8월에 첫 비행이 계획되었는데, 첫 비행은 2008년 5월에 이루어졌다. 이 계획에 따라 2007년 7월 8일 첫 787에 대한 출시 행사가 개최되었다(Norris and Wagner 2009). 그러나 항공기의 주요 시스템은 아직 설치되지 않았고, 많은 부품들은 단지 임시 비항공 고정 장치가 부착되었을 뿐이었다(Trimble 2007). 이는 계획 보다 거의 1년 반 늦은 것으로 첫 시험비행 전에 발생한 일련의 지연 중 첫 번째였다(Cohan 2009; Kotha and Srikanth 2013). 표 20.2에는 사건의 상세한 순서가 표시된다.

표 20.2 787 드림라이너의 주요 사건 순서

연도	월	사건
2002	12	추가 속도보다 더 연료 효율적에 대한 항공사의 요구에 대응하여, 보잉은 그들의 "음속 순항선" 개념을 포기하였다. 음속 순항선을 구성하는 많은 재료, 항공 전자공학과 엔진 기술이 787에서 재현될 것이다.
2003	12	에버트, WA가 첫 조립 공장으로 선정되었다.
2004	4	보잉사 이사회가 787 드림라이너 프로그램의 공식적 승인
2004	7	ANA가 50개 항공기 주문
2005	9	787 항공기 설계의 주요 특성이 완성되고 상세설계가 보잉사의 글로벌 파트너사로 보내짐
	12	2005년 말에 288개 주문
2007	6	0.3인치 차이가 조종석 앞부분과 동체 부분사이에서 발견됨. 엔지니어가 그것을 연결하지 않고 안쪽부분을 재연결하여 고정시킴.
	7	첫 787 조립이 에버트에서 출시되나, 검토자가 없어 공허한 껍질이 됨.
	9	첫 지연: 3개월, 죄는 금속구의 부족과 불완전한 소프트웨어에 의함
	10	두 번째 지연: 글로벌 파트너의 완료되지 않은 작업의 통과와 비행통제 소프트웨어 완료 지연에 따른 첫 납기 6개월 및 시험 비행 3개월; 787 프로그램 팀장인 마이크 바이어는 팻 사나한으로 교체됨.

연도	월	사건
	12	2007년 말에 346개 주문
2008	1	세 번째 지연: 에버트 공장에서 무명의 공급자와 늦은 조립과정으로 시험비행 3개월
	4	네 번째 지연: 다시 시험 비행 6개월; 공급자로부터 미완성 작업의 지속적인 프로그램으로 첫 납기에 대해 당초 일정보다 총 15개월 지연
	9	보잉사에서 기계기술자가 두 번째 파업 시작하여 57일 지속; 회사는 생산을 정상궤도에 올려놓기 위해 한달 동안 고군 분투한다.
	11	새로운 심각한 문제 발생: 에버렛에서 제작 중인 항공기의 다섯 대의 시험기에서 잠금장치의 3%가 잘 못 설치되어 제거와 재설치 필요
	12	다섯 번째 지연: 6개월; 샤나한이 상업 항공기 프로그램의 책임을 맡고, 스콧 휀처가 787 프로젝트의 일일 운영을 앞장서다; 2008년 말까지 900대 이상
2009	1-2	중동 임대 회사 LCAL과 러시아 항공 S7이 37대 주문 취소
	6	여섯 번째 지연: 시험 비행이 날개 연결 부분의 구조적 결함으로 무기한 지연
		호주 항공 콴타스가 15대 주문 취소
		보잉은 첫 3대가 판매할 수 없고 단지 시험 비행에만 적합하여 미화 25억 달러 상각
	7	보잉은 파트너인 보우트부터 미화 10억 달러를 들여 SC 찰스톤에 있는787 후면 동체 조립 플랜트를 인수한다고 발표
	10	추가적인 10대 주문 취소; 총 주문은 840대로 감소
		보잉과 기계 노조 간의 집중회담이 실패로 종결; 보잉은 2번째 최종 조립 플랜트를 SC 찰스톤으로 선정한다고 발표
	11	보잉 기계팀에서 날개 동체 고정 연결 완성; 엔지니어들은 날개 스트레스 테스트 반복하고 드림라이너는 비행할 수 있는 청신호를 받음
2010	8	일곱 번째 지연: 보인은 엔진 고장과 유용성 이슈로 첫 항공기 납기가 3개월 지연
	11	보잉은 기내 화재 후에 드림라이너 시험을 중지
	12	여덟 번째 지연: 보잉은 무기한 납기 연기; 제 때에 납기는 없음
2011	9	첫 항공기 납기; 총 40개월 지연
2013	1	전체 787 비행기가 배터리 문제로 FAA에 의해 몇 개월간 지상 대기

20.3.2 개발 어려움

드림라이너에 사용된 복합 재료의 새로운 기술은 주 동체 및 고정 장치의 재설계와 잘못된 설치에 따른 재조립이 필요했고, 이에 따라 상당한 지연과 비용 초과가 발생하였다.(McInnes 2008) 예를 들어, 동체 설계 변경은 몸통 접합 시연 후 구간 간 이음새 변경이 필요하고, 선체 밖 날개는 이를 강화하기 위해 수정된 날개 설계가 필요하며, 결과적으로 최대 이륙 중량이 8톤 증가하였다(Domke 2008). 유사하게, 슬리브 고정 장치뿐만 아니라 프레임, 클립, 브래킷, 바닥 빔과 같은 다양한 구성 요소의 공급 부족은 이러한 지연을 더욱 가중시켰다. 하나의 예로, 고도로 전문화된 고정 장치의 납기가 60주 지연되었다(Lunsford and Glader 2007). 더욱이, 티타늄 구조를 탄소 섬유에 연결해야 했던 일부 고정 장치가 잘못 설치되어 더 많은 지연을 초래하였다(Gates 2008). 결국, 공급업체가 기대에 부합하지 못했기 때문에 작업의 주요 부분이 보잉의 최종 조립라인으로 다시 넘어갔고, 이는 최소 15개월의 추가 지연과 최종 조립라인으로 왔다 갔다 하는 예상치 못한 "이동 작업"의 결과를 낳았다.

20.3.3 예견 못한 지연과 도전 사항에 대한 보잉의 반응

재설계의 필요성, 부품 부족, 잘못된 고정장치 설치, 소프트웨어 개발 어려움, 심지어 노조 파업 등 드림라이너 메가프로젝트의 문제들로 인해 보잉사가 "출혈을 멈추고" 프로젝트를 정상 궤도에 올려놓기 위해 시정 조치를 취하도록 요구되었다.

예상치 못한 문제들과 관련 데이터를 처리하기 위해 2008년 12월 보잉 에버렛 공장에 생산운영센터가 설립되었다. 새로운 센터의 임무는 "보잉 공급자들의 전 세계 생산을 모니터링하고, 문제를 신속하게 해결하며, 프로그램을 지속적으로 발전시키는 것"이었다.(James 2009) 그것은 3단계 공급자와의 더 개선된 조정과 소통을 촉진하는 것을 목표로 했다. 이 센터는 28개 언어로 된 통역사들이 참여하고, 기계 엔지니어, 구매 담당자, 공급 관리 직원, 글로벌 물류 전문가, 그리고 회사의 품질 그룹의 많은 관리자를 고용했다.

시험 절차는 드림라이너의 부품 및 모듈 시험을 당초 제조업체 현장에서 가능한 한 빨리 시작하기 위해, 다음 조립 회사에 발송하기 전에 재정의되었다. 이들 시험의 재정렬은 보잉이 생산 공정 초기에 결함을 파악하고 문제를 해결할 수 있어 재작업과 비용을 절감할 수 있었다.

보잉사의 가장 신뢰도가 낮은 공급업체는 보우트로 밝혀졌는데, 보우트는 비행기 전체 동체 구조의 23%를 담당했다. 보잉은 보우트의 작업을 보다 효과적으로 통제하기 위해 사우스캐롤라이나에 있는 보우트의 드림라이너 전체 사업장을 미화 5억 8천만 달러에 인수하기로 결정했다(Kotha and Srikanth 2013).

20.3.4 787 프로젝트 혁신 도전과제 분석

혁신관리 및 복잡한 프로젝트관리와의 연관된 이용 가능한 이론과 구조는 드림라이너 사건의 발생에 대한 통찰력을 제공한다. 알트펠드(Altfeld 2010), 비덴바흐와 뮐러(Biedenbach and Muller 2012), 보스-레크벨드트 등(Bosch-Rekveldt et al. 2011), 데이비스 등(Davies et al. 2009); 데이비스 와 매켄지(Davies and Mackenzie 2014), 센하와 드비르(Shenhar and Dvir 2007); 게랄디 등(Geraldi et al. 2011), 렌플과 미들러(Lenfle and Midler 2009), 피치 등(Pich et al. 2002)과 같이 몇 가지 예외를 제외하고 대부분의 연구가 소규모 제품 혁신에 초점을 맞추었기 때문에 이러한 연관관계는 아직 완전하게 개발되지 않았다.

20.3.5 고도의 혁신적인 메가프로젝트에서의 상황 이론

1960년대에 처음 등장한 구조적 상황 이론은 성공을 위해서는 조직이 자신의 환경에 맞게 조정되어야 한다는 것을 제시한다(Burns and Stalker 1961; Drazin and Van de Ven 1985; Pennings 1992; Thompson 1967; Galbraith 1982; Burgelman 1983). 프로젝트가 "조직 내의 임시 조직"(Lundin and Soderholm 1995)으로 볼 수 있다는 것은 실현되기 전까지 단지 시간의 문제였고, 이러한 관점에서 프로젝트에 관한 예비비 이론을 적용할 수 있다(Pich et al. 2002; Turner and Cochrane 1993; Shenhar 2001). 이러한 개념의 본질은 "**가장 좋은 방법은 없다**"와 "**한 가지 크기가 모든 것에 맞지 않는**" 것이다(Henderson and Clark 1990, Eisenhardt and Tabrizi 1995, Balachandra and Friar 1997, Souder and Song 1997, Shenhar and Dvir 2007, Sauser et al. 2009).

상황 이론은 최근 고도로 복잡한 프로젝트에 대한 포괄적인 연구에서 복잡성 이론과 결합되었다. 예를 들어, 제랄디 등(Geraldi et al. 2011)은 구조적, 불확실성, 역동성, 속도와 사회정치적 5가지 다른 차원의 복잡성에 대한 계층별 유형 분류체계를 제안한다. 호웰 등(Howell et al. 2010)은 프로젝트 상황 이론에서 가장 일반적인 연구 주제로 불확실성을 제시하며, 그 다음으로 복잡성, 팀 역량, 중요성 및 긴급성을 제시하고, 반면 보스-레크벨트 등(Bosch-Rekveldt 2011)은 복잡성에 대해 기술적, 조직적 및 환경적 구조를 도입하여 프로젝트 복잡성에 기여하는 요소를 설명한다.

20.3.6 드림라이너는 얼마나 혁신적인가?

드림라이너 메가프로젝트에 예비적 접근법을 적용하는 것은 일부 어려움이 적절한 관리 접근을 통해 완화되거나 방지되었을 수 있음을 제시한다. 보잉사는 이전의 777의 성공적 접근이 787 프로젝트로 확장될 것이라고 잘못 가정했다. 고효율

비행기에 대한 예상 수요에서 이익을 얻기 위해, 이 메가프로젝트를 기록적인 시간에 완성하는 것을 목표로, 그 회사는 잘 알고 있는 이전의 관리 관행을 적용했다. 그러나 787 프로젝트는 일련의 새로운 도전에 직면했는데, 이는 보잉사가 이전의 어떤 프로그램에서도 그런 경험을 하지 못한 것이었다. 다음의 분석이 설명하듯이, 이러한 과제를 제때에 해결하지 못한 것이 프로젝트의 지연과 비용 초과의 주요 원인인 것 같다.

보잉사가 직면한 첫 번째 중요한 새로운 도전은 전통적인 알루미늄 차체 대신 동체 구조에 복합 재료의 신기술을 사용하는 것이었다. 이 새로운 기술은 보잉이 그 비행기의 비행 허가를 받기 전에 프로그램 불확실성을 관리하는 것에 대한 필요한 노력과 시간을 과소평가하게 했다. 초기 시제품 지상 시험에서 실패했을 때, 회사는 원래 계획에 더 많은 설계-구축-시험 주기를 추가해야 했고, 따라서 개발 일정을 연장하고 비용을 증가시켜야 했다. 새로운 전자 제어장치와 플라이 바이 와이어 기술은 문제만 가중시킬 뿐이었다.

전통적인 관행에서 벗어난 두 번째 혁신은 설계와 개발 작업의 상당 부분을 전 세계 수십 개의 하도계약자에 아웃소싱하기로 한 보잉의 결정이었다. 비용을 절감하고 개발 노력을 가속하려는 의도였다. 그러나 다시 한번 이 회사는 이러한 광범위한 아웃소싱 계획 수행의 어려움을 과소평가했다. 이러한 하도계약자들 중 많은 수가 이러한 야심찬 작업에 필요한 첨단 설계 경험이 부족했을 뿐만 아니라, 회사는 적절한 공급업체 교육과 조정 및 통제 프로세스를 도입하지 못했고, 이와 같은 복잡한 네트워크를 조정하는데 필요한 정책과 지침을 설정하지 못했다. 결과적으로, 이들 업체 중 많은 수가 그들의 업무를 완료하지 못하여, 보잉이 본사로 돌아가 많은 추가 업무를 하게 되었다.

20.3.7 혁신 분석의 다이아몬드

드림라이너 메가프로젝트 혁신 과제를 분석하기 위해, 각 사례에 대한 최상 접근 방식의 프로젝트 분류와 적응 구조를 제공하는 **혁신의 다이아몬드** 모델을 사용하였다(Shenhar and Dvir 2007).

프로젝트는 최소한 4차원(**새로움, 기술, 복잡성, 속도**)의 범용적인 부문에 기초하여 분류되며, 각 차원은 4개의 가능한 범주로 구성된다. 각 차원에서 범주를 선택하면 프로젝트 분류기 역할을 하는 고유한 다이아몬드 모양 그래픽이 생성된다. 분류

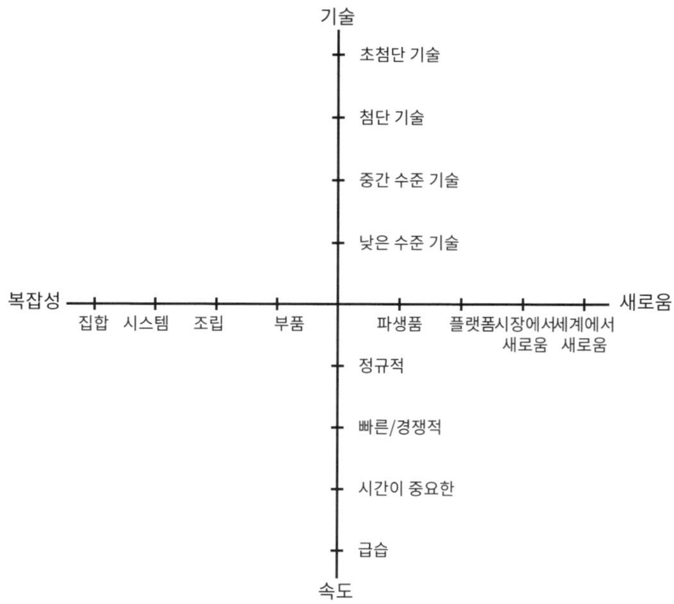

그림 20.1 혁신 모델의 다이아몬드

표 20.3 혁신 모델의 다이아몬드 — 정의, 차원과 프로젝트 유형

새로움 시장 혁신: 새로운 것이 시장, 사용자, 고객에 제품화되는 방법. 새로움 수준은 시장 연관된 활동과 요구조건을 정의하고 확정하는 데 필요한 시간과 노력에 영향을 끼친다(고도의 새로움은 이 확정을 지연시킬 수 있다).	**파생적** 기존 제품에서의 개선(예, MP3 플레이어에서의 새로운 칼라 선택; 소프트웨어 프로그램에서의 탐색 특성의 추가) **플랫폼** 기존 생산 라인에 대한 새로운 세대(예, 신 자동차 모델; 신 상업용 비행기) 시장에 **새로움** 시장마다 제품 적용(예, 첫 PC; 고객의 전자 오븐) 세상에 **새로움** 아무도 전에 보지 못한 제품(예, 첫 포스트 잇 노트)
기술 기술적 혁신: 신기술 사용 범위. 이것은 제품 설계, 개발, 시험과 필요한 기술적 기능에 영향을 끼친다(높은 기술적 수준은 추가적인 설계 주기를 요구하고 후에 설계 확정으로 결과된다).	**낮은 기술** 사용된 새로운 기술은 없다(예, 주택; 도시 거리) **중간 기술** 몇몇 새로운 기술이 사용됨(예, 자동차; 가전제품) **높은 기술** 모두 또는 대부분 새롭지만 존재하는 기술(예, 인공위성; 전투기) 최첨단 기술 핵심적 기술은 존재하지 않음(예, 첫 아폴로 달 착륙)
복잡성 시스템 혁신의 수준: 제품이나 조직의 복잡성에 의해 나타남. 복잡성은 프로젝트를 효과적으로 관리하기 위하여 필요한 형식과 조정의 정도에 영향을 끼친다.	**구성요소/재료** 제품은 대형 제품 또는 재료내의 분리된 구성 요소 **조립** 단일 기능을 형성하는 하위시스템(예, CD 플레이어; 무선 전화기) **시스템** 하위 시스템의 집합, 다중 기능(예, 비행기; 자동차. 컴퓨터) **배열** 공동의 임무를 가진 광범위하게 분산된 시스템의 집합(예. 도시 교통시스템, 항공 교통 통제, 인터넷)
속도 혁신의 긴급성: 어떻게 핵심이 당신의 시간인가? 그것은 시간관리와 프로젝트 관리 팀의 자치권에 영향을 끼친다.	**정기적** 지연은 결정적이지 않다(예, 커뮤니티 센터) **빠른-경쟁적** 시장에 대한 시간은 비즈니스를 위해 중요하다(예, 위성 라디오; 플라즈마 TV) **시간-결정적** 완성 시간은 기회의 창 이용에 있어 성공에 대해 핵심적이다(예, 화성에 대한 임무; Y2K) **전격적인 추진** 위기 프로젝트; 긴급한 해결책이 필요하다(예, 아폴로 13, 911)

가 선택되면 모델은 고유한 영향을 명시하고 프로젝트나 프로그램 관리의 특정 유형을 권장한다. 혁신 모델의 다이아몬드는 그림 20.1에 묘사되어 있으며, 그 크기와 프로젝트에 끼치는 영향은 표 20.3에 요약되어 있다.

20.3.8 드림라이너의 새로움, 기술, 복잡성과 속도

혁신 모델의 다이아몬드는 드림라이너 메가프로젝트를 다음과 같이 분류할 것을 제안한다.

- **새로움**. 고객의 관점에서 드림라이너는 보잉사가 구축한 기존 상용 항공기 계열의 또 다른 세대여서 **플랫폼**으로 고려된다. 그러나, 회사의 하도계약자("사용자"로 보이는)에 대해서, 성과를 위한 구축 비즈니스 모델은 알려지지 않은 경험으로 구성되었다. 그러면 **새로운 시장** 수준에 새로움이 놓이게 될 것이며, 이것은 새로운 사업 모델의 최종 버전이 확립되고 완전히 이해될 때까지 모형 시험과 반복적인 모델 수정이 필요할 것이라고 제시한다.
- **기술**. 드림라이너는 몇몇 혁신적이고 최근에 개발된 기술을 이용했다. 복합소재 기술은 상업용 항공기 업계에서는 비교적 새로운 기술로, 787 등 대형 동체를 설계 및 통합하는 방법에 대한 사전 경험이 전무 하였다. 추가적으로, 보잉은 상업용 항공기 최초로 전자제어장치(플라이 바이 와이어) 관련 기술을 사용했다. 이러한 **첨단 기술**의 혁신적 특성은 드림라이너를 기술 차원에 관한 하이테크 혁신의 범주에 두었다. 이러한 신기술은 시제품 제작뿐만 아니라 추가 시간, 추가 시험, 추가 설계 제작-시험 주기가 필요했다.
- **복잡성**. 대표적인 항공기 개발 프로그램은 그 하위 시스템이 여러 기능 영역이나 하도계약자에 의해 구축된 다음, 단일 장소에서 통합되기 때문에 하나의 **시스템**으로 고려될 수 있다. 그러나 전 세계 수백 개의 하도계약자에 아웃소싱된 설계 및 개발 작업 관련, 이례적으로 많은 양의 문서화뿐만 아니라 작업 절차에서 상당한 양의 조정과 명확한 규칙이 필요하였다. 그러한 전례 없는 복잡성은 드림라이너의 복잡성을 **시스템** 수준에서 **다수**의 영역으로 확대되었다. 더 높은 수준의 복잡성은 혁신적이고 더 발전된 조

직구조를 필요로 했다.

- **속도**. 드림라이너는 **신속한 경쟁력 있는** 프로젝트로, 기체 정비 요구사항이 감소된 친환경 항공기에 대한 수요 증가의 혜택을 누릴 수 있도록 항공기를 기록적인 시간에 시장에 출시하는 것을 목표로 했다.

이러한 관찰에 기초하여 드림라이너의 분류는 **플랫폼/신흥시장, 첨단기술, 다양함 및 신속한 경쟁력**이 될 것이다. 이 구체적인 분류는 독특한 관리 방식을 요구한다. 그러나 드림라이너의 실제 관리 방식을 면밀하게 분석해 보면 보잉은 새로움, 기술, 복잡성의 속성과는 다른 방식을 채택했음을 알 수 있다. 따라서 새로움의 관리를 위해 선택된 실제 접근방식은 새로운 비즈니스 인센티브 모델의 **새로운 시장** 특성

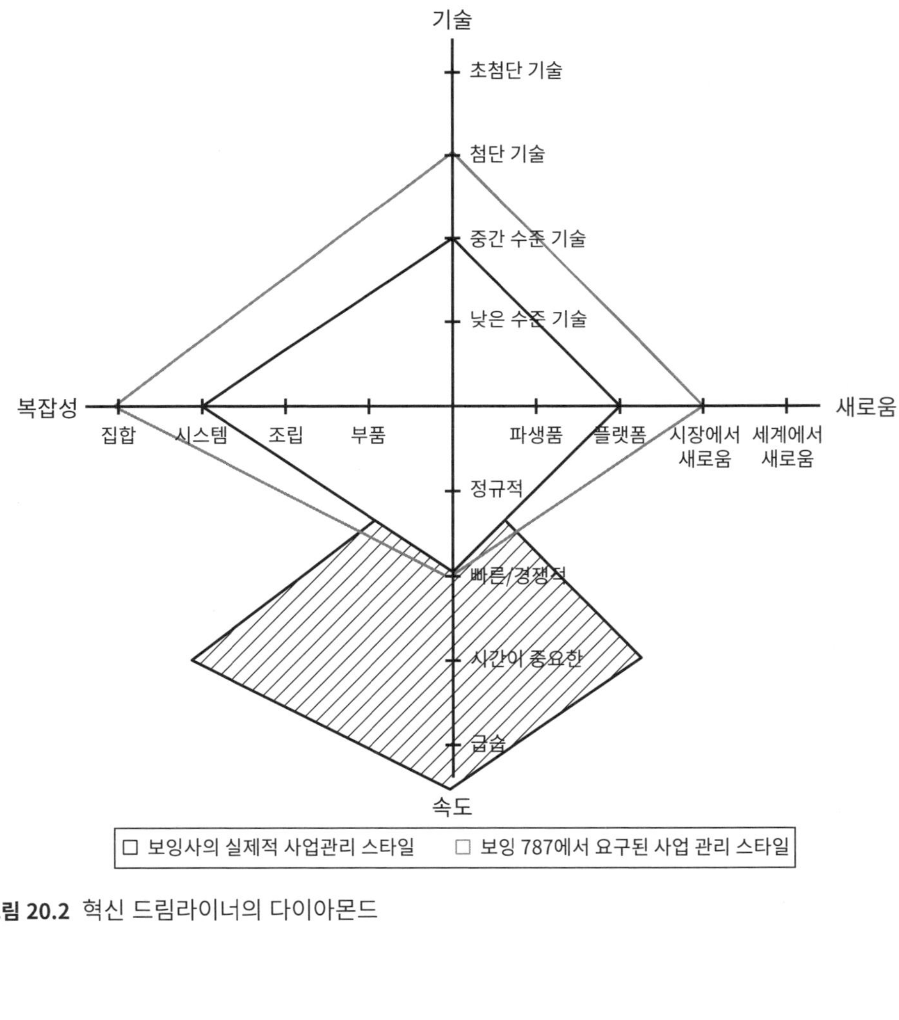

그림 20.2 혁신 드림라이너의 다이아몬드

을 고려하지 않고 단지 차세대 소개에 불과한 **플랫폼**이었다. 마찬가지로, 기술에 대한 프로젝트의 관리 접근방식은 필요한 **첨단 기술 수준**보다는 **중간기술** 접근방식에 가깝지만, 복잡성을 관리하기 위해 선택한 것은 다양함보다는 시스템의 범주에 있었다. 그림 20.2는 요구되는 관리 스타일(굵은 다이아몬드)과 실제로 채택된 카운터 파트너(대시기호로 된 다이아몬드) 사이의 불일치를 보여준다. 이 음영 영역은 필수 관리 스타일과 실제 관리 스타일 간의 차이를 시각적으로 설명하기 위해 벤트 플뤼브비에르가 만든 개념인 **관리 부족**을 나타낸다.

혁신의 다이아몬드만이 드림라이너의 과제를 분석하는 유일한 방법은 아닐 것이다. 추가된 구조는 다음에 보여주듯이 더 사용될 수 있다(예, Pich et al. 2002; Geraldi et al. 2011).

20.3.9 프로젝트 학습 범주

피치 등(2002)은 프로젝트 팀이 사전에 이용할 수 있는 정보의 정도에 기반하여 프로젝트의 특징을 파악한다. 이들 세 가지 유형의 프로젝트들은 각각 다음에 설명된 것과 같이 다른 프로젝트 관리 전략을 요구한다.

- **교육자 프로젝트**는 계획에 필요한 대부분의 정보가 유용하며 프로젝트 팀이 "최상의 정책"을 잘 이해하고 있는 프로젝트이다. 이 프로젝트는 전형적으로 주경로 및 위험 관리와 같은 일반적인 기법에 초점을 맞춘 최적화와 관련된다.
- **선정론자 프로젝트**는 최적의 정책을 정의하기에 충분한 정보를 가지고 있지 않다. 결과적으로, 팀은 더 높은 수준의 불확실성에 직면하고 있으며, 그 행동의 결과를 정확하게 예측할 수 없다. 기존 지식을 활용하기보다는 최적의 솔루션을 선택할 때까지 여러 번의 시도와 시제품을 계획하고 동시에 실행하는 방식으로 탐색할 것을 권장한다.
- **학습 프로젝트**는 과정에 영향을 끼칠 수 있는 예기치 않은 사건에 영향을 받기 쉽다. 이러한 환경에서는 예상치 못한 사건이 과정을 변경하고 반복적인 재조정이 필요할 수 있으므로 전체 프로젝트의 상세 계획에는 거의 이점이 없다.

787에서 복합 재료의 신기술은 시험과 재설계 주기에 충분한 시간을 가진 종합적인 불확실성 분석을 요구하였다. 마찬가지로, 설계와 새로운 비즈니스 모델의 광범위한 아웃소싱은 적응 속도를 늦추어 줄 것을 요구하였다. 보잉은 활동과 시간, 비용이 본질적으로 예측 가능하고 전혀 놀랄 일이 예상되지 않는 낮은 수준의 불확실성을 전제로 교육 전략을 채택한 것으로 보인다. 실제로 이 프로젝트는 반복적인 설계, 집중적인 시제품 제작을 위한 충분한 자원과 하도계약자 교육과 인증을 위해 종합적인 프로그램을 보장하는 자연도태론자적 관리 방식을 요구했다.

20.3.10 복잡성의 유형분류체계

제랄디 등(Geraldi et al. 2011)은 구조 복잡성, 불확실성, 역동성, 속도 및 사회정치적 복잡성 등 프로젝트 복잡성의 5가지 차원을 식별한다.

- **구조적 복잡성**은 요소의 크기, 다양성 및 상호의존성에 영향을 받는 많은 명확하고 상호의존적인 요소와 관련된다.
- **불확실성**은 의사결정에 필요한 정보와 이용 가능한 정보의 양 사이의 차이를 나타낸다. 불확실성은 위험과 본질적인 관계가 있다(Turner and Cochrane 1993).
- **역학관계**는 목표나 사양과 같은 요인의 변화를 말한다. 팀에 의해 잘 전달되지 않거나 동화되지 않는 변화는 무질서와 재작업, 비효율성으로 이어진다.
- **속도**는 프로젝트의 일시적 측면과 관련이 있다. 그것은 시간 목표의 긴급성과 임계성을 나타낸다.
- **사회정치적 복잡성**은 이해관계자 관리와 관련된 문제, 헌신 부족 또는 이해관계자나 팀원 간의 문제 있는 관계, 언어, 문화 및 규율의 차이와 관련이 있다.

제랄디 등(Geraldi et al. 2011)은 복잡성 차원이 자주 상호의존적이라는 것을 나타낸다. 이러한 상호의존성은 드림라이너 경우에 분명히 나타났다. 프로젝트를 정상궤도에 복귀시키는 데 필요한 상당한 수의 변경은 당초 의도와 비교하여 역학관계의 범위를 증가시켰다. 그것은 또한 개발 기간 동안 지도력에 몇 가지 변화를 초래했다.

마지막으로, 새로운 구축-성과 인센티브 모델을 사용하면서, 설계를 하도계약자의 대규모 네트워크에 아웃소싱하기로 한 보잉의 결정은 높은 수준의 사회정치 복잡성을 초래하였다. 돌이켜 보면, 이 프로젝트는 이런 종류의 복잡성에 대해 더 잘 준비했어야 할 것 같다. 그러한 준비는 엄격한 코칭, 검토, 통제 시스템이 뒤따르는 강력한 하도계약자 교육이 필요하다.

20.4 논의

20.4.1 무엇을 하였나? 무엇을 할 수 있었을까?

보잉은 상당한 기술 및 기타 혁신을 활용하는 관리상의 결과를 과소평가한 것 같다. 드림라이너의 미숙한 기술은 시간과 더 많은 시험, 추가 설계-구축-시험 주기 및 더 많은 시제품이 필요했다. 당초 계획에 이러한 추가 단계를 포함시키지 않음으로써 시제품 시험에 실패하였고, 그 결과 회사는 계속해서 설계를 재작업해야 했다. 만약 회사가 이러한 불확실성을 미리 고려해서 이 모든 추가 과정을 허용했다면, 결국 최종 비용의 일부를 절약할 수 있었을 것이다.

보잉은 수백 개의 하도계약자에 전례 없이 많은 설계와 개발을 아웃소싱 함으로써 프로젝트의 복잡성 수준을 상당히 증가시켰다. 이 증가는 구조적인 변화를 포함한 다른 형태의 조직과 새로운 관리 과정이 필요하였다. 전 세계 많은 하도계약자와 협력하는 것은 계약자 교육, 훈련, 검증의 부족으로 인해 비효율적이라 것으로 판명되었다.

구축-성과 위험 및 수익 공유 계약에 따라, 공급자에 의한 납기 지연은 즉시 하위 공급업체로 이전되며, 이에 따라 프로젝트의 심각한 결과가 초래될 수 있다. 반대로 공급자가 빠르게 잘 공급한다면, 그것은 다른 사람들에게 이익을 주지만 그 공급자의 비용을 증가시킬 것이다. 따라서 공급자가 작업을 적게(또는 더 많이) 해도 크게 손해(또는 이익을) 보지 않을 수 있다는 것을 깨닫는 순간, 일부 협력사가 다른 협력사보다 더 느려질 때 불가피하게 이동 작업이 뒤따른다. 중요한 연결 이론은 최악의 지연이 통합의 지연으로 옮겨지고, 결국 시험과 납기의 상당한 지연으로 이어진다는 것을 말해준다. 요약하면, 구축-성과 모델에 따른 시스템 통합은 시간이 더 오래 걸리고 더 많은 반복이 필요할 수 있다.

표 20.4 드림라이너의 실제 사건 대비 제안된 대안 계획 비교

연도	실제 사건	제안된 모의실험 대안
2003	프로그램 승인	프로그램 승인
2004	프로그램 착수; 당초 첫 납기 계획은 2008년	프로그램 착수; 첫 납기 계획은 2009년
2005	최종 형상 선택	잠재적인 프로그램 문제와 불확실성, 복잡성과 계획과 자원에 관한 그들의 영향 평가
2006	하위시스템 설계 시작	최종 형상 선정 광범위한 정책과 통제 지침과 함께 상세 하위시스템 설계 준비; 벤더 선정 기준과 훈련 프로그램 준비
2007	조종석과 동체 사이의 간격 발견 첫 납기 공지 계획에 없던 재설계 추가; 공급자의 위기가 작업의 철회 야기	하도계약자의 광범위한 훈련과 인증 3 계획된 설계 주기 수행; 공급자와 함께 작업 종료; 광범위한 통합 및 시제품 시험
2008	주문 잔고가 900	
2009	추가적인 계획에 없던 재설계 주기	첫 납기; 이것은 더 실질적인 계획이고, 당초 일정보다 단지 18개월 지연
2010	8번째 지연 공지; 불명확한 지연 50 주문 취소	
2011	첫 납기가 계획보다 40개월 지연	

새로운 비즈니스 모델과 참여자 인센티브의 구현은 보잉과 그 파트너들에게 새로운 것이었고, 이 모델에 내재된 복잡성을 더 잘 이해하기 위해 시험뿐만 아니라 추가적인 주의와 긴 학습 기간이 필요했다.

20.4.2 대안 계획의 시나리오

돌이켜보면, 드림라이너 프로젝트가 다르게 계획되고 관리되었더라면 훨씬 더 좋은 결과를 낳았으리라는 것은 당연하다. 상기 논의에 기초하여, 확인된 혁신 과제에 적절히 부합하는 관리 접근법하에서 대안 계획 및 참여 이벤트의 시나리오를 제시한다(표 20.4 참조).

대안 시나리오는 당초 계획이 비현실적이었음을 보여준다. 혁신, 불확실성 및 복잡성의 추가 측면을 고려한 보다 현실적인 계획은 원래 계획했던 것보다 기간이 더 길지만, 실제 실현된 계획보다 훨씬 짧아서 약 18개월과 비용의 약 40%를 절감할 수 있었다.

20.5 결론

드림라이너 프로젝트에 대한 우리의 "내부적인" 관찰은 항공우주 분야를 넘어 광범위한 영역까지 확장되는 폭넓은 교훈을 제시할 수 있다. 드림라이너 프로젝트는 여러 면에서 특이했다. 그것은 보잉의 선도적 지위를 유지하기 위해 최신의 기술 및 비즈니스 모델의 혁신을 이용하는 과감한 전략적 접근법을 채택했다. 이러한 결정들은 전략적으로 정당화되었지만, 그들의 실행은 너무 부족했다. 보잉은 과거의 성공을 끌어들이면서, 혁신을 실행 전략에 끼치는 영향을 과소평가했다.

그럼에도 불구하고, 새롭게 시도되지 않은 전략을 채택하는 야심찬 메가프로젝트로서, 드림라이너 프로젝트는 미래의 항공우주 프로그램과 그 이상의 것들에 도움이 될 수 있는 중요한 교훈을 만들어냈다. 이어지는 논평에서, 우리는 항공우주에 대한 몇 가지 즉각적인 교훈을 제시하고, 그다음 미래의 메가프로젝트에 대한 폭넓은 시사점을 제시한다. 우리는 대규모 혁신이 수반되는 프로젝트에 대한 잠재적 함정의 목록과 그것들을 피하는 방법으로 결론을 내린다.

20.6 우주항공에 대한 드림라이너의 교훈

드림라이너의 기술 혁신에서 높은 수준의 새로움은 당초 계획보다 훨씬 높은 수준의 전문성, 시간 배분 및 기타 자원을 필요로 했다. 이러한 혁신 기술을 평가하고 관리하기 위해 확립된 구조와 기준은 시간과 설계, 필요한 시제품 및 시험 정도를 더 정확하게 추정하는 데 도움이 될 것이다. 따라서 기술 수준에 대한 초기 이해가 이러한 과제의 사전 해결을 위해 필요하다.

유사한 맥락에서 드림라이너의 필수 개발 노력은 보잉사의 이전 프로그램보다 조직적인 관점에서 보면 훨씬 더 복잡했다. 여기서의 교훈은 단순한 제조 아웃소싱과 비교했을 때, 많은 설계와 개발의 아웃소싱은 적절한 지원 및 조정 시스템의 인프라가 필요하다는 것이다. 전략적인 관점에서, 회사는 구축-성과의 혁신적인 비즈니스 모델을 완벽하게 관리할 준비가 되어 있지 않았다. 이러한 종류의 비즈니스 모델 혁신은 전략적 아웃소싱, 공급업체 선정, 계약, 모니터링, 시험 및 품질 관리에 대한 체계적이고 사려 깊은 절차가 필요하다. 또한 개방적인 커뮤니케이션과 공급업체 프로세스의 잘 계획된 모니터링 및 통제가 초기 문제를 감지하는 데 도움을 줄 뿐만 아니라, 이동 작업을 줄일 수 있다. 마지막으로, 다른 형태의 위험 수익 공유 계약이 필요하며, 이 계약은 공급업체가 더 빨리 더 잘 일할 수 있도록 중간 단계의 재정적 인센티브를 제공하는 동시에 지연된 작업과 불필요한 이동 작업에 대해 벌칙을 주는 것이다.

20.6.1 드림라이너가 메가프로젝트 혁신에 대해 우리에게 가르칠 수 있는 것

혁신은 분명히 경제성장의 주요 동력 중 하나이지만 위험한 사업이고 때때로 실망스러운 결과나 실패로 끝나는 경우가 있다. 드림라이너의 어려움은 분명히 이 프로젝트가 도입한 높은 수준의 혁신과 이 혁신을 초기에 처리하지 못한 것에 있다. 그러나 많은 메가프로젝트와 마찬가지로, 드림라이너도 항공우주 산업에서 이전에 시도되지 않았던 규모와 시간상의 광범위한 복잡성에 연관되어 있다. 사실, 오늘날 많은 다른 메가프로젝트들은 많은 요소와 기술, 수많은 조직의 참여, 그리고 널리 분산된 팀들로 인해 상당한 복잡성을 수반한다.

그럼 이 모든 것이 무엇으로 이어질까? 아마도 787 경험은 메가프로젝트의 "암호를 푸는" 열쇠가 될 것이다. 혁신에 관한 한 도전은 더욱 커지고, 더 높은 위험으로 이어지며, 이것은 종종 개발 프로젝트 동안 특정한 관리 프로세스를 적용해야 한다. 그러나 메가프로젝트의 혁신관리는 여전히 완벽하게 이해되지 않고 있으며 현재로서는 아직 연구가 많이 진행되고 있지 않다.

20.7 "암호 해독"— 문제에 대한 적응

"터널 끝의 빛"에 대한 플뤼브비에르(Flyvbjerg 2914)의 희망은 논의된 교훈을 통해 부분적으로 실현될 수 있다. 앞서 설명한 보잉의 대안 시나리오에서는 이 메가프로젝트를 더 잘 관리할 방법이 있음을 제안한다. 드림라이너에 의한 문제 수준이 이전 프로그램보다 훨씬 높다는 것을 회사가 일찍 깨달았더라면, 다른 과정, 조직 설계, 추가 자원을 투입했을 것이다. 이 경우의 문제는 더 높은 수준의 불확실성, 기술, 구조 및 비즈니스 모델에 기반하였다. 그러나 문제는 몇 가지 언급할 만한 정치적, 환경적, 경제적 위험에 근거한 다른 이유 때문일 수도 있다.

그렇다면 메가프로젝트에서의 문제는 정확히 무엇이며, 혁신과 어떤 관련이 있는가? 이 질문에 답하기 위해, 혁신의 의미로 돌아가자. 혁신은 새로운 아이디어를 성공적으로 시장에 내놓는 것을 의미한다. 시장이 더 빠른 기술적 속도로 운영되고, 더 많은 것들을 요구하고, 더 경쟁적이고, 더 복잡해질 때, 성공적으로 시장에 진입하기 위한 더 많은 더 좋은 아이디어가 분명히 필요하다. 마찬가지로 메가프로젝트에 대한 요구는 모두 대규모로 새로운, 정치적 야망 또는 신기술과 함께 성장하지만, 자연스럽게 시장에 진출하는 새로운 아이디어는 프로젝트나 프로그램을 통해서만 시험 될 수 있다. 앞서 논의한 내용은 메가프로젝트의 혁신 요구가 그 어느 때보다 커지고 있음을 시사하며, 기업들이 "평소 관리" 경향에서 벗어나지 않는 한 메가프로젝트 비용은 계속 상승하고, 비용초과는 더욱 커질 것이다.

프로젝트 관리에 대한 "적응적 접근법"은 메가프로젝트의 혁신 과제를 분석하기 위한 가능한 구조로서 혁신의 다이아몬드를 통한 드림라이너 사례로 설명되었다. 다이아몬드 관점을 사용하여 프로젝트를 분류하면 각 차원에 기반한 구체적인 결정이 이루어진다.

우리는 프로젝트와 메가프로젝트 관리에서 새로운 시대의 관문에 서 있을지 모른다. 즉, "한 가지 크기가 모든 프로젝트에 맞는 것은 아니다"를 공식적으로 인정하는 시대이고, 모든 프로젝트는 고유의 도전과 어려움이 있다(Shenhar 2001). 과거의 경험은 지침을 제공해야 하지만, 프로젝트를 잘못되게 하는 것은 항상 알려지지 않은 것이다. 이 사실의 인정은 메가프로젝트의 성공적 계획에 있어서 첫 번째 단계일 수 있다. 프로젝트 관리에 대한 "적응적 접근법"을 개발하는 것이 비용초과와 실망의 악순환을 피함으로써 "암호를 해독"할 수 있는 다음 열쇠가 될 수 있다. 물론, 이것은 사고방식의 큰 변화와 새로운 기술, 구조 및 도구의 광범위한 개발을 요구한다. 우리가 아직 거기에 도달하지 못했지만, 이에 대한 연구자들은 그것이 가능하다고 믿는다.

임의의 메가프로젝트를 계획하고 관리하는 방법에 대한 지침서로서 종합적인 관리시스템이 존재하지 않기 때문에, 그럼에도 불구하고 우리는 우리의 통찰력을 활용하여 대규모의 도전적인 메가프로젝트에서 미래의 지도자와 의사결정자를 위한 가이드라인과 권고사항의 목록을 제안함으로써 이 장을 마무리한다.

20.8 미래의 프로그램에서 혁신 도전 함정을 어떻게 피할 수 있는가?

1. "과거의 성과가 미래의 성공을 보장하지는 않는다." 이러한 잘 알려진 격언은 혁신에 분명히 적용된다. 비록 경험이 중요하긴 하지만, 과거의 성공에 의해 성취된 과신은 때때로 단점이 될 수 있다. 모르는 것을 아는 것과 특히 모르는 것을 모르는 것들이 당신이 빠져들 수 있는 잠재적인 함정

이다.

2. 세심한 위험관리가 충분하다고 가정하면 안 된다. 보잉은 고전적인 위험관리에 익숙해 있다; 드림라이너의 경우, 그것은 단순히 충분하지 않았다. 관련된 혁신 과제의 규모를 분석하거나 심지어 인식할 필요가 분명히 있었다. 고전적 위험관리는 본질적으로 "잘못될 수 있는 것"을 평가하는 것이지만, 우리가 본 바와 같이 혁신의 정도를 평가하는 것은 "올바른 것을 얻으려면 얼마나 오래 걸릴 것인가"를 추정하는 것을 의미한다. 그 부분은 드림라이너의 계획단계에서 빠진 것이 분명했다.
3. 수행을 서두르지 않는다. 연구에 따르면 가장 성공적이고 위대한 프로젝트들은 수행 오래 전에 사업을 완전히 정의하고, 잠재적인 어려움을 식별하고, 특정 프로젝트에 대한 올바른 접근법을 선택하고, 모든 당사자가 완전한 약속을 얻는 데 오랜 시간을 소비한 것으로 나타났다(Dvir and Shenhar 2011).
4. 자신 경험을 세심하게 분석한다. 여러분의 모든 능력을 평가하고 여러분이 전에 익숙하고 수행했던 주요 업무의 목록을 만들어라. 그러나 새로운 프로그램을 시작할 때는 필요한 모든 활동을 주의 깊게 파악한 다음 새로운 기술이나 실행이 필요한 친숙하고 낯선 부분을 구분하라. 후자 형식은 **혁신 그룹**으로 고려될 것이다.
5. 잘 알려져 있고 고전적인 도구는 모든 프로젝트 활동을 트리형 구조로 규정하는 업무분류체계이다. 이 도구를 사용할 때는 새 프로그램에 필요한 모든 조치와 활동을 신중하게 평가하라. 당신은 가장 혁신적인 프로젝트라도 전에 행해졌던 익숙한 요소들을 사용할 수 있다는 것과 반면에 다른 것들은 당신이나 당신 회사에 새롭다는 것을 알게 될 것이다. 나머지로부터 모든 새로운 활동을 구분하고, 그들을 다르게 취급하라(Orhof et al. 2013).
6. 프레임워크를 사용하여 새로운 부분과 알려지지 않은 부분을 분석한다. 알려지지 않은 부품을 "긴 납기 항목"으로 처리하고 실제로 필요할 때보다 빨리 완성하라. 알지 못하는 요소를 설계, 제작 및 시험하기 위해 여러 개의 소규모 시제품 제작을 원할 수 있다. 혁신 수준과 예상되는 불확실성에 기초하여 각 새로운 부품에 필요한 주기의 수를 결정해야 한다.
7. 아무리 세심한 계획이라도 필요한 모든 활동을 미리 식별하지는 못할 수

있다. 어떤 경우에는 당신이 당초 계획 이전에 예상치 못했던 활동을 추가할 필요가 있다는 것을 나중에 알게 될 수도 있다. 따라서 당초의 업무분류체계가 새로 식별된 작업 패키지를 반영하도록 갱신될 수 있다(다음 참조). 이러한 "모르는 것을 알지 못하는 것"은 할당되지 않은 자원의 예비 양에 의존해야 한다.

8. "모르는 것을 알지 못하는 것"에 충분한 여유 자원을 남겨라. 고전적이고 전형적인 계획 주기는 때때로 모든 것을 미리 계획하도록 요구하는 재무임원들에 의해 승인된다는 것을 기억하라. 그러나 불확실한 혁신의 세계와 고도로 복잡한 프로젝트에서는 도저히 불가능한 일이다. 따라서 혁신 및 과제의 수준 평가에 기초하여 충분한 예비 자원을 남겨두어야 한다. 그러한 자원은 필요할 때 이용할 수 있다.
9. 만일 모든 예비 자원을 사용할 수 없다면, 재무임원들의 편의를 위해 당신은 당신의 매니저와 팀에 인센티브를 제공할 수 있다. 첫째, 당신은 그들이 모든 자원을 사용할 때 그들에게 패널티를 주어서는 안 되며, 둘째, 당신은 그들이 사용하지 않는 자원을 테이블 위에 놔둔 것에 대해 보상해야 한다. 알 수 없는 과제에 대한 "보험"으로 여유를 취급하고, 그들이 발생했을 때 어느 정도의 비용초과를 받아들일 준비를 해야 한다.

요약하면, 메가프로젝트에서 혁신 과제의 효과적인 관리가 가능하다. 각 혁신 요소에 대한 주의 깊은 평가와 적절한 관리적 의미를 예상하고, 알지 못하는 사항에 대처하기 위한 적절한 예비 자원을 남겨둘 것을 권장한다.

20.9 에필로그

결국, 그리고 그것의 신용을 위해, 보잉은 "옳은 일을 했다." 드림라이너 프로그램은 개발에서 제조로 옮겨갔고, 궁극적으로 기대되는 경제적 이익을 실현했다. 서비스 및 수요에 대한 좋은 초기 기록으로, 드림라이너는 가장 성공적인 비행기, 즉 여행객들에게 기쁨이 되고 보잉과 그것을 이용하는 항공사, 그리고 항공우주산업 전반에 대한 자부심의 근원이 될 것으로 보인다. 무엇보다 앞으로 수년 동안 지속 가능한 수입과 수익을 창출하고, 궁극적으로는 성공 사례로 기억될 경제적 성공이다. 그러나 늦은 출시의 교훈을 잊어서는 안 된다. 그들은 앞으로 나올 혁신적 메가프로젝트에 대한 경고 신호 역할을 해야 하며, 향후 프로젝트들이 유사한 함정을 피할 수 있도록 돕기를 희망한다.

주

1. 현재 이 장을 구성하는 원본 논문은 보잉사의 자금 지원을 받지 않았으며 회사에 공식적으로 제시되지 않았다. 그것은 전적으로 저자들의 의견을 대변한다.

참고 문헌

Altfeld, H. H. (2010). *Commercial Aircraft Projects: Managing the Development of Highly Complex Products*. Farnham: Ashgate.

Balachandra, R. and Friar, J. H. (1997). "Factors for success in R&D project and new product innovation: A contextual framework," *IEEE Transactions on Engineering Management*, 44: 276–87.

Biedenbach, T. and Müller, R. (2012). "Absorptive, innovative, and adaptive capabilities and their impact on project and project portfolio performance," *International Journal of Project Management*, 30(5): 621–35.

Bosch-Rekveldt, M., Jongkind, Y., Mooi, H., Bakker, H., and Verbraeck, A. (2011). "Grasping project complexity in large engineering projects: The TOE (Technical, Organizational, and Environmental) framework," *International Journal of Project Management*, 29(6): 728–39.

Burgelman, R. A. (1983). "A process model of internal corporate venturing in the diversified major firm," *Administrative Science Quarterly*, 28: 223–44.

Burns, T. and Stalker, G. (1961). *The Management of Innovation*. London: Tavistock.

Cohan, P. (2009). "Boeing's 787 Dreamliner faces another nightmare engineering delay." *Daily Finance*, 13 November 2009, <http://www.aol.com/article/2009/11/13/boeings-787-dream-liner-faces-another-nightmare-engineering-dela/19236308/?gen=1>.

Davies, A., Gann, D., and Douglas, T. (2009). "Innovation in megaprojects: Systems integra-tion at London Heathrow Terminal 5," *California Management Review*, 51(2): 105-26.

Davies, A. and Mackenzie, I. (2014). "Project complexity and systems integration: Constructing the London 2012 Olympics and Paralympics Games," *International Journal of Project Management*, 32(5): 773-90.

Domke, B. (2008). *Boeing 787 Lessons Learnt*. EIXDI: Ref. PR0813399 (Issue 2), <http://www.planebusiness.com/buzz/airbus2.pdf>.

Drazin, R. and Van de Ven, A. H. (1985). "Alternatives forms of fit in contingency theory," *Administrative Science Quarterly*, 30: 514-39.

Dvir, D. and Shenhar, A. (2011). "What great projects have in common," *MIT Sloan Management Review*, 52(3): 19-21.

Eisenhardt, K. M. and Tabrizi, B. N. (1995). "Accelerating adaptive processes: Product innovation in the global computer industry," *Administrative Science Quarterly*, 40: 84-110.

Flyvbjerg, B. (2014). "What you should know about megaprojects and why: An overview." *Project Management Journal*, 45(2): 6-19.

Galbraith, J. R. (1982). "Designing the innovating organization," *Organizational Dynamics*, Winter: 5-25.

Gates, D. (2008). "Boeing 787 fastener problems caused by Boeing engineers," *The Seattle Times*, 1 December.

Geraldi, J., Maylor, H., and Williams, T. (2011). "Now, let's make it really complex (complicated): A systematic review of the complexities of projects," *International Journal of Operations and Production Management*, 31(9): 966-90.

Henderson, R. M. and Clark, K. B. (1990). "Architectural innovation: The reconfiguration of existing product technologies and the failure of established firms," *Administrative Science Quarterly*, 35: 9-30.

Holmes, S. (2006). "The 787 encounters turbulence: Technical glitches and manufacturing woes could delay Boeing's breakthrough," *Business Week*, 19 June: 38-40.

Howell, D., Windahl, C., and Seidel, R. (2010). "A project contingency framework based on uncertainty and its consequences," *International Journal of Project Management*, 28(3):

256–64.

James, A. (2009). "Boeing's 787 production is mission-controlled, *SeattlePi,* 30 April, <http://www.seattlepi.com/business /405751 _boeing29.html>.

Kock, A., Heising, W., and Gemünden, H. G. (2014). "How ideation portfolio management influences front-end success," *Journal of Product Innovation Management,* 32(4): 539–55.

Kotha, S. and Srikanth, K. (2013). "Managing a global partnership model: Lessons from the Boeing 787 'Dreamliner' program," *Global Strategy Journal,* 3(1): 41–66.

Lenfle, M. and Midler, C. (2009). "The launch of innovative product related services: Lessons from automotive telematics," *Research Policy,* 38 (1): 156–69.

Lundin, R. A. and Söderholm, A. (1995). "A theory of the temporary organization," *Scandinavian Journal of Management,* 11(4): 437–55.

Lunsford, J. L. and Glader, P. (2007). "Boeing's nuts-and-bolts problem: Shortage of fasteners tests ability to finish Dreamliner," *Wall Street Journal,* 19 June.

MacPherson, A. D. and Pritchard, D. J. (2005). "Boeing's diffusion of commercial aircraft design and manufacturing technology to Japan: Surrendering the US aircraft industry for foreign financial support," *Canada–United States Trade Center Occasional Paper No. 30*. Buffalo: State University of New York.

Mecham, M. (2011). "787: the century's first jet to fly; 787's impact will likely be remembered long after its tardiness is forgotten," Aviation Week and Space Technology, 26 September.

McInnes, I. (2008). "A 787 supply chain nightmare," *Aerospace-technology.com,* 25 March, <http://www.aerospace- technology.com/features/feature1690/>.

Norris, G. and Wagner, M. (2009). *Boeing 787 Dreamliner*. Minneapolis, MN: Zenith Press, MBI Publishing Company.

Orhof, O., Shenhar, A., and Dori, D. (2013). "A model-based approach to unifying disparate project management tools for project classification and customized management," in *Proceedings of the 2013 INCOSE-IS Annual Conference, June 2013, Philadelphia.*

Pennings, J. M. (1992). "Structural contingency theory: A reappraisal," *Research in Organizational Behavior,* 14: 267–309.

Pich, M. T., Loch, C. H., and De Meyer, A. (2002). "On uncertainty, ambiguity and complexity in project management," *Management Science*, 48(8): 1008–23.

Pritchard, D. J. and MacPherson, A. D. (2004). "Industrial subsidies and politics of World Trade: The case of the Boeing 7e7," *The Industrial Geographer*, 1(2): 57–73.

Sauser, B. S., Reilly, R. R., and Shenhar, A. J. (2009). "Why projects fail? How contingency theory can provide new insights: A comparative analysis of NASA's Mars Climate Orbiter loss," *International Journal of Project Management*, 27(7): 665–79.

Slayton, R., and Spinardi, G. (2015). "Radical innovation in scaling up: Boeing's Dreamliner and the challenge of socio-technical transitions," *Technovation*, 47: 47–58.

Sodhi, M. S. and Tang, C. S. (2012). *Managing Supply Chain Risk*, vol. 172. New York: Springer.

Souder, W. E. and Song, X. M. (1997). "Contingent product design and marketing strategies influencing new product success and failure in US and Japanese electronics firms," *Journal of Product Innovation Management*, 14: 21–34.

Shenhar, A. J. (2001) "One size does not fit all projects: Exploring classical contingency domains," *Management Science*, 47(3): 379–414.

Shenhar, A. J., and Dvir, D. (2007). *Reinventing Project Management: The Diamond Approach to Successful Growth and Innovation*. Boston: Harvard Business Press.

Tang, C. S., Zimmerman, J. D., Nelson, M. S., and James, I. (2009). "Managing new product development and supply chain risks: The Boeing 787 case," *Supply Chain Forum: An International Journal*, 10(1): 74–86.

Teresko, J. (2007). "The Boeing 787: A matter of materials. Special Report: anatomy of a supply chain," *Industry Week*, <http://www.industryweek.com/forward/emailref?path=node/12343>.

Thompson, J. D. (1967). *Organizations in Action*. New York: McGraw-Hill.

Trimble, S. (2007). "Boeing 787 first flight suffers two-month delay." *Flight International*, 10 September 2007, <http://www.flightglobal. com/news/articles/boeing-787-first-flight-suf-fers-two-month-delay-216664/>.

Turner, E. (2013). *The Birth of The 787 Dreamliner*. Kansas, MO: Andrews McMeel Publishing.

Turner, J. R. and Cochrane, R. A. (1993). "Goals-and-methods matrix: Coping with projects with ill defined goals and/or methods of achieving them," *International Journal of Project Management*, 11(2): 93–102.

Ye, L., Lu, Y., Su, Z., and Meng, G. (2005). "Functionalized composite structures for new generation airframes: A review," *Composites Science and Technology*, 65: 1436–46.

제21장

시스템 통합의 힘

런던 2012년으로부터의 교훈

앤드루 데이비스

21.1 개요

메가프로젝트는 석유 및 가스 플랫폼, 공항, 고속도로, 병원, 새로운 세대의 항공기와 주요 스포츠 행사들과 같은 미화 10억 달러 이상의 비용(Flyvbjerg 2014)이 소요되는 복잡한 제품, 시스템, 서비스를 설계 및 통합 복합생산을 위해 수립된 대규모 임시 조직 및 프로세스이다. 학자들은 메가프로젝트의 규모, 긴급성, 불확실성, 제도적 구조, 다수의 공공 및 민간 이해관계자들의 참여 등 메가프로젝트를 매우 도전적이고 관리하기 어렵게 만드는 몇 가지 관점을 밝혀냈다(Morris and Hough 1987; Miller and Lessard 2001; Altshuler and Luberoff 2003; Flyvbjerg, Bruzelius, Rothengatter 2003; Van Marrewijk 2007; Van Marrewijk, Clegg, Pitsis, and Veenswijk 2008; Scott, Levitt, and Orr 2011; Merrow 2011; Sanderson 2012; Flyvbjerg 2014).

이러한 연구와 많은 연구에서 메가프로젝트의 복잡성을 일으키는 것을 정의하거나 명확하게 하지 않고 복잡하다고 설명되는 경우가 많다(예, Van Marrewijk, Clegg, Pitsis, Veenswijk 2008). 최근까지(Davies, Gann, and Douglas 2009; Davies and Mackenzie 2014; Brady and Davies 2014), 복잡성을 처리하는 문제는 대규모 연구에서 대부분 무시되었다. 메가프로젝트는 복잡성으로 인하여 예외적인 수준의 기술 및 관리 능력을 요구하기 때문에 이것은 놀랄 만하다. 몇 가지 연구 결과는 프로젝트 조직이 시스템 통합 기능을 개발함으로써 복잡성을 처리하는 것을 제시한다(Principe, Davies and Hobday 2003; Hobday, Davies, and Prencipe 2005; Shenhar and Dvir 2007). 시스템 통합자는 구성 요소를 완전한 시스템으로 통합하고, 그것의 다양한 부분들 간의 인터페이스를 정의하고 상호의존성을 관리하며, 각 프로젝트에 관련된 계약자들의 네트워크 조정에 대해 책임 있는 조직이다. 시스템 통합 기술 및 프로세스는 복잡한 무기를 설계하고 통합하기 위해 원래 개발되었고, 우주 탐사 프로젝트는 현재 경제의 군사 및 민간부문에 걸쳐 메가프로젝트를 관리하는데 폭넓게 사용되고 있다(Morris 1994, 2013; Johnson 1997, 2003; Hughes 1998, 2004).

이 장은 런던 2012 올림픽과 패럴림픽 경기 건설에 대한 심층적인 사례 연구를 제시한다. 런던 2012를 구축하는 데 사용된 시스템 통합에 대한 접근방식은 이 메가프로젝트와 관련된 두 가지 수준의 복잡성을 다루었다. 개별 시스템을 별도 프로젝트(올림픽 스타디움, 벨로드롬 등)로 관리하기 위해 주 계약자가 선정되었으며, 전체 시스템 관리를 통합하고 여러 이해관계자와 협력하는 과제가 고객과 업무 파트너에 의해 공동으로 수행되었다. 이 장은 다음과 같은 섹션으로 나뉜다. 21.2절은 시스템 통합 및 프로젝트 관리 문헌에 대한 간략한 검토에서 우리의 연구 구조를 구성한다. 21.3절과 21.4절에서는 연구 방법을 논의하고 사례 연구를 소개한다. 연구 결과에 대한 21.5절은 2012년 런던 프로젝트를 관리하는 데 사용된 시스템 통합의 계층적 구조를 명확히 한다. 21.6절은 메가프로젝트 관리에서 시스템 통합의 더 광범위한 역할에 관해 우리의 사례에서 배울 수 있는 것을 논의하며, 미래의 연구를 위한 몇 가지 유망한 방법을 제안함으로써 21.7절과 함께 이 장을 마무리한다.

21.2 배경 문헌

여러 연구에서는 프로젝트 복잡성에 대해 정의하고, 그것을 다루는데 관련된 관리 문제 중 일부를 명확히 한다(Shenhar 1993; Shenhar and Dvir 1996; Hobday 1998; Gholz 2003). 그들은 프로젝트 조직의 구조가 그것이 생산하는 시스템의 복잡성을 반영하기 때문에 프로젝트가 하나의 시스템으로 개념화할 수 있다고 제안한다(Williams 1999; Shenhar 1993, 1996; Shenhar 2001; Shenhar and Dvir 2007). 각 프로젝트의 제품 또는 결과는 수많은 상호 연결된 부품, 구성 요소, 하위 시스템 및 전체 시스템과 연관된다. 프로젝트 결과에는 종종 물리적 요소(하드웨어 및 소프트웨어 등)와 무형 서비스(물류, 유지보수 및 운영 같은)가 포함된다. 복잡성이 증가함에 따라 여러 요소의 통합, 하위 프로젝트 간의 인터페이스 관리, 수많은 상호의존성의 문제에 대처하기 위한 보다

표 21.1 메가프로젝트에서 복잡성의 수준

	시스템	시스템들의 시스템
정의	특정 운영적 요구에 부합하기 위하여 전체 시스템이나 플랫폼으로 다중 기능을 연계 수행하여, 다양한 구성요소와 하위시스템들의 통합	각각의 특정 목적과 함께 공통의 목표를 달성하기 위하여 분산되고 대규모로 배치된 플랫폼과 시스템의 통합
프로젝트 복잡성	시스템, 플랫폼	시스템들의 시스템, 배치
사례	항공기, 무기체계, 통신망, 또는 단일 건물 건설	공항, 도시개발, 대중교통시스템, 영국 채널 터널 또는 국가 미사일 방어 시스템

정교한 형태의 조직과 공식 프로세스가 요구된다(Shenhar and Dvir 2007).

이 접근방식으로 알 수 있듯이 메가프로젝트는 두 가지 최고 수준의 복잡성을 수반한다고 제안할 수 있다(표 21.1 참조). 첫째, 일부 메가프로젝트는 에어버스 A380 또는 국가 항공교통관제 컴퓨터 시스템의 개발과 같은 특정 운영 요건을 모두 충족하는 여러 가지 기능을 가진 요소로 구성된 개별 시스템을 생산한다.

"시스템 프로젝트"에서 단일 조직(고객 또는 주계약자)은 대개 내부 기능 그룹과 외부 하도계약자와 관련된 대규모 네트워크의 기술적 노력을 조정하기 위해 중앙 프로젝트 또는 프로그램 사무소를 설치한다. 둘째, 좀 더 복잡한 형태의 메가프로젝트는 영국과 프랑스를 연결하는 채널터널 철도 시스템 또는 홍콩국제공항과 같은 공동의 목표를 달성하기 위해 협력하는, 각각 고유의 특정한 목적에 부합하는 많은 수의 시스템을 생산한다. "시스템의 시스템" 또는 "다수의 프로젝트"에서 대규모 임시 조직(독립형 프로젝트 조직, 합작 회사 또는 개별 회사)은 재정적, 법률적 및 정치적 문제들을 다룸으로써 많은 개별 프로젝트(특정 시스템 수행에 필요한)의 계약과 조정을 담당한다.

시스템 통합은 1950년대와 1960년대 무기 시스템 프로젝트(아틀라스, 타이탄, 폴라리스 탄도 미사일 등)와 아폴로 달 착륙 임무(Sayles and Chandler 1971; Sapolsky 1972, 2003; Morris 1994; Hughes 1998, 2004; Gholz 2003)의 설계와 통합에 관련된 복잡성을 다루는 데에 처음 등장하였으며, 현재는 공공부문과 민간부문에 널리 사용되고 있다(Principe et al. 2003). 시스템 통합은 고객 조직이나 주계약자가 사내에서 수행하거나 전문 회사와 별도계약을 할 수 있다. 이 조직은 구성 요소가 전체 시스템에 얼마나 적합한지 이해해야 한다. 개별 구성 요소를 거의 생산하지는 않지만, 시스템 통합자는 "계약 당사자들보다 전체 노력에 대해 더 많이 알 수 있도록 사내 역량을 강화해야 한다"(Sayles and Chandler 1971: 319). 그것은 설계, 생산, 통합, 시험, 시운전과 전체 운영 체제로의 전환 등과 관련된 계약 당사자들의 대규모 네트워크를 조정한다. 그것은 하부 프로젝트 간의 인터페이스를 관리하고, 계약 구분을 통한 부품 공급업체에 대처하며, 시간, 비용 및 품질 성과 목표 부합에 대한 책임을 진다. 시스템 통합자는 공식 계약, 공유된 협업 목표와 구성 요소가 결합될 때 발생할 수도 있는 예상하지 못한 문제를 식별하고 해결하도록 관련된 당사자들을 격려하는 다른 형태의 설득이 필요하다.

몇 가지 예외(Gholz 2003)를 제외하고 시스템 통합에 관한 연구는 대부분 개별 시스템에 초점을 맞추고 있으며(Hobday et al. 2005), 일부 저자들은 더 복잡한 시스템 프로젝트의 시스템이 "통합 문제를 훨씬 덜 유발한다"고 주장한다(Shenhar and Dvir 2007: 109). 이 장은 저자와 동료의 최근 연구를 기반으로 대규모 다수 프로젝트의 심층 사례 연구인 런던 2012 올림픽 건설에서 시스템 통합이 어떻게 이루어지는지를 파악함으로써 이러한 가정에 도전한다(Mackenzie and Davies 2011; Davies and Mackenzie 2014).

21.3 연구목적 및 방법

단일 사례 연구를 수행하는 것은 조직 변화의 과정과 맥락을 연구하는 이론적으로 건전한 방법을 제공한다(Pettigrew 1990). 신중하게 선택되는 한, 사례는 더 많은 수의 견본에 대해 어떤 일이 적합하고 유효하게 어떻게 진행되는지에 대한 일반화를 발전시키는 데 사용될 수 있다. 우리는 메가프로젝트 수행 조직들이 복잡성에 어떻게 대처하는지 알아보고 싶었다. 우리가 2010년 12월에 연구를 시작했을 때 우리는 대규모 시스템들을 통합하기 위해 메가프로젝트에 개발 및 적용된 행동 지향 프로세스와 구조에 대한 심층적인 이해를 도출함으로써 런던 2012 프로젝트를 매우 중요한 사례(Flyvbjerg 2006)로 보았다. 그러나 완공 이후 2012년 영국에서 공개적으로 수행된 메가프로젝트에 교훈을 적용해야 하는 새로운 수행 모델로 런던 2012를 들 수 있다고 제시하는 증거가 있다(Armitt 2013; Royal Academy of Engineering 2014). 이는 이 프로젝트가 시스템 통합이 다른 메가프로젝트에서 수행될 수 있는 방법의 예시로서의 역할로 인하여 전형적인 사례(Flyvbjerg 2006)가 되고 있음을 시사한다.

프로젝트에서 시스템 통합 업무가 다른 수준의 복잡성에서 수행되는 방법을 탐구하기 위해 두 단계로 인터뷰가 수행되었다. 사용된 방법에 대한 자세한 설명은 데이비스와 매킨지(Davies and Mackenzie 2014)를 참조하시오. 인터뷰 대상자와 협력하여 시스템의 시스템(프로그램 수준)과 개별 시스템 계약(프로젝트 수준)의 두 가지 주요 수준을 확인했다.

1단계 인터뷰에서, 우리는 전체 프로그램 관리에 관련된 조직구조와 프로세스에 초점을 맞췄다. 인터뷰는 프로그램 의뢰인 역할을 한 올림픽수행청(ODA: Olympic Delivery Authority)과 ODA의 "수행 파트너" 역할을 하기 위해 특별히 결성된 CH2MHill, Laing O'Rourke, Mace의 임시 합작법인인 CLM을 통해 이루어졌다. 인터뷰는 ODA와 CLM이 전체 프로그램 내에서 각 프로젝트를 감독, 조정 및 통합하기 위한 시스템 통합자로서 어떻게 협력했는지에 초점을 맞추었다.

인터뷰의 두 번째 단계에서, 우리의 초점은 다수의 다른 시스템의 복잡성을 해결하기 위해 주요 인터뷰 대상자가 식별한 5개의 특정 프로젝트로 이동했다; 올림픽 경기장, 벨로드롬, 아쿠아틱스 센터, 선수촌, 국제 방송 센터/미디어 프레스 센터 및 주로 임시 구조물(야구, 핸드볼, 이튼 영지). ODA 프로젝트 스폰서와 CLM 프로젝트 매니저와의 인터뷰는 관련 주계약자(프로젝트 책임자)와의 인터뷰로 보완되었다. 인터뷰에서는 각 개별 프로젝트가 전체 프로그램 내에서 적절한 방식을 다루면서, 각 시스템의 구체적인 요구와 상황에 맞게 조정되었다.

21.4 연구 설정— 런던 2012 건설

런던은 2005년 7월 6일 2012년 올림픽과 패럴림픽을 수주하였다. 런던을 위해 영구적인 유산을 만들겠다는 공약은 입찰에서 승리하는 것이 핵심이었고, 장소를 설계하고 건설하고 인프라를 연결하는 데 사용되는 접근방식에 영향을 끼쳤다. ODA는 올림픽공원 기반시설, 경기장, 올림픽마을, 교통시스템 등의 설계와 건설을 감독하기 위해 2006년 임시 고객 및 공공부문 기구로 설치되었다. 올림픽 개최지를 게임 준비를 담당하는 민간부문 조직인 올림픽 게임 및 패럴림픽 조직위원회(LOCOG: London Organizing Committee of the Olympic Games and Paralympic Games)에 이전할 책임이 있었다.

21.4.1 프로젝트 수명주기

런던 올림픽 프로그램의 속도, 계획, 일정은 "부동의 마감 시기"에 의해 결정되었다. 그 게임은 2012년 7월 27일에 열려야 했기 때문에 그 프로젝트는 시간적으로 중요했다. ODA는 비록 공사 일정이 변경될 수는 없지만, 프로젝트를 둘러싼 위험과 불확실성에 대처하기 위해 현실적인 예산과 안전한 예비비가 필요하다고 인식했다. 그러나 2005년 입찰 서류와 함께 제출된 당초 42억 파운드의 예산은 경기장을 건설하고 게임을 개최하는 비용을 심각하게 과소평가했다. 최종 예산안은 2007년 3월 의회에서 발표되었다. 그것은 93억 파운드로 정해졌고 12억 파운드의 예비비가 포함되었다. 건설에 대한 ODA의 예산은 81억 파운드였다. CLM 전략기획팀은 2007년 11월 500페이지의 "옐로우 북"으로 출판된 프로그램의 세부 업무범위, 예산, 일정, 위험, 인터페이스에 대한 기준 정의를 수립하였다. 본 문서는 원서 발간 이후 발생한 수많은 업무 범위의 변화를 반영하여 2009년 11월에 "블루 북"으로 개정, 발간되었다.

기준 문서는 작업 일정 관리와 공사 중 예산이 어떻게 사용되는지 모니터링하는 주요 참고 사항이 되었다. 프로젝트 수명주기는 다음과 같이 6단계로 구분되었다.

- 1년 차(2006-2007년): 600에이커의 스트랫포드 사이트를 ODA에 이양하는 단계
- 2년 차(2008년 베이징행): "대규모 건설" 단계를 위한 부지를 준비한 "철거, 굴착, 설계" 단계
- 3년 차(2009년 7월 27일까지) : 올림픽 공원 기반시설 및 장소 건설을 위해 준비한 "대규모 건설"(기초) 단계
- 4년 차(2010년 7월 27일까지): "대규모 건설" 단계(구조)
- 5년 차(2011년 7월 27일까지): "대규모 건설" 단계(완료)
- 6년 차 (2012년까지): 게임 운영을 위한 시험 단계

2007년 10월 올림픽공원에 대한 계획허가가 확보되었고, 2008년 5월부터 공사가 시작되었다. 건설 프로그램은 4개년 단계로 구분되었고, 매년 이정표가 발표되었다. 대부분 시설이 예정보다 일찍 건설되면서 그 프로그램에 약간의 시간적 우발

상황이 발생 되었다. 연간 단계는 개별 시스템에 대한 보다 구체적인 목표와 이정표로 전환되어 각 프로젝트가 전체 프로그램 일정에 대해 어떻게 수행될 것으로 예상되었는지를 명확히 설정하였다. 온라인에 게시된 마감일 때문에 공개적으로 검증을 받게 되면 일정 지연을 피할 수 있는 추가 인센티브가 제공되었다.

21.4.2 프로젝트 조직

건설 프로그램은 임시 및 영구 건물 14개, 도로 20km, 교량 26개, 터널 13km, 공원 80ha, 신규 유틸리티 기반시설 등 70여 개 이상의 사업(주계약자가 기획, 승인, 관리)으로 구성되었다. 주요 개최지 사업들은 올림픽 공원(올림픽 경기장, 아쿠아틱스 센터, 벨로드롬, 국제 브로드 센터/미디어 프레스 센터, 선수촌)으로 집중되었고, 대부분 개별적으로 크고, 비용

표 21.2 올림픽 공원 내의 주요 시스템

주요 시스템	주계약자	계약 조건	핵심 특성
영구적 구조			
올림픽 경기장	맥알파인	목표 비용 신 엔지니어링 계약자(NEC3 옵션 3)	8만석 경기장의 건설은 2011년 3월에 안전하게 시간 내에 예산 내에 건설
아쿠아 센터	발포 베티	목표 비용(NEC3 선택 3)	2011년 7월에 준공된 2개의 수영장을 건설하는 이 상징적 건물은 건축가인 자하 하디드가 설계하였고, 게임 동안에 두 일시적 “날개”가 17,500석을 제공하고 나중에는 2,500석
사이클 경기장	ISG	목표 비용(NEC3 선택 3)	사이클 트랙의 건설은 2011년 2월에 준공
선수촌	렌드 리스	CM 및 설계와 시공을 혼합하기 위하여 CM 변경	2011년 12월에 준공되었으며, 17,000명 선수 및 관료의 기숙사를 제공하고 나중에는 2,818호의 새로운 주택 제공
국제 방송 센터와 주 프레스 센터	칼리온	설계와 시공(확정 가격 NEC 옵션 A)	2011년 7월에 준공되었으며, 이 건물은 게임 동안에 2만 명의 방송가와 언론인들 지원
대규모 일시적인 구조			
이튼 영지	만셀 건설 서비스	관리된 패키지화 전략	게임 동안에 3 올림픽 규모의 일시적인 수영장과 함께 수중 훈련 장소. 장애인 올림픽 동안에 휠체어 테니스를 유치하기 위하여 해체 및 변형. 경기 후에 다중목적 스포츠 센터로 전환.
농구 경기장	CLM	관리된 패키지화 전략	12,000석 경기장 건설은 2011년 6월에 준공. 게임 후 해체하고 기타 영국과 해외 행사에 재사용.
수구	CLM	관리된 패키지화 전략	5,000석 일시적 경기장은 완료. 구성요소들은 해체하고 영국에서 다른 것으로 재사용.

이 많이 들며, 복잡했다. 과업 규모를 나타내는 지표로, 2011년 3월 말 공사 성수기 동안 올림픽공원과 올림픽마을에서 12,635명이 근무했다. 우리의 연구에서 분석된 영구 및 임시 장소의 요약은 표 21.2에 제시되어 있다.

올림픽 건설은 많은 개별 프로젝트로 구분되고 하나의 프로그램으로 관리되었다. 프로그램은 다양한 종류의 상호 관련된 프로젝트들이 조정되어 전략과 비전, 정의된 목표를 달성하기 위하여 조직에서 사용되는 관리 접근방법이다(Mayor, Brady, Cooke-Davies, and Hodgson 2006; Pellegrinelli, Partington, and Geraldi 2011). 우리가 런던 2012를 하나의 프로젝트로 언급하는 동안, 프로그램은 특히 상호 관련된 프로젝트들을 관리하기 위해 수립된 과정을 가리키는 데 사용되었다. 올림픽 스타디움 프로젝트 및 벨로드롬 프로젝트와 같은 전체적인 집합체 내에서 특정 프로젝트를 지정하기 위하여 우리는 **시스템 프로젝트**라는 용어를 사용한다. 각 주계약자는 자체적인 하도계약자를 관리할 책임이 있었다. 이 섹션의 나머지 부분에서는 런던 올림픽을 건설하기 위해 수립된 구조와 과정에 대한 심층적인 분석을 제공한다.

21.4.3 프로젝트 결과물

런던 2012 건설은 2012년 7월 27일 경기가 시작되기 13개월 전인 2011년 7월 정시에 완공되어, 경기장을 시험하고, 실험에 따른 피드백을 활용하여 경기를 준비할 수 있는 충분한 시간을 제공하였다. 최종 비용 68억 파운드(2011)는 건설에 할당된 81억 파운드 이내였지만, 입찰 서류에 있는 당초 기준선과 비교하면 이 사업은 예산을 상당히 초과하였다.

사업의 현황, 성공에 대한 압박, 자금 조달과 위험 배분에 대한 새로운 접근방식 요구, 2008년 경제 위기 등 여러 상황적 요인이 프로그램에 반영되었다. ODA 의장 존 아미트 경이 강조했듯이 "올림픽 프로젝트는 당신이 상상할 수 있는 가장 높은 관심을 지닌 프로젝트" (Kortekaas 2012)이고, 프로그램의 전반적인 진행을 촉진하는 중요한 요인은 이른바 올림픽 효과(Mackenzie and Davies 2011)였다. 예산이 많이 초과되고 일정이 지연된 웸블리 축구장같이 최근 공공 프로젝트의 부실한 성과를 피하지 않으려는 바람과 올림픽이 세계에서 가장 권위 있는 스포츠 경기였다는 사실은 "평생 한 번 있는 기회이므로 잘못되지 않기를 원한다. 만일 당신이 그렇다면, 산업계 모든 관계자에게 명백해질 것이다. 그것은 꽤 동기부여가 된다"는 널리 확산된 태도를 조성했다(CLM interview).

21.5 연구 발견

이 절에서는 올림픽 개최지 및 기반시설을 건설하기 위해 시스템 통합이 어떻게 수행되었는지 확인한다. 우리의 연구 결과는 통합의 구조와 과정이 프로젝트의 전반적인 복잡성에 맞도록 계층화된 구조로 구성되었음을 시사한다(표 21.3 참조). 2012년 런던 프로젝트에서는, 시스템의 시스템 통합이라는 과업이 고객과 수행 파트너에 의해 공동으로 추진되었다. 고객의 임무를 수행하면서, ODA는 프로그램의 목표를 설정하고, 프로그램의 계획을 위해 수행 파트너와 긴밀히 협력하고, 그러한 목표에 대해 진행 상황을 모니터링하며, 전체 시스템과 외부 환경 사이의 단일 인터페이스를 제공했다. CLM은 프로그램의 수행 파트너 및 프로그램과 개별 프로젝트와의 인터페이스 통합업체로 지정되었다. 런던 2012에 관련된 주요 계약자들은 시간, 비용, 품질 및 기타 전략적 목표에 대비하여 각 시스템 프로젝트(경기장 및 인프라 등)를 통합 및 제공하고 인접 시스템과의 인터페이스 조정을 지원하였다.

표 21.3 런던 올림픽 2012에 대한 시스템 통합

복잡성 수준	과업	조직	런던 2012로부터 사례
시스템들의 시스템(배열 프로젝트 및 외부 환경)	다중 이해관계자를 관리하는데 연관된 폭넓은 과업과 프로그램의 전체 진행을 모니터링에 관한 내부 집중	고객	공공부문 고객 조직(250 직원)은 스폰서와의 간섭사항 관리하고, 업무범위와 예산을 정의하고, 수행 파트너와의 조정 다양한 외부 이해관계자(국제적, 국가의, 지방의)의 “상위로” 관리에 대한 책임, 단일 정부 간섭사항과 외부 간섭으로부터 CLM 보호에 대한 “잡음” 최소화 팀을 구성하고 목적을 정렬하는 계획 동안에 ODA-CLM이 같은 장소에 배치
시스템들의 시스템(상호관계 있는 시스템 프로젝트의 프로그램)	프로그램 관리에 내부적으로 집중하는 시스템 프로젝트의 상호연관된 집합의 통합을 조정하기 위한 관리적 과업	수행 파트너	민간부문 수행 파트너(600 직원)는 프로그램과 주 계약자들을 관리하고, ODA와 소통 CH2MHill, LOR과 Mace의 특징적 능력과 보충적 자산의 결합 “최고의 기술”을 가져다주는 ODA와 전문적 서비스 예약
개별 시스템(시스템 프로젝트)	단일 시스템 프로젝트를 통합하기 위한 기술적 과업	주 계약자	특정 시스템에서 능력과 이전 경험 있는 계약자(예. 경기장과 지붕 구조) 각 프로젝트의 복잡성에 맞추어진 주 계약자와의 계약 조건(위험 공유로부터 확정 가격까지의 범위) 건설 동안에 통합 프로젝트 팀은 현장에서 CLM과 주 계약자와 ODA 대표와 같은 장소에 배치

21.5.1 시스템들의 시스템

시스템의 시스템 레벨에서, 구조와 프로세스가 전체 시스템을 이해하고, 다수의 이해관계자와 외부 인터페이스를 관리하고, 전체 프로그램의 진행 상황을 조정하며, 개별적인 시스템 프로젝트 관리에 도움이 되는 기능을 갖도록 수립되었다(그림 21.1 참조).

21.5.1.1 조직 구조 — 고객과 수행 파트너

올림픽을 유치한 후, ODA는 주요 도시의 인구 밀도가 높은 지역에 다수의 이해관계자가 연관된 대규모로 복잡한 시스템의 시스템을 통합해야 하는 어려움에 직면했다. 올림픽 공원은 더 많은 시설이 건설될수록 점점 더 많이 상호 연결되는 다중 시스템이 관련된, 제한된 장소에서 정해진 날짜까지 건설되고 이용 가능해야 했다. 동시에 ODA는 프로그램을 구성하고 그 결과를 정의하는 데 관여하는 정부, 지방 당국, 철도 당국 및 지역 커뮤니티 그룹과 같은 프로그램과 관련된 많은 이해관계자와 제도적 이해에 관여해야 했다.

프로그램 수행을 책임지는 고객으로서 ODA는 전반적인 시스템 통합에 대한 책임을 질 수 있었지만, 곧 그러한 도전적인 프로그램을 관리하는 데 필요한 경험과 기술, 지식을 가진 인력을 유치하려고 시도할 때 직면하게 될 어려움을 곧 인식했다. ODA는 프로그램 관리에 대해서는 대형 주계약자(벡텔 같은)와 프로젝트 관리를

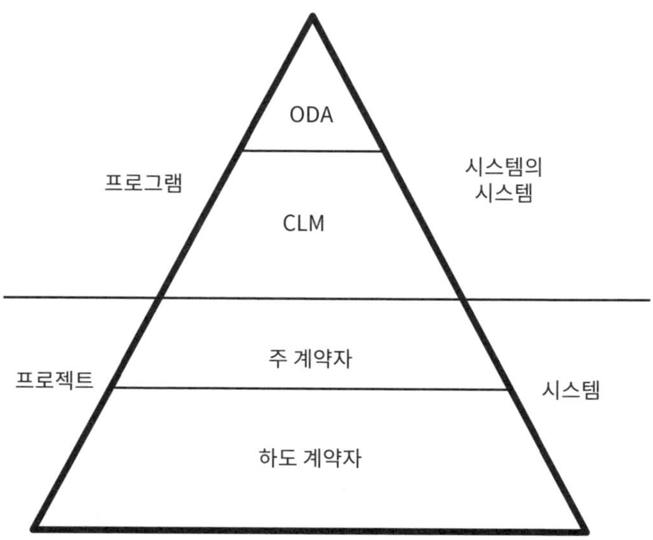

그림 21.1 런던 2012 올림픽 — 프로그램, 프로젝트와 시스템

위한 복수 계약자를 임명하는 것을 고려했지만, 어느 정도 고민한 끝에, 주계약자는 기존의 일상을 변경, 대안 모색 또는 포기하는 것을 꺼릴 수 있다고 느꼈음에 비해 건설 프로그램 수행과 관련된 복잡성을 다루는 데 요구되어지는 "깨끗한 종이"로 설립된 새로운 합작회사로 선정하였다. ODA의 최고 책임자인 데이비드 히긴스는, 수행 파트너가 프로그램과 개별 시스템 프로젝트 간의 인터페이스를 관리하는데 필요한 광범위한 시스템 통합 역량을 포함해야 한다고 믿었다.

CLM은 크고 복잡한 프로그램 및 프로젝트의 성공적인 수행 실적이 있는 3개의 회사가 함께하기 때문에 이 프로그램에 대해 선호된 국제 컨소시엄 및 수행 파트너로 선정되었다(Hone, Higgins, Galloway, and Kintrea 2011:7). 이 특수 목적 회사의 각 파트너는 뛰어난 역량, 경험 및 보완적 자산을 보유했다. 미국의 CH2MHill은 이전 올림픽 건설 프로젝트를 포함한 복잡한 프로젝트의 부품들을 통합하는 프로그램 매니저로서의 실적과 능력을 가지고 있었다. Laing O'Rourke와 Mace는 최근 영국 프로젝트 중 가장 크고 복잡한 것 중 하나인 43억 파운드의 히드로 터미널 5에서 주요 계약자로 성공적으로 협업하였다. Laing O'Rourke는 건설에 강력한 역량을 가지고 있었고, Mace는 프로젝트 관리에 대한 전문지식으로 유명했다. 벡텔에서 CLM을 이끌기 위해 재취업한 이안 겔로웨이는 유일한 CLM 직원이었다. 다른 모든 CLM 직원들은 그들의 모회사와 계약적으로 연계되었다. ODA는 CLM을 임명함으로써 프로젝트의 여러 단계를 관리하는 데 필요한 3개의 기업에서 발견된 기술과 전문 지식을 활용할 수 있었다. 최고조에 CLM은 약 600명의 직원을 고용했다. ODA 직원 250명을 포함하면 전체 프로그램관리 비용은 프로그램 지출의 10% 정도이다.

전체 프로그램에 걸친 시스템 통합 업무는 ODA와 CLM으로 나뉘었다. ODA는 전체 프로젝트와 런던 시장, 스포츠 기구, LOCOG, 런던 정부, 런던 자치구 5곳, 국제 올림픽 위원회, 영국 올림픽 협회를 포함한 이해관계자들을 포함한 약 750개의 자주 상충되는 이해관계 사이를 단일 인터페이스로 수립하여 "상향"으로 다루는 데 집중하였다. CLM은 일정에 대해 측정된 프로젝트의 진행 상황을 ODA에 충분히 알려주고, 프로그램 전반에 걸쳐 '하향적'으로 관리하며, 각 주요 건설 프로젝트에 대한 주계약자와 협력하는 프로젝트 매니저 역할을 담당했다.

프로그램 전체적으로 서로 다른 수준의 시스템 통합 관리를 위해 "계층적 구조"가 만들어졌다. 한 관리자가 설명한 대로,

통합을 관리할 수 있는 능력이 있는지 확인하십시오. 통합은 거대하다. (…) 이것은 관리와 통합, 그리고 모든 다른 계층의 융통성에 관한 것이다. 그래서 당신은 우리가 전체 프로젝트 프로그램에 어떻게 접근해야 하는지에 대한 이 층 케이크를 가지고 있었다. 그것은 정말로 당신이 어떻게 구조화하느냐에 관한 것이다. 그것은 구조화 그리고 어떻게 당신이 업무를 수행할 것인가에 관한 것이다.(CLM 인터뷰)

ODA와 그 보증팀은 언론과 의회 조사에 참여했고, 재정 지원을 얻었으며, 중요하게 제안된 범위 변경에 대해 정부의 승인을 요청했다. ODA의 주도하에, 수행 파트너와 주계약자들은 프로그램의 시간과 비용 목표에 따라 추진되었지만, 지속가능성, 여파, 건강과 안전 등 6가지 우선 주제로 공표된 다수의 2차 목표를 달성할 것으로 기대했다. ODA는 CLM부터 주요 계약자까지 프로그램 전체에 적용되는 구체적인 목표와 원칙을 포함하여, 상당한 양의 각각의 전략을 발표했다.

이러한 업무 분장은 ODA가 프로그램에 대한 감독 및 확인할 수 있도록 했으며, CLM에 프로그램과 프로젝트를 관리하는 데 필요한 자율성을 부여하였다. ODA는 통합을 더욱 어렵게 만들 수 있는 외부 이해관계자가 시스템에 추가하는 외부 "간섭"으로부터 수행 파트너를 보호하는 완충 역할을 했다. CLM은 ODA의 "컨설턴트"로서 다양한 이정표와 목표를 달성하기 위한 인센티브를 제공 받았다. 이 이중 구조는 ODA와 CLM, 그리고 CLM과 주계약자들(예: 선수촌에 대한 CLM과 임대차 프로젝트) 간의 명확한 목표 일치를 형성했다.

ODA와 CLM은 계획, 설계, 시공 및 장소를 LOCOG로 인계하는 과정에서 사실상 통합된 조직으로서 협력적이고 공개적으로 일할 수 있는 방법을 찾아야 했다. 두 조직 사이의 관계는 프로그램이 변화하는 요구사항과 다른 단계를 다루기 위해 시간이 지남에 따라 조정되었다. 프로그램 내내 개최된 공동 검토 회의는 조직 모델, 역량 및 자원을 조정하는 역할을 했다(Hone et al. 2011: 7).

ODA와 CLM이 처음 구축한 시운전 계획 단계에서, 고객과 수행 파트너 사이에 팀을 구성하고 전략적 목표, 프로세스, 문화를 일치시키기 위하여 현장이 아닌 별도 장소에 일괄 배치하였다. CLM 이사들은 ODA의 경영진 팀의 일부를 구성했다. 신뢰와 개방에 기반한 관계를 형성하는 것은 공동 팀 이벤트와 사회 활동을 개최함으로써 촉진되었다. 프로그램이 계획에서 설계와 시공으로 넘어가자 ODA와

CLM 조직을 같은 장소에 배치하지 않는 결정이 내려졌다. 핵심 ODA팀은 카나리 워프 내 기획본부에서 계속 근무했고, CLM팀은 스트랫포드에 있는 여러 건설사무소로 자리를 옮겼다. CLM이 각 주요 계약자와 협력할 때, 핵심 조직 연계는 CLM과 시스템의 계약자 수준으로 이동했다. 이러한 중앙 ODA 조직과 CLM 팀의 지리적으로 새로운 업무의 분리를 반영하였다. ODA는 고객 및 프로젝트 스폰서의 역할을 수행하였고, CLM은 전반적인 프로그램 결과를 달성하고 각 프로젝트가 정의된 목표에 따라 확실히 수행되도록 하였다.

21.5.1.2 통합 과정 — 프로그램 관리

ODA와 CLM은 여러 시스템의 통합을 조정하고, 예상치 못한 상호작용을 최소화하고, 각 개별 프로젝트와 전체 프로그램 진행에 방해될 수 있는 문제에 유연하게 대처하기 위해 협력했다. 초기에 확실하게 고정될 수 있는 그런 요인들은 프로그램의 마감 기일, 자금 제약, 현장의 물리적 요구사항 및 시스템의 용량에 의해 억제되었다. 주의 깊게 준비된 계획, 일정, 마감일은 수행 파트너와 주계약자들의 성과를 지도했고, 리스크를 사전에 예측하고 발생 시 완화하는 데 도움이 됐다. 프로그램 관리 과정은 프로젝트의 한 부분에서 수행된 작업이 예측가능하고 다른 부분에서 작업하는 조직의 업무와 일치하도록 설계되었다. 사전에 예측할 수 없는 긴급사건, 인터페이스 문제, 전개 상황은 관련 협력 기관의 유연하고 신속하게 대응할 수 있는 능력에 따라 결정되었다. 한 관리자가 다음과 같이 명확히 했다.

> 나는 항상 직원들에게 말한다. 누구나 안정된 상태를 관리할 수 있다. 일이 잘못될 때, 그것은 우리가 어떻게 함께 문제를 해결하느냐에 관한 것이다. 계약적으로, 상업적으로, 협력적으로.(CLM 인터뷰)

ODA는 예산, 일정, 성과 관점에서 각 사업이 진행 상황에 대해 상세하고 정기적이며 정확한 정보를 제공하게 하려고 모니터링 및 보증 과정을 수립하였다. 이 과정은 예상치 못한 문제, 잘못 정의된 인터페이스 또는 사양 변경의 가시성을 높이는 데 도움이 되었다. 월간 보고서는 중요도 순으로 문제를 식별하기 위한 조기경보 "신호등" 추적 시스템을 사용하여 진행 상황, 예측 비용, 일정, 범위 또는 예산의 변화를 측정하는 정보를 제공했다. 빨강 또는 황색으로 표시된 문제는 프로그램 팀에 의해 월간 회의에서 확인되었으나 프로젝트 수준에서 처리되었다. 긴급한 문제가 확인되면 프로젝트 팀은 이를 해결하는데 필요한 추가 비용과 시간을 추정하였다. 변경 사항 도입과 관련된 일정의 지연을 방지하기 위해 보증 과정이 수립되었다. ODA와 CLM이 관련된 월별 추세 검토는 고위 경영자들이 낮은 수준에서 명확하지 않을 수도 있는 추세를 식별할 수 있도록 했다.

고객의 프로그램 및 프로젝트 매니저로 활동하면서 CLM은 각 개별 계약을 관리하고 변경 관리 프로세스를 모니터링하며 각 주요 계약자가 목표를 달성하고 프로그램에 보조를 맞추고 있음을 확인하였다. 한 인터뷰 대상자가 설명했듯이, 주요 과제는 통합 프로세스의 복잡성을 관리할 수 있는 구조를 수립하는 것이었다.

> 우리가 올림픽 공원에 대해 가지고 있는 요소들을 당신이 개별적으로 가져간다면, 아마도 복잡한 것은 없을 것이다; 만일 당신이 그것들을 모두 합친다면, 그 복잡성이 바로 여기에 있다. 우리는 상당히 많은 시간과 노력을 통합에 집중해야 했다는 의미였다.(CLM 인터뷰)

설계, 시공 및 운영 인계 등 프로그램 수명 동안 서로 다른 통합 단계가 관리되었다. 통합의 각 단계(프로젝트 지식 및 프로젝트 문서 관리 시스템 같은)를 조정하기 위한 디지털 기술과 소프트웨어 도구가 구축되었다. 설계 단계에서 CLM은 인접 프로젝트 간의 상호의존성을 관리해야 했다. "설계 인터페이스 일정" 시스템은 시설 한 부분의 설계 변화가 어떻게 프로그램의 다른 부분에 영향을 끼치는지를 보여주었다. 건설 단계에서 CLM은 시스템 관리를 비교적 독립된 "수직적" 건물(연구적 및 임시 장소)과 상호 연결된 "수평적" 인프라(유틸리티, 도로, 교량)로 나눔으로써 통합 프로세스를 단순화하려고 시도했다. 운영 인계 단계에서는 CLM이 "전체가 하나로 작동하도록 힘을 합치고 있었다"(CLM 인터뷰).

진행에 방해가 되는 문제를 발견, 보고 및 문서화하고, 통합 문제와 시스템의 부실한 성과 또는 무시된 부분에 대한 중요한 정보를 제공하고, 프로그램을 정상적으로 수행하는 데 필요한 변경을 위해 고도로 구조화된 변경 관리 프로세스가 수립되었다. 주계약자가 제안한 중대한 변경은 ODA의 승인을 받아야 했다. 매월 말, 프로젝트 팀은 ODA 최고 책임자가 주재하는 "변경 관리 위원회"에 변경 사항을 보고했다. 프로그램의 초기 단계 동안, 한 사무실에 45명 정도의 사람들이 월간 보고서에 대해 토론하였다. 이 숫자는 프로그램이 완료됨에 따라 점차적으로 6명 정도로 줄어들었다. 이 변경 통제 프로세스는 "문제들을 신속하게 표면으로 노출시켜 해결하고 처리할 수 있었다"(ODA 인터뷰).

예기치 않은 문제를 다루는 것은 계약 당사자 간의 강력한 협력과 "행동 지향성이 높은 조직 문화"에 달려 있다(Hone et al. 2011: 8).

> 이슈를 알아보고 토론하고 빠른 의사결정과 평가 그리고 진실한 태도를 가진 좋은 사람, 우수한 사람들과 충분히 같이한 것이 정말 역동적이었다고 생각한다.(ODA 인터뷰)

ODA와 CLM은 "설득과 합의에 의해 일하기를 원했지만, 권한이 있는 입장에서 일하기를 원했다"(ODA 인터뷰). 문제 및 해결책에 대한 공감대를 형성하기 위한 워크숍과 비공식 회의를 통해 ODA와 CLM의 시간 경과에 따른 긴밀한 협력을 유지하는데 도움이 되었다.

21.5.2 개별 시스템

개별 시스템 수준에서 각 프로젝트는 전체 시스템 내에서 다른 시스템과의 인터페이스가 명확하게 정의된 독립적인 조직 및 프로세스로 관리되었다(그림 21.1 참조).

21.5.2.1 조직 구조 — 주계약자

각 개별 시스템 프로젝트(벨로드롬, 올림픽 스타디움 등)의 통합은 2012년 런던에서 "주요 수급자"로 알려진 주계약자가 독립적으로 기획하고 관리하였다. ODA는 각 프로젝트의 구체적인 요구사항, 과제, 복잡성을 해결하기 위해 주 계약자와 다양한 리스크 공유 및 고정 가격 계약을 사용했다. 이 계약의 집합은 명확하게 정의된 절차를 지원하도록 설계되었으며, 두 계약 사이의 협력 관계를 구축하도록 설계되었다. 이 계약은 각 프로젝트 내에서 그리고 프로젝트 간에 발견된 예측 불가능하고 잘못 정의된 인터페이스와 변화하는 조건을 처리하기 위해 필요한 주계약자와 ODA, CLM 사이의 절차를 명확하게 정의하고 협력관계를 구축하도록 설계되었다. 개별 시설에 대한 계약은 ODA가 체결하고 CLM이 관리했다. 사업 수행은 업무분류체계, 공정관리, 주요 일정과 위험 분배를 포함한 개별 시스템을 담당하는 주계약자와 승인된 프로그램이 합의되면서 최종 확정됐다.

주계약자는 특정 장소와 인프라의 요구사항에 맞추는 해결책을 수립하기 위하여 자신의 고유한 시스템 통합 기능 및 이전 경험을 활용하도록 권장되었다.

> ODA가 정한 목표물을 어떻게 수행할 것인가를 결정할 수 있는 자유가 우리에게 주어졌다. 그리고 우리 모두는 우리가 처한 상황 때문에 약간 다르게 일을 하는데, 그것은 주로 장소와 프로그램 문제, 공급자들 등에 의해 움직인다.(주계약자 인터뷰)

주요 계약업체들은 각자의 사업 목표와 일정을 충족하고, 보건 및 안전 테마와 같은 ODA 우선 테마를 구현할 수 있는 그들 고유의 방법을 찾을 것으로 기대되었다. 이전 프로젝트에서 함께 작업하여 발전된 능력을 시도하고 시험하는 주계약자와 하도계약자들 연합을 설립함으로써 리스크를 감소시켰다.

개별 시스템 프로젝트는 주로 벨로드롬 같은 단일 장소 또는 시스템 전체 인프라의 구성 요소(예: 유틸리티)와 같은 구성품에 크게 일치한다. 이 프로젝트들의 복잡성은 독특한 지붕 설계로 상징적인 아쿠아틱스 센터에서부터 선수촌과 임시 경기장을 짓는데 사용되는 비교적 표준화 및 모듈화되고 재사용 가능한 시스템까지 다양했다. 예를 들어, 선수촌에서는 프로젝트 팀이 "한 가지 일을 3천 번"을 미리 구성했지만, 수영 센터에서는 "3천 번 일을 한 번"에 했기 때문에 표준화할 기회가 거의 없었다(Stimpson 2011). 가장 복잡한 프로젝트(아쿠아 센터, 경륜장, 올림픽 스타디움)는 문제들을 노출하고 알려진 리스크에 대응하기 위한 협업과 유연성을 증진시키고, 예상치 못한 상황에 대처하며, 성능 향상 기회를 탐색하기 위해 위험 분담 계약(고통/이익이 있는 목표 가격)을 사용하여 조달하였다.

각 프로젝트는 자체적인 예비비를 가졌으며, 계약자들은 합의된 목표 비용 내에서 프로젝트를 수행하도록 인센티브를 제공하여 장려되었다. 덜 복잡한 설계와 표준화된 재사용 가능 시설(예: 국제 방송 센터/미디어 프레스 센터)에 기반한 장소 프로젝트는 더 전통적인 고정가격 설계 및 시공계약을 사용하여 조달되었다. 선수촌의 조달전략은 결국 건설관리와 설계 및 시공계약의 조합을 활용하였다. 임시 장소(농구, 수구, 이튼 매너)에는 그들의 특이한 요구조건이 시설 건설에 사용되었지만 기존의 계약자들에게 덜 매력적이었다는 점을 고려하면 "관리 패키지"가 적당했다. CLM은 임시 장소에 대한 주요 계약자 및 프로젝트 관리자의 역할을 맡았으며, 엔지니어링, 시공, 모듈식 건물, 임시 좌석 및 준비를 위한 기본 계약자 목록에 대한 패키지로 작업을 진행하도록 하였다.

21.5.2.2 통합과정 — 프로젝트 관리

개별 시스템 프로젝트를 전체 시스템으로 통합하는 과정은 세심하게 관리되어야 했다. 인접 장소 및 공통 기반시설과의 상호의존성에 대처하는 데 필요한 협업과 대응을 장려하면서 주요 계약자의 독립성과 자율성을 보장해야 했다. 주요 계약자 중 한 명이 다음과 같이 설명했다.

> 우리는 섬 현장이지만 여전히 인터페이스가 있다. 예를 들어, 교량 계약은 CLM과 계약자에게 매우 어려웠고, 교량 끝에 곤란한 인터페이스가 있었기 때문에 우리에게 매우 힘들었다. 우리는 말 그대로 한 사람이 1년 동안 교량 인터페이스에서 일했고, 그것은 CLM 디자인 매니저들과 긴밀하게 상호 간섭 되었다. 그래서 외부 기술 검토 팀들이 제 할 일을 해야 하는, 밀접하게 상호간섭되는 부분이 있었다. 우리는 그것에 대해 긴밀하게 관여하였다.(주계약자 인터뷰)

이런 종류의 상호의존성을 다루는 것은 한 조직만으로는 해결할 수 없다. 그것은 모든 협력 당사자들의 지속적인 상호작용과 참여가 필요했다. ODA와 CLM은 주요 계약자와 함께 협력하고 통합된 프로젝트 팀의 일환으로 현장에서 긴밀히 협력할 대표자를 임명했다. ODA 임원(프로젝트 스폰서)과 CLM 임원(프로젝트 매니저)의 한 쌍은 모든 시스템 프로젝트(및 소규모 프로젝트 묶음)에 적용되었다. ODA 프로젝트 스폰서는 프로젝트 목표의 정의, 프로젝트 사업 사례의 승인 확보, 이해관계자 관리 등을 담당하였다. ODA 스폰서는 프로그램 목표에 대하여 프로젝트를 수행하기 위해 주계약자와 협력하는 책임이 있는CLM 수행 파트너 매니저와 함께 일했다.

CLM은 개별 시스템 프로젝트 간의 상호의존성을 조정하기 위해 표준화된 프로세스, 보고 절차 및 문서화를 수립하였다. 건물의 수직적 조달은 각 시스템 프로젝트를 중심으로 완충재를 만들어 다른 시스템 및 사회기반시설과의 간섭사항 수를 정의하고 제한하는 데 도움이 되었다. 한 관리자의 표현에 따르면, "그러니까 당신은 그 위에 실린더를 떨어뜨리고 [주계약자]에 속한 그 실린더 안에 모든 것이 있다고 말한다", 그러나 "사회기반시설은 모두 수평적으로 공급되었다" (CLM 인터뷰). 각 계약자는 특정 시스템을 설계하고 통합하는 작업에 집중할 수 있다. "각 장소에서는 자신의 영역을 확보하므로, 당신이 원하는 경우 다수는 아니지만 당신 계약자를 섬의 왕으로 만들 수 있다."(CLM 인터뷰). 이들 섬을 둘러싼 올림픽 공원은 4개 구역으로 나뉘었으며, 기술자와 관리자로 구성된 팀은 다음과 같은 이해를 공유하였다.

> 공원의 각 지역이 어떻게 통합될 것인가 (…) 공원이 작동하도록 만드는 모든 통합이 있다. (…) 하지만 그 끝에 거대한 부품들을 놓고 앉으면, 그것은 거대한 통합 문제를 발생시킨다.(CLM 인터뷰)

제약된 사이트에서 매우 많은 시스템 프로젝트가 동시에 순차적으로 발생함에 따라, 시작부터 완료까지 가장 자주 발생하는 상황과 문제는 "통합"과 연관되었다 (Hansford 2010). 시스템 간의 상호의존성은,

> (…) 입력의 복잡성, 복잡성 및 입력 간의 상호 관계에 대한 이해. 그리고 한 계약의 입력은 다른 계약자의 출력이다. 그것이 시스템 접근이다.(CLM 인터뷰)

상호 작용 횟수를 제한하고 인터페이스 문제를 최소화하려는 노력에도 불구하고, 모든 시스템이 상호 연결되었으며, 사회기반시설 작업과 같은 일부 프로젝트는 공원의 다른 모든 부분과 인터페이스를 가지고 있었다. ODA와 CLM은 공원을 완전한 시스템으로 관리하기 위한 통합 프로세스를 수립하였으며, 15개에서 20개의 계약자 사이의 인터페이스가 특정 시간에 작동하였다. CLM은 한 장소 또는 관련 기반시설(예: 물 및 에너지 공급)에서의 지연 또는 변경이 다른 장소에 얼마나 영향을 끼치는지 식별하기 위해 "프로그램 통합" 그룹을 설립하고 "통합 위원회"를 조직하였다. CLM 통합 그룹은 원래 모든 구성 요소가 어떻게 결합되는지를 이해하는 데 필요한 감독을 하기 위해 중앙 조직으로 기능하였다. 2012년 런던 프로젝트가 완공을 향해 나아가고 개별 프로젝트 차원에서 이슈를 다루기 위한 공사가 진행되

면서 그룹은 더욱 분권적인 방식으로 운영되었다.

런던 2012는 시도되고 시험된 프로세스와 기술사용의 중요성을 강조했지만, 각각의 개별 시스템 프로젝트는 성과를 개선할 중요한 기회가 있다면 그 프로세스를 혁신하고 적응하도록 장려되었다. 장기간에 걸쳐 공동 프로젝트 팀에서 근접하게 작업함으로써, 초기 단계에서 긴급한 문제를 파악하고 혁신적 해결책을 찾기 위해 협력하는 데 필요한 공유 이해, 신뢰 및 개방성이 증진되었다.

> 관리 행동은 우리가 옳고 그름을 어떻게 결정하느냐에 대한 것이었다. 이 모든 것이 단순하게 들릴지 모르지만, 우리가 작업하는 것의 복잡성은 매우 변화무쌍했다. 그래서 잘 되었다. 시야가 확보되고 있다.(CLM 인터뷰)

두 가지 예는 시스템 프로젝트에 관련된 당사자들이 함께 문제를 파악하고, 계획을 조정하며, 새로운 기회와 예기치 않은 상황에 유연하게 대응하는 방법을 설명하는 데 도움이 된다. 먼저 벨로드롬을 담당하는 주계약자인 ISG는 지붕 설계를 철강에서 "케이블 망" 지붕으로 변경함으로써 비용을 절감하고 시간을 절약할 기회를 확인했다. CLM은 고심 끝에 설계가 확정되기 전에 13,500m의 케이블을 구입할 위험 초래를 포함하여 당초 설계에 대한 이러한 급진적인 변경에 동의했다. ODA는 그 제안이 단기간의 압박을 악화시켰음에도 불구하고 그 제안을 평가할 시간을 제공했고 궁극적으로 그 변화를 받아들였다. 리스크를 주계약자에게 이전하려는 시도로 ISG의 계약은 고통/이익의 목표가격에서 고정가격으로 변경되었다. 케이블 망 지붕은 철강 지붕의 경우 6개월인 데 반해 9주밖에 걸리지 않았다.

둘째, 2008년 말 경기침체의 결과로, 더 이상 선수촌을 위해 민간자금을 투자할 수 없게 되었다. ODA의 공적 자금 지원 전환 결정은 설계 재평가를 촉발하였고, 낮은 비용 계획을 개발하기 위해 주계약자와 CLM을 독려하였다. 예를 들어, 당초 계획에서, 선수촌은 민간에 의해 건설되어 경기를 위해 LOCOG에 임대되었을 것이다. ODA는 선수촌 건설 자금과 경기 후 개발사업을 매각하여 자금을 회수하는 프로그램에 예비비와 기타 비용을 사용함으로써 문제를 해결하였다. ODA는 임대계약을 재협상했고, 대부분 건물은 총액 확정 계약과 설계 및 시공계약을 이용해 주계약자가 공급하였다.

21.6 논의

2012년 런던에 관한 우리의 연구는 이 메가프로젝트와 관련된 두 단계의 복잡성에 해당하는 계층화된 시스템 통합 구조를 확인했다. 시스템 레벨에서의 통합 작업은 고객과 수행 파트너가 공동으로 수행하였다. 데이비스와 매켄지(Davies and Mackenzie 2014)는 전체 시스템 목표를 위해 균형을 맞추고 의사결정에 도달할 수 있을 만큼 시스템의 전체 집합을 충분히 잘 파악하고, 총괄적이며 포괄적인 관점으로 보고, 이해하는 능력에 달려 있어 이 과제를 기술하는데 "메타 시스템 통합"이라는 용어를 도입했다. 시스템 레벨에서는 프로젝트가 다수의 개별 시스템 프로젝트로 분리되었다. 각 시스템 프로젝트에서, 단일 주계약자가 하도계약자의 기술적 노력을 조정하고 통합하였다.

단일 시스템을 통합하는 것이 주로 기술 엔지니어링 과제인 반면에(Shenhar and Dvir 2007), 시스템의 시스템을 다루는 것은 전체 프로그램과 프로젝트에 영향을 끼치는 다수의 이해관계자를 관리할 수 있는 더 넓은 전략적 역량과 기술을 필요로 한다고 우리의 연구는 제시한다. 우리의 경우, 고객이 주로 프로젝트 목표에 대한 전반적인 진행 상황을 모니터링하고 법적, 정치적, 재정적 문제를 처리하는 데 집중하였다. 그것은 시스템과 외부 환경 사이의 인터페이스를 다루었다. 가장 큰 도전과제 중 하나는 후원자, 외부 이해관계자, 그리고 강력한 독립적 정체성, 동기, 우선순위를 가진 계약자들을 포함한 조직들 사이의 수많은 경계를 거치는 것이다. 그러므로 시스템 통합 과제는 시스템이 개발되고 수행되는 외부 환경에서 우려와 상충하는 이해관계가 서로 다른 여러 이해관계자의 작용에 의해 크게 영향을 받는다. 2012년 런던 프로젝트에서, 고객은 수행 파트너와 계약자들을 끝없는 범위 변화로부터 분리시키고, 외부 당사자들의 빈번하고 잠재적이며 파괴적인 개입으로부터 "소음"을 발생시키는 완충장치를 수립함으로써 이 문제를 해결했다.

고객 관심의 초점은 외부 이해관계자에 대해 "상향"과 외부로의 전달이나, 수행 파트너는 "하향"과 상호 관련 시스템 프로젝트의 프로그램 전반에 걸쳐서 관리했다. 수행 파트너는 고객의 이익을 대변하고, 프로젝트의 전략적 우선순위를 달성하고 각 시스템 프로젝트 간의 상호의존성을 다루면서 전체 프로그램을 조정하는 역할을 담당했다.

프로그램 및 프로그램 내의 개별 프로젝트를 관리하기 위한 엄격한 관리 형태가 수립되었다(Mackenzie and Davies 2011; Davies and Mackenzie 2014). 수행 파트너는 일관되고 표준화된 프로세스를 수립하고 전체 프로그램을 정상 궤도에 유지하기 위해 예산과 일정을 명확히 정의하지만, 유연한 계약 협정은 구체적인 프로젝트 목표를 달성하고 각 시스템의 요구사항과 복잡성에 맞춘 프로세스를 고안하기 위하여 그들만의 경로를 찾도록 주계약자들을 장려했다. 각각의 주계약자는 그들만의 독특한 능력을 활용하고 신뢰할 수 있는 파트너 및 하도계약자와 협력하고 맞춤형 프로젝트 수행전략을 고안하도록 장려되었다. 수행 파트너 및 고객 담당자는 주요 계약업체와 공동으로 통합 프로젝트 팀에 참여하여 인접 시스템 또는 영향을 받는 시스템과의 인터페이스를 조정하고 각 시스템 프로젝트의 진행 상황이 프로그램의 시스템 전체 목표에 일치하도록 조정하였다.

아폴로 우주 프로그램에 관한 초기 연구로서, "복잡한 프로젝트 관리자들은 예상치 못한 일을 예상하는 것을 배우고, 오늘날 좋아 보이는 것이 내일 심각한 문제에 직면할 수도 있다"고 인정하였다(Sayles and Chandler 1971: 311–12). 신중하게 계획된 프로세스 및 시스템의 구성 요소를 특정 위치로 고정하는데 도움이 되는 일정은 변화를 도입하고 예기치 않은 상황에 적응하기 위해 확정되지 않을 수 있다. 2012년 런던 사례에서, 고객은 가능한 위험과 기회를 다루기 위해 예산과 예비비를 만들었다. 마감 기한을 미리 달성하려는 계획은 미흡한 성과 시스템에 의해 전반적인 진행이 지연되는 것을 방지하기 위한 일시적 완충장치를 만들었다. ODA와 CLM은 통합 프로세스를 수립하고 주계약자와 협력하여 인터페이스 문제를 파악하고 해결하였다. 또한 고객은 성과 개선 기회가 생겼을 때 혁신을 촉진하기 위해 고도로 구조화된 변경 통제 프로세스를 관리했다.

그렇다면 런던 2012에 대한 우리의 사례 연구에서 다른 메가프로젝트에 적용될 일반화된 원칙은 무엇인가? 복잡한 프로젝트의 초기 연구가 인정했듯이, "마술적인 관리 시스템 치료" (Sapolsky 1972: 253)와 "단일 예측 가능한 관리 전략" (Sayles and Chandler 1971: 317)이 없다. 그러나 메가프로젝트 제공을 책임지는 조직은 자신이 생산하는 시스템의 복잡성에 맞게 시스템 통합 구조와 프로세스를 개발해야 한다는 것은 분명하다. 그러나 시스템 통합에서 역량을 설정하는 방법에 대해서는 여러 가지 선택에 직면해 있다. 규모와 복잡성이 증가(Flyvbjerg 2014)하는 메가프로젝트는 시스템 통합의 모든 측면을 해결할 수 있는 능력을 사내에 보유한 조직(고객 또는 주요 계약자)이 거의 없음을 시사한다. 영국에서는 2012년 런던을 위해 만들어진 고객 및 수행 파트너의 이중 구조가 점점 더 빈번해지고 있으며, 복잡한 메가프로젝트를 통합하기 위한 가능한 모델로 전 세계적으로 주목 받고 있다. 예를 들어, 이 접근법의 한 버전은 런던의 동부와 서부를 연결하는 영국의 148억 파운드의 크로스레일 대용량 교외 철도 프로젝트를 프로그램 관리하기 위해 사용되고 있다.

우리의 연구 결과는 공공 소유하에 있는 단일의 임시 클라이언트 조직 사례로 한정되며, 영구 또는 반복적인 고객을 포함한 다른 조직과 다른 형태의 공공 및 민간 조직에서 수행되는 메가프로젝트에 대해 시스템 통합 능력이 어떻게 생성될 수 있는지 이해하기 위해 더 많은 연구가 분명히 필요하다. 예를 들어 히드로 제5터미널 프로젝트를 담당하는 민간 소유의 클라이언트 기관인 영국공항협회(BAA: British Airports Authority)는 시스템 통합 기능을 사내에서 구축하는 전략을 채택하였는데, 이는 반복적인 고객으로서 후속 메가프로젝트에 사용할 수 있는 능력을 개발하려는 강력한 동기가 있었기 때문이다(Davies et al. 2009).

21.7 결론

이 장은 메가프로젝트 수행에 책임을 지는 조직은 어떤 면에서 자신이 생산하는 시스템의 복잡성을 반영해야 한다고 제안함으로써 시작되었다. 우리의 연구는 가장 복잡한 유형의 시스템 메가프로젝트를 관리하기 위한 광범위한 시스템 통합 기능 개발의 중요성을 강조한다. 개별 시스템(Shenhar and Dvir 2007)을 설계하고 통합하는데 필요한 기술적 및 관리적 역량과 더불어, 프로그램 내의 여러 시스템 간, 그리고 시스템 전체와 그것이 고안되고 개발되며 수행되는 외부 환경 사이의 인터페이스를 관리하는 데 시스템 통합의 광범위한 역할을 확인했다. 계층화된 구조가 런던 2012 프로젝트를 위해 만들어졌다. 전체 시스템의 각 레벨은 각 시스템에 대한 주요 계약자, 프로그램 내의 상호 관련 프로젝트들을 조정하는 수행 파트너, 전체 프로젝트의 목표를 수립하고, 그것의 진행 상황을 모니터링하며, 그것에 의해 영향을 받는 많은 이해관계자를 관리하는 고객 등의 별도 유형의 조직에 의해 통합되었다. 비록 필요한 긴 기간과 자원 때문에 수행하기 어렵지만, 향후 메가프로젝트에 대한 연구는 복잡성에 대한 우리의 초기 제안과 시스템 통합 교훈의 관련성을 탐구하는 비교 연구로부터 이익을 얻을 수 있을 것이다.

참고 문헌

Altshuler, A. and Luberoff, D. (2003). *Mega-Projects: The Changing Politics of Urban Public Investment*. Washington, DC: The Brookings Institution.

Armitt, J. (2013). *The Armitt Review: An Independent Review of Long Term Infrastructure Planning Commissioned for Labour's Policy Review*. London: Labour Party.

Brady, T. and Davies, A. (2014). "Managing structural and dynamic complexity: A tale of two projects," *Project Management Journal*, 45(2): 21–38.

Davies, A., Gann, D., and Douglas, T. (2009). "Innovation in megaprojects: Systems integration at Heathrow Terminal 5," *California Management Review*, 51(2): 101–25.

Davies, A. and Mackenzie, I. (2014). "Project complexity and systems integration: Constructing the London 2012 Olympics and Paralympics Games," *International Journal of Project Management*, 32: 773–90.

Flyvbjerg, B. (2006). "Five misunderstandings about case-study research," *Qualitative Inquiry*, 12(2): 219–45.

Flyvbjerg, B. (2014). "What you should know about megaprojects and why: An overview," *Project Management Journal*, 45(2): 6–19.

Flyvbjerg, B., Bruzelius, N., and Rothengatter, W. (2003). *Megaprojects and Risk: An Anatomy of Ambition*. Cambridge: Cambridge University Press.

Gholz, E. (2003). "Systems integration in the US Defense Industry," in A. Prencipe, A. Davies, and M. Hobday, *The Business of Systems Integration*. Oxford: Oxford University Press, pp. 279–332.

Hansford, M. (2010). "Race to the finish," *New Civil Engineer*, 22–29 July.

Hobday, M. (1998). "Product complexity, innovation and industrial organization," *Research Policy*, 26: 689–710.

Hobday, M., Davies, A., and Prencipe, A. (2005). "Systems integration: A core capability of the modern corporation," *Industrial and Corporate Change*, 14:1109–43.

Hone, D., Higgins, D., Galloway, I., and Kintrea, K. (2011). "Delivering London 2012: Organization and programme," *Proceedings of the ICE: Civil Engineering*, 164(5): 5–12.

Hughes, T. P. (1998). *Rescuing Prometheus*. New York: Pantheon Books.

Hughes, T. P. (2004). *Human-Built world: How to Think about Technology and Culture*. Chicago:

University of Chicago Press.

Johnson, S. B. (1997). "Three approaches to big technology: Operations research, systems engineering and project management," *Technology and Culture*, 38(4): 891–919.

Johnson, S. B. (2003). "Systems integration and the social solution of technical problems in complex systems," in A. Prencipe, A. Davies, and M. Hobday (2003). *The Business of Systems Integration*. Oxford: Oxford University Press, pp. 35–55.

Kortekaas, V. (2012). "Olympics contractors build on experience," *Financial Times*, 15 February.

Mackenzie, I. and Davies, A. (2011). "Lessons learned from the London 2012 Games construction project," *London Olympics Learning Legacy*, ODA 2011/269, <http://www.london2012.com/learninglegacy>.

Maylor, H., Brady, T. B., Cooke-Davies, T., and Hodgson, D. (2006). "From projectification to programmification," *International Journal of Project Management*, 24: 663–72.

Merrow, E. W. (2011). *Industrial Megaprojects: Concepts, Strategies, and Practices for Auccess*. Hoboken, NJ: Wiley.

Miller, R. and Lessard, D. R. (2000). *The Strategic Management of Large Engineering Projects: Shaping Institutions, Risks, and Governance*. Cambridge, MA: MIT Press.

Morris, P. W. G. and Hough, G. H. (1987). *The Anatomy of Major Projects: A Study of the Reality of Project Management*. Chichester: Wiley.

Morris, P. W. G. (1994). *The Management of Projects*. London: Thomas Telford.

Morris, P. W. G. (2013). *Reconstructing Project Management*. Chichester: Wiley-Blackwell.

Pellegrinelli, S., Partington, D., and Geraldi, J. A. (2011). "Program management: An emerging opportunity for research and scholarship," in P. W. G. Morris, J. K. Pinto, and J. Söderlund, J. (eds.), *The Oxford Handbook of Project Management*. Oxford: Oxford University Press, ch. 10.

Pettigrew, A. (1990). "Longitudinal field research on change; Theory and practice," *Organization Science*, 1(3): 267–92.

Prencipe, A., Davies, A., and Hobday, M. (2003). *The Business of Systems Integration*. Oxford: Oxford University Press.

Royal Academy of Engineering. (2014). "Public projects and procurement in the UK: Sharing experiences and changing practice."

Sanderson, J. (2012). "Risk, uncertainty and governance in megaprojects: A critical discussion of alternative explanations," *International Journal of Project Management*, 30: 432–43.

Sapolsky, H. M. (1972). *The Polaris System Development: Bureaucratic and Programmatic Success in Government*. Cambridge, MA: Harvard University Press.

Sapolsky, H. M. (2003). "Inventing systems integration," in A. Prencipe, A. Davies, and M. Hobday (2003). *The Business of Systems Integration*. Oxford: Oxford University Press, pp. 15–34.

Sayles, L. R. and Chandler, M. K. (1971). *Managing Large Systems: Organizations for the Future*, New Brunswick, NJ: Transaction Publications.

Scott, W. R., Levitt, R. E., and Orr, R. J. (2011). *Global Projects: Institutional and Political Challenges*. Cambridge: Cambridge University Press.

Shenhar, A. J. (1993). "From low- to high-tech project management," *R&D Management*, 23(3): 199–214.

Shenhar, A. J. (2001). "One size does not fit all projects: Exploring classical contingency domains," *Management Science*, 47(3): 394–414.

Shenhar, A. J. and Dvir, D. (1996). "Toward a typological theory of project management," Research Policy, 25: 607–32. Journal of Project Management, 17(5): 269–73.

Shenhar, A. J. and Dvir, D. (2007). *Reinventing Project Management: The Diamond Approach to Successful Growth and Innovation*. Boston: Harvard Business School Press.

Stimpson, J. (2011). "Vital venues delivered to order," *New Civil Engineer*, Major Project Report: Delivering the UK Games, February.

Van Marrewijk, A. (2007). "Managing project culture: The case of Environ megaproject," *International Journal of Project Management*, 25: 290–9.

Van Marrewijk, A., Clegg, S. R., Pitsis, T., and Veenswijk, M. (2008). Managing public-private megaprojects: Paradoxes, complexity and project design," *International Journal of Project Management*, 26: 591–600.

Williams, T. M. (1999). “The need for new paradigms of complex projects,” *International Journal of Project Management*, 17(5): 269–73.

제22장

글로벌 맥락 관점에서 상징적 도시 메가프로젝트

빌바오 재방문

제라도 델 세로 산타마리아

22.1 개요

상징적인 도시 메가프로젝트(IUMPs: Iconic Urban MegaProjects)의 계획과 건설이 세계화된 도시 및 지역 엘리트들의 표준 정책 선정으로 성장했다. 지방 및 지역 성장에 대해 정치인, 기업가, 일반 사람들은 그들의 도시에 대한 국제적 지위와 긍정적인 경제 변화에 도달하고자 하는 IUMP에 투자하고 홍보함으로써 그들의 개인적, 직업적 야망을 충족시킨다. 전 세계의 많은 도시 엘리트들은 구겐하임 박물관 빌바오가 스페인 북부 도시와 바스크 지역의 경제 수도를 "신데렐라 변신"으로 이끌었다는 인식인 소위 빌바오 효과에 크게 영향을 받았다. 자본주의의 상업적 목표에 대한 건축의 굴복에 관한 지배적인 담론에서, 구겐하임 빌바오는 도시가 산업 강국에서 지역 서비스 센터로의 획기적인 성공적 전환에 대한 "촉매자"로 잘못되게, 그리고 반복적으로 묘사되었다. 그러나 상징적 건축만이 도시 경제를 활성화할 수 있다는 전 세계 많은 도시 엘리트들의 신념 강화와 확산을 이해하는 열쇠는, IUMP의 재정적 타당성과 경제적 영향에서는 발견되지 않았으나, 오히려 도시의 이미지를 변화시키는 상징적 건축의 힘에서 발견되었다(del Cerro Santamaria 2007). 실제로 구겐하임 빌바오는 5개 대륙에 걸친 도시 엘리트들이 자신의 도시에 프랭크 게리 구겐하임을 건설하고자 적극적으로 노력함에 따라 IUMP의 상품화, 상용화, 복제에 관한 논의의 적절성을 강화했다. 빌바오 사례에 초점을 맞추어, 이 장에서는 현대화된 글로벌 도시화의 전개와 도시 엘리트들의 IUMP 공약과 불만족에 굴복하려는 증가된 욕구에 대해 상징적인 건축물이 어떻게 근본적인 역할을 하는지 보여준다.

22.2 산업 강국에서 지역 서비스 센터로

지난 40년간의 글로벌 자본주의 발전은 도시 거버넌스가 경영주의에서 기업가주의로 이동하는 것과(Harvey 1989) 관계 및 교류의 글로벌 네트워크 안에서의 교점으로 도시에 대해 폭넓게 공유된 인식 둘 다가 특징지어진다. 가혹한 세계화의 맥락에서 정치와 기업 엘리트는 세계 경제와 연계되어 도시 및 지역 경제의 성과 개선을 기대하게 되었다. 그 결과, 지난 30년간 도시 및 지역계획 전략은 도시의 글로벌 가시성을 달성하기 위해 고안된 재생 및 활성화 정책의 추진과 방문객 및 투자 유치에 초점을 맞추었다. 스페인 북부 빌바오시도 예외는 아니었다. 빌바오는 1970년대와 1980년대에 극적인 경제 구조조정을 겪었는데, 이는 처음에는 10년 동안 이 지역에서 산업 일자리의 약 40%가 사라지는데 기여했던 글로벌 산업 변화를 통해 이루어졌다. 이러한 충격적인 상황에 따라, 빌바오는 21세기의 도전들을 충족시킬 수 있는 현대적이고 경쟁력 있는 대도시로 변화시키기 위한 시도로 자체적인 경기 활성화 프로그램을 수행하였다. 이 프로그램은 유럽의 다른 활성화 도시들에서의 공통적인 전략을 사용하여 다음과 같이 제안했다.

- 도시 중심 수변인 아반도이바라를 사업, 상업, 문화의 진원지로 전환한다 (1997년 구겐하임 박물관 빌바오 포함)
- 항만 및 공항 용량 증대
- 새로운 지하철 시스템 구축
- 새로운 고속도로 및 철도 노선, 새로운 도심 및 복합 환승역 건설
- 새로운 컨벤션 센터 개발
- 유럽 소프트웨어 연구소의 본부를 포함하는 신기술 공원 설립

이 계획 프로그램에서는 다섯 가지 핵심 특징이 두드러졌다. 첫째, 그것은 거의 전적으로 바스크와 스페인 기관들이 자금을 지원하는 국가 주도의 활성화 프로젝트였다. 미화 20억 달러로 추산되는 예산은 1996년 바스크 GDP의 상당한 부분에 달한다. 더욱이 바스크 인구의 절반 가까이가 거주하는 바스크 국토 면적의 5.7%

를 차지하는 대도시 지역에 상당한 투자를 한 것이다. 둘째로, 그리고 그 규모에 따라, 그 활성화 프로젝트는 20년에 걸친 장기 프로그램이었다. 전부는 아니지만 대부분의 기반시설 프로젝트가 2015년에 완료되었다. 셋째, 이 프로그램은 특히 지역 경제의 다변화를 추구했다. 생산과 소비지향적 활성화 전략을 결합하여, 컨벤션과 관광 사업은 물론 첨단 철강 생산과 혁신적 조선소 등 경제 각 분야별 크고 작은 기업 투자 유치를 목표로 한 프로그램이었다. 넷째, 도시 국제화에 상당한 역점을 두었는데, 실제로는 해외 무역 흐름을 촉진하고 문화 관광을 유치하는 것을 의미했다. 다섯째, 빌바오의 활성화를 기념하기 위해 새로 건설된 건물과 다른 대부분의 시설은 지역 건축가가 아니라 산티아고 칼라트라바, 노먼 포스터, 로버트 A. 스턴, 프랭크 게리, 세자르 펠리, 라파엘 모네오, 알비자 사로 등 세계적인 건축업에서 매우 저명한 "스타 건축가"들에게 의뢰되었다.

이 활성화 계획의 중심축은 빌바오 시내의 오래된 산업용 강변 지역으로 새로운 중앙 비지니스 지역이자 도시의 상징적인 거리인 아반도이바라이다. 대형 항구의 확장은 네르비온 강으로부터 해양 컨테이너를 옮겨가는 것 외에도 다음과 같은 새로운 건축 아이콘에 대한 아반도이바라를 개방하였다.

- 노먼 훠스터의 신 지하철 시스템(1995)
- 플랭크 게리의 구겐하임 박물관(1997)
- 산티아고 칼라트라바스 주비주리 교량(1997)
- 자비어 만터로라의 유스칼두나 교량(1997)
- 소리아노와 팔라시오스의 유스칼두나 컨벤션 센터(1999)
- 유안 프란시스코 파즈의 해양 박물관(2001)
- 리카르도 레고레타의 멜리아 빌바오 호텔(2003)
- 로버트 에이 엠 스턴의 주비아테 쇼핑 몰(2004)
- 아라타 이소자키의 이소자키 게이트(2008)
- 라파엘 모네오 대학의 듀스토 도서관(2010)
- 알바로스 시자의 바스크 공공 대학의 대강당(2010)
- 체사르 펠이스의 이벌드롤라 타워(2011)
- NYC 발모리 협회의 플라자 유스카디(2011)
- 자하 하디드 건축의 조롯차우레 교량(2017 건설 중)

아반도이바라에서 가장 시각적으로 놀랍고 성공적인 프로젝트는 역설적으로 초기에는 활성화 계획에 포함되지 않았던 구겐하임 박물관 빌바오이다. 피터 홀(Peter Hall 2001)에 따르면 구겐하임은 빌바오의 역사적인 변환과 도시를 "세계 인식의 지도" 위에 올려놓은 급진적인 이미지 변화를 상징하게 되었다. 이 프로젝트는 빌바오를 세계 건축의 전위적인 도시 중심으로 탈바꿈시킨 성공적 기업으로 널리 호평받았다. 대표적인 도시 아이콘인 구겐하임 박물관 빌바오는 도시 활성화에 있어 상징적인 건축물과 IUMP의 역할, 도시 경제의 문화와 관광의 중요성, 시민들을 위해 실제로 경제발전을 가져다줄 수 있는 지역 및 지방 행정의 능력에 대해 흥미로운 질문을 제기한다.

22.3 구겐하임 박물관 — 빌바오를 위한 글로벌 사업

바스크 관계자들에게 구겐하임 프로젝트의 가장 높은 매력적 특징 중 하나는 이 프로젝트가 세계적인 벤처사업을 구성했다는 것이다. 구겐하임 빌바오 프로젝트는 토머스 크렌스 전 구겐하임 재단 이사장에 의해 글로벌 확장사업인 프로젝트로 진행되었다. 바스크 협상가들에게 그것은 외국인 투자 프로젝트였다. 바스크 관리들은 자신들을 국제 정세를 수행하는 주권 국가의 대표로 보았다. 바스크는 투자금 전액이 현지 자금으로부터 나온다는 점을 제외하고는 바스크 국가에 투자하는 것이 좋은 기회라고 크렌스를 설득해야 했다. 이들이 취급하는 프로젝트 유형에 관한 관심과 유사한 견해가 일치한 것이 협정 체결에 크게 기여하였다. 자금 조달자 겸 기업가인 크렌스는 주로 빌바오시와 상황 관계를 맺고 있었다. 예술가인 게리는 "녹색 계곡의 한가운데서 산업의 견고함에 이끌린다"(Gehry 2001)는 이 도시의 "믿을 수 없는 강인함"에 곧바로 반했다. 실제로 게리는 14, 15세기 샤르트르 대성당과 유사한 건축물에 대한 크렌스의 비전과 더불어 시장 잠재력이 큰 상징적인 건물에 대한 바스크의 열망을 달성하였다(Giovannini 2001). 그의 창작물은 조반니니가 "국가들이 퇴보함에 따라 도시가 점점 더 중요해지고 있는 통일된 유럽에서 문화적 서열을 정의하는 데 도움을 줄 훌륭한 건축물"이라고 설명한 것 중 하나이다. 또한 그는 2001년 "빌바오 효과"라는 제목의 기사에서 "세계 최고 수준의 건축에 의해 움직이는" 세계 경제에서 떠오르는 도시들의 그림을 제시하였다.

스페인의 피츠버그인 녹슨벨트 도시는 통일된 유럽, 세계화된 경제의 체스판 위에서 선수로 등장하는 것을 상징하기 위해 에펠탑과 시드니 오페라 하우스와 비교될 만한 엽서 이미지가 필요했다. 기념비가 필요했다. 한 건물과 미화 1억 1천만 달러 투자 후에 빌바오는 이제 세계 도시로서 경쟁자가 되었고, 많은 수의 세계 제2, 제3의 도시들은 게리의 사무실에 전화를 걸어 비교할 만한 신데렐라 변신을 희망했다(Giovannini 2001).

22.4 프랭크 게리의 건축물

국민국가의 퇴보로 도시국가 출현에 대한 지오바니니의 중심 논문은 출판된 지 14년이 지난 지금도 추측에 불과하다. 그러나, 도시의 이미지를 다시 만드는 데 있어서 건축의 중요성에 대한 그의 언급은 적절성을 잃지 않았다. 구겐하임 빌바오의 즉각적이고 지속적인 세계적 성공은 건축물 아이콘의 성공 중 첫 번째였고, 이것은 박물관을 빌바오시의 상징이자 관심 지역으로 만드는 데 중요한 역할을 할 것이다. 1997년 이후 프랭크 게리의 디자인에 대해 거의 만장일치 찬사를 받은 요인은 무엇인가? 건축적 요소와 비건축적 요소가 이 질문에 답한다는 것을 알게 한다.

전자 중에서 우리는 건축계에서의 게리의 높은 지위와 특히 빌바오에 대한 그의 디자인의 절대적인 독창성을 모두 고려해야 한다. 미국의 저명한 건축 이론가이며 맨해튼에 있는 과학 및 예술의 권위 있는 쿠퍼 연합의 학장이며 교수인 앤서니 비들러에 따르면, 디자인은 "예를 들면 오히려 뻣뻣한 게티 보다 신선할 정도로 색다르다"(Vidler 2002) 할 수 있다. 게리는 빌바오를 디자인 했을 때 이미 잘 확립된 건축가였지만, 바스크 수도에서의 새로운 구겐하임은 틀림없이 그를 진정한 세계적인 건축가로 만들었다.

비건축적 요인 중 글로벌 박물관 프랜차이즈에 대한 크렌스 아이디어의 참신함을 고려해야 한다. 게다가, 미국 관람자들과 다른 외부인들에게 재정적인 어려움에 처한 권위 있는 미국의 명문 문화재단과 정치적 갈등 및 테러리즘으로 유명하지만 쇠퇴하는 도시 사이의 합의는 색다른 것이었다.

빌바오에 대한 이야기는 언론인으로서 가능한 것으로 판명되었는데, 사실, 그것은 좋은 이야기였다. 특출한 건물 보도에 의해 빌바오에 이끌려 기자들은 수많은 다른 이야기적 관심 요소들을 발견했다: 재기를 시도하는 황폐화

> 된 도시, 불안한 정치 상황, 다국적 박물관 등 (…) (Raouen 2001)

따라서 전체 프로젝트는 언론의 관심을 끌 수 있는 잠재력을 가지고 있었지만 1997년 박물관이 문을 연 이후 빌바오로 수백만 명의 사람들을 끌어 모으고 있는 것은 게리의 디자인이다. 게리 자신은 바스크 인들의 희망에 대해 다음과 같이 말했다.

> 그들은 매우 명확하다. 그들은 시드니 오페라 하우스를 원했다. 그들은 사람들을 빌바오로 데려와 지도에 그 장소를 표시하기를 원했다. 나는 그것을 하려고 했다.(Gehry 2010)

비평가 밀드레드 프리드먼은 시드니 폴락에게 감독의 2005년 다큐멘터리인 〈프랭크 게리의 스케치〉에서 다음과 같이 말했다.

> 그(게리)는 자신이 일하기 시작한 이 모든 생각들을 깊이 연구하기 시작했으며, 그의 모든 길을 갔다. 예술 역사의 이 시기에 그 근처에 있는 건물은 없는 것 같다.(Friedman 2010)

전 구겐하임 재단의 토머스 크렌스는 다음과 같이 주장했다.

> 빌바오는 프랭크의 중대한 분기점이 되어왔다. 빌바오가 문을 열 때까지 그는 흥미로운 건축가였다. 그 후, 그는 탁월한 건축가가 되었다.(크렌즈 2010)

틀림없이 프랭크 게리는 빅토리아 뉴하우스가 구겐하임 빌바오에 관해 한 장 포함되어 있는 그녀의 저서 《새로운 박물관을 향하여(Toward a New Museum 1998)》에서 "문화적 테마 파크"로 논했듯이, 더 이상 "호기심의 보관함"이 아닌 박물관의 새로운 시대를 시각적이며 공간적으로 전달하는 방법을 알고 있었다. 마찬가지로, 비평가 제인 메르켈은 박물관의 새로운 기능에 대해 다음과 같이 설명했다.

> 오늘날 많은 박물관 건축의 목표는 놀랄 만큼 아름답게 하는 것이다. (…) 박

> 물관은 더 이상 단순한 보물의 저장소가 아니다. (…) 그들은 그들만의 권리가 되었다. (…) 오늘날 박물관들은 단지 보존만 하는 것이 아니다; 그들은 단지 즐거움을 주고, 손님들에게 음식을 제공하고, 상품을 팔고, 파티를 열고, 전시회를 한다.(Merkel 2002)

비평가 마틴 팝스에 따르면, 박물관의 새로운 시대를 미적으로 확립하고 특별한 영향을 끼치는 한 가지 방법은 박물관의 양식화보다는 과정을 유동적으로 제정하는 건물을 제시하는 것이다.

> 1985년 게리는 자신에게 "어떻게 건물이 진행 중인 것처럼 보일 수 있을까?"라고 물었다. 물론, 문자 그대로의 방법은, 게리가 탑을 "완성하지 않은" 것처럼, "미완성"인 것이다. 그것의 외관은 부분적으로 입혔고, 골격 구조는 노출되어 있다. [또 다른 방법]은 자연과정의 은유법을 도입함으로써 (…) 구겐하임에게 금속 꽃을 디자인한 것이다. (…). 게리의 곡선은 사적인 발명품처럼 보일 수도 있지만, 찰스 젠크스에 따르면, 그것들은 "분명 자연에서 온 것이며, 혼돈의 교훈과 대재앙 이론에 가깝다."(Pops 2000)

게리 빌바오 건물의 매력을 미학적과 경험적 관점에서 설명해 주는 또 다른 요인은 건축가의 지역적 및 글로벌 담론을 모두 주입하는 능력과 관련이 있다. 주디스 벨의 설명에 따르면,

> 빌바오에 있는 그의 건물과 함께, 한때 특이하게 보이던 언어는 새롭고 보편적인 의미를 띠게 되었고 (…) 흐르는 때론 현기증이 날 정도로, 티타늄과 유리로 만들어진 이 굴절된 공간의 폭발은 그것의 즉각적인 환경과 이 특정한 순간뿐만 아니라, 다가올 사물의 미래와 형상을 말해준다.(Bell 1998)

빌바오의 산업적 과거에 대한 게리의 감사와 선박의 형상과 비교되어 건물 모양으로 그러한 과거를 환기시킨 데서 비롯된 것이, 이 도시에 대한 건물의 반응이라는 주장이 제기되어 왔다. 미술 비평가 폴 골드버거는 다음과 같이 명시적으로 언급했다.

> 게리의 천재성은 자의적이고 비이성적인 것처럼 보이지만, 사실은 주변 환경과 이용자들의 필요에 깊이 반응하는 건물을 만드는 것이었다.(Goldberger 1997)

그리고 게리 자신은 그의 창조의 도시적 맥락에 대해 다음과 같이 말했다.

> 강이 있고, 거대한 다리가 있다. 19세기 도시가 있는데, 강보다 높은 수위에 있다. 그 도시는 이 모든 것을 둘러싸고 있는 초록색 계곡을 가지고 있어서, 모든 것이 마음에 드는 곳이다. 나는 교통, 에너지, 그리고 모든 것이 활기찬 도시의 큰 교량과 역동성에 매료되었다. (…) 나는 19세기 도시와 연결하는 방법, 사람들을 강가로 내려오게 하는 방법, 사람들을 교량에 끌어들이는 방법, 바스크 문화, 그들의 관심, 그들의 뿌리를 다루는 방법 등 해결해야 할 많은 요소들을 가지고 있었다.(Gehry 2010)

국제 언론은 일반적으로 이 건물이 게리의 설계에 전적으로 힘입은 것이라고 암묵적으로 가정하면서 건축가의 시각으로 박물관 건설을 묘사했다. 그러나 게리의 디자인에 따른 박물관의 실제 건축과 관련된 바스크 쪽에서 탐구할 수 있는 대안이 있다. 게리가 원래 항공우주산업을 위해 개발한 전문 소프트웨어 패키지인 CATIA를 이용해 3차원으로 설계를 표현하고 바스크가 이를 구축할 수 있음을 확인했을 때까지 설계가 구축 가능한지조차 불확실했다.

> 건설 작업의 복잡성은 예상보다 훨씬 어렵지만 반가운 도전으로 성장하였다. "금속 문화" (…) 그리고 "일을 자랑스러워하는 계약자"가 있는 바스크 국가에서는 감히 만족할 수 있는 용기가 있다.(Stein 1997)

복잡한 건설 과정은 미국이나 다른 곳에서 온 직업적 전문지식을 필요로 하지 않았다; 바스크의 한 엔지니어링사와 건설회사가 바스크 자본, 엔지니어, 건축가, 작업자들과 함께 그것을 달성하였다. 회사는 IDOM으로 설계 단계에서 6주마다 발생하는 프로젝트 회의에 참여하였다. IDOM은 건물의 골격을 제공하는 강철 껍질을 설계하였다. 그들은 돌 방앗간 기계를 변형하여 물결 모양의 금속 표면으로 작동되도록 하는 가장 중요한 창의적인 결정을 내렸다. 게리 자신은 다음과 같이 겸손하게 인정했다.

> 나는 진정한 기적은 건물을 디자인하는 것이 아니라고 믿는다. 왜냐하면 나는 약간의 재능인 전부를 가질 수 있고 그것이 전부이기 때문이다. 기적은 건물을 짓는 것이다. 그러나 나는 사람들이 이 건물이 건설 분야에서 대변하는 혁명을 진정으로 깨닫지 못한다고 생각한다.(Gehry 1997)

옥스퍼드대학의 벤트 플뤼브비에르 교수는 구겐하임 빌바오와 시드니 오페라 하우스의 프로젝트 효율성을 비교하였다(Flyvbjerg 2005). 플뤼브비에르에 따르면 빌바오 프로젝트는 프랭크 게리가 그가 말하는 "예술가의 조직"이 건설 중에 널리 퍼져있는 것을 확신했기 때문에 매우 성공적이었다. 정치적 및 기업적 이해관계가 설계에 간섭하는 것을 방지하여 "당초 설계 도면과 최대한 가까운 결과에 도달하는 것"이 목표이다. 반대로, 거의 처음부터 정치와 기업의 이해관계가 건설 과정을 장악했던 시드니에서는 예술가의 조직이 구현되지 않았다. 플뤼브비에르는 다음과 같이 설명한다.

> 빌바오는 "예술가의 조직"을 강화함으로써, 정확한 예산편성과 비용통제에 의해, 그리고 첨단 컴퓨팅 기술을 사용함으로써, 빌바오는 미술관으로서, 그의 고유한 예술작품으로서, 비지니스로서, 바스크 지역의 매우 필요한 개발수단으로서, 그리고 모든 곳에 있는 좋은 건축물과 좋은 도시와 지역계획을 사랑하는 사람들에게 영감의 원천으로서 역할을 하는 건물을 얻게 되었다. 시드니는 모든 면에서 정반대로 오페라에 적합하지 않는 오페라 하우스를 만들었다. 우트존이 완성한 건물의 일부분, 즉 외부는 빌바오에 있는 박물관만큼 확실하게 상징적이다. 시드니 항구의 조개껍질들은 호주를 세계 지도 위에 올려놓았다. 그러나 관련된 비용, 즉 20세기 건축의 확실한 거장의 경력 파괴와 일생 작품들을 고려하면, 시드니는 하지 말아야 할 것에 대한 교훈을 제공한다.(Flyvbjerg 2005)

22.5 빌바오의 "구겐하임 영향"

빌바오 신문 엘 코레오가 1997년 개관 후 첫 이틀 동안 실시한 여론조사에 따르면 1997년 빌바오 미술관에 대한 대중의 반응은 압도적이었다. "놀라움", "웅장함", "충격적", "값비싼"은 지역 방문객들이 건물을 묘사하기 위해 사용하는 가장 공통적인 형용사들이다(El Correo 1997). 개관 당일 4,502명이 입장하기 위해 줄을 서서 기다렸다. 한 방문객은 "여러분은 예술 작품으로 전시된 것들 중 일부를 인정하기 위해 열린 마음이 필요하다"고 언급했다. 다른 사람들은 박물관과 미술품 컬렉션을 보기 위해 700페세타(5달러)를 지불하는 것이 비싸다고 생각했다. 미술 전시회에 참석하는데 익숙한 관람객들은 예술품을 보는 동안 지켜야 할 적당한 거리에 대한 박물관 직원들의 끊이지 않은 경고에 불편해했다. 긴 줄은 오늘날에도 구겐하임의 공통적인 특징이 되고 있다.

외국인 방문객들은 현지인보다 건물에 대해 더 긍정적인 의견을 갖고 있는 것 같았다. 이 여론조사에 따르면 바스크 거주자의 97%와 외국인 관광객의 100%가 게리 건물에 대해 긍정적으로 생각했다. 그러나 바스크 응답자의 54%, 외국인 관광객의 78%만이 박물관 내 미술작품이 "흥미롭다"고 믿고 있었다. 대부분의 응답자들은 다시 돌아올 것이라고 말했다(El Correo 1997). 많은 대중들은 전시된 작품들의 예술적 가치와 박물관의 비용에 대해 의문을 제기했지만, 그들은 건물의 디자인과 도시에 대한 긍정적인 이미지를 제공한 잠재적인 프로젝트 능력에 대한 감사를 보였다. 그러나 미술관에 전시된 미술품에 대한 개인적인 취향과 예리한 감상과는 상관없이 이 작가가 1997년과 그 이후 경험한 것처럼 건물의 매력적인 영향은 거의 아주 짧은 기간이다. 그 유혹은 박물관 밖에 남아, 돌아다니며 건물을 거대하고 웅장한 조각물로서 감탄하는 것이다. 일단 안으로 들어가면, 초점은 "점프하는 우주의 건축" (Jencks 1997)에 맞춰진다. 즉, 건물의 독특한 공간과 갤러리에서 예상치 못한 모양과 볼륨이 너무 놀랍고 복잡하며 분명히 혼란스러운 혼합이다.

비평가 제이 이 카우프만은 구겐하임의 가능한 성공에 대해 다음과 같이 재고했다.

> 구겐하임 미술관 빌바오가 성공을 거둘 수 있을까? 1992년의 한 연구는 민간 자원의 약 절반인 1,400만 달러의 연간 수입과 50만 명 이상의 연간 참석

> 자를 추정했는데, 이는 이 지역으로부터는 약 절반, 나머지는 스페인과 다른 곳에서 온 것이다. 그것은 연간 3,500만 달러에 달하는 경제적 영향과 400만 달러의 세금 발생을 추정하였다. 비평가들은 이 지역의 낙후된 예술 자원과 관객들, 스페인의 민간 지원 전통의 결여, 그리고 이 도시의 빈약한 관광 매력 등을 들어 이 투자의 타당성을 의심하였다. 구겐하임이 최근 20세기 미술의 견본 전시회를 빌바오에 있는 공연장으로 보냈을 때(SRGF는 두 쇼에 각각 100만 달러를 받았다), 이번 전시회에는 겨우 10만 명의 관람객이 다녀갔는데, 이는 앞으로의 어려운 길을 보여주는 지표일 수도 있다. 그러나 바스크 인들은 게리 명작과 권위 있는 구겐하임이라는 이름으로 많은 관객을 끌어 모으고 있다. 1994년에 체결된 관리 계약에서, 그들은 당시 계류 중이던 오스트리아의 제안을 제외하고, 구겐하임 재단이 바스크 동의 없이 유럽에 다른 박물관을 개관하는 것을 금지하였다.(Kaufman 1997)

카우프만의 회의론은 정당화되었다. IUMP에 관한 문헌에서, 대부분의 해설자들은 상징적인 메가프로젝트가 도시의 이미지를 효과적으로 변화시킬 수 있지만, 종종 재무적으로 타당하지 않다고 주장한다. 구겐하임 빌바오가 이 주요 전제를 반박했다는 인식이 널리 공유되고 있다. 그러나 자료를 보면 좀 더 복잡한 그림이 나타난다. 컨설팅업체 KPMG 피트 마르윅의 1999년 연구 결과 1997년 10월부터 2002년 10월까지 빌바오 구겐하임에는 538만 3,062명이 방문했으며, 이 중 83%(446만7,941명)가 오로지 박물관 관람을 위해 빌바오로 오거나 그것을 보기 위해 체류 기간을 연장한 것으로 나타났다. 방문객들은 5년간 약 55,600만 달러를 지출했으며, 이 중 35%는 식당, 술집, 카페테리아에서 지출되었고, 26%는 지역 상점에서 지출되었으며, 23%는 호텔에서 지출되었고, 약 6%는 교통비로 지출되었다. 이 연구는 바스크 경제에 끼치는 영향을 44,500만 달러로 추정했으며, 약 4,000여 개의 일자리가 직간접적으로 창출되거나 유지되고 있음을 시사했으며, 바스크 재무부가 약 8,400만 달러의 부가가치세, 법인세, 소득세를 징수했다고 밝혔다(KPMG Peat Marwick 1999).

바스크 연구원인 비트리즈 플라자는 구겐하임이 바스크 지역에 관광을 유치하는 데 끼친 영향을 계산했다(Plaza 2000). 그녀는 구겐하임 이전에 빌바오에 존재했던 관광을 강조했다. 1996년에 레저 관광이 전체 관광 흐름의 8%를 차지했고, 비즈니스 여행객은 전체의 60%를 차지했다. 플라자의 의도는 1997년 개관 이후 이 박물관에 대해 얼마나 많은 **추가적인** 관광이 기여될 수 있는지를 알아보는 것이었다. 그녀는 바스크 지역의 관광객이,

> (…) 세계적인 관광 성장, 호황의 경기 사이클, 빌바오 국제 박람회 센터의 역동성, 이전의 바스크 국가의 주요 레저 관광지인 산 세바스찬의 매력 증가, 또는 심지어 1999년 12월에 종료된 1998년 9월 ETA가 선언한 휴전 등의 결과일 수도 있다고 주장했다. 우리는 구겐하임 박물관 빌바오 효과의 범위를 정해야 한다.(Plaza 2000)

플라자는 KPMG의 결과에 반박하며 상당히 다른 수치를 제시했다. KPMG가1998년 6월과 7월에 97,525명의 관광객을 유치했다고 주장한 반면 플라자의 숫자는 35,655명으로 KPMG 추정치의 3분의 1에 불과하다. 그녀에 따르면, 구겐하임 요인은 컨설턴트가 추산한 4,317,190명보다는 1997-2002년 기간 동안 1,069,650명의 방문객이 방문했다고 설명했다. 플라자는 1997년부터 2002년까지 최고급 호텔이 다른 호텔(85대 46%)보다 상당히 높은 점유율을 기록했다고 밝혔다. 그녀는 이러한 수치들을 구겐하임보다는 출장 여행이 도시 방문객들의 증가의 비율을 설명해줄 것임을 설명하는 것이라고 해석했다(Plaza 2000). 이 해석은 그녀의 자료에 근거하여 단정적으로 보이지는 않지만, 구겐하임이 빌바오에서의 관광산업의 시작을 나타내지 않았다는 생각은 정확하다.

2014년 자료는 그 박물관의 지역 경제에 대한 최근 기여를 보여준다. 그 해 동안 방문객들은 총 1,011,363명이었고, 3분의 2가 스페인 외부에서 왔다. 2001년 9월 11일 뉴욕과 워싱턴에서 발생한 테러 공격에 따른 결과로 고려되는데 2002년 방문객이 851,628명으로 가장 적었다. 가장 많은 관광객이 다녀간 해는 1998년으로 1,307,200명 이었다(표 22.1 참조). 박물관 관계자들은 2014년 동안 지역경제에 끼치는 경제적 영향이 소매업, 호텔, 레저, 교통, 식당 등을 포함하여 약 33,000만 달러에 달할 것으로 추정했다. 구겐하임은 약 5,000만 달러의 세금으로 바스크 국고를 조성했으며, 6,375개의 직접 및 간접 일자리(아마도 낙관적인 수치)를 창출하거나 유지하는데 기여했다. 관람객들은 박물관 내부(티켓, 안내 방문, 상점, 특별 행사)에 2,850만 달러(총 8.6%), 숙박 및 케이터링에 25,500만 달러(68%), 소매업 쇼핑 에 4,600만 달

러(14%), 레저에 4,400만 달러(13%), 교통에 1,550만 달러(5%)를 지출했다. 이는 좋은 수치지만 2014년 385억 달러 수준이었던 광역 빌바오 GDP의 0.85%에 불과하고, 같은 해 150억 달러로 그 도시 GDP의 약 2.2%(GMM 2014)에 해당한다. 요약하면, 박물관은 긍정적으로 추가적임에도 불구하고 도시 경제에 크게 기여는 하지 못하고 있다.

그 박물관은 재정적인 면에서 유사한 문화 기관들과 잘 비교가 된다. 개관 후 첫 해에는 구겐하임 빌바오가 75%를 자기금융으로 조달했고 바스크 정부의 초기 투자금액 1억 달러를 빠르게 변상했다. 그러나 더 넓은 맥락에서 보면, 많은 사람들이 공언한 경제 용어로 "기적"이라 보는 것은 쉽지 않다. 국제 자본의 유일한 현지 진출은 아반도이바라에서 주비아르테 쇼핑몰을 세운 회사와 같은 지역에 호텔을 지은 쉐라톤 체인은 몇 년 뒤 실망스러운 수익 후에 스페인 기업 멜리아에게 매각되었다. 연간 방문객 수는 약 100만 명으로 안정세를 유지하고 있으며, 구겐하임 아이콘의 강력한 매력은 바스크 지역의 다른 편의시설을 찾는 방문객 수의 증가에 영향을 끼쳤다. 그러나 바스크 관광산업의 성장과 바스크 GDP의 발전 사이에는 명확한 상관관계가 성립될 수 없다(표 22.1 참조).

바스크 국가 및 빌바오(바스크 행정부는 무료의 세계적 언론 홍보에 상당금액을 절약했다)에 대한 이미지 변경의 결과적 관점에서, 추가적인 긍정적 외부 검토가 필요하다. 그러나 그러한 결과는 1997년 구겐하임 개관 후 18년이 지나도 그 효과는 특별하다고 직접적으로 측정하기는 어렵다. 새 박물관의 미디어 영향은 바스크 관계자들이 빌바오를 문화적 영역을 훨씬 넘어 미래를 내다보는 혁신적인 아이디어의 경쟁력 있는 대도시로 인정하고, 도시를 세계적인 컨벤션 센터로 탈바꿈시킬 수 있도록 했다. 이 박물관의 즉각적이고 세계적인 미디어 영향은 빌바오를 지도에 올려놓았다; 지난 18년 동안 이 도시에 대한 컨벤션 대표단, 관광객, 미식가, 언론인 등의 지속적인 방문은 바스크 수도에 대한 국제적 이미지에 긍정적인 변화를 꾸준히 조성하는 데 기여하였다.

22.6 세계에서의 "빌바오 영향"

지속적인 언론의 관심으로 박물관과 빌바오 시는 여러 세계적인 담론에 계속 집착하게 된다.

> 빌바오의 활성화 계획의 물질적 과정은 새로운 경제 모델로의 전환과 그것을 뒷받침할 사회기반시설의 건설을 문서화하는 하나의 흐름 공간을 가시화시키지만, 빌바오를 국제적인 인식의 흐름 속에 자리 잡게 하는 것은 빌바오 사건들에 관한 언론 보도이다.(Raouren 2001)

세계의 많은 도시 관리들이 단순히 구겐하임 박물관을 건설함으로써 빌바오와 유사한 지역에 변혁 효과를 낼 수 있다고 생각했기 때문에 빌바오 효과는 담론적인 영역을 넘어 물질세계로 넘어갔다. 구겐하임 재단 자체가 21세기 박물관에 관한 새롭고 성공적인 비전을 가지고 세계적인 예술 단체로 공공연히 홍보할 수 있었다. 이 재단은 2002년 "글로벌 구겐하임: 확장 컬렉션으로부터 선택",

> 뉴욕, 베니스, 빌바오, 베를린, 라스베가스에 위치한 솔로몬 R. 구겐하임 재단은 "글로벌 박물관"의 개념을 정의하게 되었다. 이 "확장 소장품"의 개념은 박물관의 초기 역사와 이후의 발전으로부터 논리적으로 진전된 것이다. (…) 처음부터 (…) 구겐하임은 소장품을 더 폭넓게 대중과 공유하기 위해 지역 관객들을 뛰어넘는 것에 큰 중요성을 두었다. (…) 크렌스의 지시하에, 구겐하임 박물관 빌바오는 1997년에 큰 찬사를 받으며 문을 열었다. 그 이후로, 뉴욕 박물관은 새로운 유럽 관객들에게 소장품과 특별 전시회를 가져다 줄, 이 놀라운 건축 분야로부터 큰 혜택을 받았다. 세계적인 제휴를 맺음으로써, 구겐하임 박물관은 이전에 박물관 소장품 개념에 새겨진 취득과 소유의 매개변수를 재정의했다. 접근방식은 패션, 디자인, 멀티미디어, 비서양 예술을 전통적인 현대주의자의 핵심 작품들과 교류함으로써 박물관의 현대적 개념에 새로운 생명을 불어넣는 특별 전시회의 최첨단 프로그램을 만들어냈다.(Alsdorf 2002)

비평가 폴 클레브니코프는 빌바오 이후 박물관 관리에 대한 크렌스의 명확하고 강력한 글로벌 접근법을 설명했다.

> 1988년 당시 42세였던 크렌스가 구겐하임에 왔을 때 맨해튼 5번가에 있는 유명한 프랭크 로이드 라이트 나선과 베니스에 있는 작은 자회사로 구성되

> 어 있었다. 오늘날 구겐하임은 뉴욕의 소호 구역에 있는 지사, 베를린에 있는 갤러리, 그리고 스페인 빌바오에 있는 아주 성공적인 새로운 박물관을 자랑한다. 네바다주 라스베이거스에 있는 두 개의 구겐하임 지사에 대한 공사가 진행 중에 있다[이미 2002년에 문을 열었다가 2003년에 다시 문을 닫았다]. 베니스에 있는 더 큰 박물관에 대한 승인이 이루어졌다. 브라질의 두 박물관, 즉 리우데자네이루와 북동부의 아직 지정되지 않은 도시에 있는 두 개의 박물관이 타당성 조사를 받고 있다. 러시아의 유서 깊은 암자와의 글로벌 전략 파트너십은 성 페테스부르크에 있는 궁전 광장에서 구겐하임을 제작할지도 모른다. 그리고 현재 크렌스는 브루클린 다리 남쪽 맨해튼 하류에 있는 미화 7억 달러 대형 박물관에 대해 루돌프 줄리아니 뉴욕 시장의 승인을 얻었다.[그 계획은 2001년 9월 11일 이후 포기되었다] (…) 크렌스는 구겐하임을 설치하고 싶은 장소인 "남미[브라질 포함], 동아시아, 남아시아, 중동, 아프리카에 있는 둘 또는 세 개 기관"을 검토한다.(Klebnikov 2001)

많은 도시 관리들은 확고한 계획을 가지고 구겐하임 재단에 연락했지만, 리우데자네이루, 빌니우스, 잘츠부르크, 과달라하라, 타이중 등 단지 일부 도시만이 초기 대화를 넘겼고 합의에 도달하기 전에 협상이 종료될 수도 있다. 재단은 맨해튼 하류에 있는 수변에 대형 구겐하임 박물관을 계획했으며, 프랭크 게리를 건축가로 참여시켰다. 그의 본질적으로 완전한 건물 디자인은 2001년 5번가 박물관에서 전시되었지만, 이러한 계획들은 2000년대 초반의 경기 침체와 2001년 9월 11일의 공격으로 인해 중단되었고, 이로 인해 뉴욕에서의 모든 계획에 대한 재검토가 이루어졌다. 구겐하임의 두 전초기지인 베를린(1997-2012년)과 라스베이거스(2001-2008년)에서 문을 열었지만 큰 성공을 거두지 못하고 문을 닫아야 했다. 아부다비와 헬싱키는 성공적인 경쟁자였다. 프랭크 게리가 설계한 구겐하임 아부다비는 몇 차례 연기된 끝에 2017년에 개관할 것으로 예상되며, 구겐하임 헬싱키 프로젝트는 2015년 7월에 국제 경쟁을 통한 설계 우승자를 공개했다. 사우디아라비아(메카), 호주(퍼스), 알바니아(티라나), 브라질(벨로 호라이즌테)의 박물관을 중심으로 한 새로운 문화 거점에 대한 계획이 완료되거나 거의 완성되었다. 2011년 우크라이나 키예프에서 5만 평방미터의 전시공간을 갖춘 동유럽 최대의 박물관인 미스세츠키 아스널이 완전히 개방했다.

빌바오 효과는 게리 건물의 성공과 인과관계를 증명하기 쉽지 않은 경우를 설명하는 데 사용되었다. 예를 들어 빌바오 박물관의 성공은 지난 15년 동안 미국에서 박물관 건축, 증축, 개혁의 물결이 증가한데 기인한다. 비평가 윌슨은 빌바오의 박물관이 다른 도시들이 복제를 목표로 했던 스페인 북부에서 경제 붐을 일으킨 것에 대해 널리 인정받았다고 주장했다. 그녀는 "게리의 빌바오는 문화적, 경제적, 정치적 관심을 하나로 합치고, 도시 경관이 눈부신 목표가 성취될 수 있는 모든 것을 경계하고 있다"고 주장한 아키텍처럴 레코드의 편집장인 건축 비평가 로버트 에이 아이비를 인용했다(Ivy 2001). 바스크 수도의 구겐하임 건물은 박물관이 기념비적인 조각상으로 여겨지는 새로운 시대의 시작으로서 인식되어, 잠재적으로 한 기관의 소장품에서 가장 중요한 작품이 될 수 있었다. 뉴욕(Gehry의 새로운 구겐하임과 렘 쿨하스의 휘트니 확장), 다다오 안도의 필라델피아, 하트포드(커넥티컷), 보스턴, 벨뷰(워싱턴), 샌프란시스코, 덴버, 세인트루이스, 밀워키, 신시내티, 사바나, 캔자스시티, 애틀랜타, 오스틴, 샬럿(노스캐롤라이나 주) 등을 포함한 미국 전역에서 박물관 계획이 수립되었다. 덴버 시장은 건축가 다니엘 리베스킨트의 디자인(2006년 개관)을 구성하는 금속으로 덮인 면의 기하학적 형태의 혼잡함이 아직 실현되지 않은 소망인 "세계 일류 목적지 도시로서 지도에 우리를 올려놓을 것"(Webb 2001)이라고 예측한 것으로 알려졌다.

두 가지 예는 전 세계적으로 촉발된 관심을 예시한다. 2002년, 대만 도시인 타이충은 도쿄, 홍콩, 싱가포르 등 다른 아시아 도시에 대한 박물관의 제안이 무산된 후 그곳에서 미래의 구겐하임을 고려하도록 토머스 크렌스를 초청했다. 타이충 시장은 빌바오와 자주 비교하며 구겐하임 지방 지부가 지역경제 활성화에 도움이 되기를 희망했다. 현지 언론은 작은 도시들이 종종 유용한 인센티브와 자원 때문에 더 큰 프로젝트를 수주할 가능성이 더 높은 반면, 큰 도시들은 종종 그들의 투자와 계획을 이미 정했다는 크렌스의 말에 주목했다. 그러나, 구겐하임 관장은 새로운 박물관과 같은 큰 프로젝트는 "적절한 재정적 지원을 포함한 엄청난 수의 비예술적 장애물들을 극복해야 할 것"이라고 덧붙였다(Krens 2002). 지역 관리들과 학자, 건축가들로 구성된 그룹은 아직 결정하지 못하고 있는 크렌스를 위해 상세한 제안서를 준비했었다. 크렌스의 움직임을 면밀히 관찰하여, 언론은 "감독은 타이중 시의원과 타이베이 건축가 단체와의 계획된 만남을 하지 않고 대신 타이베이 국립고궁박물관을 방문하는 것을 선택했다고 한다"(Habecker 2002)고 실망감을 나타냈다.

멜버른에서 남서쪽으로 약 50마일 떨어진 오스트레일리아 빅토리아 주 수도인 질롱도 구겐하임 지사에 입찰했다. 예상대로, 아직 지어지지 않은 박물관의 잠재적인 영향은 초안 설계가 없음에도 불구하고 시드니 오페라 하우스와 비교되었다. 한 현지 기자는 "비평들은 많지만, 오늘 저녁 사전 타당성 조사 발표를 보면 질롱이 구겐하임 미술관 설립의 꿈을 좇는 데 진지함을 알 수 있다"고 말했다(Bunworth 2002). 그는 빌바오에서 "한 때에는 회생할 가망이 전혀 없는 죽어가는 러스트벨트 도시를 고려했다"의 영감을 얻은 구겐하임 입찰의 의장을 인터뷰했다(Cousins 2002). 기사는 입찰에 참여한 다수의 지역주민들의 의견을 수집했다. 교수와 학자들을 포함한 이 단체는 구겐하임 박물관이 질롱에게 "대형 블럭버스터 사업"이 될 것이라고 믿었다. 로얄 멜버른 공과대학교의 한 교수에 따르면, 이 도시는 "유명한 건축가들에 의해 이 건물들을 짓고, 큰 전시회를 열고, 그들 사이에서 세계를 돌아다니며, 그리고 그 문을 통하여 많은 사람들을 데려올 것"이어야 한다(van Schiak 2002). 빌바오가 질롱과 다를 수 있다는 것을 인정하면서, 그는 다음과 같이 말했다: "빌바오에서 비행기로 한 시간 안에 당신은 수백만 명의 사람들을 가지게 된다. 비행시간 두어 시간 안에 당신은 1억 명이 넘는 사람들을 가지게 된다. 당신은 그 경로, 관광 경로에 빌바오를 잘 갖고 있다."(van Schiak 2002). 하지만 그들은 "지금 우리가 이길 수 있는 유일한 방법은 누군가가 2억 달러를 가지고 와서 '여기 있어, 가자'라고 말하는 것이다"(Cousins 2002)라고 주장하면서 자신감을 잃지 않았다. 2002년 9월, 질롱의 입찰은 더욱 지역적으로 광범위한 타당성 조사를 실질적으로 승인할 계획으로 더욱 격렬해지는 듯했다(Bunworth 2002). 13년이 지난 지금 질롱 프로젝트는 아직 구체화되지 않은 것은 놀랄 일도 아니다.

빌바오 효과는 학계에서 흔한 일이 되었다. 몇몇은 더 큰 철학적 요점을 설명하기 위해 그것을 사용했다. 저명한 미국의 건축가이며 전 맨해튼 과학예술진흥협회의 피터 아이젠먼 교수는 빌바오 효과를 미적 관점을 확인하는 데 활용하였다. 아이젠만에 따르면, 사람들은 현대 미디어가 중계하는 사회에서 현재를 경험하고 감상하는 방법을 잊어버렸다: "'빌바오 효과'는 사람들에게 건축이 마음, 몸, 그리고 눈을 다시 연결하는 연출되지 않은 반응을 이끌어내는 잠재력을 가지고 있다는 것을 상기시켰다. 그것은 건축이 전통적으로 행했던 역할이다."(Eisenman 1999). 그는 건축가들이 그들의 디자인에서 "순간의 에너지"를 포착하는 것을 목표로 삼아야 한다고 선언했다: "그것은 건물의 스타일이나 그것이 위치한 장소가 아니다.

중요한 것은 문학, 예술, 영화, 건축을 통해서도 현재를 살아갈 수 있는 순간들이 있다는 것이다"(Eisenman 1999).

22.7 빌바오 효과는 사라지는가?

> 사실은 빌바오 효과는 대체로 신화다. 프랭크 게리의 박물관만으로는 그 도시를 전환시키지는 못한다. 그것은 수십 년간의 도시 재개발을 제한해왔다. 화려하고, 심지어 찬란한 건물들은 단지 그들의 디자인 때문에 이웃을 활기 있게 하거나 관광객들과 현금을 보장하지는 않는다. (…) 슬프게도, 박물관들은 도시와 마찬가지로 이 거짓 우상에게 기도하는 운을 낭비했다. 지금도 그렇다.(Kimmelman 2012)

베이징 건축가들의 권위 있는 기업인 MAD가 아름답게 디자인한 내몽골의 새로운 오르도스 미술관의 예는 대단한 박물관을 짓는 것만으로는 성공을 보장하기에 충분하지 않다는 것을(너무 놀랄 일이 아니다) 시사한다. 오르도스 시는 석유와 가스가 발견된 덕분에 빠르게 생겨났고 비교적 부유한 도시지만 박물관에는 소장품이 없고 중요한 전시 계획도 거의 없다. 방문객이 없는 것도 당연하다.

2017년 개관 예정인 아부다비의 구겐하임은 빌바오 박물관 규모의 2배이고, 뉴욕의 프랭크 로이드 라이트 구겐하임 규모의 12배가 될 것이다. 《뉴욕 타임즈(The New York Times)》의 캐롤 보겔은 이 게리 디자인을 "거대한 석고 블록과 반투명 청색 원뿔의 우아한 굴절"이라고 언급한다(Vogel 2014). 구겐하임 헬싱키의 국제대회 결과는 2015년 6월 파리에 본사를 둔 모로우 쿠수노키 건축가에게 낙찰된 프로젝트가 알려지게 됐다. 실제 건설 이전에도 이 두 프로젝트는 상당한 비판을 받았다. 그 프로젝트들은 세 개의 주요 노선에 따라 질문할 수 있다. (1) 상징적 건축물은 더 이상 도시 활성화의 패권을 잡은 시각적 담론이 아니며, (2) 구겐하임이 부과하는 프랜차이즈 모델은 지방 공직자가 전시 일정, 예산, 투자에 관한 주요 결정할 자율성이 없다는 것을 의미한다. 그리고 (3) 지역 문화 정체성은 보통 해외의 세계적인 예술 모델에서 대개 무시된다. 추가로 프로젝트의 환경적 영향은 무시할 수 없을 것이다. 아부다비 프로젝트도 노동자의 권리와 노동조건 문제를 둘러싸고 논란이 되고 있다. 비난 여론이 거세지만 핀란드와 아랍에미리트(UAE)에 새로 건립된 구겐하임 박물관이 빌바오 박물관의 절반이라도 영향을 끼친다면 **빌바오 효과**라는 용어는 토론 양쪽에 계속 무게가 실릴 것이다.

빌바오 효과는 수많은 건축가와 예술 감정가들 사이에서 상당한 비판과 회의론에 직면했다. 《시카고 트리뷴(Chicago Tribune)》 평론가 블레어 카민(Blair Kamin 2002)은 "스타 건축가"의 등장은 궁극적으로 지역적인 예술에 끼치는 세계화의 영향에 대해 광범위한 의문을 제기한다고 언급했다.

> 15-20개의 스타 건축가가 세계의 모든 위대한 건물을 설계해야 하는가? 모든 도시에 게리, 쿨하스, 칼라트라바가 있다면 무슨 뜻일까? 이 건물들의 후원자들은 진정한 예술적 위험을 감수하기 보다는 단지 알려진 상품을 찾고 있는 것일까? 스타들이 광활하고 교차 문화적인 기능과 장소에 대해 그들의 스타일을 맞출 수 있을까?(Kamin 2002)

이 비평가는 주민들이 "우유 만화"라고 부르는 1976년 휴스턴 펜조일 플레이스에서 유행의 시작을 찾았다. 그는 이 유행이 1980년대에 시카고와 같은 다른 도시로 확산되었고, 그곳에서 건축가들은,

> 건물의 시장성을 향상시킬 수 있는 눈을 사로잡는 창작물을 디자인하는 일을 담당하게 되었다는 데 주목했다. 스타 건축가들이 [도시]를 깊이 들여다보고 도시의 본질과 그 경제성에 그들의 작품을 적응시킬 의향이 있는 경우에만 그들에게서 얻을 것이 있다.(Kamin 2002)

건축평론가 위톨드 릭친스키는 스타건축가들에 의해 새로운 박물관을 위탁하는 도시들이 방문객의 관점에서 제2의 빌바오가 될 수 있는지 물었다. 그는 1996년 폴 앨런을 위해 프랭크 게리가 디자인한 시애틀 체험음악프로젝트의 관람객이 박물관이 문을 연 지 18개월 만에 3분의 1이 감소한 반면, 같은 기간 지역 미술관을 찾는 관람객은 3분의 1 이상 증가했다고 언급했다. 최근에, 그 건물의 일부가 과학 공상 박물관으로 바뀌었다. 전기 기타, 록 음악 박물관과 지미 헨드릭스 기념품에서 영감을 받았다고 전해지는 화려하고 둥근 형태로 이루어진 특이한 건축 양식에도 불구하고, 체험 음악 프로젝트는 성공했다는 것이 증명되지 않았다. 릭친스

키는 "공모전이 눈부시게 빛나는 가운데 설계하면 건축가들이 더 나은 건물을 만들 수 있도록 장려한다는 것에 회의적이다". 충전된 분위기는 신중한 생각보다는 화려함을 조장하고, 섬세하고 미묘한 것보다 입담 좋고 분명한 것을 선호한다"고 말했다(Rybczynski 2002).

> 퓰리처 예술재단[일본 건축가 안도 다다오가 세인트루이스에서 설계, 2001년 개관, 추진자들에 의해 "비박물관"으로 정의된]은 대규모로 대중을 끌어들이기 위한 것이 아니었던 작은 건물이다. 그러나 그 건물이 적어도 빌바오 효과에 대한 목적은 아니더라도 대안으로 신호를 보낸다고 생각하면 좋을 것이다. 건축의 주된 목표는 시청자들을 즐겁게 하거나, 자극하거나, 충격을 주는 것이 되어서는 안 된다. 티타늄을 소용돌이치며 프리즘을 충돌시키는 세 번째 예 이후, 그 효과는 얇아지기 시작한다. 르 꼬르뷔지에가 이것을 이해했기 때문에 다른 건물에서 론샹의 조각품 영향을 반복하지 않았다. 한때는 충분했었는데 (…) 그 "와우" 요소는 방문객과 저널리스트를 흥분시킬 수도 있지만, 그것은 지속적인 가치를 쌓을 수 있는 불안정한 기초이다.(Rybczynski 2002)

좀 더 최근에, 립친스키(Rybczynski 2008)는 "아마도 빌바오 효과를 빌바오 기형"이라고 불러야 한다고 주장해왔다. "건물의 디자인과 이미지, 대중 사이의 상징적인 화학 작용은 매우 드물고, 다소 불가사의한 것으로 밝혀졌기 때문이다."

> 예를 들어 허조그와 드 메우론의 베이징 올림픽 스타디움 디자인은 독창적이지만 복잡한 엔지니어링 대신 건축가들에게서 유래되지 않은 별명인 '새 둥지'라는 이미지가 널리 인식되어, 이 건물의 국제적 상징적 위상을 공고히 했다. 직조된 강철 외장은 중국의 고대 전통과 현대화를 향한 추진을 상징해 보였다. 그러나, 모든 새 둥지에는 비용이 많이 지출될 뿐만 아니라 대중의 상상력을 자극하지 못하는 수많은 건축적 실패 요인이 있다. 하지만 실패한 아이콘은 사라지지 않는데, 이것은 정말로 문제이다. 빌바오 효과는 관습에 얽매이지 않는 건축이 상징적인 지위의 전제조건이라고 잘못 가르치기 때문에, 고객들은 그들의 건축가들에게 특이하고, 놀랍고, 심지어 충격적인 건물을 디자인하는 데 더 많은 노력을 기울이도록 격려해왔다. 그러

> 나 그 충격은 불가피하게 사라지게 될 것이고, 100년 후 대부분의 상징적인 건축물은 테마파크와 라스베이거스 스트립 사이의 교차점처럼 보일 것이다.(Rybczynski 2002).

빌바오 구겐하임이 언론의 성공에도 불구하고 빌바오 효과는 심지어 프랭크 게리에게도 대부분 장소에서 재현하기 어려운 것으로 입증되었다. 한편, 게리의 MIT 스타타 센터와 같은 몇몇 건축 아이콘들은 빌바오 효과 없이 잘 작동한다; 이 건물에서 일하는 대부분의 MIT 과학자들은 그것의 장난스럽고 창의적인 느낌을 칭찬한다(Campbell 2007). 쿠퍼 유니언 동문인 다니엘 리베스킨트의 울퉁불퉁한 테두리, 날카로운 각도와 복잡한 기하학적 구조(토론토에 있는 덴버 미술관, 로열 박물관, 또는 코펜하겐에 있는 덴마크 유대인 박물관의 확장)는 그의 베를린 유대인 박물관에 대해 보편적인 찬사를 받지 못했다—성공, 영향, 그리고 방문객들의 매력은 반드시 건물의 화려한 디자인 기능이 필수적이 아니라는 것을 보여주는 삽화. 시게루 반이나 안도 다다오의 많은 작품들은 멋지게 설계된 상징적인 건물들의 대척점에 있는 높은 존경과 성공적인 건축의 훌륭한 예들이다.

최근 몇 년간 가장 탁월한 문화적 메가프로젝트 중에 서 있는 게리의 큰 기대를 모으고 있는 구겐하임 아부다비와 홍콩의 대규모 서부 카우룽 문화 지구(WKCD: West Kowloon Cultural District)에 대해서는 2017년에 배심원단의 평결은 아직 나오지 않고 있다. 렘 쿨하스(Rem Koolhaas 2013)의 다소 과장된 진술에 따르면 WKCD는 "21세기 공공영역의 본질을 정의할 수 있을 정도로 규모와 야망을 갖춘 프로젝트"라고 한다. WKCD는 계획 단계에서부터 건설 단계까지 상당한 비판을 받아왔다. 비록 구겐하임은 프로젝트의 일부가 아니지만, WKCD는 비용 초과, 부정적인 환경영향, 젠트리피케이션 위험, 하향식 문화 공학의 단점, 지역 문화 정체성의 무시, 불확실한 경제적 성공 등 IUMP와 관련된 모든 예상되는 논란을 복제한다(del Cerro Santamaria et al. 2013). 경제적 불황의 시기에 그들을 구출하기 위해 즉각적인 아이콘에 의존하고 있는 도시들에게 좋은 외부적 징조들은 없다.

22.8 결론

UMP는 종종 성공을 위해 상징적인 건축물에 의존한다. 상징적인 UMP (IUMPs)가 세계적인 가시성을 확보하고 방문객과 투자를 도시로 끌어들이기 위해 고안된 표준 도시 정책에서 중심적인 역할을 하게 되었다. 그러나 상징적인 건축물을 통한 이미지 재구성의 성공사례로 널리 여겨지는 구겐하임 빌바오는 분석의 초점이 경제적 및 문화적 영향에 맞춰질 때 빛과 그림자를 제시한다. 구겐하임 빌바오는 지역적, 맥락적, 경제적, 정치적 조건뿐만 아니라 건물의 상징적 건축 양식에 기반하여 관광객, 예술계, 건축계, 언론인, 교육받은 대중들 사이에 즉각적이고 지속적으로 세계적인 관심을 불러일으켰다. 그 박물관은 활성화의 주 동력인 동기와는 거리가 먼 것을 나타내고 있다. 지금까지 바스크 시에서 상당한 외국인 투자를 이끌어내지 못했으며, 고용 시장에서도 상당한 긍정적인 성과를 거두지 못했다.

구겐하임 개관 이후 빌바오의 경제성과는 대체로 경제 주기의 오르내림을 따르는데, 이는 도시와 IUMP의 내재성에 대한 사회경제적 행동을 다수의 척도로 명확하게 보여주고, 도시 경제 변화를 설명하는 건축적 아이콘의 제한된 힘을 나타낸다. 빌바오 구겐하임의 별이 희미해지기 시작하고 방문객들이 대거 빌바오에 도착하지 않는 가상의 경우, 바스크 시의 결과는 이 박물관이 빌바오 경제의 2.2%에 불과하기 때문에 상당한 경제적 감소에 이르지는 않을 것이다. 도시는 복잡한 형성이며, 세계적인 규모로 전문가와 미디어에 의해 계획된다 하더라도, 화려한 건물만으로는 대개 근본적인 방법으로 그들의 운명을 바꿀 수는 없다.

또한 전 세계 도시의 지도자, 관리자 및 기업가들은 구겐하임 재단이 재정난에 처한 것은 지방 정부가 아니라 그들 재단의 자금 사용에 관한 결정을 내릴 수 있는 상당한 자원과 완전한 재량권을 가진 지역 바스크 정부라는 사실을 기억해야 한다. 게다가, 모든 도시가 "지도에 올려놓기" 좋은 위치에 있는 것은 아니며, 특히 규모 면에서는 빌바오에 견줄 만하지만, 주요 경로와 사람들과 상업의 흐름에서 벗어난 곳에 위치한 2차, 3차 도시들은 특히 그렇다. 빌바오는 세계 3대 관광지(스페인) 중 한 곳에 있어 관람객 유치에 박물관의 특출한 능력 요인을 가지고 있다. 스페인은 연간 약 6,500만 명의 방문객을 받고 있으며, 이 중 약 250만 명이 바스크 국가를 관광하고 있으며, 약 100만 명이 빌바오의 구겐하임 박물관을 방문한다.

프랭크 게리 건물의 시각적 매력과 언론의 성공은 구겐하임 재단의 지레대 효과를 강화시켰고, 빌바오 이후 명백한 입지적 및 재정적 이점이 있는 곳에서만 협상하였다. 그러한 장점들은 이미 지도에 나와 있는 더 큰 1등급 도시들에서 더 공통적이며, 따라서 구겐하임을 도입하는데 관심이 적었다. 재단은 실패의 몫이 있었지만, 아부다비와 헬싱키와 유사한 협정이 구체화 되었을 때에도 관광객들이 빌바오의 경우와 같이 그들의 대도시 지역 인구와 같은 연간 수가 그 도시들을 방문할지는 확실하지 않다. 제도적 맥락, 특정 정책 수단 및 지역에 기반을 둔 사회적 역학관계는 IUMP 발전의 뚜렷한 형태를 발생시키고 IUMP의 성공 또는 실패 정도를 설명하는 데 도움이 된다.

확실히, 도시들은 유행하는 도시 정책과 세계 언론의 담론을 시행하는 것만으로 빌바오의 성공을 모방할 수 있다고 기대해서는 안 된다. 각 도시는 지역의 역사, 지역의 발전, 그리고 지역 선정의 의사 결정 과정에 영향을 끼치는 특정한 정치적 구성을 가지고 있다. 세계의 도시와 지역은 부분적으로 그들 자신의 특정한 개발 논리를 고수한다. 각 도시는 쇠퇴를 설명하는데 기여하는 특별한 특징을 보이며, 각 도시는 재개발을 위하여 지역화된 전략을 필요로 할 수 있다. IUMP를 포함하여 활성화 혼합의 표준 요소를 세계 각지의 도시에 적용하는 것은 빠르고 비판적 경향이 없는 정책 담론을 중앙에서 주변까지 채택함으로써 피할 수 없을지도 모른다. 그러나, 그러한 전략을 단순히 채택함에 따라 도시의 성공을 재현하는 것을 기대하는 것은 실망스런 방안이다.

전체적으로 빌바오가 세계무대에서 차지하는 위치는 이후 돌이킬 수 없을 정도로 바뀌었고, 세계화 시대에 도시의 이미지를 변화시키는 IUMP의 힘을 명확하게 보여준다. 게다가, 구겐하임 빌바오의 세계적인 미디어 영향은 대규모 재개발 계획에서 IUMP의 상품화, 상업화, 복제에 대한 논쟁을 크게 증가시키는 전환점을 제시했다. 결과적으로, 빌바오 이후의 도시 엘리트들이 IUMP의 약속과 불만족에 굴복하려는 관심을 극적으로 증가시킨 것은 현대화된 세계적 도시화의 전개에 있어서 두드러진 측면을 설명하는 열쇠의 하나가 되었다. 이러한 맥락에서, 연구 기반의 증거, 관리와 세계화된 도시에서 IUMP의 거버넌스 사이에서 전통적으로 간과되어 온 상승 작용은 도시 및 지역 정책 입안자들이 다루어야 할 우선적인 분야가 되어야 한다.

참고 문헌

Alsdorf, B. (2002). "The Global Guggenheim: Selections from the Extended Collection," <https://www.guggenheim.org/exhibition/the- global-guggenheim-selections-from-the-extended-collection>.

Bell, J. (1998). “Architecture with a twist,” *The World and I*, July.

Bunworth, M. (2002). “Geelong dreams of a Guggenheim gallery,” ABC Online, 22 April,<http://www.abc.net.au/7.30/content/2002/s537 640. htm>.

Campbell, R. (2007), “Does Gehry’s Stata Center really work?” *Bloomberg Business*, 19 June,<http://www.bloomberg.com/bw/stories /2007-06-19/does-gehrys-stata-center-really-work-businessweek-business-news-stock-market-and-financial-advice>.

Cousins, J. (2002). “Geelong dreams of a Guggenheim gallery,” ABC Online, 22 April, quotedin N. Bunworth,<http://www.abc.net.au/7.30/ content/2002/s537640.htm>.

del Cerro Santamaria, G. (2007). *Bilbao: Basque Pathways to Globalization*. London: Elsevier.

del Cerro Santamaria, G. et al. (ed.). (2013). *Urban Megaprojects: A Worldwide View*. London: Emerald.

Eisenman, P. (1999). Quoted by Diane Manuel in Stanford News Service, October, <http://news.stanford.edu/pr/99/ 991006 preslec .html>.

El Correo. (1997). Guggenheim Museo Bilbao, November, <http://servicios.elcorreo. com/gug-genheim/museo/mu.htm>.

Flyvbjerg, B. (2005). “Design by deception: The politics of megaproject approval,” *Harvard Design Magazine*, no. 22, Spring/Summer, pp. 50–9.

Friedmann, M. (2010). Quoted in M. Tyrnauer, “Architecture in the age of Gehry,” *Vanity Fair*, <http://www.vanityfair.com/culture/ 2010/08/architecture-survey-201008>

Gehry, F. (1997). Quoted in C. Caicoya, “From project to construction,” *Arquitectura Viva* 55: VII–VIII.

Gehry, F. (2001). Quoted in J. Zulaika, “Tough beauty: Bilbao as ruin, architecture and allegory,” J. R. Resina (ed.), Iberian Cities. New York and London: Routledge.

Gehry, F. (2010). Quoted in M. Tyrnauer, “Architecture in the age of Gehry,” *Vanity Fair*, <http://www.vanityfair.com/culture /2010/08 /architecture-survey-201008>.

Giovannini, J. (2001).“The Bilbao effect,” Red Herring, 12 February, <http:// georgemaciunas.com/exhibitions/fluxus-as-architecture -2/fluxhousefluxcity–prefabricatedmodular–building-system/fluxho use-fluxcities/articles/red-herring-magazine-the-bilbao-effect-by-joseph-giovannini/>.

GMB (Guggenheim Museum Bilbao). (2014). *Estudio del Impacto Económico generado por la actividad del Museo Guggenheim Bilbao,* internal report.

GMM (Global Metro Monitor). (2014). Brookings Institution, <http://www.brookings.edu/research/reports2/2015/01/22-global-metro-monitor>.

Goldberger, P. (1997). "The politics of building," *The New Yorker,* 13 October, 73 (31): 48–53.

Habecker, W. (2002). "Museum official says Taichung has long way to go," Taipei Times, 6 June, <http://www.taipeitimes.com/News /biz/archives/2002/06/06/0000139235>.

Hall, P. (2001). "Global city-regions in the twenty-first century," in A. Scott (ed.), *Global City-Regions: Trends Theory, Policy*. Oxford: Oxford University Press.

Harvey, D. (1989). "From managerialism to entrepreneurialism: The transformation in urban governance in late capitalism," *Geografiska Annaler,* B 71: 3–17.

Ivy, R. (2001). Quoted in A, Wilson Lloyd (2001), "Architecture for art's sake," *Atlantic Monthly* 287: 85–8.

Jencks, C. (1997). *The Architecture of the Jumping Universe: A Polemic: How Complexity Science is Changing Architecture and Culture*. New York: Academy Press.

Jodidio, P. (2001). "Un nouvel imperialisme?" *Connaisance des Arts,* 45: 7.

Kamin, B. (2002). "How stellar are 'starchitects'?" *Chicago Tribune,* 27 January, <http://articles. chicagotribune.com/2002-01-27/news /0201270415_1_new-dorm-starchitects-new-york-city-designer>.

Klebnikov, A. (2001). Museums Inc. *Forbes,* 8 January.

Kimmelman, M. (2012)."Why is this museum shaped like a tub?" *The New York Times,* Art and Design Section, 23 December, <http://www.nytimes.com/2012/12/24/arts/design/amsterdams-new-stedelijk-museum.html?_r=0>.

Koolhaas, R. (2013). Quoted in E. Dunham-Jones, "The irrational exuberance of Rem Koolhaas," *Places Journal,* April, <https:// placesjournal.org/article/the-irrational-exuberance-of-rem-koolhaas/>.

KPMG Peat Marwick. (1998). *Estudio de impacto economico del Museo Guggenheim Bilbao,* report.

Krens, T. (2002). Quoted in W. Habecker (2002), "Museum official says Taichung has long way to go," *Taipei Times,* 6 June.

Krens, T. (2010). Quoted in M. Tyrnauer, "Architecture in the age of Gehry," *Vanity Fair.*

Merkel, J. (2002). "The museum as artifact," *The Wilson Quarterly*, 26 (1): 66–79.

Newhouse, V. (1998). *Towards a New Museum*. New York: Monacelli Press.

Plaza, B. (2000). "Evaluating the influence of a large cultural artifact in the attraction of tourism: The Guggenheim Museum Bilbao case," *Urban Affairs Review*, 36(2): 264–74.

Pops, M. (2000). "Gehry's Guggenheim in Bilbao," *Salmagundi*, 124/125: 17–49.

Raouen, M. (2001). "Reflections on the space of flows: The Guggenheim Museum Bilbao," *Journal of Arts Management, Law and Society*, 30 (4): 283–300.

Rybczynski, W. (2002). "The Bilbao effect," *Atlantic Monthly*, 290(2): 138–42.

Rybczynski, W. (2008). "When buildings try too hard," *Wall Street Journal*, 22 November, <http://www.wsj.com/articles /SB122731 149503149341>.

Stein, K. (1997). "Guggenheim Museum Bilbao," *Architectural Record*, October: 77–8. van Schiak, L. (2002). Quoted in M. Bunworth (2002), "Geelong dreams of a Guggenheim gallery," ABC Online, 22 April.

Vidler, A. (2002). Dean and Professor of Architecture, The Cooper Union for the Advancement of Science and Art, New York. Personal communication, October.

Vogel, C. (2014). "A new art capital, finding its own voice: Inside Frank Gehry's Guggenheim Abu Dhabi, *The New York Times*, 4 December, <http://www.nytimes.com/2014/12/07/arts/design/inside- frank-gehrys-guggenheim-abu-dhabi.html?_r=0>.

Webb, W. (2001). Quoted in A. Wilson Lloyd, "Architecture for art's sake," *Atlantic Monthly*, 287: 85–8

제23장

공공서비스의 민간 참여

호주의 자동차 도로 사례

데미 청

23.1 배경 — PPP 조달 방법

민관협력(PPP: Public-Private Partnerships)[1]은 공공 서비스 제공에 대해 민간 지원을 효율적으로 사용하는 인기 있는 조달 방식이 되었다. 역사적으로 정부의 책임으로 여겨져 온 사회기반시설 서비스를 제공하는 민간부문과 연관된다(Broadbent and Laughlin 2004: 4). 파트너십 개념은 위험과 보상 공유, 재정 방식에 대한 더 큰 민간 참여 측면에서 계약 및 민영화와 같은 다른 형태의 민간 제공과 다르다(Hodge 2005). PPP 내의 관계는 상업적 조직이 합의된 기간 동안 자산을 설계, 시공, 재무 및 운영할 수 있는 양허계약에 의해 수립되며, 따라서 그들은 DBFO(Design, Build, Finance, Operate)로도 알려져 있다.[2] 주된 이유는 PPP가 위험을 관리할 수 있는 가장 큰 능력을 갖춘 당사자에게 위험을 전가하는 것을 촉진한다는 것이다(Partnership Victoria 2000; HM Treasury 2006; WWG 2006).

DBFO 구조에서 민간부문은 자산의 생성과 전 생애 자산관리라는 두 가지 뚜렷한 요소로 구성되어 결합된 제품을 공급하기로 계약되었다(WWG 2006: 8). 반면에 공공부문은 자산 대신 서비스가 요구되는 기준을 충족해야만 미리 정의된 지급 수준으로 지불되는 서비스를 구매한다(Debande 2002: 359). 지급 구조는 출력 사양 및 위험 평가의 결과에 제시된 요건에 따라 관련되며(Akbiyikli et al. 2006: 72), 부실한 성과에 벌칙을 부여하는 조건이 포함되어 있다(English and Baxter 2008). 지급 구조의 목적은 민간 제안자들에게 금전적 가치를 전달할 수 있는 여러 가지 인센티브를 제공하는 것이다. 비용 회수 및 미래 이익은 자산의 적절한 품질 서비스 흐름에 의존하므로, PPP는 민간 제안자가 필요한 자산에 대해 비용을 투자하여 구축하고 효율적인 기술을 사용하도록 권장한다(Debande 2002: 360). 더욱이, 자산구축이 완료되고 서비스가 완전하게 운영될 때만 민간운영자에게 수입 금액이 지불되므로, 민간 컨소시엄이 구축 요소를 더 빨리 완료하도록 동기를 부여하기도 한다. PPP 계약 메커니즘이 전통적인 조달 방법에 따라 수행된 계약에 비해 자산 창출과 지속적인 관리 사이의 통합을 더 촉진했다는 증거를 제시한다(NAO 2003).

이 결합 제품의 두 번째 요소에서 민간부문이 수행하는 역할은 사회기반시설 프로젝트와 경제기반시설 프로젝트에 따라 다르다. 정부가 수요 위험(NSW Treasury 2007: 1)을 보유하는 병원, 학교, 교도소와 같은 사회기반시설 프로젝트는 일반적으로 정부 수입(English and Guthrie 2003: 503)으로부터 자금을 조달한다. 서비스 구매 지급은 민간부문 파트너에게 시설의 가용성을 위해 직접 정부 보조금을 지급하는 것(English 2005a)과 수입원이 직접 서비스를 제공하는 것이 포함된다(English 2006).

고속도로와 같은 경제기반시설 프로젝트에서는 대개 민간부문이 시장 위험을 부담하기 위해 계약되었으며, 정리공채기금 자금보다는 사용자 요금(English and Guthrie, 2003:503)으로 자금을 조달한다.[3] 이러한 자본집약적 프로젝트에서는 자산 창출이 지배적일 가능성이 높다. DBFO 도로의 경우, 건설이 완료된 후, 관련 서비스 제공(예: 통행료 징수, 도로 공사, 조명 정비)은 비교적으로 계약의 작은 구성 요소이다(Walker 2005). 공공부문의 개입은 계약 준수 여부를 감시하고, 제공되는 서비스에 대한 변경사항의 재협상과 (Debande 2002: 367) 또는 금융과 같은 기타 계약적 요소(VAGO 2007)에 제한된다. 그 대가로, 민간운영자는 합의된 민간자본수익률을 보증하는 기간 동안 정부와 양허권을 협상한다(Arndt 1998; English 2005b; Glaister et al. 2000). 재정 기여도 외에도, 정부는 양허 기간, 통행료 물가상승 옵션, 교통 수요 관리 조치 등 통행료 모델에 내재된 다수의 변수를 통해 직접적 및 간접적인 금융 수익금을 민간 투자로 회수될 수 있도록 규제 권한을 행사할 수 있다(Chung 2009).

어떤 경우에는 경제 PPP 모델이 민간 제안자에게 (i) 차입금이나 정부 대출에 대한 정부 보증, (ii) 운전자에게 부과할 권리, (iii) 기간 변동 및 통행료 변동에 대한 협상권, (iv) 기존 교통량 방식 변화(도로 폐쇄 또는 DBFO 도로로 교통량을 전환하는 새로운 램프 건설 등) 또는 미래 기반시설 계획에 영향을 끼치는 변화에 대한 정부와의 협상권 등 다양한 형태로 상당한 재정 및 비재정적 가치를 제공한다. 최근의 발전은 이러한 양허가 다른 형태로 양허 비용의 수령과 같이 정부에 실질적인 재정적 가치를 제공한다는 것을 보여준다. 예는 다음과 같다: 시드니의 M2와 멜버른 시티링크; 시드니의 크로스 시티 터널과 랜스 코브 터널과 같이 비즈니스를 고려한 수수료의 선불 수령; 클로스 시티 터널과 같은 정부에 대한 순 비용 없음; 멜버른 이스트링크와 같은 새로운 도로의 일부 구간 소유에 대한 대가로 현재 진행 중인 정부 출연금 없음(VAGO 2005: 191, 193).

고속도로는 호주에서 가장 활발한 경제 PPP 시장 중 하나이다. 수년간 PPP 고속도로는 더 큰 혜택이 공공부문에 전달되는 단계로 발전되었다. 브라운(Brown 2005: 437)은 민간 고속도로의 호주 시장의 현황을 간결하게 설명한다.

> 초기 유료도로 합의의 구조는 [물적 악재] 조항이 존재하며 정부에 대한 임대료 지불을 상당히 지연시킬 수 있는 능력이 있어 민간에 유리하게 기울어지는 듯했다. 보다 최근의 사례에서 민간부문은 정부가 초과 통행료 수익을 공유하는 반면 교통량 감소 위험을 더 많이 가정한다.

뉴사우스웨일스(NSW: New South Wales)는 고속도로에서 PPP 제도에 대한 숫자와 관련된 재정 총액 면에서 호주에서 가장 선호도가 높은 것으로 나타났다. 프로젝트로는 시드니 항구터널, 동부 연결, M2 고속도로, M4 고속도로, M5 남서부 고속도로, 서부링크 M7, 크로스시티 터널, 레인코브 터널 등이 있다. 호주의 다른 주에서 개발된 프로젝트로는 퀸즐랜드 주의 남북 우회 터널, 멜버른 시티링크, 빅토리아 주의 동부링크 및 반도 링크 등이 있다.

호주의 첫 민간 고속도로인 시드니 항구터널이 개통된 지 20년이 넘었지만 도로 교통 부문의 PPP에 대한 종합적인 평가는 보이지 않았다. 이 장의 의도는 이 간격을 줄이는 것이다. 본 연구는 위험 배분의 이유, 즉 위험을 가장 잘 관리할 수 있는 당사자에게 위험을 이전하는 것이 민간 지원을 통한 돈의 가치 전달을 촉진하는 정도를 평가한다.

다음 장에서는 도로교통에서 PPP의 진화를 전개하고 호주의 여러 사례를 제공한다. 마지막 섹션(23.3)은 이 장을 마무리하고 향후 연구에 대한 제안을 제공한다.

23.2 DBFO 유로도로의 위험 할당과 성과 — 사례연구

DBFO의 초기 고속도로에서는 양허인에 관한 위험 이전이 부재했었다. 시드니 항구터널과 힐스 고속도로와 같은 일부 초기 실험은 실제로 민간 제안자들에게 위험이 없는 투자이다. 보다 최근의 프로젝트들은 제공된 보증 규모에서 상당한 감소가 이루어졌다. 그러나 민간부문을 수요 감소 위험으로부터 보호하고 민간 자본의 수익을 보장하는 암묵적인 약속은 여전히 존재한다.

많은 경우, 설계와 시공의 위험은 민간부문에 만족스럽게 전가되었다(Mills 1991; VAGO 1996a; Arndt 1998; NAO 2003). 특히 운영 및 유지관리 비용 대비 건설비의 비율이 가장 높은 도로 프로젝트는 가장 큰돈의 가치(VFM: Value For Money)를 생성한다(Debande 2002). 그러나 누가 나머지 위험의 운반자가 되어야 하는지에 대한 모호함은 책임을 규정하는 것을 어렵게 한다. PPP는 또한 공공 책임, 거버넌스 및 평판과 관련된 새로운 차원의 위험을 야기시켰다. 이 섹션의 나머지 부분에서는 DBFO 고속도로에서 위험 공유 협의의 발전을 분석하기 위한 많은 사례 연구를 제시한다. 이러한 경우에 대한 계약상 및 재무상 세부사항은 부록 A(표 23.1)에 요약되어 있다.

23.2.1 시드니 항구 터널(1987년 계약 체결)

이 계약은 뉴사우스웨일즈의 간선도로부(DMR: Department of Main Roads)와 시드니 하버 터널 회사와 체결하였다. 사업기준 중 하나는 "고정기간 공공재산을 임대하는 민간사업으로서" 그 터널을 자금조달, 건설, 운영하는 것이었다(NSWAGO 1994: 250).

중앙 금융 수단은 DMR이 제공한(NSWAGO 2003: 217) 22,300만 호주달러의 무이자 대출과 시드니 하버 터널 회사가 시장에서 발행한 49,700만 호주달러의 30년 만기 인플레이션 지수 채권이었다(NSWAGO 1994: 263). 국고대부금에서 면제된 이자는 최소 115,000만 호주 달러(1994 기준 달러)로 추정되었다(NSWAGO 1994: 251). 도로교통청(RTA: Road and Traffic Authority)의 차입금 상환은 2022년에 만기되며 시드니 하버 터널 회사의 다른 모든 의무에 후순위 채권이다(NSWAGO 2003: 217). 지속적으로 감소하고 있는 통행료 징수액과 증가하는 운영비 때문에 정부에 상환하는 회사의 능력에 영향을 끼쳤다. 간선도로부는 터널의 실제 사용량과 관계없이 350만 달러 가격의 채권에 대한 원금 미지급 보증을 섰다(NSWAGO 1994: 251; Arndt 1998: 22). 이 보증 부채의 순현재가치는 2006년 6월 30일 현재 34,500만 달러로 추정되었다(NSWAGO 2006b: 128).

건설공사 비용초과 위험을 이전하지 않은 DBFO 프로젝트는 거의 없지만 시드니 하버 터널이 대표적이다. 시드니 하버 브리지와 터널의 전체 통행료 수입은 터널의 건설을 지원하기 위해 사용되었다(Mills 1991: 282). 1992년 10월 10일부터 정해진 날짜까지 터널이 사용 중인지 아닌지 상관없이 회사에 수익이 보장되었기 때문에 터널 개방 지연이 시드니 하버 터널 회사의 수익 흐름을 지연시킬 수 있는 것은 아니다(SHTA 1987: Schedule 5). 주 정부는 건설비용에 관여했을 뿐만 아니라, 시드니 하버 터널 회사에 대한 수입원[4]도 보증했다. 보증수입원(ERS: Ensured Revenue Stream)은 "터널 운영 및 터널의 설계, 시공과 운영을 위해 차입금의 원리금 지급과 관련하여 운영자가 재무 의무를 이행할 수 있게 하도록 지급하기로 합의했기 때문에", 실제 통행료 수입이 미리 정해진 수준 이하로 하락할 경우 정부가 이러한 지급액을 보충할 것을 의무화하고 있다 (SHTA 1987: Schedule 5). 시드니 하버 터널 회사에 의해 발생한 통행료 징수액과 운영비 간 격차가 지속적으로 벌어지고 있는 결과, 당국이 지급한 보증수입원은 2004-2007년 동안의 4년간 17,670만 달러(명목값)에 달했다(NSWAGO 2007).

정부 보증의 부작용 중 하나는 자산의 건설과 운영·관리를 하나로 패키지화함으로써 얻을 수 있는 혜택을 상쇄한다는 것이었다. 도로 조건과 차량 고장 처리 지연 등 운영·관리 위험이 터널 통행료 수입과는 무관하게 수익이 SHTC의 현금흐름에 위협이 되지 않기 때문에 양허인은 건설 후 단계에서 효율적으로 수행할 동기부여가 거의 없었다. 성과급 지급의 부재는 회사가 터널의 상태 유지에 대한 지출 수준을 최소화하도록 하였다(Mills 1991: 287).

NSW 정부가 제시한 금융 패키지는 국제 투자자들에 의해 "대단히 매력적인" 것으로 평가되었다(Tiong 1995). 이 프로젝트에서는 실제 내부수익률(IRR)이 연간 15.75%(NSWAGO 1994: 263)로 예상되었다. 민간 투자자들은 단지 프로젝트 가치의 1%에 해당하는 단지 700만 달러를 기부했다(Mills 1991). 정부 보증 채권은 호주 자본시장에서 통상 10-20년 만기(Tiong 1995: 187)보다 만기가 길었고, 한편 민간 투자자에 대한 무위험 인플레이션 지수 수익률은 6.8%에 달했다(NSWAGO 1994: 263). 무위험 수익률에 대한 6.8% 추정에는 호주 세무서에 납부해야 하는 민간제안자의 세금을 부담해야 하는 국가의 채무는 포함되지 않았다. 2003년에 주 법안에 2,400만 달러의 부채가 추가되었다(NSWAGO 2003: 209). 이 부채는 시드니 하버 터널 회사에 의한 감가상각 차감충당금을 호주 세무서와 성공적으로 협상하지 못한 간선도로부의 결과로 시드니 하버 터널 회사의 과거 및 미래 세금을 포함한다.

"특별한" 조사 결과, 주 감사실은 모든 계약이 숨겨진 전략적 목표를 달성하기 위해 패키지화되었다는 것을 발견했다(NSWAGO 1994). 계약 협상 시에, 주 정부는 대출 위원회가 정한 차입의 "글로벌 한도"를 적용받았다.[5] 민간 기업 시드니 하버 터널 회사는 간선도로부가 대차대조표에서 "과대차입"의 가시적 위험을 제거할 수 있는 실질적인 자금조달 수단이었다.

> 이러한 약정은 차입 위원회의 제약을 피하기 위한 의도와 일치했으며, 당국에 의해 발생된 위험을 의회와 궁극적으로 부담해야 하는 대중에게 알려지는 것을 원하지 않았음을 시사한다.(NSWAGO 1994: 293)

시드니 항구 터널로부터 배운 교훈은 이후의 발전에 어느 정도 영향을 끼친 것으로 보인다. M2 고속도로와 동부 연결 같은 후속 DBFO 고속도로는 교통량 위험에 상응하는 재무적 보상을 설정했다.

23.2.2 힐스 고속도로(1994년에 계약 체결)

힐스 고속도로(M2)는 호주에서 민간자금이 투자된 고속도로의 선례를 남겼다. 이 계약은 통행료를 부과할 권리에 대해 양허인이 지급해야 하는 토지임대료[6]를 요구하였다. 그 금액은 시장이 인식하는 권리의 가치를 나타낸다. 이 임대료의 가치는 1995년에 110만 달러로 추정되었다(NSWAGO 1995: 13). 계약 당사자들 모두 2028년(NSWAGO 1995: 86)까지는 현금 지급이 개시되지 않을 것에 동의하였거나, 민간자본의 수익률이 합의된 임계 수익률에 도달하지 못할 경우 양허 전체 기간 동안 전혀 지급되지 않을 수 있다는 데 동의하였기 때문에, 이 가치가 실현 가능한지 의문이다.

M2 프로젝트는 임대료 지불 연기, 도로교통청 소유 토지의 무상사용, 향후 비용 상승에 대한 RTA의 보상, 주 토지세의 면제 등이 가능하도록, 매우 위험한 투자에서의 안전한 수익 같이 민간제안자에게 유리한 몇 가지 특징을 포함하고 있다. 그러나 민간 사업자가 통행료 수입이 예상 이하로 감소될 때 국가에 의존하지 않기 때문에 그것은 시드니 항구 터널에 비해 부분적인 개선이다.

힐스(Hills: Hills Motorway Limited)[7]는 "도로교통청의 직접적인 재정 기여나 보증 없이" 프로젝트를 수행할 수 있는 유일한 제안이라는 점에 기초하여 최종 후보로 선정되었다(NSWAGO 1995: 49; 강조 추가). 이 기준을 확실히 준수하기 위해 힐즈에 제공된 관대한 조건이 추가되었다. 그 양허 기간은 45년이고, 그 후 고속도로의 소유권은 무료로 정부에 이전된다. 고속도로가 민간투자자에게 세후 연 16.5% 혜택을 제공한다면, 빠르면 36년 안에 끝날 수 있다(NSWAGO 1995: 22). 금융 종료 시, 연간 세전 자본 수익률은 도로교통청에 대한 6%[8]의 수익률에 비해 연 18.5%로 추정되었다(NSWAGO 1995: 12).

힐스가 지급하는 임대료는 8억 8,740만 달러(명목 달러: NSWAGO 1995:86 참조)에 해당한다. 힐즈는 이 사업이 연간 12.25%의 실제 세후 수익을 실현하기 전까지는 임대료를 프로젝트의 다른 모든 부채에 종속된 현금이나 무이자 약속어음으로 납부할 수 있는 재량권을 가지고 있다. 그때까지 도로교통청은 어떤 어음도 현금 지불을 위해 제시할 권리가 없다. 힐즈는 도로교통청으로부터 재정적인 지원을 요구하지 않지만, 정부는 토지 취득에 1억 2천만 달러, 선불 자본 지불에 6,650만 달러를 프로젝트에 기여하였다(NSWAGO 1995: 49; Wlaker and Walker 2000: 218; NSWIG 2005: 부록 2). 현금지급 연기로 발생하는 면제혜택은 NSW 납세자에게 2,840만 달러(NSW Auritor-General's Office에서 추정한 순 현재가치; NSWAGO 1995: 86 참조)의 청구서를 추가해 최고 2억 1,500만 달러까지 가격이 치솟았다.

높은 자본 수익률과 도로교통청에 대한 임대료가 가능한 것처럼 보이기 위해 힐즈의 금융 모델은 여러 가지 위험한 가정에 기초해야 했다. 그것의 교통 예측은 환경영향평가서(EIS: Environment Impact Statements)에서 확인된 최대 흐름보다 훨씬 크다. 수익 추정치는 환경영향평가서의 AU$0.70 (NSWAGO 1995: 12)과 비교하여 AU$ 2.00의 통행료를 가정한다. 이러한 가정은 높은 시장 위험에 노출되고 요구되는 수익률을 얻을 가능성이 감소함을 의미한다. 비싼 통행료는 시장위험을 가정한 비용이 통행료에 책정되어 그 위험을 운전자에게 전가하고 있음을 증명한다.

지나치게 낙관적인 예상수익률에도 불구하고, 기준 경우의 모델에 제시된 세금 후 예상 실질수익률은 결코 11.78%(NSWAGO 2000)를 넘지 않을 것이라는 흥미로운 정보가 밝혀졌다. 계약 서류에 따르면 힐즈는 1998년부터 2025년 사이에 발행될 도로교통청 약속어음(Walker and Walker 2000: 217) 형태로 정부로부터 40,860만 달러의 재정 기여금을 기대했다고 나타난다. 나중에 밝혀졌는데, M2로부터 현금 수익을 받을 가능성이 거의 제로이었음에도 불구하고, 도로교통청은 계약을 체결했다. 힐즈의 수익원은 통행료 징수에서 나온다. 저조한 교통실적을 보면 정부가 이 자금들을 결코 상환할 수 없을 것이라는 것을 알 수 있다. 2004년의 실제 연간 평균 일일 교통량(AADT: Annual Average Daily Traffic)은 72,944건(NSWIG 2005)으로, 기준 경우 모델(NSWAGO 2000)[9]에서 추정된 85,094건의 85%에 간신히 도달했다. 이러한 약속어음의 순현재가치는 2007년 6월 30일 현재 427.6만 달러(RTA 2007: 129)이다. 도로교통청에 지급하는 인센티브 임대료가 있는 것으로 보이지만(NSWAGO 1995: 89), 인센티브 구성요소가 실현될 수 있는 상황은 명확하지 않다.

위험 할당은 비대칭적이었다. 힐스에 대한 비용 부풀리기의 위험은 매우 잘 고려되고 그에 상응하는 정부 양허가 합의된 반면, 양 당사자들 간에 이익을 공유할 수 있는 조항은 존재하지 않는다(NSWAGO 1995: 36). 힐즈는 1999년 M2 부채설비를 구조 조정해 조기 자본 분배(NSWAGO 2000)에 이용할 수 있는 자금이 많아졌지만, 약속어음의 조기 현금상환에 대한 재협상은 없었다. 힐즈에게 유리한 상황에서 정부에 더 나은 결과를 반환하기 위해 협상을 요구하는 의무가 없는 경우, 도로교통청은 힐즈에게 주 및 영연방 세금, 의회 및 수도 요율의 미래 증가분에도 배상해야 한다(NSWAGO 1995: 66). 이 프로젝트는 힐즈가 모든 불리한 교통 위험을 떠안는 것처럼 위장하였지만[10], 교통에 대한 수요가 토지 임대료 수입의 필수적인 요소라는 점에서 국가가 위험을 피할 가능성은 매우 낮다. 운영·관리 위험의 상당 부분은 도로교통청에 있으며, 주요 수선의 위험만 힐스로 이전된다(NSWAGO 1995: 44, 표 1). 힐즈는 2차원의 네트워크 위험으로부터 보호된다(NSWAGO 1995: 41). 하나는 계획된 수준에서 통행료를 증가시킴으로써 예상되는 위험 조정 수익률을 부풀리는 것이기 때문에, 민간소유는 공공 소유의 경우보다 더 높은 자동차 운전자들의 통행료를 초래했다. 두 번째 차원은 물질적 역기능(MAE: Material Adverse Event) 체제하에서 복원을 모색하는 것이다: 정부가 힐즈의 통행료 징수 능력에 악영향을 끼치는 시드니 북서부 지역의 대중교통망을 수정할 경우, 국가는 회사의 모든 부채를 부담해야 하며, 자본 투자자에게 개념적 수익에 대한 재정적 보상을 책임진다(NSWAGO 1995: 67). 이러한 계약 조건과 "정부에 대한 불청구"라는 미사여구는 잠재적으로 무한한 재정적 위험에 정부를 노출시켰다.

이것은 북서부 지역에서 교통여건을 개선함으로써 뉴사우스웨일스 시민들에게 유일한 사업적 혜택을 남긴다. 이러한 관점에서, 호지는 뉴사우스웨일스 정부를 "눈에 잘 띄는 사회기반시설 프로젝트의 제공을 위해 나쁜 거래를 하는 경향이 있다"(Hodge 2005: 323)고 묘사했다. 더 나은 교통량 흐름에서 발생하는 더 큰 가치는 M2와 LCT를 연결하는 최근 도로 공사 후에 실현되기 시작했다. 두 개의 도시형 DBFO 고속도로를 함께 연결하는 것은 주정부가 시드니에서 통합된 도로망을 완성하는 데 한 걸음 더 가까워지게 한다. 그러나 이러한 혜택이 주 시민들에게 노출되는 위험보다 더 크다고 결론짓기는 어렵다.

23.2.3 멜버른 시티 링크(1995년에 계약 체결)

멜버른 시티 링크(MCL : Melbourne City Link)는 빅토리아 주의 첫 민자 고속도로다. 1995년, 프로젝트 착수 전까지 공개적으로 이용할 수 있는 경제적 및 재무적 평가가 이루어지지 않은 상태에서(Brown 2003), 트랜스필드 홀딩스 프티 사와 오바야시 주식회사로 구성된 트랜스어반 컨소시엄은 빅토리아 주와 협력하여 21억 달러 규모의 멜버른 시티 링크 프로젝트를 수행하기 위한 수주에 성공하였다. 그 프로젝트에는 멜버른의 주요 3개 고속도로인 툴라마린, 웨스트 게이트, 모나시의 확장 및 연결이 포함되었다. 민자 도로는 멜버른공항, 주요 항만 시설, 도시의 남동쪽과 서쪽의 산업 센터를 연결하고 중앙 상권을 경유한다(VAGO 2007). 시티링크는 개발을 위한 프로젝트 조직으로의 역할을 위해 통합되었다.

정해진 약정에 따라 트랜스어반은 34년의 기간 동안 멜버른 시티 링크를 운영할 것으로 예상된다. 빠르면 25년 6개월 안에 양허기간을 종료하거나, 트랜스어반에게 17.5%의 세후 실질수익률을 보장하기 위해 연장될 수 있다(VAGO 1996a). 통행료는 수익을 극대화하기 위해 설정되었다(Lay and Daley 2002). 빅토리아 정부는 트랜스어반의 교통 위험을 줄이기 위한 조건으로 멜버른 시티 링크 부근의 기존 도로망에 대한 구체적인 변경과 관련된 특정 교통 관리 조치를 이행하기로 합의했다(**합의된 교통 관리 방안으로 알려진**). 트랜스어반은 이러한 조치들이 이행될 것이라는 가정하에 교통량과 수익 예측을 기반으로 했기 때문에, 이러한 합의된 조치 중에서 어떤 제거도 MAE 제도하에서 재협상이 촉발될 것이다(VAGO 1996b). 정부는 향후 교통 정책이 멜버른 교통망의 중심부가 되는 멜버른 시티 링크를 위험에 빠트리지 않을 것이라고 보장해야만 했다(VAGO 1996a). 이러한 상황은 정부의 교통망 재개발에 대한 유연성을 저해한다. 이는 연결 일부가 건설된 덕랜드 지역에서의 개발이 수익 손실을 초래했다고 주장하는 민간운영자에 의해 제기되어 진행 중인 3,700만 달러의 MAE 클레임에서 분명하게 나타난다(Hodge and Bowman 2004; Brown 2005).

이것은 시티링크가 14,180만 달러의 양허료를 지급하는 대가로 설계, 시공, 시운전, 운영, 유지, 보수와 시설 사용에 대한 통행료를 부과할 권리를 부여한다. 이러한 지급은 3개의 분할발행으로 이루어져야 한다(부록 A, 표 23.1 참조). 지불 옵션은 높은 수준의 유연성과 관련된다.

첫째, 양허에 대한 수수료 납부 의무가 국가에 대한 무이자 양허권의 발행으로 면제될 수 있다(CityLink 1995). 양허권은 양허 기간이 끝나면 상환해야 한다. 이들의 조기 상환에 대한 규정은 시티링크의 선순위부채 상환능력을 저해하지 않는다면 민간자본에 대한 연간 10%의 세후실질 수익이 실현될 수 있다(CityLink 1995). 브라운(Brown 2003)에서 7억8,000만 달러의 가치로 추정된 이 연기옵션은 민간자본에 대한 수익률을 상당히 높였다.

둘째, 2005년과 2006년, 빅토리아 정부는 멜버른 시티 링크를 연결하는 두 개의 공공도로를 업그레이드하기 위한 자금을 조달하기 위해 트랜스어반과 두 개의 양허권 되사기를 시도했다. 2005년 6월, 빅토리아 도로 청(the Victorian road authority)과 트랜스어반은 15,100만 달러 현금에 대해 액면가 35,530만 달러의 양허권을 발행하여 현금화하기로 합의했다(VAGO 2007: 24). 수익금은 툴러마린-칼더 인터체인지의 업그레이드를 지원하고 빅로드에 대한 선불 1,100만 달러를 포함하여 도로공사 관련 추가 수익 공유에 사용되었다. 2006년 5월에 빅로드는 추가로 트랜스어반과 합의하여 양허권(액면가 28억8400만 달러; VAGO 2007:25 참조)에 대한 잔여 이자를 현금화하고, 수익금을 웨스트 게잍츠와 모나시 고속도로의 업그레이드에 일부 자금을 사용하기로 했다. 이 거래의 일환으로, 트랜스어반은 또한 고속도로 통로 중앙에 위치한 멜버른 시티 링크의 남부 연결 구간을 약 1억 6,600만 달러의 비용으로 업그레이드하는 데 동의했다. 도로공사로 인해 발생하는 추가 수입은 빅로드와 트랜스어반 사이에서 공유될 것이다(VAGO 2007).

두 개의 현금화 거래에 대한 결정은 시간이 지남에 따라 양허권의 가치 하락 위험을 최소화한다는 근거에 기반하여 빅로드에 의해 정당화되었다. 이 두 가지 위험 완화 현금화 거래에서 발생하는 혜택은 빅토리아 감사국(VAGO 2007: 26)에 의해 확인되었다. 그러나 정부가 수행한 비교 연구와 문서화된 위험 평가가 없는 상황에서 바고는 현금화 옵션이 두 가지 업그레이드 프로젝트에 자금을 조달하는 최선의 대안인지에 대한 결론을 도출할 수 없었다.

상당한 상업적 위험이 트랜스어반으로 전가되었지만, 정부와 민간부문이 모두 통제할 수 없는 다른 위험은 트랜스어반과 도로 연결부분 사용자들 간에 공유되어야 한다(VAGO 1996a). 공공 거버넌스에 관한 위험이 표면화되었다. 제안 당시 멜버른 시티 링크는 DBFO 고속도로가 기존의 통행료 없는 고속도로 2개를 대체해 논란이 컸다(Lay and Daley 2002). 케넷 정부는 **멜버른 도시연결법 협정**의 제정으로 이 도로 프로젝트를 "헤치고 나아가기"하기 위해 법적 권한을 행사했다(Hodge 2005: 320). 소비자 보호를 위한 별도의 조항은 없었지만, 컨소시엄의 수익성 확보를 위한 노력으로 영업기간을 54년으로 연장할 수 있었다(Hodge 2005).

그럼에도 불구하고 멜버른 시티 링크는 호주 PPP 유료도로에서 이정표가 되었다. 이 도로는 국내 최초의 완전 전자 통행료 납부 도로로, 통행료가 혼잡 관리 및 보다 광범위한 도로 가격 적용 가능성에 대해 사용될 수 있는 수용도가 증가하고 있음을 입증했다. 교통 혼잡을 더 잘 관리하기 위한 자동화된 통행료 시스템과 가변적 통행료 계획에 의한 요금소 교체는 M7과 MEL을 포함하여 후속 고속도로 개발로 확대되었다. 이러한 비판에도 불구하고 MCL은 지역사회의 교통 목표 성취와 채택 면에서 "성공"이다(Lay and Daley 2002).

23.2.4 크로스 시티 터널(2002년에 계약 체결)

크로스 시티 터널(CCT: Cross City Tunnel)은 본질적으로 그 프로젝트가 도시 계획자들에 의해 "강요"된 해결책이었기 때문에 그 본질적으로 독특한 것이다. 도시 거리의 교통량을 줄이고 윌리엄 가를 따라 도시 편의시설을 개선하기 위해 도시설계 해결책이 되기 위한 취지였다.

원래 도시 횡단 터널의 개념은 킹스 크로스 터널의 서쪽과 호주 박물관 아래에 입구가 있는 짧은 터널이었다. 그러나 목표는 곧 윌리엄 거리와 주변 지역을 개선할 수 있는 더 긴 터널로 바뀌었다. 그 후 민간 입찰자인 바울더스톤(계약 체결한 컨소시엄인 크로스시티 모토웨이 — CrossCity Mortoway — 의 구성원)은 킹스 크로스 터널 동쪽까지 입구를 확장하는 수정된 비준수 입찰안을 제출했고, 추가 차선을 하버 브리지에 공급하기 위해 추가되었다. 이 개념은 프로젝트를 더 길고 더 비용이 많이 소요되는 터널로 변경하였다. 정부는 추가 공사비를 마련하기 위해 통행료 상한선을 두 번 해제해야 했다(NSWAGO 2006a). 첫 번째는 통행료 상승 공식 변경(원래 통행료 변동은 소비자 물가 지수 상승과 연계됨)으로 통행료에 영향을 끼치게 되어, 2018년까지 당초 계획보다

35%가 더 높았다. 두 번째 변경으로 크로스시티 모토웨이는 기본 통행료를 15센트(중량 차량은 30센트) 인상할 수 있었다. 이 두 거래를 합친 결과 터널 운영에 대한 통행료가 최대 51센트까지 상승하였다(NSWAGO 2006a: 6). 통행료에 대한 이 두 거래의 영향은 부록 B(표 23.2)에 요약되어 있다.

DBFO 계약은 2002년 크로스시티 모토웨이에게 그것의 디자인이 더 나은 도시 해결책을 제공할 뿐만 아니라, 이러한 프로젝트들이 정부에 순 비용 없이 건설되어야 한다는 당시 정부의 정책에 부합했기 때문에 체결되었다. 크로스시티 모토웨이는 RTA에게 가장 높은 선금을 제안하였고, 다른 입찰자들은 도로교통청으로부터 지불을 요청하였다(NSWAGO 2006a: 24). 더 빨리 수익을 창출하고 선불 지불을 제공하기 위한(JSCCCT 2006b: 81) 역량을 보이기 위해, 크로스시티 모토웨이는 경쟁사 및 도로교통청 추정치에서 최대 용량을 초과한 일반적이지 않은 낙관적인 교통량 예측을 모델링했다(NSWAGO 2006a: 5). 도로교통청의 조언에 반하여 크로스시티 모토웨이는 터널이 길어질수록 더 좋은 혜택이 주어지고, 따라서 교통량이 더 많아질 것으로 생각했기 때문에 이 수치를 주장하였다.

통행료 상한을 올리기 위해 RTA와 크로스시티 모토웨이의 합의는 정부가 이 사업의 재정 위험을 운전자들에게 전가함으로써 "정부에게 순 비용은 없다"는 말을 고수할 수 있게 한다. 비싼 통행료와 관련 도로 폐쇄에 대한 격렬한 대중의 저항은 결국 주민의 낮은 지지를 초래했다. 이 터널은 개통 1년 후인 2006년 12월에 부실로 인해 법정관리 상태에 놓이게 되었다. 그것은 2007년에 또 다른 민간 컨소시엄에 7억 달러에 팔렸다. 그 무렵, 실제 고객은 크로스시티 모토웨이 추정치의 3분의 1 미만이었다(Clegg and Poljak 2007). 이 터널은 저조한 교통량으로 2014년 6월 26일에 트랜스어반에서 4억 7천 5백만 달러에 두 번 매도되었다. 과도한 통행료와 도로 변경에 대한 저항은 크로스 시티 터널에 대한 공공의 강한 반감을 나타냈다.

정부는 2006년 CKI(크로스 시티 터널의 주식 보유자)가 크로스 시티 터널 지분 1억200만 달러의 급격한 평가절하(JSCCCT 2006a: 67)를 반영함으로써 고객위험과 수익위험도 할당되었다고 주장했다. 그러나 정부는 당시 경험이 적은 운영자를 선택하는 위험이 그 명성을 손상 받고 PPP 정책 구조를 왜곡할 것이라는 사실을 깨닫지 못했다. 그 결과, 정부는 그 프로젝트에 대한 지원에서 물러났다. 정부와 크로스시티 모토웨이 사이의 긴장에 대한 언론의 광범위한 노출은 두 당사자를 불명예스럽게 만들었다. PPP 정책 프레임워크의 장점을 재평가하기 위해 정부가 의뢰한 다수의 국회 질의와 독립 보고서(일명 리치몬드 보고서)에 상당한 공적 자원이 투입되었다.

크로스 시티 터널 "낭패"는 단순한 교통 업무를 초월하여 의도된 목적을 위한 도로 기반시설의 자금 조달에 대해 새로운 차원의 우려를 제기하였다. 미래의 도시설계계획을 위하여 의도된 도로 기반시설 재원조달을 위해 "사용자가 지불하는" 원칙을 확장해야 하는지, 그리고 혜택의 상당 부분이 운전자에게 발생하지 않는지 의문이다.

23.3 결론과 앞으로 나아갈 길

20년 이상의 개발 후, 도로 기반시설에서의 민간 제공은 점진적으로 위험 균형적 접근법으로 발전해 왔다. 그러나 납세자의 관점에서 너무 자주 호의적이지 않았던 전체적인 실증적 경험을 바탕으로 DBFO 도로가 대중에게 진정으로 돈의 가치를 전달했는지 의심스럽다.

연구된 사례에서, 특정 정치적 목적을 달성하고 민간운영자에 대한 수익을 극대화하기 위해 위험 할당 및 관련 지급과 가격 결정 메커니즘이 형성되었다. 자산 창출과 전 수명 자산관리를 결합하는 개념은 자산의 생애주기에 걸쳐 납세자에게 비용 절감을 통해 돈의 가치를 극대화하는 결과를 전달하지 못했다. 인센티브 지급 구조의 정교함은 아직 민간부문의 위험 수행에 동기를 부여하지 못했다. 이는 재무 메커니즘의 설계가 최적의 위험 배분을 고려하지 않고 계약 당사자의 이익에 맞추어졌기 때문이다. 민간부문과 비용 및 위험을 공유하는 개념은 위험과 비용을 운영자와 지역사회에 전가함으로써 "합리화"되었다. 민간 조항은 정부가 의회와 대중의 감시를 피하려고 "전략적 유연성"을 편리하게 제공했다(NSWAGO 1994: 292 3; Hodge 2005).

위에서 보듯이, 잘못된 교통량 예측은 프로젝트와 시간에 걸친 표준적 사항이다. 정치적 이유로 이미 선택된 행동 방침을 정당화하기 위해 교통 예측이 산출된다는 사실은 다른 곳에서 문서화되었다(Wachs 1990). 교통량 예측은 계약을 수주하고 공공부문 기관의 전략적 목표를 달성하기 위한 관점에서 도출된 결과이다. 충분한 증거는 예측이 가장 가능성이 큰 결과를 보여주기 위해서가 아니라 정치적 의도를 만족시키기 위해(Flyvbjerg et al. 2006) 또는 시장에서 자금을 조달하기 위해(Flyvbjerg et al. 2005) 구성되었다는 것을 나타낸다. 이것들은 이러한 메가프로젝트 가치 손실로 고통받은 지역사회와 민간 자본투자자들 모두에게 부실한 돈의 가치로 나타났다. 크로스 시티 터널의 당초 투자자들은 다른 컨소시엄(Clegg and Poljack 2007)에 양허권이 매각되었을 때 원래 투자금의 20%만 받았다.

이러한 계약들에 수반되는 책임 있는 공공기관의 목적은 교통량 예측에 대한 평가를 왜곡시켰을 수 있다. 책임 있는 공공기관에 최저 비용 거래를 제공하는 제안자의 역량과 제안의 기초가 되는 교통량 예측 사이에 강한 연관성이 있다. 예를 들어, 시드니 M2에서 정부에 대해 어떠한 상환청구도 고려되지 않는 것이 다른 기준보다 우선되었다(NSWAGO 1995: 49). 몇몇 경우에 이권을 얻기 위해 교통량 증가 예측이 지나치게 낙관적으로 되도록 유도되는 민간 기업에 낮은 인센티브를 제공하는 입찰 과정이 잘못된 교통량 예측으로 이어지는 결과를 더욱 악화시켰다. 크로스 시티 터널의 입찰 모델은 모든 입찰자들을 개발비 방식 또는 사업 대가 방식에 입찰하도록 초대하였다(JSCCCT 2006b: 73). 그것은 "높은 교통량에 대해 입찰하기 위한 왜곡된 인센티브"를 제공하는 것으로 받아들여졌다(NSWAGO 2006a: 61). 전형적인 사후 해결책은 양허기간 연장이나 통행료 상한제 해제 허가에 의해 공공부문에 용량 위험을 되돌리는 것이었다.

DBFO 고속도로는 통합된 교통망에 대한 복잡한 문제의 일부를 구성한다. 단순한 도로 해결책을 넘어 범위를 확장할 수 있는 것은 불가피하다. 최근의 경험에서 제시하듯이 "사용자 부담" 원칙에 입각한 혼잡 관리에 유용한 장치가 될 수 있고, 도시 계획 문제의 해결책이 될 수 있다. 정부는 의도된 프로젝트 목표와 관련된 위험을 이해하고 민간 파트너와 적절하고 공평한 위험 공유 협정을 협상할 수 있는 것이 중요하다. 이 정도까지는 현재의 위험 이동 접근법이 불충분하다는 것이 입증되었다. 위험 이동과 반대로 위험 배분의 합리성을 고수하는 사전 위험 관리 패러다임은 지속 가능한 DBFO 체제에 필요하다.

부록 A

표 23.1 뉴 사우스 웨일즈와 빅토리아에서의 DBFO 자동차도로

NSW								빅토리아	
시드니 항구 터널(SHT)	M4(2 부분)	M5(2 단계)	힐스 M2 자동차 도로(M2)	동부 지부 M1 (ED)	도시 관통 터널 (CCT)	서부 연결 M7 (M7)	레인코브 터널 (LCT)	도시연결 (MCL)	동부연결 (MEL)
실제 교통 개통일									
1992년9월	1992/05/15	1992년 8월 /1994년 9월	1997년 5월	1999년12월	2005년8월	2005년12월	2007년3월	1999년8월	2008/06/29
계획 교통 개통일									
1992년10월	1993/02/15	1995/02/28, 1994년 9월	1997/12/30	2000/08/18	2005/10/18	2006/08/13	2007/05/10	2000년7월	2008년11월
양허 계획일									
2022년9월	2010년 2월	2023년 9월	2042년 5월	2048년7월	2035년12월	2037년2월	2037년1월	2034년1월	2043년12월
영업 기간									
30년	20년	31년	36-45년	48년	30년	30년	30년	25-54년	35년
자본비용a									
AU$6.83억	AU$2.46억	AU$3.82억	AU$6.16억	AU$6.84억	AU$6.80억	AU$22.3억	AU$16.848억	AU$21억	AU$38억
(-ve)/to (+ve)정부 대리인에 의한 선불 지급									
-AU$2.23억 (주 채권); +3.5백만	0	0	-AU$66.5백만 (자본 지급)	+AU$10.2백만b	+AU$96.8백만 +gst(RDF+BCF)	+AU$193백만 +gst(RDF+BCF) c	+AU$79백만 +gst(RDF+BCF)	0	+AU$15백만(입찰 기간과 금융종료 사이의 이자율에 변동에 대해 국가가 보상); +AU$ 20 백만(주 용지와 작업 가치 AU$318백만에 대한 토지 허가와 무료 임대)

(계속)

표 23.1 계속

NSW								빅토리아	
시드니 항구 터널(SHT)	M4(2 부분)	M5(2 단계)	힐스 M2 자동차 도로(M2)	동부 지부 M1 (ED)	도시 관통 터널 (CCT)	서부 연결 M7 (M7)	레인코브 터널 (LCT)	도시연결 (MCL)	동부연결 (MEL)
실제 교통 개통일									
1992년9월	1992/05/15	1992년 8월 /1994년 9월	1997년 5월	1999년12월	2005년8월	2005년12월	2007년3월	1999년8월	2008/06/29
계획 교통 개통일									
1992년10월	1993/02/15	1995/02/28, 1994년 9월	1997/12/30	2000/08/18	2005/10/18	2006/08/13	2007/05/10	2000년7월	2008년11월
양허 계획일									
2022년9월	2010년 2월	2023년 9월	2042년 5월	2048년7월	2035년12월	2037년2월	2037년1월	2034년1월	2043년12월
영업 기간									
30년	20년	31년	36-45년	48년	30년	30년	30년	25-54년	35년
자본비용a									
AU$6.83억	AU$2.46억	AU$3.82억	AU$6.16억	AU$6.84억	AU$6.80억	AU$22.3억	AU$16.848억	AU$21억	AU$38억
(-ve)/to (+ve)정부 대리인에 의한 선불 지급									
-AU$2.23억 (주 채권); +3.5백만	0	0	-AU$66.5백만 (자본 지급)	+AU$10.2백만b	+AU$96.8백만 +gst(RDF+BCF)	+AU$193백만 +gst(RDF+BCF) c	+AU$79백만 +gst(RDF+BCF)	0	+AU$15백만(입찰 기간과 금융종료 사이의 이자율에 있어서 주 보상); +AU$20백만 (주 용지와 작업 가치 AU$318백만에 대한 토지 허가와 무료 임대)

(계속)

컨소시엄 파트너 (주요 지분 소유자)								
트랜스필드 피티 사, 구마가이 구미 사	SWR 파트너, 맥쿼이어 인프라 (MIG)	MIG, M5 홀딩스, 코젠트 노미니즈	2005년 6월부터 트랜스어반; 전 아비그룹, 오바야시사	MIG; 호주의 전 인프라 신탁, 레히톤 자동차도로 투자	ABN 암로, 2007년 6월부터 레히톤 홀딩스; 전 CKI, 빌휭거 버거, SAS 피산탁 사, J.P 모건 노미니 호주	MIG, 트랜스어반, 아비그룹, 레히톤 홀딩스	2004년 7월부터 CKI 및 리카싱 재단; 전 ABN 암로 호주	트랜스 홀당 피티 사, 오바야시 사, 트랜스어반	맥콰이어 은행(자본가), 디에스와 존 홀랜드(시공), 소시대드 일버리카 드 컨스트럭선스 일렉트리카, SA. (통행료 시스템과 도로변 장비 통합), 트랜스필드 서비스 호주 피티 사(운영과 유자 서비스)
운영자								
시드니 항구 터널 사	SWR 운영	인터링크 도로	힐스 자동차도로에 대한 톨라우스트 하도계약	공항 자동차도로 사 (AML)	바울더스톤 하니브룩에 대한 도시횡단 자동차도로 하도계약	서부 연결 자동차도로	트랜스필드 서비스에 대한 레인코브 터널 사 하도계약	트랜스어반	커넥트 이스트

a 각 프로젝트에 대한 상세 자본비용은 다음과 같다:
SHT: AU$683백만(1986 가격), 건설비 AU$554백만 포함(NSWAGO 1995; NSWIIG 2005).
M4: 연결부 제외한 서부부분 포함; 메이즈 힐스-프로스펙과 동부부분 확대; 제임스 루스 드라이버와 파라마타의 실버워터 로드 이스트. AU$246백만(1988 가격)은 양 부부을 위해 건설비 AU$110백만 포함이며, 이자와 유지비, 세금이 포함된 가치가 남아 있음(NSWAGO 1994).
M5: 1단계(비버리힐스-무어뱅크)와 2단계(무어뱅크-프레스톤) 포함. AU$382백만(1991 가격)은 두 요소로 구성: (i) M5 주 연결 비용 AU$317백만; RTA가 지불한 용지비 AU$22백만과 인터링크가 조달한 건설비 AU$295백만(CBA부채 AU$250백만), RTA(AU$35백만 부채와 AU$10백만 건설비 지불); (ii) M5 서부 확장; RTA부채(AU$50백만)와 인터링크(CBA부채 AU$15백만)에 의해 조달된 건설비 AU$65백만; 인터링크에 대한 RTA부채(일부는 할인 이자율)는 인터링크의 타 부채에 종속되어 있고 프로젝트 종료기간까지 갚지 않는다(NSWAGO 1994).
M2: AU$616백만 (1994 가격), 설계 및 건설비(AU$369백만), 프로젝트 수립비(AU$26백만), 간접경비(AU$6백만), 투자자에 분배(AU$47백만), 수입 이자를 포함한 순 프로젝트 금융 비용(AU$33백만), 부채준비금(AU$15백만), 모든 금액은 민간 부채와 자본으로 조달; 플러스 RTA에 의해 지불된 AU$120백만 용지비(힐스 1994; NSWAGO 1995).
ED: AU$684백만 (1997 가격)으로 금융, 개발, 설계, 시공, 준비, 시운전 비용으로 구성됨(NSWAGO 1997).
CCT: AU$680백만(명목가격)으로 개발, 설계, 시공, 준비, 시운전 비용으로 구성됨(NSWAGO 2006).
M7: AU$2,230백만(명목가격)으로 자동차도로에 대한 도로 연결과 금융, 설계 및 시공 비용을 포함한 프로젝트 전체비용이 AU$15.4억이라고 나타낸다(웨스트링크 M7 2005).
LCT: AU$1,684.8백만(1999가격)으로 자본 투자 AU$542.8백만과 부채 조달 AU$1,1420백만으로 조달된 개발, 설계, 시공, 준비, 시운전 비용으로 구성; 프로젝트 추정 비용은 AU$815백만(JSCCT 2006c).
MCL: AU$2,100백만(1996 가격)으로 프로젝트의 설계, 금융, 시공, 운영을 수행하기 위해 트랜스어반으로부터 기부된 AU$1,800백만와, 자산 취득, 모아랜드 로드에서 불라로드까지 툴어마린 고속도로 확장, 어느 정도 합의된 교통관리 대책을 포함하여 자금조달과 관련된 작업에 대한 정부의 금융비용 AU$266백만으로 구성(VAGO 1996a).
MEL: AU$3,800백만(2005 가격)으로 프로젝트의 설계 및 시공의 확정 가격 AU$2,500백만으로 구성; 잔여가치는 자본과 금융비용 포함(VAGO 2005; 194).
b AU$10.2백만은 민간 운영자가 구성한 두 현금 지급 양허수수료에 의해 지불: 1998년 2월에 AU$2.2백만; 2000년 8월에 AU$8백만.
c 연방정부는 M7 프로젝트에[대해 AU$356백만 기부(NSWAGO 2006b).

d AU$46.6백만의 토지임대료(자동차도로가 건설되는 부지에 대해 총 17년간 임대)는 두 분할발행 채권으로 SWR에 의해 지불; 합계는 AU$22,094,340.11 또는 개시일 전; 그리고 합계는 1991/05/31에 AU$24,521,348.11 (NSWAGO 1994, p.357). RTA 토지 대출은 1997년에 인터링크에 의해 지불. 이 두 지불은 양허기간을 넘어 잔여 임대의 사전 지불로 취급됨. 그들은 RTA 장부에 부채-"얻지 못한 수익" 및 연간 상환되는 것으로 기록됨 (RTA 2007: 142). 이들 토지 임대의 특성이 이후의 프로젝트와는 다르다는 것을 주목하라. M4와 M5의 토지임대는 자동차 도로가 건설되는 부지에 대한 임대이다. 이후 프로젝트에서 토지임대는 통행료 부과에 대한 권리를 위해 양허인에게 지불되는 가격이고 그들 고유의 혜택을 위하여 보유된다.
e RTA의 재정 기부: 민간 지지자에 의한 물가지수 채권의 이슈와 연관된 위험을 포함하여 선취권이 있는 지지자의 발표와 재무 종결 사이의 이자율 변동 위험의 전가에 대한 AU$5백만; 그리고 당초 프로젝트 제안에 추가한 수정에 대해 AML을 보상하기 위한 건설비 AU$20백만이며, 이것의 반은 시드니 아트 갤러리의 경관 케노피의 건설을 확실하게 하는 금액이다. 토지임대의 65%까지 약속어음으로 지불될 수 있고, 이것은 자본에 대한 세금 후 10% 연간 실질 수익이 얻어진 후에 단지 상환될 수 있다.
f 토지인수를 위해 사용된 AU$107백만을 포함한 AU$266백만; 국가업무협정에 따라 트랜스어반에 의한 분리된 비상터널의 건설을 위한 AU$10백만; 그리고 정부에 의해 조달된 업무와 연관된 비용(VAGO 1996b). 반년마다 지불되는 연간 양허수수료의 세 종류의 분할발행 채권: 첫 25년 동안의 AU$95.6백만, 26-34년 동안의 AU$45.2백만, 그리고 잔여기간의 AU$1백만은 만일 자본에 대한 누적 실질/이후 인플레이션 수익률이 연간 10% 보다 적고 어느 회계연도에서 상환되는 약속어음의 총 금액이 이전 회계연도의 분배할 수 있는 현금흐름의 30%를 초과한다면 이자 없는 약속어음으로 모두 지불 가능하다(VAGO 2007: 23); 민간 자본에 대한 실징 세후 수익률이 예측 수익률을 초과할 때 해당 기간에서 지불해야 할 장려금 임대료(CityLink 1995).
g 양허인 커넥트이스트는 자동차도로 운영에 대한 권리에 대해 정부에 양허수수료를 지불할 의무가 없다. 양허 권리에 대한 수익으로, 커넥트이스트는 통행료가 없는 새로운 도로의 두 부분(링우드를 우회하는 2km의 개선된 도로와 단드농을 우회하는 새로운 4.75km 도로)을 건설했고, 건설이 준공되자마자 빅토리아 정부에 무료로 양허하였다(VAGO 2005: 193).
h 데이터는 <http://chartingtransport.com/2012/03/03/traffic-volumes-on-australian-toll-roads/>에서 얻었다.

출처: CityLink(1995); EastLink(2004); JSCCT(2006a, 2006b); NSWIIG(2005); Hodge(2005); NSWAGO(여러 해); RTA(계약 요약, 여러 해); RTA(2007); SHTA(1987); VAGO(1996a, 1996b, 2005), Westlink M7(2005)

부록 B

표 23.2 당초 프로젝트 개념과 비교한 통행료의 변화

통행료 요소	당초 프로젝트 개념	변화 후	변화 이유
통행료 물가상승 공식	CPI(소비자 물가지수) 적용 통행료 물가상승	개통 2011.12a: 4% 및 CPI 보다 크다 2012.1–2017.12b: 3% 및 CPI보다 크다 2017.12 이후a,b: CPI 및 0%보다 크다	보충적 EIS와 관련된 추가적인 승인 조건에 따른 추가 AU$75백만 지불을 RTA가 회피하기 위하여
기저 통행료 수준	소형차: 주 터널에서 AU$2.50 SJYCc에서 진출을 위해 AU$1.10 대형차: 주 터널에 대해 AU$5.00 SJYC에서 진출을 위해 AU$2.20	소형차: 주 터널에서 AU$2.65 SJYC에서 진출을 위해 AU$1.25 대형차: 주 터널에 대해 AU$5.30 SJYC에서 진출을 위해 AU$2.50	RTA을 위해 확인된 추가 작업 AU$35백만을 수행하기 위해 CCM에 대해 수익 허가

a 분기별 적응. 효과적으로 적응은 4% 보다 크다. 만일 소비자물가지수가 연간 수치로 취급된다면, 2005/12/31에 부과되는 통행료는 AU$3.56 이 아닌 AU$3.45이다.
b 만일 어느 분기에 소비자물가지수가 음수이면, 통행료는 소비자물가지수가 양(+)이 될 때까지 같은 수준을 유지할 것이다.
c 존 영 크레센트 경

출처: NSWAGO(2006a); JSCCT(2006a).

주

1. PPP는 또한 NSW-WWG 2006의 조달 정책에서 PFP(Private Financial Projects)라고도 한다. 영국에서는 초기에 PFI(Private Finance Initiative)로 명명되었다. 이 장에서 PFI는 특히 영국에서 수행되는 프로젝트를 언급하는 반면, 용어들은 상호 호환성이 있다.
2. 용어 사용은 국가마다 다르다. 영국의 경우, 교통에서의 DBFO는 양허기간 말에 소유권을 이전하는 것을 포함한(글레이스터 외 2000) 반면, 호주에서는 이와 유사한 협정을 BOOT (Debande 2002: 380)라고 불린다.
3. 예외 사항은 영국에서 사용되는 쉐도우 통행료 프로그램은 도로국으로부터 민간 사업자가 직접 보상을 받는 것이다.
4. 계약 협상 중에 모든 당사자들에게 사용자 통행료가 터널 비용을 감당하기에 충분하지 않으리라는 것은 명백했다. 따라서 간선도로부는 모든 시드니 하버 터널 운영사의 노출된 위험을 충족하고 실제 통행료 수준 또는 실제 터널 사용자에 관계없이 시드니 하버 터널 운영사에 재무적 수익

을 제공하는 데 동의하였다(NSWAGO 1994: 265).

5. 차입의 "글로벌 한계"의 완전한 이력을 위해 독자는 워커와 워커(Walker and Walker 2000)를 참조하라.
6. 임대료라는 용어는 자동차 전용도로가 운행 중인 토지에 대한 임대료 지급으로 잘못 해석되어서는 안 된다. 통행료 부과할 권리를 지불하는 것이다. 혼동을 피하기 위해 통행권 지불/가치를 논의할 때 이 장은 도로교통청에서 채택한 용어를 사용하여 "토지임대료" 또는 "임대료"라고 부르는 반면, "토지 리스"는 정부로부터 토지를 임대하는 대금을 말한다.
7. 2005년에 힐즈는 현재 M2를 소유하고 운영하는 트랜스어반에 인수되었다.
8. 6%의 수익률은 도로교통청(NSWAGO 1995: 88)이 출자한 토지의 가치를 고려하지 않았다. 토지 가치를 포함하면 당연히 도로교통청로의 반환은 더욱 악화될 것이다.
9. 레인 코브 터널 개통 이후 교통량이 많아지는 것 같다. 부록 A에 제시된 M2의 실제 연평균 일일 교통량은 새로운 자본 소유주인 트랜스어반이 보고한 최신 수치였다. 실제 연평균 일일 교통량은 당초 예상치인 9만200명을 넘어선 것으로 보인다. 이것이 약속어음의 현금상환을 촉발시킬지는 불분명하다.
10. 1995년 감사보고서에서 도로교통청이 교통위험의 공동주체라고 주장했을 때, RTA는 이러한 주장에 대해 이의를 제기하고 힐스가 회사에 의해 발행된 프로젝트 전망에서 입증한 바와 같이 단일 부담자로서의 지위를 확인하였다고 주장하였다: "회사는 예상한 것보다 낮은 교통량과 수익의 위험을 안고 있다." (NSWAGO 1995: 19).

참고 문헌

Akbiyikli, R., Eaton, D., and Turner, A. (2006). "Project finance and the private finance initiative (PFI)," *Journal of Structured Finance*, 12(2): 67–75.

Arndt, R. H. (1998). "Risk allocation in the Melbourne CityLink Project," *Journal of Project Finance*, 4(3): 11–24.

Broadbent, J. and Laughlin, R. (2004). "PPPs: Nature, development and unanswered questions," *Australian Accounting Review*, 14(2): 4–10.

Brown, C. (2003). "Transurban City Link: Hindsight view," *Finance and Treasury Professional*, August: 18–20.

Brown, C. (2005). "Financing transport infrastructure: For whom the road tolls,"

Australian Economic Review, 38 (4): 431–8.

Chung, D. (2009). "Private provision of road infrastructure: Unveiling the inconvenient truth in New South Wales, Australia," *Road and Transport Research* 18(1): 68–85.

CityLink (1995). *Agreement for the Melbourne City Link (Act No. 107/1995)*. Victorian Government.

Clegg, B. and Poljak, V. (2007). "Sold: $700m Cross City Tunnel." *Australian Financial Review*, Wednesday, Sydney, 20 June, pp. 1, 52.

Debande, O. (2002). "Private financing of transport infrastructure," *Journal of Transport Economics and Policy*, 36(3): 355–87.

EastLink (2004). *Mitcham–Frankston Freeway: Concession Deed*. Victorian Government.

English, L. (2005a). "Using Public Private Partnerships to achieve value for money in the delivery of healthcare in Australia," *International Journal of Public Policy*, 1(1–2): 91–121.

English, L. (2005b). "Evaluation and monitoring of Public Private Partnerships," *Submission to the Legislative Assembly Public Accounts Committee Inquiry into Public Private Partnerships*, Sydney, Sub. No. 4.

English, L. (2006). 'Public Private Partnerships in Australia: An overview of their nature, purpose, incidence and oversight," *University of New South Wales Law Journal*, 29(3): 250–62.

English, L. and Baxter, J. (2008). "Using contracts to govern hybrid public–private partnerships: A case study of Australian prisons," *AFAANZ/IAAER Conference*, Sydney, Australia, 6–8 July 2008.

English, L. and Guthrie, J. (2003). "Driving privately financed projects in Australia: What makes them tick?" *Accounting, Auditing and Accountability Journal*, 16(3): 493–511.

Flyvbjerg, B., Holm, M. S., and Buhl, S. L. (2005). "How (in)accurate are demand forecasts in public works projects? The case of transportation," *Journal of the American Planning Association*, 71(2): 131–46.

Flyvbjerg, B., Holm, M. S., and Buhl, S. L. (2006). "Inaccuracy in traffic forecasts," *Transport Reviews*, 26(1): 1–24.

Glaister, S., Scanlon, R., and Travers, T. (2000). "Getting Public Private Partnerships going in transport," *Public Policy and Administration*, 15(4): 49–70.

HM Treasury. (2006). PFI: *Strengthening Long-Term Partnerships*. London: HM Treasury.

Hodge, G. (2005). "Public–private partnerships: The Australasian experience with physical infrastructure', in G. Hodge and C. Greve (eds.), *The Challenge of Public–Private Partnerships: Learning from International Experience*. Cheltenham: Edward Elgar, pp. 305–31.

Hodge, G. and Bowman, D. M. (2004). "PPP contractual issues: Big promises and unfinished business," in A. Ghobadian, O. R. Gallear, and N. V. Howard (eds.), *Public–Private Partnerships: Policy and Experience*. Houndmills: Palgrave Macmillan, pp. 201–18.

JSCCCT (Joint Select Committee on the Cross City Tunnel). (2006a). *Cross City Tunnel and Public Private Partnerships: Second Report*. Parliament of New South Wales.

JSCCCT (Joint Select Committee on the Cross City Tunnel). (2006b). *Cross City Tunnel: First Report*. Parliament of New South Wales.

JSCCCT (Joint Select Committee on the Cross City Tunnel). (2006c). *Third Report: Lane Cove Tunnel*. Parliament of New South Wales.

Lay, M. G. and Daley, K. F. (2002). "The Melbourne CityLink project," *Transport Policy*, 9(3): 261–7.

Mills, G. (1991). "Commercial funding of transport infrastructure," *Journal of Transport Economics and Policy*, 25(3): 279–98.

NAO (National Audit Office). (2003). *PFI: Construction Performance*. London Report by the Comptroller and Auditor General, HC 371, Session 2002–03.

NSWAGO (New South Wales Auditor-General's Office). (1994). *Private Participation in the Provision of Public Infrastructure: The Roads and Traffic Authority*. New South Wales Government, Sydney Report No. 13,

NSWAGO (New South Wales Auditor-General's Office). (1995). *Performance Audit Report: Roads and Traffic Authority: The M2 Motorway*. New South Wales Government, Sydney Report No. 16.

NSWAGO (New South Wales Auditor-General's Office). (2000). *Review of M2 Motorway Documentation (Reported in Auditor-General's Report to Parliament 2000, Volume 3)*. The Audit Office of New South Wales, Sydney.

NSWAGO (New South Wales Auditor-General's Office). (2003). *Roads and Traffic Authority of New South Wales (Reported in Volume 5 of the Auditor-General's 2003 Report to Parliament)*. The Audit Office of New South Wales, Sydney, pp. 209–18.

NSWAGO (New South Wales Auditor-General's Office). (2006a). *Performance Audit: The Cross City Tunnel Project*. The Audit Office of New South Wales, Sydney.

NSWAGO (New South Wales Auditor-General's Office). (2006b). *Roads and Traffic Authority of New South Wales (Reported in Volume 4 of the Auditor-General's 2006 Report to Parliament)*. The Audit Office of New South Wales, Sydney, pp. 121–9.

NSWAGO (New South Wales Auditor-General's Office). (2007). *Roads and Traffic Authority of New South Wales, Sydney (Auditor-General's Report to Parliament 2007 Volume 6)*. The Audit Office of New South Wales, Sydney, pp. 69–74.

NSWIIG (New South Wales Infrastructure Implementation Group). (2005). *Review of Future Provision of Motorways in NSW*. The Premier's Department, Sydney.

NSW Treasury. (2007). *State Infrastructure Strategy: New South Wales 2006–07 to 2015–16*. Office of Financial Management, Sydney.

Partnerships Victoria. (2000). Department of Treasury and Finance Victoria, Australia.

RTA. (2007). *RTA Annual Report 2007*. Roads and Traffic Authority.

SHTA. (1987). *Sydney Harbour Tunnel (Private Joint Venture) Act 1987*. New South Wales Government.

Tiong, R. L. K. (1995). "Risks and guarantees in BOT tender," *Journal of Construction Engineering and Management*, 121(2): 183–8.

VAGO (Victorian Auditor-General's Office). (1996a). *Report of the Auditor-General on the Statement of Financial Operations, 1995–96*. Victorian Auditor-General's Office.

VAGO (Victorian Auditor-General's Office). (1996b). *Report on Ministerial Portfolios, May 1996*. Victorian Auditor-General's Office.

VAGO (Victorian Auditor-General's Office). (2005). *Auditor-General's Report: Results of 30 June 2005, Financial Statement and Other Audits, Report No. 2005:17*. Victorian Government.

VAGO (Victorian Auditor-General's Office). (2007). *Funding and Delivery of Two Freeway Upgrade Projects, PP No 69, Session 2006–07*. Victorian Government.

VicRoads. (2006). *Environmental Management Guidelines*. Roads Corporation, Victorian Government.

Wachs, M. (1990). “Ethics and advocacy in forecasting for public policy,” *Business Professional Ethics Journal*, 9(1/2): 141–57.

Walker, B. (2005). “5 things that Auditors-General should be doing about PPPs,” *Dissent*, 18: 50–3.

Walker, B. and Walker, B. (2000). *Privatisation Sell Off or Sell Out? The Australian Experience*. Sydney, NSW: ABC Books.

West, M. (2008). “Roads to nowhere,” Sydney Morning Herald, 16 July <http://business.smh.com.au/business/roads-to- nowhere-20080716- 3fna. html?page=fullpage#con>

Westlink M7. (2005). *Summary of First Deed of Variation*.

WWG. (2006). *Working with Government: Guidelines for Privately Financed Projects*. New South Wales Government.

제24장

정치적 상징으로서의 메가프로젝트

남아공의 가우트레인

야니스 반 데르 웨스트후이젠

24.1 개요

올림픽, 월드컵, 엑스포와 같은 초대형 이벤트는 높은 수준의 관광 및 기타 경제적 영향과 관련된 일시적이고 세간의 이목을 끄는 행사들이다. 도시와 인프라의 지지자들은 메가이벤트를 장기적인 경제 발전과 일자리 창출을 위해 전략으로 개발하고 신속히 채택한다. 그러나 관련된 비용, 기반시설 요건, 정치적 안정성에 대한 필요성을 고려할 때, 메가이벤트는 일반적으로 선진국에서 개최되었다. 그러나 최근에는 신흥 산업화의 개발도상국 및 신흥 경제국들도 주요 행사를 유치하기 위해 노력하고 있으며, 이를 통해 대규모의 새로운 인프라 프로젝트를 착수한다.

도시개발과 메가이벤트에 관한 문헌은 광범위하지만 메가프로젝트의 한 종류로서 메가이벤트와 교통체계에 관한 문헌은 명시적으로 서로 연결되어 있지 않다. 한 가지 설명은 관광업-여행 목적지-경영 문헌과 관련된 교통의 상대적인 주변 지역에 대해서 일 수 있는데, 이는 행사를 오가는 여행이 일시적이기 때문일 수 있다. 그러나 여행의 영향은 "시간에 집중되어 있고 혼잡과 오염과 같이 목적지 지역에 상당히 일시적인 문제를 일으킬 수 있는 잠재력을 가지고 있다"(Robbins, Dickinson, and Calver 2007: 303).

메가프로젝트는 물리적이고 매우 값비싼 공공재이며, 일반적으로 전반적 또는 부분적으로 공공 자금을 조달하는 구조물, 장비 및/또는 준비된 개발 장소의 생성과 연관된다(Althshuler and Luberoff 2003: 2). 교통 프로젝트 외에도 발전소, 물 프로젝트, 정보기술, 항공우주 계획 등이 그 예이다. 실제로 메가프로젝트는 인프라(댐, 항만, 철도 등), 추출(광물, 석유, 가스 등), 생산(예: 전투기 등 대규모 군용 하드웨어, 화학공장, 제조단지), 소비(관광시설, 쇼핑몰과 테마파크 등) 등 4가지로 분류할 수 있다. 지난 20년 동안, 특히 개발도상국에서 메가프로젝트의 수가 폭발했다. 메릴린치는 2009-2012년 동안 신흥시장의 인프라에 대한 지출이 연간 22,500억 달러에 이를 것으로 추정했다(Kardes et al. 2013: 906). 메가프로젝트의 정치경제에 대해 보다 비판적인 문헌이 등장하면서 경제적 비용, 환경영향, 공공 지지 측면에서의 지속가능성이 점점 더 면밀히 조사되고 있다. 메가이벤트의 적합성과 그 장기적 영향을 둘러싼 논쟁과 달리, 비판적 분석가들은 메가프로젝트가 일반적으로 예산 초과, 장기 고용 기회의 과대평가, 환경영향 예측 최소화, 공공 협의 프로세스 제한을 초래한다는 사실을 자주 우려한다(Flyvbjerg, Bruzelius, and Rothengatter 2003). 남아프리카공화국에서, 가우트레인은 초기에 그 나라의 2010년 축구 월드컵을 유치하기 위한 입찰과 밀접하게 관련되었던 메가프로젝트의 특히 흥미로운 사례 연구로 나타났다. 이러한 유사성을 설명하기 위해 본 장은 세 가지 차원에 초점을 맞추고 있다. 첫째, 공공 협의 및 특수 이익 집단의 역할과 둘째, 비용 및 승객 수 예측의 문제, 그리고 세 번째로, 종종 메가프로젝트를 둘러싸고 있는 무형의 "신화적인" 담론이다. 이 맥락에서 "신화적"은 단순히 상징, 이미지, 은유 등이 상징적 과정의 산물인 방식을 가리키며, 이미지는 "일반적으로 상상력의 훈련장에서 서열 순으로 행진하는 의례적으로 설명되지 않은 일련의 가정[모호한 대안]의 대용물"로서 역할을 한다(Boulding 1956). 이 세 가지 차원은 메가프로젝트의 반대자와 지지자 모두가 메가프로젝트의 필요성에 대해 경쟁을 벌이는 담론적인 분야를 구성하기 때문에 중요하다. 그들은 보통 상당한 재정적 주장을 하여 비용과 이익에 대한 논쟁을 불러일으키는데, 정확히 메가프로젝트는 수반되는 막대한 비용으로 인해 본질적으로 정치적인 문제이다. 그러나 이 장에서의 설명과 같이, 지지자들과 반대자들 사이의 담론적인 경쟁은 물질적인 주장에 기초할 뿐만 아니라, 마찬가지로 정체성 표시자로서 대규모 교통 프로젝트의 상징적인 역할에 기초하고 있다. 개발도상국의 맥락에서 이것들은 종종 현상 예측과 관련이 있다. 따라서 가우트레인 지지자들이 가우트레인의 완성을 남아공의 2010년 월드컵의 성공적인 개최와 연결시키려 한 것은 우연이 아니다. 이는 남아공의 "신흥적인 권력" 역할의 또 다른 현상 표시이다.

24.2 교통 — 정치 경제적 맥락

2011년까지 남아공에서 가장 작지만 인구밀도가 가장 높은 지역인 가우텡에 1,220만 명이 거주하여, 남아공 인구의 25%가 남아공 국민총생산(GDP)의 약 34%와 전체 아프리카 대륙 GDP의 10%를 창출하였다. 남아공은 인구 1,000명당 자동차 수가 아프리카(나이지리아, 라이베리아에 이어)에서 가장 많고, 남아공 5명 중 1명이 자동차를 소유하고 있다. 글로벌 기준으로 보면 남아프리카공화국이 86위(요르단 바로 다음)인 반면, 가우텡은 그 국가에서 운행되는 전체 자동차의 약 40%를 차지하고 있다(아프리카 1인당 자동차 2014년). 요하네스버그와 츠와네(프레토리아) 사이에서 차량 통행량이 매년 7%씩 증가하고, 고질적인 혼잡과 정기적인 교통정체로 가우트레인의 주된 목적은 "자동차 사용자를 대중교통 수단으로 끌어들이는 것으로, 이전에는 남아프리카에서 달성할 수 없었던 빠르고, 편안하고, 안전하고, 안정적이며, 예측 가능한 대안이 필요하다"(Van der Merwe 2002: 23).

최악의 대중교통의 나라에서, 자동차에 대한 접근과 소유는 더 큰 편리함을 의미할 뿐만 아니라, 최상의 계층적 상향 이동성의 지위와 정체성을 내포하고 있다. 자동차 소유권은 남아공 생활에 문화적으로 깊이 뿌리박고 있는 부분이다. 2,000R억이 훨씬 넘는 자금이 민간교통에 쓰이고 있는데, 이는 GDP의 약 15%를 차지하는 것이다. 대조적으로, 세계에서 가장 많이 자동차로 움직이는 국가 중 하나인 미국은 GDP의 약 13%를 자동차에 소비한다(Mostert 2005: 1). 사실 자동차 소유의 심리가 뿌리 깊게 박혀 있어 순전히 걷는 행위가 불안감을 불러일으킨다. 역사적으로 남아공 작가들은,

> 요하네스버그의 거리를 눈에 띄지 않고 안전하고 편리한 방식으로 걸어다니지 못하는 것을 한탄한다. 겉보기에 이들의 통찰은 앞서 탄트 산니가 《아프리카 농장의 이야기(The Story of an African Farm)》에서 "걷는 사람은 도둑, 거짓말쟁이, 살인자, 로마의 사제, 난봉꾼"이라고 선언한 데서 비롯된다. 올리브 슈라이너는 걷는 것이 상상 속에서 어떻게 배치되는지를 가장 먼저 강조한 사람 중 한 명이고, 남아프리카의 상황에서 불안감을 불러일으키고 의심을 사게 하는 행동들이 거리로 뛰쳐나온 19세기 유럽인들과 우리를 차별화시킨다.(Moonsamy: 2014)

교통은 아파르트헤이트(예전 남아공의 인종차별정책)에 의해 생성된 사회 계층화 과정의 가장 오래 지속적인 특징 중 하나로 남아 있다. 빈곤층과 노동자 계층의 경우, 특히 선진국과 비교했을 때 대중교통은 자원이 부족하고 신뢰할 수 없을 뿐만 아니라, 자가용 차량으로 접근성이 있는 중산층보다 소득의 더 큰 비중을 소비한다. 따라서 미니버스-택시 산업은 대중교통의 전적인 불충분함에 대한 반응으로 생겨났고 역사적으로 성장해 왔다. 문사미(Moonsamy 2014)는 다음과 같이 쓰고 있다.

> 택시 산업은 그것의 배제의 역사로 인해 굳건해졌다; 인종차별정책 동안, 택시 산업은 아무것도 가지지 않는 흑인 시민들을 위해 비공식적인 대중교통을 제공하려고 노력했다. 그것은 문자 그대로 이윤이 있는 교통체계로서 반항적인 저항의 상징이었다. 오늘날 가우트레인에 필적하는 속도에 도달하는 이 택시는 여전히 그 자체의 대담한 선언으로 유지되고 있다. 이 택시는 법과 공식화 시도에 저항하고 있다.

따라서 전체 국가 교통예산(모든 형태의 교통수단에 대해)보다 더 큰 예산을 가진 수십억대 규모의 대중교통 프로젝트가 발표되었을 때, 그 프로젝트가 논란에 휩싸인 것은 별로 놀라운 일이 아니다.

메가프로젝트로서의 가우트레인에 대한 논쟁도 세계 정치경제에서 남아공의 입장에 대한 교통 인프라의 중요성 안에서 상황과 관련지을 필요가 있다. 남아공이 “유연한” 노동에 기반한 저임금 대량 생산 개발 경로를 추구하는데 어려움을 겪고 있는 상황에서, 핵심 분야의 대규모이고 근본적인 기술 부족이 상대적으로 생산적이지만 고임금 부가가치 경로 채택의 미연 방지를 고려할 때, 하나의 전략은 더 중요한 프로젝트로 남아공과 특히 요하네스버그를 아프리카의 교통, 물류, 통신 및 관련 서비스의 중추적인 중심지로서 개발하는 것이다.

24.3 가우트레인 네트워크

2000년 2월, 전 가우텡 주 총리 음바지마 실로와는 가우텡 지방정부의 블루 IQ 프로그램(로거슨 2004)의 후원 하의 10개 공간개발 계획 중 하나로 프레토리아, 요하네스버그, OR 탐보 국제공항을 연결하는 고속철도 체계를 발표했다. 철도망은 2개 노선으로 구성되는데 하나는 요하네스버그와 프레토리아를 연결하고, 다른 하나는 샌드턴과 OR 탐보 국제공항을 연결하며 2개의 중심 역인 프리토리아 역 및 요하네스버그 파크 역과, 7개의 역인 해트필드, 센투리온, 미들란드, 말보로, 샌드톤, 로즈뱅크, 캠프톤 파크와 연결된다(로즈필드). 시속 160킬로미터까지 달리는 통근자들은 프레토리아에서 요하네스버그까지 단 35분 만에, 샌드톤과 OR 탐보 공항 사이를 15분 만에 갈 수 있다. 말보로에서 OR 탐보 공항까지의 구간은 길이가 13킬로미터이고 3개의 역이 있다. 2012년 6월 7일 로즈뱅크와 요하네스버그 파크 역간 최종 구간 개통이 완공되어, 이 노선은 길이가 80킬로미터이고, 10개 역, 11킬로미터의 터널, 7.5킬로미터의 교량이 포함된다. 2008년 5월 말까지 3분의 1 이상의 터널 공사가 완료되었다. 메가프로젝트는 83,000개 이상의 직·간접 일자리를 창출하기 위해 홍보되었으며, "주의 국내총생산(GDP) 성장률을 0.6-0.9%를 추가적으로 높일 잠재력이 있다"(Van der Merwe 2002: 23)고 말했다.

민관 협력(PPP)의 중요성은 가우트레인의 성공에 중심이라고 크게 홍보되어 왔다. 이 사업에 대한 공공부문 자금은 세 가지 출처인 가우텡 지방 예산, 국가 정부로부터의 지방 차입, 교통부를 통한 국고로부터 조건부 보조금으로 조달되었다. 민간부문 투자 컨소시엄인 봄벨라는 자본 비용으로 약 39억 R을 투자할 예정이었다. 2005년 7월 입찰에서 낙찰된 컨소시엄은 봄바디어 교통(캐나다), 부게우스 트라보 퍼블릭스(프랑스), 남아공 기업 머레이 & 로버츠, RATP 인터내셔널, SPG 그룹, 롤리워 레일 컨트랙스/레일 익스프레스, 스탠더드뱅크, 랜드 머천트뱅크, ABSA뱅크로 구성되어 있다.

국회 증언에서 정부는 "민간 채권자들이 자신들의 재정을 프로젝트에 사용할 때 강력한 감독 역할을 하는 경향이 있다고 주장했다. 그들은 정부보다 훨씬 더 효과적으로 그들의 자금 사용을 감시해 왔다. 실제로 민간채권자들은 그들이 위반되지 않을 채무상환비율을 가지고 있었다"(교통포트폴리오 위원회 2005a: 7). 가우트레인의 경우 PPP의 수사학적 매력은 시미아티키(Siemiatycki 2005a:71)의 관찰을 강화한다.

> 민관협력은 어느 한 당사자가 스스로 할 수 있는 것보다 더 많은 것을 성취하기 위한 수단으로 다양한 이해관계자들 간의 협력을 기념하는 이야기에서 적합하며 고상한 품질을 채택하는 것으로 나타난다. 이 이야기에서 민간부문은 공공부문과 어깨를 나란히 하고, 기반시설을 제공하기 위해 어느 정도의 위험을 감수할 용의가 있는 팀의 중요한 부분이 된다.

봄벨라는 사업의 건설과 운영 측면(최소 15년)을 담당하고 있으며, 주정부가 감당할 정도의 한계가 있었지만, 후원 예측을 충족하지 못하고 우선협상대상자가 "최소 필요 총수입을 달성하지 못한 경우" 주정부가 부족분을 보전한다(Transport Portfolio Committee 2005a: 7). 2011-2012년 동안에 가우텡 도로교통부는 후원 보증을 위해 2억5,900만 R을 배정했으나 프로젝트 계획 단계에서 제레미 크로닌 교통부 차관은 정확한 수치가 논의되지 않았다고 말했다. "우리는 그들이 어느 수준에서 보증하고 있는지 들은 적이 없다. (…) 우리는 확실히 그 질문을 많이 했다"(Thomas 2013b: 148). 2013년 5월, GMA에 의해, 승객 수 증가의 결과로, 후원 보증 정부가 봄벨라에게 2012년에는 월 8,000만 R-8,500만 R 사이 지불에서, 2013년에는 월 7,000만 R-7,500만 R 사이 지불로 감소했다고 발표되었다(Venter 2013a).

24.4 공공 협의와 특별이익집단

비교연구에 따르면, 메가프로젝트 지지자들은 일반적으로 실질적인 프로젝트 사양이 확정된 후 의사결정 과정이 끝날 때 공공 협의를 순차적으로 진행하며, 프로젝트의 승인을 기정사실화(Siemiatycki 2005b)한다. 남아공에서는 2005년 10월 말 재무장관이 의회에서 가우트레인이 국가적 사업이라고 발표한 후에야 의회 청문회 일정이 잡힐 수 있었다. 내각은 2005년 12월 초에 이 프로젝트에 대한 결정을 내릴 예정이었다. 이것은 의회의 교통포트폴리오위원회(TPC)가 이 프로젝트를 심사하기 위해 남은 국회 회기가 2주밖에 남지 않았는데, 이는 "의회가 대중교통 프로젝트에 사상 최대 규모의 상당한 예산이 할당될지를 (프로젝트가 진행될 경우) 평가하는데 단지 몇 시간만 가질 것이다"라는 의미이다.(Transport Portfolio Committee 2005b) 이 프로젝트에 대해 상당히 우려하고 신중하게 결론을 지으면서, 교통포트폴리오위원회는 18가지 우려 사항들을 언급하며 다음과 같이 경고하였다.

> 실제로 가능하다는 것이 입증되면, 그것은 확실히 프로젝트의 사회적 가치를 높일 것이다. 우리는 더 많은 정보를 이용할 수 없어 프로젝트의 최신 전망을 평가할 수 없지만, 이러한 점에서 급하게 한 시도는 기존의 교통 문제에 심각한 사항들을 반영하지 않으면서 단순히 복고적인 결과를 초래했을 수 있다.(Transport Portfolio Committee 2005b)

남아공 무역 노동조합 위원회(코사투)는 고속열차가 빈곤층과 노동자 계층에게 접근할 가능성이 매우 낮은 상황에서 열차의 만족도를 문제 삼으며, 포괄적인 교통 시스템이 개발될 때까지 이 사업을 보류해 줄 것을 촉구하고 정부와의 대화가 중단될 경우 이 프로젝트에 대해 파업을 요구하겠다고 위협했다(Chibba 2006). 가우트레인 옹호자들에 따르면 가우트레인이 강한 대중의 관심과 반응을 이끌어냈다는 것은 일부 영향을 받은 주민들이 그것의 노선을 수정하기 위한 법적 조치를 포함하여 거의 147번의 환경평가 조사와 회의가 열렸다는 사실에서 명백하다(Donaldson 2006). 그러나 2010년 월드컵과의 연결로 인해 더 많은 재난을 초래할 가능성이 있어, 기간이 도마에 오른 이 과정에 너무 많은 시간이 소비된 것처럼 보일 것이다. 의회 제출 과정에서, 잭 판 데르 메르웨 가우트레인 최고경영자는 2006년까지 열차를 착공해야 하는 "도덕적이고 법적인 의무"가 남아공에게 있다고 강조하면서, 가우트레인이 제때 완공되지 않을 경우 남아공이 개최권을 잃을 수 있을 가능성을 시사했다. 그러나 그의 증언 과정에서 교통포트폴리오위원회는 남아공의 입찰서가 가우트레인에 대해 아무런 언급도 하지 않았다는 것을 확인하였다(Transport Portfolio Committee 2005b). 그 후, 가우트레인 지지자들은 가우트레인을 건설하기로 한 결정은 이미 1997년에 결정되었으며, 그것은 축구 경기가 아닌 주로 가우텡 통근자들을 위한 것이었다는 점에 주목하면서, 2010년과 가우트레인의 관련을 분리할 것을 명시적으로 모색했다(Africa Research Bulletin 2006/07). 일반적으로 메가프로젝트가 특정 이익집단에 의해 홍보된다는 것은 인정되지만, 비교 분석 결과 철도 교통은 그런 과정이 특히 더 많은 것으로 나타났다. 그런 과정의 철도사업은 개발 및 생활편의시설 도전사항을 극복하기 위한 수단으로서 교통을 보는 도심/중부 상권 지역의 사업체, 건설회사, 건설교통노조, 환경운동가, 빈곤층 옹호자, 그리고 그 외 많은 이들로부터 방치된 도시지역의 활성화 같은 그들이 제안한 "파급" 잠재력을 바탕으로 지원을 이끌어낸다(Altshuler and Luberoff 2003: 217). 이와 같이, 지지자들은 대중 호소를 강화하기 위해 공공재로서 철도 사업을 실행하는 것을 선호한다. 가우트레인이 종종 반대자들에 의해 "엘리트 프로젝트"로 비난받아 왔기 때문에, 제프 라데베 교통부 장관은 건설 착공 시 "이는 엘리트 대중교통이 아니라 근로자와 사업가, 공직자, 학자, 쇼핑과 레저를 즐기는 사람들이 안전하며 안전하고, 저렴하게 자신이 원하는 곳에 도달하기 위한 대중교통 시스템 구축에 관한 것"이라고 애써 언급하였다(Radebe 2006).

가우트레인이 중산층을 위한 프로젝트로 인식되어 온 정도를 고려할 때, 가우트레인 투자 컨소시엄에 대한 각료들의 지분 관련 의혹은 남아공 국민들에게 이 사업의 필요성을 거의 설득시키지 못했다. 선데이타임스에 따르면 노시비위 마피사은카쿨라 전 내무장관, 나데디 판도르 교육부장관, 노지즈위 마들랄라루트리지 전 보건부차관, 발레카 음베테 전 국회의장 등은 모두 다양한 지분을 통해 가우트레인으로부터 이익을 얻으려는 입장이다(Sunday Times 2006). 마피사-엔카쿨라는 2005년 12월 이 프로젝트를 승인한 국무회의에 참가했다는 사실을 인정했지만, "당시 자신이 지분을 소유하고 있는 다이암부 홀딩스가 가우트레인 컨소시엄에 소속돼 있다는 사실을 몰랐다"고 말했다(Sunday Times 2006). 판도르는 자신이 입찰 업체 중 한 곳의 평범한 구성원이고 회사 내에서 의사결정 능력이 없으며, 정부로 들어오기 훨씬 전에 "적은 양의 지분"을 취득했다고 거듭 강조했다(Mail & Guardian 2006). 그러나 음베키 전 대통령은 물론 관련 장관 등 정부 수뇌부의 이런 의혹들에 대해 즉각 묵살된 것은, 야당인 민주연대의 가우트레인 조사 요구를 감사원장이 묵살한 것으로 보인다. 그럼에도 불구하고, 다른 많은 메가프로젝트와 유사하게 이 사례가 나타내는 것은, 가우트레인은 공공 이익과 민간 이익을 명확히 식별(또는 분리)하는 문제에 취약함을 남기고, "프로젝트 추진자 겸 이해 이슈의 보증자로서의 정부의 이중적 역할의 창출"이다(Siemiatycki 2005b: 262). 이러한 역학관계를 고려할 때 비용과 예측에 대한 문제는 토론의 중요한 부분이 되었다.

24.5 비용과 예측

교통 인프라 예산은 원칙적으로 악명 높게 비용을 과소평가한다. 플뤼브비에르 등은 20개국 258개 프로젝트의 통계 비용을 비교한 가장 큰 표본 중 하나에서 도로, 교량 및 터널, 철도를 비교하였는데, 철도에서의 평균 비용 상승이 45%로 가장 높았으며, "고속철도가 평균 52%로 가장 높았고 그 뒤를 도시철도 45%, 재래식 철도 30% 순서이다"(Flyvbjerg et al. 2003: 80). 게다가, 지리적 관점에서, 개발도상국의 철도 프로젝트의 비용 상승이 유럽이나 북미보다 상당히 더 높았고, 그들은 "증거가 투자자, 은행가, 언론, 대중들이 특히 철도 프로젝트와 교량 및 터널의 경우 건설비용의 추정 값을 한 알의 소금과 같이 상세하게 취하는 것이 정책 및 의사결정자들에게 건전한 조언임을 보여 준다"고 경고한다"(Flyvbjerg et al. 2003: 80).

비용은 가우트레인 메가프로젝트에서 가장 논란이 많은 사항이다. 2004-2005

년, 모든 대중교통 수단에 대한 국가 총 예산은 46억7천만R에 달했다. 이와는 대조적으로, 가우트레인의 예산만 2001년 70억R에서 2002년 120억 R로 증가했고 2005년 10월까지 200-250억 R로 상승했다. (이 수치는 전체 예상 예산 추정치를 가리킨다.) 이는 남아공의 기존 도시형 여객철도 서비스인 도시철도가 여전히 교체가 긴급한 상황인 것을 보여준다. 노후 되고 황폐화된 여객 철도의 자본 확충을 위한 국가의 주요 노력은 단지 2007년 음베키 대통령의 국정연설에서만 제기되었다. 남아공철도통근회사(SARCC: South African Rail Commuter Corporation)의 CEO인 럭키 몬타나에 따르면, 4,600대의 차량 중 3,600대만이 운영되고 있으며, 평균 수명 40년이고, 1956년부터 기술이 적용되어, 과밀과 엄청난 지연에 큰 문제가 있었다고 한다. 가우트레인 관리청(GMA: Gautrain Management Agency)은 총 252억 R의 비용이 "고정가격, 고정범위, 고정기간 계약"이라고 재차 반복한 반면, 2008년 초 인플레이션 압력은 "CPIX의 퍼센트 포인트 상승 시마다 건설비용이 연간 약 2억 5천만 R 증가할 것"을 의미했다(Khuyzwayo 2008). 2013년까지 일부에서는 비용이 300억 R 이상까지 증가했다는 의견을 제시하였으며, 2008년 당시 교통포트폴리오위원회 제러미 크로닌 위원장이 "조용히 그리고 레이더 아래"로 비용이 서서히 350억 R까지 증가함을 우려함에도 불구하고, MPs는 "돌에 새겨진 절대 상한선이 200억 R이라는 사실을 가슴에 새겼다"고 언급하였다(Louw 2014). 이와 함께 2012/13년 예산에는 이전 예산 360억 R에서 300억 R으로 인프라 지출이 삭감된 내용이 담겨 있는데, 가우텡의 재무 관계자는 가우트레인이 주내에서 다른 인프라 프로젝트에 대한 자금 감소의 원인 중 하나라고 확인했다(Thomas 2013a: 86).

가우트레인의 지속가능성은 승객의 수에 따라 성공하거나 실패한다. 사람들이 더 많이 이용할수록, 더 많고 저렴한 고속 철도가 연결될 것이다. 그러나 회의론자들과 지지자들은 종종 다른 수치를 예상한다. 가우트레인 관리청은 초기 일일 편도 승객은 4만 5천 명, 2010년까지 일일 승객은 12만 명으로 증가하여 추정하였으나, 하루 7만 명의 승객은 "새로운 철도 서비스 도입에 대한 국제규범을 훨씬 넘는" 것으로 고려되었다(Del Mistro and Roodt 2001: 3). 사실 일일 승객 수 7만 명 달성은 츠와네와 요하네스버그 사이의 N1 연결부에서 자가용 차량의 약 20%를 감소시킬 것이다(Del Mistro 2002: 22). 그러나 2001년에 생성된 예상 승객 수치는 아침 피크 시간에 12,400명, 2016년에는 아침 피크 시간에 23,000명 증가로 추정했다(Brocklebank, Burnett, Rand, and vander Walt 2001). 2005년과 2006년에 모스터트와 델 미스트로 둘 다 초기 승객 수를 하루에 약 20,000명으로 추정했다(Mostert 2005). 2010년 6월부터 2011년 6월까지 가우트레인을 이용한 **월**평균 열차 이용객은 국회에서 교통부장관이 제공한 수치를 기준으로 235,163명이었다. 그러나, 언론 보도는 평일에 따라 39,000-40,000명과 45,000-47,000명 등으로 다양하였으며 실제 수치에 대한 일반적인 합의는 없었다(Batwell 2013; Burmeiste 2012). 2013년 3월까지 평일 이용객은 약 48,000명으로 증가했으며, "하루 14,000- 16,000명의 비교적 일관된 수준으로 안정화"된 것으로 보고되었다. 그러나 봄벨라 대변인은 증가된 수요에 대해 "이미 수요가 양허기간인 10년에야 예상할 수 있는 수준에 근접하여 성수기에는 열차 시스템에 심각한 부담을 주었다"고 전했다. 복잡한 운행은 비대칭적인 승객 수 형태로, 프레토리아에서 요하네스버그까지 출근 시 수요가 정점으로 최고이고 그 반대의 경우도 훨씬 낮으며, 한낮에 수요가 또한 적었다. 더구나 2014년 말경에는 운행을 위한 가우텡 e-톨 시스템 관련 비용이 증가하였으며, 평일 평균 열차 여행승객이 52,400명으로 버스 이용객은 21,000명으로 증가하였다(Venter 2014). 인구통계학적 측면에서 2012년 조사에서는 승객의 약 35%가 흑인, 12%가 아시아인, 45%가 백인, 8%가 "혼혈"이고, 여성 승객들이 우세한 것으로 나타났다. 가장 많은 승객 그룹은 35%로 35-49세 연령대인 반면, 승객의 약 20%는 24세 미만이다(Most Gautrain Passengers Women 2012).

가우트레인 경영진은 또한 환경적 관점에서 열차는 다른 교통수단에 비해 명확한 환경적 장점을 가질 것이라고 주장했다. 2002년 환경영향평가는 "가우트레인 철도 교량과 터널이 이미 대부분 도시화된 지역을 통과하기 때문에 확인된 영향은 대부분 사회경제적 환경과 관련이 있다. 생물물리학적 환경에 대한 잠재적 영향은 상대적으로 적다"고 결론 내렸다.(Thomas 2013a: 82). 가우트레인 관리청은 "(…) 가우트레인이 CO_2 배출량을 약 70톤 줄일 것으로 기대된다"고 도로 위 차량 감소와 주내 대기오염 감소로 인한 탄소 배출량 감소 가능성을 강조하고 있다. 그러나 토마스(Thomas 2013a:83)가 언급했듯이, 이 평가는 석탄 발전소에 대한 높은 의존도를 고려할 때 남아공의 경우 특별한 문제로, 가우트레인에 전력을 공급하기 위해 발전소 배출량이 증가할 것이라는 점을 고려하지 않는다. 실제로 환경영향평가는 "배출량 계산에서 전체 증가(발전소)와 감소(차량 수의 지역적 감소) 사이를 비교한 후 전체 배출량에서 순증가 또는 감소를 관측할 수 없다"고 결론짓는다(Thomas 2013a: 83).

철도망 운영의 어려움이 가지는 한 가지 특정한 환경 문제는 요하네스버그 공원 역과 E2 구역 사이의 터널 물 침투와 로즈뱅크 역과 말보로 포털 사이의 구간이다. 2011년에 공원역-로즈뱅크 구간 개통을 거의 4개월 지연시킨 가우트레인 관리청과 정부 사이의 오랜 현안에 대해, 중재재판소는 2013년 11월 요하네스버그역과 E2 사이의 터널로 물이 유입되는 것을 막기 위한 개선 작업에 착수할 것을 봄벨라에 명령하면서 지방정부의 손을 들어주었다. 또 로즈뱅크 역과 말보로 포털 사이의 구간은 계약 사양에 따라 건설되지 않는 것으로 파악됐다. 단, 물 침투 정도는 어떠한 방식으로도 열차 운행에 영향을 끼치지 않았다(Venter 2015).

가우트레인 경영진은 2012년까지 남아공에서 33,100개의 일자리가 창출되어, 이 중 86%가 역사적으로 혜택을 받지 못한 개인에게, 59%가 청년(54개월 이상), 여성에 10%, 장애인에 0.6% 돌아갔다고 주장했다(반 델 머위 외 2012: 651). 2007년 도입된 여성 훈련 프로그램은 121명의 여성이 학습자 및 멘토링 프로그램에 참여했고, 봄바디어의 또 다른 기술 개발 계획은 더비(영국)에서 가우트레인의 철도 차량의 조립으로, 남아공 봄바디어 직원 17명을 파견해 첫 15대의 차량조립 작업을 하게 하였다. 나머지 81대의 차량은 더 높은 수준의 기술이전을 보장하기 위해 남아공의 미러 공장에서 조립되었다. 그러나 열차 조립에 필요한 부품은 대부분 현지에서 제작되지 않고 해외에서 수입될 필요가 있다는 점을 유념할 필요가 있다(Thomas 2013a: 82). 승객 수 수치로 볼 때, 얼마나 많은 일자리가 창출되었는지에 따라 추정치가 달라진다. 봄벨라 컨소시엄은 2009년 5월 말까지 총 92,900개의 직·간접·파생된 일자리가 창출되었다고 주장하고 있으며, 가우텡 지방정부 장관인 케다니 도로시 마할랭어는 2009년 3월에 약 11,700개의 일자리가 창출됐다고 발표했다. 그러나 이러한 일자리의 대부분은 공사 중 일시적인 것이었고, 약 2,700개의 영구적인 일자리가 가우트레인을 운영 및 관리하는 데 필요했다(Thomas 2013a: 81).

그럼에도 불구하고 플뤼브비에르 등의 주의사항은 다음과 같다.

> (…) 비용 과소평가와 상승은 실제로 의도적인 것으로 보이며 프로젝트 추진자와 예측자가 프로젝트를 시작하는 것을 목적으로 하는 파워 게임[존재]의 일부인 것으로 보인다. 비용-과소평가는 프로젝트 구축을 위한 의사결정자의 승인을 얻기 위해 프로젝트 비용을 실제보다 덜 비싸게 보이게 하기 위해 전략적으로 사용된다. 이러한 행동은 비용 상승이 시간, 공간 및 프로젝트 유형

에 걸쳐 일관성 있는 이유를 가장 잘 설명한다.(Flyvbjerg et al. 2003: 84)

요약하면, 교통 메가프로젝트에 대한 정확한 승객 수를 예측하는 것은 메가이벤트 개최가 한 나라의 국내총생산(GDP)에 끼치는 영향을 예측하는 것만큼 복잡하고 어려운 것이다. 두 경우 모두 리스크 문제가 남아 있다. 그러나 메가프로젝트는 하나의 중요한 측면에서 메가이벤트와 다르다. 대안에 대한 논쟁이다. 가우트레인의 경우 고속버스 이용에 대한 논의가 중심을 이룬다.

24.6 "기차는 매력적이고 버스는 그렇지 않다"

많은 다른 교통 메가프로젝트 경우와 같이, 가우트레인의 타당성에 대한 논쟁은 또한 버스 네트워크에 대한 시스템 전반의 개선에 더 많은 투자를 옹호하는 지지자들과 대규모 고정 철도 기반의 고속 철도 시스템을 찬성하는 지지자들 사이에서 격렬해졌다. 예를 들어 델 미스트로와 루트는 고속도로의 중앙선을 따라 전용 대중교통 차선을 갖춘 고품질의 버스 기반 시스템을 제안했는데, 노선 끝의 터미널은 피크 시간에는 최소 5분 주기로, 일반 시간에는 15분 주기로 운행한다(Del Mistro and Roodt 2001: 5). 그러나 벤 쇼먼 고속도로는 전체 가우트레인 노선의 절반도 되지 않으며, 혼잡도가 높은 노선의 교차로 및 기타 장애물에서 문제가 발생한다. 이러한 장애물을 극복하는 것은 "가우트레인 비용과 비교해도 비용이 많이 들 것이며, 가우트레인을 통해 직접 역을 연결하는 것 같이 역을 연결하는 것은 더 어려울 것이다.(Van der Merwe 2002: 23) 그러나 자본비용 측면에서 볼 때, 가우트레인은 훨씬 더 비싼데, 버스 승객 1인당 6,560만 R에 비해 가우트레인의 철도 승객 1인당 77,645만R로 추정된다. 그러므로 가우트레인은 도로 기반 대안보다 사실상 3배 더 비싸다. 그러나 또 다른 플러스 요인은 고속철도 선택이 버스 서비스보다 약 5% 적은 에너지를 사용할 가능성이 있으며, 철도 운송 용량이 더 크다는 것이다(Del Mistro 2008: 22-3). 일부 교통 전문가들도 프레토리아와 요하네스버그 사이를 전용 버스전용차로에서 버스를 통해 이동하는 승객들이 가우트레인의 60분에 비해 상당히 낮은 비용으로 69분이 소요된다고 주장해왔다. 또 다른 이들은 가우트레인이 도시 철도, 버스, 미니택시 등 주내의 기존 교통체계와의 통합이 부족하다고 우려했다. 교통학자인 본 모스터트는 다음과 같이 주장한다.

> 가우텡에 전체론적인 교통 체계는 없고, 남아프리카 어디에도 없다. 공식적인 대중교통은 노선 범위와 빈도 관점에서 단편적이고 불충분하며, 도시 확장에 맞춰 발전하지 못했다. 통합된 열차예매, 일정관리, 마케팅 또는 상품화가 없다. 서로 다른 운영자들은 다른 일련의 규칙에 따라 서로 다른 서비스를 제공한다. 사용자는 공식적인 대중교통을 일관성 있는 상품으로 인식하지 않는다.(Thomas 2013a: 88)

그러나 이러한 경향의 예외는 가우텡의 리아바야 간선급행버스체계(BRT: Bus Rapid Transit) 시스템과 케이프타운의 마이씨티 버스 네트워크로, 둘 다 도시의 부유층과 덜 부유한 지역을 연결하며, 고속철도망보다 훨씬 덜 비싸고 여행객들에게 더 저렴한 가격이다. 그러나 토마스(Thomas 2013a:88)의 주장대로, BRT는 가우트레인이 이미 **기정사실화**된 후 설계되고 실행되었는데, 그 기간 동안 "계획자들은 가우트레인을 건설하기 전에 미리 숙고와 토론에 관여하지 않았으며 오히려 BRT 시스템과 같은 다른 교통수단과 어떻게 통합될 수 있는가를 고려하지 않고 단독 프로젝트로 건설했다".(Thomas, 2013a:88) 그러나 가우트레인은 통근자들을 가우트레인 역에서 환승시키는 자체적인 버스 망을 가지고 있다. 운영회사 봄벨라는 고급버스가 하루 14,000-15,000명의 승객을 실어 나르기를 원하지만, 가우트레인 승객의 30%만이 버스 시스템을 이용하고 있다. 봄벨라 대변인은 30%가 "다른 유사한 시스템의 세계 평균을 상회한다"고 지적하는 반면, 일부 언론은 특히 비수기 9시-15시에 승객 없이 버스가 운행되는 것을 아쉬워한다.(Burmeister 2012) 2011년과 2012년에 가우트레인 버스기사의 교통수당에 대한 연이은 파업은 여러 차례에 걸쳐 서비스가 완전히 중단되었고, 대중의 신뢰를 크게 얻지 못했으며, 봄벨라의 자체 인정에 의해 10%의 승객 감소를 초래했을 수도 있다.(Burmeister 2012)

그러나 이러한 비용-혜택 계산을 넘어, 버스 서비스에 대한 철도의 매력을 파악하려면 신화적 영역과 다른 교통수단과 관련된 이미지에 도달해야 한다. 메가프로젝트, 특히 교통망의 중요성은 유형재에만 국한된 것이 아니며, 대중교통에 대한 논의는 단지 본질적으로 실용주의적인 것이 아니다. 시미아티키(Siemiatycki 2005b)는 다음과 같이 말한다.

> 현대성과 진보에 대한 우리의 개념이 과학과 합리성, 기술을 수정하는 권한

을 강조하는 패러다임에 의해 추진되는 상황에서 메가프로젝트는 그들의 가시적 이익을 초월한 가능성의 이미지를 제시한다. 대신, 그들은 "빅뱅" 해결책이 우리 시대의 가장 시급한 문제들을 해결할 수 있을 것이라는 낙관론을 반영하여 희망의 메타 화법을 만들어낸다.

실제로, 다수의 문헌은 철도 프로젝트의 홍보가 대중의 수용성을 얻기 위해 상징 이미지에 결정적으로 의존한다는 것을 제시한다.(Richmond 1998) "대중교통 홍보가 형태와 기능을 합쳐서 대중 이동과 대중문화의 교차점이 되는 것"이라는 야심 찬 이미지 구축에 유무형의 요소가 모두 결합되어 있기 때문이다.(Siemitycki 2006: 278) 주요 인프라 프로젝트를 광범위하게 메가이벤트에 연결하면 프로젝트 옹호자가 국가 정체성에 대한 개념을 양쪽 모두에 주입하고, 세계화의 압력에 따른 "경쟁력"의 요구에 응할 필요성을 강조한다. 요컨대, "기호 표현"으로서의 정체성과 메가프로젝트의 문제는 무형의 거의 신학적인 요소들 집합의 중요 부분으로 나타난다. 남아공의 축구 월드컵 개최권을 고속철도망 구축에 의존하는 것으로 묘사하려는 가우트레인 추진자들에 의한 유혹은 이러한 역학관계를 분명히 설명하는 것이다. 마찬가지로, 2008년 7월 8일 더비에서 당시 가우텡 주지사 음지마 실로와에게 이양된 4량짜리 차량 세트를 받자마자, 가우트레인은 "남아공 국가의 자부심을 가질 준비가 되어 있다"로 주목받았다.(Gautrain Ready to Bear the Pride of the Nation 2008) 가우트레인 터널 굴착 기계의 시운전과 함께, 주지사는 그러한 기계에 이름을 붙이는 전통에 주목했고, 1956년 8월 9일 프레토리아의 노조 건물로 행진하여 "와틴타 아바파지, 와틴타 임보코도"("당신이 여자를 건드리면, 당신은 바위와 부딪치는 것이다")를 외친 여성들에 대해 언급하여 임보코도라고 명명했다.(Shilowa 2007) 2009년 2월 3일 150명의 정부 및 언론에서의 고객과 함께 가우트레인에 탑승한 첫 번째 여행에서 고텡 주지사 폴 마샤타일은 이렇게 말했다: "우리의 황금열차는 마침내 그것이 있어야 할 곳에 있다. 그리고 비록 가우트레인의 물리적 집이 이곳 고텡에 있지만, 그것의 진짜 집은 모든 남아공인의 심장과 마음속에 있다." 비가 쏟아지는 가운데, 주지사는 비가 오는 아프리카 결혼식과 마찬가지로 습한 날씨를 좋은 징조라고 언급하면서, "우리는 정말 축복받았다"고 말했다.(Africa Blessing 2009) 세계화 과정에 대한 인프라의 상징적 중요성을 과소평가해서는 안 된다. 실제로 소비와 생산과 함께 인프라는 "대우주 축소자이며, 권력, 부, 지위는 점점 공간을 축소하는 방법을 알고 있거나, 우주가 축소되는 혜택을 받을 줄 아는 사람들에 속한다".(Flyvbjerg, Mette, Skamris, and Buhl 2003: 77) 리치먼드(Richmond 1998:13)는 고속철도를 "철강 철도에 대한 기술적으로 매력 있는 상징"이라고 적절히 묘사하고 있으며, 일단 이것들에도 민족 정체성의 표현이 강력하게 스며들게 되면, 동등한 기세로 대중의 상상력을 사로잡을 수 없는 다른 교통 대안이 도중에 와해된다. LA의 철도 교통 시스템 도입을 둘러싼 정치에 대한 매혹적인 검토에서, 리치몬드는 비록 고속철도가 "많은 출발지와 목적지 간에 분산되고 복잡한 교통 수요 패턴을 생성한다"며, 남부 캘리포니아는 인구와 경제 활동의 낮은 밀도 및 넓은 분포로 덜 적합할지라도, 의사결정자들이 버스보다 고속 철도를 채택하도록 하는 상징적인 과정을 통해 신화와 그 건설의 강력한 역할을 설명하였다.(Richmond 1998: 4) 그럼에도 불구하고, 인터뷰 대상자들은 예를 들어, 그 철도는 "여러분이 연관될 수 있는 것. 고속도로를 달리는 버스에 얼마나 많은 사람들이 몹시 흥분하는지 모르겠다"라고 언급했다.(Richmond 1998: 15) 심지어 의사결정자들이 철도를 넘어 버스의 적합성을 뒷받침하는 분석 연구에 직면했을 때에도, 이러한 연구들은 거부될 것이다. 기성 산업 민주주의 국가에서 속도와 정교함의 이미지가 강해진다면, 그들은 남아공이나 인도와 같은 개발도상국의 경제를 열망하는 국가에 더욱 매력적으로 보일 것이다. 예를 들어, 뉴델리 지하철은 "첨단기술, 합리적으로 계획되고 경쟁력 있는 도시로서 델리의 밝은 미래를 촉진하는 수단으로, 그 자체가 전 세계 도시의 경험과 이미지에 크게 의존하는 비전"이 되는 것으로 보인다.(Siemiatycki 2006: 285) 마찬가지로 남아공에서 가우트레인 CEO인 잭 반 데어 머웨는 가우트레인을 "매력적"일 뿐만 아니라 "아프리카와 세계를 연결하는 특별한 것으로, 사람들에게 일자리를 주고 일자리를 사람들에게 주는 새로운 에너지"라고 묘사했다.(Van der Merwe 2008) 유사하게, 2009년 2월, 반 데르 메르베는 열차 앞부분의 중요성에 주목했다. "속도에 대한 인식을 준다. 우리는 이 기차가 빠름으로 '인정되어야 한다'는 것을 안다. 이것은 정말 우리가 자랑스러워할 수 있는 아프리카 아름다움이라고 생각한다." 교통의 가우텡 MEC인 이근티우스 제이콥스는 가우트레인에서의 첫 여행을 "승리"와 "차량의 꿈"으로 묘사했다.(Mail & Guardian 2009)

가우트레인이 2010년의 준비와 매우 밀접하게 연관되어 있고, 아프리카에서 가장 크고 분주한 국제공항과의 연계가 탁월하다는 것은 그 나라의 마케팅 파워의 외면을 보여주는 중요한 설명이다. 속도, 연결성, 무엇보다 현대성은 도시 활성화

뿐만 아니라 세계화의 과정이 제공할 수 있는 세계경제의 관문과 영광을 구성하기 때문에 남아공이 아프리카 대륙의 일원이 되는 것을 보여주는 고도의 전략적인 담론의 역할을 수행하고 있다. 고도의 현대성은 이러한 서술 전반에 걸쳐 지속적인 중심사상을 구성한다. 1830년대부터 제1차 세계대전까지 서유럽과 북미의 산업혁명과 관련된 과학적, 기술적 진보에 대한 확신에 고정되어, 광범위한 정치적 이데올로기에 걸쳐 공유된 믿음으로 국가 발전에 대한 개념을 강하게 알려왔다(Scott 1998: 88). 기획자, 엔지니어, 테크노크라트, 건축가, 과학자 및 고위 관리자들 사이에서 **진보적**으로 촉진되었다.

> 하이모더니즘의 일시적 강조는 거의 전적으로 미래에 관한 것이다. 비록 진보를 위해 헌신하는 큰 제단을 가진 어떤 이념도 미래에 특권을 부여할 것이고, 하이모더니즘는 이것을 아주 멀리까지 가져간다. 과거는 장애물이며, 역사는 초월해야 한다. 현재가 더 나은 미래를 위한 계획을 시작하는 발판이다. 하이모더니즘의 담론과 이를 수용한 국가들의 대중적 선언의 주요 특성은 완전히 변화된 미래를 향한 영웅적 진보의 시각적 이미지에 크게 의존하는 것이다. (…) 미래가 알려져 있고 달성 가능한 정도—진보의 믿음이 장려하는 신념—의 불확실성에 대해 미래 혜택을 덜 할인한다. 실질적인 효과는 더 나은 미래에 대한 확실성이 그곳에 도달하기 위해 필요한 많은 단기적인 희생을 정당화한다는 것을 대부분의 하이모던 주의자들에게 납득시키는 것이다.(Scott 1998: 95)

프리처드와 듀 플레시스(Du Plessis 2010:63)는 가우트레인의 2010 FIFA 월드컵 준비 상황에 대한 블로그 게시물 분석에서 다음과 같은 블로그 게시물을 그대로 인용한다.

> 우리는 이제 자랑스러워할 수 있는 세계적인 대중교통 시스템을 갖게 되었다.
>
> 우리의 사소한 게임과 상관없이, 가우트레인은 조부르그—프리토리아-미드랜드(결국)—에 사는 누구에게나 꼭 해야 할 일이다. 나는 모든 사람들이 짧은 여행을 위해서라도 그것을 경험해야 한다고 믿는다. (…) 모든 사람들은 단

> 한 정거장 동안이라도 가우트레인을 느끼고, 냄새를 맡고, 만지고, 생활해 볼 필요가 있다. 그것은 믿을 수 없는 일이며, 내가 남아공 인이라는 것이, 더 나은 조부르제리아 인이라는 것이 나를 매우 자랑스럽게 만든다!우리는 숨이 멎었고, 우리 모두는 가우트레인이 무엇인지 꿈속에서 공유하고 있는 것이 지극히 자랑스러웠다.
>
> 우리가 세계적인 도시가 될 수 있는 잠재력을 갖도록 보장하는 이런 종류의 기반시설은 얼마나 훌륭한 경험인가!

여러 가지 면에서, 가우트레인은 세계화와 기술력이 움직이기 시작한 종류의 진보를 상징적인 설명으로 나타내며, 특히 세계 경제의 반주변에서 남아공의 위상과 가우텡의 위상을 알리는 근본적인 역할을 담당하고 있다. 가우트레인의 지지자들은 그것을 선진국의 다른 철도망과 비교하는 것을 좋아한다. 2006년 9월 28일 가우트레인 프로젝트를 시작하면서 음바지마 실로와(Mbhazima Shilwa 2006)는 지역 및 국제 승객들에 관한 전용 서비스에 대해 언급했다.

> 런던과 스톡홀름에서처럼 샌튼 역에서 이용할 수 있는 분산형 체크인 시설로 창출될 것이다. 항공권 가격에는 샌튼을 오가는 기차 여행이 포함될 수 있고, 승객들은 샌튼에서 짐을 부칠 수 있게 된다. 따라서 티켓은 예를 들어 런던-샌드턴 또는 샌드턴-케이프타운을 규정할 수 있을 것이다. 공항 연결 서비스는 가우텡이 세계의 많은 주요 도시들과 보조를 맞출 수 있고, 이것은 도시들이 철도로 국제공항들과 연결되는 것이 보편화되고 있다.

또한 2014년 가우트레인 경영진이 가우트레인의 후견인 보증을 정당화하기 위해 비교 사례로 런던 지하철(남부의 또 다른 신흥 도시가 아닌)을 유사하게 언급한 것도 놀랍다.

> 런던 지하철의 수익이 운영비를 충당할 수 없다는 이유만으로 런던 지하철을 폐쇄한다고 상상해 보십시오. 런던은 그것의 경제와 마찬가지로 몇 시간 안에 멈추게 될 것이고, 그 직후에는 전체 하위지역의 경제가 멈추게 될 것이다. 반대로 런던 지하철은 지역 경제의 필수 성공요소이다. 그것은 그 자체로

이익 센터가 아니며 그렇게 될 것이라고 기대를 생각하는 사람은 아무 없다. 그러나 모든 사람들은 그것이 효율적이고 비용 효과적으로 운영되어야 한다고 기대한다. 가우트레인도 마찬가지이다.(Braithwaite 2015)

24.7 결론

메가프로젝트 건설과 특히 교통 프로젝트에 관련된 대규모 비용과 그러한 프로젝트가 공공 재정에 끼치는 영향을 고려할 때, 이러한 프로젝트들은 본질적으로 정치적인 일이다. 그러나 대규모 교통 프로젝트의 정치경제는 찬성파와 반대파 모두 메가프로젝트의 필요성에 대해 경쟁을 벌이는 분야에서 물질적 차원과 이념적 차원 모두 형성되고 있음을 보여준다. 가우트레인의 경우, 물질적 고려사항에 대한 논의는 본질적으로 비용-혜택에 대한 우려에 초점을 맞추었다. 이런 점에서, 대중 승객 수 수치들은 논쟁의 필수적 도구가 되었다. 반대론자들은 이 수치들이 정부가 후원하는 보증 없이는 이 프로젝트를 지속하기에 불충분하다고 주장하는 반면, 지지자들은 시간이 지남에 따라 이 수치들이 증가하거나 단순히 다른 수치를 산출할 것이라고 주장한다. 반대론자들은 더 나은 버스 서비스를 주장하지만, 찬성론자들은 기차가 더 많은 교통량을 다룰 수 있다고 주장한다. 반대론자들은 비용 과소평가를 강조하는 반면 찬성론자들은 일자리 창출을 주장하고 있다. 이러한 토론에서, 공공 협의가 발생한 정도와 이러한 과정이 촉진된 포괄성의 정도는 메가프로젝트 건설이 정치적으로 필수적인 부분이다. 이러한 물리적 고려사항도 중요하지만, 정체성, 이미지, 상징성에 관한 질문과 관련된 무형적 문제 또한 국가와 기업 엘리트가 그러한 규모의 기반시설 프로젝트에 착수하기로 한 결정을 설명하는데 있어 중요한 것으로 나타난다. 남아공의 경우, 가우트레인은 지지자들에 의해 국가 상징으로 나타나는 것으로 보인다. 따라서 "런던과 스톡홀름"과 같이, 요하네스버그도 고속 공항 연결을 하는데, 결국 공항버스 서비스보다 훨씬 더 매력적이다. 더욱이, 아프리카 최초의 고속철도 프로젝트로서의 마케팅 도구로, 가우트레인은 또한 대륙 교통 인프라가 아니더라도 지역의 허브로서 남아공의 열망적인 역할을 계획하고 있다. 따라서 이러한 물질적 및 이념적 고려사항을 고려하고, 가우트레인의 재무적 지속가능성에 대한 지속적인 우려에도 불구하고, 보고서는 가까운 장래에 네트워크가 확장될 수 있음을 시사한다. 기존 파크 역에서 웨스트게이트로 연결, 기존 로즈필드 역에서 복스버그로 연결, 소웨토의 날레디에서

마멜로디로디로 가는 고속철도 연결, 기존 샌드턴 역에서 랜드버그로 연결 등을 포함하여 가능한 확장이 검토되고 있다(Venter 2014).

참고 문헌

African Blessing as Gautrain Makes Sleek Debut. (2009). *Mail and Guardian Online,*<http://www.mg.co.za/article/2009-02-03-african-blessing-as-gautra
-in- makes-sleek-debut>.

Africa Research Bulletin. (2006/07). December 2006 and January 2007.

Altshuler, A. and Luberoff, D. (2003). *Mega-Projects: The Changing Politics of Urban Public Investment*. Washington, DC, and Cambridge, MA: Brookings Institution Press and Lincoln Institute of Land Policy.

Batwell, J. (2013). "South Africa's Gautrain missing ridership targets," *International Railway Journal,* February 28, <http://www.railjournal.com /index.php/
africa/south-africas-gautrain-missing-ridership-targets.html>

Boulding, K. E. (1956). *The Image, Knowledge and Life in Society*. Ann Arbor: University of Michigan Press.

Braithwaite, E. (2014). "In defence of the Gautrain," *Business Day,* 20 July, <http://www.bdlive.co.za/opinion/2014/07/20/in-defence-of- the-gautrain>.

Brocklebank, P., Burnett, S. L., Ras, N., and Van der Walt, G. (2001). "Gautrain: Demand and revenue forecast" (unpublished paper).

Burmeister B., (2012). "Gautrain ghost buses," <http://www.focu sontransport.co.za/index.php/regulars/focus-on-bus-and-coach/bus-and-coach/1169-gautrain-ghost-buses. html>.

Cars per Capita in Africa: Which Country has the Most Cars on the Road? (2014). *Be Forward,* <http://blog.beforward.jp/regional- topics/africa/cars-capita-africa-country-cars-road.html>.

Chibba, R. (2006). "Cosatu rails against the Gautrain," *Mail and Guardian Online,* 30 March, <http://mg.co.za/article/2006- 03-30-cosatu-rails-against-gautrain/>.

Del Mistro, R. (2002). "Taking a spin on the Gautrain," *Civil Engineering: Magazine of the*

South African Institute of Civil Engineers, 10: 22-6.

Del Mistro, R. (2008). "Rapid rail project in Gauteng," presentation slides, South African Cities Network Seminar on Public Transport, University of Cape Town.

Del Mistro R. and Roodt, L. (2001). "Alternative-based public transport between Johannesburg and Pretoria," (unpublished paper).

Donaldson, R. (2006). "Mass rapid rail development in South Africa's metropolitan core," *Land Use Policy*, 23: 344-52.

Flyvbjerg, B., Bruzelius, N., and Rothengatter, W. (2003). *Megaprojects and Risk: An Anatomy of Ambition*. Cambridge: Cambridge University Press.

Flyvbjerg, B., Mette K., Skamris H., and Buhl S. L. (2003). "How common and how large are cost overruns in transport infrastructure projects?" *Transport Reviews*, 23: 71-88.

Gautrain Ready to Bear the Pride of the Nation. (2008). 8 July, <http://www.gautrain.co.za/index.php?pid=1693&ct=1&fi d=7& click=0>.

Kardes, I., Ozturk, A., Cavusgil, T., and Cavusgil, E. (2013). "Managing global megaprojects: Complexity and risk management," *International Business Review*, 22: 905-17.

Khuzwayo, W. (2008). "Gautrain denies rocketing costs," *Business Report*,20March,<http://www.busrep.co.za/general/print _article.php? fArticleId=4314292&fSectionId=5>.

Louw, L. (2014). "Gautrain trundles over needs of the poor," *Business Day*, 28 May, <http://www.bdlive.co.za/opinion/columnists/2014/ 05/28/gautrain-trundles-over-needs-of-the-poor>.

Mail & Guardian (2009). 3 July.

Mbeki: Stereotyping Behind Gautrain Saga (2006) *Mail & Guardian*, 8 December.

Moonsamy, N. (2014). "Efficient public transport still eludes working class citizens," *Business Day*, 8 September, <http://www.bdlive.co.za /opinion/2014/09/08/efficient-public-transport-still-eludes-working-class-citizens>.

Mostert, V. (2005). "Commentary on South African public transport policy, with emphasis on the Gautrain scheme," written Submission to Transport Portfolio Committee, Parliament, May 2005, <http://www.pmg.org.za/docs/2005/051116commentary.htm>.

Most Gautrain Passengers Women. (2012), <http://www.iol.co.za/news /south-africa/gauteng/most-gautrain-passengers-women-survey-1.1269801#.VOXnvuaUfts>.

No Guarantee Gautrain will be Ready for 2010. (2006). *Mail & Guardian,* 11 October.

Pritchard M. and Du Plessis C. (2010). "An exploratory analysis of citizen journalists as editorial gatewatchers: A case study of Gautrain blog posts vis-à-vis completion for the 2010 FIFA Soccer World Cup," *Communicare,* 29: 48–68.

Radebe,J.(2006)."AddressatthelaunchofconstructionofGautrainrapidraillink,"Marlboro,26 September, <http://www.gov.za/j-radebe-launch- construction-gautrain-rapid-rail-link>.

Richmond, J. E. D. (1998). "The mythical conception of rail transit in Los Angeles," *Journal of Architectural and Planning Research,* 15: 294–320.

Robbins, D., Dickinson, J., and Calver, S., (2007). "Planning transport for special events: A conceptual framework and future agenda for research," *International Journal of Tourism Research,* 9: 303–11.

Rogerson, C. M. (2004). "From spatial development initiative to Blue IQ: Subnational economic planning in Gauteng," *Urban Forum,* 15: 74–101.

Scott, J. C. (1998). *Seeing Like a State: How Certain Schemes to Improve the Human Condition Have Failed.* Binghampton, NY: Yale University Press.

Shilowa, M. (2006). "Speech by Gauteng Premier Mbhazima Shilowa at the launch of the Gautrain Project," 28 September, <http://www. gov.za/m-shilowa-launch-construction-gautrain-rapid-rail-link>.

Shilowa, M. (2007). "Speech by Gauteng Premier Mbhazima Shilowa at the commissioning of the Gautrain tunnel boring machine," 13 December,<http://www.gautrain.co.za/index.php?pid=1524&ct=1&fid =7&click=4>.

Siemiatycki, M. (2005a), "The making of a mega-project in the neo-liberal city: The case of mass rapid transit infrastructure investment in Vancouver, Canada," *City,* 9: 67–83.

Siemiatycki, M. (2005b). "Reviews: Risky business," *City,* 9: 261–3.

Siemiatycki, M. (2006). "Message in a metro: Building urban rail infrastructure and image in Delhi, India," *International Journal of Urban and Regional Research,* 30: 277–92.

Sunday Times. (2006). "Serious concerns over Gautrain's feasibility," 26 November.

Thomas, D. P. (2013a). "The Gautrain project in South Africa: A cautionary tale," *Journal of Contemporary African Studies*, 31: 77–94.

Thomas, D. P. (2013b). "Bombardier and the Gautrain project in South Africa: The political economy of Canadian investment in a rapid rail megaproject," *Studies in Political Economy*, 91: 137–57.

Transport Portfolio Committee (TPC). (2005a). "Gautrain Project: briefing,"8November,<https://pmg.org.za/committee -meeting /5883 />.

Transport Portfolio Committee (TPC). (2005b). "Report of the Transport Portfolio Committee on Public Hearings on the proposed Gautrain Project," 16 November,<https://pmg.org.za/ committee -meeting /5943/>.

Van der Merwe, C., van der Merwe, E., Van Zyl, O., and Negota, G. (2012). "Gautrain: successful implementation of socio-economic development objectives," *Abstracts of the 31st Southern African Transport Conference*, 9-12 July, <http://repository.up .ac.za/bitstream/handle/2263/20416/VanderMerwe_Gautrain%282012%29.pdf?sequence=3>.

Van der Merwe, J. (2002). "Taking the spin off Gautrain and putting issues in perspective," *Civil Engineering: Magazine of the South African Institute of Civil Engineers*, 10: 23–6.

Van der Merwe, J. (2008). "Gautrain: Acceptance of first trains', <http://www.gautrain.co.za/contents/train_acceptance /J%20vd%20Merwe.doc>.

Venter, I. (2013a). "Gauteng route extensions under review as ridership ramps up," *Engineering News*, 24 May, <http://www. engineeringnews.co.za/ print-version/gautrain- 2013-05-24>.

Venter, I. (2013b). "Gautrain 2012 ridership up 60%, placing 'severe strain' on capacity," *Engineering News*, 9 April, <http://www. engineeringnews.co.za/article/gautrain-2012-ridership-up-60-placing-severe-strain-on-c-apacity-2013-04-09/>.

Venter, I. (2014). "Gautrain ridership rises as e-tolls go live," *Engineering News*, <http://www.engineeringnews.co.za /print-version/gautrain-2014-01 -17>

Venter, I. (2015). "Solutions still to be considered for Gautrain tunnel water-ingress problem," *Engineering News*, 30 January, <http://www.engineeringnews.co.za/article/gautrain-2015-01-30>.

제25장

대형 댐 개발

트로이 목마로부터 판도라 상자까지

로덴트 할러스·마그리트 즈와티빈·카렌 베이커

25.1 개요

댐이 다시 의제로 논의되고 있고 그들의 규모는 전보다 더 커졌다. 2014년에는 1MW 이상의 수력 발전 댐 626개가 건설 중이며 3,071개가 추가로 계획되었다(Zarfl et al. 2014). 대형 댐 지지자들에 의해 기대되는 혜택은 관개지의 확장 가능, 식수 공급 개선, 홍수 조절, 수력발전 등이다. 세계댐위원회(WCD: World Commission on Dams)의 댐 및 개발 보고서(*Dams and Development* 2000)는 이러한 혜택이 불균등하게 분포되는 경향이 있으며 사회적 및 환경적 비용이 상당히 매우 많이 든다는 사실을 보고하였다. 대형 댐은 일반적으로 달성할 수 없는 계획들을 정당화한다. 실제로, 세계은행 평가자 비샌트 존스는 대형 댐은 "널리 퍼진 평가 낙관론"(Usher, 1997:61에서 인용된), 즉 일반적으로 메가프로젝트의 특징인 낙관론이 일관되어 왔다고 언급했다. 그리고 환경 및 사회 문화비용을 구체화하고 과소평가하면서 미래 이익과 혜택에 대한 지나치게 긍정적인 평가에 의존함으로써 계획의 위험 측면을 지속적으로 부정하는 것과 관련된다(Ansar et al. 2013; Flyvbjerg, Bruzelius and Rothengatter 2003; Goldsmith and Hildyard 1984; Khagram 2003; Klingensmith 2007; Priemus, Flyvbjerg and Wee 2008; Usher 1997; WCD 2000). 또한 대형 댐과 같은 메가프로젝트는 일반적으로 주요 대리인 문제와 필요한 막대한 투자에 의해 야기된 지대추구*에 고

* 지대추구(地代追求, rent-seeking): 공급량이 제한된 재화나 서비스를 독과점하는 방식으로 쉽게 이익을 얻으려고 하는 것을 말한다. 이 경우 기업들 간 비생산적인 경쟁이 초래된다.

통을 받는다(Flyvbjerg 2014).

20세기 동안 건설된 45,000개의 대형[1] 댐은 세계의 강을 급격하게 변화시켰으며, 거대하고 광범위한 사회생태학적 변화를 야기 시켰다(McCully 1996).[2] 그들의 실망스런 성과와 함께 증가하는 반대는 20세기 말에 대형 댐의 개발을 둔화시키게 되었다. 이러한 우려는 전혀 사라지지 않았지만 대규모 수력기반 인프라가 다시 개발 의제로 부각되고 있다(Zarfl et al. 2014; Pomeranz 2009; International Reserch Network 2014). 세계댐위원회(2000) 보고서에 따르면, 향후 5년 안에 35개의 대형 댐(높이 150m 이상)과 높이 60m 이상의 300개 댐이 건설을 시작할 것이다.(ICOLD 2006) 아프리카에서는 2010년까지 19개의 대형 댐이 건설 중에 있었다.(International Reserch Network 2010) 가장 크고 가장 비용이 많이 드는 댐(800억 달러로 추정; Cole et al. 2014)과 아마도 가장 논란이 많은 댐 단지인 콩고민주공화국의 그랜드 인가 프로젝트는 2013년 세계은행의 승인을 받았으나 2017년까지 연기되었다. 댐 건설에 대한 지불정지가 해제되었으며, 건설된 댐은 전에 비해 규모가 더 커졌다. 중국, 브라질, 인도, 로아공화국, 에티오피아, 르완다, 모잠비크, 터키, 콩고민주공화국과 같은 다양한 국가들이 대규모 댐을 건설하거나 계획하고 있다. 이들 국가의 정부는 홍수방지, 수력생산, 담수화 또는 이것들의 조합을 위한 댐을 추진하기 위해 "개발권" 담론을 동원한다(Hirsh 2010; Islar 2012; Oktem 2002).

기후 변화에 대한 인식 증가는 수력발전이 대체 에너지, 비 화석 에너지원에 대한 세계적인 요구에 대응하여 녹색 에너지의 중요한 공급원으로 여겨지기 때문에 대형 댐의 인기를 뒷받침하고 있다.(Ahlers et al. 2015; Imhof and Lanza 2010) 예를 들어 국제수력협회는 수력발전 운영의 효율성과 유연성은 모든 청정에너지 옵션 중에서 가장 저렴한 것으로, "독특한 특성으로 우리의 미래 청정에너지 시스템의 중심에 놓이게 된다"고 주장한다(International Hydropower Association 2014: 1). 그들이 내세우는 "녹색"도 새로운 대규모 수력 인프라 계획을 적극 지원하기 위해 국제금융기구와 기관투자가들에 의해 동원된다. 그러나 이러한 관심은 또한 인프라가 금융화 과정에서 점점 더 중요한 자산 등급이기 때문에 7-20% 예상 투자 수익률로 추진된다.(Ahlers and Merme et al. 2016; Hilyard 2012; Merme et al. 2014) 게다가, 수력발전 프로젝트는 많은 외화를 필요로 하는 경제에 기회를 제공한다. 요약하면, 찬성론자들은 통제되지 않는 강에 활용되지 않는 전력 잠재력을 이용함으로써 전기를 공급하고 온실가스를 감소시키며 지속 가능한 지역 발전을 위해 외화를 유치하는 직접적인 방법으로 수력을 제시한다.

댐이 빈곤, 환경, 생계에 어떤 영향을 끼치는지에 대한 체계적인 경험적 증거가 없는 상황에서 이전보다 훨씬 규모가 크고 비용이 많이 소요되는 현재의 대형 인프라 개발 붐이 일어나고 있다(Dufflo and Pande 2007). 대형 댐의 누적 영향에 대한 포괄적인 지식이 전반적으로 부족하며(Lehner et al. 2011; Vorosmarty et al. 2010; Fletcher 2010), 잠재적 혜택이 발생된 사회적 및 환경적 비용을 초과하는지의 여부에 대한 정보도 부족하다.(Ansar et al. 2014) 현재의 글로벌 환경에서는 특히 기후변화로 인해 점점 더 불확실성이 증가하고 있으며, 그러한 증거 산출에 있어서 영향을 가장 잘 예측 및 평가하고 가치를 정하는 방법에 대해 상당한 의견 불일치가 팽배하다(WCD 2000; Cole et al. 2014). 평가는 항상 상황과 개념에 의존하는 반면, 다양한 요인(공간과 시간)의 가정을 사용하면 실질적으로 결과가 달라진다. 이는 대형 수력 인프라의 비용과 위험을 경험한 사람들이 대부분 혜택과 이익을 누리는 사람들이 아니라는 사실과 함께, 댐을 건설해야 하는지, 어디에 건설해야 하는지에 대한 합의를 이루는 것을 특히 어렵게 만든다. 실제로, 평가와 측정 그 자체는 댐 개발에서 경쟁하는 것의 일부가 된다.

기후 변화와 녹색 에너지에 대한 언급을 제외하고, 현 시대의 댐을 정당화하기 위해 사용된 주장은 이전 세기의 주장과 유사하며, 댐은 개발의 전제조건으로, 그리고 식량, 물, 에너지 안보의 독보적인 공급자로서 지지자들에 의해 표현되고 있다(Usher 1997; Bakker 1999; WCD 2000; Ledec and Quintero 2003; Scudder 2005; Brisco 2010; Hirsch 2010). 그러나 이 장은 현재의 세기가 20세기보다는 댐 개발에 매우 다른 맥락을 제공한다는 것을 보여준다. 오늘날 댐 프로젝트는 공공, 민간 및 비정부 부문 간의 경계가 모호해지면서 이해관계가 명확하나 때로는 모순되는 보다 다양한 행위자들과 연관된다. 더욱이, 기후 변화의 불확실성은 댐 개발을 더욱 복잡하게 만든다. 행위자들의 확산과 기후 변동성의 상황에서 그들 사이의 모호한 관계는 댐 건설의 비용, 혜택, 그리고 위험에 대한 평가를 점점 더 어렵고 논쟁의 여지가 많게 만들었다. 이것은 댐 거버넌스의 투명성과 민주주의를 복잡하게 만들 뿐만 아니라, 그것을 극도로 긴급하게 만든다.

댐 개발이 본질적으로 어떻게 정치적인지를 탐구하기 위해, 우리는 "공간 생산"에 대한 르페브리아 분석을 사용하여 댐을 공간의 물체가 아니라 공간 전략의 요인으로 그리고 지속적이고 역동적인 투쟁의 현장으로 정의한다. 이러한 투쟁은 기술적, 분산적, 제도적 수단을 결합하여 발생되며, '개발'의 본성과 목적에 대한 의견 불일치를 포함한다. 자연, 기술과 사회의 상호 구성 개념화는 이러한 이론을 알려줌으로써, 댐 설계와 개발에 관한 문제를 배타적 전문가 그룹만 접근 가능하여 논쟁의 여지가 없는 영역인 자연, 생물학 또는 기술 분야에서 사회와 정치에 의존적인 영역으로 옮겨간다. 이는 토론에 대한 이러한 질문을 개방하고 전문지식의 정의를 넓히기 때문에 대규모 수력 인프라가 어느 정도까지 가장 잘 규제되고 통제될 수 있는지 다시 생각해 볼 필요가 있다(Zwarteveen 2015).

우리는 먼저 특정 경관 구성을 위한 댐의 역할에 대해 르페브리아 이론을 상세히 기술한 다음, 20세기 댐을 트로이 목마로서 특징짓는 작업을 진행한다. 특히 이집트 아스완 하이 댐의 예를 들면서 우리는 경제 발전의 견인차로서 합법화된 대규모 댐이 정치 이념적 공간 전략의 수단이었는지를 보여준다. 21세기의 댐 개발은 메콩의 예에서 설명하는 것과 같이, 복잡한 금융 흐름과 다양한 목적을 추구하는 공공 및 민간 행위자들의 복잡한 네트워크를 나타내는 판도라 상자로 더 잘 이해되는 과정이다. 우리는 댐 개발의 현대적 경관과 민주적 거버넌스에 대한 의미를 새김으로써 이 장을 마무리한다.

25.2 공간 생산으로서 댐 건설

댐은 다방면의 의미를 가지고 있다. 그들은 어떻게 다루기 힘든 "자연"이 정복되고 문명 진보를 위해 "활용되지 않는" 자원들을 이용할 수 있는지를 보여준다; 그들은 공학의 위대한 업적과 기술의 무한한 가능성을 가시적으로 보여준다; 그리고 그것들은 한 나라의 발전 경로의 랜드마크이다. 쿨레더(Cullather 2002: 521)는 "네루에게, 자히르 샤에게, 오늘날 중국에게, 댐의 거대한 빈 벽은 그들이 미래를 투영할 스크린 이었다"고 표현했다. 그들의 인상적인 시각적 존재는 댐을 지배 권력의 힘을 상징하는 훌륭한 품격의 프로젝트로 만들고, 그것으로 진보, 번영, 힘의 국가 이미지를 만들어낸다(Kaika 2006; Swyngedouw 1999). 댐이 구상되는 순간부터 댐은 일련의 사회 및 생물물리학적 재 정렬 과정을 시작하는데, 그 과정에서 변화의 확실한 수단이 생성되고 다른 것들은 철회되며, 그중 어느 것도 완전히 예측되거나 통제될 수 있는 것은 없다.

댐이 유발하는 변혁을 이해하기 위해 우리는 공간의 생산에 관한 앙리 르페브르(Henri Lefebvre 1991)의 작업을 설명한다. 르페브레의 목적은 도시디자인에 기반이

되는 이념과 정치를 밝혀내고 이에 의문을 제기하는 것으로, 도시디자인이 어떻게 항상 역사적으로 뿌리 깊은지와 모순투성이인지, 그리고 일상생활에서 끊임없이 경쟁하는지를 조명하는 것이다(Goodnewardena et al. 2008). 르페브르에 이어, 우리는 대규모 수력 인프라를 대립되는 공간적 전략들 사이에서 끊임없는 갈등과 상호작용을 통하여 특정 사회 공간적 관계의 생산과 전환으로 개념화한다(Brenner and Elder 2009: 367). 이러한 이론화는 사회 또는 기술 체계로부터 생물물리학 체계를 존재론적으로 분리하지 않고, 자연과 사회를 두 개의 뚜렷한 현상이나 영역으로 이해하는 것이 아니라, 이미 각 분야에서 항상 함축되어 있는 것처럼, 사회-자연 관계를 다시 생각해보기를 열망하는 다른 비판적 환경학자들의 주장에 긍정적으로 반향을 일으킨다. 따라서 그런 이론화는 서로의 상호작용에서 물, 사람 및 기반시설을 고려할 것을 제안하고, 서로 때문에 서로를 통하여 그들이 존재하며 실제로 "있는" 것으로 가정한다(Haraway 1991; Moore 2011). 따라서 "정상적인" 이론적 관행에서 분리되어 파악되는 "분야"를 붕괴시킨다(Swyngedouw 1992: 318). 물 학자들은 강이나 지하수 경로는 물론 홍수나 기근이 자연적 과정이 아니라 물 자원 개발과 "발전"의 특정 역사나 관행의 결과라는 개념을 표현하기 위해 "물이 있는 경치"(Swyngedouw 1999; Baviskar 2007), "수력사회 네트워크"(Bakker 2010), 또는 "수력사회 사이클"(Linton and Budds 2014)과 같은 용어를 제시했다. 대규모 댐은 흐름(사회 및 생태)을 새로운 방향으로 변경하고 동시에 사회(제도적, 정치적, 경제적, 문화적)를 재정렬함으로써 경관 재구성의 중심이었다(Harvey 1996; Meehan 2013; Scott 1998).

자연-문화(또는 기술-사회)의 분리에 의문을 제기함으로써, 이러한 존재론은 과학지식 생산의 기반에도 의문을 제기한다. 경쟁적인 공간 생산으로 댐을 개념화하는 것은 미확인되거나 객관적인 위치에서 대형 댐의 영향을 보고 알 수 있는 가능성을 밝히는 것이다. 즉, 하러웨이(Haraway 1991)가 좋은-책략이라고 부르는 "모든 한계와 책임의 초월을 약속하는 잘못된 비전" 이다. 이는 댐 거버넌스에 대해 생각하고 구성하는 방법 또는 댐의 환경적, 사회적 영향을 제도적으로 규제하고 억제하는 방법에 중요한 의미를 갖는다. 첫째로, 사회로부터 자연(정치로부터 과학)을 분리할 수 있는 가능성에 의존하는 과학적 객관성의 규범으로서 적용되지 않음으로, 그러한 영향을 평가하는 책임과 권한을 단순히 과학 전문가에게 전가시킬 수는 없다. 대형 댐의 사회적, 환경적 영향에 대한 어떠한 평가도 상황과 개념에 의존하며, 사용된 요인 및 시간적 가정의 기능이기 때문에, 전문가의 평가는 완전히 독립적일 수 없다.

댐의 영향은 긍정적이든 부정적이든 간에 (사회적, 정치적 또는 생물지구물리학적) 시간과 건설된 위치를 훨씬 넘어선다. 댐이 건설되고 가동되기 전에 댐은 이미 구상되고 계획되며, 설계된 기반시설, 물질적, 재정적 수요를 모으고 적용하며, 정치적 지원을 보장하고, 선거구가 정해진다. 댐은 사회적, 경제적, 정치적 이해관계가 있는 특정 행위자에 의해 특정한 목적과 위치를 염두에 두고 구상된다. 연습이나 의미, 이상이 없는 빈 공간이라기보다는 이 위치는 사람이 살고 물고기가 헤엄치고 새가 날고 물이 흐르는 강 유역이다. 수력 구조를 계획하는 과학자들과 기술자들은 이미 상상과 설계 테이블에서 경관을 재설계했다. 흐르는 물 경로는 수력발전이나 관개된 농작물 생산을 위한 입력으로 관리될 잠재적 부피의 양으로 구상된다. 그들의 비전과 설계를 통해, 그들은 강을 유휴 상태로 놓여 있고 사용하지 않으면 낭비되는 잠재적 자원의 한 묶음으로 재정의한다.

이러한 생물물리학적 재 정렬에는 지역 조직부터 유역, 국가 또는 지역 규모에서 새로운 조직까지 물 권리와 물 결정권의 이동을 필요로 하는 제도적 재 정렬이 수반된다. 사람, 도로, 구조물, 식물, 동물들이 이동하거나 침수됨에 따라, 이전에 연결되지 않았던 장소들이 이제 강 유역이라고 불리는 계획적인 제도적 구조물의 일부가 되었다. 결과적으로, 경치(또는 수경)는 다른 목적을 가지고 있고, 따라서 다른 의미를 갖는 반면, 다소 눈에 보이는 물질적 또는 사회적 표현과 아이디어 또는 가치의 형태로 둘 다 과거로부터 제도적, 물질적 유산을 여전히 가지고 있다.(Lefebvre 1976; Kogan 2013) 이러한 수경변형이 수반하는 위험, 의미, 권한, 책임의 재분배는 공사 후 멈추거나 안정되는 것이 아니라 댐 운영 결정의 정치를 통해 계속되는 경우가 많다. 단순한 기술적 또는 중립적, 수학적 방정식이나 모델이 아니라 댐 운영은 토지 및 물 권리와 경쟁적 생계원에 대해 누구의 요구가 인정되고 누구의 요구가 충족되는가에 대해 지속적인 협상과 교섭의 장이 되는 경향이 있다.

대형 댐 프로젝트의 공통점은 가장 직접적으로 경험한 효과와 영향이 댐 운영 결정에 최소한의 영향을 끼친다는 것인데, 그들이 댐 설계와 건설 과정을 통해 이미 상대적으로 무력하고 발언권 없이 제공되기 때문이다. 초기 설계 선택은 다른 것들보다 물의 한 가지 또는 여러 가지 사용을 선호하는 경향이 있다. 댐 건설은 말 그대로 이러한 선택들을 콘크리트에 쏟아부음으로써, 최초 의사결정자의 이해관계를 반복적으로 부여하기 위한 지속적이고 자기 주도적인 역학구조의 기능을 담당한다. 댐의 경직성과 크기 때문에 가능한 새로운 위험을 흡수하거나 이익 균형의 변화에 적응할 수 있는 댐 운영의 자유도는 심각하게 제한되어 있다. 운영 효용성이 끝나자마자 이러한 구조물은 해체가 요구되는데, 이는 20세기 많은 댐의 수명을 감안할 때 현재 더욱 시급해지고 있는 이슈이다. 해체 비용은 일반적으로 전부는 아닐지라도 당초의 비용-혜택 분석에서 제외되었고, 이러한 구조물의 내용연수는 종종 예상된 것보다 상당히 짧다.[3] 이 댐들 중 일부는 건조해진 강바닥 위에 있고 가능한 모든 효용성을 잃었으며, 다른 댐들은 독성이 있거나 위험할 수 있는 침전물과 물의 부하를 가지고 있다. 해체는 댐 자체의 초기 배치만큼이나 담론적일 수 있다.

결론적으로, 우리는 대규모 수력 인프라를 지속적이고 역동적인 공간 생산 프로세스에서 활동적 대리인으로서 접근하고 개념화한다. 이것들은 사회적 실천과 의미가 생물물리학적 물질성과 상호 작용하여 과거의 결정화를 전달하는 새로운 경관이 출현하는 과정이다. 원하는 관행, 이상, 의미에 대한 투쟁을 구체화하면 그 결과는 항상 그리고 어디서나 필수적인 논쟁거리가 된다. 르페브르는 공간의 물질적, 정신적, 사회적 차원 사이의 관계, 또는 인식되고 구상되며, 경관 사이에서의 관계를 강조한다. 이것은 (자본주의) 설계의 하나라는 공간의 생산에 대한 명백한 구조주의적 개념은 무시하지만, 또한 순전히 "자연적" 재배열이라는 실증주의적 개념도 유용하게 거부한다. 르페브레는 자본이 모순되고 동시에 경쟁적인 방식으로 자신을 재생산하면서 "살아 있는 공간"이 만들어지는 것이 일상적 관행과 경험의 이질성에 있다고 주장한다. 그러므로 살아 있는 공간은 결코 구상된 공간의 선형적인 결과가 아니며, 이것이 정확한 예측을 거부하는 한 가지 이유이다. 대형 댐은 3요소(물질적, 정신적, 사회적)의 관계적이고 변증법적인 특성을 구체화하는데, 3요소는 모순된 방식으로 사회정치적, 사회경제적 네트워크에 영향을 끼치는 개념과 건설에 의해 생산되고 내재되어 있다. 그들은 자본, 지식, 그리고 (지리)정치의 네트워크를 동원하고, 농촌과 도시 경관을 포괄하는 것은 물론, 이들을 밀접하게 연결하는 공간적으로 거대한 경관변화에 중심에 서 있다.

25.3 21C 댐 건설 — 트로이 목마

20세기에는 댐 건설이 폭발적으로 증가하는 것을 목격했다. 19세기에서 20세기 초 댐이 주로 민간에 의해 개발되었던 곳에서는, 1920년대 중반에 이르러 급속도로 바뀌어서, 구소련과 미국 모두 댐에 공공 자금을 쏟아붓기 시작하였다. 제2차 세계대전 후의 시대는 특히 아시아 댐 건설 증가와 식민지화 이후의 프로젝트, 그리고 투자를 추구하는 잉여 미군 달러의 가용성으로 인해 급속한 증가가 나타났다. 그림 25.1은 세기에 걸쳐 대형 댐의 확산을 보여준다. 1950년대에 이집트의 나세르는 댐을 **살아있는 사람들을 위한 피라미드**[4]라고 말했고, 인도의 네루는 댐을 **현대 인도의 사원**[5]이라고 불렀다. 둘 다 식민지 이후 국가 건설의 중심에 있었기 때문에 자연 통제를 향한 추진력, 사회적 병폐에 대한 기술적 해결책에 대한 신념, 서구 사회의 모방적 비전을 문명의 유일한 이미지로 홍보하는 등 특권 국가 형태로서 민족국가 시대를 특징짓는 현대성의 전형적인 표현으로 댐을 쉽게 볼 수 있었다.(Cullather 2002; Klingensmith 2007)

댐은 수많은 문제를 해결하는 데 유익한 힘을 할당받았다. "어떤 의미에서, 두 나라가 모두 같은 담론의 일부인 것처럼 댐 없이 발전하는 것은 정말로 불가능하다"(Escobar 1995 이후 Baghel and Nusser 2010: 241).

20세기 댐 건설의 역사적 궤적을 좀 더 심도 있게 살펴보면, 댐의 역학은 현대주의자와 식민지 이후의 에너지를 표현하고 이용했을 뿐만 아니라, 세계 시장과 지역정치의 영향을 받은 것 외에도 냉전의 지리정치학적 정책에 의해 형성되었다는 것을 알 수 있다.(Ahlers et al. 2014; Tucker 2010) 대형 댐은 상당한 자본을 필요로 하기 때문에, 그들은 데이비드 하비가 자본의 시간과 공간적 해결책이라고 부르는 것을 구성하는 잉여 자본의 축적과 흡수의 중요한 장소였다. 따라서 제2차 세계대전 이후와 1970년대에 댐 건설이 급증한 것은 누적된 미국 "전쟁 달러"와 서구 은행들에 "유휴"를 두었던 산유국들의 "석유 달러"를 어떻게 흡수할 수 있었는가에 의해 설명될 수 있다. 20세기에 주로 공공 프로젝트였던 이 대규모 자본의 투자는 국가와 원조 산업의 실질적인 참여를 요구했다. 선진국의 댐 건설이 현저하게 둔화되거나 전면 중단되었던 1970년대와 1980년대에는 대부분의 OECD 국가들에 의해 댐이 원조로 일괄 제안되었다.[6] 이는 그들이 일련의 융자조건을 동반했을 뿐만 아니라 점점 더 증가되는 과잉의 댐 산업에 새로운 해외 시장을 창출했다는 것을 의미했다(Usher 1997). 따라서 댐은 잉여 자본의 흡수, 기부 산업의 확대, 그리고 세계 남부의 부채 증가를 촉진시켰다.

이 댐 개발 기간의 특징은 개발과 문명의 혜택을 위해 천연자원을 이용하는 기술자들의 능력에 기반하고 있으며 설득력 있게 축하된다는 점이었다. 이 기념행

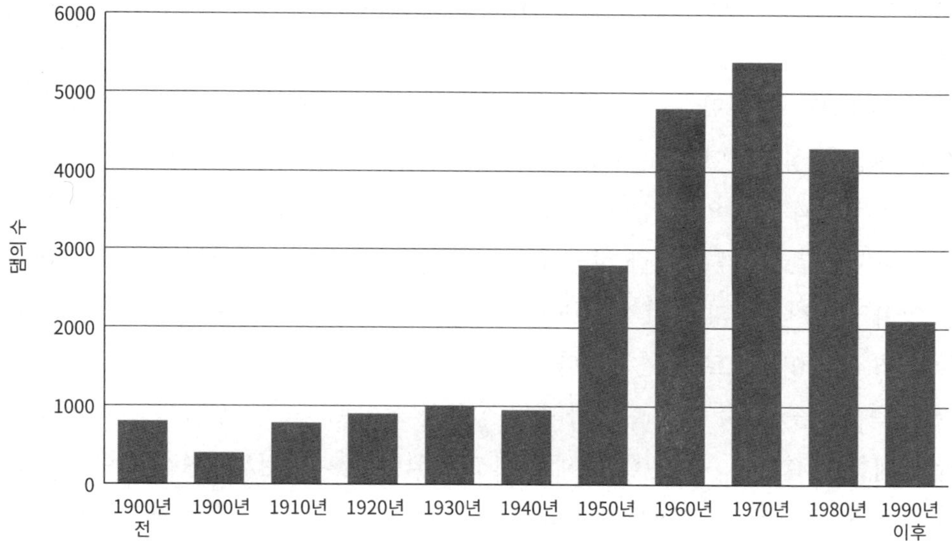

그림 25.1 20세기 동안의 10년 주기의 댐 건설

출처: World Commission on Dams 2000

사는 통제하지 않으면 낭비되는 천연자원의 묶음으로서 경관을 표현하는 데 달려 있다. 제안된 경관의 재정렬은 자본 축적과 정치적 통제의 목적에 더 잘 부합하기 위해 (재)생산과 소비의 관계에 변화를 수반했다. 이러한 균등과 기술 일관성의 과정은 강제적으로 무시되고 기존의 사회문화적 차이를 연속적으로 재구성했다. 대규모 댐을 사용하여 신생국이나 새로 연합된 국가의 통일성과 현대성을 생산하고 보여주면서 동시에 정권의 권위를 정당화하고 공고히 했다(Klingensmith 2007; Swyngedouw 2007; Westerman 2011). 따라서 이러한 거대한 수력 구조는 수자원에 대한 통제를 중앙 집중화하고 재조정하며 이를 통해 특정 사회질서를 발전시키기 위한 심오한 국가 및 국제적 정치 프로젝트의 본질적인 부분이다. "이 과정을 통해 일상생활의 상징적 풍요와 창조적 자율성은 점진적으로 퇴보되고 공간의 계획된 생산을 통해 현실에 대해 예측된 기술중심적 합리성의 균등화와 단편화로 대체된다"(Wilson 2011: 997–8). 요약하면, 개발 수단으로서의 대형 댐은 물 저장용 기구보다 훨씬 더 구체화된 트로이 목마와 매우 흡사했다.

이집트의 아스완 하이 댐(AHD: Aswan High Dam)은 20세기 댐 개발의 좋은 예이다. 분지 관개에서 영구 관개로의 전환을 가능하게 하는 명백한 목적으로 계획되었으며, 생산의 농업 관계를 소자본주의 시스템에서 소유주-소작인 관계에 기반한 것으로 변경하는 과정에서 1970년에 건설이 확정되었다. 새로운 수력 구조물, 관개 구역의 확장 및 농작물 수확 증가(홍수의 통제를 통해 재배기간을 연장함)는 토지와 물에 대한 사유재산권의 확립으로 수반되어 임금에 의존하는 토지 없는 계층과 함께 적절한 계층을 형성하였다(Smit 예정; Tigno 1966). 이 프로젝트는 "자연"에 대한 통제가 진보의 비전과 사회의 특정한 질서를 수반하는 공간 프로젝트를 명확히 구현했다. 1908년 크로머가 지적한 바와 같이(Tvede 2004: 29에서 인용): "결국 호수에서 바다로 이어지는 나일강의 물이 완전히 통제될 때, 이 경우 영국인은 자연의 선물을 가능한 최고의 이점으로 전환하였다는 것을 자랑할 수 있을 것이다." 1922년 이집트가 독립했을 때, 이 댐은 여전히 수단 상류와 화이트 나일강 상류를 지배하던 영국에 대한 이집트의 자치권을 위해 다시 고안되었다. 나일강의 2년간 유량을 수용할 수 있는 저수지로, 이집트를 위해 물을 저장하기 위한 상류 프로젝트들은 쓸모없게 될 것이다. 이 댐은 이제 식민지 과거로부터의 단절의 상징으로, 나일강의 지배권을 이집트로 옮기는 이정표 역할을 했다(Mitchell 2002).

내부 정치 투쟁, 식량 가격 인상에 대응한 국가적 반란, 팔레스타인 전쟁에 대응한 영국인에 의한 수에즈 운하의 군대화는 일련의 사건들을 촉발시켰고, 마침내 군사 혁명 지휘 위원회에 의해 군주가 교체되는 결과를 낳았다. 새롭고 더 큰 아스완 댐의 약속과 함께 위원회는 토지개혁과 산업의 국유화를 도입했다. 영국 제국주의에 맞서고 있는 상류국가의 지리정치학적 맥락과 냉전의 증대는 영국과 미국이 아스완 하이 댐에 자금을 지원해 달라고 요청하는 나세르 대통령에 긍정적으로 반응하도록 하였는데, 이는 이 지역에서 그들의 영향력을 확보할 수 있게 해주기 때문일 것이다. 나세르[7]가 세계은행이 결정한 조건에 동의했음에도 미국은 "이집트는 당분간 아스완 댐보다 덜 기념비적인 프로젝트와 잘 지내야한다"(보 Borzutzky and Berge 2010:84)고 언급하면서 결국 철수했다. 이에 나세르는 수에즈 운하를 국유화하여 그 수익을 댐 건설에 사용(Little 1965)하고, 소련 금융과 기술자들에게 문호를 개방하였다. 수단에서는 신군부 체제와 이 협정을 체결한 후, 아스완 하이 댐 건설이 시작될 수 있다.

홍수, 가뭄, 상류 간섭을 방지하는 완충제를 만들어냄으로써, 아스완 하이 댐은 이집트의 주장을 구체화시켰다. 그것은 동시에 강의 체제를 변경하고 규제하였으며(그림 25.2 참조), 정부에 강을 통제할 광범위한 수단을 제공하였다. 그럼에도 불구하고, 수질 벌목과 염분은 삼각주에 골치를 앓게 했고, 최적에 못 미치는 수준으로

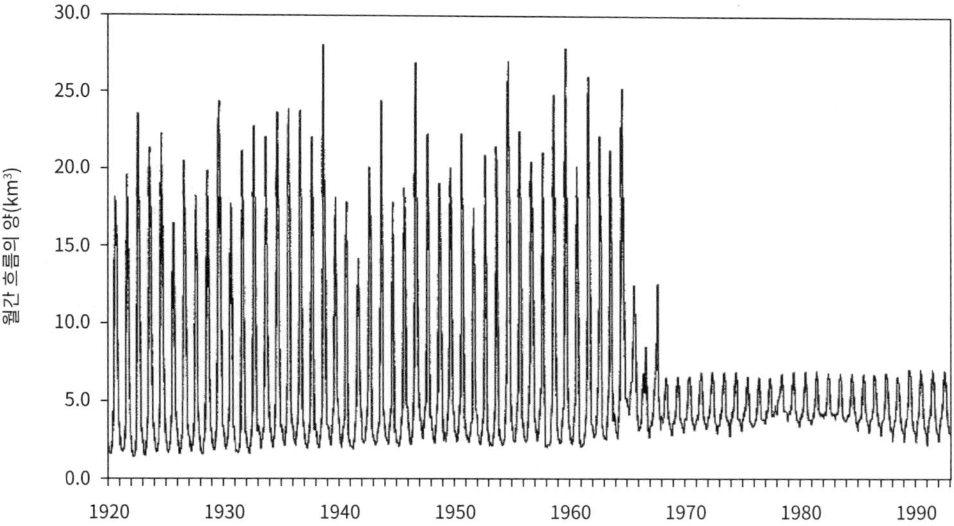

그림 25.2 아스완 하이 댐으로 인한 월간 하류 흐름의 변화

출처: Sutcliffe et al.(1999)

작동하는 수력발전 시설은 주로 비료 산업을 위한 에너지를 생산했다. 이로 인한 부채상환은 이집트를 심각한 금융 위기로 몰아넣었다.

요약하면, 아스완 하이 댐은 경관에 대해 특정한 과학적, 이념적, 정치적 개념의 생산을 선호하고 적극적으로 추구하는 영토와 수력 재 정렬[8]을 위한 다양한 공간적 전략에 동원되었다. 20세기의 중심적이고 특징적인 것은 중앙에서 관리되는 관개 시스템을 통해 국가 영토를 확장하고 생산의 자본주의 관계를 진전시키려는 욕구,[9] 농업 생산의 사회적 관계를 변화시킨 토지 및 물에 대한 권한의 동반 국유화와 균질화, 그리고 산업과 소비를 위한 에너지 생산이었다. 이 사례는 아스완 하이 댐이 어떻게 경관에 대한 바람직한 통제(사회적으로뿐만 아니라 생물학적으로)를 나타내는지를 보여주는 동시에 민족국가를 특권형 통치 형식으로 통제하는 것을 시각화하고 가능하게 한다(Warner 2013).[10] 정치 경제 관계의 유형적 물질 전형으로 댐은 매우 현대적이며 지리학적 프로젝트를 명확하게 나타낸다. 즉, 다루기 힘든 자연과 사람들을 길들이기, 사회의 특정한 조직을 설립하고, 생산의 새로운 사회적 관계를 합법화하는 것이다. 이 사례는 또한 경관이 그리 용이하게 통제되지 않고 경관의 역사적 조건에 삽입되고 융합되는 기술이 어느 정도 새로운 예측할 수 없는 형태를 만들어 내고 있다는 것을 보여준다.

25.4 21세기 댐—판도라 상자

현재 댐 주변의 국면은 20세기와는 매우 다르다. 주된 이유는 금융화와 세계화가 사회와 생물지질물리학[11]의 관계를 구조적으로 변화시켰기 때문이며, 반면 기술의 발전은 공간과 시간을 압축했기 때문이다(Harvey 1996; Smith 2006). 댐 개발에서 공공 행위자와 민간 행위자 사이의 경계가 모호해지고, 새로운 금융화 과정과 증가하는 글로벌 불안정과 불확실성은 댐의 거버넌스를 그 어느 때보다 더 긴급하고 어렵게 만들었다. 우리는 라오스의 남테운2 댐에 대한 사례 연구로 이를 설명한다.

남테운2 전력회사(NTPC: The Nam Theun 2 Power Company)는 1,070MW의 설치용량을 가진 메콩강 유역 최대의 지류 댐과 연관되어 있다. 2010년 완공되어 댐 개발 역사상 가장 복잡한 공공·민간협력관계(Wong 2010)로 알려졌을 뿐만 아니라 세계은행과 개발 목표에 대한 라오스 정부의 협력에도 찬사를 받고 있으며(Baird et al. 2015), 아시아-태평양 지역 최고의 금융 건설에 대해 상을 받은 모델이다(Merme et al. 2014). 전력회사와 전기설비 간에 체결된 전력구입협정에 따르면 생산되는 에너지의 95%는 태국으로, 나머지 5%는 라오스 국내 소비로 결정되었다.

2011년부터 프랑스 EDF 인터내셔널, 라오스 국영기업, 태국 전력생산공기업 등 3개사가 이 회사를 소유하고 있다. 27개 당사자들이 14억 5,000만 달러 규모의 이 프로젝트에 자금을 조달했는데 부채 대 자기자본 비율은 70:30(Ward 2010)이다. 머미 등(Merme et al. 2014:23)은 자본투자자가 전력회사 주식을 매입하고, 충분한 자본이 확보되면 채무 금융업자가 필요한 잔액을 빌려주거나 확보한다고 설명한다. 주주들이 대출, 신용, 보조금을 통해 자금을 조달했고, 개발 은행과 민간 상업 은행과 같은 금융기관들은 대출과 보증으로 된 부채 패키지를 자금조달 및 지원한다. 그림 25.3은 이러한 재무흐름의 구성을 보여준다. 라오스 정부는 노동 규제를 완화하고 광범위한 세금 면제와, 자재·장비·물품 특별수입세율 등 국제 자본 유치를 위한 투자 인센티브를 제공했다(Merme et al. 2014). 공공부문 금융은 제한적이었지만 상업적 투자자가 요구하는 다자간 개발은행(MDBs: Multilateral Development Banks)과 수출신용기관(ECAs: Export Credit Agencies)이 제공하는 보증을 필요로 했다. BOOT(Build-Own-Own-Operate-Transfer) 약정에 따라 남테운2 전력회사를 보유한 컨소시엄은 25년의 운영기간 동안 댐을 개발, 자금조달, 건설 및 운영할 수 있도록 허가되었다.

정부와 남테운2 전력회사 모두에 대한 권리와 의무는 남테운2 전력회사가 남테

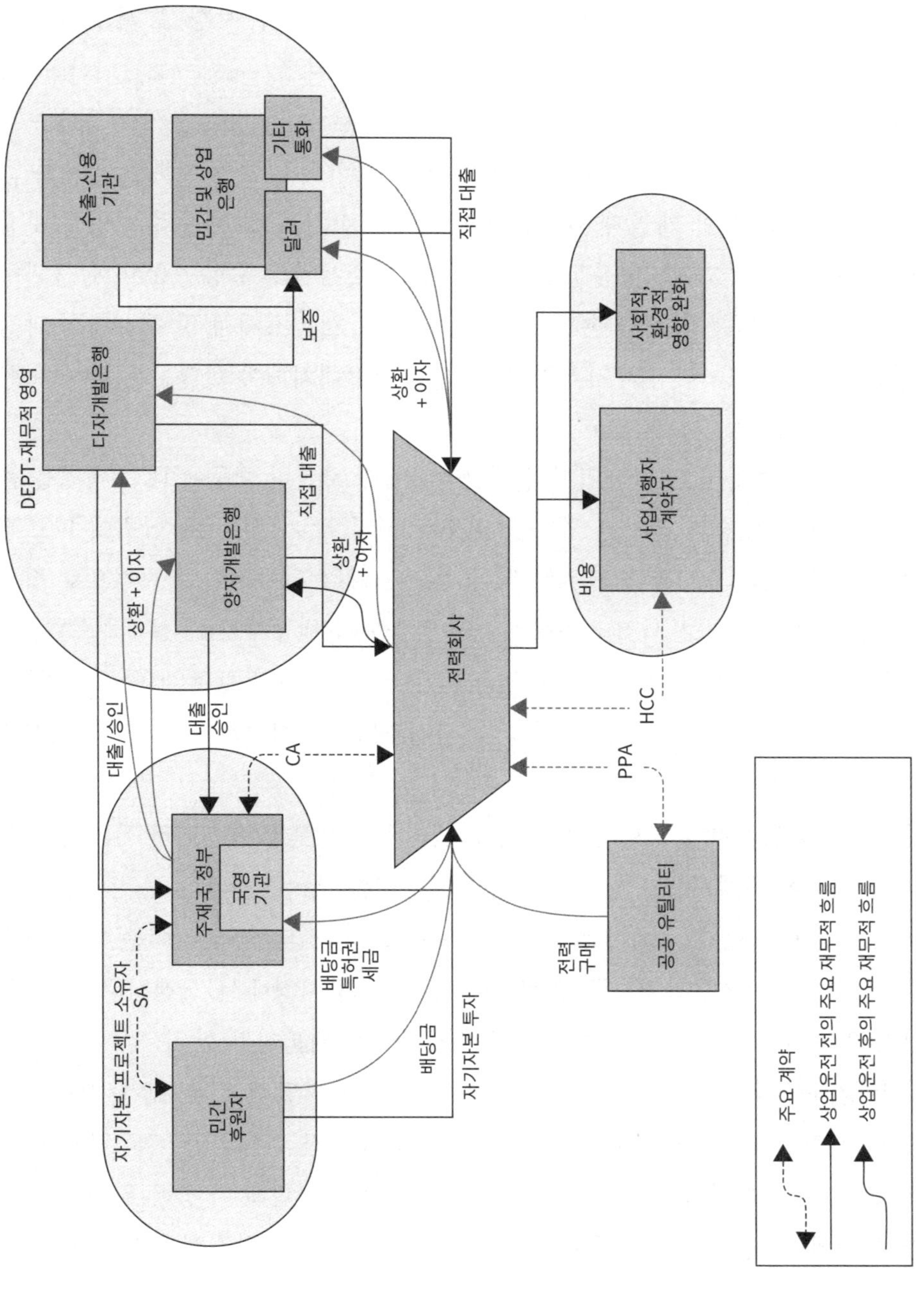

그림 25.3 댐 건설에서의 금융 흐름

출처: Merme et al.(2014)

운2와 관련된 모든 물 관리 결정을 통제하도록 규정한 계약 협정에 명시되어 있다. 최소한의 방류 의무와 제한을 제외하고는 남테운과 몇 개의 다른 강의 흐름에 대한 독점적인 물 권리를 가지고 있다. 컨소시엄이 민관협력체라고 해도 전체 계약 협정은 비밀이다. 계약에 대한 모든 세부사항은 댐의 운영비, 책임 또는 물 관리 우선순위 등 공공의 정밀조사에 개방되지 않기 때문에 공공의 책임을 방해하였다(Probe International 2004). 잠재적 사회 및 환경 영향, 완화, 보상 및 복구 조치가 확인되었지만,[12] 매슈스(Mathews 2012)와 국제 강 네트워크(International Rivers Network 2010)는 다양한 위반 사항을 보고하였다. 베어드 등(Baird et al. 2015)은 양허협정으로 인해 투자자가 하류 지역사회에 대한 완화 및 보상비용 전액을 지불할 의무가 없으며, 단 한 번의 개발 개입과 최소한의 보상만이 장기적 및 지속적 영향을 보상하기에 충분하다고 고려되었음을 보여준다. 또 컨소시엄의 수명은 25년에 불과하다. 이는 라오스 정부가 어업 손실, 홍수 체제 변화, 사회경제적 및 생태학적 과정의 일반적인 붕괴 등 댐의 장기적인 부정적 결과에 대처해야 한다는 것을 의미한다(Smith 2011; WCD 2000; Wong 2010).

불가능하지 않다면, 댐 금융업자와 개발업자에게 자신의 행동에 대한 책임을 묻기는 어렵지만, 대중과 정보를 공유할 의무도 없다. 국가 및 국제 상법에 따르면 모든 계약서 및 관련 서류는 기밀로 되어 있으며 계약 당사자들만 전적으로 접근할 수 있다. 따라서 스폰서(핵심 자본 및 대출)와 민가부채 제공자(ECA, 은행 및 기타 금융 대부업체)의 자기자본 투자에 관한 정보에 접근할 수 없다. 융자와 보조금, 공적 채무 제공자의 참여자를 통한 댐 건설에 대한 주 사업자의 관여에 관한 문서만 공개적으로 이용할 수 있다.

남테운2 사례는 지난 10년 동안 대규모 댐이 공공부문보다는 민간 투자자에 의해 자금 조달이 세계적으로 얼마나 증가해 왔는지를 보여주는데(Briscoe 1999; Hildyard 2012; Hirsch 2010; Middleton 2009; Molle, Foran, and Kaonen 2009; Schultz 2002), 이는 1980년대 이후 기업화, 사업화, 민영화를 통해 에너지 분야의 시장에서 경쟁적 시장을 창출하기 위하여 신자유주의 개혁에 의해 촉진되었기 때문이라 할 수 있다. 새로운 글로벌 금융중심지(상하이·싱가포르·쿠알라룸푸르·상파울루)가 발달했고, 아세안·메르코수르 등의 지역경제도 성장하고 통합되었다. 지난 10년간 지속적인 (지역) 경제 성장과 결합하여, 이제 세계 남부는 공동의 자금조달로 댐 건설에 더 좋은 위치가 되어 민간 시장에서 필요한 금융 투자에 접근함으로써 댐의 일방적인 개발을 촉진한다. 2013년, 약 350억 달러의 투자 가치가 있는 수력발전소가 가동되었다(Frankfurt School-UNEP Centre 2014).

메콩에서는 76,000만 달러 규모의 남응음2 댐과 38억 달러 규모의 자야부리 댐이 지역 상업 은행과 수출 신용 대행사에 의해 전액 자금이 조달되었다(Middleton 2009; BankTrack 2013; Mathews 2012). 머미 등(Merme et al. 2014)은 높은 잠재적 혜택과 세제 혜택, 무역 규칙의 완화, 의무에 의해 촉진되는 투자 조건에 비해 관련 위험은 제한적이라고 설명한다. 부채 투자는 비교적 짧은 기간에 걸쳐 진행될 뿐만 아니라 위험은 주로 국가가 부담하는 것으로 세계은행, 아시아개발은행과 같은 국제금융기관이 정치적 위험 보호를 제공한다. 개발자들은 민간 투자자들을 선호하는데, 그것은 그들의 대출을 사회적, 환경적 완화를 조건화하는 공공 또는 다자간 자금지원(Matthews 2012)에 비해 더 적은 의무들을 가지고 있기 때문이다. 마지막으로, 대규모 인프라 프로젝트의 복잡성은 부수적으로 거의 전력 생산을 제공하는 무수한 금융상품(Hildyard 2012; Lapavitsas 2013)을 개발할 수 있는 수많은 가능성을 제공한다.

남테운2 댐은 현대 댐 개발 동력 및 금융화 과정에서 그것들의 통합에 대한 사례를 보여준다. 재생 에너지에 대한 수요와 이에 도달하기 위한 목표들은 투자 기회를 창출한다. 점점 더 많은 다양한 금융 기관들이 그들이 통제하는 잉여 자본을 저장할 물과 같은 전략 분야를 유심히 살펴보고 있다.[13] 어떤 금융 기관에 투자할 계획이고 어떤 금융 상품을 통해 투자할 것인가가 자원 획득과 지리정치학적 관계의 지형에 의해 상당 부분 추진된다. 대규모 기반시설의 증가하는 민영화와 금융화가 댐 계획, 건설, 소유, 운영이 공공에서 민간 영역으로 이동하였다. 결과적으로, 이것은 국제 금융 기관, 다자간 개발 은행 및 기부자 공동체의 역할과 이들과 함께 그들의 안전장치 시스템과 환경 보건 및 안전 표준의 역할을 탈 중심화 하였다. 더구나 국제표준이 일련의 안전장치를 확보하기 위해 많이 나왔는데도, 시스템은 완벽하지 않고 외부 책임성을 저해하는 투명성의 결여로 인해 쉽게 배제된다(Hildyard 2012; Matthews 2012; Merme et al. 2014; Middleton 2009; Wright 2012).[14] 공공과 민간이 증가하는 합병과 이해당사자들의 다단계 확산은 21세기 댐 건설 연합을 특징으로 하는 거버넌스의 확산을 보여준다. 이는 어느 특정 시점이나 장소에서 어느 누구도 전체 그림을 예견하거나 이해하지 못하는 상황으로 이어진다. 민첩하고 신속한 금융 흐름과 제품들은 엄청난 시간적 영향을 끼치는 대규모 공간적 변형을 빠르게 만들어내지만, 그들의 불투명성과 분열은 민주적 의사 결정과 책임에 대한 가능성을 혼란스럽게 한다. 이것은 세 가지 이유로 문제가 있다. 첫째, 재정적 이해가 반드시 또는 자동적으로 식량 안보, 물에 대한 접근, 생태계 무결성의 우선순위와 일치하지는 않기 때문이다. 둘째, 댐을 관리하는 의사결정 기관과 그 영향력은 시간과 공간적으로 단절되기 때문이다. 셋째, 대규모 투자는 장기간에 걸쳐 국가예산을 소모하며 공적인 관심을 민간 이익으로 전환시켰다.

이것은 댐 거버넌스와 민주주의에 대한 긴급한 의문을 제기한다. 예를 들어, 지역 생활 안전과 환경 지속가능성을 형성하는 결정이 공공의 개입을 최소화하고 의존적인 상황에서 취해질 때, 이 결정에 대한 공공부문 통제의 수준은 무엇인가? 관련된 민간부문 행위자들이 법적 비밀 유지권을 가지고 있을 때 어떻게 효과적인 형태의 공공 책임을 제도적으로 규제할 수 있는가? 다음에서 이러한 질문에 대해 몇 가지 잠정적인 답변을 제시한다.

25.5 결론

우리는 20세기 댐이 어떻게 트로이 목마에 비유될 수 있는지, 정치적 및 이념적 공간 전략의 공급자로서, 동시에 경제 발전의 메커니즘으로 운영이 정당화될 수 있는지, 그리고 국가 공간 확장 프로젝트의 일환으로 예측할 수 없는 물의 흐름을 조정하면서 경관을 재정비하고, 생산과 관련된 자본주의 발전을 보여주었다. 20세기 댐 건설은 토지와 물 권리의 완전한 재정의 및 비편재화를 통해 사회가 재편되면서 다루기 힘든 공동체를 "문명화"하고 "정상화"를 촉진시켰다. 정확하게 댐은 경관을 동질하고 일관적인 것으로 재 정의할 수 있는 정치적 및 경제적 권력의 집중을 명백히 하고 더 확립했기 때문에(Lefebvre 1991: 352), 경쟁은 지리적으로 둘 다 유지되었을 뿐만 아니라 규율 적으로 단편화되었다.

20세기 댐 개발을 추진하는 행위자들은 비교적 쉽게 식별할 수 있었다. 즉, 댐을 권력의 유형적 및 구체적 전형으로 사용한 국가 및 국제 수준의 공공 거버넌스 및 금융기관이다. 이러한 권력 때문에 정확하게 파악하기는 어렵지만 눈에 띄게 보이고, 대개는 민족국가가 내포되어 있거나 연관되어 있었다. 이와는 대조적으로, 현대의 댐 개발을 책임지고 있는 사람들은 대중들에 대한 어떤 종류의 책임이 있는 국가 기관에 더 이상 존재하지 않기 때문에 추적하고 찾기가 쉽지는 않다. 실제로, 댐 건설은 이제 판도라의 상자로 더 특징지어질 수 있다. 즉 그것은 다수의 행위자와 당사자들의 사업이며, 댐 자금조달, 건설, 운영에 대한 책임은 공공 합법성 우려에 덜 걸림돌이 되는 민간기업 및 금융기관과, 이 과정을 규범적으로 규제하기보다 촉진하는 공공기관에 의해 점점 더 맡겨지고 있다. 이것은 규제와 책임의 새로운 이슈들을 만들어낸다.

따라서 트로이 목마가 과시적으로 보이는 지리정치학적 공간 전략과 전술에서 중추적인 위치를 차지하고 있던, 판도라의 상자는 자본 축적과 금융 투기의 은폐된 동기와 경제 발전을 통한 번영을 창출과 녹색 에너지를 이용함으로써 기후 변화에 적응한다는 공개 선언과 결합한 공간 전술의 보다 복잡한 국면을 나타낸다. 급속한 기술적 진보가 수반되는 신자유화는 댐 개발의 역동성과 규제와 통제에 대한 제도적 가능성을 모두 근본적으로 변화시켰다. 금융화, 기후 변동성과 불확실성; 민간 및 준 민간 행위자의 확산; 공공 및 민간 권리 사이의 경계가 모호해짐에 따라 책임은 보다 복잡하고 불투명하며 단편적인 거버넌스를 형성한다. 민간부문 경쟁력을 보호하기 위해 마련된 제도 때문에 댐 개발이 훨씬 덜 공공적이라는 설정과 맥락은 분명하다. 동시에, 주로 수력발전용으로 설계된 전보다 더 커진 댐들은 그 어느 때보다도 밀접하게 연결되어 있는 글로벌 커뮤니티와 직면하고 있다. 이러한 연결은 균형적이지 못한 발전을 만드는 금융화의 비민주적인 과정을 촉진하지만, 새로운 경쟁 네트워크를 위해 속도와 민첩성을 사용함으로써 이러한 것들을 방해할 수 있는 큰 잠재력을 가지고 있다.

우리는 지속 가능하고 공평한 수력발전 개발과 보다 민주적인 형태의 댐 거버넌스를 보호하는 것이 투명성과 책임성의 메커니즘을 포함한 새로운 거버넌스 관행을 구축하기 위해 이러한 잠재력을 창의적이고 전략적으로 활용하는 것이 중요할 것이라고 주장한다. 이것은 댐의 영향을 경험하고 우려하는 사람들 사이의 다국간 동맹과 연합의 효과적인 조직이 요구되어진다. 그러나 이러한 영향들이 무엇인지에 대한 보다 넓은 확산 및 논의와 연기금들이 이러한 프로젝트에 투자된다고 사람들을 교육하는 것이 가능토록하기 위하여 읽고 쓸 수 있는 능력과 산술능력을 개발하는 적극적인 노력을 필요로 한다. 여기서, 댐에 의해 유발된 사회문화적 역학의 복잡성과 예측 불가능성은 직접적인 예측이나 평가를 거부하기 때문에 다양한 정보의 근원을 공유하고 혼합하고 학제간 지식을 개발하는 것은 매우 중요하다. 설계와 영향 사이의 시간과 공간적 먼 거리 그리고 댐 개발로 이익을 얻는 사람과 그 결과를 직접 경험한 사람 사이의 단절은 댐 개발을 특히 사악한 문제 상황으로 만든다.

우리는 대형 댐과 관련된 인프라 개발 계획에 대한 르페브리아 분석은 이러한 문제들을 기초적이고 학제 간 방식으로 생각할 수 있는 기회를 제공한다고 주장한다. 이러한 댐이 어디에 건설되고 있는지, 누가 댐에 자금을 조달할 의향이 있는지, 그리고 왜 댐이 어떤 목적으로 사용되는지, 누가 이익을 보고 있는지(그리고 비용을 부담하고 있는지) 결정하기 위해서는 상세한 상황이 풍부한 분석이 필요하다. 과거의 교훈으로 볼 때 댐은 특히 위험성이 높고 비용이 많이 드는 문제로서 혜택과 비용이 불균등하고 불공평하게 분포되어 있다는 것을 보여주기 때문에 그러한 사례 연구는 매우 중요하다. 그러나 마찬가지로 중요한 것은 공간적 전략의 분석(살아 있는, 인지되고 구상된 공간 차원의 개념적 3요소 같이)이 특정 댐 프로젝트의 복잡하고 상황별 정치의 유용한 보충적 분석이 될 수 있다는 것이다.

부정적인 환경적 영향을 억제하기 위한 방법으로 “좋은 댐”에 대한 객관화된 기준을 개발하기보다는, 우리는 “댐 민주주의”를 만드는 데 더 많은 노력을 기울여야 할 필요가 있다: 단기적, 장기적, 댐의 비용 및 혜택의 전 범위에 대한 분석적 전문지식의 개발과 확산이다. 공적인 책임의 형태가 효과적으로 조직되지 않는 한, 그리고 시민 사회 단체들이 경관의 대체적인 표현을 형성하고 만들어내고 명확하게 표현할 수 있는 정치적 가능성이 없는 한, 대형 댐의 건설은 보류되어야 한다. 댐 개발은 단기적인 혜택을 얻는 사람들의 독과점일 수 없고, 반면 다른 사람들은 현재와 미래 둘 다 그 비용을 부담한다. 이것은 매우 필요한 대안들, 즉 유연하고 비용이 적게 들고 잠재적으로 덜 화려한 혜택을 생산할 수 있지만, 더 현실적이고, 신뢰성 있고, 더 신속하고, 부정적인 영향도 적고, 가능한 한 더 저렴하게 만들어 낼 수 있는 대안들을 개발하는 유일한 방법이다. 댐 건설 책임과 권한의 확대 및 세계화 확산은 공개적으로 유용하고 신뢰할 만한 정보가 일반적으로 결여되고, 댐 건설과 자금조달에 책임이 있는 사람들을 명확히 식별하기 어렵게 한다. 이것은 또한 댐의 부정적인 사회생태학적 영향에 대해 책임을 묻거나 제도적으로 책임을 규제하는 것을 어렵게 만든다. 댐이 지속가능하고 사회적으로 이익이 된다는 것을 보장하기 위해 보다 정교한 “객관적인” 정보와 참여적 협약에 의존하는 것은 이 민주적 공백을 단지 부분적으로만 채울 뿐이다.

요컨대, 이 장은 대형 댐에 대항하여 “반대”를 조직하는 새로운 방법을 요구해 왔다. 어느 정도, 이것은 시민사회가 보다 공정한 조건에서 대형 댐의 비용 및 혜택의 분배에 대해 협상할 수 있는 반대의 제도적 조직(또는 의사소통 결로 구성)으로 생각될 수 있다. 이러한 반대는 대형 댐에 관한 의사결정 과정에서 정상적이고 실제로 유용하고 중요한 부분으로 검토되어야 한다고 우리는 주장한다. 따라서 우리의 제안은 "좋은 댐"에 대한 국제적으로 타당하고 객관화된 기준의 (필요하지만 불충분한) 개발을 넘어 더 광범위한 거버넌스 변형을 요구한다. 우리는 댐 민주주의 조성에 더 많은 노력을 투자하는 것이 필요하고 시급하다고 주장하는데, 이것은 댐이 항상 경쟁될 것이라는 주장을 받아들이는데 달려 있으며, 여러 규모와 관할 구역에 걸쳐 댐 자금조달과 개발 과정에 양호한 거버넌스 관행을 포함시킬 필요성을 의미하는 개념이다. 우리의 분석에서 제시했듯이 댐 민주주의는 투명성의 맥락에서 댐 산술능력과 읽고 쓰는 능력을 개발하고 활성화하기 위한 동시적인 노력을 요구하는데, 우리는 이것이 미래에 더 공정하고 지속 가능한 결과를 가져올 것이라고 제안한다.

감사

여기서 제시된 많은 작업은 20세기 댐 개발에 관한 이네케 클레멘스와의 연구와 논의, 빈센트 메르메와 메콩과 금융화에 관한 연구와 논의, 그리고 이네케 클레멘스, 헤르멘 스밋과 아스완 하이 댐의 연구와 논의의 결과이다.

주

1. 대형의 정의에 대해 약간의 이견이 있다. 우리는 세계 댐 위원회가 적용하고 국제대형댐위원회로부터의 정의를 따른다. 그러한 분류가 왜 문제가 되는지에 대한 개요는 포프와 하트(Poff and Hart 2002)에 의해 제공된다.
2. 이러한 우려를 나타내는 최근 출판물은 예를 들어 브라운 등을 참조하시오; 휘언사이드(Fearnside 2005); 후버와 조쉬(Huber and Joshi 2015); 렌더 등(Lehnder et al. 2009); 머미 등(Merme et al. 2014), 닐슨 등(Nilsson et al. 2005); 오보수-멘사(Obosu-Mensah 1996); 오크템(Oktem 2002); 쇼우어스(Showers 2011); WWF(2003); WWF(2013)
3. 포머란즈(Pomeranz 2009:208)가 역설적으로 히말라야 지역의 댐에 대해 지적했듯이 저장용량에서 예상 손실보다 더 빠르고 커지는 것은 이제 댐을 더 많이 건설하기 위한 그 자체로 주장으로서 이용되고 있다.

4. 화임(Fahim 1981:233)

5. 네루(Nehru 1964); 클링겐스미스(Klingensmith 2007: 254, 263)에 있는 힌두교(The Hindu 1957).

6. 경제 협력 개발 기구. 어서가 글을 쓸 당시 이들은 오스트리아, 벨기에, 캐나다, 덴마크, 프랑스, 독일, 그리스, 아이슬란드, 아일랜드, 이탈리아, 룩셈부르크, 네덜란드, 노르웨이, 포르투갈, 스페인, 스웨덴, 스위스, 터키, 영국, 미국 등 OECD의 원래 회원국이었다. 또한 이후에 회원국이 된 다음과 같은 국가들: 일본(1964), 핀란드(1969), 호주(1971), 뉴질랜드(1973), 멕시코(1994), 체코(1995), 헝가리(1996), 폴란드(1996), 대한민국(1996) 등이다.

7. 1955년 가을, 이집트는 미국과 세계은행과의 협상이 그때까지 진전된 단계에 이르렀기 때문에, 처음에 소련의 제안을 거절했다(Biswas and Tortajada 2004).

8. 스윈게도우(Swyngedouw 1999)는 스페인의 프랑코 수력계획에서 댐이 어떻게 유사한 공간전략에 사용되는지를 훨씬 더 자세하게 보여준다. 또 다른 예는 소비에트 연방의 수력 공학에 대한 프랭크 웨스터먼의《영혼의 엔지니어(Engineers of the Soul 2011)》이다.

9. 예를 들어, 이양 가능한 토지/물 권리를 도입함으로써 주된 교환으로써, 농경 산업 생산으로서 시장이다.

10. 이 과정은 직선적이고 역사적으로 구체적이며 이집트의 사례에서 볼 수 있듯이 항상 논쟁거리가 되고 있다. 심지어 미국과 당시 소련 양쪽의 댐 개발은 인종적으로 다양한 공동체의 단편적인 집단을 하나의 민족국가로 통일하려는 정부에 의해 협상된 아프가니스탄의 경우(Ahlers et al. 2014)에 의해서 더욱 그러하다.

11. 예를 들어 유전자 조작 유기체의 가능성, 바이오 연료의 개발, 잔여 공유지의 상품화 및 보호구역(숲, 해양, 토지/물 권리 등 같이) 등이 그것이다.

12. 환경평가 및 관리 계획, 재정착 실행 계획, 사회 및 환경 관리 구조 및 운영 계획.

13. 2015년 4월 세계수자원위원회/OECD 보고서는 물 부문이 은행, 연기금, 보험사, 국부펀드가 보유하고 있는 수조 달러의 미화(US$)를 활용해야 한다고 주장한다.

14. 몇 가지를 제외하고: 적도 원칙, 수력 발전 지속가능성 평가 포럼 협력, 책임 투자에 대한 UN 원칙, WCD 표준, 국제 금융 회사 성과 표준 및 WB 안전조치 정책.

참고 문헌

Ahlers, R., Brandimarte, L., Kleemans, I., and Sadat, S. (2014). "Ambitious development on fragile foundations: Criticalities of current large dam construction in Afghanistan,"

Geoforum, 54: 49–58.

Ahlers R., Budds, J., Joshi, D., Merme, V., and Zwarteveen, M. (2015). “Framing hydropower as green energy: Assessing drivers, risks and tensions in the Eastern Himalayas,” *Earth Systems Dynamics*, 6: 195–204.

Ahlers, R. and Merme, V. (forthcoming). “Financialisation, water governance and uneven development,” *Wires Water*.

Ansar, A., Flyvbjerg, B., Budzier, A., and Lunn, D. (2014). “Should we build more large dams? The actual costs of hydropower megaproject development,” *Energy Policy*, 69: 43–56.

Baghel, R. and Nüsser, M. (2010). “Discussing large dams in Asia after the World Commission on Dams: Is a political ecology approach the way forward?” *Water Alternatives*, 3(2): 231–48.

Baird, I., Shoemaker, B., and Manorom, K. (2015). “The people and their river, the World Bank and its Dam: Revisiting the Xe Bang Fai River in Laos,” *Development and Change*, 46(5): 1080–105.

Bakker, K. (1999). “The politics of hydropower: Developing the Mekong,” *Political Geography*, 18: 209–32.

Bakker, K. (2010). *Privatizing Water: Governance Failure and the World's Water Crisis*. Ithaca, NY: Cornell University Press.

BankTrack. (2013). *Dodgy Deal: Xayaburi Dam Project*, <http://www.banktrack.org/manage/ajax/ems_dodgydeals/createPDF/xayaburi_- dam_project>.

Baviskar, A. (ed.) (2007). *Waterscapes: The Cultural Politics of a Natural Resource*. Delhi: Permanent Black.

Biswas, A. (2004). “Dams: cornucopia or disaster?” *International Journal of Water Resources Development*, 20(1): 3–14.

Biswas, A. K. and Tortajada, C. (2004). *Hydropolitics and Impacts of the High Aswan Dam*. Cairo: Advisory Panel Project on Water Management, Ministry of Water Resources and Irrigation.

Borzutzky, S. and Berger, D. (2010). “Dammed if you do and dammed if you don't: The Eisenhower Administration and the Aswan Dam,” *Middle East Journal*, 64(1): 84–102,

Brenner, N. and Elden, S. (2009). "Henri Lefebvre on state, space, territory," *International Political Sociology*, 3: 353–77.

Briscoe, J. (1999). "The financing of hydropower, irrigation and water supply infrastructure in developing countries," *International Journal of Water Resources Development*, 15(4): 459–91.

Briscoe, J. (2010). "Overreach and response: The politics of the WCD and its aftermath," *Water Alternatives*, 3(2): 399–415.

Cole, M. A., Elliot, R., and Strobl, E. (2014). "Climate change, hydro-dependency, and the African dam boom," *World Development*, 60: 84.

Cullather, N. (2002). "Damming Afghanistan: Modernization in a buffer state," *Journal of American History*, 89(2): 512–37.

Duflo, E. and Pande, R. (2007). "Dams," *Quarterly Journal of Economics*, 122(2): 601–46.

Escobar, A (1995). *Encountering Development: The Making and Unmaking of the Third World*. Princeton: Princeton University Press.

Fahim, H. M. (1981). *Dams, People, and Development: The Aswan High Dam Case*. New York: Pergamon Press.

Fearnside, P. M. (2005). "Do hydroelectric dams mitigate global warming? The case of Brazil's Curuá-Una Dam," *Mitigation and Adaptation Strategies for Global Change*, 10(4): 675–91.

Fletcher, R. (2010). "When environmental issues coincide: Climate change and the shifting political ecology of hydroelectric power," *Peace Conflict Review*, 5: 1–15.

Flyvbjerg, B., Bruzelius, N., and Rothengatter, W. (2003). *Megaprojects and Risk: An Anatomy of Ambition*. Cambridge: Cambridge University Press.

Flyvbjerg, B. (2014). "What you should know about megaprojects and why: An overview," *Project Management Journal*, 45: 6–19.

Frankfurt School-UNEP Centre/BNEF (2014). *Global Trends in Renewable Energy Investment: Key Findings*. Frankfurt School of Finance and Management gGmbH, <http://fs-unep-centre.org/ publications/gtr-2014>.

Goldsmith, E. and Hildyard, N. (1984). "The politics of damming," *Ecologist*, 14(5–6): 221–31.

Goonewardena, K., Kipfer, S., Milgrom, R., and Schmid, C. (2008). *Space, Difference, Everyday Life: Reading Henri Lefebvre*. New York and London: Routledge.

Haraway, D. (1991). *Simians, Cyborgs and Women: The Reinvention of Nature*. New York: Routledge.

Harvey, D. (1996). *Justice, Nature and the Geography of Difference*. Cambridge and Oxford: Blackwell.

Hildyard, N. (2012). *More than Bricks and Mortar. Infrastructure-as-Asset-Class: Financing Development or Developing Finance? A Critical Look at Private Equity Infrastructure Funds*. Dorset: The Corner House.

Hirsch, P. (2010). "The changing political dynamics of dam building on the Mekong." *Water Alternatives*, 3(2): 312–23.

Huber, A. and Joshi, D. (2015). "Hydropower, anti-politics, and the opening of new political spaces in the Eastern Himalayas," World Development, 76(c0: 13-25. <http://econpapers.repec.org/article/ee- ewdevel/>

ICOLD (2006). *The Role of Dams in the XXI Century*, <http://www. hydrocoop.org/publications/Role_of_Dams_new.pdf>.

International Hydropower Association. (2014). "Response of the International Hydropower Association to the publication *Should we Build more Large Dams? The Actual Costs of Hydropower Megaproject Development*, by Atif Ansar, Bent Flyvbjerg, Alexander Budzier, Daniel Lunn, <www.hydropower.org>.

Imhof, A. and Lanza, G. R. (2010). "Greenwashing hydropower," *World Watch*, 23(1): 8–14.

International Rivers Network. (2014). *World Rivers Review*, June, <http://www.international-rivers.org/node/8328>.

International Rivers Network. (2010). *African Dams Briefing*, <http://www.internationalrivers.org/files/attached-files/afrdamsbriefingjune2010.pdf>.

Islar, M. (2012). "Privatised hydropower development in Turkey: A case of water grabbing?" *Water Alternatives*, 5(2): 376–91.

Kaika, M. (2006). "Dams as symbols of modernization: The urbanization of nature between geographical imagination and materiality," *Annals of the Association of American Geographers*, 96(2): 276–301.

Khagram, S. (2003). Neither temples nor tombs: A global analysis of large dams. *Environment* 45(4): 28-37.

Klingensmith, D. (2007). *"One Valley and a Thousand": Dams, Nationalism and Development*. New Delhi: Oxford University Press.

Kogan, G (2013). *The socio-environmental history of the floods in Sao Paulo* 1887-1930. Unpublished MSc thesis. Delft: UNESCO-IHE, <httpss://cosmopista.files.wordpress.com/2014/11/thesis_gabriekogan.pdf>.

Lapavitsas, C. (2013). *Profiting Without Producing: How Finance Exploits Us All*. London: Verso.

Ledec, G. and Quintero, J. D. (2003). "Good dams and bad dams: Environmental criteria for site selection of hydroelectric projects," *Sustainable Development Working Paper No. 16*. Washington, DC: The World Bank, Latin America and Caribbean Region Environmentally and Socially Sustainable Development Department (LCSES).

Lefebvre, H. (1976). *The Survival of Capitalism*. London: Allison and Busby.

Lefebvre, H. (1991). *The Production of Space*. Oxford: Blackwell.

Lehner, B., Liermann, C., Revenga, C., Vörösmarty, C., Fekete, B., Crouzet, P., Döll, P., Endejan,M., Frenken, K., Magome, J., Nilsson, C. O., Robertson, J., Rödel, R., Sindorf, K., and Wisser, D. (2011). "High-resolution mapping of the world's reservoirs and dams for sustainable river-flow management," *Frontiers in the Ecology and Environment*, 9(9): 494–502, <doi:10.1890/100125>.

Linton, J. and Budds, J. (2014). "The hydrosocial cycle: Defining and mobilizing a relational–dialectical approach to water," *Geoforum*, 57: 170–80.

Little, T. (1965). *High Dam at Aswan: The Subjugation of the Nile*. New York: John Day.

Matthews, N. (2012). "Water grabbing in the Mekong Basin: An analysis of the winners and losers of Thailand's hydropower development in Lao PDR," *Water Alternatives*, 5(2): 392–411.

McCully, P. (1996). *Silenced Rivers: The Ecology and Politics of Large Dams*. London: Zed Books.

Meehan, K. (2013). "Tool-power: Water infrastructure as wellsprings of state power," *Geoforum*, 57: 215–24.

Merme, V., Ahlers, R., and Gupta, J. (2014). "Private equity, public affair: Hydropower financing in the Mekong Basin," *Global Environmental Change*, 24: 20–9.

Middleton, C. (2009). *Thailand's Commercial Bank's Role in Financing Dams in Laos and the Case for Sustainable Banking*, <http://www. banktrack.org/manage/ems_files/download/thailand_s_commercial_banks_role_in_financing_dams_in_laos_and_the_case_for_sustainable_banking>.

Mitchel, T. (2002). *Rule of Experts: Egypt, Technopolitics, Modernity*. Berkeley: University of California Press.

Moore, J. W. (2011). "Transcending the metabolic rift: A theory of crises in the capitalist world-ecology," *Journal of Peasant Studies*, 38(1): 1-46.

Molle, F., Foran, T., and Käkönen, M. (2009). "Old and new hydropower players in the Mekong region: Agendas and strategies," in F. Molle, T. Foran, and M. Käkönen (eds.), *Contested Waterscapes in the Mekong Region: Hydropower, Livelihoods, and Governance*. London: Earthscan, pp. 23-45.

Nilsson, C., Reidy, C.A., Mats Dynesius, M., and Revenga C. (2005). "Fragmentation and flow regulation of the world's large river systems," *Science*, 308(5720): 405-8.

Obosu-Mensah, K., 91996). *Ghana's Volta Resettlement Schme: The Long Term Consequences of Post-Colonial State Planning*. San Francisco: International Scholars Publications.

Oktem, K. (2002). "When dams are built on shaky grounds: Policy choice and social performance of hydro-project based development in Turkey," *Erdkunde*, 56(3): 310-25.

Poff, N. L., and hart, D. D. (2002). "How dams vary and why it matters for the emerging science of dam removal," *Bioscience*, 52: 659-738.

Pomeranz, K. (2009). "The great Himalayan watershed. Agrarian crisis, mega-dams and the environment," *New Left Review*, 58: 5-39.

Priemus, H., Flyvbjerg, B., and Wee, B. (2008). *Decision-Making on Mega-Projects: Cost–Benefit Analysis, Planning and Innovation*. Chletenham: Edward Elgar.

Probe International. (2004). *Ten Reasons Why the World Bank Should Not Finance the Nam Theun 2 Power Company in Lao PDR*, <http://journal.probeinternational.org/?s=Ten+reasons+why+the+World+Bank+should+not+finance+the+Nam+Theun+2+power+company+in+Lao+PDR>.

Scott, J. C. (1998). *Seeing Like a State: How Certain Schemes to Improve the Human Condition have*

Failed. New Haven and London: Yale University Press.

Scudder, T. (2005). *The Future of Large Dams: Dealing with Social, Environmental, Institutional and Political Costs*. London: Earthscan.

Schultz, B. (2002). "Role of dams in irrigation, drainage and flood control," *International Journal of Water Resources Development*, 18(1): 147-62.

Showers, K. B. (2009). "Congo River's Grand Inga hydroelectricity scheme: Linking environmental history, policy and impact," *Water History*, 191): 31-58.

Smit, H. (forthcoming). "Increasing production, resource extraction and controlling territory through construction of large water infrastructure on the Eastern Nile 1820-2014."

Smith, N. (2006). "Nature as accumulation strategy," in L. Panitch and C. Leys (eds.), *Socialist Register 2007: Coming to Terms with Nature*. Monmouth: Merlin Press.

Smits, M. (2011). "Hydropower and the green economy in Laos: Sustainable developments?" unpublished paper presented at the *Conference on Planning for the Future: Decision Making on Energy Policy*, Kuala Lumpur, Malaysia.

Swyngedouw, E. (1999). "Modernity and hybridity: Nature, regeneracionismo, and the production of the Spanish waterscape, 1890-1930," *Annals of the Association of American Geographers*, 89(3): 443-65.

Swyngedouw, E. (2007). "Technonatural revolutions: The scalar politics of Franco's hydro-social dream for Spain, 1939-1975," *Transactions of the Institute of British Geographers*, 32(1): 9-28.

Tignor, R., (1966). *Modernization and British Colonial Rule in Egypt, 1882-1914*. Princeton. NJ: Princeton University Press.

Tvedt, T. (2004). *The River Nile in the Age of the British: Political Ecology and the Quest for Economic Power*. Cairo: American University in Cairo Press.

Tucker, R. P. (2010). "Containing communism by impounding rivers: American strategic interests and the global spread of high dams in the early Cold War," in J. R. McNeill and C. R. Unger (eds.), *Environmental Histories of the Cold War*. Washington, DC; New York; Cambridge: Cambridge University Press.

Usher, A. D. (ed.). (1997). *Dams as Aid: A Political Anatomy of Nordic Development Thinking*.

London: Taylor & Francis.

Vörösmarty, C. J., McIntyre, P. B., Gessner, M. O, et al. (2010). "Global threats to human water security and river biodiversity," *Nature,* 467: 555-61.

Ward, M. (2010). *The Main Report of the Private Sector Investment Project,*<http://www.gtriplec.co.nz/assets/Uploads/papers/psi_ final_of_main_report_full_version_31_may.pdf>.

Warner, J. (2013). "The Toshka mirage in the Egyptian desert: River diversion as political diversion," *Environmental Science and Policy,* 30: 102-12.

Westerman, F. (2011). *Engineers of the Soul.* New York: Overlook Press.

Wilson, J. (2011). "Notes on the rural city: Henri Lefebvre and the transformation of everyday life in Chiapas, Mexico," *Environment and Planning D: Society and Space,* 29: 993-1009.

Wong, S. M. T. (2010). *Making the Mekong: Nature, Region, Postcoloniality,* PhD dissertation, Department of Geography, Ohio State University.

World Commission on Dams. (2000). *Dams and Development: A New framework for Decision-Making*. London: Earthscan.

Wright, C. (2012). "Global banks, the environment, and human rights: The impact of the equator principles on lending policies and practices," *Global Environmental Politics,* 12(1): 56-77.

WWC/OECD. "Water: fit to finance? Catalyzing national growth through investment in water security," *Report of the High Level Panel on Financing Infrastructure for a Water-Secure World,* April. Marseille: World Water Council.

WWF (2013). *Dam right! WWF's dam initiative: Aninvestor's guide to dams,* <http://awsassets.panda.org/downloads/investorsgdedams.pdf> .

WWF (2013). *The sevensins of dam building.* WWF International Freshwater Programme and WWF-Germany, <http://awsassets. panda.org./downloads/wwf_seven_sins_of_dam_building.pdf>.

Zarfl, C., Lumsdon, A. E., Berlekamp, J., Tydecks, L., and Tockner, K. (2014). "A global boom in hydropower dam construction," *Aquatic Sciences,* <doi:10.1007/s00027-014-0377-0>.

Zwarteveen, M. (2015). “Regulating water, ordering society,” Inaugural Lecture, University of Amsterdam,<https://www.oratiereeks.nl/upload /pdf/PDF-5940weboratie_Zwarteveen_-_DEF.pdf.>.

찾아보기

ㅅ

ㅇ

ㅈ

메가프로젝트 매니지먼트

초판 발행 1쇄 2024년 1월 19일

엮은이 벤트 플뤼브비에르
옮긴이 윤은상·박창우
펴낸곳 고려대학교출판문화원
www.kupress.com
kupress@korea.ac.kr
(02841) 서울특별시 성북구 안암로 145
Tel 02-3290-4230, 4232
Fax 02-923-6311
찍은곳 (주)동화인쇄

ISBN 979-11-6956-056-6 93530

값 43,000원